물손실관리

WATER LOSS CONTROL

공동저자 K water 박한영
삼진정밀 대표이사 **정태희**
(주)아큐스 대표이사 **이희헌**
한국파나메트릭스(주) 대표이사 **박두식**
(주)에너토크 전무 **최진국**

홍릉과학출판사

차례

chapter 16 실질손실제어(선제적 누수탐지) 255

chapter 17 실질손실제어 293

chapter 18 실질손실제어–압력관리 299

chapter 22 유량측정원리와 특성 381

chapter 23 직관거리 미확보시 유량측정오차 409

chapter 0A 사례연구 453

Chapter 01

소개

1.1 배경

지난 20세기 동안 지구 인구는 폭발적으로 증가하였다. 1974년 40억명에서 2000년 말 60억명으로 증가하여 이제는 지구 행성을 지구촌이라 부르게 되었다. 이와 같은 인구증가가 가능하였던 것은 인류에게 필수적인 청정한 공기, 물, 식품 그리고 의료를 제공하는 유일한 인간의 능력에 기초하였다. 그러나 20세기의 후반 지구의 자원이 제한되어 인간은 동일한 방법을 사용하여서는 이러한 성장률을 무한히 지속할 수 없다는 것을 인식하였다.

안전한 물의 가용성은 인간의 음용수와 위생에 필요한 물을 제공하여 세계 인구성장에서 주된 인자가 되어왔다. 전체 지역의 말단부까지 생명수를 공급하기 위해 취수, 정수처리, 송수하는 대규모 급수시스템의 건설 능력은 역사적으로 공학적 경이로움이다. 아직도 많은 개발도상국들은 고객에게 깨끗한 물을 제공하기 위한 급수 기반시설을 갖지 못하고 있다. 이와 같은 곳에서는 이 지역 내 개발의 모든 측면을 도전하는 사회적, 정치적 그리고 경제적 복잡성 때문에 최신 급수시스템이 부족하다. 이 지역 사람들은 기본적인 수준의 서비스를 받기 위해 투쟁하는 반면 기술적으로 앞선 국가들 내 고도로 발전된 많은 급수시스템들은 미래를 위한 수자원의 장기적인 지속가능성을 위협하는 은밀하게 퍼지는 물손실(water loss) 문제에 시달린다. 지구상 대부분의 급수시스템은 대규모 인구에게 고품질의 물을 매우 성공적으로 공급하고 있다. 그러나 대부분의 급수시스템은 운영시 상당한 양의 물손실이 발생한다. 과거에는 물공급이 무한한 것처럼 보여 상당한 물손실을 간과하였다. 물을 쉽게 사용할 수 있고 상대적으로 저렴하기 때문에 용수기관은 물손실을 무시하여 왔거나 또는 급수시스템 운영에서 자연적으로 물손실이 내재된 것으로 가정하여 왔다. 그러나 인구 성장과 더불어 수자원의 한계를 인식하고 규정으로 인해 증가하는 비용과 고객 요구를 인식하면서 점차적으로 물손실을 무시할 수 없게 되었다.

물손실에 대한 평가 결과 수도미터의 오류, 누수 또는 잘못된 자료처리에 대한 많은 원인들은 유지관리의 부족 및 인간 오류로 나타난다. Dickinson은 일반화하는 것은 어렵지만 용수기관이 적정한 방법으로 물손실을 언급하지 않는 가장 공통적인 이유는 "정치적으로 급수시스템 누수를 허용하지 않으며, 물 계량 기록의 조작, 선투자로 비수익성 물의 환수가 아직도 신속하게 자금을 회수할 수 있는 기업효용에 대한 인식부족 그리고 급수시스템을 조사하는 용수기관 외부인의 내재된 불신"이라고 결론 내렸다.

본서의 의도는 공급자가 물손실을 감소시켜야 하는 이유를 설명하고 최신 기술을 이용하여 경제적인 방법으로 물손실 문제를 해결하는 방법을 제시하는 것이다.

모든 용수기관과 산업 그리고 최종 주거민 사용자들은 그들 물 사용의 특성 또는 시스템의 크기와 관계없이 물손실제어 및 물 보존을 반드시 실행하여야 한다. 전 세계 물 공급자는 물손실 관리노력을 광범위하게 실행하고 있다. 불행하게도 정치 입안자들이 실제 경제적 및 사회적 물손실의 영향을 인식하지 못하고 있기 때문에 미국 내 대부분의 물 산업과 세계의 많은 물 산업 부문은 물손실에 대해 오직 부차적인 우선순위를 부여한다. 이러한 상황에서 누수를 감소시키기 위한 사전조치와 양호한 물 회계감사(auditing)가 지속적으로 부족하게 된다. 따라서 물 공급자는 고객 불만으로 인해 문제가 되는 누수를 대응적으로 복구한다. 즉, 용수기관은 누수가 발생하여 고객이 누수 신고할 때까지 기다린다. 그러나 전 세계를 통해 작지만 성장하는 많은 국가들은 포괄적인 물 효율(water efficiency) 목표를 달성하였다. 정부의 고위층이 요구하는 관행으로서 물보존, 유역 보호, 누수관리의 새로운 규율(discipline) 및 물 재사용이 실행되어 왔고 공급자의 이행을 밀접하게 감시하고 때로는 규정하였다. 만일 인류가 지속적으로 성장과 환경을 유지하려면 이와 같은 새로운 수자원 관리의 모델은 미래를 위한 길이다.

1.2 본서의 목적과 구조

본서에서는 물손실 체적, 물손실제어방법 및 기법을 평가하는 상세한 방법론을 광범위하게 다루며 실행자에게 선제적 물손실 관리를 적용하기 위해 필요한 모든 배경지식과 이론을 제공한다. 또한 본서에서는 독자가 이 이론들을 숙지하도록 추구하고, 긍정적인 자세를 조장하도록 저자의 생각은 물론 다른 분야의 전문가들의 생각을 조합한다. 본서는 물손실 및 비효율적인 물사용에 대한 현장 처방관리에 대한 오랜 경험으로부터 나온 개념 및 사고(thoughts) 이외에 현장에서 이미 성공적으로 적용되었던 개념들과 방법들을 보강하기 위해 최근 사례연구 및 산업 특성에 따른 논문들을 강조한다.

물손실 및 비효율성에 대한 적극적인 자세를 취하는 종합계획을 준비함에 있어 사례연구는 운영자를 도울 수 있는 우수한 도구이다. 많은 사례에서 다른 누군가가 이미 성공하였다는 사실은 고위 관리자 또는 위원회에게 진취적인 프로그램을 판매하고 예산을 수립하는 일을 더욱 가능하게 만든다. 본서에서는 물손실제어 프로그램에서 취한 절차들을 토론하고 상세하게 검토한다. 진보적인 물손실제어 방법에 대한 경험이 없는 운영자는 본서 전체를 읽어볼 것을 권장하지만 본서를 구성하고 있는 장들은 독립적이므로 순서대로 사용할 필요는 없다. 본서는 주로 1990년대 영국과 웨일스에서 개척되고, 국제적으로 광범위하게 전파된 진보적인 방법들을 집중해서 기술한다. 또한 본서는 북미 그리고 물손실이 최우선 순위가 아닌 다른 국가들에 존재하는 더욱 전통적인 조건들을 지속적으로 평가한다. 즉, 선진국에서도 존재하는 물손실을 선제적으로 제어할 필요성 그리고 물손실을 제어하기 위해 현존하는 쉽게 이전 가능한 기술을 증명한다. 본서는 다음과 같은 내용을 포함하는 절들로 구성되었다.

- 공공 급수시스템에서 발생하는 물손실의 특징과 범위의 이해
- 최근 분석적인 방법들과 도구들의 학습
- 실질손실(real loss)과 손실성분분석에 기초한 표준화된 물 회계감사(water audit)를 이용하여 급수시스템의 물손실 평가
- 성공적인 물손실제어(최적화) 프로그램의 모든 절차 이해
- 실질손실제어를 위한 현장 처방 실행
- 수요 제어의 실행
- 비용-편익 계산 수행
- 계약자 또는 자문자 사용 시기와 방법의 확인

본서는 물손실의 본질을 이해하고 이를 감소시키기 위한 유의미한 조치를 취하고자 하는 급수시스템 관리자를 위한 실천적 도구를 제공하는 것이다. 본서의 내용은 임의 급수시스템 운영자가 개별 급수시스템의 복구에 적합한 반응인 프로그램을 실행하기 위한 상세한 로드맵(road map)을 제공한다.

참고문헌

1. Central Intelligence Agency. The World fact Book[Online].Available : www.cia.gov/cia/publications/factbook.[Cited: March 10, 2007]

2. Dickinson, M.A., "Redesigning Water Loss standards in California Using the New IWA Methodology." Proc. of the Leakage 2005 Conference, Halifax, Canada : World Bank Institute, 2005.

Chapter 02

물손실제어

2.1 물손실량

전 세계를 통해 물손실은 최종 사용자의 관로와 물 공급자의 배수관로 모두에서 발생하고 있다. 물손실은 세계적인 문제이고 선진국과 개발도상국 모두에서 발생한다. 물손실은 다음과 같이 두 개의 기본적인 방식으로 발생한다.

1. 배수시스템의 누수 되는 배관, 조인트 그리고 피팅을 통해 손실된 물; 배수지와 탱크로부터의 누수; 배수지 월류; 그리고 부적절하게 개방된 드레인 또는 시스템 이토 등 이 손실을 실질손실(real loss)이라 부른다.
2. 물질적인 손실은 아니지만 고객 검침과 관련된 부정확성, 소비 자료 취급 오류, 도수 또는 불법 사용 형태를 통해 발생하는 손실을 피상손실(apparent loss)이라 부른다.

국제 물협회 IWA(International Water Association)의 물수지(water balance) 방법론에 따라 실질손실, 피상손실, 미요금고지-승인된 소비(unbilled authorized consumption)의 합을 비수익성 물인 NRW(nonrevenue water)라 정의한다.[1]

표 2.1 세계은행이 추산한 지구상 물손실 체적

구분	실질손실	피상손실	NRW	단위
선진국	9.8	2.4	12.2	십억 m^3/year
유라시아(CIS)	6.8	2.9	9.7	십억 m^3/year
개발도상국	16.1	10.6	26.7	십억 m^3/year
소계	32.7	15.9	48.6	십억 m^3/year
선진국	2589	634	3223	십억 gal/year
유라시아(CIS)	1796	766	2562	십억 gal/year
개발도상국	4253	2800	7053	십억 gal/year
소계	8638	4200	12839	십억 gal/year

세계은행은 전 세계적 NRW 크기를 년간 12,839십억 갤런(48.6십억m^3)으로 추정하며(표 2.1 참조), 개발도상국에서 발생하는 실질손실 크기는 약 2억명 인구에게 공급하기에 충분한 것으로 추정한다. 또한 전 세계 년간 NRW 체적의 금전적 가치를 년간 146억 달러로 추정한다.[2] 세계은행은 보고서에서 높은 NRW 수준은 정상적으로 인구에게 안정적인 서비스를 제공하기 위해 필요한 거버넌스, 자치권, 회계관리책임 그리고 기술적 및 관리적 기량이 부족한 용수시설이 불량하게 운영되는 것을 나타낸다고 진술한다.

유엔 환경 보호 프로그램으로 수행된 다른 연구는 2025년에 지구 인구의 2/3 정도가 중간에서 높은 정도의 물 스트레스(water stress)를 받을 것으로 추정한다. 동일한 연구는 전체 가용한 물의 퍼센트로서 미국 내 취수량은 1995년 기준 10~20%로부터 20~40%로 상승할 것으로 추정한다.[3] 이는 세계적으로나 미국 내 수자원에 대해 증가하는 스트레스를 입증하며 선제적 물손실관리를 긴급하게 적용할 필요성을 입증한다.

미국에서만 55,000개 이상의 지자체 급수시스템이 존재하며, 이는 1일 약 340억 갤런의 물을 정수 처리한다.[4] 현재 물손실에 대한 표준 평가 및 보고 방법의 부족으로 인해 미국 내 물손실의 크기를 정량화하는 것은 어렵다. 미국 지질조사국은 1일 정수 처리된 총 340억 갤런 중 약 60억 갤런 정도가 "공공 용수 및 손실"로 발생하며 대부분 급수시스템에서 손실은 공공 용수 보다 손실이 상당히 큰 것으로 추정된다. 보고된 자료에서 부정확성 또는 모순은 전체 공급된 물과 전체 소비된 물 사이 차이의 원인이 된다. 미국 내에서 손실되는 물량은 미국 내 가장 큰 10개 도시에 필요한 물량보다 크다. 이와 같은 막대한 수자원의 낭비는 세계에서 세 번째로 큰 인구를 갖는 국가의 중대 우려로서 간주하여야 한다.

2.2 수자원에 대한 기본적인 사실과 물에 대한 필요

인간 체중의 약 50~65%는 물로 구성되며 최소한 하루에 8잔의 물을 보충할 것을 권장한다. 인간은 음식 없이 수주를 생존할 수 있지만 물이 없으면 3~4일 후 사망한다. 물은 인체에 있어 공기 다음으로 소중하다. 인체와 유사하게 우리가 먹는 과일과 야채 또한 주로 물로 구성되어 있다. 비록 많은 선진국 국민들은 고품질의 물을 상대적으로 풍부하고 당연하듯이 사용하지만 물은 매우 소중한 자원이다. 신선한 물의 가용성은 사회 번영에 필수적이다.

지구의 표면은 약 80%가 물로 구성되며, 물은 파괴할 수 없는 물질이다. 이 물 중 97%는 염수이고, 2%는 빙산이며, 오직 1%만을 전통적인 정수처리 방법을 사용하여 음용수로 사용할 수 있다. 지구 기후조건의 자연스런 패턴 및 수문학 주기를 통해 이 물의 가용성은 시간과 거리에 따라 광범위하게 변화한다. 많은 시점에서 지구의 일부 지역에서는 심각한 가뭄을 겪는 반면 다른 지역에서는 홍수를 경험한다. 이 자연의 주기는 인간의 일상적인 물 사용변화와 거의 일치하지 않는다. 지구상 물의 양은 고정되고 제한된다. 아마도 과거에 우리의 선조들은 현재 우리가 마시는 물의 몇 배를 마셨을 것이다. 물의 주기(water cycle)는 태초부터 크게 변화하여 오지 않았다. 물의 주기는 본질적으로 증발, 구름 형성, 강우 그리고 강 또는 개천으로부터 바다로의 경로이다. 100년 주기로 물 분자는 98년을 대양에서, 20개월을 얼음으로서, 약 2주를 호수 및 강에서 그리고 1주일보다 적게 대기에서 보낸다. 인간은 물의 주기 후반부와 관련되고 급수관로 또는 배수시스템, 인체, 하수 시스템을 통한 경로로 바다로 다시 물을 순환시킨다.

시간 경과에 따라 물의 주기는 변화하지 않았지만 물 사용을 위한 처리기술과 배수시설은 상당히 변화하여 왔다. 이는 통상적으로 인구가 대도시로 집중되면서 산업, 오염 그리고 서비스 요구가 증가되면서 특히 그렇다. 물이 오염될수록 물을 처리하기 위한 비용이 증가한다. 인구 중심부로부터 수원이 멀수록 송수비용이 커진다. 지구상에서 인구 팽창 및 재배치가 지속되면 물 공급비용은 점진적으로 증가하는 것이 불가피하다.

더욱 개선된 수자원 활용에 대한 최근 새로운 계획(initiatives)은 물 보존, 재사용 그리고 재생된 물 사용을 포함한다. 바닷물의 방대한 자원 활용의 한 방법인 담수화는 매우 에너지 집약적이고 비용이 고가이다. 그러나 수처리기술의 발전은 물공급부족에 따른 비용과 압박을 감소시켜왔고 인구 성장은 지구상 담수화 플랜트 성장의 결과를 초래하였다. 아직도 담수화는 주로 해변에 위치한 도시를 위한 하나의 선택사항이다. 물 보존은 고객 소비 관리를 위해 증명된 기법이다. 이제 물 보존은 가뭄 동안 임시방편의 조치가 아니라 지속 가능한 지역사회를 위한 생애 주기 효율적이고 비용 효과적인 방법이다. 의식이 앞서가는 많은 지역사회에서 물 공급을 위한 여러 욕구를 만족시키는 방법으로서 비음용수 용도로 물의 재순환, 재사용 또는 재생을 위한 다양한 기술이 요구된다. 일부 지역사회는 옥외 관개 및 소방용수와 같은 용도로 재생된 물을 송수하기 위해 이중 배수시스템을 별개로 건설 중이다. 이 모든 혁신은 자원이 정적이거나 감소함에도 불구하고 성장하는 인구에게 물을 공급하기 위한 방법들에 대해 진취적인 사고를 반영한다. 이와 같이 수정된 공급 및 수요 관리 방법들은 아직도 기반시설, 공공 교육 그리고 입법에서 상당한 투자를 요구한다. 손실체적은 관련규정을 만족시키고 이미 정수처리된 물을 송수하기 위해 에너지가 소비되었으나 고객이 사용하지 못하고(실질손실) 용수기관에게 재무를 발생시키는(피상손실) 물을 나타나므로 손실을 경제적으로 제어하기 위해 노력하는 것은 일리가 있다.

2.3 역사적 물 공급 및 물손실제어에서 이정표

수 천년 동안 급수시스템을 사용하여 왔다. 고대 이집트, 그리스 그리고 로마는 오늘날 우리가 사용하는 방법과는 다른 방법으로 물을 취수, 정수처리 및 배수하였다. 기술은 변화하였으나 다음 기본들은 상당히 동일하게 유지되었다.

- 수원
- 주된 취수장
- 저장시설
- 가압 또는 중력 공급
- 송수시스템
- 배수시스템
- 수도미터가 설치되거나 또는 설치되지 않은 고객 서비스 연결 배관

고대 사람들도 물손실제어에 대해 관심을 가졌다. 420km(260마일)에 걸친 관망과 수로를 통해 고대 로마에 1일 약 4천만 갤런의 물을 공급하였다. 관로와 수로는 일부 납 배관과 함께 벽돌과 돌로 건설되었다.[7] 서비스 연결배관은 단순한 잠금꼭지(stopcock)와 함께 20㎜(3/4인치) 배관으로서 오늘날 우리가 사용하는 배관과 크게 다르지 않다. 최초의 급수시스템은 B.C. 312년에 설치되었다. 약 250개의 배수지 현장과 중력으로 공급되는 시스템이 존재하였다. 공학자, 기술자, 노동자 그리고 서기로 구성된 팀과 위원회가 이 시스템을 관리하였으며 이 위원회의 주된 과업 중 하나는 누수를 찾아내고 보수하는 것이다.

고대 수로의 내구성은 A.D. 98년 및 117년 스페인에 설치된 하나의 시스템이 아직도 사용되는 사실로 입증된다. 어느 급수시스템 또는 기반시설이 이와 같은 역사를 자랑할 수 있는가!

지역 급수시스템으로서 진화된 급수시스템 관리의 혁신은 개발도상국에서 표준 기반시설이 되었으며 중요한 발전은 다음과 같다.

- 1800년대 : 불가피한(unavoidable) 누수 공식(Kuichling)
- 1800년대 : 피토트관 국부 유속 측정
- 1800년대 : 단순한 목재 청음봉
- 1900년대 : 단순한 기계식 수진기(geophone)
- 1900년대 : 최초 기계식 미터 기록 장치 사용
- 1940년경 : 최초 전자식 수진기와 청음 장치 도입
- 1970년경 : 전산화된 누수음 상관기(correlator) 사용
- 2000년경 : 국제물협회 IWA(internation water association)가 UARL(unavoidable annual real losses) 및 ILI(infrastructure leakage index)를 포함한 급수 서비스에 대한 표준화된 물 회계감사(water audit)와 성능지표(performance indicator) 권장사항 발행

회계책임(accountability) 및 손실제어에서 혁신은 지속되고 있으며 건전한 물손실제어 프

로그램을 실행함에 있어 통상적으로 비용 효과적인 기법은 물손실제어를 제한하는 요소가 아니다. 물 효율 시스템에서 가장 큰 도전은 빈번하게 물손실제어 프로그램을 개시하기 위한 관리자와 정치가의 의지를 결집하여야 하는 필요성이다.

2.4 물손실 발생과 영향

지구상 모든 물 시스템은 어느 정도 실질손실체적을 가지며, 누수 종사자들 사이에서 실질손실을 완벽하게 제거할 수 없고 새로운 급수관망에서 조차도 최소의 실질손실이 존재하는 것으로 잘 알려져 있다. 그러나 실질손실을 경제적 한계 이내로 관리할 수 있다는 사실이 잘 알려져 있고 증명되었다.

불행하게도 특히 물 값이 저렴하고 풍부한 곳에서 급수시스템은 오랜 동안 "눈에서 멀어지면 마음에서 멀어지는" 신드롬을 겪어 왔다. 물손실과 관련된 문제들은 많다. 실질손실이 높으면 간접적으로 고객이 필요한 것 이상으로 물 공급자가 물을 취수, 처리 그리고 수송하여야 한다. 정수처리 및 송수를 위해 필요한 추가 에너지는 발전용량을 힘들게 만들며, 이 발전설비도 빈번하게 발전공정 내 많은 물의 양에 의존한다. 누수, 파열 그리고 월류는 빈번하게 공급자에게 상당한 손상을 야기하고 책임감을 증대시킨다. 대부분 누수는 지역 하수 또는 우수 수집 시스템 내부로 유입되어 지역 하수처리장에서 처리될 수 있다. 이는 유익한 용도를 제공하지 않으면서 수처리에 이중 부담을 전가시킨다. 비정상적으로 높은 취수로 인해 유역에 불필요한 부담을 주게 된다. 높은 손실은 이러한 방법으로 가용 수자원에 대한 제약으로 인해 지역의 추가 성장을 제한할 수 있다. 누수손실의 전체 영향은 아직까지 평가되지 않았지만 본서의 후반부에 기술된 누수의 경제학은 누수손실의 영향이 상당한 것을 보여준다.

피상손실은 실질손실이 주는 물질적 영향을 갖지 않는다. 대신 피상손실은 공급자와 고객들에게 상당한 재무 영향을 미치고, 수자원 계획에 필요한 소비자료를 왜곡시킨다. 피상손실은 지불 없이 제공된 서비스를 의미한다. 실질손실의 관리기준 비용은 통상적으로 단위 물량에 대한 가변 생산비용(동력, 화학약품 등)인 반면 피상손실은 통상적으로 고객들에게 청구되는 소매가격으로 가치가 결정되므로 피상손실의 경제적 영향은 빈번하게 실질손실 보다 상대적으로 상당히 크다. 물 공급자의 경우 고객에 대한 소매가격은 정수 및 급수를 위한 생산비용의 10~40배가 될 수 있다. 가뭄과 공급 부족에 의해 위협받거나 수요 중심의 보존을 적용하는, 또는 새로운 수원이 필요한 용수기관의 경우 누수감소에 의해 절감된 물은 새로운 수원을 의미하므로 소매가격으로 실질손실을 평가하는 것이 적절하다. 이와 같이 "새롭게 발견된" 물을 새로운 고객에게 판매하거나 또는 가뭄이나 물 부족 기간 동안 수요 제약 해결에 도움이 될 수 있다. 피상손실은 용수기간의 "금전 등록계(cash register)"에서 발생하고, 물 공급자의 수익원에 직접 영향을 미친다. 아직도 지구상 많은 시스템은 물 회계 및 요금고지 실무

(practice)를 구축하지 않아 이와 같은 손실이 발생하는지 조차도 충분히 이해하지 못하고 있다. 물손실감소는 물 공급 운영을 개선할 뿐만 아니라 수익을 증가시킬 수 있다. 따라서 통상적으로 건전한 물손실관리는 신속하고 직접적으로 용수기관을 보상한다.

2.5 물손실에서 변화를 추구하는 강제력

물손실을 최적으로 관리하는 것은 대중, 물 공급자 그리고 환경에게 매우 유익하다. 물손실을 감소시키기 위한 가장 유익한 근거들 중 일부는 물 공급에서의 변화를 추진하는 지도력에 있으며 다음을 포함한다.

- 개선된 공공 보건 보호
- 수자원 및 수자원 환경에 대한 압력 감소
- 증가된 공급의 안정성을 통한 고객에 대한 향상된 서비스 수준
- 복구된 손실은 빈번하게 새로운 수요를 위한 최상의 수원이 된다.
- 물 공급자에게는 비용 효율성 그리고 고객에게는 보다 개선된 물값 제어
- 수자원 및 공급 계획에 대한 자본지출의 연기
- 개선된 용수기관의 대중 인식
- 최상의 누수관리 실무의 사용으로 인한 물 공급자의 책무 감소

본서를 통해 이러한 구동력 배경의 기술적 측면을 더욱 상세하게 기술한다. 다음 두 세부절은 통상적으로 물손실을 검토하고 관리하는 방법에서의 변화를 추구하기 위한 구동력으로 알려진 것들에 대한 통찰력을 제공한다.

2.5.1 물손실과 물손실이 공공 보건에 미치는 영향

세계의 많은 지역들은 물 부족을 경험하고 1일 24시간 정수 처리된 물을 지속적으로 공급받는 것이 불가능하다. 세계은행은 오늘날 지구상 10억 명 이상이 안전한 물을 제공받지 못하고 있고, 예방할 수 있는 물 관련 질병으로 인해 매년 3백만명이 사망한다고 보고한다.[8] 이러한 상황은 개발도상국만이 경험하는 문제로서 간주되지만 이는 사실이 아니다. 미국 내에서도 지난 10년 동안 지역 급수시스템에서 불량하게 처리된 물이 아니라 급수시스템 내부로 유입된 오염물질에 의해 발생한 수질관련 질병이 20%를 차지한 것으로 보고되었다. 급속하게 팽창하는 세계 인구는 정수 처리된 물을 더욱 요구한다. 이중 많은 사람들은 이미 물 스트레스를 받는 도시 또는 쉽게 사용할 수 있는 수원으로부터 멀리 떨어진 새로운 지역으로 모여 들었다.

2.5.2 기후 변화 및 기후 변화가 물 공급에 미치는 영향

지난 200년 동안 석탄 및 오일과 같은 화석연료의 사용 증가를 통해 그린하우스 가스 방출이 극적으로 변화하였다. 지구상 많은 지역들에서 대형 삼림벌채와 동시에 이러한 경향이 발생하여 왔다. 최근에 이와 같은 인간 활동으로 인해 대기 성분이 극적으로 변화하였으며 그 결과로서 지구 온난화가 발생하는 것을 보여주는 많은 과학적 증거가 수집되어 왔다. 많은 선도적 과학자들은 지구 온난화는 다음 세기 동안 급속하게 증가할 것으로 예측하여 왔다.

2005년도에 해양학 SCRIPPS기구가 이끌고 2005년 11월 17일에 발간된 자연을 주제로 하는 저널의 한 연구는 지구 온난화가 지구상 물 공급에 미치는 영향을 조사하였다. 이 연구는 지구 온난화로 인해 빙하 및 지구상 지역들에서 눈 적설량이 감소하여 수백만명에게 영향을 미치는 물부족 및 다른 문제들을 야기할 것으로 결론 내렸다. 특히 얼음과 눈에 의존하는 지역들은 물 공급 및 물 관리 시스템에 대한 비싼 혼란을 경험하게 될 것이다. 예를 들어 적설량 감소 결과로 캘리포니어 시에라 네바다 산맥으로부터의 생명 수원은 21세기에 15~30%가 감소할 것으로 예상된다. 빙하의 해빙수를 대체할 수 없기 때문에 해빙수에 의존하는 지역들에서는 이보다 더욱 심각한 문제들이 발생할 수 있다고 연구들은 경고한다. 사라지는 빙하들은 캐나다, 인디아 그리고 아시아에서 물 공급에 대해 가장 큰 영향을 미친다.[9]

지구상 높은 물손실 수준과 결합된 이러한 기후 변화의 냉혹한 현실은 물 공급자들이 미래 지속가능한 수요를 만족시킬 수 있도록 물손실을 최적으로 감소시켜야 할 긴박한 필요성이 있다는 것을 명백하게 만든다.

2.6 물손실을 감소시키기 위해 지구상에서 수행되고 있는 일

오늘날 우리들의 도전과제는 로마시절의 도전과제와 동일하다. 즉, 우리는 문제에 적용할 수 있는 더욱 발전된 방법론들과 기술들을 갖는다. 우리는 과거 노력들을 되돌아보면 우리가 훨씬 더 양호하다고 웃을 수 있지만 솔직히 우리는 단지 좋은 도구만을 갖고 있을 뿐이다. 개방된 마음으로 현존하는 비능률성의 수용을 반대하고 개선을 원하는 것은 오늘날 급수시스템 운영자가 필요한 기본적인 도구들이며 과업이 진행되면서 나머지 도구들을 활용할 수 있다. 운영자와 용수기관이 그들이 발견한 것을 기꺼이 수용하고 이를 개방적으로 실천할 때 성공적으로 물 회계감사와 물손실제어 프로그램을 수행할 수 있다. 따라서 급수시스템 운영자는 물손실의 범위와 영향을 이해하고, 전체 조직에 걸쳐 물손실제어에 최고의 우선순위를 부여하는 것이 매우 중요하다.

전세계 물 공급 사업 모델에서 20세기 후반부 극적인 변화들로 인해 물 공급 분야에서 새로운 유형의 용수기관 관리자들이 출현하였다. 설비의 성능을 증가시키려 분투하는 사람은 이익을 증가시키는 한편 자연의 가장 소중한 자원인 물의 효율적인 사용에 대해 책임을 갖는다. 이러한 새로운 유형의 물시스템 운영자에 대한 요구는 수자원의 남용과 비효율성을 더 이상 참을 수 없던 많은 관계자 그룹의 압력으로부터 나왔다. 이는 공공의식을 국가 및 국제적 환경 규정 수준으로 성공적으로 끌어 올린 환경 단체를 포함하였다. 고객은 고객이 지불한 단위 비용 당 서비스 가치에 대한 면밀한 감시를 지지하며 용수기관이 비용에 부합된 합리적인 품질의 서비스를 제공하도록 기대한다. 또한 기술과 사업 효율 모두의 개선에 집중된 용수기관의 경쟁력이 증가되었다. 인터넷, 언론 그리고 다른 통신 포럼의 힘은 이러한 모든 경쟁력을 가속시키는 데 도움을 주었고, 이러한 힘은 과거와 같이 물손실을 허용하거나 간과되지 않도록 명령한다.

영국에 뿌리를 둔 새로운 물손실관리모델이 개발되었으며, 이 모델은 신속하게 다른 많은 국가들로 퍼져 나가고 있다. 국가차원에서 누수문제를 해결하기 위한 새로운 계획인 NLI (nation leakage initiative)는 1990년대 초기 영국과 웨일스 물 회사가 수행한 광범위한 연구 노력의 결과이다. 이 결과들은 현재 전세계 가장 실용적인 모델이라고 주장하는 진보적인 누수관리구조의 개발을 위한 기초를 형성하였다. 이 구조의 가장 중요한 부분은 기본적인 응용공학이고 누수를 제거하고 방지하기 위한 선제적 접근법을 강조하고 있으며 지구상 대부분 급수시스템 내 존재하는 대부분의 대응적 접근법과 극적으로 대조된다. 이 구조는 10년도 안 되어 영국과 웨일스에서 복구 가능한 모든 누수의 85%를 성공적으로 제거하였다.[10] 영국에서 개발된 모델에 기초한 선제적 물손실관리는 세계 여러 곳에서 적용되었고, 세계 국가들에게 기술 이전이 가능한 것으로 증명되었다. 요즘은 지구상 물 공급자들은 물손실의 감소 및 선제적 관리뿐만 아니라 이를 효과적으로 실행하기 위한 방법과 기술력을 가져야 하는 것이 더욱 더 명백해진다.

영국과 웨일스에서 확립된 성공적인 구조는 상대적으로 짧은 기간에 실행되었고 앞에서 언급한 많은 세력들에 의해 이끌려 왔다. 영국 물 회사들은 1989년에 사유화되었고 유역 기반으로 재편성되었다. 또한 이들은 그 당시에 강력한 규정 구조 아래 놓이게 되었다. 이 규정 구조는 회사 운영 및 비용의 효과 그리고 고객에게 미치는 영향에 집중되었다. 고객에게 비용을 전가시키는 물 회사의 능력은 이 구조에 의해 상당히 제한되며, 이 구조는 물값 인상 승인을 회사 실적과 결부시켜 결과적으로 회사가 성능을 개선하고, 비용을 절감하고, 이익을 증가시키기 위한 방법을 모색하면서 혁신이 가속화되었다. 또한 영국 내 환경 관심 및 상대적으로 높은 인구밀도는 현명한 물 사용에 대한 지지를 상승시켰다. 주목할 만한 촉매는 1990년 중반에 국가를 강타한 심각한 가뭄이었다. 이 사건은 새로운 누수감소 요구와 목표 수립을 촉발하였으며, 이로 인해 그 동안 물 회사가 실행 가능한 목표를 설정하였지만 이제는 NLI가 지도하는 결과가 초래되었다. 영국 물 산업은 누수감소의 상당한 성공을 거두는 한편 아직도 보존, 재사용 그리고 다른 물 효율 실무는 물론 물손실의 모든 측면들에 대한 연구를 지속할 것이다. 수자원 보호에 상당한 가치를 부여하는 정부, 환경 그리고 고객의 자극으로 인해 현재 운영되고 있는 상대적으로 세련된 시스템들이 개선되고 있다.

영국 물손실제어방법과 기법들은 수 십개 나라에 보급되기 시작하였으며 다른 국가들에게 극적인 영향을 미쳐왔다. 1990년 후반 동안 남아프리카, 말레이시아, 호주, 뉴질랜드, 브라질 그리고 캐나다의 국가 또는 지자체는 주로 누수감소에 집중된 새로운 프로그램들을 채택하여 왔다. 독일과 일본 내에서 강력한 프로그램들이 개선되고 있다. 지난 수 년 동안 말레이시아와 브라질에서 광범위한 새로운 계획이 완료되었다. 이 새로운 계획은 각 프로젝트에 1억 달러가 넘는 지속적인 투자와 함께 10년 또는 그 이상으로 연장되었으며 이러한 프로젝트의 성공을 기반으로 그 후부터 새로운 프로젝트들이 개시되었다. 프로젝트는 물 회계감사, 압력관리, 개선된 누수 감시, 탐지 및 복구 그리고 수익 향상을 포함한다.

과거는 영국 내에서 사용된 누수관리 방법론과 기법들은 쉽게 지구상 시스템들에게 이전이 가능한 것으로 보여주었다. 이 기법들을 특성이 다른 여러 급수시스템에 적용할 수 있고, 이 성능지표들은 지구상 급수시스템들을 서로 비교할 수 있도록 허락한다. 이러한 기법은 아마도 가장 강력하고, 영국과 다른 국가들에서 사용이 신속하게 전파되는 주된 이유일 것이다. 최근에 완료된 미국수도협회연구재단 AWWARF(American Water Works Association Research Foundation)은 국가간(주로 영국으로부터) 적용된 누수관리기법들의 북미 이전가능성을 평가하였다. 이 프로젝트 동안 수행된 포괄적인 현장 시험은 사전에 급수시스템의 다른 특성들과 요구조건들(주로 소방유량과 보험 요구조건) 때문에 이전을 거부하였던 일부 북미 물 공급자들에게 이 기법들의 이전이 가능한 것을 증명하였다.

세계은행과 이 은행의 능력개발조직인 세계은행기구는 과도한 물손실로 인한 심각한 문제들을 인정하였고, 개발도상국 용수기관에게 제공한 훈련과 매뉴얼을 통해 NRW 감소 및 물손실관리시 IWA 최상의 실무를 장려하는 새로운 계획을 개시하였다.

2.7 물손실제어를 위한 프로그램과 요구조건

AWWA 추정에 따르면 향후 20년 동안 미국 내 급수시스템을 업그레이드하기 위해 약 3250억 달러가 필요하다.[11] 평균 수요량을 사용하면 손실된 물과 년간 수익 그리고 미국과 세계에서 물손실제어시장의 년간 수치를 추정할 수 있다. 흥미롭게도 물손실제어는 상기 AWWA 수치의 약 29% 이상 또는 940억 달러이다. 이 추정은 표 2.2에서 찾아 볼 수 있고, 이는 오직 추정이다. 그러나 50%의 오차를 감안하여도 이 수치는 상당하고, 실질적으로 손대지 않은 잠재적인 물손실제어분야의 시장의 존재를 의미한다. 급수시스템 운영자, 자문가, 계약자, 배관공 그리고 용수기관 관리자들이 이 시장에 접근할 수 있다.

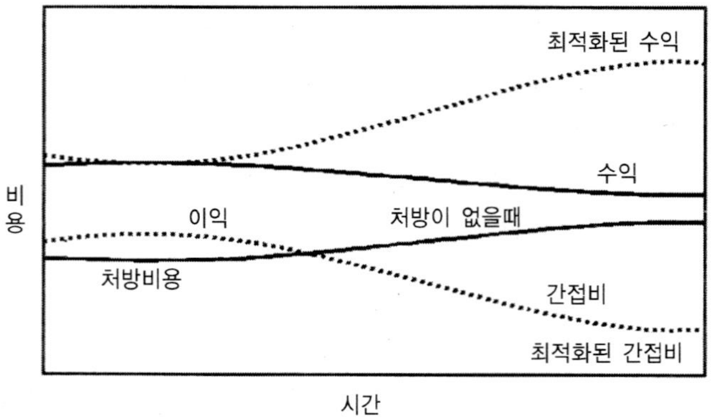

그림 2.1 물 시스템 성능 개선을 위한 지속가능한 해결책

표 2.2 물손실제어시장 가치

잠재적 미국 시장	
인구	250,000,000
평균 소비(1000갤론/년)	36.5
평균 손실	16%
실질손실/피상손실 비율	60/40%
평균 물처리비용	$2.50
평균 판매가격	$4.00
복구 가능한 손실	75%
전체 물 손실(1000갤론/년)	1,460,000,000
전체 실질손실	876,000,000
전체 피상손실	584,000,000
복구된 물 가치(실질손실×물처리비용)	$2,190,000,000
복구된 수익 가치(실질손실×판매가격)	$2,336,000,000
복구 가능한 물 가치	$1,642,500,000
복구 가능한 수익 가치	$1,752,000,000
년간 시장 규모	$3,394,500,000
단순한 세계시장규모 계산	
미국 내 1인당 손실가치	$13.58
세계 인구	6,000,000,000
년간 세계시장규모	$81,468,000,000

※ 세계시장규모 계산시 미국 이외 국가들은 물 사용량이 적지만 손실이 높고, 미국 물값은 다른 국가들과 비교할 때 저렴한 것으로 가정한다.

완벽한 물손실제어 프로그램을 물손실최적화 프로그램이라 부른다. 최적화는 기본적으로 공공, 개인 또는 수요자 시스템과 관계없이 급수시스템의 기술 및 재무 성능을 개선시킬 수 있는 모든 조치를 수행하는 것을 의미한다. 통상적으로 최적화는 간접운영비의 감소와 수익원 향상을 수반한다. 그림 2.1은 전형적인 최적화 그래프를 보여준다. 이 경우 물손실 프로젝트의 비용은 성과기반이기 때문에 개시점에서 이익은 적다.

때로는 물손실 최적화 프로그램들은 성과기반으로 착수된다. 이는 용수기관이 계약자 또는 자문가와 특별한 파트너관계 합의에 들어가는 것을 의미한다. 계약자 또는 자문가는 특정 시간에 걸쳐 프로젝트로 회수된 금전의 일부를 받는다. 이는 손실제어를 위해 할당된 상당한 초기 예산은 없지만 손실을 갖는 급수시스템을 운영하는 고정된 비용을 포함하는 운영 예산이 있는 용수기관이 프로젝트를 착수할 수 있는 우수한 방법이다. 성과 접근법에서는 용수기관이 이들의 정상적인 예산을 지속적으로 할당하면 과업이 지속되면서 실제 운영비용은 감소하고 수익원은 증가한다. 특정 시점에서 계약자는 계약에서 빠지고, 수익이 증가하면서 년간 운영예산이 감소(따라서 수익성 증가)하거나 추가 자금을 다른 유지관리 또는 훈련에 전용할 수 있다.

2.7.1 물손실제어 프로그램의 일반 구조

일반적으로 물손실제어 프로그램은 다음과 같은 4개 단계로 수행된다.

- 단계 1 : 물 회계감사, 경제적 최적 물손실 체적과 성능지표의 평가
- 단계 2 : 현장에서 물 회계감사 분석의 초기 권장을 증명하기 위한 시범연구
- 단계 3 : 피상손실 및 실질손실 감소방법의 전체 적용
- 단계 4 : 지속적인 손실제어 미케니즘의 유지

용수기관의 기대에 따라 방법론과 기법들이 자금회수를 확인할 때까지 1, 2단계에 대한 예산은 상대적으로 제한될 수 있다.

운영자들은 반드시 선제적이어야 하고 손실에 대처하기 위한 현실적인 프로그램과 예산을 확인하여야 한다. 운영자들은 반드시 손실제어를 위한 최소 예산을 적용하고 "pencil" 회계감사의 방법으로 주된 손실부분을 불가피한 것으로 탕감하고 나머지를 해결하는 것이 아니라 경제적 손실수준에 도달하기 위한 효율적이고 창의적인 방법들을 학습하여야 한다. 각 시스템의 기술적으로 불가피한 년간 실질손실수준을 계산하는 새로운 방법에 따라 불가피한 것으로 간주되었던 전통적인 경험법칙에 따른 물손실량의 표기가 변화하여 왔다. 새로운 기법들이 개발되어 전통적인 방법(Kuichling 공식)의 손실수준보다 상당히 낮은 수준으로 경제적으로 손실을 제어할 수 있다. 물손실제어 프로그램 내 포함된 과업들의 일부는 다음과 같으며

최적화 프로그램에서 자동화는 공통적인 요소이다.

1. 물손실감소 과업(실질손실)
   a. 누수감소
   b. 수리 제어(압력관리)
   c. 관로 복구 및 대체
   d. 고객 관로 대체
   e. 상태 평가 및 갱생
   f. 에너지 관리
   g. 자원 관리
2. 수익성 향상 과업(피상손실)
   a. 관리기준 분석
   b. 미터 모집단 관리
   c. 미터 시험 및 교환
   d. 올바른 규격의 미터 선정 및 교환
   e. 정기적인 미터시험
   f. 자동 미터 검침 AMR(automatic meter reading)
3. 요금고지 구조 분석 및 개선
   a. 공급 중지
      - 공급을 최소로 감소
      - 합법적 조치
      - 사전지불 전략
      - 불법 및 부정 또는 등록되지 않은 관로 감소
      - 지속적인 현장 조사 및 시험
   b. 요금 관리
   c. 고객층 관리
   d. 효율적인 설치를 위한 모델링
   e. 경제적 효율성을 보장하기 위한 모델링

현재 많은 급수시스템은 과도한 물손실을 겪고 있기 때문에 통상적으로 물손실제어 및 관리는 비용 측면에서 효과적인 시도이다. 오늘날 진취적인 물 관리자에게 가장 큰 도전과제는 물을 무한하고 저렴한 것으로 생각하는 구식의 사고방식을 바꾸는 것이다. 정책 및 의사결정자가 물의 실제 가치를 이해하면 처방법의 실행은 상대적으로 단순명료하고 착수가 보장된다.

참고문헌

1. International Water association. Performance Indicators for Water Supply Services. Manual of Best Practice: London IWA, 2000.
2. Kingdom, B., R. Liemberger, and P.marin "The Challenge of Reducing Non-Revenue Water(NRW) in Developing Countries – How th Private Sector Can Help : A Look at Performance-Based Service Contracting." Water Supply and Sanitation Sector Board Discussion Paper Series - Paper No. 8. Washington, DC.:The World Bank, 2006.
3. United Nations Environment Program. Chapter Two: "The State of the Environment Regional synthesis-Freshwater." Global Environment Outlook 2000. Available online: www.unep.org/geo2000/english/0046.htm.[Cited March 10, 2007.]
4. American Water Works Association, Stats on Tap. Available online: www.awwa.org/Advocacy/pressroom/STATS.cfm.[Cited March 10, 2007]
5. U.S. Geological Survey, "Estimated Use of Water in the United States in 1995." Circular 1200. USGS,1998
6. MacQueen, I.A.G.(ed.). The Family Health Medical Encyclopedia. Book Club Associates /William Collins Sons & Co., 1978.
7. Readers Digest. How Was It Done? The Story fo Human Ingenuity Though the Ages. Readers Digest Publishers, 1998.
8. World Bank Reports.
9. SCRIPPS Institution Of Oceanography.Scripps-led Study Shows Climate Warming to Shrink Key Water Supplies around the World, Available Online:http://scrippsnews.ucsd.edu/article_detail.cfm?article_num=703.[Cited March 13,2007.]
10. Lambert, A.O. International Water data Comparisons, Ltd. Personal Conversation, October 2000 reinterpretation of United Kingdom Office of Water Services (Ofwat) Reported Leakage Results.
11. Ameican Water Works Association. Stats on Tap, Available online: www.awwa.org/pressroom/statswp5.htm.revised.[Cited February 15,2001.]

Chapter 03

물손실형식 이해

3.1 물 공급자 손실 정의

급수시스템에서 발생하는 물손실 형식을 이해하고 명확하고 일관되게 정의하는 것은 물손실문제를 관리하기 위한 첫 번째 절차이다. 단순하게 진술하면 물손실과 수익손실의 문제들은 다음과 같다.

- 물손실 : 용수기관이 공급한 모든 물이 고객에게 전달되지 않는다.
- 수익손실 : 최종 사용자에게 도달하는 모든 물이 적정하게 지불되거나 계량되지 않는다.
- 전문용어 : 표준화된 물손실과 수익손실의 정의는 손실을 정량화하고 제어하기 위해 필수이다.

국제물협회 IWA(Internation Water Association)는 공급자 물손실이 발생하는 모든 형태를 다음과 같이 2개의 주된 범주로 정의한다.

- 실질손실은 배수시스템으로부터 실질적으로 물이 빠져 나가는 것으로 배관, 조인트 그리고 피팅으로부터의 누수; 배수지와 탱크로부터 누수; 그리고 배수지 월류로 인한 물손실을 포함한다. 실질손실은 최종 사용자 지점 이전에서 발생한다.
- 피상손실은 고객 검침과 관련된 부정확성, 소비 및 요금고지 처리 오류, 미계량된 사용량 추정 그리고 임의 미승인된(도수 또는 불법 사용) 소비에 의해 발생한다.

상기 두 정의는 극명한 물질적 차이에 의해 구별되며 대부분의 경우 극적인 경제적인 차이가 존재한다. 가장 통상적인 누수인 실질손실은 전형적으로 물의 가변생산비용으로 평가된다. 고객 목적지에서 발생하는 피상손실은 통상적으로 생산비용보다 훨씬 더 큰 요금인 소매가격으로 물 공급자에게 부과된다. 가변생산비용은 빈번하게 오직 단기 비용만을 포함한다. 그러나 많은 경우에서 실질손실평가시 장기 비용을 포함하는 것이 타당하고, 가장 적합하고 효과적인 물손실제어 비용으로 프로그램을 설계하기 위해 실질손실과 피상손실의 비용 각각을 조심스럽게 평가할 필요가 있다.

3.1.1 실질손실(real loss)

급수시스템 내 실질손실물량은 물 공급자가 얼마나 효율적으로 자산(배수관망)을 관리하고 고객들에게 제품을 배달하는지를 나타내는 훌륭한 지표이다. 만일 물 공급자를 물-효율적, 고객-반응적 그리고 수자원을 책임질 관리원으로 간주하면 경제적으로 정당화할 수 있는 것보다 상당히 큰 실질손실체적에 대해 조치를 취할 필요가 있다. 실질손실은 다음 3개의 성분으로 구성된다(그림 3.1 참조).

- 보고된 파괴 및 누수(Reported breaks and leaks) : 통상적으로 이들은 높은 유량을 가지며, 육안으로 명백한 파괴이고, 고객에게 불편(압력저하 또는 공급 중단)을 야기하므로 용수기관 직원 또는 고객이 용수기관에 보고하는 시간이 짧다.
- 미보고된 파괴 및 누수(Unreported breaks and leaks) : 통상적으로 이들은 지상 시야로부터 숨겨져 있고, 중간 정도의 유량을 가지며, 용수기관이 이들을 감지하기 위해 누수를 탐색하여야 하므로 장기간이 소요된다. 능동적인 누수탐사를 통해 이들을 발견할 수 있다.
- 배경누수(Background leakage) : 이들은 배관 조인트 및 연결배관에서 축적된 weeps 및 seeps이다. 이들은 전통적인 음향 누수탐지장비로 탐지하기에 너무 작다(250L/hr 또는 1gpm). 이들은 서서히 악화되어 지속된다. 배경누수를 감소시키는 유일한 방법은 압력관리 또는 기반시설 대체이다.

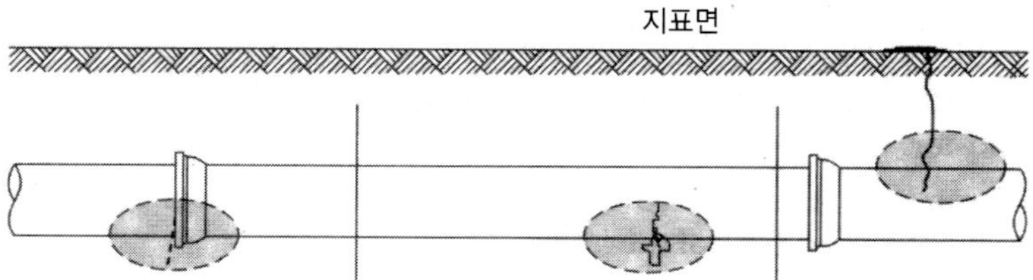

배경누수	미보고된 누수	보고된 누수
전통적인 청음장치로 탐지 불능 및 미보고된 누수	빈번하게 표면으로 나타나지 않지만 전통적인 청음장치로 탐지 가능	빈번하게 표면으로 나타나며 보고된다
도구	**도구**	**도구**
압력 감소 주관로 및 서비스관로대체 조인트 및 피팅 숫자 감소	압력 감소 주관로 및 서비스관로대체 조인트 및 피팅 숫자 감소 선제적 누수 탐사	압력 감소 주관로 및 서비스관로대체 최적화된 복구 시간

그림 3.1 실질손실 성분들과 처방 도구(참고문헌 2 참조)

실질손실(누수)이 발생하는 이유. 누수는 모든 급수관망에서 실제로 존재한다. 완벽하게 실질손실을 제거할 수 없으며, 새로운 관망에서 조차도 최소 실질손실체적(불가피한 실질손실체적)을 가질 수 있다. 그러나 실질손실체적이 불가피한 실질손실체적을 얼마나 초과하는지는 배수관망의 일반적인 특성과 용수기관이 채용한 누수관리정책에 종속된다. 가장 공통적인 누수 원인들은 다음과 같다.

- 불량한 설치 및 숙련도
- 불량한 재료
- 설치 이전에 잘못 취급된 재료
- 올바르지 않은 되메움(backfill)
- 부정류
- 압력 동요
- 과도한 압력
- 부식
- 진동 및 차량하중
- 추위와 같은 환경조건
- 적정하게 스케줄된 유지관리의 부족

누수가 발생하는 장소. 일반적으로 관망의 3개 부문인 주송수관로(그림 3.2 참조), 주배수관로

그림 3.2 주송수관로 파괴(WSO–Guido Wiesenreiter 제공)

그림 3.3 주배수관로 파괴(WSO–Guido Wiesenreiter 제공)

그림 3.4 서비스관로 누수(WSO–Guido Wiesenreiter 제공)

(그림 3.3 참조), 서비스관로(그림 3.4 참조)에서 누수가 발생할 수 있다. 누수 발생 지점에 따라 유량, 공급 장애 유발 경향 그리고 지반고 상부로 나타나 육안으로 확인 가능성과 같은 특성이 다르게 나타난다.

영국 누수관리 전문용어는 보고된 누수 vs 미보고된 누수 또는 더 문헌적으로 *보고된 파열(burst)과 미보고된 누수*를 구별한다. 통상적으로 극적인 배관 파열은 신속하게 보고되기 때문에 가장 쉽게 인지할 수 있는 보고된 누수의 예이다. 그러나 지하 관로에서 소량이 누수되는 미보고된 누수는 물 공급자의 관심으로부터 벗어나지만 이들은 장기간에 걸쳐 탐지되지 않으므로 상당한 손실된 물량을 차지한다. 미국 내에서 역사적으로 보고된 그리고 미보고된 용어가 채용되지 않았고, 따라서 "누수"와 "파괴(파열)"는 다소 주관적이고, 일관성 없는 많은 전문용어의 예 중 하나이다. 그러나 미국 내에서 이러한 전문용어의 사용을 지원하기 위한 노력이 진행 중이고 AWWA M36 출판물 물회계감사 및 손실제어 프로그램(Water Audits and Loss Control Program)은 이러한 전문용어를 지원한다.

주관로 파괴 예측, 방지, 제어에 관해 최근에 출판된 미국수도협회연구재단 AWWARF 보고서는 미국 내 용수기관이 년간 250,000~300,000건의 주관로 파괴를 경험하였고, 약 30억 달러의 년간 손상액 및 간접적인 결과를 추정한다. 작은 누수와 서비스 누수가 얼마나 많이 발생하는지는 몰라도 년간 누수량은 전형적인 물 공급 시스템에 걸쳐 주관로 파열의 수배가 되어 년간 500,000~1,500,000건의 누수를 초래할 것으로 추정된다. 미국은 약 880,000마일의 주배수관로를 가지며 이들 중 많은 배관은 라이닝되지 않은 구식 주철관으로 보수, 갱생 또는 대체를 필요로 한다. 그러나 훌륭한 누수제어실무는 주송수관로의 장애로 이어지는 누수, 파괴의 발생을 감소시켜 현존하는 기반시설의 수명을 연장하는 데 도움이 된다.

어느 누수가 실질누수의 가장 큰 체적을 야기하는가. 신속하게 지상으로 노출되고 공급 장애를 야기하는 주관로 파열은 누수되는 배관들을 통해 손실된 물 체적의 원인이라고 오해하고 있다. 극단적인 배관 장애로 인해 손실된 물체적이 상당할지라도 용수기관 직원은 이와 같은 장애를 대처하기 위해 신속하게 대응하기 때문에 오직 짧은 시간 동안 발생한다는 사실을 이해하지 못하고 있다. 역으로 숨어 있는 작은 누수들과 파괴들은 수 년 동안 지속되어 이들을 복구하기 이전까지 상당히 큰 실질손실체적이 발생한다(제10장 참조). 1990년 동안 누수제어 노력의 상당한 연구 결과물로서 주 송수관로로부터 분지된 고객 서비스 관로 그리고 단일 또는 복수 사용자 부지까지 물 공급에서 발생하는 커다란 손실물량을 발견하였다. 많은 급수시스템의 경우 이러한 작은 직경 관로 상 누수들은 특히 서비스 연결밀도가 높은 배수시스템 내 물 공급 운영에서 직면하는 가장 큰 누수수치를 나타낸다. 빈번하게 공급자 정책은 고객들이 서비스 관로를 소유하고 필요시 보수 또는 대체하도록 요구한다. 불행하게도 많은 고객들은 그들의 소유 책임을 모르고 있으며, 알고 있는 누수를 보수하도록 권장하면 시간상 또는 효과적으로 상대적으로 고비용인 보수를 실행할 수 없다. 결과적으로 고객 서비스 관로 누수는 보고된 후에도 상당히 긴 기간 동안 지속되어 상당한 물손실을 차지한다. 1990년대 영국에서 발생한 극심한 가뭄으로 인해 일부 물 공급자들은 누수되는 고객 서비스 관로의 보수를 실행하도록 강요하는 비상 규정을 제정하였다. 손실된 물 절감의 결과는 효과적인 것으로 나타났으며, 보수 방법들은 효율적이어서 고객 서비스 관로의 누수를 물 회사가 복구하도록 국가 규정이 신속하게 수립되었다. 여기서 주목할 만한 다른 두 개 측면은 고객이 아직도 관로를 소유한다는 것, 그리고 한번 고객의 높은 초기 누적누수가 복구되면 새로운 누수의 발생율은 충분히 완만하여 물 회사 복구정책은 관리할 수 있고 비용 또한 효과적인 것으로 밝혀졌다. 이 경험은 누수손실은 지속되는 누수량과 시간 두 개의 주된 변수들에 종속된다는 원리를 극적으로 증명한다. 따라서 누수관리전략을 개발할 때 두 매개변수들을 반드시 고려하여야 한다. 물 공급자는 너무나 빈번하게 작은 체적의 누수를 알지 못해 무한 누수시간 동안 특정량에 도달할 때까지 발생하고 손실되는 것을 허용한다.

누수 및 파괴를 통한 물손실의 체적이 미치는 다른 요인. 지구상 진취적인 누수관리 프로그램에 채용되는 최근 다른 원리는 압력관리기법이다. 설계시 물 기반시설 공학자는 주로 최소 설계 압력 이상의 서비스를 제공하는 목적으로 배수시스템 압력 수준을 명시하여 왔다. 그러나 소방 유량, 시설 확장 그리고 안전 요소들을 고려하기 위한 지침은 과도한 압력의 영향을 고려하지 않고 시스템 내 최소 요구조건 보다 높은 수압의 공급을 초래하였다. 1990년 후반에 압력과 누수율 사이 기본 관계가 확립되었고, 특정 누수 형식은 압력 변화에 매우 민감한 것을 보여주었다. 이제 특정 최소 압력수준을 제공할 필요가 있지만 최대 압력수준도 반드시 확립하여야 하며 이를 초과하지 않도록 하여야 한다. 과도한 수압은 특정 형식의 누수를 증가시킬 뿐만 아니라 주관로 파손율과 공급자의 불필요한 에너지 비용에도 영향을 미친다. 진취적으로 관리된 물시스템에서 이제 수압은 기반시설에 낭비 또는 유해한 영향을 미치지 않고 고객과 공급자의 욕구를 만족시키는 적정한 범위로 제어된다.

누수의 영향 및 특징에 대해 지난 10년간 상당한 연구가 수행되었고 매우 효과적인 실무와 기법들이 개발되었으며, 지구상에서 실질손실의 관리, 감소, 제어가 성공적으로 실행되었다. 모든 물 공급자들은 그들 급수시스템 내에서 발생하는 누수를 면밀하게 평가하고 누수손실제어를 위한 최상의 실무모델로 고려되는 방법들을 적용하여야 한다.

3.1.2 피상손실(apparent loss)

피상손실은 누수에 의해 야기되지 않는다는 사실을 인식하는 것이 중요하다. 물은 최종 사용자의 목적지에 도달하기 때문에 피상손실은 임의 물질적인 물손실을 포함하지 않는다. 그러나 성공적으로 공급된 물이 부정확하게 계량되고, 요금고지시스템에서 부적절하게 기록 보존되고 또는 승인되지 않고 사용된다. 피상손실은 물 공급자가 고객에게 배달한 물에 대한 공급자의 수익창출에 부정적인 영향을 직접 미치므로 항상 제어해야 할 매우 중요한 요소이다.

고객들의 정확한 계량은 손실제어 및 보존 프로그램을 평가하기 위해 필요한 소비 추세에 대한 소중한 정보를 제공한다. 또한 체적에 가격을 연관시키므로 고객의 마음속에 물의 가치를 증가시킨다. 이제 개선된 계량, 자동 검침, 자료기록기법들을 광범위하게 사용할 수 있고, 고객 소비 정보는 용수기관 운영과 개별 유역 또는 지역의 수자원의 관리개선에 매우 중요한 자원이 되었다.[4]

이러한 손실들의 종류를 토론하기 전에 물 공급자가 사용하는 전형적인 계량 및 요금고지 구조를 검토하는 것이 적합하다. 최근 옥내 위생설비를 위해 고객 서비스 배관이 지역 급수관로 또는 주관로에 직접 연결되어 고객의 가정으로 직접 물이 공급된다. 그림 3.5는 직접 공급받는 전형적인 상황을 보여준다.

다수의 물 공급자들은 최종 사용자 부지 내 고객 수도미터를 설치하여 사용된 실제 물의 단위 체적 당 요금고지 목적을 위해 정기적인 수도미터 읽음 값을 수집한다. 또한 고객 수도미터는 사용자가 그들의 물 사용을 감시하도록 허락하고, 고객이 과도한 사용을 통제하고 낭비를 확인하는 선택사항을 제공한다. 당연하게 이 접근은 전형적인 자유 시장 상품의 규범을 따르는 것으로 보이고, 지불은 제품 또는 배달된 서비스의 체적에 기초한다. 그러나 고객 수도미터의 사용과 사용량에 기초한 요금고지는 미국 또는 세계 물 산업에서 보편적이지 않다. 대부분의 공공 물 사용 고객의 경우 이들의 실제 물 사용량을 계량하지 않고 서비스가 제공되고, 요금고지는 고객 사용자 형식에 따라 정액요금제에 기초하여 부과된다. 미국에서는 아마도 모든 사용자들의 절반만이 국가의 특정 지역 내 여러 단계로 나누어진 계량과 관련된 정서와 함께 수도미터를 사용한다. 영국과 웨일스에서는 전통적으로 오직 산업, 상업, 기관인 ICI(Industrial, Commercial, and Institutional) 고객들만을 계량한다. 환경론자와 규제기관은 보편적인 주거민 고객 계량을 지지하고, 신규 건설 및 고객 요청시 수도미터를 설치하는 것으로 완만하게 변화하

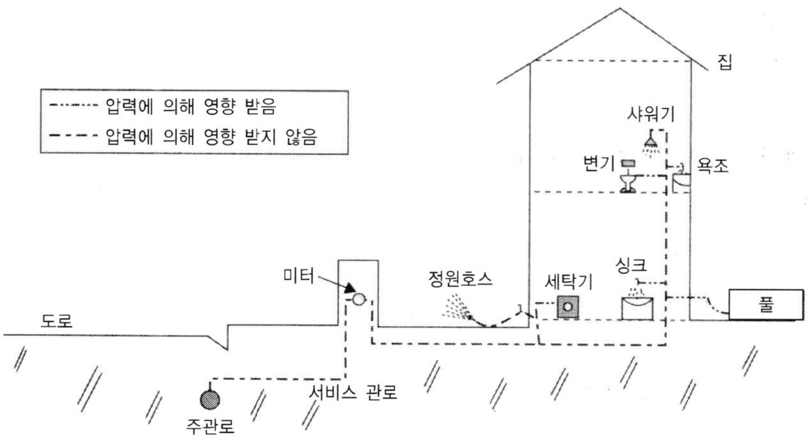

그림 3.5 전형적인 주거민 직수 공급 상황

고 있다. 2006년 말 영국과 웨일스 내 모든 주택의 약 25%가 수도미터로 계량되었다.

피상손실이 발생하는 이유

피상손실은 주로 다음 세가지 방법으로 발생한다.

1. 고객 수도미터 부정확
2. 물 계량 오차
3. 미승인된 소비

실질손실과는 대조적으로 피상손실은 용수기관의 금전등록기에게 직접 영향을 미치므로 용수기관 수익창출에 미치는 부정적인 영향이 훨씬 더 크다. 반드시 판매된 물의 소매가격으로 피상손실을 평가하여야 한다. 피상손실과 관련된 또 다른 중요한 요소는 피상손실체적의 과소추정으로 인해 물 회계감사에서 실질손실이 과장되는 결과가 초래된다는 사실이다. 이는 상당한 잠재적 수익 회수를 무시하고 누수를 부적절하게 강조하여 관리자가 물손실제어 계획을 잘못 인식할 수 있는 가능성이 크다.

고객 수도미터의 부정확성이 어떻게 발생하는가. 계량에서 오류는 여러 방법으로 발생할 수 있다. 먼저 기계적 또는 다양한 적용성에 기인하여 수도미터의 읽음에서 오류가 발생할 수 있다. 주로 단일 용수기관 내 고객집단 사이에서 변화하는 물 소비 패턴에 기인하여 여러 개의 다른 규격과 형식의 수도미터를 발견할 수 있다. 표준 용적식 또는 유속식 수도미터는 주거민 사용자들의 유량을 정확하게 측정하지만 ICI 사용자의 유량은 주야간마다 극적으로 변화한다. 즉, 혼합 계량기를 사용하여 광범위한 유량 범위에서 정확하게 측정하는 수도미터가 필요하다. 수도미터가 유량을 정확하게 계량하지 못하는 주된 이유들 중 일부는 다음과 같다.

- 시간 경과에 따른 마모
- 수질 영향
- 화학물 형성
- 불량한 마감처리 및 기량(workmanship)
- 극한 한파 또는 더위와 같은 환경조건
- 올바르지 못한 설치
- 올바르지 못한 규격결정
- 용도에 대한 올바르지 못한 수도미터 형식의 시방
- 조작
- 정기적인 시험 및 유지관리 부족
- 올바르지 못한 보수

권장되는 고객 수도미터의 유지관리실무는 기록된 소비 패턴의 감시 및 정기적으로 시험, 캘리브레이션, 보수 또는 사용하고 있는 수도미터의 대체를 위한 순환(rotating)을 포함한다.

많은 급수시스템들에서 수도미터가 없거나 또는 결함이 있거나, 또는 수도미터를 판독할 수 없는 경우 고객 소비량을 추정한다. 만일 합리적인 방법으로 추정치를 고려하지 않거나 변화하는 고객 소비 패턴을 업데이트하지 않으면 일시적 또는 영구히 사용되는 추정치는 정확하지 않을 수 있다. 따라서 여기에서 다른 형태의 부정확한 물 사용량이 발생할 수 있다.

검침은 정확한 물 소비 자료를 얻는데 있어 두 번째 절차이다. 검침의 오류는 본질적인 측정에서 오류이다. 미터 자동 검침 AMR 시스템의 사용 증가에 따라 검침 오류 확률은 전통적인 수동 검침에서 발생하는 오류와는 상대적으로 감소되고 있다. 그러나 최적화를 추구하는 모든 시스템들은 실제 측정된 물 소비를 정보 처리(요금고지) 시스템으로 전송함에 있어 최소한 하나의 수도미터 검침의 정확도에 대한 간략한 평가를 포함하여야 한다.

어떻게 물 회계에서 오류가 발생하는가

고객 계정 처리에서 오류들은 수많은 방법으로 발생하며 일부는 다음을 포함한다.

- 요금고지 조정 동안 고객 물 소비 자료가 수정된다.
- 의도적으로 또는 우연하게 요금고지 기록에서 물을 사용하는 일부 고객들이 생략되어 감시되지 않는다.
- 특정 사용자들은 미요금고지된 상태(무료 또는 보조금)로 관리되어 실제 소비가 기록되지 않는다.
- 자료 분석 및 요금고지 동안 휴먼에러가 발생한다.
- 약한 정책은 요금고지 및 물 회계에서 허점을 유발한다.
- 불량한 구조의 수도미터 검침 또는 요금고지시스템
- 실제 자산의 소유 또는 고객 계정상태 변화에 대한 불량한 추적
- 피상손실의 평가, 감소 그리고 방지에서 기술적 · 관리적 관계의 이해 부족

미국에서 "물 회계(water accounting)"는 표준화된 과정으로 구성된 상당한 통제 및 회계책임을 갖는 "재무회계"와 같이 확립된 실무가 아니다. 물 회계를 위한 일관된 기준들이 존재하지 않는다는 사실은 많은 물 시스템들은 실제 고객 사용량을 과소추정하고 완벽한 요금고지의 포착 가능성을 실패할 수 있다는 것을 의미한다.

미승인된 소비

마지막으로 세 번째 주된 피상손실의 발생은 미승인된 소비이다. 인간본성은 정량-비용 관계에 대해 높은 관심을 갖는 반면 집단의 일부는 지불하지 않고 불법으로 서비스 받으려고

시도하는 것이 사실이다. 미승인된 소비는 고객 수도미터들을 사용하고 단위 체적 당 물 요금이 고지되는 시스템들 내에서 더욱 공통적인 현상이 될 수 있다. 정액요금이 적용되고, 정기적으로 소비를 감시하지 않는 경우 고객들은 실질적인 단위 비용을 낮추기 위해 더욱 많은 물량을 취할 수 있다. 그러나 고객들은 지불하지 않고 물 서비스를 받기 위해 완전히 요금고지과정에 포함되지 않도록 노력할 수 있다.

미승인된 소비는 많은 방법으로 발생할 수 있다. 미승인된 소비는 최종 사용자들의 지점에서 많이 발생한다. 일부 고객들은 수도미터의 지침을 낮추기 위해 수도미터 판독 장치 또는 수도미터를 불법으로 조작한다. 다행히 많은 AMR 시스템들은 이와 같은 행위를 좌절시키는 데 도움을 주는 조작방지 기능을 갖는다. 대형 수도미터를 갖는 부도덕한 사용자들은 계량되지 않는 우회 배관의 밸브를 개방하여 활성(active) 수도미터 주변으로 공급되는 루트를 갖는 것으로 알려져 있다. 일부 사용자들 이나 계약자들은 의식적으로 또는 부지불식간 분지 배관을 수도미터의 고객 서비스 관로 상류측에 연결하여 수도미터를 통하지 않고 물을 공급받을 수 있다.

미국 북동부 지역 도시 시스템들은 종료된 서비스 연결의 복원을 요청하는 많은 고객 요구를 직면하여 왔다. 미국 내 채무를 이행하지 않는 고객들에 대해 용수기관이 사용하는 일반적인 서비스 종료 수단은 고객 서비스 배관상 지수전 밸브를 폐쇄하고 잠그는 것이다. 불법 복원은 채무를 이행하지 않아 물 공급자가 서비스를 종료한 후 채무를 이행하지 않았던 고객들이 물 공급 서비스 재개를 요청할 때 발생한다. 이러한 상황들은 물 공급자들이 이들을 종료한 후 재개된, 미승인된 소비에 대해 종료된 계정을 지속적으로 감시할 필요성을 보여준다. 필라델피아는 이와 같이 감시하여 불법 복원을 성공적으로 감소시켰고, 1999년 AMR 시스템을 설치한 후 종료된 불법 복원율을 계정의 35%에서 20% 이하로 낮추었다. 필라델피아는 2007년 재무년도 동안 불법으로 복원된 2984개 계정을 적발하였고, 채무 불이행 고객들이 지불하도록 독려하여 손실된 재무 $341,000을 징수할 수 있었다. AMR 시스템을 사용하여 하나의 계정이 지불하지 않아 차단되어도 수도미터 읽음과 소비는 지속적으로 감시된다. 미국 경험과 대조적으로 영국과 웨일스 내 물 회사는 어떠한 상황에서도 고객들에 대한 물 서비스를 종료시키는 것이 허락되지 않는다.

또한 미승인된 소비는 고객 서비스 관로가 아닌 배수시스템 내 한 지점으로부터 물을 취수하는 방법을 찾을 때 발생하는 것으로 알려져 있다. 미국 내 지반고 보다 높은 곳에 부속품으로서 설치된 소화전을 갖는 경우 많은 도시들에서 소화전의 불법 개방이 정기적으로 발생한다. 일부 지역에서 도로청소장비, 조경트럭 그리고 건설 차량을 충수하기 위해 소화전을 무심코 사용하고 있으며 강직한 사업자들도 이를 수용할 수 있는 관행으로 인식하고 있다. 이와 같은 경우 용수기관들은 사업지역 내 상품으로서 물의 가치를 주입시키기 위한 대중 교육의 과제를 갖는다. 정상적인 고객 서비스 관로 연결 이외 이제 물 시스템에서 물 판매를 허락하고 장려하는 대량 물 판매점(bulk water dispensary)이 많이 사용되고 있다. 일부 물 시스템들은 소화전으로부터의 물 사용을 허락한다. 교차연결(cross connection) 보호 그리고 물 회계책임에 대한 관심을 갖는 대부분 용수기관들은 이러한 실무는 선호하지 않는다.

모든 물 공급자들은 그들 시스템들 내 미승인된 소비가 어느 정도 존재하는 가능성을 염두에 두어야 한다. 소매시설은 반드시 "가게 좀도둑"에 대항하여 보호장치를 취하면서 물 시스템들은 미승인된 소비를 감시하기 위한 적정한 통제를 가져야 하고 이와 같은 존재를 지속적으로 확인하여야 한다.

3.2 결론

본장은 두 개의 물손실인 실질손실과 피상손실에 대한 일반적인 개관을 제공하였다. 이 둘은 용수기관의 효율성에 따라 모든 물 시스템 내 어느 정도 존재한다. 경제적으로 최적 수준으로 운영하기 위해 두 요소들을 조심스럽게 평가, 감시, 관리하여야 한다. 제11장부터 제15장은 피상손실에 대한 더욱 상세한 내용과 피상손실에 대해 사용할 수 있는 처방도구에 대한 상세한 통찰력을 제공한다. 제16장부터 제19장은 실질손실에 대한 더욱 상세한 내용 및 사용할 수 있는 처방도구의 상세한 통찰력을 제공한다.

참고문헌

1. International Water Association. Performance Indicators for Water Supply Service. Manual of Best Practice. London:IWA, 2000

2. Tardelli, J.Chapter 10. In Abastecimento de Agua. São Paulo, Brazil. Tsutiya M Escola Politecnica, Universidade de São Paulo: 2005

3. Grigg, S.N.Main Break Prediction , Prevention, and Control. Denver, Colo.:AWWARF, AWWA, and IWA, 2005.

4. America Water Works Association. Water Audits and Leak Detection, 3rd ed. Manual M36. Denver, colo:AWWA, in press.

5. American Water Works Association. Statements of Policy on Public Water Supply Matters, Avaiable online:http://www.awwa.org/about/oandc/officaldocs/AWWASTAT.cfm.[Cited March 29.2007]

Chapter 04

물손실관리 및 제어

4.1 소개

물손실은 신진국의 광범위한 기반시설로부터 개도국의 제한된 자원에 걸친 만성적인 심각하고, 전역적인 문제이다. 빈번하게 건조하거나 인구가 확장되는 반 건조한(semiarid) 지역에서 발생하는 기후 변화, 가뭄 그리고 물 부족은 물 공급자들에게 미치는 영향이 증가하고 있으며 물은 환경적 지속성과 경제성장을 위해 제한된 요소가 되어가고 있다. 이러한 냉혹한 현실을 고려할 때 대부분 국가들은 신뢰할 수 있는 공급된 물과 손실된 물의 추적은 필수적이다. 용수기관 관리자들의 무대책에 대한 공통적인 핑계는 자원부족 및 물 시스템 운영에서 다른 많은 우선순위의 부담이다. 특히 일부 용수기관은 고객에게 물을 보존하거나 보다 높은 요금을 지불할 것을 요구하는 경우 민원이 두려워 물손실을 무시한다. 제한된 물 회계감사 규정(특히 외부 당국자가 면밀하게 조사하지 않고 서류상으로 회계감사를 하는 경우)을 갖는 지역들에서 일부 용수기관 관리자들은 그들의 실제 손실들을 왜곡한다. 그러나 이러한 실무 대부분은 단순하게 이들 용수기관의 물손실제어에 대한 지방 또는 국가 안건이 부족한 것을 반영하는 것이다.

지구상 물 공급/수요 균형은 위험에 처해 있다. 많은 개발도상국과 일부 선진국의 일부 물 시스템들은 고객들에게 특히, 가뭄 동안 1일 24시간 지속적으로 물을 공급하지 않는다. 다른 물 시스템들은 급속하게 발전하는 지역사회에 공급하기 위한 수자원의 제한을 직면하고 있다. 리조트 지역 내 용수기관은 붐비는 휴일과 관광업에 물을 공급하면서 주말 및 휴일 첨두 유량은 정상적인 운영 첨두 유량의 몇 배까지 상승하는 결과를 초래한다. 이러한 시스템들은 빈번하게 상당한 자금을 빌려오고 오직 시간제로 사용되는 고비용 신규 수자원을 설치한다. 고비용 투자는 나머지 시간 동안 사용되지 않고 비효율적으로 운영된다. 이러한 조건에서 시스템의 물손실관리는 현재 누수로 손실되는 정수 처리된 물 체적의 포착의 여러 장점을 제공하는 한편 피상손실을 관리하여 필요한 추가 수익을 확보한다. 성공적인 물손실제어 프로그램은 자본투자를 위한 대출 비용을 연기하고, 현존하는 수자원을 활용하고, 고객 만족을 향상시키고, 통상적으로 매우 신속한 자금회수를 제공할 수 있다.

올바른 방향에 대한 첫 번째 단계는 문제를 인식, 평가하고 효율적으로 물손실을 제어하기 위한 재원과 자금을 확보하는 것이다. 본장에서는 물손실에 대해 진취적인 입장을 취하였던 수많은 국가들은 물론 미국 그리고 영국과 웨일스 내 구조들의 대조에 집중하여 물손실을 관리하는 방법을 설명하고, 이 국가들의 규정 구조, 기준, 관리 실무에 대한 통찰력을 제공한다.

4.2 미국 내 물손실관리

미국은 풍부한 자원을 갖은 축복받은 국가이다. 물은 미국이 오늘날 즐기고 있는 수준의 강력함과 번영을 지속하도록 도움을 제공하는 주된 자원이다. 불행하게도 미국의 초기 역사 동안 풍부한 물의 가용성은 현재 상당한 물손실을 허용하는 물 공급 기반시설과 미국 정신의 원인이 되어 왔다. 이러한 사실에 대한 대중과 많은 물 공급 전문가의 전반적인 인식 부족은 큰 문제이다.

오늘날 미국 물 산업은 국가의 경제 및 인구 성장을 지속하기 위해 필요한 물 공급을 제공함에 있어 점진적인 도전에 직면하고 있다. 라스베가스주 피닉스와 같은 미국 내 급속하게 성장하는 일부 도시들은 반건조 또는 건조한 기후에 위치한다. 이러한 건조한 지역 내 수자원이 제한되어 매우 먼 거리에 위치한 수자원으로부터 물을 개발하여 송수하여야 한다. 콜로라도강은 매우 중요한 물 공급의 생명선이다. 그러나 여러 주에 물을 공급하는 한편 캘리포니아만에 대한 콜로라도 강 어귀에서는 자주 건조하게 된다. 따라서 이 주들은 물 공급 목표를 달성하면서 강을 최상으로 관리하는 방법에서 서로 다툰다.[1]

많은 지역들에서 수년간 가뭄이 정상적인 것이 되어 지난 20년 동안 물 제약을 겪는 한편 자금조달 제약과 결부된 강화된 수질 및 환경보호로 인해 새로운 수자원개발의 매력이 적어졌으며 비용이 증가하였다. 물손실감소를 통해 절감된 물이 가장 저렴한 새로운 수원 중 하나인 것으로 증명되었고, 국가 차원에서 이러한 압력들에도 불구하고 물손실정책은 아직도 충분히 강조되지 않는다.

용수기관의 배달 효율성에 영향을 미치는 다양한 활동들을 표현하기 위해 지난 수 십년 동안 미국 내에서 용어 "물 회계책임"을 간혹 사용하여 왔다. 역사적으로 미국 내 물 회계책임 실무(불명수량 퍼센티지)는 물손실상태를 해석함에 있어 많은 혼돈을 유발하는 과학보다는 예술로서 존재하여 왔다. 이러한 혼돈은 일관성이 없는 전문용어, 신뢰할 수 없는 퍼센티지 측정 그리고 물손실성능을 타당하게 평가하고 비교하는 절차의 부족으로부터 유래되었다. 그러나 미국 내 광범위한 수준으로 발생하는 물손실의 인식부족으로 인해 구식이 된 물 회계책임 방법들은 하나의 약한 규율이다. 많은 물 산업 관계자들에게 인식 부족은 상당한 우려이고, 용수기관이 물손실을 정량화하거나 국가차원에서 신뢰성 있게 제어할 수 있는 의지가 없었다.

이와 반대로 물 보존은 여러 주에서 잘 구성된 분야가 되어 왔다. 특히 인구가 상당히 성장하고, 물이 제한되고, 건조 지역 내 불필요한 고가인 물 소비를 상당히 성공적으로 제한하였다. 물 보존은 주로 최종 사용자가 사용 효율을 향상시키고, 낭비를 감소시켜 물을 감소시키는 것에 집중한다. 가정 물 사용기구와 다른 물 사용에 대한 요구조건을 설정하는 규정으로 작동 중인 국가차원에서의 물 보존이 인식되고 있다. 미국환경보호청 USEPA(united states environmental protection agency)의 지지와 다수의 성공적인 지역 물 보존 노력으로 국가차원의 물 효율을 위한 국가 연합(National Alliance)이 출범하였다. 또한 USEPA는 최근에 WaterSense 프로그램을 출범시켰고, 수년 동안 EnergyStar 에너지 효율 등급의 성능을 발휘하는 물 사용기구에게 WaterSense 인증표를 부여하였다. 하지만 불행하게도 용수기관의 불량한 회계 및 누수로 인해 보존을 통해 달성한 최종 사용자 절감보다 몇 배가 큰 공급 측면에서 발생하는 손실을 아직도 충분히 인식하지 못하고 있다.

4.2.1 문화적 정서(Cultural Attitude)

미국인들은 세계적인 물 소비자들이다. 그림 4.1에서 미국인들의 물 소비는 물공급 이외 발전 및 농업 용도를 포함한 모든 용도를 위한 원수 취수량을 평가할 때 세계에서 가장 높은 1인당 물 소비자 순위가 된다. 물론 그림 4.1의 소비 체적은 특정 수준의 오차를 갖는다. 기본적으로 많은 국가들에서 양호한 자료는 존재하지 않는다. 따라서 반드시 일반적인 방법으로 평가를 해석하여야 한다. 그러나 그림 4.1은 농업, 산업 그리고 가정용과 같은 모든 용도를 위한 지구상 물 취수량에서 상당한 차이가 발생하는 양호한 일반적인 상황을 제공한다.

때때로 "보존" 은 미국인이 생각하는 것과 반대 개념인 자원의 개발, 개발에 맞추어진 "덜 사용하는 것"으로 간주된다. 물을 계량하지 않는 많은 용수기관의 경우 고객과 공급자 모두의 인식으로부터 자원의 "유한" 의식이 제거된다. 지구의 다른 부분들과 같이 미국에서는 물은 빈번하게 문자 그대로 그리고 정서적으로 가치가 저평가 된다. 고객의 물 요금은 사회적 또는 정치적 이유로 인해 빈번하게 의도적으로 억제된다(그림 4.2 2006년 기준 국제 물 가격 비교 참조). 특히 한국에서는 수자원의 관리 주체의 다양성(다목적댐의 관리는 수자원공사, 발전 및 농업을 위한 단일목적댐은 한국수력원자력과 농업진흥공사, 홍수 및 재난은 재난방재청 등), 수도 분야에서는 한국수자원공사의 광역상수도와 지자체의 지방수도의 이해관계 그리고 지자체 단체장의 정치적 이유 등으로 여러 이해관계가 얽혀 있어 물 값의 현실화율은 70~80%에 머물러 있는 상태이다.

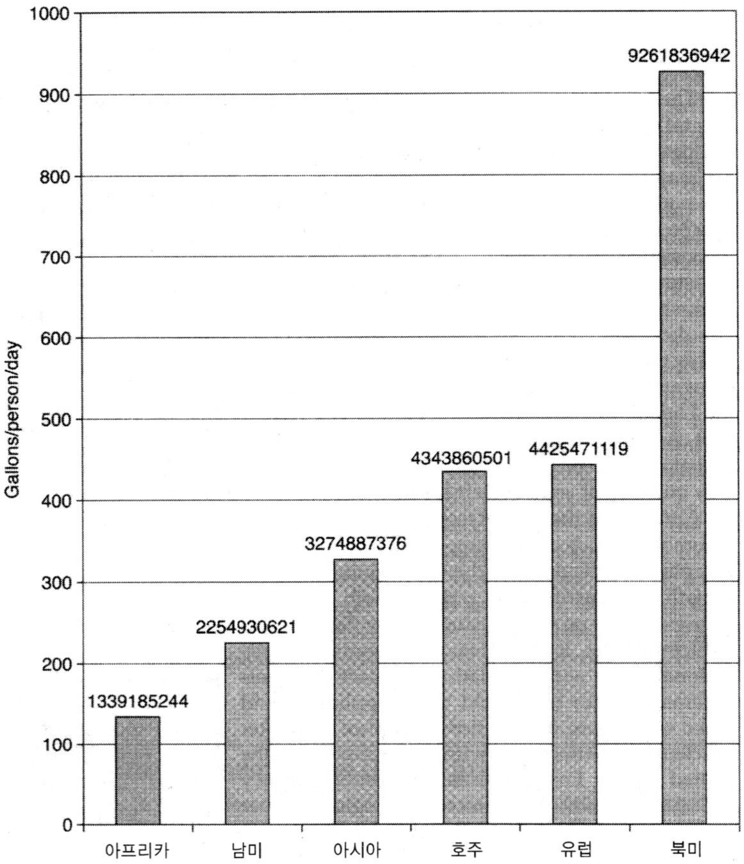

그림 4.1 전세계 물 사용 비교(참고문헌 2 참조)

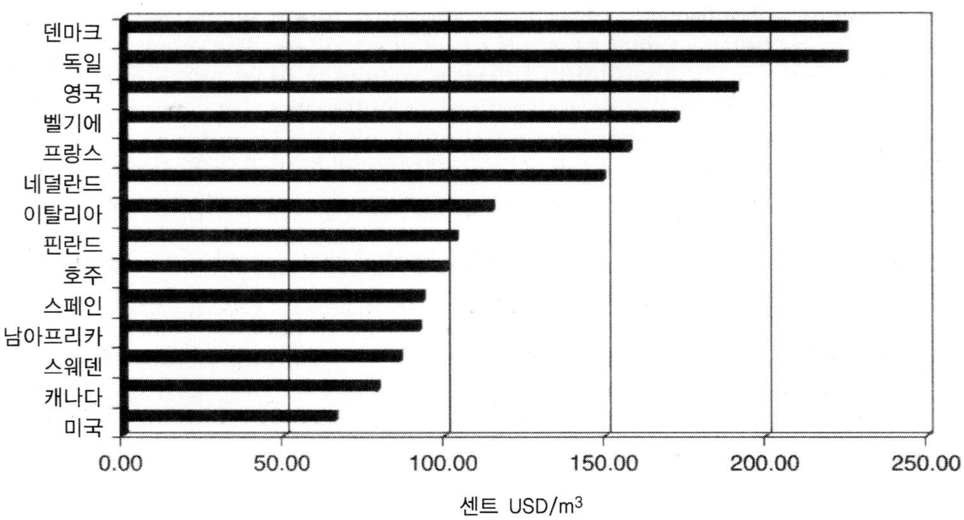

그림 4.2 국제 물 비용 비교

(제공: NUS Consulting Group International Water Survey & Cost Comparison, July 2006)

4.2.2 지리학 및 인구통계

가장 급속한 인구 성장은 물이 귀하고 고가인 “sunbelt(미국의 북위 37도 이남 지역을 총칭)” 지역에서 목격된다. 개발에 필요한 물의 중요한 역할은 이 지역 내 물 보존을 위한 공감대를 형성하고, 일반적으로 신규 기반시설에서는 누수로 인한 손실이 적다. 그러나 먼 거리에 걸쳐 물을 송수하여야 하기 때문에 복잡한 계획 및 협상 그리고 대규모 에너지가 소요되는 기반시설(배수지, 관로, 그리고 펌프장)이 필요하게 된다. 이는 경제적으로 최적 수준으로 물 손실을 감소시키는 것을 더욱 중요하게 만든다.

“sunbelt” 지역 내 급속하게 성장하는 인구와 대조적으로 물이 상대적으로 풍부하고 저렴하였던 이전 산업 지역 내 인구 성장이 둔화 되었다. 아직도 풍부한 자원과 충분한 용량을 갖지만 고객층이 쇠퇴하고 기반시설이 노화되어 이 시스템들 내 손실이 간과되고 있는 것은 물론이고 손실이 계속해서 증가하고 있다.

4.2.3 용수기관 조직과 구조

미국 내 55,000개 물 공급 시스템 대부분은 시골 지역에서 극히 작은 시설들로 존재하지만 인구가 밀집된 곳에서는 상대적으로 적은 숫자의 중형 및 대형 물 시스템이 가장 많은 고객들에게 물을 공급한다. 미국 내 가장 큰 3700개 물 공급 시스템들은 약 80%의 국가 인구에게 물을 공급한다. 지자체가 대부분의 물 공급 시스템을 소유하고 운영한다. 소수의 대형 민간회사만이 여러 주들에서 물 시스템을 운영한다. 일부 물 공급자들은 농업 관개를 위한 물을 공급하기 위해 시작되었기 때문에 관개 구역으로서 구분된다. 적은 수의 물 공급자에게 큰 체적의 물을 공급하는 여러 대형 물 도매상들이 존재한다. 지자체가 운영하는 많은 물 시스템들에서 용수기관의 조직 및 관리 구조는 광범위하게 다르다. 즉, 지방자치체 또는 정부; 그리고 많은 대형 및 소형 민간이 소유하는 물 시스템들도 존재한다. 통상적으로 물 시스템의 경계는 자연적인(유역) 경계 보다는 정치적 경계와 일치한다.

전형적으로 물 회계책임 실행자들은 배수시스템 운영자들이고 물 보존은 대중 또는 정책 전문가의 일이다. 총체적인 물손실 문제에 대한 국가적 인지와 공감대 부족으로 이 두 캠프는 역사적으로 단일 물 보존/효율화 임무 아래 그들의 노력들을 광범위하게 소통하거나 통합하지 못하였다. 그러나 다행히 두 이해관계자의 규율이 변화하기 시작하였고 이제는 많은 중요한 새로운 계획에서 조정되고 있다.

이와 같은 광범위한 조건들로 둘러싸인 기준들을 확립하는 것은 복잡하지만 미국 안전한 물시행령(Safe Water Act 1974, 1996년) 아래 복잡한 수질 요구조건의 실행으로 극복할 수 있는 것으로 증명되었다.

4.2.4 환경적 관점

미국의 환경의식은 지난 수십년에 걸쳐 꾸준하게 증가하였고, 이제는 국가 계획 및 개발 결정에서 평형 힘(balancing force)이 되었다. USEPA기관은 환경에 대한 고려가 의사결정 과정의 일부가 되도록 확실히 하였다.

높은 물손실은 과대규모의 기반시설, 과도한 에너지 사용, 취수원으로부터 불필요한 취수를 초래한다. 이 모든 것들은 환경에 상당히 나쁜 영향(때로는 손상)을 미친다.

만일 물손실을 감소시키면 주목할 만한 숫자의 새로운 수원으로부터의 취수와 기반시설 확장을 방지할 수 있다. 즉, 물손실감소는 미국 내 현존하는 에너지 감소를 위한 잠재력과 개발되지 않은 가장 큰 수원이 될 수 있다.

4.2.5 물손실관리를 위한 현재 규정 구조

미국 물산업의 구조는 소유 및 조직관리 모두에서 매우 분열되었다. 규정 구조는 하나 또는 그 이상의 중앙 정부는 물론 정부의 환경기관, 공익기업체 위원회, 강 유역 위원회, 물 관리 구역들을 포함할 수 있는 2개 또는 그 이상의 규제기관의 규제를 받는 많은 용수기관을 가질 수 있으며 주마다 다르다. 또한 국가 보존 구역들, 기획위원회, 유역연합과 같은 다른 중요한 이해당사자 기구는 수자원 관리에 대한 조언 및 토론의 당사자가 될 수 있다.[1]

20세기 후반에 적극적인 중앙 정부의 개입으로 깨끗한 지천과 음용수에 대한 광범위한 수질 입법과 규정들이 만들어졌다. 역으로 물 배달과 고객 소비를 회계감사하기 위한 중앙 정부의 요구조건은 역사적으로 최소 구조와 영향 정도로만 존재하여 왔다.

노후화된 기반시설을 대체하고 타당한 자금조달 미케니즘을 확인할 필요성에 대한 관심이 상당히 증가하였다. 그러나 필요한 기반시설의 범위는 빈번하게 손실 감소를 위한 개선을 포함하지 않는 규모의 추정에 기반한다. 만일 현실적인 손실 감소와 보존을 일관되게 분석에 포함시키면 더욱 적정한 추정치를 이끌어 낼 수 있다.

2001년에 AWWA는 "Survey of State Agency Water Loss Reporting Practices"[3] 제목으로 지역의 물손실기준, 정책 그리고 실무에 대해 포괄적인 조사를 수행하였다. 이 조사 보고서는 다수의 주들과 지역 정부기관이 물손실정책을 보유하고 있지만 목표와 기준들이 매우 다르다고 결론을 내렸다. 이 조사는 물공급 효율을 감시하기 위해 작동 중인 구조들은 본질적으로 추상적이고, 세련되지 않고(대부분의 경우 "불명수량"퍼센티지가 유일한 성능지표이다), 물 시설의 성능을 입증하기 위한 회계감사 또는 법률시행 미케니즘이 거의 없는 것을 확인하였다. 연구결과 대부분의 경우 정부기관은 요구 목표를 달성한 것에 대해 인센티브를 제공하지 않거나 계획 목표 미달에 대해 조치를 취하지 않은 것을 명백하게 보여준다. 이 연구의 매우 중요한 결과는 미국 내 물손실을 평가하기 위해 현재의 정의, 척도, 기준들을 개선할 필요가 있다는 것이다. 이 연구는 유효하고 신뢰성 있는 자료로 획일적인 물 회계 시스템을 확립할 것을 제안한다.

4.2.6 현재 물손실관리 실무

물손실을 성공적으로 관리하기 위한 시작점은 표준화된 IWA/AWWA 물 회계감사를 수행하여 물 공급 및 소비 체적들을 정확하게 평가하는 것이다. 미국 내 용수기관들은 물 회계감사를 매년 수행하지만 물 회계감사의 일관성이 결여되었다. 사용한 회계감사 방법, 성능지표 계산, 물 사용의 표현 그리고 회계감사 시간 간격은 용수기관마다 다르다. 대부분의 용수기관들은 AWWA의 물손실제어위원회 WLCC(water loss control committee)가 권장하는 물 회계감사방법론을 사용하지 않는다. 따라서 평가가 획일적이지 않아 용수기관간 물손실을 정확하게 비교하는 것이 불가능하다. 물손실을 기술하기 위해 사용한 역사적 지표인 비수익성 물의 체적 %는 매우 신뢰성이 없고 부적합하다. 이 퍼센티지는 인구가 증가하는 용수기관의 경우 손실이 감소하고, 인구가 감소하는 용수기관의 경우 손실이 과장되는 결과를 초래하는 분모에 의해 지나치게 영향을 받는다. 또한 이 단순한 퍼센티지는 분석에서 매개변수들 중 가장 중요한 구체적인 손실체적과 비용에 대해 아무것도 제시하지 않는다.

다음 단순한 예제는 물손실관리를 위한 성능지표로서 퍼센티지를 사용할 때 이 숫자가 어떻게 적합하고 얼마나 부적합한지를 명백하게 증명한다. 이 예제에서 거주자 20,000명, 평균 1인당 1일 물 사용량은 400gcd, 전체 계량된 소비량은 2920mg/년 인 미국 표준 용수기관을 사용한다. 용수기관의 년간 실질손실을 325mg으로 가정하면 년간 전체 급수시스템 공급은 3245mg/년이다. 따라서 이 용수기관의 손실은 10%이다. 만일 동일한 용수기관이 성공적인 수요 측면 보존 프로그램을 통해 1인 당 소비가 200gcd로 감소하면 전체 년간 계량된 소비는 1460mg으로 감소한다. 실질손실의 감소가 없으면 전체 급수시스템 공급은 1785mg/년으로 감소되어 손실은 약 18%가 된다. 이 단순한 예제는 급수시스템 공급 체적의 퍼센티지로 물손실을 표현하는 것이 왜 불량한 성능지표인지를 설명한다(전형적인 소비 400gal/cap/d를 갖는 북미 용수기관).

전체 시스템 공급 체적 : 3245mg
전체 소비 체적 : 2920mg
전체 손실 : 325mg
시스템 공급 체적으로서 손실의 퍼센티지 : 325/3245=10%

1인당 소비가 200gal/cap/d인 동일한 용수기관 :
전체 시스템 공급 체적 : 1785mg
전체 소비 체적 : 1460mg
전체 손실 : 325mg
시스템 공급 체적으로서 손실의 퍼센티지 : 325/1785=18%

그림 4.3은 추세선으로 나타낸 12년 기간에 걸친 비수익성 물의 상당한 감소에도 불구하고 퍼센티지 지표가 거의 변화가 없는 약점을 강조하는 사례이며 이와 같은 현상은 실제로 필라델피아 내 소비가 감소하면서 나타난다.

현재 물손실의 구조, 규정, 일관성 있는 평가의 결여는 미국 내 물손실관리가 아직도 미약하고 규율이 무시되는 것을 나타낸다. AWWA 연구 "Survey of State Agency Water Loss Reporting Practices"와 AwwaRF 보고서 "Leakage Management Technologies" 모두는 용수기관이 지표면으로 표출되어 고객 불만으로 이어지는 주 관로의 파괴 및 누수 또는 파괴된 관로를 복구하는 것으로만 구성된 대응적인 누수관리만을 채택하는 사실을 명백하게 강조한다.

통상적으로 주 관로의 파괴는 그 특성으로 인해 신속하게 보고되고, 가장 쉽게 인지하고 대응할 수 있는 보고된 누수의 예이다. 그러나 물 공급자의 관심으로부터 빈번하게 벗어나는 미보고된 누수는 탐지되지 않은 채 장기간 운영되기 때문에 손실된 물량의 큰 부분을 차지한다. 미국 내 대부분 물 공급자들은 보고된 누수에 대해서는 타당하게 대응하지만 정기적(1~5년 간격)으로 미보고된 누수탐사 또는 누수조사를 수행하는 용수기관은 아마도 매우 적을 것이다. 많은 시스템들의 미보고된 누수를 탐지하기 위해 조사를 수행하지 않는다. 일반적으로 오직 대형 물 시스템만이 "누수탐사" 전문가를 채용하고 복잡한 누수 상관기 또는 다른 전자장비를 구매한다. 작은 물 시스템은 전형적으로 발견하기 어려운 누수를 정확히 찾기 위해 그리고 시스템의 미보고된 누수를 탐색하기 위한 주기적인 조사를 수행하기 위해 누수탐사 자문가에 의존한다.

미국 내에서도 적은 숫자의 용수기관만이 DMA(district metered area) 또는 유량-조정된 압력제어와 같은 세련된 누수관리기법들을 사용한다.

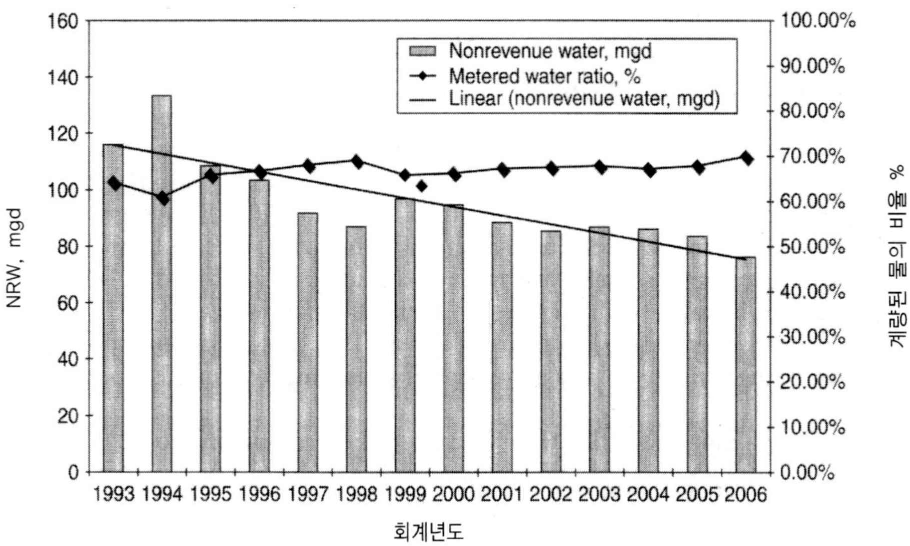

그림 4.3 비수익성 물 vs 계량된 물의 비율(George Kunkel 제공)

4.2.7 미국 내 규정, 기준 그리고 실무에서의 긍정적인 발전

물과 에너지 보존은 용수기관과 정책결정자에게 점진적으로 중요하게 되어 왔고, 용수기관 관리자들은 환경적, 정치적 그리고 경제적 관점에서 회계책임과 손실제어의 개선이 중요하다는 사실을 점진적으로 인식하고 있다. 지속적인 가뭄, 미국 내 서부 주들에서 증가하는 인구, 고비용의 수자원, USEPA에 의한 배수시스템들에 대한 미래 가능성 있는 규정과 같은 요소들은 이러한 추세를 강화한다.

본서가 첫 번째 출판된 2002년 이후 매우 중요하고 긍정적인 새로운 계획이 개발되었고, 이로 인해 미국 내 성공적인 물손실관리를 위한 방법이 준비되고 있으며 가장 중요한 새로운 계획은 다음과 같다.

- 2001년 AwwaRF 연구 자문위원회는 북미에서 물손실의 정의, 척도, 기준개선을 돕기 위해 프로젝트 No. 2811 "Evaluating water loss and planning loss reduction strategies"[5] 자금을 지원하였다. 이 중요한 프로젝트의 최종 보고서는 2007년에 발간되었고, 이제는 북미에서 물손실관리를 위한 참고 문헌이 되었다.
- 2003년 AWWA-WLCC는 물손실을 평가하기 위한 현재 최상의 실무로서 그들 위원회 보고서 내 IWA 물수지와 IWA 성능지표(기반시설 누수 지수를 포함한)를 권장하였다.
- 2003년 텍사스주 입법부는 용수기관은 매 5년 마다 물 회계감사서의 제출을 요구하는 House Bill 3338를 통과시켰다. 텍사스 물 개발 위원회 TWDB(Texas Water Development Board)는 이러한 물 회계감사를 위해 사용된 방법들을 확인하는 임무를 수행하며 IWA가 개발한 방법을 확립하였다. 텍사스는 물 회계감사를 위해 최초로 IWA 최상의 관리 실무를 적용한 주이다. 텍사스주는 표준화된 그리고 애매하지 않은 물손실 평가를 지원하는 뛰어난 업적을 이루었다.
- 2003년 이후 물 공급 효율과 장기 지속성을 개선하기 위해 여러 다른 물 감독 정부기관이 출범하였다. 다음 조직들은 주 규정(state regulations), 물 규정 및 계획을 검토한다.
  - 캘리포니아 도시 물 보존 협의회 CUWCC(California Urban Water Conservation Council)
  - 캘리포니아 공익 시설 위원회 CPUC(California Public Utilities Commission)
  - 델라웨어강 유역 위원회 DRBC(Delaware River Basin Commission)
  - 조지아주, 뉴멕시코주, 위싱톤주, 테니시주, 메릴랜드주, 펜실베니어주
- 국제적으로 적용된 선제적 누수관리기법들을 검토하기 위해 2003년 AwwaRF 연구 자문협의회와 USEPA가 자금을 지원한 프로젝트 No. 2928 "누수관리기법"은 북미에서 이 기법들의 적용성을 평가하고, 이 기법들을 현실적으로 그리고 비용 효과적으로 수행하는 방법에 대한 지침을 제공한다. 이 중요한 연구 프로젝트의 모든 측면을 다루는 포괄적인 보고서는 2007년에 발행되었다.

- AWWA WLCC는 IWA 물 회계감사방법은 물론 진취적인 피상손실과 실질손실을 제어하기 위한 지침을 제공하기 위해 AWWA M36 "Water Supply Practices" 매뉴얼을 재작성하고 있다. Water Audits and Loss Control Programs 제목의 새로운 AWWA M36 매뉴얼은 2009년 초기에 발간될 예정이다.
- AWWA WLCC가 개발한 무료, 맞보기용 소프트웨어는 2006년 초기에 사용할 수 있게 되었다. 소프트웨어는 AWWA가 승인한 표준 IWA 물 회계감사방법론, 성능지표에 기초한 물수지 및 성능지표를 포함한다. AWWA 웹 사이트의 WaterWiser 홈페이지로부터 이 소프트웨어를 다운 받을 수 있다.

1980년과 1990년대 동안 영국에서 발생하였던 초기 변천과 유사한 방법으로 지난 5년 동안 미국 내 상당한 진전이 이루어졌다. 이제 영국은 능동적이고 효율적인 누수관리 측면에서 선도 국가에 속한다.

4.3 국제적 누수관리

정부, 용수기관 그리고 국제 자금기관이 지원한 누수관리 프로젝트가 전 세계에 걸쳐 수행되고 있다. 그러나 오직 몇 개의 국가들만이 성공적인 국가 차원의 누수관리 규정들과 실무를 확립하였다. 본절에서는 독자에게 세계 여러 국가들 특히 영국과 웨일스에 집중하여 효과적인 누수관리구조의 일반적인 개관을 제공한다.

4.3.1 영국 내 누수관리

본절은 영국 연방공화 내 영국 본토와 웨일스가 가장 구조화된 누수관리 규정들을 갖기 때문에 영국 연방공화국을 칭할 때 영국과 웨일스를 의미한다.

영국과 웨일스에서 물손실을 선제적으로 다루는 물 시스템과 미국 내 현재 물 시스템 사이에서 흥미로운 대조를 이끌어 낼 수 있다. 여러 요소들이 1990년대 영국의 진취적인 수요와 누수관리구조의 확립에 공헌하였다. 1989년 조직개편, 사유화 그리고 소수의 대형 물 회사의 규정은 물 공급을 위해 사용한 사업 모델 내 중요한 변화이다. 물 회사들은 정부의 고객 요금 규제로 인해 수익 증가 잠재력이 제한되어 비용을 절감하고, 최종가격을 개선하기 위해 누수감소는 많은 효율 개선 목표 중 하나였다. 1990년대 초기의 국가차원의 누수에 대한 새로운 계획은 물 회사가 누수감소를 위해 채택할 수 있는 최상의 방법들을 결정하기 위한 주된 연구 프로젝트였다. 1990년 대 중반 심각한 가뭄으로 인해 정부의 경제 규제기관인 Ofwat(Office of Water Services)는 의무적인 누수감소목표를 설정하였다. 이 의무목표는 물 회사의 누수감소연구의 권장사항들을 신속하게 실행할 수 있게 만들기 때문에 대부분 회사들은 이 목표를 달성

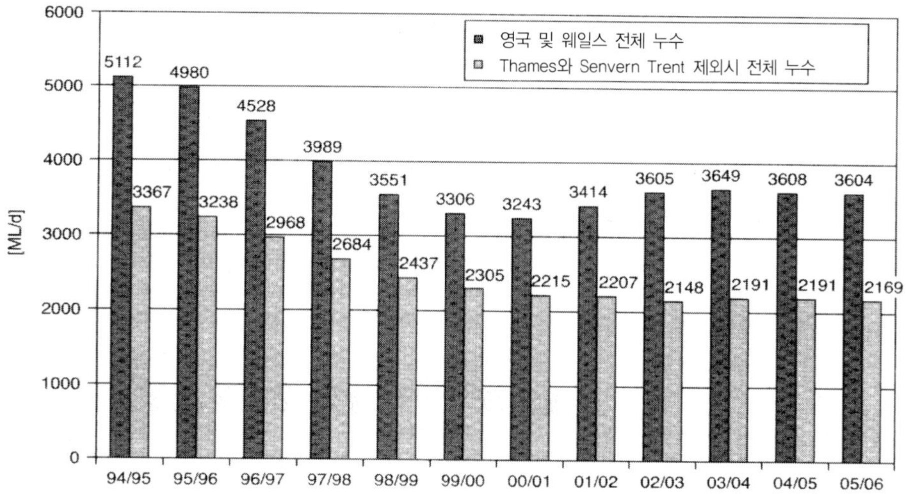

그림 4.4 1994~95년과 2005~06년 영국과 웨일스 내 누수 감소(Ofwat 제공)

하였다. 1990년대 초기부터 물손실감소는 용수기관의 주된 운영과업이 되었기 때문에 물손실을 제어하기 위한 많은 노력들이 수행되었다. 오늘날 영국 내 많은 물 회사들은 그들의 물손실 성분들을 상세하게 이해하고 있으며 경제적 최적 물손실수치를 갖는다. 이제 물 회사들은 최적 물손실 체적에 대한 자료의 공개와 계산을 투명하게 운영한다. 대부분 회사들은 그들의 경제적 최적 누수수준에 도달하였거나 곧 도달할 것으로 주장한다. 영국과 웨일스 내 전체 누수는 1994~1995년 1350mgd(5112ML/d)에서 2000~2001년 856mgd(3243ML/d)으로 감소하였다. 이는 누수량 37% 또는 체적 494mgd(1869ML/d) 감소를 의미하며 12백만 이상의 인구에게 공급하기에 충분한 물이다.

그림 4.4에서 2000~2001년 동안 누수체적의 증가는 Thames Water에서 증가된 누수체적으로 인한 것으로 이는 모든 영국과 웨일스 이외 물 회사로부터의 일반적인 하향 추세에 반하여 지속적으로 증가하였다. 또한 2002~2003년 STW(Severn Trent Water)는 누수체적의 증가를 보여주었다. 두 회사는 그들이 설정한 목표에 따라 그들 성능을 개선시키는 것을 보장하기 위해 Ofwat가 이 두 회사를 엄격하게 정밀조사하고 있다. Thames Water와 STW 이외 나머지 모든 물 회사들에 대한 누수체적은 지속적으로 더욱 감소하여 왔다.

누수관리를 위한 규정

1989년 물 공급 산업의 사유화 이후 영국과 웨일스의 10개 대형 지역에서 물 공급 및 하수 회사들이 형성되었으며 1991년 Water Act의 규정에 따라 오직 16개 statutory 물 공급 회사가 영국과 웨일스의 전체 물 공급을 담당한다. 영국 거버넌스에서 물 산업과 관련된 두 개의 주된 규제기관인 Ofwat와 환경청 EA(Environment Agency)가 중요한 역할을 한다. Ofwat는 경제적 규제자로서 역할을 하고 EA는 환경 규제자의 역할을 한다. Ofwat는 각 물 회사가 표준화된 물수지(표준 IWA 물수지와 유사)를 사용하여 관망의 각 구성성분 내 공급·소비 그리고 손실된 물의 체적에 대해 매년 상세한 보고서를 발행하도록 요구한다. 고객 소비와 누수 이벤트들을 구별하기 위해 확립된 불연속 영역인 DMA로부터 자료를 사용하여 최소 시간 유량 분석을 통해 물수지 결과들을 반드시 대조 검토하여야 한다.

Ofwat는 각 용수기관의 성능을 평가하고, 성능 목표를 설정하고, 회사간 비교를 위해 이 보고서의 결과들을 사용한다. 각 물 회사는 Ofwat가 부과하는 제재를 방지하기 위해 위해서 Ofwat가 설정한 의무누수목표(ML/d)를 반드시 달성하여야 한다.

대체적으로 물손실의 평가, 보고, 관리는 영국과 웨일스 내에서 매우 엄격하게 규정된다. 이는 물손실을 평가하기 위해 명백한 정의, 척도, 기준과 결부된다. 두 규제기관은 모든 물 회사의 성능을 면밀하게 감시하고, 각 물 회사에 대해 경제적 최적 누수체적으로부터 유도된 성능과 효율 목표를 설정한다.

누수관리실무

지난 20년 동안 누수관리실무의 발전으로 인해 다음 4개의 기본적인 누수관리실무 사이 상호작용을 상세하게 이해하게 되었다.

- 기반시설 관리
- 압력관리
- 능동적 누수제어
- 누수복구의 속도와 품질

경제적 최적 누수체적의 이해와 정확한 평가는 다른 중요한 발전이고 용수기관의 물손실 관리전략의 통합 부분을 형성한다. 규제기관이 간과하는 논리 정연한 누수관리 전략들은 획일적인 물손실 평가방법, 물손실 감소목표를 경제적으로 그리고 환경적으로 정당화되도록 설정하는 것에 의존한다. 영국과 웨일스 내에서 사용된 매우 성공적인 누수관리실무의 주된 기본적인 부분은 다음과 같다.

- 개선된 사업 초점: 최적 물손실 체적을 관리하고 감소시키기 위한 유일한 목적으로 부서와 팀들이 형성되었다.
- 개선된 자료 품질: 물 회계감사 및 목표수립을 위해 사용한 자료의 품질은 성공적인 누수관리 전략을 위한 기본이라는 것이 인식되었다.
- 정기적인 물수지와 성능지표의 계산: 물손실에 대한 처방과 대응조치를 정의하고 개선하기 위해 표준화된 물수지와 성능지표들을 정기적으로 계산하였다. DMA 최소 시간 유량

분석으로 이 계산들을 보강한다.

- 관망 영역 설정 및 DMA 확립: 실질손실체적을 감소시키기 위한 가장 효율적인 방법 중 하나는 누수지속시간을 감소시키는 것으로 인정되었다. 누수관리자가 DMA 그리고 이와 관련된 최소 시간 유량 측정을 이용하여 누수체적이 처방을 정당화하는 수준에 도달하는 지역들에서 누수감소자원을 효율적으로 사용할 수 있다.
- 압력관리: 이제 압력관리는 누수를 감소시키는 가장 효과적이고 효율적인 방법인 사실로 잘 알려져 있다. 압력관리의 전반적인 혜택은 3중이다. 즉, 배경누수의 감소, 주관로 파괴율의 감소 그리고 서비스 관로의 누수량 감소이다.
- 누수를 복구하기 위한 대응 시간 감소: 누수의 지속시간이 전체 실질손실체적에 크게 영향을 미치므로 극적인 평균 복구시간의 감소를 보장하기 위해 조치를 취한다.
- 고객 측면 누수: 누수체적의 상당한 부분이 고객 측 서비스 관로에서 발생할 수 있다는 사실을 이해한 후 종합 누수감소 전략에 효과적인 이 누수성분의 관리방안을 포함시켜야 한다.
- 개선된 누수탐지 노력: 누수감소 프로그램은 전적으로 현장 인력이 누수를 발견하는 것에 따라 결정된다. 따라서 누수탐지 인력의 기술 수준을 향상시키기 위해 포괄적인 교육 프로그램이 개발되었다.
- 자산 관리: 누수관리는 자산 관리의 하나의 통합체라는 사실을 인식하여야 한다. 기반시설 대체는 자산에 대한 가장 포괄적인 개선이지만, 누수관리 실무 중 가장 고가의 절차이다. 전략에 기초하여 기반시설 투자 및 대체를 계획하기 위한 세련된 자산 관리 기법을 개발하기 위해 노력을 집중하기 시작하였다.

제10장~14장에서 상기 누수관리 실무를 더욱 상세하게 기술한다.

4.3.2 여러 국가 내 개선된 국제 누수관리 예제

지구상 국가들 사이 물손실 영향에 대한 인식이 증가하고 있으며 일부 선진국에서 물-효율 설비를 장려하기 위해 취하는 조치들과 진보적으로 물손실을 관리하는 국가들의 활동을 간략하게 기술한다.

독일

독일 물 시장은 다수의 중소형 기업과 지자체 회사로 구성된다. 용수기관은 지자체 부서, 지자체 설비, 지자체 회사, 조인트 벤처, 운영자 모델과 관리, 서비스 계약과 같은 가장 공통적인 다른 법률적 형태로 운영된다.[7] 현재 독일에는 약 5260개의 물 공급 기업들이 존재한다. 독일은 물손실관리를 위해 매우 엄격한 지침과 야심찬 성능지표들을 갖는다. 그러나 주로 경제적 여건을 고려하여 관리하는 영국과 웨일스와는 달리 위생적, 공급 효율성, 안정성 그리고 환경에 근거하여 이 지침들이 작성되었다. 2003년에 W 392 *"관망 검사 및 물손실 - 활동, 절차 그리고 평가"*라는 제목으로 독일 물 부문과 관련된 국가 지침들이 발간되었다. 이 지침은 물 공급자가 물손실의 계산 및 분석 그리고 효율적인 물손실감소 조치를 채택하기 위해 물 시스템 상태를 평가하고 분석하도록 요구한다.

W 392 지침에 따라 독일 용수기관은 자산 관리를 포함하는 포괄적인 유지관리 전략을 추구한다. 독일 내 급수 관망 유지관리는 시스템과 시스템 성분들의 정기적인 검사, 예방적 및 수정적 유지관리, 복구 및 갱생으로 구성된다. 독일식 접근법의 매우 흥미로운 측면은 계획 및 건설 단계에서 유지관리 활동을 충분하게 고려한다는 사실이다. 이 포괄적인 접근법의 예는 관망 확장 건설 동안 DMA를 구축하고, 적절한 시기에 누수를 탐지하기 위해 주 송수관에 유량계를 설치하는 것이다. 독일 지침들은 상당한 정확도를 갖고 물수지를 분석하기 위해 그리고 실질손실 수준을 감시하기 위해 생산, 배분, 고객 소비의 종합적인 계량의 필요성을 강조한다. 독일 규정들은 용수기관이 각 물수지성분의 정확한 정의와 방법을 사용하여 년간 물 회계감사를 수행할 것을 요구한다. 권장된 물수지 양식은 IWA의 Manual of Best Practice[8]의 권장사항을 준수하는 것이다. W 392 지침은 시스템 입력 체적의 퍼센티지로서 실질손실을 표현하는 것은 임의 영향 요소들을 반영하기에 부적절하기 때문에 실질손실 지표로서 출력/입력 퍼센티지의 사용을 반대한다. 퍼센티지로 표현하면 물 시스템 입력 체적이 큰 물 시스템(예를 들어 도시 시스템)은 자동으로 확실히 낮은 물 손실 수준을 갖게 된다. 물 소비가 적은 물 시스템(예를 들어 농촌 시스템)은 높은 실질손실 퍼센트 숫자를 보여준다. 따라서 퍼센티지를 사용하는 비교는 입력이 큰 물 시스템에게 유리하다.

호주[10]

호주 물 산업은 300개 이상의 용수기관으로 구성된다. 국가 또는 지자체가 호주 내 대부분 급수시설을 소유한다. 호주는 2002년부터 수년간 지속되는 심각한 가뭄 기간에 진입하였다. 이는 호주 농업 산업의 존재를 위협하고 이로 인해 물손실관리는 국가의 정치적 논쟁거리가 되었다. 지속 가능한 물 관리가 호주 사회 전체의 관심거리가 되면서 물 산업에서 지난 2~3년 동안 호주 내 물손실관리 활동의 중요성이 상당히 증가하여 왔다. 호주 내 중형 용수기관인 Wide Bay Water Corporation의 CEO이면서 IWA WLTF 부팀장인 Tim Waldron은 물손실관리에 대한 관심을 선도하여 왔다.

세계적으로 볼 때 호주 내 물손실은 상당히 낮다. 전형적인 기반시설 누수지수는 1~1.7이고, 이렇게 낮은 물손실수준은 상대적으로 새로운 기반시설, 알고 있는 파열에 대한 신속한 대응시간, 물 산업 전반에 걸친 투자종목선정 및 자산 관리에 대한 높은 기준의 결과이다.

이와 같이 상대적으로 낮은 물손실수준에도 불구하고 다음 3개 원인에 기초하여 물손실 관리에 대한 최근 관심과 투자가 유도되었다.

1. 호주의 많은 대 도시와 인구가 밀집된 지역들에서 매우 심각한 가뭄과 물 부족
2. 물손실관리와 관련된 정부 규정
3. 물손실관리 활동을 위한 증가된 정부 자금조달

호주 물 산업은 물손실관리 과업 대부분을 위한 하나의 조직화 개념으로서 IWA의 WLTF (Water Loss Task Force) 방법론을 채택하였다. 호주 물 서비스 협회 WSAA(Water Service Association of Australia)와 다양한 물 이사회 조직이 이 방법론을 채택하여 IWA가 장려한 물수지 및 전문용어를 사용하는 소프트웨어 도구와 정보 패키지의 사용이 가능하게 되었으며 결과적으로 사실상의 호주 표준이 되었다.

퀸즈랜드 정부는 퀸즈랜드주 내 물 서비스 제공자가 다음 사항을 준수하는 규정 개혁을 선도하였다.

- IWA 방법론(물손실을 물의 소매가격으로 평가한다)을 사용하여 물 시스템 손실 관리 계획을 준비한다.
- 비용 효과적인 물손실관리 조치(예를 들어 능동적 누수제어, 압력관리 등)의 실행. 여기서 비용 효과적인 조치는 회수기간이 4년 이하인 임의 조치로 정의된다.

다른 주 정부 및 영연방(commonwealth) 정부 규제자들은 이 규정 제도를 재검토하기 시작하였으며 호주 내 정부 기관이 미래 규제조치를 위한 하나의 모델을 형성할 것으로 보인다. 호주 정부(영연방)는 수 개의 핵심 시범 물손실관리 프로젝트를 위해 정부 자금을 제공하여 왔다. 2007년 12월에 선출된 연방 정부는 물손실관리를 위한 주된 국가 자금조달 패키지의 발표를 통해 물손실관리를 선거 쟁점으로 만들었다. 다수의 물 당국자가 물손실관리 활동을 돕기 위해 주 정부가 상당한 자금을 제공하며 이 자금은 국가 정부에 의해 보강되었다(퀸즈랜드는 핵심 가뭄 재해 지역들 중 하나이고, 주 정부 보조금은 전체 프로젝트 비용의 40%이다).

따라서 규정 및 자금 집행자는 호주 물 산업이 남동부지역 물손실관리의 대형 프로젝트를 수행하도록 압박한다. 특히 퀸즈랜드의 물 서비스 공급자들은 현재 2백만명 이상의 고객들에게 서비스하는 지역 내 DMA 구축 및 압력관리를 실행하기 위해 하나의 물 시스템에서 작업하고 있다. 프로젝트 실행 이전의 상대적으로 낮은 손실 수준에도 불구하고 이 프로그램들을 통해 얻은 절감은 상당하다.

2003년 이후 호주 내 가장 큰 물손실관리 프로젝트들 중 하나를 수행하기 위해 Gold Coast Water가 Wide Bay Water Corporation에 참여하여 왔다. 이 프로그램으로 지금까지 얻은 성과는 다음과 같다.

소비(시스템 입력 체적)

전체 물 시스템 입력 체적은 73,750ML/year에서 57,361.8로 감소하였다. 전체 수요는 1640L/conn/d에서 549L/conn/d가 감소하여 1091L/conn/d가 되었다.

실질손실(real loss)

현재 물 시스템의 누수는 초기 164L/conn/d에서 46으로 감소하였다. 이 프로그램의 실행 결과 실질손실이 60L/conn/d 이하인 대형 물 서비스 공급자를 면제해주면서 Gold Coast water는 시스템 손실관리계획에서 기술적으로 면제되는 실행령이 제정되었다.

시스템 입력과 요금고지된 소비와의 차이는 9134.7ML/year에서 절반보다 적은 3637.7ML/year으로 감소하였다. 현재 물 시스템 누수는 4951ML/year(13.56ML/day)로 감소되었다. 이와 같은 인상적인 결과는 다음에 기초한다.

- DMA의 구축(서비스 연결의 50%)
- 누수 시험 영역(zone)의 구축(서비스 연결의 14%)
- 영역 내 타당한 압력관리
- 배수지 유지관리 및 보수
- 주관로 대체
- 서비스 연결 관로 및 수도 미터의 대체
- 자산 상태 평가 및 대체
- 개선된 파열 대응 시간

광범위한 압력관리 활동의 실행으로 압력관리하는 지역 내에서 보고된 파열은 상당히 감소하였다.

4.4 유의미한 규정의 필요성

국가차원의 누수관리 이야기를 고찰할 때 성공적으로 물손실을 관리하고 있는 국가에서는 구조화되고 균형 잡힌 연방 또는 주 물손실관리 규정들이 잘 작동하고 있다는 사실을 알 수 있다. 미국은 전반적으로 이와 같은 구조가 결여되었지만 지구상에서 물손실 문제의 인식에 대한 유사한 결여 때문에 일관성 있고 선제적 규정들의 결여는 미국에 국한되지 않는다.

미국의 여러 지역들은 지난 20년 동안 상당한 가뭄을 경험하였다. 캘리포니아에서 발생한 1987년부터 1992년까지 심각한 가뭄은 엄격한 고객 수요 제한을 촉발하였지만 물 공급자들에게 물손실을 정확하게 정량화하고 관리할 필요성에 대해서는 거의 강조되지 않았다.

미국 지역들 내 심각한 가뭄으로 인해 고객 물 보존 프로그램이 잘 정착될 수 있었고, 연방 및 주차원의 규정과 인센티브는 물 보존 프로그램을 지원할 수 있었다. 그러나 지역, 주 또는 연방 규정들이 제정되지 않았으면 이 프로그램들 중 많은 것들은 존재하지 않았을 것이다. 이와 같은 새로운 연방 규정들이 통과되면서 미국 내 유의미한 손실제어 개선과 물 산업 전반에 걸친 회계책임이 확립되었다. 미국 내 매우 분업화된 물 규정 구조는 규정 결정과 구조를 매우 복잡하게 만든다. 그러나 연방과 주 규정 당국자는 물 공급자가 최상의 관리 실무에 따라 물손실을 평가하고 관리하도록 촉진하기 위해 기본 규정 구조의 공식화를 시작할 필요성을 강력하게 고려하여야 한다. 1996년 안전한 물 시행령의 개정은 미국 물 산업에 연방 규정들을 적용할 수 있는 좋은 예이다. 이 규정들은 미국 내 음용수 품질을 명백하게 향상시킨 새로운 프로그램들과 구조들을 초래하였다. 유사하게 미국 내 물 회계책임 및 손실제어를 위한 규정 구조가 가능하지만 반드시 쟁점의 인식이 고조되어야 하고 정치적 의지로 결집되어야 한다.

앞에서 서술한 것과 같이 새로운 20세기 시작 이후 여러 주들과 규정 당국자가 표준화된 물손실관리를 채택하거나 장려하면서 미국 물 산업에서 매우 긍정적인 많은 변화가 발생하여 왔다. 필자는 미국 내 연방 차원에서 물 고객, 용수기관 그리고 환경 모두에게 예상되는 이로움을 갖는 효율적인 물손실관리의 필요성은 오직 시간문제인 것으로 믿는다.

4.5 요약

물손실은 연방, 주, 지자체, 물 공급자, 환경단체 그리고 고객과 같은 광범위한 관계자들의 집중된 관심과 인식이 필요한 전역적인 문제이다. 가장 성공적인 물손실관리 프로그램은 물 공급자가 최상의 관리 실무를 적용하도록 제정된 규정을 가지고 있는 국가에 존재한다. 이제 이 물 공급자는 물손실과 수익손실의 원인 및 대책을 잘 이해하고 있으며, 혁신적 기술은 손실제어를 효율적으로, 비용 효과적으로 만든다. 최근에 많은 주들에서 증명되었듯이 서서히 퍼지는 물손실 쟁점이 미국의 정책과 규정 의제에서 우선순위를 차지할 필요가 있다.

표 4.1은 미국, 영국 및 웨일스, 독일에서 물손실관리방법 및 규정 구조의 비교를 제시한다.

표 4.1 미국, 영국, 독일의 물손실관리 방법 및 규정(계속)

출처 : 참고문헌 4

매개변수	미국	영국과 웨일스	독일
일반적인 특징			
물 공급자 수	59,000 이상	23	5,000 이상
물 공급자의 법적 형태	국가	개인	대부분 국가

표 4.1 미국, 영국, 독일의 물손실관리 방법 및 규정

매개변수	미국	영국과 웨일스	독일
1인당 소비	100~200 gal/cap/d (376~752 L/cap/d)	38 gal /cap/d (145 L/cap/d)	34 gal/cap/d (130 L/cap/d)
서비스 밀도	70~100 con/mile (44~63 com/km)	40~150 con/mi (25~94 con/km)	40~150 con/mile (25~94 con/km)
압력	~71 psi(50 m)	~71 psi (50 m)	~43 psi (30 m)
계량되는 주거민 고객 비율	95~100%	5~60%	95~100%
파괴율	250 break/1000 mile/year (156 breaks/1000 km/year)	350 breaks/1000 mi/year (219 breaks/1000 km/year)	수집된 자료 없음
실질손실	75 gal/con/d (282 L/con/d)	30 gal/con/d (113 gal/con/d)	19 gal/con/d[1] (71 L/con/d)
물손실 평가 및 누수관리성능지표			
물회계감사 양식	AWWA Manual M36 및 관례적인 회계감사, IWA/AWWA가 권장하는 방법을 거의 사용하지 않음	IWA/AWWA가 권장하는 양식과 유사한 표준화된 물 회계감사	IWA/AWWA가 권장하는 양식에 따른 표준화된 물 회계감사
물회계감사 사용	전반적으로 거의 사용되지 않고 있으며 오직 수개의 주(state)만이 요구함	규제기관이 모든 용수기관에게 요구	모든 용수기관에게 요구하고 있음
물회계감사 결과	극히 제한되고 주마다 다름	누수관리 및 성능목표 설정을 위한 기초 역할 수행	누수관리 및 성능목표 설정을 위한 기초 역할 수행
누수관리 성능지표	신뢰성이 없는 지표로 증명되었지만 입력체적의 %를 사용	IWA 권장안에 따라 체적과 재무 지표 사용	체적 성능 지표 사용
물손실 기준	범위와 상세수준이 제한되고, 규정도 주, 지역에 다라 다름	중앙정부규정에 의해 전반적으로 광범위하고 상세하게 시행되고 있음	광범위하고 상세하게 시행되고 있으나 실행령에 대한 상세한 내용은 취득불가
누수관리실행			
DMA	광범위하게 사용되지 않음	잘 구축되었고 실무로서 요구됨	잘 구축되었고 실무로서 요구됨
압력관리	표준압력관리가 우세하고, 선진압력관리는 거의 사용되지 않음	표준 및 선진압력관리가 사용됨. 누수관리의 표준 성분	표준 및 선진압력관리가 사용됨. 누수관리의 표준 성분
고객 서비스 연결관로 복구	통상적으로 고객의 의무	최초 또는 후속 누수의 경우 회사가 지불하거나 보조금 지원	–
감소된 누수 대응시간	용수기관마다 상당히 다름	누수관리실무의 주된 요소	누수관리실무의 주된 요소
누수탐사 장비사용	오직 소수의 용수기관이 효과적으로 누수를 탐사하기 위해 필요한 기술을 보유	설정된 성능목표를 달성하기 위해 모든 용수기관은 필요한 누수탐사기법을 구비	목표달성을 위해 필요한 누수탐사기법 사용

참고문헌

1. Kunkel, G. "Developments in Water Loss Control Policy and Regulation in the United States." In Proc. of the Leakage 2005Conference. Halifax, Canada: the World Bank Institute, 2005.

2. Pacific Institute. The World's Water 2006-2007. Available online : www.worldwater.org/index.html.[Cited January 10, 2008]

3. Beecher Policy Research, Inc. "Survey of State Agenty Water Loss Reporting Pratices" Final Report to the Technical and Educational Council of the American Water Works Association 2002.

4. Fanner, V.P., R. Sturm,J. Thornton, R., et al. Leakage Management Technologies. Denver, Colo.: AwwaRF and AWWA, 2007

5. Fanner, V.P., J. Thornton, R. Liemberger, et al. Evaluating Water Loss and Planning Loss REduction Strategies. Denver, Colo.: AwwaRF and AWWA, 2007.

6. Kunkel, G. "Applying Worldwide Best Management Practices in Water Loss Control, AWWA Water Loss Control" Committee Report. Jour. AWWA. vol. 95. 2003.

7. BMU (Bundesministerium für Umwelt, Naturschutz und Reaktorsicherheit). The German Water Sector Policies and Experiences. Berlin, Germany: BMU, 2001.

8. Alegre, H., W.Hirner, J. M. Baptista, et al. Performance Indicators for Water Supply Service-IWA Manual of Best Practice. London: IWA Publishing, 2000.

9. DVGW (Deutsche Vereinigung fuer das Gas- und Wasserfach). W 392 A:Rohrnetzinspektion und Wasserverluste-Massnahmen, Verfahren und Bewertung:2003

10. Wiskar, D. The Information on Water Loss Control Policies in Australia. Provided by: General Manager-Business Services Wide Bay Water Conrporation(personal communication)

Chapter 05

물손실제어 프로그램의 절차와 성분

5.1 소개

재무 제약, 기반시설 상태, 사용 가능한 기술 수준, 문화 및 정치 조건과 같은 많은 요소들은 물손실 관리를 위한 용수기관의 능력에 영향을 미친다. 그러나 모든 용수기관은 더욱 높은 효율을 달성하고 고객들에게 더욱 개선된 서비스를 제공하기 위해 현재 운영 실무를 개선하여야 한다. 물손실제어 프로그램은 의심할 여지없이 효율을 개선하고 제공된 서비스를 개선하기 위한 훌륭한 도구이다. 물손실제어 프로그램을 실행하기 위해 먼저 진단을 통해 문제를 파악하고 진단한 후 문제를 해결하기 위해 조치/프로그램을 설계하고 실행하여야 한다. 이 원리는 전 세계의 모든 물 회사에게 적용된다.

본장에서는 물손실제어 프로그램의 다양한 절차들과 성분들에 대한 개관을 제공한다. 다음 장에서 물손실제어 프로그램의 모든 성분들을 상세하게 기술하므로 여기에서는 간략하게 설명한다. 본장은 독자가 물손실제어 프로그램 안에 포함된 일반적인 개념과 절차들을 이해하기 위한 로드맵의 역할을 한다. 그림 5.1은 물손실제어 프로그램의 로드맵을 보여준다.

5.2 하향식 및 상향식 물손실평가

물손실제어 프로그램의 가장 중요한 부분들은 물손실 성분들을 평가하고 이해하는 것이다. 그러나 각 계산된 물손실체적의 정확도는 계산하기 위해 사용한 자료의 정확도와 품질에 좌우된다는 사실을 이해하는 것이 특히 중요하다. 따라서 자료 입증은 물손실체적 평가에서 핵심적인 역할을 한다.

5.2.1 하향식 물 수지

실질손실체적과 피상손실체적의 평가 및 계산의 분석 과정에서 첫 번째 절차는 IWA/AWWA가 권장하는 표준화된 하향식 물 수지를 착수하는 것이다(물 회계감사를 착수하는 방법에 대한 상세

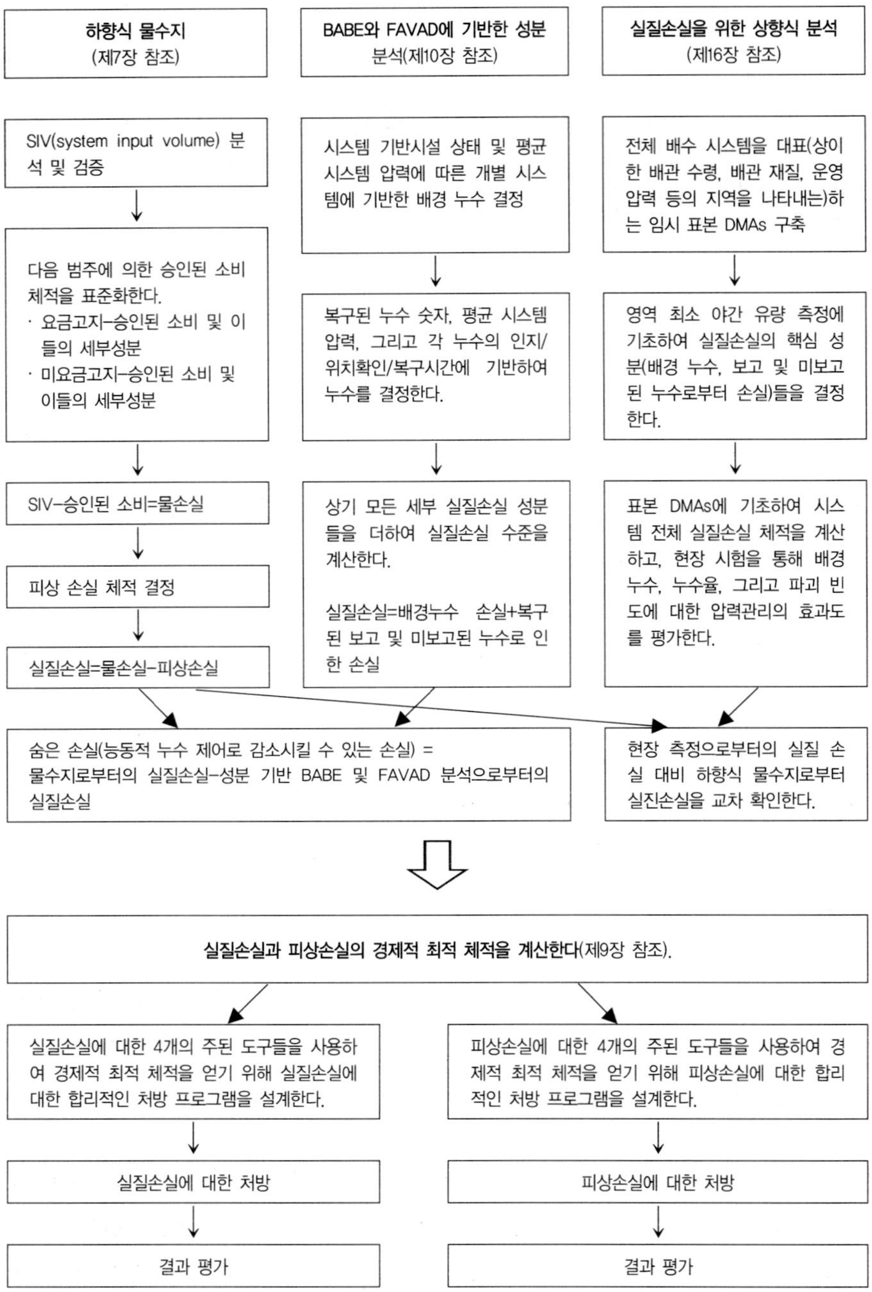

그림 5.1 물손실제어 프로그램 로드맵(Reinhard Sturm 제공)

한 지침은 제7장 참조). 임의 재원을 양호하게 관리하기 위해서는 공급자가 고객들에게 공급한 제품의 배달 및 처리과정(transaction)을 정확하게 기록하고 유지할 필요가 있다. 물수지는 배달 주기 내 물의 모든 성분을 정확하게 추적(track)하고 해명하는 목적을 갖는다. 물수지는 취수 또는 정수로부터 배수시스템을 통해 고객 소비점까지 물의 이동을 추적한다. 통상적으로 물수지는 물 시스템 내 존재하는 다양한 소비와 손실을 상세하게 기술하는 엑셀 형태로 존재한다. 물수지 자체는 표준화된 양식으로 모든 소비와 손실의 성분들을 요약한 것이다. 시스템 내부로 공급된 모든 물량을 평가하고 적합한 성분으로 할당할 필요가 있다. 만일 규명되지 않은 물량이 존재하면 이는 분명하게 최상의 실무가 아니다.

최초로 표준화된 물수지를 확립할 때 계산된 실질 및 피상손실 체적의 신뢰수준은 상대적으로 낮은 것이 일반적이다. 이에 대한 이유는 다양하지만 가장 공통적인 이유는 일부 물수지 성분이 계량되지 않거나 또는 사용한 자료가 입증되지 않았다는 사실이다. 따라서 수도 미터 정확도 시험, 기록 유지의 개선, 새로운 시스템 유입 수도미터와 유출 수도미터의 설치가 필요하면 먼저 추정을 통해 물수지 내 입력된 모든 체적들을 입증하여 물손실 수치 계산의 신뢰수준을 향상시킬 필요가 있다. 회계감사 과정은 감사관이 물 시설에서 발생하는 물손실(실질손실과 피상손실)의 형식과 체적에 대한 상당한 통찰력을 용수기관에게 제공하는 표준 과업이다.

물수지를 통해 계산된 실질손실체적은 복구되었던(능동적 또는 대응적 누수관리 정책을 통해) 누수로부터 실질손실, 배경누수손실체적 그리고 물 시스템 내 아직도 새고 있는 누수로 인한 실질손실을 포함한다. 아직도 용수기관이 탐지하고 복구할 필요가 있는 누수로 인한 손실들을 숨은 손실(hidden loss)이라 부른다. 그러나 물수지 확립시 숨은 손실의 체적을 추정하는 것은 불가능하다. IWA 및 AWWA WLCC(Water Loss Control Committee)는 다음 두 방법론에 따라 하향식 물수지를 사용하여 실질손실 평가를 보강하는 것이 최상의 실무인 것으로 권장한다.

- 실질손실의 성분분석: 누수 발생의 특성과 기간에 기초하여 누수체적을 모델하는 기법(상세한 내용은 제10장 참조)
- 실질손실의 상향식 분석: DMA와 MNF(Minimum Night Time) 분석 사용(상세한 내용은 제16장 참조)

5.2.2 실질손실성분분석

앞에서 언급한 것과 같이 물수지 확립과 동시에 숨은 손실체적을 평가하고 현재 누수복구 정책의 효율성을 상세히 파악하기 위해 실질손실성분을 분석하는 것이 최상의 실무이다.

1994년에 년간 실질손실체적은 각 개별 손실체적이 복구되기 전에 누수의 기간과 유량에 의해 영향을 받는 여러 누수 이벤트들로 구성된다는 사실을 입증하는 BABE(Burst and Background Estimates) 개념이 도출되었다. 성분기반 누수분석은 누수를 다음과 같이 3개 범주로 구분한다.

- 배경누수(탐지할 수 없는): 적은 유량, 지속적으로 누수
- 보고된 파괴(Reported break): 높은 유량, 상대적으로 짧은 기간
- 미보고된 파괴(Unreported break): 중간 유량, 누수시간은 처방정책에 따라 결정

분석에 사용된 많은 자료들은 정확하지 않기 때문에 년간 실질손실체적을 구하기 위해 성분분석을 권장하지 않는다. 그러나 성분분석은 배수 기반시설의 다른 요소들 내 실질손실체적의 추정을 제공하기 때문에 하향식 물수지를 매우 유용하게 보강한다. 이 자료는 가장 적합한 손실 감소 전략을 개발하기 위해 필수적이고, 확신에 찬 *경제적 누수수준 ELL(economic level of leakage)* 결정에 중요하기 때문에 매우 소중하다.

물수지는 그림 5.1과 같이 회계감사년도에 해당하는 전체 실질손실체적을 계산한다. 그러나 물수지는 이 실질손실의 어느 정도가 숨은 손실(용수기관의 현재 누수관리정책에 의해 포착되지 않은 누수로 인한 손실)에 기인하는 지에 대한 정보를 제공하지 않는다. 성분기반분석을 통해 실질손실체적을 평가하면 현재 누수제어정책을 통해 포착한 실질손실체적을 결정할 수 있다. 따라서 하향식 물수지에 기초한 실질손실로부터 성분기반분석에 기초한 실질손실을 감하면 숨은 손실의 체적을 결정하는 것이 가능하다.

$$\begin{aligned} \text{숨은손실} &= \text{하향식 물수지로부터의 실질손실} \\ &\quad - \text{성분분석으로부터의 실질손실} \end{aligned}$$

이제 DMA 내 계량된 실질손실체적과 상기 분석으로부터의 결과를 대조할 수 있다(5.2.3절 참조).

실질손실의 물수지와 성분분석은 임의 물손실제어 프로그램의 통합 부분이기 때문에 최소한 1년에 한번은 반드시 수행하여야 한다. 용수기관들은 물손실관리 성능을 면밀하게 관찰하기 위해 매월 물수지를 확립하여야 한다.

5.2.3 DMA와 MNF 분석을 사용한 실질손실의 상향식 분석

데스크탑 분석으로 앞 절에서 설명한 실질손실을 평가하는 두 방법을 일반화할 수 있다. 그러나 MNF 분석은 배수관망 내 실질손실체적을 정량화하기 위해 현장 시험 자료를 사용한다. 이 결과를 하향식 물수지로부터 얻은 실질손실체적과 직접 비교할 수 있다. MNF를 측정하기 위해 DMA가 필요하다. DMA는 하나의 전체 배수시스템을 여러 개의 소규모 배수관망 시스템으로 분리한 것으로 이는 수력적으로 불연속이다. 즉, 개별 DMA는 다른 DMA로부터 수력적 영향을 받지 않는다. 이는 통상적으로 단일 지점에서 계량되는 관로를 통해 물이 공급되어 개별 DMA로 유입되는 전체 유량을 측정한다(그림 5.2 참조).

도시 지역에서 새벽 2~4시 사이에서 발생하는 MNF는 통상적으로 누수수준과 관련하여

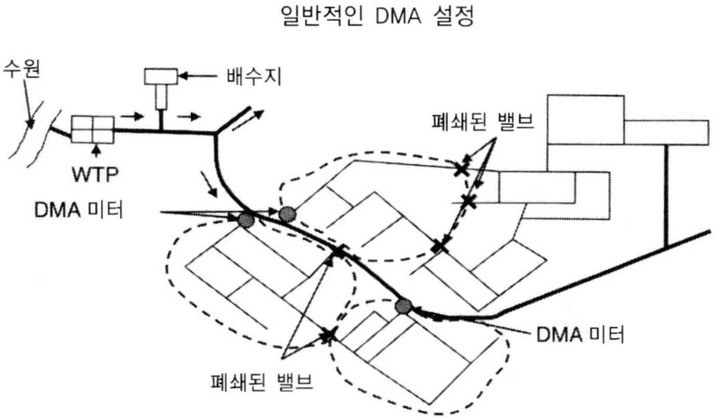

그림 5.2 일반적인 DMA 설정(IWA WLTF 제공)

가장 의미 있는 자료이다. 이 기간 동안 승인된 소비는 최소가 되므로 누수 퍼센티지가 가장 크게 된다. 조사 영역 내 주관로에 연결된 각 고객들의 정당한 야간 소비량에서 평가된 량을 감하여 최소야간유량에서 누수 성분을 추정한다. 전형적으로 유럽과 북미 도시에서 인구의 약 6%가 최소야간 동안 활동한다. 이 활동은 전형적으로 변기를 사용하는 것이고, 이 시간의 물 사용은 년중 특정 시간에서 상당한 관개 물량을 포함할지라도 거의 전적으로 변기 플러싱과 관련된다. 따라서 야간최소유량 분석시 정당한 야간 사용을 결정하기 위해 세련된 기법을 사용하여야 한다. 만일 영역 내에서 상당한 또는 비정상적인 야간 사용 또는 예외적인 야간 사용이 존재하면 야간 최소 기간 동안 계량기 검침 등을 통해 반드시 이를 측정하거나 또는 추정하여야 한다.

최소 야간유량에서 평가된 야간 사용량과 예외적인 야간 사용량을 감하여 얻은 결과를 순수 야간 시간 유량 NNF(net night-time flow)이라 부르며 이는 주로 배수관망의 물질손실(physical loss)들로 구성된다.

이러한 물손실제어 프로그램의 초기 3개 성분들인 하향식 물 수지, 실질손실의 성분분석, DMA 및 MNF 분석을 사용한 실질손실의 상향식 분석을 완료한 후 경제적 최적 누수체적을 결정하기 위해 이제 체적을 수치로 변환할 필요가 있다.

5.3 경제적 최적 물손실 결정

물손실관리는 경제적 쟁점이다. 용수기관은 전체 운영비용을 최소화하기 위해 손실을 관리하여야 한다. 물손실감소 전략으로 물손실수준을 낮출 수 있지만 물손실감소를 위한 비용은 상승한다. 이러한 이유로 용수기관이 물손실을 100% 제거하는 것은 결코 경제적이지 않다. 경제적 최적 물손실(실질손실 또는 피상손실) 수치와 실질손실 또는 피상손실의 체적을 감소시키기 위해 소요되는 비용을 더한 것이 최소가 되는 점이 경제적 평형 점이다. 경제적으로 정당화할 수 있는 실질손실 또는 피상손실의 감소 여지를 고찰하기 위해서는 실질손실과 피상손실 모두에 대한 경제적 최적점을 결정하는 것이 확실하게 최상의 실무이다.

예를 들어 영국과 웨일스에서 사용한 것과 같이 경제적 최적 물손실체적을 결정하는 모델들은 매우 복잡할 수 있고, 매우 인력 및 자료 집약적이 될 수 있다.

실체적을 가치로 변환시키고 이 가치를 처방비용과 비교하는)을 사용하는 최적 처방 프로그램을 결정할 필요가 있는 용수기관에게 경제적 물손실 기준점을 제공한다. 각 물 시스템마다 손실 형식과 정도가 다르므로 해결책과 해결 비용도 다르다. 그러나 비용-편익 비를 정의하기 전에 반드시 잠재적 해결책들을 확인하고 기술적으로 등급을 매겨야 한다. 또한 이는 양호한 회수 또는 비용-편익을 갖는 것 이외 채택된 해결책 또는 방법의 지속가능성과 현지 조건들을 고려한 처방을 결정할 때 중요하다. 물손실은 사라지지 않으며 계속하여 반복된다. 물손실제어는 일회성이 아니라 지속적으로 변화하는 문제에 대한 해결책이다. 경제적 최적 물손실체적을 결정하는 상세한 내용은 제9장을 참조한다.

5.4 올바른 처방 프로그램 설계

앞 장으로부터 이미 알고 있는 것과 같이 기본적으로 두 형태의 실질손실과 피상손실이 존재하며 이 두 형식의 손실에 대해 올바른 처방 프로그램을 설계할 필요가 있다. 올바른 처방 프로그램의 설계는 경제적 최적 물손실체적의 결정 과정과 직접 연결된다.

본절에서는 모든 물손실제어 프로그램의 설계를 위한 기본을 형성하는 실질손실과 피상손실에 대해 사용할 수 있는 공통적인 처방법의 간략한 개관을 제공한다. 제11장~제15장은 피상손실에 대해 제16장~제19장은 실질손실에 대해 사용할 수 있는 상세한 모든 처방법을 제공한다.

5.4.1 실질손실 처방법

주어진 상황에서 어느 처방법이 적합한지를 결정하는 것은 특정 시스템 내에서 주된 실질손실요소와 각 처방법의 비용-편익에 상당히 좌우된다. 그림 5.3은 실질손실에 대해 상세하게 분류된 처방법의 성분을 보여준다. 4개 화살표는 실질손실에 대한 일련의 처방법들 또는 하나의 처방법을 나타낸다. 최종 실질손실 처방 프로그램은 현장 상황에 따라 경제적 최적 실질손실체적을 관리하는 역할을 하는 하나의 처방법이나 여러 또는 모든 처방법들의 조합으로 구성될 수 있다.

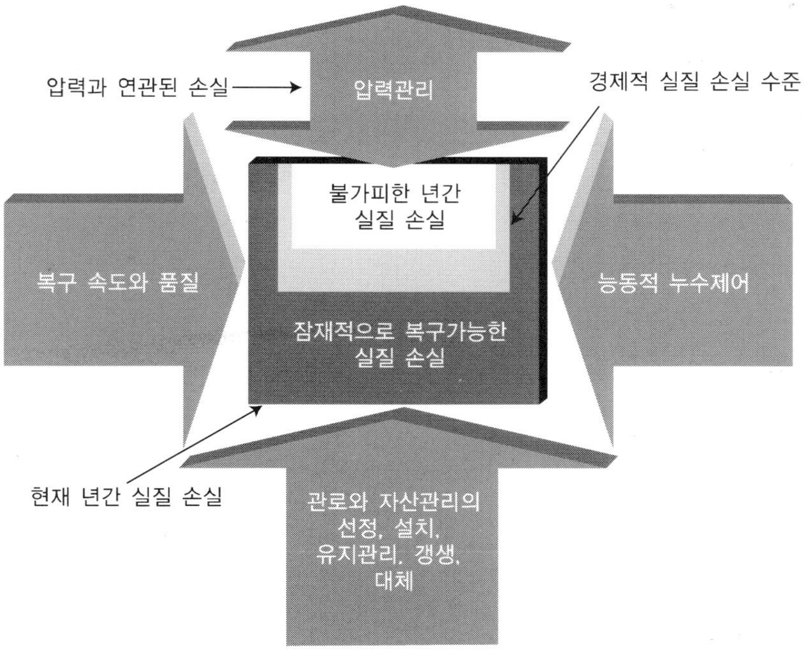

그림 5.3 실질손실관리 프로그램의 능동적 처방 도구(IWA WLTF 및 AWWA WLCC 제공)

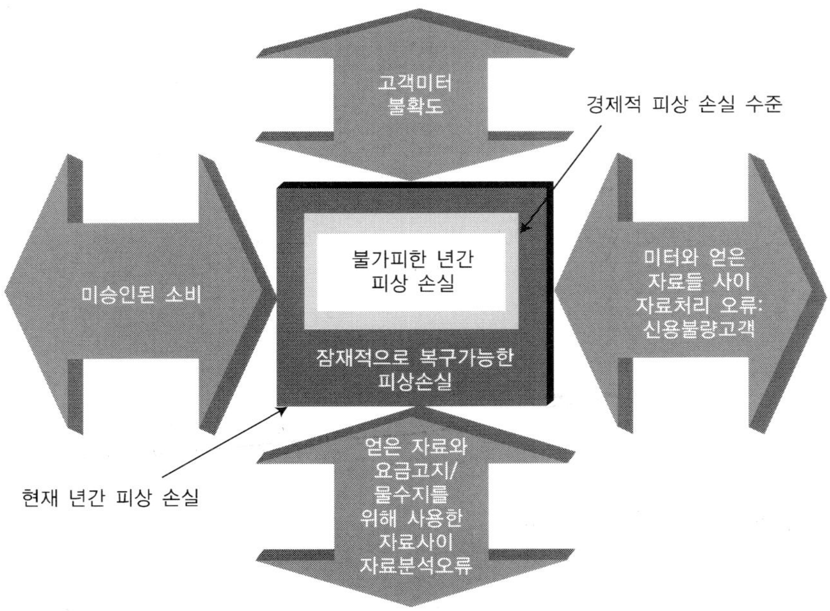

그림 5.4 피상손실관리 프로그램의 능동적 처방 도구(IWA WLTF 및 AWWA WLCC 제공)

5.4.2 피상손실 처방법

실질손실의 경우에서와 같이 피상손실체적을 최적 경제 수치로 감소시키기 위해 사용할 수 있는 일련의 처방법이 존재한다. 그림 5.4는 피상손실에 대해 분류된 처방법의 성분을 보여준다. 4개 화살표는 피상손실에 대한 일련의 처방법 또는 하나의 처방법을 나타낸다. 현장 상황에 따라 최종 피상손실 처방 프로그램은 피상손실을 경제적 최적 체적으로 관리하는 역할을 하는 하나의 처방법이나 여러 또는 모든 처방법들의 조합으로 구성될 수 있다.

5.5 실행 단계

한번 올바른 처방법들을 확인한 후에는 이들을 실행하여야 한다. 처방은 용수기관의 전문성과 재원에 따라 자체 또는 계약으로 실행된다. 자체와 외부를 조합하여 실행하는 경우가 많다.

5.6 결과 평가

물손실제어 프로그램의 후반부에서 프로그램으로 얻은 결과들을 평가하기 위해 평가 단계가 필요하다. 기본적으로 성분분석으로 보강된 새로운 물수지가 실행된다. 만일 필요하면 DMA 측정을 수행하고 이 결과들을 물손실제어 프로그램을 시작하기 전에 물수지 결과들과 비교한다. 만일 DMA 수준으로 처방 프로그램을 수행하면 처방 종료 후 DMA 측정을 반복하는 것이 최상이다.

만일 프로그램을 여러 해에 걸쳐 확장하면 물손실감소 노력이 올바른 방향으로 가고 있는지를 확인하기 위해 최소한 1년 단위로 결과들을 평가할 것을 권장한다.

한번 목표를 달성하면 경제적 최적 물손실체적을 유지하기 위해 지속적으로 물손실을 제어할 필요가 있다는 사실을 명심하는 것이 중요하다. 만일 제어 조치들을 취하지 않으면 시간이 경과하면서 물손실이 증가하기 때문에 지속적인 물손실관리가 필요하다. 그러나 최적점을 유지하기 위해 필요한 노력은 최적점에 도달하기 위해 필요한 노력보다 적게 될 것이다.

5.7 북미에서 물손실제어 프로그램 비용 예제

수요자 측면에서 물 보존 프로그램의 비용 효과는 절감된 단위 물량당 비용으로 표현된다. 수요자 측면의 보존은 이미 북미(특히 미국의 서부지역)에서 광범위하게 적용되었기 때문에 광범위한 일련의 물 보존 비용 수치를 얻을 수 있다. 물손실제어 프로그램의 비용 효과도를 수요자-측면 보존 프로그램과 비교하기 위해 북미에서 수행한 여러 물손실제어 프로그램의

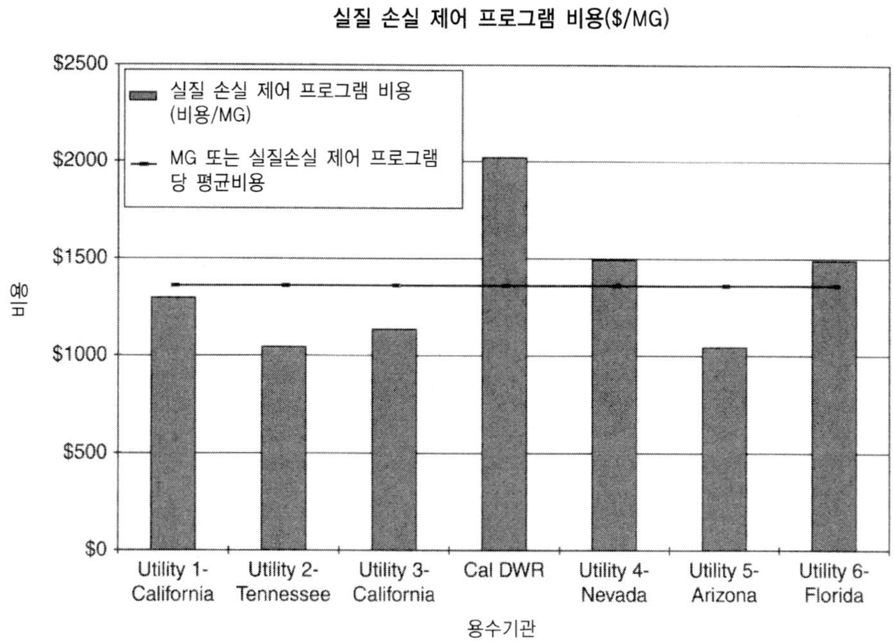

그림 5.5 실질손실 제어 프로그램 비용(참고문헌 1 참조)

비용 효과도를 평가한다.[1]

분석 결과 용수기관마다 물손실제어 프로그램 비용이 다르다는 사실을 보여준다. 일반적인 지침은 실질손실체적이 클 때 물손실제어 프로그램이 저렴하다는 사실이다. 실질손실체적이 작을수록 이들을 감소시키기 위해 더 많은 노력이 필요하다. 따라서 프로그램의 전체 비용은 증가한다. 여러 물손실제어 프로그램의 비용 비교를 위해 그림 5.5를 참조한다. 이 모든 프로그램들은 피상손실에 대해 처방이 없으며 오직 실질손실만을 감소시킨다는 사실에 유의하는 것이 중요하다. 여기에 나타난 비용은 하나의 평가 시점(물 회계감사)부터 시작한 물손실제어 프로그램의 모든 성분들, 누수를 복구하기 위한 비용과 실질손실을 처방하기 위한 모든 비용들을 포함한다.

5.8 결론

이제 독자는 물손실제어 프로그램 내 포함된 전반적인 절차들을 이해하여야 한다. 제11장~제15장에서는 이와 같은 일반 상황에 기초하여 피상손실에 대해 사용 가능한 모든 처방법을 심층 토론하고, 제16장~제19장은 실질손실에 대해 사용 가능한 모든 처방법을 심층 토론한다.

참고문헌

1. Sturm, R., and J. thornton. "Water Loss Control in North America: More Cost Effective Than Customer Side Conservation-Why Wouldn't You Do It?!" In Proc. of the Water Loss 2007 Conference. Bucharest, Romania: The World Bank Institute, 2007.

공급원 미터 정확도 입증

Chapter 06

6.1 공급원 미터 정확도의 영향

IWA와 AWWA가 채택한 표준 물 회계감사 방법론은 정수장과 배수 공정을 통해 최종점까지 물 공급을 추적하도록 구조화된다. IWA/AWWA 표준 물수지에서 *공급된 물*로 표시된 물 체적은 이 평가에서 가장 중요하다. 공급원 미터(source meter, 생산 또는 마스터 미터라고도 알려진)를 이용해 구한 이 체적은 배수시스템에 입력된 물량이 된다. 요금고지-승인된 소비에 대한 공급된 물 체적의 비교는 회계감사기간 동안 발생한 비수익성 물량을 제공한다. 물 회계감사의 유효성(validity)은 물 회계감사에서 가장 중요한 가치이며 공급된 물의 정확도에 의해 크게 영향을 받는다. 이 수치에서 임의 오류는 전체 물 회계감사에 걸쳐 영향을 주고, 피상손실과 실질손실수치에 불확도를 발생시킨다. 따라서 용수기관은 강건한 유효성 수준의 공급된 물 수치를 보장하기 위해 반드시 조치를 취하여야 한다.

정확하게 측정된 공급원 유량은 규제기관이 용수기관의 효율적인 운영과 현명한 재원관리를 감독할 때 매우 중요하다. 따라서 용수기관 관리자와 규제기관은 반드시 모든 공급원에서의 정확한 계량(metering)에 우선순위를 두어야 한다. 모든 수원에는 반드시 기술적으로 최신의, 정확한, 신뢰성 있는, 잘 유지되는 유량계를 설치하여야 하며 이상적으로 SCADA 시스템이나 유사한 감시 시스템을 이용하여 지속적으로 유량계를 감시하여야 한다.

공급된 물량은 여러 공급원 미터를 통해 정기적으로 측정되고 등록된 물 체적의 합이다. 이 공급된 물량은 원수 또는 정수된 수도미터, 탱크 및 배수지로 유입 및 유출되는 물을 등록하는 미터 그리고 압력 영역 또는 DMA에 걸쳐 물을 계량하는 미터들을 포함하는 복잡한 수치로서 계산된다. 공급된 물량이 올바르게 입증되는 것을 보장하기 위해 다음과 같은 3개 요구조건이 필요하다.

- 공급 기반시설 내 핵심 계량 위치들에 반드시 적합한 미터를 설치하여 물 체적을 신뢰성 있게 등록하여야 한다.
- 등록된 체적의 정확한 측정을 보장하기 위해 반드시 공급원 미터를 잘 유지하고 캘리브

레이션하여야 한다.

- 1일 기준 배수시스템으로 유입되는 물 체적을 정확하게 구하기 위해 모든 압력 영역들 또는 DMA, 저장시설로의 유입 및 유출 유량을 신뢰성 있는 공급원 미터를 사용하여 정확하게 기록 보관(가능하면 연속적으로, 실시간 기반)하여야 한다.

물 회계감사를 수행함에 있어 감사관은 반드시 상기 요구조건들이 충족되는지를 평가하고 필요시 충족되지 않는 부분을 수정하여야 한다. 물 회계감사의 초기 하향식 전개의 일부로서 공급원 미터들을 설치, 시험, 캘리브레이션, 보수 또는 대체하는 과업을 확인하여야 한다. 특히 핵심 계량 위치들에서 미터가 부족하거나 계량된 자료가 심각한 오류를 갖는 것으로 믿어지면 이 과업을 수행하여야 한다.

6.2 적정 물수지를 위한 핵심 공급원 미터 현장

소매 배수시스템을 통해 정수된 물을 일시적으로 추적하기 위해 통상적으로 물 회계감사를 수행한다. 또한 원수 또는 정수된 물을 송수하는 도매 송수 시스템, 소매 배수시스템 내부 불연속 압력 영역, DMA에서 개별 물 회계감사를 수행할 수 있다. 표 6.1은 전형적으로 계량이 채용되는 배수시스템 내 위치를 열거한다. 본서에서는 소매 배수시스템의 관점에서 물 회계감사과정을 기술하며 아래 주어진 계량 현장은 전형적인 소매 배수관망에서 직면하는 것들이다. 그림 6.1은 가상의 물 회사에 대한 기본적인 소매 배수시스템 구성을 보여준다. 그림과 같이 정수된 물이 정수장을 떠나는 지점에 반드시 공급원 미터 M1를 설치하여야 한다. 이

표 6.1 물 공급시스템 내 전형적인 공급원 미터 위치

위 치	기 능
수원(원수)	강, 하천, 관정, 또는 다른 수원으로부터 취수량 측정
정수장	정수장 공정 계량, 유입, 유출, 그리고 공정 중간 위치에서 계량할 수 있음
배수시스템 유입	배수시스템의 유입지점인 정수장 정수지 유출 지점에 공급된 물
배수시스템 압력 영역	다른 압력으로 공급되는 배수시스템의 부분들로 유입되는 영역 계량 가압장, 탱크, 그리고 배수지와 같은 주된 배수시설에서 계량을 포함할 수 있음
DMA	일중 유량 변화를 분석하고 최소야간유량으로부터 누수량을 추론하기 위해 사용된 수많은 불연속 지역
고객	최종 사용 지점에서 소비 미터
대량 공급(bulk supply)	대량 구매량 또는 판매량을 계량하기 위한 유입/유출 미터
기타	소화전, 탱크 트럭, 또는 다른 간헐적인 물사용을 포착

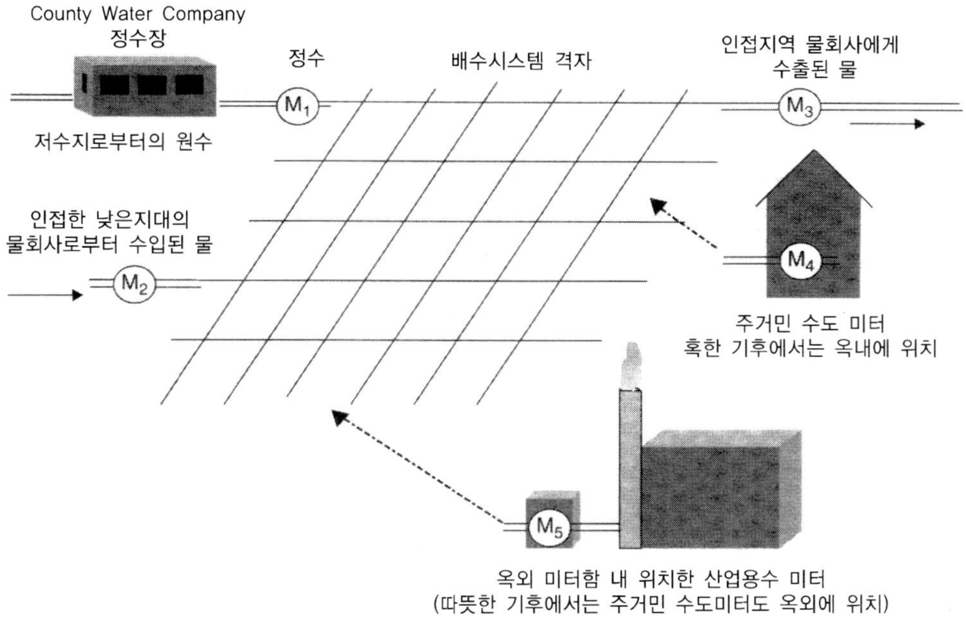

그림 6.1 전형적인 배수시스템 구성 (참고문헌 1 참조)

지점에서 수질은 원수로부터 음용수로 개선되고 물은 배수시스템으로 송수하기 위해 가압된다. 따라서 물의 금전 가치는 이 위치에서 가장 크다. 물 공급이 유입(M2) 또는 유출(M3)되는 임의 지점에 반드시 공급원 미터 M2, M3를 설치하여야 한다. 최종적으로 탱크 또는 배수지로 유입 또는 유출되는 곳과 압력영역과 DMA를 횡단하는 곳에서의 유량을 측정하기 위해 반드시 수도미터를 설치하여야 한다.

정확한 수치를 얻기 위해 인근 공급자로부터 구매 또는 유입된 물 체적을 반드시 감안하여야 한다. 그림 6.1에서 공급원 미터 M3은 인근에 있는 물 회사가 구매한 물을 등록한다. 항상 용수기관들 사이 연결지점을 계량하여야 한다. 계량된 자료는 대형 물 체적 요금고지를 위한 기본을 제공하므로 이와 같은 미터를 조심스럽게 유지 및 감시하여야 한다. 물을 공급하는 용수기관과 물을 구매하는 시스템 모두에게 상당한 비용의 이해관계가 걸려 있기 때문에 이 체적 측정을 유지하기 위해 면밀하게 감시하여야 한다.

물 회계감사기간 동안 저장시설에서 유량은 반드시 평형이 되어야 한다. 만일 공급원 미터가 배수지나 저장 탱크의 상류측에 위치하면 물 회계감사시 저장된 물을 고려하여야 한다. 일반적으로 저장시설을 유출하는 물은 대체된다. 즉, 대체 물은 공급원으로부터 저장시설로 유동하며 시스템 내부로의 공급으로 계량된다. 만일 회계감사기간의 종료 시점에서 배수지가 시작 시점보다 많은 물을 가지면 공급원 미터는 고객들에게 배달되지는 않는 증가된 저장 물량을 계량한다. 계량된 공급량에서 이와 같은 저장된 증가 물량을 반드시 감하여야 한다. 역으로 만일 저장에서 순수 감소가 발생하면 계량된 공급량에 감소된 저장 물량을 추가하여야 한다. 표 6.2는 County Water Company의 자료를 사용하여 저장 체적에서 변화를 계산하는 방법을 보여준다. 저장에서 감소를 공급에 추가하여야 하고, 저장에서 증가를 공급에서 감하여야 한다는 사실을 기억하라. 이 경우 전체 배수지와 탱크의 저장량은 순수 감소이므로 공급된 물량에서 0.83백만갤론을 조정하여야 한다.

표 6.2 CWC의 배수지 저장량 변화

배수지	시작 체적(갤론)	최종 체적(갤론)	체적 차이(갤론)
Apple Hill	32,350	36,270	+3,920
Cedar Ridge	278,100	240,600	-37,500
Monument Road	978,400	318,400	-660,000
Davis	187,300	55,300	-132,00
배수지 저장에서 전체 변화			-825,580

표 6.3은 County Water Company의 자료와 물 회계감사관이 소매 물 배수시스템에 공급된 적정한 물량을 얻기 위해 반드시 따라야 할 일련의 표를 보여준다. 표 6.3에 포함된 자료를 얻기 위한 절차는 다음 절에서 토론한다.

표 6.3 CWC에 공급된 물 체적을 결정하기 위한 물수지 계산

번호	성분	체적(백만갤론)
1	자체 수원으로부터 체적	3480.76
2	조정: 공급원 미터 오차	+136.89
3	조정: 배수지 및 탱크 저장량 변화	+0.83
4	다른 조정	0
5	전체 조정(2+3+4)	+137.72
6	조정된 하나의 수원으로부터 체적(1+5)	3618.48
7	조정된 유입된 물량	783.68
8	물 시스템 유입 체적	4402.16
9	조정된 유출 물 체적	0
10	공급된 물=시스템 유입 체적 - 유출 물 체적	4402.16

자체 공급원로부터 물 체적 편집

용수기관은 배수시스템에 물을 공급하기 위해 자체 소유하거나 관리하는 모든 수원을 확인한다. 이와 같은 수원들은 우물, 강, 개천, 호수, 저수지를 포함하며 이 수원들에 인접한 곳에

표 6.4 CWC의 수원 측정 장치

구분	자체 수원으로부터 물		유입된 물
	수원 1/송수로 41	수원 2 관정	수원 3 타이
측정장치 형식	벤트리	프로펠라	벤트리
식별번호	0000278-A	8759	OC-16
검침 빈도	매일	주간	매일
기록 등록계 형식	다이얼	다이얼	Builder type M
단위 등록계 지시	100,000갤론	갤론	ft^3
승수	1.0	1.0	100.0
설치 일자	1974	1990	1978
관로 규격(인치)	24	10	11.5
시험 빈도	년간	격년	분기
최종 캘리브레이션 일자	4/1/2006	8/21/2006	1/15/2006

서 정수처리 할 수 있다. 그러나 대부분 물 회계감사는 배수시스템에서 수행되므로 "공급원"은 정수 처리된 물이 배수시스템으로 유입되는 지점이 된다. 즉, 공급원은 정수장의 유출부가 된다. 따라서 공급원 미터를 정기적으로 시험하고 유지관리하여 공급원에서 유출되는 물량을 정확하게 계량·기록하여야 한다. 자료를 1일, 1주일, 1개월 단위로 수집하여 각 공급원에서 공급된 년간 물 체적을 편집할 수 있어야 한다. 표 6.4와 유사하게 미터에 대한 정보를 유지하여야 한다.

표 6.4에서 County Water Company는 3개의 공급원에서(송수로, 관정, 인근 용수기관의 상호연결) 물을 취수한다. 표 6.5는 2006년 이 공급원에서 취수한 물을 요약한 것으로서 물 회계감사기간 동안 어떻게 유량 자료를 배열하고 조정하는지를 보여준다. 열거된 자료는 수정되지 않는 미터 기록들에 기초한다. 또한 송수로(aqueduct)와 관정(well field)에서 취수한 물은 정수 처리되지 않은 물로 추정된다. 단순화를 위해 표 6.5의 2개 공급원으로부터의 물 체적은 정수 처리된 후 배수시스템으로 배달된 물의 체적과 동일한 것으로 가정한다. 이 단순한 가정은 정수 공정을 거친 물의 일부는 정수장 기반시설 누수 및 여과지 역세척, 화학 혼합 그리고 플러싱과 같은 유지관리 활동에 사용되어 일부가 손실되기 때문에 현실과 일치하지는 않는다. 취수원에서 물을 계량하는 것은 기본이고, 많은 규제기관은 수자원 활용을 추적하기 위해 이를 요구한다. 특히, 정수장이 수원과 뚜렷하게 구분되면 정수장을 떠날 때 정수 처리된 물을 계량할 것을 권장한다.

매년 각 공급원의 체적이 확인되면 반드시 측정된 물량을 검토하고 계량 자료에서 존재할 수 있는 체계적 오류 또는 무작위 오류를 수정하여야 한다. 공급원 미터 및 측정 장치들의 판독에 기초한 전체 물 공급량 수치는 원시자료이다. 다음을 포함한 잠재적인 요소들에 대해 반드시 원시 자료를 조정하여야 한다.

- 미터 불확도(표 6.6 참조)
- 배수지 및 저장시설 수위 변화(표 6.2 참조)
- 물이 배수시스템에 도달하기 전에 발생하는 손실 등에 대한 임의 조정. 일례로 공급원 미터가 정수장 상류측에 위치하면 정수 공정 동안 손실(여과지 역세척 등)이 발생할 수 있다. 표 6.3의 예제 자료에는 포함된 것이 없으므로 4번째 줄에 체적 0이 입력된다.

표 6.5 수정되지 않은 CWC 전체 물 공급

2006년	수원 1 송수로 41	수원 2 관정	조정되지 않은 자체 수원 소계	수원 3 타이	수원 1~3 합계
1월	0	130.34	130.34	104.27	234.61
2월	0	195.51	195.51	65.17	260.68
3월	130.83	130.34	261.17	0	261.17
4월	160.18	260.68	420.86	0	420.86
5월	326.53	97.76	424.29	0	424.29
6월	368.62	0	368.62	81.46	450.08
7월	372.64	0	372.64	84.72	457.36
8월	400.89	0	400.89	89.61	490.50
9월	360.72	32.59	393.31	32.59	425.90
10월	160.18	32.59	192.77	97.76	290.53
11월	160.18	0	160.18	130.34	290.52
12월	160.18	0	160.18	97.76	257.94
년간 합	2600.95	879.81	3480.76	783.68	4264.44
1일평균 (백만갤론)					11.68

표 6.6 수정된 CWC 자체 수원의 물 체적

* 표 6.5 참조

수원	년간 합계 미수정-계량된 체적 UMV *	유량계 정확도 MA (%)	유량계 오차 계산 UMV/MA†-UMV	유량계 오차	조정-계량된 체적‡
송수로 41	2600.95	95	(2600.95/0.95)-2600.95	+136.89	2737.84
관정	879.81	100	(879.81/1.00)-879.81	+0.0	879.81
소계				+136.89	

† 정기적으로 실행한 머터시험으로부터 취득한 소숫점으로 작성된 %

‡ 수원 1과 2의 수정된 미터 체적은 2,737.84+879.81=3,617.65mg, 이는 표 6.5 수원들에 주어진 전체 원수 공급보다 136.89mg이 크다.

표 6.3은 물 회계감사기간 동안 공급된 물을 수정한 수치를 보여주며, 그 수치는 4,402.16 백만갤론이다. 이 자료는 3개의 공급원 미터(2개의 자체 공급원 및 1개의 유입된 공급원)가 기록한 년간 체적, "공급원 1"과 저장량 조정에서 발생한 미터 오차에 대한 수정을 고려한다. 다수의 용수기관들은 많은 수원(또는 공급원)에서 물을 취수하고, 여러 상호연결지점들에서 물을 구매/판매하고, 많은 탱크들과 압력 영역들을 갖고 있다. 이와 같이 복잡하게 구성된 공급시스템을 운영하는 용수기관 관리자는 세심하게 핵심 공급원 계량 위치를 확인하고 공급원 미터의 설치 및 유지관리, 공급된 물량의 정확한 수치 획득, 매년 물 회계감사가 가능하도록 엑셀 또는 데이터베이스를 사용하여 적정하게 유량 밸런싱(flow balance)을 할 책임이 있다.

6.3 공급원 미터 형식

공급원 미터는 다양한 형식, 규격 그리고 유량-기록 메카니즘으로 출시되며 공통적인 형식은 다음을 포함한다.

- 차압식 미터
- 벤트리 미터
- Dall tube 미터
- 오리피스 판 미터
- 비례 유량계(flowmeter)
- 전자식 미터
- 삽입식 미터
- 초음파 미터
- 터빈 미터
- 프로펠라 미터
- 와류 진동 미터

모든 형식들은 용도에 따라 장점과 단점을 가지며, 최적의 미터를 결정하기 위해 각 유량측정현장을 독립적으로 평가하여야 한다. 시방서 및 기록할 자료에 따라 선정된 미터는 용수기관 전체에 걸쳐 수집할 다른 공급원 미터 자료와의 호환성을 가져야한다. 공급원 미터 형식, 기능 및 관리에 대한 상세한 지침은 AWWA M33 출판물 "*Flowmeters in Water Supply*"[2] 에 제공된다. 그림 6.2~6.5는 필라델피아 주 원수 공급관로상 일련의 대형 전자식 유량계의 대체 사진을 보여준다.

그림 6.2 원수 펌프장의 공급원 미터 교체: 제거된 기존 미터와 새로 설치될 신규 48인치 전자유량계 (필라델피아 수도국 제공)

전통적인 공급원 미터는 만관식으로 설계된다. 프로펠라와 같은 일부 미터는 배관의 유동선(flow stream) 내 미터 장치의 일부가 위치하여 배관을 통해 수두손실이 발생한다. 특히 대형 규격의 전체 보어(full bore) 미터는 고가이고 상당한 공간을 필요로 한다. 이 미터를 대체하기 위해 관로를 중지 및 배수시켜야 한다. 아직도 다수의 전체 보어 미터 형식들은 지난 수십년 동안 신뢰성 있고 정확하게 동작하는 것으로 증명되었다. 최근에 삽입식 계량장치의 상당한 혁신이 입증되고 있다. 이 삽입식 미터는 빈번하게 낮은 비용, 보다 적은 공간의 요구조건 그리고 미터를 설치하기 위해 관로를 정지시키고 배수시킬 필요가 없는 장점을 갖는다.

그림 6.3 원수 펌프장의 공급원 미터 교체: 설치되기 전 신규 48인치 전자유량계(필라델피아 수도국 제공)

관로가 서비스하는 동안 삽입식 미터를 탭 가공할 수 있는 분기전(ferrule)에 설치할 수 있다. 삽입식 전자 유량계는 오늘날 사용할 수 있는 신뢰성 있는 삽입 미터의 한 형식이다.

그림 6.4 원수 펌프장의 공급원 미터 교체: 신규 48인치 전자유량계 주변 배관의 분기전 드릴가공 (필라델피아 수도국 제공)

그림 6.5 원수 펌프장의 공급원 미터 교체: 신규 48인치 전자유량계 설치(필라델피아 수도국 제공)

신뢰성 있는 많은 형식의 유량계들이 상업 시장에 존재한다. 용수기관은 미터 선정시 마음대로 이용할 수 있는 많은 선택사항을 갖는다. 과제는 현장 용도와 일치되는 가장 타당한 미터를 결정하는 것이다.

6.4 공급원 미터 정확도 및 시험 프로그램 절차

통상적으로 정수 처리된 물은 미터로 측정하지만, 호수, 저수지, 하천으로부터 취수되는 원수는 파샬플룸 또는 위어와 같은 다른 장치들로 측정할 수 있다. 반드시 측정 장치의 비정상적인 오차가 발생하면 원인을 밝혀내고 수정하여야 한다. 즉, 공급원 미터의 임의 오차는 회계감사 전체 과정에 영향을 미치므로 올바르지 않은 공급 자료는 물 회계감사를 위태롭게 만든다.

미터의 정확도를 확신하기 위해 적용 가능한 AWWA 기준 및 지침 매뉴얼과 미터 시험 결과를 비교한다. 만일 미터가 올바르지 않게 측정하고, 오차가 기준한계를 초과하면 미터를 보수하고 다시 캘리브레이션한다. 만일 지난 12개월 동안 미터를 시험하지 않았으면 미터를 시험하여야 한다.

또한 공급원 미터가 부정확하면 현장에서 각 미터를 시험한다. 정상적인 마모는 부정확한 미터 판독의 유일한 원인이 아니다. 미터가 올바른 형식인지, 규격이 용도에 맞는지, 올바르게 설치되었는지를 확인하여야 한다. 전형적인 공급원 미터 형식 및 용도에 대한 지침은 AWWA M33 출판물을[2] 참조한다. 제작사의 권장 유량범위에 대해 규격을 확인한다. 대부분 미터는 경사 또는 수직 상태에서 작동하지 않으므로 미터가 수평인지를 확인한다. 경수(hardwater)가 측정 장치에 외피를 형성하지 않았는지를 검사한다. 또한 적정한 기록계가 선정되고 올바르게 설치되었는지를 확인한다. 최종적으로 기록계가 올바르게 판독하는지 또는 미터로부터 신호가 SCADA 시스템을 통해 적정하게 전송되는지를 확인한다. 계량장치에 익숙한 직원을 채용하여 측정 장치를 캘리브레이션하여야 한다. 그리고 특별한 공급원 미터의 특별한 판독 장치를 갖거나 샘플 판독을 입증하기 위해 두명의 미터 판독원을 채용한다. 미터가 올바르게 판독하고 기록하는지, 올바른 변환 계수를 사용하는지를 확인한다.

벤트리 미터의 경우 목에서 또는 감지계통에서 막힘이 있는지를 확인한다. 벤트리 미터와 직렬로 설치된 피토트관 또는 다른 삽입식 미터로부터 취한 측정결과와 서로 비교하여 시험한다. 피토트관을 사용한 미터 시험은 난류가 아닌 유동에서도 미터 설치의 타당성 여부를 보여준다. 반드시 다른 유량 범위에서 벤트리 미터를 시험하여야 한다. 만일 벤트리 자체를 확인하지 않고 관련된 유동에 대한 압력 전환을 조정하면 미터는 유량범위를 벗어나게 유량을 기록할 수 있다.

미터 시험

다음과 같이 네가지 방법으로 미터를 시험하며 이 미터 시험방법의 효과성은 내림차순이다.

- 제자리에서 미터를 시험한다. 이를 가능하게 하기 위해서는 일부 배관을 대체할 필요가 있을 수 있다. 삽입식 피토트관은 미터가 기록한 결과를 비교하기 위한 측정결과를 제공한다.
- 시험 대상 미터 판독을 이 미터와 직렬로 설치된 캘리브레이션 된 미터의 판독과 비교한다(12.5절 참조).
- 명시된 기간에 걸쳐 주어진 유량에서 미터 판독을 기록한다. 미터를 제거하고 캘리브레이션된 미터로 대체한다. 동일한 기간 동안 동일한 유량을 사용하여 캘리브레이션된 미터의 판독을 기록하고 비교한다.
- 시험실에서 미터를 시험한다. 이는 통상적으로 실행 불가능하거나 또는 대형 미터의 경우 비용이 고가이다.

휴대용 장치로 미터를 시험할 수 있다. 미터를 시험하기 위해 펌프 효율 유량시험을 사용할 수 있다. 일부 용수기관은 미터를 시험하기 위해 막대(rod)형 또는 환상(annular)형 미터를 사용할 수 있지만 이에 따른 결과로서 최대 10% 차이가 발생할 수 있다. 통상적으로 표준 단일점 피토트관은 더욱 정확한 결과를(오차 ±2%)를 제공한다. 외부 기관이 미터 시험을 수행할 수 있다. 자문가, 미터 제작사 그리고 전용 시험소는 시험 서비스를 제공한다.

미터의 불확도를 고려하여 캘리브레이션 하기 위해 다음 식과 같이 올바르지 않게 계량된 체적 UMV(uncorredted metered volume)을 미터의 측정된 정확도로 나누고(소숫점으로 표현된 퍼센티지) UMV를 감한다.

$$\frac{UMV}{\text{Percent accuracy}} - UMV = \text{meter error}$$

다음과 같이 조정된 계량된 체적 AMV(adjusted metered volume)를 계산한다.

$$AMV = UMV \pm \text{meter error}$$

시험 전, 후의 확인 목록은 표 6.7과 같다. 일부 공급원 미터(직경 8, 10, 12인치)는 대형 고객 미터의 동일한 범위 안에 떨어진다. 이 때문에 이 규격 범위의 공급원 미터를 갖는 운영자는 12장을 참조하면 상기 미터의 정확도 시험에 대한 더욱 상세한 정보를 얻을 수 있다. 많은 신뢰성 있는 미터 형식들은 수 년 동안 우수한 서비스를 제공하지만 용수기관은 공급원 미터의 역할을 하는 이 미터의 기능과 정확도를 유지하기 위해 특별한 노력을 기울여야 한다. 여러 측면에서 물 회계감사의 전반적인 신뢰성은 용수기관 내 공급원 미터 관리와 직접 관련된다.

표 6.7 수원 유량계 정확도 시험 활동 점검목록

사전시험 활동	
1	모든 미터들을 확인한다.
2	이 미터 제작사의 시방서를 참조한다.
3	제작사의 시방에 따라 미터들이 설치되었는지 확인한다.
4	현장 시험을 수행할 수 있는지를 결정
5	수행할 현장시험 형식과 현실적인 한계를 확인한다.
6	시험 체적과 계량된 체적 사이 허용 오차폭을 정의한다.
7	시험 또는 복구 작업 이전 기록들을 찾아내고 시험 계획시 이 정보를 고려한다.
8	허용 오차를 벗어난 유량계를 캘리브레이션할 수 있는 현지 공급자 또는 계약자를 확인한다.
9	캘리브레이션 할 수 없는 미터들을 대체하기 위한 미터 제작사 및 공급자를 조사한다.
10	작업을 위한 현실적인 예산을 확보한다.
11	작업을 위한 현실적인 시간을 확보한다.
12	캘리브레이션 이전 측량과 시험 후 캘리브레이션된 측량 모두에 대한 기준선을 명백하게 보여주기 위해 믿을 수 있는 추적 미케니즘을 확인한다.
사후시험 활동	
1	스팬 및 zero에 대한 캘리브레이션시 주된 변화를 명백하게 확인하고 기록한다.
2	년간 물수지에 대한 영향을 확인한다.
3	미래 참조를 위해 원시 자료와 조정된 자료 모두를 저장한다.
4	현지 물 인출 한계와 새로운 결과가 이 한계에 어떻게 영향을 미치는지를 확인한다.
5	유량계가 캘리브레이션된 상태 그리고 신뢰할 수 있는 새로운 결과를 보장하기 위해 주기적인 시험 프로그램을 시행한다.

6.5 핵심 계량 현장에 미터가 없는 경우

아마도 하나 또는 그 이상의 수원들을 계량하지 않거나 또는 미터들을 정기적으로 감시하지 않을 수 있으며 이 경우 다음을 적용한다.

수원에 미터가 설치되지 않은 경우

휴대용 미터를 사용하여 유량을 추정한다. 휴대용 미터는 삽입식 또는 스트랩온(strap-on) 형식이 될 수 있고, 정수장 유출 또는 다른 공급원의 직하류측 관로상에 미터를 설치할 수 있다. 최소한 24시간 연속 계량을 하여야 한다. 만일 휴대용 계량을 사용할 수 없는 경우 유량을 추정할 수 있는 한 방법은 정수 처리된 펌핑 유량 기록을 사용하는 것이다. 만일 펌프 성능 특성곡선을 알고 있으면 1년 동안 운영된 펌프의 시간을 평균 펌핑율로 곱하여 유량을 추정할 수 있다. 만일 대형 저수지로부터 취수하면 개천 및 강우로부터의 유입유량을 조정하고 저수지 수위의 저하를 고려하여 취수량을 계산할 수 있다. 이와 같은 방법들은 대략적인 물량을 제공한다. 그러나 가능하면 계량되지 않은 공급원에 미터를 설치하도록 설계하여야 한다.

공급원 미터가 정기적으로 감시되지 않은 경우

공급원 구조와 미터를 검사한다. 존재하는 계량장치의 형식(예를 들어 벤트리 유량계, 전자식 유량계, 초음파 유량계)을 기록한다. 측정 장치에 대한 기본적인 정보인 형식, 식별 번호, 판독 주기, 기록계의 형식, 측정 단위(필요하면 변환 계수), 승수, 설치 일자, 배관 규격, 시험 빈도 그리고 최종 캘리브레이션 일자를 기록한다. 이 정보를 표 6.4와 같이 문서화한다.

회계감사기간 동안 각 공급원이 생산한 물량의 기록을 얻도록 노력한다. 대부분 미터들은 특정 형식의 기록계 또는 합산(totaling)장치를 갖는다. 기록계들은 반올림 판독식 또는 직독식이 될 수 있다. 반올림 판독식 기록계들은 10, 100, 1000 그리고 10000 단위의 ft^3 또는 갤런을 기록하는 포인터들을 갖춘 일련의 작은 다이얼로 구성된다. 직독식 기록계들은 시험을 위한 큰 스윕 핸드(sweep hand)와 전체 체적 단위를 나타내는 직독식 다이얼로 구성된다. 만일 정기적으로 미터를 판독, 시험 또는 캘리브레이션하지 않으면 미터를 캘리브레이션하도록 노력하여야 하며 정기적인 판독 또는 미터의 폴링(polling)을 시작하여야 한다. 이제 많은 용수기관은 SCADA시스템을 사용하여 공급원 미터의 자료를 실시간으로 중앙전산기로 전송한다. 중앙전산기에서는 용이한 검색을 위해 유량자료를 합산하고 보관한다. 임의 공급원 미터 캘리브레이션 또는 검증 활동 동안 비교하기 위한 측정을 얻기 위해 휴대용 미터를 사용할 수 있다.

6.6 요약(공급원 미터 정확도)

공급원 미터는 용수기관들 사이 상호 송수, 정수 처리된 물의 주탱크 및 다른 저장시설로부터의 유입량과 유출량 그리고 압력 영역(zones) 및 구역(district)에 걸친 유량은 물론 용수기관에 공급된 수원에서의 대량물량(bulk)를 기록한다. 이 미터들은 물 회계감사시 가장 주된 성분인 "공급된 물"의 입력수치를 제공한다. 공급원 미터의 수치와 공급된 물 수치에서 상당한 오차는 물 회계감사의 다른 성분들을 통해 반영되어 회계감사의 유효성을 감소시킨다. 물 회계감사를 개시할 때 공급원 미터의 운영 상태의 입증은 가장 중요한 첫 번째 현장 활동이다. 만일 반드시 미터를 설치하거나 대체하여야 하면 일부 투자가 필요할 수 있다. 그러나 물 회계감사의 신뢰성과 유효성 그리고 용수기관의 물 회계책임은 주로 입증된 공급원 미터 자료에 의존하므로 이와 같은 투자를 아끼지 말아야 한다.

참고문헌

1. American Water Works Association. Water Audits and Loss Control Programs. Manual of Water Supply Practices M36 3d ed. Denver, Colo.: AWWA, 2008.

2. American Water Works Association. Flowmeters in Water Supply. Manual fo Water Supply Practices M33. AWWA, 2006.

Chapter 07

표준화된 물 회계감사 및 성능지표를 사용한 물손실 평가

7.1 소개

표준화된 IWA/AWWA 물수지는 용수기관에게 필요한 결과들과 물손실의 특성과 범위의 이해를 제공한다. 결과적으로 용수기관은 실질손실과 피상손실에 대한 적합한 도구들을 선정할 수 있게 된다.

기업이 고객들을 위해 정기적으로 대차대조표를 준비하는 것과 같이, 은행이 계좌로부터의 현금 입출금 내역서를 제공하는 것과 같이 물 회계감사는 얼마나 많은 물이 배수시스템으로 또한 고객으로 유입되는지를 나타낸다. 그러나 재무 감사는 상업계에서 필수적이고 아주 흔한 일이지만 물 회계감사는 놀랍게도 흔하지 않다. 물의 본질적 가치를 인식하지 못하는 곳에서는 물손실 성능의 회계감사 및 철저한 평가를 촉구하는 동기부여가 거의 존재하지 않는다. 그러나 물이 더욱 소중한 상품이 되어 가면서 이 상황은 변화하기 시작하였고, 제4장에서는 표준화된 그리고 정기적으로 편집된 물 회계감사에 기초하여 성공적으로 물손실을 감소 및 관리하는 국가들의 예들을 제시하였다.

물 회계감사(*water audit*)와 *물수지*(*water balance*)는 빈번하게 상호 교환된다. 그러나 물

표 7.1 표준 IWA/AWWA 물수지(출처: 참고문헌 6)

시스템 입력체적	승인된 소비	요금고지-승인된 소비	요금고지-계량된 소비	수익성 물
			요금고지-미계량된 소비	
		미요금고지-승인된 소비	미요금고지-계량된 소비	비수익성 물
			미요금고지-미계량된 소비	
	물 손실	피상손실	미승인된 소비	
			고객 계량 불확도 및 자료처리오류	
		실질손실	송수 및 배수관로 누수	
			저장탱크에서 손실	
			서비스연결부터 고객 사용지점까지 누수	

회계감사를 말할 때 우리는 취수 현장 또는 정수장으로부터 배수시스템 및 고객 재산을 통한 모든 물의 유량 성분들의 입증, 평가, 추적과 관련된 과업을 의미한다. 통상적으로 물 회계감사는 지역 물 시스템 내 존재하는 다양한 소비와 손실을 상세하게 열거하는 엑셀 형태로 존재한다. 물수지는 표준화된 양식으로 물 회계감사의 결과를 요약한 것이다(표 7.1 참조).

1990년대의 과업은 합리적이고 표준화된 물 회계감사방법론과 물손실 성능지표 PI (Performance Indicator) 개발을 구체화한 것이다. 이 과업이 추진된 주된 동기는 영국과 웨일스에서 수요 관리 및 현명한 물의 사용이었으며 경쟁, 가뭄과 관련된 물 부족 그리고 다른 요소들에 있다. 1990년대 후반 IWA는 물 공급 운영을 평가하기 위한 노력을 개시하였으며, 그 결과 2000년에 “Performance Indicators for Water supply services” 문헌이 출판되었고[1] 2006년에 IWA가 두 번째 문헌을 출판하였다[2]. 이 과업은 물 공급 운영의 모든 측면들을 평가하는 다양한 그룹들을 포함하였으며, WLTF(Water Loss Task Force)는 세계 어느 곳에서든지 효과적으로 물 손실 성능을 비교할 수 있는 물 회계감사 및 양식 그리고 성능지표를 고안하기 위해 특별하게 작업하였다.

IWA 전담팀이 물손실에 대해 제안한 방법들은 오늘날 물 회계감사 및 성능 측정을 위한 “최상의 실무” 모델이다. 최상의 실무 모델로 간주되는 이유는 전세계 많은 국가들이 결과를 취합하는 과정을 통일하고 지식 결여로 인한 구조의 허점을 획기적으로 개선시켰기 때문이다. 이후 세계 여러 용수기관들은 물손실 평가를 위한 최상의 실무로서 이 방법들을 성공적으로 채택하여 왔고, 여러 국가들로부터의 자료를 사용하여 철저하게 이 과업을 시험하여 왔다. 남아프리카, 호주, 독일, 몰타 그리고 뉴질랜드를 포함한 여러 국가들은 국가 물손실관리규정에서 물 회계감사 및 성능지표를 위해 IWA의 최상의 실무 모델을 채택하여 왔다. AWWA WLCC는 2003년 8월판에 발간된 AWWA 저널의 위원회 보고서 “Applying Worldwide Best management Practices in Water Loss Control”에서 최상의 실무로서 IWA 물 회계감사방법론과 성능지표를 채택하여 왔다.[3] AWWA WLCC는 현재 최상의 물 회계감사 및 전반적인 물손실관리 실무를 포함시키기 위해 AWWA M36 매뉴얼 “Water Supply Practices, Water Audits, and Leak Detection”을 재작성 중에 있다. 세계은행 이외 아시아개발은행 그리고 유럽투자은행도 물손실 평가 및 성능지표결정을 위한 최상의 실무로서 IWA 방법론을 채택하여 왔다.

본장에서 토론한 물 회계감사는 정수 처리된 배수관망과 관련되지만 원수 송수시스템 또는 정수 공정을 포함하지는 않는다. 이유는 대부분의 시스템들에서 배수시스템에서 발생된 손실은 원수 송수시스템 또는 정수공정에서 발생한 손실을 무색하게 만들 정도로 크기 때문이다. 그러나 필요하면 개별 물수지로 원수 송수시스템 또는 정수 공정에서의 물손실을 평가할 수 있다.

7.2 물손실관리의 Rosetta Stone

1799년 나폴레온 병사는 나일강 어귀 인근 지역 Rosetta에서 조각(carved)된 고대 흑색 현무암 조각을 발견하였다. 이 조각은 이집트 상형문자, 민중문자 그리고 그리스어로 쓰인 이집트 성직자 Ptolemy V. Epihanes(205~181 BC)의 칙령을 포함하며, 이와 같이 작성된 3개 문장의 동시 번역을 허락한다. Rosetta stone은 고고학자가 최초로 상형문자를 올바르게 번역하는 것을 가능하게 하였다.

이는 독자가 처음 상상하는 것 이상으로 북미에서 발생한 물손실과 더욱 관련된다. 특히 북미에서 년간 물수지 성분의 물 회계감사를 착수하기 위한 단일 표준 용어나 공통적으로 수용된 정의 또는 방법론이 존재하지 않는다. 물수지 계산은 배수시스템으로 유입되는 모든 물의 목적지들을 확인하는 것을 추구하므로 배수시스템 내에서 발생하는 물손실들을 평가할 수 있다. 통상적으로 각 주, 정부 조직, 전문 기관, 자문가, 계약자는 전문용어를 정의할 수 있고, 그들이 권하는 방법으로 계산할 수 있다. 이는 아마도 용수기관이 표준화된 양식으로 매년 자료를 제출하도록 정부기관에서 요청하지 않기 때문이다. 그러나 물은 중요한 천연자원이며 다수의 선진국에서 회계책임과 유사하게 천연자원의 책임 있는 관리를 증명하기 위한 표준화된 방법을 적극적으로 다루고 있다.

예를 들어 영국과 웨일스에서 1992년 이래 경제 규제자는 사유화된 물 회사들이 매년 표준 양식으로 물손실의 회계감사한 계산서를 독립적으로 작성하여 국가차원에서 출판하도록 요구하였다. 표준화된 자료의 출판은 성능 및 경제적 물손실수준과 관련된 질문을 촉발 시켰으며, 이는 처음에는 자발적 그리고 이후에는 의무적 누수목표(1995~1996년 가뭄과 정치적 쟁점에 의해 촉진된)를 초래하였다. 약 5년 후에 영국과 웨일스 내 공공 물 공급 시스템의 누수는 전체적으로 40%(또는 1일 480백만 갤런) 감소되었으며, 최근 영국 누수관리 전문지식은 국제적으로 인식되고 있다. 만일 다음 사항이 발생하였다면 영국과 웨일스 용수기관을 접촉하여 도움을 받을 수 있다.

- 년간 물손실 계산의 착수 여부
- 계산 수행 방법과 어느 성능지표를 사용하여야 하는지?
- 결과의 출판 여부

2007년에 완료된 AwwaRF의 "Leakage management Technologies"프로젝트의 결과로부터 북미 내 문제 범위를 예증할 수 있다. 이 보고서는 북미에서 물 회계감사 수행은 흔하지만 방법, 물손실의 표현 또는 시간 간격들은 일관성이 없는 것으로 결론 내렸다. 대부분 용수기관들은 IWA 표준 물 회계감사방법을 사용하지 않는다. 현재 사용하는 많은 물 회계감사방법들은 회계 및 성능 평가에서 부정확성의 여지가 많다. 북미에서 물손실은 아직도 분모가 물손실을 최소화(북미의 1인당 물 소비가 높은)하는 시스템 입력 체적의 퍼센티지로서 표현되기 때문에 용수기관 사이에서 정확하게 비교할 수 없다.[5] IWA/AWWA 표준 물 회계감사방법론과 성능지표는 북미에서 물 회계감사를 위한 Rosetta Stone이다. 그러나 제4장에서 언급한 것과 같이 지난 5년 동안 미국 내 여러 주 정부기관과 국가 조직이 최상의 실무로서 표준화된 IWA/AWWA 물 회계감사방법론을 채택하고 장려하는 매우 중요하고 고무적인 발전이 있어 왔다.

7.3 IWA/AWWA 표준 물 회계감사 및 성능지표의 혜택

다음과 같이 IWA/AWWA 방법론의 장점을 요약할 수 있다.

- IWA 전담팀의 결론에 기초하여 물손실과 성능지표를 계산하기 위한 최상의 표준 국제 실무 방법론과 전문용어로서 역할을 하도록 IWA/AWWA 방법론이 구조화되었다.
- IWA/AWWA 방법들은 불가피한 물손실과 발견된 누수 및 월류를 승인된 소비로 고려하는 통상적인 북미 실무에 대해 이의를 제기한다.
- 물 시스템 특성에 따른 불가피한 실질손실 계산을 위한 방법을 포함한다.
- IWA/AWWA 방법은 북미에서 가장 공통적으로 사용되는 성능지표의 결함을 시스템 입력 체적과 주관로의 마일 당 손실의 퍼센티지로 대응한다.
- 국제적으로 수용된 UFW의 정의가 없고, IWA/AWWA 방법론을 사용하여 물 회계감사의 모든 성분들을 고려할 수 있기 때문에 IWA/AWWA는 NRW(nonrevenue water)에게 유리하게 불명수량 UFW(unaccounted for water) 항을 생략하여 왔다.
- IWA/AWWA 방법론은 애매한 여지를 남기지 않는다. 모든 형식의 물 사용과 손실은 할당된 물수지에서 적합한 성분을 가지며, 이는 유의미하고 유사한 결과들을 보장한다.
- IWA/AWWA 방법론은 여러 국가들에서 성공적으로 적용되어 왔으며 지구상에 활용되고 있다.
- 물 공급 시스템의 위치, 규격 그리고 운영 특성과 무관하게 물 회계감사 결과와 성능지표를 유의미하게 비교할 수 있다.

7.4 IWA/AWWA 권장 기준 물 회계감사

하향식 물 회계감사는 기본적으로 다음과 같이 두 단계로 조합된다.

1. 추정에 기초한 성분 또는 측정을 통해 모든 개별 물 소비 및 물손실 성분들의 정량화
2. 표준화된 물수지 계산의 착수

본절에서는 권장된 물 회계감사의 접근법과 각 성분을 설명한다. 하향식 물 회계감사를 수행하기 위한 노력은 자료의 품질과 가용도에 따라 상대적으로 적정하다. 또한 하향식 회계감사는 추가 입증이 필요한 성분들을 확인하는 데 도움을 준다.

다양한 기법을 사용하여 표 7.1과 같이 물수지 성분을 평가하고, 추정하고, 계산할 수 있다. 이상적으로 모든 물수지 성분들은 측정에 기초하여야 한다(다른 성분들을 더하거나 감하여 계산되는 성분들은 제외). 하지만 실제로는 최초로 물수지를 확립할 때는 추정이 필요하다. 추정이 필요한 성분들을 한번 확인하면 그 자리에서 성분들을 계량하거나 또는 추정 과정의 개선을 허락하는 것이 최상의 방법이다. 물수지 수행시 물수지성분의 입증은 중요하고 필수적인 부분이다. 민감도 해석과 95% 신뢰수준을 사용하여 개별 물수지성분이 계산된 NRW 그리고 실질손실과 피상손실의 전체 정확도에 미치는 영향을 평가하여야 한다.

반드시 매년 물수지를 확립하여야 하고 물수지를 확립하기 전에 회계감사기간[예를 들어 회계년도 또는 역년(calendar year)]과 시스템 경계들을 결정하는 것이 중요하다. 또한 반드시 각 물수지성분에 대해 동일한 단위를 사용하여야 하며 물수지 계산 절차는 다음과 같다.

- 시스템 입력 체적을 구하고 알고 있는 오차에 대해 수정한다.
- 수익성 물의 성분들을 구하고 수익성 물(요금고지-승인된 소비량과 동일)을 계산한다.
- NRW(시스템 입력-수익성 물)를 계산한다.
- 미요금고지-승인된 소비를 평가한다.
- 승인된 소비(요금고지된 소비와 미요금고지된 소비)를 계산한다.
- 물손실(시스템 입력-승인된 소비)을 계산한다.
- 피상손실 성분들을 평가하고 계산한다.
- 실질손실(물손실-피상손실)을 계산한다.

후속 절에서 AwwaRF 보고서 "Evaluating Water Loss and Planning Loss Reduction Strategies"에 기초한 물 회계감사의 다양한 절차들을 설명한다.

7.4.1 시스템 입력 체적 결정

전체 시스템 입력을 계량하는 경우 년간 시스템 입력의 계산은 단순 명료한 과업이 된다. 즉, 정상적인 미터 기록들을 수집하고 개별 시스템들의 년간 유입량을 계산한다. 이 유입량은 대량 공급자로부터 수입된 물은 물론 자체 수원을 포함한다.

휴대용 유량계를 사용하거나 또는 가능하다면 배수지 수위 저하를 통한 체적을 비교하여 매년 입력 미터의 정확도를 입증하여야 한다. 만일 시스템 입력 미터에서 임의 불확도가 나타나면 더욱 상세하게 문제를 조사할 필요가 있고, 필요시 시스템 입력 미터의 불확도를 고려하여

기록된 물 체적을 조정하여야 한다. 입력 미터 정확도의 입증은 물론 시험시 미터가 생성한 원시 신호 4~20mA로부터 SCADA 기록보관소까지 전체 자료 기록 사슬의 확인을 권장한다.

만일 계량되지 않는 수원이 존재하면 다음 중 하나(또는 조합)를 사용하여 반드시 년간 유량을 추정하여야 한다.

- 휴대용 장치를 사용한 임시 유량 측정
- 배수지 수위 저하 시험
- 펌프 곡선과 평균 펌핑 시간 분석

물수지 결과의 정확도와 신뢰도는 시스템 입력 체적 수치의 정확도와 직접 연결된다. 최소한 1년에 한번 시스템 입력 미터의 정확도를 시험하고 필요시 캘리브레이션할 것을 권장한다.

7.4.2 승인된 소비 결정

승인된 소비란 등록된 고객, 물 공급자 그리고 물 공급이 승인된 사람들이 취한 계량되거나 또는 미계량된 년간 물 체적이다.

요금고지-계량된 소비

년간 요금고지-계량된 소비의 계산은 요금고지와 자료처리에서 가능성 있는 오류의 탐지, 물 회계감사과정의 후반부에서 필요한 피상손실의 추정을 위한 정보와 관련된다. 반드시 용수기관의 입증된 요금고지 시스템에서 다른 고객 범주(예를 들어 주거민, 상업, 또는 산업)의 소비를 감하여야 한다. 특히, 대형 소비자의 그룹을 주의하여야 한다.

회계감사에 요금고지-계량된 소비 기간이 회계감사기간과 일치하는 것을 보장하기 위해 반드시 요금고지 시스템으로부터 취한 년간 요금고지된 소비 정보를 처리하여야 한다.

요금고지-미계량된 소비

용수기관 요금고지 시스템으로부터 요금고지-미계량된 소비를 얻을 수 있다. 추정치의 정확도를 분석하기 위해 이러한 미계량되는 연결관에 미터를 설치하거나 또는 다수의 미계량된 고객들이 있는 작은 지역을 감시하여 반드시 미계량된 주거민 고객들을 확인하고 특정 기간동안 감시하여야 한다. 후자는 고객들은 자신들이 계량되는지를 인지하지 못해 그들 소비습관을 변경시키지 않는 장점을 갖는다. 이와 달리 비주거민 고객들을 미계량하는 경우 추정된 요금고지-미계량 소비 수치의 정확도를 확인하기 위해 반드시 상세한 조사를 수행하여야 한다.

미요금고지-계량된 소비

요금고지-계량된 소비와 유사하게 반드시 미요금고지-계량된 소비를 확인하여야 한다.

미요금고지-미계량된 소비

반드시 미요금고지-미계량된 각 소비형식을 확인하여야 한다. 현실적인 사용량을 추정하기 위해 성분기반 접근법을 사용하여 개별 사용 이벤트들로부터 개별적으로 사용량을 추정하여야 한다. 예를 들어

- 도로 청소/하수 플러싱: 평가하여야 할 성분은 운영하고 있는 도로 청소 트럭숫자와 관련되는가? 도로 청소 트럭이 수송하는 물의 체적은? 한달에 얼마나 빈번하게 도로 청소 트럭을 충수하는가? 도로 청소 및 하수관로 플러싱 부서는 이와 같은 필요한 자료를 제공할 수 있어야 한다.
- 상수관로 플러싱: 한달 플러싱 빈도는? 플러싱 기간은? 얼마나 많은 물을 사용하는가? 운영 및 건설부서는 이와 같은 필요한 자료를 제공할 수 있어야 한다.
- 소방유량: 1년 동안 화재발생 건수는? 1회 화재 당 사용하는 평균 물체적은? 대형 화재가 발생한 적이 있는가? 소방서는 이러한 자료를 제공할 수 있어야 한다.
- 소방유동시험: 1년 시험 빈도는? 시험의 평균 지속시간은? 사용유량은? 재차 소방서는 이러한 자료를 제공할 수 있어야 한다.

특정 상황들에서는 이벤트 당 사용하는 물량 추정을 더욱 개선하기 위해 이러한 사용 이벤트들의 적은 표본을 계량하는 것이 적합할 수 있다.

7.4.3 물손실 계산

물손실 계산은 시스템 입력 체적과 승인된 소비와의 차이로서 피상손실과 실질손실을 더한 값으로 구성된다.

시스템 입력 체적으로부터 전체 승인된 소비 체적을 감하여 물손실을 계산한다. 물 회계감사의 후속 과정에서 물손실의 체적을 실질손실과 피상손실로 더욱 상세하게 세분화한다.

7.4.4 피상손실 평가

피상손실 성분은 미승인된 소비 그리고 모든 형식의 고객 계량 불확도 및 자료처리 오류를 포함한다.

미승인된 소비

미승인된 소비를 추정하는 방법에 대한 보편적인 지침을 제공하는 것은 어렵다. 다양한 상황들이 존재하고 이 성분을 추정하기 위해 현지 상황의 인지가 가장 중요하다. 미승인된 소비는 다음을 포함할 수 있다.

- 불법 연결
- 소화전 물의 미승인된 건설사용과 같은 소화전 및 소방시스템의 오용
- 소비자 미터의 바이패스 또는 파손된 소비자 미터
- 소비자 미터 판독자의 부정
- 외부 배수시스템에 개방된 경계밸브들(알지 못하는 물의 유출)

미승인된 소비의 추정은 항상 어려운 과업이다. 그러나 최소한 투명한 방법과 성분기반 방법으로 수행하면 필요시 소비를 쉽게 확인하거나 수정할 수 있다.

고객 계량 불확도 및 자료처리 오류

무작위로 선정한 대표 표본 미터 시험에 기초하여 과소 또는 과대 등록하는 고객 미터의 불확도를 반드시 확인하여야 한다(AWWA 매뉴얼 M6과 M22는 이와 관련된 지침을 제공한다). 표본 미터는 다양한 종류 및 수령 그룹들로 구성되어야 한다. 용수기관의 자체 시험실에서 또는 전문 계약자들에 의해 미터를 시험한다. 통상적으로 대형 고객 미터는 시험 장치를 사용하여 현장에서 시험한다. 다른 사용자 그룹의 미터 정확도 시험 결과에 기초하여 평균 미터 불확도 수치(계량된 소비의 %로서)를 확인한다.

미터 정확도 시험 결과를 다른 미터 사용자 그룹의 전체 모수에 적용함에 있어 용수기관이 얼마나 신속하게 미터가 완전하게 정지되었는지의 확인 가능 여부에 대한 쟁점을 고려하는 것이 중요하다. 정지된 미터를 확인하고 대체하기 위해 소요된 평균시간은 미터 모수의 전체 정확도에 상당한 영향을 미칠 수 있다.

미터 불확도수준 평가시 다음과 같은 중요한 쟁점들을 고려하여야 한다.

- 실제 사용 패턴과 관련된 미터 규격 : 수익을 최대화하기 위해 올바르게 규격이 결정되었는가?
- 미터 형식 : 운영 범위에 걸쳐 형식이 최상인가?
- 서비스 관로 규격 : 관로 규격이 운영 범위에 적합한가?

때로는 자료처리 오류들은 피상손실에 크게 영향을 미치는 성분이다. 용수기관은 많은 요금고지시스템들에서 수년 동안 문제를 인식하지 못하고 있다. 표준 데이터베이스 소프트웨어를 사용하여 요금고지자료를 저장(최소한 12개월)하고 분석하여 요금고지 시스템 내 자료처리 오류들과 문제들을 찾아낼 수 있다. 직면할 수 있고 확인하여야 할 자료처리 오류의 형식들은 다음과 같다.

- 올바르지 않은 판독을 제외한 임의 이유로 소비체적 자료를 변경하여 요금고지서를 조정할 때

- 추정된 소비의 부적절한 사용
- 추정된 소비의 부적절한 결정
- 올바르지 않게 표시된 비활성(inactive) 계정
- 데이터베이스에서 손실된 계정
- 정확하지 않은 미터 자료

위와 같은 문제를 발견하면 반드시 이를 정량화하여야 하고 이 성분의 최상의 년간 체적 추정을 계산하여야 한다.

7.4.5 실질손실계산

실질손실이란 고객 계량 지점에 이르기 까지 모든 형식의 누수, 파손, 주 배수지, 서비스 배수지에서 월류를 통해 손실된 년간 체적이다.

전체 시스템 입력 체적에서 승인된 소비 체적과 피상손실체적을 감하여 실질손실체적을 계산한다.

7.4.6 NRW 계산

NRW는 시스템 입력 체적과 요금고지-승인된 소비의 차이로 정의된다. NRW는 용수기관이 배수시스템에 공급하였지만 미요금고지된 물량으로서 용수기관의 수익으로 회수되지 않는다. NRW는 미요금고지-승인된 소비(계량된 그리고 미계량된), 피상손실 그리고 실질손실의 합으로 구성된다.

IWA와 AWWA WLCC는 최소한 다음 두 방법론 중 하나에 따라 하향식 물수지를 사용하여 실질손실을 평가하는 것이 최상의 실무로 권장한다.

- 누수 발생의 특성 및 기간에 기초하여 누수체적을 모델하는 기법인 실질손실의 성분분석(제10장 참조).
- DMA 및 MNF 분석을 사용한 실질손실의 상향식 분석(제16장 참조).

두 방법론은 계산된 실질손실체적에 대한 신뢰성과 개선을 향상시키며 본서에서 개별적으로 기술한다.

7.5 불가피한 년간 실질손실

오늘날 물손실 전문가들은 모든 물 시스템에서 불가피한 실질손실이 발생하는 사실을 잘 이해하고 있다. 신규 배수관망 조차도 약간의 실질손실을 갖게 될 것이다.

지난 1세기 이후 북미에서 다양한 공식을 사용하여 가압된 관로시스템에서의 불가피한 누수를 추정하는 것이 공통적인 실무가 되어 왔다. 여기서 불가피한 누수는 탐지할 수 없거나 복구하는 것이 비경제인 것으로 간주되는 작은 누수이다. 짐작컨대 불가피한 실질손실의 당초 의도는 누수관리를 위한 하한 또는 기준선을 정의하기 위한 것이었다. 누수를 하한 이하로 제어하는 시도는 비경제적이다. 이전에 북미에서 사용한 다양한 방법들의 개관은 참고문헌에서[7] 발견할 수 있다. 불가피한 손실을 예측하기 위한 노력의 자연스런 연장으로서 본장의 후반부에서 기술하는 성분기반 공식에 기초하여 IWA WLTF가 제안한 회계감사 할 수 있는 시스템 특성에 따라 불가피한 손실을 예측할 수 있다.

이전에 북미에서 사용한 일부 단순화된 공식의 특성과 오래된 관망을 고려한 매우 관대한 허용(특히 주철관) 때문에 불가피한 누수 계산의 결과는 실제로 제어한계를 벗어나면서 상당한 누수량을 초래하여 왔다. 그러나 이제는 이 누수를 감소시키는 기반시설 및 압력관리 선택사항들이 존재한다.

유사한 상황은 가압된 관망으로부터 발견된 누수 및 서비스 배수지의 월류와 관련하여 적용된다. 북미 이외 국가들의 불가피한 누수와 발견된 누수 및 월류를 추정하지 않고 물수지로부터 년간 물손실체적을 계산하고, 성능지표를 계산하는 것이다. 따라서 다른 국가들로부터의 물손실과 북미에서의 물손실의 피상적인 비교는 북미에서의 물손실이 실제보다 더욱 우호적인 상황을 제시한다.

물 회계감사계산 및 성능지표를 위해 IWA 및 AWWA가 권장하는 표준 방법론은 불가피한 손실, 발견된 누수 및 월류를 고려한다. 그러나 항상 전체 체적의 정당화 또는 해명 · 시도 이전에 반드시 확실하게 진술하여야 하는 전체 물손실의 일부 해로서 불가피한 년간 실질손실에 대한 IWA의 개별 시스템 접근법을 다음 절에서 기술한다.

7.5.1 불가피한 년간 실질손실을 계산하는 IWA 접근법

1999년 12월 IWA AQUA 매거진의 논제에서 IWA 접근법이 상세하게 기술되었고,[8] 핵심 현장 요소들을 고려하기 위한 시도의 자연스런 발전으로서 이 접근법을 간주할 수 있다. 성분기반 접근법은 파손 빈도, 유량, 기간; 잘 유지관리된 기반시설을 갖는 시스템에 대한 불가피한 실질손실 성분들을 계산하기 위한 배경(background) 및 파손 추정 개념[9]; 모든 탐지할 수 있는 누수와 파손의 신속하고 양질의 복구; 그리고 보고되지 않은 누수와 파손을 찾기 위한 효율적인 능동적 누수제어에 대해 회계감사할 수 있는 가정들에 기초한다.

"Water Loss management in North America"[7]로부터 취하고, 북미 단위로 변환하기 위해 사용한 매개변수들은 표 7.2와 같다. 표 7.3은 계산을 위한 사용자 위주 양식으로 변환된 이러한 매개변수들을 보여준다.

표 7.2 UARL 계산시 사용한 매개변수 수치(출처 : 참고문헌 7)

기반시설 성분	배경손실	보고된 파괴	미보고된 파괴
주관로	8.5갤론/마일/hr	3일 동안 유량 50gpm 0.20 파괴/마일/년	50일 동안 유량 25gpm 0.01 파괴/마일/년
서비스 관로, 주관로~지수전	0.33갤론/서비스관로/hr	8일 동안 유량 7gpm 2.25/1000 서비스관로/년	100일 동안 유량 7gpm 0.75/1000 서비스관로/년
매설 관로, 지수전~미터 (평균길이 50ft)	0.13갤론/서비스관로/hr	9일 동안 유량 7gpm 1.5/1000 서비스관로/년	10일 동안 유량 7gpm 0.50/100 서비스관로/년

갤런=미국 갤런, 모든 유량은 압력 70psi 기준임

표 7.3 UARL 성분(출처 참고문헌 7)

기반시설 성분	배경손실	보고된 파괴	미보고된 파괴	UARL 합계	단위
주관로	2.87	1.75	0.77	5.4	갤런/마일/d/psi
서비스 관로, 주관로~지수전	0.112	0.007	0.030	0.15	갤런/마일/d/psi
매설 관로, 지수전~미터까지 (평균 길이 50ft)	4.78	0.57	2.12	7.5	갤런/마일/d/psi

표 7.3의 "UARL 합계" 수치는 광범위한 배수시스템에 대한 UARL 수치를 예측하기 위한 합리적이면서 유연한 기본을 제공한다. 이는 주관로 길이, 서비스 관로 숫자, 부지경계선(property line) 또는 지수전(curb stop)에 대한 고객 미터의 위치 그리고 평균 운영 압력(통상적으로 대형 시스템의 누수율은 압력과 대략적으로 선형적으로 변화한다)을 고려한다. 표 7.3의 중요한 점은 두 번째 칸의 불가피한 "배경(탐지할 수 없는) 손실"에 할당된 수치이다. 이 수치는 모든 탐지할 수 있는 누수 및 파손을 찾아내고 복구한 직후 구역들 내 야간유량분석으로부터의 국제 자료에 기초한다. 불가피한 실질손실들 중 이 성분은 이전에 북미 내 실무에서 정량화되었던 것으로 보이지 않지만 최소한 표 7.3의 불가피한 실질손실 성분들의 최소한 50%를 차지한다. 소규모 미국 물 시스템들의 심층 누수-탐지 조사에 따른 배경(탐지할 수 없는) 누수의 추정을 표 7.3의 2번째 칸에 기초한 IWA 불가피한 배경 손실 예측과 비교하여 왔다. 초기 비교들은 고무적이었고 더욱 많은 비교들이 활발하게 추구되고 있다.

다른 많은 방법들로 UARL 공식을 표현할 수 있다. 그림 7.1은 서비스 관로 밀도에 대한 UARL(gal/mi/d/psi) 그래프를 보여준다. 밀도가 다른 서비스 관로에서 주관로의 마일당 불가피한 손실의 커다란 차이는 실질손실을 비교하기 위해 "마일 당"의 사용을 권장하지 않는 이유를 보여준다. 다음 예제와 같이 임의 물 시스템에 대한 년간 불가피한 실질손실을 추정하기

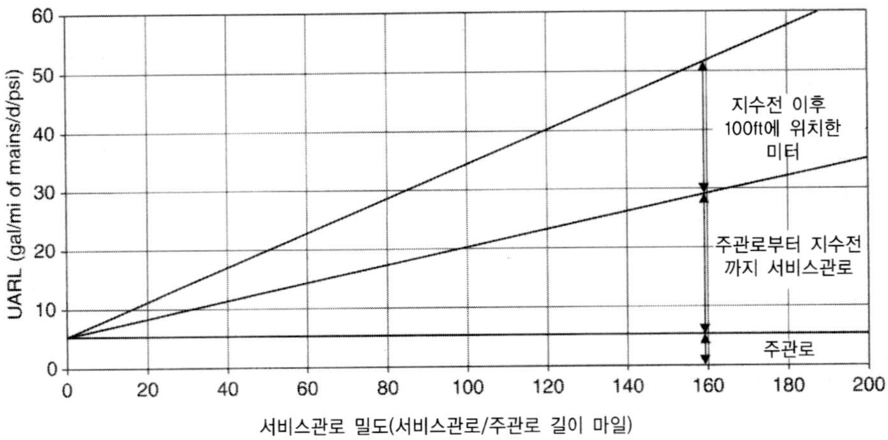

그림 7.1 불가피한 년간 실질손실(갤론/주관로마일/일/psi vs 서비스 연결 밀도(참고문헌 7 참조)

위해 그림 7.1을 사용할 수 있다.

예제 7.1 급수시스템은 60,000개의 서비스 연결, 주관로 길이 600마일(따라서 주관로의 마일당 서비스 관로의 연결밀도는 100)이며, 평균 운영 압력은 70psi이다. 만일 지수전(curb stop)으로부터 고객 미터의 평균 거리가 (a)100ft, (b)20ft일 때 그림 7.1로부터 불가피한 년간 실질손실을 계산하라.

풀이

주관로 1마일 당 연결밀도 100일 경우 그림 7.1로부터 UARL은 다음과 같다.

(a) $34\text{gal/mi/d/psi} \times 70\text{psi} = 2380\text{gal/mi/d} \times 600\text{mi} = 1.43\text{mgd}$

(b) $23\text{gal/mi/d/psi} \times 70\text{psi} = 1610\text{gal/mi/d} \times 600\text{mi} = 0.97\text{mgd}$

gal/주관로 mi/d 단위의 IWA 각 시스템의 불가피한 년간 실질손실 비교는 통상적으로 북미 물 시스템의 경우 1000~3000gal/mi/d 범위에서는 잘 일치한다. 그러나 IWA 예측 방법은 연결밀도, 평균 운영 압력 그리고 고객 미터의 위치(지수전과 관련된)를 고려하는 각 물 시스템에 기초하여 추정하므로 상당한 장점을 갖는다. 최종 이 요소들은 일부 고객 미터가 지수전에 인접하지 않고 특히, 지수전으로부터 더 먼 거리에 있는 빌딩 내 미터가 위치하는 사계절 기후가 뚜렷한 북미와 같은 지역 내에서는 특히 중요하다.

표 7.3의 UARL 수치들을 사용하여 그림 7.2와 같이 서비스 관로 밀도에 대한 gal/서비스관로/d/psi 그래프를 쉽게 작성할 수 있다.

잘 운영되는 물 시스템에서 가장 큰 년간 실질손실체적은 낮은 서비스 연결밀도를 제외하고 장거리 운영되는 서비스 연결상 소형부터 중간 규격 누수로부터 발생한다. 이는 IWA 전담팀이 연결밀도가 32/mi를 초과하는 경우 실질손실에 대한 기본적인 성능지표로서 "주관로의

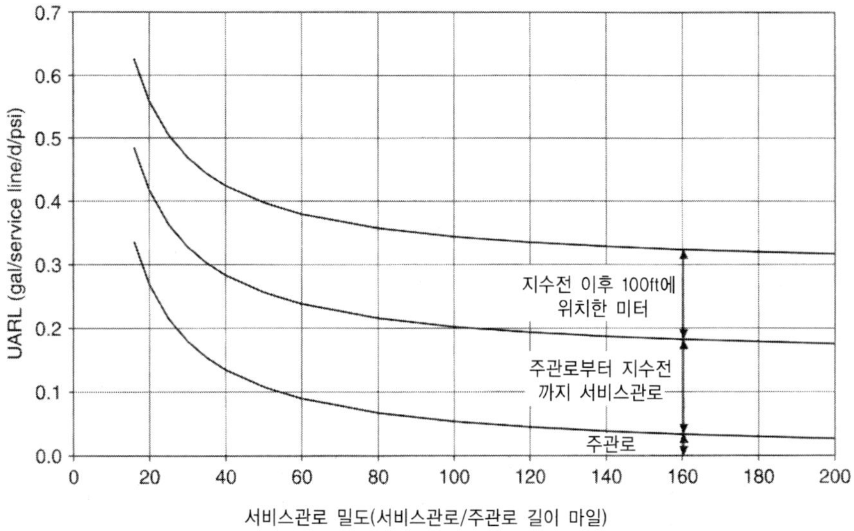

그림 7.2 불가피한 년간 실질손실(갤론/서비스관로/일/psi vs 서비스 관로 밀도(참고문헌 7 참조)

마일 당" 대신 "서비스 연결 당" 의 사용을 권장하는 이유다. 예제 7.1을 사용하여 그림 7.2로부터 유도된 UARL은 다음과 같다.

(a) 0.34gal/서비스/d/psi × 70psi = 23.8gal/서비스/d × 60,000서비스 = 1.43mgd

(b) 0.23gal/서비스/d/psi × 70psi = 16.1gal/서비스/d × 60.000서비스 = 0.97mgd

그림 7.2의 곡선은 광범위한 서비스 연결밀도범위에서 상대적으로 완만한다. 예를 들어 지수전으로부터 50ft에 위치한 고객 미터 그리고 서비스 연결밀도범위가 80~200인 물 시스템의 년간 불가피한 실질손실 계산시 그림 7.2로부터 수용할 수 있는 단순화로부터 UARL은 0.25gal/mi/d/psi(=±10%)이 된다.

7.6 어느 성능지표? 퍼센티지의 오류는?

급수시설의 특성과 규격이 다르기 때문에 물손실관리 성능을 비교하기 위해서 년간 체적이 아닌 다른 항으로 작성할 필요가 있다. 전통적으로 북미 용수기관은 시스템 입력 체적의 % 또는 계량된 물과의 비율과 같은 여러 다른 성능지표를 사용하여 물손실을 비교한다. 그리고 가장 공통적인 것은 "주관로 mile/day"이다. 그러나 이 지표가 신뢰성 있게 그 성능을 비교하는지는 의문이다.

왜 일부 국가들은 "/부지/day" "/서비스 연결/day" 또는 시스템의 "km(주관로+서비스 관로 길이)/day"를 사용하는가? AWWA WLTF는 국제적으로 최상의 실무를 고려하였으며, 이들의 결론은 "시스템 입력 %" 및 "/주관로 마일"보다 더욱 신뢰성 있고 유의미한 것들이 존재

한다고 강력하게 제안한다.[8]

역사로부터 올바른 측정 단위 선택의 중요성을 알 수 있다. 2천년전 A.D. 1세기 로마 물위원인 Julius Frontinius Sextus는 도시를 위한 수로의 유입 및 유출하는 물량들 사이 유의미한 밸런스를 얻기 위해 그의 전문 경력을 모두 바쳤으나 실패하였다. 실패 이유는 그 부서가 부지런하지 못해서가 아니라 잘못된 측정단위를 사용하였기 때문이다. 이들이 수용한 방법은 오직 유동 면적만을 비교하는 것이었다. 또한 이들은 유동 속도를 고려하지 않았기 때문에 관리 목적으로 계산된 결과는 절대 신뢰성이 있을 수 없었다.

대부분 다른 국가들과 비교할 때 북미 1인당 물소비가 높아서 물손실을 시스템 입력 체적의 %로 표현하면 다른 국가들 보다 낮은 수치를 제시하는 경향이 있다. 낮은 1인당 소비를 갖는 다른 국가들과의 성능과 비교할 때 실제 성능에 대한 오해가 발생할 수 있다.

높은 소비 기반과 낮은 소비 기반을 갖는 북미 용수기관들을 비교할 때에도 동일한 문제가 발생한다. 1996년 캘리포니어 내 51개 물 공급 시스템들은 마일당 연결밀도 범위는 24~155/mi, 평균은 75/mi인 것을 보여주었다. 연결당 계량된 평균 소비는 136~2200gal/연결/일, 평균은 약 600gal/연결/일이다. 이 각각의 용수기관의 실질손실은 60gal/서비스 연결/일인 것으로 가정한다. 이는 75연결/mi. 압력 70psi 그리고 고객 미터가 지수전으로부터 50ft인 시스템의 년간 불가피한 실질손실(21gal/서비스 연결/일)의 약 3배이다. 표 7.4와 그림 7.3은 캘리포니어 내 다양한 시스템들 모두가 정확하게 동일한 실질손실 관리성능 60gal/서비스 연결/일를 가질지라도 이들의 실질손실 %는 연결 당 그들의 평균 소비에 따라 3% 이하부터 거의 30%까지 약 10배의 차이를 보여준다.

표 7.4 실질손실 60갤론/서비스 연결/일인 경우 소비에 따른 실질손실의 변화

시스템 소비 (갤론/서비스관로/일)	실질손실 (갤론/서비스관로/일)	시스템 유입 (갤론/서비스관로/일)	실질손실 (시스템 유입량의 %)
150	60	210	28.6%
300	60	360	16.7%
600	60	660	9.1%
1200	60	1260	4.8%
1800	60	1860	3.2%
2400	60	2460	2.4%

평균 소비 600gal/서비스 연결/일에 기초하면 실질손실 10% 또는 이하의 목표는 타당한 것으로 보인다. 상기 수치들로부터 다음을 알 수 있다.

- 서비스 연결 당 소비가 낮은 용수기관의 경우 실질손실은 상당히 비현실적인 목표이며, 년간 불가피한 실질손실과 거의 동일하다.
- 서비스 연결 당 소비가 높은 용수기관의 경우 실질손실은 년간 불가피한 실질손실의 약 11배로 나타난다.

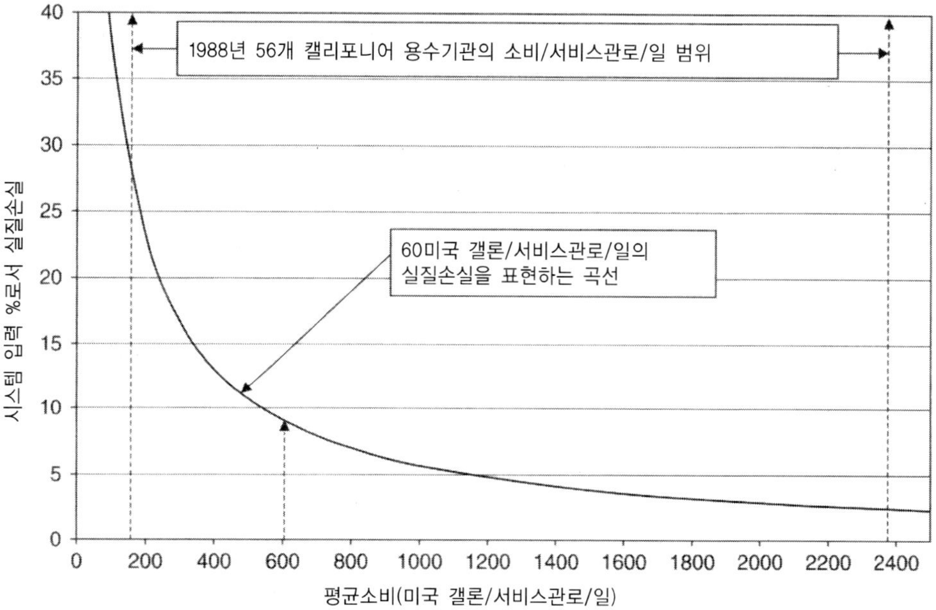

그림 7.3 실질손실 60갤론/서비스관로/일 실질손실의 경우 소비에 따른 실질손실 변화

만일 표 7.4와 그림 7.3이 실질손실 관리성과를 비교하기 위한 퍼센티지 사용의 문제를 충분히 증명하지 않았으면 다음과 같은 더욱 심각한 단점들이 생긴다.

- 용수기관이 물을 외부로 유출하는 경우 유출된 체적을 계산에 포함시키면 실질손실 %는 낮게 되는 반면 이를 제외시키면 커진다.
- 1인당 소비 pcc(per capita consumption)를 감소시키기 위해 수요관리 조치들을 취할 때 pcc가 떨어지면서 물손실 %가 상승하므로 물손실을 % 항으로 표현하면 문제는 복잡해진다. 단순히 부적절한 성능지표 선정으로 인해 넓은 의미에서 수요 관리에 큰 인센티브가 없어지게 된다.

세계적 기술 위원회(독일, 영국, 남아프리카)는 이러한 퍼센티지 사용의 모순을 인식하여 왔으며 영국과 웨일스 경제 규제기관인 OFWAT(Office of Water Services)가 가장 잘 인식하고 1998년에 퍼센티지 항으로 표현하는 물손실 통계 발간을 중지하였다. 물손실관리에서 퍼센티지를 유효한 기술적 성능으로서 의심하지 않고 수용하는 물 시스템 관리자들은 만일 그들이 2000

년전 Julius Frontinius Sextus와 같이 동일한 함정에 빠진 것이 아닌가 고민하여야 한다.

7.7 NRW와 실질손실에 대한 IWA/AWWA 권장 성능지표

1996년~2000년 동안 다른 물 공급에 대해 가장 적절한 성능지표를 결정하기 위해 IWA 전담팀은 심화 연구를 착수하였다. 표 7.5는 IWA가 권장하는 북미 단위로 환산된 NRW 및 실질손실에 대한 PI(Performance indicators)[1,2,8]를 보여준다. PI는 다음과 같이 기능 및 수준에 따라 범주를 나누고 정의한다.

- Level 1(기본): 일반적인 물의 효율적이고 효과적인 관리에 대한 개관을 제공하는 첫 번째 지표
- Level 2(중간): 더욱 심화가 필요한 사용자들에 대해 level 1 보다 개선된 통찰력을 제공하는 추가 지표
- Level 3(상세): 매우 상세하고 최상위 관리 수준과 관련 있는 상당한 세부적인 내용을 제공하는 지표

표 7.5로부터 주목할 점은 다음과 같다.

- Fi36: NRW 퍼센티지는 기본적인 재무 PI이다.
- Fi37: 이 상세한 재무 PI는 AWWA 누수탐사 및 물 회계책임 위원회의 1996 권장의 발전이다.
- WR1: 퍼센티지로서 실질손실은 소비량이 미치는 영향 때문에 실질손실의 제어를 위한 급수시스템의 관리 효율성 평가에 적합하지 않다.
- Op24: 갤런/서비스 관로/일는 실질손실에 대해, 서비스 관로 밀도가 32/mi 보다 큰 모든 물 시스템에 대해 가장 신뢰할 수 있는 전통적인 PI이다.

표 7.5 IWA가 권장하는 NRW 및 물 손실에 대한 성능지표(출처 : 참고문헌 7)

기능	기준	Level	성능지표	기타
재무:체적에 의한 비수익성 물	Fi36	1 (basic)	시스템 유입 체적의 %로서 NRW 체적	단순한 물수지로부터 계산할 수 있음
재무: 비용에 의한 비수익성 물	Fi37	3 (detailed)	시스템 운영 년간 비용의 %로서 NRW 가치	NRW 성분에 대한 다른 단위 비용 고려
수자원의 사용의 비효율성	WR1	1 (basic)	시스템 유입량의 %로서 실질손실	배수시스템 관리의 효율성 평가에 부적합
운영:실질손실	Op24	1 (basic)	시스템이 가압될 때 갤론/서비스관로/일	최상의 전통적인 기본 성능지표
운영:실질손실	OP25	3 (detailed)	기반시설 누수 지수 ILI	UARL에 대한 현재 년간 실질손실 비율

- Op24 개선을 위한 물 시스템의 3개 핵심 특성에 따른 요소들의 고려: 서비스 연결밀도, 지수전에 대한 고객 미터의 위치, 평균 운영 압력. 따라서 Op24를 갤론/서비스 관로/일/압력(psi)로 표현할 때 압력의 영향이 포함된다.
- Op25: 기반시설 누수지수 ILI(infrastructure leakage index)는 현재 운영 압력에서 실질손실의 제어를 위해 물 시스템이 얼마나 잘 관리되는지를 보여주는 척도이다.
- ILI: 이는 물수지 결과에 기초한 현재 년간 실질손실 CARL(current annual real losses)과 주어진 물 시스템에 대한 불가피한 년간 실질손실 UARL(unavoidable annual real losses) 사이 무차원 비율이다.

$$ILI = \frac{CARL}{UARL}$$

- UARL: 주관로의 길이, 평균 운영 압력, 서비스 관로 숫자 그리고 지수전에 대한 고객 미터 위치를 고려하는 IWA 방법론을 사용하여 UARL을 계산하며 본장의 앞에서 기술하였다.

ILI는 상대적으로 새로운 것이며 잠재적으로 매우 유용한 성능지표이다. 무차원이므로 다른 측정 단위를 사용하는 국가들 사이에서 비교가 용이하다. 누수관리의 4개 성분들을 보여주는 그림 7.4로부터 ILI를 더욱 가시화할 수 있다.

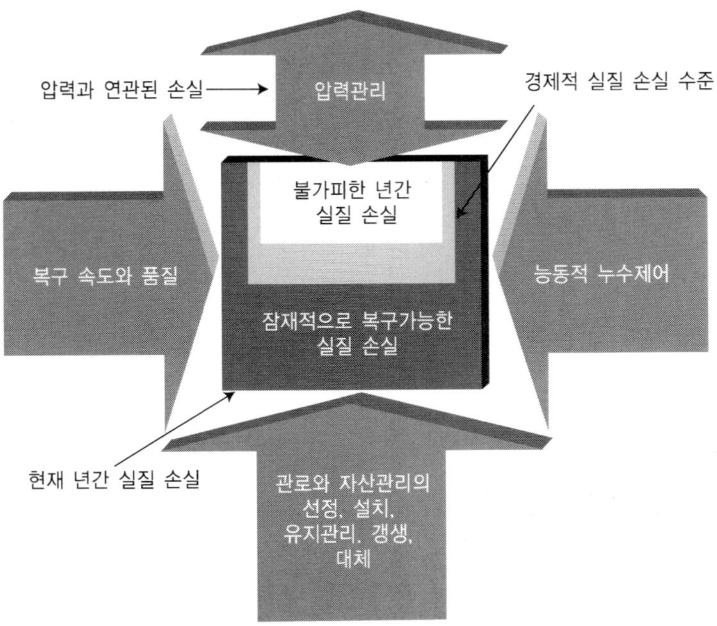

그림 7.4 성공적인 누수관리 정책의 4개 성분(IWA WLTF 및 AWWA WLCC 제공)

큰 사각형은 현재 년간 누수체적 CARL을 나타내며 이는 시간이 경과할수록 기반시설 시스템이 오래되므로 항상 증가하는 경향이 있다. 그러나 4개의 성공적인 누수관리 정책의 적합한 조합으로 이 증가를 제한할 수 있다.

작은 사각형은 UARL를 나타내며 현재 운영 압력에서 기술적으로 달성할 수 있는 가장 낮은 실질손실수치이다. UARL(작은 사각형)에 대한 CARL(큰 사각형)의 비율은 보수, 배관 재질 관리 그리고 능동적 누수제어 3개 기반시설 관리 기능이 얼마나 잘 제어되는지를 보여주는 척도이다. 현장 손실-감소 프로그램과 관련된 일부 실천기법을 기술하는 향후 장에서 이 선도를 더 많이 접하게 된다.

1.0에 가까운 ILI는 용수기관이 누수관리 정책의 모든 측면을 성공적으로 수행하고 있는 것을 증명한다. 그러나 전형적으로 물이 매우 고가이고, 부족하면 1.0에 가까운 ILI를 달성하는 것이 경제적이다. ILI의 경제적 가치는 시스템 특성에 따른 실질손실에 대한 한계비용에 따라 결정되고, 대부분의 물 시스템들은 통상적으로 범위 1.5~2.5에 떨어진다.

7.8 물 회계감사를 위한 5% 신뢰한계와 분산분석 사용

오늘날 각 물수지성분 내 불확도 정도를 입증하기 위한 95% 신뢰구간을 사용하고 있으며 이는 숙련된 물손실관리 전문가들 사이에서 최상의 실무이다.

95% 신뢰구간의 개념을 이해하기 위해 먼저 중요한 통계분포의 하나인 정규분포를 이해할 필요가 있다. 모든 정규 분포는 대칭이고, 단일 피크(peak)를 가지며, 종 모양의 밀도 곡선을 갖는다. 임의 정규 분포에 대해 말하면 피크 밀도가 발생하는 평균 μ 그리고 종 곡선의 퍼짐을 나타내는 표준 편차 σ두 개의 정량을 반드시 명시하여야 한다. 다른 수치의 μ와 σ는 다른 정규 밀도 곡선들을 제공하여 정규분포가 다르게 된다.

하나의 식으로 정규 밀도를 실제로 명시할 수 있으며 임의 x 수치에서 가장 높은 밀도는 다음 식으로 주어진다.

$$\frac{1}{\sigma\sqrt{2\pi}}e^{-\frac{1}{2}(x-\mu/\sigma)}$$

비록 많은 정규 곡선들이 있지만 경험법칙으로 다음과 같은 중요한 특성을 모두 공유한다.

- 관측치의 68%는 평균 표준 편차 사이 $\mu-\sigma$와 $\mu+\sigma$에 떨어진다.
- 관측치의 95%는 평균 표준 편차 2배 사이 $\mu-2\sigma$와 $\mu+2\sigma$에 떨어진다.
- 관측치의 99.7%는 평균 표준 편차 3배 사이 $\mu-3\sigma$와 $\mu+3\sigma$에 떨어진다.

따라서 정규분포의 경우 그림 7.5에서와 같이 대부분의 수치들은 평균 표준 편차 3배 사이에 위치한다.

95% 신뢰구간 사용은 물수지성분에 대한 하한과 상한을 결정한다. 추정 간격 또는 하한과 상한은 각 물수지성분에 사용한 추정물량 내 얼마나 많은 불확도가 존재하는지를 나타낸다.

또한 95% 신뢰 구간은 각 물수지성분과 관련된 분산의 계산을 허락한다. 분산은 평균 중심의 퍼짐을 나타내는 척도이다. 분산이 큰 성분은 물수지의 최종 결과와 관련된 95% 신뢰구간에 가장 크게 영향을 미친다. 최종 유도된 물수지결과는 실질손실체적이다. 이 성분은 각 물수지성분과 관련된 분산에 기초하여 누적된 95% 신뢰구간을 갖게 될 것이다. 분산 분석은 정규 분포의 표준 통계법에 기초하고 유도된 누적수치에 대해 RMS(root mean-square) 방법을 사용한다(표 7.6 참조).

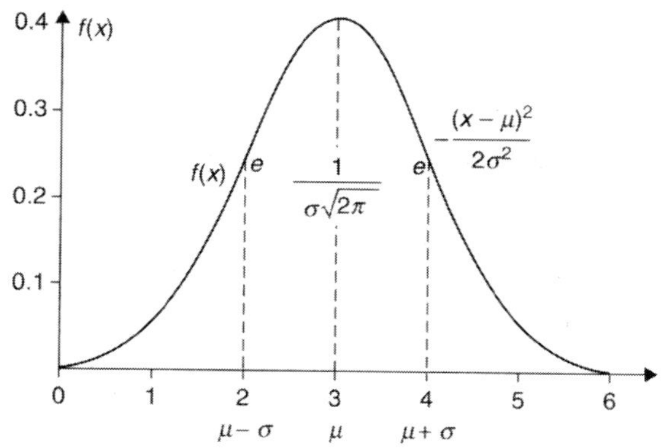

그림 7.5 정규분포곡선(WSO 제공)

표 7.6 NRW 신뢰구간 계산(출처 : SFPUC)

성분	년간 체적 (백만 갤런)	95% 신뢰구간	분산(갤론^2×10^{12})
수원 #1	7,512.80	2.6%	9,553.7
수원 #2	10,519.84	2.6%	18,732.1
수원 #3	6,580.71	2.6%	7,330.2
수원 #4	4,411.61	2.6%	3,294.3
수원 #4	7.60	2.6%	0.0
시스템 유입량 합계(a)	29,032.56	1.3%	38,910.3
요금고지-계량-승인된 소비	24,778.64	1.1%	20,237.7
요금고지-미계량-승인된 소비	0.0	NA	NA
전체 요금고지-승인된 소비(b)	24,778.64	1.1%	20,237.7
NRW (a)-(b)	4,253.92	11.2%	59,148.0

95% 신뢰수준에 기초하여 물수지의 특정 체적과 관련된 분산을 계산하는 표준 접근법은 다음과 같다.

$$분산 = \left[\frac{체적(백만갤론) \times 95\%신뢰한계}{1.96}\right]^2$$

계산된 물수지체적과 관련하여 집계된 신뢰구간은 유도된 수치들에 대해 누적된 오차에 기초한다. 이러한 원리에 따라 계산한 NRW 체적과 관련된 95% 신뢰구간은 다음과 같다.

$$NRW\ 95\%\ \ 신뢰구간 = 1.96 - \sqrt{\frac{분산\ a + 분산\ b}{년간\ NRW\ 체적}}$$

상기 공식은 유도된 수치에 대한 누적된 오차에 기초하여 집계된 신뢰구간을 계산하기 위한 표준 접근법을 설명한다. 표 7.6은 NRW에 대해 계산한 95% 신뢰구간과 관련된 분산들과 95% 신뢰구간 계산의 예를 제공한다.

실질손실은 각 물수지 성분과 관련된 분산에 기초하여 누적된 수치인 신뢰구간을 가지므로 계산한 실질손실체적과 관련된 신뢰에 가장 큰 영향(가장 높은 분산을 갖는 성분)을 미치는 성분들을 구하기 위해 모든 물수지 성분에 정확한 95% 신뢰구간을 할당하는 것이 매우 중요하다. 한번 이 정보를 구하면 가장 큰 분산을 보이는 성분들과 관련된 신뢰를 개선하여 실질손실체적과 관련된 신뢰를 개선하기 위해 조치를 취하는 것이 최상의 실무이다.

7.9 결론

IWA/AWWA 표준 용어 및 물수지 방법론, 95% 신뢰구간의 사용, 권장된 성능지표인 ILI 및 UARL 공식은 물손실 관리의 유의미한 비교를 허락하는 합리적인 물손실체적 평가를 위한 기본이다.

무료 및 상용 물 회계감사 소프트웨어 및 이와 관련된 물수지 결과들의 예들은 제10장에서 기술한다.

참고문헌

1. Alegre, H., W. Hirner, J. Baptista, et al. "Performance for Water Supply Services." Manuals of Best Practice: IWA Publishing, 2000.f ISBN 1 900222 272.

2. Alegre H, JM. Baptista, E. Cabrera Jr, et al. "Performance Indicators for Water Supply Services," 2nd ed. Manuals of Best Practice Series. IWA Publishing, 2006. ISBN 1843390515

3. Kunkel, G. et al. "Applying Worldwide Best Management Practices in Water Loss Control." Water Loss Control Committee Report. Journal AWWA. 95(8):65, 2003.

4. Office of Water Services. UK. "Leakage and the Efficient Use of Water." 1999-2000 Report. ISBN 1 874234 69 8.

5. Fanner, V.P., R. Strum, J. Thornton, et al. Leakage Management Technologies. Denver, Colo.: AwwaRF and AWWA, 2007.

6. Fanner, V.P., J. Thornton, R. Liemberger, et al. Evaluating Water Loss and Planning Loss Reduction Strategies. Denver, Colo.: AwwaRF and AWWA, 2007.

7. Lambert, A., D. Huntington, and T. G. Brown. "Water Loss Management in North America : Just How Good Is It?" AWWA distribution Systems Symposium, New Orleans, September 2000.

8. Lambert, A., T.G. Brown, M. Takizawa, et al. "A Review of Performance Indicators for Real Losses from Water Supply Systems." AQUA. Decemeber 1999.

9. Lambert A. O.,S. Myers, and S. Trow. Managing Water leakage: Economic and Technical Issues. Financial Times Energy Publication, 1998.

자료의 수집, 양식화, 관리

Chapter 08

8.1 소개

임의 물 시스템 회계감사를 착수하기 위해 그리고 어디서 얼마나 큰 손실체적이 발생하고 있는지를 확인하기 위해 정확한, 표준화된, 체계적인, 믿을 수 있는 자료를 수집할 필요가 있다.

부록 A에서는 현장에서 휴대장치와 영구장치 모두를 사용하여 유량과 압력자료를 정확하게 취득하기 위한 다양한 장비와 방법론들을 기술한다. 그러나 자료를 한번 취득하면 유의미한 방법으로 자료를 체계화하고 저장하여 후속적으로 사용할 수 있도록 하는 것이 중요하다.

하향식 물수지를 위해 자료를 수집하고 입증할 때 통상적으로 고객 정보 시스템으로부터 많은 량의 자료를 수집한다. 통상적으로 최소한 14개월 자료를 수집하여야 한다. 이 자료는 대형 급수시스템의 경우 메가바이트 크기에 이를 수 있다. 운영자는 전송 과정에서 자료를 손실하지 않고 분석하기 위해 저장할 자료의 환경을 조심스럽게 고려하여야 한다. 많은 운영자들은 엑셀 또는 엑세스 데이터베이스와 같은 산업용 표준 제품들을 사용하지만 이 제품들은 규격 제한을 갖는다. 엑셀(2007 이전 버전)은 최대 58,000줄 그리고 엑세스는 2GB 자료만을 저장할 수 있다.

많은 경우 양호한 정확한 자료를 사용할 수 없으므로 운영자는 의심이 되는 자료를 사용할 것인지 또는 추정할 것인지 결정하여야 한다. 많은 경우 아무것도 하지 않는 것 보다 무언가를 하는 것이 더욱 좋다. 이 경우 반드시 자료가 의심되는지 또는 추정되었는지 그리고 이 시점에서 자료가 어떻게 사용되는지 그리고 향후 회계감사에서 이를 개선하기 위해 무엇을 하여야 하는지에 대한 운영자의 평가를 유의하여야 한다. 다음 절에서 양호한 자료 관리 기법을 토론한다.

8.2 자료 수집 워크시트

현장 로거(logger)와 기록계로부터 다운로드를 시작하기 전에 가장 먼저 하여야 할 일은 매개변수들 각각에 적절한 소숫점 자리수와 측정 단위를 할당하고 분석할 핵심 요소들을 결정하는 것이다. 예를 들어 대부분 회계감사에서는 유량과 압력을 측정하고 체적을 분석하고, 수위를 측정하고, 시간 기간을 고려한다. 할당할 수 있는 일부 단위들은 다음 절에서 기술한다.

8.2.1 유량

유량 단위는 크게 국제단위와 미국단위를 사용하고 있으며, 시간과 체적을 표현하는 단위도 상당히 다양하다. 따라서 매개변수에 대해 많은 조건들을 선택할 수 있다. 매개변수와 단위의 사용은 중요하며 이는 국가나 지역 또는 기관 모두에게 유의미하며 쉽게 상호변환이 가능하다. 예를 들어 압력 pis와 유량 m^3/h의 혼합을 원하지 않을 수 있다. 그러나 유량 gal/m과 압력 psi 또는 수압 수두 m와 유량 m^3/h를 사용할 수 있다.

8.2.2 유량 밸런싱(Flow Balancing)

단순한 체적이 아닌 동적 유량을 포함하는 회계감사를 착수할 때 유량 밸런싱이 중요하다. 이를 위해 통상적으로 m^3/h의 유량 단위를 선택한다.

이제 우리는 24시간 유량 프로파일(통상적으로 누수를 확인하기 위해 시도한다면 최소야간 유량이 된다) 내 핵심 지점들을 확인할 것이며, 유량 밸런싱은 단순히 개별 영역(이는 계량된 영역 또는 압력 영역이 될 수 있다) 유량을 더하거나 빼고, 공급 또는 생산 계량된 유량을 이들과 비교하여 불확실한 시스템에 대한 모든 유입유량과 유출유량을 규명하는 것이다. 만일 지역 내부에 저장시설이 위치하면 충수 체적들은 쟁점을 혼돈시킬 수 있으므로 유량 밸런싱을 시도할 때 조심하여야 한다.

시스템이 전혀 구역화되지 않거나 미래에도 계획이 없는 상황에서 유량 밸런싱시 핵심 지점은 다음과 같다.

- 생산량 미터
- 유입(또는 수입) 미터 또는 벌크(bulk) 공급 미터
- 저장시설(탱크, 배수지, 그리고 탑)의 유출
- 펌프 또는 우물로부터 유출

이는 상대적으로 단순한 절차처럼 보일 수 있지만 대형 물 시스템에서는 조심스런 분석시간을 많이 소비할 수 있다.

유량 밸런싱을 시도하기 전에 측정 단위를 적정하게 정의하는 것이 특히 중요하다. 그렇지 않으면 단위에서의 차이로 인해 손실된 유입 또는 유출이 혼돈될 수 있고 불필요한 작업과 비용이 상당히 발생한다.

8.2.3 압력 밸런싱(Pressure Balancing)

본서의 후반에 토론하는 것과 같이 물 시스템 압력은 물손실(특히 누수)에서 큰 역할을 하면서 손실 확인을 시도할 때 물 시스템 내 압력 밸런싱도 동일하게 중요하다.

통상적으로 압력 밸런싱을 할 때 수력구배선 HGL을 계산한다. 수력구배는 특정 지점에서의 지반 고도에 정압력을 더한 것이고, 수력구배선들은 이 점들을 연결한 것이다. 대부분 물 손실제어 상황에서 다음 사항을 파악할 필요가 있다.

- 공급 또는 유입 압력
- 영역 평균 압력
- 임계점 압력
- 최소 서비스 요구압력
- 간헐적으로 공급되는 경우 시스템이 가압되는 시간

8.2.4 수위 밸런싱(Level Balancing)

시간에 걸친 배수지 내 체적변화는 상당한 유량이 될 수 있고 이를 손실로 오해할 수 있으므로 대형 저장시설을 갖는 물 시스템의 물수지시 탱크 또는 배수지 수위를 포함시키는 것이 중요하다.

작은 용량의 저장시설을 갖는 물 시스템에서 이는 그렇게 중요하지는 않지만 간과하여서는 안 된다. 과대분석은 과소분석보다 항상 양호하다.

8.2.5 공통 양식으로 자료 배치

공통 양식으로 자료를 배치하는 것은 매우 중요하다. 미터 단위와 미국 상용 단위들을 절대로 혼합하여서는 안 되고, 하나의 단위를 사용할 때조차도 현장과 보고서에서 사용하였던 자료 기록 방법을 고려하는 것이 좋다.

예를 들어 미터 단위로 작업하면 유속을 m/s로 측정하고 배관 유효 단면적을 m^2으로 계산하면 유량을 m^3/h로 변환하는 것이 훨씬 용이하다. 단위는 항상 자동적으로 m가 되며 시간 단위 결정은 매우 단순하다.

예를 들어 직경 0.4m 배관 내 유속이 2m/s로 측정된 것으로 가정한다. 단면적을 계산하기 위해 식 πR^2을 사용하면 단면적은 0.12568m^2가 된다. 유속이 2m/s이므로 이 수치를 2로 곱하면 0.25136m^3/s가 된다. 이제 시간 단위를 결정하여야 하며 통상적으로 현장에서 m^3으로 작업할 때 유량 단위 m^3/h를 사용한다. 따라서 1분은 60초이고 60분은 1시간이므로 3600을 곱하면 유량은 904.896m^3/h가 된다. 또한 1m^3는 1000l이므로 유량은 904.896 l/h가 된다. 이 수치는 상당히 크고, 만일 다른 큰 수치를 추가하면 오류가 발생할 수 있다. 통상적으로 유량을 l로 표현하길 원하면 l/s의 유량단위를 사용할 가능성이 가장 크다. 따라서 m^3/h를 l/s로 변환할 때는 0.2778로 곱하면 되므로 유량은 251.36 l/s이다. 만일 l/s을 m^3/h로 변환할 필요가 있는 상황에서는 공통적인 수치는 3.6이다. l/s을 m^3/h로 변경할 때 단순히 수치 3.6으로 곱하면 된다.

만일 미국 상용 단위로 작업하면 다음 절차를 따른다. 직경이 36인치인 배관 내 유속이 2ft/s인 경우 단면적을 계산하면 7.0695ft^2이 된다. 유속이 2ft/s이므로 이 수치를 2로 곱하면 유량은 14.139ft^2/s가 된다. 이제 시간 단위를 결정하여야 한다. 통상적으로 현장에서 ft^3으로 작업할 때 ft^3/h의 유량을 사용한다. 1분은 60초이고 60분은 1시간이므로 3600을 곱하면 유량은 50,900ft^3/h가 된다. 또한 1ft^3는 7.48gal이므로 유량은 380,734gal/h가 된다. 이 수치는 상당히 크기 때문에 만일 다른 큰 수치를 추가하면 오류가 발생할 수 있다. 통상적으로 유량을 gal으로 표현하길 원하면 gal/m의 유량단위를 사용한다. 또한 gal/m 단위의 사용을 원하면 단순히 gal/h를 60으로 나누면 되므로 유량은 6,345gpm이 된다.

8.3 자료 캘리브레이션 형식

측정 장치를 시험할 때 작은 오류가 발생할 가능성이 있다. 현장에서 측정할 때 유량계를 재캘리브레이션(recalibration)할 것을 권장하지만 항상 가능한 것은 아니다. 만일 유량 측정 장치를 기계적으로 또는 전기적으로 재캘리브레이션할 수 없는 경우에도 자료를 사용할 수 있지만 반드시 스프레드쉬트를 사용하여 이론적으로 자료를 캘리브레이션하여야 한다.

자료 수집 이전 미터 시험으로부터 캘리브레이션 곡선을 사용하여 스프레드쉬트를 작성하면 이 스프레드쉬트는 유량 구간에 대한 오류를 보여줄 것이다. 이제 자료를 스프레드쉬트로 불러오면 그 유량 범위에 영향을 미치는 오류만큼 변경된다. 결과적인 자료는 당초보다 진실에 더욱 가깝다. 특히 민감하거나 불안정한 측정 장치의 경우 오류가 발생하는 사례가 아직도 일부 발생하고 있다.

유량 측정 장치와 같이 압력 및 수위 센서도 오류를 가질 수 있으나 시험을 하기 전에는 이를 재캘리브레이션할 수 없다. 압력과 수위가 실제 수치에 인접하는 것을 보장하기 위해 동일한 과정을 수행할 수 있다.

8.3 요약

우리가 알 수 있듯이 프로그램 개시부터 자료를 적정하게 관리하는 것은 매우 중요하다. 회계책임은 이제 물 산업에서 더욱 빈번하게 사용하는 단어이다. 회계책임은 모든 자료의 정확성을 보장하는 것을 의미하지는 않는다. 중요한 것은 자료의 정확도에 대한 의구심을 갖는 곳에서 무엇을 추정하였거나 계산하였는지를 규명하는 회계감사 기록이 남는다는 것이다. 만일 자료 기록을 갖고 책임 있는 회계감사를 수행하면 궁극적으로 시간에 걸쳐 모든 자료가 최정상 등급에 도달할 때 까지 자료 정확도를 개선할 수 있다. 다음 점검목록은 양호한 관리를 위해 필요한 많은 측면들을 포함한다.

- 자료는 반드시 정확하여야 한다.
- 자료는 반드시 체계적으로 정리되어야 한다.
- 자료는 반드시 책임성이 있어야 한다.
- 불량한 자료는 반드시 명백하게 강조되어야 한다.
- 추정을 할 수 있으나 이러한 사실을 명백하게 표시하여야 한다.
- 반드시 원시 자료와 함께 캘리브레이션한 자료를 유지하여야 한다.
- 반드시 일관된 측정 수치를 사용하여야 한다.
- 반드시 일관된 단위를 사용하여야 한다.
- 관련된 코멘트를 갖는 회계감사 쉬트는 감사관이 회계감사할 때 무엇을 하였는지 차후에 이해하는 데 도움을 제공한다.

물손실에 대한 경제적 처방

Chapter 09

9.1 소개

물 산업 외부 사람들은 빈번하게 물 시스템의 손실 수준을 수용할 수 없는 것으로 간주한다. 다수의 국가들의 환경론자와 규제기관은 손실 수준에 대한 관심을 표명하여 왔으며 낮은 수준의 달성이 가능할 것으로 믿는다. 그러나 물 회사는 현재 운영 예산 안에서 일하여야 하고 운영 예산이 충분하지 않으면 추가로 예산을 요구한다. 누수제어는 고가가 될 수 있고, 물 회사는 누수제어비용과 그로 인한 혜택 사이 경제적인 대차대조표를 얻기 위해 노력할 것이다. 비용과 혜택 사이 대차대조표는 많은 분야에서 공통적이고, 경제적 운영수준의 개념은 많은 산업에서 매우 흔하다. 경제적 누수수준 ELL(economic level of leakage)의 역사는 수십년 전으로 거슬러 올라가고, ELL의 실용적인 정의와 방법론을 결정하기 위한 많은 시도들이 이루어져 왔다. 이전 방법론들은 사용 가능한 여러 누수관리 선택사항의 결과를 혼돈시키는 경향이 있었다. 보다 개선된 모든 쟁점들의 이해는 불과 지난 15년전에 이루어졌다.

9.2 정의

경제적 이론을 고찰할 때 경제적 수준으로 간주할 수 있는 두개의 수준이 존재한다. 한 예로서 제조산업을 고려하면 더욱 많은 인력을 고용하면 생산을 증가시킬 수 있다. 증가된 비용은 인건비, 원자재비용 그리고 생산비용(특히 동력비)의 항으로 발생하며 이는 생산 수준의 함수이다. 예를 들어 교대조 숫자를 증가시키면 생산 수준이 증가하고, 생산은 생산 플랜트 용량의 한계에 도달할 때까지 증가한다. 따라서 적절한 시점에서 플랜트를 확장하는 것이 더욱 경제적일 수 있다. 그러나 이 경우 주된 자본지출이 필요하므로 반드시 이 자본지출의 장기상환을 고려하여야 한다. 이 두 경제적 최적(첫 번째 재무 항목만을 변화시키고, 두 번째로 자본지출을 고찰) 수준들을 단기 및 장기 경제적 수준이라 부른다.[1] 공식적인 경제적 수준의 정의는 "단기는 최소한 하나의 입력 변수를 고정하고 다른 입력 변수들을 변화시킬 수 있는 시간의 기간이다. 장기는 모든 입력 변수들을 변경시킬 수 있는 것은 물론 다른 새로운 입력 변수들을 도입할 수 있는 시간의 기간이다."

예를 들어 제조 산업에서 단기적으로 변경시킬 수 있는 것은 노동, 재료 그리고 동력인 반면 장기적으로만 변경시킬 수 있는 것은 오직 플랜트 용량이다.

ELL(economic level of leakage)에 대한 현재 의견은 누수감소를 목표로 하는 각 활동은 수확체감법칙(law of diminishing returns)을 따른다는 지식에 기초한다. 즉, 재원수준이 클수록 추가 한계 이익은 낮아진다. 이 이해는 새로운 방법론의 기본을 형성하며 새로운 방법론에서는 각 활동의 한계비용을 다른 상호 관련된 활동들의 한계비용 그리고 그 공급 영역 내 한계비용과 비교하기 위해 유사한 방법으로 각 활동을 분석한다.

그림 9.1과 같이 누수제어에 영향을 미치는 4개의 주된 활동인 압력관리, 능동적 누수제어 ALC(active leakage control), 복구의 품질 및 속도 그리고 기반시설 개선에 이 접근법을 적용할 수 있다. 제조 산업에서 사용된 예들과 비교하기 위해 능동적 누수제어 및 복구 활동과 같은 요소들을 수익 항목으로 볼 수 있으므로 단기 ELL의 평가로 간주할 수 있는 반면 압력관리 및 주 관로의 갱생은 투자 결정을 필요로 하므로 장기 ELL의 평가로 간주할 수 있다. 구역화(sectorization), 고객 미터 판독 정책, 고객 측 복구 정책, 고객 검침 범위 등과 같은 다른 활동도 누수에 영향을 미칠 수 있다.

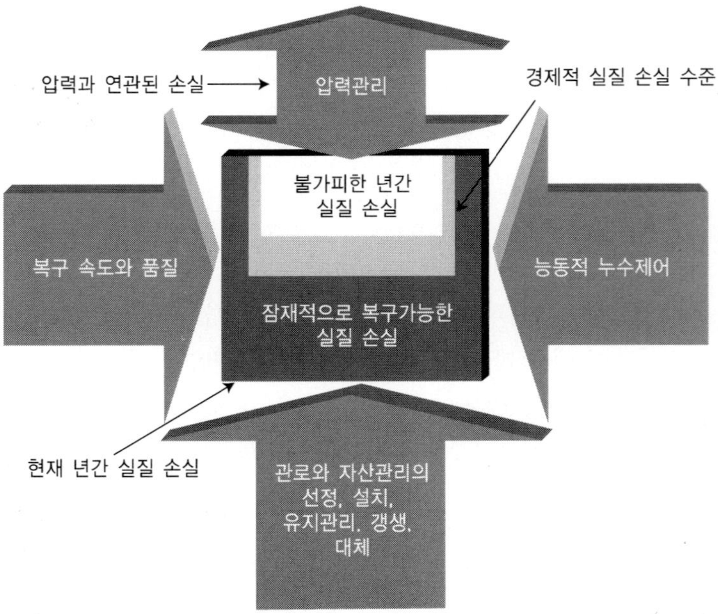

그림 9.1 물손실 제어를 위한 4개의 주된 방법(IWA WLTF 및 AWWA WLCC 제공)

9.3 단기 경제적 누수제어수준 ELL

9.3.1 능동적 누수제어

능동적 누수제어 ALC(active leakage control)의 목적은 표면으로 나타나지 않거나 또는 고객과의 접촉을 통해 운영회사의 주의(예를 들어 불량한 공급, 물손실 등)를 끄는 누수를 발견하는 것이다. 이러한 누수를 빈번하게 보고된 누수(reported leak)라 부른다. ALC 과정은 전반적인 누수를 발견하기 위해 청음봉을 사용하여 지역을 담당하는 누수탐사원의 팀을 포함한다. ALC는 구역화된 지역의 심야시간에서의 유량 증가, 정수장 또는 서비스 배수지/탱크의 유출량 증가에 대응하거나 단순하게 동의된 간격으로 정기적인 청음 프로그램의 결과가 될 수 있다.

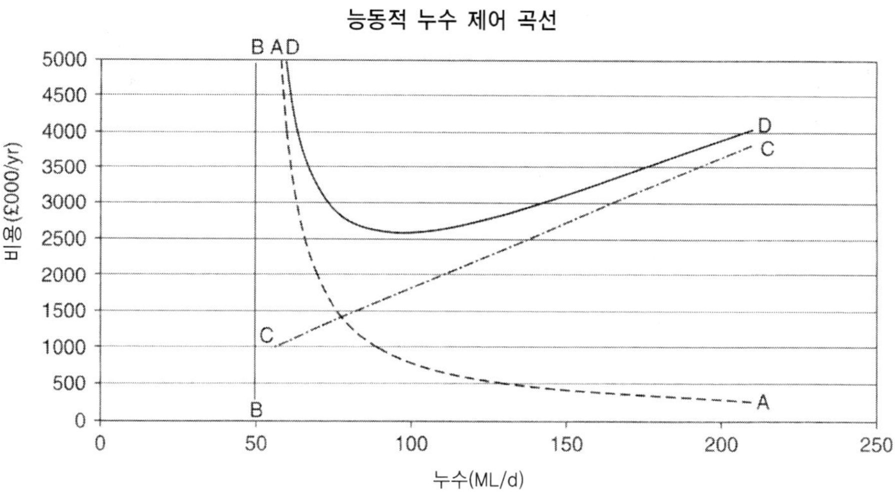

그림 9.2 능동적 누수제어 비용 곡선(Dave Pearson 제공)

이 ALC 활동으로 미보고된 누수를 발견하여 이를 복구하면 누수수준은 유지될 것이다. 만일 탐지활동을 빈번하게 수행하면 낮은 누수수준을 유지할 수 있다. 따라서 평균 누수수준과 탐지활동주기의 사이에 관계가 존재한다. 이는 그림 9.2의 곡선 A-A로 나타나며 이를 ALC 곡선이라 부른다. 통상적으로 수직축은 비용 항으로 표현되며 이는 단순히 년간 누수탐사 재원 비용이다. 수평 축은 동일한 기간(통상적으로 1년)에 걸친 평균 누수수준이다. 만일 일부 누수가 표면으로 나타나지 않으면(예를 들어 하수로 유출되면) 절대로 물 회사의 주의를 끌지 못하며 따라서 시스템에 누적되고, 곡선은 수평축에 점근선이 될 것이다. 또한 곡선은 수직축에 평행한 점근선이 될 것이다. 선 B-B는 누수제어활동에 무한한 재원이 할당되면 얻을 수 있는 최소 누수수준을 보여준다. 이 최소 누수수준은 탐지할 수 있는 수준 이하의 누수인 배경누수, 보고된 누수, 임의 주어진 누수제어정책에 따른 누수탐지와 복구 기간 동안 미보고된 누수의 합과 동일하다. 때로는 이를 policy minimum level of leakage라 부른다.

이 접근선들의 형상에 대해 많은 논란이 있어 왔다. 가장 단순한 정기적인 청음 모델의 경우 곡선은 포물선이 되며 이 곡선은 미보고된 누수가 탐지될 때까지 누수에 의해 정의될 것이라는 사실에 기초를 둔다. 이는 탐지되기 전 누수되는 시간길이(처방 간주기와 직접 관련된다. 처방 주기는 재원과 역의 관계(재원을 2배로 하면 처방 간격은 절반이 된다)가 되므로 누수는 재원수준(ALC 비용)에 반비례(즉, 포물선)한다. 만일 지역을 구역화하거나 단순한 정기적인 청음과 비교하여 더욱 효율적으로 재원을 감독하기 위해 다른 형태들의 유량 측정을 사용하면 곡선은 순수한 포물선 보다 평탄해질 것이다.

만일 다른 누수수준에서 손실된 물의 생산비용을 동일한 그래프에 작도하면 이는 선 C-C로 나타날 것이다. 물 생산비용은 동력, 약품 그리고 인건비의 항으로 단위 물량에 따라 선형적으로 변화하며 이 선의 기울기를 물의 한계비용이라 한다. 물의 한계비용이 일정하면 선 C-C는 직선이 된다. 그러나 물 생산의 한계비용이 일정하지 않으면 선 C-C는 여러 직선들로 구성된다. 통상적으로 고가의 물을 사용하면서 물 비용이 증가하여 기울기가 증가한다. 곡선 D-D는 전체 운영비용이다. 즉, 누수제어 비용과 물 생산비용의 합이다. 매우 낮은 누수수준을 얻기 위해 필요한 높은 누수탐지 비용으로 인해 곡선은 초기에는 높게 된다. 이제 누수수준 증가에 따라 물 생산비용이 증가하면서 전체 비용은 다시 증가하기 전에 감소한다. 전체 비용이 가장 낮은 점이 누수의 단기 경제적 수준이 된다. 이 점에서 누수탐지 활동의 한계비용은 물의 한계비용과 동일하다. 또한 이 점은 누수탐지 및 경제적 처방 주기에 할당될 경제적 재원 수준을 정의한다.

최종 처방 이후 손실된 물의 누적된 가치가 처방비용과 동일할 때 손실된 물의 비용과 처방비용의 전체 합이 최소가 되는 것을 알 수 있다. 한 물 시스템에 대한 경제적 처방주기(또는 기간)를 계산하기 위한 방법론들을 전개할 때 이 단순한 관계를 사용하여 왔다.

모든 물 시스템의 부분들을 동일한 빈도로 정기적으로 청음 탐사하는 경우 경제적인 처방기간의 계산에 대한 해답은 상당히 단순명료하고[3] 이 해답은 물 시스템에 쉽게 적용할 수 있는 방법론들로 개발되어 왔다.[4]

시스템이 구역화 되고 관망의 다른 부분들에서 누수가 누적되는 비율에 대한 정보가 있으면 더욱 구체적인 접근법을 취할 수 있다.[5,6] 이 접근법에서 최종 처방과 선제적 탐사 개시 이후(이 수치가 그 구역에서 처방비용과 동일할 때) 심야시간 정보를 사용하여 실제 누수체적은 축적된다. 이 접근법의 장점은 물의 구역 특성에 따른 비용(예를 들어 물의 부분 가압)은 물론 조사비용(예를 들어 도시 개발 또는 배관 재질에 기인한)을 고려할 수 있다는 것이다.

대안적 접근법은 ALC 곡선 자체를 정의하려 시도하여 왔다. 여러 방법으로 이 접근법을 수행할 수 있으며 경험 또는 이론으로 분류될 수 있다.

경험적 접근법은 실제 ALC 운영 결과를 분석하여 곡선을 따르는 여러 점들을 확인한다. 이

제 여러 점들을 확인하였으면 이 점들을 곡선에 적합시키면 곡선의 형상이 결정된다.[7] 이 접근법에서 어려움은 곡선상 현재 위치는 일정한 재원수준에서 수년간에 걸친 평균 누수 사이 정적인 균형(balance) 상황을 표현한다는 것이다. 이는 탐지 재원이 변경되면 안정에 도달할 때까지 수년이 걸릴 수 있다. 따라서 이 접근법은 곡선상 여러 점들을 정확하게 추정하기 위한 긴 과정이다.

대안적으로 ALC 곡선을 정의하기 위해 성분손실 모델링 방법론을 사용하는 이론적인 접근법을 사용할 수 있다. 그러나 이 접근법은 실제 자료를 사용하여 가정들의 조정을 시도할 수 있지만 파열 유량과 같은 많은 가정들이 필요하다. 따라서 타협안은 시스템의 성분손실 모델을 구축하여 ALC 곡선을 확립하고 실제 운영비용을 분석하여 확인된 현재 운영 위치를 통과하도록 조정하는 것이다. 이제 이 곡선을 직접 미분하거나 수치법을 사용하여 경제적인 처방주기 또는 기간을 구한다.

9.3.2 배경누수 및 누적누수(backlog) 제거

일반적으로 배경누수는 현재 기술로 탐지할 수 있는 수준 이하의 누수로 정의된다. 여러 방법론을 사용하여 이 배경누수수준을 평가할 수 있다.[7] 그러나 배경누수수준은 채택된 누수 탐지범위와 방법의 함수이며 이 함수 자체는 다른 누수수준과 관련된 다른 운영비용을 갖게 된다. 따라서 누수탐지비용에 대한 배경누수수준의 행렬을 유도할 수 있으며 이 행렬로부터 적합한 경제적 탐지 방법 그리고 관련된 배경누수수준에 대한 견해를 취할 수 있다.

배경누수수준은 압력, 주관로 길이, 연결 숫자와 같은 시스템 특성과 관련된다.[9,10] 이 배경누수수준으로부터 표준화된 압력에서 단위 배경누수손실들을 추정하여 왔다. 이제 배경누수수준을 자산 형식, 재질, 수령 그리고 조건과 관련시킬 수 있다. 이 과업으로부터 한 지역에서 예상되는 배경누수수준을 추정하는 것이 가능하다. 이 배경누수수준을 그 지역에서 얻은 실제 최소유량과 비교하여 배경누수수준의 달성여부 또는 아직도 그 지역에서 발견할 수 있는 누수의 존재 가능성 여부에 대한 견해를 취할 수 있다.

배경누수는 수년간에 걸쳐 물 시스템 상에서 완만하게 누적되고 수용된 최소 이력 야간 유량으로 감추어진다. 통상적으로 누수를 확인하지 않은 관망 부분(예를 들어 대규모 산업 단지, 불용된 것으로 믿은 주관로, 개인 공급 관로, 복잡한 교차로 상)들에서 누수가 발생할 수 있다. 누적누수와 이에 따른 복구비용은 상당하지만 복구비용은 일시적인 비용이므로 쉽게 비용-편익을 평가할 수 있다. 그러나 현재 복구예산 안에서 시간 기간에 걸친 이 누적누수를 감소시키기 위해 물 시스템에서의 파열빈도를 감소시키기 위한 압력 감소와 같은 조치를 취하는 것이 적합할 수 있다. 대안적으로 현지 회계업무규칙에 따라 이들을 일시적인 자본비용으로 간주하는 것이 가능하다.

9.3.3 Transition Cost

한번 경제적인 누수수준인 ELL이 확인되면 이제 물 회사는 이 ELL를 향해 이동하여야 한다. 그러나 ELL은 현재 누수수준 보다 낮은 누수수준에 있을 가능성이 있으므로 이 점으로의 이동은 일시적인 비용을 포함한다. ALC 곡선 상 각 점은 통계 상황이므로 임의 한 시점에서 더욱 낮은 수준에서 누수되는 경우가 존재한다. 따라서 더욱 낮은 점으로 이동하는 것은 상황이 다시 평형에 도달하기 전에 누수가 추가로 복구되는 것을 의미한다. Transitional cost는 반드시 전반적으로 상당히 낮아야 하고 약간 변경된 경제적 누수수준을 얻기 위한 경제적 누수수준 계산에서 일시적인 투자로 적정하게 활인하여 transitional cost를 추가할 수 있다.

9.3.4 누수복구활동

경제적인 복구 속도 수준을 전개하기 위해 ALC와 유사한 방법론을 적용할 수 있다. 매우 짧은 시간 안에 복구할 수 있지만 복구팀의 주말 시간외 근무시간 및 야간근무 비용을 지불하여야 한다. 이는 경제적일 수도 아닐 수도 있다. 그림 9.3과 같이 비용–복구시간의 관계가 존재한다. 누수수준은 평균 복구시간과 관련되며, 따라서 ALC 곡선과 유사한 곡선이 생성될 수 있다. 성분손실모델을 사용하여 복구시간 감소에 따른 편익을 추정할 수 있다. 따라서 ALC에서와 같은 유사한 방법으로 경제적 복구시간을 결정할 수 있다. 이 시점에서 추가 복구의 한계비용은 물 생산의 한계비용과 동일하게 된다.

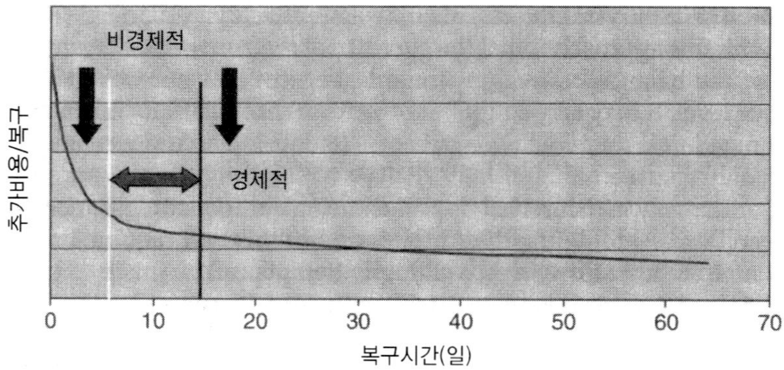

그림 9.3 경제적 복구 시간(Stuart Trow 제공)

9.4 장기 경제적 누수수준 ELL

일부 누수제어 활동은 투자결정을 포함할 수 있으며 이 경우 상환은 단기보다 길게 된다. 이 투자결정은 전형적으로 압력관리 및 주관로 갱생과 같은 선택사항들에 적용된다. 이 사례들에서 투자 기간에 걸쳐 절감된 물 요금이 과업수행비용을 초과하면 누수를 감소시키기 위한 갱생 또는 압력관리에 대한 투자는 경제적이다. 한번 투자가 이루어지면 새로운 경제적 누수수준(보다 적은)이 발생하므로 상기 방법을 사용하여 이를 다시 계산하여야 한다.

9.4.1 압력관리

다음 두 압력감소 요소의 결과로서 누수가 감소된다.

- *N*1 관계라 불리는 요소에 의해 누수량은 압력과 직접 관련되므로 배경누수 및 누수량 모두가 감소한다.[11]
- *N*2 관계라 불리는 요소에 의해 관망 응력이 감소되어 파열빈도가 감소한다.[12]

서지에 의해 관망에서 파열과 누수가 발생한다. 결함이 있는 운영자, 고객의 장비 또는 펌프 가압된 물 시스템에서 서지완화 장치의 부족에 의해 이 서지가 발생할 수 있다. 압력 감소를 조사하기 전에 물 시스템의 서지 경험을 조사하기 위해 반드시 단기 자동기록(logging)을 사용하여야 한다.

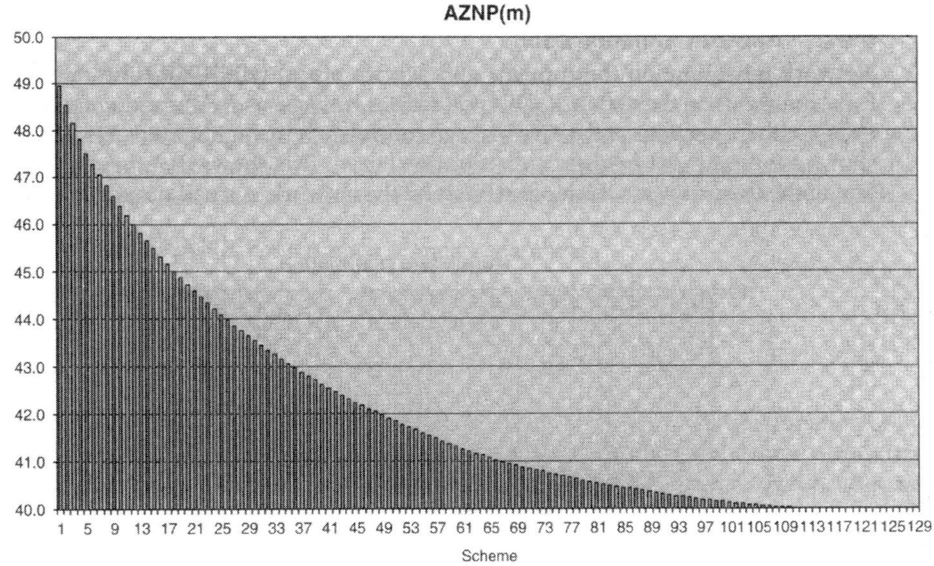

그림 9.4 AZNP 감소의 편익에 따른 압력관리 실행 우선순위(Dave Pearson –Northumbrian Water 제공)

압력 감소의 경우 투자비용은 일시적인 챔버 건설비용, 감압밸브 PRV 구매 비용 그리고 지속적인 유지관리 비용은 물론 이들의 대체 비용을 포함한다. 한 지역에 압력관리기법을 적용하면 평균 압력은 감소한다. 가장 큰 편익을 먼저 제공하는 곳에 기초하여 실행안(scheme)을 적용한다. 그러나 더욱 많은 실행안들을 적용하면서 물 시스템의 평균 압력에 대한 각 실행안의 한계 편익은 전반적으로 감소한다. 그림 9.4는 영역 평균 야간 압력 AZNP(average zone night pressure)에 실행안을 적용하여 얻은 편익과 관련된 전형적인 곡선을 보여준다. 누수는 압력과 비례하므로 실행안 적용의 추가 비용이 물 생산의 한계비용과 동일하게 되는 분기점이 존재하게 된다. 이 분기점 계산에 포함된 과정은 다음과 같다.

- 수리모델링 또는 지역의 자동기록 자료를 사용하여 감압밸브 및 다른 실행안을 적용하여 얻을 수 있는 압력 감소 가능성을 추정한다.
- 건설비용을 추정한다. 그리고 할인된 현금유동 DCF(discounted cash flow) 분석과 같은 재무회계방법(통상적으로 운영 회사의 재무부서와 동일한)을 사용하여 비용을 등가 년간 비용으로 할인한다.
- 유사한 방법으로 밸브의 비용 및 대체 비용(판매자가 권장하는)을 할인한다.
- PRV의 년간 유지관리비용을 추정한다.
- 성분손실모델 또는 유사한 접근법을 사용하여 누수감소 측면에서의 편익을 추정한다.
- 다음 측면에서 낮은 파열 빈도로 인한 운영비용의 감소를 평가한다.
  - 감소된 복구 청구금액
  - 보고된 누수감소에 따른 고객 접촉비용 감소
  - 보고된 누수감소에 따른 방문/검사 비용 감소
  - 미보고된 누수 보다 적은 능동적 누수제어비용

물 비용보다 낮은 비용/편익을 갖는 모든 실행안들을 적용한다. 이는 경제적인 압력감소수준 및 이와 관련된 누수수준을 확립할 것이다. 이 접근법의 예는 최근에 출판되었다.[13] 또한 다음과 같은 유형의 이익을 얻을 수 있다.

- 변색된 수질사고 위험 감소
- 공급중단 감소

이 편익은 개선된 서비스 수준 및 고객 만족 그리고 임의 의무적인 조치의 감소로 이어진다. 계산에서 이들을 고려하기 위해 보다 적은 유형 이익에 국가적 차원의 금전적 가치를 둘 수 있다.

9.4.2 관망 갱생

관망(주관로 및 서비스 관로 모두) 갱생은 관망에서 발생하는 누수 비율을 감소시킨다. 관망 갱생은 검사 비용 그리고 앞에서 강조한 능동적 누수제어 활동비용과 관련된 비용은 물론 누수를 감소시킨다. 그림 9.5는 관망의 배관이 파열하는 전형적인 파열 빈도 분포 곡선을 보여준다. 관망에서 높은 파열 빈도가 차지하는 비율은 낮은 반면 낮은 파열 빈도가 차지하는 비율은 상당히 높다. 누수에 대해 가장 큰 효과를 얻기 위해 높은 파열 빈도를 갖는 배관들을 확인하고 이들을 먼저 대체하도록 시도한다. 관로의 다른 부분들의 추가 대체 편익은 감소하게 된다. 재차 수확체감법칙을 적용하면 배관 대체가 비경제적인 점에 도달하게 된다. 서비스 관로에 대해서도 유사한 파열 분포 곡선이 존재하게 된다.

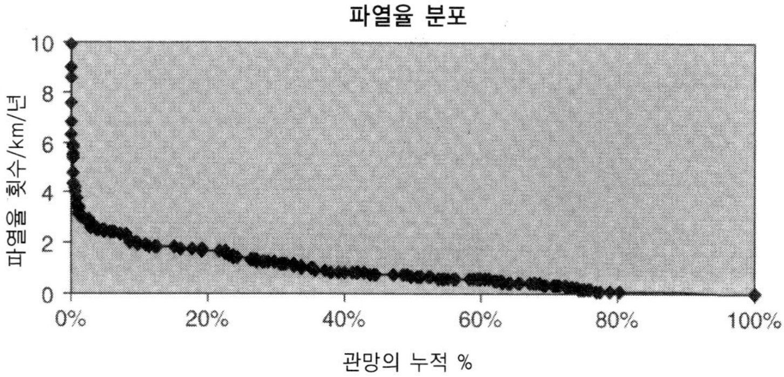

그림 9.5 파열빈도분포(Dave Pearson-Sofia Water 제공)

또한 배경누수 분포가 존재할 것이라고 제안되어 왔지만 반드시 파열 빈도 분포와 동일할 필요는 없다. 파열 빈도가 높은 주 관로에서는 배경누수수준이 낮을 수 있으며 또는 이 반대가 될 수 있다. 이에 대한 이유는 배경누수가 주 관로 자체보다는 주로 서비스 관로와의 접합부에서의 누수에 의해 발생하기 때문이다. 따라서 관망 갱생은 파열과 배경누수에 개별적으로 목표를 두어야 한다. 경제적인 점을 찾기 위해 다음 계산 절차를 따른다.

- 파열 빈도 및 배경누수의 감소 측면에서 동일한 장소에서 본질적으로 유사한 관로 부분 또는 관로 그룹의 대체 편익을 평가한다.
- 이 관로 대체 비용을 평가한다.
- 성분손실 모델링을 사용하여 누수감소량을 추정한다.
- 검사, 복구, 그리고 능동적 누수제어에서 절감된 비용을 평가한다.
- 누수 절감량으로 나눈 절감액의 합보다 적은 비용으로 한계비용/편익을 평가한다.

물 비용보다 낮은 비용 편익을 갖는 모든 실행안을 적용한다. 이는 경제적 관망갱생 수준 및 이와 관련된 누수수준을 확인할 것이다.

9.4.3 구역화(Sectorization)

관망을 구역들로 분리하고 야간에 이 구역으로 유입 및 유출되는 유량을 감시하는 것이 공통적인 실무이다. 구역으로 유입되는 유량에 대한 자료는 누수위치를 신속하게 찾을 수 있는 정보를 제공하여 누수탐지 효율성을 개선시킨다. 그러나 구역화를 도입하면 다음 비용이 발생한다.

- 유량계실의 일시적인 건설비용
- 유량계 및 대체 비용
- 자료 자동기록장치 비용
- 지속적인 자료 취득 비용(수동 또는 원격)

누수 측면에서 구역화 도입의 편익은 구역 내 자연스런 누수 발생율의 함수가 된다. 모든 구역들이 동일한 발생율을 갖지 않으므로 재차 수확체감법칙을 보여주는 곡선이 존재하게 된다. 비용에 영향을 미치는 다른 요소들은 환경, 관망의 복잡성 그리고 이미 구축된 구역화 정도가 될 것이다. 계산은 압력관리 및 갱생에서 기술한 것과 유사하다. 이 계산을 수행하면 경제적인 구역화 수준과 구역들의 최적 규격을 제공하는 경제적인 분기점을 확인할 수 있다.

9.4.4 누수제어활동 조합

상기에서 기술한 방법론 모두는 제안된 누수제어활동으로부터 누수 측면에서 편익의 평가를 요구한다. 경제적인 수준의 압력관리 또는 갱생 평가의 각 사례를 독립적으로 고려한다. 그러나 한 활동의 실행은 다른 활동의 실행의 경제성에 영향을 미친다. 즉, 압력관리로 인해 평균 압력이 이미 감소되었으면 갱생으로부터 편익은 감소된다. 실제로 물 운영회사는 모든 활동(능동적 누수제어, 누수복구, 주관로 갱생, 서비스 관로 대체, 구역화, 압력관리) 사이에서 경제 수지(economic balance)를 확인하는 전략 개발을 원할 것이다.

이 문제를 해결하는 통상적인 접근법은 각 지역 내에서 작은 활동 증분을 선택하고 비용/편익을 계산하는 것이다. 비용/편익 순서를 매기고 최상의 편익을 갖는 것을 선택한다. 이 최상의 실행안 적용 변화로 인한 다른 실행안의 누수 편익을 재평가하고 다시 비교한다. 이제 다음 실행안을 선택하고 누수 편익을 재평가한다. 임의 활동의 한계비용이 물의 한계비용과 동일하거나 커질 때까지 이 과정을 지속한다. 이제 경제적 누수수준 그리고 이 수준을 얻기 위해 실행할 실행안의 목록 및 이와 관련된 비용을 확인한다.

차례로 최상의 수치에 기초하여 잘 개발된 누수관리 프로그램의 주된 활동 각각을 이용하여 “squeezing the box”(그림 9.1의 손실 수준을 포함하는 박스)의 절차를 따르면 추가 활동이 비경제적인 점에 도달한다. 즉, 활동의 한계비용은 절감된 물의 한계비용보다 크게 된다. 이 점에서 추가 누수제어활동의 한계비용은 모든 활동과 동일할 것이다.[14]

9.5 물 공급 신뢰도 결핍

9.5.1 수급 균형(supply-demand balance)

상기에서 기술한 계산들은 물 생산 한계비용에 대한 경제적 누수수준을 확인한다. 사실상

이를 *무구속 경제적 누수수준 UELL(unconstrained economic leak level)* 이라 부른다. 그러나 이 누수수준은 실제로 소비와 조합되면 운영자에게 필요한 공급 신뢰도를 제공하기에 충분하지 않을 수 있다. 수요에 비해 추가로 공급할 수 있는 초과 물량을 *여유물량(headroom)*이라 부른다. 일부 국가들은 기후 변화 등과 같은 요인들에 대비하여 요구되는 공급의 안정성을 제공하기 위해 적합한 여유물량의 수준을 결정하는 기준이 있다. 만일 무구속 ELL을 계산한 후 여유물량이 충분하지 않으면 운영회사는 추가 누수제어를 수행하는 것이 더욱 경제적인지 여부 또는 새로운 수원 개발 또는 고객 수요를 감소시키기 위한 조치들의 실행 여부를 결정할 필요가 있다.

공급-수요 균형을 만족시키기 위한 최소 비용 해를 평가하기 위해 반드시 앞에서 기술한 누수제어활동비용을 선택적인 수자원개발의 한계비용과 비교하여야 한다. 다음과 같이 이 한계비용을 계산한다.

- 1회성 건설 자본 비용을 추정하고 협정된 할인율을 사용하여 할인한다.
- 한번 건설된 재원의 지속적인 관리유지비용을 추정한다.
- 실행안의 합리적인 결과물을 평가한다.
- 물 생산비용을 추정한다.
- 할인된 비용, 물 생산량으로 나눈 유지관리비용, 생산비용의 합계로서 한계비용을 평가한다.
- 자원개발과 관련된 환경비용과 사회비용을 평가하고 이를 선택적으로 비용에 추가할 수 있다.

만일 앞에서 기술한 방법론들을 사용하여 개발된 누수제어활동 실행안이 이 한계비용보다 저렴하면 이들을 실행한다. 이는 할인된 건설비용을 포함하므로 새로운 실행안의 한계비용은 현존하는 공급원에서의 생산비용보다 상당히 높게 될 것이므로 아마도 더 많은 압력제어, 높은 능동적 누수제어수준, 더 많은 갱생 및 구역화로 구성된 심층 누수제어 조치들을 수행하는 것이 경제적일 것이다. 필요한 여유물량 수준에 도달할 때까지 실행안을 실행하여야 한다. 이 누수수준을 구속된(constrained) ELL이라 부른다. 이 새로운 누수수준에서 누수관리의 한계비용을 물의 한계 가치(marginal value of water)라 부른다. 누수, 수요관리, 자원개발 분야에서 추가적인 활동의 수행 한계비용은 이 가치와 동일하거나 크게 될 것이다.

9.5.2 외부요인

실제로 많은 외부요인들이 수급균형의 여러 측면들에 영향을 미치며 그림 9.6은 이를 예증한다.

그림 9.6은 실질손실은 물론 피상손실에 대한 관리전략의 고찰이 필요한 것을 보여준다.

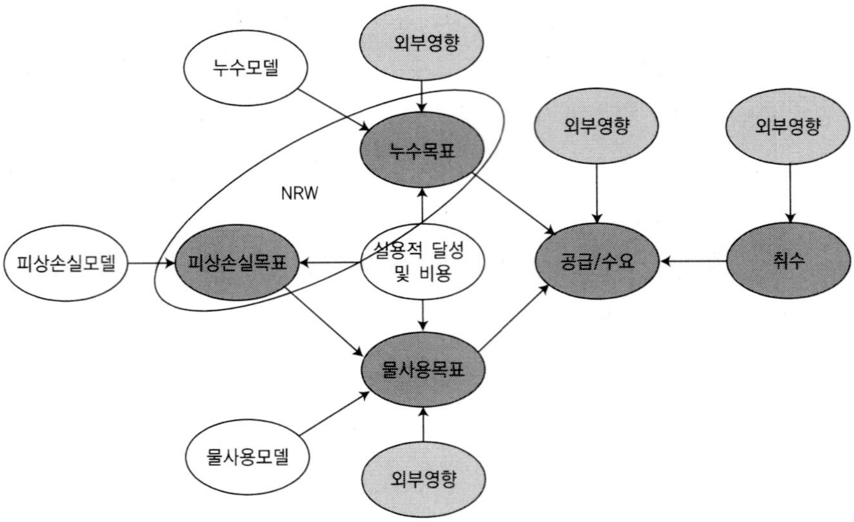

그림 9.6 공급/수요 추진요인

비록 피상손실 관리전략 자체는 물 생산을 감소시키지 않지만 일반적으로 기록-사용된 물을 증가시켜 물 생산을 더욱 투명하게 만든다. 이는 수요관리 전략을 더욱 비용 효과적으로 만든다. 피상손실을 위해 잘 개발된 전략은 실제로 존재하지 않는 실질손실을 찾기 위해 소비되는 비용을 감소시킨다.

그러나 최종해를 유도하는 것은 엄격하게 수급균형 자체이다. 이 경우 수요는 실질손실과 소비의 합이다. 반드시 수자원 영역 수준(즉, 모든 고객들은 모든 가능성 있는 내부 및 외부 추진요인을 고려하는 동일한 수준의 공급 안정성을 갖는다)에서 평가를 수행하여야 한다.[16]

취수된 물에 대한 외부요인은 다음을 포함할 수 있다.

- 낮은 유량에 대한 환경 우려
- 취수에 따른 환경 손상
- 환경 추진요인(예를 들어 물관리체계, 조류 및 서식지 규정 등과 같은 유럽 규정)
- 물 생산의 탄소이력(carbon footprint)

물 사용에 대한 외부 추진요인(drivers)은 다음을 포함할 수 있다.

- 규제기관의 물 효율 목표
- 지속가능한 물 사용 목표

수급균형에 대한 외부 추진요인들은 다음을 포함할 수 있다.

- 공급 안정성 요구조건

- 가뭄 상태에서 공급제약의 위험
- 사회발전과 경제발전에 미치는 영향
- 가뭄 상태에서 추가 환경 손상 위험

누수 성능에 미치는 외부 추진요인은 다음을 포함할 수 있다.

- 규제력을 갖는 최소 비교할 수 있는 성능
- 사회적 및 경제적 분열 비용
- 가능성 있는 정치적 목표
- 복구의 탄소이력
- 탐지 활동의 탄소이력

표준 최적화 방법(예를 들어 유전자 알고리즘 또는 무구속 혼합 정수 최적화)을 사용하여 수급균형을 만족시키기 위한 최소비용 해를 구할 수 있다. 다음을 포함하는 시스템 운영의 전체 비용을 최소화할 수 있다.

- 복구
- 압력관리
- 선제적 누수탐지
- 대응적 누수탐지
- 갱생
- 물 생산
- 수요관리 선택사항
- 피상손실 전략
- 자원개발
- 취수 완화

이 최소비용은 최소한 다음을 만족시켜야 한다.

- 공급 안정성 목표
- 누수 목표
- 물 사용 목표
- 피상손실 목표
- 탄소이력 목표
- 모든 환경 제약(적은 유동, 서식지 등)

9.6 역사와 경험

9.6.1 영국과 웨일스

영국과 웨일스는 99% 이상의 부지가 공공 물 공급 관망에 연결되어 있는 잘 개발된 공급시스템을 갖는다. 0.02% 이하의 부지는 낮은 압력(통상적으로 15m 수압 이하)이지만 1일 24시간 지속적으로 공급이 가능하다. 오직 34%의 부지가 계량되고,[20] 나머지는 주택의 가치에 기초하여 물값을 지불한다. 관망의 수령은 일부는 200년 이상이 된 오래된 것들로 혼합되어 있다. 그러나 25개 이하의 물 회사가 2천만이 넘는 부지에게 물을 공급하고 있으며, 이 물 회사는 1989년에 사유화되었고, 강한 환경규제와 경제규제를 받는다. 매년 규제기관에게 누수수치를 보고하고 독립적인 평가자들이 이를 회계감사한다. 물 회사는 매 5년마다 향후 20년의 사업계획을 수립하여야 하며, 이 사업계획은 그들 자산의 완전한 공학적 평가와 더불어 수입과 지출 예측의 재무모델을 포함한다. 다음 5년 동안 가격을 제한하기 위해 이 모델을 사용한다. 공학 제출의 부분은 경제적 누수수준 평가와 여유물량에 의한 제약 여부를 포함한다. 1995~96년의 심각한 가뭄 이후 누수수준은 2/3로 감소되었고, 규제기관은 물 회사들의 ELL 평가에 기초하여 매년 누수목표를 설정한다. 대부분 물 회사들은 그들의 평가된 ELL에서 또는 근방에서 운영하고 있다. 여러 회사들은 여유물량에 의해 제약된 수준에서 운영 중이다.

영국과 웨일스 내 ELL 평가는 긴 역사를 갖는다. ELL에 대한 많은 논문들이 있지만 이 주제에 대한 첫 번째 국가 연구 및 보고서는 1980년에 발간되었다.[21] 이로 인해 ELL의 평가를 위한 방법론이 개발되었고, 누수관리에 대한 압력제어와 구역화의 편익이 확인되었다. 이는 영국과 웨일스 내 대부분 회사들에서 구역 실행(DMA)으로 이어졌다. 1994년에 보고된 국가 연구 프로그램은 이 보고서의 조사결과를 업데이트하였다.[9] 이 보고서와 후속 보고서들은 압력과 누수 그리고 다른 활동 사이 더욱 개선된 상관관계의 이해를 이끌었다. 이 상관관계의 이해를 기반으로 구축된 모델은 운영변화가 누수에 미치는 영향을 예측 할 수 있다. 예를 들어 영국과 웨일스에서는 각 구역에서 15분 간격의 유량 및 압력 자료와 같이 매우 높은 수준의 감시와 자료를 얻을 수 있다. 이제 대부분 회사는 그들의 모든 관망에 대해 수리모델을 완벽하게 캘리브레이션하였다. 1995~96년 가뭄의 결과로서 많은 회사들은 본서에 기술된 경제적 평가에 기초하여 주된 누수관리 프로그램들을 개시하였다. 이들 중 한 회사는 3년 안에 2000개 이상의 압력관리 실행안을 적용하고 실행하였다. 이 결과로서 3.2백만이 넘는 부지들에 공급하는 이 회사는 야간 평균압력을 50m로부터 40m 이하로 감소시켰다.[3] 모든 회사들은 이전에 statutory 통지의 서비스를 필요로 하였던 누수복구를 가속하기 위해 고객의 공급 관로 대체 및 복구를 위해 무료 또는 상당한 보조금을 지불하였다.

9.6.2 국제적 경험

세계 여러나라에서의 상황은 영국과 웨일스와는 상당히 다르다. 아직도 지자체가 상대적으로 적은 숫자의 부지에게 물 공급을 담당하고 있다. 대부분의 연결관로를 계량하지만 자원부족으로 인해 간헐적인 물 공급이 다반사이다. 구역화는 매우 드물고 선제적 누수제어는 제한된다. 압력관리의 편익을 널리 인식하지 못하였고 보편적으로 경제적 누수수준을 평가하지 않고 있다. 오직 제한된 자료를 사용할 수 있고, 일반적으로 매우 적은 수리모델을 사용하고 있다. 따라서 자료가 제한된 상황에서는 단계적인 방법으로 ELL을 적용할 필요가 있다.

9.7 실용적 적용

여러 상황에서 ELL의 적용결과 단연코 압력관리가 비용-편익이 큰 누수제어 활동인 것으로 증명되었다. 압력관리에 따른 편익의 파열 빈도 감소는 빈번하게 감압 실행안의 상환기간을 12개월 보다 훨씬 적게 만든다.[12] 사실 초기 실행안은 복구예산에 직접 영향을 미칠 수 있어 추가 압력관리 실행안을 지불하기에 그리고 선제적 누수탐지를 개시하기 위해 일부 누수탐지재원을 지불하기에 충분한 여유 자금을 확보할 수 있다. 만일 누적누수를 확인하기 위해 효과적으로 이 재원을 설정할 수 있으면 현존하는 예산 안에서 누수를 상당히 감소시킬 수 있다.

압력관리 실행안의 확인 측면에서 우선순위는 다음과 같다.

- 매우 짧은 시간 간격의 기록을 사용하여 관망 내 서지 또는 불안정한 압력의 발생여부를 확인하고 문제에 대한 해를 확인한다.
- 정속펌프를 변속펌프로 대체 가능성과 위치를 확인한다.
- 압력관리로 제어할 수 있는 압력(40m 이상)이 높은 지역을 찾는다.
- 높은 주간 유량과 압력 변동을 갖는 지역을 찾고, 유량-조정 압력제어밸브를 사용하여 이를 제어한다.

압력관리의 편익을 얻기 시작하면서 경제적이고 정기적인 청음 수준을 계산할 수 있고,[4] 적합한 목표들을 실행할 수 있다. 만일 지역을 구역화하면 구역 수준에서 경제적 누수탐지를 실용적으로 적용할 수 있다.[5,6]

누수감소계획을 통해 IWA ILI 접근법을 사용하여 관망성능을 평가하고 지형, 압력 regime, 파열 빈도 등에 대한 자료를 수집하는 정보 시스템을 구축하면 누수가 감소되면서 더욱 상세한 ELL 분석을 수행할 수 있다. 초기 ELL 추정시 디폴트 수치와 가정들에 의존하지만 실제 운영자료를 사용하여 계산을 개선시킬 수 있다. 그림 9.7의 흐름도는 이 접근법을 기술한다.

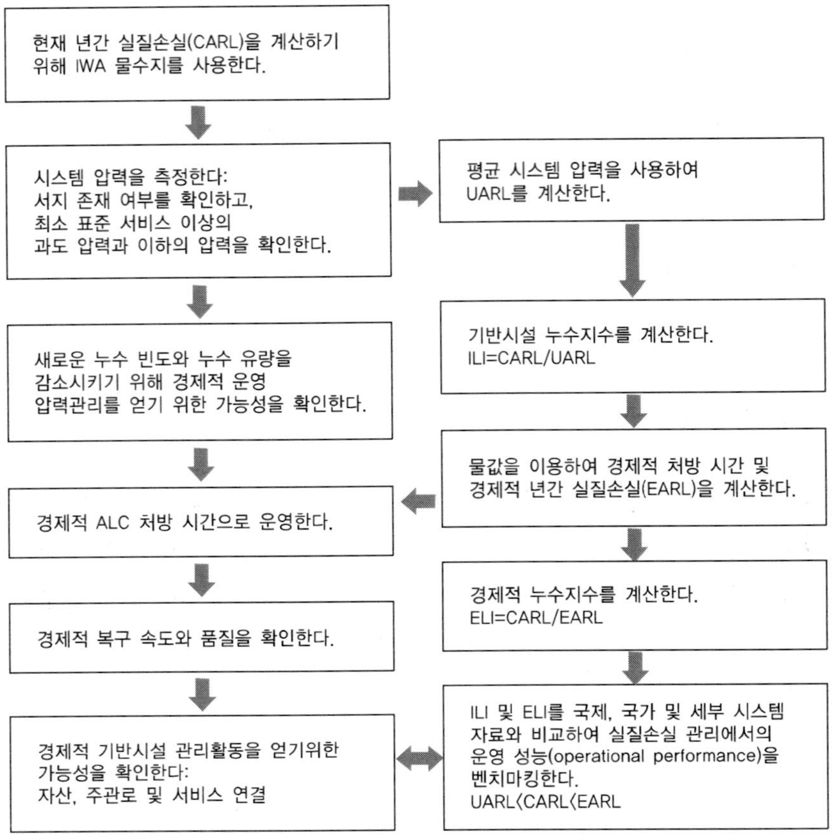

그림 9.7 실용적 적용–흐름도(Allan Lambert/Dave Pearson 제공)

9.8 요약

임의 물 시스템의 경우 경제적 누수수준은 누수관리활동 범위의 조합으로 얻은 수준이며 누수관리 활동 범위는 다음으로 구성된다(우선순위 순).

- 다음으로 최적화된 전반적인 압력관리정책
  - 서지의 존재를 확인하고, 이들의 악영향을 최소화하기 위한 조치를 취한다.
  - 과도한 압력을 기본적으로 그리고 단순하게 감소시키기 위해 프로젝트를 실행한다.
  - 비용/편익 순서로 추가 프로젝트를 실행한다.
- 모든 파열에 대해 최적화된 복구시간 정책
- 다음에 의해 영향을 받는 미보고된(숨겨진) 파열의 인지, 위치확인 그리고 복구에 대한 경제적 처방정책
  - 기반시설(원격/SCADA, DMA, 고도의 압력관리)에 투자된 누수관리수준
  - 유출 수준(처방 이후 지속되는 배경 및 다른 누수)
- 모든 규제요소들을 고려하는 주관로와 서비스 관로의 갱생에 대한 경제적 투자 수준

만일 각 누수제어 활동이 비용-편익 측면에서 논리적인 결론에 도달하면 다음과 같이 경제적인 물손실수준의 정의를 요약할 수 있다.

"물손실 관리를 위한 각 개별 누수제어 활동의 한계비용이 공급 영역 내 물의 한계 가치와 동일한 것으로 증명되는 정책 아래 그 정책으로부터 발생된 물손실수준"

참고문헌

1. Wikipedia. Production theory basics. [Online]. Available: http//en.wikipedia.org/wiki/Production_theory_basics.[Cited: 10 April 2008]
2. Parkin, M. Economics. 5th ed. Addison Wesley, 2005 ISBN 0201537621.
3. Lambert, A., S. Myers, and S. Trow. Managing Water Leakage: Economic and Technical Issues. Financial Times Energy, 1998. ISBN 1 84083 011 5.
4. Lambert, A. and A. Lalonde. "Using Practical Predictions of Economic Intervention Frequencty to Calculate Short-Run Economic Leakage Level, with or wiout Pressure Management." IWA Leakage2005 Conference, Halifax, Canada: The world Book, IWA, 2005.
5. Rizzo, A. "Tactical planning for effective leakage control. Leakage Management." A Pracical Approach Conference: IWA, Lemesos, Cyprus: IWA, 2002.
6. Dellow, D.and S. Trow. "Implementing a New Operational ELL Model." Water U.K.8th Annual Leakage Conference. WaterUK, Oct 2007.
7. Department for Environment, Food, and Rural affairs, Environment Agency, and Office of Water Services. Future Approaches to Leakage Target Setting for Water Conpanies in England. ofwat, 2003. http://www.ofwat.gowat.gov.uk/aptrix/ofwat/publish.nsf/Content/tirpartitestudycontents
8. Lambert, A. and J. Morrison. "Recent Developments in Application of 'Bursts and Background Estimates' Concepts of Leakage Management." Journal of Chartered Institute of Water and Environmental Management. 10 April 1996:100-104
9. Water Research Centre. Managing Leakage. WRC, 1994. ISBN 1 898920 0 87.
10. Lanbert A., T.G. Brown, M. Takizawa, et al. "A Review of Performance Indicators for Real Losses from Water Supply Systems." AQUA. 48(6), 1999:ISSN 0003-7214

11. Lambert, A. and J. Thornton. "Progress in Practical Prediction of Pressure: Leakage, Pressure: Burst Frequency and Pressure: Consumption Relationships." IWA Leakage2005 Conference. Halifax, Canada: The World Bank, IWA, 2005.

12. Pearson, D., M. Fantozzi, D.Soares, et al. "Searching for N2: How Does Pressure Reduction Reduce Burst Frequency?" IWA Leakage2005 Conference:IWA. Halifax, Canada: The World BAnk, 2005.

13. Fantozzi, M. and A. Lambert. "Including th effects of Pressure Management in Calculations of Short-Run Economic Leakage Levels." IWA Water Loss 2007. Conference, Bucharest, Romania: Romanian Water Association, IWA, Oct 2007. ISBN 978-973-7681-24-98.

14. Lasdon. Optimisation Theory for Large Systems. London:Macmillan 1970, 2002(reprinted). ISBN 0486419991.

15. UKWater Industry Research and EA "A Practical Method for Converting Uncertainty into Headroom." Report 98/WR/13/1: UKWIR, 1998.

16. Office of Water Services. "Providing Best Practice Guidance on the inclusion of Externalities in the ELL Calculation." Main Report: Ofwat, Nov 2007.

17. Office of Water Services. "Water efficiency targets." RD 15/07:Ofwat, Aug2007. Available on: http://www.ofwat.gov.uk/aptrix/ofwat/publsh.nsf/Content/rd1507.

18. Department for Communities and Local Government. Code for Sustainable Homes:DCLG, February2008 http://www.communities.gov.uk/documents/planningand-building/pdf/codesustainhomesstandard.

19. Office fo Water Services. "Levels fo service for the water industry in England and Wales 2006-07.": Ofwat, 2007. http://www.ofwat.gov.uk/aptrix/ofwat/publish.nsf/Content/levelsofservice_0607.

20. Office of Water Services. "Security of Supply for the water industry in England and Wales 2006-07.": Ofwat, 2007. http://www.ofwat.gov.uk/aptrix/ofwat/publish.nsf/Content/SecuritySupply_06-07.

21. National Water Council "Leakage Control Policy and Practice." NWC Stading Technical Report 26: NWC, 1980, 1985(reprinted).

Chapter 10

물손실 모델링

10.1 소개

수학적 표현식 또는 모델을 사용하여 용수기관 내에서 발생하는 다양한 물손실체적의 가치를 추정할 수 있다. 모델은 모델링하고자 하는 피상손실, 실질손실의 특성과 형식에 따라 특정 손실형식 발생으로 인한 손실체적을 추정하는 단순한 스프레드쉬트 또는 신뢰할 수 있는 손실량을 계산하기 위해 많은 자료 입력에 의존하는 일련의 복잡한 계산이 될 수 있다. 모델은 운영자에게 물 회계감사의 준비 및 물손실관리 계획에 도움을 주는 우수한 도구이다. 그러나 상당히 주의하여 모델을 사용하여야 한다. 모델은 마술이 아니며 우리에게 사후인지(hind sight)를 제공하지 않으며 크리스탈 볼처럼 동작하지도 않는다. 즉, 모델은 오직 채택된 개념, 입력된 자료, 거리이고 사용자의 경험과 숙련도와 동일할 뿐이다. 모델 사용의 훈련은 필수이다. 따라서 취득한 현장 자료, 사용한 계수들과 변수들이 필요한 정확도의 결과와 인접하게 실제 조건들을 나타내는 것을 보장하도록 주의를 기울여야 한다. 만일 믿을 수 있는 자료를 사용할 수 없으면 추정된 자료를 사용할 수 있다. 그러나 각 추정된 성분의 불확도를 반영하고 최종 가중된 잠재적인 불확도를 계산하는 주석을 달아야 한다. 이제 많은 산업 표준 물손실제어 모델들은 95% 신뢰구간의 사용을 포함하며, 이 95% 신뢰구간은 각 입력자료 성분에 적용되며 각 출력 자료 성분을 위해 계산된다. 95% 신뢰구간의 사용에 대한 추가 내용은 제7장에서 기술하였다. 본장은 일부 기본적인 물손실모델들의 예제를 설명한다.

관망 내 그리고 소비성분 내 유량 모델링은 30년 이상 수리관망해석 모델링의 중요한 부분이 되어 왔다. 이 모델 내 고정된 잔차(residuals)와 같이 매우 극단적으로 단순화하여 NRW를 처리하여 왔다. 따라서 1990년대 초기 이후부터 다음 NRW 물손실 성분의 모델링을 위한 개별적인 일련의 개념들을 전개하여 왔다.

- 피상손실(고객 수도미터 부정확, 요금고지시스템 내 체계적인 자료처리 오류 그리고 미승인된 소비)
- 실질손실(누수 및 월류)

- 압력–누수, 압력-소비 그리고 압력-파괴(빈도 관계)

물손실 모델링의 신뢰도와 효과성은 모델링을 손실관리 실무자의 표준 도구로 만든다. 물손실관리 모델은 수리모델과 동일한 도구가 아닌 사실을 유의하여야 한다. 많은 용수기관 직원, 자문가 그리고 계약자들은 수리모델을 사용하거나 목격하여 왔다. 수리모델은 수학적으로 특정 입력과 소비 패턴에 종속되어 배수관망 내 물의 유량과 압력을 계산한다. 수리모델은 배수시스템 해석시 매우 강력한 도구이며 운영자가 시스템 내 변화하는 운영 시나리오에 따라 모의하는 것을 허락한다. 그러나 대부분 수리모델들에서 물손실관리를 위해 사용된 개념들은 과도하게 단순화된다. 즉, 추정된 현재 누수는 모델의 절점들 주변에서 명목상 전역적으로 분포되고, 시간에 걸쳐 고정되고 압력에 불변으로 가정된다. 이와 같이 단순화된 가정들은 배수관망 내 유량과 압력 모델링에는 유효할 수 있지만 핵심 물손실 성분들의 정량화를 추구하는 모델에게는 유효하지 않다. 물손실 모델링 접근법은 다음을 포함한다.

- 하향식 물 회계감사 스프레드쉬트 모델
- 피상(비물질)손실 성분분석
- BABE(break and background estimates) 모델과 같은 실질(물질)손실 성분분석
  - 압력–누수율 관계와 압력–소비 관계 모델링 및 예측 실행을 위한 FAVAD(fixed and variable area discharge) 개념
  - 운영 압력 감소에 따른 주 관로 및 서비스 관로에서 파괴 빈도의 감소를 예측하기 위한 압력–파괴 빈도 분석 개념
  - 불연속 영역 또는 DMA 내 야간유량 분석을 위한 FAVAD 개념 및 성분분석 적용
  - 소비 분석 모델
  - 단기 경제적 누수수준

10.2 하향식 물 회계감사 스프레드쉬트 모델

본서에서 기술한 물 회계감사 방법론은 IWA와 AWWA 합작으로 개발되었으며 2000년도에 출판되었다. 용수기관 회계감사관은 표준화된 IWA/AWWA 방법론을 사용하고 물 회계감사를 편집하여 물 시스템 물손실체적의 특성과 범위를 이해하고, 과정의 입증을 통해 년간 체적에 대한 수학적 신뢰도를 계산할 수 있다. 양호한 재원관리는 공급자가 고객에게 공급한 상품의 매매 및 배달을 정확하게 기록하고 유지할 것을 요구한다. 물 회계감사는 배달 주기 내 모든 물 성분을 정확하게 설명하고 추적하는 것이다. 물 회계감사는 전형적으로 취수 또는 정수로부터 배수시스템을 통해 고객 소비 지점까지 물 체적을 추적하고 입증한다. 통상적으로 물 회계감사는 물 시스템 내 존재하는 다양한 소비 및 손실을 상세히 다루는 워크쉬트 또

는 스프레드쉬트의 형태로 존재한다. 물수지 자체는 표준화된 양식으로 모든 소비 및 손실 성분들을 요약한 것이다. 시스템 내부로 공급된 단위 물량을 평가하고 관련 성분에 할당할 필요가 있다. 한번 유효 승인된 소비와 손실(피상 및 실질)의 체적을 할당하면 이 성분들의 비용 영향을 계산할 수 있다. 후속적으로 용수기관은 제11장~19장에서 기술한 것과 같이 실질손실과 피상손실에 대한 처방을 위한 적합한 도구들을 선택하는 것이 가능하게 된다.

표 10.1 PWD의 물 회계감사 예

AWWA WLCC Water Audit Software: Reporting Worksheet
Copyriht © 2006, American Water Works Association. All Rights Reserved. WASv3.0
Back to Instructions

Click to access definition

Water Audit Report for: **Philadelphia Water Department**
Reporting Year: **2006**

Please enter data in the white cells below. Where possible, metered values should be used; if metered values are unavailable please estimate a value. Indicate this by selecting a choice from the gray box to the left, where M = measured (or accurately known value) and E = estimated.
All volumes to be entered as: MILLION GALLONS (US) PER YEAR

Item	M/E	Value	Unit	Pcnt	Value
WATER SUPPLIED					
Volume from own sources :	M	92,931.500	million gallons (US)/yr (MG/Yr)		
Master meter error adjustment :	E	294.200	over-registered MG/Yr		
Water imported :			MG/Yr		
Water exported :	M	6,971.500	MG/Yr		
WATER SUPPLIED :		85,665.800	MG/Yr		
AUTHORIZED CONSUMPTION				Click here: for help using option buttons below	
Billed metered :	M	57,633.500	MG/Yr		
Billed unmetered :		0.000	MG/Yr		
Unbilled metered :	M	0.300	MG/Yr		
Unbilled unmetered :		892.500	MG/Yr	1.25%	892.500
AUTHORIZED CONSUMPTION :		58,526.300	MG/Yr	Use buttons to select percentage OR value	
WATER LOSSES (Water Supplied - Authorized Consumption)		27,139.500	MG/Yr		
Apparent Losses					
Unauthorized consumption :		1,579.000	MG/Yr	0.25%	1579.000
Customer metering inaccuracies :	E	114.600	MG/Yr		114.600
Systematic data handling errors :	E	3,826.400	MG/Yr		
Apparent Losses :		5,520.000	MG/Yr		
Real Losses					
Real Losses = (Water Losses – Apparent Losses) :		21,619.500	MG/Yr		
WATER LOSSES :		27,139.500	MG/Yr		
NON-REVENUE WATER					
NON-REVENUE WATER :		28,032.300	MG/Yr		
SYSTEM DATA					
Length of mains :	M	3,084.0	miles		
Number of active AND inactive service connections :	M	551,959			
Connection density :		179	conn./mile main		
Average length of customer service line :	E	12.0	ft	(pipe length between curbstop and customer meter or property	
Average operating pressure :	M	55.0	psi		
COST DATA					
Total annual cost of operating water system :	M	**$190,162,000**	$/Year		
Customer retail unit cost (applied to Apparent Losses) :	M	**$4.50**	$/1000 gallons (US)		
Variable production cost (applied to Real Losses) :	M	**$160.48**	$/million gallons (US)		

DATA REVIEW - Please review the following information and make changes above if necessary:

- Input values should be indicated as either measured or estimated. You have entered:

10 as measured values
6 as estimated values
0 as default values
2 without specifying measured, estimated or default

- Water Supplied Data: No problems identified
- Unbilled unmetered consumption: No problems identified
- Unauthorized consumption: No problems identified
- It is important to accurately measure the master meter - you have entered the measurement type as: measured
- Cost Data: No problems identified

PERFORMANCE INDICATORS

Financial Indicators		
Non-revenue water as percent by volume :	32.7%	
Non-revenue water as percent by cost :	15.0%	
Annual cost of Apparent losses :	$24,840,000	
Annual cost of Real Losses :	$3,469,497	
Operational Efficiency Indicators		
Apparent Losses per service connection per day :	27.40	gallons/connection/day
Real Losses per service connection per day* :	107.31	gallons/connection/day
Real Losses per length of main per day* :	N/A	
Real Losses per service connection per day per psi pressure :	1.95	gallons/connection/day/psi
Unavoidable Annual Real Losses (UARL) :	2,185.90	million gallons/year
Infrastructure Leakage Index (ILI) [Real Losses/UARL] :	9.89	

* only the most applicable of these two indicators will be calculated

Source: AWWA WLCC

여러 효과적인 하향식 물 회계감사 스프레드쉬트 모델들을 무료로 사용할 수 있다. 2006년에 AWWA WLCC는 무료 물 회계감사 소프트웨어를 출시하였으며, 이 소프트웨어를 www.awwa.org에서 다운 받을 수 있다. 이 하향식 모델 사용 설명서는 소프트웨어와 함께 제공된다. 그러나 동일한 방법론을 사용한 상향식 물 회계감사를 상세하게 수행하기 위한 설명서는 AWWA M36 출판물 Water Audit and Loss Control Programs(2008년에 제안된)의 3번째 교정판에 제공된다. 또한 AWWA 물 손실 위원회 WLC도 이 출판물을 편집한다. 표 10.1은 AWWA 무료 소프트웨어를 사용하여 PWD(Philadelphia Water Department)의 2006년 6월 30일 종료되는 회계년도에 대한 하향식 물 회계감사의 입력과 출력을 보여준다.

AWWA 무료 물 회계감사 소프트웨어는 용수기관이 하향식 방법으로 회계감사과정을 시작하기 위해 활용할 수 있는 우수한 도구이다. 그러나 용수기관이 상향식 회계감사를 더욱 상세하게 진행하면서 제7장에서 기술한 95% 신뢰구간을 포함하는 장점을 갖는다. 표 10.2는 세계은행으로부터 구할 수 있는 무료 물 회계감사 소프트웨어를 사용하여 편집한 물수지의 예를 보여준다. 이 예로 각 핵심 물수지 성분에 대한 통계 신뢰 수치결과를 알 수 있다.

분산분석을 포함한 추가 특수기능(feature)을 제공하는 다른 많은 소프트웨어 패키지인 Aqua Solve, LEAKS/PIFastCalcs 등을 사용할 수 있다. Aqua Solve 패키지는 표 10.3 및 10.4와 같다. 표 10.3은 샌프란시스코 용수기관의 물수지를 표 10.4는 분산분석을 사용하여 집계된 물손실 성분들의 불확도에 가장 큰 영향을 미치는 성분들을 보여준다.

표 10.2 각 성분에 대한 신뢰구간을 갖는 물수지 사례(출처 : WB Easy Calc software)

<table>
<tr><th colspan="5">임의 물 회사 2006년도 물수지</th></tr>
<tr><td rowspan="7">시스템 유입량
2,465,754m^3/d
오차범위:
±5.0%</td><td rowspan="4">승인된 소비
1,674,658m^3/d
오차범위:
±0.2%</td><td rowspan="2">요금고지-승인된 소비
1,643,836m^3/d</td><td>요금고지-계량된 소비
1,643,836m^3/d</td><td rowspan="2">수익성 물
1,643,836m^3/d</td></tr>
<tr><td>요금고지-미계량된 소비
0m^3/d</td></tr>
<tr><td rowspan="2">미요금고지-승인된 소비
30,822m^3/d
오차범위 : ±10.0%</td><td>미요금고지-계량된 소비
0m^3/d</td><td rowspan="5">비수익성 물
821,918m^3/d
오차범위:
±15.0%</td></tr>
<tr><td>미요금고지-미계량된 소비
30,822m^3/d
오차범위 : ±10.0%</td></tr>
<tr><td rowspan="3">물손실
791,096m^3/d
오차범위:
±15.6%</td><td rowspan="2">상업손실
256,945m^3/d
오차범위 : ±24.0%</td><td>미승인된 소비
10,370m^3/d
오차범위 : ±0.0%</td></tr>
<tr><td>고객 미터 불확도 및 자료처리 오류
246,575m^3/d
오차범위 : ±25.0%</td></tr>
<tr><td colspan="2">물질손실, 534,151m^3/d, 오차범위 : ±25.8%</td></tr>
</table>

표 10.3 물수지(출처 : SFPUC Water Audit 04/05)

<table>
<tr><th colspan="5">물 회계감사 결과</th></tr>
<tr><td rowspan="8">시스템 유입량
29,033mg
(100%)</td><td rowspan="5">승인된 소비
25,990mg
(90%)</td><td rowspan="3">요금고지-승인된
24,779mg
(85%)</td><td>요금고지-계량된 물 유출량
(0%)</td><td rowspan="3">수익성 물
24,779백만갤론
(85%)</td></tr>
<tr><td>요금고지-계량-승인된 소비
24,779백만갤론(85%)</td></tr>
<tr><td>요금고지-미계량-승인된 소비
(0%)</td></tr>
<tr><td rowspan="2">미요금고지-승인된
1,211mg
(4%)</td><td>미요금고지-계량-승인된 소비
1,148백만갤론(4%)</td><td rowspan="5">비수익성 물
4,254백만갤론
(15%)</td></tr>
<tr><td>미요금고지-미계량-승인된 소비
63백만갤론(0%)</td></tr>
<tr><td rowspan="3">물손실
3043mg
(10%)</td><td rowspan="2">피상손실
163mg(1%)</td><td>미승인된 소비
(0%)</td></tr>
<tr><td>미터 오차
163백만갤론(1%)</td></tr>
<tr><td colspan="2">실질손실 2,880백만갤론(1%)</td></tr>
</table>

표 10.4 분산분석(출처 : SFPUC Water Audit 04/05)

구분	년간 체적 (백만갤론)	95% 신뢰구간	분산
NRW	4,253.92	11.2%	59,148
물손실	3,042.60	15.7%	59,148
피상손실	162.25	0.7%	0
실질손실	2,879.65	16.6%	59,148.3

# A-Z	물회계감사성분	항목	년간체적 (백만갤론)	95% 신뢰구간	분산	순위 A-Z
2	시스템 유입체적	San Andreas #2 country line meter	10,519.84	2.6%	37,542	1
1	시스템 유입체적	Crystal Springs #2 country line meter	9,965.75	2.0%	19,147	2
3	시스템 유입체적	Lake Merced Pump Station to Sunse	7,512.80	2.6%	14,691	3
31	요금고지-계량-승인된 소비	CPRM(City Paying MultiFamily)	6,580.70	2.6%	10,341	4
5	시스템 유입체적	Lake Merced Pump Station to Sutro	7,134.27	2.0%	6,602	5
27	요금고지-계량-승인된 소비	CPCM(City Paying Commercial)	6,611.36	2.0%	5,300	6

표 10.4 분산분석(출처 : SFPUC Water Audit 04/05) (계속)

# A-Z	물회계감사성분	항목	년간체적 (백만갤론)	95% 신뢰구간	분산	순위 A-Z
32	요금고지-계량-승인된 소비	CPRS(City Paying Single Family)	4,411.61	2.6%	4,551	7
30	요금고지-계량-승인된 소비	CPMU(City Paying Municipal)	472.04	2.0%	23	8
29	요금고지-계량-승인된 소비	CPIN(City Paying Industrial)	94.82	2.0%	0.94	9
51	미터 오차	3"without Affidavit	2.16	50.0%	0.30	10
46	미터 오차	5/8"without Affidavit	9.32	0.7%	0.00	14
26	요금고지-계량-승인된 소비	CPBC(City Paying B&C)	26.79	2.0%	0.07	11
28	요금고지-계량-승인된 소비	CPDS(City Paying Docks and Ship)	19.28	2.0%	0.04	12
50	미터 오차	2"without Affidavit	2.78	0.2%	0.00	15
49	미터 오차	1½"without Affidavit	0.29	0.1%	0.00	18
6	시스템 유입체적	Lake Merced Pump Station to Lake	7.60	2.6%	0.02	13
47	미터 오차	3/4"without Affidavit	0.17	0.9%	0.00	17
48	미터 오차	1"without Affidavit	0.73	0.4%	0.00	16
52	미터 오차	4"without Affidavit	0.01	0.0%	0.00	19

회계감사관은 가장 큰 영향을 미치는 물수지 입력 성분들의 순서를 매겨 현장에서 입증하여야 할 성분들을 쉽게 확인할 수 있다. 현장 입증은 모델링 결과가 현장 조건들을 올바르게 표현하는 것을 확인하는 최상의 수단이다. 그러나 현장 입증은 시간과 재원(직원채용, 장비)을 필요로 하고, 타당한 물 회계감사 활동을 예산에 포함시키기 위해 현장 입증 범위를 제한하는 것이 바람직하다. 이러한 방법으로 현장에서 핵심 변수들을 입증하고 회계감사관은 바람직한 집계된 신뢰구간에 도달할 때까지 목록에 따라 작업한다. 운영자는 이 단계에서 각 물손실 핵심 성분들의 체적 범위를 모델하도록 분투하는 것이 중요하다. 물손실체적들은 절대 체적이 아니다.

표준 하향식 물수지를 준비하기 위한 상세한 철차는 AWWA M36 출판물의 3번째 교정판에 기술되어 있다.

10.3 성분분석 및 피상손실 모델링

수년 동안 많은 형태로 피상손실 성분 모델링을 수행하여 왔다. 피상손실 모델링의 한 예는 고객 수도미터 과소등록(underregistration)으로 인해 미등록된 물 체적을 정량화하는 것이다. 그러나 최근에 피상손실 성분분석은 실질손실 모델링의 방법(피상손실 성분은 불가피한

표 10.5 피상손실 성분 분석 예제

(출처 : Thornton International Ltd.)

<table>
<tr><th colspan="5">피상손실 성분</th></tr>
<tr><td>시스템</td><td colspan="2">XYZ</td><td>일자</td><td>12/09/07</td></tr>
<tr><td>주관로 길이</td><td>5555</td><td>km</td><td>연결</td><td>800,000</td></tr>
<tr><td colspan="4">성분</td><td>체적 m³</td></tr>
<tr><td rowspan="3">시스템 체적</td><td colspan="3">시스템 유입 체적</td><td>444,555.00</td></tr>
<tr><td rowspan="2">승인-계량된 소비</td><td colspan="2">소형 미터</td><td>145,555.00</td></tr>
<tr><td colspan="2">대형 미터</td><td>138,768.00</td></tr>
<tr><td rowspan="4">현재 년간 피상손실</td><td>미승인된 소비</td><td></td><td>1.00%</td><td>4445.55</td></tr>
<tr><td rowspan="2">과소등록하는 미터</td><td>소형 미터</td><td>12.00%</td><td>19,848.41</td></tr>
<tr><td>대형 미터</td><td>5.00%</td><td>7303.58</td></tr>
<tr><td colspan="3">현재 년간 피상손실 체적 합계</td><td>31,597.54</td></tr>
<tr><td>성능지표</td><td colspan="3">L/conn/d</td><td>108.21</td></tr>
<tr><td rowspan="4">불가피한 년간 피상손실</td><td>미승인된 소비</td><td></td><td>0.25%</td><td>1111.39</td></tr>
<tr><td rowspan="2">과소등록하는 미터</td><td></td><td>2.00%</td><td>2970.51</td></tr>
<tr><td></td><td>2.00%</td><td>2832.00</td></tr>
<tr><td colspan="3">불가피한 피상손실 체적 합계</td><td>6913.90</td></tr>
<tr><td>성능지표</td><td colspan="3">L/conn/d</td><td>23.68</td></tr>
<tr><td colspan="4">피상손실지수 ALI(Apparent loss index)</td><td>4.57</td></tr>
</table>

년간 체적의 배수로 나타나는)들과 유사한 방법으로 접근하여 왔다. 표 10.5에서 피상손실을 위한 첫 번째 성분분석 시도를 볼 수 있다.

IWA WLTF ALT(Apparent Loss Team)는 용수기관이 모든 타당하고 효과적인 피상손실제어 활동을 실행하였음에도 불구하고 겪는 최소 피상손실 크기를 계산하는 UAAL(unavoidable annual apparent loss) 공식을 개발 중이다. UARL(unavoidable annual real losses)에 대한 현재 실질손실체적의 비율로 실질손실을 평가하는 기반시설누수지수 ILI(infrastructure leakage index)와 유사하게 ALI(apparent loss index)는 UAAL에 대한 물 회계감사 내 현재 피상손실 체적의 비율이 된다.

그러나 IWA WLTF ALT는 신뢰할 수 있는 UAAL 척도 대신 계량된 소비의 5%로 피상손실의 기준 수치를 추정할 것을 권장한다. 저자는 선진국에서 옥상탱크가 없는 빌딩(12.4절 참조)을 갖는 용수기관의 경우 고객 미터를 양호하게 관리하면 매우 적은 유량이 수도미터들을 통해 기록되지 않고 통과하는 기회가 거의 없으므로 이 수치는 높은 것으로 생각된다. 또한 전형적으로 이 용수기관들은 과도한 미승인된 소비를 방지하는 타당한 정책들과 보호장치를 갖는다. 따라서 5% 추정은 선진국에서는 높을 수 있지만 개발도상국에서는 적정하다.

WLTF는 일련의 ALPI(apparent loss performance indicators)를 개발 중에 있으며 더욱 상세한 정보는 IWA 팀이 연구를 진행하면서 얻을 수 있게 될 것이다.

10.3.1 고객 미터 정확도 모델링

고객 미터를 용수기관의 "현금등록기"라 불러왔으며 고객 미터는 물 체적의 공정한 배분과 시설 내 여러 다른 고객 형식들을 통한 수익 보장을 책임진다. 따라서 정기적으로 수도미터의 정확도를 평가하고 전반적으로 매우 정확한 수준으로 고객 미터 모집단을 유지하기 위해 수도미터 그룹을 복구하거나 대체하는 것이 매우 중요하다. 또한 수리모델, 물 보존 프로그램의 평가 그리고 수자원개발을 위한 기반시설의 규격 결정과 같은 공학적 기능에서 정확하게 계량된 소비 자료가 필요하다. 수도미터 정확도 시험을 위한 절차는 물론 수도미터 성능에 대한 상세한 정보는 16장을 참조한다.

전체 고객 수도미터 모집단에 대해 미터의 가중 평균 정확도를 모델하고 이를 물 회계감사 내에 포함시킬 필요가 있다. 년간 실질손실체적의 하향식 추정에 도달하기 위해 전체 손실체적으로부터 피상손실의 체적을 감하여 물수지계산을 사용한다.

물 회계감사시 고객 미터 불확도에 기인한 피상손실체적을 정량화하는 시도에서 다음 3개 요인으로 인해 미터 모집단이 부정확하게 된다는 사실을 인지하는 것이 중요하다.

- 마모를 통한 미터 모집단의 고유(기계적) 정확도의 궁극적인 하향
- 미터 또는 미터 판독장치 모두가 실패나 정지할 수 있다.
- 미터는 고객 공급에서 직면하는 전체 유량 범위를 정확하게 등록하기 위한 적정한 규격 또는 형식이 아닐 수 있다.

고객 미터 불확도로 인한 년간 피상손실체적의 대표적인 상황 그리고 각 분해된 체적에 대한 원인을 적정하게 규명하기 위해 용수기관 미터 관리의 활동을 이 3개 요인으로 분해 또는 분리할 필요가 있다. 이러한 방법에서 가장 경제적인 방법으로 미터의 특정 불확도 요인을 해결하기 위한 계획을 실행할 수 있다.

기계적 마모로 인한 정확도 손실

잘 제작된 수도미터들도 다음과 같은 원인으로 기계적 정확도를 상당히 손실할 수 있다.

- 공격적인 수질
- 계량하기에 높은 유량
- 화학물 또는 잔류물 형성
- 물에 의해 부유된 상태로 수송되는 모래와 같은 마모성 재료

- 물 시스템 단수 후 미터를 통한 공기의 통과

미터를 통과하는 누적 체적이 미터의 수명주기가 증가하면서 기계적 장애는 복잡해진다. 제16장은 고객 미터의 정확도 수명 주기 평가에 대한 그리고 이러한 피상손실의 세부성분들에서 발생하는 손실들을 제어하는 수단에 대한 상세한 정보를 제공한다.

정지된 미터 또는 공실 부지의 0 소비 요금고지

미터 또는 미터-판독 장치는 여러 원인으로 등록을 실패할 수 있다. 그러나 등록을 보여주지 않는 미터가 공실 부지에서 발생할 수 있는 것과 같이 사용이 없는 고객 부지를 반영할 수 있다. 임의 요금고지 주기 간격에서 기계적으로 유량 등록을 실패하는 다수의 고객 미터는 큰 체적의 피상손실을 차지할 수 있고 수익을 포착하지 못한다.

만일 많은 용수기관들이 미터 판독으로부터 발생된 주기적으로 낮거나 또는 0 소비 체적에 직면하면 소비체적을 추정하여야 한다. 만일 0 판독이 주기적이면 이 실무는 효과적일 수 있다. 그러나 연속적으로 수개월 동안 추정하면 추정된 체적은 실질 소비 체적으로부터 이탈될 가능성이 있다. 만일 전체 회계감사년도에서 임의 계정에 대한 모든 소비 수치들을 추정하면 물 회계감사시 그 특정 계정에 할당된 체적은 심각한 오류가 될 수 있다. 용수기관은 반드시 정기적으로 요금고지 자료를 검토하고, 특히 연속적으로 수개월 동안 0 소비를 등록하는 0 소비 요금고지를 평가하여야 한다. 연속적인 0 소비 등록에 대한 원인을 파악하기 위해 고객 계정의 대표적인 표본 미터 현장을 직접 방문하여 검사하는 전문 인력을 활용할 가치가 있다. 이와 같은 검사 결과는 전체 물 시스템을 통한 0 소비 모집단에서 피상손실의 발생을 모델하기 위해 사용할 수 있는 자료를 제공한다.

상기 분석을 적용하면 0 소비를 등록하는 미터로 인해 발생하는 고객 미터 손실에 대한 최상의 경우와 최악의 경우의 시나리오들을 모델하는 것이 가능하다. 최상의 경우는 0 소비 미터를 포함하지 않는 전체 미터 모집단의 전반적인 정확도를 반영할 수 있다. 이는 0 소비를 등록하는 계정에 신속하게 반응하고 이들이 발생한 직후 미터 또는 미터 판독을 수정하는 이상적인 경우에서만 발생하는 시나리오이다. 최악의 경우는 가장 큰 잠재적인 범위의 0 소비 미터를 포함하는 고객 미터 모집단의 정확도를 반영하며, 용수기관 정책은 0 소비 등록을 무시하고 이들을 회계감사년도에 걸쳐 이 소비 등록이 증가하도록 허락하는 것이다. 최상 및 최악의 경우 모두에서 피상손실들을 계산하고, 물수지 목적으로 평균 미터 정확도를 계산할 수 있고, 만성적으로 0 소비를 등록하는 계정을 수정하기 위해 평균 반응 시간을 포함하여 미터 모집단의 평균 고유 정확도를 나타낸다.

이러한 분석 형식의 정확성을 제고하려면 전체 고객 계정 모집단을 적정하게 표현하여야 하며 이에 따라 0 소비 계정의 현장 검사로부터 충분히 큰 자료의 시험 표본을 얻을 수 있다.

부적정한 미터 규격 또는 형식

매우 높거나 낮은(계량의 설계 범위와 상대적으로) 유량이 등록되면 많은 종류의 고객 미터들은 상당히 부정확해지는 것으로 알려져 있다. 만일 주어진 용도의 미터 규격 또는 형식에서 주된 유량이 이 극단적인 범위에서 발생하면 미터는 고객 유량의 많은 부분을 등록하지 못할 것이다. 12.4절에서 미터 규격결정에 미치는 영향 그리고 불량한 규격 또는 형식 결정으로 인한 손실을 최소화하기 위해 채택하는 최상의 실무에 대한 상세한 내용을 제공한다. 북미 용수기관에서 전형적인 것과 같이 직접 가압식 물 시스템에서는 넓은 범위의 유량을 기록하도록 고객 미터를 선정하고 규격을 결정할 필요가 있다. 과소등록 계량된 소비는 손실될 물이 고객에 도달되면서 물 회계감사 내에서 피상손실로 간주되지만 미등록되거나 미요금고지되는 소비 부분이다. 이러한 형식의 손실 분석을 위해 많은 소프트웨어 모델들이 개발되어 왔다.

자료전송오류, 고객 요금고지시스템 내 체계적인 자료처리 오류 그리고 미승인된 소비의 손실 성분들을 위해 유사한 모델링 기법을 적용할 수 있다. 이러한 성분들을 위한 상세한 스프레드쉬트 모델들은 소비자 미터 불확도에서와 같이 흔하지 않다. 그러나 이러한 손실들의 발생을 평가하고 시설 운영에서 이들의 범위를 모델하려 시도하는 것은 물 회계감사관이 결정한다.

10.4 파열 및 배경누수의 추정을 사용한 실질손실 성분 모델링

1990년도 초기 Allan Lambert가 영국 누세제어 신 계획(initiative) 동안 실질손실(누수 및 월류) 성분들을 모델링하는 체계적인 접근법을 개발하였다.

Lambert는 년간 실질손실체적은 많은 누수 이벤트들의 결과이고 각 개별 손실체적은 유량과 기간에 의해 영향을 받는 사실을 인지하여 다음과 같이 누수 이벤트들을 3개 범주로 분류하였다.

- 배경 누수(탐지할 수 없는): 적은 유량, 지속적으로 누수된다.
- 보고된 누수: 높은 유량, 상대적으로 기간이 짧다.
- 미보고된 누수: 중간 유량, 처방정책에 따라 기간이 결정된다.

배수시스템의 각 개별 성분[주관로, 서비스 배수지, 서비스 연결(주관로부터 지수전까지, 지수전부터 미터까지)]의 경우 표 10.6의 일부 주어진 표준 압력에서 매개변수들을 사용하여 각 성분의 년간 손실 수치를 계산할 수 있다. 이제 적합한 N1 수치를 사용하고 개별 실질손실 성분들에 FAVAD 법칙을 적용하여 다른 압력에서 운영 결과를 모델할 수 있다. 본장의 10.6.3절에서 FAVAD를 더욱 상세하게 기술한다.

표 10.6 년간 실질손실성분 계산시 필요한 매개변수(출처 : Water Loss Control Manual, 1st ed.)

기반시설 성분	배경누수손실	보고된 파괴	미보고된 파괴
주관로	길이 압력 최소 손실량/km*	숫자/년 압력 평균 유량* 평균 기간	숫자/년 압력 평균 유량* 평균 기간
서비스 배수지	구조물을 통한 누수	보고된 월류: 유량, 기간	미보고된 월류: 유량, 기간
서비스 연결관로 (주관로~도로 경계)	숫자 압력 최소 손실량/conn*	숫자/년 압력 평균 유량* 평균 기간	숫자/년 압력 평균 유량* 평균 기간
서비스 연결관로 (도로 경계이후)	길이 압력 최소 손실량/km*	숫자/년 압력 평균 유량* 평균 기간	숫자/년 압력 평균 유량* 평균 기간

* 특정 기준 압력에서

1993년 영국 자료를 사용하여 최초로 BABE 년간 성분분석 모델을 캘리브레이션하였고 성공적으로 시험하였다. 경제적인 능동적 누수제어 처방빈도를 평가하는 경제성 분석을 다루기 위해 BABE 년간 성분분석 모델이 급속히 확장되었고, 그 이후 많은 국가들에서 사용되어 왔다.

BABE 년간 모델은 모든 개별 누수 이벤트를 확인하려 시도하지 않고 년간 손실 체적을 계산하지 않는 측면에서 통계 모델로 간주할 수 있다. 대신 이는 유사한 이벤트들을 그룹으로 만들고 계산을 단순화한다. 이벤트 숫자가 클수록 계산된 수치들의 정확도가 향상되므로 BABE 년간 모델은 대형 물 시스템에서 더욱 신뢰성 있게 작동한다. 불가피한 년간 실질손실(UARL)을 계산하기 위해 사용한 BABE 모델은 3000개 이상의 서비스 연결관로를 갖는 물 시스템으로 제한된다(상세한 민감도 분석에 기초하여 이 수치는 2005년 5000개 서비스 연결관로로부터 수정되었다).

BABE 및 FAVAD 개념의 강력한 조합으로 1990년대 후반 합리적이고 체계적인 기초에 근거하여 개별 물 시스템에 대한 다수의 누수관리 문제에 접근하기 위해 단순한 스프레드쉬트 모델을 전개할 수 있었다. 그림 10.1은 성공적으로 모델하였던 문제의 범위를 보여준다.

또한 야간 유량을 구역이나 영역 수준에서 핵심 소비 및 실질손실 성분으로 세분하는 BABE 모델링 또는 성분분석을 착수할 수 있다.

10.5 누수제어활동 우선순위 결정을 위한 BABE 모델링 개념 사용

분석에 사용한 많은 자료에서 상당한 불확도 수준이 존재할 가능성이 있기 때문에 년간 실

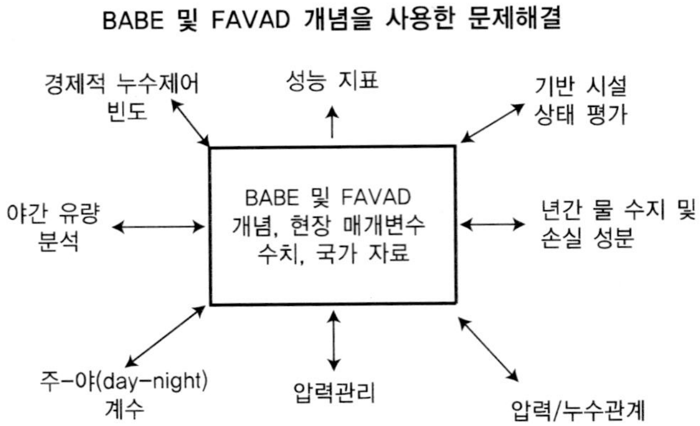

그림 10.1 필라델피아의 물 회계감사 예제

질손실체적을 구하기 위한 성분분석 착수를 권장하지 않는다. 그러나 성분분석 또는 BABE 모델은 다른 배수기반시설 요소들 내 실질손실체적의 추정치를 제공하기 때문에 하향식 물수지에 매우 유용한 보충재이다. 이는 가장 적합한 손실감소 전략을 전개하기 위해 필요하고 제9장에서 상세하게 기술한 것과 같이 강건한 경제적 누수수준 ELL 결정을 위해 필수적이기 때문에 소중한 자료이다.

오늘날 시장에서 구매할 수 있는 이 모델의 여러 상용 버전들이 있으며, 이들 대부분은 사용이 매우 편리하고 유연하다. 만일 상용 모델을 사용하면 운영자는 반드시 제일 먼저 수행하고자 하는 것이 무엇인지를 완벽하게 이해하고 현지 상황에 적합하게 상용모델의 설정을 보장하여야 한다. 만일 스프레드쉬트로 모델을 구축하면 운영자가 사용하고자 하는 개념과 이 개념의 한계를 완벽하게 이해하는 것이 매우 중요하다. 또한 신뢰성 있는 결과를 얻기 위해서 모델 사용자는 충분히 교육을 받아야 한다. 손실 추정치를 얻기 위해 대부분 통계 성분분석모델은 다음을 요구한다.

- 물 기반시설 및 시스템 자료
- 계수 및 디폴트 수치

10.5.1 물 기반시설 및 시스템 자료

대부분의 경우 년간 성분분석 모델에 필요한 현장 자료는 물회계 기간 동안 유량 및 압력 자료에 의해 보강되는 고객 범주에 따른 누수정보이다. 또한 구역 성분분석에도 이 자료를 사용할 수 있다. 현장 자료수집에 대한 더욱 상세한 정보는 부록 B를 참조한다. 모델링에 대한 BABE 및 FAVAD 접근법은 오직 제한된 특정 자료량을 취득할 필요가 있으며, 손실 추정치가 실제 상황에 근접하도록 보장하기 위해 가능하면 정확하게 자료를 수집하는 것이 중요하다. BABE 및 FAVAD 모델에 필요한 전형적인 기반시설 및 시스템 자료는 다음과 같다.

- 주관로의 길이, 재질, 직경
- 서비스 배수지/저장 탱크의 체적
- 서비스 연결 숫자
- 가정수, 인구수, 소비량
- 영역 평균 압력(야간, 24시간 평균)
- 다른 누수 및 파괴 범주의 빈도수
- 각 누수 및 파괴 범주의 평균 기간(용수기관의 누수탐사 및 복구정책에 따라)

비록 이 자료 대부분을 쉽게 얻을 수 있는 것처럼 보일지라도 많은 용수기관들은 양호한 압력자료를 갖고 있지 않다.

압력은 누수량에 그리고 후속적으로 년간 실질손실체적에 상당한 영향을 미치므로 전체 물 시스템의 평균 압력을 정확하게 평가할 필요가 있다.

영역의 평균압력인 AZP(average zone pressure)는 배수 영역 내 평균 누수가 경험하게 될 평균압력에 대한 대용(surrogate) 수치이다. 배수 영역 내 누수형식에 따른 평균누수량을 결정하기 위해 AZP를 사용할 수 있다. 따라서 AZP는 실질손실성분 분석시 핵심 매개변수이다. 불행하게도 일부 실무자와 연구자들은 AZP 압력을 측정하거나 평가하지 않고 누수 자료를 해석하려 시도하므로 모델링 결과의 신뢰성이 다소 떨어지게 된다.

AZP 계산 및 측정점 확인

여러 방법으로 AZP를 계산하고 측정점을 확인할 수 있다. 관망해석 모델을 사용할 수 있는 곳에서 AZP 계산은 서비스 연결 숫자에 의해 가중된 절점 자료에 기초할 수 있다. 대안적으로 만일 소화전 압력을 기록하면 이 소화전의 평균압력을 AZP 평균 압력으로 추정할 수 있다. 다른 방법은 등고선 대역(contour bands) 내 다수의 서비스 연결(또는 부지, 또는 소화전) 또는 주 관로 길이를 할당하고, 선택된 기반시설의 형식에 대해 가중된 평균 지반고를 얻는 것이다.

한번 가중된 평균 지반고 또는 가중된 평균 압력을 계산하고 현장 시험을 실시하면 영역 중심 내 그 압력을 경험하는 소화전을 AZP 점으로 선택할 수 있다. 만일 계절에 따른 상당한 수요 변화로 인해 계절별 압력변화가 발생하면 년중 평균 압력의 계절 변화를 고려할 필요가 있다.

10.5.2 계수 및 디폴트 수치

대부분 통계 모델은 일련의 현장 시험으로부터 전개된 계수와 디폴트 수치들을 사용한다. 그러나 운영자는 계수 및 디폴트 수치의 본질 그리고 계산시 이들을 적용하는 방법과 이유를 이해하여 현지 조건에 대해 필요한 변경을 할 수 있어야 한다. 빈번하게 사용되는 계수와 디폴트 수치들은 다음을 포함한다.

- 특정 기준 압력[통상적으로 50m(또는 70psi)]에서 전형적인 각 누수 및 파괴 범주에 대한 유량
- 양호한 상태에 있으면 주관로의 전형적인 배경누수(특정 기준 압력에서 마일/hr 단위, 이 지역 내 모든 위치확인이 가능한 누수를 복구한 직후 이를 측정할 수 있다. 제10.6절 ICF 계산 참조).
- 양호한 상태에 있으면 서비스 연결관로의 전형적인 배경누수(상기 특정 기준 압력에서 이를 측정할 수 있다. 제10.6절 ICF 계산 참조).
- 오전 3~4시 동안(또는 다른 적정한 최소야간유량기간) 변기를 이용하는 전형적인 주거민 숫자
- 전형적인 변기 플러싱 체적(변기 물 사용은 주거민의 가장 큰 사용 중 하나이고 관개를 하지 않는 경우 가장 공통적인 물 사용이다).
- 전형적인 변기 누수
- 다른 형식의 누수 및 배관 재질에 대한 FAVAD N_1 수치
- 소비에 종속되지 않고 압력에 종속되는 FAVAD N_3 수치
- 배경 누수 체적을 추정하기 위한 ICF 수치 그리고 보고 및 미보고된 파괴 체적으로부터 배경누수의 분리

다음의 단순한 예는 계수 및 디폴트 수치를 적용할 때 주의하여야 하는 이유를 설명한다.

한 영역 내 존재하는 누수량을 추정하기 위해 야간유량분석 모델을 사용한다. 영역은 상업 또는 산업이 없는 주거민 범주로만 구성된다.

이 모델 내 핵심 요소들 중 하나는 추정된 정당한 야간 소비를 확인하고 야간 유량에서 이를 감하는 것이다. 이를 위해 모델은 사전 프로그램된 계수와 디폴트 수치에 기초하여 약간의 가정을 한다. 본 예에서는 모델은 영국에서 구축되었고 미국에서 적용된다.

모델은 주거민 영역 내 야간 사용의 대부분은 변기 플러싱으로 가정한다. 본 예에서 변기 플러싱 체적은 디폴트 수치인 플러싱당 1.5갤론이었다. 그러나 모델을 적용하는 영역 내 변기들은 개량되지 않아 실제로 4갤론을 사용하고 있다.

이제 모델은 영역 내 인구를 요구하여 이 인구를 추정된 야간에 활동하는 사람의 숫자의 비율(예를 들어 오전 3~4시 분석 동안 6%)로 곱한다.

만일 영역 내 인구가 6000명(기반시설 및 시스템 자료로부터)이면 모델은 야간에 약 6% 사람들이 활동하여 360회의 플러싱을 한 것으로 가정한다.

이제 모델은 디폴트 수치로부터 플러싱 체적을 선택하고 이를 사용한 플러싱 숫자로 곱한다. 본 예에서는 360회 플러싱을 1.5갤론으로 곱하면 오전 3~4시 동안 540갤론을 사용하며 유량은 540gal/hr 또는 9gal/min이 된다. 그러나 올바른 플러싱 체적을 사용하면 실제 추정은

1440갤론이고, 유량은 1440gal/hr 또는 24gal/min이 된다.

만일 현장에서 측정한 야간 유량이 50gal/min이었다면 모델은 이 야간 유량에서 추정한 사용을 감하고 나머지를 누수로 간주할 것이다. 만일 위와 같이, 계수와 디폴트 수치들을 올바르지 않게 적용하면 모델은 예제에서 실제로 26갤론/min이 누수되지만 41갤론/min이 누수되는 것으로 간주할 것이다.

이제 누수되는 변기와 관련하여 누수되는 변기를 갖는 가정의 %와 전형적인 누수량을 고려하여야 한다. 북미 및 많은 다른 국가들에서 누수되는 변기들은 야간 소비의 상당한 부분을 차지한다.

10.6 배경누수손실 모델링

배경누수손실은 누수량이 너무 적어 전통적인 청음누수탐사기법 또는 육안 검사로 탐지할 수 없는 누수(작은 누수, 물이 스며 나오는 조인트 등)이다. 배경누수는 우연히 또는 점점 악화되어 탐지될 때까지 지속적으로 누수된다. 관망의 수령이 증가하면서 그리고 물 시스템의 운영압력이 증가하면서 배경누수수준이 증가하는 경향이 있다. 배관 재질 및 연결형식도 배경누수손실에 영향을 미치는 요소들이다. 배경누수손실을 감소시키기 위해 사용하는 도구들이 제한되면서 다른 성분들로부터 배경누수손실을 분리하여 실질손실 성분을 모델링할 때 이 요소들이 중요하다. 압력관리 및 감소는 잘 유지관리된 물 시스템 내 배경누수손실을 감소시키기 위한 효과적인 선택사항이다. 대부분의 경우 이는 기반시설 대체 대안보다 경제적인 선택사항이지만 후자는 양호한 장기 투자이다.

표 10.7은 표준 압력 50m(또는 70psi)에서 불가피한 배경누수량 UBL(unavoidable background leakage)을 제시한다. 여기서 UBL은 기반시설상태계수 ICF(infrastructure condition factor)중 하나에 상응한다.

배경누수를 모델링할 때 또 다른 공통적인 오류는 UBL이 압력과 선형적으로 변화하는 것으로 가정하는 것이다. 당초 원서의 표에서 기준 압력으로 자료를 제시하는 방법 때문에 이와 같은 잘못된 가정이 발생한다.[2] 사실 다양한 출처로부터 얻을 수 있는 신뢰성 있는 자료에 기

표 10.7 불가피한 배경누수율

기반시설 성분	ICF=1.0에서 UBL	단위
주관로	2.87	갤론/주관로 mi/d/psi
서비스 연결(주관로~지수전)	0.11	갤론/서비스 연결/d/psi
서비스 연결(지수전~미터)	4.78	갤론/서비스 연결/d/psi

(출처 : Water Loss Control Manual, 1st ed. 발췌)
ICF : infrastructure condition factor, UBL:unavoidable background leakage

초한 표준 모델은 UBL이 압력에 1.5승으로 변화한다고 가정한다($FAVADN_1 = 1.5$).

$FAVADN_1 = 1.5$을 이용하여 압력에 대해 표의 UBL 수치를 수정하면 이 수치들을 반드시 ICF로 곱하여야 한다. 대부분 용수시설에 대한 ICF는 미지이고, 현장 시험을 수행하지 않으면 ICF를 추정하는 것이 어렵다. ICF를 추정하기 위해 최소야간 유량 및 압력 추정 목적으로 일시적 또는 영구적으로 구축된 오직 작은 영역 내에서 현장 시험들을 착수할 수 있다. ICF를 추정하기 위해 사용할 수 있는 방법들은 다음과 같다.

1. *전체 시스템 ILI에 기초한 ICF* : ILI는 하향식 물수지와 연관되어 계산된 성능지표이다. 이는 무차원 지표로서 물수지로 계산한 불가피한 년간 실질손실체적과 현재 년간 실질손실체적과의 비율로 표현된다. ICF의 신속한 최초 추정은 전체 시스템의 ILI로부터 취할 수 있다. 즉, 시스템 전체 ICF를 ILI와 유사한 수치로서 가정할 수 있다.
2. *초기 민감도분석에 기초한 ICF* : 두 개의 극단적인 ICF 확률의 평균으로 민감도 분석을 수행한다. 실질손실체적이 불가피한 배경누수손실과 복구가능한 손실로 구성된 경우 최소 ICF=1이다. 보고된 누수와 미보고된 누수 성분의 비율이 1인 경우를 제외하고 모든 누수가 배경누수에 기인할 때 최대 ICF가 발생한다. 예를 들어 다른 두 성분이 1이고 최대 ICF가 6일 때, 다른 성분들이 1 보다 크고 최소 ICF가 1이면 평균 ICF는 3.5가 된다. 또한 다른 누수 성분과 잠재적인 해를 구하기 위해 초기 추정을 할 수 있다. 그러나 이 단순한 추정 과정을 입증하기 위해 현장 시험의 수행을 권장한다.
3. *N_1 스텝 테스트에 기초한 ICF* : 만일 시스템이 주로 강성체 또는 금속배관으로 구성되면 N_1은 DMA 내 ICF 수치를 추정하는 소중한 도구이다. 대표적인 표본 N_1 스텝 테스트에 기초하여 시스템 전체 ICF를 계산할 수 있다. 만일 시스템이 주로 강성체 또는 금속배관으로 구성되지 않으면 N_1 스텝 테스트의 배경 원리와 계산 전체를 적용할 수 없으며 파괴 자체가 가변 누수면적을 가질 수 있으므로 시스템은 배경 누수 성분을 과대추정할 수 있다.
4. *모든 탐지 가능한 누수 제거에 기초한 ICF* : 임시라도 한번 DMA를 설치하였으면 모든 복구 가능한 누수들을 확인하고 복구할 수 있다. 이제 나머지 배경 누수수준을 측정한다. 이상적인 상황에서 야간 소비자를 일시적으로 차단하여 유량측정이 배경누수를 나타내는 것에 대한 의구심이 없도록 한다. 이것이 불가능한 곳에서는 앞에서 기술한 유사한 과정을 사용할 필요가 있다. 그러나 이와 같은 결과에 대한 신뢰성은 전자 만큼 양호하지는 않다. 대표적인 DMA로부터의 결과를 사용하여 시스템 전체 ICF를 추정할 수 있다.

10.6.1 보고 및 미보고된 파괴로부터 손실 계산

주관로 및 서비스 연결관로(그리고 원하면 밸브와 소화전과 같은 다른 시스템 성분들)에서 년간 보고된 파괴 숫자를 수집한 후 유량과 기간을 반드시 확인한다. 용수기관이 평균 누수량

표 10.8 보고된 파괴와 미보고된 파괴 누수량 예

파괴 위치	보고된 파괴의 유량 (갤론/hr/psi)	미보고된 파괴의 유량 (갤론/hr/psi)
주관로	44	22
서비스 연결 관로	6	6

출처 : Julian Thornton, Reinhard Sturm, George Kunkel, P.E

을 조사하지 않았다면 그리고 상세한 자료를 갖지 않으면 표 10.8의 수치들을 시작점으로 사용할 수 있다. 파괴/누수 기간은 다음에 필요한 시간에 따라 세 요소들로 분리된다.

인지 기간(awareness duration) : 누수(보고 또는 미보고와 관계없이)가 처음 발생한 후 용수기관이 이 누수의 존재를 인지하게 될 때까지 소요되는 시간으로서 이는 정확한 누수위치를 인지할 필요가 없다. 통상적으로 보고된 누수 및 파괴의 경우 이 기간은 매우 짧은 반면 미보고된 누수와 파괴는 능동적인 누수제어정책 처방대책의 함수로서 매우 길게 되는 경향이 있다.
위치확인 기간(Location duration) : 이는 용수기관이 보고된 누수 또는 파괴를 조사하고 복구를 위해 누수위치를 올바르게 확인하기 위해 소요되는 시간이다. 누수탐사 동안 인지와 위치확인이 동시에 발생하면 누수 또는 파괴가 탐지되므로 위치확인 기간은 0이 된다.
복구 기간(repair duration) : 누수위치를 확인한 후 이를 복구하거나 차단하기 위해 소요되는 시간이다.

각 누수 및 파괴 동안 전체 물손실 체적은 상기 세 성분의 전체 시간과 현재 물 시스템 압력에서 누수량으로 결정된다. 제17장에서 이를 도해적으로 기술한다.

물수지는 회계감사 년도에 대한 전체 실질손실체적을 계산하지만 물손실에 대한 배경손실, 보고된 손실 그리고 미보고된 손실이 차지하는 비중에 대한 정보를 제공하지 않는다.

성분-기반 분석을 통해 실질손실체적을 평가하여 각 실질손실 성분에 기인한 체적을 모델하고 이 손실을 감소시키기 위해 적합한 도구를 확인하는 것이 가능하다.

10.6.2 시스템 압력 변화 효과 분석-FAVAD 및 BFF 개념

배수시스템 내 과잉압력의 악영향을 완화시키기 위해 압력관리를 사용할 수 있다. 제12장에서 물 보존 전략의 일부로서 누수 체적 제어, 누수 빈도 감소 그리고 낭비적인 소비를 감소시키는 수단으로서 압력관리를 기술한다. 그러나 압력관리 시스템을 설치하기 전에 제어 영향을 이해하는 것이 중요하다.

10.6.3 FAVAD를 이용한 누수량 및 체적에 대한 시스템 압력변화 효과 모델링

파괴에 따른 유량 감소 예측

수리학 이론에 따라 특정 압력을 받고 있을 때 고정된 오리피스 단면적을 통해 유출되는 유량은 다음 식으로 표현된다.

$$Q_f = C_d A_f \sqrt{2gh} \tag{10.1}$$

여기서 h : 정압력 수두
A_f : 고정된 오리피스 단면적
C_d : 유출계수

그러나 만일 오리피스 단면적 A_f와 유출계수 C_d가 압력에 따라 변화하면 오리피스를 통한 유량은 식 10.1이 예측한 것 보다 압력에 더욱 민감하게 될 것이다. 따라서 식 10.1을 다음과 같이 표현할 수 있다.

$$Q_f = k_f p^x \tag{10.2}$$

여기서 x : 누수지수
p : 정압력
k_f : 누수계수

누수지수 x에 대한 국제적 협약이 없기 때문에 IWA WLTF는 식 10.2의 x 대신 다음 식과 같이 알파벳 문자 N_1을 사용한다.

$$Q_f \equiv P^{N_1} \tag{10.3}$$

$$\frac{Q_{f1}}{Q_{f0}} = \left(\frac{P_1}{P_0}\right)^{N_1} \tag{10.4}$$

여기서 Q_{f0} : 압력 변화 전 누수량
Q_{f1} : 압력 변화 후 누수량
P_0 : 변화 전 압력
P_1 : 변화 후 압력

일본에서는 1981년부터 가중평균지수 $N_1 = 1.15$와 함께 누수량 L(또는 Q)와 압력 P 사이 일반 식 10.4를 사용하여 왔다.[4] 영국에는 1979년부터 다른 상관식(누수지수곡선)을 사용하여 왔으나 영국과 IWA 물손실 압력관리팀은 May(1994)가 제시한 고정 및 가변 면적 개념으로 알려진 FAVAD 식 10.3과 10.4를 최상의 실무로 권장하고 있다.[3]

표 10.9 N_1 지수 범위(출처 : 참고문헌 2)

국가	시험한 영역 숫자	N_1 지수 범위	평균 N_1 지수
영국(1970s)	17	0.70~1.68	1.13
일본(1979)	20	0.63~2.12	1.15
브라질(1998)	13	0.52~2.79	1.15
영국(2003)	75	0.36~2.95	1.01
사이프러스(2005)	15	0.64~2.83	1.47
브라질(2006)	17	0.73~2.42	1.40
합계	157	0.36~2.95	1.14

현장에서 N_1 측정

배수시스템 영역 내 시험을 통해 최소소비기간 동안 여러 단계로 유입압력을 감소시켜 N_1 지수 수치를 얻을 수 있다. 유입량에서 적정한 야간소비량을 감하여 얻은 누수량 L_0, L_1, L_2를 영역 평균 압력에서 측정한 압력 P_0, P_1, P_2와 비교하여 N_1 지수 추정치를 얻을 수 있다. 여러 국가들에서 배수 영역 내 150개 이상의 현장시험 분석결과 통상적으로 N_1 지수는 0.5~1.5이지만 때로는 2.5 이상의 수치에 도달할 수 있는 것을 확인하였다. 오늘날 북미 내에서 수행한 제한된 시험결과 N_1 지수가 0.5~1.5인 것을 제시하였다.

모든 탐지 가능한 누수를 복구하거나 중지시킨 후 시스템 내 시험결과 배경누수의 N_1 지수는 통상적으로 1.5에 이르는 높은 수치인 것으로 나타났다.

표 10.9는 배수시스템 내 누수량은 통상적으로 전통적인 N_1 수치 0.5보다 압력에 더욱 민감한 것을 분명하게 보여준다. May는 1994년 FAVAD 개념을 사용하여 이 명백한 역설을 물리적으로 규명하였다.[6] May는 압력에 따라 누수 단면적의 변화와 동시에 압력의 제곱근에 따른 유속 변화를 고려하면 무슨 일이 발생할지를 고려하였다. 이는 누수형식에 따라 다른 압력 상관 관계를 가질 수 있다는 것을 의미한다. 예를 들어

- 고정된 단면적(예를 들어 두꺼운 두께의 강성 배관) 누수의 경우 지수는 0.5이다.
- 가변 단면적(예를 들어 압력에 따라 길이 변화가 변화하는 크랙) 누수의 경우 지수는 1.5이다.
- 가변 단면적(예를 들어 압력에 따라 길이와 폭이 변화하는 크랙) 누수의 경우 지수는 2.5이다.

신뢰성 있는 N_1 시험 이전에 영역 내 모든 탐지 가능한 누수들을 복구한 후 흥미로운 결과는 나머지 배경누수(작은 탐지 불가능한 누수)는 일관되게 N_1 수치가 1.5에 인접한 것을 보여주었다는 것이다.

실용적인 측면에서 N_1 지수의 심각성. 식 10.4를 사용하여 과도 압력관리로 평균 압력을 20% $(P_1/P_0 = 0.8)$ 감소시키면 배수 영역 내 현존하는 누수량은 어떻게 변화할 것인지 고려한다.

- 만일 $N_1 = 0.5$이면 $L_1/L_0 = 0.8^{0.5} = 0.89$, 또는 11% 누수량 감소
- 만일 $N_1 = 1.0$이면 $L_1/L_0 = 0.8^{1.0} = 0.80$, 또는 20% 누수량 감소
- 만일 $N_1 = 1.5$이면 $L_1/L_0 = 0.8^{1.5} = 0.72$, 또는 28% 누수량 감소
- 만일 $N_1 = 2.0$이면 $L_1/L_0 = 0.8^{2.0} = 0.64$, 또는 36% 누수량 감소
- 만일 $N_1 = 2.5$이면 $L_1/L_0 = 0.8^{2.5} = 0.58$, 또는 42% 누수량 감소

N_3 압력 소비 지수

압력 변화로 인한 소비 유량 또는 체적 변화를 구하기 위해 N_3 계수를 사용한다. 대부분의 경우 직접 압력 사용 성분들에 대한 소비 변화는 전통적인 $N_3 = 0.5$ 제곱근 관계에 상응하며 사용 체적 성분들은 $N_3 = 0$(불변)에 상응한다. 만일 체적 사용 및 직접 압력 사용이 균등하게 분포되면 복합 N_3 수치에 대한 최초 추정은 $N_3 = 0.25$가 될 수 있다. 이 경우 누수감소의 결과는 수요 감소의 결과보다 거의 비례적으로 크게 될 것이다. 물 보존 프로젝트에서와 같이 일부 경우 수요 감소는 실제로 바람직할 수 있다.

10.6.4 파괴 빈도 요소 BFF[7] 모델링

IWA WLTF의 압력관리팀은 최근에 최대 물 시스템 압력이 파괴에 미치는 영향에 대해 보다 개선된 이해의 필요성을 다루어 왔다. Thomton & Lambert가 IWA Water 21[8]에서 보고한 10개국 112개 물 시스템의 일련의 자료를 표 10.10에 요약하였으며 다음 사항들을 주목할 수 있다.

- "이전" 미터 압력범위는 23~199m, 중앙값은 57m 그리고 평균은 71m
- % 압력 감소 범위는 10~75%, 중앙값은 33%, 평균 37%
- % 파괴 감소 범위는 23~94%, 중앙값은 50%, 평균 53%
- 자료는 주관로와 서비스 연결에서 평균 % 파괴 감소에서 상당한 차이를 보여주지 않는다.

표 10.10의 자료는 그림 10.2와 같이 주관로와 서비스 연결에서 압력 감소 %에 대한 새로운 파괴 빈도로 작성된다.

보편적으로 보수적인 예측을 제공할 가능성이 큰 단순한 해석은 최대 압력 감소 %를 BFF로 곱하면 새로운 파괴 %가 감소된다고 가정하는 것이다. 여기서 BFF는 파괴 빈도 요소로서 그림 10.2에 주어진 자료와 대비하여 확인할 수 있다.

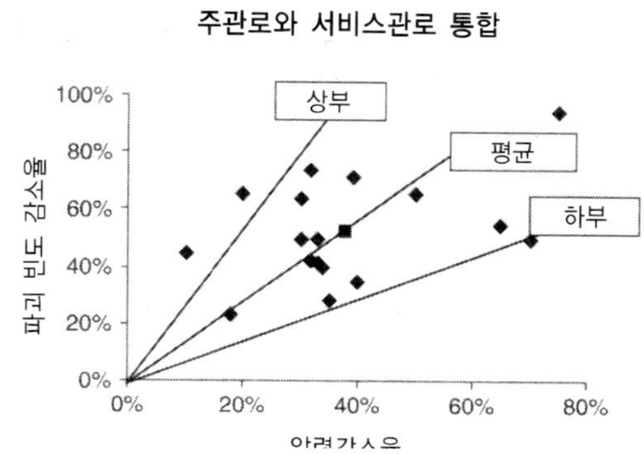

그림 10.2 BABE 개념을 이용하여 성공적으로 모델링한 문제의 범위(Water Loss Control Manual, 1st ed 제공)

표 10.10 10개국 112개 물 시스템으로부터 압력관리가 새로운 파괴 빈도에 미치는 영향(계속)

출처 : 참고문헌 7

국가	용수시설 또는 물 시스템 명칭	연구 대상 압력관리 구역 숫자	추정된 초기 최대 압력(m)	평균압력에서 최대 감소	평균 새로운 파괴 감소	주관로(M) 또는 서비스(S)	
호주	Brisbane	1	100	35%	28%	M, S	
	Gold Coast	10	60~90	50%	60%	M	
					70%		S
	Yarra Valley	4	100	30%	28%	M	
바하마	New Providence	7	39	34%	40%	M, S	
보스니아 헤르제고빈	Gracanica	3	50	20%	59%	M	
					72%		S
브라질	Caesb	2	70	33%	58%	M	
					24%		S
	Sabesp ROP	1	40	30%	38%	M	
	Sabesp MO	1	58	65%	80%	M	
					29%		S
	Sabesp MS	1	23	30%	64%	M	
					64%		S
	SANASA	1	50	70%	50%	M	
					50%		S
	Sanepar	7	45	30%	30%	M	
					70%		S
캐나다	Halifax	1	56	18%	23%	M	
					23%		S

표 10.10 10개국 112개 물 시스템으로부터 압력관리가 새로운 파괴 빈도에 미치는 영향(계속)

국가	용수시설 또는 물 시스템 명칭	연구 대상 압력관리 구역 숫자	추정된 초기 최대 압력(m)	평균압력에서 최대 감소	평균 새로운 파괴 감소	주관로(M) 또는 서비스(S)	
콜롬비아	Armenia	25	100	33%	50%	M	
					50%		S
	Palmira	5	80	75%	94%	M,S	
	Bogota	2	55	30%	31%		S
사이프러스	Lemesos	7	52.5	32%	45%	M	
					40%		S
영국	Bristol Water	21	62	39%	25%	M	
					45%		S
	United Utilities	10	47.6	32%	72%	M	
					75%		S
이탈리아	Torino	1	69	10%	45%	M,S	
	Umbra	1	130	39%	71%	M,S	
미국	American Water	1	199	36%	50%	M	
전체 시스템 숫자		112					
		최대	199	75%	94%	All data	
		최소	23	10%	23%	All data	
		평균	57	33.0%	50.0%	All data	
		평균	71	38.0%	52.5%	M&S together	
		평균		36.5%	48.8%	Mains only	
		평균		37.1%	49.5%	Services only	

그림 10.2로부터 주관로 및 서비스 관로의 평균 BFF 수치는 52.5%/38%=1.4이고, 따라서 그림 10.2에서 기울기가 1.4인 자료를 통과하는 선을 작도하면 평균 예측치를 구할 수 있다.

BFF가 2.8(평균의 2배)인 상부선은 더욱 큰 새로운 파괴 빈도의 감소를 제공하는 모든 자료점들 중 오직 두 점들을 포함한다.

BFF가 0.7(평균의 0.5배)인 하부선은 더욱 작은 새로운 파괴 빈도의 감소를 제공하는 모든 점들을 포함한다.

이 단순화된 예측 접근법을 적용할 때 BFF와 최대 압력의 % 감소 모두가 큰 경우 예측은 UARL 공식에서 사용된 수치 이하로 파괴 빈도를 감소시키지 않도록 보장하는 것이 중요하다.

10.6.5 최근 개념적 접근법

IWA WLTE의 압력관리팀이 실질적인 압력-파괴빈도 관계를 더 잘 이해하기 위한 시도로서 다음 일련의 그림으로 현재 사용하고 있는 최근 개념적 접근법을 설명한다.

그림 10.3에서 x-축은 시스템 압력, y-축은 장애율을 나타낸다. 새롭게 건설된 중력 공급 물 시스템에서 주관로와 서비스 관로는 통상적으로 1일 및 계절 운영 압력범위 보다 훨씬 큰 최대 압력을 견디도록 설계된다. 상당한 안전계수를 갖고 물 시스템을 운영하므로 장애율이 낮다. 그림 10.4와 같이 시스템 내 압력이 변화할지라도 최대 압력은 장애율을 증가시키는 압력을 초과하지 않는다.

그림 10.5와 같이 시간이 경과하면서 수령에 기초한 악영향 요소는 배관에 장애를 일으키는 압력을 완만하게 감소시킨다. 그러나 교통 하중, 지반 침하 그리고 낮은 온도(국가마다 다르다)와 같은 현지 요소에 종속되어 특정 시점에서 배관 내 최대 운영 압력은 악영향 요소와 상호작용하여 파괴 빈도가 증가하기 시작한다. 이와 같은 영향은 중력에 의해 공급되는 물 시스템 보다는 펌핑되거나 서지현상이 발생하는 시스템 내에서 초기에 발생하는 것으로 예상할 수 있다.

만일 물 시스템이 손실수두의 변화로 인한 압력의 큰 변화 또는 서지에 의해 영향을 받거나 파괴 빈도가 상대적으로 높으면 서지, 절점유량, 압력을 제어하면 새로운 파괴 빈도가 급속하게 감소할 것으로 기대할 수 있다. 물 시스템 내 평균 압력은 변화하지 않을 수 있지만 그림 10.6에서와 같이 서지 및 큰 변화의 감소는 최대 압력이 악영향 요소와 동일한 범위로 상호작용하지 않는 것을 의미한다.

만일 물 시스템의 중요한 지점에서 과도 압력(최소 고객 서비스 기준보다 높은)이 존재할 경우 압력제어설비(PRV, 큰 영역의 세분, 기타)를 설치하면 압력이 영구적으로 감소하고, 따라서 그림 10.7과 같이 운영 압력 범위는 악영향 요소와 조합되어 장애(failure) 빈도를 증가시키는 압력으로부터 더욱 멀리 이동한다.

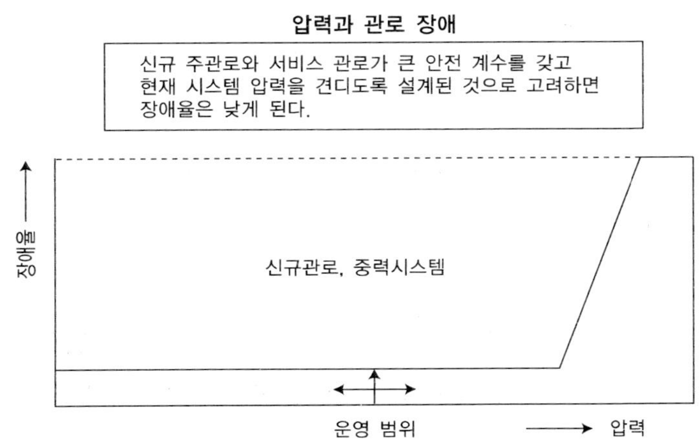

그림 10.3 압력 감소 % vs 신규 파괴 빈도 감소 %(참고문헌 6 참조)

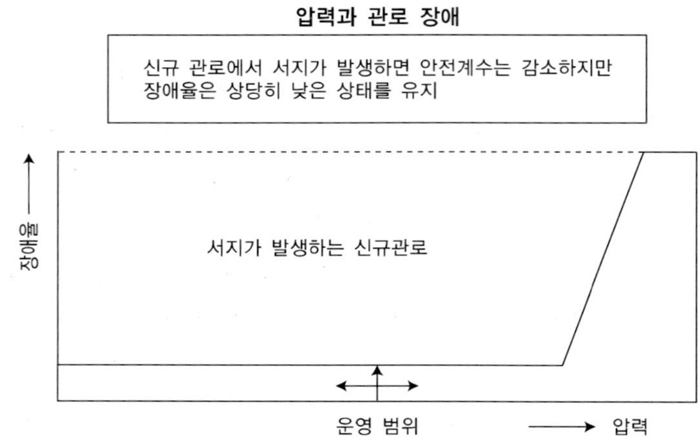

그림 10.4 중력으로 운영하는 신규 시스템은 설계 최대 압력 이내에서 잘 운영된다(참고문헌 6 참조)

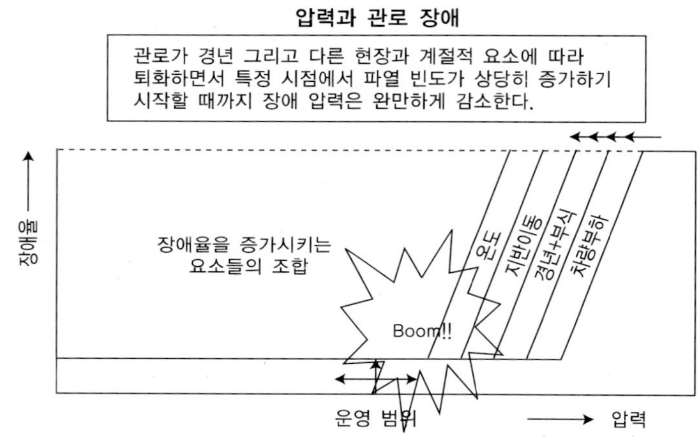

그림 10.5 서지가 발생하는 신규 시스템은 설계 최대 압력 내에서 잘 운영된다(참고문헌 6 참조)

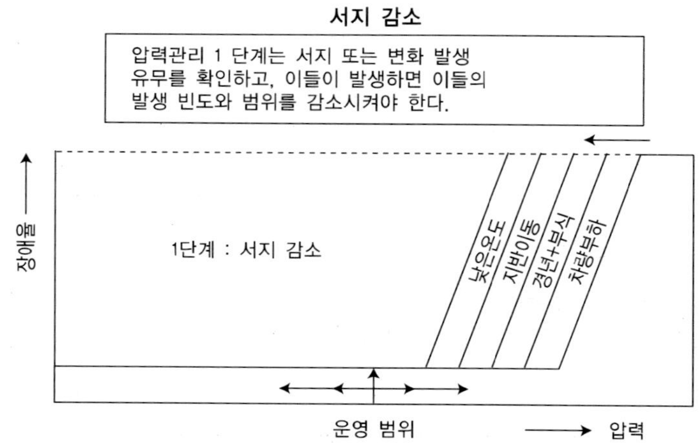

그림 10.6 악영향 요소(서지 포함)의 조합은 장애율을 증가시킨다(참고문헌 6 참조)

압력변화를 감소시키거나 영역 내 압력을 감소시키면 영역에 대한 안전계수가 증가한다. 이 개념을 사용하여 일부 시스템들의 압력을 관리하면 주관로 또는 서비스 연결에서 새로운 파괴 빈도가 큰 %로 감소하지만, 다른 곳에서 적은 %로 감소하는 이유에 대한 가설을 제안할 수 있다.

만일 압력관리 이전에 상대적으로 높은 파괴 빈도(그림 10.8에서 점 3)가 이미 존재하면 압력에서의 상대적으로 적은 % 감소는 새로운 파괴 빈도에서 큰 % 감소(점 2를 향해)를 야기할 수 있다.

그러나 만일 압력관리 전에 상대적으로 낮은 파괴 빈도(그림 10.8에서 점 2)가 이미 존재하면 임의 압력 % 감소(점 2로부터 점 1까지)는 새로운 파괴 빈도에 대해 거의 영향을 미치지 않지만 상당히 큰 안전계수를 생성하고 기반시설의 운영 수명을 연장한다.

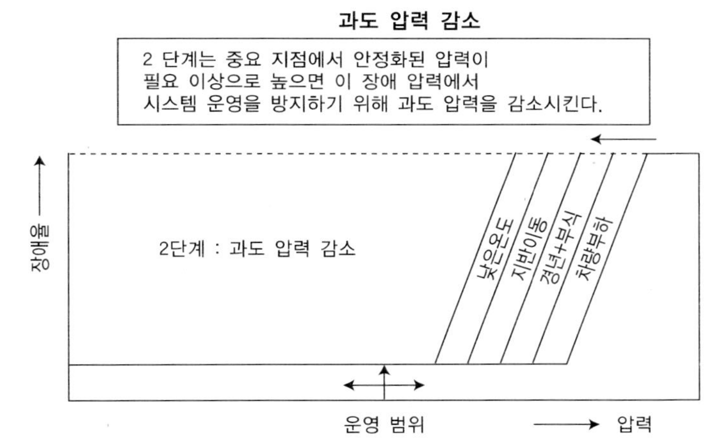

그림 10.7 서지 및 변화의 감소는 안전 악영향 요소 및 안전 상승 요소의 상호작용을 제한한다(참고문헌 6 참조)

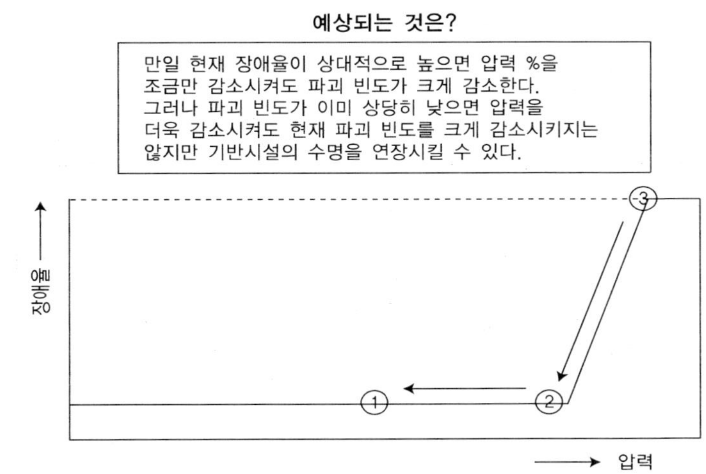

그림 10.8 평균 시스템 압력의 감소는 안전 악영향 요소 및 안전 상승 요소의 상호작용을 제한한다(참고문헌 6 참조)

10.6.6 소비성분분석 모델

소비성분분석은 손실 감소 또는 보존 프로그램의 중요한 부분이다. 다음 모델은 많은 직원을 갖는 산업체의 휴게실 물 사용량을 예측하기 위해 스프레드쉬트로 작성된 단순한 모델이다. 이 모델형식을 사용하여 물 보존을 위해 변기 대체의 잠재적 편익을 고찰하거나 측정된 유량 프로파일을 세분하여 위생설비에 사용된 물량을 예측할 수 있다.

표 10.11은 다양한 가공 산업 빌딩 내 남/녀 위생설비의 물 사용 빈도 및 사용 체적에 대한 추정과 함께 입력 표를 보여준다. 그림 10.9는 교대숫자 당 위생설비 물 사용량 모델링 결과를 보여준다.

표 10.11 추정된 사용 체적 입력 표

출처 : Water Loss Control Manual, 1st ed.

<table>
<tr><td colspan="3" rowspan="4">빌딩 전체
인구 분포</td><td colspan="2">남성 플러싱</td><td>2</td><td colspan="2">소변기 플러싱</td><td>2</td><td colspan="2">Key</td><td rowspan="4">1인당
체적
합계</td></tr>
<tr><td colspan="2">여성 플러싱</td><td>4</td><td colspan="2">소변기 체적</td><td>1</td><td colspan="2">Blue user enter</td></tr>
<tr><td colspan="2">플러싱 체적</td><td>3.5</td><td colspan="2"></td><td></td><td colspan="2">Red Calculated</td></tr>
<tr><td colspan="2">세척 체적</td><td>1</td><td colspan="2"></td><td></td><td colspan="2">Black description</td></tr>
<tr><td>빌딩1</td><td>414</td><td>플러싱 없음</td><td>체적/플러싱</td><td>체적/인</td><td>플러싱 없음</td><td>체적/플러싱</td><td>체적/인</td><td>플러싱 없음</td><td>체적/플러싱</td><td>체적/인</td><td></td></tr>
<tr><td>남성</td><td>207</td><td>2</td><td>3.5</td><td>7</td><td>2</td><td>1</td><td>2</td><td>4</td><td>1</td><td>4</td><td>13</td></tr>
<tr><td>여성</td><td>207</td><td>4</td><td>3.5</td><td>14</td><td></td><td></td><td>0</td><td>4</td><td>1</td><td>4</td><td>18</td></tr>
<tr><td>50/50</td><td></td><td></td><td></td><td></td><td></td><td></td><td></td><td></td><td></td><td></td><td></td></tr>
<tr><td>빌딩2</td><td>65</td><td></td><td></td><td></td><td></td><td></td><td></td><td></td><td></td><td></td><td></td></tr>
<tr><td>남성</td><td>36</td><td>2</td><td>3.5</td><td>7</td><td>2</td><td>1</td><td>2</td><td>4</td><td>1</td><td>4</td><td>13</td></tr>
<tr><td>여성</td><td>29</td><td>4</td><td>3.5</td><td>14</td><td></td><td></td><td>0</td><td>4</td><td>1</td><td>4</td><td>18</td></tr>
<tr><td>55/45</td><td></td><td></td><td></td><td></td><td></td><td></td><td></td><td></td><td></td><td></td><td></td></tr>
<tr><td>빌딩3</td><td>40</td><td></td><td></td><td></td><td></td><td></td><td></td><td></td><td></td><td></td><td></td></tr>
<tr><td>남성</td><td>20</td><td>2</td><td>3.5</td><td>7</td><td>2</td><td>1</td><td>2</td><td>4</td><td>1</td><td>4</td><td>13</td></tr>
<tr><td>여성</td><td>20</td><td>4</td><td>3.5</td><td>14</td><td></td><td></td><td>0</td><td>4</td><td>1</td><td>4</td><td>18</td></tr>
<tr><td>50/50</td><td></td><td></td><td></td><td></td><td></td><td></td><td></td><td></td><td></td><td></td><td></td></tr>
<tr><td>빌딩4</td><td>200</td><td></td><td></td><td></td><td></td><td></td><td></td><td></td><td></td><td></td><td></td></tr>
<tr><td>남성</td><td>120</td><td>2</td><td>3.5</td><td>7</td><td>2</td><td>1</td><td>2</td><td>4</td><td>1</td><td>4</td><td>13</td></tr>
<tr><td>여성</td><td>80</td><td>4</td><td>3.5</td><td>14</td><td></td><td></td><td>0</td><td>4</td><td>1</td><td>4</td><td>18</td></tr>
<tr><td>60/40</td><td></td><td></td><td></td><td></td><td></td><td></td><td></td><td></td><td></td><td></td><td></td></tr>
</table>

표 10.11 추정된 사용 체적 입력 표(계속)

빌딩 전체 인구 분포			남성 플러싱		2	소변기 플러싱		2	Key		1인당 체적 합계
			여성 플러싱		4	소변기 체적		1	Blue user enter		
			플러싱 체적		3.5				Red Calculated		
			세척 체적		1				Black description		
빌딩5	270										
남성	162	2	3.5	7	2	1	2	4	1	4	13
여성	108	4	3.5	14			0	4	1	4	18
60/40											
빌딩6	33										
남성	20	2	3.5	7	2	1	2	4	1	4	13
여성	13	4	3.5	14			0	4	1	4	18
60/40											

표 10.12는 적은 체적으로 플러싱하는 변기로의 대체를 반영하여 변화된 플러싱 당 체적과 함께 입력표를 보여주며, 이 경우 플러시 당 체적은 3.5gal에서 1.6gal로 감소한다(사용량에 대한 훌륭한 기본 자료는 AWWA "end-user survey and U.K. managing leakage series"에서 찾아볼 수 있다). 그림 10.10은 교대숫자 당 위생설비 사용물량 모델링 결과를 보여준다.

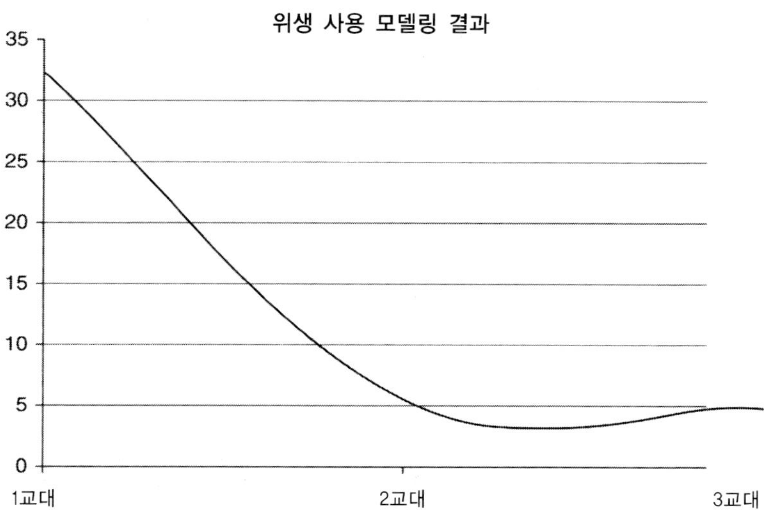

그림 10.9 초기 파괴빈도에 의해 영향을 받는 파괴 빈도의 감소 %

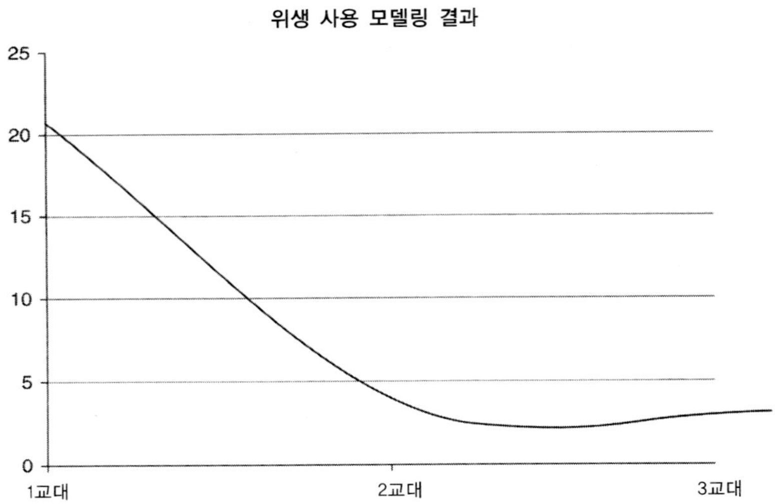

그림 10.10 합성 모델된(resultant modeled) 교대 당 위생설비 사용 추정

표 10.12 보존을 반영하기 위해 변경된 플러싱 체적

출처 : Water Loss Control Manual, 1st ed.

빌딩 전체 인구 분포			남성 플러싱	2	소변기 플러싱		2	Key		1인당 체적 합계
			여성 플러싱	4	소변기 체적		1	Blue user enter		
			플러싱 체적	0.6				Red Calculated		
			세척 체적	1				Black description		
빌딩1	414	플러싱 없음	체적/플러싱	체적/인	플러싱 없음	체적/플러싱	체적/인	플러싱 없음	체적/플러싱	체적/인	
남성	207	2	1.6	3.2	2	1	2	4	1	4	9.2
여성	207	4	1.6	6.4			0	4	1	4	10.4
50/50											
빌딩2	65										
남성	36	2	1.6	3.2	2	1	2	4	1	4	9.2
여성	29	4	1.6	6.4			0	4	1	4	10.4
55/45											
빌딩3	40										
남성	20	2	1.6	3.2	2	1	2	4	1	4	9.2
여성	20	4	1.6	6.4			0	4	1	4	10.4

표 10.12 보존을 반영하기 위해 변경된 플러싱 체적(계속)

빌딩 전체 인구 분포			남성 플러싱		2	소변기 플러싱		2	Key		1인당 체적 합계
			여성 플러싱		4	소변기 체적		1	Blue user enter		
			플러싱 체적		0.6				Red Calculated		
			세척 체적		1				Black description		
빌딩4	200										
남성	120	2	1.6	3.2	2	1	2	4	1	4	9.2
여성	80	4	1.6	6.4			0	4	1	4	10.4
60/40											
빌딩5	270										
남성	162	2	1.6	3.2	2	1	2	4	1	4	9.2
여성	108	4	1.6	6.4			0	4	1	4	10.4
60/40											
빌딩6	33										
남성	20	2	1.6	3.2	2	1	2	4	1	4	9.2
여성	13	4	1.6	6.4			0	4	1	4	10.4
60/40											

10.7 요약

본장에서 물손실제어 프로그램을 형성하는 다양한 과업들을 다루는 모델과 이론을 기술하였다.

- 하향식 물 회계감사
- 피상손실 성분분석
- 수도미터 정확도
- 수도미터 규격결정
- 실질손실 성분분석
- 압력관리 FAVAD 및 BFF
- 소비 분석

모든 경우에서 중요한 요소는 사용하는 자료의 입증과 모델을 운영하는 사람의 지식이다. 운영자는 모델의 한계 그리고 모델이 사용하는 자료 그리고 이 자료가 처방, 예산 할당 그리고 팀 재원에 미치는 영향을 이해할 필요가 있다.

만일 정확한 자료를 사용할 수 없으면 모델링할 때 추정치를 사용할 수 있으며 입력 성분들에 95% 신뢰구간을 적용 · 계산하여 결과를 얻을 수 있다. 그러나 다른 사람들이 결과를 적정하게 해석할 수 있도록 임의 추정치를 조심스럽게 메모하는 것이 중요하다.

참고문헌

1. Lambert, A.O., S. Myers, and S. Trow. Managing Water leakage-economic and technical issues.: Financial Times Energy. 1998. ISBN 1 94083 011 5

2. Lambert, A., T. T. Brown, M. Takizawa, et al. A review fo performance indicators for real losses from water supply systems. Aqua. 48(6), December 1999.

3. Thornton, J., Garzon, f., and Lambert, A. "pressure-Leakage Relationships in Urban Water distribution Systems." International Conference on Water Loss Management. Skopje, Macedonia: ADKOM USAID GTZ, September, 2006.

4. Hiki, S. Relationship between Leakage and Pressure. Journal of japan Water Works Association, 51(5):50-54, 1981.

5. Thornton, J. Managing Leakage by Managing Pressure. IWA Publishing Water 21 ISSN 1561 9508, October, 2003.

6. May, J. "Leakage, Pressure and Control." BICS International Conference on Leakage Control Investigation in Underground: Assets London, 1994.

7. Thornton, J., and Lambert, A. Pressure Management Extends Infrastructure Life and Reduces Unnecessary Energy Costs. Bucharest, Romania: IWA Water Loss 2007.

8. Thornton, J., and Lambert, A. "Managing Pressures to Reduce New Breaks." IWA Publishing Water 21 Magazine. ISSN 1561-9508, December 2006.

Chapter 11

피상손실 제어 손실된 수익회수 및 소비 자료 무결성 개선

11.1 소개

물 시스템 내 물손실은 다음과 같이 두개의 뚜렷한 형식으로 발생한다. 실질손실은 배수시스템의 물질적인 손실로서 대부분 누수이지만 탱크의 월류로도 손실된다. 피상손실은 물이 성공적으로 고객에게 배달되지만 여러 이유로 계량되지 않거나 정확하게 기록되지 않아 고객 소비량에서 어느 정도의 오류가 발생한다. 이와 같은 오류가 상당한 고객 계정 숫자에서 체계적으로 나타나면 물 소비의 집계량이 크게 왜곡되고 상당한 요금고지가 손실될 수 있다.

본장에서는 피상손실 원인을 설명하고 계량된 고객자료를 사용하여 피상손실 원인이 소비자료 무결성과 물 시스템 내 수익 회수 가능성에 미치는 영향을 기술한다. 제12장~제15장은 주된 피상손실 범주와 이 손실을 경제적 수준으로 제어하는 수단을 설명한다.

피상손실은 물 공급 기반시설로부터 물질적으로 손실되지 않기 때문에 비물질(nonphysical) 손실로서 정의된다. 그러나 이러한 비효율성은 용수기관의 회계 및 정보-처리 실무에 상당한 영향을 미칠 수 있다. 피상손실은 부적정하게 규격이 결정되거나 불량하게 판독하는 수도미터, 요금고지시스템 내 물 소비 자료의 변조 그리고 배수시스템으로부터 승인 없이 취한 물에 의해 발생한다. 피상손실은 다음 주된 3개의 성분들로 구성된다.

- 부정확한 고객 계량
- 특히 고객 요금고지시스템 내 체계적인 자료처리 오류
- 미승인된 소비

피상손실 발생을 쉽게 확인할 수 있으며 초기 추정을 위해 더욱 복잡한 피상손실을 가정할 수 있다. 궁극적으로 상향식 과업(현장 조사)을 수행하면서 물손실제어 전략을 개발하면서 반드시 상세한 피상손실 성분들을 입증하여야 한다.

11.2 어떻게 피상손실이 발생하는가?

용수기관 내 물 체적을 추적하기 위해 사용한 측정, 기록, 자료보관 그리고 회계업무에서의 비효율성으로 인해 피상손실이 발생한다. 이와 같은 비효율성은 부정확하거나 과대 규격으로 결정된 고객 미터, 불량한 미터 검침과 요금고지 및 회계 실무, 약한 정책, 비효과적인 관리로부터 발생한다. 또한 피상손실은 미승인된 소비로부터 발생하며, 미승인된 소비는 개별 고객들의 계량, 미터 판독 장치의 조작, 서비스에 대해 정당하게 지불하지 않고 부당하게 물을 얻는 것에 의해 발생한다. 임의 형식의 피상손실이 발생하는 경우 용수기관 관리자와 운영자는 계량과 요금고지의 불일치를 현실적으로 평가하고, 이러한 비효율성을 경제적으로 최소화하기 위해 내부 정책과 절차를 개발할 의무가 있다. 또한 이와 같은 피상손실의 문제와 이를 제어할 필요성을 고객, 용수기관 임원, 선출된 공무원, 재무기관 그리고 매스컴에게 명백하게 알리는 것이 중요하다.

피상손실이 발생하는 방법들은 다양하며 특히 미승인된 소비에서 항상 변화한다. 미승인된 취수에 대한 이유는 다양하다. 일부 사람은 물은 무료이고 물 값을 지불하지 않고 물을 얻을 권리가 있다고 믿는다. 다른 사람들은 서비스에 대해 지불할 재원이 없다고 느낀다. 그러나 이와 같은 사용자들은 항상 물 시스템을 파괴하는 새로운 방법을 생각하면서 부정한 방법으로 물을 취수한다.

따라서 용수기관은 예상되는 수익 수준을 현실화하고, 공급하는 물의 정확한 계량을 유지하기 위해 효과적인 미터 관리, 합리적인 요금고지, 회계감사, 징수 그리고 강화정책을 통해 생산제품인 물을 관리하도록 모든 노력을 하여야 한다.

용수기관 관리자가 아는 것과 같이 모든 고객이 청구된 물 값을 지불하지 않거나 제때 지불하지 않는다. 징수율은 고객들이 그들 물 요금고지를 지불하는 비율을 반영하는 재무성능 지표이다. 용수기관은 서비스에 대해 지불 받은 금전을 매월 요금고지된 금전 %로 측정한다. 대표적인 고객 모집단의 지불 기록 상황을 제공하기 위해 전형적으로 30일, 60일, 90일 이정표에서 징수율을 추적한다. 징수율은 용수기관이 얻는 수익을 나타내는 매우 중요한 척도이지만 본서에서 상세하게 기술한 물 회계감사방법론에는 징수를 포함하지 않는다. 이에 대한 이유는 징수율은 모든 물이 고객 미터의 통과 여부 또는 정확하게 측정되는지의 여부와 관계없이 소비에 기초하여 요금고지된 것과 징수된 것을 비교하기 때문이다. 물 회계감사방법론은 최종 경계선으로서 고객 미터를 사용하여 고객 요금고지를 위한 기본인 소비 자료를 생산한다. 본서는 물 요금고지 과정의 효율성을 최대화하는 지침을 제공하지만 징수는 본서 범위 밖인 지불 효율성에 집중한다. 독자는 징수를 최대화하는 정책을 개시하고 징수율 추적을 위한 지침을 얻기 위해 요금 및 수익에 관한 출판물을 참조하여야 한다.

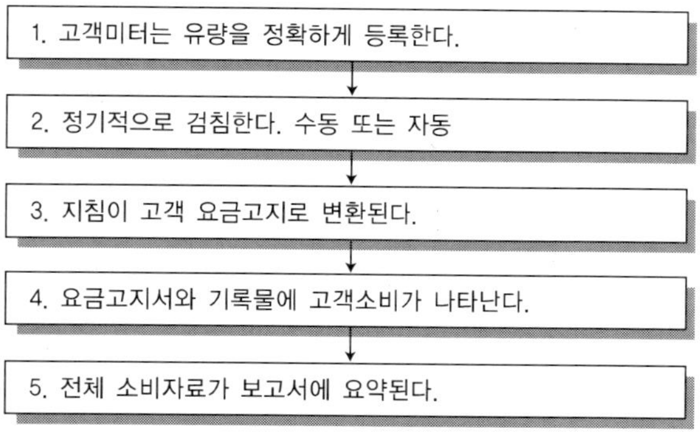

그림 11.1 계량된 소비 자료 기록보관 경로(참고문헌 6 참조)

11.3 고객 미터 불확도

미터를 통과하는 체적을 부정확하게 측정하는 고객 미터는 물 시스템 내 피상손실의 주된 원인이 될 수 있다. 대부분 북미 용수기관들은 그들 고객 소비를 계량하지만 상당한 숫자를 계량하지 않는다. 예를 들어 캐나다에서는 1999년 모든 거주자의 약 56% 만을 계량하였으며, 미계량된 많은 고객들은 전형적으로 물 서비스에 대해 정액요금(flat rate)을 지불한다.[1] 미계량된 용수기관 내에서 피상손실로서 미터 정확도를 평가하면 안된다. 즉, 이 용수기관은 고객 소비량을 정량화하고 승인된 소비 및 물손실 성분들로부터 이를 분리하기 위해 다른 방법들을 사용하여야 한다.

그림 11.1은 계량 및 회계책임에 대한 AWWA 정책을 제시한다. 본서에서는 모든 고객 소비는 물론 배수시스템에 공급된 물을 계량하는 AWWA 권장사항을 지원하고 따라서 이 토론은 고객 모집단 전체를 계량하는 용수기관의 문맥에서 존재한다. 고객들을 계량하지 않는 용수기관들은 대표적인 표본을 계량하고 자료를 자동기록하고, 전반적인 고객 소비 경향을 추론하는 결과들을 통계적으로 평가하여 고객 소비량을 추정할 수 있다.

장기 계획 수립시 고객 미터는 소비 경향에 대한 소중한 정보, 손실제어 및 보존 프로그램을 평가하기 위해 필요한 자료를 제공한다. 또한 계량은 가격을 체적과 연계시켜 고객 마음에서 물의 가치를 제고시킨다. 용수기관의 운영 및 개별 유역의 수자원을 더욱 잘 관리하기 위해 매우 유능한 계량 및 자동 미터판독 시스템 그리고 현재 광범위하게 사용할 수 있는 자료 자동기록 기법, 고객 소비 정보는 중요한 요소가 되어 가고 있다.

고객 미터의 철저한 토론은 본서 범위 밖이다. AWWA는 건전한 미터 관리의 모든 측면을 다루는 우수한 지침을 여러 매뉴얼로 제공한다. M6 출판물인 "수도 미터 선정, 설치, 시험 및 유지관리"는 기본적인 고객 미터 관리에 대한 포괄적인 정보를 제공한다.[2] M22 출판물인 "서비스 관로 및 미터 규격 결정"은 고객 수요 프로파일 및 규격 판단기준을 위한 훌륭한 지

침을 제공하며 이는 미터 정확도에 매우 중요하다.[3]

미터 정확도는 고객 소비 자료 취득을 위한 첫 걸음이다. 미터는 반드시 정확하게 계량하는 한편 후속적인 절차[미터 판독(수동 또는 자동 수집), 요금고지시스템으로의 자료변환 그리고 기록보관소(archival) 운영을 포함]도 정확하게 처리하여야 한다. 그렇지 않으면 일부 고객 계정자료가 완전 손실되기 때문에 실제 고객 소비가 왜곡될 수 있다. 많은 용수기관에서 정확한 미터 자료가 그릇되게 전송되고, 부적정하게 조정되고, 그릇되게 보관된 사례가 드물지 않다. 만일 일부 자료처리 경로의 무결성이 결여되면 피상손실을 전적으로 미터 부정확성으로 그릇되게 해석할 가능성이 크다. 만일 이러한 그릇된 가정에 기초하여 손실제어 의사결정이 이루어지면 고비용 결과를 초래할 가능성이 크다.

11.4 자료변환오류 및 체계적인 자료처리오류

때로는 고객 수도미터는 궁극적으로 커다란 고객 소비 자료량을 생산하는 복잡한 과정의 시작일 뿐이다. 대부분 용수기관은 수많은 고객에 대한 자료를 관리하므로 자료처리의 체계적인 부정확성은 대량 자료의 전단식 분량(shear volume)에 의해 쉽게 가리워질 수 있다. 그림 11.2는 미터로부터 이력 보관까지의 자료처리과정 내 존재하는 전형적인 절차의 개관을 제공한다.

궁극적으로 고객 소비로서 문서화되어 출력된 자료 내에 상기 임의 절차들에서의 오류가 도입될 수 있다. 고객 소비 자료의 무결성을 손상시키는 방법들 중 일부는 다음과 같다.

- 자료변환오류
  - 수동 미터판독 오류
  - 자동 미터판독 장비 장애
- 자료 분석 오류
  - 미터 판독 대신 불량하게 추정된 체적
  - 실제 계량된 소비 자료의 조작으로 고객 요금고지 조정
  - 불량한 고객 계정 관리: 활성화되지 않은 계정, 손실된 계정 또는 그릇되게 변환된 계정
- 정책 및 절차의 결점
  - 보편적인 고객 계량에 대한 정책에도 불구하고 일부 고객들은 의도적으로 계량되지 않거나 판독하지 못하도록 한다. 이러한 일은 지자체가 운영하는 물 공급시설 내 지자체가 소유한 빌딩에서 흔하게 발생한다.
  - 고객 계정이 "미요금고지된(nonbilled)" 상태로 들어가는 것을 허락하는 조항, 불량한 관리로 인해 이와 같은 맹점이 빈번하게 사기에 의해 부당하게 이용되거나 감시되지 않는다.

- 실제 고객 소비의 보존을 고려하지 않는 정책 조정
- 허가, 계량 또는 요금고지 작업에서 지체를 야기하는 관료적인 규정 또는 실행
- 물손실제어의 중요성 또는 "큰 그림" 을 인식하지 못하는 용수기관 내 조직 분할 또는 갈등

상기 목록은 용수기관 내에서 직면할 수 있는 일부 자료처리 문제만을 제공한다. 그러나 이는 전체가 망라된 것이 아니며 대부분 용수기관은 그들 조직 특유의 피상손실 상황을 확인할 수 있다. 실제 고객 소비량을 지나치게 수정하는 임의 행위를 피상손실로 간주할 수 있다. IWA WLTF는 Alegre et al[4]이 출판한 초기 작업 동안 자료처리 오류를 피상손실의 근원으로 특별하게 확인하지 않았다. 그러나 IWA와 AWWA가 출판한 후속 논문에서는 이 범주를 명백하게 정의한다. AWWA WLCC(Water Loss Control Committee)는 이와 같은 자료 조작을 피상손실로서 간주한다.[5]

11.5 미승인된 소비

미승인된 소비는 실제로 모든 용수기관에서 발생한다. 전형적으로 고객의 의도적인 행위를 통해 또는 물값을 지불하지 않고 물 시스템으로부터 취수하는 다른 사람들에 의해 미승인된 소비가 발생한다. 시스템 내 미승인된 소비의 특성과 범위는 지역사회의 경제적 건전성 및 용수기관의 정책 및 시행령의 실행력에 종속된다.

미승인된 소비는 고객 미터, 미터-판독 장비의 조작, 불법 소화전 개방, 불법 연결 그리고 다양한 다른 수단을 포함한 많은 방법으로 발생한다. 양호한 회계책임 및 손실제어 프로그램의 핵심 기능(물 회계감사가 최우선)을 수립하면 필연적으로 미승인된 소비가 발생하는 상황을 밝혀낼 수 있다.

물 회계감사는 용수기관 내에서 발생하는 미승인된 소비성분을 반드시 정량화하여야 한다. 최초 물 회계감사의 경우 또는 미승인된 소비가 과도한 것으로 믿기지 않는 경우 회계감사관은 반드시 물 회계감사에서 공급된 물 수치의 0.25%를 디폴트 수치로 사용하여야 한다. 이 퍼센티지는 세계적으로 물 회계감사에서 미승인된 소비성분의 대표적인 손실인 것으로 증명되었다. 양호하게 확립된 물 회계감사를 갖거나 미승인된 소비가 과도한 것으로 믿는 용수기관은 반드시 지불하지 않고 취수를 허락하는 절차적 공백 또는 정책은 물론 미승인된 소비의 범위와 특성을 확실하게 확인하여야 한다. 급수시설의 도수 가능성은 서비스 받는 고객 중 지불하지 못하거나 지불하지 않는 개별 고객의 함수이다. 모든 물 시스템은 미승인된 소비 발생에 취약하며 일부 경우 이 발생은 상당하다.

지역사회에서 고객 일부는 실제로 경제적 어려움을 겪고 있다. 그러나 용수기관은 이 고객

그룹에 대한 서비스 제공 그리고 물 값을 지불할 능력이 있지만 지불하지 않는 고객 그룹에 대한 집행소송 사이에서 균형을 유지하기 위해 노력한다. 따라서 미승인된 소비를 합리적으로 방지하도록 용수기관의 정책을 조심스럽게 평가할 필요가 있다.

11.6 피상손실의 영향

피상손실은 고객 소비 체적을 과소하게 기록하기 때문에 다음과 같이 두 측면에서 수자원 관리에 큰 영향을 미친다.

- 피상손실은 고객 물 수요의 정량화에 어느 정도 오류를 발생시킨다. 따라서 필요한 취수량 결정, 물 공급 기반시설의 적정 용량 결정 그리고 물 보존 및 물손실제어 실무를 평가하기 위한 의사결정 과정에 영향을 미친다.
- 피상손실은 고객이 소비한 물량에 대해 과소하게 요금을 청구하도록 만들어 잠재적 수익이 회수되지 않는다.

상기 두 영향은 상당할 수 있다. 만일 용수기관 내 피상손실 수준이 높으면 기록된 고객 소비의 체적은 상당한 정도의 오류에 노출될 수 있다. 예를 들어 년간 고객 소비량 365천만 갤런(1천만 gpd)으로 문서화된 용수기관을 고려한다. 만일 정기적인 물 회계감사 동안 피상손실이 소비의 10%인 1백만 gal/d이면 회계감사하는 1년 동안 실제 고객 소비는 401.5천만 갤런이 되고, 365백만 갤런이 추가된 것으로 밝혀진다. 이와 같은 손실로 인해 365백만 갤런 만큼 적게 기록 되어 실제 고객 소비 체적을 왜곡시킨다. 정확한 고객 자료에 의존하는 활동은 이 오류만큼 손상된다. 이 활동은 수리모델 내 수요를 할당하기 위해 소비 자료를 사용하여 물 보존 프로그램의 성공을 평가하기 위한 노력 그리고 지역 수자원 계획을 위해 필요한 지역사회 음용수 요구조건의 평가를 포함할 수 있다. 따라서 피상손실은 수자원 관리와 관련되어 광범위한 분석범위 및 의사결정 과정에 오류를 발생시킨다. 만일 미국 내 물 산업이 매우 분업화되면(즉, 임의 지역 내 많은 다른 규격의 용수기관들이 존재하면) 피상손실로 인해 발생하는 오류는 많은 이질적인 용수기관들 내 존재하는 각양각색의 오류들에 의해 더 심각하게 된다. 지역 용수기관들 내 존재하는 피상손실의 타당한 평가 없이 실제 지역 기반 고객 수요를 추산하는 것은 어려울 수 있다.

수익 관점에서 피상손실은 용수기관의 최종가격에 상당한 영향을 미칠 수 있다. 피상손실은 용수기관의 수익을 희생시키고, 용수기관이 개별 고객들에게 제공한 상수와 하수 서비스에 대한 년간 요금고지의 5% 이상을 차지할 수 있다. 많은 용수기관들은 다양한 세력들로부터 증가되는 재무 압력을 직면하고 있고 피상손실로부터 수익을 회수하려는 입장에 서 있다. 피상손실은 고객의 배달점에서 부적정하게 기록된 물량에 의해 정량화되기 때문에 이 물은 고객에게 청구하는 소매가격으로 책정된다. 또한 빈번하게 물 요금은 소비 체적에 기초한 하수요금을 포함한다. 피상손실 비용의 영향은 빈번하게 실질손실 비용의 영향보다 크며, 전형적으로 요금은 물을 정수처리하고 배달하기 위한 가변생산비용으로 가격이 평가된다. 수자원이 상당히 제한될 때 실질손실 감소로 절감되는 물을 고객들에게 판매할 수 있는 이론에 기초하여 실질손실을 소매가격으로 평가할 수 있다. 통상적으로 소매가격은 고정된 요금 및 행정적 비용, 기반시설 개선, 그리고 부채상환을 포함하므로 이 비용은 용수기관이 물을 정수처리하고 배달하기 위해 발생하는 가변생산비용보다 상당히 더 크다. 따라서 피상손실은 용수기관 수익원에 상당한 영향을 미칠 수 있다.

또한 피상손실은 지역사회에서 불공평한 지불 문제를 야기시킨다. 실제 배달된 물량이 축소될 때 피상손실이 발생한다. 따라서 고객 모집단의 일부는 할인받거나 무료로 물 서비스를 받는다. 이는 정당하게 지불하는 고객 모집단은 적게 지불하거나 또는 지불하지 않는 고객들에게 사실상 보조금을 주는 것을 의미한다. 특히 이 상황에서는 용수기관이 정당하게 지불하는 고객들에게 전체 지역사회 물-사용에 대해 더 큰 재무를 부담시키는 물 요금 인상 문제가 발생한다. 적게 지불하거나 지불하지 않는 고객들을 확인하고 이들을 활성 요금고지 기능에 추가하여 피상손실을 감소시키고 손실된 수익을 회수하면 물 요금 상승 필요성을 감소시키거나 지연시킬 수 있다.

피상손실 복구는 용수기관에게 직접적으로 수익을 개선시킬 수 있고, 상대적으로 적은 비용으로 많은 피상손실을 복구할 수 있다. 이는 조기 성공 및 물손실제어 프로그램에 대한 조기 상환측면에서 중요하다. 이러한 방법으로 프로그램에서 조기에 회수된 자금은 장기 물손실제어활동을 위한 씨앗 역할을 할 수 있다. 요약하면 용수기관 관리자는 피상손실을 확인하여 더욱 현실적인 실제 고객 수요량을 얻을 수 있다. 피상손실을 제어하면 손실된 상당한 수익을 회수할 수 있다. 따라서 피상손실의 평가는 모든 회계책임의 정량적 측면들과 물손실제어 프로그램과 관계가 있다.

11.7 피상손실제어에 대한 경제적 접근법

그림 11.2는 물손실제어에 대한 개념적 접근법을 나타내는 그래프이고 이 경우 피상손실에 적용된다.[6] 중심 상자는 다음과 같이 정의되는 세 개 피상손실수준을 나타낸다.

- 외부 상자는 용수기관이 물 회계감사과정을 통해 정량화할 수 있는 현재 피상손실체적을 나타낸다.
- 중간 상자는 특정 용수기관의 피상손실 목표를 나타낸다. 이는 개념적으로 경제적 피상손실수준 ELAL(economic level of apparent losses), 또는 피상손실제어 비용이 피상손실 복구로 얻은 절약과 동일한 수준이다.

- 내부 상자는 불가피한 년간 피상손실 UAAL(unavoidable annual apparent losses) 수준이다. 이는 개념적으로 모든 가능한 피상손실을 제어할 때 얻을 수 있는 가장 낮은 피상손실수준이다. 계산식을 갖는 UARL과는 달리 UAAL를 계산하기 위해 수립된 공식 또는 기준 수치가 현재는 존재하지 않는다. UAAL의 계산식을 전개하는 수단에 대한 토론은 IWA WLTF에서 계속된다.
- 4개의 화살표는 4개의 중요한 피상손실 원인들을 다루기 위한 수단을 나타낸다. 특정 피상손실 성분들에 걸쳐 목표가 설정된 조치가 발휘되면서 년간 피상손실체적(외부 상자)이 감소될 수 있는 것을 나타낸다. 화살표의 이중 방향 구조는 이 성분역역의 제어가 부족하면 전체 피상손실체적의 증가를 반영한다.

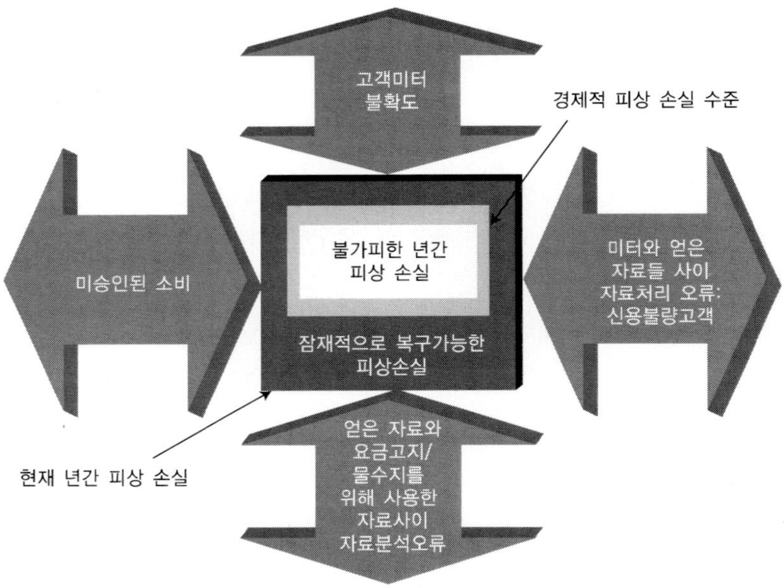

그림 11.2 피상손실 제어에 대한 4개 기본 접근법

대부분 현장에서 손실제어를 시도하면 많은 손실들이 완벽하게 제거되지는 않지만 어느 정도 손실이 감소된다. 손실이 만연하면 초기 손실제어 프로그램에서 상대적으로 큰 감소를 얻을 수 있으며 이를 "낮게 매달린 과일" 효과라 한다. 그러나 여기서 더욱 손실을 감소시키려면 더욱 큰 비용과 노력이 필요하다. 그림 11.3[7]은 대체 빈도와 미터를 통과하는 평균 누적 소비(백만 갤런)에서 작도된 점들과 함께 고객 미터 대체를 위한 비용곡선 예를 보여준다. 높은 빈도로 미터를 대체하면 미터 불확도로 인해 피상손실이 적어지는 것을 알 수 있다. 그러나 높은 대체 빈도는 높은 대체 비용을 의미한다. 따라서 최적 미터 대체 빈도를 파악할 필요가 있다.

피상손실 감소 목표를 설정할 때 분기점이 존재한다. 분기점을 넘어서 피상손실을 제어하

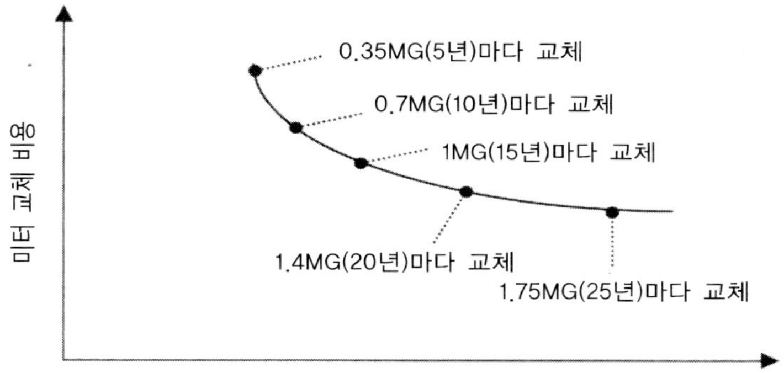

그림 11.3 미터 교체 프로그램의 비용 곡선(참고문헌 7 참조)

는 노력은 회수 보다 더 많은 비용이 소요될 가능성이 크다. 이 경우 추가 피상손실제어 노력은 경제적이지 않아 추구할 필요가 없다. 이 분기점이 ELAL 또는 추구할 최적 피상손실목표이다. 부정확한 고객 미터에 대한 ELAL은 그림 11.4[7]와 같다. 이 그림에서 미터 대체 비용 곡선은 비용회수(cost recovery, 원가회수)선과 연계되며, 비용회수선은 피상손실 복구에 의해 생성된 절감을 반영한다. 이 두 수치들을 더하여 세 번째 곡선이 작성된다. 따라서 년간 전체 피상손실 비용의 곡선이 유도된다. 미터 부정확으로 인한 피상손실에 대한 ELAL은 그림 11.4와 같이 이 곡선의 최소 비용수준점이 된다. 피상손실 감소 비용 곡선을 다시 읽어 ELAL에서 최적 피상손실 감소 수준을 결정한다. 고객 미터 부정확에 기인한 피상손실의 경우 전체 비용 곡선의 최소점과 일치하는 미터 대체 비용 곡선의 점을 선정하여 최적 미터 대체 빈도를 결정할 수 있다.

특정 곡선을 생성하기 위한 설정시 가장 중대한 피상손실 성분의 제어비용과 체적을 결정하여 경제성 분석을 시작하여야 한다. 각 피상손실 성분의 문제를 분석하고 오류가 발생하는 원인을 파악하면 이 손실을 감소시키기 위한 다양한 해결책을 고려할 수 있다. 가능성 있는

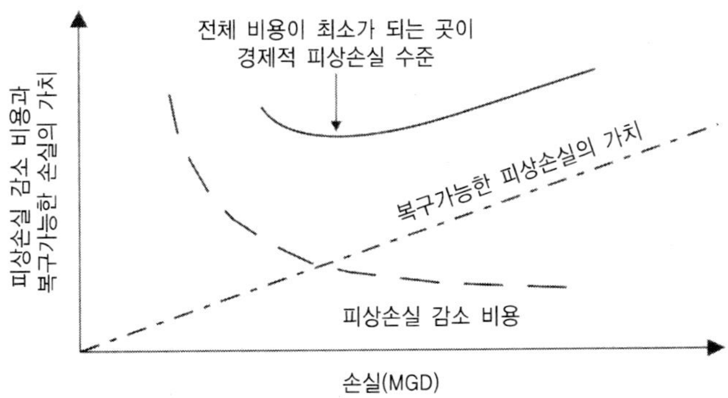

그림 11.4 피상손실 감소 해결책을 위한 경제적 균형

해결책은 개선된 회계감사, 오류를 확인하기 위한 새로운 보고서 또는 전체 고객 모집단 미터의 저렴한 대체를 위한 개선된 훈련 새로운 고객 요금고지시스템을 포함할 수 있다. 미터 판독 오류로 인한 피상손실을 감소시키는 해결책은 개선된 미터 판독자의 훈련, 개선된 미터 판독의 회계감사, 개선된 휴대용 미터–판독 장비의 소프트웨어로부터 장기 해결책으로서 완벽한 AMR 시스템의 실행에 이를 수 있다. 이와 같은 대안적 해결책 각각에 대한 비용을 반드시 피상손실 감소로부터 예상되는 수익회수와 비교하고, 비용/편익 측면에서 해결책의 우선순위를 결정하여야 한다. 충분히 매력적인 비용/편익 비율 또는 상환기간을 갖는 해결책만을 피상손실제어 계획에 포함시켜야 한다. 다양한 피상손실 성분에 대한 비용 곡선의 스케일과 형상은 용수기관마다 매우 다를 수 있다. 또한 AMR 시스템과 같은 포괄적인 해결책들은 피상손실제어 이외 많은 추가적인 편익을 제공한다. 추가 연구를 착수할 때까지 용수기관은 심각한 것으로 인지하는 다양한 피상손실 성분들에 적합한 개별 용수기관 비용 및 비용곡선을 전개하여야 한다.

상기 접근법은 현재 피상손실 목표 순위설정에서 두 개의 한계를 예증한다. 첫 번째, 비용곡선을 적용할 때 반드시 상당한 자료를 확보하여야 한다. 이는 복잡하고 시간을 소비하는 것이 될 수 있다. 두 번째, 상당한 것으로 여겨지는 각 피상손실 성분(예를 들어 부정확한 고객 미터, 미터 조작, 미승인된 소화전 사용 등)들과 세부성분들에 대해 반드시 개별 비용곡선을 전개하여야 한다. 불행하게도 용수기관을 위한 단일 복합 ELAL이 존재하지 않는다. 고려하는 각각의 피상손실제어 해결책에 대해 하나의 ELAL이 존재하고, 용수기관의 전체 ELAL은 선택된 다른 피상손실 성분들에 대한 각 해결책의 합계가 된다. 따라서 현재 엄격하게 ELAL를 개발하는 수단은 상당한 자료 없이는 실행될 수 없는 과업을 요구한다. 이 시점에서 IWA WLTF는 더욱 단순하고 간단명료하게 ELAL을 구할 수 있는 방법을 개발하기 위해 연구 중에 있다.

명백하게 전체 ELAL를 확인하는 현재 접근법은 재원 집약적이고 시간 소비적이다. ELAL를 계산하기 위한 단순한 방법을 개발하기 위한 과업이 착수 중인 반면 용수기관은 아직도 피상적으로 피상손실을 분석할 수 있고, 대략적인 피상손실 감소 수준을 확인할 수 있다. 만일 용수기관이 물 공급의 회계감사를 시작하는 단계라면 상당한 피상손실과 실질손실이 존재하고, 비용 효과적인 실질 및 피상손실체적을 복구하는 것이 경제적일 가능성이 매우 크다. 복잡한 피상손실 분석 대신 피상손실을 제어하고 있는 용수기관을 위한 표준 시작점으로서 다음 사항들을 권장한다.

- 고객미터 판독 및 요금고지과정 흐름도. 이 과정을 이해하고 피상손실의 발생을 허락하는 임의 실수 또는 맹점을 확인하는 것은 피상손실 성분관리를 위한 기본이다. 추가적으로 제한된 재원과 비용으로 탁상에서 수행할 수 있고 정책, 절차 또는 전산기 프로그램을

수정하면 신속하고 저렴하게 많은 손실 성분을 확인할 수 있다. 상세한 내용은 제14장의 흐름도를 참조한다.

- 고객 미터 모집단이 초기 단계이거나 잘 문서화 되어 있지 않으면 표본 고객 미터에 대해 년간 미터 정확도를 시험한다. 이 표본은 1년에 최소 50개(무작위로 25개를 선정하고, 높은 누적 소비를 기록하는 25개 미터를 선정) 미터가 될 수 있다. 이 시험 결과의 자료는 현재 모집단 미터의 정확도 상태를 사전에 표현하고, 궁극적으로 년간 경향은 미터를 통과하는 누적 체적으로 인해 정확도가 상당히 손실되는 사실을 밝혀줄 것이다.

상기 첫 번째 절차는 노력과 비용 측면에서 관리될 수 있고, 피상손실제어 노력을 생산적으로 시작할 수 있는 회수와 양호한 자료를 제공할 수 있다. 한번 여러 해 동안 물 회계감사를 수행하였으면 현장 조사로부터 추가 상향식 자료를 사용할 수 있으며 더욱 강건하게 현재 피상손실을 평가할 수 있다.

그림 11.5는 초기 하향식 물 회계감사자료를 편집한 후 피상손실제어 전략을 개발하고 실행하기 위한 절차들의 순서를 확인한다. 처방 활동이 경제적으로 정당화되고 잘 계획되는 것을 보장하기 위해 상향식 회계감사 활동으로 시작하는 이 절차들의 순서를 따라야 한다. 피상손실제어를 위한 상향식 활동은 계량, 회계 그리고 요금고지 기능의 상세한 조사를 포함한다. 요금고지 시스템 과정의 흐름도 작성은 권장되는 최초 절차 조치로서 제14장에서 기술한 중요한 상향식 활동이다. 미터 정확도 시험도 상향식 활동에 속한다. 또한 이 활동은 가능성 있는 미터 조작, 불법 연결 또는 다른 형태의 미승인된 소비를 조사하기 위해 고객 부지의 현장 조사를 포함한다. 피상손실을 추적하기 위해 다른 많은 유사한 활동을 수행할 수 있다. 의심되는 특정 피상손실 상태들을 파악하는 임의 활동은 상향식 활동으로 간주할 수 있다. 상향식 활동은 하향식 활동보다 더 많은 일의 수행을 요구하지만 개별 손실을 구체적으로 확인하고, 알고 있는 손실에 대해 전략적으로 처방조치를 취하고, 물 회계감사를 위해 더욱 신뢰성 있는 자료 생성을 허락한다.

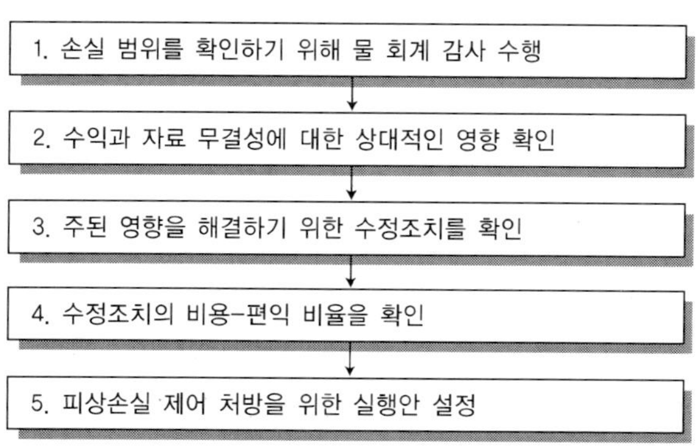

그림 11.5 피상손실 제어 전략 수립(참고문헌 6 참조)

11.8 피상손실제어를 위한 수익 보호 프로그램 개발

용수기관 관리자에게 가장 중대한 피상손실의 영향은 미포착된 수익이다. 피상손실을 제어하여 용수기관의 수익기반을 보호하기 위해 사용한 공동 조치(collective action)를 확인하기 위해 "수익 보호 프로그램" 용어를 사용한다. 상기에서 언급한 것과 같이 수많은 뚜렷한 피상손실성분들과 세부성분들이 용수기관 내에서 발생한다. 따라서 용수기관의 개별 요구에 수익 보호 프로그램을 맞추어야 한다. 표 11.1[6]은 가공의 용수기관 CWC(County Water Company)에 대한 수익 보호 계획의 예를 보여준다. 주된 피상손실성분들인 고객 미터 불확도, 자료변환 오류, 체계적인 자료처리 오류, 그리고 미승인된 소비 각각을 고려하여 수익 보호 계획을 수립하여야 한다. 각 성분이 용수기관에 미치는 상대적인 영향을 평가하기 위해 반드시 물 회계감사로부터의 자료를 평가하여야 한다. 표 11.1 예에서 CWC는 시스템 내 미승인된 소비가 거의 없는 것으로 추정하므로 이 성분은 초기 수익 보호 프로그램 내 포함되지 않는다. 표 11.1에서 보는 것과 같이 피상손실로 인한 CWC의 수익손실은 $838,360이고, 이는 년간 전체 운영비용 $9,600,00의 8.7%이다. CWC 관리자는 상기 권장사항에 따라 고객 요금고지과정을 분석하고 년간 고객 미터 정확도를 시험하는 수익 보호 프로그램을 개시하기로 결정한다.

요금고지 과정분석(흐름도 작성)은 비용 $24,024가 소요되는 2개월 프로젝트로 계획된다. 이 비용은 분석 및 과정에 추가될 수 있는 저비용 피상손실 수정을 포함한다. CWC는 초기 물 회계감사의 편집 동안 표본 고객 미터의 정확도 시험을 수행하였고, 모집단 고객 미터의 정확도를 추적하고 시간에 걸친 정확도의 저하를 파악하기 위해 년간 단위로 표본 시험을 계속하기로 결정한다. 50개 주거민 미터와 5개 대형 미터를 시험하기 위한 예상 비용은 $7,140이다. 두 성분 수익 보호 프로그램의 전체 초기 년도 비용은 $24,024+$7,140=$31,164로 추정된다. 이를 복합 고객 소매 요금 $3,945/백만갤론에 적용하면 CWC는 오직 프로그램 운영 첫 해에 비용을 회수하기 위해 오직 피상손실 7.9백만 갤론을 회수할 필요가 있다. 이는 물 회계감사 내 정량화된 전체 피상손실체적 208.22백만 갤런의 3.8%에 지나지 않는다. 만일 각 주거민 고객이 매달 800ft^3(71,808갤론/년)의 물을 소비한다면 요금고지 기능으로부터 손실된 110개 계정을 복구하여 7.9백만 갤런의 물을 회수하면 비용 효과 분기점을 만족시킬 수 있다. 이는 고객 요금고지 시스템 내 전체 12,196 계정의 1% 보다 적다. 고객 소매가격으로 평가된 회수는 신속하게 자금을 회수할 것이 명백하다.

수익 보호 프로그램의 초기 단계 동안 저렴한 프로그래밍과 절차상 수정을 통해 상당한 자금을 회수할 수 있다. 그러나 프로그램이 성숙되면서 용수기관은 피상손실을 완벽하게 제어하기 위해 더욱 광범위하고 고비용의 개선사항을 고려하여야 한다. 이와 같은 개선노력은 대량의 미터 교체, AMR 시스템의 설치 또는 새롭게 전산화된 요금고지 시스템의 실행을 포함할 수 있다. 이와 같은 장기 개선의 경제성을 조심스럽게 고려하여야 한다. 그러나 프로그램이 성숙되면서 합리적인 의사결정을 위한 기본을 제공하는 충분한 자료가 존재하게 된다.

표 11.1 표본 수익보호계획(출처 : 참고문헌 6)

수익보호계획 표본

용수기관명칭: County Water Company	일자 : 2007년 10월 7일

Ⅰ. 수익보호계획 접근법

CWC 최초 년간 물 회계감사를 완료한 후 CWC 관리자는 가장 중대한 피상손실성분을 확인하는 지속적인 수익보호 프로그램을 구축하고 이 손실을 경제적 수준으로 감소시키기 위한 노력을 개시하기로 결정한다. 초기 이득을 평가한 후 추가적으로 손실이 적은 피상손실을 감소시키기 위해 평가할 것이다.
CWC 물 회계감사결과 피상손실은 다음과 같이 정량화된다.

주거민 미터 과소등록	134.33mg at $556,395
산업/상업/농업 미터 과소등록	29.97mg at $108,701
체계적인 자료전송 오류	12.57mg at $49,589
체계적인 자료분석 오류	8.72mg at $34,400
자료 정책/절차 영향	11.63mg at $45,880
미승인된 소비(공급된 물의 0.25% 디폴트)	11.00mg at $43,395
전체 피상손실	208.22mg at $838.360

(복합 고객 소매가격은 $3,945/mg; 믈 시스템 운영 전체 비용은 $9,600,000)

상기 요약으로부터 고객 미터 불확도의 비용 영향은 $556,395+$108,701=$665,096이다. 이는 물 시스템 운영 전체 비용의 6.9%에 해당된다. 또한 3개 세부성분에 따른 자료처리 오류로 인한 $129,869손실은 물 시스템 운영 전체 비용의 1.3%에 해당된다. 미승인된 소비는 CWC 시스템 내 매우 작은 것으로 믿어지며 공급된 물의 디폴트 수치 0.25%로 추정된다. 물 회계감사 결과로부터 수익보호 계획은 주로 고객 미터 불확도에 집중되며, 부차적으로 체계적인 자료 처리 오류에 집중된다. CWC 관리자는 피상손실을 다루는 다음 첫 번째 절차에 따라 고객 소비자료의 무결성을 보장하고 체계적인 자료 처리 오류의 발생을 확인하기 위해 고객 요금고지시스템의 작업 흐름도 작성을 계획한다.

Ⅱ. 고객 요금고지 과정 분석

Ⅱ-a.

관리자는 고객 미터 검침과 요금고지 과정을 분석하기 위해 2개월 동안 요금고지 시스템 자문가와 함께 CWC 요금고지 분석가 1인을 시간제로 선임하기로 결정한다. 이 조사 결과로부터 쉽게 수정할 수 있는 것으로 판단되는 임의 피상손실을 분석할 것이다. 이와 같은 수정은 상대적으로 작은 프로그램 또는 작업절차를 변경하여 시행된다. 일례는 프로그램이 미터 검침/요금고지 기능에서 50개 가정의 주택 개발 2년 동안 부주의하게 남겨지도록 방치되는 것이다. 이와 같은 수정 노력에 소요되는 비용은 기본적으로 이를 시행하는 인적자원이다.

Ⅱ-b. CWC 직원의 임금과 수당을 포함한 직원 비용

CWC 직원 숫자	1.00	비용$/시간	33.50	$/일	268.00
자문가 숫자	1.00	비용$/시간	75.00	$/일	600.00
소계			108.50		868.00

Ⅱ-c. 기간

프로젝트 과업당 소요일수	흐름도작성/분석	수정	전체 일수	프로젝트 비용,$
CWC 직원 숫자	14.00	4.00	18.00	-4,824.00
자문가 숫자	25.00	7.00	32.00	19,200.00
소계	39.00	11.00	50.00	24,024.00

표 11.1 표본 수익보호계획(출처 : 참고문헌 6)(계속)

Ⅲ. 고객 미터 정확도 시험

Ⅲ-a.

CWC 물 회계감사는 물 회계 연도 동안 소비를 과소등록하는 고객 미터의 불확도로 인해 수익 $665,096에 상응하는 손실이 발생한 것으로 추정한다. 이 금액은 CWC 내 상당한 수익 회수를 나타낸다. 물 회계감사 과정 동안 CWC는 무작위로 50개 주거민 미터와 5개의 대형(산업, 상업 그리고 농업) 고객 표본 미터 시험을 착수하였다. 고객 미터 정확도에 기인한 전체 피상손실의 추정을 결정하기 위해 전체 미터 모집단에 표본 미터시험 결과를 외삽하였다. 이 시험 수치에 기초하여 CWC 관리자는 미터 정확도를 지속적으로 측정하고 또한 누적 소비가 증가하면서 정확도의 장기 퇴화율을 관측하기 위해 매년 이와 같은 시험을 계속하기로 결정한다. CWC는 자체 시험시설을 갖고 있지 않아 미터시험을 계약하였다. 미터 감독자와 직원 1인은 고객 부지로부터 미터의 시험 및 순환하기 위한 미터를 확인하기 위해 그리고 과업 분석 및 행정처리를 수행하기 위해 참석하였다.

Ⅲ-b. 직원 & 시험 비용(CWC 직원 임금 및 수당 포함)

CWC 직원 숫자	2.00							
감독자 비용	$/시간	35.00	$/일	280.00	일수	3.00	비용	840.
계약자 비용	$/시간	27.50	$/일	220.00	일수	15.00	비용	3,300.0
CWC 직원 비용								4,140.

Ⅲ-c. 년간 미터 시험 프로그램 비용, $7,140.00

Ⅳ. 수익보호 프로그램 요약

Ⅳ-a. 초기 수익보호 프로그램의 두 성분의 전체 비용은 다음과 같다.

고객 요금고지 과정 분석	$24,024.00
년간 미터 시험 프로그램	$ 7,140.00
전체 수익보호 프로그램 비용	$31,164.00

Ⅳ-b. 경제적 수익회수 수준

새로운 수익보호 프로그램의 첫 해 동안 CWC는 프로그램을 시행하기 위해 $31,164가 소요되는 것으로 예상한다. 이 프로그램의 비용을 회수하기 위해 CWC는 이 크기와 동등한 수익 회수가 필요하다. 고객 소비의 복합 요금고지 요금 $3,945/mg를 적용하면 다음과 같이 이와 동등한 소비체적을 결정할 수 있다.

$$\text{분기점 회수 체적} = \frac{\$31,164.00}{\$3,945/\text{mg}} = 7.90\text{mg}$$

만일 CWC의 초기 수익보호 노력이 단순히 7.90mg 소비를 복구하면 운영 첫해에 수익보호 프로그램의 소요비용을 회수할 수 있다. 이 수준은 물 회계감사에서 오직 전체 피상손실 208.22mg의 3.8%에 지나지 않는다. 피상손실은 고객 소매가격으로 평가되므로 이 손실 회수는 매우 비용 효과적이다. CWC는 첫해에 수익보호 프로그램 비용을 초과 회수할 수 있다.

11.9 피상손실제어 요약

피상손실은 고객 물 소비체적의 계량을 왜곡시키고, 용수기관의 수익을 손실시킨다. 그러나 피상손실제어의 초기 개선은 상대적으로 상환기간이 짧고 적은 과업을 필요로 하므로 비용 효과가 매우 높을 수 있다. 추가 물손실감소(특히 실질손실 감소) 활동을 위한 비용을 확보하려면 신속하게 자금을 회수하기 위해 물손실제어 프로그램의 초기에 피상손실제어를 목표로 하는 것이 좋다. 대부분 특정 손실제어 노력은 수확체감법칙을 따른다. 그러나 많은 용수기관은 비용 효과적으로 회수할 수 있는 피상손실을 가질 가능성이 커서 수익원을 향상시키기 위해 물손실제어 프로그램이 더욱 권장된다.

참고문헌

1. Environment Canada. "Metering.", The Management of Water. [Online]. Available: www.ec.gc.ca/water/en/manage/effic/e_meter.htm.
2. American Water Works Association. "Water Meters-Selection, Installation, Testing, and Maintenance." Manual of Water Supply Practices M6: AWWA, 1999. ISBN 0-58321-017-2
3. American Water Works Association. "Sizing Water Service Lines and Meters." Manual of Water Supply Practices M22. Denver, Colo.: AWWA, 2004. ISBN 1-58321-279-5
4. Alegre, H., W. Hirner, J. Baptista, et al. "Performance Indicators for Water Supply Services." Manual of Best Practice Series: London: IWA Publishing, 2000. ISBN 1900222 272
5. Kunkel, G., J. Thornton, D. Kirkland, et al., "Water Loss Control Committee Report Applying Worldwide Best Management Practices in Water Loss Control." Journal AWWA, 2003.95(8):65.
6. American Water Works Association. "Manual of Water Supply Practices M36." Water Audits and Loss Control Programs, 3rd ed., Denver, Colo.: AWWA 2008.
7. Fanner, V.P., Thornton, J., Liemberger, R., et al., Evaluating Water Loss and Planning Loss Reduction Strategies. Denver, Colo.: AwwaRF and AWWA, 2007.

Chapter 12

피상손실제어 고객 미터 불확도

12.1 고객 미터 기능 및 정확도

생산량과 고객 소비량을 계량하는 것은 세계적으로 많은 용수기관들의 표준 실무이다. 영국과 같이 계량이 보편적이지 않은 국가들에서도 고객 계량 표준 실무를 제정하려는 강한 움직임이 존재한다. 또한 자료의 기록, 통신 그리고 보관 기술의 발전으로 계량된 자료의 역할은 증가한다. 고객 미터는 고객들을 통해 흐르는 물을 지속적으로 등록하고, 통상적으로 요금고지 목적으로 30일 또는 90일 기간에 걸친 물 소비를 결정하기 위해 주기적으로 미터 지침(읽음값)을 수집한다. 자료자동기록 시스템(logger)이나 고정된 통신망 AMR 시스템을 통해 계량된 고객 소비자료를 더욱 빈번하게, 지속적으로 수집하는 기술이 급속하게 발전되고 있으며 이제는 많은 물 시스템들에서 사용된다. 고정된 통신망 AMR 시스템은 수분 간격으로 고객 소비를 기록할 수 있고, 1일 동안 변화하는 상세한 소비 프로파일을 용수기관에게 제공한다. 이와 같은 세부적인 자료는 고객 부지 내 누수를 나타내기 위해, 수리모델링 캘리브레이션 및 수많은 다른 운영 목적을 돕기 위해, 물 소비 프로파일을 전개하기 위해 사용될 수 있다. 이러한 계량된 고객자료의 여러 용도를 고려할 때 정확한 물 요금고지 생산의 기본적인 목적 이외 높은 기능 및 정확도 수준으로 미터 모집단을 유지하는 것이 매우 중요하다.

대규모 고객 미터 모집단을 관리하려면 요금고지 정책 및 고객 관계는 물론 미터 및 미터 지침(읽음값) 지식이 필요하다. 고객 미터의 규격결정 및 설치와 관련된 정책, 절차들은 물 공급 효율에서 중요한 역할을 하고, 정책 결점으로 인해 부적합 미터가 부주의하게 설치되지 않는 것을 보장하기 위해 반드시 절차와 정책을 검토하여야 한다. 그러나 물 보존 프로그램, 손실제어 노력 그리고 경제적 효율성을 평가하기 위해 소비 자료의 중요성이 인식되면서 정확한 고객 계량의 편익은 지속적으로 진화하고 있다.

물 산업에서는 매우 정확한 많은 종류의 미터를 사용할 수 있다. 용수기관의 지속적인 기능의 일부로서 미터의 설치 및 유지를 포함시켜야 하며, 따라서 반드시 고객 미터의 정기적인 시험 및 순환(rotation)을 위해 자금을 확보하여야 한다. 정기적으로 고객 미터 그룹을 시험하는 프로그램의 실행은 미터 모집단을 유지하기 위한 효율적이고 경제적인 방법이며, 고객 미터 모집단에 대한 합리적인 미터 교환 장기계획 수립을 위한 필수적인 자료를 제공한다.

12.2 고객 미터 통계자료 및 소비 기록

최상의 미터 관리 실무를 채택하는 용수기관은 통상적으로 그들 물 시스템 내 고객 미터 통계자료 및 다른 형식의 미터 정확도를 철저하게 파악한다. 그러나 신규 용수기관 관리자가 15년, 20년 또는 25년 전에 설치된 미터 모집단을 상속받는 것은 드물지 않지만 지속적인 미터 시험, 순환(rotation), 올바른 규격결정을 경험하지 않았다. 이와 같은 많은 사례에서 미터 모집단의 규격, 형식, 제작사, 성능은 불량하게 문서화된다. 이 경우 가장 중요한 첫 번째 절차는 현존하는 고객 계정과 미터 자료를 편집하여 미터 모집단의 정확도 수준과 기본적인 통계 자료를 확립하는 것이다.

미터 통계자료: 만일 고객 미터 모집단 특성을 잘 알지 못하면 회계감사관은 구매 및 설치 자료, 요금고지기록, 고객 불만 이력, 미터 정확도 시험결과들을 사용하여 고객 미터의 규격, 형식, 종류, 수령, 누적 소비 수준에 대한 정보를 편집하기 위한 연구를 수행할 수 있다. 추가적으로 고객 서비스 그리고 미터 서비스 작업자가 할당된 작업을 수행하면서 고객 현장에서 특정

표 12.1 CWC 계량된 소비 및 고객 미터 통계(2006년 1월 1일~12월 31일)

출처 : 참고문헌 1

미터규격 (인치)	미터 수량	전체 미터 %	형식(숫자)	제작(수량)	평균 수령(년)	계량된 소비 %
⅝	11,480	94.1	용적형 (11,480)	Badger (11,480)	13	71.2
¾	10	0.08	용적형 (10)	Rockwell (10)	26	0.1
1	338	4.4	용적형 (338)	Badger(250) Neptune (88)	18 11	2.8
1½	124	1.0	용적형 (124)	Badger (18) Neptune (106)	18 9	2.8
2	216	1.8	용적형 (216)	Rockwell (54) Badger (146) Neptune (16)	28 22 20	11.7
3	15	0.12	터빈 (15)	Sensus (15)	15	6.6
4	7	0.05	용적형 (2) 터빈(5)	Sparling(2) Sensus (5)	26 15	2.2
6	6	0.05	터빈(2) 복합식(2) 프로펠러(2)	Sensus (2) Sparling (2) Hersey (2)	15 29 40	2.6
합계	12,196	100.00				100.0

미터 및 계정 정보를 수집하도록 요구하는 새로운 방법을 개시할 수 있다. 이 정보를 자료 보관 시스템에 입력할 수 있다. 표 12.1은 가상 CWC의 요약된 고객 미터 통계자료를 보여준다.[1] 미터 모집단의 특성을 보여주기 위해 이 표와 유사한 방법으로 보고서를 생성할 수 있다.

미터 기술은 항상 발전하므로 새로운 형식과 모델들이 물 시장에 빈번하게 도입된다. 많은 용수기관들은 경쟁 입찰을 통해 대량으로 미터를 구매하고, 오랜 기간에 걸쳐 다양한 제작사와 모델의 미터를 물 시스템 내 서서히 설치한다. 건전한 미터 시험, 올바른 규격결정 그리고 치밀한 순환 전략을 수립하기 위해 합리적인 미터 모집단 통계자료의 감각을 갖는 것이 중요하다.

표 12.1과 같은 미터 통계자료 이외 계량 추세를 추적하고, 비정상적인 패턴을 주목하기 위한 소비 요약은 유용한 관리 도구이다. 표 12.2는 CWC의 2006년 소비를 요약한 것이다.[1] 각 고객 범주 내 전체 소비를 총계하고 월별로 분류된 소비를 보여준다. 용수기관 관리자는 표 12.2와 같은 표를 사용하여 소비 패턴을 감시하는 것이 중요하다. 비정상적인 자료가 명백해지면서 이들을 탐지하기 위해 반드시 매월 그리고 매년 소비 자료를 조심스럽게 추적하여야 한다. 표 12.2와 유사하게 미터 규격으로 분류된 매월 소비 총계를 보여주는 표를 작성할 수 있다.

표 12.2 CWC 고객범주에 따른 계량된 물 소비

출처 : 참고문헌 1

2006년	주거민 (mg)	산업 (mg)	상업 (mg)	계량된 농업 (mg)	모든 미터 합계 (mg)
1월	146.6	35.8	8.1	0	190.5
2월	162.9	35.8	8.1	0	206.8
3월	162.9	35.8	8.1	0	206.8
4월	179.2	39.1	8.1	24.4	250.8
5월	211.8	42.4	8.1	57.0	319.3
6월	228.1	48.9	8.1	74.9	360.0
7월	260.3	48.9	8.1	57.0	374.3
8월	266.5	48.9	8.1	74.9	398.4
9월	228.1	45.6	8.1	65.2	347.0
10월	162.9	35.8	8.1	0	206.8
11월	162.9	35.8	8.1	0	206.8
12월	146.6	35.8	8.1	0	190.5
년간 합계	2,318.8	488.6	97.2	353.4	3,258.0
1일 평균	6.35	1.34	0.27	0.97	8.93

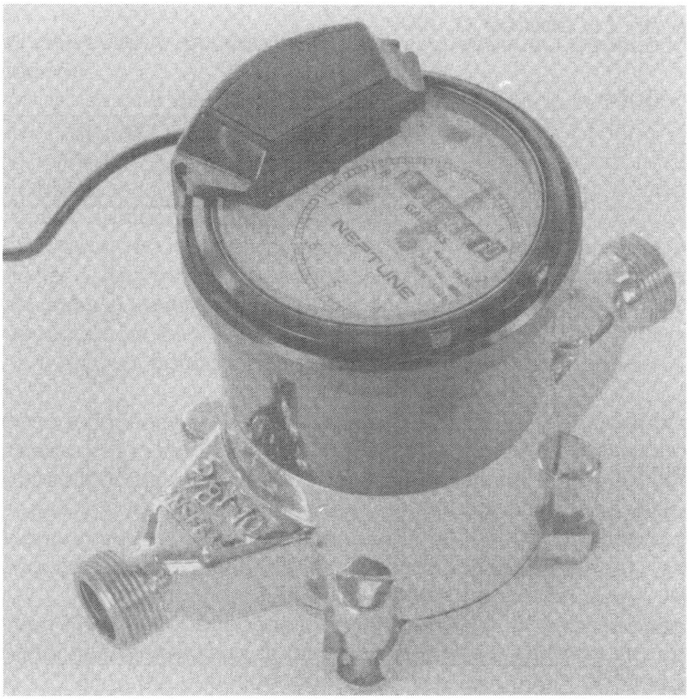

그림 12.1 주거민 용도 용적형 미터(Neptune Technology Group 제공)

12.3 고객 수도 미터의 유량 측정 능력

일반적으로 미터 정확도는 두 요소(미터의 감지 미케니즘의 물질적인 성능과 고객 소비 프로파일에 적합한 규격결정)에 의해 영향을 받는다.

용수기관은 주거민(미국에서 전형적으로 5/8인치 미터)부터 대형 산업(최대 12인치 미터)에 이르는 광범위한 고객에게 서비스한다. 이와 같은 환경에서 유량을 측정하기 위해 정확하고 신뢰성 있는 많은 미터 형식들을 사용할 수 있으며 각 미터는 뚜렷한 특징 또는 성능의 장점을 갖는다. 그림 12.1의 용적식 미터는 작은 규격과 주거민 서비스에 가장 공통적이다. 1인치 이상의 대형 상업 및 산업 연결에 혼합식, 터빈, 프로펠러 미터를 사용한다. 터빈미터는 중간부터 높은 유량을 지속적으로 정확하게 기록하기 위해 설계된다. 그림 12.2의 혼합미터는 높은 유량과 낮은 유량 사이에서 교대로 유량을 기록하는 두 개의 등록계(registers)를 갖도록 설계된다. 유동을 구속하지 않는 소방 미터로 개별적으로 소방 연결을 계량하여야 한다. 바이패스 관로를 갖는 소방 서비스 미터는 그림 12.3과 같다. 단일 제트 유량계(single jet meter)의 기술은 항상 진보하며 최근 혁명의 예이다. 상업 시장에서 가용한 대부분 미터는 주어진 용도에서 양호한 정확도를 제공한다. 그러나 임의 미터 형식이나 종류는 여러 이유로 정확도가 손실된다. 미터 정확도 손실의 공통적인 원인은 다음을 포함한다.

그림 12.2 높고 낮은 유동율 사이에서 변화하는 소비를 계량하기 위해 이중 등록계를 갖는 복합식 미터

그림 12.3 바이패스배관을 갖춘 소방 용도 미터(Neptune Technology Group 제공)

- 올바르지 못한 설치(특히 수직 또는 사선으로 설치된 미터)
- 공격적인 수질로 인한 스케일 또는 침전물 형성
- 물속의 이물질
- 배관/미터 내에 포획된 공기
- 미터를 통과하는 과도하게 높거나 낮은 유속
- 제작 결함

- 극단적인 환경(높거나 또는 낮은 온도, 습도, 진동 등)
- 공공기물 파손 또는 파괴

시험 및 순환으로 적합한 미터를 올바르게 설치하고 유지관리하면 높은 수준의 고객 미터 모집단의 정확도를 보장할 수 있다.

최상의 조건 아래에서도 미터는 장기 유량 등록으로 인해 마모되고, 궁극적으로 정밀도가 상당히 손실되는 한계점에 도달하고, 일부 미터 형식들은 다른 형식들보다 더 신속하게 악화된다. 따라서 체계적으로 시험하거나 새롭고 혁신된 미터로 대체하여야 한다(미터 순환).

AWWA 지침은 미터 규격에 따라 5/8인치 미터는 20년 마다 그리고 가장 큰 미터는 매 4년 마다 미터의 순환을 권장하고 있다. 이 접근법은 미터 순환직원의 대량 배치 및 이에 상응하는 예산 등을 위한 기획수립에서 장점을 갖는다. 그러나 수도 미터는 다른 소비 패턴을 경험하고, 20년 후 일부는 정확도를 상당히 손실할 수 있는 반면 일부는 더 많은 해 동안 신뢰성 있는 서비스를 제공할 수 있다. 고정된 시간 간격에 기초하여 고객 미터를 순환하는 것은 상당한 경제적 결점을 가질 수 있으며 특히 대형 미터인 경우 미터가 고가이고 순환하기 위해 소형 미터보다 더 많은 노력을 요구한다.

미터 순환 전략에 대한 현재 사고는 고정된 시간 간격 보다는 미터를 통과한 누적 물 체적에 기초하여 미터 순환 일정을 수립하는 것이다. 미터가 등록한 누적 유량은 장기적인 관점에서 미터 정확도에 가장 중요한 요소이다. 누적 측정된 체적에 기초한 미터 순환 목표는 자동차 유지관리와 유사하다. 즉, 주행기록계가 3,000마일에 도달할 때 오일 및 필터를 교환하는 것이다. 이 접근법은 심하게 사용된 미터는 시기적절하게 순환되어 정확도를 보장하지만 가볍게 사용된 미터를 너무 빠르게 순환하지 않아 자원을 낭비하지 않기 때문에 더욱 효율적이 될 수 있다. 일부 미터가 누적 체적 목표에 도달하지 않아도 직원이 주어진 지역 내 여러 미터를 동시에 모두 순환하는 것이 장점이 될 수 있기 때문에 직원배치와 연계하여 조심스럽게 누적 소비체적목표에 기초하여 미터 순환 의사를 결정하여야 한다. 소형 미터의 경우 누적 체적 목표 그리고 인접한 지리적 조건의 조합으로 순환일정을 최상으로 수립할 수 있는 반면 대형 미터의 경우 누적 체적 목표, 개별 미터의 특성, 소비 프로파일에 맞추어 보다 세심하게 일정을 수립하여야 한다.

Davis는 아리조나주 투선의 서북부 지역을 서비스하는 소형 물 공급자인 MDWID(Metropolitan Domestic Water improvement District)를 위해 수행한 평가를 기술한다.[2] 방법론은 무작위로 선정된 주거민 수도미터와 높은 누적 체적 주거민 수도미터를 포함하였다. 적은, 중간 그리고 높은 유량의 누적 체적에 대한 미터 정확도를 작도하였다. 선형 적합이 자료와 가장 잘 일치하였고 그리고 누적 체적 대비 가중된 미터 정확도를 작도하였다. 누적 체적 대비 미터 부정확으로 인해 손실된 년간 수익을 계산하여 작도하였고, 미터 대체를 위한 최적 누적 체적을 결정하기 위해 경제성 분석을 사용하였다. 상기 지역의 경우 주거민 미터의 최적 누적 체적은 1,420,000갤론인 것으로 결정되었다. 이 지역에서는 평가 이전에 상대적으로 빈번한 10년 주기로 고객 미터를 대체하였다. 이 지역의 다수의 고객 미터는 10년 이내에 누적 체적 1,420,000갤론에 도달하지 못하였다. 따라서 고객 미터 관리의 비용 효과도를 상당히 개선시킨 미터 순환전략을 실행하는 것이 가능하였다.

12.4 고객 미터 규격 결정

모든 소비수준의 유량을 정확하게 등록하기 위해 실제 고객 소비 패턴에 따라 적정하게 수도미터의 규격을 결정하여야 한다. 용수기관은 이력적으로 미터가 직면할 것으로 예상되는 첨두 유량에 기초하여 고객 서비스 연결 및 미터의 규격을 결정하였다. 첨두 유량은 드물게 발생하므로 이러한 방법으로 결정된 미터는 이들의 설계 범위의 하한에서 유량을 등록한다. 많은 미터 형식의 정확도는 매우 적은 유량을 전혀 포착하지 않는 유량 범위의 하한에서 정확도가 떨어진다. 현재는 미터 규격 결정시 간혹 발생하는 첨두 유량이 아닌 가장 통상적으로 직면하는 유량 범위를 정확하게 포착하도록 집중한다. 많은 용수기관은 과대 규격으로 결정된 고객 미터를 올바른 규격으로 결정하여 상당한 물과 수익을 회수하였다. 예를 들어 1990년과 1992년 사이 보스톤 상수 및 하수 위원회의 미터 소형화(downsizing) 프로그램은 100,000ft^3/일 이상의 피상손실을 회수하였다. 이는 후속적인 추가 요금고지 및 수익에서 수백만 달러로 전환되었다.[3]

자료-자동기록 기술 및 고정된 통신망 AMR 기술(제13장에서 기술됨)은 일, 주, 월의 기간 동안 분 또는 시간의 증분으로 상세한 고객 소비 프로파일을 얻는 수단을 제공한다. 이 상세한 자료를 사용하여 개별 고객 소비 프로파일에 적합한 미터 규격을 결정할 수 있다. 이 개별 사용자 접근법의 적용은 광범위하게 변화하는 사용자를 갖는 대형 용수기관에서 특히 우수한 미터 정확도를 보장할 수 있다. AWWA M22 출판물 "Sizing Water Lines and Meters"에서 기술한 것과 같이 미터 규격결정을 위한 정확한 자료-자동기록은 자료의 해상도에 종속된다.[4] 자료 해상도는 자동 기록되는 펄스당 물 체적과 자료 저장 간격의 함수이다. 소비 프로파일을 정확하게 반영하지 않을 수 있는 단순한 평균유량의 수집과 반대로 펄스당 물 체적과 자료저장간격 모두는 가능한 작아 실제 유량을 기록하여야 한다. 자료-로거(logger)로부터 얻은 고객 소비 프로파일의 예는 그림 12.4 및 12.5와 같다.

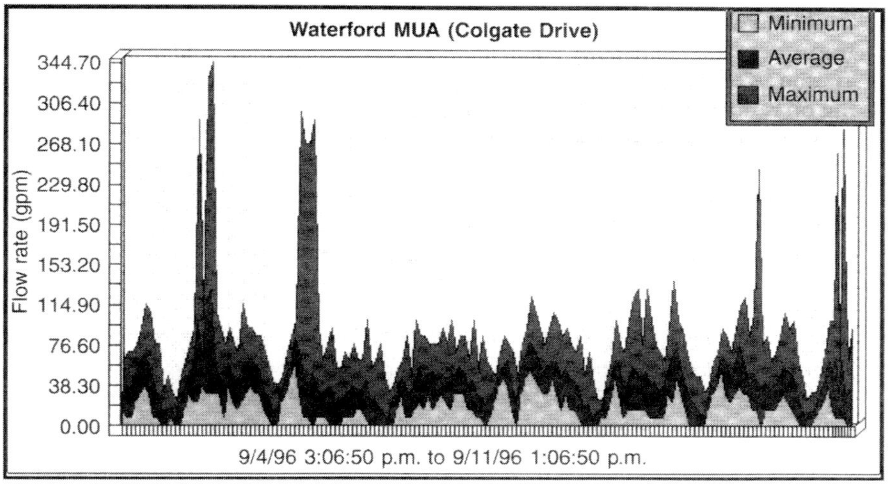

그림 12.4 최소/평균/최대 유동율을 보여주는 고객 소비 미터 자료기록장치로부터 작성된 그래프 (F.S. Brainard & Co 제공)

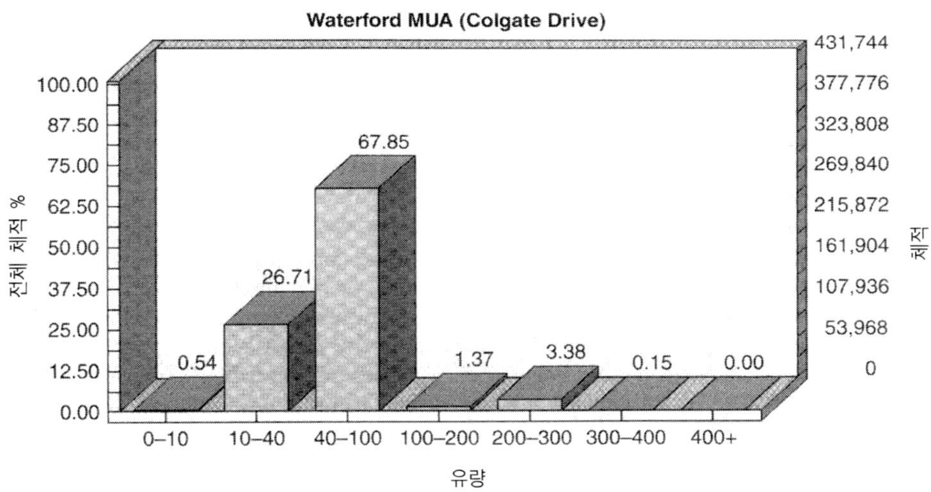

그림 12.5 최소/평균/최대 유동율을 보여주는 고객 소비 미터 자료기록장치로부터 작성된 그래프 (F.S. Brainard & Co 제공)

만일 수년 동안 대형 미터를 사용하여 왔으면 현재 유량은 미터가 설치된 직후의 물 수요 변화와 다를 수 있다. 일부 오래된 대형 미터는 적은 유량을 등록하지 못할 수 있고, 자료-자동기록은 현존하는 미터를 적합한 규격으로 소형화할 필요성을 증명할 수 있다. 인구와 경제가 변화하는 지역 내 고객 소비 패턴은 상당히 변화할 수 있고, 수도미터 정확도에 영향을 미칠 수 있다. 예를 들어 안정된 물량을 사용하는 작은 공장 내 소비를 신뢰성 있게 측정하였던 6인치 터빈미터는 공장 빌딩이 매우 적은 물량을 소비하는 사무실 공간으로 변환되면 미터의 정확도가 상당히 저하된다. 소비 프로파일의 높고 낮은 유량을 통해 정확하게 측정하기 위해 사무실의 소비 프로파일은 보다 작은 미터(아마도 여러 개의 작은 규격)로의 전환을 촉진할 가능성이 크다. 현존하는 고객 미터의 적정한 규격 여부를 결정하려면 반드시 자료-로거 또는 고정된 통신망 AMR을 통해 대표적인 대형 미터 계정 표본에 대한 소비 프로파일을 얻어야 한다. 짧은 시간 간격으로 소비 변화를 보여주는 상세한 고객 소비 프로파일을 전개하기 위해 고객 미터에 자료-로거를 부착하고 개별 미터 펄스를 기록할 수 있다. 미터의 낮은 범위에서 지속적으로 소비가 발생하는 경우 현존하는 미터는 과대규격이고 따라서 미터의 소형화는 전체 유량을 더욱 정확하게 등록한다. 그림 12.6은 광범위한 유량 범위 아래 수집된 고객 미터 시험 자료를 도해적으로 표현한다.[5] 보는 것과 같이 매우 낮은 유량에서 미터 오류가 급격하게 증가한다. 매우 높은 유량에서 미터는 과도한 마모로 인해 제대로 기능을 발휘하지 못할 수 있다. 그래프에서 음영처리된 부분은 미터의 적정 규격 선정시 반드시 피하여야 할 유량을 보여준다.

사용 프로파일의 전개를 위해 고객 소비 자료를 얻을 때 오직 24시간 자료에 기초하지 않는 것은 매우 중요하다. 고객 소비는 일간, 주간 또는 계절별로 매우 크게 변화할 수 있다. 계절 사용 정보를 찾기 위해 그리고 각 특정 소비 형태를 이해하기 위해 주의를 기울여야 한다. 최소한 연속적으로 수일, 아마도 1주에 걸쳐 자료를 수집하여야 한다. 높은, 중간 그리고 낮은 수요 계절로부터 소비 자료를 얻기 위해 독립된 주간 자료 수집 기간을 고려할 필요가 있다.

따뜻한 기후 내 주거민 부지는 뜨거운 날씨와 주거민 조경의 관개로 인해 물 소비가 상당히 증가한다. 산업화된 국가 내 따뜻한 지역은 주거민 소비의 50% 이상이 옥외 관개로 사용되는 것이 빈번하다. 높은 옥외 관개 수요는 년중 오직 4~6개월 동안 발생할 수 있다. 또한

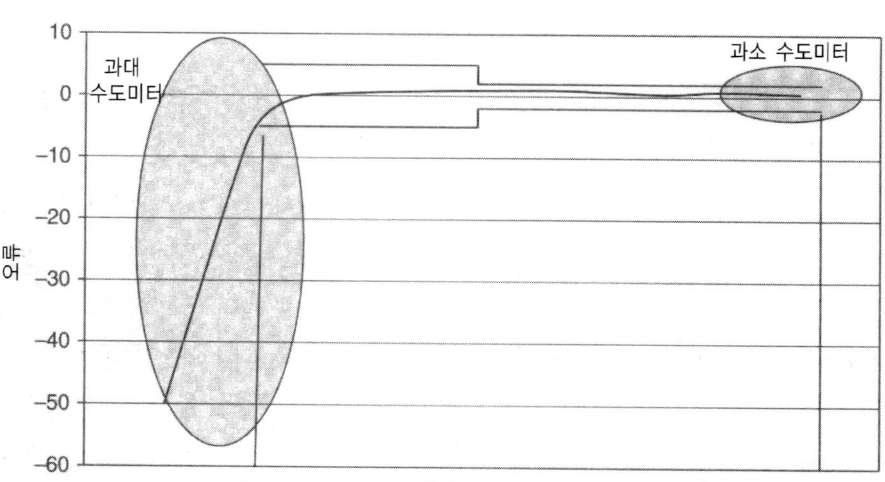

그림 12.6 필요한 정확도를 보장하기 위한 고객 소비 미터의 적정 규격 범위(참고문헌 5 참조)

비수기 동안 비어 있는 그리고 성수기 동안 과도하게 사용되는 휴가지 내 소비가 유사하게 변화할 수 있다. 소비 자료를 수집할 때 고객 부지가 초래할 수요 변화를 반영하기 위해 소비 프로파일을 얻을 수 있도록 주의할 필요가 있다. 많은 지역사회에서 년중 따뜻하거나 뜨거운 기간 동안 물 소비는 주목할 만큼 높다. 또한 이 기간 동안 추가 샤워 및 목욕도 발생한다. 이 증가된 물 소비의 많은 부분은 옥외 관개로 사용된다. 첨두 기간 소비 패턴은 임의 미터 규격 결정에 큰 영향을 미칠 수 있다. 휴양지 내 소비 프로파일을 고찰할 때 반드시 계절별 수요에 확실한 주의를 기울여야 한다. 겨울과 여름 동안 대규모 아파트 단지의 소비 프로파일을 고려할 때 객실 이용율은 10%~100%까지 변화할 수 있다. 재차 사용된 물량은 극적으로 변화한다. 그러나 대부분의 물량은 사람들이 하루 또는 저녁을 사전에 준비하는 첨두 시간에 사용된다.

1인치 이상의 대형 미터는 전형적으로 상업, 산업, 농업은 물론 다세대 주택 내에 설치된다. 물 수요 프로파일은 다른 형식의 빌딩 용도 그리고 이 빌딩 일부에서 발생하는 제작 공정에서 광범위하게 변화할 수 있다. 사업은 주말 동안 중지되므로 통상적으로 가장 큰 변화가 상업 또는 산업 부지 내 주중 사용과 주말 사용 사이에서 발생할 수 있다. 계절적 소비 변화는 제작 또는 사업 공정의 형식에 종속된다. 특정 제작 공정은 1일 동안 꾸준히 물을 소비하고, 지속적으로 이 패턴을 유지한다. 그러나 다른 공정은 많은 물을 회분(batch, 최대 물 사용과 최소 물 사용 기간이 교번)으로 소비할 수 있다. 일부 공장은 야간과 주말에 공정을 중지하거나 또는 수 주의 휴기 기간 동안 폐쇄할 수 있다. 용수기관 관리자는 고객 물 소비 프로파일을 사용하여 분석할 물 사용 기간을 결정하기 전에 반드시 특정 시설의 물 사용 패턴을 파악하여야 한다.

또한 올바른 미터 규격결정을 위해 경제학을 고려하여야 한다. 물 값 또는 대부분 북미 용수기관의 요금구조는 여러 요금 성분을 포함한다. 전형적으로 수도요금은 소비에 기초한다. 즉, 수도요금은 소비체적은 물론 고객 부류에 따라 다르며 전형적으로 증가하는 누진볼록요금, 감소하는 역진블록요금 또는 다른 요금고지 구조를 갖는다. 용수기관이 제공하는 수도요금과 별개로 하수요금 또는 우수요금이 포함될 수 있다. 또한 대부분 용수기관은 계량, 요금고지 그리고 다른 간접 행정 비용을 부담하기 위해 고정된 서비스 요금을 평가한다. 많은 용수기관은 미터 규격에 따라 요금이 극적으로 증가하는 고객 미터의 규격에 기초하여 서비스 요금을 청구한다. 용수기관은 정확도가 낮은 대형 미터를 정확도가 높은 작은 미터로 소형화하여 더욱 신뢰성 있게 물 소비 체적을 포착할 수 있고, 사용요금으로부터 수익을 증가시킬 수 있다. 그러나 용수기관은 미터 규격 감소시 보다 적은 서비스 요금으로 인해 일부 수익을 손실할 수 있다. 이에 따라 용수기관의 수익의 순수 변화는 개선된 정확도로 인해 회수된 수익의 크기(감소된 서비스 요금에 의해 차감된)에 종속된다. 따라서 용수기관에 대한 정확한 경제적 영향을 결정하기 위해 소형화를 고려하는 각 고객 계정을 조심스럽게 검토하여야 한다. Greater Cincinnati Water Works는 체계적인 대형 미터를 소형화로의 성공에 대해 보고하였지만 상당히 낮은 서비스 요금으로 인한 순수 수익손실을 예상할 때 그에 따른 딜레마에 대해 언급하였다.[6]

서비스 요금 감소가 용수기관의 소형화 결정을 비경제적으로 만드는 것으로 나타나면 민감하게 미터 소형화에 접근하여야 한다. 고객 계정을 과대 규격 미터로 유지하면 과소하게 유량 기록이 유지되고 피상손실이 감소되지 않는 것을 의미한다. 또한 보다 작은 수도미터를 사용하면 더욱 정확하게 동작하므로 고객은 필요 이상으로 높은 서비스 요금을 지불하는 않는 것이 명백해진다. 특히 이러한 이유로 소형화를 회피하는 용수기관은 이러한 정보가 고객에게 들어가 고객 불만의 위험을 직면한다. 만일 용수기관이 고객들에게 과도 청구하는 사실을 많은 고객들이 알게 되고, 이러한 행위가 규정 위반이면 대중 반발로 인해 부정적인 언론 관심 또는 범칙금을 초래할 수 있다. 만일 용수기관 관리자가 미터 정확도의 가치와 피상손실 감소의 "큰 그림" 관점을 유지하면 관리자는 고객들에게 공정성을 제공하기 위해 일부 대형 미터의 비경제적인 소형화를 허용할 수 있고, 미터 규격을 개선하여 피상손실 감소를 최적화시키려고 노력할 수 있다.

올바른 미터 규격화에 대한 새로운 계획은 빌딩 점유율 변화로 인해 고객 소비 패턴이 변화하거나 당초부터 부적정하게 선정 또는 규격 결정된 미터가 설치된 사례를 다룬다. 그러나 정확하고 신뢰성 있는 작은 미터도 유량을 등록하지 못하는 낮은 유량한계를 갖는다. 따라서 100% 정확한 미터는 존재하지 않는다. 대부분 미터는 매우 낮은 유량에서 제한되며 용수기관 내 수천, 수만개의 고객 미터에서 이와 같은 유량은 등록되지 않을 수 있다. 따라서 측정되지 않은 물의 누적 체적은 상당할 수 있다. 북미에서 공통적인 상황은 변기 누수로부터 발생하는 BDL(below detectable limits) 유량이다. 변기 플래퍼 밸브에서 발생하는 약간의 누수로 인해 소량의 물이 지속적으로 변기로 유입·배수되어 낭비된다. 통상적으로 이러한 유량은 매우 미소하여 많은 신뢰성 있는 종류의 수도미터가 등록하지 못한다. 이와 유사한 저유량 조건은 개별 빌딩들이 작은 옥상 탱크들을 갖는 것이 공통적인 유럽 지역사회에서 문서화 되어 있다. 옥상 탱크 내 포함된 볼밸브의 완만한 폐쇄는 고객 수도미터의 시동유량보다 적은 유량을 초래한다. 저유량 한계를 극복하기 위해 고안된 장치 중 하나는 UFR(unmeasured-flow reducer)이다. 이는 수도미터를 통과하는 유량 영역을 수도미터가 측정할 수 있는 회분식(batch)으로 변환시킨다.[7] 이러한 방법으로 미터가 등록하기에 충분한 유량만이 미터를 통과한다.[8] 미터 기술, 자료-로거, AMR 그리고 UFR과 같은 장치들의 혁신은 개선된 정확도로 물 소비를 측정하는 수단을 용수기관에게 제공한다. 그러나 전반적인 고객 미터 모집단의 정확도와 신뢰성을 평가하고 필요시 개선하는 시도는 용수기관 관리자의 임무이다.

12.5 고객 미터 정확도 시험 프로그램 전개

많은 용수기관은 고객 모집단 미터의 정확도를 평가하고 양호한 정확도를 유지하기 위해 자체 미터 시험설비 및 장비를 운영하고, 용수공급을 중단하고 순환된 미터의 정확도 시험을 지속적으로 수행한다. 이 경우 목표 설정된 미터 그룹의 시험을 쉽게 수용할 수 있다. 자체 시험설비를 갖지 않는 용수기관은 전문회사에 미터 시험을 위탁할 수 있다.

전체 고객 미터 오류는 주거민, 산업, 상업, 농업 그리고 다른 용도를 포함한 모든 규격의 미터 오류를 포함한다. 일반적으로 주거민 용도 수도미터 그리고 산업, 상업, 농업을 포함하는 모든 다른 대형 미터 및 다른 용도의 소형 미터(5/8인치 및 3/4인치)의 오류를 평가할 수 있다. 시험은 부정확한 고객 미터로 인해 전체 물 시스템 피상손실수준에 대한 정보를 물 회계감사에게 제공하고, 일반적인 목적으로 개별 미터의 정확도를 확인할 수 있다. 따라서 필요시 미터 개선을 실행할 수 있도록 허락한다.

AWWA의 미터 지침 매뉴얼은 미터 정확도 시험에 대해 상세히 설명한다. 이는 M22 출판물과 M6 출판물인 *Water Meters–Selection, Installation, Testing, and Maintenance*를 포함한다. 후자는 고객 미터 관리의 기본에 대한 포괄적인 정보를 제공한다.[9] 일반적으로 낮은, 중간 그리고 높은 유량에서 정확도 시험을 수행하여야 한다. 무작위로 선정된 수십~ 수백개(미터 모집단의 크기에 따라)의 표본 미터를 선정하여 시험할 수 있다. 또한 높은 누적 소비를 갖는 개별 미터 표본을 반드시 시험하여야 한다. 후자 시험의 결과는 정확도가 감소하기 시작하는 누적 소비 수준에 기초하여 장기 미터 교환 전략을 수립할 때 도움이 될 수 있다.

용수기관 내 수 많은 고객 미터가 존재하기 때문에 매년 모든 미터를 검사하고 시험하는 것은 비현실적이다. 대신 용수기관 관리자는 검사 및 시험을 위해 여러 규격과 형식의 고객 미터 수 십개 표본을 확인할 수 있다. 이와 같은 표본 시험 결과는 전체 고객 미터 모집단의 상태에 대한 적정한 정보를 제공한다.

주거민(소형) 미터 시험: 많은 용수기관은 미터 시험과 순환 프로그램을 운영한다. 특히 소형 미터의 경우 이들을 보수하는 것 보다 대체하는 것이 더욱 비용 효과적이 될 수 있다. 설치된 고객 미터의 정확도를 결정하기 위해 무작위 시험 또는 특정 시험을 수행하여 미터의 마모를 감시할 수 있다. 새롭게 도착된 미터의 수용여부를 확인하기 위해 반드시 신규로 구매한 주거민 미터의 대표적인 표본을 시험하여야 한다. 이 모든 시험자료는 고객 미터 모집단 내 존재하는 전반적인 부정확한 정도를 추론하기 위한 양호한 정보원이 된다. 이러한 방법으로 물 회계감사를 위한 물 시스템 내 피상손실 수준을 정량화할 수 있다. 주거민 미터의 무작위 표본 50~100개는 충분한 숫자이지만 시험할 최적 숫자는 고객 미터 모집단의 크기, 시험 결과에서 요구되는 신뢰도 그리고 실제 관측된 시험 결과에서의 분산에 따라 결정된다. 주거민 미터를 시험대에서, 또는 공장이나 시험기관으로 보내 시험할 수 있다.

표 12.3~12.5는 CWC(AWWA 2008)의 물 회계감사 내 포함된 소형 미터 불확도로 인한 피상손실수준을 결정하기 위해 소형 미터 정확도 시험 자료를 사용하여 계산하는 예를 제공한다.[1] 소형 미터 유량에 대한 가중 요소는 표 12.3에 주어진다. 가중 요소는 낮은, 중간, 높은 유량 범위에서 적동한 시간의 공통적인 퍼센티지를 반영하며 중간 범위 내에서 가장 빈번하게 존재하는 유량을 기준으로 미터규격을 가장 적절하게 결정한다.[10]

표 12.3 5/8인치 및 3/4인치 수도미터의 체적 %에 따른 유량 가중 계수

출처 : 참고문헌 1

시간 %	범위(gpm)	평균(gpm)	% 체적
15	0.5~1.0	0.75	2.0
70	1~10	5.00	63.8
15	10~15	12.50	34.2

% 체적이란 모든 유량에서 소비된 전체 체적과 비교하여 명시된 유량범위에서 소비된 물의 부분을 의미한다. 본 예에서 오직 소비된 전체 물 중 오직 2%만이 약 0.5~1.0gpm의 낮은 유량 범위에서 발생한다.
독자는 여기의 체적 %를 사용하는 대신 자체 % 체적 자료를 연산할 수 있다. 특별한 dual-meter yoke와 기록되는 미터들을 사용하여 수도미터의 실제 유량을 결정할 수 있다.

표 12.4 CWC 무작위 50개 표본미터의 시험자료

출처 : 참고문헌 1

시험 유량	평균 등록(%)
낮은 유량 (0.25gpm)	88.8
중간 유량 (2.0gpm)	95.0
높은 유량 (15.0gpm)	94.0

표 12.5 주거민 수도미터 오차 계산

출처 : 참고문헌 1

% 체적* (%V)	전체 판매 체적† (Vt) (백만갤론)	체적(Vf) (%VxVt)	미터 등록 % (R)‡	미터 오차(ME) ME=Vf/(0.01R)−Vf	미터 오차 (백만갤론)
2.0	2,318.8	46.38	88.8	[(46.38/0.888)-46.38]	5.85
63.8	2,318.8	1,479.39	95.0	[(1,479.39/0.95)-1,479.39]	77.86
34.2	2,318.8	793.03	94.0	[(793.03/0.94)-793.03]	50.62
전체 주거민 미터 오차					134.33

* 표 12.3 자료
† 표 12.2의 주거민 물 판매 자료에 기초
‡ 표 12.4 자료

무작위로 선정된 50개 주거민 미터를 낮은, 중간 그리고 높은 유량에서 시험한 결과는 표 12.4와 같이 요약된다. % 정확도로 표현된 이 결과들을 사용하여 평균유량에서 전체 미터 오류를 계산한다. 결과적인 CWC의 주거민(소형) 미터 오류는 표 12.5의 바닥에 주어졌으며 2006년의 수치는 134.33백만 갤런이다.

산업/상업(대형) 미터 시험: 대형 산업, 상업 그리고 농업 미터는 상당히 큰 소비부분을 등록하고, 주거민 미터 보다 계정 당 상당히 더 큰 수익 부분을 차지한다. 많은 용수기관의 경우 20% 이하의 대형 미터 고객 계정으로부터 50% 이상의 수익이 거두어진다. 따라서 이 미터들의 올바른 계량과 요금고지를 보장하기 위해 이 계정을 체계적으로 검토하는 것이 매우 중요하다. 대형 미터는 설치 이전에 적정한 형식과 규격이 결정되었는지를 반드시 검토하여야 한다. 또한 모든 새로운 미터가 충분히 정확하지 않을 수 있으므로 대형 미터를 사용하기 전에 반드시 정확도를 시험하여야 한다. 용수기관마다 특정 규격 협약은 다를 수 있지만 미국 내에서는 전형적으로 1인치 이상의 미터를 대형 미터로 간주한다.

용수기관은 고객 계정의 숫자와 관계없이 가장 큰 모든 물 수요자에게 공급하는 상대적으로 적은 숫자의 모든 미터를 정기적으로 검사, 시험하고 적합한 규격 여부를 반드시 확인하도록 노력하여야 한다. 이 미터는 용수기관 내 가장 큰 요금고지에 대한 기본을 제공하므로 이 미터를 정확하게 유지하도록 모든 노력을 기울여야 한다. 매년 물 시스템 내 가장 큰 상위 10개 수요자의 미터를 검사 및 시험하면 최적의 고객 요금고지 수행의 보장에 도움을 제공한다. 이상적으로 매년 1인치 $1\frac{1}{2}$인치 그리고 2인치 미터를 포함하여 대형 미터 모집단의 대표적인 규격의 미터와 때로는 용수기관이 간과하는 중간 규격의 미터를 반드시 시험하여야 한다.

표 12.6~표 12.8은 전체 대형 미터 오류를 계산하기 위한 미터 시험 자료의 사용법을 보여준다.[1]

표 12.6 CWC 대형 미터의 체적 %

출처 : 참고문헌 1

유량 범위	공급된 체적 %
낮음	10
중간	65
높음	25

* 본 예에서 대형 미터가 등록한 낮은, 중간, 높은 체적 %를 유도하기 위해 2월과 7월에 24시간 유량을 기록한 것으로 가정한다.

표 12.7 CWC 대형 미터 시험 자료

출처 : 참고문헌 1

미터 ID 번호	규격 (인치)	미터 형식	설치 일자	제작사	시험 일자	여러 유량에서 평균 등록 (등록 %로서 설계됨)		
						낮은 유량	중간 유량	높은 유량
XYZ001	3	터빈	1991.6	Sensus	2004년 10월	89	93	100
X00ZAA	3	터빈	1993.6	Sensus	2004년 10월	70	95.2	98
NB123	4	용적형	1980.7	Sparling	2004년 10월	95	99	102
NB456	6	복합식	1977.9	Sparling	2004년 10월	98	96.5	102
AA002	6	프로펠러	1966.5	Hersey	2004년 10월	98	99	103
평균 등록의 합계						450	482.7	505
시험한 5개 미터의 평균 등록						90	96.54	101

표 12.8 주거민 수도미터 오차 계산

출처 : 참고문헌 1

% 체적* (%V)	전체 판매 체적† (Vt) (백만갤론)	유량에서 체적(Vf) (%V×Vt)	미터 등록 % (R)‡	미터 오차(ME) ME=Vf/(0.01R)−Vf	미터 오차 (백만갤론)
10	939.2	93.92	90.0	[(93.92/0.90)-93.92]	10.43
65	939.2	610.48	96.54	[(610.48/0.9654)-610.48]	21.86
25	939.2	234.80	101.0	[(234.80/1.01)-234.80]	-2.32
전체 대형 미터 오차					29.97

* 표 12.6 자료
† 표 12.2의 산업, 상업, 농업의 계량된 소비
‡ 표 12.7 자료

대형 미터의 오류를 계산하기 위해 표 12.6의 평균 등록 자료를 사용하였다. 실제 시험 결과는 표 12.7과 같고 CWC의 대형 미터 오류의 결과는 표 12.8과 같이 29.97백만 갤런이다. 적절한 비용 계수를 적용하여 대형 미터의 기능을 개선시켜 얻을 수 있는 수익 크기를 추정하기 위해 개별 대형 미터 시험 결과들을 사용할 수 있다.

12.5.1 고객 미터 정확도 시험 방법 및 절차

대부분 수도미터는 기계식 장치이다. 이들은 운영 기간이 연장되어 마모되면서 정확도를 손실한다. 불행하게도 많은 용수기관들은 고객 미터의 전반적인 정확도를 조심스럽게 추적하지 않고, 결과적으로 확인하지 않아 피상손실과 이 손실이 미치는 부정적인 영향이 증가한다. 통상적으로 1인치 이하의 작은 미터는 주거민 용도이고, 작업자 한 사람이 쉽게 오래된 미터를 제거 및 대체(순환)하고, 고객 위치로부터 먼 곳(용수기관 시험대 또는 외부기관 위탁)에서 시험할 수 있기 때문에 시험시 뚜렷한 이점을 갖는다. 용수기관은 이 접근법을 사용하여 고객 옥내에서 신속한 용수공급과 현장에서 정확한 미터 시험을 보장한다. 많은 용수기관들은 미터의 보수를 회피하면서 설치 현장에서 소형 수도미터의 시험을 모면하여 왔다. 용수기관은 고객 부지로부터 순환된 오래된 미터를 용수기관의 시험실에서 시험하여 미터의 정확도 자료를 얻어 다양한 종류와 규격의 미터가 등록한 누적 물 체적에 따른 정확도 수준에 대한 통계자료를 유지할 수 있다. 역으로 대형 미터의 경우 복잡한 물류(logistics)체계로 인해 고객 위치에서 정확도 시험을 요구한다. 대형 고객 미터는 상당한 물 소비 요금고지 부분을 차지하므로 용수기관 유지관리 프로그램에 정식 대형 미터 시험 프로그램을 포함할 것을 권장한다. 수익 증가 및 물 회계책임 이득은 이와 같은 시험 프로그램의 초기 투자비와 지속적인 운영비용을 상당히 차감한 것으로 많은 용수기관이 입증하였다.

미터계정의 이력 그리고 여러 유량에서 얻은 정확도 시험 결과의 상세한 기록을 유지하는 것이 중요하다. 현장 시험의 경우 시험 전후 미터의 등록을 기록하여 고객에게 시험 동안 사용된 물 값을 청구하지 않도록 주의하여야 한다.

12.3절에서 언급한 것과 같이 미터를 통과한 높은 누적 유량으로 인한 궁극적인 정확도의 저하에 기초하여 미터 대체율(replacement rate) 목표를 결정하기 위해 미터 정확도 시험 결과 및 고객에게 청구된 물 요금이 필요하다. 각 용수기관은 미터의 보수 및 대체시기를 판단하는 불확도수준(그리고 이에 상응하는 누적 체적)을 확립하도록 노력하여야 한다. 경제적 목표를 결정하기 위한 충분한 자료를 얻기 위해 반드시 매년 무작위로 선정된 타당한 숫자의 미터와 누적 체적의 미터를 시험하여야 한다.

고객 미터 정확도 시험 방법론

고객 옥내 현장에서 또는 시험 시설에서 미터 정확도를 시험할 수 있다. 현장에서 미터를 시험할 때 방법론은 공정 내 사용된 시험할 미터의 정확도를 캘리브레이션된 미터 시험장치와 비교하는 것이다. 캘리브레이션된 미터는 자체 성능 특성을 가지며 전체 유량 범위에 걸쳐 100% 정확하지는 않지만 이 불확도를 보상하는 곡선을 사용할 수 있어야 한다. 시험 시설에서 수행한 미터 정확도 시험은 시험하고자 하는 미터를 통과하는 물량이 알고 있는 체적의 탱크로 유입되므로 통상적으로 더욱 양호하게 입증된 결과를 제공한다. 전형적인 용수기관의 대형 및 소형 미터 시험장치는 그림 12.7 및 12.8과 같다.

통상적으로 2인치 이상의 미터 및 모든 규격의 전자 유량계 및 복합식 미터는 현장 시험을 필요로 한다. 수 개의 미터 공장만이 대형 미터를 시험하기 위해 필요한 물량을 충분히 처리할 수 있는 큰 탱크들을 구축한다. 더욱이 일부 전자식 및 복합식 미터의 정확도는 미터의

그림 12.7 3인치 이상 수도미터의 정확도를 시험을 위한 수도미터 시험장치

그림 12.8 3인치 이하 수도미터의 정확도를 시험을 위한 수도미터 시험장치

직상류 배관과 피팅 구성에 의해 영향을 받을 수 있다. 따라서 이 미터가 설치된 곳에서 시험하는 것이 타당하다.

시험하기 전에 시험할 특정 미터의 종류, 모델 그리고 규격에 대한 정확도 곡선을 파악할 필요가 있다. 미터 제작사가 제시하는 문헌으로부터 이 정보를 얻을 수 있다. 적정하게 운영조건을 평가하기 위해 각 미터형식의 시험유량을 열거하는 도표를 작성할 수 있다. 반드시 시험을 수행하고, 적정 시험 유량을 선정하고, 정확도를 결정하고, 결론에 도달하기 위한 기법들을 숙지하고 유효한 시험 결과를 얻기 위해 조심스럽게 이 기법들을 준수하여야 한다. AWWA M6 출판물은 전형적인 소형 주거민 미터인 용적형 미터에 대해 3개의 유량(낮은, 중간 그리고 높은)을 제공하며, 이 유량은 모든 미터 종류에 적용된다. 대형 미터 용도로 사용되는 터빈과 프로펠러 미터의 경우 반드시 M6 출판물 또는 제작사의 미터 문헌을 참고하여야 한다. 후자의 예는 그림 12.9와 같다. 복합식 미터는 소비가 높은 유량으로부터 낮은 유량으로 변화하는 대형 미터 용도로 사용된다. 복합식 미터는 높고 낮은 유량을 각각 포착하기 위해 높은 유량측과 낮은 유량측에 각각 한 개의 등록계를 갖는다. 복합 미터의 경우 "교차" 유량 수준, 높은 유량에서 낮은 유량으로 또는 그 반대로 전환되는 수준을 파악하는 것이 중요하다. 만일 고객 소비가 빈번하게 교차 범위에서 발생할 때 이 수준에서 미터의 정확도가 불

DISPLACEMENT METERS (AWWA C700)

Size in.	Maximum Rate (All Meters)				Intermediate Rate (All Meters)				Minimum Rate (New and Rebuilt) ①				Maximum (Repaired) ①
	Flow Rate gpm	Test Quantity gal.	Test Quantity ft.^{3}	Accuracy Limits percent	Flow Rate gpm	Test Quantity gal.	Test Quantity ft.^{3}	Accuracy Limits percent	Flow Rate gpm	Test Quantity gal.	Test Quantity ft.^{3}	Accuracy Limits percent	Accuracy Limits percent (min.)
5/8	15	100	10	98.5–101.5	2	10	1	98.5–101.5	1/4	10	1	95–101	90
5/8 × 3/4	15	100	10	98.5–101.5	2	10	1	98.5–101.5	1/4	10	1	95–101	90
3/4	25	100	10	98.5–101.5	3	10	1	98.5–101.5	1/2	10	1	95–101	90
1	40	100	10	98.5–101.5	4	10	1	98.5–101.5	3/4	10	1	95–101	90
1-1/2	50	100	10	98.5–101.5	8	100	10	98.5–101.5	1-1/2	100	10	95–101	90
2	100	100	10	98.5–101.5	15	100	10	98.5–101.5	2	100	10	95–101	90

	Size in.	Maximum Rate				Intermediate Rate				Minimum Rate			
		Flow Rate gpm	Test Quantity gal.	Test Quantity ft.^{3}	Accuracy Limits percent	Flow Rate gpm	Test Quantity gal.	Test Quantity ft.^{3}	Accuracy Limits percent	Flow Rate gpm	Test Quantity gal.	Test Quantity ft.^{3}	Accuracy Limits percent
CLASS I TURBINE METERS (AWWA C701)	1-1/2	80	200	20	98–102	35	100	10	98–102	12	100	10	98–102
	2	120	300	30	98–102	50	200	20	98–102	16	100	10	98–102
	3	250	500	50	98–102	75	300	30	98–102	24	100	10	98–102
	4	400	1000	100	98–102	125	500	50	98–102	40	100	10	98–102
	6	1000	2000	200	98–102	200	500	50	98–102	80	1000	100	98–102
	8	1500	3000	300	98–102	300	1000	100	98–102	140	1000	100	98–102
	10	2200	5000	500	98–102	500	1000	100	98–102	225	1000	100	98–102
	12	3300	7000	700	98–102	700	2000	200	98–102	400	1000	100	98–102
CLASS II TURBINE METERS (AWWA C701)	1-1/2	90	300	30	98.5–101.5	10	100	10	98.5–101.5	4	100	10	98.5–101.5
	2	120	300	30	98.5–101.5	10	100	10	98.5–101.5	4	100	10	98.5–101.5
	3	275	600	60	98.5–101.5	20	100	10	98.5–101.5	8	100	10	98.5–101.5
	4	500	1000	100	98.5–101.5	20	1000	100	98.5–101.5	15	100	10	98.5–101.5
	6	1100	2500	250	98.5–101.5	40	1000	100	98.5–101.5	30	1000	100	98.5–101.5
	8	1800	4000	400	98.5–101.5	50	1000	100	98.5–101.5	50	1000	100	98.5–101.5
	10	3000	6000	600	98.5–101.5	75	1000	100	98.5–101.5	75	1000	100	98.5–101.5
	12	4000	8000	800	98.5–101.5	100	1000	100	98.5–101.5	120	1000	100	98.5–101.5
		Maximum Rate				Intermediate Rate ②				Minimum Rate			
COMPOUND METERS (AWWA C702) (Test at intermediate rate not necessary.)	2	100	100	10	97–103	10–15	100	10	90–103	1/4	10	1	95–101
	3	150	500	50	97–103	10–15	100	10	90–103	1/2	10	1	95–101
	4	200	500	50	97–103	20–25	100	10	90–103	3/4	10	1	95–101
	6	500	1000	100	97–103	25–35	100	10	90–103	1-1/2	100	10	95–101
	8	600	2000	200	97–103	35–45	100	10	90–103	2	100	10	95–101
	10	900	2000	200	97–103	—	—	—	90–103	4	100	10	95–101

FIRE-SERVICE TYPE (AWWA C703) ③

TURBINE MAIN LINE TYPE WITH BY-PASS ③

Meter Size in.	Minimum Rate (95 percent min. accuracy limit)			Cross-Over Rate (90-103 percent accuracy limit)			Maximum Rate (98.5-101.5 percent accuracy limit)		
	Flow Rate gpm	Test Quantity gal.	Test Quantity ft.^{3}	Flow Rate gpm	Test Quantity gal.	Test Quantity ft.^{3}	Flow Rate gpm	Test Quantity gal.	Test Quantity ft.^{3}
4	④	100	10	25–35	1000	100	750	2000	200
6	④	100	10	50–60	1000	100	1500	5000	500
8	3	100	10	50–60	1000	100	2500	5000	500
10	3	100	10	55–65	1000	100	4000	8000	800

TURBINE MAIN LINE TYPE WITH BY-PASS ③

Meter Size in.	Minimum Rate (95 percent min. accuracy limit)			Intermediate Rate (98.5-101.5 percent accuracy limit)			Maximum Rate (98.5-101.5 percent accuracy limit)		
	Flow Rate gpm	Test Quantity gal.	Test Quantity ft.^{3}	Flow Rate gpm	Test Quantity gal.	Test Quantity ft.^{3}	Flow Rate gpm	Test Quantity gal.	Test Quantity ft.^{3}
4	10	1000	100	20	1000	100	750	2000	200.
6	20	1000	100	40	1000	100	1500	5000	500
8	30	1000	100	50	1000	100	2500	5000	500
10	35	1000	100	75	1000	100	4000	8000	800

① A rebuilt meter is one that has had the measuring element replaced with a factory-made new unit. A repaired meter is one that has had the old measuring element cleaned and refurbished in a utility repair shop.

② Cross-over flow rates vary depending on meter model and brand. These values are for Sensus (Rockwell) Compound Meters. Consult manufacturers for other brands.

③ The values listed are for Sensus meters only.

④ Flow rate for FireLine 1-1/2 – 3" gpm depending on bypass meter. Flow rate for UL/FM Compact at 3 gpm.

그림 12.9 시험 유동율(Water Loss Control Manual, 1st ed 제공)

량하면 상당히 큰 유량 등록 손실을 초래할 수 있다. 따라서 반드시 교차유량(crossover flow)을 결정하고, 높고 낮은 유량 이외의 유량에서 미터를 특별하게 시험하여야 한다. 다른 복합식 미터 종류는 가변적인 교차유량을 제공하며 제작사의 정확도 곡선은 적절한 정보원이다. 현재 AWWA M6 출판물에서 이 정보를 사용할 수 없다.

소형 미터의 정확도를 결정하기 위한 시험장비 및 방법을 대형 미터의 정확도 시험에 적용할 수 없다. 대형 미터는 광범위한 유량과 정확하고 유효한 자료를 처리할 수 있는 특화된 시험장비를 요구한다. 용수기관은 이 장비들을 특별하게 제작된 조립품으로 구매하거나 제작할 수 있다.

대형 미터 시험장비는 트레일러에 설치되거나, 밴 또는 픽업트럭에 장착된 휴대용 시험 패키지로서 제작된다. 이 모든 시험기들은 형식과 관계없이 복합식과 프로펠러 미터를 적정하게 시험하기 위해 필요한 기본적인 요소들을 포함한다. 광범위한 유량 범위가 내포되기 때문에 시험장비는 최소한 두 개 그리고 때에 따라 3개의 캘리브레이션된 가변 용량의 시험 미터를 포함한다. 다양한 시험 동안 유량을 제어하기 위해 통상적으로 각 미터의 하류측에 차수밸브가 설치된다. 관로 압력과 시험장비에서 잔류 압력 모두를 확인하기 위해 압력계가 필요하다. 때로는 완벽한 시험을 수행하기 위해 필요한 시간을 감소시키기 위해 재설정이 가능한 등록계와 유량계(flow rater)가 포함된다.

시험장비를 시험하고자 하는 미터의 시험 배관에 연결하기 위해 플렉시블 호스가 필요하다. 정압력과 수압이 작용하기 때문에 모든 호스들은 두 미터들 사이에서 가능한 직선으로 그리고 양호한 조건에서 설치되어야 한다. 대형 시험기의 경우 상당한 수력적 힘이 시험 동안 미터 시험장비에 영향을 미치므로 차량 또는 유사한 구속 방법의 수단으로 시험장비 자체를 고정시키는 것이 중요하다. 반드시 시험장비에 사용된 마스터 미터를 보호하고 조심해서 취급하여야 한다. 정확한 측정을 유지하도록 마스터 미터를 정기적으로 시험하고 다시 캘리브레이션하여야 한다.

불행하게도 대형 미터가 소비를 지속적으로 기록하는 이상 빈번하게 캘리브레이션을 무시한다. 통상적으로 대형 미터의 숫자는 상대적으로 적지만 상당한 수익부분을 차지한다. 만일 대형 미터가 물 시스템의 수익성에 많은 영향을 미치면 최상의 성능을 발휘하도록 왜 이들을 유지관리하지 않는가? 이에 대한 이유는 다음과 같다. 대형 미터는 보수하기가 어렵고, 예비품이 고가이며, 때로는 구조가 복잡하고, 미터를 유지하기 위해 상대적으로 높은 기술 수준이 필요하다. 가장 큰 규격의 미터는 취급·수송하기에 매우 무겁고 어렵기 때문에 미터가 붐비거나 또는 비좁은 공간에 설치되면 유지관리가 어렵고 반드시 배관작업을 절충하여야 한다. 미터 정확도 시험 동안 고객에게 물을 지속적으로 공급하기 위한 바이패스 관로가 없는 경우가 많고, 시험 동안 유출된 물을 처리하기가 어려운 경우도 있다. 또한 미터 주변 작업 공간은 제한되고 안전하지 않다. 때로는 법적책임, 안전문제 그리고 시험인원의 통제는 물 시스템 관리자의 우려가 될 수 있다. 많은 대형 미터는 전체 요금고지에 매우 중요하기 때문에 반드시 체계적이고 시기에 맞추어 이들의 운영 상태를 감시하여야 한다. 하나의 공통적인 접근법은 자격을 갖춘 시험 인원이 현장에서 대형 미터를 시험하는 것이다.

현장에서 또는 용수기관 시설에서 대형 고객 미터를 시험할 수 있다. 용수기관 시험대에서 대형 고객 미터를 시험하면 특정 이점을 갖지만 대부분 상황에서 현장 시험은 시간과 자원의 측면에서 더욱 경제적이다. 기술적 관점에서 미터 주변 관로 구성은 미터의 정확도에 상당한 영향을 미칠 수 있으며 현장에서 시험할 때 이와 같은 영향을 탐지하고 평가할 수 있다.

대형 미터의 현장시험과 시험대 시험 모두 시험하고자 하는 미터를 통과하는 물의 체적에 의존한다. 공장 시험대에서 시험할 때 물은 체적을 알고 있는 탱크로 유입된다. 현장 시험시 시험하고자 하는 미터가 등록한 유량을 사전에 캘리브레이션한 정확한 미터의 유량과 비교한다. 이제 두 개의 미터를 직렬로 연결하고 물을 통과시킨다. 캘리브레이션된 미터는 모든 유량에서 100% 정확한 것은 아니므로 적정 시험 결과를 보장하기 위해 다른 유량에서의 정확도 분산을 조정할 필요가 있다. 현장 시험시 기억하여야 할 매우 중요한 것은 반드시 두 미터를 공기가 제거되고 양압력 아래 완전 충수하여야 한다는 사실이다. 따라서 유량을 조정하기 위해 캘리브레이션된 미터의 유출측에 반드시 제어밸브를 설치하여야 한다. 유량 제어용도로 시험하고자 하는 미터의 유입측에 또는 두 미터 사이에 밸브를 설치하면 부정확한 결과가 발생하므로 이를 사용하여서는 안 된다. 특정 대형 미터 형식의 적정 성능을 유지할 수 있는 하나의 방법은 미터 몸체를 현장에 남겨 놓은 상태로 운영 성분들과 조립품들을 대체하는 것이다. 이와 같은 미터의 경우 측정 장치가 설계대로 작동하는지를 확인하기 위해 설치 시점에 현장 미터 정확도를 시험할 것을 권장한다. 만일 측정 및 등록 기능이 하나의 몸체 안에 내장되어 있으면 설치 시점에 정확도 시험은 불필요하지만 반드시 정기적인 유지관리로 전체 장치를 시험하여야 한다.

일부 대형 미터는 내장된 시험 플러그를 갖는 반면 다른 미터는 갖지 않는다. 시험 유출부를 요구하는 설치의 경우 여러 방법으로 유출부를 제작할 수 있다. 이를 위해 서비스 새들과 축소 티는 가장 빈번하게 사용된다. 미터 제작사의 권장사항에 따라 이들을 설치할 필요가 있고, 현장 시험기에 연결되는 호스는 미터의 하류측에 올바르게 위치하여야 한다. 미터의 정기적 시험을 용이하게 하기 위해 당초 설치시 임의 위치에 고정할 수 있는 차수밸브와 함께 짧은 길이의 배관을 시험 유출부에 영구히 부착할 것을 권장한다. 이 기능은 대형 미터의 수명 동안 정기적으로 신속하고 효율적인 시험을 허락할 것이다.

미터 주변 바이패스 관로의 구성은 일시적 또는 영구적으로 최종 사용자에게 충분한 유량을 유지하는 한편 미터를 확실히 차단하기 위해 반드시 밸브를 포함하여야 한다. 만일 차수밸브 중 하나가 완벽하게 차수하지 못하면 부정확한 시험 결과가 발생할 수 있다. 유사하게 밸브에서 또는 미터 연결부에서 누수가 발생하여도 정확도 시험의 무결성이 훼손될 수 있다. 시험 유량이 낮을수록 이와 같은 누수의 심각성은 커진다.

대형 미터 설치는 상대적으로 고가이고 상당한 사전 계획이 필요하다. 대형 미터는 무겁고 서비스 또는 시험을 위한 미터의 제거는 고가이며 많은 시간이 걸린다. 따라서 여러 상황에서 대형 미터의 현장 시험이 선호된다. 소형 미터를 교체하기 위해 소요되는 시간은 상대적으로 짧기 때문에 물 공급은 짧은 시간 동안 중지된다. 통상적으로 소형 미터를 통해 공급받는 주거민 고객들은 이와 같은 단수를 쉽게 수용한다. 그러나 대형 미터 고객은 다르다. 대형 미터로 공급받는 빌딩은 대형 미터를 교체하기 위해 상당히 긴 시간이 필요하다. 따라서 공장, 병원, 군시설, 상가 그리고 많은 중요한 시설들은 이와 같은 긴 단수시간을 수용하지 못한다. 유사하게 이와 같은 많은 빌딩들은 최소 중단으로 소방 유량을 제공 받아야 한다. 대형 미터의 경우 미터를 시험하는 동안에도 고객에게 지속적으로 물을 공급하기 위해 바이패스 관로 및 밸브를 갖도록 설계된다. 소방 관로 미터 용도가 아닌 경우 바이패스는 2인치 규격까지 시험하고자 하는 미터보다 한 단계 공칭 규격이 작아야 한다. 소방 관로를 계량하는 바이패스 관로 규격은 공칭 규격과 동일하여야 한다. 바이패스 관로는 고객에게 지속적으로 서비스하기 위해 필요한 용량을 제공한다. 바이패스 관로가 없으면 이 고객들에게 서비스하는 미터를 시험하거나 보수할 수 없어 상당한 수익손실이 발생할 수 있다. 대형 미터에 대한 전형적인 바이패스 관로 구성은 그림 12.10~12.12와 같다.

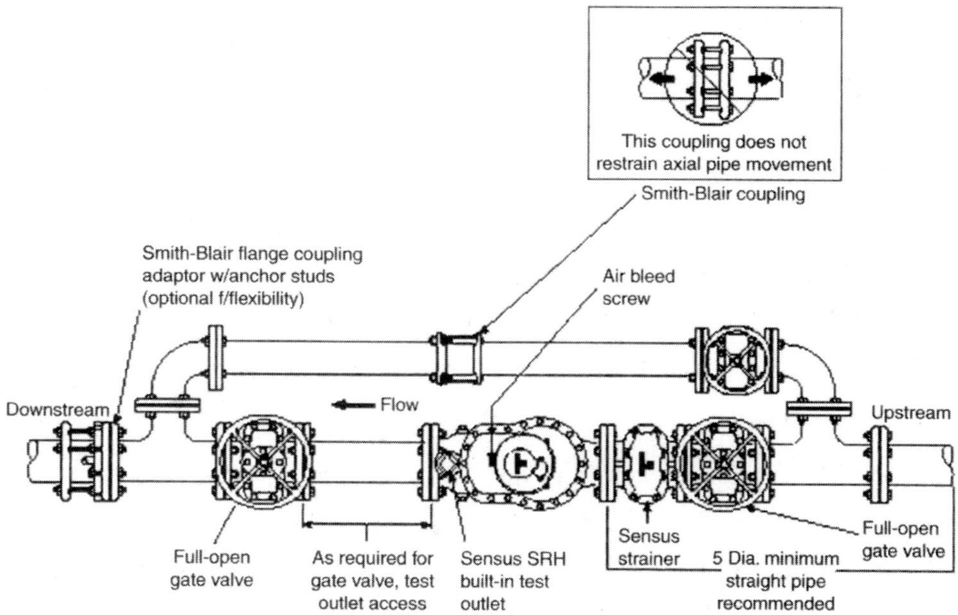

그림 12.10 복합식 미터의 설치 권장안(Water Loss Control Manual, 1st ed 제공)

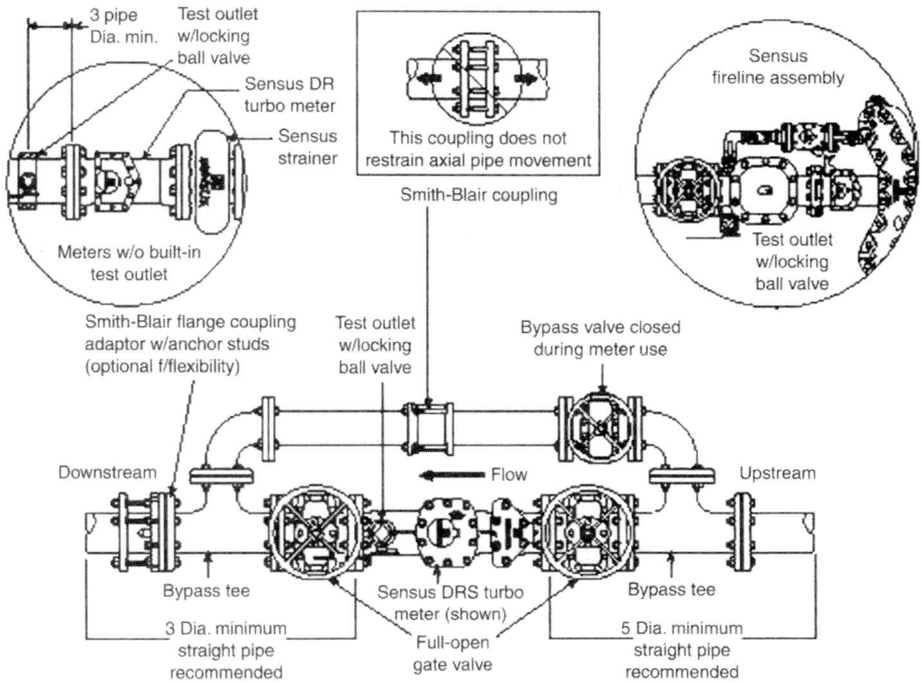

그림 12.11 터보 미터의 설치 권장안(Water Loss Control Manual, 1st ed 제공)

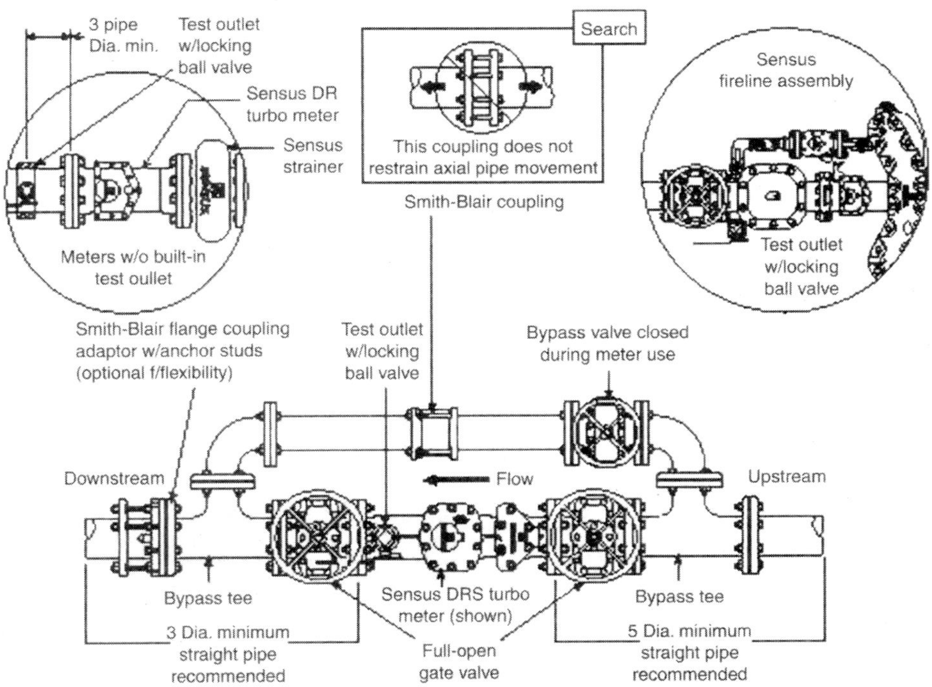

그림 12.12 소방관로 미터의 설치 권장안(Water Loss Control Manual, 1st ed 제공)

완벽한 미터 설치에 필요한 장비를 공급하고, 신속하고 용이한 설치를 위한 도움을 제공하기 위해 사전 조립된 미터 패키지를 설계할 수 있다. 대부분 미터 제작사가 이러한 패키지를 공급하고, 대형 미터의 설치를 위해 필요한 도구 또는 장비를 갖지 않는 많은 용수기관들에게 이 패키지는 특히 소중하다.

대부분 미터 제작사들은 미터의 하류측에 배관의 spool piece를 설치할 것을 권장한다. 반드시 spool piece의 길이는 최소한 배관 직경의 두 배가 되어야 한다. 미터 측정 요소의 유출측에서 난류유동을 제거하기 위해 이와 같은 요구조건이 필요하다. spool piece의 상부에 반드시 태깅 새들(tagging saddle), 황동 니플 그리고 볼 또는 게이트밸브를 설치하여야 한다. 미터의 현장 시험 동안 이 장비들을 사용한다. 대부분 복합식과 소방 서비스 미터는 미터 케이싱 내부에 시험 플러그가 내장된다. 많은 4인치와 6인치 미터는 전형적으로 2인치 시험 플러그를 갖는 반면 8인치 이상의 대형 미터는 빈번하게 3인치 시험 플러그를 갖는다. 미터를 설치하기 전 현장 시험을 용이하게 하기 위해 반드시 시험 플러그를 제거하고 황동 니플과 볼 또는 게이트밸브로 대체하여야 한다. 메인 케이싱을 개방하기 전에 미터로부터 압력을 안전하게 완화시키기 위해 볼 또는 게이트밸브가 필요하다. 게이트밸브가 누수 되고 미터가 압력을 받는 상태에서 제거하는 동안 시험 플러그가 분출하였던 사건들이 많이 발생하였다. 100psi가 넘는 운영 압력(이 압력은 약하거나 또는 부식된 피팅이 이탈되면 파괴적인 힘을 낼 수 있다)이 미터에 작용할 수 있으므로 특히 주의하여야 한다.

1992년 이전에 제작된 대부분의 터빈미터들은 미터 몸체 내 시험 유출부를 갖지 않으며 미터의 하류측에 별개의 스풀피스(spool piece)와 시험 니플의 설치를 요구한다. 미터 몸체 내 시험 플러그를 장착하면 개별 시험 탭은 필요하지 않다. 시험 유출부는 미터 규격에 따라 전형적으로 1~2인치 규격 범위이다. 추가적으로 일부 상용 소화 배관 미터 조립품과 복합식 미터에는 고정 볼밸브 그리고 적정한 시험을 위한 소방 호스 커플링과 함께 시험 라이저(test riser) 유출부 조립품이 제공된다. 복합식, 터빈(또는 터보), 소화 배관 미터의 설치를 위한 권장사항은 그림 12.10~12.12를 참조한다.

고객 미터 정확도 시험 과정

미터 정확도 시험시 시험을 수행하는 사람은 적합하게 훈련받고, 관련 시험장비를 갖는 것이 매우 중요하다. 빈번하게 숙련된 현장 전문가 또는 기술자가 미터 시험원으로 지명되고, 훈련은 반드시 이 전문 작업을 반영하도록 충분한 품질을 가져야 한다. 시험장비를 사용할 때 반드시 적절한 기법과 절차를 준수하여야 한다. 높은 유량에서 유출되는 물의 큰 체적의 중요성(결과)을 이해 및 인식하고 특히 각 시험마다 이를 고려하여야 한다. 부적정한 장비 사용은 시험하는 사람, 미터, 주변 지역 그리고 일반 대중에게 해로울 수 있다. 미터함(meter pit)은 사람이 안전하게 운영하기에 충분한 공간이어야 한다. 미국 내 OSHA(Occupational Safety and Health Administration)가 발간한 안전 요구조건들을 반드시 준수하여야 한다.

시험을 수행하기 전에 의심스런 미터의 제품, 모델 및 제작사를 파악하고 그림 12.13과 같은 미터 시험 양식에 이 자료를 기록한다.

대형 미터 현장 시험 계획시 기술자는 안전하고 정확한 미터 시험을 위해 매우 중요한 여러 요소들을 반드시 평가하여야 한다. 표 12.9는 대형 미터 시험 과정의 절차와 점검목록을 제시한다. 기술자는 조심스럽게 시험하기 위해 미터 시험장비를 통과하여야 할 물의 큰 체적의 영향을 반드시 확인하여야 한다. 대형 미터를 시험하기 위해 1천 gpm은 드물지 않은 유량이다. 급수시스템으로부터 이와 같이 많은 유량이 급작스럽게 유출되면 급수 관망 내 국부 공급압력이 감소되어 관로 내 이물질이 고객 또는 인근 주관로로 유입될 수 있다. 또한 기술자는 시험과정 동안 미터를 통과하는 큰 유량 체적을 안전하게 유출시킬 장소를 반드시 확보

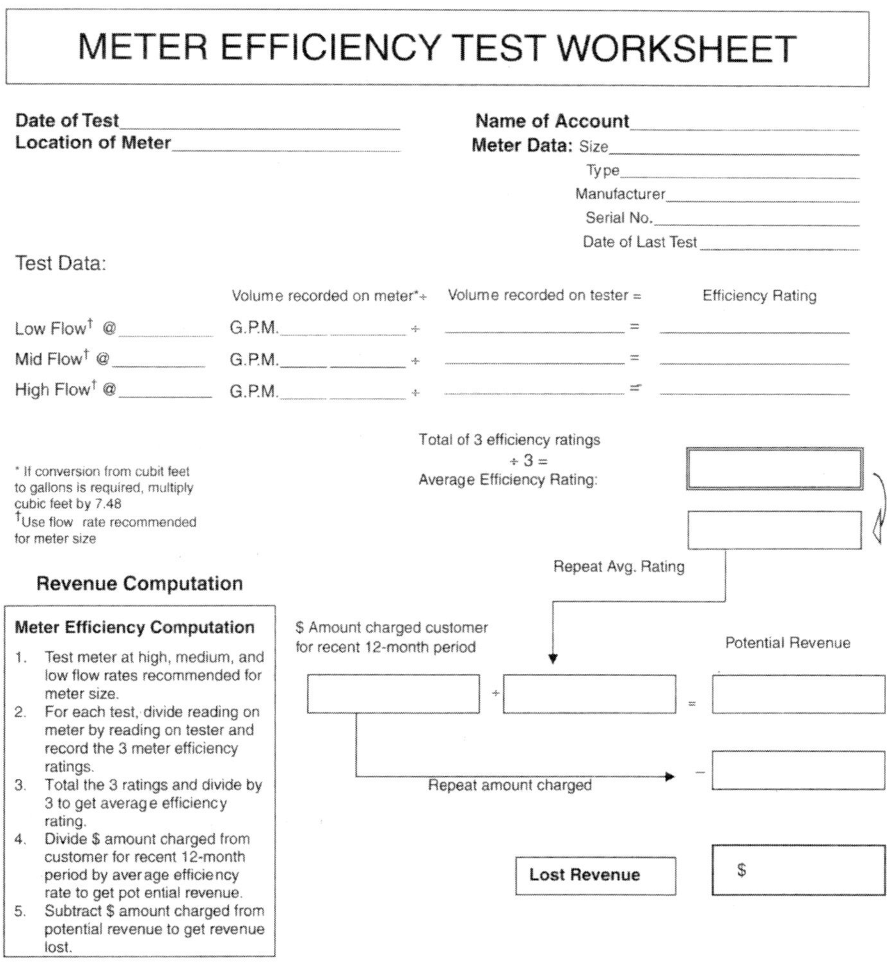
METER EFFICIENCY TEST WORKSHEET

Date of Test ____
Location of Meter ____
Name of Account ____
Meter Data: Size ____
Type ____
Manufacturer ____
Serial No. ____
Date of Last Test ____

Test Data:

	Volume recorded on meter* ÷	Volume recorded on tester =	Efficiency Rating
Low Flow† @ ____ G.P.M.	____ ÷	____ =	____
Mid Flow† @ ____ G.P.M.	____ ÷	____ =	____
High Flow† @ ____ G.P.M.	____ ÷	____ =	____

Total of 3 efficiency ratings ÷ 3 = Average Efficiency Rating:

Repeat Avg. Rating

* If conversion from cubit feet to gallons is required, multiply cubic feet by 7.48
†Use flow rate recommended for meter size

Revenue Computation

Meter Efficiency Computation

1. Test meter at high, medium, and low flow rates recommended for meter size.
2. For each test, divide reading on meter by reading on tester and record the 3 meter efficiency ratings.
3. Total the 3 ratings and divide by 3 to get average efficiency rating.
4. Divide $ amount charged from customer for recent 12-month period by average efficiency rate to get pot ential revenue.
5. Subtract $ amount charged from potential revenue to get revenue lost.

$ Amount charged customer for recent 12-month period ÷ = Potential Revenue

Repeat amount charged −

Lost Revenue $

그림 12.13 미터 효율 시험 성적서(Water Loss Control Manual, 1st ed 제공)

하여야 한다. 통제되지 않은 유출은 조경 및 개인 자산을 상당히 손상시키고, 차량과 보행자 통행에 위험을 초래할 수 있다. 임의 손상을 야기하지 않고 환경 규정을 위반하지 않는 방법으로 안전하게 유출되는 물을 처리하여야 한다.

최대유량 시험에 필요한 많은 유량을 공급하기 위한 충분한 용량을 갖고 시험 미터를 선정하도록 주의하여야 한다. 대형 미터의 최대유량 시험을 위해 필요한 것보다 낮은 유량을 사용할 필요가 있다. 많은 경우 최대유량은 500gpm으로 제한될 수 있다. 통상적으로 이 유량은 가장 큰 미터를 제외한 모든 높은 유량에서 정확도를 평가하기에 충분하다. 오직 궁여지책으로서 보다 적은 유량을 사용할 수 있지만 가능하면 반드시 확립된 시험 유량을 사용하여야 한다. 시험곡선은 첨두등록에 도달한 이후 평탄해지는 것으로 가정하는 것이 안전하다. 여기서 첨두등록은 정격 미터용량의 약 10% 이다. 등록에 필요한 범위 내 유지하여야 한다.

표 12.9 대형 미터 시험: 절차 및 안전 점검목록

출처 : Water Loss Control Manual 1st ed, 14.3.4절 확장 버전

대형 미터 시험 점검목록	
1.	경고표의 지침을 준수한다. 시험기에 부착된 경고표는 광범위한 현장 상황에서 제품시험 결과로부터 얻은 지침이다.
2.	미터, 유량계실, 그리고 인근 지역을 시험 전에 조사한다. 시험 플러그가 있는가? 미터 주변 바이패스가 있는가? 미터 양측에 분리 밸브가 있는가? 만일 이들이 없다면 안전하게 시험하기 위한 수단을 결정하거나 시험 전에 이들을 반드시 설치하여야 한다. 미터 시험기를 통해 유출되는 물을 안전하게 배출하기 위해 충분한 공간을 확인한다. 대형 미터 시험의 경우 10,000갤론 이상의 물이 배출되는 것은 드물지 않다. 시험 동안 물이 다시 유량계실로 유입되지 않도록 한다. 보행자나 차량이 통행하는 도로 및 인도를 확인한다. 시험기로부터 중간 정도인 300gpm 물줄기는 차량과 보행자에게 위험할 수 있다.
3.	미터 분리 밸브를 폐쇄한다. 관로압력으로부터 미터를 분리하기 위해 상류측과 하류측 밸브 모두를 폐쇄한다. 시험 플러그를 제거하기 전에 이를 수행하여야 한다. 밸브를 원활하게 또는 어렵게 조작하였는지를 메모한다.
4.	미터로부터 압력을 빼낸다. 시험 플러그를 제거하기 전에 미터 조립품으로부터 모든 관로 내 잔류압력을 빼낸다. 일반적으로 미터 커버에 있는 배출 나사를 풀어 이를 수행한다. 만일 배출 나사가 없으면 압력을 완화시키기 위해 배수 플러그 또는 주관로 플랜지를 풀 수 있다.
5.	미터 시험기를 연결한다. 수압이 안전한 수준으로 완화된 것을 확인하였으면, 시험 플러그를 제거하고 시험 배관, 호스, 그리고 미터 시험기를 연결한다. 지반에 호스(유입 및 유출)가 날카로운 그리고 비정상적인 곡관을 갖지 않는 방법으로 모든 장비를 정렬한다.
6.	미터 시험기를 고정한다. 만일 높은 수압 또는 큰 유량이 예상되면 시험기를 고정체에 체인으로 연결하거나 시험기 내 홀들을 통해 대형 막대기를 집어넣어 지반에 장비를 고정시켜 불안전한 이동(movement)을 방지한다.

표 12.9 대형 미터 시험: 절차 및 안전 점검목록(계속)

대형 미터 시험 점검목록	
7.	호스와 연결부를 조사하고 공기를 제거한다. 미터 시험기 호스와 연결부가 제대로 체결되었는지 확인하고 시험기에 있는 작은 밸브를 개방하여 장비로부터 공기를 제거하고 미터 공급 밸브를 서서히 개방한다. 장비가 전체 압력을 받고 조립품으로부터 모든 공기가 빠져 나갈 때까지 계속한다.
8.	유량이 0인 상태로부터 시험을 시작한다. 최대 유량에 도달할 때까지 모든 공기를 서서히 플러싱한다(밸브가 많이 개방되거나 시험기 압력계가 20psi로 떨어질 때 최대 유량에 도달한다).
9.	등록계를 읽고 리셋하고 사전 운영으로서 시험할 미터 다이얼의 최소 1회 스윕(sweep) 량 만큼 최대 유량을 통과시킨다. 첫 번째 시험에서 사용한 유량을 2배로 하여 상기 순서를 반복한다. 첫 번째 시험 정확도와 두 번째 시험 정확도를 비교한다. 차이는 ±5% 이내여야 한다. 만일 차이가 이 보다 크면 원인을 조사한다. 이 원인은 다음이 될 수 있다. (a) 시험 미터의 오작동; 낮은 유량 운영에서 오작동이 발생할 수 있다. (b) 시험한 미터는 등록계를 상당히 마모시켜 과도한 pointer 동작을 야기시킬 수 있다. 등록계 렌즈를 탭핑작업하고 pointer 이동 크기를 관찰하여 이를 확인할 수 있다. (c) 호스와 미터 시험시 연결부 내 공기가 포획될 수 있다. 호스를 청소하고 시험을 재개한다. (d) 하나 또는 두 분리 밸브가 누수되어 불일치하는 시험을 야기할 수 있다. 시험한 미터 등록계의 낮은 유량 지시계의 이동을 1~5분 이상 관찰하여 확인한다. (e) 스트레이너에 이물질이 끼거나 부분적으로 막혀있다. (f) 시험 미터가 돌 또는 이물질로 막혀있거나 플러싱 동안 손상될 수 있다. 불일치하는 시험결과에 대해 다른 많은 원인들이 있을 수 있다. 계속하기 전에 불일치 문제를 반드시 해결하여야 한다. 그렇지 않으면 시험 결과는 신뢰성이 없게 된다.
10.	AWWA M6 매뉴얼의 특정 미터 형식에 대한 시험 유량을 참조하여 목표한 추가 대형 미터들의 시험을 계속한다. 가능하다면 미터 제작사의 문헌의 시험 유량을 사용한다. 또한 평균 고객 유량 사용율에서 추가 시험을 수행할 것을 권장한다. 이는 주된 수익을 제공하는 유량에서 어떻게 효율적으로 미터를 운영하고 있는지에 대한 중요한 정보를 제공할 것이다.
11.	복합식 미터를 시험할 때 미터의 교차점에서 소비율과 정확도를 검토한다. 정확한 교차 비율의 결정은 압력계와 유량 디스플레이의 사용을 필요로 한다. 제어밸브를 서서히 개방한다. 압력계 바늘이 상승이 인지되면 등록계가 나타내는 유량이 교차 비율이다. 만일 교차가 탐지되지 않으면 게이지가 다시 떨어질 때까지 제어 밸브를 폐쇄한다. 교차 비율이 확인될 때까지 밸브 개방과 유량 증가를 반복한다. 이 과정은 실습을 필요로 하지만 그만한 노력의 가치가 있다.

전형적으로 미터 시험장비의 제작사들은 정확도 시험을 수행하기 위한 상세한 절차를 제공한다. 일반적으로 시험장비를 연결하고 관로를 플러싱한다. 사전 절차로서 관로 내 임의 누수 또는 미지의 탭의 존재 여부를 결정하기 위해 반드시 상대적으로 높은 유량에서 간략하게 시험하여야 한다. 반드시 미터 용량의 약 50%로 시험유량을 설정하여야 하고, 충분한 해상도를 위해 다이얼의 10 스윕(sweep) 동안 시험하여야 한다. 미터의 정확도를 결정한 후 반드시 50% 체적에서 다시 시험하여야 한다. 두 번째 시험 결과의 정확도는 반드시 첫 번째 시험 결과의 0.5% 이내여야 한다. 만일 그렇지 않으면 누수 또는 다른 통제되지 않은 물량이 시험을 훼손시킬 수 있다. 만일 의심되는 미터가 유량을 지시하면 이는 하류측 차수밸브 누수의 결과를 나타낼 수 있다.

시험시 시험 시간은 1분보다 길어야 하고, 미터의 스윕핸드가 최소한 완벽하게 1회전 하도록 권장한다. 높은 유량 시험시 시험장비에서 잔류 압력이 최소한 20psi 이하로 저하하면 안된다. 또한 안전을 위해 시험장비를 안전하게 제작하지 않는 이상 80psi를 초과하는 정압력을 갖는 관로상에서 운영되면 안 된다.

공식적인 시험 순서를 개시하여야 한다. 즉, 처음에는 낮은 유량 범위에서 점차적으로 높은 유량으로 시험을 진행한다. 경험상 통상적으로 미터가 마모되기 시작하면 정확도는 높은 유량보다는 낮은 유량에서 처음 영향을 받는다. 만일 미터가 용량의 하부 25%까지 정확하게 동작하면 통상적으로 나머지 범위에서도 정확하게 동작하며 특히 대형 미터에서 이는 진실이다.

12.5.2 고객 미터 정확도 시험 결과 평가

수도미터 성능 평가시 시험 결과들을 주어진 수도미터의 적합한 수정 조치와 관련시키기 위해 운영자의 숙련도와 경험 모두가 필요하다. 다음 토론에 포함된 것은 표 12.10을 포함하여 Sensus meter을 포함하는 예이다. 표 12.10은 오직 예증 목적으로 제공된다.

시험한 미터를 적절히 평가하기 위해 높은 신뢰 수준의 시험 자료가 필요하다. 따라서 미터 정확도를 시험함에 있어 조심스럽게 미터 시험 절차를 준수하는 것이 필수이다. Sensus는 정상적인 운영 범위에서 시험한 터빈(터보) 미터, 소화관로 미터 그리고 복합식 미터 상에서 ±1.5% 정확도 분포를 허용한다. Sensus는 복합식 미터 상 낮은 유량과 교차 유량에서 +1.5～−5% 정확도를 허락한다. 이 제한은 AWWA 기준보다 더욱 엄격하다. 추가 지침은 AWWA 기준 C701, C702, C703, C704를 참조한다.[11~14]

표 12.10 고객 미터 정확도 시험 결과 평가

수치를 0°로 이동하여 이 미터를 캘리브레이션할 수 있다.
출처 : Water Loss Control Manual 1st ed.

터보 미터 평가			
미터 규격	조정 베인	시험 자료	가능성 있는 원인
4″W-1000	+15°	90% at 10gpm 97% at 100gpm 99% at 700gpm	· 파괴된 회전자 날개 · 회전자 베어링 및 트러스트 베어링 마모 · 날개에 끼인 이물질
4″W-1000	+5°	100% at 10gpm 103% at 100gpm 105% at 700gpm	· 스트레이너 내부 또는 스트레이너에 끼인 이물질의 분출 · 설치 영향 · 관로 내 포획된 공기 · 회전자 및 챔버의 코팅
4″W-1000	+30°	94% at 10gpm 98% at 100gpm 99% at 700gpm	· 당초 시험으로부터 (−)로 이동한 조정 베인 · 설치 영향 · 부적절한 보수

표 12.10 고객 미터 정확도 시험 결과 평가(계속)

복합식 미터 평가		
미터 규격	시험 자료	가능성 있는 원인
낮은 유량 시험		
3″SRH	105% at 0.5gpm 102% at 3.4gpm 98% at 10gpm	· 하류측 분리 밸브 누수
높은 유량 시험		
3″SRH	88% at 25gpm 94% at 55gpm 99% at 280gpm	· 프로펠러 손상 · 높은 유량 챔버 마모 · coordinator 마모 · 수직 축 고착 또는 부싱 마모
3″SRH	95% at 0.5gpm 99% at 3.4gpm 100% at 10gpm 106% at 25gpm 108.7% at 150gpm 108% at 280gpm	· 높은 유량 측이 너무 높게 설계됨 · 분출을 방해하는 이물질 · 설치 영향
소방관로 미터 평가		
미터 규격	시험 자료	가능성 있는 원인
6″compact 소방관로	192% at 4gpm 96% at 45gpm 99% at 500gpm	바이패스 미터 · 파괴된 회전자 날개 · (−)로 이동한 조정 베인 · 회전자 베어링 및 트러스트 베어링 마모 · 날개에 끼인 이물질 Detector 역지밸브 ·시트 마모 ·폐쇄를 방해하는 이물질
6″compact 소방관로	100% at 4gpm 100.3% at 45gpm 105% at 500gpm	대형 미터 · 스트레이너 또는 설치로부터 분출 · (+)로 이동한 조정 베인 · 회전자 및 챔버의 코팅 · 하류측 분리 밸브 누수
6″compact 소방관로	100% at 4gpm 103.3% at 45gpm 101% at 100gpm 100% at 500gpm	바이패스 미터 · (+)로 이동한 조정 베인 · 회전자 및 챔버의 코팅

미터 정확도 시험 결과 미터 성능이 의심스러운 것으로 나타나면 낮은, 중간 그리고 높은 유량(제작사 또는 AWWA 권장사항)에서의 시험여부를 확인하고, 시험한 미터 등록계 상에서

최소 1 스윕 기간을 확인하여야 한다. 만일 시험하는 동안 이 조건들이 만족되지 않으면 반드시 시험 요구조건에 특별한 주의를 기울여 시험을 반복하여야 한다. 미터 정확도 시험 결과를 검토할 때 다음 사항들을 유의하여야 한다.

- 정상적인 운영 범위 시험. 최소유량시험이 95~101.5%인가? 만일 이 범위에 있지 않으면 시방을 만족시키기 위해 미터를 조정하면 안 된다. 완벽한 미터 대체가 필요할 수 있다.
- 터빈(터보) 미터는 베어링 마모로 인해 최초 낮은 유량에서 등록 손실을 보여준다. 적은 유량에서 신뢰성 있게 시험을 수행하도록 주의한다.
- 복합식 미터와 소방 관로 미터는 교차 유량을 갖는다. 이 교차 유량을 결정하기 위해 시험할 때 시간을 할애한다. 밸브 문제와 함께 시험 실패의 원인으로서 교차 유량의 양 측을 평가한다. 측정 챔버를 분리하려고 시도하면 안 된다.

미터 시험 결과를 해석할 때 객관적 자세를 유지하는 것이 중요하다. 적정한 미터 시험 절차를 따르는 이상 시험 결과는 이상이 없을 것이다. 미터의 기능과 용도를 분명히 하여 임의 비정상을 분간하도록 시도하고, 불량한 시험 절차로서 미터 시험 결과들을 조급하게 버리지 않도록 주의하여야 한다. 재차 시험한 미터를 평가하고 진단하기 위해 훈련과 전문지식에 의존하여야 한다. 표 12.10은 변화하는 대형 미터 정확도 시험 결과들을 해명할 수 있는 잠재적인 미터 문제들을 열거한 것이다.

미터 성능이 일관성이 없을 때는 반드시 고객 물 소비 패턴에서 상당한 변화여부와 미터의 기능 불량여부를 조사하여야 한다. 기능 불량 미터를 해결하기 위한 조치는 다음 사항을 포함할 수 있다. 미터를 보수(1인치 이상의 대형 미터의 경우)하고, 필요하면 다른 규격의 미터로 대체한다. 특히 수년 동안 사용한 미터의 성능이 의심스러우면 미터를 대체하는 것이 최상이다. 미터는 용수기관 내 고객 소비 자료의 근원이고, 용수기관 관리자는 고객 미터 모집단의 기능과 정확도에 대해 높은 수준의 신뢰도를 갖는 것이 매우 중요하다.

참고문헌

1. American Water Works Association. Manual of Water Supply Practices, Water Audits and Loss Control Programs (M36). 3rd ed,. Denver, Colo.: AWWA, 2008.

2. Davis, S. "Residential Water Meter Replacement Economics." Leakage 2005 IWA Conference, Halifax, Nova Scotia, CA, 2005.

3. Sullivan, J. P. and E. M. Speranza. "Proper Meter Sizing for Increased Accountability

and Revenues." Proceedings, American Water Works Association, Annual Conference & Exposition: AWWA, 1991.

4. American Water Works Association. Manual of Water Supply Practices, Sizing Water Service Lines and Meters (M22). Denver, Colo.: AWWA, 2004. ISBN 1-58321-279-5

5. Arregui, F., E. Cabrera and R. Cobacho, et al. "Key Factors Affecting Water Meter Accuracy," Leakage 2005 IWA Conference, Halifax, Nova Scota, CA, 2005.

6. Grothaus, R. "Size Matters: Meters Can Reflect New Standards." AWWA Opflow, March, 2007.

7. Rizzo, A. and J. Cilia. "Quantifying Meter Under-Registration Caused by the Ball

Valves of Roof Tanks (for indirect Plumbing Systems)." Leakage 2005 IWA Conference, Halifax, Nova Scotia, CA. 2005

8. Cohen, D. "UFR (Unmeasured-Flow Reducer): An Innovative Solutio for Water Meter Under-Registration-A Case Study in Jerusalem, Israel." Global Customer Metering Summit: London, England. July 2007.

9. American Water Works Association. Manual of Water Supply Practices, Water Meters-Selection, Installation, Testing, and Maintenance (M6). 4th ed,. Denver, Colo.: AWWA, 1999. ISBN 1-58321-017-2

10. Tao, P."Statistical Sampling Technique for Controlling the Accuracy of Small Meters." Journal AWWA. 1982;74(6):296.

11. American Water Works Association. Standard C701-07 Cold Water Meters-Turbine type for Customer Service. Denver, Colo.: AWWA, 2007.

12. American Water Works Association. Standard C702-01 Cold Water Meters-Compound Type. American Water Works Association, Denver, Colo.: AWWA, 2001.

13. American Water Works Association. Standard C703-96 Cold Water Meters-Fire Service Type. Denver, Colo.: AWWA, 1996. (Reaffirmed with no revisions 2004).

14. American Water Works Association. Standard C704-02 Cold Water Meters-Propeller Type Meters for Water Works Application. Denver, Colo.: AWWA, 2002.

Chapter 13 피상손실제어 자료변환오류

13.1 고객 물 소비 자료변환공정

북미 대부분의 용수기관은 개별 고객 계정으로부터 물 소비를 등록하기 위해 고객 서비스 연결부에 미터를 설치한다. 이력적으로 용수기관 내 고객 미터의 설치 목적은 요금고지를 위해 서비스하는 고객 소비를 주기적으로 측정하는 것이었다. 고객 소비에 대한 미터의 영향이 명백하고 확실할 때 통상적으로 고객은 물 사용에 더욱 신중하므로 물 소비 체적을 가격으로 연계하는 미터의 기능은 물 보존을 위한 기초 수단을 제공한다. 적정 위치에 정확한 수도미터의 설치는 고객 소비 자료를 관리하기 위한 여러 절차 중 첫 번째 절차이다. 북미 용수기관은 전형적으로 고객 소비 자료를 고객 요금고지 시스템 내 저장한다. 고객 미터로부터 판독을 얻기 위해 사용한 공정과 이 자료를 요금고지 시스템으로 변환하는 공정에서 오류가 발생할 수 있다. 이와 같은 오류는 빈번하게 절제된 소비 체적을 초래하고 피상손실의 한 형태로 나타난다.

용수기관의 고객 미터 판독 및 자료변환공정 내 많은 오류 기회가 존재한다. 통상적으로 미터는 수동 미터 판독 또는 자동 미터 판독 AMR 두 방법 중 하나로 판독된다. 검침원이 개별 고객 옥내를 방문하여 육안으로 지침을 수집하는 수동 미터 판독은 전통적인 접근법이고, 2007년도에도 북미 용수기관의 70% 이상이 이 접근법을 사용하고 있다. 그러나 AMR 그리고 선진 계량 기반시설인 AMI(advanced metering infrastructure)로 인용되는 다수의 혁신적인 최종-사용자 기능은 급속하게 증가하는 속도로 실행되고 있으며, 용수기관에게 자료변환 오류로 인한 피상손실을 최소화하고, 운영 효율성과 고객 서비스 수준을 향상시키는 매우 유능한 기술을 제공한다.

13.1.1 고객 미터 수동 판독

미터 수동 판독은 신뢰성 있게 동작할 수 있으나 많은 지역 사회에서 효율성과 비용 효과도를 방해하는 수많은 어려움을 직면한다. 대부분의 검침원은 특히 고객 빌딩 내부에 위치한 미터의 접근에 어려움을 겪는다. 많은 용수기관 내에서 발생하는 높은 비율의 판독 실패는

그림 13.1 필라델피아 내 100세대 아파트에 설치된 옥내 3인치 터빈 미터(필라델피아 수도국 제공)

이러한 문제에 기인한다. 또한 수동 판독은 높은 직원 채용 및 배치 비용 그리고 본질적으로 노동 집약적이다. 높은 가변적인 현장 물류체계(logistics) 때문에 많은 고객 미터는 일관되게 판독되지 않는다. 추운 기후에서는 수도미터는 전형적으로 고객 빌딩 내 위치하고, 빈번하게 그림 13.1과 13.2와 같이 접근하기 어려운 지하 구석, 보일러실 또는 다른 지하에 위치한다.

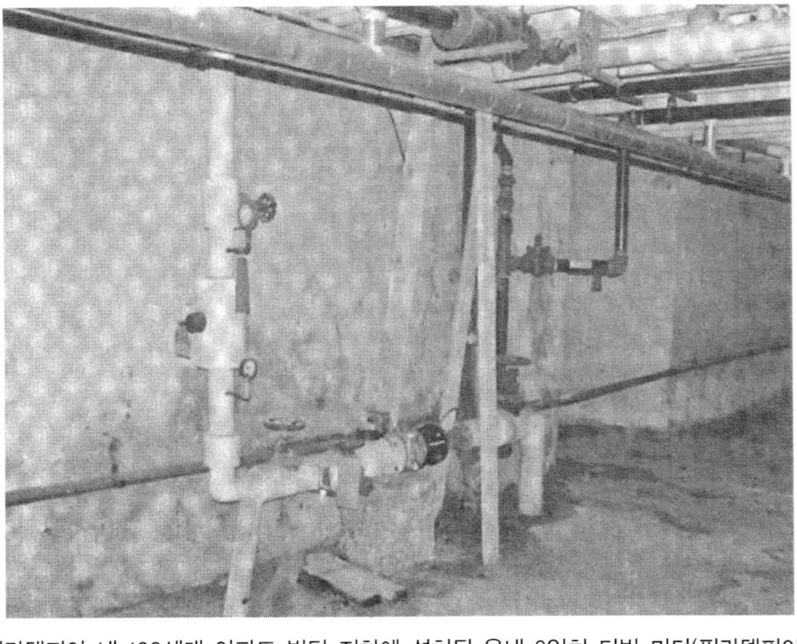

그림 13.2 필라델피아 내 100세대 아파트 빌딩 지하에 설치된 옥내 3인치 터빈 미터(필라델피아 수도국 제공)

부지 소유자가 이러한 지역에 물품을 저장하여 미터로의 접근을 방해하는 것도 드물지 않다. 맞벌이 부부가 증가하면서 일과 시간 동안 검침원의 접근도 어려워졌다. 보안 때문에 많은 고객들은 그들 구내에 이방인의 접근을 경계한다. Greater Cincinnati Water Works는 이와 같은 어려움을 직면하였고 이로 인해 AMR 시스템을 설치하기로 결정하였다. 용수기관이 집집마다 수동 판독 시스템을 채택하였기 때문에 고용인은 그들 고객들이 맡기는 30,000개 이상의 집 키의 관리로 꼼짝 못하게 됐다. 또한 집 키를 넘겨주기를 꺼려하는 사람들이 증가하면서 검침원이 집안으로 접근하도록 일과 도중에 고객이 입회하는 것이 불가능하게 되었다. 더욱 효율적이고, 덜 노동 집약적인 AMR 시스템의 능력으로 인해 미터 수동 판독을 이용하는 전통적인 수단은 구식이 되어 가고 있는 것을 충분히 이해할 수 있다.

결빙 및 서리에 노출되지 않는 따뜻한 기후에서 고객 미터는 통상적으로 그림 13.3과 같이 옥외 계량기 통 내 또는 작고 얕은 챔버 내 위치한다. 계량기 통은 통상적으로 주관로와 고객 빌딩 중간에 위치하며 빈번하게 용수기관과 고객의 서비스 관로 책임한계를 나타내는 경계역할을 한다. 산업 고객들에게 서비스하는 대형 미터는 빌딩의 외부의 크고 깊은 계량기실 또는 챔버(이는 추운 기후에서 일반적인) 내 위치한다. 옥외 미터는 일반적으로 옥내 미터 보다 제약은 적지만 접근 금지의 문제를 경험한다. 많은 옥외 계량기실은 홍수에 취약하다. 진입도로

그림 13.3 전형적인 옥외 수도미터함 내 설치

는 쓰레기 또는 주차된 차량에 의해 매설되거나 덮일 수 있다. 주거민 옥외 미터 통은 빈번하게 개인 부지에 대한 접근을 필요로 하고, 개인 부지 소유자의 보안 우려가 발생한다. 위험한 사업 빌딩 또는 군 시설과 같은 민감한 현장에서는 특별한 보안 허가 및 호위가 필요할 수 있으며, 미터 수동 판독 과정과 시간 연장을 상당히 복잡하게 만든다.

미터의 옥내 또는 옥외 설치와 관계없이 검침원이 개인 부지에 접근할 때 공격적인 개, 어두움, 불량하게 유지되는 공간, 악의적인 고객 또는 위범지역으로의 위험에 직면할 수 있다. 전천후 기후에서 매일 수많은 고객 부지를 직접 방문하여야 하는 가혹함은 부정확하거나 불완전한 미터 판독과 높은 이직율을 초래한다.

접근의 어려움 이외 많은 검침 시도는 육안 검침의 오류 또는 미터 지침을 수기로 기록할 때 오류가 발생한다. 불량한 수기록으로 인해 미터 판독 수치가 요금고지 시스템에 올바르지 않게 전달되는 결과가 발생할 수 있다. 추가적으로 불성실한 검침원은 때때로 접근이 어려운 미터의 방문을 시도하지 않고 지침을 조작하여 제출한다. 간혹 부패한 검침원은 정직하지 않은 고객들과 결탁하여 의도적으로 지침을 조작하여 소비와 요금고지를 축소시켜 용수기관에게 피해를 입힌다. 모든 형태의 그릇되거나 또는 조작된 소비 체적은 통상적으로 용수기관의 수익을 손상시키고 소비기록과 피상손실을 왜곡시킨다.

상기에서 언급한 어려움에도 불구하고 수동 검침은 아직도 매우 흔하고, 통상적으로 많은 용수기관에서 효과적이고, 아마도 미터 모집단과 이동 어려움이 적고 안정된 인구통계특성(demographics)을 갖는 작은 지역사회에서는 더욱 효과적이다. 그러나 AMR 시스템의 용량 개선은 지속적으로 증가하고 있는 모든 크기의 물 공급시설을 비용 효과적인 사업 사례로 만든다.

13.1.2 미터 자동 검침

최근 수동 검침 프로그램에서 직면하는 많은 어려움 때문에 많은 용수기관 내에서 검침 성공률이 감소하여 왔다. 따라서 많은 용수기관들은 급속하게 성장하는 숫자의 AMR 시스템을 설치하여 왔다. 통상적으로 AMR 시스템은 더 정확하고, 덜 노동 집약적이고, 더 안전하고, 수동 검침보다 더욱 비용 효과적이다. AMR은 수동 검침 프로그램을 어렵게 하였던 접근 및 안전 문제를 상당히 감소시켰다. 많은 용수기관은 수동 검침에서 AMR으로 이동하면서 그림 13.4와 13.5에 기술한 것과 같이 상당한 성공을 거두었다. AMR은 초기에는 가스와 전력 산업에서, 1990년 중반 이후 급속하게 물 산업에서 실행되면서 성공적인 역사를 갖는다. 미국 물 시장에서 AMR의 침투는 2007년 고객 계정의 25% 이상을 차지하며 2012년까지 40%에 도달할 것으로 예상된다.[2] AMR이 정확도, 효율 그리고 비용 효과도를 개선하면서 물 산업에게 좋은 경향으로 흘러가고 있다.

AMR 시스템은 고객 수도미터에 장착되는 장비로 구성된다. 이 종말 장비는 미터 등록계로

The Benefits of Automatic Meter Reading Systems

1997년 AMR 설치 개시 이전에 필라델피아 수도국과 물 재무국은 검침 성공률이 불량하여 발행된 오직 7개 요금고지서 중 하나만이 실제 검침에 기초하였고 6개는 추정하였다. 필라델피아는 2000년까지 425,000개의 주거민 AMR을 설치하여 차량 이동식 시스템을 사용하여 월간 요금고지 과정에서 98% 이상의 검침 성공률을 거두었다. 대부분의 추정 시스템을 실제 검침 시스템으로 대체하였다. 따라서 고객 소비 자료의 신뢰성이 상당히 개선되어 고객 불만 숫자가 감소되어 체계적인 자료 처리 오류와 미승인된 소비 탐지에 도움을 제공하였다. 검침원들에게는 새로운 업무가 할당되어 해고되지 않았고, 그리고 프로젝트는 매우 비용 효과적이었다. 필라델피아는 차세대 시스템으로서 고정된 통신망 AMR으로 이동하는 것을 구상하고 있다.

그림 13.4 AMR 시스템의 편익

부터 지침을 얻고 제작사들이 제공하는 다양한 통신 방식 중 하나를 통해 전송하는 능력을 갖는다. 수도분야에서 1세대 ARM 시스템은 부지 인근을 걷는 검침원에게 지침 신호를 무선으로 또는 고객 빌딩 외부에 있는 포트(port)에 휴대용(*handheld*) 장비를 연결하여 통신하였다. 이와 같은 휴대용 검침은 고객 빌딩 내부로의 접근 필요성을 제거하였으나 아직도 확정된

그림 13.5 필라델피아 수도국의 AMR 시스템: 전형적인 Itron 종말점 ETR(encoder, receiver, transmitter)과 Bader meter 회사의 ⅝인치 주거민 미터(Itron 회사 제공)

검침 노선으로 검침원이 순회하여야 한다. 이 접근법에서 검침 성공률과 효율성은 증가하고 있는 반면 인건비는 약간 변화하였거나 오직 미소하게 개선되었다.

두 번째 공통적인 AMR 형태는 *차량통신방법*이다. 여기서 검침원은 지침을 수집하기 위해

그림 13.6 미터함 내 주거민 미터를 위한 AMR 종말점 장치(Itron 회사 제공)

그림 13.7 주거민 미터함 내 설치될 AMR 종말점 장치(Itron 회사 제공)

차량으로 서비스 지역을 순찰하는 것이다. 검침원은 지침을 수집하기 위해 차량을 떠날 필요가 없다. 순찰 차량이 거리를 서서히 지나가면서 수 십개의 지침을 동시에 수집할 수 있다. 차량 내 장비는 미터에 부착된 AMR 종말점(endpoint) 장비를 호출하기 위해 신호를 보내고 현재 미터의 지침을 얻는다. 이 방법은 "휴대용" 방법과 같이 지침을 수집하기 위해 고객 부지에 접근할 필요성이 없는 동일한 장점을 제공한다. 그러나 이 방법은 순찰 차량은 개인 검침원이 도보로 얻을 수 있는 것 보다 많은 지침을 수집하므로 검침원 숫자가 감소된다. 휴대용 및 차량통신 방법은 물 시스템 내 AMR이 광범위하게 침투하기 시작한 이후 가장 공통적인 AMR 형식이 되어 왔다. 그러나 물 산업에서 AMR은 차세대 통신방법인 *고정된 통신망(fixed network) AMR*으로 이동할 태세를 갖추고 있다. 그림 13.6과 13.7은 고정된 통신망 AMR 시스템을 위해 계량기통 내 전형적인 ARM 종말점 장비를 보여준다.

고정된 통신망 AMR은 필요시 AMR 신호를 송신하기 위해 설치된 탑, 안테나, WIFI 또는 유사한 원격통신망의 고정된 통신망을 사용하는 AMR 시스템을 의미한다. 고정된 통신망 AMR 시스템은 반드시 영구적인 통신 시스템을 설계하고 건설하여야 하므로 이동 통신 시스템보다 확실히 까다롭다. 이와 같은 시스템의 초기 구축비용은 휴대용 또는 차량통신방법 보다 높다. 그러나 고정된 통신망 AMR은 현장으로 검침원을 파견하여야 하는 필요성을 제거하여 용수기관을 매우 자유롭게 한다. 따라서 많은 인건비를 절감하고 직원채용 문제를 감소시킨다. 또한 고정된 통신망 AMR은 검침 일정을 직원에게 의존하지 않으므로 임의 빈도 또는 임의 시간에 고객 지침을 얻을 수 있는 능력을 제공한다. 고정된 통신망 AMR은 시간 간격(또는 유사하게 짧은 시간)으로 자료를 취득하여 일중, 주중, 계절 또는 1년을 통한 소비 변화를 디스플레이하여 고객 프로파일을 작성할 수 있는 충분한 자료를 얻을 수 있다. 고정된 통신망을 통해 짧은 시간 간격으로 미터 판독을 수집하고 전송할 수 있다. 대안적으로 일부 시스템은 고객 종말점에서 자료-로거 AMR 장비를 사용한다. 자료-로거는 미터 판독 장비에서의 지침을 지속적으로 수집하고 저장한다. 이제 고객 소비 프로파일은 주기적으로 또는 요청시 중앙 수집 위치로 전송된다. 고정된 통신망 또는 자료-로거 AMR 시스템의 변종들은 용수기관이 원하는 세분화된 고객 소비(granular customer consumption)를 제공하는 특정 형식의 통신망 AMR 발견시 고려할 수 있는 다양한 선택권을 제공한다.

고정된 통신망 AMR은 사용자 종말점 장비, 소프트웨어 그리고 AMR 시스템의 다른 표준 성분의 설치 이외 고정된 통신망 건설을 위한 투자를 요구한다. 고정된 통신망의 비용은 서비스 지역의 특성인 도시-농촌, 언덕지역-평탄지역, 고객 밀도, 통신 시스템 요구조건에 영향을 미치는 다른 요소들에 따라 가변적이다. 통신망은 전형적으로 AMR 신호를 수집하고 중앙 전산기로 전송하는 방법으로 공간적으로 분산된 수 많은 안테나 또는 수집장치(그림 13.8과 13.9 참조)를 필요로 한다. 용수기관은 물 공급 서비스 수준의 요구조건을 만족시키는 AMR을

그림 13.8 고정된 통신망 AMR 제어기 안테나(Itron 회사 제공)

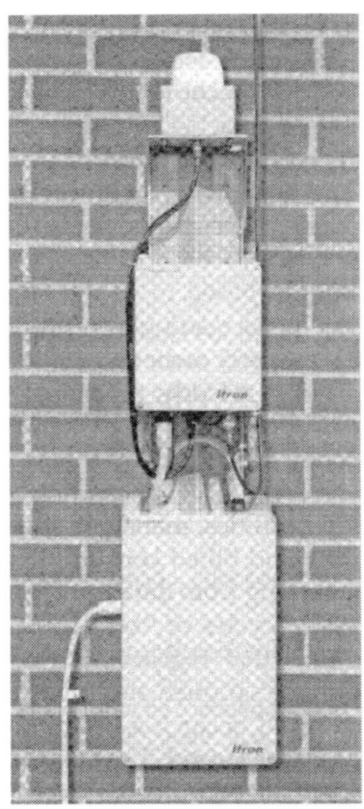

그림 13.9 고정된 통신망 AMR 제어기-최대 10,000 고객의 종말점에서 10일간 시간당 프로파일 자료를 수집하고 저장(Itron 회사 제공)

보장하기 위해 반드시 물 공급 지역 내 고정된 통신망을 독립적으로 평가, 설계, 건설, 시험하여야 한다. 고정된 통신망 AMR은 상당한 계획 및 설계 노력을 요구하는 반면 상당히 낮은 년간 직원채용 비용 및 이동식(mobile) AMR과 상대적으로 더욱 세련된 고객 소비 자료로부터 주목할 만한 이점들을 갖는다. 또한 본장의 후반부에서 기술하는 것과 같이 고정된 통신망은 고객 종말점에서 단순히 지침 이상을 수집하는 기능을 제공하여 고정된 통신망 AMR에 대한 기업효율(business case)을 발전시킨다.

용수기관은 AMR 시스템의 사용을 통해 자료전송 오류로 인한 피상손실의 가능성을 감소시킬 수 있다. 현재 AMR 시스템은 비용 효과적인 그리고 효율적인 고객 소비자료의 수집을 위한 최상의 실무를 용수기관에게 제공한다. 용수기관 내 AMR 시스템의 사용은 이동식 AMR 대신 고정된 통신망 AMR이 성장하듯이 향후에도 지속적으로 상당히 발전할 것이다.

자료전송 오류의 탐지 및 정량화

AMR은 수동 검침 보다 자료처리 오류에 덜 취약하지만 두 형식의 미터 판독은 오류를 초래할 수 있다. 많은 이유로 지침 판독 시도는 실패할 수 있다. 수동 검침의 어려움은 앞에서 기술하였다. 부정적하게 설치되거나 구성된 AMR 장치는 그릇된 판독을 초래할 수 있다. 시스템 설치 동안 고품질의 제어 프로토콜을 사용하여 이러한 발생을 최소화할 수 있다.

대부분 용수기관은 실제 미터 지침을 얻기 위한 지침 판독을 성공하지 못하면 표준 추정 프로토콜 또는 고객의 최근 소비 이력에 기초하고 추정 · 계산된 체적을 사용하여 고객에게 요금을 청구한다. 이는 합리적인 접근법이지만 실제 검침 없는 수회의 미터 판독 주기로 인해 추정의 부정확성이 상당히 증가한다. 시간이 경과하면서 빌딩이 판매되고 물 소비습관이 상당히 다른 새로운 소유주가 영구적인 거주자가 될 수 있다. 2 가구에 대한 추정량은 7 가구에게 집이 팔릴 때까지는 괜찮을 수 있다. 물 소비는 세배가 될 수 있지만 예전 추정에 기초한 절제된 요금고지는 당분간 계속될 수 있다. 그러나 실제로 미터를 검침하면 새로운 부지 소유자는 큰 요금 조정을 직면하게 될 것이고, 통상적으로 고객의 불만은 용수기관을 향할 것이다. 명백하게 정기적이고 정확한 미터 판독은 고객 소비 패턴, 안정된 요금고지 및 수익 징수 기능의 건전한 감독을 유지관리함에 있어 매우 중요하다.

실제로 모든 용수기관 관리자는 어느 정도의 미터 판독 오류와 자료변환 오류가 발생하는 사실을 인식하면서 자료전송 오류로 인한 불규칙적인 소비 경향을 탐지하기 위해 정기적으로 미터 판독과 요금고지된 소비 자료를 해석하기 위한 직원시간(staff time)을 반드시 지정하여야 한다. 요금고지 분석가는 반드시 "0 소비" 또는 다른 의심스런 연속적인 주기의 소비 패턴과 같은 경향을 파악하여야 한다. 여러 연속적인 미터 판독 주기에 걸쳐 "0 소비"를 등록하는 계정이 발생하면 0 소비(만일 빌딩이 공실이 되면 발생할 수 있는)의 입증, AMR 장애 또는 미터의 조작여부를 결정하기 위해 반드시 조사하여야 한다. 또한 분석가는 주거민과 산업/상업 범주의 계정 모두에 대한 미터 판독 성공률을 반드시 감시하여야 한다. 반드시 할당된 다수의 추정치들을 추적하고, 불량한 추정으로 인한 오류를 반드시 근사화(approximation)하여야 한다. 만일 추정 프로토콜을 장기간 사용하였으면 반드시 이를 재평가하여야 한다. 또한 다른 체계적인 자료전송오류원이 용수기관 내 존재할 수 있다. 가용 재원에 종속되어 개별 용수기관 특유의 자료전송 오류의 발생여부를 평가하기 위해 조사할 수 있다.

회계감사관은 반드시 자료전송 오류로 인한 주된 피상손실 성분들의 정량화를 시도하고 이들을 물 회계감사 내에 포함시켜야 한다. 회계감사관은 관리 가능한 다수의 의심스런 계정을 조사·분석하여 배수시스템 내 유효한 고객 계정 표본에 대한 피상손실체적을 확인할 수 있어야 한다. 회계감사관은 이 계정 당 피상손실체적 수치를 전체 고객 모집단에게 외삽하여 다양한 형식의 자료전송 오류로 인해 발생한 체적을 합리적으로 결정할 수 있다. 용수기관 내 전형적인 피상손실 발생의 한 형식은 검침원의 수동 판독을 방해하는 접근 어려움으로 인해 많은 요금고지 주기 동안 판독되지 않았던 계정이다. 이러한 미터에 접근하기 위해서는 검침 약속시간을 위해 고객에게 서면통지 또는 미터를 가로 막는 가정 도구를 치워줄 것을 요청하는 특별한 노력이 필요하다. 만일 지역 물 규정 또는 상황이 허락하면 용수기관은 수도미터에 접근할 수 있도록 요청하는 문서를 고객에게 송부하거나 고객에 대한 물 서비스를 차단하는 것을 포함하는 벌칙을 실행할 필요가 있을 수 있다. 표 13.1은 가공의 CWC 내 자료전송 오류로 인한 피상손실의 체적을 정량화하기 위해 사용한 계산 예를 보여준다.

표 13.1 CWC 자료전송 오류 계산 예제(출처: George Kunkel.)

CWC 자료전송 오류 계산 예제
CWC 물 회계감사를 편집하는 관리자는 실제로 검침하지 않고 요금고지를 추정하는 많은 고객 계정들이 자료전송의 오류가 생길 가능성이 있다고 믿는다. 따라서 관리자는 지난 2년 동안 실제 미터 검침을 하지 않은 50개 고객 계정들을 현장조사하기로 결정한다. 관리자의 첫 번째 절차는 미터를 검침하기 위해 고객 구내 접근을 허락받는 것이다. 이 노력의 첫 달 동안 고객들에게 위반 통보를 보내고 접촉한 후 CWC는 50개 부지 중 38개 부지의 접근과 검침이 가능하였다. 아직 접근할 수 없는 12개 부지의 경우 고객 미터에 강제로 접근하기 위해 서비스 중단과 같은 더욱 공격적인 절차가 필요할 것이다. 이미 접근하여 업데이트한 38개 계정들의 경우 2년 동안 전체 360천갤론(또는 평균 180천갤론/년) 만큼 과소 요금고지된 것으로 밝혀졌다. 요금고지기록으로부터 용수기관은 지난 2년 동안 전체 487개 계정을 실제 검침을 하지 않은 것으로 나타났으며 이러한 38개 계정의 조사결과에 기초하여 미터 미검침에 따른 피상손실을 계산하면 다음과 같다. $$\text{피상손실(2년 동안 검침하지 않은)} = 180\frac{487}{38} = 2{,}307\text{천갤론}$$ 물 회계감사시 자료전송 오류로 인한 피상손실의 범주로서 2307천갤론 수치를 포함시켜야 한다. 또한 "0" 소비와 같은 다른 의심스러운 계정 그룹을 조사하고 자료전송 오류로 인한 피상손실을 정량화하기 위해 고객 모집단에 걸쳐 외삽하여야 한다. 용수기관 내 여러 세부범주를 확인할 수 있으며 궁극적으로 물 회계감사 내에 이를 포함시켜야 하며 자료전송 오류로 인한 피상손실 아래 합산하여야 한다.

고객 모집단의 크기, 미터 판독 모드, 물 규정, 정책 그리고 각 용수기관 특유의 상황들에 따라 자료전송 오류로 인한 피상손실 세부범주는 2개부터 8개 이상이 될 수 있다. 검사를 위해 고려할 수 있는 세부범주는 다음을 포함할 수 있다.

- 1년 이상 실제 미터 판독이 없는 계정
- 3회 이상의 요금고지 주기 동안 0 소비를 보이는 계정
- 안정된 높은 소비 수준 이력 이후 급작스럽게 소비가 상당히 감소하는 계정
- 확인된 AMR 장비 장애를 갖는 계정
- 태만하거나 부패한 것으로 확인된 한 사람 이상의 검침원으로부터 부정확한 미터 수동 검침이 발생한 것으로 알려진 계정
- 휴대용 미터 판독 장비로부터 고객 요금고지 시스템으로의 자료전송에서 자료 왜곡이 발생하였던 것으로 알려진 계정

상기는 자료전송 오류로 인한 여러 가능성 있는 피상손실의 원인이다. 타당한 원인 분석 및 이에 따른 피상손실체적을 결정하는 것은 용수기관의 의무이다. 이러한 측면에서 핵심적인 상향식 활동은 비정상적인 소비 패턴 또는 손실된 미터 판독에 대한 요금고지 기록의 분석, 실제 피상손실체적을 확인하기 위해 의심되는 계정의 표본들을 회계감사/조사하는 것이다.

자료전송 오류를 최소화하기 위한 용수기관의 능력은 용수기관의 규정 및 절차의 강도와 투명성에 종속된다. AMR과 같은 고급 기술의 사용은 분명히 효과를 개선시킬 수 있지만 추정치 사용을 둘러싼 고객 서비스 요구조건에 관해 구식이 된 규정들의 갱신, back-filling, 미터/AMR 보수 및 이와 관련된 활동을 위한 개인 부지에 대한 접근에서만 필요한 개선을 얻을 수 있다. 만일 최근에 규정들을 검토하지 않았다면 용수기관 관리자는 효율적인 물 시설 운영의 보장은 물론 현재 물 서비스 규정들이 고객에 대한 물 서비스 요구조건을 만족시키는 것을 보장하기 위해 지역사회 정책 관리자와 함께 일하여야 한다. 유사하게 검침 및 자료처리를 위한 절차들은 반드시 투명하여야 하고, 통용되고, 직원들 사이에서 준수를 감시하여야 한다. 새로운 직원들을 위해 정기적으로 훈련을 실시하고, 오래된 직원들에 대해서는 재교육을 실시하여 최적의 수준으로 검침 성공률과 정확도를 유지하여야 한다.

13.1.3 선진 계량 기반시설

물 산업에서 AMR 시스템이 많이 사용되면서 그리고 가장 공통적인 미래 미터 판독의 형태를 선도하는 것으로 나타나면서 새로운 고객 종말점 편익에 대한 상당한 잠재력을 인식하게 되었다. 지정된 짧은 시간 간격에서 자동으로 수도미터 판독을 통신하는 것이 가능한 고정된 통신망 AMR 시스템을 사용하여 자료 수집 위치로서 고객 종말점의 유용도가 상당히 상승되

어 왔다.

고객 미터의 이력적 사용(주기적인 미터 판독)은 소중하고 단일 목적인 물 소비체적에 따른 요금고지를 위한 기본자료를 제공하여 왔다. 수동으로 수도미터를 검침할 때 빈번하게 30일 또는 90일 간격으로 1회 미터 검침을 수행하는 것이 상당한 도전인 것과 같이 미터 검침 수집에서도 상당한 어려움들을 직면한다. 그러나 고정된 통신망 AMR을 사용하면 매 15분 마다 정확하고 비용 효과적인 방법으로 미터 판독을 수집할 수 있다. 고정된 통신망 AMR은 요금 고지 기간 동안 전통적인 소비 체적의 계산을 고려하는 것은 물론 소비 유량에서 시간, 1일, 1주일 그리고 계절적 변화를 보여주는 고객 소비 프로파일을 전개하기 위해 필요한 세분화된 소비 자료를 수집할 수 있다. 많은 고객들의 소비는 반복적인 패턴으로 변화하고, 전형적으로 일중 짧은 시간(빈번하게 심야 시간) 동안 소비가 최소가 되고 일중 1회 이상의 높은 첨두소비를 갖는다. 용수기관은 고객 소비 패턴에 대한 상세한 통찰력을 얻으면 여러 측면에서 혜택을 얻을 수 있다. 13.2절에서 상세한 고객 프로파일 자료의 사용을 기술한다. 고정된 통신망 AMR은 상세한 소비 정보를 얻는 것이 가능함에도 불구하고 왜 거기서 멈출까? 고객 종말점에서 다른 잠재적으로 유용한 물 시스템 정보가 또한 존재한다. 제작사는 다음을 포함하는 정보를 얻는 기능을 개발하여 왔다.

- 계량 또는 AMR 장비 조작
- 고객 관로상 누수의 경고를 보내는 소비 경향 분석
- 청음 누수탐지: 고객 서비스 연결 관로 상에서 또는 이웃 배수시스템 내 누수
- 역류 탐지

여러 제작사들은 이와 같은 여러 매개변수를 감지하기 위한 장치를 개발하여 왔고, 아마 미래에는 많은 제작사들이 고객 종말점에서 압력과 수질 매개변수들을 포함하여 보다 광범위한 감시 능력의 제공을 목격할 수 있을 것이다. 전통적인 미터 판독 이외 자료를 통신하고, 다수의 종말점 매개변수들에서 알람을 발생하도록 고정된 통신망 시스템을 설계할 수 있기 때문에 이들의 가치는 상당하게 된다. 이와 같이 확장된 여러 기능은 용수기관에게 요금고지 및 물손실제어 프로그램 이상을 수행하는 효율성을 제공할 수 있다. 이와 같은 추가적인 기능은 용수기관에게 여러 운영 효율의 제공뿐만 아니라 용수기관 내 고정된 통신망 AMR에 대한 전반적인 기업 효용을 더욱 정당화한다.

여러 누수탐지 기능들이 개발 및 개선되고 있다. 소비 유량 프로파일을 분석하여 미터의 고객 측에서 누수의 증거를 얻을 수 있다. 수도미터가 등록한 물 소비에서의 증가는 누수 발생의 증거를 나타낼 수 있다. 이러한 방법으로 누수를 탐지하여 고객에게 경보를 보내면 용수기관은 다른 누수탐지 활동없이 누수 지속시간을 최소화하여 상당한 물을 절감할 수 있는 기

회를 갖게 된다. 이는 고객에게 발행되는 비정상적으로 높은 요금고지 UHB(*unusually high bill*)의 가능성을 제한하여 고객 서비스를 향상시킬 수 있다. 이러한 방법으로 고객 소비 패턴을 분석하는 누수탐지 소프트웨어는 다수의 AMI 제작사들에게 표준 기능이 되어가고 있다. 그림 13.10은 고객의 소비 패턴에 기초하여 탐지한 누수에 대한 경보를 포함하는 표본 고객 요금고지를 보여준다.

또한 급수시스템 내 누수제어를 돕기 위한 수단으로 AMR 통신망을 연구하고 있다. America Water는 미국 내 많은 주에서 용수기관을 운영하고 있고, 물 산업 혁신기술개발 연구를 수행하면서 이 분야에서 선구자의 역할을 하여 왔다. America Water는 수년 동안 고객 수도미터 인근 고객 서비스 연결부에 부착된 누수음 로거로부터 경보와 미터 판독을 전송하기 위해 고정된 통신망 AMR를 이용하는 기술을 시도하여 왔다.[3] 누수위치를 정확하게 집어내기 위해 약 매 10개 고객 서비스 관로 간격으로 고정된 통신망 AMR를 배치하고, 누수(고객 관로 또는 배수시스템 관로)에 의해 생성된 음 패턴(sound pattern)을 수집하여 연관시킨다. 이 접근법은 여러 측면에서 이점을 제공한다. 첫 번째는 고정된 통신망을 지렛대로 사용하여 AMR 시스템의 혜택을 증가시키고, 고정된 통신망 AMR의 사용에 대한 기업효용을 형성한다. 두 번째, 수동 누수탐지와 관련하여 누수 탐지노력을 최소화한다. 마지막으로 수동적인 방법을 영구적이고 자동화된 장치로 대체 사용하여 미터 판독과 누수탐지 과정을 자동화한다. American Water는 초기 시범 프로젝트에서 성공적으로 누수를 확인하였고, 여러 다른 위치에서 이 기술의 사용을 더욱 탐구하고 있다. 그림 13.11은 American water가 수행하고자 하는 시도들 중 하나로서 고객 서비스 관로 상에 설치된 전형적인 누수음 로거를 보여준다.

고정된 통신망 AMR를 통해 용수기관과 통신된 종말점 정보 이외 고객에 대한 서비스를 향상기키기 위해 고객 종말점에서의 혁신기술들이 개발되고 있다. 가정 내 편리한 위치에서 고객이 현재 수도미터 판독과 소비를 볼 수 있도록 주거민 물 소비 디스플레이 장치가 개발되고 있다.[4] 가정 내 볼 수 있는 위치에 장착되도록 설계된 디스플레이 장치는 고객이 다양한 물 기구의 물 사용을 이해하고 이러한 물 수요를 보다 잘 관리하도록 돕는다. 소비 패턴을 해석하는 소프트웨어를 사용하여 주거민 물 누수를 탐지하여 가정 내 디스플레이, e-mail 또는 SMS 메시지로 경보를 발행한다. 용수기관의 계량 및 AMR 시스템과 별개로 제작사들은 수도꼭지 및 샤워기와 같은 개별 고객 물세간 장치의 물 소비를 디스플레이하는 최종 사용자 계량장치를 개발하여 왔다.[5] 또한 한 제작사는 고객 관로에서 누수로 인한 물 낭비를 방지하기 위한 종말점 제어 장치를 제공한다. 이 장치는 만일 소비-분석 소프트웨어가 상당한 누수를 감지하면 고객 서비스 연결 배관상 밸브를 폐쇄하는 기능을 제공한다. 따라서 상당한 물손실을 야기하는 상황을 신속하게 차단시킨다. 이 기술은 고객 옥내 누수로 인한 물 낭비를 최소화하고 물로 인한 고객 부지 손상을 최소화하는 이중 혜택을 제공한다.[4]

OPELIKA UTILITIES
P. O. Box 2587
Opelika, Alabama: 36801-2587
Customer Service: 334-705-5512
Fax: 334-745-3487

Account Number	22546
Due Date	3/15/2003
Service Address	2900 Birmingham Highway, Apt. 235
Amount Due	70, 164, 68

Dan H. Hilyer
502 Geneva Street
Opelika, Alabama 36801

CONTINUOUS LEAK DETECTED

Service ID	Service	From Date	To Date	Meter No.	Previous Reading	Current Reading	Usage	$ Amount
505953	Water	1/23/2003	2/24/2003	46996639	506	511	5	$ 14.33
	Sewer	1/23/2003	4/24/2003				5	$ 17.51
505954	Imgation	1/23/2003	4/24/2003	46996637	1558	1565	7	$ 20.14
	Fire protection	1/23/2003	4/24/2003					$ 11.50
	Deposit							$ 50.00
	Origination fee							$ 25.00
	System development							$ 70,???.00

Period	Days	Water	Irrigation
Current	32	5	7
Last month	28	5	6
Year age	31	3	7

Current charges	$ 70,138.48
Tax	$ 0.57
Past due amount	$ 25.63
Total amount due	$ 70,164.68

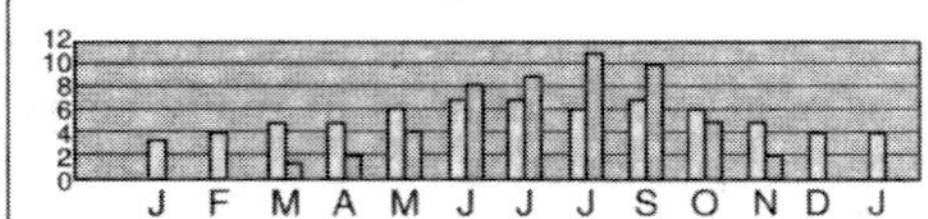

A continuous leak has been detected on your water service. Causes may include a toilet that is running or a faucet that drips continuously. You may have a broken water line under your house or out in the yard. We suggest that you have a licensed plumber inspect your water lines.

Notice: Please bring entire bill if paying in person.
Detach and return bottom partion if paying by mail.

Account no.	Service ID	Cycle no	Route no
22546	505953	2	22
Delinquent date	Past due amount	Total if paid late	Total due
3/16/2003	25.63	$1,980.25	$70,164.68

그림 13.10 누수 통보와 함께 출력된 고객 요금고지서

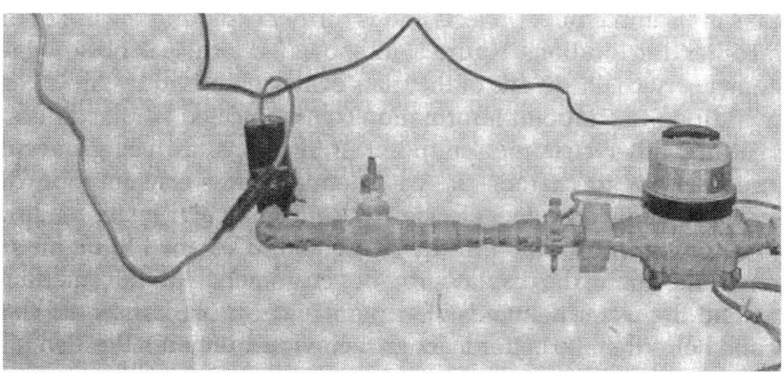

그림 13.11 Connellsville 물손실 제어 프로젝트 시범사업시 수도미터와 병렬로 설치된 AMR 종말점에 연결된 고객 서비스 관로에 설치된 MLOG 누수 소음 로거(American Water 제공)

그림 13.12 역류 이벤트와 실내 배관에서 발생하는 누수를 탐지할 수 있는 Neptune 미터 등록계의 LCD 디스플레이: 화살표는 유동 방향을 나타내며 수도꼭지는 누수발생을 보여준다(Neptune Technology Group 제공)

또한 한 제작사는 물의 역류 이벤트를 탐지하고 고정된 통신망 AMR 시스템을 통해 용수기관에게 경보를 송신하는 기능을 제공한다. 그림 13.12는 고객에게 공급되는 물이 정상적으로 흐르거나 비정상적인 배압(back pressure) 또는 배수시스템 내 진공상태에서 발생할 수 있는 역류를 보여주는 화살표 기능의 solid state register의 LCD를 보여준다. 역류 발생 동안 배수시스템 내부로 역으로 유입되는 물의 수질은 의심스러울 수 있고 배수시스템을 오염시킬 수 있기 때문에 수질에 심각한 영향을 미칠 수 있다. 911 테러사건 이후 용수기관이 수행한 취약성 평가 결과로서 의도적인 배수시스템의 오염은 용수기관에게 위협이 될 수 있다고 가설을 세워 왔다. 오염물질을 빌딩 서비스관로 연결부로 펌핑하거나 배수시스템으로 가압하여 이와 같은 테러행위를 수행할 수 있다. 용수기관이 역류 탐지 및 신속한 경보능력을 갖추면 역류 징후가 나타나는 위기에 효과적으로 대응할 수 있다.

제작사들은 고객 종말점의 기능성을 신속하게 확장하고 있다. 이 혁신기술은 물 공급 운영의 회계책임과 효율을 더욱 촉진하기 위한 많은 효과적인 도구들을 제공하고 있다. AMI 패키지를 통해 제공된 여러 편익으로 고정된 통신망 AMR에 대한 기업효용은 미터 판독만을 제공하는 시스템 보다 더욱 설득력이 있다. 고정된 통신망 AMR 사용 및 많은 AMI 기능은 북미 물 산업에서 지속적으로 급속하게 팽창할 것으로 예상된다. 이 혁신기술은 물 회계책임을 향상시키고, 피상손실의 근원인 자료전송 오류를 최소화하는 한편 용수기관에게는 새로운 기능 그리고 고객들에게는 개선된 서비스를 제공한다.

13.2 고객 소비 프로파일-정기적 고객 미터 판독으로부터 세분화된 소비 자료로의 변환

전통적인 미터 수동 판독 프로그램은 30일 또는 그 이상에서 단일 미터 판독을 수집하는 반면 고정된 통신망 또는 자료-로거 AMR 시스템은 15분 간격으로 판독을 취득하여 상세한 고객 소비 프로파일을 생성할 수 있다. AMR 시스템은 이러한 방법으로 더욱 세분화된 자료를 수집, 고객 요금 불만을 더욱 잘 대처, 신속하게 배관 누수를 확인, 물 보존 및 손실제어 노력을 돕는다.

개별 고객 미터를 위한 자료-로거 기능은 수년 동안 존재하여 왔다. 최초 상용 자료-로거는 개별 고객 미터에 장착되어 미터 등록계로부터의 펄스를 기록하여 상세한 프로파일을 전개할 수 있도록 설계되었다(그림 12.4 및 12.5 참조). 이제 개별 자료-로거는 고정된 통신망 AMR 시스템과 유사한 통신 능력을 가지며, 실물크기 AMR을 위한 기업효용이 정당화되지 못하는 곳에서 비용 효과적이다. 한 예는 미터 수동 판독으로 잘 운영하고 있지만 전체 고객 소비의 상당한 부분을 차지하는 집중된 5개 대형 동물 농장에 의해 운영성이 도전받는 작은 농촌 용수기관이다. 용수기관은 상대적으로 미소한 비용으로 이 5개 계정에 자립식 자료-로거와 통신 시스템을 설치하면 이 고객들에 대한 상세한 소비 프로파일을 얻을 수 있다. 일부 용수기관들은 이와 같은 대형 물 사용자들에게 매월 상세한 프로파일 자료를 제공하여 물 수요를 더 잘 관리하도록 협상하여 왔으며 용수기관에게는 추가 수익을 창출하여 왔다.

조밀한 간격으로 취한 미터 판독을 사용하여 일중 고객 소비에서의 변화를 보여주는 전형적인 소비 프로파일을 생성할 수 있다. 자료-자동기록 고정된 통신망 AMR 시스템이 생성한 소비 프로파일은 그림 13.13과 같다. 그림과 같이 고객은 2007년 11월 22일 320갤론을 사용하였지만 시간에 따른 소비는 전형적인 주거민 고객 계정의 패턴으로 변화한다. 심야 및 새벽 시간 동안 최소 증분 10갤론에서도 소비가 전혀 등록되지 않았지만 이 보다 작은 소비가 발

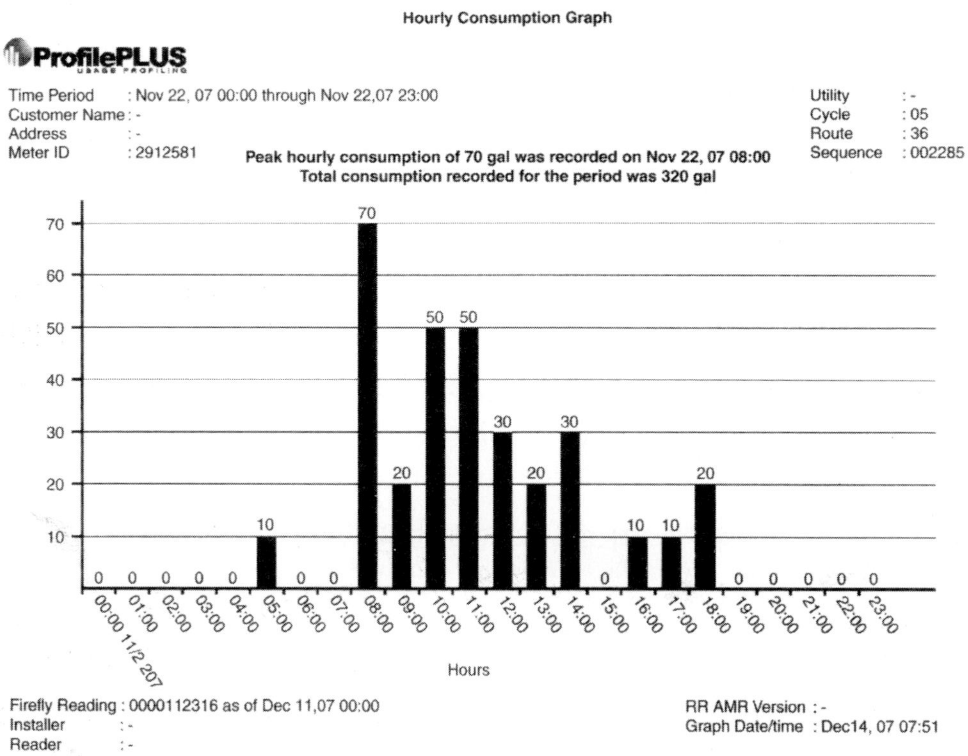

그림 13.13 전형적인 주거민 고객의 일중 물 소비 변화를 보여주는 자료 기록장치 AMR 시스템으로부터 유도된 소비 프로파일(텍사스 Mckinney city 제공)

생할 가능성이 크다. 주간 시간 동안 소비는 10갤론/h부터 오전 피크 시간 8시부터 9시까지 70갤론/hr로 변화한다. 이 프로파일은 따뜻한 달 동안 사용된 옥외 관개와 관련된 큰 소비체적이 없는 가정의 물 사용에 대한 전형적인 소비 패턴을 반영한다.

용수기관과 고객 모두 고객 소비 프로파일로부터 상당한 이점을 얻을 수 있다. 용수기관의 경우 고객으로부터 받은 대부분의 전화 문의는 요금과 관련된다. 고객들은 물 서비스에 대해 요금이 과도하다고 믿으면 용수기관에게 신속하게 전화한다. 통상적으로 UHB는 고객의 상당한 우려와 불만을 야기한다. 오직 30일 또는 90일 간격으로만 미터를 검침하면 요금고지 주기 동안 이와 같은 비정상적으로 높은 소비가 언제 그리고 왜 발생하였는지를 규명하는 것이 어려울 수 있다. 그러나 언제 소비가 정상적인 범위로부터 높은 범위로 가속되었는지를 정확하게 결정하기 위해 고객 프로파일을 사용할 수 있다. 시간을 알면 용수기관과 고객은 높은 소비를 주거민 수영장 충수와 같은 이벤트들로 설명할 수 있다. 고객 옥내 배관상에서 누수가 발생할 경우 프로파일은 높은 수준을 유지하는 소비에서의 증가를 밝혀줄 것이다. 이와 같은 이벤트에 대한 소비 프로파일은 그림 13.14와 같이 미터 하류측 고객 배관 상에서 상당한 누수를 보여준다. 이제 많은 용수기관은 이와 같은 패턴을 한번 탐지하면 고객 요금고지 패키지에 누수 경보 기능을 제공하므로 더욱 신속하게 누수를 대처할 수 있고 따라서 물을 절약하고

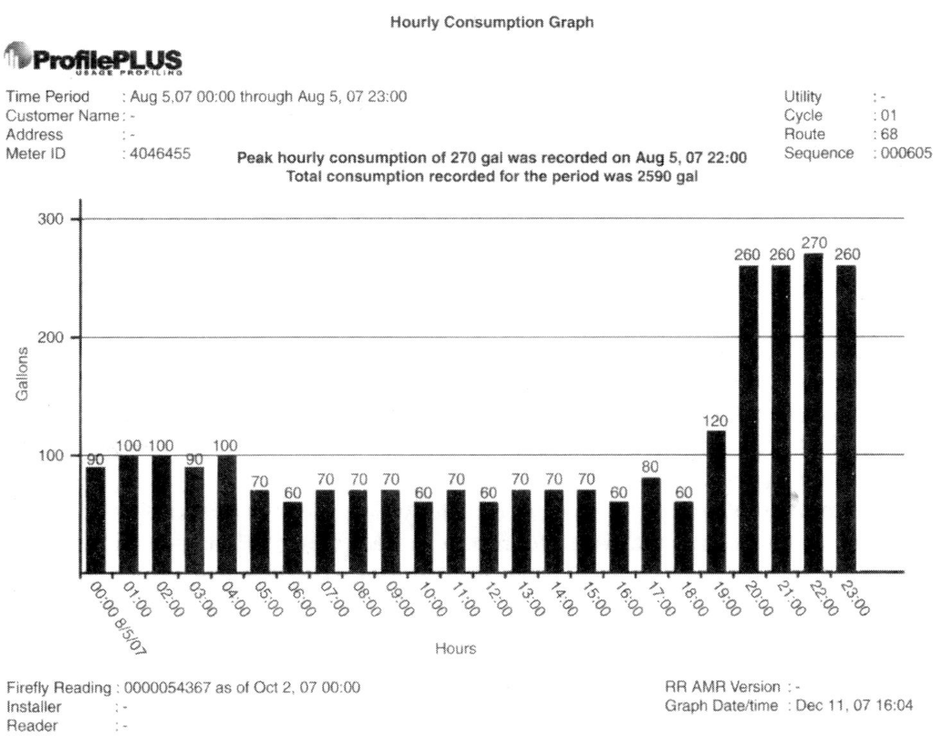

그림 13.14 2007년 8월 5일 극단적으로 분출하여 상당한 누수를 암시하는 지속적인 높은 유량을 보여주는 소비 프로파일(텍사스 Mckinney city 제공)

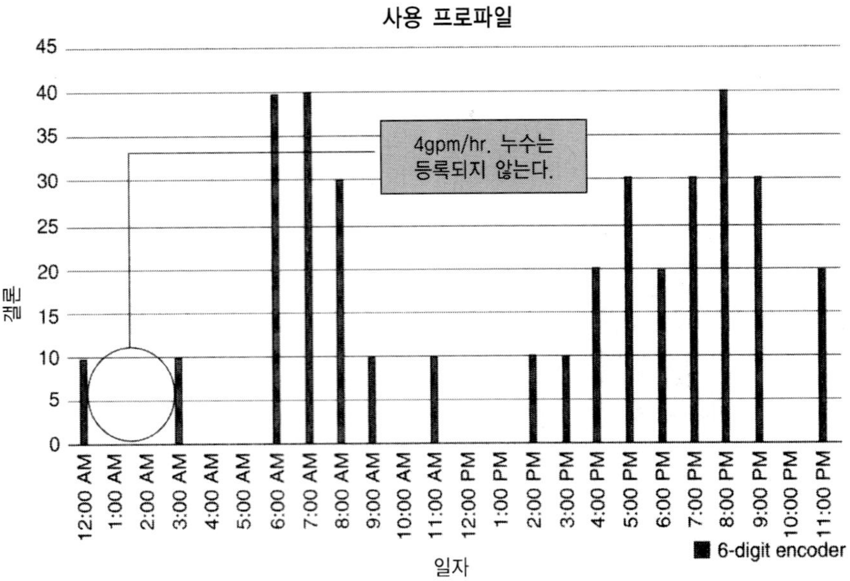

그림 13.15 전통적인 6자리 encoder는 새벽 시간에 발생하는 낮은 누수유량을 포착하지 못한다(Neptune Technology Group 제공)

UHB 및 고객의 악감정을 방지할 수 있다.

많은 수도미터에서 계량되지 않는 한계 이하로 흐르는 작은 BDL(below detectable limits) 누수가 다반사로 발생하고 그림 13.14와 같은 대형 누수보다 탐지가 더욱 어렵다. 이와 같은 누수를 대처하는 하나의 수단은 12.4절에서 기술한 UFR(unmeasured flow reducer)과 같은 유량 조정 장치를 사용하는 것이다. 그러나 계량 및 미터 판독 기술에서의 개선은 용수기관에게 이러한 형식의 누수를 효과적으로 탐지하는 기능을 제공하고 있다. 그림 13.15와 13.16은 4gpm 누수를 등록하는 고해상 미터의 수치를 예증한다. 이 보다 민감하지 않는 계량기는 이와 같이 적은 누수량을 탐지하지 못한다. 매우 적은 체적 누수의 영향은 그림 13.17과 같다. 1/16gpm의 누수율은 매우 적지만 수개월에 걸쳐 상당한 손실체적을 초래한다.

고객 프로파일 사용의 또 다른 예는 물 보존 추적이다. 용수기관은 북미의 건조한 지역 내에서 1주일에 2회 또는 홀수-짝수 일과 같이 높은 물 사용 집약적인 옥외 관개 사용에 대해 물 보존 제약을 부과할 필요가 있을 수 있다. 그림 13.18은 옥외 관개 유량으로 인해 수요일과 토요일에 명백하게 높은 소비를 보여주는 고객 프로파일을 보여준다. 그림 13.19는 고객이 새벽 시간에 관개하면 소비가 탐지되지 않을 것으로 믿으면서 새벽 시간 동안 관개 시스템을 운영하여 옥외 물 사용 제약을 위반하였던 결과를 보여준다. 이와 같이 미승인된 관개 소비의 증거로서 고객 프로파일을 사용할 수 있고, 용수기관이 권한이 있으면 이와 같은 고객에 대한 집행력을 강행할 수 있다.

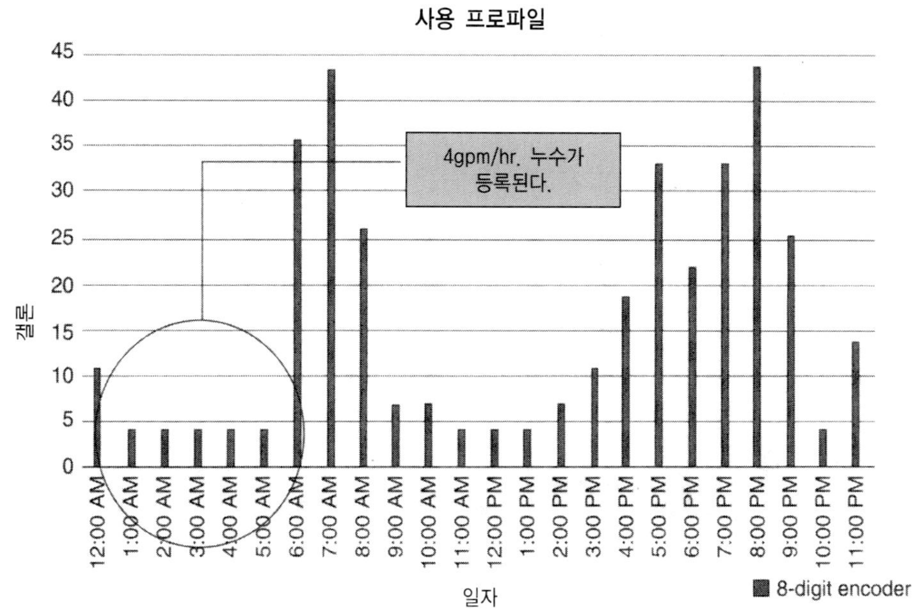

그림 13.16 Neptune의 8자리 encoder는 새벽 시간에 발생하는 낮은 누수를 포착한다(Neptune Technology Group 제공)

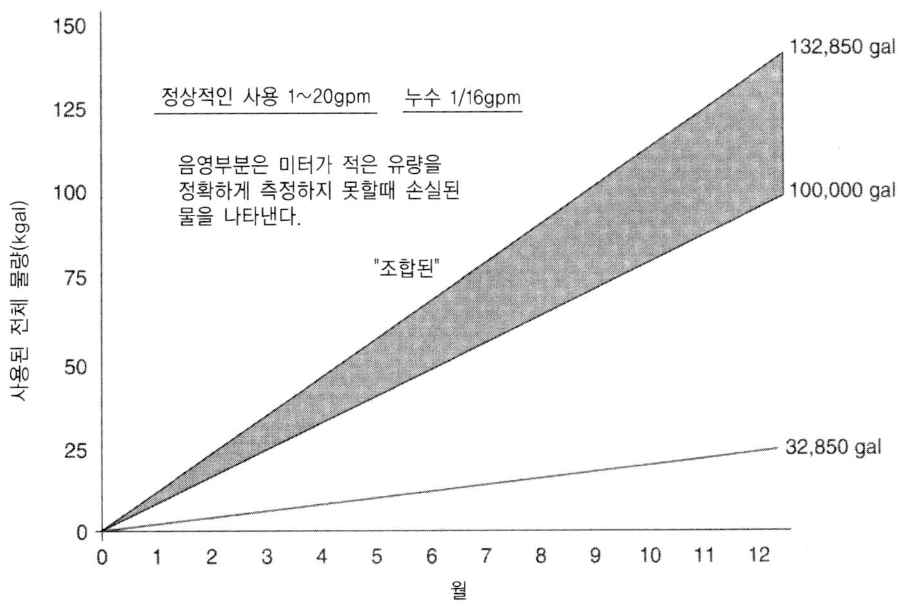

그림 13.17 1/16gpm 누수 존재 여부에 따른 단위 주거민 전체 물 사용(Neptune Technology Group 제공)

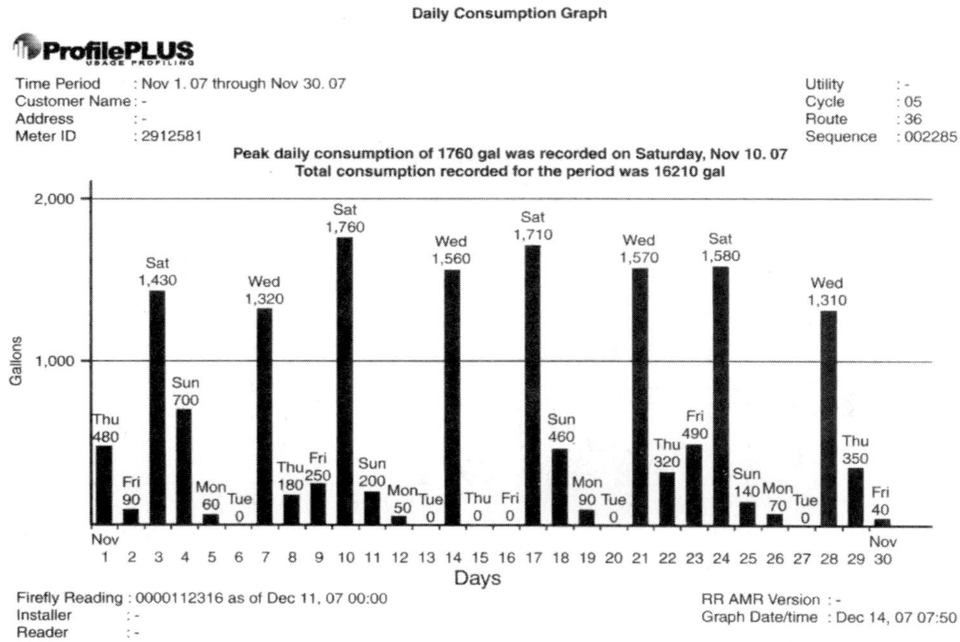

그림 13.18 수요일과 토요일 2회/주 옥외 관개 패턴을 반영하는 높은 유량을 보여주는 소비 프로파일(텍사스 Mckinney city 제공)

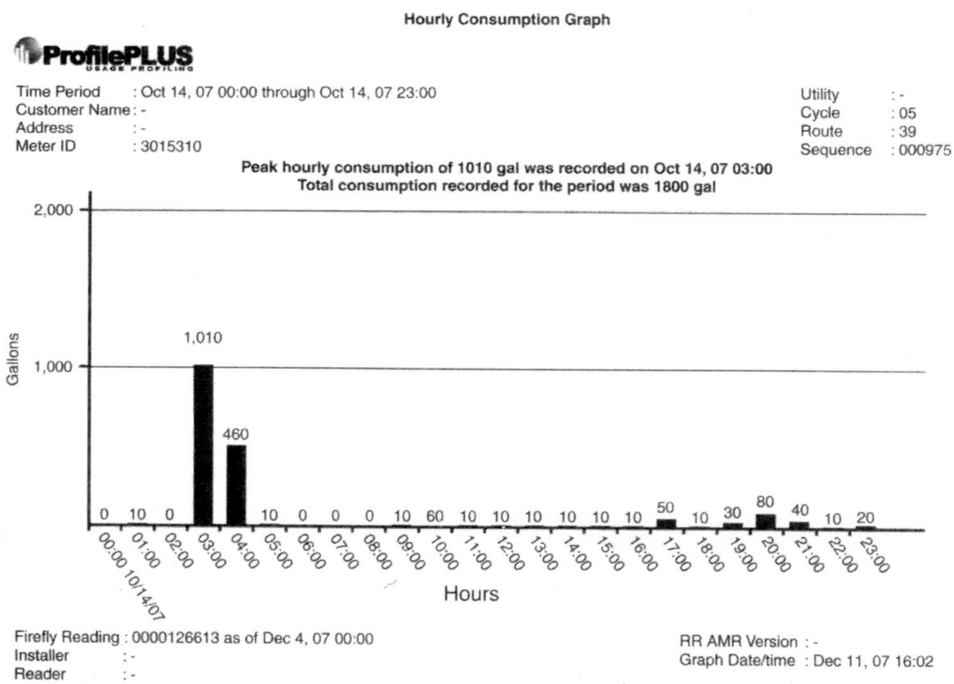

그림 13.19 옥외 관개 시스템 운영을 감추기 위한 시도로서 새벽 시간 동안 높은 유량을 보여주는 고객소비 프로파일(텍사스 Mckinney city 제공)

건조 지역 내 고객 물 보존을 장려하는 새로운 방법이 끊임없이 개발되고 있다. 물 보존 노력은 물을 절감하는 기술(적은 유량 물 세간) 이외 물을 절감하기 위한 고객 교육 및 장려책에 집중된다. 사용하고 있는 공통적인 금융혜택은 저유량 세간 설치에 대한 리베이트 그리고 물 사용 절제에 대한 보상 및 높은 물 사용에 대해 높은 요금을 부과하는 요금구조를 포함한다. 세분화된 고객 소비 자료의 가용도는 용수기관이 일중 특정 시간에 비용을 할당하는 것을 포함하는 혁신적인 물 요금 구조를 고려하도록 허락한다. 건조지역에서는 햇볕이 강할 때 증발율이 높기 때문에 정오 동안 관개를 위한 옥외 물 사용은 비효율적이다. 물 집약적인 관개를 야간으로 이동하면 물 효율이 증가한다.

첨두 시간 동안 소비 체적을 계량하는 기능을 갖춘 일부 용수기관은 첨두 시간 소비에 대해 벌금을 부과하고 높은 물 사용을 저녁 또는 야간 시간으로 이동시켜 요금혜택을 제공하는 시간 사용 TOU(time-of-use) 요금제를 실행하기 시작하였다. 용수기관은 TOU 요금제 기능을 갖추도록 설계된 상용 소프트웨어를 사용하는 AMR 시스템을 구매할 수 있다.[4] 그림 13.20은

Itron EE **Time of Use Report** 07/19/2006 13:05 Page 1

Service point 80018797
Account 80018797
Reason Billing
Customer Water customer 2
Premise 80018797
Meter

Start time 05/01/200 00:00
Stop time 05/14/2006 24:00
Time zone PacificUS
UOM GAL
Int 60
Roll 60

TOU ID Simpleonoff Simple on peak off peak rate
TOU time zone PacificUS
Interval channel 1
TOU set TOU 80018797:1simpleonoff
TOU set channels

	Summer	Total
Onpeak	1,111.0000	1,111.0000
Usage	25.0000	25.0000
Peak	05/04/2006 17:00	05/04/2006 17:00
Peak time	0.6349	0.6349
Load factor	20.34	20.34
% Usage	20.83	20.83
Offpeak	4,350.0000	4,350.0000
Usage	24.0000	24.0000
Peak	05/03/2006 07:00	05/03/2006 07:00
Peak time	0.6814	0.6814
Load factor	79.66	79.66
% Usage	79.17	79.17
Total	5,461.0000	5,461.0000
Usage	25.0000	25.0000
Peak	05/04/2006 17:00	05/04/2006 17:00
Peak time	0.6501	0.6501
Load factor	100.00	100.00
% Usage	100.00	100.00

Summer 4/1–10/31
On peak Weekdays 12:00–1900
Off peak All other
Winter 11/1–12/31: 1/1–3/31
Off peak All other

그림 13.20 TOU 물 요금구조에서 사용된 그리고 첨두 및 비첨두 시간 동안 소비를 보여주는 고정된 통신망 AMR 미터 검침으로부터 유도된 요금고지서(Itron 회사 제공)

요금고지 주기 동안 전체 소비는 물론 첨두 및 비첨두 동안 물 소비를 보여주는 요금고지 내역을 보여준다. 용수기관은 높은 첨두 유량을 완화하여 보다 작은 기반시설 용량으로 설계하기 위해 TOU 요금제를 채택하고 있다. 호주 동쪽 해안에 위치한 Wide Bay Water Corporation은 일중에 걸쳐 소비율을 더욱 균등하게 분포시키고 보다 적은 일중 첨두를 장려하여 시설용량을 감소시키기 위한 TOU 요금제 구조의 소비 자료를 제공한다. 이는 AMR 시스템으로부터 예상되는 많은 편익들 중 하나이다.

일부 용수기관은 TOU 요금제 이외 개별 고객 소비 패턴에 맞춘 세련된 물 요금제를 개발하기 시작하였다. 물수지요금제(water budget rate structure)로도 알려진 이 요금제는 고객이 수립한 소비 예산보다 주목할 만한 수준으로 물 사용량을 감소시킨 고객들을 보상한다. 유사하게 이 요금제는 예산 수준보다 상당히 많은 물을 사용하는 고객들은 추가 물에 대해 할증요금을 지불하도록 요구한다. 각 고객들의 개별 소비 패턴을 계량하고 그들 예산을 결정한다. 하나의 접근법은 실제 옥외 관개에 필요한 월간 사용은 물론 전형적인 년간 옥내 사용에 근거하여 각 고객 예산을 수립하는 것이다. 이와 같은 접근법은 상당한 자료 관리를 필요로 하지만 많은 사람들은 그들에게도 투명한 금융혜택이 가능하다면 물을 보존할 것이다. 그러나 통상적으로 고객 모집단 중 광대하고 잘 경작된 조경을 소유하는 일부 고객은 높은 물 소비에 대해 할증 요금을 기꺼이 지불한다. 맞춤식 요금제 또는 물수지 요금제는 용수기관에 대해 안정된 수익기반과 지방세 납세자 사이에 공정성을 제공하는 한편 지역사회 내 물 보존을 촉진하도록 작동한다. 콜로라도주 볼더시는 물수지 요금제의 선구자로 인식되고, 가뭄 그리고 물 보존 및 수익 공정성/안정성을 위한 효과적이고 장기적인 전략의 필요성에 부응하여 이 요금제를 실행하고 있다.[7,8]

세분화된 고객 소비 자료의 또 다른 사용은 압력 영역 또는 DMA 내에서 누수 평가를 돕는 것이다. DMA는 통상적으로 500~3000개 고객 서비스 연결을 포함하는 배수시스템의 작은 영역이다. 하나 이상의 계량되는 물 공급 주관로가 DMA를 공급하도록 경계를 구축한다. 이러한 방법으로 DMA에 대한 공급량과 공급량의 변화를 직접 감시할 수 있다. AMR 시스템의 세분화된 고객 소비 자료는 DMA의 물 공급량과 직접 비교할 수 있는 최소 시간 소비 체적을 제공하여 개별 DMA에 대한 물수지 구축은 물론 물 공급을 특별하게 추적할 수 있다. 최소 시간 동안의 공급 체적을 고객 소비 체적과 비교하면 DMA 내 누수를 정밀하게 평가할 수 있다. 심야 관개 시스템을 사용하지 않는 지방들 내 주거민 소비 최소 시간은 통상적으로 새벽 1시~5시 사이 이른 아침 시간 동안 발생한다. 누수 정량화를 위한 야간유량 분석은 최소 소비 시간 동안의 누수는 DMA의 공급에서 가장 높은 수준이라는 사실에 의존한다. 따라서 최소 소비 기간 동안 공급량으로부터 고객 소비를 감하여 합리적이고 정확한 DMA 누수 척도를 얻을 수 있다. 야간 관개가 흔하게 발생하는 지방들에서는 관개 장치를 사용하지 않는 비

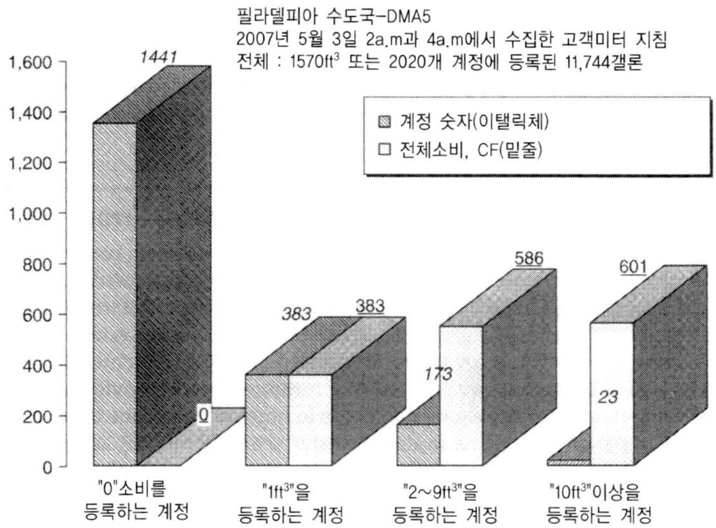

그림 13.21 2005년 4월 5일 새벽 2~4시 동안 DMA5 내 고객 물 소비; 이 DMA 내 누수의 최소 시간 평가의 부분으로서 사용된 자료(필파델피아 수도국 제공)

수기(겨울) 기간 동안 야간유량분석을 실시할 필요가 있다.

필라델피아주 PWD(Philadelphia Water Department)는 DMA 내 공급량과 비교하기 위해 야간 고객 미터 판독을 취득하기 위한 이동식 판독 AMR 시스템을 정기적으로 채택하여 왔다. 이 기법은 초기에는 임시 DMA 내에서 채택되었고 AWWA 연구재단 프로젝트 "Leakage management Technologies"의 일부로서 설계·실행된 PWD의 최초 영구적인 DMA(DMA5) 내에서 다수가 성공적으로 사용되어 왔다.[9] PWD는 더욱 신뢰성 있는 누수 평가를 제공하기 위해 DMA 설정시 최소 시간 AMR 판독을 채택하는 미국 내 최초의 용수기관으로 믿어진다. PWD는 고객 야간 미터 판독을 수집할 때 AMR 서비스 제공자가 새벽 2시경 DMA5 내 하나의 완벽한 차량이동 검침을 수행하도록 합의하였다. 두 번째 2000개 계정의 차량이동 검침을 수집하였다. 각 고객 계정에 대해 새벽 4시 지침과 최소야간유량 시간 동안 등록된 소비로서 계산된 수치 차이로부터 새벽 2시 지침을 감하였다. 일련의 야간 AMR 검침 결과의 분포는 그림 13.21과 같다. 24시간 동안 물을 사용하는 산업 또는 관개 시스템이 없고 대부분이 주거민으로 구성된 지역인 DMA5의 경우 예상대로 물 사용은 새벽 2~4시 동안 최소가 된다. 그림 13.21은 2020 고객들 중 71%인 1441 고객이 0 소비를 등록하였고, 19% 고객은 오직 $1ft^3$의 물 소비를 등록한 것을 보여준다. 2시간 동안 오직 10% 고객 계정이 전체 소비량 $1570ft^3$의 75%를 등록하였다. 이 2시간 동안 5개 계정이 $40ft^3$(거의 300gal) 이상을 등록 하였으며 이는 이 부지 내 고객 배관 상에서 누수를 암시한다. 공급량 0.55mgd로부터 2시간 동안 전체 고객 소비량 0.141mgd를 감하면 0.409mgd의 차이를 누수량으로 추론할 수 있다. 이는 절반은 배경누수 그리고 절반은 미보고된 누수로서 추정되는 상당한 누수를 나타낸다. PWD는 배경누수를 다루기 위해 그리고 미보고된 누수를 찾아 감소시키기 위해 압력관리와 함께 목표된 누수탐사를 수행하고 있는 중이다.

DMA5 내 PWD의 작업은 DMA 내 고객 소비 프로파일이 누수관리 평가를 어떻게 도울 수 있는지를 증명하며 DMA5에 대한 누수 평가에서 유용하였다. 그러나 차량 이동 AMR은 이와 같은 짧은 시간 간격에 걸쳐 야간 미터 판독을 가장 효율적으로 수집하는 수단이 아니다. PWD는 고정된 통신망 AMR를 시험하기 위해 시범 지역으로서 DMA5을 사용하고 차기 년도에 차량 이동 AMR을 실물크기의 고정된 통신망 AMR 시스템으로 전환하기 위한 기초 구축을 학수고대하고 있다.

13.3 자료전송오류로 인한 피상손실 요약

정확한 고객 수도미터를 갖는 것은 고객에 대한 물 요금고지를 위한 첫 번째 절차이다. 반드시 정기적으로 수도 미터를 성공적으로 판독하여야 하고 측정한 소비 자료를 고객 요금고지 시스템인 중앙 자료 관리 시스템으로 정확하게 전송하여야 한다. 자료전송과정 전반에 걸쳐 고객 소비 자료 내부로 오류가 도입될 기회가 많다. 용수기관은 자료전송 오류로 인한 피상손실의 정도와 크기를 결정하기 위해 표본 고객 계정을 분석 및 조사하여야 한다. AMR 계량의 상당한 발전, 그리고 AMI 명명 아래 개발된 다수의 새로운 기능은 용수기관에게 자료전송과정을 최적화하고 운영 및 고객 서비스 개선 모두에 전례 없는 도구를 제공하고 있다. 이 도구들은 많은 북미 물 시스템에서 매우 비용 효과적이고 물을 절감하는 것으로 증명될 것이다. 그리고 증가하는 많은 용수기관들의 AMR 시스템 실행은 북미 및 전세계 물 산업에서 중요한 추세를 반영한다.

참고문헌

1. Neptune Now newsletter. Case Study: Greater Cincinnati Water Works, Tallassee, Ala.: Neptune Technology Group, Fall 2007.

2. Schlenger, D. "Water Utility AMR Systems Begin Transition to Advanced Information Systems." Tulsa, Ok.: WaterWorld, PennWell Corporation, Agust, 2007.

3. Hughes, D. "A Piggyback Ride on AMR-Communicating More than Just a Meter Reading", Proceedings of the Workshop entitled The ABC's of Apparent Loss Control and Revenue Protection for Water Utilities, AWWA DSS: Distribution & Plant Operations Conference, Tampa, FL, 2005.

4. Bharat, B "Elster AMCO's Evolutio AMI Empowrs Water Utilities in Conservation Efforts." Tulsa, Okla.: WaterWorld, PennWell Corporation, August, 2007.

5. WaterWatch water meters (2007). www.h2owatch.net/more_meters.html

6. "Hervey Bay taps into high-tech water" Media Release Fevruary 19, 2007.[Online]. Available: www.yourwater.com.au/html/19_feb_07_amr.html. [Cited February 19, 2007]

7. Western Resource Advocated. "Structuring Water Rates to Promote Conservation," 2005.[Online]. Available:www.westernresourceadvocates.org/water/wateruse.php.[cited April 2,2008.]

8. City of Boulder, Colorado. "Water Budgets", 2007.[Online]. Available:www.ci.boulder.co.us/index.php?option=com.content&task=view&id=6243&Itemid=2039.[Cited April 2, 2008.]

9. Fanner, V. P., R. Sturm, J., Thornton, et al. "leakage Management Technologies." Denver. Colo.: AwwaRF and AWWA, 2007.

Chapter 14

피상손실제어 고객 요금고지 시스템 내 체계적인 자료처리오류

14.1 고객 요금고지시스템 내 요금고지된 소비자료 편집

물 산업에서 물 시스템의 피상손실은 전적으로 고객 미터 부정확성에 기인하는 것으로 추정하는 경향이 커서 고객 미터 모집단 전체를 대체하는 것이 적합한 해결책인 것으로 결론내린다. 본서는 피상손실은 여러 다른 방법으로 발생한다고 명확하게 정의하였다. 감사관은 먼저 물 회계감사 자료를 수집하고 각 피상손실 성분의 특징, 정량 그리고 비용영향을 확인하여 합리적인 손실제어 전략을 개발하는 것이 중요하다. 첫 번째 절차로서 고객 요금고지시스템의 흐름도를 작성할 것을 권장한다. 만일 대부분 피상손실이 실제로 요금고지 시스템 자료오류 또는 미승인된 소비에 기인하면 포괄적인 고객 미터 교환을 실행하는 것은 매우 고가이고 비효율적인 문제이다. 그러나 많은 용수기관은 미터를 교체하며, 미터를 교체하기 위해 수백만 달러를 소비한 후에도 피상손실이 변화하지 않으면 당황한다. 역으로 상대적으로 저렴한 전산기 프로그래밍 또는 절차를 개선하여 고객 요금고지 시스템의 자료처리 과정에서 발생하는 피상손실을 다룰 수 있다. 이러한 방법으로 수익을 회수하여 신속한 상환을 얻을 수 있다. 물 회계감사 결과에 기초하여 피상손실제어 전략을 수립하는 것이 최상의 시작 방법이고, 이후 흐름도를 작성하거나 또는 고객 요금고지 시스템을 조사한다.

19세기 저명한 영국 물리학자 Lord Kelvin은 물리학에서와 같이 물손실제어 분야의 타당성에 대해 다음 인용문을 제시하였다.

"만일 계량하지 않으면 관리할 수 없다."

현대적인 그의 진술의 필연적인 결과는 다음과 같다.

"만일 타당하게 정의하지 않고, 계량하지 않고, 자료를 저장하지 않고, 보고하지 않으면 손실을 관리할 수 없다."

현재 우리는 정보세대에 살고 있으며 정보의 가용도와 무결성은 매우 중요하다. 용수기관 직원, 정부 공무원, 규제기관, 서비스 및 설비 공급자, 상업 및 시민단체, 고객, 뉴스매체와 같은 외부 당사자를 포함하여 물 산업에서 일하는 사람은 물 산업과 관련된 정보를 필요로 한다.

통상적으로 고객 요금고지 시스템은 용수기관의 가장 중요한 정보 창고이다. 통상적으로 고객들에게 한달 또는 분기별로 물 소비에 대한 요금고지를 통해 수익을 창출한다. 고객들을 계량하는 용수기관의 경우 요금고지 시스템은 정기적인 고객 미터 판독은 물론 고객 계정 및 미터 자료를 저장하며 이로부터 소비 체적을 계산한다.

승인된 소비는 용수기관이 승인하거나 인정한 소비 목적으로 배달된 임의 물량으로서 지역사회에 편익을 제공한다. 지역사회 내 전체 고객 소비 체적의 대부분은 요금고지-승인된 소비(billed authorized consumption)이고, 미요금고지-승인된 소비(unbilled authorized consumption)는 소량이다.

요금고지-승인된 소비는 계량되거나 또는 계량되지 않은 소비로서 존재할 수 있고, 고객 요금고지 시스템 내 계정을 갖는 개별 고객에게 배달된 물의 집합적 량을 나타낸다. 요금고지-승인된 소비는 정액요금제를 시행하지 않는 대부분의 용수기관에 대한 주된 수익원이다. 요금고지된 계정은 영구적인 고객 서비스 연결 배관을 통해 서비스 받는 고객 부지이다. 북미 대부분 용수기관은 서비스 연결에 고객 미터를 설치하고 매월 또는 분기별로 계량된 소비에 기초하여 요금을 고지한다. 계량된 물의 범주를 주거민, 산업, 상업, 농업, 기관 그리고 다른 용도로 나눌 수 있다. 모든 용수기관이 그들 고객을 계량하지는 않지만 대신 소비 기간 당 정액요금을, 부지 또는 다른 특성에 기초하여 요금을 청구한다. 따라서 요금청구-승인된 소비는 계량 또는 미계량될 수 있다. AWWA는 영구적인 서비스 연결 배관을 갖는 모든 고객들을 계량하고 계량된 소비에 기초하여 요금고지할 것을 권장한다.

또한 미요금고지-승인된 소비는 계량 또는 계량되지 않은 소비로서 존재할 수 있고, 전형적으로 영구 건축물의 미계정(nonaccount) 연결로부터 다양한 방법으로 불규칙적으로 공급된 물이 이에 해당된다. 이와 같은 미계정 소비의 가장 공통적인 예는 소화전으로부터의 취수이다. 빈번하게 용수기관은 소방(주된 목적), 플러싱, 시험, 도로 청소, 건설 그리고 다른 목적으로 소화전으로부터 물을 취수하도록 허락한다. 수질 보호 및 공공 안전을 위해 투명하고 명시적인 사용 정책을 갖고 가능한 이 사용량을 계량하여야 한다. 비록 영구적인 건축물에 지속적으로 공급되는 모든 물을 계량하고, 고객 요금고지 시스템 내 요금고지된 계정 내에서 물의 추적을 권장하지만 때로는 정부 부지에 공급된 미요금고지된 물이 이 범주에 포함된다. 부지에게 "no-charge"요금고지서를 발행하여도 이러한 방법으로 물 소비를 감시하여야 한다.

최신 판독, AMR 시스템 그리고 고객 요금고지 관리 기술은 정확한 고객 소비 및 요금고지 자료를 수집하고 활용하는 우수한 기능을 용수기관에게 제공한다. 용수기관은 수도미터를 통해 개별 고객 소비를 계량하고 고객 계정자료를 저장하기 위해 전산화된 고객 요금고지 시스템을 활용할 것을 권장한다. 비용-효과도 및 정확하게 계량된 소비자료 수집 때문에 많은 용수기관이 AMR

시스템을 실행하고 있다. 이 기술을 활용하는 용수기관은 고객 요금고지시스템으로부터 소비자료를 얻어 다양한 형태의 보고서를 작성할 수 있다. 가공의 CWC에 대한 전형적인 보고서 예는 표 14.1 및 14.2와 같으며 여기서 소비는 미터 규격 및 고객 소비 범주 각각에 따라 요약된다.

표 14.1 CWC 미터 규격에 따른 물 소비(2006년 1월1일~12월 31일)

미터 규격(인치)	미터 숫자	전체 미터의 %	계량된 소비의 %
⅝	11,480	94.1	71.2
¾	10	0.08	0.1
1	338	2.8	2.8
1½	124	1.0	2.8
2	216	1.8	11.7
3	15	0.12	6.6
4	7	0.05	2.2
6	6	0.05	2.6
합계	12,196	100.0	100.0

출처: AWWA. "Water Audit and Loss Control Programs." Manual of Water Supply Practices M36, 3d ed. Denver, Colo.: AWWA, 2008

표 14.2 CWC 수정되지 않은 고객 범주에 따른 전체 계량된 물 소비

2006년	주거민	산업	상업	농업	합계
1월	146.6	35.8	8.1	0	190.5
2월	162.9	35.8	8.1	0	206.8
3월	162.9	35.8	8.1	0	206.8
4월	179.2	39.1	8.1	24.4	250.8
5월	211.8	42.4	8.1	57.0	319.3
6월	228.1	48.9	8.1	74.9	360.0
7월	260.3	48.9	8.1	57.0	374.3
8월	266.5	48.9	8.1	74.9	398.4
9월	228.1	45.6	8.1	65.2	347.0
10월	162.9	35.8	8.1	0	206.8
11월	162.9	35.8	8.1	0	206.8
12월	146.6	35.8	8.1	0	190.5
년간 합계	2,318.8	488.6	97.2	353.4	3,258.0
일 평균	6.35	1.34	0.27	0.97	8.93

출처: AWWA. "Water Audit and Loss Control Programs." Manual of Water Supply Practices M36, 3d ed. Denver, Colo.: AWWA, 2008

모든 활성 계정은 반드시 미터 식별 번호, 규격, 형식을 포함하여야 한다. 만일 AMR 시스템이 존재하면 다른 임의 관련 정보와 함께 AMR 장치 번호 및 미터 검침 노선 번호가 반드시 포함되어야 한다. 먼저 표 14.2와 같이 매월 그리고 전체 조사 기간 동안 각 미터 규격에 대한 모든 계정 및 연결에 대한 전체 물 소비자료(수정되지 않은)를 모은다. 공급된 물과 요금고지-승인된 소비에 대해 동일한 측정단위를 사용하는 것을 상기하여야 한다. 예를 들어 ft^3으로부터 백만 갤런으로의 변환이 필요할 수 있다.

표 14.3의 필라델피아 수도국의 경우와 같이 배수시스템에 공급된 물에 대한 자료를 고객 요금고지 자료 및 사전에 추정한 비수익 물량과 연결시킨다(제10장 참조). 용수기관은 이와 같은 월간 보고서를 사용하면 년간 물 회계감사 보다 더욱 정기적으로 물 효율 상태를 고찰할 수 있다. 그러나 이 매월 숫자는 물 회계감사 자료의 유효도 또는 세부사항을 제공하지 않지만 고정적인 물 효율의 단기 추적에 유용하다.

표 14.3 필라델피아 월간 물 통계 보고서

출처 : 필라델피아 수도국

물 통계학-2006년 6월

필라델피아 수도국은 2006년 6월 동안 정수장으로부터 평균 253.8mgd의 물을 공급하였다. 이 수치는 전년도 6월 수치 268.1mgd 보다 작다. 고객 요금고지 기록은 6월에 필라델피아 고객들과 대량 물 판매자에게 177.5mgd를 요금고지 하였다. 이 수치는 전년도 6월 수치 170.7mgd 보다 높다.
2006년 회계년도 종점에서 NRW는 76.3mgd 수준이여 이는 전년도의 수치 86.3mgd 보다 크게 개선된 것이다.
다음 표는 이전 12개월 기간 동안 물 통계 추세를 보여준다.

12개월 운영 기간	공급된 물 (mgd)	요금고지된 소비		NRW	고객 요금고지 계정 숫자	
		필라델피아	대량 물 판매		대형	소형 (5/8″, 3/4″)
7/05～8/04	260.7	156.9	18.8	85.0	13,355	458,339
8/05～9/04	261.3	159.4	19.1	82.9	13,332	458,251
9/05～10/04	261.5	160.5	18.8	82.2	13,312	458,144
10/05～11/04	261.4	159.9	18.8	82.7	13,292	458,056
11/05～12/04	260.9	159.4	18.9	82.6	13,274	457,966
12/05～1/04	260.3	159.4	19.1	81.8	13,253	457,906
1/05～2/04	258.8	160.6	19.4	78.8	13,237	457,922
2/05～3/04	256.9	159.6	19.3	78.0	13,217	457,949
3/05～4/04	255.6	158.5	19.3	77.8	13,194	457,956
4/05～5/04	254.8	158.0	19.4	77.4	13,176	457,946
5/05～6/04	254.5	157.7	19.5	77.3	13,156	457,972
6/05～7/04	253.8	157.8	19.7	76.3	13,137	458,043

만일 전산화된 요금고지기록 또는 보고서가 존재하지 않으면 물 회계감사관은 반드시 사용 가능한 기록들로부터 고객 계정정보를 수집하여야 한다. 반드시 미터를 가져야 하는 영구 건축물의 모든 고객들을 확인하는 것부터 시작한다. 계정번호, 부지 도로 주소, 미터 규격, 미터 일련 번호, 연결 규격, 지번, 임차인은 물론 부지 소유자의 이름과 주소와 같은 여러 설명어(descriptor)로 계정을 반드시 확인하여야 한다. 고객 소비 패턴과 물 소비 영향을 추적하기 위해 각 계정의 소비 범주인 주거민, 산업, 상업, 농업, 기관, 기타를 열거하는 것이 중요하다. 이러한 방법으로 수동으로 수집한 임의 자료를 전산화된 양식으로 입력하여야 한다. 이상적으로 용수기관은 반드시 표준 전산화된 고객 요금고지 시스템을 구매/설치하여야 한다. 또는 이와 같은 시스템으로 전환 동안 데스크탑 데이터베이스 또는 엑셀로 자료를 입력할 수 있다.

14.2 고객 물 소비 자료 추출를 위한 고객 요금고지 시스템 사용

이력적으로 주로 재무 목적인 수익징수를 위한 요금고지서를 발행하기 위해 요금고지 시스템을 설계하여 왔다.

최근에는 고객 소비 자료의 가치는 기본적인 요금고지의 역할을 초월한다. 물 보존 실무를 평가하기 위해 소비 자료가 필요하다. 현실적으로 개별 고객에 기초하여 미터 및 서비스 배관 규격을 결정하고 지역사회에 기초하여 물 공급 기반시설의 규격을 결정할 필요가 있다. 정확한 수리모델을 구축하기 위해 소비자료가 필요하다. 또한 손실 성분들로부터 승인된 소비의 성분들을 분리하여 물손실제어 프로그램을 도울 필요가 있다. 재무 목적을 초월한 이 중요한 공학 용도는 반드시 고객 요금고지 시스템에 의존하게 되었다. 불행하게도 많은 요금고지 시스템들이 오직 재무 기능으로만 설계되었다고 생각하고, 요금고지 시스템을 공학 용도로 사용하는 용수기관도 고객 소비 자료의 공학적 무결성을 보장하기 위해 충분히 제어할 수 있다는 사실을 알지 못하고 또한 그렇게 생각한다.

용수기관 관리자가 소비 자료 무결성에 대한 고객 요금고지 시스템의 역할을 이해하는 것이 중요하다. 많은 요금고지 시스템은 건전한 요금고지 목적으로 구성되었지만 물 소비 자료의 공학적 무결성을 인지하지 못한 채 오류를 발생시킬 수 있다. 일부 시스템은 고객에 대해 공제액을 제공할 때 실제 미터 판독 또는 소비를 변경하여 역으로 조정한다. 고객에 대한 공제액은 문제가 되는 기간 동안 소비량을 감소, 제거, 수치를 부여하여 시작한다. 이러한 방법으로의 빈번한 조정은 개별 고객 또는 전체 지역사회에 대한 실제 소비량을 크게 왜곡시킬 수 있다. 양호한 재무 용도로 개발되었지만 고객 요금고지시스템 내 다른 프로그래밍 기능은 공학적 측면에서 무심코 소비 자료의 오류를 발생시킬 수 있다.

만일 요금고지(재무) 및 운영(공학적) 목적 모두를 위해 시스템을 사용하면 고객 요금고지 시스템을 충분히 제어할 수 있도록 설계할 것을 권장한다. 이는 적정한 요금고지 기능을 제공하는 한편 고객 소비 자료 무결성을 보호한다. 대부분 현존하는 고객 요금고지 시스템의 주된 기능은 용수기관이 개인 고객들에게 제공하여 받은 수익을 정확하게 설명하는 것이다. 물 보존, 수리모델링, 또는 물손실제어 프로그램을 착수하는 용수기관 운영자들은 반드시 실제 소비량이 요금고지 운영으로 인해 무심코 수정되지 않도록, 고객 수도미터에 의해 생성된 자료로부터 요금고지시스템의 출력으로서 기록된 고객 소비량이 변경되지 않도록 보장하기 위해 조심스럽게 요금고지 시스템 기능과 구성을 검토하여야 한다. 용수기관은 자료처리 과정으로부터 피상손실 성분을 확인하는 것은 물론 고객 소비 무결성에 대한 영향을 확인하기 위해 본장 후반부에서 기술하는 것과 같이 요금고지 과정의 흐름도를 반드시 실행하여야 한다. 만일 요금고지 운영으로 인해 소비 자료가 수정된 것으로 발견되면 용수기관 관리자는 다시 프로그래밍하여 반드시 등록된 소비와 및 요금고지된 소비 모두를 개별 필드(field)로 기록하고 요금고지 기능과 정확한 고객 소비자료의 보존을 보장하여야 한다. 이것이 실행될 때까지 피상손실 성분으로서 이와 같은 조정 활동 영향의 추정을 반드시 포함하여야 한다.

14.3 고객 미터 판독 자료에서 시간 지연(lag time)에 대한 조정

공급원-미터 판독 자료와 고객-미터 판독 자료가 물 회계감사 기간의 시작 및 종료 시점과 동일하지 않으면 반드시 계량된 사용 자료를 1년 주기로 수정하여야 한다.

단일 미터 노선을 위한 조정: 예를 들어 용수기관은 역년(1월 1일부터 12월 31일까지)을 사용한다. 매월 1일에 공급원 미터를 검침하고 매월 10일에 고객 미터를 검침한다. 목표는 역년 동안 공급·소비된 물량을 계산하는 것이다.

공급원 미터(source meter): 통상적으로 물 회계감사의 시작일과 종료일에 공급원 미터를 검침하기 때문에 공급원 미터에 대해 시간 수정이 필요 없다. 만일 최종 검침일(12월 31일)이 하루 늦으면(1월 1일) 전체 물 공급 지침에서 1월 1일 동안 공급된 물을 감하여야 한다.

고객 미터: 감사기간과 공급기간이 정확하게 일치하지 않기 때문에 반드시 고객 미터 판독을 수정하여야 한다. 고객 숫자 및 소비 패턴을 변경하는 최상의 방법은 물 회계감사 기간 내 최초 및 최종 요금고지 기간의 물 소비를 비례 배분하는 것이다.

최초 요금고지 기간은 물 회계감사 기간(1월 1일~12월 31일)에서 실제로 발생한 10일이다. 그러나 요금고지 정보는 31일간의 소비를 나타낸다. 만일 11월 11일부터 12월 10일 요금고지 기간 동안 소비가 33.204백만갤론이면 물 회계감사 기간에 적용 가능한 량은 다음과 같으며 12월 1일~12월 10일의 10일 동안 검침된 소비 10.711백만 갤론을 물 회계감사 기간에 적용한다.

$$33.204\text{mg} \times \frac{10\text{days}}{31\text{days}} = 10.711\text{mg}$$

물 회계감사 기간의 종료시점 12월 31일에는 1월 10일에 수집된 요금고지 자료에 21일이 포함되지 않는다. 다음 달의 요금고지서로부터 12월의 나머지 21일에 대한 소비를 얻을 수 있다. 만일 1월 10일 요금고지 기간 동안 소비가 36.66백만갤론이면 물 회계감사 기간에 적용할 량은 다음과 같으며 12월 11일~12월 31일의 21일 동안 검침된 소비 24.83백만 갤론을 더하면 12월 소비량은 35.545백만 갤론이 된다.

$$36.66\text{mg} \times \frac{21\text{days}}{31\text{days}} = 24.83\text{mg}$$

복수 미터 노선의 조정. 앞에서 모든 고객 미터들을 동일한 날자에 검침할 때 미터 판독에서 시간 지연 수정을 위한 기본적인 방법을 기술하였다. 대부분 용수기관은 대형 고객 모집단을 갖기 때문에 하루에 모든 미터를 판독하는 것이 불가능하다. 따라서 고정된 통신망 AMR 시스템을 사용하지 않으면 여러 노선에 할당된 미터들을 다른 일자에 판독한다. 따라서 만일 각 고객 미터를 매월 동일한 다른 일자에 판독하면 각 미터 판독 노선에 대해 미터 지연을 반드시 수정하여야 한다. 그림 14.1은 이와 같은 예를 제공한다.

미터 지연 수정은 다수의 절차를 포함할 수 있다. 본 예제에서 CWC는 일자가 다른 3개 검침노선을 갖는다. 물 회계감사 기간은 역년(1 calendar year, 1월1일~12월31일)이고, 그리고 각 미터 노선에 비례하여 소비가 배분된다. 2개월에 미터들을 한번 검침하며 노선 A는 매월 1일, 노선 B는 매월 10일, 그리고 노선 C는 매월 20일에 검침한다.

수정되지 않은 전체 검침된 소비는 물 회계감사 기간 동안 발행된 요금고지에 기초한다. 그러나 격월 요금고지 스케줄 때문에 이 요금고지서들은 1년 동안 소비된 전체 물을 포함하지 않는다. 첫 요금고지 기간(2월에 발행된)내 사용된 것처럼 보이는 일부 물은 실제로 전년 12월에 발생한 것이다. 11월과 12월에 발행된 요금고지서의 최종분은 12월에 소비된 물을 포함하지 않는다. 따라서 전체 소비 수치에서 첫 번째 물 회계감사 기간 전월에 소비된 물을 반드시 감하고 두 번째 물 회계감사 기간의 최종 월에 소비된 물을 반드시 더하여야 한다.

그림 14.1은 미터 시간 지연에 따른 물 소비 수치를 조정하는 방법을 보여준다. 순수한 조정 결과인 +0.2백만 갤론은 이 그림의 바닥에 나타난다. 많은 용수기관들은 이 절차를 보다 용이하고 신속하게 만들기 위해 회계 및 요금고지 절차를 하나의 전산화된 양식으로 통합한다.

14.4 고객 요금고지 시스템 내 체계적 자료처리오류로 인한 피상손실체적 결정

대부분의 북미 용수기관은 AWWA가 권장하는 표준 실무에 따라 그들 고객들을 계량하고, 계량된 소비에 기초하여 요금을 고지한다. 그러나 모든 용수기관들이 그들 고객을 계량하지

물 회계 감사기간 : 2006년 1월 1일 ~ 12월 31일

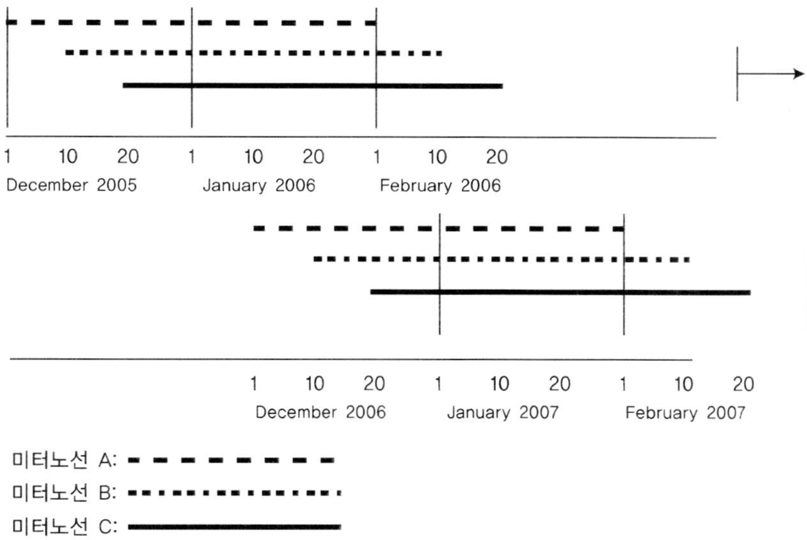

12월 부터 1월까지 요금고지 기간은 62일

노선	검침일	판매량	조정
A	2/1/2006	4.0 million gal	31/62 = 2.0 million gal
B	2/10/2006	3.3 million gal	21/62 = 1.1 million gal
C	2/20/2006	3.6 million gal	11/62 = 0.6 million gal

물 회계 감사 기간으로 부터 2005년 소비를 제거하기 위한 전체조정 = −3.7MG
이 조정량은 2월 요금고지서에 나타나지만 이전 12월 동안 물은 소비되었다.

노선	검침일	판매량	조정
A	2/1/2007	4.2 million gal	31/62 = 2.1 million gal
B	2/10/2007	3.3 million gal	21/62 = 1.1 million gal
C	2/20/2007	3.9 million gal	11/62 = 0.7 million gal

물 회계 감사 기간에 2006년 12월 판매량에 추가하기 위한 전체조정 = +3.9MG
이 조정량은 당해년도 최종 요금고지서에 나타나지는 않지만 조정량이 나타나는 요금고지서에 할당된다.

순수조정 _ +0.20 million gal

그림 14.1 미터 시간지연의 상세한 수정(AWWA "Water Audit and Loss Control Programs." Manual of Water Supply Practice M36, 3rd ed. Denver, Colo., AWWA 2008 제공)

않는다. 대신 고객들에게 요금고지 기간 당 정액요금을 고지한다. 다른 용수기관은 일부 고객 계정을 계량한다. 후자 시나리오는 다음의 경우에 발생할 수 있다.

- 용수기관이 전체 고객 모집단을 미터로 전환하는 단계이다.
- 용수기관 정책은 지자체 부지 또는 소방용수와 같은 특정 계정을 계량할 필요가 없다고 명시한다.

- 일부 미터는 작동하지 않거나, 매우 부정확하거나 지침을 얻을 수 없는 것으로 알려져 있다. 이 경우 소비 계량 대신 소비를 추정한다.

미터가 제대로 작동하지 않으면 물 회계감사는 모집단이 소비한 계량되지 않은 물량을 반드시 추정하여야 한다. 여러 방법을 사용하여 합리적으로 이 물량을 추정할 수 있다. 예를 들어 물 시스템 내 미계량된 소비 범주 또는 수도미터 규격에 기초하여 작은 표본 계정(50 또는 100) 내에 수도미터를 설치할 수 있다. 각 범주 내 전체 모집단으로 추론할 수 있는 평균 소비 추세를 얻기 위해 이러한 표본미터로부터의 자료를 사용할 수 있다. 임의 전개된 추정과정을 완벽하게 문서화하고 확실하게 현재 조건들에 기초 하여야 한다. 미계량된 계정에 대해서는 계량된 고객 소비에 어느 정도의 오류를 끼워 넣을 수 있는 추정을 필요로 한다. 이러한 이유로 모든 고객 소비를 올바르게 계량하고, 판독하고, 보관할 것을 적극 권장한다.

고객 소비를 계량하는 용수기관은 미터의 정확도뿐만 아니라 자료의 전송, 보관 그리고 미터 모집단으로부터 얻은 고객 소비 합계 보고 과정에서의 무결성을 반드시 확인하여야 한다. 이 과정 내 임의 지점에서의 오류는 최종 문서화된 고객 소비 수치를 왜곡시켜 피상손실로 나타나고, 일부 소비를 축소하고, 수익 일부를 손상시킨다. 따라서 체계적인 자료처리 오류는 미터 판독이 등록되는 시간부터 최종 보고 및 소비 자료의 사용에 이르기 까지 임의 지점에서 발생할 수 있다.

제13장에서 상세히 기술한 것과 같이 고객 소비 자료전송 또는 미터 판독 과정에서 상당한 오류가 발생할 수 있다. 제3장에서 자료전송 오류로 인한 피상손실을 정량화하는 절차, 용수기관에게 도움을 제공하는 상당히 개선된 기술로서 강조된 AMR 및 선진 계량 기반시설인 AMI(advanced metering infrastructure)를 사용하여 이러한 형태의 오류를 감소시키는 방법을 기술하였다.

전형적으로 이전 판독 이후 발생하는 고객 소비 체적을 계산하기 위해 미터 판독은 고객 요금고지 시스템으로 전송된다. 수익 징수 과정 내 포함된 다양한 재무 운영을 돕기 위해 소비 체적을 보관하고 물 요금고지서 작성 과정에서 이 자료를 사용한다. 이 과정에서 빈번하게 고객 소비 체적의 무결성을 손상시키는 체계적인 자료처리 오류가 발생한다.

미국에서는 가장 빈번하게 ft^3 또는 천갤론 단위로 소비를 기록한다. 만일 실제 미터 판독을 얻을 수 없으면 요금고지 시스템은 소비량을 추정 · 할당하는 프로그래밍 알고리즘을 포함한다. 이 알고리즘은 최근 고객 소비 경향에 기초하여 추정하거나 또는 다른 방법을 사용할 수 있다. 만일 고객 요금고지 시스템 내 불량하거나 구식의 추정 알고리즘이 존재하면 고객 소비의 과소추정 또는 과대추정이 발생할 수 있고, 이와 같은 추정은 운영 목적으로 필요한 소비 자료를 왜곡시킬 수 있다. 물 회계감사관은 소비를 추정하기 위해 사용한 방법을 반드시 이해하고 만일 현존하는 방법이 불확도를 발생시키는 것으로 판단되면 프로그래밍 개선을 고려하여야 한다. 이와 같은 원인으로 손실된 고객 소비량을 물 회계감사에 반드시 포함시켜야 한다.

요금고지 조정이 등록된 소비 자료에 상당한 영향을 미치는 오류를 발생시킬 수 있다. 중요한 질문은 "실제 소비 체적을 수정하여 요금고지를 조정하는가?" 14.2절에서 기술한 것과 같이 양호한 수익 징수 목적으로 설계된 요금고지 시스템은 공제액을 생성할 때 고객 소비 체적의 운영 무결성을 손상시킬 수 있다.

요금고지 시스템이 고객 요금고지를 열거하고 요금고지 기록 내에 보관된 등록된 소비(미터 판독으로부터)와 요금고지된 소비를 구별하지 못할 때 요금고지 조정으로 인해 고객 소비에서 왜곡이 발생할 수 있다. 고객이 공제액을 받을 때 요금고지된 소비는 등록된 소비와 다를 수 있다. 만일 요금고지시스템이 (-) 소비 수치를 생성하여 공제(용수기관에게 – 수익)하면 실제 소비 자료가 왜곡된다. 만일 요금고지 시스템이 등록된 소비와 요금고지된 소비를 개별 필드(field)로 저장하면 이러한 문제를 방지할 수 있다.

표 14.4는 23개월간에 추정한 주거민 고객 계정의 예를 보여준다. 이 시간 동안 부지는 일시적으로 공실이고 이전 소유자보다 물을 적게 소비하는 새로운 소유자에게 매매되었다. 용수기관은 2002년 10월부터 미터로의 접근 방해, AMR 장비의 장애 또는 다른 원인으로 이 부지에서 신뢰성 있는 미터 판독을 얻는 것이 불가능하였다. 불행하게도 용수기관은 2004년 8월까지는 이 원인들을 수정하고도 정확한 미터 판독을 얻는 것이 불가능하였다. 따라서 용수기관은 이 기간 동안 검침하지 않고 최근 고객이력에 기초하여 소비를 885ft^3/월로 추정하였다.

칸 D의 이 추정치는 부지가 공실이 되고 매물로 나온 2003년 4월까지 실제 소비(예증 목적으로 칸 G의 수치)와 밀접하게 일치한다. 이 부지는 2003년 8월까지 공실이었고 2003년 4월부터 8월까지 관리인이 주기적으로 방문하는 동안 최소의 물이 소비되었다. 2003년 8월 새로운 소유자에게 매매되는 순간 정상적인 물 소비 패턴으로 회복하였지만 이전 소유자보다는 약간 낮다.

2003년 4월~2004년 8월(17개월)에 할당된 추정치는 이 계정의 소비를 현저히 과대 추정하였다. 최종(2002년 9월) 정확한 미터 판독 이후 용수기관이 정확한 미터 판독이 가능하였던 2004년 7월 미터 판독(42477)으로부터 전체적으로 4132ft^{3}가 과장된 것을 발견하였다. 이 결과적인 누적 과대추정 오류는 다음에 의해 악화되었다.

- 미터 판독이 없는 긴 기간(23개월)
- 부지의 4개월 공실 기간
- 새로운 부지 소유자의 낮은 물 소비습관

표 14.4 (–) 소비 수치를 사용한 고객 요금고지 조정으로 인해 왜곡된 고객 소비 자료 예

(자료는 ⅝인치 주거민 미터 계정)

C칸의 수치 중 bold체는 추정치이며, D칸의 수치 중 bold 체는 현재 수치에서 이전 미터 지침을 감하여 추정한 소비

출처 : AWWA,"Water Audits and Loss Control Programs"Manual of Water Supply Practices M36, 3rd ed. Denver, Colo.:AWWA,2008

A 년도	B 월	C 미터 지침	D 요금고지된 소비 (ft³)	E 년간 누적 요금고지된 물 소비(ft³)	F 실제 미터 지침	G 실제 소비 (ft³)	H 누적 실제 소비
2001	12월	15,004			15,004		
2002	1월	15,838	834	834	15,383	834	834
	2월	16,654	816	1,650	16,654	816	1,650
	3월	17,496	842	2,492	17,496	842	2,492
	4월	18,304	808	3,300	18,304	808	3,300
	5월	19,220	916	4,216	19,220	916	4,216
	6월	20,162	942	5,158	20,162	942	5,518
	7월	21,130	968	6,126	21,130	968	6,126
	8월	22,105	975	7,101	22,105	975	7,101
	9월	23,007	902	8,003	23,007	902	8,003
	10월	**23,892**	**885**	8,888	23,867	860	8,863
	11월	**24,777**	**885**	9,773	24,722	855	9,718
	12월	**25,662**	**885**	10,658	25,535	813	10,531
2003	1월	**26,547**	**885**	885	26,360	825	825
	2월	**27,432**	**885**	1,770	27,184	824	1,649
	3월	**28,317**	**885**	2,655	28,021	837	2,486
	4월	**29,202**	**885**	3,540	28,433	412	2,898
	5월	**30,087**	**885**	4,425	28,513	80	2,978
	6월	**30,972**	**885**	5,310	28,578	65	3,043
	7월	**31,857**	**885**	6,195	28,633	55	3,098
	8월	**32,742**	**885**	7,080	29,255	622	3,720
	9월	**33,627**	**885**	7,965	30,059	804	4,524
	10월	**34,512**	**885**	8,850	30,836	777	5,301
	11월	**35,397**	**885**	9,735	31,592	756	6,057
	12월	**36,282**	**885**	10,620	32,315	723	6,780

표 14.4 (-) 소비 수치를 사용한 고객 요금고지 조정으로 인해 왜곡된 고객 소비 자료 예(계속)

A 년도	B 월	C 미터 지침	D 요금고지된 소비 (ft³)	E 년간 누적 요금고지된 물 소비(ft³)	F 실제 미터 지침	G 실제 소비 (ft³)	H 누적 실제 소비
2004	1월	**37,167**	**885**	885	33,032	717	717
	2월	**38,052**	**885**	1,770	33,740	708	1,425
	3월	**38,937**	**885**	2,655	34,462	722	2,147
	4월	**39,822**	**885**	3,540	35,150	688	2,835
	5월	**40,707**	**885**	4,425	35,884	734	3,569
	6월	**41,592**	**885**	5,310	36,686	802	4,371
	7월	**42,477**	**885**	6,195	37,520	834	5,205
	8월	38,345	-4,132	2,063	38,345	825	6,030
	9월	39,113	768	2,831	39,113	768	6,798
	10월	39,811	698	3,529	39,811	698	7,496
	11월	40,515	704	4,233	40,515	704	8,200
	12월	41,230	715	4,948	41,230	715	8,915
2005	1월	41,951	721	721	41,951	721	721

2004년 8월 정확한 미터 판독을 얻는 즉시 $-4132\,ft^3$ 조정이 필요하였고 이를 공제액으로 보상할 필요가 있다.

고객 요금고지 시스템에서 이 금액을 공제하는 방법은 시스템의 요금고지(재무) 및 운영(공학) 기능 모두와 관계된다. 금전은 요금청구 및 공제액을 통해 용수기관으로 유입 및 유출할 수 있는 반면 물은 오직 한 방향(용수기관으로부터 고객으로)으로만 이동한다. 만일 요금고지 시스템이 고객 소비와 관련하여 오직 하나의 필드(field)만을 포함하면 2004년 8월 요금고지된 소비 수치는 $-4132\,ft^3$이 된다. 공제하기 위해서 요금고지(재무) 목적으로 (-) 소비 숫자를 수용할 수 있는 반면 운영(공학) 용도로 2004년 8월 실제 소비는 칸 D의 $-4132\,ft^3$가 아니라 칸 G의 $825\,ft^3$이므로 (-) 소비를 수용할 수 없다.

소비자료의 왜곡은 년간 기간에 기초하여 추정된 소비와 실제 소비에서 더욱 반영된다. 보존 또는 손실제어 목적으로 표 14.4의 계정자료를 검토하는 용수기관 분석가는 2003년 실제 소비에서 $3840\,ft^3$(10,620−6780)의 오류에 빠지게 된다. 역으로 분석가는 이 계정을 $3967\,ft^3$(8915−4948)으로 이해하게 된다. 혹자는 궁극적으로 추정과 조정 기간들이 장기간에 걸쳐 차이 없이 균형을 맞추게 되어 단일 소비 수치를 사용할 수 있을 것으로 추론할 수 있다. 그러나 익년 또는 사업 년도에 걸쳐 많은 분석 및 보고 업무를 수행한다. 만일 주어진 계정을 수년 동안 불량하게 추정하였다면 최종 년도에서 매우 큰 조정은 최종 년도의 소비를 상당히 왜곡시킬 것이다. 추가적으로 용수기관의 수많은 계정에 각기 다른 시간 기간 동안 추정이 할당될 수 있어 주어진 년도에서 이 계정의 총체적인 과대추정 또는 과소추정의 순수한 영향을 신뢰성 있게 추정하는 것은 불필요하게 복잡해진다. 명백하게 요금고지(재무) 목적으로 (-) 소비수치를 수용할 수 있지만 이 소비수치는 운영(공학) 용도 자료의 무결성에 상당히 유해하다.

앞에서 설명한 이유로 용수기관 고객 요금고지 시스템은 고객 소비에 대해 두 개의 개별 필드(fields)를 포함하여야 한다(하나는 등록된 소비 그리고 다른 하나는 요금고지 소비). 표 14.4에서의 예와 같이 동일한 자료를 사용하면 개별 필드를 갖는 자료의 형태는 표 14.5와 같이 된다.

표 14.5는 요금고지된 소비(칸 D)와 등록된 소비(칸 G)의 개별 소비 칸을 포함한다. 2004년 8월에 실제 미터 판독이 재개되었을 −4132 ft^3의 소비 조정은 칸 D에서 요금고지된 소비로서 나타나고 고객에 대한 공제액을 제공하기 위해 사용된다. 그러나 칸 G는 이전 30일 동안 수정된 소비 추정을 반영하며, 이는 가장 최근 두개의 실제 미터 판독(2002년 9월과 2004년 8월) 사이 차이에 기초하여 다음과 같이 결정된다.

표 14.5 고객 요금고지 시스템 내 등록 및 요금고지된 소비에 대해 개별 필드를 사용한 예

(자료는 5/8인치 주거민 미터 계정)

C칸의 수치 중 bold체는 추정치이며, D칸의 수치 중 bold 체는 현재 수치에서 이전 미터 지침을 감하여 추정한 소비

출처 : AWWA,"Water Audits and Loss Control Programs"Manual of Water Supply Practices M36, 3rd ed. Denver, Colo.:AWWA,2008

A 년도	B 월	C 미터 지침	D 요금고지된 소비 (ft^3)	E 년간 누적 요금고지된 물 소비(ft^3)	F 실제 미터 지침	G 등록된(실제) 소비 (ft^3)	H 누적 등록된(실제) 소비
2001	12월	15,004			15,004		
2002	1월	15,838	834	834	15,383	834	834
	2월	16,654	816	1,650	16,654	816	1,650
	3월	17,496	842	2,492	17,496	842	2,492
	4월	18,304	808	3,300	18,304	808	3,300
	5월	19,220	916	4,216	19,220	916	4,216
	6월	20,162	942	5,158	20,162	942	5,518
	7월	21,130	968	6,126	21,130	968	6,126
	8월	22,105	975	7,101	22,105	975	7,101
	9월	23,007	902	8,003	23,007	902	8,003
	10월	**23,892**	**885**	8,888	미지	885	8,888
	11월	**24,777**	**885**	9,773		885	9,773
	12월	**25,662**	**885**	10,658		885	10,658

표 14.5 고객 요금고지 시스템 내 등록 및 요금고지된 소비에 대해 개별 필드를 사용한 예(계속)

A 년도	B 월	C 미터 지침	D 요금고지된 소비 (ft^3)	E 년간 누적 요금고지된 물 소비(ft^3)	F 실제 미터 지침	G 등록된(실제) 소비 (ft^3)	H 누적 등록된(실제) 소비
2003	1월	**26,547**	**885**	885	미지	**885**	885
	2월	**27,432**	**885**	1,770		**885**	1,770
	3월	**28,317**	**885**	2,655		**885**	2,655
	4월	**29,202**	**885**	3,540		**885**	3,540
	5월	**30,087**	**885**	4,425		**885**	4,425
	6월	**30,972**	**885**	5,310		**885**	5,310
	7월	**31,857**	**885**	6,195		**885**	6,195
	8월	**32,742**	**885**	7,080		**885**	7,080
	9월	**33,627**	**885**	7,965		**885**	7,965
	10월	**34,512**	**885**	8,850		**885**	8,850
	11월	**35,397**	**885**	9,735		**885**	9,735
	12월	**36,282**	**885**	10,620		**885**	10,620
2004	1월	**37,167**	**885**	885		**885**	885
	2월	**38,052**	**885**	1,770		**885**	1,770
	3월	**38,937**	**885**	2,655		**885**	2,655
	4월	**39,822**	**885**	3,540		**885**	3,540
	5월	**40,707**	**885**	4,425		**885**	4,425
	6월	**41,592**	**885**	5,310		**885**	5,310
	7월	**42,477**	**885**	6,195		**885**	6,195
	8월	38,345	-4,132	2,063	38345	667	6,862
	9월	39,113	768	2,831	39113	768	7,630
	10월	39,811	698	3,529	39811	698	8,328
	11월	40,515	704	4,233	40515	704	9,032
	12월	41,230	715	4,948	41230	715	9,747
2005	1월	41,951	721	721	41951	721	721

$$\frac{38345 - 23007}{23\ \text{개월}} = 667\,\mathrm{ft}^3$$

2004년 8월까지 두 번째 연속적인 실제 매월 미터 판독을 얻었으므로 더 이상 추정을 사용하지 않으며 요금고지된 소비는 등록된 소비와 다시 일치한다. 개별 요금고지된 소비 필드와 등록된 소비 필드를 사용한 자료의 운영 무결정에 대한 혜택은 칸 E와 H에서 2004년의 누적 소비 또는 4948과 9747 ft^3 각각을 비교하여 나타난다. 만일 소비에 대해 오직 단일 필드만을 사용하면 요금고지된 수치 4948 수치는 그 해 실제 소비를 축소해서 말한다. 등록된 소비 수치 9747 ft^3는 2004년 동안 이 계정이 소비한 물의 대표적인 수치이다.

물 회계감사관은 요금고지 시스템 운영에서 발생하는 자료 분석 오류의 크기를 결정함에 있어 반드시 요금고지 조정이 어떻게 계산되는지를 결정하여야 한다. 만일 소비에서의 변화로 조정하면 반드시 근사화(실제 소비의 과장 및 축소 모두)를 시도하여야 한다. 만일 고객 소비를 상당히 축소하였다면 반드시 피상손실에 이 추정 차이를 포함시켜야 하며 물 회계감사에 입력하여야 한다.

14.5 요금고지 정책 및 절차 단점

피상손실은 결점이 있거나 또는 불량하게 설계, 실행, 관리된 정책과 절차에 기인하여 발생할 수 있다. 이와 같은 발생은 감지하기 힘들고 많을 수 있다. 고객 소비 수치에 대한 영향에 초점을 맞춘 고객 요금고지 과정의 흐름도 작성은 이러한 피상손실 형식의 가능성에 대한 통찰력을 제공한다. 고려하여야 할 공통적인 발생들 중 일부는 다음과 같다.

- 모든 고객들을 계량하는 목표에도 불구하고 지자체가 운영하는 용수기관 내 지자체가 소유한 빌딩과 같은 특정 고객 부류는 미터 설치를 무시한다.
- 고객 계정이 "미요금고지" 상태로 진입하는 것을 허락하는 조항. 빈번하게 고객의 부정한 수단 또는 용수기관의 불량한 관리로 인해 발생하는 맹점.
- 계량의 허락 또는 요금고지 운영의 지연을 야기하는 관료적인 규정 또는 비효율성.
- 불량한 고객 계정 관리: 개시되지 않은 계정 또는 손실된 또는 그릇되게 전송된 계정.

요금고지 계정관리 내 존재하는 이와 같은 결점들의 정도는 용수기관 내 존재하는 회계책임문화에 크게 종속된다. 만일 간헐적으로만 회계책임이 강조되면 소비가 손실될 가능성이 많다. 만일 용수기관 리더가 건전한 회계책임을 강조하고 모든 직원들에게 전달되도록 관리하면 이와 같은 가능성은 차단되거나 아주 미소하게 될 것이다. 물 회계감사는 용수기관의 공통적인 정책과 절차 결점들을 나타내는 피상손실의 추정을 포함시키는 것을 고려하여야 한다. 하향식 회계감사 동안 오직 대략적인 근사화를 포함할 수 있다. 후속적인 회계감사 동안 상향식 조사는 이와 같은 문제들에 대해 더욱 큰 통찰력을 제공할 수 있고 수정을 확인할 수 있다. 그러나 회계감사관은 확고한 전략을 설정하기 전에 사전 손실량을 입증하고 더욱 정확한 피상손실의 상황을 얻기 위해 반드시 원시자료와 요금고지 기능을 더욱 상세하게 조사하여야 한다. 상향식 과정은 회계사가 수행하는 상세한 재무 감사와 유사한 상세한 조사 또는 감사업무를 수반한다.

- 단계 1: 물 소비 자료처리과정 내 피상손실을 초래하는 맹점을 확인하기 위해 고객 요금고지 시스템 작동방식을 분석한다. 자료처리 경로의 흐름도 작성은 이 분석을 수행하기 위한 양호한 방법이다.
- 단계 2: 미터 규격에 따른 미터 번호, 고객 형식과 소비 범위에 따른 미터 번호를 포함한 기본적인 고객 계정 통계목록을 편집한다. 년간 큰 소비체적을 등록하는 작은 규격의 미터 그룹 또는 비정상적으로 작은 년간 소비 체적을 등록하는 대형 미터 계정과 같은 비정상적인 사항들을 찾는다.
- 단계 3: 미터 모집단의 기능 상태를 파악하기 위해 설치된 미터 표본에 대해 미터 정확도를 시험한다(제12장 참조).
- 단계 4: 미승인된 소비 가능성을 갖는 표본 고객 계정 또는 위치를 평가한다(제15장 참조).
- 단계 5: 요금고지를 방해할 가능성을 갖는 회계정책들을 확인한다. 일부 요금고지시스템은 고객이 일시적으로 물을 소비하지 않는 조건에 근거하여 계정이 미요금고지되는 상태로 들어가는 것을 허락하는 조항을 갖는다. 공실된 부지는 양호한 예이다. 그러나 많은 경우 불량한 기록유지는 물 소비가 재개된 이후에도 미요금고지되는 상태를 유지하고 이와 같은 미요금고지된 계정은 피상손실의 만성적인 근원인 것으로 밝혀진다.

이 과정 내 공백(gaps)은 다른 단계에서 평가된 자료에 영향을 미칠 수 있으므로 항상 초기 단계로서 요금고지 시스템 분석의 수행을 권장한다.

대부분의 용수기관의 고객 요금고지 시스템은 물 소비를 포함한 모든 고객 자료원의 역할을 한다. 회계감사관은 물손실제어 프로그램 개발 초기에 고객 요금고지 시스템 내에서 소비자료가 관리되는 방법을 정확하게 이해하여야 한다. 다양한 정보 처리 과정을 표현하는 일련의 흐름도 구축은 피상손실의 발생을 허락하는 정책, 절차 또는 프로그래밍에서 공백을 밝혀줄 수 있는 체계적인 접근법이다. 정확한 계량 및 검침을 하지 않는 고객이 존재하도록 허락하거나 또는 고객이 계량된 소비 자료를 지나치게 수정하도록 허락하는 맹점은 피상손실을 발생시킬 수 있다.

그림 14.2~14.5는 필라델피아 도시의 여러 고객 요금고지 시스템 흐름도를 보여준다. 필라델피아 수도국과 물 재무국이 함께 고객 요금고지 과정을 관리한다. 그림 14.2는 전체 요금고지 과정 흐름도의 개관을 보여준다. 이는 한눈에 주된 요금고지 기능들을 보여주지만 피상손실 발생 가능성을 확인하기에는 상세함이 부족하다. 그림 14.3~14.5는 고객 요금고지 시스템의 개별 세부과정의 추가 흐름도를 보여준다. 이 흐름도에서 미터 순환(대체) 과정은 물

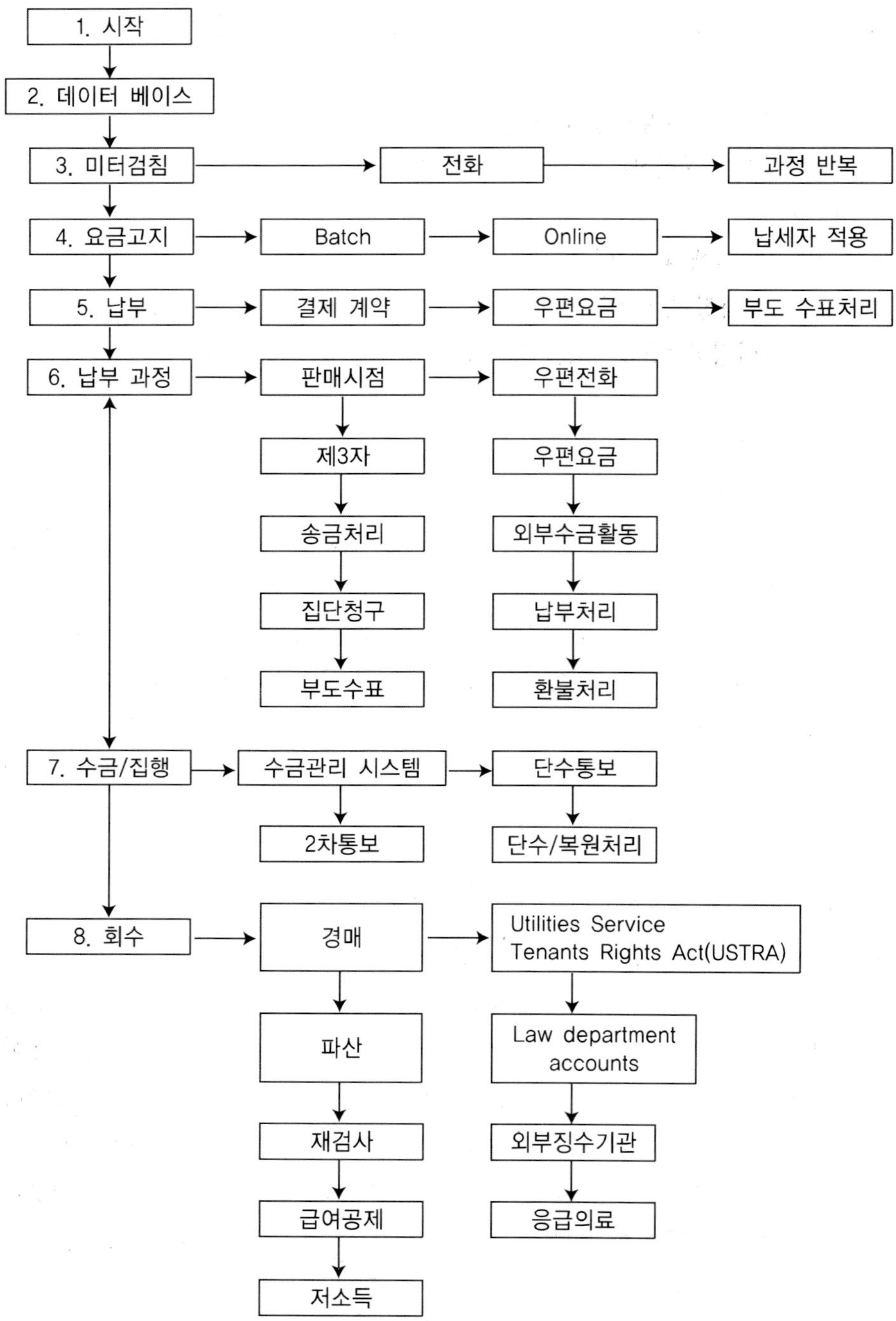

그림 14.2 필라델피아 내 도시의 상수 및 하수의 고객 요금고지 시스템 개관(필라델피아 수도국 제공)

론 자동 및 수동 검침 모두에 대한 미터 판독 순서를 볼 수 있다. 필라델피아는 1997년부터 1999년까지 미국 내 가장 큰 급수 시설 AMR 시스템을 설치하였지만 이 고객 계정 중 약 2% 만이 접근 문제 또는 대형 미터 규격/배관 제약의 대처 필요성 때문에 AMR을 기다린다. 따라

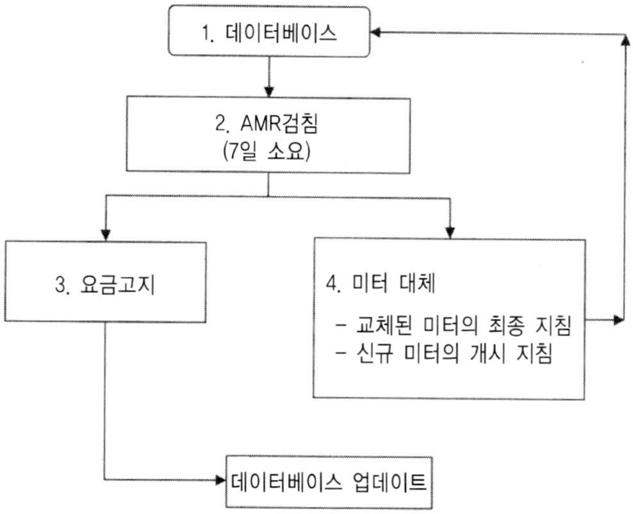

그림 14.3 필라델피아 내 도시의 AMR 흐름도(필라델피아 수도국 제공)

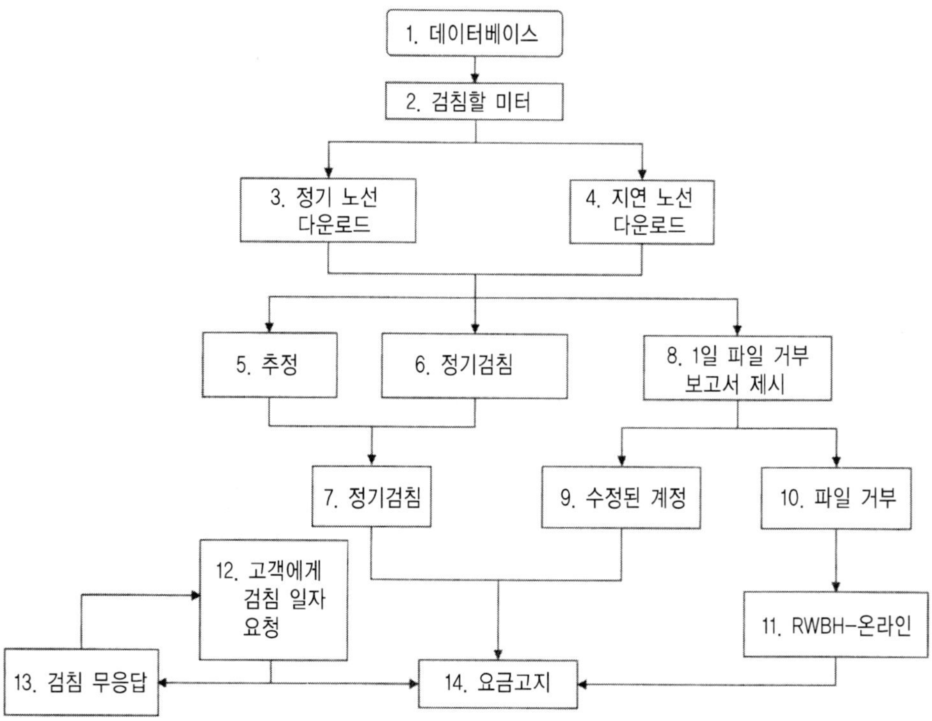

그림 14.4 필라델피아 내 도시의 수동 미터 검침 흐름도(필라델피아 수도국 제공)

서 필라델피아는 자동 미터 판독 그리고 상당히 작은 범위의 수동 미터 판독 모두를 활용한다. 회계감사관이 다양한 요금고지 운영의 하부 과정을 평가하기 위한 흐름도를 사용하면 적정하게 운영되는 요금고지 기능들을 확인하고 고객 소비를 축소하여 용수기관에게 수익을 손

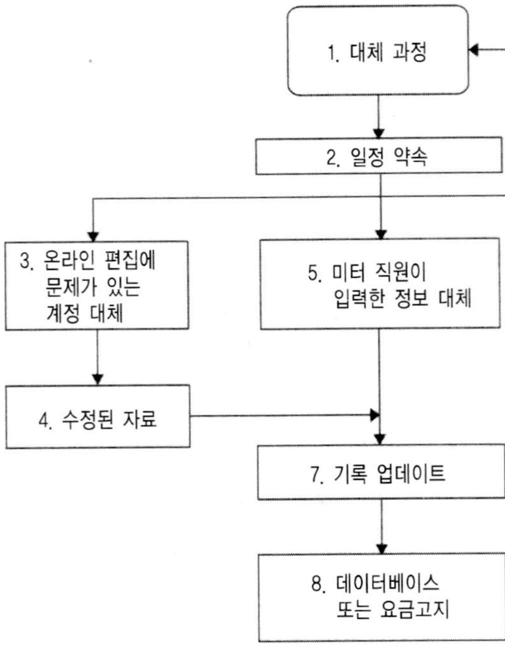

그림 14.5 필라델피아 내 도시의 고객 미터 회전 과정(필라델피아 수도국 제공)

실시키는 공백을 확인할 수 있다.

그림 14.2~14.5의 요금고지 시스템 흐름도는 오직 예증 목적으로 제공된다. 이 그림들은 필라델피아에서 사용된 과정에게 유효하지만 각 용수기관은 그들 특유의 고객 요금고지 과정을 갖는다. 따라서 각 용수기관은 반드시 그들 개별 과정을 반영하는 흐름도를 작성하여야 한다.

통상적으로 회계감사관은 요금고지 자료 경로를 기술하고 자료처리정책, 절차 그리고 실무를 다루는 정보를 문서화하여 자료처리 오류로 인한 피상손실의 근원과 요금고지 과정에 대한 매우 상세한 상황을 확립할 수 있다. 손실 영향이 존재하는지를 결정하고 시스템의 절차상 또는 프로그래밍 측면에서 체계적인 오류가 존재하는지를 결정하기 위해 반드시 다양한 범주 내 작은 표본(수십개부터 수백개 고객 계정)을 분석하여야 한다. 회계감사관은 반드시 피상손실의 가능성을 밝히기 위해 가장 큰 물 고객의 표본은 물론 임의 특별한 요금고지 범주(지자체 부지, 미요금고지된 계정) 내 계정 표본을 분석하여야 한다.

회계감사관은 고객 요금고지 시스템 운영 분석시 반드시 다음 무결성 평가에 대해 특히 유의하여야 한다.

- 정책(Policy): 고객 계량, 요금고지, 요금, 서비스 관로 책임 등과 관련된 정책들이 합리적으로 일관성이 있고, 성문화되었고, 잘 문서화되었는가?
- 절차(Procedures): 문서화된 절차서가 존재하는가? 모든 고객들에 대해 일관성 있는 계량, 미터 판독, 요금고지 기능들의 채택을 보장하는 절차가 사용되고 있는가?

- 실무(practices): 실무가 절차의 권한을 실제로 반영하는가? 모든 채용인들이 정책과 절차에 대해 교육받는 것을 보장하기 위한 효과적인 교육 프로그램이 존재하는가? 인간 오류를 탐지하고 최소화하기 위해 그리고 정책과 절차들의 준수를 보장하기 위해 검침원, 요금고지 서기, 유사한 채용인들을 적정하게 감시하고 감독하는가?

더욱 구체적인 피상손실을 탐색할 때 추가적으로 다음 사항들을 유의하여야 한다.

- 지자체 부지와 같은 특정 고객 부류가 검침 및 요금을 면제받는가? 만일 그렇다면 용수기관은 이들의 물 소비를 어떻게 고려하는가?
- 고객이 부지 공실, 채무불이행 또는 폐기된 계정과 같은 조건들에서 고객이 미요금고지되는 상태로 들어갈 수 있는가? 만일 그렇다면 급수정지된 계정을 사용하는 물 소비를 탐지하기 위해 이 계정을 정기적으로 감시하는가?
- 만일 미터 판독이 유용하지 않으면 고객 소비를 추정할 수 있는가? 만일 그렇다면 얼마나 정확하게 이 추정치가 실제 소비를 반영하는가? 추정 프로토콜을 정기적으로 업데이트하거나 또는 입증하기 위한 확인절차가 존재하는가?
- 미승인된 소비를 단념시키기 위한 시행령에 대한 정책이 존재하는가? 요금을 지불하지 않는 고객들에게 급수를 정지시킬 수 있는가? 급수 정지된 많은 숫자의 고객들이 급수를 불법으로 재개하는가? 이러한 행동을 탐지하고 좌절시키는 미케니즘이 존재하는가?
- 프로그래밍 알고리즘이 표 14.4 및 14.5와 같이 실제 계량된 소비 자료를 지나치게 수정하는 요금고지 조정을 포함하는가?
- 수행을 요약하고, 경향을 확인하고, 그리고 비정상을 표시하도록 구성된 관리 보고서의 정기적인 발행으로 계량, 미터 판독 그리고 요금고지 기능들을 적극적으로 추적하고 감시하는가?
- 물 보존, 손실제어 프로그램, 또는 산업 부문에서 성장과 같은 인구통계학의 경향에 대응하여 소비 및 손실 패턴에서 구체적이고 전반적인 소비 추세를 파악하기 위해 고객 소비와 요금고지 추세를 정기적으로 평가하는가?

상기 내용은 자료처리 과정의 상향식 회계감사 동안 제기될 수 있는 질문들 중 일부이다. 회계감사관은 모든 용수기관의 특유한 과정이 존재할 수 있는 사실을 상기하고 면밀히 조사하여야 한다.

14.6 물 회계감사 내 체계적인 자료처리 오류의 정량화 및 손실 대처

초기 하향식 물 회계감사 내 고객 요금고지 시스템에서 발생할 수 있는 체계적인 자료처리

오류로 인한 피상손실의 대략적인 근사화를 포함시킬 수 있다. 이후 고객 요금고지 시스템의 작동방식을 분석하기 위한 흐름도를 작성하기 위해 적정한 직원 또는 자문가를 할당할 것을 권장한다. 표 11.1은 피상손실을 평가하고 다루기 위한 수익 보호 프로그램의 전개 예를 보여준다. 이 그림에서와 같이 요금고지 흐름도 작성은 이와 같은 수익 보호 프로그램을 착수할 때 최초이자 가장 중요하다. 이와 같은 노력은 약간의 비용과 시간이 소요되지만 통상적으로 이 투자는 최소이고 회수가 가능한 피상손실을 신속하게 확인하는 가능성을 유지한다. 여기서 이 피상손실 회수는 즉시 수익을 증가시켜 신속하게 자금을 상환하고 알고리즘을 성공적으로 개시할 수 있다.

수익 보호 프로그램 분석가가 의심스러운 고객 계정의 확인이 가능해지면서 미요금고지된 계정 내 물 사용 실태, 미터 조작의 증거 또는 불법 연결 그리고 과소등록된 물과 수익손실을 초래하는 다른 원인들을 확인하기 위해 개별 고객 부지를 조사할 필요가 있게 된다. 용수기관 관리자는 피상손실 문제의 정도에 따라 상근 직원이 조사 업무에 전념하도록 결정할 수 있다. 이 업무를 전담하도록 전용 인력을 할당하거나 또는 고객 부지를 정기적으로 방문하는 다른 인력 또는 검침원을 교차 훈련하여 이를 수행할 수 있다.

수익 보호 프로그램을 통한 피상손실제어는 특히 물손실제어 프로그램의 초기 단계에서 매우 비용 효과적이다. 빈번하게 증가된 수익회수를 통해 거의 즉각적인 효과가 실현된다. 따라서 표 11.1에 기술된 것과 같은 수익 보호 프로그램의 구축은 물손실제어 프로그램의 상향식 단계에서 첫 번째 단계 중 하나이다.

Chapter 15

피상손실제어 미승인된 소비

15.1 미승인된 소비 발생

미승인된 소비는 용수기관의 정책에 반하여 취한 물에 대한 인증표(label)이고 빈번하게 다음으로부터 발생한다.

- 불법적인 배수시스템으로 연결
- 전형적으로 대형 고객 미터 주변으로의 바이패스 관로 개방
- 숨겨진 물 소비를 초래하는 매설되거나 또는 모호한 미터
- 소화전 및 소방시스템(계량되지 않는 소방관로)의 오용
- 파손된 미터 또는 조작된 미터(meter tampering)
- 판독 장비의 조작
- 체납으로 차단된 고객 서비스 배관상 밸브 또는 지수전의 불법 개방
- 비상 또는 특별한 용도를 제외하고 폐쇄된 상태를 유지하도록 고안된 배수시스템 밸브의 불법 개방
- 용수기관의 계량, 미터 판독 또는 요금고지 업무에서 일하는 사람의 부정행위
- 새로운 고객 서비스 개시 후 요금고지 계정의 활성화 실패

미승인된 소비는 실제로 모든 용수기관에서 어느 정도 발생한다. 이는 전형적으로 고객의 의도적인 행위 또는 물 값을 지불하지 않고 물 시스템으로부터 취수하는 다른 사람들을 통해 발생한다. 용수기관 내에서 발생하는 미승인된 소비의 특성과 정도는 통상적으로 다음 요소들의 조합에 종속된다.

- 서비스하는 지역사회의 인구통계 규모
- 서비스하는 지역사회의 경제 건정성
- 자원으로서 물에 대한 지역사회 합의된 가치(빈번하게 이 가치는 지역 내 상대적인 물의 풍부 또는 결핍의 함수이다)

- 용수기관의 시행령 정책 및 실무의 강도 및 일관성
- 미승인된 소비를 좌절시키기 위한 효과적인 정책을 제정하고 시행하기 위한 용수기관 관리자와 공무원의 정치적 의지

지역사회와 용수기관이 물 공급에 부여하는 가치 그리고 용수기관의 관리 효과도는 빈번하게 지역 내에서 발생하는 미승인된 소비로 반영된다. 양호한 회계책임 및 손실제어 프로그램 기능의 확립은 미승인된 소비가 발생하는 상황들을 필연적으로 노출시킬 것이다.

주된 피상손실 성분들 중 미승인된 소비는 요금지불자 공정성에 가장 크게 영향을 미친다. 통상적으로 요금은 모든 서비스 비용을 회수하도록 설정되므로 고객 모집단의 일부 사람이 물 서비스에 대해 적게 지불하거나, 지불하지 않으면 고객 모집단의 지불하는 사람들은 지불하지 않는 부분을 실질적으로 부담하게 된다. 물 요금 인상이 필요할 때 상습적인 위반자는 확인되지 않는 상태로 남는 반면 지불하는 모집단은 더욱 큰 재무부담을 지게 된다. 만일 용수기관이 미승인된 소비를 제어하지 않으면 부담하는 고객에게 피해를 준다. 그리고 만일 높은 미승인된 소비의 사실을 매체 또는 일반대중이 알게 되면 대민관계 반발의 위험을 부담하게 된다.

15.2 물 회계감사 내 미승인된 소비 체적의 정량화

미승인된 소비 대부분은 제공받는 서비스에 대해 지불하지 않거나 지불할 수 없는 고객들에 의해 발생한다. 모든 물 시스템은 미승인된 소비의 발생에 취약하고 일부 경우 이 발생은 상당하다. 대형 도시 물 시스템 내 미승인된 소비의 발생은 소도시와 농촌 내 중간 규모 물 시스템에서 발생하는 것 보다 더 많을 가능성이 크다. 그러나 대부분의 경우 물 시스템 규모와 관계없이 미승인된 소비로 손실된 물의 년간 전체 체적은 용수기관이 공급한 물량의 작은 부분이 될 가능성이 크다. 물 회계감사시 용수기관 내에서 발생하는 미승인된 소비성분을 반드시 정량화하여야 한다. 최초 물 회계감사의 경우 또는 미승인된 소비가 과도한 것으로 믿기지 않을 경우 회계감사관은 미승인된 소비체적으로서 공급된 물의 0.25%를 디폴트 수치로 사용하여야 한다. 이 퍼센티지는 세계적으로 편집된 물 회계감사 내 이 손실 성분을 대표하는 것으로 증명되었다. 물 회계감사가 양호하게 확립된 용수기관 또는 미승인된 소비가 과도한 것으로 믿는 경우 용수기관은 적정하게 지불하지 않고 물 서비스를 받을 수 있는 기회들을 자신도 모르게 고객에게 제공할 수 있는 정책 및 실무와 미승인된 개별 소비성분들을 특별하게 확인하여야 한다.

만일 회계감사관이 용수기관 내 미승인된 소비가 상당한 것으로 믿고 조사하기 위해 시간과 재원을 사용할 수 있으면 미승인된 개별 소비성분들을 정량화하기 위한 과업을 수행할 수

있다. 이 과업은 지루할 수 있으나 회계감사관은 미승인된 소비의 구체적인 추정치를 얻기 위해 단순하게 추가 노력을 적용한 디폴트 수치와 비교하여 이 과업의 수치를 결정하기 위해 반드시 양호한 판단을 하여야 한다. 수년 기간에 걸쳐 물 회계감사 과정이 성숙해지면 용수기관 내 구체적인 미승인된 소비의 발생 조사에 합리적인 약간의 노력을 하여야 한다. 대부분의 경우 디폴트 수치 0.25%는 미승인된 소비의 합리적인 수치를 제공한다.

15.3 미승인된 소비 제어

앞에서 기술한 것과 같이 미승인된 소비는 많은 방법으로 발생할 수 있다. 실제적으로 고객 모집단의 일부는 지불하지 않고 물 서비스를 제공받기 위해 시도할 것이다. 그러나 이와 같은 발생이 존재하는 정도는 용수기관의 정책, 실무 그리고 관리감독에 종속된다. 용수기관은 다음을 통해 미승인된 소비를 제어하려 노력한다.

- 탐사: 다양한 방법으로 미승인된 소비를 인지하는 능력
- 시행령: 미승인된 소비를 방지하고 적절한 벌칙을 부과하는 수단

용수기관은 반드시 미승인된 소비 추세를 탐지하기 위한 지속적인 미케니즘을 가져야 한다.

하나의 예로서 회계감사관은 미승인된 소화전 사용 가능성을 검토하고, 소화전에 대한 합리적인 정책이 존재하도록 보장할 수 있다. 회계감사관은 고객 요금고지 시스템 과정의 흐름도(제14장 참조)를 작성하면 미승인된 소비가 발생하거나 또는 용수기관이 인지할 수 없는 맹점을 통찰할 수 있다. 한번 미승인된 소비가 확인되면 절차 및 프로그래밍에 의해 신속하게 폐쇄되거나 수정되어 신속한 추가 수익 회수가 실현된다. 미승인된 소비를 반영하는 의심스런 경향들을 찾기 위해 반드시 요금고지 자료를 검토하여야 한다. 예를 들어 연속적인 요금고지 주기 동안 변화되지 않은 미터 판독(0 소비)을 등록하는 활성 계정은 미터 조작의 증후가 될 수 있다. 실제 소비의 발생여부를 결정하기 위해 선정된 0 소비 계정에 대해 가정 조사를 수행할 수 있다. 인근 급수시스템의 경계밸브가 적정한 위치에 있는지를 보장하기 위해 반드시 정기적으로 경계밸브를 조사하여야 한다. 만일 용수기관 정책이 체납에 대해 고객 서비스를 종료하도록 허락하면 고객이 서비스를 불법으로 재활성화(reactivated)하지 못하도록 보장하기 위해 반드시 표본 계정에 대해 무작위 추적조사를 수행하여야 한다. 이제 고객 미터의 모든 규격과 구성에 대해 경쟁력 있는 가격으로 시중에서 구입할 수 있는 폐쇄장치(locking device)를 사용하여 고객 미터 조작을 효과적인 비용으로 제어할 수 있다. 이는 용수기관이 미승인된 소비를 제어하기 위해 착수할 수 있는 전형적인 상향식 활동이다.

용수기관은 장기적인 관점에서 미승인된 소비제어를 위해 효과적인 정책과 집행역량을 반

드시 채택하여야 한다. 이는 현존하는 규정, 법령, 코드의 변경 그리고 새로운 규정 제정을 요구할 수 있다. 이와 같은 볍률 변경은 정치적으로 민감할 수 있고 실행하기 위해 장기간에 걸쳐 숙련된 노력을 요구한다. 그러나 궁극적으로 강력한 법적 체계는 용수기관이 집행력을 사용하여 미승인된 소비를 경제적인 최소치로 유지하여 운영할 수 있도록 허락할 것이다.

용수기관은 지역 내 고객들 중 일부는 현실적으로 경제적 곤란을 겪는 사실을 인식하고 있고 따라서 감당할 수 있는 필수적인 물 서비스를 유지하기 위해 이 고객들에게 적합한 할인, 보조금 또는 유사한 서비스를 제공하는 프로그램을 운영할 수 있다. 공격적인 미승인된 소비 집행 소송과 함께 작동하는 이와 같은 프로그램은 최상의 정책이다. 경제적 곤란과 같은 순수하게 주관적인 진술서(statement)에 기초하여 미승인된 방법으로 물 서비스를 받는 고객은 절대 정당화되지 않는다. 그러나 용수기관은 정당화할 필요성이 있는 특정 고객의 한계를 인식하고 이들에게 부담할 수 있는 요금으로 합법적으로 물 서비스를 받도록 재정을 제공하는 것이 적절하다.

15.3.1 성공적인 소화전 관리

많은 물 시설에서 용수기관의 승인 또는 인지 없이 개방된 소화전으로부터 상당한 량의 물이 손실된다. 이러한 활동은 피상손실뿐만 아니라 부적정한 운영으로 인해 빈번하게 소화전을 손상시킨다. 소화전은 손실 문제 이외 911 테러사건 이후 보안 문제로서 더욱 심각하게 검토되고 있다. 소화전은 물 공급관로 내부로 의도적인 오염물질의 주입점으로 사용될 수 있다. 따라서 강력한 소화전 감독은 과거 보다 더욱 중요한 것으로 간주되고 있다.

소화전의 주된 목적은 주배수관로의 플러싱을 포함한 소방 및 배수시스템의 시험 및 유지관리이다. 그러나 많은 급수시스템 내 승인된 그리고 미승인된 소화전의 사용은 소화전의 기본적인 기능을 초월한다. 피상손실로 분류되는 소화전으로부터 미승인된 소비는 불법으로 조경 또는 건설 용도로 물탱크를 채우거나, 청소 또는 그림 15.1과 같이 뜨거운 기후에서 열기를 식히기 위한 레크레이션 용도로 물을 사용할 때 발생한다. 많은 용수기관은 다양한 지역사회 활성화 목적으로 소화전으로부터의 취수를 허락하는 정책을 갖는다. 통상적으로 이 물은 계량되지 않고, 물 회계감사시 미요금고지-승인된 소비로 분류되며; 도로 청소, 공공 수영장을 충수하기 위해 사용된 물을 포함하며; 지역사회 공원 및 건설 현장에 일시적인 물 공급(이동 써커스를 위한 비음용수 공급과 같은)을 제공한다. 일부 용수기관은 뜨거운 기후에서 소화전의 스프레이 캡(spray cap)을 사용하여 열기를 식히도록 허락한다. 이와 같은 다양한 소화전 용도는 다음을 포함하여 용수기관과 고객들에게 잠재적인 문제들을 제기한다.

- 소화전으로부터 취한 물은 빈번하게 계량되지 않는다. 물 회계감사시 소화전이 많이 개방될수록 이 소비를 정량화하기 위해 반드시 추정하거나 또는 계량하여야 할 물량이 더욱 커진다.

그림 15.1 미승인된 소화전 개방의 물 낭비 및 안전문제 야기(필라델피아 수도국 제공)

- 소화전으로부터 지속적으로 취한 물로 인한 부압 발생 동안 오염물질이 배수시스템으로 유입되는 것을 방지하기 위해 역류 방지장치를 사용하여야 한다. 그러나 빈번하게 역류 방지장치가 사용되지 않는다.
- 물이 소화전 몸통을 통과하면서 수질이 저하할 수 있기 때문에 소화전으로부터 취한 물을 음용수로 사용하면 건강에 위험할 수 있다.
- 통상적으로 소화전은 높은 압력으로 가압되고 인도에 위치하면서 소화전 살수에 의한 냉각은 안전을 상당히 위협한다.
- 만연된 소화전의 미승인된 개방은 배수시스템 내 압력을 상당히 감소시켜 소방용수의 기능을 저하시키고 역류 오염 위험을 매우 증가시킨다.
- 다양한 사람들이 소화전을 운영하도록 허락하면 운영 절차에 익숙하지 않거나 또는 소화전을 운영하기 위해 부적정한 도구를 사용하여 소화전을 손상시킬 가능성이 커진다(그림 15.2 참조).
- 다목적으로 소화전을 허락하면 소화전의 개방을 관리하는 사람이 취하는 물은 무료라는 불량한 대민관계가 형성된다. 특히 이는 물 시스템을 확보하고 수자원을 보존할 필요성을 위태롭게 만든다.

그림 15.2 미승인된 소화전 개방은 빈번하게 부적절한 용도로서 소화전의 손상을 야기한다 (필라델피아 수도국 제공)

용수기관은 상기 이유로 허락된 소화전 사용의 숫자를 최소로 유지하고, 반드시 이와 같은 용도를 조심스럽게 규정화하고 감독할 것을 권장한다. 용수기관 관리자는 반드시 소화전의 제어를 엄격하게 유지하고 잡다한 소화전의 용도에 대한 요청을 거부하여야 한다. 용수기관 관리자는 소방서와 정치 리더가 지원하는 소화전 용도에 대해 건전한 정책을 수립하는 것이 중요하다. 반드시 허용 가능한 사용을 허락하고 추적하기 위한 절차를 가동하여야 하고 강화하여야 한다. 용수기관은 물 시장에서 소화전 보다는 상업적으로 형성된 대량 물 판매점과 탱크 트럭을 통해 허가 받은 사용자에게 물을 공급할 수 있다. 이는 소화전 사용에 대한 양호한 정책들 중 하나이다. 용수기관 관리자는 반드시 공무원, 계약자, 고객, 언론매체 그리고 다른 이해당사자를 대상으로 소화전에 대한 엄격한 용도 제어 유지 필요성을 교육하여야 한다. 버지니어주 Loudoun 카운티에 소재한 Loudoun 카운티 위생보건국은 배수시스템 그리고 음용수 수질 보호 vs 물 공급에 대한 더욱 균형있는 접근 유지를 허락하는 포괄적인 소화전 사용 정책과 상세한 절차를 개발하였다.[1]

15.3.2 고객 종말점에서 미승인된 소비

미승인된 소화전의 개방은 빈번하게 일반 대중, 용수기관 그리고 법 집행자의 눈에 쉽게 띄므로 이와 같은 행위는 쉽게 탐지된다. 그러나 고객 종말점에서 미승인된 소비는 이와 같이 명백하게 나타나지 않다. 소화전으로부터 새어 나오는 물은 육안으로 확인할 수 있는 것과는 달리 고객 종말점에서 불법으로 취한 물은 빌딩 내부 또는 계량기 함 내부 미터/배관에서 발생하고, 훈련받은 사람을 제외하고 탐지가 거의 불가능하다. 좋은 소식은 AMI(advanced metering infrastructure)에 제공된 새로운 기능들은 불법 종말점 소비 신호를 효과적으로 탐

그림 15.3 수도미터 바이패스 배관은 복잡하지 않다. 이 사진은 수도미터를 대체하여 불법으로 사용되는 도수 또는 점퍼 배관을 보여준다. 수도미터 통의 아래 부분은 전형적인 ⅝인치 주거민 미터이다(Morgantown Utility Board 제공)

지하는 새로운 도구를 제공한다는 것이다(13.1.3절 참조). 용수기관의 물 서비스 규정을 위반하는 가장 공통적인 방법은 다음과 같다.

- 고객 미터 조작
- 미터 판독 장치 조작
- 수도미터의 상류측 배관으로 불법 연결
- 규칙적인 물 공급을 위한 소화전 연결배관의 불법 사용
- 고객의 체불에 대한 집행소송으로 폐쇄된 고객 서비스 연결 배관 상 지수전/밸브의 불법적인 재개방
- 반드시 폐쇄된 상태를 유지하여야 할 밸브의 개방: 대형 미터, 제어밸브 주변 인근 급수시설에 대한 바이패스
- 적은 요금 또는 0 요금으로 물을 불법으로 취하기 위해 용수기관 계량과 요금고지 과정을 변질시키는 다른 수단

용수기관이 고객 요금고지 기초로서 소비 체적을 등록하기 위해 미터를 채택하면서 미터 조작은 실제적으로 공통적인 불법 행위 중 하나가 되어 왔다. 아마도 가장 공통적인 조작 형태는 미터를 점핑하는 것이다. 그림 15.3과 같이 서비스 연결 공급 지수전/밸브를 폐쇄하고, 미터를 제거하고, 미터 위치에 직관(jumper)을 설치하여 점핑한다. 도수(물 도둑)는 0 소비 계정으로서 의심받지 않으려고 약간의 소비를 등록하기 위해 검침 전후 미터를 제자리에 위치시킨다. 만일 용수기관이 미터 판독 수집을 게을리 하고 도수 고객이 이 사실을 알면 점퍼

(jumper)는 영구히 관로상에 유지되고 고객은 비정상적으로 낮은 수치에 기초하여 감소된 요금을 지불한다. 유사한 방식으로 필라델피아 수도국은 서비스 지역 인근에서 연속적으로 고객 주소가 변경되었던 100개 이상의 주거민 미터 사례를 문서화하였다. 명백하게 한 사람은 다른 고객들의 물 요금을 감소시키기 위해 상시 미터-점퍼 역할을 수행하여야 왔다.

개별 수도미터의 수령 및 종류에 따라 미터 상 등록계 판독을 변경시키기 위한 조작을 시도할 수 있다. 미터의 실제 소비 등록을 망가뜨리기 위한 시도는 미터 조작의 한 형태이다.

일부 고객들은 동일한 목적으로 AMR 시스템의 미터 판독 장치를 조작하여 요금고지의 방해를 시도하여 왔다. 대부분 AMR 시스템은 조작이 탐지될 때 그리고 미터 판독 과정이 방해될 때 용수기관에게 알람을 보내는 조작 탐지 기능을 포함하므로 미터 조작 탐지가 더욱 용이하다. 이는 제작사가 미승인된 소비를 좌절시키도록 도움을 제공하는 가장 기본적인 기능들 중 하나이다.

불법 배관 연결 또는 밸브 운영을 통해 발생하는 미승인된 소비를 탐지하는 것은 소화전 또는 수도미터로부터 불법으로 취하는 물을 탐지하는 것 보다 더욱 어렵고, 통상적으로 용수기관이 직접 빌딩 배관 및 계량기함을 조사하여야 발견할 수 있다. 빌딩 지하에서 계량되지 않는 소방배관 내부에 설치된 불법 배관을 육안으로 확인할 수 있지만 반드시 교육을 받은 직원을 의심스런 부지로 파견하여 불법 연결을 확인하여야 한다. 극단적인 경우 물 도둑은 불법으로 배관을 연결하기 위해 땅을 굴착하고, 되메우기 하여 새로운 불법 연결 배관을 덮는다. 이와 같은 굴착과 불법 배관 연결을 시행할 때 이를 목격하지 않으면 이와 같은 연결배관은 지상에서 탐지할 수 없게 된다. 만일 이와 같은 연결이 의심스러우면 배관 위치탐지기를 사용하거나 또는 수원을 확인하기 위해 고객 서비스 연결배관의 여러 분절들을 차단하여 불법 배관의 증거를 수집할 수 있다. 종결부(결정적)인 불법 연결지점을 찾기 위해 서비스 배관 내 다른 지점들에 새로운 밸브를 설치할 필요가 있을 수 있다. 미터 또는 미터 판독 장비의 조작, 불법 연결 또는 불법 밸브 개방을 확인하도록 직원(특히 미터 기술자, 검침원 그리고 역류방지 기술자)을 교차 훈련하여 혜택을 볼 수 있다.

용수기관 또는 정치적 관할구역에 따라 지속적인 물 서비스 공급 규정이 다르다. 일부 용수기관 또는 지역사회는 용수기관이 어떠한 상황에서도(특히 물 요금 체불로) 고객에게 물 서비스의 중단을 금지한다. AWWA는 요금을 지불하지 않으면 물 서비스를 중단하는 권한을 용수기관이 가져야 한다고 믿는다. 체불에 대한 물 서비스 중지에 대한 AWWA 정책 내용은 표 15.1과 같다. 용수기관이 물 서비스를 중단하는 경우 고객 모집단의 일부 상습적인 고객은 물 서비스를 불법으로 복구하기 위해 집요하게 시도할 것이다. 많은 용수기관은 고객 부지와 도로 또는 통행로에 있는 주관로 사이에 위치한 지수전 밸브를 폐쇄하여 주거민 고객들에 대한 서비스를 중지한다. 지수전을 운영하기 위해 별개의 밸브키를 사용하지만 불법으로 서비스를 복구하기 위해 폐쇄된 지수전을 조작하는 것은 어렵지 않다. 일부 용수기관은 체불로 인해 단수하였던 고객 계정에 대해 미터 판독 및 요금고지를 유예하는 정책들을 시행 중이다. 이와 같은 정책 아래 용수기관이 더 이상 고객 계정을 감시하지 않는 동안 서비스를 불법으로 복구하려는 고객은 그들 서비스를 재활성화하기 위한 기회를 갖는다. 다행히도 많은 용수기관은 AMR 및 AMI의 출현으로 단절된 계정을 지속적으로 감시하여 계량된 소비 또는 조작의 징후가 있는 고객이 불법으로 서비스 연결의 복구를 파악할 수 있다.

표 15.1 AWWA 정책 성명서: 체불자에 대한 용수공급중단

출처 : AWWA

AWWA는 용수기관은 자립 운영을 위해 체불자에 대한 용수공급중단 권한을 가져야 한다고 믿는다. AWWA는 용수기관이 제공하는 서비스에 대한 요금을 각 고객이 지불하는 것을 보장하기 위해 비차별적인 요금고지 및 징수절차의 중요성을 인식한다. 물 요금을 지불하는 않는 고객은 다른 고객들에게 이 요금을 전가시킨다. AWWA는 특정 상황에서는 물 공급은 가정 내 위생적인 환경에 그리고 생명유지를 위해 필요하므로 약간 유연성이 필요한 것으로 인식한다. 또한 산업 및 상업에서는 물은 필수적인 부분이 될 수 있다. 체불자에 대한 징수절차의 최종 단계로서 물 공급 중단을 고려하고 충분한 공지 없이 그리고 모든 합리적인 대안들을 강구할 때까지 절대 시행하면 안 된다.

13.1.3절에서 기술한 내용은 미터 및 AMR 제작사가 AMI 제목 아래 개발 중인 믿기 어려운 기술적으로 광범위한 기능에 대해 상당히 세부적인 내용을 제공한다. AMR 산업에서 고정된 통신망을 향해 이동하는 추세에서 통신망은 단순히 수도미터 판독 이상을 통신할 수 있다. 또한 미터 조작, 역류 발생, 누수음, 높은 유량 그리고 다른 관심 있는 매개변수 자료를 수집할 수 있다. 고정된 통신망 AMR 시스템을 설치한 용수기관은 고객 종말점 장치를 거의 지속적으로 감시하기 위한 효과적인 수단을 얻는다. 용수기관은 이와 같은 수단을 이용하여 과거에 인지하지 못하였던 많은 미터 조작을 신속하게 탐지할 수 있게 될 것이다. 또한 용수기관은 고정된 통신망 AMR로 작성된 고객 소비 프로파일을 분석하여 고객 및 용수기관 모두에게 이력적으로 당혹하게 만들었던 비정상적인 유량 패턴을 해석하고 규명할 수 있다.

15.3.3 미승인된 소비 제어의 미래

기후 변화, 증가하는 인구 그리고 오염에 의해 수자원의 중요성은 지속적으로 강조되고 있다. 용수기관은 그들 수자원의 간사 역할을 한다. 용수기관은 반드시 서비스를 유지하고 규정을 충족시켜야 하는 일상적인 현실과 퇴화하는 기반시설을 현대화하여야 하는 장기적인 현실에 직면하고 있다. 용수기관은 반드시 장기 비용을 포함한 서비스 전체 비용을 회수하여야 하고, 고객은 이 서비스에 대해 반드시 정당하게 지불하여야 한다.

지역사회 내 고객 모집단의 일부는 불법으로 물 서비스를 얻기 위해 노력할 것이고, 용수기관 관리자는 미승인된 소비의 발생을 탐지하고 이를 경제적 수준으로 유지하기 위한 프로그램을 구비하여야 한다. 지속적으로 개선되는 기술은 용수기관에게 공급을 관리하고 승인된 소비와 미승인된 소비를 추적하기 위한 훌륭한 도구를 제공한다. 또한 용수기관은 고객과 서비스 제공자의 역할 및 책임을 분명하게 정의하는 정책과 규정을 구비하여야 한다. 물을 고의적 불법으로 취하는 고객에 대해 조치를 취할 수 있는 강제력을 제공하는 관련 규정이 반드시 존재하여야 한다.

전세계에서 물 및 에너지 산업(전기, 가스)의 여러 분야에서 기술과 정책이 합병되고 있다. 개선된 기술과 정책의 합병은 사람이 깨끗한 물을 접할 수 있고, 고객에게 제공한 서비스에 대해 공정하게 지불을 받을 용수기관의 권한 그리고 소중한 수자원을 보존하기 위한 모든 이해당사자들의 공동 책임 사이에서 균형을 개선시키는 기회를 제공한다. 에너지 산업에서 기술이 개발되어 왔고, 용수기관 서비스에 대해 선불제도를 포함하는 프로젝트가 개시 중이다. 물 산업에서 전통적이고 지배적인 후불제도와는 달리 선불제도는 고객이 서비스를 받기 이전에 서비스에 대해 지불할 것을 요구한다.

대형 에너지(가스, 전력)기관의 선불 프로젝트는 수익징수를 개선하여 그들 기반시설 갱신에 대한 투자 증가를 시도하려고 Azerbaijan에서 시작되고 있다. 2008년 Ganga 도시에서 선불제도가 시행될 예정이고, 이 제도는 금융기관과 연계된 스마트카드 기술을 갖는다.[2] 스마트카드는 잔고를 미터로 송신하고 미터 판독을 용수기관에게 다시 송신하는 양방향 통신 기능을 갖는다.

"스마트 미터" 또는 판독 그리고 다양한 역할을 실행하고 통신하는 기능을 포함하는 기반시설과 관련된 기술발전은 선불제도 관리의 복잡성을 다루고 있다. 세계의 스마트 미터 시장은 거의 12억 8천개로 추정되며 이들 중 10억개는 북미 시장 밖에서 형성되고 있다.[3] 현재 이 시장 대분은 에너지 부문에서 형성되는 것으로 추정되지만 에너지 산업을 위해 개발되고 있는 많은 기능들은 미래 물 부문에서의 사용 가능성을 갖는다. 에너지 부문에서 스마트 미터 기술이 제공하고 있는 일부 기능들은 다음과 같다. 자동화된 양방향 미터 판독, 다재다능한 요금고지, 사용 시간 및 실시간 가격, 원격 전력 차단 및 재투입, 물 시스템 자산 최적화, 단전 탐지 및 복구 관리, 대정전 및 부분 정전 제거, 수익 보호, 실시간 직접 부하 제어, 전력 품질 관리, 그리고 조작 탐지 기능. 이 기능들 중 많은 것들은 물 산업에 바로 적용할 수 있거나 또는 유사한 기능으로 고려할 수 있다.

미승인된 소비, 불량한 수익징수, 긴박한 수자원, 인구 성장의 문제들을 대처하기 위해 남아프리카 요하네스버그 물 공급에서 물에 대한 선불제도가 시행되어 왔다. 이 선불제도 내 채택된 물 공급 실행안은 많은 사용자들에게 기본적인 물량을 무료로 제공한다. 한번 사용자가 그 달 물량을 소비하면 그 달의 나머지 기간 동안 지속적으로 물을 공급 받기 위해 스마트 미터 내에 등록된 잔고가 있어야 한다. 또한 프로그램 내 차단기능이 포함되었다. 프로그램은 용수기관의 수익 징수의 개선을 추구하고 보다 양호하게 물 공급을 관리하기 위해 탐구한다. 이전 정액요금제는 물을 무제한으로 제공하였다. 이와 같은 선불제도는 합리적인 서비스를 제공하기 위해 더욱 강력하고 직접적인 방법을 용수기관에게 제공한다(오직 서비스에 대한 지불을 받는다는 조건으로). 용수기관은 이와 같은 선불제도에서 미승인된 소비에 대해 더욱 강력한 제어 수준을 갖는다. 사실 이와 같은 제어는 수익원을 최적화하고, 미승인된 소비를 감시하기 위해 용수기관이 취할 수 있는 선제적인 조치이다. 이는 세계 대부분의 용수기관이 미승인된 소비에 대해 채택하는 순수한 대응적 제어로부터의 극적인 일탈이다.

요하네스버그 Water의 경험에 대한 반론이 없는 것은 아니다. 여러 옹호 그룹들은 무료 할당으로 결정된 물량이 너무 적이 이 물량이 소비되면 많은 빈곤한 가정은 결국 매월 여러 주 동안 물 서비스를 받지 못한다는 가정 아래 이 계획에 반대하는 합법적 조치를 취하는 여러 고객들을 지지하기 위해 합류하였다.[4] 이 프로젝트는 안전한 물 공급을 둘러싼 경제적, 사회적 그리고 환경적 우려에 균형을 맞춘 더욱 강력하고 통합된 기술 및 정책 시행을 시도하기 위한 초기 시범 사례로서 역할을 할 것이다.

용수기관이 이전보다 더 많은 제어를 제공하는 스마트 기술을 사용할 수 있는 사실은 주목할 만하다. 이 기술은 효율적으로 운영하고 적정한 수익을 징수하기 위한 도구를 용수기관에게 제공하고, 양호한 고객 서비스를 제공한다. 물은 오직 인간 몸체 내부로 들어가는 공공 서비스라는 점에서 그리고 생명 유지에 필수적인 물질이라는 점에서 유일무이하다. 따라서 모든 사람들은 반드시 물 서비스를 받아야 하지만 다른 공공기관 서비스와 동일한 맥락으로 간주할 수 없다. 물 손실을 선제적으로 제어하는 것, 수익 포착을 최적화하는 것 그러나 실제로 도움이 필요한 사회적 약자를 인식하고 이들에게 정당한 할인 또는 생명 유지 서비스를 보장하는 것과 같은 융통성을 제공하는 것도 용수기관 관리자의 책임이다.

참고문헌

1. Villegas, Smantha. "Hydrant Use: Balancing Access and Protection," AWWA Opflow. Denver, Colo.: October, 2006.

2. Itron, Inc., Media Release. "Itron Announces Prepaid Metering Contract," 2007. Available Online: www.itron.com/pages/news_press_individual.asp?id=itr_016305.xml. [Cited:19 December 2007]

3. Echelon Media Releases. "Echelon Announces World's Most Advanced Residential Utility Meters." 2006. Available Online: www.echelon.com/Company/press/newsmeters.htm. [Cited: 31 January 2006.]

4. Right to Water, Media Summary. "Legal Challenge over Water Policy in Poor Community in Phiri, Soweto," 2006. Available Online: www.righttowater.org.uk/code/legal_6.asp. [Cited: 12 January 2006.]

Chapter 16

실질손실제어 (선제적 누수탐지)

16.1 소개

제7장과 9장에서 실질손실체적 평가 및 용수기관의 경제적 최적 실질손실체적 계산 절차에 대한 지침을 기술하였다. 한번 실질손실의 특성과 수치를 확인하고, 정량화하고, 지속가능한 경제적 한계를 계산하면 현실적인 목표를 설정할 수 있다. 한번 처방 목표와 예산을 확인하면 경제적으로 실질손실을 감소시키고 제어하기 위한 가장 적합한 방법론을 선택할 수 있다. 본 장에서는 선제적 누수탐지를 위해 사용할 수 있는 실용적인 방법과 가장 공통적인 기법의 일부를 기술한다. 그림 16.1은 실질손실에 대한 처방을 나타내는 4개 화살표를 보여준다(제17장~제19장은 다른 3개 화살표에 대해 상세하게 다룬다).

용수기관 관리자가 배수시스템 내 누수를 인지하기 위해 채택하는 실무를 다음 두 운영 모

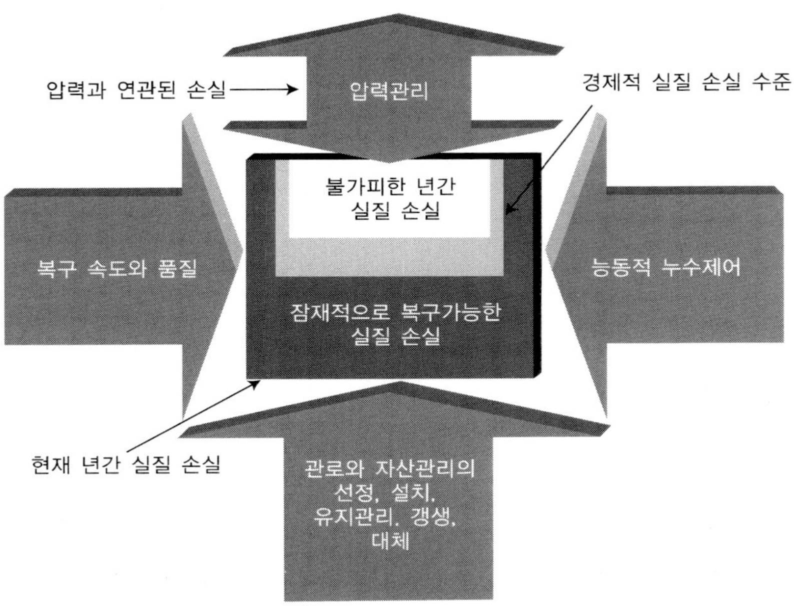

그림 16.1 능동적 실질손실 관리 프로그램의 4개 처방 도구들(IWA WLTF 및 AWWA WLCC 제공)

드 중 하나로 분류할 수 있다.

1. 선제적 누수탐지. ALD(active leak detection)라고도 알려져 있으며 용수기관이 재원과 장비를 사용하여 현재 탐지하지 못하고 있는 누수(또한 숨은 손실)를 능동적으로 탐지하기 위한 운영 모드이다. 선제적 누수탐지는 다음과 같이 여러 혜택을 갖는다.

- 누수를 감소시키면 물을 정수처리하고 가압하여야 하는 생산비용이 감소된다.
- 하수처리 공정에 불필요한 부담을 주는 하수 시스템으로 유입되는 정수 처리된 물량을 감소시킬 수 있다.
- 누수를 감소시키면 지역발전에 필요한 물 공급을 만족시키기 위한 새로운 자원을 개발하기 위해 필요한 자본 비용을 지연 또는 방지하는 데 도움을 준다.
- 누수가 재앙적 장애를 야기하기 전에 누수를 발견하고 복구하면 기반시설의 손상 방지에 도움을 준다.
- 용수기관의 책임을 감소시킨다.
- 용수기관의 대민 인식도에 대해 긍정적 영향을 미친다.

2. 대응적 누수탐지. RLD(reactive leak detection) 또는 수동적 누수탐지라고도 알려져 있으며 대부분 북미 용수기관이 이 모드를 실행하고 있다(경제적으로 정당화 여부와 관계없이). 대응적 누수탐사는 오직 누수가 용수기관의 주의를 끌 때, 전형적으로 누수가 표면으로 나와 육안으로 확인 가능할 때 또는 고객의 공급 압력이 저하할 때 대응하는 것을 의미한다. 용수기관은 이러한 운영방법 아래 육안으로 확인되지 않거나 또는 공급 문제가 발생하지 않으면 누수를 적극적으로 확인하려 시도하지 않는다. 정상적인 상황에서 실질손실체적을 제어하기 위해 오직 대응적 누수탐지를 사용하면 전체 누수체적은 지속적으로 상승할 것이다.

현장 누수제어 활동을 적정하게 스케줄하기 위해 우선 실질손실에 대한 처방 우선순위를 결정할 필요가 있다. 통상적으로 대부분 용수기관들은 예산이 제한되므로 프로그램의 개시 시점에 상환기간이 가장 짧은 처방법을 실행한다. 프로그램은 이러한 방법으로 특정 기간 이후 절감액으로 자체-자금조달을 시작한다.

16.2 지도작성(Mapping)

현장에서 실질손실과의 전쟁을 고려할 때 반드시 첫 번째로 하여야 할 일은 물 시스템의 지도와 평면도 그리고 물 시스템의 성분들이 정확하고 가능하면 최신의 것인지를 보장하는 것이다. 물 시스템 평면도를 보관하는 매체(media)는 최근 지리정보 시스템인 GIS 소프트웨어로 구축된 물 시스템으로부터 최신의 종이 도면으로 구축된 물 시스템, 최신의 상황이 일부 사람 머리속에 있는 시스템, 어디에 무엇이 있는지 전혀 개념이 없는 물 시스템에 이르기까지 광범위하게 다르다. 명백하게 이와 같은 물 시스템들의 저장 매체의 비용은 상당히 다르게 될 것이다.

일상적인 의사결정을 책임지는 관리자는 양호한 계획과 조직적이고 구조적인 배경 자료를 사용할 수 있으면 물 시스템의 기능에 정통한 의사결정을 할 수 있기 때문에 물 시스템은 더욱 효율적인 경향이 있다. 배경 자료가 거의 없는 물 시스템의 경우 누수제어 활동에 대해 현실적인 목표 설정이 매우 어렵다. 성능을 개선하기 위한 프로젝트 개시 후에도 이러한 물 시스템들은 신뢰성 있게 판단할 기준선(baseline)을 갖지 않기 때문에 결과를 정당화하는 것이 어렵다. 이러한 상황에 처한 용수기관은 체계적인 누수제어 프로그램을 시작하기 전에 반드시 자료를 적절하게 그리고 개선된 지도에 입력하는 것을 고려하여야 한다.

GIS 소프트웨어는 물 시스템 도면을 관리하기 위한 매우 효과적인 도구이고 사용하기 쉬운 그래픽 인터페이스를 제공한다. 또한 GIS는 재무 및 요금고지 데이터베이스, 원격 및 SCADA 시스템 그리고 작업지시관리 시스템과 같은 다른 관리 정보 시스템을 통합하면서 다른 혜택을 제공한다. 또한 GIS는 많은 용수기관이 사용하는 의사결정 도구인 수리모델과 연계될 수 있다. GIS가 수리모델과 연계되면서 고비용의 모델 업데이트의 필요성이 적어진다. 즉, 모델 내 배수시스템 자산 자료는 GIS에서 편집되고 실행되면서 자동으로 업데이트된다.

그림 16.2 피팅을 찾기 위한 GPS 사용

많은 용수기관은 GPS(global positioning system)를 사용하여 위성위치 정보를 통해 물 시스템 내 시스템 성분들과 주된 기능들을 자동으로 등록하거나 위치를 찾아낸다. GPS 좌표는 빈번하게 GIS 환경 안에서 사용된다. GPS는 복잡하고 운영하기 어렵게 들릴지 몰라도 사용하기가 매우 쉽다. GPS 자료를 대부분의 GIS 데이터베이스로 자동으로 내려 받을 수 있다. GPS 비용은 필요한 해상도와 용량에 따라 광범위하게 다르지만 대부분 국가에서 지나치게 과도하지는 않다. 그림 16.2는 중앙 정부가 자금을 지원한 물손실관리 프로그램 및 전반적인 평면도를 업그레이드하기 위한 일환으로 남아프리카 Pietermaritzburg 현장에서 실행되고 있

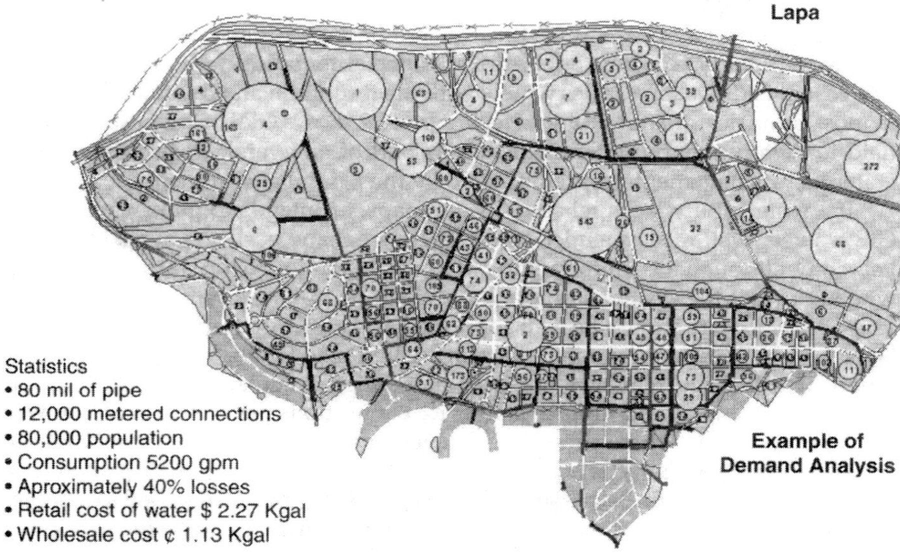

그림 16.3 압력관리를 위한 지역들을 결정하기 위해 사용된 GIS 시스템

그림 16.4 보고된 그리고 미보고된 누수 지도작성을 위한 GIS 사용

는 GPS를 보여준다.

만일 용수기관이 신뢰성 있는 물 시스템 지도가 없거나 또는 상당한 업그레이드를 계획하면 GIS를 적극 권장한다. 오늘날 시장에서 구매할 수 있는 GIS 패키지는 많지만 자체 또는 계약된 서비스와 관계없이 용수기관 직원에게 적합한 패키지를 사용하는 것이 중요하다. 소프트웨어는 반드시 잘 지원되고 쉽게 업그레이드 되어야 한다. 그림 16.3은 누수관리 프로그램 실행 동안 브라질 상파울로 SABESP에 딱 맞아 떨어진 GIS 시스템으로부터의 층(layer)을 보여준다. 이 특정 그림은 지자체 블록, 도로, 관로 그리고 블록별 서비스 연결 번호를 보여준다. 압력관리를 실행할 지역을 결정하기 위해 이 도면을 사용하였다. 그림 16.4는 동일한 회사로부터의 압력관리, 누수탐지 및 누수복구가 시행되고 있는 다른 영역을 보여준다. 누수 빈도의 감시 및 누수복구를 위한 보고된/미보고된 누수위치를 보여주기 위해 GIS 시스템을 사용하고 있다.

소프트웨어 패키지 또는 종이 도면을 사용할 것인지 의사 결정 후 시스템을 용이하게 활용하고 업데이트하기 위해 필요한 기능을 반드시 결정하여야 한다. 운영자는 아래에 열거된 목록 이외 구축하거나 업데이트하여야 할 도면의 축척과 규격을 고려하여야 한다. 만일 운영자가 GIS를 사용할 수 있으면 지역을 선택하고 줌(zoom) 도구를 사용하여 이 지역들을 필요한 축척과 규격으로 조작할 수 있다. 그러나 종이 도면의 경우 이것이 불가능하다. 정확한 의사 결정이 가능한 충분한 상세 자료가 반드시 존재하지만 한 지역 전체를 검토하려면 축척이 충분하게 작아야 한다. 많은 용수기관은 복잡한 상세사항들과 고밀도 관로 상호연결이 존재하는 도시 지역에 대해서 1:2000 축척을 사용한다. 농촌 지역에서는 관로 밀도가 낮고 한 눈에 지역 관찰을 선호하므로 빈번하게 1:5000 축척 도면을 사용한다.

일반적으로 철저한 손실관리 전략을 실행하기 위해 반드시 다음 기본적인 정보와 함께 도면을 사용할 수 있어야 한다.

- 도로명이 표기된 도로
- 도시 또는 지자체 블록
- 고객 미터 검침 노선
- 배관 직경, 재질 그리고 가능하다면 배관 수령(송수관로 전체를 포함한)을 포함한 배수시스템 특성
- 주 고객의 확실한 식별
- 최소 20ft 간격의 지반고와 등고선
- 모든 수자원, 배수지, 정수장, 펌프장, 중계점(transfer point) 그리고 지상 및 지하 저장시설
- 모든 밸브, 제어밸브, 공급원 미터, 영역(zone) 또는 구역 계량 지역 마스터 미터
- 시스템 내 임의 영역들의 확실한 식별 및 기능[압력제어, 영역 유동해석, 스탭 테스트(step test), 요금고지, 지자체 토지 사용 등]

그림 16.5a 관로 위치확인기 사용

그림 16.5b GPR 사용

한번 필요한 특성 목록을 작성하였으면 현존하는 정보원에 어느 특성이 존재하고 사용 가능한지, 구식이지만 어느 것이 존재하는지 그리고 손실된 것이 무엇인지를 결정하기 위해 조심스럽게 데스크탑으로 검토하여야 한다. 한 번 이 정보를 알면 팀을 소집하여 필요한 자료를 수집할 수 있다.

관로 및 전선 위치탐지기, 금속 탐지기 그리고 GPR(ground-probing radar)와 같은 새로운 기록 장치들을 사용하여 배수시스템 기능에 대한 자료를 수집하기 위해 대부분 현장 과업을 수행한다. 그러나 프로젝트에 필요한 상세 수준과 가용한 예산에 따라 때로는 단순한 종이와 클립보드만으로도 충분할 수 있다. 그림 16.5b와 같이 GPR을 사용하여 위치 탐색을 수행한다. 팀원 모두는 물론 용수기관 직원이 쉽게 접근할 수 있는 방법으로 수집된 모든 자료를 저장하여야 한다.

물 시스템 도면 업데이트 프로젝트를 착수할 때 물 시스템이 변경되면서 신뢰성 있는 새로운 지도 시스템의 업데이트를 보장하는 과정을 조심스럽게 고려하여야 한다.

16.3 누수 기초

용수기관의 물손실관리 직원은 기본적인 누수 발생 특성과 이들을 제어하기 위한 적정한 수단을 이해하는 것이 중요하다. 기본적인 누수는 다음과 같다.

16.3.1 누수 형식

물 시스템 내 여러 다른 기반시설이 존재하는 것과 같이 물 시스템 내에서 발생하고 있는 여러 다른 형식의 누수 형식이 존재한다.

주관로 파괴(break) 또는 배관 파괴(fracture)

북미에서 배관 악화, 압력 동요 및 과도한 압력, 지반 침하 또는 이 요소들의 조합으로 야기된 재앙적 배관 장애를 기술하기 위해 *주관로 파괴나 배관 파괴* 용어를 사용한다. 주 관로의 파괴(break) 또는 파열(burst)은 특히 높은 압력 지역 내에서 이 장애로 인해 물이 유출되면서 도로나 지표면으로 신속하게 나와 명백하게 나타나므로 상대적으로 육안으로 위치확인이 쉽다. 그러나 때로는 주 관로 파괴시 물이 지하로 통하는 수로로 유출되면서 지반으로 나타나지 않아 육안으로 확인할 수 없다. 이는 탐지를 어렵게 만들 수 있으며, 역설적으로 주목할 만한 파괴(rupture)는 누수음을 발생시키지 않을 수 있다. 이와 같은 상당한 누수는 빈번하게 압력을 극적으로 감소시키고, 따라서 소음 수준이 감소한다. 또한 누수 주변에 신속하게 용소(water pocket, 유속에 의해 움푹 파인 곳)를 형성하여 누수음 수준을 더욱 감소시킬 수 있다. 통상적으로 주 관로의 누수음은 높은 빈도로 히싱(hissing) 보다는 낮은 빈도로 럼블링(rumbling)하는 특징을 갖는다. 따라서 경험이 없는 누수탐사자가 청음으로 탐지하는 것이 어려울 수 있다. 상당한 물량이 지하로 빠져 나가는 경우 그리고 관로 압력이 감소하는 경우 만일 용수기관이 물 시스템에 걸쳐 수압을 감시하고 상당한 압력 저하에 유의하면 파괴의 증거를 탐지할 수 있다. 북미에서 광범위하게 "주관로 파괴(main break)"를 인식 및 사용하고 있지만 용수기관은 "주관로 파괴"및 "누수(leak)"를 일관성 없게 이해하면서 이들을 일관성 있게 적용하지는 않는다. 이는 용수기관의 주관로 파괴 및 누수 자료 사이 성능 비교를 어렵게 만든다. "보고된(reported)" 누수와 "미보고된(unreported)" 누수를 사용하여 성분분석 모델의 개발 동안 확립된 용어는 "주관로 파괴" 및 "누수"를 개별적으로 더욱 잘 정의하며 이 정의의 기본에 대해서는 제10장과 다음을 참조한다.

크랙(Crack)

통상적으로 배관 악화나 지반 침하로 인해 원주방향 또는 길이방향으로 발생하는 배관 결함 미케니즘을 기술하기 위해 이 용어를 사용한다. 크랙은 당분간 탐지되지 않을 수 있고, 궁극적으로 악화되어 보고된 주관로 파괴 및 파열로 이어진다. 누수음의 특징은 압력이나 배관 재질과 같은 요소들에 종속되지만 통상적으로 청음이 가능한 높은 주파수 특징을 갖는다.

핀홀(Pinhole)

통상적으로 핀홀 누수는 부식 또는 설치 동안 불량한 되메움 절차 후 돌에 의한 압력으로 야기되는 관로 내 작은 원형 결함이다. 특히 적정한 부식 보호 없이 부식성 환경에 설치된 강관은 핀홀 누수의 발달에 민감하며, 핀홀은 극단적인 부식 환경에서는 수개월 후와 같이 매우 신속하게 발달된다. 최소 보호 수단으로서 관로를 항상 모래 층 내에 설치하여야 한다. 그러나 빈번하게 더욱 강건한 보호가 필요하며, 만일 관로 재질이 강관으로 명시되면 특히 그렇다. 누수음의 특징은 압력, 배관 재질, 되메움에 따라 다르나 통상적으로 청음이 가능한 높은 주파수 특징을 갖는다.

심출(Seepage)

주로 배관 벽이 반기공성이고 물이 완만하게 빠져나가는 악화된 석면 시멘트(AC, asbestos cement) 배관에서 심출이 발견된다. 이러한 형식의 누수는 누수음이 최소이기 때문에 위치를 발견하는 것이 매우 어렵다. 따라서 통상적으로 심출은 탐지가 불가능한 배경누수로 분류된다. 압력 감소 및 기반시설 대체로 심출로 인한 손실을 최소화할 수 있다.

펌프 또는 밸브의 글랜드 패킹 누수

통상적으로 시간에 걸친 패킹 기능의 악화에 의해 누수가 발생하고 특히 밸브를 오랜 기간 동안 동작시키지 않고 사용할 때 이 누수가 발생한다. 깨끗한 물로 가득찬 펌프 또는 밸브 챔버에서 육안으로 그리고 밸브 스핀들에서 직접 청음하여 쉽게 소음을 탐지할 수 있기 때문에 상대적으로 쉽게 누수를 탐지할 수 있다. 새로운 형식의 밸브는 큰 탄성을 갖는 글랜드를 가지며 그리고/또는 패킹을 전혀 사용하지 않으므로 이와 같은 누수 문제를 효과적으로 감소시킨다.

배관 조인트 누수

배관 조인트 누수는 특히 시간이 경과하면서 오래된 주철관 및 AC 배관의 조인트부에서의 코킹 또는 조인트 개스킷이 악화되어 발생하는 누수이다. 오래된 커플링은 부식 보호되지 않고 있으며 따라서 배관 자체 보다 훨씬 이전에 악화된다. 지반 침하가 발생하면 배관 조인트가 대부분의 변형을 부담하기 때문에 빈번하게 누수로 그리고 궁극적으로 파열된다.

용접된 강관 조인트는 실제로 배관 자체 보다는 강하지만 연결 후 부식에 대해 거의 보호되지 않으므로 부식 공격에 취약하다. 금속 배관의 조인트 누수는 통상적으로 확실한 누수음을 발생시키므로 상당히 용이하게 누수를 탐지할 수 있다. 그러나 AC 배관과 플라스틱 배관에서는 누수음이 완화되기 때문에 위치를 찾는 것이 어려울 수 있다.

서비스 연결 배관 누수

서비스 연결 배관 누수는 배수시스템 내에서 가장 흔하게 발생하는 누수 형식이다. 서비스 배관으로부터 주 관로로, 고객 수도미터로부터 분기전으로 연결하는 관로에서 하나 이상의 배관 규격 및 배관 재질이 사용되기 때문에 빈번하게 약한 지점인 조인트가 존재한다. 또한 서비스 연결은 도로 표면에 매우 인접하여 매우 얕게 부설된다. 따라서 이들은 교통 부하로 인한 이동에 의해 약화되기 쉽다. 통상적으로 분기전 연결은 빈번한 압력 동요와 조합된 부식으로 인해 민감한 누수 지점이된다. 정상적으로 서비스 연결 누수는 지수전 또는 미터로의 통로가 있어 인접한 지점에서 직접 청음이 가능하기 때문에 누수탐지가 용이하다.

소화전, 공기밸브, 그리고 이토밸브 누수

소화전, 공기밸브, 그리고 이토밸브(scour valve)와 같은 배수시스템 장치에서 누수가 발생한다. 이들은 통상적으로 육안으로 확인 가능하거나 또는 청음 탐지가 가능하기 때문에 상대적으로 탐지가 용이하다.

16.3.2 누수음 청음을 통한 누수탐지

누수음 주파수는 누수 형식, 배관 형식, 되메움 재료 및 밀도에 따라 그리고 누수 주변에 물로 충만된 공동(cavity)의 존재 여부에 따라 다르다. 일반적으로 세 형식의 누수음 주파수가 발생하는 상황이 존재한다.

- 마찰음(friction sound)은 가압된 물이 배관 벽을 통과하면서 생성된 음으로서 배관에 따라 진동을 발생시킨다. 이는 300~3000㎐ 범위의 높은 주파수 누수음이 되는 경향이 있다. 일반적으로 높은 주파수 누수음은 인지하기가 용이하지만 이 누수음은 배관에 따라 매우 멀리 이동하지는 않는다. 주변 재료에 대항하는 배관 진동은 누수음을 중첩시킬 수 있다(특히 금속 서비스 연결 관로, 그림 16.6 참조).
- 분출음(Fountain sound)은 누수 현장의 둘레를 순환하는 물의 소리로서 10~1500㎐ 범위의 낮은 주파수를 갖는 경향이 있다(그림 16.7 참조).
- 충격음(Impact sound)은 누수 주변 홀의 벽이나 바위를 충격하는 음으로서 이 음은 빈번하게 누수 주변에 충격을 준다. 또한 이 음은 10~1500㎐ 범위에서 발생한다(그림 16.8 참조).

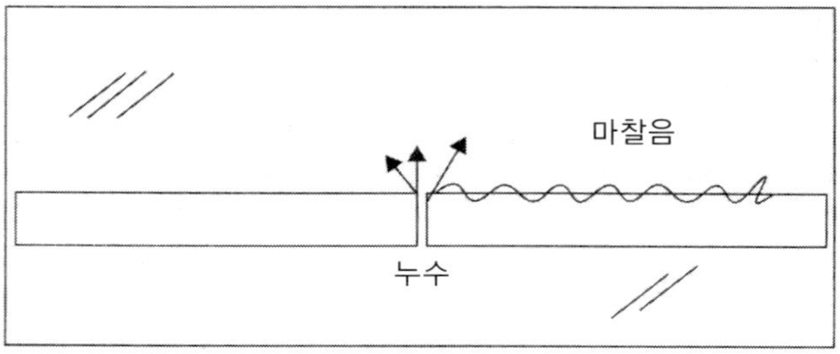

그림 16.6 마찰음

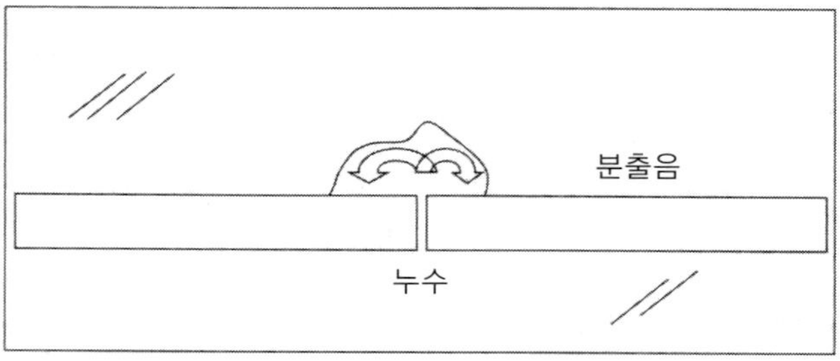

그림 16.7 분출음

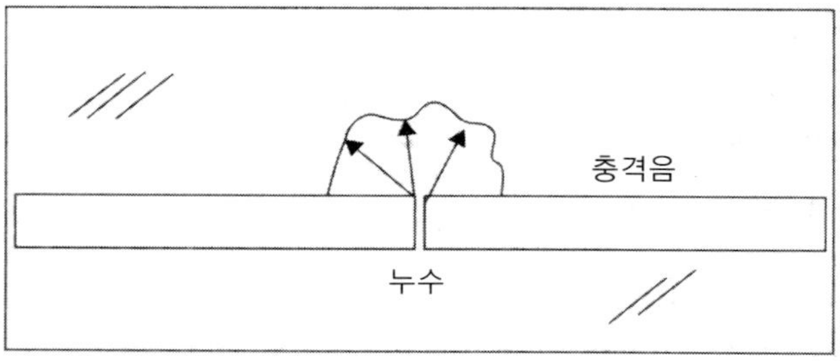

그림 16.8 충격음

16.3.3 누수음 특징에 영향을 미치는 요인

압력

청음 가능한 누수음의 크기, 특징 및 전파는 압력에 종속된다. 압력이 높을수록 누수음의 특징이 높다. 청음봉을 사용하여 효과적으로 누수음을 조사하기 위해 최소한 30psi압력(21m 수두)이 필요하다. 많은 배수시스템들에서 낮 동안의 압력은 높은 고객 수요로 인해 야간에서의 압력보다 낮다. 만일 낮 동안 압력이 30psi(21m 수두) 보다 작으면 물 시스템 내 소비가 감소하여 압력이 높아지는 야간에 조사하여야 한다. 인구가 밀집된 도시 지역에서 조사를 위한 가장 효과적인 시간은 통상적으로 소비가 가장 적으며 압력이 가장 높은 새벽 2시~4시 사이이다. 또한 이 시간에 교통 및 다른 지상 소음이 최소가 된다.

배관 재질 및 규격

청음 가능한 누수음의 크기, 특징 및 전파는 배관 재질과 규격에 종속된다. 일반적으로 배관 재질이 강할수록(예를 들어 강) 그리고 직경이 작을수록 누수음의 특징이 양호하며 누수음은 배관 벽을 따라 더 멀리 이동한다. 역으로 연성 재질(예를 들어 PVC)의 배관과 직경이 큰 배관은 누수음을 완화시킨다. 다음은 여러 배관 재질에 따른 누수음 조사에 대한 지침이다.

- 누수음 조사 양호 : 주철, 강, 구리
- 누수음 조사 평균 : 덕타일주철, 석면시멘트
- 누수음 조사 불량 : PVC, MDPE, HDPE, 내부 라이닝된 배관, 외부 포장된 배관

일부 금속배관에 적용된 부식보호는 누수음의 특징과 전파를 감소시킬 수 있다. 통상적으로 강관은 내부 콘크리트 라이닝 및 외부 포장되고 그리고/또는 역청 도료로 코팅되며 이 둘은 누수음을 흡수한다. 단관 및 플랜지 티, 곡관 그리고 밸브와 같은 피팅은 경화된 에폭시 수지로 코팅될 수 있다. 이는 누수음의 특징과 전파를 감소시킨다.

누수음 형식

소구경 피팅, 밸브 패킹, 핀홀에서의 누수는 크랙, 파괴 그리고 일부 조인트에서의 누수보다 높은 주파수 누수음을 발생하는 경향이 있다. 빈번하게 작은 누수는 “hissing” 음을 가지며 큰 누수는 훨씬 더 “rumble”하는 경향을 갖는다.

배관을 덮은 표면

모래성 토양과 아스팔트는 진흙 및 콘크리트와 반대로 상당히 음을 잘 전파시킨다. 공극을 갖는 되메움 토양은 누수음 전파를 감소시킨다. 비포장된 표면을 조사하는 것은 더욱 어렵고 청음을 위해 배관과 접촉하기 위해 가능하면 지반을 관통해 탐침봉을 넣을(ram) 필요가 있을 수 있다. 만일 이것이 불가능하면 가로질러 부착된 봉을 갖춘 둥근 금속판인 “압정”을 조사면(sound surface)으로서 지반에 위치시킬 수 있다.

토양 습도 수 수표면 고도

토양 습도 및 수표면 고도의 변화는 누수음의 전파에 영향을 미친다. 토양 내 증가된 물은 누수음 전파를 감소시킨다. 물이 포화된 토양은 누수원에 대항하여 배압을 형성한다.

누수음 간섭

감압밸브, 고객 소비, 부분적으로 폐쇄된 밸브, 항공기, 공조기, 발전기, 기차, 케이블카, 압축기, 변압기 등에 의해 생성된 소음은 누수탐사 위치에서의 누수음과 경쟁하며 누수탐사를

더욱 어렵게 만들 수 있다. 그러나 이 소음들 중 많은 것들은 전형적인 누수음의 외부 주파수에서 발생한다. 오늘날 최신 전자청음장비(누수음 로거, 누수 상관기)는 전형적인 누수 주파수 외부 소음을 분리하는 필터를 가지므로 누수음의 탐지를 가능하게 만든다. 누수 탐사자가 누수를 정확히 찾고 분간하려 시도할 때 항상 간섭 소음의 존재를 면밀하게 고려하여야 한다.

16.4 누수탐지장비

광범위한 기술, 용량, 가격으로 누수탐사 장비를 사용할 수 있다. 용수기관 운영자가 실질 누수손실의 특성 및 발생을 잘 이해하면 가장 적합한 기술을 선택할 수 있다. 만일 용수기관이 배수시스템 내 누수 발생 특성 및 정도를 이해하지 못하면 매우 세련되고 고가의 누수탐사 장비 조차도 누수 문제에 대한 적합한 처방을 의미하지는 않는다는 사실을 유의하는 것이 중요하다.

임의 형식의 장비를 사용하여 누수를 탐지할 때 성공을 위해 가장 중요한 요소는 누수탐사 팀 장비 사용 경험과 장비로부터 얻은 결과의 해석이다. 운영자는 음파탐사 장비 사용법뿐만 아니라 이 장비들의 한계를 반드시 숙지하여야 한다. 이제 운영자는 배수시스템 내 전형적인 누수음 전파 거리와 장비의 용량을 일치시켜 누수탐사 절차를 성공적으로 수행할 수 있다. 예를 들어 만일 656ft(200m) 간격으로 탐사하지만 배관 재질이 음 전파가 불량한 플라스틱이면 우연히 음이 들리는 소화전 또는 피팅 인근에서 누수가 발생하지 않는 한 누수탐사의 실패 확률이 매우 높다. 누수탐사 장비의 진가를 발휘하기 위해 모든 물 시스템과 물 시스템의 요소(배관 재질, 압력 수준)를 확실하게 파악하여야 한다. 탐사는 단순한 기법일 수 있지만 반드시 장비 및 직원의 용량 및 한계 그리고 배수시스템 내 누수 발생의 특성을 이해하는 사람이 계획을 수립하여야 한다. 부록 B는 누수탐사 장비 및 누수탐사 기법들에 대한 상세한 정보를 제공한다.

16.4.1 누수음 탐사장비

기계 및 전자 청음봉

청음봉, 탐침봉 또는 이와 유사한 명칭은 모든 주관로 피팅과 서비스 연결 배관을 체계적으로 탐사하기 위해 사용하는 전통적인 장비를 나타낸다. 다양한 방법으로 설계할 수 있지만 가장 흔한 것은 강봉에 수화기(earpiece)가 부착된 것이다. 대안 장치들은 음을 확대하는 다이아프램이 설치된 이어폰을 갖는다. 그러나 이들은 “조개껍데기 효과(seashell sound)”를 발생시키는 경향이 있으며 이는 훈련받지 않은 귀를 오인시킬 수 있다. 배관으로부터 임의 누수음이 전파되는 피팅 상에 청음봉을 위치시켜 수화기를 통해 청음한다.

기계장치와 동일한 방법으로 전자 청음봉을 사용하지만 배터리 전원이 공급되는 증폭기에서 누수음이 증폭되고 헤드폰을 통해 청음된다. 전자 청음봉은 누수음이 약하고 증폭이 필요한 압력이 낮은 지역 내에서 사용된다. 또한 통과하는 차량으로 인해 소음이 크게 간섭될 수 있는 지역 내 직접 누수음을 탐사하기 위해 전자 청음봉을 사용할 수 있다.

수준기(Ground Mircrophone)

수준기(Geophone)는 밸브, 소화전, 서비스 연결배관 지수전 등과 같은 접촉 지점으로부터 멀리 떨어진 표면에서 발생하는 누수를 찾기 위해 가장 많이 사용되는 청음 장치이다. 또한 누수의 정확한 위치를 찾기 위해 수진기를 사용한다. 기계식 청음 장치의 외관은 외과 의사 청진기와 동일하며 청진기와 동일한 원리로 작동된다. 오늘날 전자 장치는 누수음 신호를 감쇠시키는 소음 필터 및 신호 증폭기를 갖는다. 특히 피팅이 적고, 대부분이 플라스틱 배관인 지역에서 수준기(그림 16.9)를 단독으로 사용할 수 있지만 통상적으로 다른 누수탐사 장치와 함께 사용된다.

누수음 상관기(correlator)

전통적인 음파장비와 같이 누수음 상관기는 누수에 의해 발생하는 누수음에 의존한다. 전

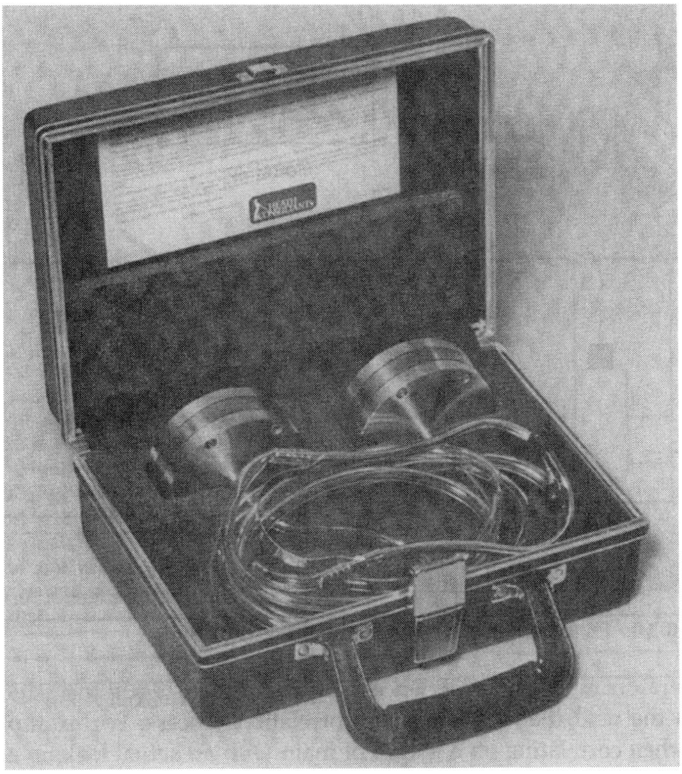

그림 16.9 기계식 수준기

형적인 누수음 상관기는 리시버, 프로세서(processor) 유니트(상관기), 무선(radio) 전송기를 갖춘 두 개의 센서들로 구성된다. 누수가 의심되는 곳의 각 측면의 밸브 또는 소화전 각 측면에 각 센서를 위치시킨다. 센서가 탐지한 누수음은 전자 신호로 변환되고 무선 전송기를 통해 상관기로 전송된다. 누수음은 배관 직경 및 재질에 따라 관로를 통해 일정한 속도로 이동한다. 누수음은 누수에 더욱 인접한 센서에 먼저 도달한다. 상관기는 누수위치를 계산하기 위해 두 개의 도착 시간 차이, 배관 재질 및 규격에 대한 정보 그리고 두 센서들 사이 거리를 사용한다. 센서 거리 계산식은 다음과 같다.

$$L = T_D \times V + 2I$$

여기서 L : 두 센서 사이 거리
T_D : 신호가 첫 번째 센서와 두 번째 센서에 도달하는 시간 차이
V : 누수음이 배관 벽 또는 물속에서 이동하는 속도
I : 한 센서와 피팅으로부터 누수위치

그림 16.10은 이 계산식의 원리를 더욱 분명하게 보여준다. 누수위치를 계산하기 위해 다음 식을 사용한다.

$$I = \frac{L - T_D \times V}{2}$$

누수위치를 정확하게 결정하는 상관기의 능력은 두 센서들에서의 누수음 탐지 능력과 운영자가 입력하는 자료의 정확도에 크게 종속된다. 누수가 한쪽 말단부에 너무 인접하여 긴 거리

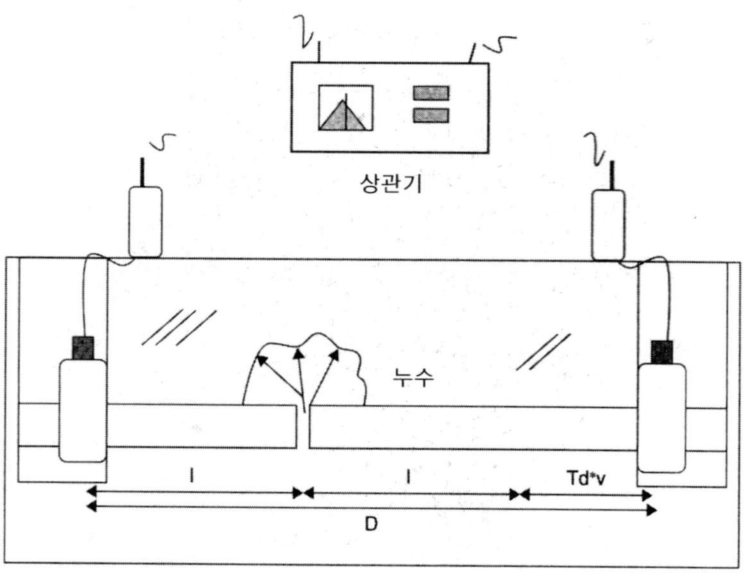

그림 16.10 누수소음 상관관계 원리

에 걸쳐 상관시킬 때 통상적으로 상관처리 장치 내에서 혼란이 발생한다. 즉, 큰 수치의 시간 차이 T_D가 발생한다. 많은 경우들에서 속도 V를 추정하므로 올바르지 않은 속도 V로 곱한 큰 수치의 시간 차이 T_D를 곱하면 실제 정확한 누수위치를 왜곡시킨다.

많은 상관기는 이와 같은 조건을 다루기 위해 사용할 속도 계산 기능을 필수적으로 갖는다. 그러나 타당하게 정확한 위치를 찾아내는 것을 보장하기 위해 유의하여야 할 사항은 의심되는 누수위치가 센서들 사이 적정한 중간 거리에 위치하여야 한다는 것이다. 신속한 상관관계를 수행하여 누수위치를 대략적으로 찾아 낸 후 의심되는 누수 지점을 중앙으로 위치시키기 위해 센서들을 이동한다. 앞에서 기술한 것과 같이 절대적으로 확실한 누수탐사 장비는 존재하지 않으므로 누수위치를 신뢰성 있고 정확하게 탐지하기 위해서는 장비들의 조합을 사용하여야 한다. 상관기를 사용하여 의심되는 누수위치를 찾아낸 후 수진기를 사용하여 의심되는 지점 상부에서 청음할 것을 권장한다.

운영자는 반드시 누수음 상관기의 사용 경험이 있어야 한다. 현장에서 상관과정(correlation process)을 어렵게 만드는 많은 상황들이 발생한다. 예를 들어 주 관로의 길이를 주 관로로부터 분지된 관로 또는 티 상에서 발생하는 누수와 상관시킬 때 혼돈이 발생할 수 있다. 대부분 상관기 모델들은 누수가 주 관로 또는 분지 관로에서 발생하는지를 구분하는 것이 불가능하고, 빈번하게 누수가 주 관로의 티 피팅에서 발생하는 것으로 나타낸다. 운영자는 티 피팅으로부터 분지된 배관을 확인하기 위해 관로 시스템과 상관과정을 충분히 숙지하여야 한다(그림 16.11 참조).

오류를 방지하는 좋은 방법은 센서들 사이 배관 길이를 변경시켜 3회 이상의 상관관계를 수행하고, 그림 16.12와 같이 자료를 선형회귀로 적합시키는 것이다. 이는 각 속도 계산에서 오류들을 평균하고, 더욱 정밀한 누수위치를 제공하는 효과를 갖는다. 일부 상관기는 이러한 기능을 내장하지만 경험이 많은 운영자는 길이 변화와 시간지연 변화의 결과를 수작업으로 계산하여 이 방법을 사용할 수 있다.

누수음 로거(Loggers)

물 시스템 누수음을 감시하고 청음하기 위해 소음 로거를 피팅에 설치하고 야간에 자동으로 동작하도록 프로그램한다. 통상적인 자동기록 기간은 새벽 2시~4시 사이이다. 야간 자동기록은 압력이 높고 누수음을 간섭하는 환경 소음이 없어 누수음 강도가 증가하는 이중 혜택을 갖는다. 야간 관개는 누수음 로거가 생산한 결과의 유효도에 심각하게 영향을 미칠 수 있다. 용수기관의 누수관리 실무에 따라 누수음 로거를 영구히 설치하거나 또는 장소를 이동할 수 있다. 청음봉 및 누수음 상관기와는 달리 누수음 로거는 누수위치를 정확하게 찾지 못한다. 누수음 로거는 오직 로거 인근에서 누수의 존재여부를 제시한다. 따라서 경험이 많은 운영자가 누수 상관기, 수진기 그리고 청음봉을 사용하여 누수위치를 정확하게 찾을 필요가 있다.

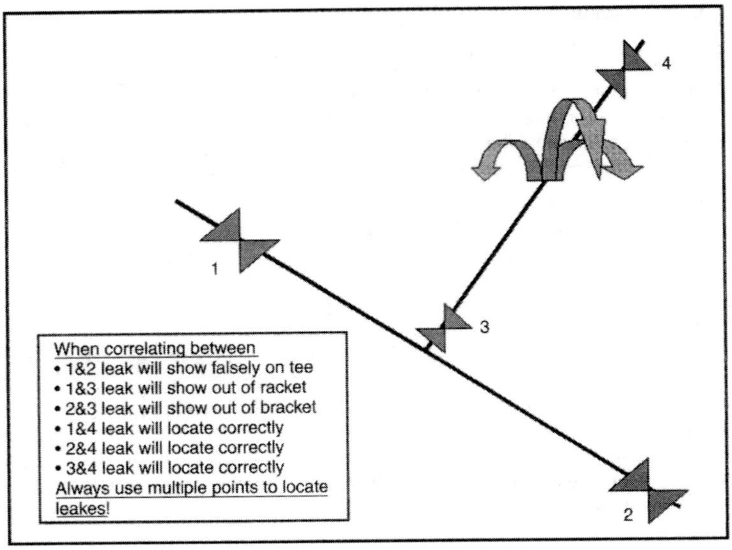

그림 16.11 티 연결 법칙

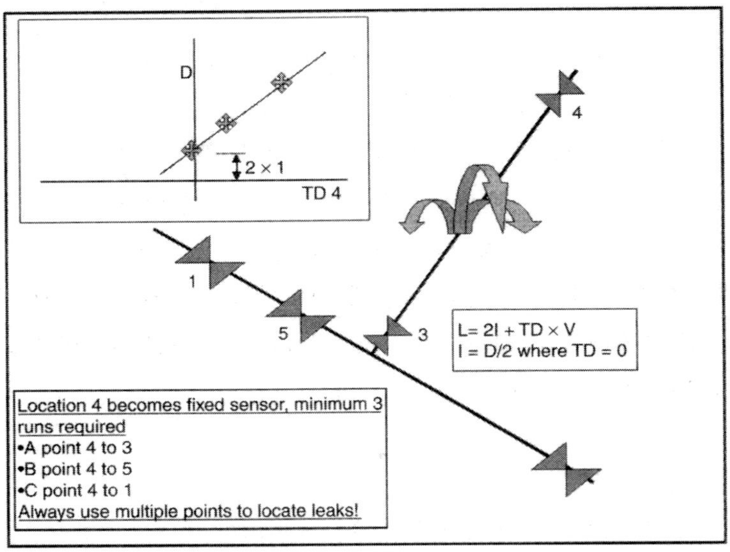

그림 16.12 결과들의 선형회귀

디지털 상관 누수음 로거

소음 로거 기술의 다음 단계는 청각(acoustic) 소음 자동기록과 누수음 상관관계를 조합하여 디지털방식으로 누수음 로거를 상관시키는 기술의 개발이다. 이 기술은 누수음과 누수 위치를 확인하는 시간 폭(span)을 감소시키는 장점을 갖는다. 그럼에도 불구하고 훈련받은 누수탐지 전문가가 누수를 복구하기 위해 굴착하기 전에 수진기를 사용하여 정확한 누수위치를 입증할 것을 적극 권장한다.

16.4.2 비청각(Nonacoustic) 누수탐사 장비

추적자 가스(Tracer gas)

헬륨 또는 수소와 같은 불수용성 가스를 분리된 물 관로 분절에 투입한다. 고도로 민감한 가스 탐지기를 사용하여 관로의 누수부에서 탈출하여 표면으로 스며나오는 가스를 탐지할 수 있다. 콘크리트와 같은 강성 표면은 가스가 표면으로 스며 나오는 과정을 늦춘다. 추적자 가스는 청각 청음이 어려운 낮은 압력의 주관로와 가정 연결 소구경 플라스틱 배관에서 발생하는 누수를 찾기 위해 사용할 수 있는 하나의 선택사항이다. 또한 새로운 주송수관로를 시운전하기 전에 연결부 수밀성을 입증하기 위해 이 기법을 사용한다. 이 기법의 단점은 이 기법을 적용하기 위해서는 반드시 물 관로의 서비스를 중단하여야 한다는 사실이다.

지면 침투 레이더 GPR(Ground Penetrating Radar)

GPR은 누수에 의해 발생된 배관 주변 공동(cavity)을 탐지하거나, 누수로 생긴 배관 주변 물의 존재를 탐지하거나 또는 누수에 의해 교란된 지반을 관측하여 누수를 확인한다. 이 기법은 상대적으로 고도로 논리적인 요구조건 및 비용 때문에 광범위하게 사용되지는 않는다. 그러나 낮은 압력 또는 누수음이 매우 작은 플라스틱 배관 누수와 같은 상황에서 그리고 음파 누수탐사가 불가능한 상황에서 매우 효과적인 도구가 될 수 있다.

16.4.3 주송수관로 누수탐지장비

주송수관로상에서 누수탐사를 시도할 때 직면하는 공통적인 어려움은 청음 접촉점으로서 사용할 수 있는 피팅들 사이 거리와 배관 직경이 증가할수록 그리고 누수로부터 거리가 증가할수록 누수음이 감소한다는 사실이다.

주송수관로 내부 삽입 센서

주 송수관로의 누수탐사를 위해 개발된 장비의 한 형식은 주 송수관로 내부로 센서를(제작사마다 다른 형식의 센서를 사용한다) 삽입하고 센서가 관로 내 유체와 함께 이동하면서 누수음을 직접 픽업하는 원리를 사용한다. 인라인 주송수관로 누수탐사는 매우 정확한 것으로 증명되고 있다. 이는 아직 북미에서 새로운 기술이지만 영국에서는 잘 확립된 역사를 갖는다. 가까운 미래 북미 용수기관 산업에서 이 기술이 더욱 광범위하게 수용될 것으로 기대된다.

광섬유(Fiber Optics)

다른 형식의 기술은 대형 직경 주송수관로를 관리하고 감시하기 위해 청각 광섬유(acoustic fiber optics)를 사용하는 것이다. 관로 내부에 연속적인 광섬유케이블을 설치하고 자료취득 시스템에 연결하여 누수를 영구적으로 실시간으로 청각으로 감시한다.

적외선 기술(Infrared Technology)

표면으로 나타나지 않는 누수를 시험하기 위한 방법으로서 적외선 기술을 사용할 수 있다. 이 기술의 배경 원리는 누수로부터 탈출하는 물은 주변 대지 온도와 다르므로 열화상 카메라로 누수를 탐지할 수 있다는 것이다. 이 방법은 상당히 고가이고 많은 경우들에서 시험하고자 하는 지역의 상공을 비행하여야 한다. 이 방법은 농촌 지역 내 주송수관로 시험에 성공적으로 사용하여 왔으나 하수와 같은 다른 지하 시설과의 간섭이 처리과정을 지나치게 복잡하게 만드는 밀집된 도시 지역에는 실용적이지 않다. 일부 운영자들은 저수지 누수를 탐지하기 위해 이 방법을 사용하고 있다.

16.5 누수탐사기법

누수를 통해 손실된 물의 금전적 가치는 어느 누수탐사기법 또는 기법들의 조합이 용수기관에게 가장 적합한지를 결정할 때 중요한 역할을 한다. 올바른 기법을 결정할 때 배수시스템의 수령, 조건, 재질 그리고 누수탐사를 수행하는 용수기관 직원의 숙련도를 고려하는 것이 중요하다.

배수관망의 불연속 영역 내부로의 유동을 감시하여 누수수준을 결정하기 위해 그리고 새롭게 발생한 누수로 인한 유입량의 증가를 감시하기 위해 DMA를 사용한다. 능동적 누수탐사와 병행하여 DMA를 사용하면 포괄적인 누수관리 전략을 위한 기초서 역할을 할 수 있다. DMA 기술의 상세한 토론은 본장의 후반부에 기술한다.

16.5.1 육안 조사(Visual Survey)

누수위치를 찾는 가장 기본적인 방법은 육안 조사이다. 육안 조사는 지표면 상부로 나타나는 누수 또는 매우 건조한 국가나 지방 내 물 관로 상부에서 의심스러운 식물이 성장하는 지역를 찾기 위해 관로를 따라 도보하는 것으로 구성된다. 그림 16.13은 쉽게 육안조사로 위치를 찾을 수 있는 누수를 보여준다. 이 특별한 누수는 지상 공기밸브상에서 발생한 것이다. 또한 이와 같이 상당히 명백하게 나타나지 않는 다른 누수들도 빈번하게 발견할 수 있다.

육안조사는 가장 세련된 기법은 아니지만 유지관리가 잘 되지 않는 용수기관은 특히 이 기법을 과소평가하면 안 된다.

16.5.2 청각(Acoustic) 누수탐사 조사

청각누수탐사 조사는 아마도 오랫동안 활약하였던 가장 공통적이고 익숙한 누수탐사 방법론이다. 다음과 같이 두 개의 다른 상세 수준에서 여러 형식의 청각 청음 장비를 사용한다.

그림 16.13 공기밸브로부터의 육안 확인 가능한 누수

일반 조사

이 조사방법은 캐나다와 미국에서는 빈번하게 소화전 조사라고도 인용된다. 일반적으로 이 조사방법은 누수음을 탐지하기 위해 배수시스템 주관로상 소화전과 밸브만을 청음하고 서비스 연결은 청음하지 않는다. 통상적으로 소화전은 다소 일정한 거리에 위치하며 대부분의 지역에 양호하게 분포되어 있다. 이 조사 모드에서는 오직 누수를 정확히 찾기 위해 일반적으로 수준기와 누수음 상관기를 사용한다. 이는 약간 부족하지만 시간을 절약하는 누수탐사법이다. 이 방법은 특히 주관로와 서비스 관로가 주로 비금속으로 구성되면 누수를 탐지하지 못한다.

포괄(Comprehensive) 조사

이 조사방법은 주 관로 및 서비스 연결관로의 모든 피팅을 청음한다. 접촉점이 멀리 떨어진 경우에는 주관로 상부에서 청음하기 위해 수진기를 사용한다. 한번 누수음을 탐지하면 누수를 정확히 찾기 위해 누수음 상관기와 수진기를 사용할 수 있다. 비록 이 누수탐사 방법은 시간을 소비하여도 서비스 연결 누수를 포함하여 물 시스템 내 모든 가능성 있는 누수를 탐지하는 가장 효과적인 방법이다.

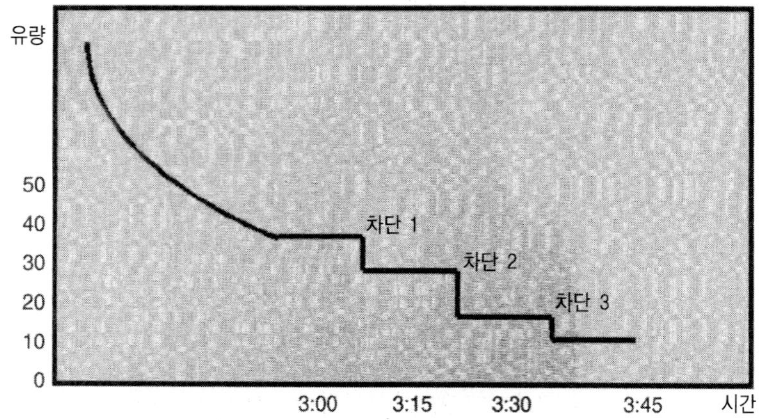

그림 16.14 스텝 테스트

16.5.3 스텝 테스트(Step Test)

스텝 테스트는 배수시스템을 작은 영역으로 분리하고 영역으로의 공급량을 측정하는 것을 포함한다. 이는 빈번하게 일시적으로 실시하고 영역 내부로 유입되는 유량을 측정하기 위해 유량계를 사용한다. 누수를 갖는 부분이 분리될 때 마다 그림 16.14와 같이 그래프에서 상당한 유량이 감소하는 것을 볼 수 있다. 이 유량 감소는 누수체적을 나타내며, 이는 비용-편익 계산 및 추적 프로그램을 위한 소중한 정보를 제시하며, 또한 누수탐사 직원들은 누수가 발생하는 것으로 입증된 관로 부분들에 집중하여 시간을 절약할 수 있다. 스텝 테스트를 수행할 때 고객 공급을 과도하게 방해하지 않는 방법으로 시험을 시행하는 것이 매우 중요하다. 이러한 이유로 통상적으로 고객 소비가 최소가 되는 야간에 스텝 테스트를 시행한다.

다른 형식으로 스텝 테스트를 수행할 수 있다. 많은 농촌 물 시스템은 영역(zone)으로 분류되지 않고 관로의 상당 부분이 플라스틱 배관으로 구성되어 누수발견이 어렵다. 지속가능한 누수관리를 위해 이 물 시스템들을 준비하는 흥미로운 방법은 배수시스템 내 일시적 또는 영구적 유량 측정현장들을 설치하는 것이다. 이 현장들로부터 수집된 유량 자료를 분석하여 상대적으로 고객 소비가 적은 야간 유량 패턴을 평가한다. 상당한 유량을 보이는 관로부분을 누수를 갖는 것으로 표시하고 처방을 계획한다. 이 스텝 테스트는 누수를 갖지 않는 주 관로의 긴 거리에 걸친 높은 조사비용을 절감시키고 운영자가 상당한 누수를 갖는 관로부분에 집중할 수 있도록 돕는다. 운영자가 누수체적을 알면 누수 존재를 확신하지 못할 때 보다 누수를 찾기 위해 더 높은 노력 수준을 정당화시킬 수 있다. 일부 경우 누수체적이 상당한 것으로 나타나면 누수를 추적하기 위한 추가 시험 홀 굴착 비용을 정당화할 수 있다. 만일 운영자가 누수가 실제로 그 관로부분에 존재하는 것을 확신하지 않으면 추가로 돈과 시간을 소비하는 것을 원치 않는다.

스텝 테스트에는 언급할 필요가 있는 기본적인 문제가 존재한다. 각 스텝에 대한 시험이 종료되면서 영역 내로 유입되는 전체 유량은 감소한다. 이로 인해 아직 분리되지 않은 스탭들인 "개방스텝(open step)" 내 주관로 내 마찰 수두손실이 감소한다. 따라서 개방 스텝 내 압력이 증가하고, 누수와 압력의 직접적인 관계의 결과로서 개방 스텝 내에서 누수율이 증가한다. 이론적으로 스탭을 폐쇄할 때 감소된 유량은 폐쇄된 스탭에 의해 야기된 유량 감소를 반영한다. 그러나 개방스텝 내 유량 감소는 공급되는 지역 내 압력 상승으로 인해 유량이 증가하기 때문에 실제 유량 감소는 예상 유량 감소보다 더 적을 수 있다. 최악의 시나리오의 경우 개방 스텝 내 유량 증가는 스텝이 폐쇄될 때 유량 감소를 완벽하게 감출 수 있다. 여러 누수들이 존재하는 영역들 내에서 이 시나리오가 공통적으로 발견된다. 이 상황에서 누수 존재가 한 스텝에서 숨겨질 수 있고, 누수위치를 정확히 찾는 직원은 그 스텝으로 안내되지 않기 때문에 누수는 탐지되지 않는 상태로 남는다. 스텝 테스트를 수행하기 위해 다수의 밸브를 조작할 필요성이 있으나 일반적으로 완벽하게 차수되지 않은 밸브를 이용할 가능성이 있다. 만일 스텝 밸브 또는 순환(circulating) 밸브가 완벽하게 폐쇄되지 않으면 유량 감소는 올바르지 않게 될 것이다. 따라서 스텝 테스트가 적합한 방법인지를 조심스럽게 평가할 필요가 있다.

16.5.4 누수음 로거 조사

다른 청각 누수탐사 장비와 비교할 때 누수음 로거는 상대적으로 새로운 기술이다. 지난 15년 동안 이들은 다양한 형태로 사용되어 왔다. 강력한 자석을 사용하여 누수음 로거를 밸브 및 소화전과 같은 배관 피팅들에 설치한다. 누수음 로거는 누수음이 발생하는 소음을 청음하도록 프로그램된다. 누수음 로거는 전형적으로 배경 소음이 가장 낮은 야간 동안 2시간에 걸쳐 1초 간격으로 기록한다. 각 로거는 소음의 강도(intensity)와 일관성(consistency)을 기록하고 분석하여 누수의 존재 또는 부재 가능성을 나타낸다. 누수음 로거는 배수관망 내에서 영구히 또는 사용자가 정의하는 기간(대부분 1일 또는 2일 야간) 동안 일시적으로 설치될 수 있다. 누수음 로거는 오직 누수의 존재만을 나타내며 정확한 누수 위치를 제공하지 않는다. 따라서 굴착 및 복구의 위치를 정확하게 결정하기 위해 정확한 누수위치 찾기를 수행으로 표시된 누수를 추적 조사할 필요가 있다.

16.5.5 누수음 지도작성

누수음 지도작성은 핼리팍스(Halifax) 지역 물 위원회가 선도하는 정상적인 청각조사 방법을 개선한 형태이다. 사전에 청음을 위한 위치(주로 소화전)들을 결정하고, 누수음의 수준과 형식(누수탐사장치로부터 취한 결과)을 지도상에 기록한다. 또한 일자, 위치, 누수탐사자, 누수음 범례(sound legend)에 대한 표준화된 정보와 함께 누수음의 존재 또는 부재를 스프레드쉬트에 입력한다. 다음 단계는 기록된 누수음을 입증하고 그 결과를 동일한 스프레드쉬트로 문서화하는 것이다. 이 과정은 모든 기록된 소음들을 입증하였을 때 완료된다. 이제 누수관리자가 누수조사자의 과업을 쉽게 제어하고, 실제 누수음 수준을 이전 누수음과 비교할 수 있고, 따라서 더욱 상세한 누수탐사 활동이 필요한 지역을 쉽게 확인할 수 있다. 이는 단순하지만 통상적인 청음 조사법을 매우 효과적으로 개선시킨 것이다. 청음 지점들을 쉽게 확인할 수 있는 소화전이 밀집되어 있는 배수시스템 내에서 이 방법을 최상으로 적용할 수 있다.[2]

16.5.6 누수탐사 기법의 요약

배수시스템 내 누수발생의 특성 및 누수탐사 장비의 상대적 기능을 이해하고, 사용기법에 대한 직원 훈련 및 경험은 성공적인 누수제어에 중요하다. 표 16.1a와 16.1b는 앞에서 기술한 각 누수탐사기법의 구체적인 특성을 요약한 것이다.

양호한 결과를 얻기 위해 모든 누수조사를 준비할 필요가 있다. 실무자는 조사를 계획하고 결과를 평가할 때 반드시 다음 사항들을 고려하여야 한다.

표 16.1a 누수탐사기법 행렬 1

출처 : 참고문헌 1

기법	위치확인/ 정확한 위치찾기	조합 사용	발견된 누수 형식	인력 집중	잘 훈련받은 직원 필요
육안 조사	위치찾기	정확한 위치찾기 기법	표면 누수	불필요	불필요
임시 소음 로거	위치찾기	정확한 위치찾기 기법	대부분 주관로 누수	중간	중간
영구 소음 로거	위치찾기	정확한 위치찾기 기법	주관로 누수	중간	중간
스텝 테스트	위치찾기	정확한 위치찾기 기법	대부분 주관로 누수	필요	필요
일반 조사	위치찾기 및 정확한 위치찾기	소음 로거 및 스텝 테스트	대부분 주관로 누수	중간	필요
포괄 조사	위치찾기 및 정확한 위치찾기	소음 로거 및 스텝 테스트	주관로 및 서비스 관로 누수	필요	필요
누수음 지도작성	위치찾기 및 정확한 위치찾기	정확한 위치찾기 기법	주관로 및 서비스 관로 누수	필요	필요

표 16.1b 누수탐사기법 행렬 2

출처 : 참고문헌 1

기법	인지시간에 미치는 영향	위차찾기시간에 미치는 영향	적용 대상
육안 조사	이 기법만을 적용할 경우 인지시간은 매우 길다.	추가적인 정확한 위치찾기가 요구된다. 누수 이벤트에 할당된 우선순위와 직원의 가용도에 따라 다르다.	많은 누적누수와 불량한 기반시설의 초기 운영

표 16.1b 누수탐사기법 행렬 2(계속)

기법	인지시간에 미치는 영향	위치찾기시간에 미치는 영향	적용 대상
임시 소음 로거	인지시간에 긍정적인 영향. 임시 소음 로거를 채택하여 조사한 지역의 빈도에 따라 다르다. 예를 들어 1년 1회 조사한 지역의 평균 인지시간은 183일이면 1년에 2회 시행하면 92일로 감소한다.	추가 정확한 위치찾기가 필요하다. 따라서 누수 이벤트에 할당된 우선순위와 직원에 크게 종속된다.	높은 배경 소음을 갖는 지역과 누수탐사직원이 야간작업을 꺼려하는 지역
영구 소음 로거	인지시간은 23일 정도로 감소된다. 인지시간은 소음 로거 자료 취득 빈도에 따라 다르다. 예를 들어 소음 로거 자료를 매일 취득하면 인지시간은 ½일로 감소할 수 있다.	추가 정확한 위치찾기가 필요함. 따라서 누수 이벤트에 할당된 우선순위와 직원에 크게 종속된다.	높은 자본 비용으로 인해 영구 소음로거설치의 정당화가 어렵다.
스텝 테스트		추가 정확한 위치찾기가 필요하다. 따라서 누수 이벤트에 할당된 우선순위와 직원에 따라 다르다.	과도하게 높은 누수수준을 갖는 농촌지역 배수관망
일반 조사	인지시간은 일반조사의 빈도에 따라 다르다.	누수 위치를 찾은 후 즉시 정확한 누수찾기가 가능하다.	누수가 주로 배관 관망과 주관로에서 발생하는 지역 그리고 서비스관로가 금속 재질인 경우
포괄 조사	인지시간은 포괄적인 조사 빈도에 따라 다르다.	누수 위치를 찾은 후 즉시 정확한 누수찾기가 가능하다.	높은 서비스 연결 누수가 존재하는 지역들과 관로의 상당한 부분이 비금속인 지역. 모든 누수를 탐지하고 숨은 누수를 제거하기에 적합한 기법
누수 소음 지도작성	인지시간은 조사 빈도에 따라 다르다.	누수 위치를 찾은 후 즉시 정확한 누수찾기가 가능하다. 또한 장비로 조사하는 동안 확인된 다른 모든 소음을 기록하고 추적하여 입증하여야 한다.	소화전 밀도가 높은 지역

조사전 점검목록

- 실행 가능한 규모에서 양호한 물 시스템 조사계획을 준비한다.
- 시험할 영역의 한계를 명백하게 표시한다.
- 미지의 배관 길이를 찾아낸다.
- 주관로 형식마다 시험점들 사이의 적합한 거리를 확인한다.
- 청음을 간섭할 수 있는 대형 물 사용자를 확인한다.

- 감압밸브 위치 및 이 밸브의 유입/유출 압력 범위를 확인한다.
- 보호복을 준비한다.
- 적합한 누수위치 찾기 방법을 준비한다.
- 전자장비의 경우 배터리를 충전한다.
- 센서 민감도를 보장하기 위해 수전 개방시(tap running) 기준음과 비교하여 점검한다.
- 주기적인 사유지 접근이 필요하므로 접합한 신분증을 착용한다.
- 교통을 통제하기 위해 필요한 신호장비와 콘을 준비한다.

조사후 점검 목록

- 준비된 쉬트에 모든 의심스런 지점들을 명백하게 기록한다.
- 지도상에 지점들을 명백하게 확인한다.

Leak Report Card **Date** June 1995 **Consultant** Thornton

Area or Zone Identification: Zone 3
Map Number: 1

Street: Rex Harrell Rd

Method of Leak Location: Zone Flow Analysis

Type of Leak: 2" PVC Main Split

Water Loss in GPM: 44 **Estimated or Metered:** Metered

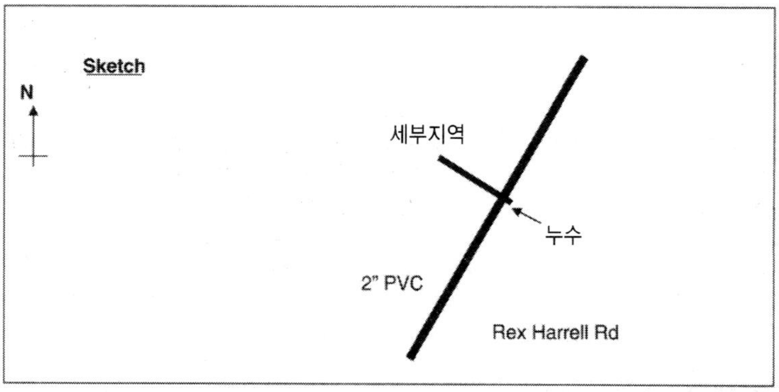

추가의견 : 누수에 인접한 바위가 화살처럼 날카로워 지면서 물이 살포되어 누수가 상당한 기간동안 지속되었다.

그림 16.15 누수보고서 양식 예제

- 물 손실 심각도 및 인명 또는 재산에 대한 손상 가능성에 따라 누수복구 순위를 결정한다.
- 복구 작업지시서를 준비한다.
- 최악의 누수를 먼저 복구하기 위한 현실적인 시간을 확인한다.
- 대형 누수의 경우 년간 물수지 수행시 도움을 제공하기 위해 체적을 측정한다.
- 누수 보고서 카드를 준비한다(그림 16.15 참조).

16.6 Zoning 및 DMA

많은 용수기관들의 누수제어전략 수립시 불연속 영역 또는 DMA의 사용은 필수적이다. DMA는 실질손실에 대한 4개 도구 중 두 개의 조합된 혜택을 갖는다(그림 16.1 참조). DMA는 최소유량시간 또는 야간유량 분석을 통해 새롭게 발생하는 누수를 확인하여 누수 인지시간을 감소시키는 것을 돕는다. 또한 DMA는 누수수준이 가장 높은 것으로 나타나는 지역들에 대해 철저한 우선순위를 결정하여 선제적 누수탐사 노력을 개선한다. 영구 또는 일시적인 측정을 위해 DMA를 구축할 수 있다. 영국과 같은 일부 국가들 내에서 수많은 불연속 DMA가 운영중인 것과 같이 이제 DMA의 사용은 표준 실무이다. 이 기법은 북미에서는 상대적으로 새롭지만 AWWA 연구재단 프로젝트 "누수관리기술"의 부분으로서 북미 내 설치된 DMA는 성공적으로 시험·운영되는 것으로 조사되었다. DMA 기술에 대한 소중한 정보로서 이 프로젝트의 최종 보고서를 검토할 것을 적극 권장한다.

물 시스템을 더욱 작은 시스템으로 나누면 감시 및 관리가 더욱 용이하고, 각 DMA의 누수수준을 정량화할 수 있고, 누수수준이 가장 높은 DMA에서 누수탐사 활동을 수행할 수 있다. 또한 DMA 접근법은 한번 누수수준을 경제적 최적 수준으로 감소시키면 DMA 내 후속적인 누수증가를 밀접하게 감시하는 것이 가능해지는 장점을 갖는다. 사전 설정된 한계누수 수준에 도달할 때까지 누수탐사 직원을 DM로 보낼 필요가 없다. 손실된 물 그리고 누수탐사 직원/장비의 비용을 고려하여 한계누수 수준을 결정한다.

16.6.1 DMA 원리 및 누수관리에서 효과도

DMA는 배수관망의 특성에 따라 단일 또는 복수로 공급되는 수리학적으로 불연속 지역이다. 유량계로 DMA에 공급된 물을 감시하고, 특정 상황에서 한 DMA로 공급된 물은 인접한 DMA 내부로 공급될 수 있다(그림 16.16 참조).

배수관망을 DMA로 알려진 수리학적으로 불연속인 작은 지역들로 세분하면 지속적으로 유입 유량을 추적할 수 있고, 최소유량시간 또는 야간 유량을 평가하면 누수 경향을 파악할 수 있다. 이 기법은 미보고된 또는 숨은 누수의 지속시간을 감소시키므로 전체 실질손실체적을 감소시키기 위한 가장 성공적인 접근법 중 하나로 증명되었다. 배수시스템 내 DMA 설치와

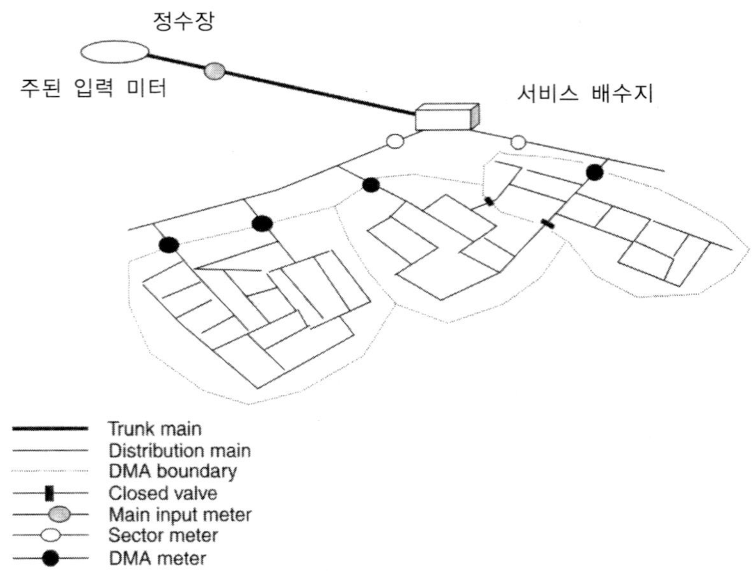

그림 16.16 전형적인 DMA 배열(참고문헌 3 참조)

관련된 2개의 주된 혜택은 다음과 같다.

1. 관망을 보다 작은 부분인 DMA 세분한다. 각 부분의 경계를 정의하고 이 부분의 전체 공급(최소 또는 야간 유량에 특별하게 집중된)을 감시하기 위해 유량계를 설치한다. 이는 용수기관이 미보고된 파괴 및 누수의 존재를 확인하는 것을 가능하게 한다. 새로운 파괴 및 누수의 발생을 확인하고, 최소야간유량 정보를 사용하여 경제적 최적 누수 한계 이상으로 상승한 DMA에 대한 누수탐사 우선순위를 결정한다.
2. DMA는 용수기관에게 최적의 압력 수준에서 각 DMA가 운영되는 것을 보장하기 위해 압력을 작은 규모로 관리할 수 있는 기회를 제공한다(제18장 참조).

또한 년간 하향식 물수지로부터 유도된 실질손실의 입증과 연계하여 DMA 최소유량시간 또는 야간 유량분석을 사용한다. DMA 측정은 DMA 내에서 발견된 실질손실의 실제 누수체적으로서 하향식 물수지에 기초하여 계산된 실질손실체적을 현장 입증하기 위해 역할을 한다. 영구적인 DMA가 없는 용수기관은 상향식 DMA 측정으로 누수체적을 평가하기 위해 일시적으로 전체 관망의 대표적인 하나 또는 그 이상의 DMA를 구축할 수 있다.

16.6.2 DMA 설계

연구 프로젝트 "누수관리기술"은 북미 배수시스템 내에서 DMA 기법의 적용성을 조사하였다. 결론은 특정 설계 기준을 적정하게 다룰 때 북미에 DMA 적용이 가능하다고 명백하게 제안한다. 북미 물 산업에서 유의하여야 할 두 개의 DMA 설계요소는 소방유량과 수질이다. 그러나 북미 용수기관 내 광범위한 현장 시험결과 DMA의 구축 및 운영이 가능하고, 충분한 수질을 유지하면서 필요한 소방 유량을 제공하는 것으로 증명되었다. 본 장에서 기술한 설계기준들은 상기 프로젝트의 연구 결과물로부터 유도되었으며 북미 물 산업뿐만 아니라 다른 환경에서도 DMA 기법을 적용할 수 있다.

DMA 설계시 고려하여야 할 필요가 있는 가장 중요한 요소들은 다음과 같다.

- 경제적 누수수준 또는 경제적 처방빈도는 미래 최적 DMA 규격에 영향을 미치므로 이들을 고려할 필요가 있다.
- 설계 단계에서 소비자 범주(산업, 다세대, 단일 세대, 상업 그리고 병원 등과 같은 중요한 고객)를 평가하고 고려할 필요가 있다.
- 반드시 현존하는 압력제어 영역들을 평가하고, 가능하면 DMA로 변환하여야 한다. 이는 새로운 DMA를 구축하기 위한 가장 쉽고 경제적인 방법이다.
- 지반고의 변화를 철저하게 평가할 필요가 있다.
- 더욱 작은 주관로상에 새로운 경계밸브를 설치하는 방법으로 DMA를 설계한다.
- 현존하는 역지밸브와 폐쇄된 PRV를 DMA 경계밸브로 사용하여 소방 유량 사용시 추가 배압을 제공하여야 한다.
- DMA를 위한 광위의 설계기준을 만족시키는 것은 물론 가능하면 주관로 횡단 숫자를 최소화하도록 경계를 설계하여야 한다. 자연적인 지리적 경계와 수리적 경계를 사용하여 경계가 "최소 저항의 노선"을 따르도록 하여 설치, 운영 그리고 유지관리 비용을 최소화한다. 수리모델을 사용하여 현존하는 관망 운영을 수정하지 않고 DMA 경계밸브를 폐쇄시켜 압력 또는 수질 문제를 제한시킬 수 있는 수리평형(hydraulic balance) 지점들을 확인할 수 있다.
- DMA 내 주송수관로, 서비스 배수지 또는 탱크를 절대 포함시키지 않는다.
- 반드시 수질사항을 고려하고, DMA 설치 이전 및 이후 수질을 감시하여야 한다.
- 한번 누적누수를 제거하면 DMA 미터와 PRV가 과대규격이 되지 않도록 보장하기 위해 반드시 최종 누수수준 목표를 정의하여야 한다.
- 소방수를 위한 최소유량과 압력 요구조건을 고려할 필요가 있다.
- 반드시 중요 영역 지점에서의 최소 압력과 최대 압력을 평가하여야 한다.
- 루핑과 여분 요구조건을 고려할 필요가 있다.
- 새로운 밸브 숫자, 유량계실 등과 같이 DMA 구축을 위해 필요한 시스템 변경을 반드시 고려하여야 한다.
- 배수관망 펌프 시스템의 구성과 펌프장 위치를 조심스럽게 평가하고 설계 단계에서 이를 포함시킬 필요가 있다.

- 미터 위치 선정시 DMA에게 공급할 때 통과하는 공급 주관로의 규격을 고려할 필요가 있다. 직경이 큰 공급 주관로는 야간 유량 시간 동안 매우 낮은 유속을 경험할 것이다. 많은 경우들에서 이 유속은 설치할 유량계의 정확도 한계 이하가 될 수 있다. 영역 내부로 유입되는 최소야간 유량은 DMA 감시 및 분석을 위한 중요한 정보이다. 따라서 공급 주관로를 더욱 직경이 작은 배관으로 교체하여 필요한 모든 유량 요구조건을 만족시키거나 또는 DMA 유입 미터가 설치된 관로상에 폐쇄된 밸브 주변으로 바이패스를 설치하는 것이 중요하다(그림 16.17 참조).

다음과 같이 여러 설계기준들을 특별하게 다룬다.

DMA 규격: DMA 규격이 작을수록 최소야간 유량 감시 및 분석을 통해 더욱 신속하게 새로운 파괴를 확인할 수 있다. 예를 들어 만일 DMA가 1000개 부지/서비스 연결 보다 크면 고객 소비 체적으로부터 작은 누수(예를 들어 서비스 관로 누수)를 구별하는 것이 어렵게 된다. 따라서 궁극적으로 DMA 규격은 경제적 누수수준에 종속된다. 만일 경제성 분석결과 용수기관이 새로운 서비스 누수를 신속하게 확인하고 복구하는 것이 경제적인 것으로 나타나면 DMA 규격은 1000개 서비스 연결 보다 적을 필요가 있다. 그러나 대부분의 경우 DMA 규격은 반드시 3000~5000 서비스 연결 사이가 되어야 한다.

수질 고려사항: DMA을 구축하기 위해서는 밸브들을 폐쇄하여 경계를 형성하여야 하기 때문에 정상적으로 완전하게 개방된 물 시스템 내에서 발견되는 것보다 사수부가 더 많게 된다. 따라서 유동 교란(초기)과 정체(최종)로 인해 수질이 악화될 가능성이 있다. DMA 내 폐쇄된 밸브 숫자가 많을수록 수질 안전대책에 더 큰 주의를 기울여야 한다. 역으로 DMA를 구축하면 용수

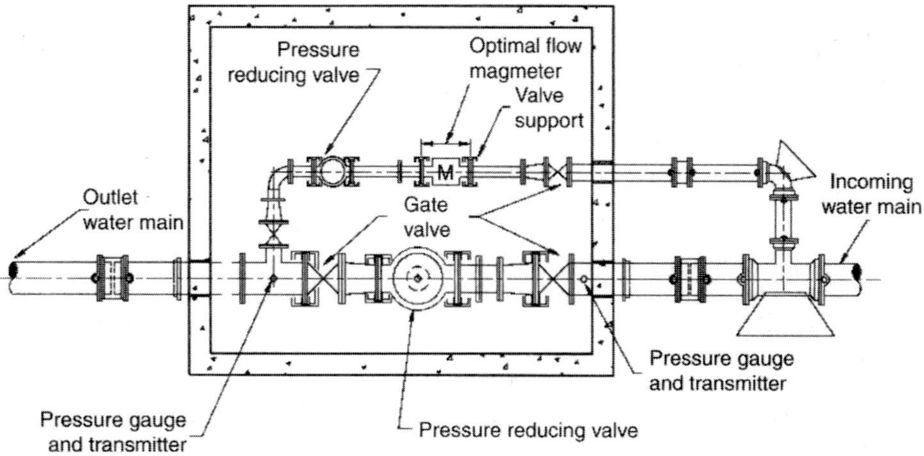

그림 16.17 핼리팍스 회사가 사용한 전형적인 DMA 미터 챔버 설계(Halifax Regional Water Commission 제공)

기관은 전형적으로 개방된 물 시스템에서 보다 밸브, 소화전, 압력 수준 그리고 수질에 더욱 특별하게 집중할 수 있다. 즉, 용수기관은 빈번하게 물 시스템 밸브를 적극적으로 관리하는 일에 쪼들리고, 유지관리를 소홀히 하여 주관로 파괴와 같은 비상시 많은 밸브들을 성공적으로 운영할 수 없게 된다. DMA 관리에 양호한 밸브 조작 및 관리 실무를 포함시키면 빈번하게 무시된 자산들을 선제적으로 관리할 수 있다. 복수의 DMA를 운영하는 용수기관은 DMA를 채택하지 않는 용수기관보다 밸브를 더욱 양호하게 관리한다. DMA 운영 동안 정기적으로 그리고 DMA의 실행 및 계획 단계 동안 반드시 수질 샘플링과 평가를 수행하여야 한다. 이는 용수기관 운영자에게 DMA 설계에 필요한 수질을 선제적으로 제어하는 기회를 제공한다. 경계를 적정하게 구축하거나 정기적인 플러싱을 수행하여 양호한 수질을 유지할 수 있다.[4]

소방유량과 보험을 위한 최소 유량 및 압력 요구조건: DMA의 설계 단계 동안 구축된 DMA가 비상시 충분한 소방 유량과 압력을 제공하는 능력에 미치는 영향을 적정하게 평가하는 것이 중요하다.

여러 설계 선택사항들을 고려하여 소방 유량과 보험 요구조건을 만족시킬 수 있다. 복수 또는 잉여 공급은 성공적인 DMA 설계 방법인 것으로 증명되어 왔고, 여기서 주 공급은 DMA 미터를 갖추고, 예비 공급은 비상시에만 개방되는 PRV를 갖춘다(그림 16.17 참조). 주공급과 예비공급은 동일한 챔버에 또는 DMA 경계상 다른 공급 지점들에 위치할 수 있다. DMA 유입량을 정확하게 측정하면서 소방 유량 요구조건을 만족시키는 다른 방법은 폐쇄된 경계 게이트밸브 자리에 역지밸브나 파일롯 제어 수력밸브를 사용하는 것이다. 소방 유량이 필요할 때 시스템 압력은 DMA 내에서 저하하고 역지밸브나 수력밸브가 개방되어 필요한 추가 유량이 유입된다.

16.6.3 초기 DMA 설치 및 시험

초기 설계 단계 후 DMA 챔버 설계에 필요한 자료를 얻고 DMA의 무결성을 입증하기 위해 일시적으로 DMA를 설정하여 현장 측정자료를 수집할 필요가 있다. 모든 확인된 경계밸브를 폐쇄하고, 이미 폐쇄된 밸브의 상태를 확인하여 DMA를 설정할 필요가 있다. 임시 유량계(예를 들어 전자 삽입 유량계, 클램프 온 초음파 유량계)를 사용하여 선택된 공급 주관로를 통해 DMA로 유입되는 공급량을 감시할 필요가 있다.

다음은 “압력저하시험”을 수행하여 반드시 DMA 경계의 무결성을 평가하여야 한다. 이 시험 동안 밸브나 PRV를 운영하여 미래 DMA로 유입량을 제어하면 DMA 내에서 압력이 여러 단계로 저하된다. 고객 불만이 발생할 수 있는 고객 소비 장애를 방지하기 위해 반드시 최소 야간 유량시간(새벽 1~4시 사이) 동안 이 시험을 수행하여야 한다. 현장 수요패턴의 차이에 맞추어 이 기간을 조정할 필요가 있다. 압력 감소 단계는 반드시 중요한 영역 압력지점에서 요구되는 최소 압력 보다 10psi(7mH)~15psi(11mH) 낮은 범위 이내가 되어야 한다. DMA의 수력적 불연속 여부를 감시하기 위해 시험 이전에 DMA 경계 외부에 여러 개의 압력 로거를 설치할 필요가 있다. 이 경계 압력 로거는 DMA가 수력적으로 불연속이 아닌 경우 DMA 내에서 발생한 압력 저하와 관련된 압력 변화를 기록한다. 경계 압력로거 이외에 DMA 내부에 압력로거를 설치할 필요가 있다. 만일 경계 압력로거가 기록한 압력이 DMA 외부에 위치한 압력로거로부터의 압력과 동일한 패턴을 가지면 DMA는 수력적으로 불연속이 아니며 확인되지 않은 인근 지역과 교차연결 또는 통과하는 경계밸브가 존재한다.

한번 DMA의 무결성을 확인하였으면 현존하는 누수체적을 계산하기 위해 그리고 미래 누수체적목표의 추정에 필요한 자료를 취득하기 위해 여러 날에 걸쳐 DMA로의 전체 유입량을 측정할 필요가 있다. 또한 이와 같은 이벤트 동안 선택된 공급 주관로가 충분한 유량을 제공하는 용량을 갖는지 여부를 확인하기 위한 소방 유량을 모의하기 위해 반드시 이 단계를 사용하여야 한다. 만일 선택된 공급 주관로가 비상 동안 충분한 공급 용량을 제공하지 못하는 것으로 밝혀지면 경계를 변경하거나 또는 공급 주관로를 추가시켜 DMA를 재설계할 필요가 있다.

16.6.4 DMA 미터 선정

새로운 DMA의 설계 및 구축시 DMA 미터의 선정 및 설치는 핵심 성분이다. DMA 계량과 관련하여 미터 규격 결정, 최소 및 최대유량에서 정확하게 기록하는 미터의 능력 그리고 첨두 수요 및 소방유량 요구조건의 충족 필요성과 같이 여러 핵심 쟁점들을 고려할 필요가 있다. 먼저 DMA에 대한 유량 수요는 주거민 구성, 산업, 공장, 쇼핑 몰, 학교, 공항 등과 같은 상업 및 기관 고객 범주에서 소방 유량 요구조건이 현저하게 다르므로 고객 빌딩 인구통계학에 종속된다. 또한 DMA 유량계를 명시할 때 계절적 변화와 수요 변화를 고려할 필요가 있다. 미터 규격 및 형식의 선정은 다음 사항들에 종속된다.

- 주관로 규격
- 유량 범위
- 첨두 유량에서 수두 손실
- 역류 요구조건
- 정확도 및 재현성
- 자료 통신 요구조건
- 미터 가격
- 구매 및 유지관리 비용
- 용수기관 선호도

적합한 미터 규격과 형식을 선정할 때 현재 고객 수요에 대한 누수의 비율을 평가하고, 누수를 제어한 후 예상되는 감소된 미래 누수율을 예측하는 것이 중요하다. 미래 누수의 추정은 미래 최소야간 유량범위에 영향을 미친다. DMA 유입 미터 및 미터 챔버의 설계를 완결하기 위해 계절적 수요 변화 및 누수분석과 연계하여 DMA 설치 초기 및 시험 동안 측정된 유량을 사용할 수 있다. 캘리브레이션된 수리모델을 갖춘 용수기관은 일시적인 유량 측정 대신 DMA 계량 지점에서 예상되는 유량 범위를 구하기 위해 이 모델을 사용할 수 있다.

만일 초기 누수수준이 매우 높으면 미터 설계를 완결하기 이전에 주된 누적누수를 제거하기 위해 철저한 누수탐사와 복구 캠페인을 전개할 것을 권장한다. 이는 바람직하게 낮은 대표적인 누수를 포함한 유량특성에 근거하여 미터를 설계하여 미터의 과대 규격을 방지할 것이다.

단순한 경험 법칙은, 복수의 공급 및 통과 위치는 복수 유량계의 오류를 악화시켜 누수수준에 대해 오해를 야기시킬 수 있으므로 계량된 유입 및 유출 숫자를 제한하는 것이다.

16.6.5 DMA 자료 감시

경제적 최적 누수체적은 DMA 감시 및 자료변환용량 선정에 영향을 미친다. 상대적으로 물값이 저렴한 용수기관 내 작은 누수를 즉시 탐지하는 것에 대한 금전 혜택이 없을 가능성이 매우 높다. 이는 DMA 자료를 실시간으로 전송할 필요가 없다는 것을 의미한다. DMA로부터의 자료를 1주일에 한번 전송하고 분석할 수 있다. 만일 이 기간에 걸쳐 여러 누수가 발생하였다면 최소야간 유량은 수일 후에나 처방수준에 도달할 것이다. 이제야 누수조사를 위해 누수탐사팀을 DMA로 파견할 필요가 있게 된다. 그러나 DMA 유량과 압력 자료를 수집하기 위해 최적 간격을 선정할 때 다음 사항들을 고려하여야 한다.

실시간 자료전송: 북미에서는 펌프장, 원격시설, 배수지, 감압밸브실 그리고 임의 다른 원하는 물 공급 시설을 실시간으로 감시·제어하기 위해 SCADA 시스템을 흔하게 사용한다. 최근 SCADA 시스템의 역할은 보안, 비디오 전송, 수질 감시, 배수와 직접적으로 관련되지 않는 다른 요소를 포함하도록 확장되어 왔다. 만일 실시간 자료 수집을 원하면 용수기관들은 현존하는 SCADA 시스템을 사용할 수 있다. 현재 가동 중인 SCADA 시스템을 사용하면 개별 미터/PRV 현장에 필요한 것은 기본적으로 하나의 추가 SCADA 종말점 장비 또는 RTU(remote terminal unit) 및 이와 관련된 측정장비의 비용이다. 만일 SCADA 시스템이 구축되어 있지 않으면 SCADA 시스템 내 여러 DMA 구축의 타당성은 용수기관 내 완벽한 SCADA 시스템 구축 비용을 정당화를 돕는 편익들 중 하나가 될 것이다. 만일 용수기관이 DMA 내 주관로의 파괴 또는 비상 누수에 즉각 대응할 필요가 있으면 실시간 감시가 적합하다. 그러나 대부분 누수는 서서히 나타나며 초기에는 체적이 작고 최소야간 유량시간 분석 때까지 확인되지 않는다. 따

라서 실시간 DMA 자료전송은 필수적이지 않다. 일반적으로 서서히 누수가 나타나는 배수시스템의 경우 경제적으로 정당화될 수 있는 가장 긴 자료 수집 빈도는 1일 1회이고, 이상적으로는 최소야간 유량시간 이후의 이른 오전이다. SCADA 시스템을 통한 DMA 자료를 감시하는 것은 DMA 자료를 감시하기 위한 가장 포괄적인 선택사항이지만 DMA만을 감시하는 SCADA 시스템 구축비용은 정당화될 가능성이 적다. 통상적으로 SCADA 시스템에 대한 기업효용은 많은 현장과 시설들에서 많은 매개변수들의 감시 및 제어의 복수 혜택들에 따라 결정된다.

GSM 원격계측을 통한 자료전송: DMA의 유량과 압력 자료를 감시하는 또 다른 선택사항은 GSM(global system for mobile) 통신 SMS(short message service)를 통해 자료를 전송하는 것이다. 여러 제작사들은 SMS를 사용하여 기록한 유량과 압력 수치를 정기적으로 전송하는 것이 가능한 로거를 제공한다. 이 로거들은 1일, 1주일 또는 1달 간격으로 자료를 주 전산기로 전송할 수 있다. 그러나 SMS 서비스 비용은 지역 내 이동 전화 서비스 제공자가 결정하므로 SMS 메시지 비용을 평가할 필요가 있다. 또한 전화선과 저전력 무선을 사용하여 유량 및 압력 자료를 전송할 수 있으며 이들은 동력 공급을 필요로 하지 않는다.

수동 자료 수집: 이 선택사항은 경제적으로 정당화될 수 있는 설정된 간격으로 로거가 기록한 자료를 수동으로 다운로드하는 것이다, 이 접근법은 자료를 다운로드하기 위해 사람이 정기적으로 DMA 장비를 방문하여야 한다. 이는 빈번하게 장비를 육안으로 확인하는 장점을 갖지만 정기적인 방문이 필요하기 때문에 높은 작업시간의 단점을 갖는다. 이 선택사항은 자동화된 통신 시스템이 필요하지 않기 때문에 설치비용이 가장 낮지만 지속적인 직원파견 및 교통비용이 필요하기 때문에 운영비용은 높다.

16.6.6 DMA 자료 분석

DMA 감시 개념은 정의된 경계를 갖는 불연속 지역으로의 유입량을 측정하고 전형적인 유량변화를 관측하는 것이다. 측정한 최소야간 유량으로부터 DMA 내 주 관로에 연결된 각 고객에 대해 측정하거나 평가한 한 합법적인 야간 소비를 감하여 실질손실 성분을 추정한다. 통상적으로 도시 지역 내 최소야간 유량은 새벽 2시~4시 사이에 발생한다. 이 유량 수치는 DMA 내 누수율을 결정할 때 사용되는 가장 유의미한 자료이다. 이 기간 동안 승인된 소비는 최소가 되고, 누수는 전체 유입량의 최대 퍼센티지가 된다. 고객의 조경 관개가 최소야간 유량시간 동안 상당한 수요량 부분을 차지하면 계산한 실질손실 수치의 정확도와 신뢰도가 감소한다. 최소야간 유량으로부터 합법적인 야간 소비를 감하여 얻은 결과를 순수야간 유량 NNF(net night flow)라 부르며 이는 MNF(minimum nighttime flow) 동안 추정된 실질손실체적을 제공한다.

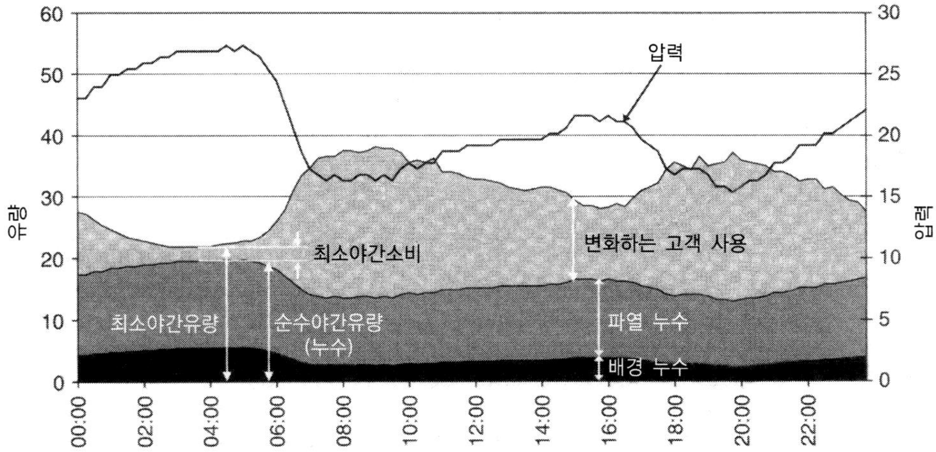

그림 16.18 최소 야간유량해석에 기초한 24시간 누수 모델링(IWA WLTF 제공)

$$NNF = MNF - \text{합법적 야간시간 소비}$$

FAVAD(제18장 fixed and variable area discharge paths 참조) 개념을 사용하여 전체 24시간에 걸쳐 누수체적을 조절할 수 있다. NNF는 주로 배수관망 그리고 주관로와 고객 미터 사이 서비스 연결 관로에서의 실질손실로 구성된다. 또한 NNF는 미승인된 연결을 통한 소비와 고객 미터 측면에서 누수를 포함할 수 있다. 그림 16.18은 MNF 분석 결과를 보여준다.

DMA MNF 분석을 위한 자료

MNF 분석을 수행하기 위해 유입량 측정, 영역 유입 지점과 영역 평균 압력 지점에서의 압력 이외 다음 자료가 필요하다.

- 주관로의 길이
- 서비스 연결 숫자
- 가정 부지 숫자
- 비가정 부지 숫자 및 형식
- 고객 표본을 측정하고 전체 모집단에 대한 추론 또는 고정된 통신망 AMR 시스템에 의한 전체 고객 소비를 측정하여 취득하거나 추정할 수 있는 합법적 야간 소비

일반적으로 야간 소비는 다음 3개 요소로 구성된다.

- **예외적인 야간 사용**: 일반 공공, 상업, 산업, 농업 고객은 그들 사업 공정 특성 때문에 야간 동안 상당한 물을 사용한다. 이와 같은 사용은 영역 최소야간 유입량과 관련하여 클 수 있다. 운영 직원과의 토론과 요금고지 시스템으로부터 소비 자료의 분석을 통해 반드

시 이 고객들을 확인하여야 한다. 영역 내부에 있는 고객이 상당한 야간 유량을 사용하는 것으로 생각되면 전체 유입량으로부터 이 합법적인 소비성분을 정확하게 감하기 위해 MNF 측정 동안 이 고객 소비를 판독, 기록할 필요가 있다.

- **비가정(nonhousehold) 야간 사용**: 그럼에도 불구하고 예외적인 야간 사용자로서 확인되지 않은 비가정 고객은 야간에 약간의 물(예를 들어 자동 플러싱 소변기에서와 같이)을 소비할 수 있다. 반드시 어느 정도 이 야간 소비를 감안하여야 한다. 각 사용자들에 대한 산업 형식과 발간된 전형적인 소비 체적에 기초하여 이와 같은 야간 소비를 추정한다. 필요하면 특정 고객 미터의 단기 자료-로거로 보강할 수 있다.
- **가정 야간 사용**: 가정 또는 주거민 고객들도 최소야간 유량시간 동안 일부 물을 소비한다. 변기 플러싱, 자동 세탁기, 시간-프로그램된 식기 세척기 그리고 옥외 조경 관개로 인해 소비가 발생한다. 이상적으로 야간유량 분석에 포함시키기 위한 적정한 가정 야간 물 소비 수준을 결정하기 위해 DMA 내 전형적인 가정 고객의 야간 소비 측정자료를 수집할 수 있다. 최소야간 유량시간 동안 수동 또는 고정된 통신망 automatic meter 판독 또는 가정 야간 사용을 기록하는 자료-로거를 통해 자료를 수집하여 가정 야간 물 사용을 결정할 수 있다. 대안으로 문헌으로부터의 자료를 사용할 수 있다. 예를 들어 영국 Managing Leakage Series는 1991~1993년 영국에서 평가한 상세한 야간 사용 연구결과들을 제공하고, AWWA 연구 재단 프로젝트인 주거민 최종 물 사용 REUWS(residential end uses of water)는 북미 야간 사용 체적에 대한 자료를 제공한다. 만일 1년 동안 특정 시간에서 상당한 야간 조경 관개 소비가 존재하면 관개가 없는 기간 동안 또는 통상적으로 관개가 최소인 동절기 동안 DMA MNF를 착수할 것을 권장한다.

16.6.7 DMA 누수탐사 노력의 우선순위 결정

DMA는 수리적으로 불연속인 영역 내에서 누수체적의 평가를 허락한다. 만일 공급지역 내 복수의 DMA를 구축하면 정기적으로 각 DMA에 대한 누수체적을 평가할 수 있다. 용수기관은 DMA 측정으로부터 취득한 결과들을 평가하여 누수탐사 우선순위를 결정하고, 누수탐사 대상으로 누수체적이 가장 높은 DMA를 선정하여 누수와 관련된 실질손상을 감소시킨다. 결과적으로 누수탐사팀이 어느 DMA를 그리고 어느 순서로 다루어야 할 필요가 있는지를 결정하기 위한 대상을 설정할 수 있다. 누수탐사 우선순위 결정을 위한 단순한 시작점은 서비스 연결 당 실질손실이 큰 DMA 순서를 결정하는 것이다. 도시 지역 내 용수기관은 이 방법을 적용할 수 있는 반면 농촌 용수기관은 반드시 주관로의 길이로 실질손실체적을 표현하는 방법을 고려하여야 한다. DMA를 사용하면 누수탐사 직원의 전략적인 누수제어 활동 일정을 계획할 수 있다. 이는 고정된 시간 간격으로 직원이 서비스 관로들을 조사하는 실무 보다 더욱 효율적이다.

이상적인 누수탐사 처방목표 또는 한계는 각 DMA 내 경제적 최적 누수체적 분석에 기초하여 설정된다(그림 16.19 참조).

그림 16.19는 DMA 내 누수체적의 상승 및 연속적인 DMA 측정의 예를 보여준다. 이 특정 DMA에 대한 경제적 최적 실질손실체적 해석에 기초하여 실질손실에 대한 최적 처방 한계수준이 설정되었다. 한번 이 수준에 도달하면 지속되는 누수를 탐지하고 더 이상의 누수탐사 노력은 비경제적이 되는 출구 수준으로 실질손실을 끌어 내리기 위해 누수탐사팀을 DMA로 파견한다.

16.6.8 DMA 관리

배수시스템의 다른 설비와 유사하게 기대되는 결과들을 얻기 위해 DMA를 관리하고 유지할 필요가 있다. 고품질 DMA 자료 수집을 보장하기 위해 DMA 유량계 및 PRV와 같이 DMA와 관련된 장비를 적정하게 유지관리 하여야 한다. 모든 경계밸브를 폐쇄상태로 유지하고, 경계밸브가 누수되거나 인근 영역 내부로 물이 통과하지 않도록 보장하여 무결성을 유지하는 것이 성공적인 DMA를 위해 필수적이다. 운영목적으로 경계밸브를 일시적으로 개방할 수 있으나 나중에 반드시 적정하게 경계밸브를 폐쇄하고 정상적인 운영 상태를 확인하여야 한다. 경계밸브 운영의 이벤트, 위치, 기간에 대한 기록을 유지하는 것이 좋다. 지도상에서 그리고 현장에서 경계밸브를 분명하게 표시하여 이 밸브가 부주의하게 운영되지 않도록 하여야 한다. 이 정보는 누사관리팀이 개방된 경계밸브보다는 누수 및 파괴로 인한 높은 유량을 해석하는 데 도움이 된다.

각 DMA에 대해 모든 형식의 고객 숫자, 민감한 고객의 위치와 그들의 연락처, 소화전의

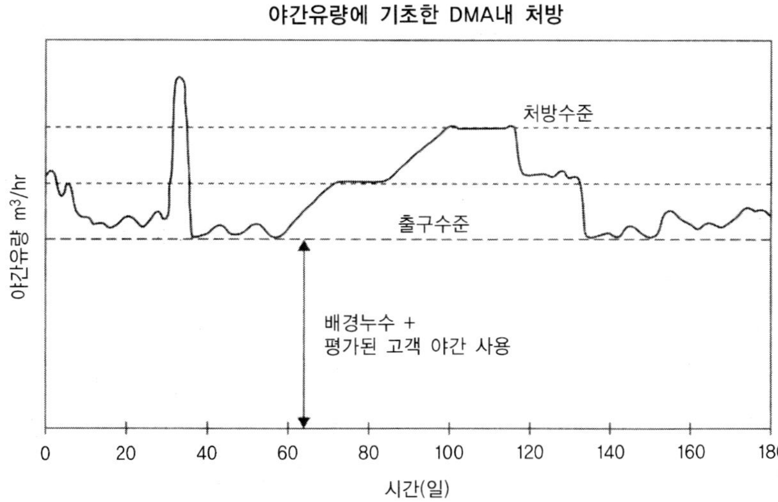

그림 16.19 DMA 내 실질손실체적의 최적 경제적 분석에 기초한 누수탐지 처방 수준 예제

숫자 및 화재 스프린클러 시스템, 압력 그리고 평가된 최소야간 소비체적을 포함하는 핵심 정보를 포함하는 파일을 반드시 작성하여야 한다. 가능한 많은 정보를 갖는 지도를 작성하는 것은 DMA 관리의 또 다른 중요한 부분이다. 미래 성분분석을 위해 발견한 모든 누수, 누수위치, 배관의 장애 또는 결함 형식, 재질, 파괴를 탐지하였던 배관의 규격에 대한 기록들을 반드시 유지하여야 한다.

16.7 배수지 누수 시험

배수지 구조물의 누수와 배수지 월류로 인해 상당한 물량이 손실될 수 있다. 라이닝되지 않았던 오래된 지하 벽돌이나 석조 배수지 구조물 자체로부터의 누수는 매우 흔하게 발생하지만 다른 형태의 누수도 저장시설에서 발생할 수 있다.

누수를 확인하기 위한 가장 쉬운 방법은 유입 및 유출 밸브를 폐쇄하여 시스템으로부터 배수지를 분리하는 것이다. 통상적으로 야간에 이를 수행한다. 한번 배수지를 분리하면 시간에 따른 수위 저하를 조심스럽게 측정하거나 높은 해상도를 갖는 수위 자료 로거를 설치하여 시간에 걸친 수위저하를 정밀 시험할 수 있다. 이제 배수지 면적을 계산하고, 단위 면적과 수위저하 높이를 곱하여 체적을 계산하는 손실체적의 계산은 시간문제이다. 유출밸브를 통해 물이 빠져나가지 않도록 주의를 기울여야 한다. 구조물이 프리즘 형상이 아니면 수위가 저하하면서 수위 증분 당 단위 체적이 변화하므로 계산이 더욱 어려워진다. 대부분 용수기관들은 정확한 측정을 보여주는 정확한 준공도면을 구비하여야 한다.

만일 배수지가 누수되는 것으로 밝혀지면 실제 누수를 발견하는 하나의 방법은 잠수부를 통해 미세 모래를 배수지 벽과 바닥에 따라 뿌리면 누수되는 곳으로 모래가 빨려 들어간다. 많은 경우 누수가 상당하더라도 기본적인 구조물이 구조적으로 건전하면 배수지를 라이닝해도 무방하다. 누수 존재여부의 결정은 배수지 라이닝 프로젝트 비용의 정당화를 돕는다.

저장시설 월류 손실은 저장시설이 먼 거리에 위치하고 물이 명백하게 육안으로 확인되지 않거나 또는 지상에서 눈에 띄지 않으면 더욱 흔하게 발생한다. 통상적으로 월류는 물 시스템 내 수두손실과 수요가 낮고 저장시설을 충수중인 비첨두 시간에 발생한다. 오작동하는 수위 측정장비 및 제어장치 그리고 적정 수위에서 충수 작업을 중지하지 못하는 운영자의 부주의로 인해 가장 전형적으로 월류가 발생한다.

물이 분출되었던 지반에 명백한 흔적이나 젖은 부분이 있는지를 확인하기 위해 반드시 월류배관을 조사하여야 한다. 다른 단순한 방법은 낮 동안 배관 내부로 볼 또는 물체를 끼워 넣은 것이다. 만일 물체가 움직이면 월류 상황이 발생하였을 가능성이 크다. 높은 해상도 수위 로거를 사용하여 더욱 상세하게 분석할 수 있다. 월류 배관의 수위에 도달할 때 손실이 발생하기 시작한다. 탱크 유입부에 임시로 설치한 미터와 연계하면 손실체적과 가치를 계산하는 것이 쉽다. 한번 손실가치를 계산하면 적합한 처방 및 비용 효과적인 방법을 사용할 수 있다. 가장 단순한 수위제어 형태는 기계식 플로트(float) 밸브 또는 고도밸브이고 이들에 대해서는 제18장에서 기술한다. 그러나 용수기관은 탱크 수위를 제어하기 위해 빈번하게 원격제어 시스템과 SCADA 시스템을 사용한다. 일부 경우 물의 충격 또는 다른 원인으로 인해 이 장치가 오작동하여 탱크 월류가 발생한다.

작동하는 SCADA 또는 원격제어 시스템을 갖는 용수기관은 이 시스템들을 활용하여 정기적으로 영역 미터를 판독하고 모델링 결과를 평가하여 손실 상황을 분석할 수 있다.

16.8 요약

본장에서 비용 효과적인 누수관리 방법에 대해 기술하였다. 본장의 의도는 배수시스템 누수, 특히 지하 또는 육안 확인이 불가능한(미보고된) 누수를 제어하는 기법과 효과적이고 혁신적인 방법에 대한 지침을 제공하는 것이다. 누수관리 전략을 전개할 때 다양한 방법을 고려할 수 있고, 하나의 방법론 또는 접근법을 개시하기 전에 각 배수시스템을 개별적으로 평가하여야 한다. 그러나 능동적 누수탐사 없으면 배수시스템 내 누수는 악화될 수밖에 없다.

참고문헌

1. Fanner, V. P., R. Sturm, J. Thornton, et al. Leakage Management Technologies. Dever, Colo.: AwwaRF and AWWA, 2007.

2. Fanner, V. P., J. Thornton, R. Liemberger, et al. Evaluating Water Loss and Planning Loss Reduction Strategies. Denver, Colo.: AwwaRF and AWWA, 2007.

3. "District Metered Areas Guidance Notes," IWA Water Loss Task Force, 2007.

4. UK Water Industry Research Limited. A Manual of DMA Practice. Report Ref. No.99/Wm/08/23, UKWIR: UK 1999.

Chapter 17

실질손실제어 누수복구 속도 및 품질

17.1 소개

누수복구 속도는 그림 17.1과 같이 4개의 실질손실 성분들로 시작된다. 제16장에서 누수 발생 위치를 찾는 다양한 방법에 대해 토론하였다. 손실의 심각성 또는 자산 또는 수명에 대한 위험에 대해 우선순위를 결정하고 가능하면 빨리 복구하도록 일정을 수립하는 것이 중요하다. 보고된 누수와 미보고된 누수로 인한 년간 실질손실체적은 누수 숫자, 누수 크기, 물 시스템 운영 압력 그리고 가장 중요하게는 누수가 발생하도록 허용된 전체 지속시간에 종속된다. 모든 누수는 압력에 종속되며 압력이 높을수록 누수량이 많아진다. 제18장에서는 누수 체적을 감소시키기 위해 사용할 수 있는 압력관리의 모든 측면들을 기술한다.

17.2 누수시간 감소

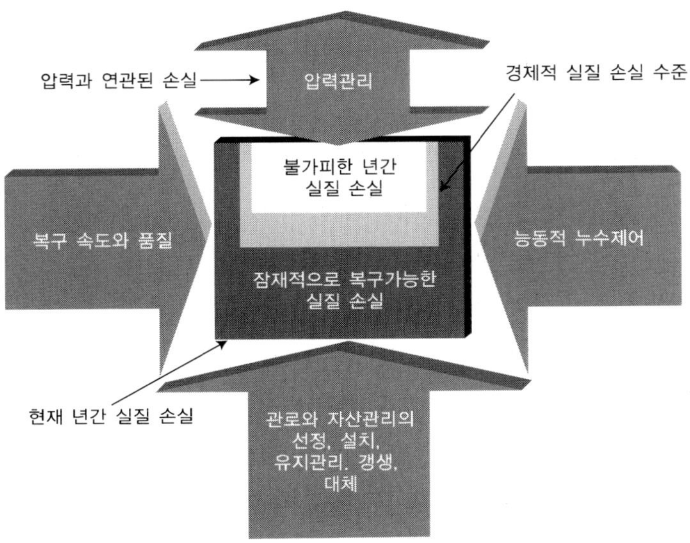

그림 17.1 능동적 실질손실 관리 프로그램의 4개 처방 도구(IWA WLTF 및 AWWA WLCC 제공)

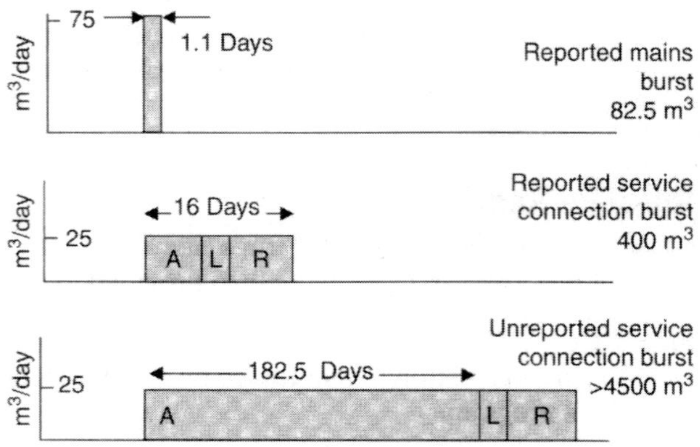

그림 17.2 누수의 인지, 위치확인, 그리고 복구시간이 누수체적에 미치는 영향

전체 누수시간은 다음과 같이 3개 요소로 구성된다(상세한 실질손실 성분분석은 제10장을 참조).

- 인지시간: 이는 운영자가 누수의 존재를 인지할 때까지 소요된 시간으로서 능동적 누수제어 프로그램의 존재여부에 의해 강하게 영향을 받는 요소이다.
- 누수위치 확인 시간: 운영자가 누수의 존재를 인지한 후 누수위치를 정확하게 찾을 때까지 소요된 시간.
- 복구시간: 누수위치를 확인한 후 누수복구에 영향을 미치는 시간이다. 이는 단순히 차수 또는 복구 활동 시간이 아니라 복구 작업 지시, 복구 일정, 고객 공지 그리고 다른 활동의 일정을 수립하기 위해 필요한 모든 시간으로서 이는 용수기관 정책에 따라 수일 또는 수주가 소요될 수 있다.

그림 17.2는 인지시간, 위치확인시간 그리고 복구시간이 전체 누수손실체적에 미치는 영향을 보여준다.

그림 17.2는 다양한 크기의 누수시간이 물 시스템 전체 누수체적에 미치는 영향을 조사하기 위해 영국에서 수행된 연구 결과를 보여준다.[1] 이 그림은 주 관로 파괴시 장애 특성으로 인해 파괴위치를 찾기가 쉽고 신속하게 복구할 수 있으며, 실제로 년간 실질손실수치 중 이 손실이 차지하는 부분은 극히 미소한 것을 명백하게 보여준다. 이에 대한 이유는 통상적으로 누수량이 크지만 용수기관은 이와 같은 누수에 신속하게 대응하고, 파괴된 관로 부분을 즉시 차단하므로 누수손실체적은 상대적으로 적다.

역으로 서비스 관로에서의 작은 누수는 발견하고 복구하기 전에 수주, 수개월, 수년 동안의 장시간 누수로 인해 전체 실질손실체적 중 큰 부분을 차지한다.

17.2.1 인지시간 감소

일부 누수들은 보고되고 일부 누수들은 보고되지 않으며, 누수의 보고 및 미보고 여부는 전체 누수시간(특히 인지시간)에 영향을 미친다. 보고된 또는 미보고된 누수를 인지하기 위해 소요된 시간은 상당히 다르다. 보고된 누수는 도로상이나 지표면에서 육안으로 확인할 수 있고 용수기관에게 보고되거나 공급 압력이 급격하게 감소되어 용수기관에게 신속하게 보고되므로 인지시간이 짧다.

그러나 미보고된 누수는 이들이 충분히 커져서 표면으로 나타나기까지 매우 긴 시간(수년) 동안 누수 되어 재앙적 장애를 야기한 후 누수가 보고될 수 있다. 다음 두 개의 활동은 미보고된 누수의 인지시간을 감소시키는 데 도움이 된다.

1. 능동적 누수탐지: 1년 1회 전체 배수시스템에 걸쳐 능동적 누수탐지 캠페인을 전개하면 미보고된 누수 인지시간은 평균 6개월로 단축된다. 능동적 누수제어 노력의 집중도를 배가시켜(즉 1년 1회 대신 6개월에 1회) 물 시스템을 완벽하게 탐사하면 미보고된 누수기간은 평균 약 95일로 감소되고, 미보고된 누수와 관련된 누수체적은 절반으로 감소된다. 그러나 물 시스템 탐사 활동을 2년 1회로 감소시키면 누수 위치를 찾고 복구하기 전에 평균 365일 동안 누수가 허락하게 되어 년간 1회 완벽한 물 시스템에 따른 누수손실의 2배가 된다. 이는 물 서비스 제공자에게 미보고된 파괴의 탐지가 왜 이렇게 중요한 지를 예증한다. 누수탐사 빈도에 따라 이를 실행하기 위한 비용(인원, 장비, 재료)이 다르며, 더욱 빈번한 능동적 누수제어 활동을 수행하여 절감한 물의 가치 또는 낮은 빈도의 누수제어 활동을 수행하여 손실된 물의 가치와 누수제어 활동에 소요되는 비용을 반드시 비교하여야 한다(제9장 참조).
2. DMA: 용수기관이 물 시스템의 전체 유입량을 지속적으로 감시할 수 있는 수리적으로 불연속인 작은 영역으로 세분하면 DMA 내 새롭게 나타난 누수를 즉각 인지할 수 있다. 가동 중인 DMA를 갖추면 용수기관은 MNF 내에서 증가로 새로운 누수의 출현을 확인하기 위해 1일 또는 1주 단위로 최소야간 유량(MNF)을 분석할 수 있다. DMA 분석으로 확인할 수 있는 누수의 크기는 DMA의 규격에 종속된다. 즉, DMA가 작을수록 작은 누수를 인지할 수 있다. 능동적 탐지와 연계된 DMA를 포함하는 누수관리 전략은 통상적으로 단독 정기적인 탐사 보다는 더욱 효율적인 접근법이다. 그러나 조합된 접근법은 DMA를 구축하고 설치하기 위해 더 많은 자본비용이 소요된다.

17.2.2 위치확인 시간 감소

용수기관이 알고 있는 누수위치를 찾기 위해 소요되는 시간은 누수위치를 정확하게 집어내는 도구와 누수탐사 직원의 기술수준에 종속된다. 누수위치를 정확하게 집어내기 위해 직원을 더 투입하고, 잘 훈련시키고, 동기부여를 확실히 하면 위치 확인 시간을 감소시킬 수 있다.

통상적으로 최신 기술인 누수 상관기를 활용하는 누수탐사 직원들은 오직 기계식 청음 장비를 활용하는 직원보다 더욱 신속하게 그리고 더욱 정확하게 누수를 찾아낼 것이다. 용수기관이 얼마나 신속하게 누수에 대응하는지에 대한 정치적 의사결정은 비용-편익 분석을 이용하여 평가하여야 한다.

17.2.3 복구시간 최적화

용수기관이 누수를 복구하기 위해 소요되는 시간은 여러 요소에 종속된다. 누수를 다루기 위해 가용한 복구직원 숫자, 이들의 훈련 및 동기부여 수준 그리고 얼마나 장비를 잘 갖추었는지가 주된 요소들이다. 또한 용수기관 정책은 누수를 다루는 평균복구 시간과 일정한 관계가 있다. 용수기관은 얼마나 신속하게 서비스 관로 누수와 주관로 누수 등을 복구할 필요가 있는지에 대한 이행 목표를 설정할 수 있다. 그럼에도 불구하고 용수기관마다 누수복구 시간에서 상당한 차이가 발생한다. 최상위 용수기관의 누수복구 시간은 평균 12~24시간이다. 다른 용수기관들은 공급 장애 또는 기반시설 손상이 발생하지 않으면 누수복구에 수주에서 수개월이 소요될 수 있다.

전체 누수복구 시간에서 중요한 요소는 고객 서비스 관로 누수와 관련된 용수기관의 정책이다. 최소한 주배수관로부터 고객 구내로 연장된 서비스 관로 부분을 고객이 소유하고 유지하도록 요구하는 것이 전 세계 많은 용수기관의 표준 실무이다. 대부분의 용수기관은 고객이 부지경계선(property line) 또는 지수전으로부터 고객 부지 사이 관로 부분을 고객이 소유하도록 요구하는 한편 소수의 용수기관은 고객이 전체 길이의 서비스 관로를 소유하도록 요구한다. 서비스 관로 상 알고 있는 누수를 고객이 복구하도록 요구하면 고객은 용수기관 직원이 하는 것 보다 천성적으로 상당히 늦게 대응하므로 이는 매우 비효율적인 누수관리 정책인 것으로 증명되었다. 용수기관이 누수를 발견한 후 2~4일 내 효율적으로 복구하는 서비스 연결 복구 프로그램을 운영하는 것이 매우 현실적이다. 고객이 복구하도록 요구하는 경우 대응 시간은 통상적으로 평균 수주가 되며 누수기간이 길수록 누수손실이 커진다.

효율적인 누수제어 프로그램을 운영하기 위해 그리고 고객으로부터 누수복구 노력과 누수 악화를 줄이기 위해 많은 용수기관들은 서비스 연결 보험 또는 보증 프로그램을 운영한다. 고객들의 정상 요금에 약간의 요금을 추가하면 누수가 발생할 때 고객은 무료로 용수기관에게 서비스 연결 복구 또는 대체하도록 요구할 수 있다. 일반적으로 이러한 접근법은 고객이 복구하는 것 보다 더욱 효율적으로 서비스 연결 누수를 처리할 수 있고, 고객 관계를 개선하는 데 도움이 된다. 용수기관은 반드시 대응과 복구시간을 추적하고, 만일 고객이 복구하도록 요구하는 경우 물 시스템 내에서 발생하는 고객 서비스 관로의 누수기간을 감소시키기 위한 수단으로서 이 방법의 재평가를 고려한다.

누수복구 효율에서 고려하여야 하는 다른 중요한 요소는 용수기관 내 작업지시서 관리의 효과도이다. 용수기관은 반드시 고객 불만 및 용수기관이 생산한 작업지시서에 대한 정보를 추적하고 보관하기 위해 강건한 작업지시서 관리정보 시스템을 채택하여야 한다. 특히 수많은 고객불만과 매일 작업 요청을 직면하는 대형 용수기관의 경우 우수한 서비스를 제공하기 위해 건전한 작업지시서 추적은 용수기관에게 필수적이다. 만일 불량한 작업지시서 추적으로 인해 누사탐사 직원으로부터 지정된 복구직원에 이르는 누수정보서류 전달이 지연되면 평균 누수복구시간은 증가될 수 있다. 서류 작업지시서 추적을 채용하는 용수기관의 경우 서류가 분실되어 누수탐사조사 동안 확인되었던 의심되는 누수 대응에 실패하는 사례가 빈번하게 발생한다. 용수기관 관리자는 불량한 작업지시서 정보관리로 인해 누수복구절차를 불필요하게 지연시키지 않도록 보장하기 위해 반드시 작업지시서 추적절차의 구조와 효과도를 검토하여야 한다.

제10장에서 기술한 것과 같이 실질손실 성분분석은 다양한 복구시간 정책들이 용수기관의 전체 실질손실체적에 미치는 영향을 분석하는 강력한 도구이다. 재차 누수복구 정책 및 누수복구 목표시간은 건전한 비용-편익분석에 기초하여야 한다.

17.3 누수복구품질

누수복구 작업의 품질은 전체 누수관리 노력에서 상당한 역할을 한다. 기량 수준과 재료품질은 전체 누수복구품질에 영향을 미치는 중요한 두 요소이다. 만일 누수복구의 품질이 불량하면 이전 누수복구 위치에서 누수가 재발할 가능성이 크다. 최악의 경우 불량한 복구품질은 새로운 누수를 초래할 수 있다.

17.4 요약

손실체적을 최소로 유지하는 것을 보장하기 위해 반드시 시기적절하게 그리고 효과적인 방법으로 누수를 복구하여야 한다. 놀랍게도 많은 용수기관들은 알고 있는 누수를 항상 복구하지는 않는다. 일부 경우 이는 경제적인 의사결정에 또는 배수 물류체계에 기인할 수 있으나 일부 경우 년간 손실체적에 대한 영향을 인지하지 못하는 것에 기인할 수 있다. 제10장에서 년간 손실과 이 손실로 인한 다양한 영향을 모델하기 위해 가용한 일부 방법들에 대해 기술하였다. 개선된 복구 프로그램의 영향을 쉽게 모델할 수 있다. 반드시 누수를 복구하여야 할 뿐만 아니라 이 특정 누수가 단기간에 재발하지 않도록 보장하는 방법으로 복구하여야 한다. 불행하게도 복구 품질은 때로는 간과되는 분야이다. 표면으로 나타난 보고된 누수 또는 정기적인 누수탐사 동안 발견된 미보고된 누수와 관계없이 누수가 복구될 때까지 시간은 항상 년간 실질손실체적에 큰 영향을 미친다. 많은 작은 누수체적은 순식간에 하나의 큰 누수체적이 된다.

참고문헌

1. IWA Water Loss Task Force. "Leak Locatio and Repair Guidance Notes," 2007.

Chapter 18

실질손실제어-압력관리

18.1 소개

물 시스템 확장보다는 최적화가 상당히 비용 효과적이고 더 긍정적인 환경 영향을 갖는 경우가 많다. 수요 형식에 대해 요구되는 최소압력 수준을 고려하여 많은 물 시스템들을 설계하지만 많은 경우 최대 압력 수준은 고려하지 않는다. 만일 건설 시점에 기본적으로, 혹은 전혀 고려하지 않으면 시스템 내 압력을 최적화하기 위한 많은 여지가 있을 수 있다. 압력관리는 물 시스템을 최적화하기 위한 가장 기본적이고 비용 효과적인 형태이고, 많은 경우 대규모 투자 자금을 신속하게 상환할 수 있다.

그림 18.1은 압력관리가 실질손실 관리의 4개 성분 시나리오 중 어디로 들어가는지를 보여

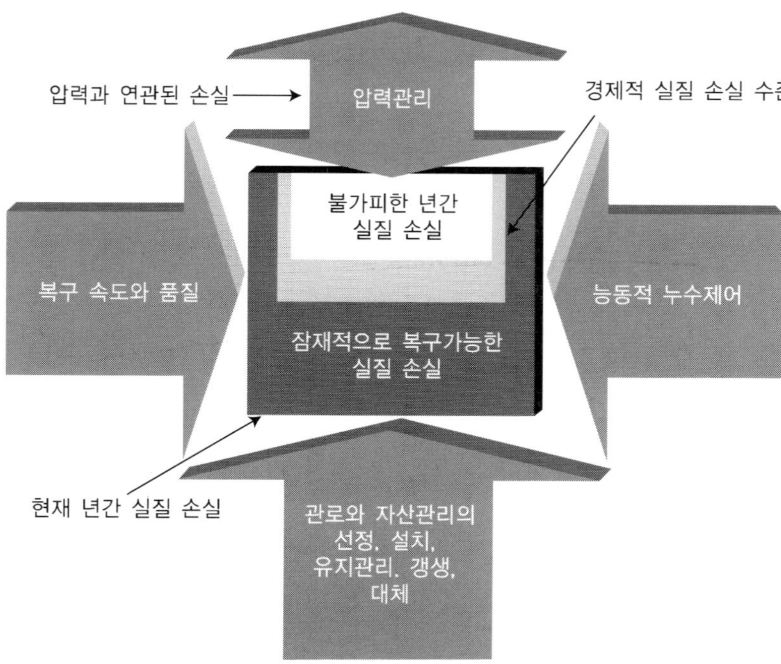

그림 18.1 실질손실관리의 압력관리 성분(IWA WLTF 및 AWWA WLCC 제공)

준다. 압력관리는 다양한 형태로 수년 동안 수행되고 있다. 그러나 물 시스템 최적화, 물손실 감소 및 관리 프로그램에서 선진 압력제어 기술이 광범위하게 사용되기 시작한 것은 오직 지난 수년부터이다.

본장에서는 물 시스템에 대한 압력제어 실행안의 필요 여부의 결정부터 비용 정당화 및 실용적인 현장 설치까지 압력제어 실행안의 모든 계획단계를 기술한다.

본장에서는 밸브에 관한 상세한 내용은 기술하지 않는다. 대부분 밸브 제작사들로부터 모든 수리제어특성을 다루는 밸브 매뉴얼을 얻을 수 있고, ISA로부터 훌륭한 매뉴얼을 얻을 수 있다. 본장은 손실을 감소시키고 그리고 더욱 효율적인 방법으로 배수시스템을 운영하는 많은 도구들 중 하나로서 이용할 수 있는 압력관리에 대한 매우 실용적이고 실천적인 지침이다.

18.2 압력관리 실행안을 착수하는 이유

18.2.1 긍정적 이유

누수감소

누수감소는 전세계 대부분 용수기관 기술자와 관리자의 마음속에 있는 관심거리다. 본서의 다른 장에서 압력감소에 대한 다양한 형식의 누수감소 프로그램에 대해 기술하였다. 누수를 감소시키기 위한 다른 모든 기법들에서와 같이 압력관리는 오직 하나의 도구로서 다른 기법 및 방법론과 연계하여 사용하여야 한다.

최근 조사 및 연구는 배수시스템 내 압력의 안정화 및 감소로 누수체적과 새로운 누수 빈도 모두가 상당히 감소된 사실을 증명하였다. 명백하게 모든 물 시스템들이 압력 감소를 허용할 수 없고 실제로 많은 시스템들은 압력 부족을 경험한다. 그러나 아직도 많은 시스템들은 요구되는 압력을 초과하여 운영하고 있으므로 이들의 압력관리 실행안을 적용하여 상당한 혜택을 얻을 수 있다. 통상적으로 실무자는 누수감소를 고려할 때 압력감소를 생각하지만 많은 경우들에서(특히 펌프로 가압되는 시스템에서) 서지 예측으로 누수를 상당히 감소시킬 수 있다.

물 보존

그림 18.2와 같이 직접 압력을 사용하는 상황에서 압력 감소는 불필요한 수요를 효과적으로 제어할 수 있다. 단순한 예는 일부 사람이 낮은 압력에서 5분 동안 또는 높은 압력에서 5분 동안 양치하는 것이다. 만일 이 시간 동안 수도꼭지가 개방되어 있으면 낮은 압력에서는 물 소비가 상당히 적게 될 것이다.

그림 18.3과 같이 수요를 제어하는 수두는 유입되는 압력이 아니라 사용하고자 하는 장비 상부 높이의 함수이므로 물탱크로 공급되는 주거민 상황에서는 압력제어가 적용되는 않는다. 실무자는 주거민 물탱크를 갖는 지역 내 볼 밸브 누수의 감소에서 압력관리의 역할을 보다

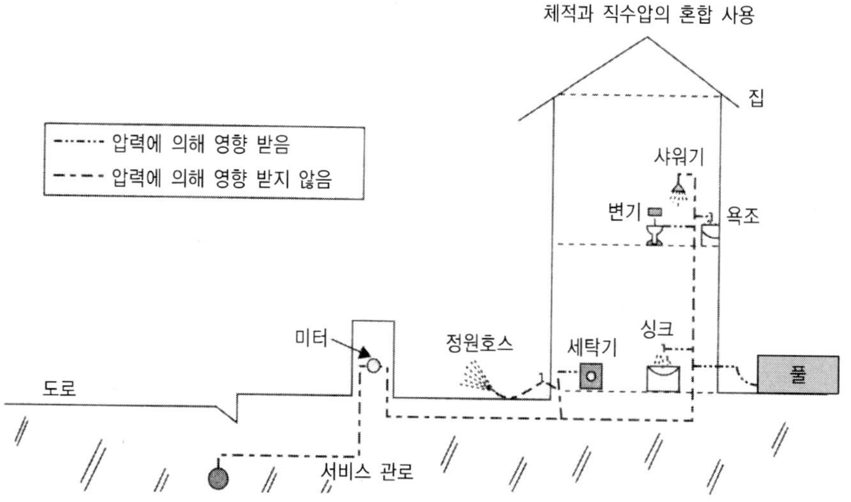

그림 18.2 주거민 직접 급수

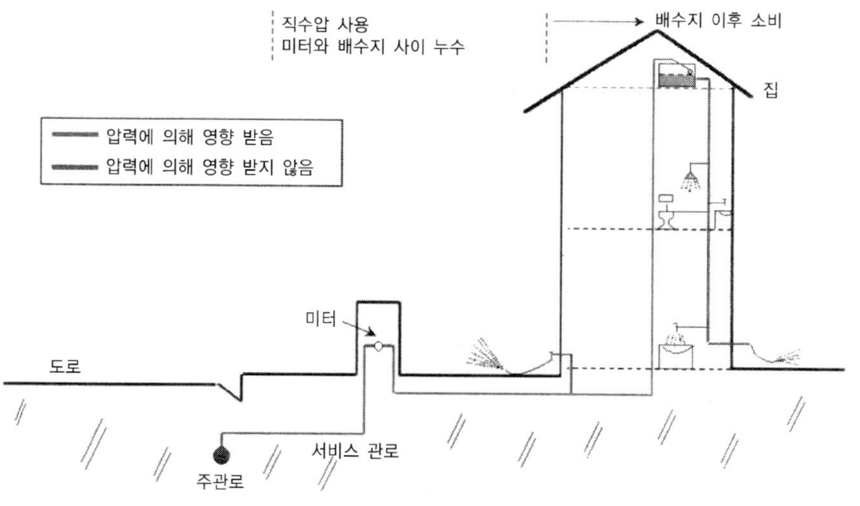

그림 18.3 주거민 탱크 급수

잘 이해하기 위해 과업을 착수하고 있는 중이고, 이렇게 낮은 유량은 빈번하게 미터 판독을 어렵게 만들며 감지되지도 않는다. 특정 압력 이하에서 볼 밸브는 더 이상의 처방 없이 누수를 중지시키는 것으로 언급하여 왔다. 따라서 실제로 압력관리는 피상손실에 긍정적인 영향을 미치는 것으로 이해할 수 있다.

많은 용수기관들은 요금고지에 부정적인 영향을 미치므로 수요 감소를 원하지 않는 반면 다른 많은 용수기관들은 공급을 증가시키거나 또는 과도한 수요 피크를 만족시키기 위해 고비용의 자본확충 프로그램을 실행하는 것 보다 수요를 감소시키는 것이 더욱 비용 효과적인 사실을 발견하였다. 직접 공급하는 시스템을 갖는 용수기관은 주거민, 상업, 산업 고객 사이 수요형식을 조심스럽게 분석하여야 한다. 이 많은 수요들은 용적을 측정하기 때문에 충수시간의 변경이 아닌 압력감소에 의해 영향을 받지 않기 때문이다.

체불(Nonpayment)

일부 용수기관은 고객들이 지불하지 않아도 물을 지속적으로 공급하여야 하는 체불 상황과 직면하며 이는 정치적 또는 사회적 압력으로 인해 해결이 어렵다. 이 상황에서 최소 공급 수준을 유지하면서 소비를 감소시키기 위한 압력관리는 손실을 최적화하고 자원을 보존하기 위해 가장 중요하다.

일부 용수기관은 환경적 저항 때문에 공급을 증가시키는 것이 허락되지 않는 상황과 직면한다. 상황에 따라 영역 또는 개별 고객에 기초하여 압력을 감소할 수 있다.

또한 가뭄 통제를 위한 비상 조치로서 압력 감소를 사용할 수 있다. 수요 및 누수수준은 자원이 정상으로 회복될 때까지 극적으로 단축될 수 있다.

효율적인 배수

많은 배수시스템은 지속적인 수원을 향유하는 한편 많은 배수시스템은 일부 고객들에 대한 공급 문제를 갖는다. 이 이유는 오래된 기반시설, 불량한 설계, 지형학적인 제약 또는 인구배치에 기인할 수 있다. 압력감소 기법뿐만 아니라 압력유지기법, 가압, 유량 제어를 사용하는 압력관리는 시스템이 자원을 최대한 균등하게 배분하고 대부분의 고객들에게 필요한 물량을 보장할 수 있다.

배수지 수위 안정

용수기관 운영자는 압력관리 실행안을 실행하여 수요를 만족시키기 위해 현실적인 배수지와 저장탱크 수위를 유지할 수 있다. 감압밸브, 압력유지밸브 그리고 유량 제어밸브를 조합하여 이를 수행할 수 있다. 또한 그림 18.4의 수위제어는 시스템 수요와 수두 손실이 낮고 압력이 가장 높은 비첨두 시간 동안 월류를 허락하지 않는 것을 보장한다. 만일 적정하게 제어 및 캘리브레이션하지 않으면 배수지 월류는 용수기관 누수의 큰 부분을 차지할 수 있다.

수리 영향 감소

시스템 내 상태의 급속한 변화는 수리 영향, 서지파 및 부정류파를 야기한다. 불행하게도 대부분 시스템 운영자들이 밸브를 너무 신속하게 폐쇄하거나 개방하는 사례가 있다. 시스템 내 밸브를 제어하여 운영하지 않으면 부정류 파가 시스템 내에서 상류와 하류로 이동하여 약한 관로 부분을 손상시킨다. 압력완화 밸브와 서지완화 밸브는 그림 18.5와 같은 상황에 대한 도구인 반면 필요한 압력으로 제한하는 단순한 압력관리 실행안은 부정류파의 부정적인 효과

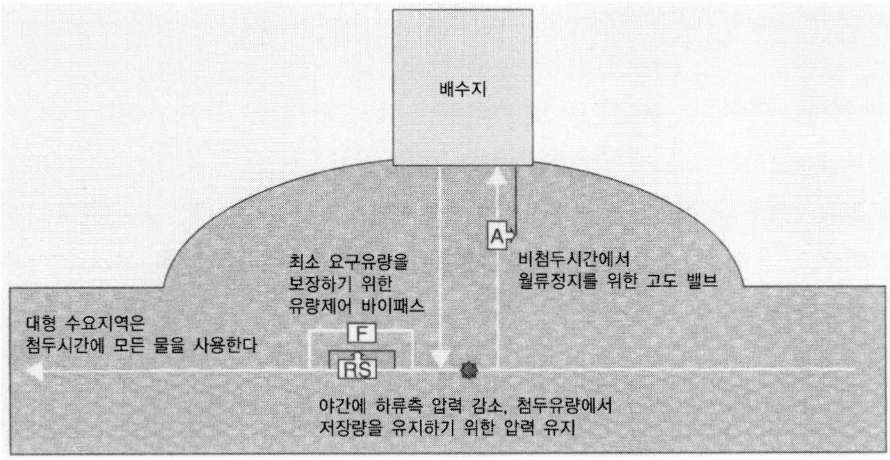

그림 18.4 압력관리는 빈번하게 밸브 혼합을 사용한다

를 감소시키는 데 효과적이다. 보다 낮은 압력을 유지하도록 설치된 단순한 감압밸브도 가능성 있는 부정적인 효과를 감쇠시킨다.

고객 불만 감소

압력관리 실행안은 압력 감소뿐만 아니라 수압과 유량 모두를 일정하게 공급하도록 설계된다. 일부 고객들은 시스템 내 높은 수두손실로 야기된 낮은 압력을 일중에 경험한다. 높은 유속(예를 들어 수요 하류측 고객을 제어하지 않는 경우)은 높은 수두 손실을 발생시킨다. 다른 고객들은 압력이 너무 높아 가정 내 장비를 손상시키거나 장애를 유발하여 압력 불만을 제기한다. 제어되지 않은 누수는 고객들의 공급부족을 야기할 수 있다. 압력관리는 예상과는

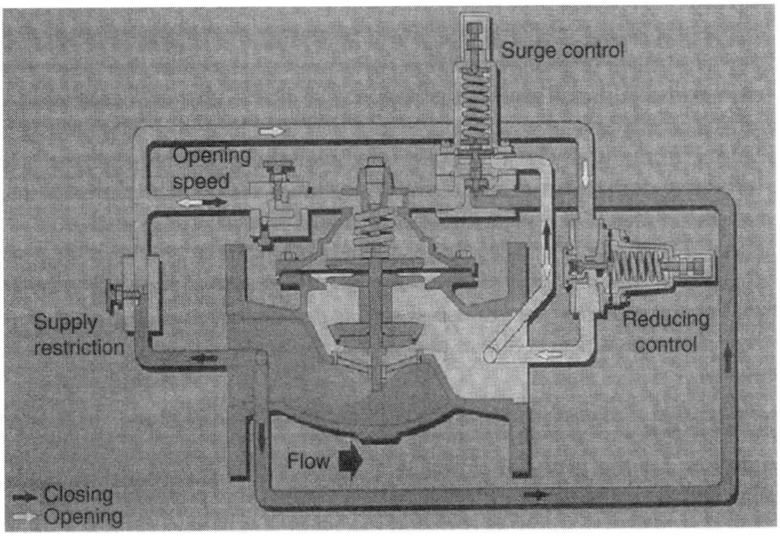

그림 18.5 서지방지 밸브 선도

반대로 오히려 고객 만족을 증가시킬 수 있다.

18.2.2 잠재적 우려

앞에서 압력관리는 모든 용수기관 문제에 대한 해답으로 보일 수 있다. 그러나 불량하게 실행된 프로그램은 문제를 야기할 수 있다. 용수기관이 현재 압력을 제어하지 않거나 또는 압력제어수준을 증가시키려는 압력관리 실행안을 고려할 때 통상적인 우려는 다음과 같다.

- 소방유량 우려
- 수익손실
- 야간에 충수되지 않는 배수지

소방유량 우려

소방유량이 우려되는 구역에서 유량 조정이 가능한 PRV로 복수의 공급관로를 제어할 수 있다. 따라서 화재가 발생하면 물 시스템은 화재 진압을 위해 미국과 캐나다 NFPA(national fire protection association) 규정이 요구하는 유량과 압력을 충분히 유지하는 수리용량을 갖는다. PRV는 수요 요구조건에 최소 안전운영 한계를 더하여 결정되는 압력으로 자동 조정한다.

효율적인 유량조정 밸브의 기능이 없는 시스템의 경우 운영밸브와 병렬로 또는 구역의 전략적 입구에서 대형 휴면(sleeper) 밸브를 설치한다. 이 밸브는 소방유량으로 인해 수두손실이 증가하여 시스템 압력이 저하할 때 개방된다. 많은 경우 이 대형 밸브는 비상 상황을 직면하지 않는 한 폐쇄된 상태를 유지한다. 최근 효율적인 수요 조정된 선택사항들과 비교하면 많은 경우 대형 휴면 밸브의 사용은 비용 효과적이지 않을 수 있다. 그러나 일부 상황들에서 수요 범위는 보조 병렬 밸브의 사용을 요구한다.

NFPA는 기본적으로 소화전에서 압력 40psi로 유동할 때 주거민 가용 압력은 20psi가 되도록 명시한다. 제22장에서 기술한 것과 같은 시험에 기초하여 이 표준 기준 압력에서 소화전의 유량으로서 소화전을 규정한다.

명백하게 잠재적 압력제어 구역 설정시 구역 내 재산 형식에 대한 보험 규정을 따르고 반드시 이 압력한계를 고려하여야 한다.

대부분 국가는 소방규정을 가지며 압력관리 실행안 계획시 반드시 이 규정을 준수하여야 한다.

수익손실

누수가 커서 수익손실이 우려가 되는 시스템에서도 압력감소로 인해 주거민 또는 산업 부문에서 잠재적 수익손실이 누적될 때 조차도 거의 항상 압력관리로부터 긍정적인 혜택을 얻을 수 있을 것이다.

압력관리 프로젝트에 대한 비용으로서 설치비와 제품비용이 포함되면서 손실된 수익이 비용-편익 계산에 포함된다. 또한 물을 생산하거나 구매하기 위해 비용이 높고 손실이 낮은 물 시스템의 경우 이는 진실이다. 수익손실을 허용할 수 없는 상황에서는 합법적 소비가 최저이고 시스템 압력이 최고인 야간에 압력관리를 제한할 수 있다.

많은 시스템들은 물 보존 프로그램을 시행하고 있는 사실을 상기하면 압력 감소는 물 보존 프로그램의 일부가 된다.

변기는 가정 내 물 사용의 큰 부분을 차지한다. 즉, 탱크 형식의 변기는 고정된 물량을 사용하며 이 물량은 압력이 감소되어도 크게 변화하지 않는다. 또한 주택 내 다른 많은 고정된 물량을 사용하는 물 기구들이 존재하며 이들은 압력에 따라 크게 변화하지 않는다(그림 18.2 참조).

구역의 압력관리를 고려할 때 과도한 1인당 사용을 반드시 고려하여야 한다. 대표적인 1인당 사용은 표 18.1과 같다.

표 18.1 미국 내 추정된 1인당 물 소비

출처 : Soley et al. In Water Distribution System Handbook, Larry W. Mays., ed. ⓒ2000 by McGraw-Hill

주	Lcd(gcd)	주	Lcd(gcd)
알라바마	379(100)	네브라스카	435(115)
알래스카	299(79)	네바다	806(213)
아리조나	568(150)	뉴햄프셔	269(71)
아칸사스	401(106)	뉴저지	284(75)
캘리포니어	556(147)	뉴멕시코	511(135)
콜로라도	549(145)	뉴욕	450(119)
코네티컷	265(70)	노스 캐롤라이나	254(67)
달라웨어	295(78)	사우스 캐롤라이나	326(86)
콜롬비아 특별구	678(179)	오하이오	189(50)
플로리다	420(111)	오클라호마	322(85)
조지아	435(115)	오레곤	420(111)
하와이	450(119)	펜실배니어	235(62)
아이다호	704(186)	로드 아일랜드	254(67)
일리노이스	341(90)	사우스 캐롤라이나	288(76)
인디애나	288(76)	사우스 다코타	307(81)
아이오아	250(66)	테네시	322(85)
캔사스	326(86)	텍사스	541(143)

표 18.1 미국 내 추정된 1인당 물 소비(계속)

주	Lcd(gcd)	주	Lcd(gcd)
켄터키	265(70)	유타	825(218)
루이지애나	469(124)	버몬트	303(80)
메인	220(58)	버지니어	284(75)
매릴랜드	397(105)	워싱톤	522(138)
매사추세스	250(66)	웨스트 버지니어	280(74)
미시간	291(77)	위스콘신	197(52)
미네소타	560(148)	와이오밍	617(163)
미시시피	466(123)	푸에프토 리코	182(48)
미조리	326(86)	버진 아일랜드	87(23)
몬타나	488(129)	미국 평균	397(105)

만일 1인당 사용이 과도하면 효과적인 압력관리는 보존 프로그램의 일부가 된다. 만일 그렇지 않으면 구역(주거민, 상업, 산업) 내 소비성분들, 소비량, 압력과 직결된 소비량을 반드시 결정하여야 한다. 이제 물손실 감소에 따른 수익감소의 잠재적 편익을 분석할 수 있다.

충수되지 않은 배수지

물 시스템 압력감소 때문에 야간에 충수되지 않는 배수지와 관련하여 많은 압력 감소 프로그램은 작은 주관로에 집중된다. 따라서 대형 트렁크 또는 송수관로 내 정상적인 시스템 압력을 허용하는 반면 선정된 지역 내 물손실이 감소된다. 그림 18.4 예제와 같이 완벽한 압력관

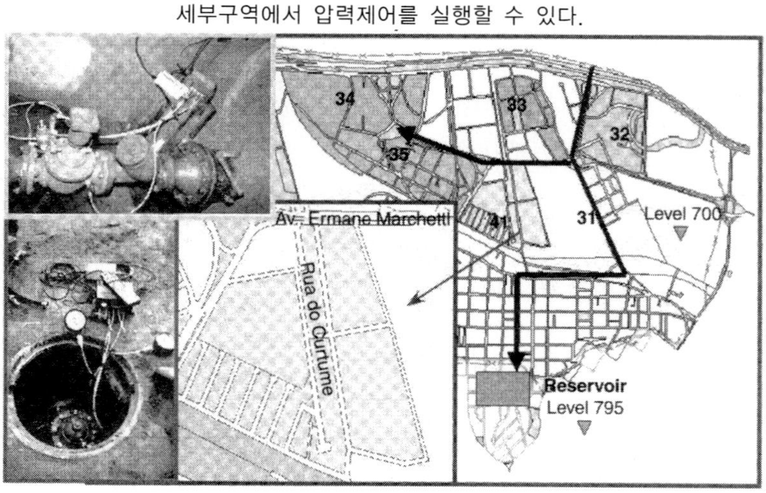

그림 18.6 세부구역 내 압력관리

리 프로젝트는 일부 사례에서 실제로 배수지 충수 특성을 개선할 수 있다. 이는 펌핑되는 시스템 내 저장 탱크들이 시스템 압력에 평형될 때 특히 중요하다. 중력 시스템은 영향을 덜 받는다.

통상적으로 배수지는 대형 배관으로 연결되어 많은 경우 문제가 발생하지 않는다. 대부분 용수기관은 육안으로 확인 불가능한 누수는 소구경 배관과 서비스 연결에서 발생하는 경향이 있는 것을 발견하였고, 따라서 제어 지역 내 대형 배관을 제외시켜도 압력관리 프로그램의 효과도는 크게 감소하지 않아야 한다(그림 18.6 참조).

18.3 다양한 압력관리 형식

압력관리는 중력시스템의 기본적인 구역화부터 동적으로 제어되는 자동 제어 밸브 ACV (automatic control valve) 또는 펌프 속도에 이르기까지 다양한 형태를 취한다. 지구상 모든 배수시스템은 다른 요구조건 또는 실제로 복수의 요구조건을 가질 수 있다. 가장 공통적인 압력관리 형태 중 일부는 다음 절에서 기술한다.

18.3.1 구역화(Sectorization)

구역화는 아직도 매우 효과적인 압력관리의 가장 기본적인 형태 중 하나이다. 자연스럽게 또는 물리적인 밸브 조작으로 세부구역으로 나눈다. 통상적으로 구역은 상당히 크고, 빈번하게 복수의 공급을 갖는다. 따라서 통상적으로 밸브를 폐쇄하여도 국부적인 수리문제가 발생하지 않는다. 통상적으로 중력을 이용하는 시스템은 지반고에 따라 구역화되고, 펌프 가압되는 시스템은 상승된 탱크 또는 저장시설의 수위에 따라 구역화된다.

구역화 단독으로 압력을 제어함에 있어 가장 어려운 부분들 중 하나는 경계 밸브의 제어이다. 오늘날 밸브를 운영할 때 마다 중앙 제어실로 밸브 상태를 전송하는 원격장치들을 사용할 수 있어 관리자는 구역들의 무결성을 제어하고 비상 또는 유지관리 절차 후 이 밸브들이 정상으로 복귀되는 것을 확인할 수 있다.

가장 단순한 형태의 구역화는 고가의 ACV와 제어기의 설치를 요구하지 않는다. 그러나 많은 경우 이 장치가 없으면 완벽하게 효율적으로 압력을 관리할 수 없다. 수년 동안 구역화를 실행하는 많은 물 시스템들은 이미 시행중인 기본적인 제어 이외에 선진 제어를 실행하는 것이 매우 비용 효과적인 것으로 증명하였다.

18.3.2 펌프 제어

많은 용수기관은 시스템 압력제어 방법으로서 펌프를 제어한다. 펌프는 시스템 수요에 따라 기동 또는 정지된다. 만일 감소된 펌핑 수준이 아직도 배수지 수위를 유지할 수 있으면(통

그림 18.7 병렬로 설치된 감압밸브

상적으로 야간에) 이 방법은 효과적이다. 최근 에너지 사용 효율에 대한 에너지 보존 관심이 증가하면서 조심스럽게 이 방법론을 검토하여야 한다. 만일 펌프의 상류측 밸브를 교축하거나 수요가 펌프 설계 범위를 초과하면 펌프는 설계 운영범위 외부에서 운영될 수 있다. 비효율적인 펌프운영은 전력 소비를 상당히 증가시킬 수 있고 일부 경우 첨두 시간 동안에 높은 요금이 부과된다.

특히 변속장치를 사용하여 적정하게 펌프를 제어하면 매우 효과적으로 물 시스템 압력을

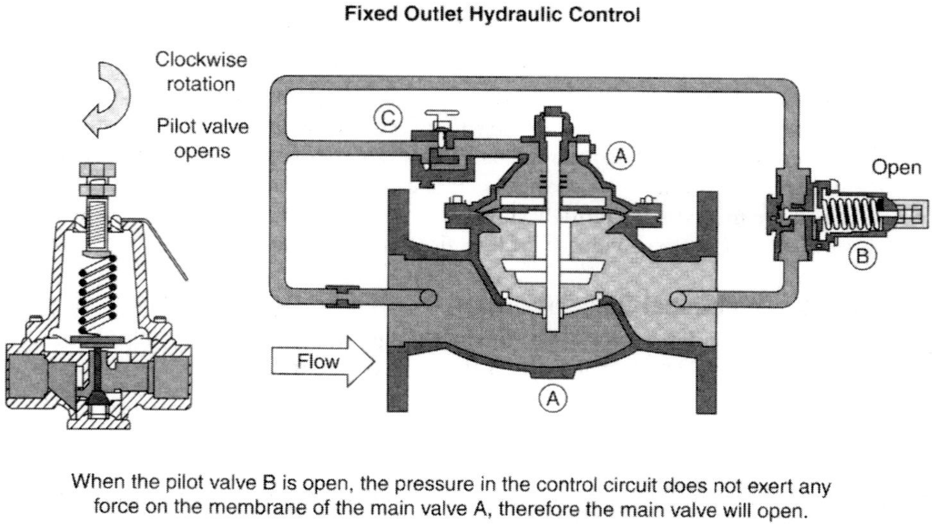

그림 18.8 감압밸브 선도

제어할 수 있다.

18.3.3 관로 밸브 교축

많은 운영자들은 물 시스템 압력 감소의 필요성을 인식하고 게이트 또는 버터플라이 밸브를 부분적으로 폐쇄하여 수두손실을 발생시켜 압력을 감소시킨다. 발생된 수두손실은 시스템 수요변화에 따라 변화하므로 이 방법은 가장 비효과적이다. 최소 압력이 필요한 야간에는 물 시스템의 압력은 더욱 상승하고, 수요를 만족시키기 위해 가장 큰 압력이 필요한 낮 동안에는 압력이 감소한다. 이로 인해 정 반대가 되는 현상이 발생한다.

18.3.4 ACV-고정된 유출

ACV는 전통적인 제어 방법이고 기본적으로 수력적으로 운영되는 제어밸브를 사용한다(그림 18.7 및 18.8 참조). 본서 후반부에서 제어기와 다양한 프로파일을 기술한다. 밸브의 고정된 유량제어 방법은 낮은 수두손실과 수요가 낮아 계절 변화로 인해 매우 크게 변화하지 않고 균등한 공급 특성을 갖는 지역에 효과적이다.

앞에서 인용한 이외 지역 내에서 첨두 수요 동안 최소 압력을 만족시키기에 충분히 높은 유출 압력을 설정하여야 하므로 고정된 유출 제어는 비효율적일 수 있다. 통상적으로 야간에 물 시스템 수요가 감소되면서 수두손실이 감소되어 시스템 압력은 정적 압력(정수두)으로 복귀하며, 많은 사례에서 이는 야간 수요에 소방 수요를 더한 것을 만족시키기 위해 필요한 압력을 훨씬 초과한다(그림 18.9 참조).

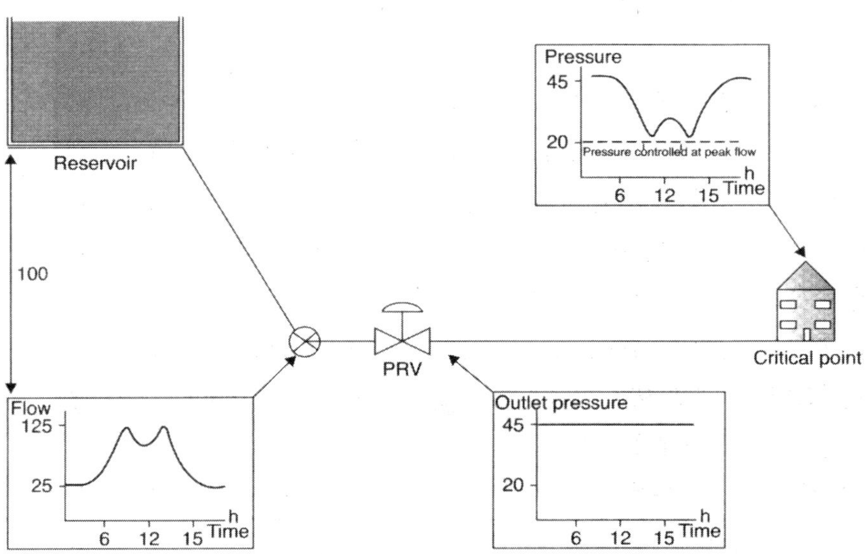

그림 18.9 고정된 유출량 제어의 효과

18.4 압력–누수량 관계

제10장에서 기술한 것과 같이 누수와 압력 사이 관계는 단순하게 압력의 제곱근이 아니라 멱급수법칙(expanding power law)과 관련된다. PVC 누수는 물론 다른 많은 누수 형식(특히 조인트에서 누수)은 압력이 변화하면서 면적 변화에 종속된다. 이는 압력을 감소시키면 누수되는 유속뿐만 아니라 누수 단면적이 변화하면서 누수량이 크게 변화하는 것을 의미한다.

18.4.1 전통적인 계산

압력 감소를 통한 누수감소의 전통적인 계산은 누수단면적이 고정된 것으로 가정한다. 이 누수 형식에 대한 계산은 다음과 같으며 아직도 이 식을 사용한다.

$$\frac{L_1}{L_0} \approx \left(\frac{P_1}{P_0}\right)^{N_1 = 0.5}$$

압력이 P_0로부터 P_1으로 변화하면 누수율은 다음과 같이 L_0로부터 L_1으로 변화한다.

$$L_1 = L_0\left(\frac{P_1}{P_0}\right)^{0.5}$$

예제 18.1 압력 80psi에 누수량이 500gpm인 고정된 누수단면적을 갖는다. 만일 압력이 50psi로 감소되면 누수 절감량은 얼마인가?

풀이

$$L_1 = L_0 - L_0\left(\frac{P_1}{P_0}\right)^{0.5} = 500 - 500\left(\frac{50}{80}\right)^{0.5} = 500 - 395 = 105\text{gpm}$$

18.4.2 고정 및 가변 누수 단면적

고정 또는 가변 단면적으로서 누수를 표현할 수 있다. 고정된 단면적 누수는 아연 도금된 서비스 관로의 핀홀 또는 주철관 내 홀이 될 수 있다. 이 형식의 누수는 앞에서 기술한 전통적인 계산을 따른다. 고정된 단면적 누수감소를 통한 절감은 통상적으로 가변 단면적 누수감소를 통한 절감 보다 더욱 보수적이다.

통상적으로 가변 단면적 누수는 PVC 또는 플라스틱 배관으로 구성된 물 시스템과 조인트부 누수(빈번하게 AC 배관 또는 오래된 수력 커플링을 갖는 시스템에서 발견됨), 높은 배경누수를 갖는 물 시스템 내에서 발생한다.

가변 단면적 누수는 전통적인 제곱근이 아니라 물 시스템에 크게 종속되는 멱급수 N_1를 사용한다. N_1 수치 범위는 0.6~2.5이며 영역 특성에 기초하여 계산하여야 한다. 그러나 국제 연구는 다양한 재질을 갖는 대형 영역의 대표적인 수치는 $N_1 = 1.15$인 것으로 확인하였다.

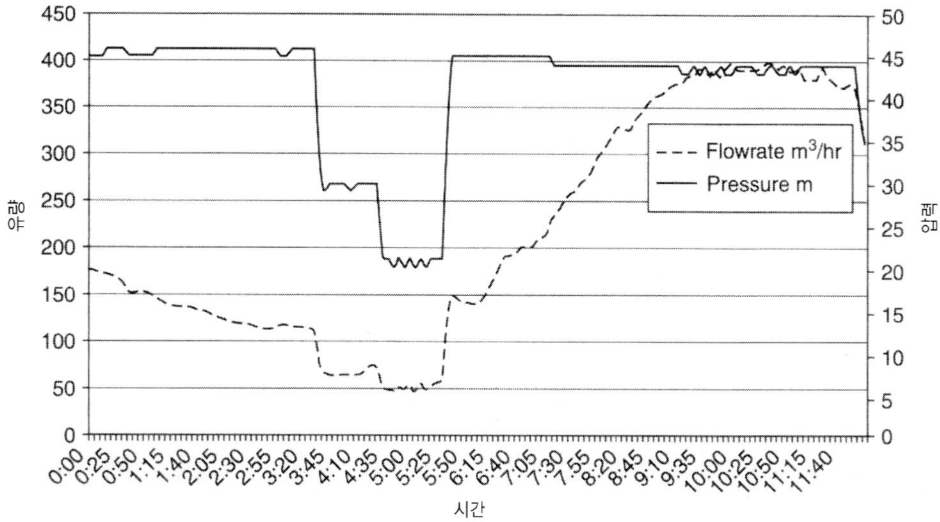

그림 18.10 압력감소는 누수 감소로 이어진다

상당히 단순하게 자료 로거 또는 수동으로 유량과 압력을 기록하여 현장에서 N_1을 계산할 수 있다. 통상적으로 이 형식의 시험은 스탭 테스트로 알려져 있다.

올바른 N_1를 계산하기 위해 안정된 수요 조건 동안 야간에 압력과 유량 자료를 얻어야 한다. PRV의 현재 압력을 감소시키거나 또는 게이트 밸브를 교축하여 압력을 감소시켜야 한다. 이에 상응하는 유량 감소는 제10장에서 기술한 것과 같이 N_1을 결정한다. 통상적으로 추정에 사용된 N_1은 3개 이상의 스텝 또는 압력감소의 평균이다. 스텝 테스트 결과에 대해서는 그림 18.10을 참조한다.

예제 18.2 국제적으로 채택된 평균 $N_1 = 1.15$을 사용할 때 감소된 누수의 표본 계산도 변화한다.

풀이

$$L_1 = L_0 - L_0\left(\frac{P_1}{P_0}\right)^{0.5} = 500 - 500\left(\frac{50}{80}\right)^{1.15} = 500 - 291 = 209\text{gpm}$$

104gpm이 추가로 절감되는 것을 알 수 있다. 이 추가 절감은 두 번째 예제에서 가변 누수 단면적의 함수이다. 따라서 100% 고정된 단면적 누수를 갖는 시스템을 제외하고 전통적인 방법은 가장 보수적인 것을 알 수 있다.

18.4.3 배경누수(Background leakage)

많은 용수기관은 매우 효율적인 누수 평가, 탐지, 복구를 수행하는 반면 다른 용수기관은 아직도 탐지가 불가능한 누수 요소를 갖는다. 이를 빈번하게 배경누수라 부른다. 배경누수는 전통적인 방법으로 탐지할 수 없는 작은 핀홀 누수, 조인트 누수 등으로 구성된다. 배경누수의 영향을 감소시키는 효율적이고 유일한 방법은(주관로 및 서비스관로 대체 프로그램과 같은 기반시설 처방을 제외한) 필수적인 압력제어이다.

높은 서비스 밀도, 높은 소화전 밀도 또는 크게 불평형되는 상황으로 인해 유지관리가 어려운 물 시스템 내에서 높은 배경누수가 빈번하게 발생한다.

18.4.4 새로운 누수 빈도 감소

압력관리는 누수체적 및 배경누수뿐만 아니라 새로운 누수 발생 빈도도 감소시킨다. 압력은 새로운 누수 빈도에 영향을 미치는 유일한 요소는 아니지만 빈번하게 중요한 요소인 사실에 유의하여야 한다. 다른 요소들은 지반조건, 교통조건, 배관 재질 및 상태, 미주전류(stray current), 온도, 그리고 되메움을 포함할 수 있다. 압력 감소에 따른 파괴 빈도의 감소를 추정하는 방법은 제10장에서 기술하였다.

18.5 월류 제어

압력관리가 물손실에 미치는 영향을 토론할 때 배수지, 탱크, 저장시설의 수위 관리를 고려하는 것이 중요하다.

저장시설의 월류로 인한 물손실은 상당하지 않은 것으로 간주되고, 빈번하게 탱크는 길에서 먼 곳에서 위치하므로 월류를 항상 명백하게 알 수 없어 너무나 빈번하게 간과된다.

통상적으로 월류는 야간에(수요 및 물 시스템에서 수두손실이 적어 압력조건이 최대가 되는) 또는 올바르지 못한 수위제어 또는 물 시스템 제어로 인해 발생한다. 펌프 제어, 전산기에 연결된 소프트웨어에 의한 자동 제어를 포함하는 SCADA을 사용하거나 고도밸브 또는 볼밸브로 구성된 단순한 수력 제어를 사용하여 수위를 제어할 수 있다. 때로는 용수기관은 세련된 일련의 자동제어를 사용할 수 있지만 번개와 같은 외부 요인들은 이들에게 영향을 미칠 수 있다. 단순한 수력적 예비설비는 빈번하게 비용 효과적이다. 어떻게 수력적 해결책이 동작하는지는 본장의 후반부에서 기술한다.

많은 탱크들과 배수지들은 월류 배관을 갖는다. 만일 용수기관이 월류 발생여부를 알고 싶으면 월류 배관의 배수 지점을 조사하면 된다. 만일 최근에 물이 배수된 증거가 있으면 반드시 수위를 자동기록하고 월류 수위와 비교하거나, 또는 자료 자동기록 장치를 사용하지 않는 경우 단순한 해결책은 월류 배관 내부에 볼을 설치하여 매일 볼의 위치를 조사하는 것이다. 만일 볼이 배관 밖으로 유출되면 월류가 발생하였다는 증거이다.

반드시 압력과 수위를 감시하고 물손실 정도를 분석하여야 한다. 단순한 비용-편익분석은 물 시스템의 새로운 제어가 보장되는지를 확인해 줄 것이다.

18.6 기본적인 감시 지점들

압력관리 프로젝트에서 최소한 다음 점들을 먼저 감시할 필요가 있다.

- 공급 절점
- 저장 절점
- 임계 절점
- 영역 평균압력 점인 AZP(average zone point) 절점

공급 절점(supply nodes)은 물 시스템 또는 시스템의 세부구역에 공급하는 임의 점으로 간주할 수 있다. 또한 공급 절점은 하나의 영역으로부터 다른 영역으로의 유출점이 될 수 있다. 일부 경우 양방향 유량을 감시할 필요성이 있을 수 있다.

저장 절점(storage nodes)은 배수지, 탱크, 스탠드파이프 또는 물이 저장되는 임의 위치가 될 수 있다.

임계 절점(critical nodes)은 예를 들어 물 시스템 내 높은 고도에서 공급이 최악이 될 수 있는 지점 또는 공급 관로 내에서 높은 수두 손실이 존재하는 지점이다.

AZP 절점은 시스템 또는 영역 내에서 대표적인 평균 조건(지반고, 압력, 수두손실 등)으로 선정되는 지점이다. 적정하게 AZP 점들을 확인하는 방법은 제10장에서 기술하였다.

18.7 유량 측정

일반적으로 앞에서 기술한 것과 같이 공급이나 유출 지점에서 유량을 측정하여야 한다. 공급점은 펌프장, 정수장, 저장시설, 시스템 또는 영역으로 전환되는 정수지나 대량 물량 유입점이 될 수 있다. 수요분석 동안 대형 고객들이 대형 야간 물 사용자로 간주되면 대형 고객들의 수요 측정이 필요할 것으로 여겨진다.

반드시 최소한 24시간 동안 측정하여야 하지만 7일 이상의 측정이 선호되며 측정 기간 결정은 통상적으로 비용에 의해 결정된다.

유량 측정시 유량이 변화하는 계절적 경향과 쉽게 관련되는 것을 보장하기 위해 주의를 기울여야 한다. 수요가 명백하게 변화하는 지역 내 최상의 방법은 1년 동안 감시하는 것이다. 그러나 이를 실천하는 것이 매우 어렵다. 차선책은 년간 수요를 정규화하고 안전을 위해 1주 유량 감시를 정규화된 곡선과 관련시키는 것이다.

캘리브레이션된 장비를 사용하여 유량을 정확하게 측정하여야 한다. 그러나 설치하여야 할 밸브는 통상적으로 상당히 넓은 유량범위를 가지면서 정확도는 ±10%가 될 수 있다.

18.8 압력관리

상기에서 언급한 모든 절점들에서 반드시 압력을 측정하여야 한다. 현장 설치 이전 및 이후 정확도 및 드리프트(drift)를 확인하기 위해 반드시 캘리브레이션된 타당하게 높은 해상도(±0.1% full scale)를 갖는 로거로 압력을 측정하여야 한다. 측정 과정에 대한 더욱 상세한 정보는 부록 B를 참조한다.

18.9 이상적인 설치 위치 확인을 위한 수리모델 사용

압력제어를 위한 지역을 선정하기 위해 반드시 전산기 수리모델을 사용할 필요는 없다. 그러나 높은 압력을 갖는 지역들을 확인하기 위해, 더욱 발전된 동적 제어장치를 유익하게 사용할 수 있는 높은 수두 손실 지역을 확인하기 위해 수리모델을 사용할 수 있다(그림 18.11 참조). 최적 제어 영역의 숫자와 위치를 확인하기 위해 최근 모델링 기법들을 사용할 수 있다. 일반적으로 모델은 타당하게 캘리브레이션되어야 하고 그리고 소방유량 또는 계절적 조정과 같은 필요한 극단적인 수요를 포함하여야 한다. 오직 ±15%로 캘리브레이션된 모델은 이러한 과업용도로 수용할 수 있다.

현장에서 상황이 변화하고, 밸브가 폐쇄된 상태로 방치되고, 새로운 누수가 발생하면 현장에 가서 측정할 필요는 있지만 모델을 사용하면 잠재적 지역을 신속하게 확인할 수 있다.

그림 18.11 높은 압력 지역을 찾기 위해 수리모델을 사용할 수 있다

18.10 실행 전 시스템의 수리학 이해

압력제어 위치 및 중요한 자료의 현장 측정을 위한 정확한 위치를 찾기 위해 수리모델을 사용하는 것 이외에 물 시스템이 수리적으로 어떻게 기능하는지를 정확하게 이해하는 것도 매우 중요하다.

통상적으로 프로젝트의 수요 분석 단계에서 수리분석을 수행하며 반드시 다음 사항들을 확인하여야 한다.

- 직접 압력 소비의 페센티지
- 개별 저장 탱크로부터의 소비 퍼센티지
- 펌프 또는 중력에 의한 배수 공급
- 고객 범주(주거민, 상업, 산업) 세분화
- 고가(elevated) 저장시설의 수위제어
- 펌프 정지 제어

이 연구 결과는 제어의 한계비용과 비용-편익 추정을 제공하면서 제어 실행안의 기초를 형성할 것이다.

18.11 잠재적 실행안 편익 계산을 위한 통계 모델 사용

한번 한 지역을 확인하고, 현장 측정하고, 물이 구역 내에서 어떻게 사용되지를 확인하면 의사결정 단계로 진행할 수 있다. 이 단계 동안 정상적인 공급을 방해하지 않는 제어 효과의 크기부터 제어로 인한 누수체적의 감소, 새로운 누수 빈도의 감소, 새로운 자원 실행안의 지연 그리고 일부 경우 물 보존에 대한 편익을 확인할 수 있다.

제10장에서 기술한 지침을 따라 엑셀을 사용하여 단순한 모델을 구축하거나 다양한 상용 모델을 구매할 수 있다. 모델을 구매할 것인지 또는 구축할 것인지에 대한 결정은 실제로 용수기관이 보유한 직원 능력과 가용한 시간에 달려 있다. 계산은 실제로 복잡하지는 않지만 일부 경우 작은 금액으로 입증된 버전을 사용하는 것이 자체 모델을 구축하려 시도하는 것보다 좋을 때가 있다.

대부분 상용 모델은 유연하지만 구매한 모델이 용수기관 물 시스템의 수리 특성을 고려하는 것을 보장하기 위해 주의를 기울여야 한다. 앞에서 기술한 것과 같이 주거민 저장시설을 사용하는 물 시스템과 직접 압력으로 공급되는 시스템의 특성 사이에 상당한 차이가 존재한다.

18.12 비용-편익 계산

한번 모델에 자료를 입력하고 어느 정도 신뢰도로 캘리브레이션하면 잠재적인 프로젝트 비용-편익 분석을 위해 모델을 사용할 수 있다. 설치하고자 하는 성분 및 직경, 바이패스 및 챔버의 형식, 지반 형식, 제어 형식, 설치 이후 수행할 유지관리 프로그램 형식은 비용을 결정한다. 직접 압력 사용자로부터 추가적인 비용의 감소는 적다. 만일 용수기관 내 물 보존에 대한 개념이 없으면 오직 이 비용을 사용하여야 한다. 만일 용수기관이 고객들의 소비 감소를 시도하면 압력제어는 이 프로그램의 매우 효율적인 부분이 되고 소비 감소는 비용이 아니라 편익으로 이어질 것이다.

누수체적 감소, 유지관리비용 감소, 물 고갈시 새로운 수자원 개발비용의 지연 그리고 체불고객들에 대한 공급 감소 및 증가된 저장 관리의 편익을 계산할 수 있다.

비용-편익은 편익으로 나눈 비용의 함수로서 계산하며 통상적으로 비율로서 표현되고, 초기 투자를 상환하기 위해 필요한 개월수로 표현된다. 대부분 용수기관의 경우 양호한 상환은 24개월 이내이다. 많은 경우 선진 압력제어는 설치가 단순하고 누수를 쉽게 제어할 수 있어 상환이 12개월 이내가 된다.

18.13 ACV 작동 원리

다양한 형식의 ACV를 시중에서 구매할 수 있다. ACV는 다이어프램, 피스톤, 접을 수 있는 슬리브(collapsible sleeve) 장치를 사용한다. 그러나 대부분 제작사들의 밸브 몸체는 제어 형식에 맞도록 교환이 가능하다. 예를 들어 당초 감압밸브로서 설계된 밸브의 튜브와 파일롯 제어 형식을 변경하여 수위-제어 밸브, 펌프-제어 밸브, 유량제어 밸브 또는 다른 기능을 위한 밸브로 쉽게 변경할 수 있다.

수력 ACV는 기본적으로 밸브 헤드로 유입 또는 유출하는 물에 의해 밸브를 개방 또는 폐쇄하는 상류측 압력 힘을 이용하여 설정된 기능에서 파일롯이 동작한다(그림 18.8 참조). 양호한 경험법칙은 범위 20~80% 개도 안에서 ACV가 동작하도록 규격을 결정하는 것이다.

최초로 압력관리 실행안을 고려할 때 여러 밸브 제작사들과 상의하여 튜브와 파일롯 장치를 변경하여 밸브의 기능을 다양하게 변경 가능한지를 보장하는 것이 좋다. 이는 시스템 특성이 변화하면서 최적의 투자를 보장한다.

예를 들어 용수기관은 올해에는 하나의 영역 내부에 압력제어를 위해 모든 부품들이 올바르게 규격 결정된 6인치 밸브 하나를 설치할 수 있다. 그러나 2년 후 건설회사는 대형 콘도를 건설할 수 있으므로 수용조건이 변화한다. 따라서 더 큰 밸브로 교체하고 6인치 밸브를 다른 용도로 쉽게 사용할 수 있다. 바이패스 조립품의 규격을 결정할 때 반드시 유연성을 고려하도록 주의를 기울여야 한다.

또 다른 중요한 점은 유지관리이다. 대부분 용수기관은 편리한 유지관리를 위해 하나 또는 두 제작사의 밸브를 사용한다. 이는 밸브제작사가 다양한 경우에 비해 밸브 제고 부품을 절약할 수 있다는 것을 의미한다. 밸브 가격은 대부분 프로젝트에서 큰 관심사항이지만 현지지원, 제품, 예비자재 제고를 반드시 고려하여야 한다. 결국 지속적인 프로젝트에서 초기 투자는 빈번하게 프로젝트 생애에 걸친 전체 투자비의 극히 작은 부분에 지나지 않는다.

본서에서 기술한 다른 물손실 제어도구에서와 같이 압력관리는 정적인 개념은 아니지만 지속적으로 변화하는 프로젝트로서 지속적으로 변화하는 용수기관의 요구를 추종한다.

18.14 압력 감소

아마도 압력 감소는 누수에 매우 긍정적인 영향을 미치며 오늘날 실행되고 있는 압력관리의 가장 공통적인 형태 중 하나이다. 그림 18.8의 선도와 유사한 밸브는 수리적으로 압력을 감소시킨다.

제어 스프링에 장력을 작용시켜 파일롯 스템 위치를 변경시키고 파일롯밸브를 개방 또는 폐쇄시킨다. 파일롯 내 가변 오리피스 규격이 변화하면서 밸브 헤드로 물이 유입 또는 유출되며 이로 인해 밸브의 개방 또는 폐쇄 위치가 조정된다. 본절의 후반부에 설명하듯이 파일롯을 제어기에 장착할 수 있다.

대부분의 경우 압력제어는 전체 영역들 중 과도한 압력을 갖는 하나의 영역 내부에서 수행된다. 그러나 비용–편익 비율이 양호한 다소 큰 영역에서는 특정 높은 임계 위치까지 물을 가압할 필요가 있을 수 있다. 이는 터무니없어 보일 수 있어도 비용–편익 비율이 양호한지를 판단하기 위해 비용–편익을 검토하는 것은 단순한 일이다.

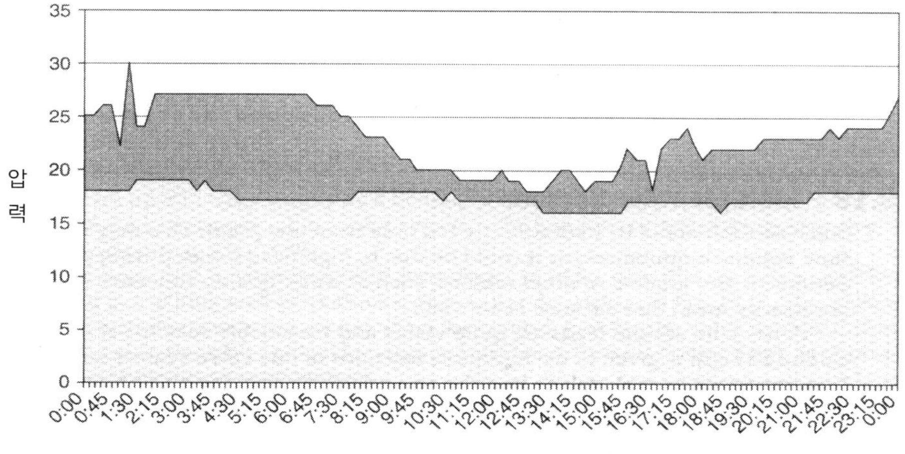

그림 18.12 압력관리 전후의 압력

계곡과 같이 큰 압력감소를 허용하는 작은 구역 이외에 오직 작은 크기의 압력제어의 가능성을 갖는 대형 영역은 매우 양호한 상환을 제공할 것이라는 사실을 쉽게 발견할 수 있다. 그림 18.12와 18.13은 브라질 상파울로 SABESP 설치로부터 이러한 상황의 4개 예를 보여준다.

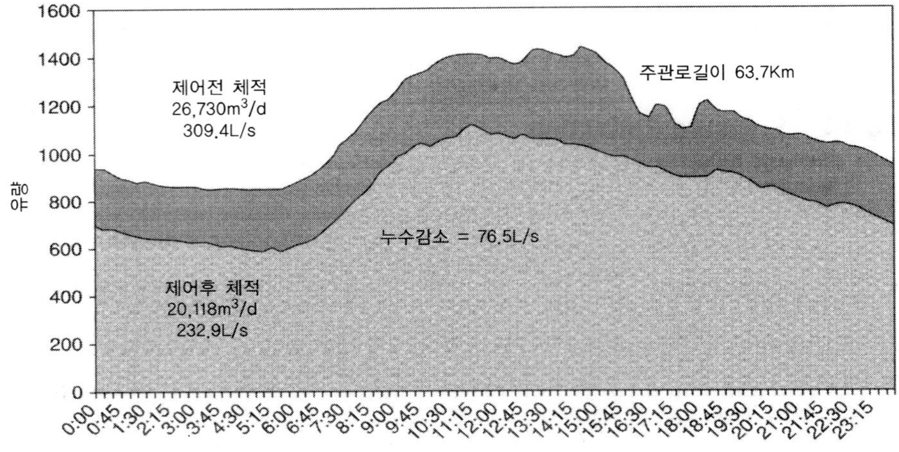

그림 18.13 압력관리 전후의 유량

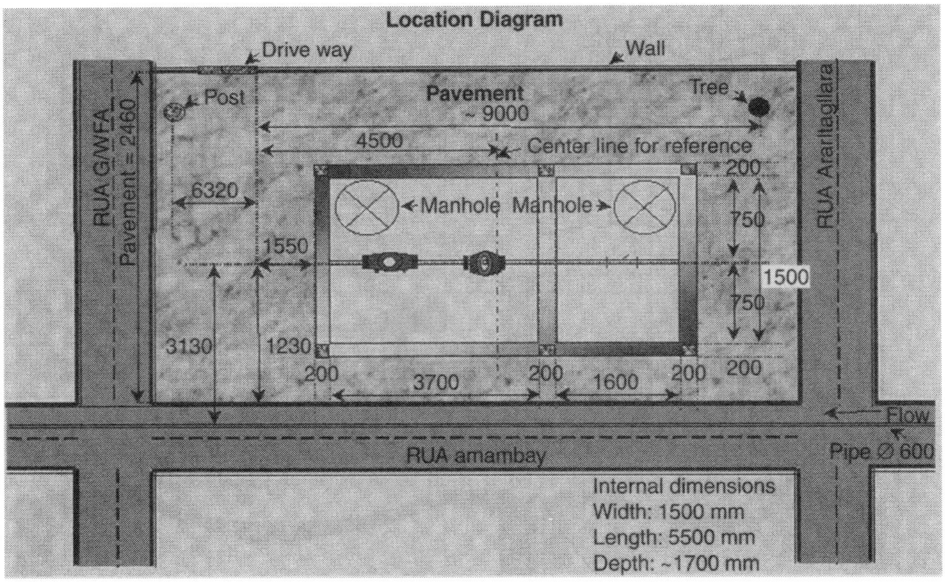

그림 18.14 밸브 위치 선도

18.15 현장에서 설치 위치 찾기

한번 잠재적 구역을 선정하고 도면에서 또는 전산기 모델로 제어 지점을 선정하면 현장에 가서 밸브를 설치할 정확한 지점을 찾는 것이 매우 중요하다. 굴착 이전에 반드시 다른 지하 시설물을 조심스럽게 확인하여야 한다.

또한 도로의 경사진 부분에 설비를 설치할 때는 항상 유입 압력은 요구된 최대 유출압력과 밸브가 작동하기 위해 밸브를 통과하면서 발생하는 수두손실을 더한 것을 초과한다는 사실에 주의를 기울여야 한다.

한번 지점을 확인하면 올바른 위치에 밸브 하우징을 정확하게 건설하고, 만일 이 밸브실 상부가 아스팔트로 포장되면 나중에 이 위치를 쉽게 찾을 수 있도록 반드시 위치를 표시하여야 한다. 표본 밸브실 위치 도해는 그림 18.14를 참조한다.

18.16 복수 밸브 구역

일부 구역은 수리적으로 오직 하나의 지점으로부터 공급될 수 없다. 이는 소방유량 체적 요구조건, 첨두 수요 기간 동안 다른 수많은 이유에 기인할 수 있다. 그러나 영역이 필연적으로 실행 불가능한 것을 의미하지는 않는다.

한 밸브의 수리적 반응에 주의를 기울이면 한 영역은 여러 공급원을 가질 수 있으며 이렇게 설정하는 것도 타당하게 쉽다. 중요도 순서에 따라 밸브의 순위를 결정하고 제어 설정점이 우선순위의 순서를 반영하는 것을 보장하는 것이 중요하다. 예를 들어 일부 밸브들은 오직 높은 수두손실 기간 동안(첨두 또는 비상 수요 동안)에만 동작할 필요가 있는 경우 이 밸브는 나머지 기간 동안 폐쇄된 상태를 유지하여야 한다. 밸브의 평형(balance out)을 보장하기 위해 수력구배선 HGL을 사용할 수 있다.

18.17 배수지 및 탱크 제어

앞에서 기술한 것과 같이 다양한 방법으로 탱크 수위를 제어할 수 있으며 이미 많은 용수기관은 이를 할용하고 있다. 여기에서는 수위제어를 위한 두 개의 단순한 수력 해결책인 볼밸브 및 고도밸브의 제어에 대해 기술한다. 이 두 방법은 아마도 월류를 통한 물손실을 감소시키는 가장 단순하고 저렴한 해결책이다. 낙뢰로 인해 문제가 되는 SCADA 시스템을 갖는 일부 용수기관은 수리적으로 그리고 자동화된 시스템과는 독립적으로 운영하는 예비 시스템으로서 이 방법을 고려할 수 있다.

18.17.1 볼 밸브 제어

볼 밸브는 수표면에서 볼을 부유하여 매우 단순하게 동작한다. 신규 장치는 파일롯 시스템에 연결된 볼을 가지며 이 볼은 그림 18.15와 같이 주 밸브를 운영한다.

교란이 있는 배수지의 경우 정지된 정수지 또는 안정된 위치에 그림 18.16과 같은 볼 조립품을 설치하는 것이 중요하다.

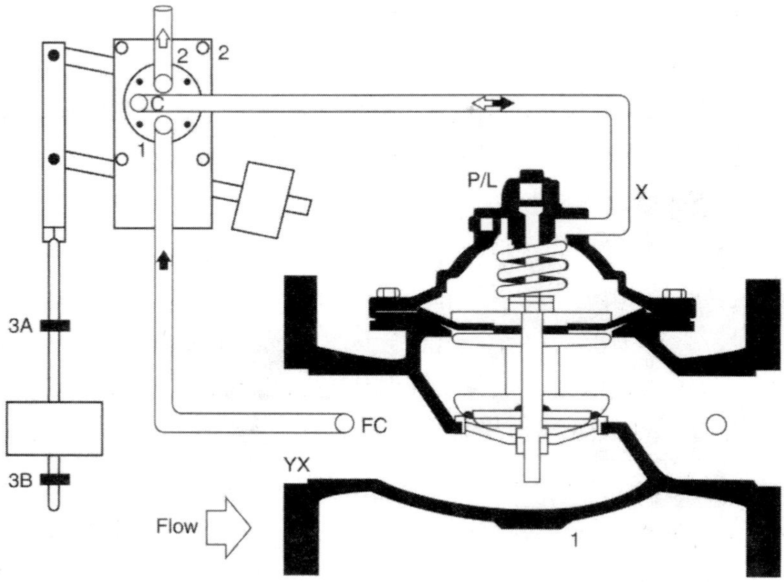

그림 18.15 볼밸브 제어

그림 18.16 볼밸브 조정

이는 난류 표면이 제어에 영향을 미치지 않는 상태에서 밸브가 개방 및 폐쇄되도록 보장한다. 볼 밸브 조립품은 바닥으로부터 충수되는 탱크와는 반대로 상부로부터 충수되는 저장시설에 이상적이다.

18.17.2 고도밸브 제어

고도밸브는 파일롯밸브를 제어하기 위해 탱크의 수위와 동일한 수주를 사용하며 그림 18.17에 따라 주밸브를 개방하고 폐쇄한다. 그림 18.18과 같이 고도밸브는 통상적으로 바닥 충수 탱크 및 저장시설에 설치된다. 그러나 감지 배관이 유출배관에 연결되면 상부 충수 탱크

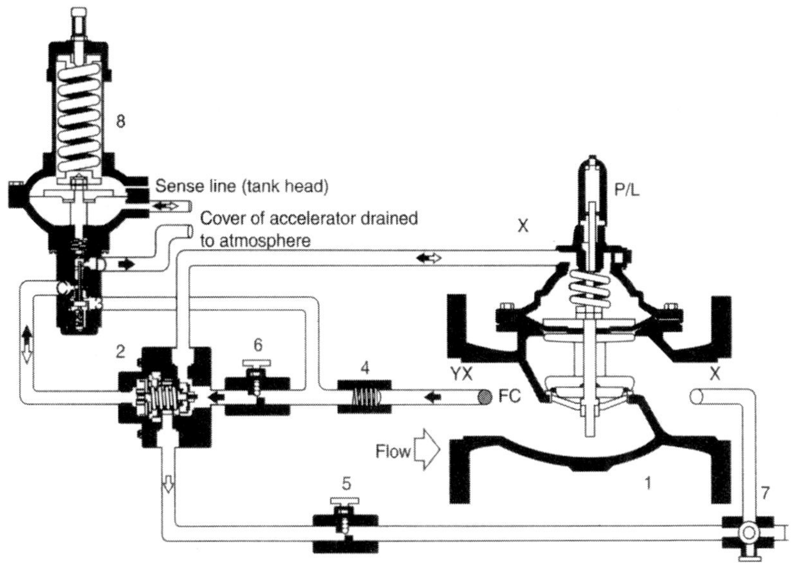

그림 18.17 고도밸브 선도

그림 18.18 고도밸브 설치

에 고도제어밸브를 설치할 수 있다.

고도밸브가 탱크로부터 너무 먼 곳에 설치되면 반응이 지연되고, 제어가 불량해지므로 너무 먼 곳에 설치하지 않도록 주의하여야 한다. 제작사들은 반드시 준수하여야 할 양호한 설치 선도를 제공한다. 고도밸브를 일방향 및 이방향 배관에 설치할 수 있고, on-off 반응 또는 관계 반응(relational response)으로 설정할 수 있다.

18.17.3 유량제어밸브와 압력유지밸브를 사용한 수요 제어

첨두 유량 동안 일부 물 시스템의 특정 부분들은 수리적으로 부족한 것으로 나타난다. 많은 경우 특정 고객들이 대부분의 물을 사용하여 다른 고객들은 적은 물만을 사용하게 될 때 이와 같이 일이 발생한다. 이는 국부적인 큰 손실수두를 발생시키는 매우 큰 고객들이 존재할 때 빈번하게 발생한다. 또한 이는 개발도상국의 비정상적으로 인구가 정착(irregular settlement)된 지역에서 빈번하게 목격된다.

이러한 상황의 영향을 감소시키기 위해 그리고 모든 고객들에게 지속적인 물 공급을 보장하기 위해 유량제어밸브와 압력유지밸브를 사용할 수 있다. 과도한 압력 지역 내 감압밸브와 연계하여 이 밸브들은 물 시스템의 모든 부분들에서 균등한 공급 압력의 제공을 보장하는 데 도움이 된다.

그림 18.19 및 18.20에서와 같이 압력유지 및 유량제어 특수 기능을 감압밸브에 추가할 수 있고, 이는 밸브를 물 시스템 주변으로 물의 전환과 배수지 물의 양호한 순환을 보장하기 위한 효율적인 도구로 만들어 양호한 수질을 보장한다. 높은 수용 시간 동안 배수지 체적을 보호(수리적으로 일부 배수지는 다른 배수지보다 더욱 신속하게 비게된다)할 수 있는 것을 고려할 때 빈번하게 이러한 형식의 제어가 필요하다. 이러한 상황에서 제어 없는 일부 배수지는 실제로 항상 비게 되는 반면 다른 배수지는 절대로 비지 않는다.

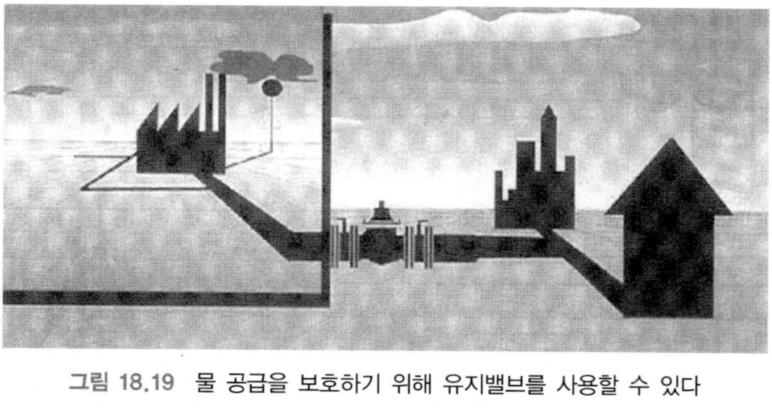

그림 18.19 물 공급을 보호하기 위해 유지밸브를 사용할 수 있다

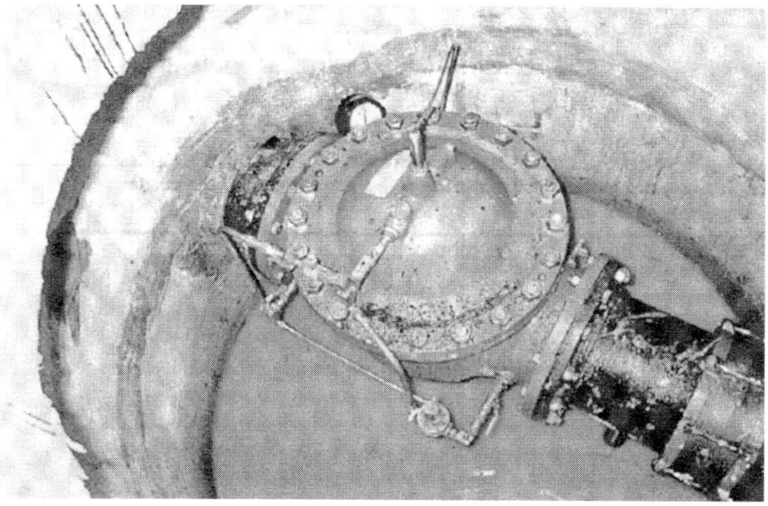

그림 18.20 유지밸브 설치

18.17.4 대형 산업 고객을 갖는 구역

대형 소비자를 갖는 구역의 경우 밸브규격 결정을 위해 사용한 유량과 압력 프로파일은 가장 높고 낮은 수요 기간을 표현하도록 반드시 주의를 기울여야 한다. 일부 경우 현장 저장시설이 설치되지 않았으면 설치하는 것이 용수기관과 고객 모두에게 장점이 될 수 있다. 만일 대형 소비자가 저장시설을 갖추고 있으면 대형 소비자의 소비를 제어하고 국부적인 큰 손실수두로 인한 첨두 영향을 최소화하기 위해 유량제어밸브 또는 압력유지밸브를 사용할 수 있다.

대형 소비자들의 수요와 비상시 대처에 적정하게 주의를 기울이기 위해 반드시 이들 현장을 방문하여야 한다. 때로는 이 조사비용 그리고 일부 경우 화재 스프린클러 시스템의 개량 또는 저장시설 제공이 프로젝트 비용에 포함될 수 있다. 이는 그들 물 시스템의 변경을 원하지 않거나 고객이 전체 프로젝트를 방해하는 경우에 해당된다. 그러나 오직 상환조건이 우호적인 상황에서만 용수기관은 이 비용을 부담할 수 있다.

18.17.5 계절적 변화가 큰 구역

계절적 변화가 큰 구역에서는 복수 공급원 또는 밸브를 병렬로 설치할 필요가 있을 수 있다. 병렬밸브 설치는 통상적으로 관광지역의 경우 주말이나 공휴일에 발생하는 첨두 유동 동안 높은 유량을 제공하는 대형 밸브로 구성된다. 소형 밸브는 비수기 대부분 시간 동안 작동한다. 제어기를 설치하는 경우 대부분 시간 동안 작동하는 밸브상에 제어기를 설치할 필요가 있다. 특별한 경우 소형밸브는 최소야간 유량시간 동안 동작하고 대형 밸브는 대부분 시간 동안 동작한다(그림 18.21 참조).

그림 18.21 유량범위를 확장하기 위해 병렬관로를 설치할 수 있다

18.17.6 수리용량이 약한 구역

수리용량이 약한 구역에서는 압력이 낮 동안에는 충분하지 못하지만 야간에도 압력이 감소될 가능성을 발견하는 것은 드물지 않다. 그러나 아직도 야간 압력감소는 빈번하게 정당화될 수 있으므로 비용-편익분석에 따라 최종 결정한다. 이 경우 앞에서 기술한 것과 같이 빈번하게 감압밸브와 연계된 압력유지밸브를 사용할 것이다. 대안으로서 물 시스템을 제어할 수 없는 대부분 스트레스와 압력을 받는 첨두 시간 동안에만 손실된 압력을 보충하는 작은 탱크를 설치할 수 있다.

18.18 밸브형식 및 규격결정

평균유량 및 압력 수치를 사용하여 밸브형식과 규격결정을 수행한다. 밸브는 상당히 너그러워 대부분의 경우 동작하지만 이는 권장되는 실무가 아니다.

누수제어를 위해 압력을 감소하는 경우 현장에서 유량과 압력을 측정할 것을 강력하게 권장한다. 앞에서 기술한 것과 같이 감소된 압력이 누수에 미치는 영향은 밸브운영에 중요하고 정확한 자료가 없으면 밸브가 부정확하게 설치될 수 있거나 변덕스럽게 운영될 수 있다.

계절적 수정이 필요할 때 현장 측정이 유익하고 그리고 수두손실이 너무 크지 않은 밸브는 상한유량(top end flow)의 대처를 보장한다. 또한 이는 소방 유량과 같은 비상시 유동의 영향을 계산할 때 특히 그렇다. 모든 밸브제작사들은 표 18.2와 같은 밸브선정 도표를 제공한다.

표 18.2 신속한 규격결정 도표

<table>
<tr><th>시스템 유량범위
(gpm)</th><th>규격 범위</th><th>규격 범위(gpm)</th><th>규격 범위(gpm)</th></tr>
<tr><td colspan="4">단일 밸브 설치</td></tr>
<tr><td>1~100</td><td>1¼″</td><td></td><td></td></tr>
<tr><td>1~150</td><td>1½″</td><td></td><td></td></tr>
<tr><td>1~200</td><td>2″</td><td></td><td></td></tr>
<tr><td>20~300</td><td>2½″</td><td></td><td></td></tr>
<tr><td>30~450</td><td>3″</td><td rowspan="5">ACV6000
Series
Valves</td><td rowspan="5">4″30680
6″501025
8″1152300
10″2004100</td></tr>
<tr><td>50~800</td><td>4″</td></tr>
<tr><td>115~1800</td><td>6″</td></tr>
<tr><td>200~3100</td><td>8″</td></tr>
<tr><td>300~4900</td><td>10″</td></tr>
<tr><td>400~7000</td><td>12″</td><td></td><td></td></tr>
<tr><td>500~8500</td><td>14″</td><td></td><td></td></tr>
<tr><td>650~11000</td><td>16″</td><td></td><td></td></tr>
<tr><td colspan="4">병렬설치</td></tr>
<tr><td>1~400</td><td>1¼″(1~100)</td><td>2½″(20~300)</td><td></td></tr>
<tr><td>1~800</td><td>1¼″(1~100)</td><td>3″(30~500)</td><td></td></tr>
<tr><td>1~1000</td><td>1½″(1~150)</td><td>4″(50~850)</td><td></td></tr>
<tr><td>1~2000</td><td>2″(1~200)</td><td>6″(115~1800)</td><td></td></tr>
<tr><td>1~3800</td><td>1¼″(1~100)</td><td>3″(30~500)</td><td>8″(200~3100)</td></tr>
<tr><td>30~3800</td><td>3″(30~500)</td><td>8″(300~1800)</td><td></td></tr>
<tr><td>1~5400</td><td>1¼″(1~100)</td><td>3″(30~500)</td><td>10″(300~4900)</td></tr>
<tr><td>30~5400</td><td>3″(30~500)</td><td>10″(300~4900)</td><td></td></tr>
<tr><td>1~8000</td><td>1½″(1~150)</td><td>4″(50~850)</td><td>12″(400~7000)</td></tr>
<tr><td>50~8000</td><td>4″(50~850)</td><td>12″(400~7000)</td><td></td></tr>
<tr><td>1~9500</td><td>1½″(50~850)</td><td>4″(50~850)</td><td>14″(500~8500)</td></tr>
<tr><td>50~9500</td><td>4″(50~850)</td><td>14″(500~8500)</td><td></td></tr>
<tr><td>1~13000</td><td>2″(1~200)</td><td>6″(115~1800)</td><td>16″(650~11,000)</td></tr>
<tr><td>115~13000</td><td>6″(115~1800)</td><td>16″(650~11,000)</td><td></td></tr>
</table>

18.18.1 ACV 형식

파일롯으로 운영되는 모든 수력 ACV는 유사한 원리를 사용하지만 제어모드는 상당히 다르다. 각 제작사는 편익을 제시하면서 왜 이 밸브가 좋은지를 정당화하려 시도할 것이다. 다이어프램 및 슬리브와 같은 전체 보어 밸브는 높은 유량에서 낮은 수두 손실을 제시하는 한편 글로브 형식 다이어프램 제작사들은 안정된 조정(modulation) 및 제어를 제시할 것이다. 결국 용수기관 기술자에게 가장 중요한 것은 얻고자 하는 것이 무엇인지를 이해하고 최상의 밸브를 선정하는 것이다.

기술자는 기계적 편익은 물론 매우 중요한 현지지원과 지속적인 유지관리 비용을 반드시 고려하여야 한다. 밸브를 설치하였을 때 용수기관이 직면하는 가장 큰 문제들 중 하나는 신속한 유지관리의 가능성과 비용이다. 용수기관은 많은 다른 밸브제작사의 제품을 설치하면 예비품 제고 비용이 상당히 증가하고 현지 지원 가용도가 극적으로 감소하므로 주의하여야 한다.

18.18.2 밸브규격결정 및 한계

많은 경우 제어 한계는 밸브가 제어할 수 있는 최대 압력의 함수로서 설정되며 임계 절점에서 지속적인 최소 압력을 제공하는 것이다. 만일 상당한 량의 압력을 제어하여야 한다면 밸브가 한계 이내에서 운영되는 것을 보장하기 위해 반드시 제작사가 제시하는 그림 18.22와 같은 공동현상도표를 검토하여야 한다.

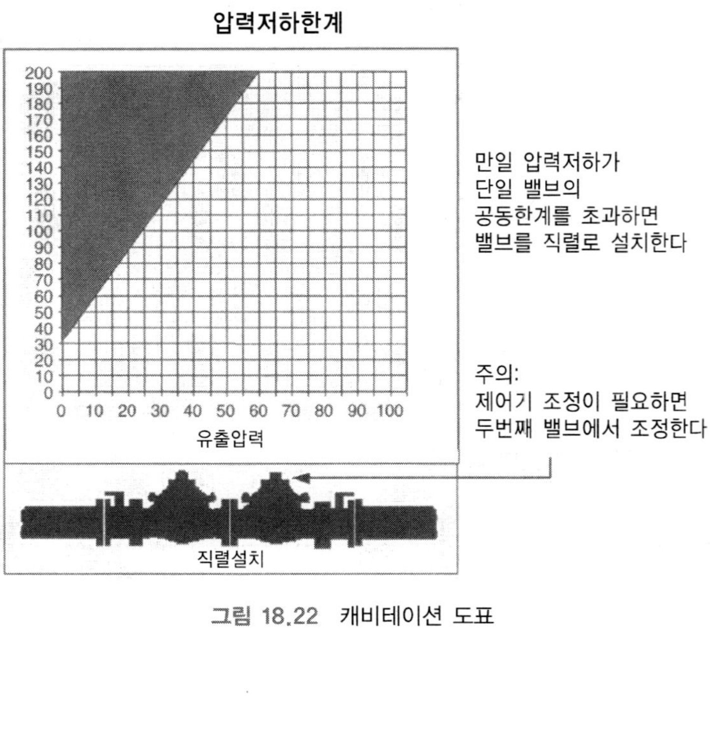

그림 18.22 캐비테이션 도표

만일 밸브가 공동현상 영역 안에서 운영될 가능성이 있는 것으로 발견되면 그림 18.22와 같이 두 밸브를 직렬로 설치하는 것을 고려하여야 한다.

밸브규격 결정시 전체 밸브 조립품을 통한 잠재적인 수두손실을 확인하고, 특히 첨두 시간 동안 압력이 낮고 비첨두 시간 동안 조정된 제어(modulated control)가 바람직할 때 반드시 주의하여야 한다. 만일 주의하지 않으면 첨두 시간 동안 공급이 감소될 수 있으며 단수 불만을 초래할 수 있다. 바이패스 조립품 안에서 모든 피팅들을 통과하면서 발생하는 손실수두를 확인하기 위해 그림 18.23과 같은 스프레드쉬트를 사용할 수 있다.

특히 누수수준이 높을 때 압력제어의 결과로서 현재의 유량 프로파일은 감소하게 될 것이다. 만일 이러한 현상이 발생하면 밸브가 거의 폐쇄된 위치에서 제어되면서 변덕스럽게 제어될 수 있다. 따라서 임의 작은 조정은 밸브가 공칭(nominal) 개도에서 조정될 때 보다 유량과 압력에 더 큰 영향을 미친다. 이는 유지관리 비용 및 누수를 증가시킬 수 있다. 대부분 수력 밸브들은 개도 20~80%에서 운영되도록 설계된다.

밸브가 높은 유량과 낮은 유량 모두를 처리하여야 하는 상황에서 부드러운 수력 제어를 보장하기 위해 주 제어 밸브 주변에 작은 바이패스 밸브를 설치하는 것이 흔하다.

감압밸브 규격결정

올바른 감압밸브 선정은 상대적으로 단순한 과정이다. 선정기준은 최소 유량, 최대 유량, 밸브를 통한 압력 저하이다. 다음은 3형식의 PRV 설치에 대해 설명한다.

단일 밸브 설치

만일 운영 유량 요구조건이 밸브 1개 규격 용량 내에 있고, 압력저하가 공동 영역 외부에 있으면 단일 감압밸브를 적용할 수 있다.

1. 규격선정도표로부터 높은 유량범위 안에 있는 밸브 규격을 선정한다(가장 낮은 유량 요구조건도 고려한다).
2. 공동조건을 피하기 위해 원하는 유출 압력이 권장된 가장 낮은 유출 설정점보다 높은 것을 확인하기 위해 압력저하를 확인한다(공동 도표 확인).

병렬 설치

만일 유량 요구조건이 단일 밸브의 용량 외부에 위치하면 추가로 작은 밸브를 병렬로 설치할 필요가 있다. 병렬 설치시 대형 밸브는 최대 유량으로부터 낮은 유량 용량에 대한 요구를 처리한다. 소형 밸브는 낮은 유량 범위를 더욱 확장한다. 이 병렬 밸브의 전체 용량은 두 밸브의 최대 유량의 합계와 동일하다.

1. 규격 도표로부터 물 시스템의 낮은 유량과 높은 유량 범위 안에 들어오는 밸브 규격 조

합들을 선정한다.

2. 원하는 유출 압력이 공동지수 압력보다 큰 것을 확인하기 위해 압력저하 또는 공동도표를 확인한다.

추정된 바이패스 수두손실

Company: Date:
Site: Site Identity:
Sector Zone:

DATA TO BE SUBMITTED in:

Ø Inline piping : m
A = m^2
Ø By-pass piping : m
A = m^2

Q : m^3/h
v : m/s
Length m

HEADLOSS DUE TO FRICTION CAUSED BY PIPING: (see Moody diagram)

$hf = f\ \frac{L \times V2}{D \times 2g}$ Re = Roughness Coef.= ∴ f = hf = m

HEADLOSS DUE TO FRICTION CAUSED BY COMPONENTS:

$hf = K\ \frac{V2}{2g}$ From manufaturers catalogs

Reducer	0,00 m	Y filter		m
Amplifier	0,00 m			
Tee(lat. exit) (K = 1,30) :	0,00 m	Meter		m
Bends 90° (K = 1,20) :	0,00 m			
Bends 45° (K = 0,40) :	0,00 m	PRV		CV
Gate valve	0,00 m	$\Delta p = \left(\frac{Q}{3,6\,CV}\right)^2$ 0, 702:	0,00	m

TOTAL HEADLOSS : m

Obs. :

Calculations made using liquid = H_2O at 20°C;
Formulas used: Reynolds, Darcy, Moody diagram,
Mechanical joint included in piping

그림 18.23 규격결정시 고려사항

직렬 설치

만일 압력저하 요구조건으로 인해 유출 압력이 공동지수 압력 이하로 또는 공동 영역 내부로 떨어지면 두 밸브를 직렬로 설치할 필요가 있다. 각 밸브는 두 단계로 높은 유입 압력을 원하는 유출 압력으로 안전하게 저하시키기 위해 공동영역 외부에서 동작할 것이다. 밸브 규격은 앞에서 설명한 것과 같이 최소-최대 유량 범위에 기초한다.

분리 차단 밸브

유지관리시 물 시스템을 배수하거나 운영 직원이 압력에 노출되지 않기 위해 자동제어밸브 상류측과 하류측 관로에 버터플라이 또는 유사한 형식의 차단 밸브를 설치하여야 한다.

설치 권장사항 및 요구조건

수직 유출 위치(밸브 스템이 수평 또는 커버가 측면으로 위치)로 6인치 이상의 밸브 설치를 피한다. 만일 이러한 위치의 설치가 필요하면 주문시 이러한 사항을 명시하고 제작사와 상의한다.

18.18.3 병렬 설치-소방 제어, 대형 유량, 유동패턴 변화

유동 패턴이 상당히 크게 변화하거나 주기적인 비상수요를 만족시켜야 하는 요구조건에서는 밸브를 병렬로 설치하는 것이 정상적인 실무이다. 통상적으로 이러한 형식의 설치는 효과적으로 유량범위를 증가시키기 위해 하나의 큰 밸브와 하나의 작은 밸브의 형태를 취한다. 그림 18.24는 직경이 다른 두 밸브가 같이 동작하는 예를 보여준다. 이 상황에서 큰 밸브는

그림 18.24 직경이 다른 병렬 설치

대부분의 유량을 처리하고 작은 밸브는 야간에 상대적으로 낮은 유량을 처리한다. 이 경우 제어기를 설치하여야 한다면 큰 밸브에 설치하고 작은 밸브는 대형 밸브의 조정된 최소압력보다 약간 높은 유출압력으로 조정된다. 대형 밸브를 폐쇄 위치로 조정하면 유출 압력이 감소하면서 작은 밸브의 효과가 나타나기 시작한다. 유출부의 압력차이를 5psi로 설정하면 부드러운 전환(change over)이 보장된다.

대형 밸브가 소방유량 조건을 만족시키기 위해 개방되고 나머지 대부분 시간 동안 폐쇄 상태를 유지하는 상황에서는 그 반대가 된다. 즉, 제어기를 설치하여야 한다면 작은 밸브에 설치하고 큰 밸브의 유출부는 작은 밸브의 유출압력보다 약간 낮도록 설정한다. 수요가 증가하면서 작은 밸브가 과도한 수두손실을 발생하기 시작하여 유출 압력이 감소되면서 큰 밸브는 개도를 조정하여 고정된 유출 압력에서 큰 유량을 공급한다.

또한 큰 유량으로 인해 두 개의 큰 밸브를 병렬로 설치할 것을 강요하는 상황에서 밸브를 병렬로 설치할 수 있다. 그림 18.25는 동일 직경의 밸브가 병렬로 설치된 예를 보여준다. 또한 이는 하나의 제어기가 하나의 파일롯에 연결(hooked up)되어 두 개의 밸브 헤드 챔버를 제어하는 것을 보여준다. 이는 정상적인 실무이며 개방속도와 폐쇄속도를 동등하게 캘리브레이션하면 두 밸브는 잘 작동한다. 일부 경우(통상적으로 이중 대형 밸브) 아직도 제어를 유지한 상태에서 국부 수두 손실에 의해 영향을 받지 않으면서 큰 체적의 물이 밸브를 통과하도록 허락하기 위해 반드시 직경이 큰 노즐을 갖는 파일롯을 사용하여야 한다.

그림 18.25 직경이 동일한 병렬 설치

18.18.4 밸브직렬 설치-큰 압력 저하

큰 크기의 압력을 저하시킬 필요가 있는 상황에서 단일 밸브가 공동영역으로 들어가면 직경이 동일한 두 밸브를 직렬로 설치할 수 있다. 제어기를 설치할 경우 두 번째 또는 하류측 밸브에 설치하여 첫 번째 밸브가 상류측으로부터의 압력을 필요한 최대압력으로 저하시키고, 두 번째 유량-조정된 밸브는 요구되는 나머지 압력을 최소로 저하시키도록 하여야 한다. 그림 18.26은 두 밸브가 제어기와 함께 병렬 및 직렬로 설치된 밸브들을 보여준다.

그림 18.26 제어기와 함께 병렬 및 직렬 설치

18.19 수력 밸브를 더욱 효율적으로 만들기 위한 제어기 사용

오늘날 지능 및 비용 효과적인 제어기의 출현으로 더욱 효율적인 방법으로 전통적인 고정된 유출 수압 밸브를 사용할 수 있다. 제어기는 시간에 기초하거나 물 시스템 수요에 기초한 요구조건에 따라 여러 하류측 압력 설정점을 효과적으로 허락한다. 많은 경우 주간시간과 야간 조건들 사이 수두손실의 크기에 따라 설정점을 변경하면 누수절감에 큰 영향을 미칠 수 있다.

제어기를 사용하면 표준 누수제어 이외에 지진 제어와 같은 비상 상황에서 밸브를 동작시킬 수 있다. 지진이 한 지역을 강타하면 주 송수관로가 파괴될 가능성이 커서 완전한 단수로 이어질 수 있다. 제어기 프로파일을 캘리브레이션하면 제어기는 배수지 손실 수량 또는 관로의 완전한 단수를 감소시킬 수 있다. 따라서 소중한 자원과 비상상태 아래 저장시설을 재충수하여야 하는 골칫거리를 감소시킬 수 있다.

18.19.1 시간 기반 제어

내부 타이머와 함께 제어기를 사용하여 압력제어에 영향을 미칠 수 있다. 제어는 수요 프

그림 18.27 밸브 파일롯에 장착된 시간-기반 제어기

로파일에 따라 시간대 별로 영향을 받는다. 이 방법론은 안정된 수요 프로파일과 수두 손실을 갖는 지역에 매우 효과적이고, 비용이 쟁점이 되지만 선진 압력관리를 원할 때 통상적으로 사용된다. 시간 기반 조정 제어기에 자료-로거 또는 원격 연결을 제공하거나 제공하지 않을 수 있다. 일부 제작사들은 그림 18.27과 같이 제어기를 파일롯밸브에 연결하고 현존하는 파일롯 스프링의 힘에 대항하는 힘을 도입하여 파일롯밸브의 설정점을 변경할 수 있다.

다른 제작사는 사전 설정된 파일롯을 통해 제어 회로를 변경하기 위해 타이머와 솔리노이드 밸브를 사용한다.

18.19.2 수요 기반 제어

이는 조건과 수두손실이 변화하는 곳과 소방 요구조건과 선진 제어가 필요한 지역에서 최상의 제어 형식이다. 이 제어 형식은 제어기를 유량 측정 신호 출력에 연결하여 수요에 따라 유출 압력을 제어한다. 파일롯 스프링에 대항하는 힘을 변경하여 유출 압력을 조정한다. 통상적으로 제어기는 그림 18.28과 같이 현장 자료 로거 및 선택적인 원격 통신과 함께 공급된다.

구역 내 수요-수두 변화관계에 따라 사전 설정된 프로파일에 의해 제어가 영향을 받는다. 대안으로 제어기와 중요 지점과의 직접 통신 선로를 구성할 수 있다. 명백하게 두 번째 선택사항은 높은 통신비용을 포함하므로 항상 필요한 것은 아니다.

일반적으로 이러한 형식의 제어설치 비용은 높지만 더욱 지능적인 제어로 추가 절감 및 보장된 소방 유량은 이러한 형식의 제어를 더욱 바람직하게 만든다.

수요 기반 또는 핵심 임계점들에 대한 원격제어는 물 시스템 내 약한 부분들에서 압력 동요를 부드럽게 만들 수 있으며, 특히 매우 취약한 물 시스템의 파괴빈도를 감소시킬 수 있다.

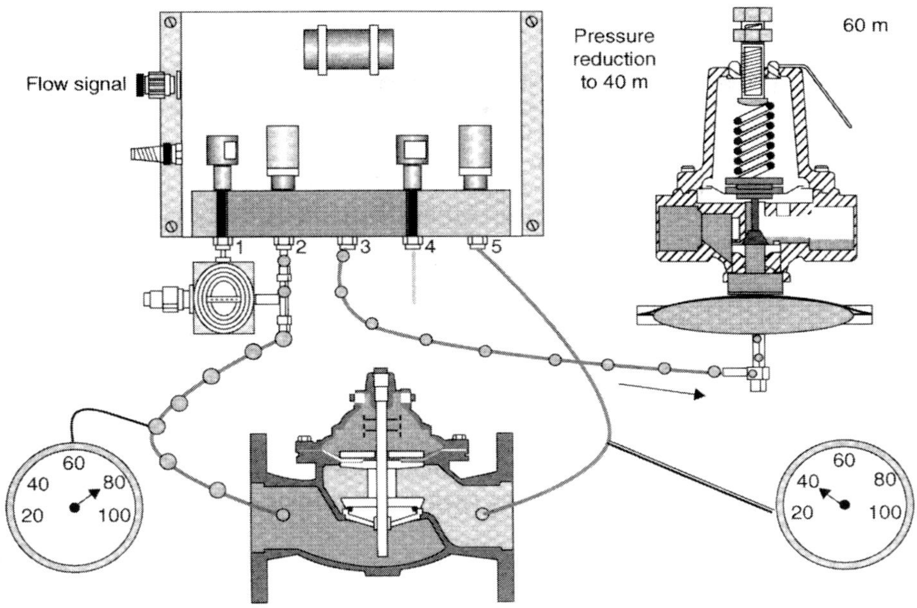

그림 18.28 수요–기반 제어 선도

18.20 SCADA

일부 용수기관은 현존하는 SCADA 시스템을 보유한다. 많은 SCADA 시스템은 관련된 비용 때문에 배수시스템이 아니라 송수시스템을 운영하도록 설계된다. 그러나 용수기관은 비용을 정당화할 수 있는 물 시스템 최적화를 시작하고 있으며 물 시스템 내 압력을 관리하는 수단으로 고가인 SCADA 시스템을 배제하지 않아야 한다. 저자는 캐나다, 호주, 일본 그리고 미국에서 SCADA 시스템이 설치되어 이러한 형식의 제어가 실행되는 것을 목격하여 왔다. 일반적으로 SCADA 시스템 제어 형식은 설치비가 가장 고가이지만 단연코 가장 효율적이다. 그러나 항상 SCADA 시스템이 필요한 것은 아니고, 비용–편익 계산 결과 손실제어를 위한 완벽한 SCADA 시스템 설치는 정당화되지 않는다. 만일 용수기관이 이미 배수시스템에서 SCADA를 운영 중이면 제어모듈을 추가하는 것은 매우 비용 효과적이다.

18.21 밸브 설치

밸브규격을 결정하고 제어 한계를 확인하였으면 이제는 밸브 설치 방법을 결정하여야 한다. 밸브는 다양한 비용과 많은 방법으로 설치될 수 있다.

18.21.1 밸브실 위치

밸브실 위치 결정에 대한 명백한 해답은 설치하기 가장 쉬운 위치이다. 그러나 때로는 적정한 현장 조사 없이 서류상에서 신속하게 의사결정을 하여야 한다. 그러나 현장 조사는 가장 중요한 과업 중 하나이므로 간과하여서는 안 된다.

최종 위치를 결정하기 전에 모든 다른 지하 시설물의 위치를 확인할 필요가 있으며 지하 시설물 위치확인은 제16장을 참조한다. 지하 챔버의 경우 교통문제를 가장 쉽게 해결할 수 있는 지역을 확인하고, 굴착시 영향을 받을 수 있는 부지에 주의를 기울여야 한다.

18.21.2 주관로 또는 바이패스관로

한번 합리적인 위치를 확인하였으면 이제는 밸브를 주 관로상에 설치하고 설치비가 저렴한 작은 직경의 바이패스관로를 고려할 것인지 또는 접근이 쉬운 도로변에 밸브실과 접근 맨홀을 설치하고 이 밸브실 내부에 바이패스에 밸브를 설치하여 것인지를 결정할 필요가 있다. 만일 주관로가 도로 아래에 있으면 그림 18.29 및 18.30의 두 선택사항을 참조한다. 바이패스 관로는 주 밸브의 유지관리를 용이하게 한다. 그러나 계획된 유지관리 활동 한계를 넘어서

그림 18.29 주관로상에 설치되는 밸브

바이패스관로가 개방될 가능성이 항상 존재하여 실제적으로 압력제어를 무력화시키고, 누수 빈도뿐만 아니라 누수체적을 상당히 증가시킬 수 있어 일부 용수기관은 바이패스관로 설치를 선호하지 않는다. 만일 바이패스가 설치되면 바이패스 제어장치도 설치할 필요가 있다.

그림 18.30 바이패스배관에 설치된 밸브

18.21.3 수두손실

밸브 설치를 위한 바이패스관로와 피팅 규격 결정시 첨두 유량에 비상 수요를 더한 유량에서 밸브만이 아니라 모든 피팅들을 통해 발생하게 될 수두 손실을 고려하는 것이 중요하다. 만일 제어기를 사용하여 밸브를 다양한 설정점으로 조정하려면 일부 경우 높은 수요 동안 밸브를 거의 완전히 개방하고 낮은 수요 기간 동안만 밸브를 제어하는 것이 바람직할 수 있다. 만일 비용을 절감하기 위해 바이패스관로 또는 인접 피팅 규격을 작게 하면 필요한 최소유량에서 수두손실이 초과할 수 있다. 이 단계에서 조심스럽게 피팅 규격을 고려하여야 한다. 일부 경우 경제성은 정당화되지만 다른 경우는 정당화되지 않을 수 있으므로 특성에 따라 비용-편익 분석을 하여야 한다.

18.21.4 관로 연결

사용하기 위한 연결 형식을 고려할 때 현존하는 배관 형식을 고려하는 것이 중요하다. 만일 현존하는 배관이 플랜지로 연결되는 주철관 또는 덕타일주철관이면 수평 이동에 대한 생커리지는 결정적인 문제가 되지 않는다. 그러나 만일 현존하는 배관이 석면 시멘트 또는 작은 각도 벨 및 스피곳 PVC 형식으로 구성되면 제어 기간 동안 잠재적인 수평 이동은 물론 수직 이동을 반드시 고려하여야 한다.

18.21.5 앵커리지

배관 및 밸브규격에 따라 수직 및 수평 이동을 독립적으로 고려하여야 하며 수직 또는 수평 이동이 가능하지 않은 것을 보장하기 위해 반드시 계산하여야 한다. 바이패스의 90° 곡관에 추력보호공을 설치하는 것이 정상이지만, 만일 밸브에 바이패스에 설치하면 추가 추력 구속을 반드시 계산하여야 한다.

18.21.6 챔버 또는 지상 설치

일부 경우 그림 18.31과 같이 밸브를 지상에 설치하는 것이 바람직하다. 지상 설치는 매우 실용적이며 운영자가 제한된 공간 출입, 잠재적 홍수 문제(특히 높은 수표면 조건을 갖는 지역 내), 그리고 비좁은 조건에서의 작업 문제를 해결해 준다. 지상 설치에 대해 부정적인 사항들이 분명히 존재하고, 특히 대형 직경 설치의 경우 상당한 공간을 차지한다. 또한 지상 설치는 더 많은 주의를 요하며 특정 상황에서 공공 기물 파손의 집중 대상이 될 수 있다.

18.21.7 밸브 시운전

모든 경우 숙련되고 경험 많은 운영자가 밸브 운영을 개시하는 것이 좋다. 때로는 여러 이유로 밸브가 제대로 작동하지 않고, 필요한 지식 없이 숙련되지 않은 운영자는 물 시스템 내에서 심각한 문제를 발생시킬 수 있다. 만일 밸브가 변덕스럽게 제어되면 단순한 문제 해결을 시도하기 위해 적어도 많은 시간과 노력이 소요될 수 있다.

그림 18.31 지상 조립품

18.21.8 개시 절차

개시 절차는 명백하게 현장 특성에 따라 다르지만 개시 이전에 점검 목록을 작성하는 것이 좋다. 유량제어 및 유지 기능을 갖는 감압밸브에 대한 표준 개시 절차는 다음과 같다.

유량유지밸브/감압밸브/압력유지밸브

설치/개시

자동제어밸브의 개시는 추종하여야 할 적정한 절차를 필요로 한다. 밸브가 조정에 반응하고 시스템이 안정될 때까지의 시간을 감안하여야 한다. 목적은 과도한 압력으로 시스템이 손상되는 것을 방지하기 위해 제어된 방법으로 밸브가 동작하도록 하는 것이다.

- 관로의 슬래그 및 다른 이물질을 제거한다.
- 오리피스 플레이트가 밸브 유입 플랜지 내부에 설치되고 유입 감지 포트가 리테이너 링에 의해 덮이지 않도록 한다. 만일 덮였다면 공간이 포트와 정렬될때까지 회전한다.
- 밸브 몸체에 표시된 유동 방향이 관로 유동방향과 일치하도록 밸브를 설치한다.
- 상류측과 하류측 분리 밸브를 폐쇄한다.
- 만일 주 밸브를 설치할 예정이면 제어 배관 내 볼 밸브 또는 분리 코크를 개방한다. 이 밸브를 개방하지 않으면 밸브는 적정하게 동작하지 않는다.

Step 1 다음과 같이 파일롯을 사전 설정한다.

유량: 낮은 유동율에서 밸브를 개시하기 위해 반시계방향으로 조정한다.

압력유지: 유지 제어 조정나사를 반시계방향으로 회전하여 스프링의 압력을 완화시켜 다른 제어를 조정하는 동안 개방된 상태를 유지한다.

감압: 반시계방향으로 조정하여 스프링의 압력을 완화시켜 가능성 있는 시스템의 과도 압력을 방지한다.

Step 2 폐쇄속도 및 개방속도 제어기에 있는 조정 나사를 회전하고, 만일 주밸브를 설치할 예정이면 완전히 폐쇄된 위치로부터 반시계방향으로 $1\frac{1}{2}$~$2\frac{1}{2}$회전시킨다.

Step 3 배관 피팅 또는 주밸브에 있는 커버 플러그를 개방하여 개시 동안 공기를 배기시킨다.

Step 4 관로를 가압하고, 상류측 분리 밸브를 서서히 개방한다. 개방된 피팅을 통해 공기가 배기된다. 액체가 배출되기 시작하면 피팅을 조인다.

유량 제어 설정

Step 5 하류측 분리 밸브를 완전 개방될 때까지 서서히 개방한다.

Step 6 시스템 유량 수요 및 이에 따른 적정한 유량을 위해 밸브를 조정할 수 있다. 이제 밸브가 공급하는 유량을 감시할 수 있어야 한다.

Step 7 미터 등록계를 읽는 동안 유량 제어를 조정한다.

- 조정된 유량을 증가시키기 위해 조정나사를 시계방향으로 회전시킨다.
- 조정된 유량을 감소시키기 위해 조정나사를 반시계방향으로 회전시킨다.

감압 제어 설정

주의 : 통상적으로 감압제어는 압력유지제어보다 높게 설정된다.

Step 8 원하는 압력 설정점으로 감압제어를 미세조정하기 위해 나사를 시계방향으로 회전하여 하류측 압력을 증가시키거나 또는 반시계방향으로 회전하여 압력을 감소시킨다. .

Step 9 개방속도제어 조정: 개방속도제어는 주 밸브 커버 내부로의 자유 유동 및 외부로의 구속 유동을 허락한다.

만일 하류측 수요 증가시 압력 회복이 느리면 개방율을 증가시키기 위해 조정 나사를 반시계 방향으로 회전시킨다.

만일 하류측 압력 회복이 너무 빠르면(압력이 급속하게 증가하면) 개방율을 감소시키기 위해 조정나사를 시계방향으로 회전시킨다.

Step 10 폐쇄속도제어 조정: 폐쇄속도 니들 밸브는 주밸브 커버 챔버 내부로 유입되는 유체의 압력을 조정하여 밸브 폐쇄속도를 제어한다. 만일 하류측 압력이 원하는 설정점 보다 약간 높게 동요하면 조정 나사를 반시계방향으로 회전시켜 폐쇄율을 증가시킨다.

압력유지제어 설정

Step 11 압력유지제어 설정은 원하는 최소 유지 압력으로 상류측 압력을 감소시키는 것이다.

Step 12 하류측 분리 밸브를 완전 개방된 상태로 놔두고 유입 압력이 원하는 설정으로 감소할 때까지 상류측 분리 밸브를 폐쇄한다.

Step 13 유입 압력이 증가나 감소하기 시작할 때까지 유지제어나사를 시계 또는 반시계방향으로 조정하고 원하는 압력에서 중지한다.

Step 14 압력이 안정되도록 허락한다.

Step 15 Step 13과 같이 압력유지설정을 미세조정한다.

Step 16 정상 운영으로 복귀하기 위해 상류측 분리밸브를 개방한다.

공기(Air)

새롭게 설치된 밸브를 개시하거나 0 압력을 받아 왔던 밸브를 재개시할 때 빈번하게 밸브 헤드에 공기가 포획된다. 이 영향으로 밸브를 적정하게 제어할 수 없다. 통상적으로 이 경우 밸브는 폐쇄되지 않거나 폐쇄 위치로 조정되지 않는다. 그림 18.32와 같이 밸브 헤드에 작은 공기 배출 밸브를 설치하는 것이 공통적인 실무이다. 대안으로 관로에 공기 밸브를 설치할 수 있다. 통상적으로 후자는 용수기관이 밸브 위치를 나타내기 위해 밸브의 헤드에 표시기 스템의 설치를 원할 때 수행된다. 또한 관로 공기 밸브는 큰 용량을 처리할 것이며 물 시스템 공기 배출 기능의 일부으로서 사용될 수 있다.

그림 18.32 PRV에 설치된 공기밸브

조정 속도(Modulation speed)

제어기의 장착 여부와 관계없이 밸브조정 속도는 항상 쟁점이 된다. 부드러운 제어 조종을 허락하기 위해 반드시 수력적 속도 제어를 설정하여야 한다. 추가로 선진화된 조정의 경우 유출 압력을 변경할 때 제어기 반응 속도는 반드시 물 시스템의 요구와 일치하여야 한다. 일반적인 경험법칙으로서 대형 밸브는 밸브 헤드 내 체적이 커서 밸브의 수력 반응 시간이 길게 되므로 더욱 신속하게 제어할 필요가 있다.

밸브가 소형일 경우 완만하게 조정하여야 한다. 제어기로 조정시 합리적인 대역(band)은 제어 펄스 당 10~25초 사이가 된다. 하나의 제어기로 병렬로 운영하는 두 개의 밸브를 제어하는 경우 헤드 체적이 매우 큰 일부 사례에서 더욱 강제적으로 제어하기 위해 펄스 볼륨(volume) 또는 솔리노이드 개방 시간을 변경하는 것이 바람직할 수 있다. 대부분 제작사들은 이 변경 방법을 설명하는 상세한 매뉴얼을 제공한다. 그러나 운영자는 물 시스템에 필요한 반응 형식에 대한 감을 가져야 한다. 물 시스템 요구는 소방 반응 또는 대형 소비자 유출을 포함할 수 있다. 밸브가 매우 큰 (-) 수력 반응을 촉발하지 않는 한 너무 신속하게 밸브를 조정하면 안 된다. 만일 제어에 대한 물 시스템의 반응을 확신하지 못하면 물 시스템 내 매우 신속하게 기록하는 압력 자료-로거를 출력하고, 어느 조합이 가장 부드러운 제어를 제공하는지를 살펴보기 위해 펄스 규격과 빈도를 실험하는 것이 좋다.

안정성

제어기를 적합(fitting)시키기 이전에 제어기 없이 수력적 밸브가 안정된 방법으로 제어되는지를 살펴보기 위해 시스템 압력을 기록하는 것이 좋다. 만일 속도 제어가 올바르지 않게 설정되거나 복수 공급 시스템의 경우 유출부가 올바르지 않게 설정되면 밸브는 헌팅하게 된다. 최신 선진 제어 형식을 통해 제어 확립을 시도하기 이전에 수력적으로 밸브를 수정하여야 한다.

18.22 유지관리 우려

밸브를 설치한 후 그리고 적정하게 시운전하고 캘리브레이션한 후 밸브의 지속적인 효율적 운영을 보장하기 위해 주기적인 유지관리 스케줄을 확립하는 것이 매우 중요하다. 통상적으로 용수기관, 설치 위치(만일 공공기물 파손될 우려가 있으면) 그리고 조정 프로파일의 변경을 요구하는 수요 변동성에 따라 유지관리 주기를 정의하는 것이 중요하다. 유지관리는 반드시 다음 항목들을 포함하여야 하지만 제한되지는 않는다.

밸브

- 주 필터와 보조 필터 청소
- 튜브의 누수 또는 구부러짐 확인
- 제어 분리 밸브 운영 확인
- 압력계 확인
- 밸브의 부드러운 조정상태 확인

제어기

- 배터리 확인
- 입력 케이블 확인
- 로거 기능 확인

세부구역(Subsector)

- 경계 밸브 확인
- 야간 유량 확인
- 중요한 절점 압력 확인
- 중요한 절점 유효성 확인
- 새로운 누수복구

18.23 밸브실

누수 및 심출, 공기 품질 그리고 전반적인 유용성을 위해 주기적으로 밸브실을 확인하여야 한다. 또한 주기적으로 밸브실 맨홀 커버를 확인하고 용이한 인양을 위해 그리스를 칠한다.

18.24 비수력적 압력제어

압력제어를 위한 다른 선택사항인 비수력적 압력제어를 사용할 수 있으며, 현지 조건들에 의해 정당화되는 곳에 설치되어야 한다.[3] 전기로 작동되는 밸브의 예는 그림 18.33 및 18.34와 같다.

18.25 요약

압력관리는 증가하는 누수체적 또는 누수빈도를 방지하기 위해 누수관리 실무자가 사용할 수 있는 많은 도구들 중 하나이다. 또한 수요 감소 프로그램과 연계하여 압력관리를 사용할 수 있다. 물 효율 프로그램은 제20장에서 더욱 상세하게 기술한다.

압력관리는 고도로 산업화된 국가들로부터 개발도상국에 이르기까지 모든 지역에서 물손실을 제어하는 적합한 수단이다.

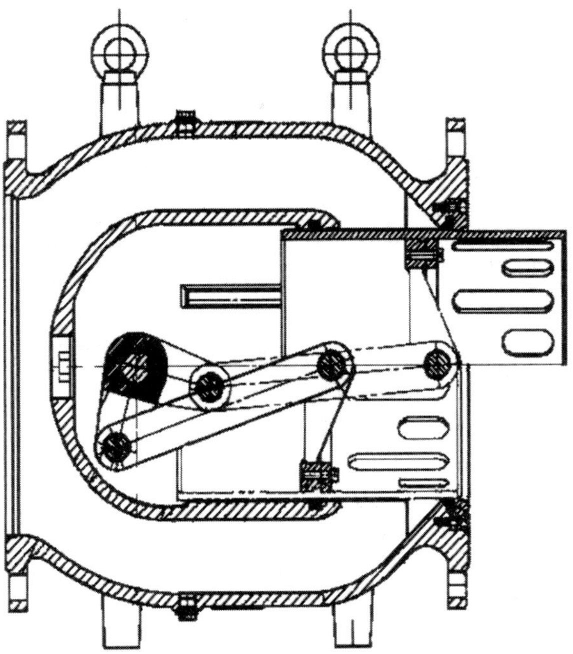

그림 18.33 플런저 밸브 조립품

그림 18.34 상파울로 SABESP MS 내 플런저 밸브 설치

참고문헌

1. Thornton J. Pressure management. AWWA Publication: Opflow, Vol. 25, no.10: USA, October 1999.

2. Thornton J. Correct selection sizing and advanced operation of PRV's, ABES national congress: Salvador, Brazil, 1998.

3. Thornton J. New tools for precision pressure management-A case Study in SABESP, Sao paulo, Brazil. IWA World Water Congress, Beijing, 2006.

Chapter 19

실질손실제어-기반시설 관리

19.1 소개

지하 관로는 용수기관의 가장 큰 투자 중 하나이고, 유지관리 및 오래된 관로를 대체하기 위한 비용은 관로 자체의 실질적인 비용뿐만 아니라 밀집된 도시 지역에서 굴착 및 복구 때문에 엄두를 못 낼 정도로 크다.

불행하게도 유지관리는 문제가 보이지 않으면서 빈번하게 간과되고 따라서 비상 상황이 발생할 때까지 마음에서 멀어진다. 그러나 양호한 선제적 손실관리 프로그램은 핵심 쟁점 중 하나로서 지속적인 유지관리를 고심하여야 한다. 그림 19.1은 유지관리, 갱생 및 대체는 실질

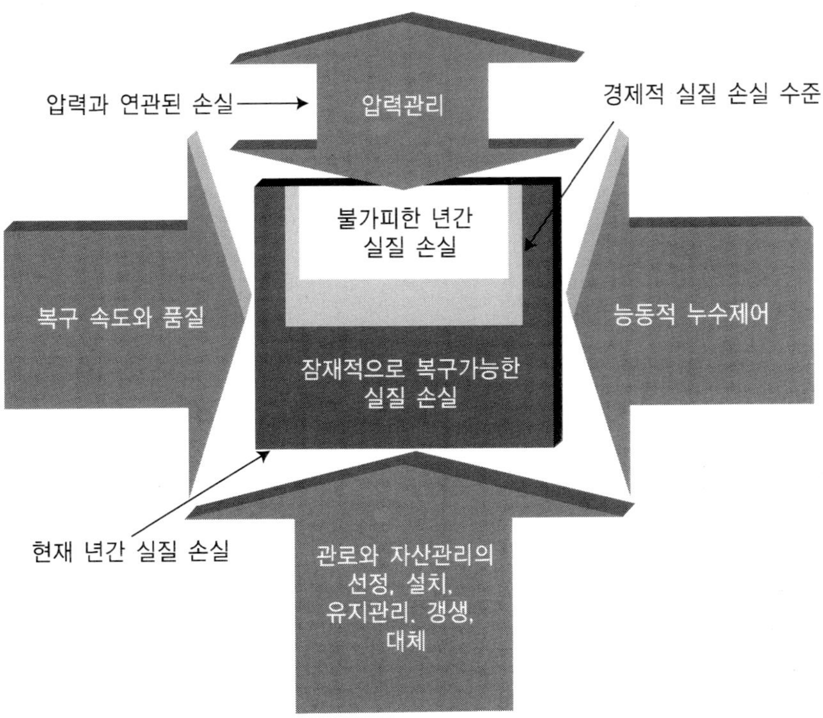

그림 19.1 손실관리 프로그램에서 유지관리, 갱생 그리고 대체는 중요한 역할을 한다(IWA WLTF 및 AWWA WLCC 제공)

손실제어의 4개의 화살표 개념과 관련되는 것을 보여준다.

문제의 특성, 운영자의 태도, 상황의 심각성에 따라 다른 시간 빈도에 걸쳐 관로를 유지관리할 수 있다. 그러나 손실에 대응하기 위한 더욱 빈번한 유지관리 프로그램들 중 일부는 부식제어 그리고 배관 라이닝 및 대체이다. 배관 대체의 경우 트렌치레스(trenchless) 대체를 착수하기 위해 새로운 기법들이 사용된다. 현재 주관로 또는 서비스관로와 상관없이 만일 설치 동안 재료의 품질이나 설치 품질을 무시하고 관로를 부설하면 초기에도 높은 파괴 빈도를 겪는다. 선택사항으로서 대체를 고려하는 용수기관은 장애 원인을 고려할 필요가 있고 새로운 관로가 오래된 배관과 동일한 빈도로 신속하게 장애가 발생하지 않도록 보장하여야 한다.

다음 절에서는 오늘날 시장에서 직면하고 있는 문제들과 방법론들 중 일부를 기술하며, 이 두 주제는 의당 과학이며 다른 문헌에서 광범위하게 기술되었다.

19.2 관로 부식

많은 부식 형태가 존재하며 이들 중 일부는 다음과 같다.

- 이종금속(galvanic) 부식
- 산소 농담 전기 부식(oxygen concentration cell attack)
- 세균(bacteriological) 부식
- 미주전류(stray current) 부식
- 점(pitting) 부식
- 틈새(crevice) 부식
- 선택적 용해(selective dissolution)
- 응력 부식
- 침식(erosion)
- 피로 부식
- 충격(impingement) 부식
- 고온 부식

통상적으로 물 시스템 운영자는 다음 형식의 부식을 처리하여야 한다.

- 이종금속 부식
- 토양성 세균 부식
- 수인성 세균 부식
- 미주전류 부식

물 시스템 물손실이 다양한 원인으로 발생하는 것과 같이 특정 물 시스템 내 부식에 대한 원인은 다양하고 복합적이다. 따라서 각각에 기초하여 연구하여야 한다. 그러나 표준 부식제어 방법들 중 일부는 다음과 같다.

- 외부 보호 코팅
- 배관 재라이닝
- 배관 조인트 절연
- 부식 방지제를 사용한 수처리
- 전기 방식
- 미주전류 배류(drainage bonds)

부식제어는 물 시스템 유지관리에 대한 매우 선제적 방법을 포함하는 복합적인 쟁점이 될 수 있다. 그러나 대부분의 경우 새로운 파괴 및 누수 숫자는 매우 짧은 시간에 상당히 감소하므로 부식제어에 대한 상환은 매우 신속하다.

19.3 관로 갱생 및 대체

지하 관로는 제한된 수명을 가지며, 수많은 이유들로 빈번하게 갱생하거나 대체하여야 할 필요가 있으며 이 이유들 중 일부는 다음과 같다.

- 높은 파괴 또는 누수율
- 높은 조인트 누수 발생
- 외피형성(incrustation) 또는 부식(내부 또는 외부)
- 정전용량(capacity)을 나르는 수력시스템
- 구조 보강
- 인명 또는 재산에 대한 위협

본서에서는 물손실관리에 집중한다. 갱생 및 주기적 유지관리는 관로 수명을 수년 더 효과적으로 연장할 수 있다. 그러나 다른 방법들은 다른 상황들에서 효과와 비용 차이가 작다. 최근 IWA WLTF 압력관리팀은 압력관리는 물 시스템 내 년간 파괴 숫자에 상당한 영향을 미치며 따라서 시스템의 유용한 수명을 연장시킬 수 있다는 사실을 확인하였다.

19.3.1 관로 대체 및 갱생 방법

일반적으로 다음에서 기술하는 첫 번째 방법인 관로대체는 특히 배관이 구조적으로 심각하게 손상되었을 때 누수감소를 위해 더욱 효과적이 될 것이다. 그러나 스프레이 라이닝도 양호한 물손실감소 결과를 보여주는 많은 사례연구들이 발표되었다.

주관로 및 서비스 관로 대체

명백하게 새로운 관로를 부설하고 오래된 관로를 버리거나 제거하여 관로를 대체할 수 있다. 그러나 이는 빈번하게 극단적으로 고비용이고, 밀집된 도시의 경우에서는 거의 비현실적이다. 많은 용수기관들의 서비스 관로 대체 프로그램은 큰 손실체적을 해결할 것이다. 그러나 많은 경우 미탐지되거나 미보고된 상태에서 긴 기간 동안 누수 되는 서비스 관로에서의 작은 누수는 가장 큰 년간 실질손실체적을 차지한다. 추가적으로 주관로 또는 서비스 관로 대체는 빈번하게 새로운 파괴 빈도를 대부분 감소시키고 따라서 년간 유지관리 비용 및 누수탐사 조사활동의 빈도가 감소한다.

트렌치레스(trenchless) 기법

비굴착 또는 트렌치레스 기법을 사용하여 관로를 대체할 수 있다. 통상적으로 이 기법은 저렴하고 대부분 항상 지장을 최소화한다. 트렌치레스 배관 대체 방법들 중 일부는 다음과 같다.

슬립 라이닝(Slip Lining). 슬립 라이닝은 아마도 비굴착 대체기법들 중 가장 단순한 방법일 것이다. 이 기법은 오래된 관로를 청소하고 새로운 작은 직경 배관을 오래된 배관을 통해 인출하거나 압출한다. 새로운 관로는 작은 직경이 되며 통상적으로 PE(polyethylene)로 제작된다. 통상적으로 새로운 배관이 제자리에 위치하면 서비스 연결을 굴착하고 다시 연결한다.

슬립 라이닝은 당초 배관 직경을 감소시키므로 반드시 충분한 수력적 송수 용량을 유지하도록 주의하여야 한다. 그러나 많은 경우 특히 오래된 주철관, 오래된 배관의 경우 내부가 부식되어 유효 직경은 상당히 감소한다.

빽빽한 맞춤 라이닝은 다른 형식의 슬립 라이닝이다. 이 변형된 라이너가 배관 내부로 삽입되고 제자리에 위치하면 당초 규격으로 복구된다.

배관 크랙 및 파열. 수력 용량을 유지하여야 하거나 실제로 증가시킬 필요가 있는 상황에서 배관크랙을 사용할 수 있다. 오래된 배관을 준비하고 새로운 배관 앞에 위치한 동심형 쐐기를 통해 새로운 배관이 인출된다. 이 방법에서 새로운 배관을 위한 가이드로서 오래된 배관을 사용하는 것이 가능하다. 그리고 새로운 배관은 실제로 오래된 배관보다 크다.

앞에서 언급한 방법들은 모든 경우에서 수력적 용량을 증가시키고, 깨끗하고 안전한 물을 공급하는 것은 물론 누수감소를 돕는다.

19.3.2 갱생 방법

구조적 무결성이 문제가 되지 않는 것으로 밝혀지면 대부분의 경우 배관을 청소하고 라이닝할 수 있다. 시멘트 또는 에폭시 라이너를 사용하는 경향이 있다. 그러나 대부분의 경우 구조물을 보강하거나 누수를 감소시키기 위해 라이너를 설계하지 않는다. 차라리 건강한 물 공급과 낮은 마찰 계수를 보장하기 위한 깨끗하고 원활한 환경을 제공한다.

배관 청소

임의 종류의 재라이닝을 착수하기 전에 배관을 깨끗하게 청소하여 나중에 문제가 되는 면적을 형성할 수 있는 부식 또는 이물질 포켓을 제거하고 라이닝이 배관 벽에 부착되도록 보장하는 것이 중요하다.

많은 방법으로 내부 부식을 갖는 배관을 청소할 수 있으며 가장 흔한 방법들 중 일부는 다음과 같다.

- 공기 세척(air scouring)
- 회전하는 체인, 봉 그리고 스크레이퍼 트라울(scraper trowel)
- 피깅(pigging)

공기 세척(air scouring). 수압보다 약간 높은 압력으로 공기를 분사하기 위해 공기 압축기를 사용하여 공기 세척을 수행한다. 공기가 라이닝 내부로 도입되고 하류측으로 유출되면서 배관 벽 부식을 떼어내는 효과를 갖는 서지가 발생한다. 통상적으로 공기는 선택된 소화전을 통해 주입되고 주 관로는 압력을 받으면서 청소된다. 따라서 주변 지역 내 물의 퇴색을 제한하기 위해 주변 배수 밸브를 폐쇄하는 것이 좋다. 적정하게 공기 세척을 감독하고 세척 후 건강 위험요소, 더러운 물 또는 포획된 공기로 인해 문제가 발생하지 않도록 보장하기 위해 주관로를 반드시 플러싱하여야 한다. 공기 세척의 편익들 중 하나는 청소 작업을 위해 굴착이 필요 없다는 것이다. 라이닝을 하지 않지만 빈번하게 이 공기세척이 사용하여 수리용량을 개선할 수 있다.

회전하는 체인(chain), 봉(rod) 그리고 scraper trowels. 주 관로의 한 부분이 재라이닝이 필요한 것으로 확인되면 라이닝을 적용하기 이전에 접근 갱(pit)을 굴착하여야 한다. 이 동일한 갱을 이용하여 회전하는 봉 또는 체인을 인입한다. 대안으로 관로를 통해 scraper trowel를 인출할 수 있다. 주관로를 스크레이핑한 후 플러싱하고 그리고 라이닝 이전에 빈번하게 피깅 작업을 한다.

피깅(Pigging). 피그의 형태와 규격은 다양하고, 초기 청소 또는 스크레이핑 후 청소를 위해 사용할 수 있다. 피그는 재라이닝 공정 및 분절 말단부에서 회수하기 위해 사용할 피트를 통해 주관로 내부로 삽입된다. 일부 관로는 재라이닝이 보증되지 않을 때 조차도 관로의 정기적인 피깅을 허락하는 "피그 트랩(pig traps)"를 갖는다.

스프레이 라이닝(Spray linings)

에폭시. 전세계 많은 환경단체들은 에폭시 라이닝을 승인하였다. 그러나 모든 에폭시가 승인되지 않았으므로 에폭시 라이닝을 고려할 때 반드시 주의하여야 한다. 견인되는 원심 펌프 총(gun)을 사용하여 에폭시 라이닝을 배관 벽에 분사한다. 통상적으로 에폭시 라이닝은 상당히 얇고 따라서 내부 배관 직경과 유효 수력용량에 미치는 부정적인 영향이 거의 없다. 또한 에폭시 라이닝은 신속하게 건조되는 경향이 있어 주관로를 신속하게 서비스로 복귀시킬 수 있다.

시멘트. 시멘트 라이닝은 광범위하게 승인되었고 내부 배관상태를 개선하는 우수한 방법을 제공하고 C 계수를 개선한다. 빈번하게 시멘트 라이닝은 새로운 관로에 대해서도 선택되는 라이닝이다.

시멘트 라이닝은 배관 직경에 따라 원심 분사로 그리고 또한 트라울링(trowelling)으로 실행된다. 시멘트 라이닝은 두껍기 때문에 에폭시 보다 건조 시간이 약간 길게 되는 경향이 있다. 따라서 반드시 직경 감소로 인해 수용할 수 있는 한계 이하로 유효 수력용량이 감소되지 않는 것을 보장하기 위해 주의하여야 한다.

19.3.3 대체 또는 갱생 시기 결정

빈번하게 비용–편익에 기초하여 물손실감소 측면으로부터 관로의 대체 또는 갱생을 결정한다. 그러나 다음과 같은 다른 요소들은 의사결정에 빈번하게 영향을 미친다.

- 환경적 고려
- 건강 우려
- 구조적 문제
- 비상 위험
- 수요 증가
- 수력용량 감소
- 공급 대안 부재

다음 성분들을 사용하여 관로의 대체 또는 갱생비용을 평가할 수 있다.

- 평균 파괴 빈도 이력

- 사고 당 손실된 물 체적 비용
- 파열에 의해 야기된 손상 비용
- 주관로 복구 비용
- 주변 지역을 회복시키기 위한 비용

19.4 결론

오늘날 대부분 용수기관은 오래되어 효과가 떨어진 관로를 갖게 된다. 기술이 발전하면서 트렌치레스 대체 및 갱생 선택사항은 전통적인 주관로 대체에 비해 매우 매력적인 선택사항이 되어가고 있다. 수력조사 및 카메라 조사와 더불어 보고된 누수 및 파괴 빈도를 조심스럽게 분석하면 운영자는 주관로가 현재 조건에서 더 이상 비용 효과적으로 유지될 수 있는지 여부를 신속하게 확인할 수 있다.

Chapter 20

물 효율 프로그램

20.1 소개

물 효율을 개선하기 위한 프로그램 개발은 상수 또는 하수 기반시설의 확장 필요성을 직면한 지자체에게 신속하게 선호되는 대안이 되어 가고 있다. 물 효율 개선은 거의 항상 환경적으로 책임 이상이고, 빈번하게 자본 확충 과업보다 상당히 비용 효과적이 될 수 있다.

본장에서는 프로젝트의 전반적인 성공을 위해 중요한 요소들을 집중적으로 기술하여 물 효율 프로그램 WEP(water efficiency program)의 실행을 계획하는 사람들에게 도움을 제공한다. 여기서 성공은 공식적으로 수용할 수 있는 조치의 실행을 통해 최대의 효과적인 비용으로 물을 절약하는 것이다. 본장의 내용은 프로그램 설계자의 목표가 구체적이지 않으면 프로그램 성공을 정량화하는 것이 불가능하다는 사실을 이해하는 것은 물론 물 수요 감소에 대한 구체적인 목표를 확립하도록 돕는다.

또한 본장에서는 프로그램의 전반적인 목표를 수립한 후 반드시 어느 수요 성분들을 목표로 할 것인지, 궁극적으로 이 목표를 달성하기 위해 어느 물 효율 조치가 가장 적합한지를 확인할 수 있도록 설명할 것이다.

물 절감 목표를 다루는 절에서는 물 효율 계획과 관련된 물 절감 목표 및 잠재적인 최대 물 절감 모두를 알아야 하는 중요성, 그리고 통상적으로 이 수치들 사이에 차이가 존재하는 이유를 설명할 것이다.

중요한 실행 쟁점은 본장의 후반부에서 확인한다. 이 쟁점 중 일부는 빈번하게 간과되거나 오해되므로 더욱 상세하게 기술한다.

마지막 절은 프로그램 결과의 감시 및 추적의 중요성을 기술한다. 즉, 감시에 대한 공통적인 오해는 물론 프로그램 성능을 평가하기 위해 자주 사용하는 도구들 중 일부를 기술한다.

본장에서 기술한 내용은 프로그램 설계자와 실행자 모두가 성공적인 물 효율 프로그램의 실행과 관련되는 더욱 기본적인 요소들 중 일부를 더욱 잘 이해하도록 돕는다.

20.2 물 효율 프로그램을 계획하는 이유

1980년대 이후 물 효율 프로그램을 실행하고 있는 지자체와 용수기관의 숫자가 증가하고 있는 것으로 보인다. 일부 프로그램은 상수도 또는 하수도 기반시설 확장이 승인되기 전에 물 수요 감소에 대한 잠재력을 결정하고 평가할 것은 요구한다. 이것이 의무사항이 아닐 때조차도 많은 지자체는 수요측면 관리(물 효율) *vs* 공급측면 관리(기반시설 확장)와 관련된 경제적 편익과 환경적 편익을 고려하여 국가재정 책임감을 보여주고 있다.

옛날 속담 "예술을 위한 예술"과는 달리 물 효율 프로그램을 착수하기 위해서는 매우 명쾌하고 잘 정의된 근거가 반드시 존재하여야 한다. 다행하게도 오늘날 환경에서 물 효율 프로그램의 수행에 대해 무수한 근거가 존재한다. 흔한 근거들 중 일부는 다음을 포함한다.

- 정수장, 하수 처리장, 기반시설 확장 필요성
- 수자원(예를 들어 저수지 또는 대수층) 용량 한계 도달
- 환경 책임에 대한 관심

근거와 상관없이 프로그램을 성공적으로 수행하기 위해서는 연루된 당사자인 정치가, 담당부서, 대중 등은 전반적인 목표를 이해하고 수용하는 것이 중요하다. 결국 어느 수요 성분을 목표로 하여야 할 것인지를 결정하는 것은 프로그램 목표이고, 어느 물 효율 조치를 포함시켜야 할 것인지를 결정하는 것은 목표 수요 성분이다.

따라서 프로그램 설계자 또는 실행자는 물 시스템 수요 성분들을 이해하고 이 성분들이 물 효율 프로그램의 일부로서 공통적으로 실행되는 다양한 물 효율 조치들과 어떻게 관련되는지를 이해하는 것이 필수다.

20.3 물 시스템 수요 성분 및 WEP와의 관련

1년동안 대부분 물 시스템은 물 수요 변화(빈번하게 계절적으로 변화하는)를 경험한다. 그림 20.1은 물 시스템이 흔하게 경험하는 다양한 수요 성분을 예증한다. 수요 성분은 수요 피라미드를 형성하는 경향이 있다. 이 피라미드의 바닥은 물 시스템의 1일 평균 기본 수요이고, 피라미드 상부는 물 시스템의 첨두 1일 수요를 나타낸다. 본절 후반부에서 이 각 수요 성분을 상세하게 기술한다.

대부분 물 효율 조치는 구체적인 수요 성분을 목표로 하기 때문에 프로그램의 목표에 기초하여 이 조치를 적정하게 선정하는 것이 중요하다. 부적정하게 선정된 조치는 효과적이지 않을 뿐만 아니라 설상가상으로 실제로 프로그램에 부정적인 영향을 미칠 수 있다(예를 들어 이들은 물 시스템 수익을 감소시킬 수 있다).

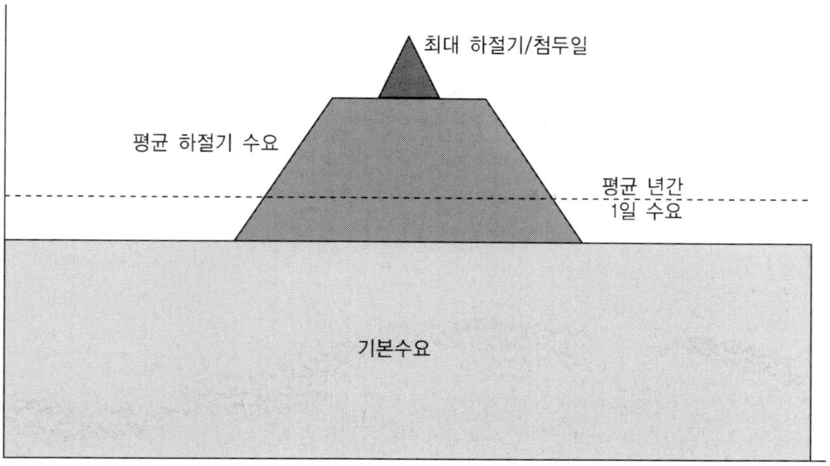

그림 20.1 전형적인 수요 피라미드(Bill Gauley 제공)

20.3.1 기본 수요(Base demands)

일반적으로 수요 형식의 분류는 물 시스템의 전반적인 기본 수요에 기초한다. 통상적으로 변기 플러싱, 샤워, 세탁 등과 같은 주거민 옥내 물 사용은 계절에 따라 큰 변화가 없다. 1년 동안 물 시스템의 누수, 산업/상업/기관 ICI(industrial/commercial/ institutional) 부문에서의 비관개 및 비냉각 물 수요는 상당히 일정하다. 기본 수요는 평균 동절기 물 수요의 가장 큰 성분이다. 그러나 계절적 온도가 상승하면서 관개 및 다른 계적절 수요가 증가한다. 사실 하절기 열기에서 물 시스템 전체 물 공급의 59% 이상이 관개 및 냉각과 관련될 수 있다.

기본 수요는 인구 규모, 직원 숫자 그리고 인구통계특성 변화에 의해 영향을 받는다. 그러나 기본 수요는 일반적으로 기후의 변화에 의해 영향을 받지 않으므로 년중 상당히 일정하게 되는 경향이 있다.

통상적으로 물 시스템의 기본 수요의 상당한 부분은 위생 하수시스템으로 배출된다. 따라서 하수 유량의 감소를 목표(하수 기반시설 확장을 지연시키기 위해)로 하는 물 효율 프로그램은 기본수요 감소(다음 절에서 설명하는 다른 유입 및 침투는 물론)에 집중하여야 한다.

비록 기본수요 감소가 특히 관개 및 다른 옥외 물 사용과 관련된 수요 체적을 감소시키지 않을지라도 피라미드의 바닥을 “잘라내어(slice off)” 첨두수요율과 전체 수요 피라미드를 낮춘다(그림 20.2 및 20.3 참조). 그림 20.3에서 첨두수요는 기본수요 감소와 동일한 수요율로 감소되는 사실에 유의하여야 한다.

때로는 간과되지만 매우 중요한 물 효율 조치의 측면은 물 절감의 지속가능성이다. 후속 년도에도 절감이 유지되는가?, 또는 감소 조치를 반복 또는 강화하여야 하는가? 일반적으로 지속되지 않은 물 절감은 지자체에게 거의 가치가 없다.

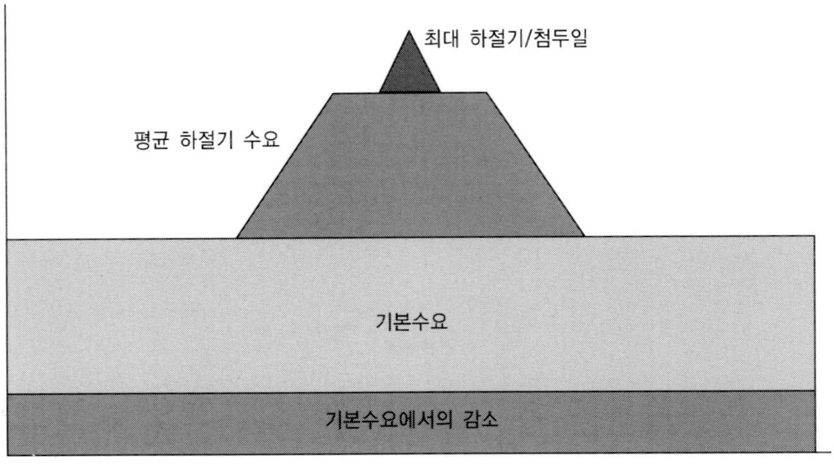

그림 20.2 저감된 첨두 수요율(Bill Gauley 제공)

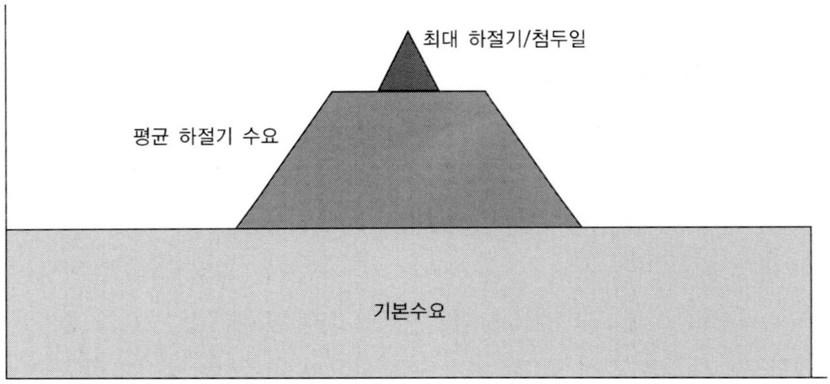

그림 20.3 저감된 전체 수요 피라미드(Bill Gauley 제공)

20.3.2 기본 하수 유량

일반적으로 위생 하수 유량은 년중 상대적으로 일정하다. 물 시스템 내부로 높은 수준의 유입 또는 침투 I&I(inflow or infiltration) 유량은 지하 수표면 또는 강수량 변화에 따라 변화한다. 일반적으로 강우량을 제외하면 계절마다 위생 하수 유량은 상대적으로 거의 변화하지 않는다.

전형적인 하수 감소 프로그램들은 일반적으로 기본 수요(변기, 샤워꼭지, 세탁기 등이 교체)를 대상으로 하거나 I&I 수준을 감소시키는 물 효율 조치를 포함한다.

위생 하수와 우수가 동일한 하수로 차집되는 조합 하수 시스템을 운영하는 지자체는 빈번하게 물 효율 프로그램에 I&I 감소 조치를 포함시킨다.

20.3.3 평균 년간 1일 수요

일부 물 시스템 운영자는 년간 물 생산량을 365로 나누어 평균 년간 1일 수요 AADD (average annual day demand)를 계산한다. 이 수치는 실제로 평균 년간 1일 생산을 나타내며, 물 시스템의 누수 및 다른 불명수량을 통해 손실되는 물을 포함한다. 평균 총 1인당 1일 (average daily gross per-capita) 물 수요를 결정하기 위해 평균 년간 1일 수요량을 물 시스템이 공급하는 전체 인구로 나눌 수 있다.

일반적으로 주거민 고객들에게 요금고지된 전체 물 체적을 전체 주거민 인구로 나누어 평균 1인당 1일 순수 물 수요(즉, 특히 개인 사용에 할당된 평균 물 체적)가 결정되는 사실에 유의하여야 한다. 통상적으로 이 수치를 수요율로 표현하며 특히 gcd(gallons per capita per day) 또는 lcd(liters per capita per day) 단위로 표현된다. 또한 수요율은 모집단의 부분집합

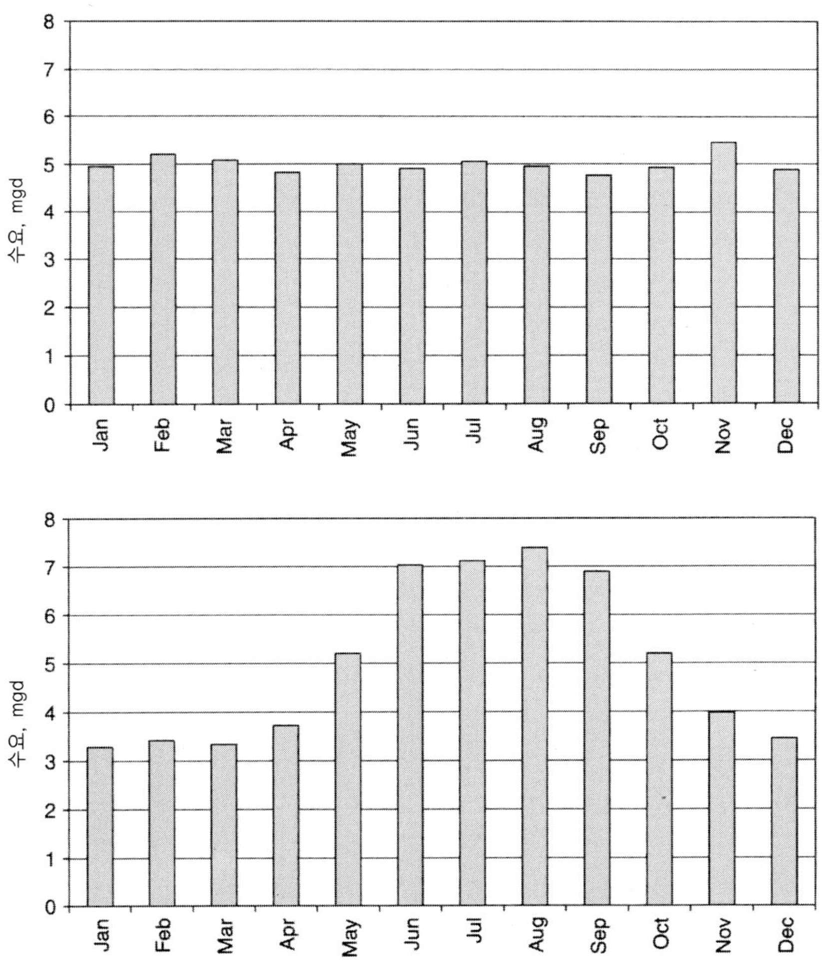

그림 20.4 2 시스템은 동일한 AADD(본 사례에서는 5mgd)를 가질 수 있으나 완전히 다른 운영 특성을 갖는다 (Bill Gauley 제공)

(단일 가족 가정, 다세대 아파트 빌딩, 산업 시설, 상용 현장 등)에 대해 결정될 수 있고, 계절적 수요 변화(평균 하절기 1일 단일-세대 가정 물 수요, 평균 동절기 1일 상업 현장 물 수요 등)를 반영할 수 있다.

AADD는 년도에 따라 변화(예를 들어 하절기 관개 수요에서 차이는 AADD에 상당한 영향을 미칠 수 있다)하는 학술적 수치이다. AADD 수치는 다양한 계절적 수요 성분들로 혼합되므로 일반적으로 기본 수요(정수장 및 하수처리장 기반시설 모두에 영향을 미치는) 또는 첨두 수요(오직 물 공급 기반시설에게 영향을 미치는)를 대상으로 하는 물 효율 프로그램을 설계하기 위한 충분한 자료를 제공하지 못한다. 예를 들어 두 시스템은 동일한 AADD를 가질 수 있지만 운영 특성이 완전히 다를 수 있다(그림 20.4 참조).

이러한 이유로 물 수요 감소 목표 또는 물 효율 프로그램을 AADD 수요에 기초하는 것은 비현실적이다. 사실 AADD를 감소시키는 한편 기본 유량 수요 또는 첨두 수요를 감소시키지 않는 프로그램은 오직 물 시스템 수익을 감소시키는 것에 불과하다.

예제 20.1 지역사회는 그들 하수처리장이 용량에 거의 도달하였다고 결정하였고, 시설 수명을 연장하기 위해 물 효율 프로그램을 실행하기로 결정하였다. 이들은 평균 년간 1일 수요를 10% 감소시키는 것을 목표로 삼았다.

그러나 이들은 1년 후 AADD에서 10% 감소를 얻었지만 이들 하수 유량은 변화하지 않은 사실을 발견하고 놀랐다. 약간의 투자 후 이들은 AADD에서 감소는 그들의 물 효율 프로그램이 아니라 감소된 하절기 관개(아마도 평균 강우량보다 높고 이전 평균 하절기보다 선선한 기후 때문에)에 전적으로 관련되었던 것으로 결정하였다.

비록 감소된 관개 수요는 지역사회의 AADD를 감소시켰지만 하수 유량에는 전혀 영향을 미치지 않았다.

지역사회는 하수처리장의 수명 연장을 목표로 하는 미래 프로그램은 AADD 보다는 기본 유량 감소에 집중하는 것으로 결정한다.

예제 20.2 지역사회는 그들 하수처리장이 용량에 거의 도달하였다고 결정하였고, 시설 수명을 연장하기 위해 물 효율 프로그램을 실행하기로 결정하였다. 이들은 평균 년간 1일 수요를 10% 감소시키는 것을 목표로 삼았다.

비록 이들은 1년 후 AADD를 감소시키지는 못하였지만 시스템의 최대 물 수요를 감소시키는 목표를 실제로 달성하였고, 따라서 물 시스템의 용량을 연장하였다. 약간의 투자 후 이들은 4월과 9월이 평균적으로 더욱 따뜻하였기 때문에 하절기 전체 관개 체적은 평균보다 약간 높았던 것으로 결정한다. 그러나 고객에게 유익한 요금고지 선전물, 라디오 및 tv 광고를 포함하는 조경 관개 감소 프로그램은 가장 덥고 건조한 하절기 기간 동안 고객 관개 수요를 감소시키는 바람직한 효과를 즉시 얻었다.

비록 프로그램은 AADD를 전혀 감소시키지는 못하였지만 그들 물 처리 시설용량을 연장시키는 목표를 달성하였다.

지역사회는 물 처리장의 수명을 연장하도록 목표한 미래 프로그램들은 AADD가 아닌 첨두 수요에 집중하는 것으로 결정한다.

20.3.4 최대 하절기/첨두 1일 수요

통상적으로 첨두 1일 수요는 1년중 단일 24시간 기간 동안 기록된 가장 높은 물 수요로서 정의되며, 년도마다 다르다. 비록 기술적으로 첨두 1일 수요는 오직 단일 1일에서 발생하지만, 현실적으로 1년 안에 여러 첨두 1일(최대 하절기 수요) 수요 형식이 존재할 수 있고, 이들은 1년을 통해 연속적(예를 들어 뜨겁고, 건조한 기간 동안)으로 또는 여러 번 발생할 수 있다.

물 시스템의 첨두계수(peaking factor)는 첨두 1일 수요를 평균 년간 1일 수요로 나누어 결정된 수학적 수치로서 매년 다르다. 유사하기 않은 물 시스템도 동일한 첨두계수를 가질 수 있다. 수년 동안의 기간에 걸쳐 경험한 가장 큰 첨두계수는 빈번하게 새로운 물 공급 기반시

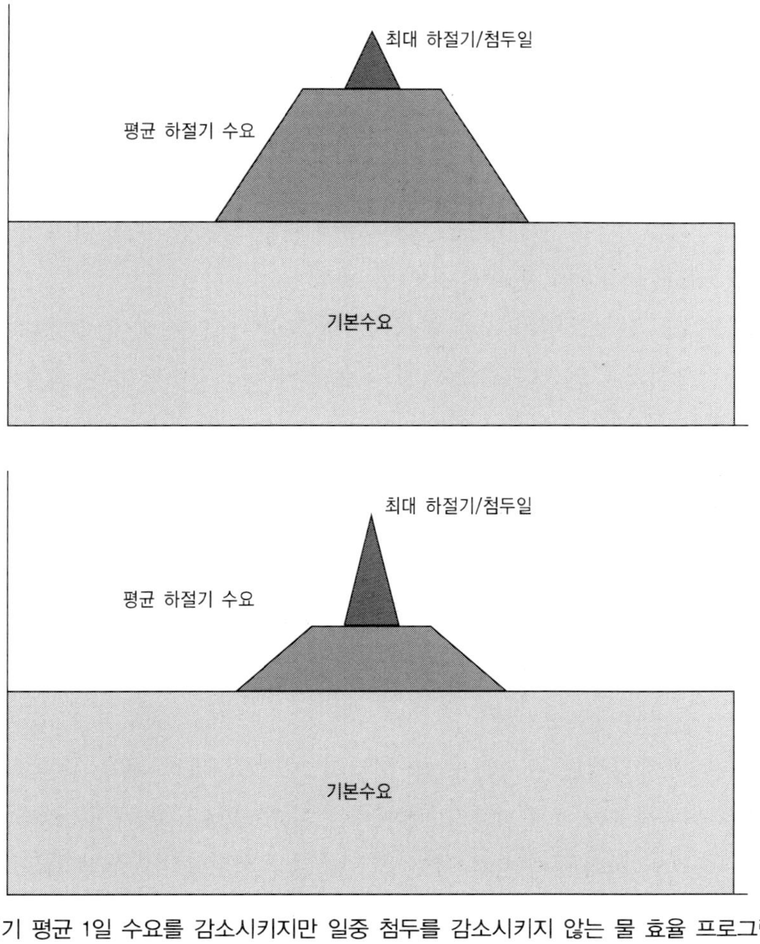

그림 20.5 하절기 평균 1일 수요를 감소시키지만 일중 첨두를 감소시키지 않는 물 효율 프로그램은 프로그램의 목표를 달성하지 못한다.

설 성분들을 계획할 때 설계 첨두계수로서 사용된다.

일반적으로 첨두 1일 수요가 옥외 관개 수요와 관계되고 통상적으로 장기간의 건조하고, 뜨거운 기후 후 발생하지만 이 수요는 대형 주관로의 파괴, 화재, 또는 산업 수요 또는 이들 조합의 결과일 수 있다.

첨두 1일 물 수요와 관련된 편익들이 상당히 많다. 예를 들어 정수장 또는 배수 기반시설 확장 필요성의 지연, 현재 기반시설을 사용하여 성장하는 인구에 대한 서비스를 가능하게 하는 것 등이다. 이러한 편익의 결과로서 많은 지자체들은 옥외 관개, 물 사용 제한(예를 들어 홀수/짝수 관개, 1일 중 특정 시간 관개), 요금고지 선전물, 라디오/TV/신문 기사 또는 선전, 관개 감사(irrigation audits) 등 일부 형식의 프로그램을 실행한다.

비록 첨두 1일 수요를 감소시키는 것이 매우 중요할 수 있다. 그러나 하절기 평균 1일 수요를 감소시키지만 첨두 1일 수요를 감소시키지 못하는 물 효율 프로그램은 프로그램의 목표를 달성하지 못하지는 동시에 물 판매 수익을 감소시킬 수 있는 사실에 유의하는 것이 중요하다(그림 20.5 참조).

통상적으로 정수장의 1일 물 생산량을 감시하여 첨두 1일 수요를 결정한다. 기후 패턴(예를 들어 뜨겁고 건조한 vs 선선하고 습한 하절기)의 변화는 매년 첨두 1일 수요를 크게 변화시킬 수 있다.

첨두 1일 수요를 목표로 하는 물 효율 프로그램을 실행하는 용수기관 또는 지자체는 그들 프로그램을 통해 얻은 절감은 일반적으로 기후와 관련된 상당한 수요 변화에 의해 과장되거나 가리워질 수 있다는 사실을 반드시 알아야 한다.

이상적으로 물 효율 프로그램은 평균 하절기 1일 또는 기본 수요에 영향을 주지 않으면서(따라서 수익을 감소시키지 않는다) 첨두 1일 수요만(따라서 정수장 또는 배수 기반시설의 서비스 수명을 연장한다)을 감소시켜야 한다. 이러한 이유로 일부 지자체들은 특히 관개 감소 조치를 실행한 결과로서 얻은 첨두 1일 물 절감을 정량화하기 위해 시범 프로그램을 실행 중이다.

이 시범 프로그램은 조사 지역과 제어 지역의 대량 모니터링(bulk monitoring)을 수반한다. 오직 조사 지역 내에서 물 효율 조치(또는 처방)를 실행한다. 물 요금고지 자료를 사용하여 절감을 정량화하는 것이 불가능하기 때문에 이러한 형식의 프로그램을 위해 반드시 대량 모니터링을 사용하여야 한다.

기본 수요 감소 프로그램과 유사하게 물 절감의 지속가능성이 매우 중요하다. 많은 첨두 1일 감소 프로그램의 목표는 고정세간의 변화(예를 들어 새로운 변기 또는 샤워꼭지 설치)가 아닌 고객 관개 습관의 변화를 수반하므로 시간에 걸쳐 첨두 물 수요 절감을 유지하는 것은 기본 수요 절감을 유지하는 것보다 더욱 복잡할 수 있다.

20.3.5 요약

비록 많은 물 효율 조치는 하나 이상의 수요 성분에 영향을 미치지만 일반적으로 첨두 수요 또는 기본 수요의 감소 또는 하수 유량 감소와 같은 구체적인 목표를 의도하지 않는다. 프로그램의 구체적인 수요 성분 목표를 다루기 위해 적정한 조치들을 선정하는 것이 중요하다. 표 20.1은 공통적으로 실행된 물 효율 조치들과 이들이 가장 크게 영향을 미치는 수요 성분 형식을 보여준다.

표 20.1 물 효율 조치의 영향

출처 : Bill Gauley

물 효율 조치	주된 영향
변기	기본 물 수요 프로그램
샤워꼭지	기본 물 수요 프로그램
세탁기	기본 물 수요 프로그램
조경 관개	첨두 물 수요 프로그램
계절 요금	첨두 물 수요 프로그램
물주기 제약	첨두 물 수요 프로그램
냉각수 감소	첨두 물 수요 프로그램
중수 재사용	첨두 및 기본 물 수요 프로그램
대중 교육	첨두 및 기본 물 수요 프로그램

20.4 물 절약 목표

물 효율 프로그램을 첨두 수요나 기본 수요 또는 둘 모두에 집중할 것인지, 그리고 어느 조치를 실행할 것인지를 결정하면 프로그램의 현실적인 예상 절감량을 결정하여야 한다. 즉, WEP가 얼마나 효과적인지를 결정하여야 한다. 이 과정의 첫 번째 단계는 프로그램의 이론적인 최대 절약을 결정하는 것이다.

20.4.1 이론 최대 절감

이론 최대 절감 TMS(theoretical maximim saving)는 하나의 계산된 수치이다. 즉, 조치를 완벽하게 실행하고 100% 침투한 것으로 가정한다. TMS는 물 절감 목표의 상한을 제시한다. 즉, 프로그램은 TMS 보다 많은 물을 절감할 수 없다.

TMS는 100% 참여를 달성하기 위해 필요한 프로그램 요소들을 고려하지 않는다는 사실에 유의하는 것이 중요하다. 예를 들어 TMS는 인센티브의 크기, 설치 기준, 제거한 물 고정세간

처리 방법, 시장 작동 원리, 조치의 비용 효과도에 대한 지식을 요구하지 않는다.

WEP의 물 절감 목표를 결정할 때 하나의 도구로서 나중에 TMS를 사용한다. TMS 수치 계산의 일부 예제는 다음과 같다.

예제 20.3 인구 50,000명의 지자체의 하수처리장 용량이 한계에 도달하였고, 따라서 처리장의 수명을 연장하기 위해 변기 대체 프로그램을 실행하기로 결정한다.

지자체는 이 조치에 대한 TMS를 추정하기 위해 AWWARF 주거민 최종 사용 연구 REUS(residential end use study)보고서의 정보를 사용하기로 결정한다. 이 연구는 한 사람이 1일 4.92회 비효율적인 변기를 사용하며 플러싱에 4.1갤론(15.5L)를 사용한다고 진술한다. 또한 이 연구는 한 사람이 1일 5.06회 효율적인 변기를 사용하며 플러싱에 1.9갤론(7.2L)를 사용한다고 진술한다.

표본 가정 조사 결과 물 효율적인 변기는 매우 적은 것으로 확인되었다. 이 조치에 대한 대략적인 TMS는 다음과 같이 결정된다.

현존하는 비효율적인 변기 플러싱과 관련된 물 수요

$$50{,}000\text{인구} \times 4.92\text{플러시}/1\text{일}1\text{인} \times 4.1\text{갤론}/\text{플러시} = 1{,}008{,}600\text{갤론}/\text{일}$$

효율적인 변기 플러싱과 관련된 물 수요

$$50{,}000\text{인구} \times 5.05\text{플러시}/1\text{일}1\text{인} \times 1.9\text{갤론}/\text{플러시} = 479{,}750\text{갤론}/\text{일}$$

$$TMS = 1{,}008{,}600 - 479{,}750 = 528{,}850\text{갤론}/\text{일}$$

다시 말해 만일 전체 인구가 현존하는 변기를 물 효율 모델로 교체하고, REUS에서 진술된 수치와 유사한 절감을 달성하였다면 지자체는 528,850gpd을 절감할 것이다.

예제 20.4 인구 50,000명의 지자체는 계획된 정수처리장의 확장을 연기하기 위해 첨두 물 수요를 감소할 필요가 있다. 광범위한 조경 관개로 인해 물 시스템 내 첨두 수요는 하절기에 발생한다. 지자체는 주거민 관개를 목표로 물 시스템의 첨두 수요를 감소시키기 위해 물 효율 프로그램을 실행하기로 결정한다. 지자체 내에 약 14,000 단일 세대 가정이 존재한다.

용수기관은 요금고지자료 분석을 완료하였고, 비관개 계절(예를 들어 동절기) 동안 평균 가정 물 수요는 약 200gpd인 것으로 결정한다. 한편 평균 가정 하절기 1일 수요는 280갤론이고, 하절기 첨두 1일 수요는 350갤론이다. 지자체는 처리장 확장을 연기하려 시도하므로 하절기 첨두 1일 수요를 감소시키는데 집중하기로 결정한다.

하절기 첨두 1일에서 평균 추가적인 가정 수요(예를 들어 동절기 1일 수요를 초과한 수요)은 150갤론이다. 지자체는 이 추가 수요의 일부가 차량 세척, 수영장 충수 등과 관련된 사실을 인지하고 있으며, 추가 수요의 약 65~70% 또는 1일 1 가정당 약 100갤론은 조경 관개와 관련된다고 추정한다. 이 경우 TMS는 목표를 다루기 위해 사용한 조치 형식에 종속된다.

시나리오 A. 프로그램 설계자는 관개 금지령을 의무적으로 시행하면 모든 관개 수요를 제거할 수 있는 사실을 알고 있다. 즉, 이는 가정 당 100gpd를 절감할 수 있는 것을 의미한다.

$$TMS = 14,000 \times 100\text{갤론/가정·일} = 1,400,000\text{gpd}$$

그러나 이러한 형식의 제약은 통상적으로 고객 또는 정치가가 좋아하지 않고 심각한 가뭄과 같은 비상 상황에서만 사용된다.

시나리오 B. 프로그램 설계자는 다른 관할구역 내에서 얻은 결과들을 검토하여 자발적인 제약 또는 호스 타이머, 우량계, 안내 책자 또는 상세한 요금고지 삽입물 등을 고객에게 무료 배포하여 관개 수요의 약 25%를 절감할 수 있다고 추정한다. 비록 이러한 형식의 프로그램은 TMS는 작지만 주거민이 상당히 더 수용할 수 있을 것으로 예상된다. 인구 100%가 참여하고 각 가정은 관개의 25%를 절감하는 것으로 가정한다.

$$TMS = 25\% \times 100\text{gpd} \times 14,000\text{가정} = 350,000\text{갤론}$$

20.4.2 현실적인 절감 목표

프로그램의 현실적인 절감 목표 RAST(realistically achievable savings target)는 통상적으로 다음과 같은 여러 이유로 TMS 수치보다 다소 적다.

- 실제 고객 참여율(특히 참여가 자발적이면)은 100% 이하가 될 것이다.
- 모든 조치가 잠재적인 물 절감의 100%를 얻는 것은 아니다(특히 조치가 고객 물 사용 습관의 변화를 요구할 때).
- 모든 조치가 비용 효과적으로 실행되는 것은 아니다. 예를 들어 조치 실행을 위한 단위 물량 당 비용이 물 공급을 확장하는 비용 보다 크면 물 효율 조치는 비용 효과적인 것으로 간주되지 않는다.
- 특히 물 절감이 신속하게 요구될 때 모든 조치가 예정대로 실행되지 않는다.
- 특히 고객 물 사용 습관의 변화가 수반될 때 물 절감은 지속적으로 유지될 수 없다.
- 일부 조치는 대중적으로 적용 가능하지 않을 수 있다. 예를 들어 중수(gray water) 사용은 상당한 물 절감 가능성을 제공하지만 고객들에게 인기가 있지 않을 수 있다.

통상적으로 프로그램 내 포함된 각 개별 물 효율 조치에 대해 RAST가 확립된다. 즉, 여러 RAST의 합계가 전체 WEP 물 절감 목표를 결정한다. 하나의 조치에 대해 RAST가 한번 확립되면 구체적인 상황(인구, 인구통계학, 프로그램 스케줄, 대중의 지지 등)에만 RAST를 적용할 수 있게 된다. 조치와 관련된 RAST는 지자체마다 다르고, 이 수치들을 계산하는 단일 "획일적인" 접근법이 존재하지 않는다. 즉, 반드시 각 용도에 대해 RAST 수치를 개별적으로 결정하여야 한다.

다음은 조치에 대한 RAST를 확립할 때 반드시 고려하여야 할 측면들 중 일부 목록이다.

- 고객에 대한 물 효율 조치의 비용-편익 비율
- 인센티브의 가용성
- 물 효율에 대한 대중 의식
- 가정 인구통계학
- 물 요금 그리고/또는 요금 구조
- 새로운 고정세간에 대해 예상되는 빌딩 규정 요구조건
- 법 집행 협약에 의한 물 사용
- 예상되는 건축 배관 고정세간 기술의 발전
- 예상되는 물 효율 고정세간 비용의 변화

한번 RAST가 확립되면 WEP 전개시 다음 단계는 다음 절에서 기술하는 실행 계획을 설계하는 것이다.

20.5 실행 계획

실행계획은 어떻게 WEP를 실행하는지 그리고 어떻게 프로그램 목표를 달성할 것인지를 정확하게 고려하고 기술한다. RAST와 유사하게 실행 계획도 조치마다, 지자체마다 다르게 될 것이다.

실행 계획 설계시 반드시 고려하여야 할 모든 잠재적 요소들을 기술하는 것은 본서 밖이지만 중요한 요소들 중 일부는 다음과 같다.

- 실행 스케줄은? 즉, 얼마나 신속하게 절감이 요구되는가?
- WEP 때문에 어느 자본작업(capital work) 프로젝트가 지연되거나 또는 제거되는가?
- 프로그램의 비용-효과도를 어떻게 결정할 것인가?
- 만일 물 효율 고정세간을 포함하면 전문가 또는 자체적으로 이들을 설치할 것인가?
- 인센티브를 제공할 것인가?
- 새로운 고정세간이 적정하게 설치된 것을 그리고 최대 절감을 얻은 것을 어떻게 보장할 것인가?
- 건축 배관 고정세간과 기구를 승인하기 위해 어느 판단기준을 사용할 것인가?
- 어떻게 물 절감이 유지되는지를 보장할 것인가?
- 어떻게 제거된 건물 고정세간을 처리하는가?
- 어떻게 고객 불만을 관리할 것인가?

- 추가 직원이 필요한가?
- 시범 프로그램이 필요한가?
- 감시가 필요한가?
- 대중 교육을 포함할 것인가?
- 신문, 라디오 또는 TV 홍보를 포함할 것인가?
- 만일 절감을 달성하지 못하거나 또는 초과되면 어느 비상계획을 시행할 것인가?
- 자연적인 고정세간의 대체가 예상된 절감에 어떤 영향을 미칠 것인가?
- 프로그램 비용에 대한 "무료 승차"의 영향은?

상기 목록에 의해 예증된 것과 같이 어떻게 WEP가 실행될 것인지를 정확하게 결정하는 것은 통상적으로 왜 WEP를 수행하여야 하는지를 결정하는 것 보다 상당히 더 복잡하다. 그러나 본서 전반부에서 진술한 것과 같이 WEP의 가장 중요한 측면은 프로그램 자체가 아니라 프로그램의 성공적인 실행이다.

많은 실행 쟁점은 대부분 계획들에게 공통적이다. 가장 중요한 쟁점 중 4개는 다음 절에서 기술한다.

20.5.1 자연적인 대체

때가 되면 모든 건축 배관 고정세간과 기구는 구식이 되거나 이들의 성능이 퇴화하기 시작하므로 새로운 장치로 대체된다(더욱 효율적으로 운영되는 장치일 필요는 없다). 인센티브가 없어도 이 대체가 발생한다. 인센티브 또는 리베이트를 제공하는 물 효율 프로그램은 빈번하게 고객이 물 효율 고정세간 또는 기구를 선택하도록 영향을 미치도록 시도한다. WEP 설계자가 자연스런 대체율을 알면 WEP 실행으로 얻을 수 있는 물 절감을 더욱 양호하게 추정할 수 있다.

예제 20.5 만일 주거민 변기의 평균 수명이 25년이면 이 고정세간에 대한 자연스런 교체율이 매년 4%(즉, 1/25=0.04)이고, 이론적으로 25년에 걸쳐 모든 변기는 새로운 변기로 대체될 것이다.

만일 시장에서 물 효율 변기만을 구매할 수 있다면 인센티브를 제공하지 않아도 25년이 경과하면 실제로 모든 변기는 물 효율 변기로 대체 될 것이다. 만일 아직도 비효율적인 변기들을 구매할 수 있다면 인센티브가 없을때 25년 안에 물 효율 변기들이 설치되지 않을 확률이 높다.

20.5.2 무임 승차자(Free Riders)

자연스런 대체를 통해 프로그램에 참여하였지만 프로그램 인센티브 또는 리베이트를 받는 고객들은 무임 승차자로 간주된다. 즉, 이 참여자는 프로그램 실행비용을 증가시키지만 프로그램 효과도를 증가시키지는 않는다. 예를 들어 오직 물 효율 변기만을 구매할 수 있는 지역에서 물 효율 변기 구매에 대한 인센티브를 제공하는 프로그램에 참여하는 모든 참여자는 무임 승차자이다.

20.5.3 인센티브

많은 물 효율 프로그램은 조치의 채택을 가속하기 위해 인센티브를 사용한다. 그러나 최적 인센티브 크기 결정은 약간의 연구를 필요로 한다. 만일 인센티브가 너무 낮으면 참여 목표를 만족시키지 못하고, 너무 높으면 프로그램 비용이 증가하게 될 것이다. 인센티브 크기는 빈번하게 목표된 고객 참여율, 전체 프로그램 비용-효과도, 그리고 물 절약을 위한 절박함에 기초한다.

프로그램 실행 도중 인센티브 수치를 변경하면 고객 불만을 야기할 수 있다. 즉, 인센티브를 줄이면 나중 참여자의 기분을 상하게 하는 반면 인센티브를 증가시키면 초기 참여자의 기분을 상하게 한다.

20.5.4 시범 프로그램

통상적으로 시범 프로그램은 설계, 실행 방법론, 참여율 등을 입증하기 위해 전체 프로그램을 시작하기 직전에 실행하는 작은 규모의 프로그램이다. 통상적으로 시범 프로그램은 상당한 수준의 감시, 분석 그리고 평가를 포함하기 때문에 빈번하게 단위 비용은 전체-프로그램의 단위 비용보다 상당히 더 크다.

시범 프로그램 설계자는 전체-프로그램의 설계(예를 들어 리베이트 크기, 시장, 제품 형식 및 품질 등)를 반영하는 것이 중요하다.

20.6 감시 및 추적

실행 계획의 가장 중요한 측면들 중 하나는 프로그램 결과를 감시하고 추적하기 위해 사용할 프로토콜이다. 수행한 프로그램의 적정한 감시 및 추적은 효율 조치의 물 절감 목표 달성 여부(즉, TAST), 프로그램이 예정대로 진행되는지 여부, 프로그램 비용의 정상 궤도 여부 그리고 물 절감의 지속 여부를 결정할 것이다. 만일 적정하게 감시하지 않으면 WEP의 효과도를 평가하는 것이 불가능하게 될 것이다.

두 지자체는 정확하게 유사하지 않기 때문에 반드시 각 개별 WEP와 관련된 구체적인 조건들에 적합하도록 감시 프로그램을 설계하여야 한다. 본장에서는 반드시 고려하여야 할 모든 매개변수의 개요 서술은 불가능하지만 프로그램 감시와 관련된 더욱 공통적인 요소들 중 일부를 다음 절에서 기술한다.

20.6.1 물 회계감사(Water Audit)

일부 물 효율 프로그램은 물 절감을 물 회계감사의 수행 덕분으로 돌린다. 비록 물 회계감사가 현장 조건을 평가하거나 또는 물 수요를 감소시키기 위한 가능성을 결정하기 위한 우수한 도수가 될 수 있어도 감사 자체는 물을 절감하지 않는다. 물을 절감하지 못한 채 광범위하고 고가의 물 회계감사를 수행할 가능성이 상당히 크다. 아마도 고객은 물 회계감사를 통해 확인된 임의 조치들을 실행하지 않았거나, 단순하게 확인된 물 절감 기회가 존재하지 않을 수 있다. 물 회계감사 완료 후 발생한 물 절감은 물-사용 실무 또는 장비 또는 둘 모두의 변화의 결과이다.

20.6.2 수도미터(Water meter)

수도미터는 다음과 같은 이유로 중요하지만 물을 절감하지는 않는다.

- 수도미터는 공정성의 보장을 돕는다(예들 들어 각 고객은 그들이 공급받은 물에 대해 지불한다).
- 물 절감을 확인하기 위한 도구로 사용할 수 있다.
- 물 절감 인식을 제고하기 위해 사용할 수 있다.
- 변화 영향을 측정하고 추적하기 위한 미케니즘을 제공한다.

일부 불량하게 분석한 사례연구 결과에 기초한 많은 물 효율 프로그램은 이전 정액요금제에 기초하여 요금고지된 가정에 수도미터를 설치하여 직접 물 절감을 얻은 것으로 오해하고 있다. 이 가정에서 얻은 모든 물 절감은 고객 물 사용 습관의 변화, 더욱 효율적인 고정세간의 설치와 같은 다른 행위의 결과이다. 특별하게 미터에게 물 절감을 전가할 수 없다.

미터 설치로 인한 물 절감을 포함하는 프로그램은 "이중 계산" 위험을 갖는다. 예를 들어 고객 습관의 개선[사용하지 않은 때 수도꼭지 폐쇄, 세탁기와 식기 세척기의 전부하(100% load) 사용, 조경의 과대 물주기 방지 등]은 물론 이미 효율적인 변기, 샤워기 꼭지 그리고 수도꼭지의 설치 효과가 고려된 물 효율 프로그램이 만일 수도미터 설치로 인한 절감을 포함하면 물 절감에 대한 가능성을 과대평가하게 된다.

20.6.3 퍼센티지 vs 경성값(hard value) 사용

비록 일련의 자료 분포를 기술하기 위해 공통적으로 퍼센티지를 사용할지라도 때로는 다음 예제에서와 같이 결과를 현혹시킬 수 있다.

예제 20.6 물 효율 프로그램의 일부로서 단일 세대의 물 수요를 사전 감시하고 있으며 수집한 자료는 표 20.2와 같다.

표 20.2 사전감시(premonitoring)

출처 : Bill Gauley

항목	수요(gpd)	%
변기	60	30
세탁기	40	20
사워	50	25
수도꼭지	50	25
합계	200	100

집 소유자는 지자체가 제공하는 리베이트 혜택을 받기로 결정하고 기존 세탁기의 물 사용의 60%만을 사용하는 새로운 물 효율 세탁기를 설치한다. 세탁기를 제외하고 이 가정 물 수요 변화는 없다.

다시 이 가정을 감시하고 표 20.3의 자료를 수집하였다. 이 표에서 예증된 퍼센티지는 물 효율 세탁기의 설치는 변기, 샤워기 그리고 수도꼭지와 관련된 물 수요를 다소 증가시키는 어리석은 결론을 나타내는 것처럼 보인다. 물론 다른 건축 배관 고정세간과 관련된 실제 물 체적은 새로운 세탁기의 설치에 의해 영향을 받지 않는다. 오직 이들의 퍼센티지는 감소된 전체 수요에 기인한다.

표 20.3 사후감시(postmonitoring)

출처 : Bill Gauley

항목	수요(gpd)	%
변기	60	32.6
세탁기	24	13.0
사워	50	27.2
수도꼭지	50	27.2
합계	184	100

예제 20.7 작은 지자체는 수년 동안 높은 수준의 불명수량과 투쟁하여 왔다. 지자체는 물 1.2mgd를 생산하지만 요금고지되는 물량은 17% 차이가 발생하는 약 1.0mgd이다.

후에 평균수요 0.8mgd의 맥주공장이 이 도시로 이전하여 왔다. 지자체는 2.0mgd를 생산하고 1.8mgd에 대해 요금고지한다. 이제 불명수량은 10% 수준으로 감소된 것처럼 보인다.

이러한 형식의 추론은 맥주공장의 전입이 배수시스템의 성능을 개선시킬 것이라는 어리석은 결론을 나타낸다. 물론 실제 불명수량은 맥주공장의 전입에 의해 영향을 받지 않는다.

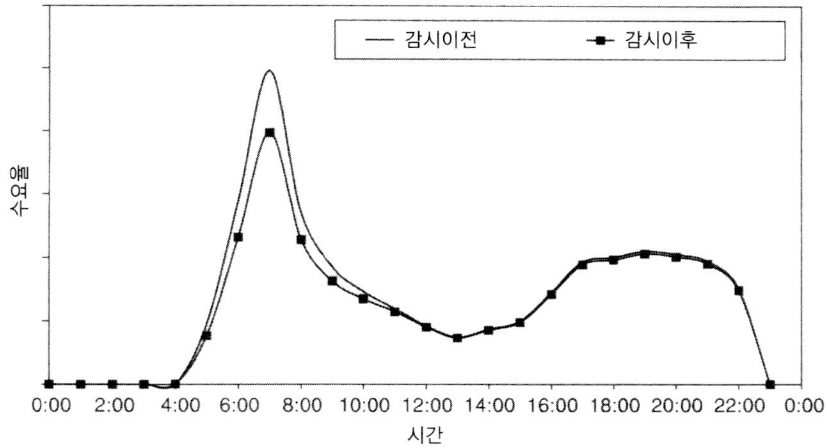

그림 20.6 가정 물 수요의 일중 곡선(Bill Gauley 제공)

20.6.4 호오손 효과(Hawthorne effect)

호오손 효과는 사람이 감시당하는 것을 인지하였을 때 그들의 일상적인 행위 변화로 인해 초기에 얻을 수 있는 효과이다. 독자는 감시 프로그램을 수행할 때 반드시 호오손 효과를 인지하여야 한다. 프로그램 참여자가 그들 행위가 감시되고 있다는 사실을 인지하여 그들의 정상적인 거동을 변경할 때 호오손 효과가 발생한다. 이러한 이유로 만일 참여자가 알지 못하게 프로그램을 실행하면 감시 프로그램은 빈번하게 실제 조건들을 나타낸다.

반드시 호오손 효과를 감소시키거나 또는 제거하는 방법으로 감시 프로그램을 설계하여야 한다. 가능하면 블라인드 테스트(blind test)를 사용하여야 한다. 즉, 옥외 수도 미터 함(참여자가 감시되고 있는 것을 인식하지 못하는 곳)에 있는 수도미터에 설치된 자료 로거는 가정 내부(참여자가 감시 프로그램을 인식하고 그들 거동이 변화된다)에 있는 수도미터에 설치된 자료 로거 보다 실제 현장조건을 정확하게 반영할 수 있다.

20.6.5 일중 수요 곡선

24시간에 걸친 시간-수요를 예증하기 위해 빈번하게 일중 곡선을 사용한다. 이 곡선의 형상은 감시하고자 하는 시설의 형식에 종속된다. 개별 가정, 아파트 빌딩, 구획, 산업 단지 또는 전체 지자체에 대해 일중 수요 곡선을 생산할 수 있다.

빌딩의 수도미터를 자동기록한 자료를 사용하여 이 곡선을 작성한다. 빈번하게 24시간부터 수일 동안 자료를 수집한다. 실제로 자료를 분석하고 평균 또는 전형적인 결과를 나타내기 위해 그래프를 작성한다. 곡선에 의해 예증된 상세 정보량은 수요 자료가 순시치 또는 평균 수치로서 자동기록되는지 그리고 수집 빈도 여부에 따라 종속되는 것을 기억하는 것이 중요하다. 일반적으로 수집 빈도는 자료의 가변성에 기초한다. 즉, 상당히 동요하는 자료는 더욱 높은 빈도로 자동기록하여야 한다.

"사전" 및 "사후" 두 자료를 수집할 때 두 개의 일중 수요곡선의 특성을 비교하여 물 절감을 명백하게 예증할 수 있다. 그림 20.6은 물 효율 변기 및 샤워꼭지가 설치되기 이전과 이후 가정의 물 수요를 감시할 때 무엇을 기대할 수 있는지를 예증한다. 아침 첨두 수요의 감소는 물 절감 결과와 관련된다.

사람들이 물을 사용할 때(목욕, 샤워, 변기 사용 등) 유량과 관개지속기간(duration of irrigation), 주중과 주말 물 사용의 차이 그리고 하절기와 동절기 수요의 차이와 같은 정보를 예증하기 위해 일중 수요곡선을 사용할 수 있다.

20.7 손실된 수익

일부 지자체는 물 효율 프로그램 실행이 물 판매 수익을 감소시킬 것인지 관심이 있을 수 있다. 사실 현존하는 기반시설로 더 많은 인구에게 서비스할 수 있도록 많은 물 효율 프로그램들을 실행한다. 즉, 더 많은 인구는 일반적으로 더 많은 세금 기반을 의미하여, 이는 지자체에게 이롭다.

그러나 불필요하게(자본 확충 프로젝트를 연기할 필요가 없는) 실행되는 프로그램들은 수익을 감소시킬 수 있다. 다음 사항들은 이러한 우려를 다룬다.

- 대부분 물 효율 프로그램은 수년간에 걸쳐 완만하게 수요를 감소시키므로 작은 물 요금 변화를 시행하기에 충분한 시간을 제공한다.
- 하절기 기후 패턴의 변화(예를 들어 시원하고 습한 하절기 vs 덥고 건조한 하절기)는 물 효율 프로그램의 실행 보다도 년간 물 판매에 더욱 큰 영향을 미칠 수 있다.
- 물 생산량 감소는 정수처리 및 펌핑과 관련된 비용을 감소시킨다.

20.8 결론

본장에서는 물 효율 프로그램을 개발, 실행 그리고 감시하는 사람들이 성공적으로 프로그램을 수행하기 위해 필요한 중요한 개념들 중 일부를 더욱 잘 이해할 수 있도록 지침을 제공하였다.

WEP 목표, 이 목표를 달성하기 위해 시행할 조치 및 방법들 그리고 결과를 감시하기 위해 채택할 프로토콜의 명백한 이해를 전개하여 물 효율이 미래 물 수요 계획의 중요한 요소가 될 수 있기를 희망한다. 물은 너무 소중하여 낭비할 수가 없으므로 물을 현명하게 사용하여야 한다.

Chapter 21

기본 수리학 이해

21.1 배관 조도 계수

모든 물 배관은 조도 계수를 가지며, 이는 배관 내부에서 송수되는 물과 배관 벽 사이에서 마찰을 발생시키는 역할을 한다. 높은 계수를 갖는 매우 미끄러운 유리 배관, 이와 반대로 매우 낮은 계수를 갖는 오래된 부식되고 막이 형성된 주철관을 생각하자. 전산기 모델링 또는 압력 구역화 및 관리를 고려할 때 이 조도계수는 매우 중요하다. 소방유량이 매우 중요한 경우 조도계수는 불량한 수리조건으로 인해 어느 한 지역을 공급할 수 없는 것을 나타낼 수 있다.

또한 조도계수는 상태가 불량한 배관을 나타낼 수 있고, 운영자는 빈번하게 어느 배관을 대체 또는 갱생할 것인지를 결정할 수 있다. 본서의 초반부에서 오늘날 사용 가능한 다양한 형식의 갱생 기법, 이들을 언제 그리고 어디에 사용할 것인지, 어떻게 최상으로 갱생기법을 적용할 수 있는지를 다루었다. 또한 대체, 보수, 갱생할 시기에 대해서도 다루었다.

매닝, 달시-바하 그리고 콜브룩-와이트 공식과 같이 폐쇄 관로의 조도를 계산하는 다양한 방법이 존재한다. 그러나 가압된 물 배관에 대한 가장 공통적인 방법은 하젠-윌리엄 C 계수를 사용하는 것이다.

C 계수를 측정하기 위해 반드시 유량과 압력, 고도와 수위 그리고 배관 길이와 직경을 측정하여야 한다. 다음 절에서는 이러한 형식의 현장 시험을 위한 상세한 방법론에 대해 기술한다.

의사결정 모델을 위해 수치들을 적용할 때 최초 추정으로서 배관의 수령 및 직경에 따른 평균 C 계수를 보여주는 표를 사용할 수 있으나 이 표는 현장에서 측정된 실제 수치를 대체하지는 못한다.

21.2 C-계수 현장시험

유량, 압력, 수위, 직경 그리고 길이를 반드시 정확하게 측정하여야 한다. 그림 21.1은 압력과 유량측정을 위해 두 개의 소화전을 사용하는 C-계수 시험의 예제를 보여준다. 엑셀을 사

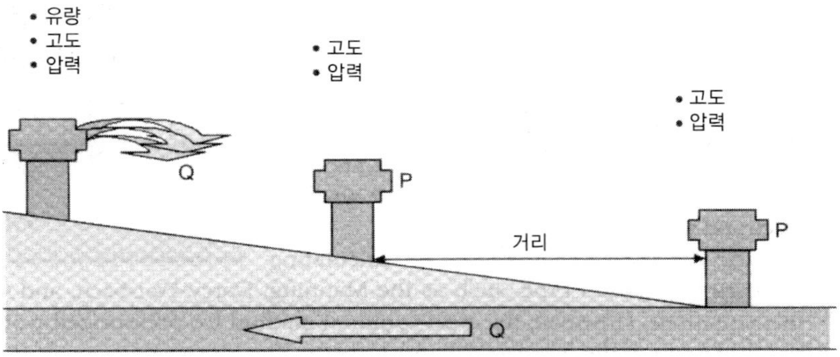

그림 21.1 C-계수 시험(Julian Thornton 제공)

용한 표 21.1은 Hastead 방법으로부터 유래된 Flowmaster라 불리는 상용 소프트웨어를 사용한 단순한 계산을 보여준다.

이러한 종류의 시험을 착수할 때 압력에 대한 결과는 매우 민감하므로 반드시 캘리브레이션된 장비를 사용하여야 한다. 이러한 형식의 시험에서 사용한 장비 및 캘리브레이션 절차에 대한 추가 정보는 부록 B에 수록하였다.

운영자는 시험 결과에 대해 기본적인 직감을 가져 불필요한 현장 재방문을 방지할 수 있어야 한다. 결국 손실을 감소시키고 갱생을 실행하는 목적은 더욱 효율적인 시스템을 만드는 것이다. 현장시험은 이 과정의 매우 중요한 한 일부이고, 계약자 또는 자체 직원이 적정하게 현장시험을 수행할 때 상당히 고가가 될 수 있다. 적정한 계획수립과 결과가 어떻게 될지에 대한 양호한 직감은 불필요한 작업을 최소로 유지하는 데 도움을 줄 수 있다.

표 21.1 C-계수 계산 표본

상기 결과는 Flowmaster를 사용하여 계산된 것임

입력	미국 단위	출력	미국 단위
지점 1 고도	605.86ft	유속	1.65ft/s
지점 1 압력	25.2psi	손실수두	2.11ft
지점 2 고도	540.65ft	지점 1 에너지 구배	664.04ft
1번 압력	52.55psi	지점 2 에너지 구배	661.93ft
유출	2,325gpm	마찰 구배	0.0004
직경	24″		
길이	4,710ft		
하젠-윌리엄 계수	124.41		

C 계수가 130보다 높거나 75보다 작을 수 있지만 이러한 가능성은 매우 적다. 따라서 운영자는 이를 판단기준으로 사용하여 현장 실험시 이를 벗어난 수치에 대해 의문을 가질 수 있다. 만일 상기 권장 수치를 상당히 벗어난 수치는 아니지만 이 수치가 반복되면 이 수치는 실제일 수 있다.

오래된 배관과 라이닝되지 않은 주철관에서 빈번하게 발견되는 불량한 조건에서 배관의 수령 및 재질은 C 계수의 큰 부분을 차지한다. 매우 오래된 처리되지 않은 주철관은 결절, 부식 그리고 이물질에 의해 거의 폐쇄될 수 있는 것을 발견하는 것은 흔하다.

21.3 소방 규정

제18장에서 기술한 것과 같이 구역화 또는 압력관리로 압력 변화를 고려할 때 미국과 캐나다를 포함한 많은 국가들은 소방 수요에 대해 의무적인 유량과 압력수준을 규정한다. 비록 모든 국가들이 동일한 규정을 갖지는 않지만 저자는 여러 규정들을 연구할 기회를 가졌고, 이 규정들 사이에 상당한 부분이 일치하는 것을 발견하였다. 대부분 국가들은 압력 20psi 또는 수두 15m에서 최소유량을 요구한다.

물 시스템 압력을 변경하기 전에 많은 경우에서 지역 보험 손해사정사의 필수 요구조건을 확인할 필요가 있다. 빈번하게 특정 부지 형식, 특히 지역 소방 용량(많은 경우 유량의 항으로 진술되는)에 따라 보험율이 결정된다. 많은 도시에서 소화전의 유량 용량을 나타내기 위해 소화전 캡과 본네트를 다른 색으로 페인트한다.

화재진압을 위한 소화전 필수 요구조건을 정의하는 방법의 이해 및 내부 빌딩 스플린클러 시스템의 필수요구조건을 확인하기 위해 구역화 또는 압력관리를 실행할 제안된 지역 내 수요를 분석하는 것이 중요하다. 빈번하게 더욱 낮은 유입압력을 수용하도록 물 시스템들을 재설정할 수 있다. 그러나 이와 같은 압력변경을 반드시 소비자에게 인지시켜 체적을 적정하게 계산하여야 한다. 통상적으로 압력관리로부터의 편익은 계약자가 물 시스템 갱생 비용을 부담하기에 충분히 큰 것을 보장한다.

21.4 유량

특정 시간 동안 관로 내 한 지점(아마도 수도미터)을 통과하는 물량을 기술하기 위해 용어 유량을 사용한다. 실제로 유량은 이동하는 물의 체적이다. 유량은 국가가 사용하는 측량 단위에 따라 여러 형태로 기록된다. 유량 측정을 위한 가장 공통적인 단위는 gpm(gallons per minute), ft^3/s, 주관로, 정수장에서의 대형 유량의 단위 mgd(millions of gallons per day)이다. 이에 상응하는 미터 단위는 L/s, m^3/hr, 그리고 MLD(megaliters per day)이다.

물 회계감사 동안 유량과 유속의 단위를 변환할 필요가 있다. 유속은 액체가 이동하는 속도이다. 유속 자체는 얼마나 많은 물이 유동하는지에 대해서는 아무것도 말하지 않고 단지 관로에 따라 물이 얼마나 신속하게 이동하는지를 말한다.

유체의 평균 유속을 배관의 단면적으로 곱하여 유동 체적을 계산한다. 배관의 단면적을 계산할 때 면적과 유속 모두 동일한 단위를 사용하여야 한다. 즉, ft^2과 ft/s 또는 m^2과 m/s을 사용하여야 한다.

최종적으로 유량을 계산하기 위해 반드시 현장에서 측정한 유속을 단면적으로 곱하여야 한다.

예제 21.1 6인치 배관의 유속이 1ft/s이면 유량은 다음과 같다.

$$Q = A \times V = 0.785 \times 0.5^2 \times 1 = 0.196\,\text{ft}^3/\text{s}$$

유량을 gpm으로 표현하길 원하면 $1\,\text{ft}^3/\text{s} = 7.48\text{gpm}$, 1분은 60초이므로

$$Q = 0.196 \times 7.48 \times 60 = 87.96\text{gpm}$$

21.4.1 유동 형식

이제 기본적인 유량 계산을 수행하였으므로 직면할 수 있는 다른 유동 형식을 토론한다. 배관 내 유동조건을 이해하여 감시 및 시험에 적합한 장소를 선정하는 것이 중요하다.

미터 또는 시험 장비의 부적합한 현장 선정으로 인해 물 시스템 계산에서 많은 문제들이 발생한다. 미터 설치를 책임지는 사람이 기본적인 유체 역학을 이해하지 못하는 경우 이러한 문제가 빈번하게 발생한다. 올바르지 않은 단위 변환으로 다른 문제들이 발생한다. 따라서 다양한 형식의 단위 관계를 이해하는 것이 매우 중요하다.

현장 작업 또는 자료 분석 이전에 회계감사를 계획하는 물 시스템에서 현재 사용하고 있는 단위를 기록하는 것이 좋다. 이 방법은 나중에 고비용 실수를 방지할 수 있다.

비록 높은 수준의 유체역학을 이해할 필요는 없지만 수개의 기본적인 아이디어는 도움이 된다. 만일 기본지식을 이해하면 문제가 발생할 때 문제를 추적하여 쉽게 해결할 수 있다.

만일 기본적인 유체역학을 이해하지 못하면 결국 부적합한 현장에 시험 장비를 설치할 수 있다. 이 경우 시험 자료는 올바르지 않고 매우 중요한 계산에서 그릇된 자료를 입력할 수 있다.

다음 절은 다양한 유동 형식을 다룬다. 비록 단일 물 시스템 내 이 모든 유동 형식의 발생은 드물지만 이 유동 형식의 존재 사실을 아는 것이 중요하다.

정상 유동(Steady-state flow)

만일 배관 내 특정 점에서 유속이 시간에 따라 변화하지 않고 동일하게 유지되면 이러한 유동을 정상유동으로 간주한다. 정상유동은 현장 상황에서 빈번하게 발견되지 않지만 때로는

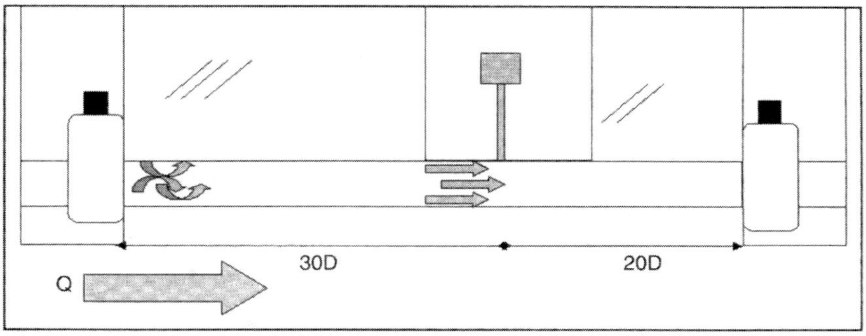

그림 21.2 임시 계량 장비의 설치를 위한 30/20 법칙(Julian Thornton 제공)

단순한 모델링 계산에서 사용된다.

등류(Uniform flow)

유속이 모든 지점에서 속도와 방향이 변경되지 않을 때 이러한 유동을 등류로 간주된다. 이 조건은 버터플라이밸브 또는 제어 밸브와 같은 제약들이 거의 없는 동일한 직경의 길이가 긴 주송수관로에서 발견할 수 있다. 대부분 배수 수준의 주관로는 비등류를 경험한다.

현장에서 배수 수준의 주관로 규격은 항상 변화하고, 유속과 압력이 지속적으로 변화한다. 다른 상황에서 물은 미터 및 제어밸브를 통과한다.

송수시스템에서 벌크 유량을 측정할 때 반드시 유동이 합리적으로 등류인 지점에서 유량을 기록하여야 한다. 그러나 배수시스템 유량을 측정할 때 이 가능성은 더욱 적다.

많은 휴대용 장비 제작사들은 피팅 또는 구속물의 상류측으로 직경의 최소 10배 그리고 하류측으로부터 직경의 최소 5배의 직관거리를 제안한다. 만일 의심스러우면 30/20D 규칙은 성공할 가능성이 크다(그림 21.2 참조). 시험 장비를 영구 미터 또는 밸브 다음에 설치하면 시험장비는 시험하고자하는 장비보다 신뢰성이 낮으므로 좋지 않다.

층류유동(Laminar flow)

층류유동 조건에서 물은 직선 수평 경로를 따라 층으로 또는 유선(streamline)으로 이동한다. 그러나 유속은 동일하지 않다. 배관 내부 배관 벽에 가장 인접한 층의 물은 배관 벽과의 마찰로 인해 더욱 완만하게 이동한다. 본장의 초반부에서 마찰 계수를 토론하였다. 이제 유량과 압력을 측정하여 배관 내부 상태를 실제로 계산할 수 있다는 사실을 알고 있다.

층류유동은 물 배관에서 매우 흔하지 않고 매우 낮은 유속에서만 발생한다. 대부분 급수관로는 층류가 아닌 난류유동을 갖는다. 유동이 층류 또는 난류인지를 계산하기 위해 레이놀즈수를 사용한다. 레이놀즈수는 유속, 직경, 점도의 함수이다.

레이놀즈수가 2000 이하 이면 층류로 간주된다.

난류유동(Turbulent flow)

난류유동 상태에서 물은 길이 방향으로 더욱 혼돈스런 패턴으로 흔들이며 이 유동은 물 시스템 내 통상적인 물 유동 상태이다. 그림 21.3은 층류유동과 난류유동의 차이를 보여준다.

비록 대부분 물 시스템 내 유동은 난류이지만 유동은 전진 방향으로 이동한다. 유동을 감시할 때 통상적으로 유동은 배관 측면 보다 중심에서 유속이 큰 것을 목격한다. 현장에서 유동을 감시하기 위해 다양한 기법을 사용하면서 이를 이해하는 것이 매우 중요하다. 때로는 배관 내 평균 유속을 측정하고 단면적으로 곱하여 체적 유량을 구하는 단일점 유속계를 사용한다. 다른 때에는 배관 직경에 걸친 유속을 측정하여 평균 유속을 계산하는 장비를 사용한다. 만일 이 두 방법의 기본 지식을 이해하면 비정상인 상황을 잘 처리할 수 있다.

물질이 생성되거나 손실되지 않는 것을 진술하는 질량보존법칙을 유의하는 것이 중요하다. 따라서 물 시스템 내부로 유입되는 유량은 반드시 시스템을 떠나거나(소비자 지점 또는 다른 시스템으로 공급 또는 누수) 또는 내부에 축적되어야 한다. 물은 비압축성이므로 물 시스템 또는 개별 배관 내부에 축적될 수 없다. 따라서 물을 축적하기 위해서는 반드시 물 시스템 내부에 탱크나 배수지를 가져야 한다. 통상적으로 이를 저장시설이라 부른다. 질량보존은 물 회계감사 및 물수지의 기본 배경이다. 물 시스템으로 유입되는 물은 고객, 저장시설, 누수 또는 도수와 같은 손실 상황으로 배달되며 단순하게 사라지지는 않는다.

그러나 가스 관로시스템은 다르다. "관로 압축(line packing)" 또는 관로 내 압력을 증가시켜 가스를 저장할 수 있다. 이는 가스의 압축성 때문에 가능하다. 만일 추적자 가스 조사를 수행하면 반드시 이 사실을 기억하여야 한다. 가스가 압축성이라는 사실 때문에 물 보다 가스로 관로를 채울 때 관로 파괴는 더 많은 손상을 야기한다. 그림 21.4는 질량보존법칙을 예증한다.

빈번하게 특정 배관 내 유속을 측정할 필요가 있다. 주된 이유 중 하나는 현장이 감시 위치

그림 21.3 층류 유동와 난류 유동의 차이(Julian Thornton 제공)

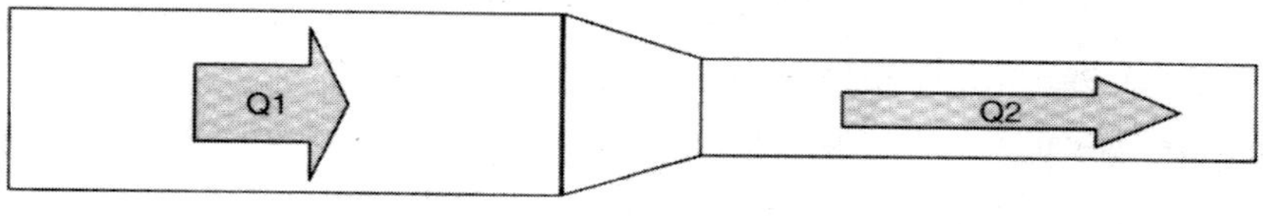

그림 21.4 질량보존법칙(Julian Thornton 제공)

에 적합한지 여부를 결정하는 것이다. 유속이 낮은 현장은 장비가 실속(stall) 하는 경향이 있어 부적합한 감시 장소로 간주된다. 대부분 유량 감시장비는 실속 유속을 명시한다. 빈번하게 실속 유속은 0.3ft/s 또는 0.1m/s 인근이다. 제작사의 오차 곡선과 캘리브레이션 증명서를 사용하여 불안정성과 잠재적 오류를 파악하기 위해 이 수치 이하의 유속에서 계산한 유량을 면밀하게 조사하여야 한다.

예를 들어 정수장 또는 탱크를 떠나는 유량과 유속을 알 수 있고, 저장 시스템을 평가하기 위해 물수지 착수를 원한다. 또한 감시장비에서 천성적인 오류를 감소시키길 원한다. 따라서 감시하기 위해 높은 유속을 갖는 배관을 찾는 것을 시도한다. 시험 기간 동안 다른 관로들을 일시적으로 폐쇄할 수 있다. 대형 관로는 빈번하게 낮은 유속의 대상이며, 미래 인구 성장을 고려하여 규격이 결정된 신규 물 시스템에서 특히 그렇다.

21.5 압력

압력을 이해하기 위해 지상에 놓여 있는 용기를 생각할 필요가 있다. 물 $1ft^3$의 중량은 62.4lb이고, 이를 $7.4gal/ft^3$으로 나누면 1gal 당 중량은 8.34lb이다. 이에 상응하는 미터 단위의 중량은 1L = 1kg이다. 이 중량은 그 표면에 힘으로 작용하며 이 힘을 압력이라 부른다.

예제 21.2 지반에 놓여 있는 $1ft^3$ 물은 바닥 $1ft^2$에 62.4lb의 힘을 가한다. 만일 $1ft^2$ 면적에 $2ft^3$의 물이 놓여 있으면 압력은 124.8lb이고, 만일 그 바닥에 $20ft^3$가 놓여 있으면 압력은 1248lb이다. 저장시설과 탱크의 압력 측정을 고려할 때 이는 매우 중요하다.

동일하게 $1m^2$의 바닥 면적에 $1m^3$의 물이 놓여 있으면 이 면적에 1000kg의 압력이 가해지고, $2m^3$의 물이 놓여 있으면 2000kg의 압력이 가해진다. 만일 이 면적에 $20m^3$의 수주가 놓이면 압력은 20,000kg이다.

물 시스템의 분석 동안 빈번하게 특정 지점에서 압력을 알 필요가 있다. 이유들 중 일부는 다음과 같다.

· 알고 있는 규격의 홀을 통해 발생하는 누수량을 계산하기 위해
· 규격이 변화하는 홀을 통해 발생하는 누수량을 계산하기 위해
· 시험 동안 소화전으로부터 유출되는 유량을 계산하기 위해
· 유량시험과 연계하여 주관로의 상태를 파악하기 위해
· 전산기 모델을 캘리브레이션하기 위해
· 고객에게 충분한 압력으로 공급하는지를 확인하기 위해

통상적으로 물 시스템은 압력단위로 psi를 사용한다. 따라서 ft^2를 in^2으로 변환하여야 한다. $1ft^2 = 144in^2$이므로 $62.4/144 = 0.433lb/in^2$이다. 따라서 수주 1ft 당 압력은 0.433psi가 된다. 대

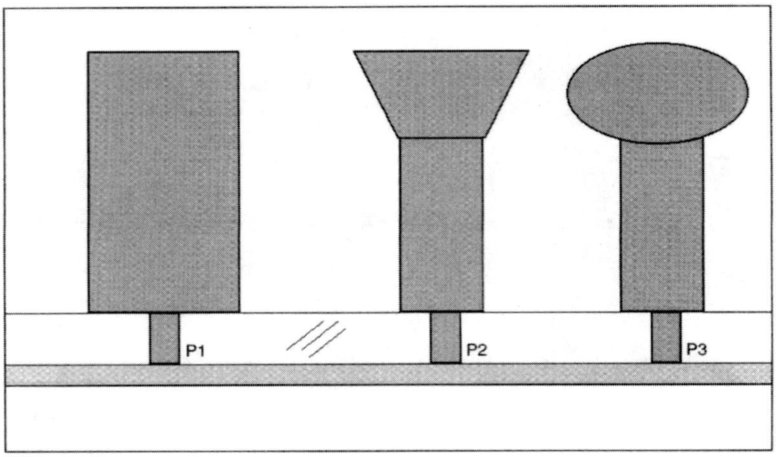

그림 21.5 저장탱크의 형상이 다르지만 높이가 동일하면 동일한 압력을 제공한다(Julian Thornton 제공)

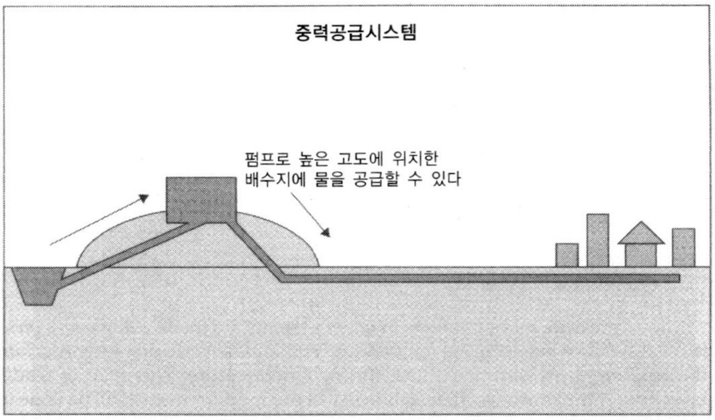

그림 21.6 중력공급 시스템(Julian Thornton 제공)

부분 사람들은 압력 1psi에 해당하는 수주를 알고 싶어하므로 1/0.433 = 2.31ft이 된다.

일반적으로 중량 또는 압력이 물의 수주로서 명시되므로 높이 및 중량(압력)의 미터 계산은 더욱 쉽다. 따라서 만일 면적 1m^{2}에 20m 수주가 존재하면 압력수두는 20m가 된다. 때로는 bar 단위로 명시된다. 1bar는 수주 10m이고, 따라서 수두 20m는 2bar가 된다. 미터 시스템은 승수와 분모의 계수가 모두 10 이므로 상당히 사용하기가 쉽다. 그러나 미터단위를 인치단위로 환산하려면 1m 수주는 1.42psi, 1bar 수압은 14.2psi이 된다.

물 시스템의 정압력(static pressure)은 측정점 상부 물의 높이에 해당된다. 즉, 배관 또는 탱크의 규격과는 관계가 없다. 형상이 다르지만 높이가 같은 저장 탱크의 압력은 모두 동일하다(그림 21.5 참조). 물 시스템 내 탱크 높이에 시스템 내 측정점에서의 고도와 탱크의 바닥의 차이를 더하여 물 시스템 정압력을 측정한다. 물 시스템 정압력은 시스템 내 유동이 거의 없을 때인 야간에만 발생한다. 수요가 높은 일부 물 시스템 내부에서는 정압력에 절대 도달할

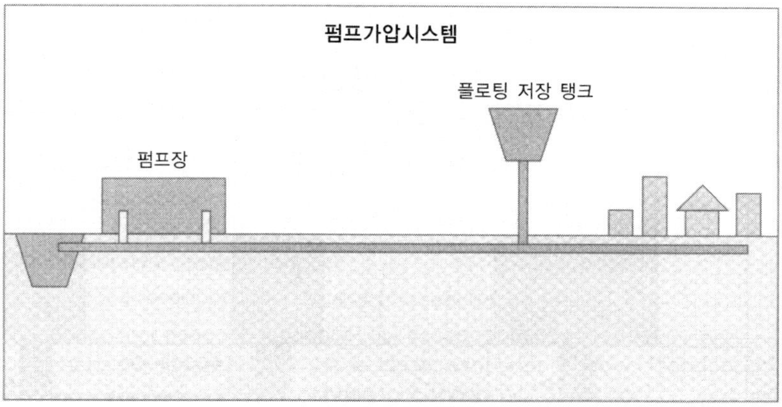

그림 21.7 펌프 가압 시스템(Julian Thornton 제공)

수 없다. 본장의 초반부에서 기술한 것과 같이 배관 내 유동하는 물은 마찰 손실 또는 수두손실을 발생시킨다. 물 시스템 내 유동 조건이 변화할 때 이 수두손실도 변화한다.

21.5.1 중력 공급 물 시스템

빈번하게 물 시스템은 탱크 내 정수두로 운영되고, 물은 물 시스템 내부로 중력 공급된다. 물은 저수지 표면으로부터 탱크로 펌핑되어 펌핑 비용이 발생하거나, 산악 도시의 경우에서와 같이 물은 높은 수위의 자연 배수지로부터 나온다(그림 21.6 참조). 두 번째 형식의 물 시스템은 이론적으로 운영비용이 가장 낮으며 빈번하게 불명수량 수준이 가장 크다. 물이 너무 저렴하고 배수지의 높은 수위를 제어하지 않고 운영하면서 불명수량 수준이 높아지는 경향이 있다. 그러나 이 물 시스템들은 특히 탁도가 높을 때 정수장을 통과하는 많은 물량을 처리할 때 처리 비용이 높아지는 문제가 발생한다.

많은 경우 가압 펌프 없이 중력 공급되는 산악 지역에서 손실제어 프로젝트 비용을 정당화하는 유일한 방법은 배수시스템 업그레이드를 위한 자본비용(capital cost)을 지연시키는 것이다.

21.5.2 펌핑되는 물 시스템

펌프도 물 시스템 압력을 제공할 수 있으며 실제로 양정 또는 수두를 제공한다. 정압력과 동일한 방법으로 펌핑된 압력을 측정한다.

저수지 표면으로부터 배수지, 스탠드파이프 또는 물 탑으로 물을 올리기 위해 빈번하게 펌프를 사용한다. 그러나 일부 물 시스템은 직접 펌핑되는 압력을 사용한다(그림 21.7 참조).

대부분 펌핑되는 물 시스템은 중력 공급되는 물 시스템 보다 물 가격이 높은 경향이 있다(특히 동력과 화학약품을 포함하여 물의 한계비용을 계산할 때). 그러나 정수처리 비용이 극도로 높은 물 시스템의 경우(한 예는 정수처리를 위해 역삼투를 사용하는 경우) 이는 진실이 아닐 수 있다.

21.5.3 압력관리

다양한 방법으로 압력을 관리하며 공통적인 압력관리 방법은 다음과 같다.

- 피에조미터(수위 튜브)
- 압력계
- 압력 로거

통상적으로 주어진 압력과 대기압력의 게이지압력을 사용하여 물 시스템 내 압력을 관리한다. 절대압력은 대기압력과 압력계의 지침을 더한 것과 동일하다. 예를 들어 기상관측국은 이러한 절대압력을 사용할 수 있으나 모든 측정결과는 게이지압력을 의미한다.

21.5.4 압력 영향

수격 또는 수력적 충격은 물 시스템 내 물의 급작스런 방향 또는 유속의 변경으로 인해 일시적인 압력이 상승하는 현상이다. 빈번하게 올바르지 않은 밸브, 펌프, 소화전의 운영으로 수격현상이 발생한다. 수격보다 덜 심각한 형태를 서지(surge)라 부른다. 서지는 자연스런 수요의 변화에 의해 야기되는 압력 동요에 기인할 수 있다.

물 시스템 내 발생하는 압력변화를 완화시키기 위해 물 시스템 내부에 서지탱크 또는 서지 예상밸브(그림 21.8 참조)를 설치한다. 또한 배수지와 저장탱크는 불필요한 압력을 배출하는 데 도움이 된다. 만일 배수지 저장을 적정하게 제어하지 않으면 배수지 저장시설은 빈번하게 높은 누수 지역인 것으로 밝혀졌다. 대부분 용수기관들은 빈번하게 고정된 유출부 압력완화 밸브 또는 고도밸브(그림 21.9 참조)로 구성된 압력제어 시스템을 설치하기 시작하고 있다. 이외 누수수준이 높은 펌핑된 물 시스템은 서지예상밸브를 설치하면 빈번하게 혜택을 얻을 수 있다. 또한 일부 용수기관은 압력제어를 조정하여 더 많은 혜택을 얻고 있다. 이 주제에 대해서는 제18장에서 이미 기술하였다.

21.6 요약

본장에서 매우 기본적인 유량, 압력 그리고 수두손실 개념을 다루었다. 이 연구 동안 다음 참고문헌을 사용하였으며 이 주제에 대해 더 배우기를 원하는 독자는 이 참고문헌을 읽을 것을 권장한다.

그림 21.8 서지예상밸브(텍사스 휴스톤 Watts ACV 제공)

그림 21.9 고도 밸브(텍사스 휴스톤 Watts ACV 제공)

참고문헌

General references regarding flow and pressure terms:

1. Hauser, B. A., Practical Hydraulics Handbook, Chelsea, Mich.: Lewis Publishers, 1991.
2. Giles, R. V., Evett, J. B., and Liu, C., Schaum's Outline of Theory and Problems of Fluid Mechanics and Hydraulics, 3d ed., New York: McGraw-Hill, 1994.

Chapter 22

유량측정원리와 특성

22.1 개요

본 장에서는 피상손실을 규명하기 위해 가장 중요하고도 필수적인 요소인 유량계의 유량측정원리 및 특성(초음파, 전자유량계, 수도미터의 측정 원리, 설치방법, 장단점 등)에 대해 기술한다.

22.2 초음파유량계(Ultrasonic Flowmeter)

22.2.1 개요

초음파란 『사람이 들을 수 없는 소리』 라고 일반적으로 정의되고 있으며 기체, 액체는 물론 고체 중에서 더 잘 전파된다. 이 초음파의 특성을 이용하여 유량을 측정하는 것이 초음파유량계이다. 압전효과(Piezoelectric Effect)의 발견 후 1920년 중반경에 초음파유량계가 나왔으며 그 후 초음파를 이용한 유량측정 기술이 점진적으로 개발되어 오다가 1970년대 전자공학 관련 기술의 발전과 더불어 여러 산업현장에서 유량측정에 폭넓게 사용되고 있다.

22.2.2 측정방법

초음파유량계는 유체 중에 초음파를 전파시켜 배관 내 유속을 측정하여 여기에 배관의 단면적을 곱하고 다시 유속분포에 대응하는 보정연산을 통해 유량을 산출한다. 이때 배관 내 유속을 측정하는 원리에 따라 초음파유량계를 전파속도차법과 도플러법으로 분류할 수 있으며, 전파속도차법은 전파속도의 변화를 시간으로 검출하는지 혹은 위상차 또는 주파수차로 검출하는지에 따라 다시 시간차법, 주파수법, 위상차법으로 세분류할 수 있다.

시간차법(Transit Time Measurement). 전파속도차법은 초음파가 유체를 통과할 때, 상류에서 하류로 향할 때와 하류에서 상류로 향할 때 전파속도가 다르므로 이 두 속도차가 유속에

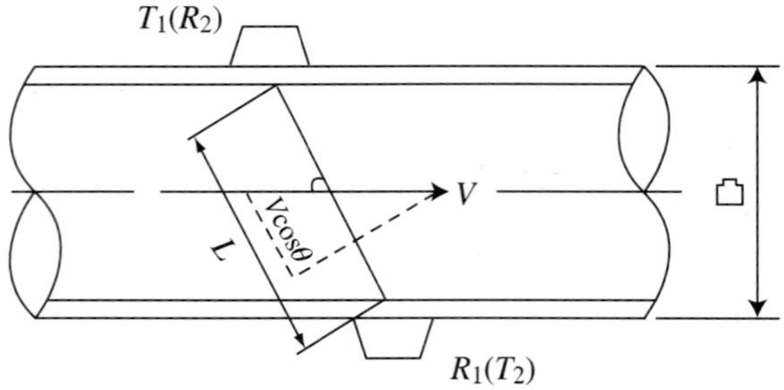

그림 22.1 초음파유량계 측정원리

비례한다는 원리에 근거하며, 이중에서도 시간차법에서는 이 전파속도의 변화를 시간차로 검출한다.

초음파를 송수신할 센서는 측정방법에 따라 여러 방식으로 설치할 수 있으나 그림 22.1에서는 간단한 설명을 위해 배관 양측에 센서를 부착하는 Z법을 사용하였다. 초음파 송신기 T_1으로부터 수신기 R_1으로 초음파를 발사할 경우 초음파속도를 C, 유체의 속도를 V라 하면 벡터합에 의해 전파속도는 $C+V\cos\theta$이고 이때 도달시간 $t_1(T_1 \sim R_1)$은 다음과 같다.

$$t_1 = \frac{L}{C+V\cos\theta} \tag{22.1}$$

여기서 L : 유체중의 초음파 전파 경로 길이
θ : 흐름방향과 초음파 경로와 교차각도

다음으로 송신기 T_2로부터 수신기 R_2로 초음파 발생시 도달시간 $t_2(T_2 \sim R_2)$는 다음과 같다.

$$t_2 = \frac{L}{C+V\cos\theta} \tag{22.2}$$

따라서 이때의 도달시간차 $\Delta t(t_2 - t_1)$는 다음과 같다.

$$\Delta t = t_2 - t_1 = \frac{2LV\cos\theta}{C^2 - V^2\cos^2\theta} \tag{22.3}$$

일반적으로 상온에서 음속 C는 1000m/s 이상이고 유속은 수 m/s이므로 상대적으로 C^2은 $V^2\cos^2\theta$보다 상당히 크므로 상기 식을 다음과 같이 표현할 수 있다.

$$\Delta t = \frac{2LV\cos\theta}{C^2} \tag{22.4}$$

상기 식에서 유속 V를 구하면 다음과 같다.

$$V = \frac{C^2\Delta t}{2L\cos\theta} \tag{22.5}$$

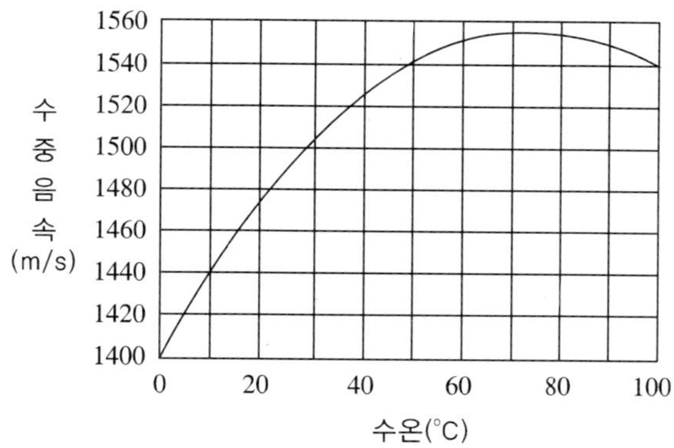

그림 22.2 수온과 수중음속과의 관계

즉 초음파 전파경로 길이 L과 유체의 C를 안다면 시간차 Δt 측정에 따라 V를 구할 수 있다. 그러나 도달시간 Δt가 매우 적기 때문에 더욱 큰 신호를 얻기 위하여 다중 전파 기술을 채택하고 있다. 또한 V를 정확히 구하려면 음속 C를 정확히 알아야 한다. 일반적으로 유체중의 음속은 온도와 밀접한 관계가 있다.

그림 22.2는 수온과 수중음속과의 관계를 나타낸 것이다. 예를 들어 20℃의 물이 10℃ 온도 변화할 때 음속은 2% 변화하고 유속은 4%의 오차를 유발하므로 시간차 측정방법의 경우에는 다음 방법으로 음속변화 영향을 보상하고 있다.

t_1과 t_2의 평균치를 구하면 다음과 같고, 이는 정지하고 있는 유체중의 초음파 도달시간을 의미한다.

$$t_0 = \frac{t_1 + t_2}{2} = \frac{LC}{C^2 - V^2\cos^2\theta} = \frac{L}{C} \tag{22.6}$$

따라서 유속은

$$V = \frac{L\Delta t}{2t_0^2\cos\theta} \tag{22.7}$$

이 되고 초음파 전파경로길이 L을 관경으로 표시하여 $L = D/\sin\theta$를 식에 대입하면

$$V = \frac{D/\sin\theta}{2t_0^2\cos\theta}\Delta t = \frac{D\Delta t}{t_0^2\sin 2\theta} \tag{22.8}$$

로 표시되어 초음파 도달시간 t_1과 t_2의 측정값과 관 내경 D 그리고 흐름방향과 초음파 전파경로와의 교각 θ로부터 유체온도에 따라 변화하는 음속영향과 무관하게 유속을 구할 수 있다. 이 측정원리를 이용한 초음파유량계는 정확도가 가장 높고 불확도가 낮아, 현재 가장 많이 활용되고 있다.

위상차법. 위상차법은 본질적으로 시간차법과 동일원리로 볼 수 있으며 위상차 $\triangle\Phi$와 시간차 $\triangle t$의 관계는 $\triangle\Phi = 2\pi f \triangle t$이다. 이때 f는 초음파 주파수를 나타낸다. 따라서 위상차는

$$\triangle\Phi = \frac{2\pi f 2(D/\sin\theta) V\cos\theta}{C^2} = \frac{4\pi f D\cos\theta}{C^2} V \qquad (22.9)$$

로 표시되며, 위상차는 주파수에 비례하므로 주파수를 높게 하는 만큼 측정감도는 어느 정도 향상되지만 주파수를 올리면 측정 가능한 최대 유속값이 내려가므로 적절한 주파수를 선정하여야 한다. 또 연속파를 이용할 경우에는 2개의 측정 간에 상호간섭이 생길 우려가 있다.

주파수법. 일명 sing around법이라고도 부르는 이 방법은 먼저 초음파 송신기 T_1으로부터 유체 흐름 방향으로 초음파 펄스를 발사하여 초음파 수신기 R_1에서 수신한다. 이때 증폭기 1에서 수신호를 증폭하여 그 출력을 T_1에 가하면 T_1으로부터 다시 초음파 펄스가 발사되고 이후에는 이러한 반복이 행해진다.

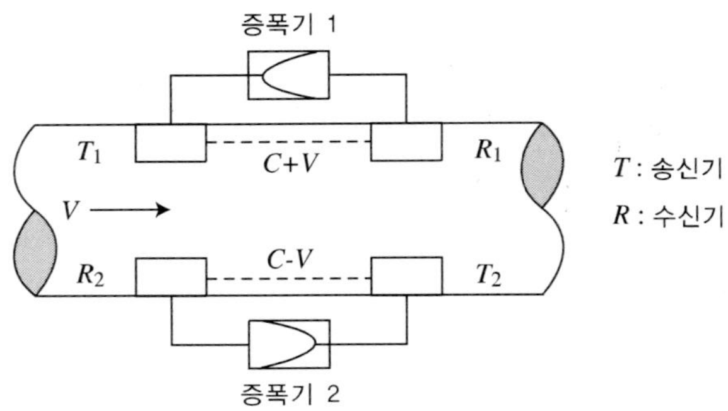

그림 22.3 주파수 측정법 원리

반복주기 $t_1 = L/(C+V)$이므로 반복주파수(sing around frequency) f_1은 다음과 같다.

$$f_1 = \frac{1}{t_1} = \frac{C+V}{L} \qquad (22.10)$$

역방향 $T_2 \sim R_2$에 대하여도 같은 동작이 행해져 반복주파수 f_2는

$$f_2 = \frac{1}{t_2} = \frac{C-V}{L} \qquad (22.11)$$

이 된다. f_1, f_2간의 주파수차 $\triangle f$는

$$\triangle f = f_1 - f_2 = \frac{2V}{L} \qquad (22.12)$$

위 식은 C항을 포함하고 있지 않으므로 음속과 무관하게 유속 측정이 가능함을 알 수 있다.

도플러법. 도플러법이란 달리고 있는 기관차가 정지하고 있는 관측자에게 접근할 경우 기관차가 내는 기적의 진동수(주파수)는 기관차가 관측자를 지나 멀어져 갈 때에 비해 높게 되는 것과 같은 도플러 효과(Doppler Effect)를 이용하여 유속 또는 유량을 측정하는 원리이다. 그림 22.4에서 초음파를 유체 중으로 발사하면 발사된 초음파는 유체중의 부유물 또는 기포에 의해 산란 반사된다. 이때 기포 또는 미소한 부유물은 유체속도로 이동하고 있다고 볼 수 있으므로 산란 반사된 초음파를 수신하면 그 때의 주파수는 도플러 효과에 의해 다음 식으로 표현된다.

$$f_R = f_T \frac{C + V\cos\theta}{C + V\cos\theta} \fallingdotseq f_T \frac{1 + 2V\cos\theta}{C} \tag{22.13}$$

여기서 f_T : 송신 초음파 주파수
f_R : 수신 초음파 주파수
C : 유체중의 음속
V : 유속
θ : 초음파의 전파방향과 유체가 흐르는 방향과의 교각

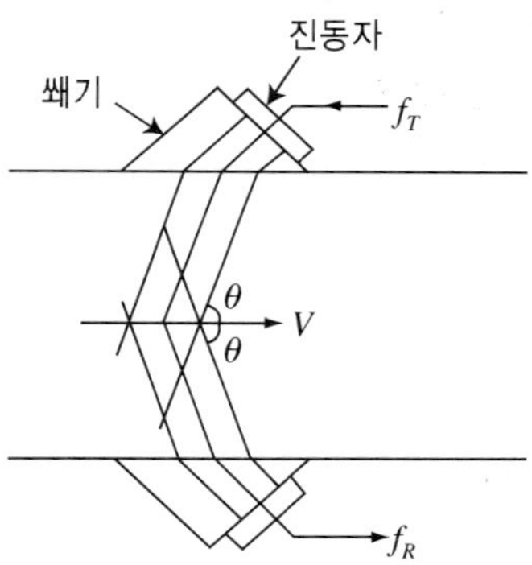

그림 22.4 도플러법의 측정원리

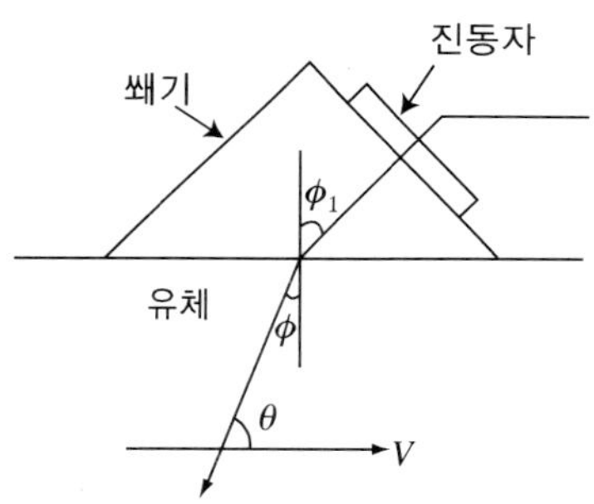

그림 22.5 Snell 법칙

따라서 아래의 유속 송수신 주파수 차 $\triangle f$에서 유속 V를 유도할 수 있다.

$$\triangle f = f_T - f_R = \frac{2V\cos\theta}{C} f_t \quad \Rightarrow \quad V = \frac{C}{2f_T\cos\theta}\triangle f \tag{22.14}$$

일반적으로 초음파를 액체 중에 경사를 두고 송수신하기 위해서 그림 22.4 또는 22.5와 같이 플라스틱 쐐기를 사용하는 데 이때 플라스틱과 유체의 경계면에서 파동의 굴절이 생겨 Snell의 법칙이 성립된다.

$$\frac{C_1}{\sin\Phi_1} = \frac{C}{\sin\Phi} = \frac{C}{\cos\theta} \quad \textit{Snell 법칙} \tag{22.15}$$

$$V = \frac{C_1}{2f_T\sin\Phi_1}\triangle f \tag{22.16}$$

따라서 유속은 유체음속에 무관하게 유속측정이 가능하다. 도플러법은 초음파 발사시 초음파가 파이프 중앙부근에 흐르는 유체중의 부유물이나 기포로부터 산란 반사되는 것을 가정하여 측정하는데 반해 실제 사용에서는 여러 부유 물질로부터 반사된 파를 수신하는데 이러한 부유물 가운데는 관의 벽면에 매우 근접한 것들도 있어 관내 유속과 상관관계가 매우 부정확할 우려도 있다. 또한 이 방법은 깨끗한 물에 대하여는 사용 할 수 없으며 유체 중에 어느 정도 크기의 부유물이 있어야 한다. 따라서 슬러리, LPG 등 시간차법 초음파유량계로 불가능한 유체의 유량측정에 적용 가능하다.

초음파유량계에서 측정하는 유속은 초음파 도달시간차를 이용하는 방식에서는 초음파 전파경로상의 평균 유속을 측정하고 있으며, 도플러 효과를 이용하는 방식에서는 초음파 조사부분의 유속을 측정하고 있다. 그림 22.6과 같이 이상적인 완전 발달된 유동의 경우에도 유체는 점성의 영향으로 배관 내 벽면 부근에서는 유속이 저하되고 관 중심부에서 최대유속이 되는 유속분포를 가지고 있기 때문에 초음파유량계에서 검출하는 유속도 관 단면의 실제적인 평균유속과는 차이가 있다.

초음파 도달 시간차법에 의한 예를 설명하면 초음파유량계에서 검출한 유속 V는 표시된 직경상(초음파 전파경로상)의 유속분포를 평균한 값(즉, 관 내 유속분포도에서 사선부의 면적을 관 직경으로 나눈 값)으로 다음과 같이 표현할 수 있다.

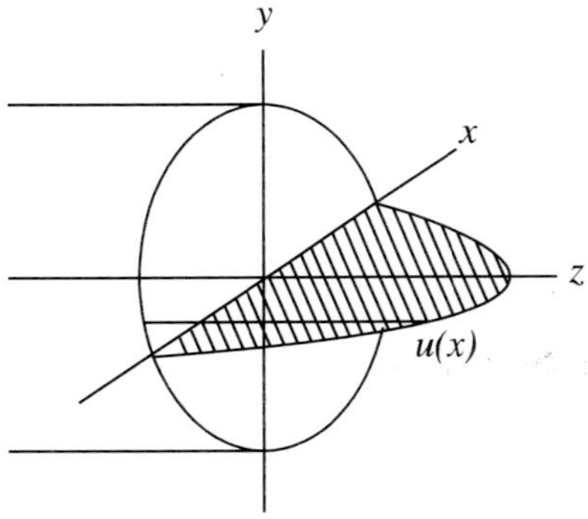

그림 22.6 관내유속분포

$$V = \frac{1}{D}\int u(x)dx \tag{22.17}$$

그러나 평균유속 $\overline{V}$는 관단면의 유속분포를 평균한 값으로

$$\overline{V} = \frac{1}{S}\int\int u(x,y)dxdy \tag{22.18}$$

로 일반적으로 $\overline{V} < V$ 이다. 이런 이유로 검출유속 V와 실제적인 관내의 평균유속의 $\overline{V}$비를 유량보정계수 k라 한다.

$$k = \frac{\overline{V}}{V} \tag{22.19}$$

실제 유량계는 검출한 유속값을 아래 식의 형태로 얻어진 유량보정계수 k로 보정하고 관단면적을 곱하여 유량을 구한다.

$$Q = \frac{V}{k}\frac{\pi D^2}{4} = \frac{\pi DC^2}{8\cos\theta}\frac{1}{k}\Delta t \quad \textit{시간차법의 경우} \tag{22.20}$$

유량보정계수 k는 Re의 함수로 아래의 식 중 하나가 대표적으로 이용되고 있다.

- 블라지우스의 식 $(3\times 10^3 \le Re \le 10^6)$: $k = 1 + 0.2488Re^{-1/8}$ (22.21)
- 게이빌게일의 식 $(3\times 10^3 \le Re \le 10^6)$: $k = 1 + 0.01(6.25 + 431Re^{-0.237})^{1/2}$ (22.22)
- 키비리스의 식 $(3\times 10^3 \le Re \le 10^5)$: $k = 1.119 - 0.011\log Re$ (22.23)

완전 발달된 유동에서도 레이놀즈수 Re와 관 조도 등에 따라 k 값이 변화하며, 층류영역에서는 k 값이 약 0.75정도로 난류보다 훨씬 많이 보정해 주어야 하며 천이영역에서는 일정한 k 값을 정하기 힘들다. 물론 유동이 교란된 경우 이 k 값은 더 이상 유효하지 않다.

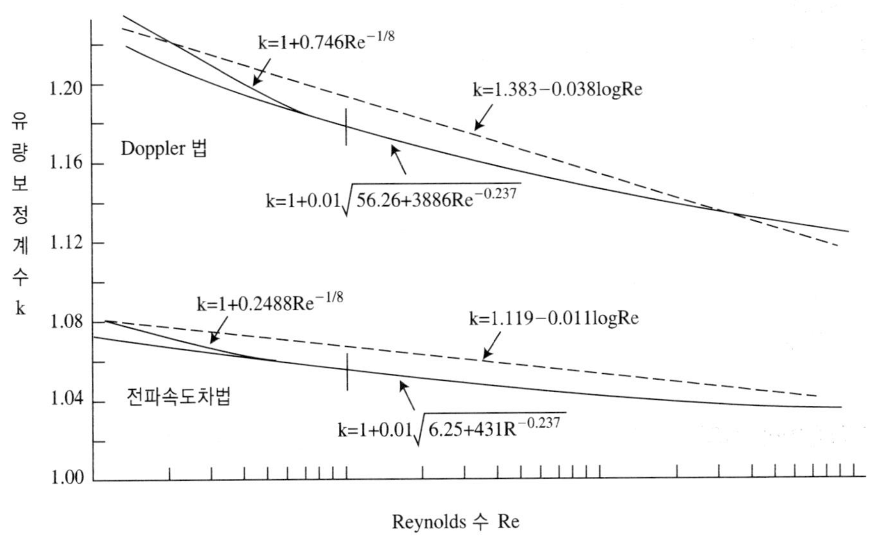

그림 22.7 유량보정계수 k와 레이놀즈수 Re의 관계

초음파유량계는 관 내 유속분포가 충분히 발달된 축대칭인 것을 전제로 하고 있어 검출기 전후에는 적절한 직관 길이가 필요하다. 이는 초음파 전달 시간차법의 경우 배관 단면의 직경상의 평균유속을 측정함에 따라 면 유속을 측정하는 전자유량계와 비교할 때 유속분포의 영향을 받기 쉽기 때문이다. 따라서 정밀 유량측정을 위해서는 다른 유량계보다 긴 직관부가

필요하게 된다. 특히 도플러 방식에 의한 유량계에서는 중심 인근 한 부분의 유속을 검출하고 있어 초음파 도달 시간차 방식보다 더 긴 직관부를 필요로 한다. 이 직관부에 대해서는 본 장의 앞 절에서 설명한 바 있으므로 생략하기로 한다.

또한 초음파유량계가 갖는 성능을 충분히 발휘하기 위해서는 배관의 특성(관경, 관두께, 관 재질, 라이닝 유무, 라이닝의 두께 및 재질 등)을 정확히 아는 것이 중요하다.

22.2.3 초음파유량계 선정

초음파유량계 선정시 아래의 조건들을 고려하여 측정목적과 가장 부합하는 기종을 선택하여야 한다.

측정원리(시간차법과 도플러법의 비교). 초음파유량계는 원리 및 특성에서 언급한 바와 같이 초음파 도달시간차에 의한 방법과 도플러효과에 의한 방식이 널리 사용되고 있으나, 유량검출원리가 다르므로 선정시 주의를 요한다. 일반적으로 초음파 도달시간차를 이용한 초음파유량계는 회로 기술진보에 따라 측정정도가 높아지고 있고 현재는 대구경 이외에 소구경에도 많이 사용되고 있다. 시간차법을 이용한 초음파유량계의 적용 액체는 상수, 하수, 농업용수, 공업용수, 하천수, 해수 등이다. 그러나 해수는 일반적인 물과 초음파 전파속도가 다르기 때문에 해수에 적용할 경우 미리 제작자에게 용도를 알려 주어야 한다. 물 이외 액체인 유류나 약류 등은 그 음속값을 알 수 없으므로 샘플링으로 음속을 측정할 필요가 있다. 도플러 방식의 초음파유량계는 측정 원리상 유체중의 초음파 산란이나 반사를 위해 적정 크기 및 적정량의 미세 부유물 혼입이 필요하다.

이러한 이유로 깨끗한 정수와 순수와 같은 액체의 유량측정에는 적용 할 수 없고, 초음파 도달시간차법의 초음파유량계로 측정이 불가능한 쥬스, 슬러리,하수, 공업폐수, 펄프 등과 같은 유량 측정에 적합하다.

검출기 측정방법(습식과 건식의 비교). 초음파유량계는 센서의 설치 방법에 따라 배관 내에 직

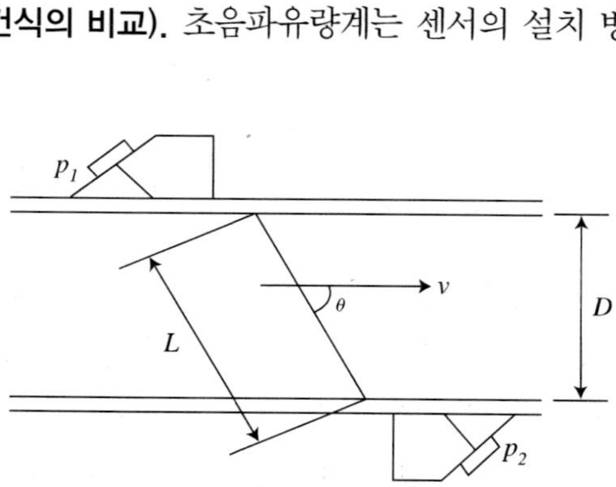

그림 22.8 건식 초음파유량계

접 설치하는 습식(단관형)과 배관외부에 클램프 등을 이용해 설치하는 건식(Clamp-on type)이 있다. 습식센서는 실제적으로 초음파의 전파경로를 임의로 선정 할 수 있지만 일반적으로 단관의 길이를 짧게 하기 위하여 유체의 흐름과 교차각도를 45°로 하는 것이 보통이다. 이 경우 초음파 도달시간차로 감지되는 유동 벡터 성분은 장치의 감도와 $\sqrt{2}\cos 45$의 곱이 된다. 그러나 건식센서는 센서를 강관 상에 부착시키므로 강관에서 액체로 초음파가 진행 할 때 생기는 굴절현상 때문에 유체흐름과 교차각은 60~70°이고 이 때 감지되는 유동벡터 성분은 장치의 감도와 $(0.5 \sim 0.25)$의 곱이 되어 두 방식에 사용된 전자회로의 감도가 동일하다면 습식의 경우가 더욱 커서 감도가 좋은 신호를 얻을 수 있다.

하지만 건식은 비접촉 방식으로 배관 안으로 집어 넣거나 배관 안쪽과 접촉하는 부분이 없기 때문에 유량을 교란시키는 요인이 배제되며, 고장 및 수리시 단수의 우려가 없으므로 유지관리가 용이하다. 또한 최근에는 최신의 전자기술을 사용하여 배관의 재질과 두께만 정확히 알 수 있다면 정밀 측정이 가능하므로 활용도가 높아지고 있다.

검출기의 개수(단일회선 측정과 다회선 측정의 비교). 단일회선 측정의 초음파유량계에서는 원리상 초음파가 통과하거나 반사하는 관 내 한 선 또는 점에서 평균유속을 측정하고 관의 단면적을 곱하여 유동율을 구한다. 그러나 실제 관내 유속분포는 유동율 변화에 따라 달라지므로 유속분포 변화에 따른 보정계수를 사용할 필요가 있다.

특히 유동이 층류에서 난류로 바뀌는 천이구역에서는 보정계수 값이 변화(최대30%)할 수 있다. 비록 충분히 발달된 난류 유동상태에서도 레이놀즈수가 $10^4 \sim 10^7$범위로 변화하므로 보정계수 값도 변화하여야 한다. 이와 같이 유속분포에 의한 오차는 비대칭 유동이나 소용돌이에서 더욱 복잡한 양상을 띠게 되며 유량계 상류측에 설치된 곡관, 티, 밸브 등으로 인한 비대칭과 유동문제도 발생되므로 측정 정확도 향상을 위해 다회선 측정법을 채택하고 있다. 다회선 방식에서 초음파 센서의 위치는 수학적 적분방법, 또는 단순히 실험 등의 결과에 따라 설정한다. 다회선 방식의 또 다른 장점은 그 중 한 조의 센서가 고장을 일으킬 경우 신호처리 장치에서 적절한 조작을 통하여 나머지 센서만으로 유량을 측정 할 수 있다는 점이다.

검출기 설치방법(Z법과 V법). 검출기 설치방법은 초음파 전파경로에 따라 여러 가지 방식이 있으나 대표적인 방법은 그림 22.9와 같이 Z법과 V법, 그리고 X법이다.

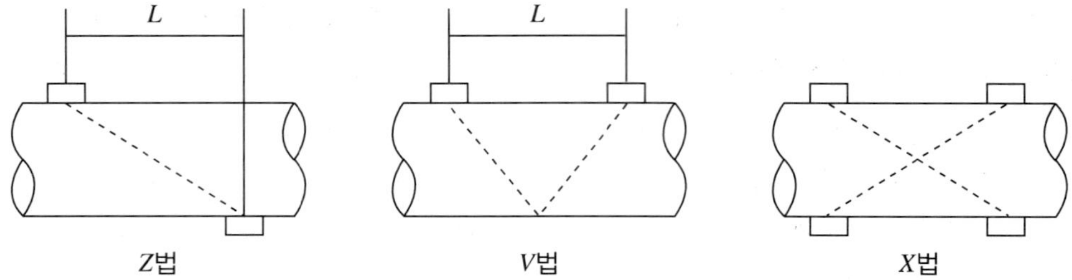

그림 22.9 검출기 설치 방법

Z법은 초음파 펄스를 한 직경에서 투과시키는 방법이며 이에 비해 V법은 측정관의 상류 측에 검출기를 설치하고 동일한 관 벽의 하류 측에 또 다른 검출기를 설치하여 초음파 펄스를 관내 면에서 반사시키는 방법으로 초음파 펄스가 액체 내에서 전파되는 거리가 Z법에 비하여 2배가된다. X법 측정 방식 2측정선 방식을 사용하는 것인데 유속 분포의 측면에서 보면 V법(1측정선)측정방식과 기본적으로 동일한 측정원리(정확도)이다.

유동의 중심축이 배관 축과 평행이 아니고 한쪽으로 치우친 유동에서는 그림 22.10과 22.11에서 Z법과 V법의 경우 초음파 펄스의 전파경로와 배관 축과의 각도가 이상적인 유속분포에서의 각도 θ와는 다르며, Z법에서는 θ가 θ_1, V법에서는 θ가 θ_1 및 θ_2가 된다.

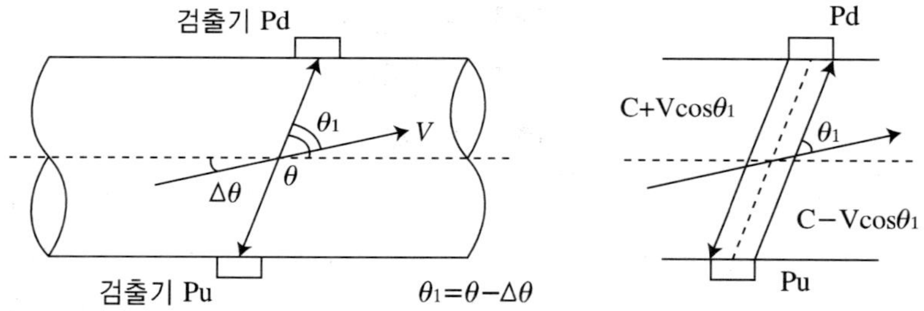

그림 22.10 편류에서 Z법으로 측정한 경우

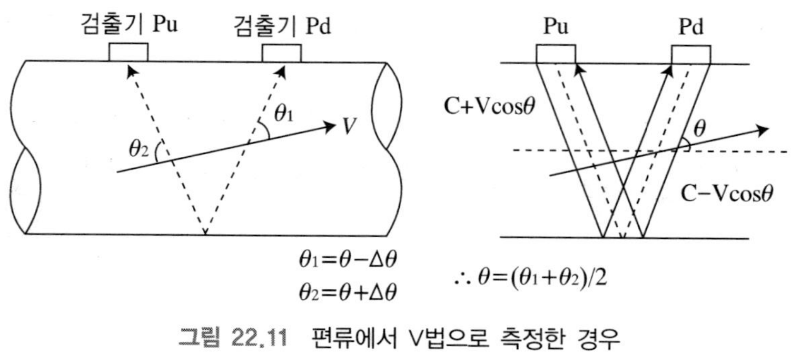

그림 22.11 편류에서 V법으로 측정한 경우

여기서 Z법의 경우 각도 θ가 이론식에서 채용되고 있으므로 각도 $\Delta\theta(\theta-\theta_1)$의 오차가 발생한다. 그러나 V법의 경우 초음파 펄스는 P_u 검출단에서 발사되어 마주보는 관벽에 반사할 때까지의 경로에서는 각도 θ_2에 의한 영향, 즉 각도 $\Delta\theta(\theta_2-\theta)$의 (−) 오차가 발생하고, 관벽에서 반사되어 P_d 검출단에 도달하기까지의 경로에서는 각도 θ_1에 의한 영향, 즉 각도 $\Delta\theta(\theta-\theta_1)$의 (+) 오차가 발생한다. 따라서 이론식에서는 각도를 적용하여 편류의 각도 차 $\Delta\theta$의 영향을 상쇄할 수 있어 V법 측정은 특허로 등록되어 있다. 하지만 V법의 검출기 설치 방식은 그 적용 직경에 한계가 있으며 제작사에 따라 선택은 다르다고 생각되나, 통상적으로 2000A 이하 배관에 V법을 적용하고 있다. 그 이유는 유체 내 초음파 전파 거리가 V법은 Z법의 2배이기 때문에 유체 내 초음파 펄스의 감쇄가 크다는 점과 검출기와 마주 보는 관 벽에서 초음파 펄스가 반사되므로 초음파 펄스가 더욱 더 감쇄된다는 점 등으로 Z법에 비하여 수신되는 초음파펄스의 강도가 약하기 때문이다.

또한 설치 초기에는 V법 설치방식이 가능하였더라도 장기적으로 배관의 부식(결과적으로 배관 내면이 거칠어짐), 검출기와 변환기 전기회로의 경년 변화(열화)에 따라 초음파펄스의 강도가 약해지면 수신회로의 증폭도를 상승시켜도 측정이 불가능하기 때문에 Z법 검출기 설치방식으로의 전환을 고려하여야 한다.

22.2.4 초음파유량계의 구성과 설치방법

초음파유량계의 구성. 초음파유량계는 기본적으로 변환기, 검출기, 전용 케이블 및 케이블 접속함으로 구성된다.

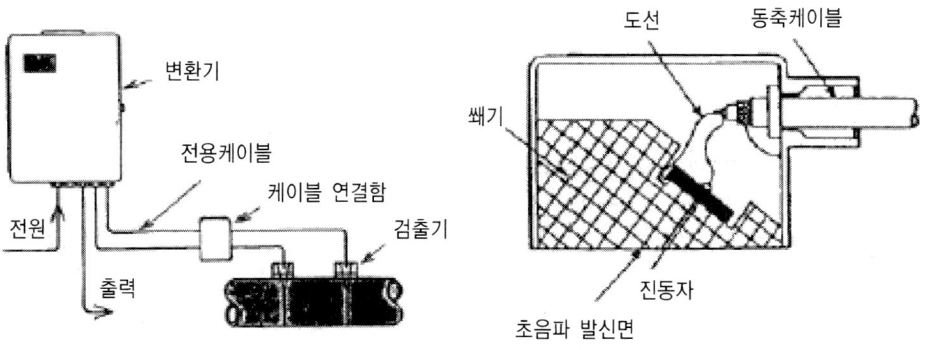

그림 22.12 초음파유량계의 기본구성 및 검출기 구조

- 변환기 : 검출기에서 얻어진 초음파 전파시간 신호를 연산하여 유량값으로 표시하거나 출력 신호로 변환시키는 장치
- 검출기 : 배관을 통과하여 송・수신 할 초음파를 발생하는 압전장치

초음파유량계의 설치방법. 초음파유량계 설치시 신중을 기하여야 하는 것은 검출기, 변환기 그리고 배선의 올바른 설치이다.

검출기

- 수평배관일 때는 기체(공기)의 체류, 모래의 퇴적을 막기 위하여 다음 그림과 같이 수평면에서 ±45°이내에 설치하는 것이 바람직하다.

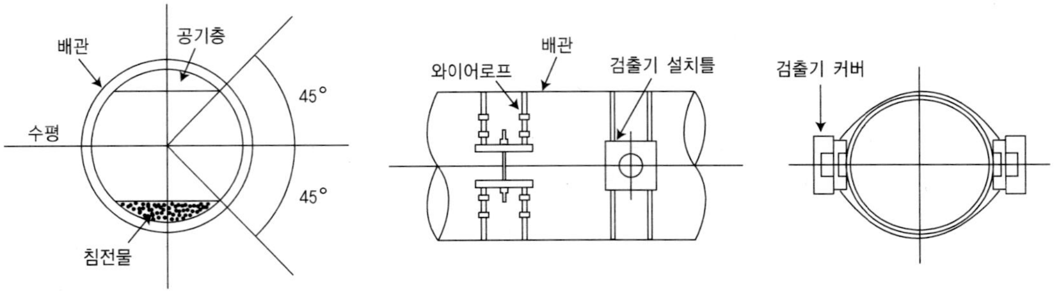

그림 22.13 검출기 설치법

- 구부러진 배관 그리고 플랜지 및 용접부위를 피하여 설치한다.

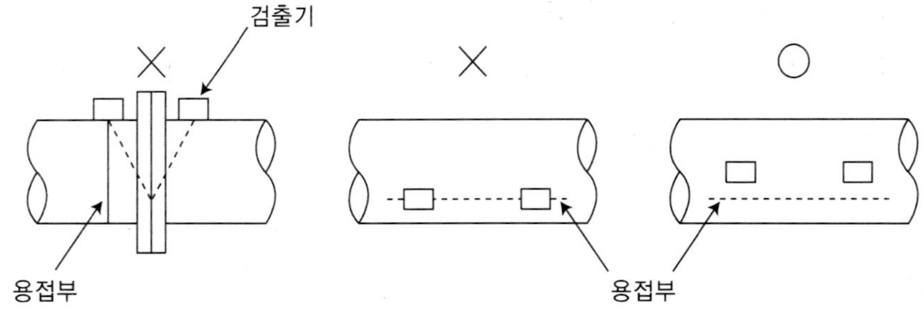

그림 22.14 검출기 설치장소

- 검출기가 접촉하는 배관 표면의 부착물 또는 도장을 제거하여 깨끗한 상태로 하고 돌기물이 없도록 한다.
- 초음파유량계는 배관의 바깥쪽에서 유속을 측정하므로 정확한 측정을 위하여 배관 외경, 재질, 관과 라이닝 두께를 실측한다. 배관재질에 따른 초음파 전파 특성에 차이가 있으므로 미리 배관이 적용가능한지를 판단한다. 대부분의 금속관과 플라스틱 관은 적용 가능하지만 도자기 및 콘크리트 재질의 관은 적용 불가능하다. 또한 대부분의 방청도장 및 몰타르 라이닝 타르도장 등은 적용가능하나 테프론 라이닝 및 고무라이닝은 적용 불가능 하다.
- 검출기와 배관과의 접촉부에는 음향결합체(초음파 젤)을 칠하여 초음파가 잘 통하도록 한다.

• 유량측정의 정밀도를 높이기 위해 가능한 검출기의 설치치수 L를 정확하게 준수한다. 다음 식으로 L를 구할 수 있다.

$$L = 2(L_1 + L_2) + L_3 \tag{22.24}$$

$$L_1 = D_1 \tan\Phi_1,\ L_2 = D_2 \tan\Phi_2,\ L_3 = D_3 \tan\Phi_3$$

여기서 D_1 : 배관 두께,

D_2 : 라이닝 두께

D_3 : 배관내경

Φ_1 : 쐐기에서 초음파 굴절각

Φ_2 : 라이닝에서 초음파 굴절각

Φ_3 : 유체 중 초음파 굴절각

C_0 : 쐐기에서 음속

C_1 : 배관에서 음속

C_2 : 라이닝에서 음속

C : 유체에서 음속

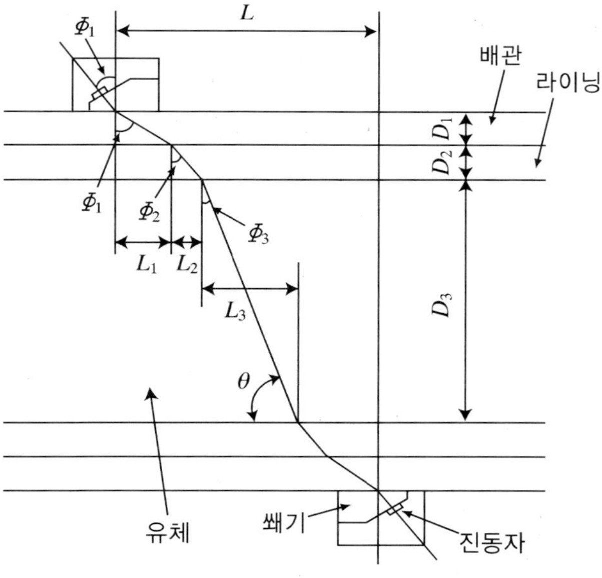

그림 22.15 초음파유량계 검출기 위치

변환기

변환기는 고정형의 경우는 벽에 고정하여 설치할 수 있으며 휴대형의 경우 아래의 조건을 만족시키는 장소에 자유롭게 설치할 수 있다.

• 주위온도가 −10℃~50℃ 이내로서 온도가 급격하게 변화하지 않는 장소

- 주위습도가 90% RH 이하인 장소
- 진동이나 충격이 적은 장소
- 물이 차지 않고 부식성 환경이 아닌 장소
- 전자 장해가 없는 장소
- 유지보수를 위한 공간이 있으며 배선 및 배관작업을 하기 용이한 장소

배선

- 검출기와 변환기 사이의 신호배선은 전용 고주파 동축 케이블을 사용하지만 감쇠량, 특성 임피던스 및 내잡음성 등의 전기적 특성을 고려할 필요가 있으므로 제작회사가 지정하는 케이블을 사용할 것을 권장한다. 또한 신호 손실을 감안해 전체 길이는 30m 이하로 한다.
- 신호용 배선, 출력신호용 배선 및 전원용 배선은 반드시 별개의 전선관을 사용하고 배선 후에는 케이블과 배선구와의 기밀이 유지되도록 케이블 글랜드를 충분히 돌려서 조인다.
- 검출기와 변환기 그리고 전선관의 접지시 접지저항 100Ω 이하로 접지시킨다.

22.2.5 초음파유량계의 장단점

초음파유량계는 전자유량계보다 정밀도는 좋지 않지만 설치가 단순하고 관로 서비스를 중단하지 않고도 이동 설치가 가능하며 기타 장·단점은 다음과 같다.

장점

- 관로의 외벽 또는 폐수로의 외벽에도 간단하게 설치하여 관 내 유체의 유량을 측정할 수 있다.
- 관로와 관계없이 보수 및 점검을 할 수 있으며, 취급이 용이하다.
- 슬러리를 함유한 액체에도 사용할 수 있다.
- 압력손실이 없다.
- 유량에 비례한 신호를 얻을 수 있다.
- 구경과 관계없이 광범위하게 사용할 수 있다.

단점

- 유체 속에 초음파를 방해하는 기포나 고형분이 연속적으로 혼입되면 큰 외란이 발생하여 유량을 검출할 수 없는 경우가 있다.
- 구경이 작아지면 관벽을 전파하는 음파에 의하여 노이즈 처리에 한계가 있다.
- 발달되지 않은 유동이나 비대칭유동에서 정확도가 현저히 떨어지므로 긴 직관 길이가 필

요하다.

- 특히 소구경에서는 가격이 비싸다. 또한 신호처리 방법에 따라 출력신호의 안정성과 응답시간이 제작사마다 다르므로 제어용으로 사용하는 경우에는 주의 할 필요가 있다.

22.3 전자유량계(Electromagnetic flowmeter)

22.3.1 개요

전자유량계는 전도성 유체의 유동방향에 대해 수직으로 자계를 걸어주면 유체의 유속에 비례한 기전력이 발생하는 패러데이 법칙을 이용하여 유속이나 유량을 구하는 것으로 1932년 패러데이 법칙과 자계를 이용해 테임즈강의 유량측정을 시도한 것이 전자유량계의 시초이다. 그 후 기기와 응용기술 분야에 눈부신 발전으로 상하수도 등 수처리와 공장 폐수, 수력기계의 유량측정 등에 널리 사용되게 되었다.

22.3.2 측정원리

전자유량계의 측정원리는 "도체가 자계 내를 횡단 할 때 도체의 양쪽 끝에 기전력이 유기된다." 라는 전자기 유도법칙에 의한다.

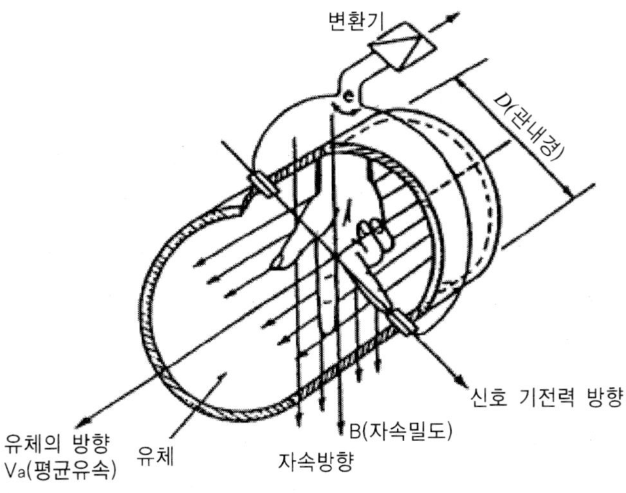

그림 22.16 전자유량계 측정원리도

그림 22.16과 같이 도전성 유체가 흐르는 측정관을 직각으로 횡단하도록 자계를 걸어주면 측정관과 자계에 직교하는 방향으로 체적유량에 비례하는 신호 기전력이 발생한다. 이 기전력을 유량으로 계산할 수 있는 신호(DC4~20㎃)나 펄스신호로 변환한다. 신호 기전력의 발생방향은 플레밍의 오른손 법칙에 따르며 신호 기전력의 크기는 다음식과 같다.

$$e = k \cdot B \cdot D \cdot V_a \tag{22.25}$$

여기서 e : 신호 기전력
B : 자속밀도(V·s/m²)
k : 비례상수
D : 전극사이의 거리(m)
V_a : 평균유속(m/sec)

여기서 k는 유량계 내부의 속도의 불균일성, 신호처리 과정에서 발생하는 오차를 고려한 비례상수로서 보통 교정을 통해 결정된다. 따라서 체적유량을 Q_V를 다음과 같이 구할 수 있다.

$$Q_v = \frac{\pi}{4} D^2 V_a = \frac{\pi De}{4kB} \tag{22.26}$$

여기서 자속밀도 B를 일정하게 하면 관내를 흐르는 신호 기전력을 측정하여 유체의 유량을 구할 수 있다. 상기 식은 유체의 온도, 압력, 밀도, 전기전도율, V 등을 포함하지 않으므로 전자유량계는 이들 조건과 유체성분의 영향을 받지 않고 부피유량의 측정이 가능하다.

실제로 전자유량계에서는 측정관의 위 아래에 코일을 감아 넣고 여자전류를 흘려 자계를 가하도록 하였으며 또한 전극이 직접 유체에 닿도록 측정관의 안쪽에 배치하여 신호 기전력을 뽑아낸다.

전자유량계는 측정원리상 자계 발생방법이 기술적으로 중요한 의미를 갖는다. 이는 출력신호가 자속밀도에 비례하기 때문에 이의 정확도와 안정성 및 신호의 크기가 자속밀도에 의해 많이 좌우되기 때문이다. 코일에 전압을 가하는 방식은 종래에는 상용주파수 여자방식이었지만 현재는 저주파-구형파 여자방식을 사용하고 있다. 이 저주파-구형파 여자방식은 본질적으로 유도잡음을 발생시키지 않아 높은 정확도의 측정이 가능하며, 현재 측정 정확도는 지시값의 ±0.5%가 일반적이다.

상용 교류전원을 이용한 여자방식. 이는 주로 전자유량계의 개발 초기에 많이 채택하였던 방식이다. 상용 AC전원을 사용할 경우 전압 변동과 주파수 변동에 따라 자속밀도가 변화하여 일정한 유동율에서 유도기전력이 변하게 된다. 그러나 전자유량계 관계식 22.25의 양변을 자속밀도 B로 나누면

$$\frac{e}{B} = kDV_a \tag{22.27}$$

와 같이 표시되며 e/B를 묶어서 측정하고 연산하면 이 수치는 기계의 변화에 관계없이 유체의 유속에 비례하게 된다.

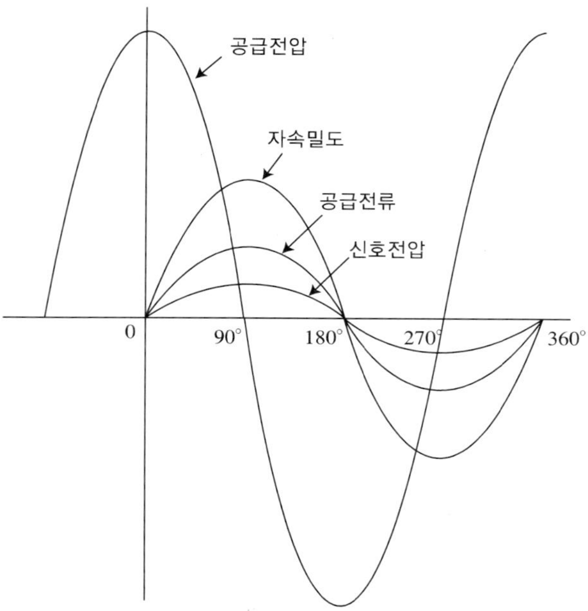

그림 22.17 교류전원 여자방식 신호전압

교류전원 여자방식에서는 전극부분의 분극작용의 악영향을 받지 않고 신호의 증폭이 용이할 뿐 아니라 여자부분의 회로를 간소화 할 수 있는 등의 장점을 가지고 있는 반면 전원의 불안정 등으로 인한 기준 전압의 불안정성이 영점의 불안정한 요인으로 작용하는 동시에 직각위상 잡음이 발생한다.

직각위상 잡음 발생과정은 다음과 같다. 유도기전력의 검출부분에서 액체도 도선으로 간주되기 때문에 리드선~전극~측정액체~전극~리드선이 한권의 코일을 형성하게 된다. 교류여자시 자속밀도가 상시 변화하고 있고 자속이 이 한권의 코일면을 관통하면 유량과는 무관하지만 전자유도에 의해 자속밀도의 순간적인 변화에 비례하는 교류전압이 발생하며 이 때 유도되는 전압은 유량신호에 의해 유도되는 기전력과는 90°위상차가 발생한다.

직각위상 잡음을 제거하기 위해 유도기전력 검출부분의 리드선의 위치를 조정하여 자계와 서로 상쇄되는 한권의 코일면적을 등가적으로 영(zero)이 되도록 하는 방법을 사용한다. 그러나 이 조치만으로 직각위상잡음을 완전히 제거하기 어렵고 전극이 부분적으로 오염되면 한권의 코일면적이 변화하여 직각위상잡음이 다시 발생한다. 따라서 검출기 부분만으로 직각위상잡음을 완전 제거하기 어렵기 때문에 변환-증폭기로 직각위상잡음을 제거한다. 직각위상 잡음의 위상은 유량신호와 90°차이가 있기 때문에 전자회로를 이용하여 쉽게 제거할 수 있다.

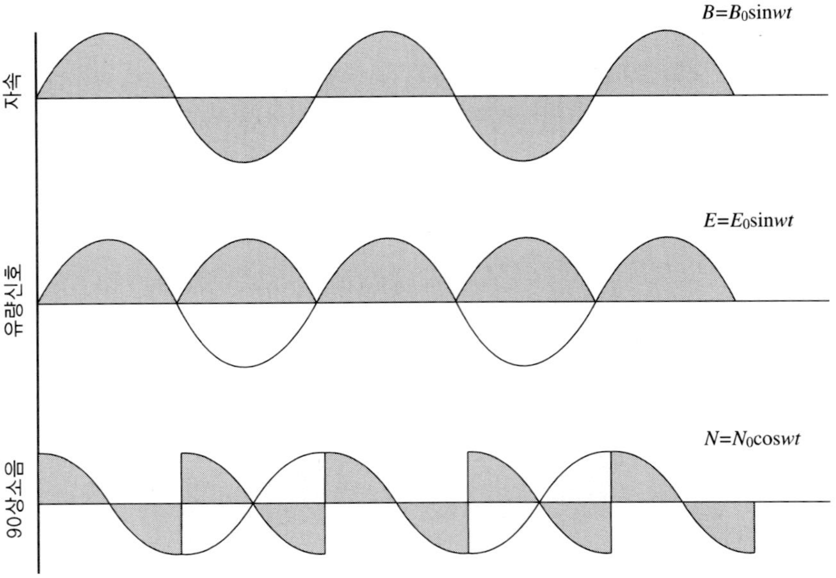

그림 22.18 직각위상 잡음의 제거

그림 22.18에서 자속 B의 음(−) 반주기 동안 유량신호와 직각위상잡음의 각 부호를 반전시키면 파형은 평활화되어 유량신호만 남고 직각 위상잡음은 스스로 소멸한다.

지금까지 언급한 상용교류여자방식은 1970년대 이전까지 주로 채택되어 왔던 방식으로 여러 유량신호와 더불어 수반되는 각종 잡음을 제거하기 위해 여러 가지 기법이 개발되었으나 신호의 캐리어주파수가 전원주파수와 일치하기 때문에 측정유체 속에서 와전류분포의 변화와 기타 상용전원으로부터의 잡음의 영향을 완전히 배제하기 어렵기 때문에 직선성이 뛰어남에도 불구하고 영점 안정도가 좋지 않아서 1% full-scale 정도의 측정 정확도 이상은 얻기 어려웠다.

저주파 여자방식. 교류여자방식에서 가장 문제가 되었던 영점 안정도 문제를 개선하기 위한 연구 결과로서 저주파 여자방식이 개발되었다. 1955년 이미 구형파 여자방식에 의한 전자유량계가 발표되었으나 그 당시의 전자 기술로는 전원부가 지나치게 복잡하게 구성되어서 상용화되지 못하였다. 그 후 1970년대 이후 전자 기술의 급속한 진보에 따라 전자회로를 비교적 간편하게 제작할 수 있게 되어 저주파 여자방식의 전자유량계가 널리 보급되기 시작하였다. 저주파 여자방식의 동작원리는 그림 22.19와 같다.

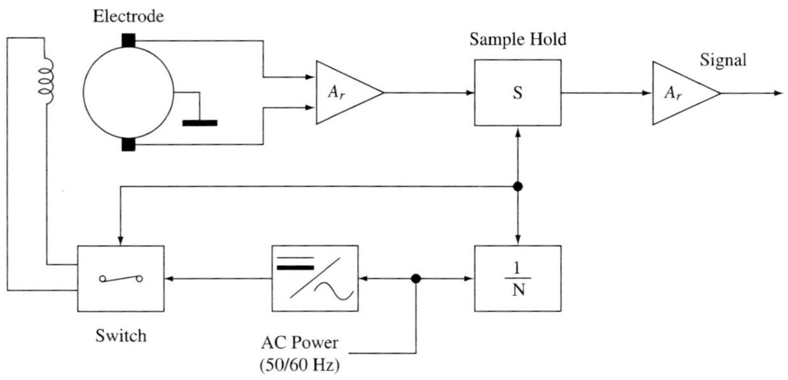

그림 22.19 저주파 여자방식 전자유량계

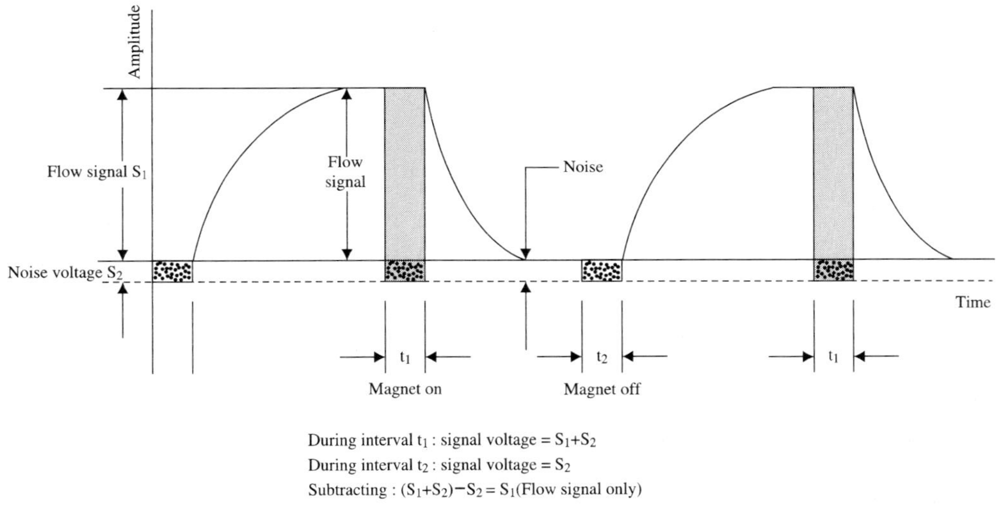

그림 22.20 저주파 여자방식의 대표적 측정원리

그림 22.19에서 여자코일에 흐르는 직류를 상용전원 주파수의 1/2~1/32정도의 주기로 스윗칭 하면 앞에서 기술한 패러데이의 법칙에 따라 전극에 유량에 비례하는 유도기전력이 발생한다. 스윗칭 후 일정한 시간 간격으로 전극 간 신호를 샘플링하고 그림 22.20과 같은 방법으로 출력신호를 얻는다. 저주파여자방식의 주된 이점은 영점의 안정성 향상에 있으며 그 밖에 다음과 같은 이점이 있다.

- 상용교류여자방식은 전원으로부터 출력 신호선에 잡음이 유입될 가능성이 크나 저주파여자방식은 이와 같은 문제점이 없다.
- 상용교류여자방식은 측정 액체 속에서 발생된 와전류에 의한 잡음이 혼입된다. 물론 와전류가 존재하여도 자계, 관경, 관축, 유체저항 등이 전극축에 대해 완전 대칭이면 전극에는 아무런 잡음신호도 검출되지 않지만 실제로 전극표면의 오염 등에 의해 대칭성이 붕괴되어 유도기전력과 동일한 위상 및 직각위상을 갖는 잡음이 나타난다. 그러나 저주파

여자방식은 이 같은 문제점이 매우 적다.

- 상용교류여자방식에서 신호선과 전극이 형성되는 회로 속에 유도되는 직각위상 잡음은 원리상 신호에 영향을 미치지 않지만 철손에 의한 신호전압의 위상변화에 따라 일부가 신호에 영향을 미친다. 이는 철심 내 흐르고 있는 와전류에 의해 철손이 발생하고 신호전압과 여자전류의 위상차가 커져서 변환기의 잡음보상 능력을 감소시켜 영점이 변화하는 결과를 초래한다. 그러나 저주파여자방식에서는 여자주파수를 감소시키면 용량결합, 유도결합, 와전류에 기인하는 잡음문제가 대폭 감소하며 저주파여자방식 대부분에서는 여자전압 또는 전류로서 구형파(rectangular wave)를 이용하고 또한 거의 일정한 자기장 아래에서 신호를 샘플링하기 때문에 이와 같은 잡음을 거의 제거할 수 있다.
- 부수적으로 저주파여자방식은 여자전원으로 직류를 주로 이용하기 때문에 코일의 역율이 개선되어 소비전력도 상용교류여자방식 보다 상당히 적다.

저주파여자발진방식은 많은 이점을 갖는 반면 다음과 같은 문제점도 가지고 있다.

- 여자전원을 발생시키기 위해 주기적인 스윗칭을 할 때 자계상태가 급속히 변화하여 그림 22.21과 같은 미세한 잡음이 발생하여 출력신호에 중첩된다. 이 미세한 잡음은 스윗칭 할 때 극성이 반전되기 때문에 서로 이웃하는 샘플링 신호의 차를 취해도 소거할 수가 없다. 이 같은 미세한 잡음의 중첩을 피하기 위해 통상적으로 잡음이 최소가 되는 다음 스윗칭 직전에 신호의 샘플링을 실시한다. 이상의 몇 가지 점을 고려할 때 여자발진주파수가 낮을수록 유리할 것으로 생각된다. 그러나 여자발진주파수를 너무 낮게 할 경우 유량변화에 대한 응답속도가 떨어지고 슬러리와 같은 유체유량 측정시 슬러리가 전극표면을 스치면서 전극면의 접촉 전위가 돌변하여 캐리어주파수와 비슷한 주파수를 갖는 스파크 등에 의한 잡음의 영향을 받기 쉽기 때문에 여자발진주파수는 이와 같은 점들을 감안하여 상용주파수의 짝수분의 일이 되는 적당한 값을 선택하게 된다.

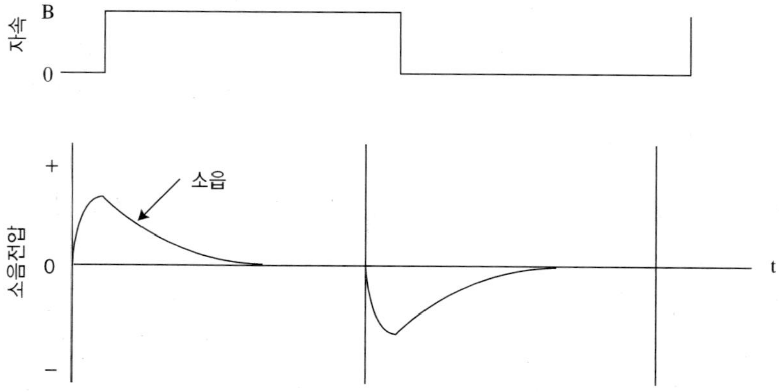

그림 22.21 스윗칭시 미세한 잡음의 발생

유속분포가 전자유량계에 미치는 영향. 전자유량계 이론에 대한 연구는 1930년대부터 시작되었지만 1962년 Shercliff가 이해하기 쉬운 이론을 제시하였다. 이전에는 균일자기장에서 유속분포가 축대칭일 경우 신호기전력이 평균유속에 비례한다는 것은 이미 밝혀져 있었으나 비대칭 및 불균일 유동에서 전자유량계의 오차원인은 불분명하였다. Shercliff는 전자유량계에서 관 내 각 위치에서 유체의 흐름에 따라 발생하는 신호기전력의 크기가 다르다는 가중함수(Weight Function) 이론을 도입하여 관 내 유속분포의 불균일에 따른 전자유량계의 오차요인을 설명하여 기술발전에 크게 기여하였다. 가중함수는 그림 22.22와 같이 유량계 내부 공간점의 자기장이 전극간의 전압의 차에 기여하는 정도를 함수로 표현한 것이다.

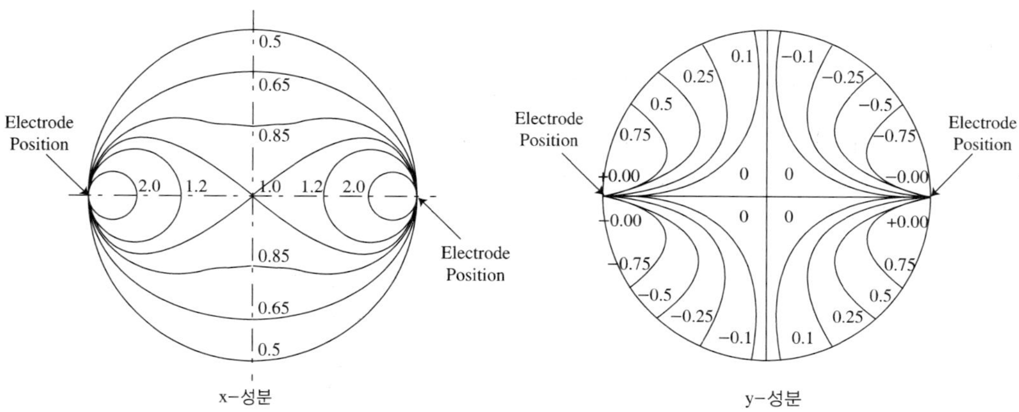

그림 22.22 균일한 자기장, 점전극 전자유량계에서 Shercliff의 가중함수

일반적으로 가중함수의 각 성분은 유체의 속도가 가장 큰 값을 갖는 내부의 중간점에서 가장 작은 값을 가지고 전극에 가까워질수록 기여하는 정도가 크게 나타나 무한대의 값을 보인다. 그러나 이 값이 속도와 곱해져 전압의 차이에 기여하게 되며 벽면 근처에서 속도가 0에 가까워지므로 어느 정도 상쇄된다. 실제 유량계에서 무한대의 값을 갖는 전극 근처에서 전극의 모양이나 자기장의 형태에 따라 가중함수가 달라진다. Shercilff는 유체의 속도가 출력 신호인 전압차에 기여하는 정도를 표현한 가중함수 개념으로 2차원 파이프 유동에 대한 가중함수를 구하고 균일한 자기장과 점전위(Point Electrode)를 가진 전자유량계의 성능을 해석하였다. 이 방법은 현재까지 전자유량계 해석의 기본적인 방법으로 많은 사람들이 응용하고 있다.

그 후로 Rummel 등은 임의의 속도분포에서 유속을 측정하기 위해 자속밀도와 가중함수의 곱을 일정하게 하는 자속밀도를 만들 수 있다면 속도 분포에 영향을 받지 않고 평균유속을 측정할 수 있다는 것을 제안하였다. 유속 V가 축방향(z방향) 성분만을 가지고 자속밀도를 평면 내 불균일하게 구성된 2차원 문제로 취급하면 x축 상의 두 전극 사이에 발생하는 기전력을 다음과 같이 표현할 수 있다.

$$E = \iint V(B_x W_y - B_y W_x)dxdy \tag{22.28}$$

여기서 W_x : 가중함수의 x 성분
W_y : 가중함수의 y 성분

따라서 가중함수와 자속밀도의 곱이 상수가 되는 자속밀도가 존재하면 유속분포에 영향을 받지 않게 된다.

$$W_x B_y - W_y B_x = constant \tag{22.29}$$

이러한 자속분포와 유사하도록 코일을 제작하였으나 점전극 하에서 상기 식을 만족시키는 엄밀한 자기장의 실현은 불가능하였다. 이러한 문제를 해결하기 위해 가중함수의 값이 큰 전극 부근에서는 자기장의 세기를 작게 하고 전극에서 먼 위치에서는 자기장의 세기를 크게 하여 어느 정도 해결하고 있다. 즉 Engle 등은 한조의 점전극을 채택하는 일반적인 전자유량계에서 비대칭 유동 등의 영향을 완전히 제거할 수 있는 자계분포는 이론상으로 실현 불가능하다는 것을 증명하였지만 실제 유량계 설계시 코일의 모양이나 위치를 조절하여 Shercliff가 제안한 가중함수와 자속밀도의 곱이 공간분포가 어느 정도 일정한 불균일 자계를 채택하여 비대칭유동 등에 의한 오차요인을 최소화하는 방법이 실용화되었다.

한편 이와 같은 비대칭유동에 의한 영향을 최소화하기 위한 방안으로 자기장의 검토 뿐만 아니라 전극의 구조개선 측면에서도 검토가 진행되어 왔다. 일반적으로 전극의 크기는 관 직경에 비해 작기 때문에 이론에서는 점전극으로 취급된다. 그러나 구조상 원주방향으로 연장된 선전극 또는 흐름방향 확대된 면전극 등을 생각할 수 있다.

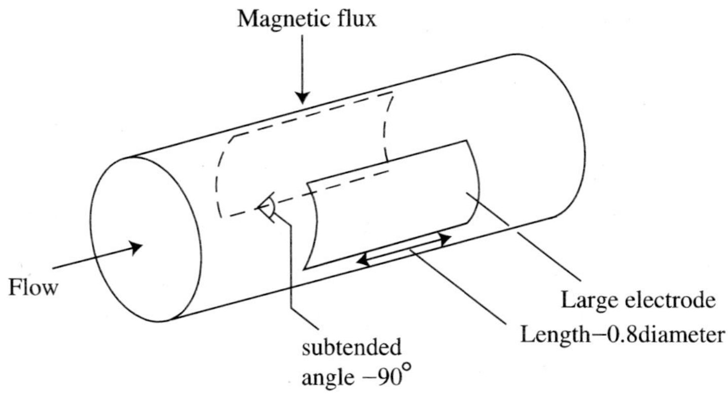

그림 22.23 면전극 전자유량계

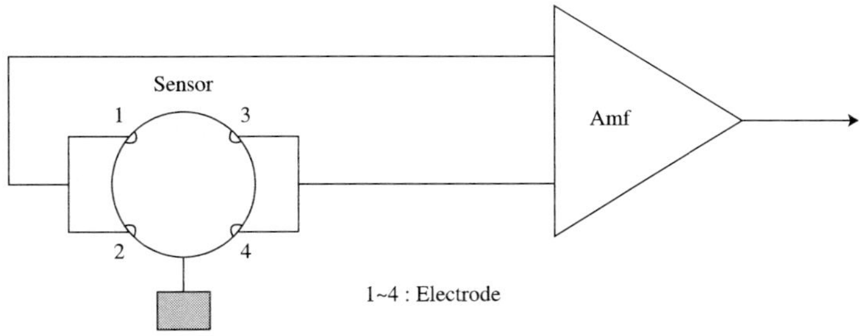

그림 22.24 다전극 전자유량계의 구성

그림 22.24와 같은 면전극을 채택한 전자유량계는 유속의 평균화 효과가 있기 때문에 유속 분포의 불균일에 대한 영향은 적어지지만 실용상 전극 면적을 크게 하면 전극표면에서 이물질이 비대칭적으로 부착되어 영점오차가 발생하기 쉬우며 제작가격도 높아지기 때문에 그다지 상용화 되지 않았다. 이 결점을 피해 면전극과 동등한 효과를 얻을 수 있도록 그림 22.24와 같이 2조 이상의 점전극을 배치하는 다전극 구조가 제안되었으며 이 방법을 도입한 전자유량계가 이미 상용화되어 있다.

22.3.3 유량계 선정시 고려사항

전기전도율. 전자유량계는 원리상 도전율이 아주 작은 액체를 측정할 때는 측정오차가 발생하기 쉽다. 측정 가능한 최소 도전율은 일반적으로 5㎲/cm 정도의 전기전도율도 실용화되어 있다.

측정대상유체의 도전율을 알지 못하면 테스터를 이용하여 전자유량계에서의 측정가능 여부를 판단할 수 있다. 즉 테스터의 양 전극을 측정액체 속에 1cm 간격으로 삽입한 후 저항을 측정하여 그 저항치가 수십 KΩ 이내이면 전자유량계로 유량측정이 가능하며 저항치가 수백 KΩ 범위이면 도전율계를 사용하여 정확하게 측정할 필요가 있다.

유체의 도전율이 어느 정도 이상이 되면 도전율의 차이에 의해 유량 지시값이 변화하지는 않지만 만약 전자유량계 상류측에서 측정하고 있는 유체의 비중과 전기전도율이 확연히 다른 액체가 유입되는 경우 전기전도율이 다른 액체가 유체 중에 편재하여 유체의 도전율이 균일하지 않게 되면 유량 측정에 오차를 발생시킨다. 따라서 비중이 다른 액체의 유입은 유입점에서 상당히 하류로 내려가더라도 액체가 유체와 균일하게 잘 섞이지 않기 때문에 액체 유입점은 전자유량계 하류측이 되도록 하는 것이 바람직하다.

강자성체를 포함한 유체. 전자유량계는 전자유도를 이용한 유량측정기기이므로 강자성체를 포함하고 있는 유체의 유량을 측정하는 경우 관 내 자속밀도가 변화하여 측정오차를 발생시킨다. 강자성체를 포함하고 있는 액체의 점도에 따라서도 영향을 받지만 어느 유속 이하가 되면 관 벽부분에 강자성체가 모여 도전율, 자속밀도 등이 불균일하게 분포되어 오차의 요인이 되므로 유속을 어느 정도 빠르게 되도록 하여 측정하는 것이 바람직하다.

부착 및 침전성이 큰 유체. 부착성이나 침전성이 있는 유체에 의해 전극이 오염되면 영점 변화가 발생하므로 오염의 영향을 적게 받는 전극이나 측정방식을 채용하거나 또는 세척장치가 있는 전극 등을 채용하며, 유속이 낮은 경우에는 축소관을 사용하여 유속을 2m/s 정도로 하고 또한 검출기안을 쉽게 청소할 수 있도록 배관장치를 할 필요가 있다.

또한 유체 중에 포함된 혼합물이 라이닝에 부착되면 이것도 오차의 원인이 된다. 부착물의 도전율이 측정액과 같거나 비슷한 경우에는 이를 무시할 수 있지만 도전율이 측정액체에 비해 아주 낮을 때는 (+)의 오차가, 높을 때는 (−)의 오차가 된다. 따라서 부착성이 큰 유체 측정시 테프론 등의 라이닝 소재를 선택하는 것이 바람직하다.

22.3.4 전자유량계의 구성 및 설치방법

전자유량계의 구성. 전자유량계는 변환기와 검출기로 구성되며 검출기와 변환기가 일체로 된 일체형과 따로 분리된 분리형이 있다.

- 변환기: 검출기에서 얻은 기전력을 표준신호(예:4~20mA)로 변환시키는 장치
- 검출기: 유체에서 발생하는 기전력을 검출하는 장치

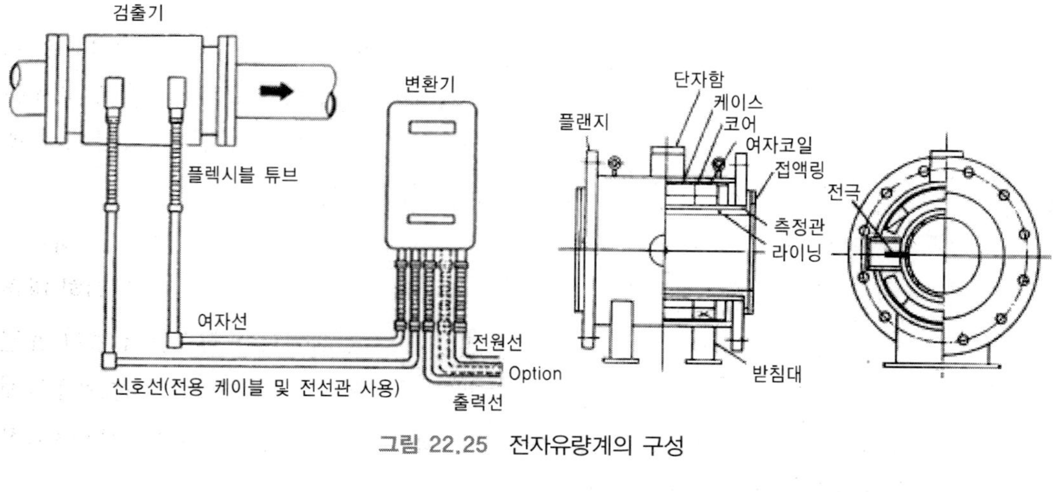

그림 22.25 전자유량계의 구성

일체형은 배선공사가 간단하고 비교적 가격이 싸며 현장에서 유량 값을 읽을 수 있지만 유량측정을 위한 모든 인자 등을 현장에서 설정하여야 한다. 또한 유체온도, 배관 진동, 설치장소의 제약 등에 주의하여야 한다. 일반적으로는 분리형이 많이 사용되며 검출기는 현장배관에, 변환기는 현장 판넬 또는 계기실에 설치하여 검출기와 변환기를 몇 백 미터 이내의 신호

케이블로 연결한다.

전자유량계의 설치. 유량측정의 정확도가 다른 측정장치에 비해 상대적으로 높지만 올바르지 않게 설치할 경우 정확도가 상당히 감소하므로 설치시 주의하여야 한다.

검출기

- 검출기는 수직, 수평 기타 어떤 각도로도 설치할 수가 있다. 단 액체가 검출기 안을 항상 꽉 차서 흐르도록 배관을 하여야 한다.
- 검출기를 수평이나 어떤 각도를 주어 비스듬히 설치할 때는 양전극이 수평면에 있도록 하여 항상 전극과 액체가 접촉되도록 한다. 이는 전극이 수직위치에 있게 되면 액체 위쪽에 떠있는 기포가 전극과 액체의 접촉을 방해하거나 아래쪽의 전극에 부착물이 쌓여 유량측정에 나쁜 영향을 줄 수 있기 때문이다.
- 배관의 진동, 충격, 신축 등의 힘이 검출기에 가해지는 것을 방지하기 위하여 검출기를 단독으로 고정시키는 것은 피한다. 배관을 고정시키고 검출기는 배관측에 고정시킨다.
- 배관의 수평이 맞지 않아 경사나 편심이 생기거나 유량계의 면과 면사이의 크기보다 배관 플랜지와 플랜지 사이가 너무 넓거나 좁을 때는 검출기를 설치하기 전에 반드시 올바르게 수정하여야 한다.
- 새로 설치한 배관에 유입된 용접 찌꺼기 또는 나무 조각 등의 이물질이 라이닝을 파손시키지 않게 하고 이들에 의해 비정상적인 출력이 발생하지 않도록 검출기를 설치하기 전에 이물질을 세척하여 제거하여야 한다.
- 정확한 유량측정을 위해서는 검출기의 상류측에 직관부분을 두어야 하고, 검출기에 표시된 방향표시와 실제 측정유체의 흐름방향을 반드시 일치시켜야 한다.
- 중심선이 맞지 않았을 때는 측정오차가 생기므로 검출기와 배관 및 가스켓의 중심선을 맞춘다. 또한 가스켓이 배관 안으로 돌출하지 않도록 하여야 한다.
- 배관에 전류가 흐르고 있는 장소나 전기 또는 전자 구동밸브 인근에는 검출기를 설치하지 않는다.
- 액체의 도전율이 불균일하게 되기 쉬운 장소는 피한다. 검출기의 상류측 가까이에 약품이 유입되면 도전율이 불균일하게 되기 때문에 유량측정에 나쁜 영향을 줄 수 있으므로 유입장소를 유량계의 하류측으로 이동한다.

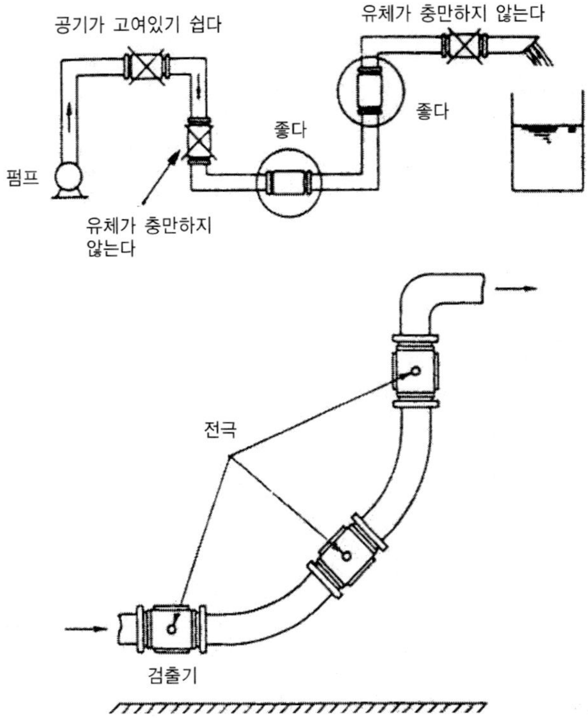

그림 22.26(a) 전자유량계 설치 위치

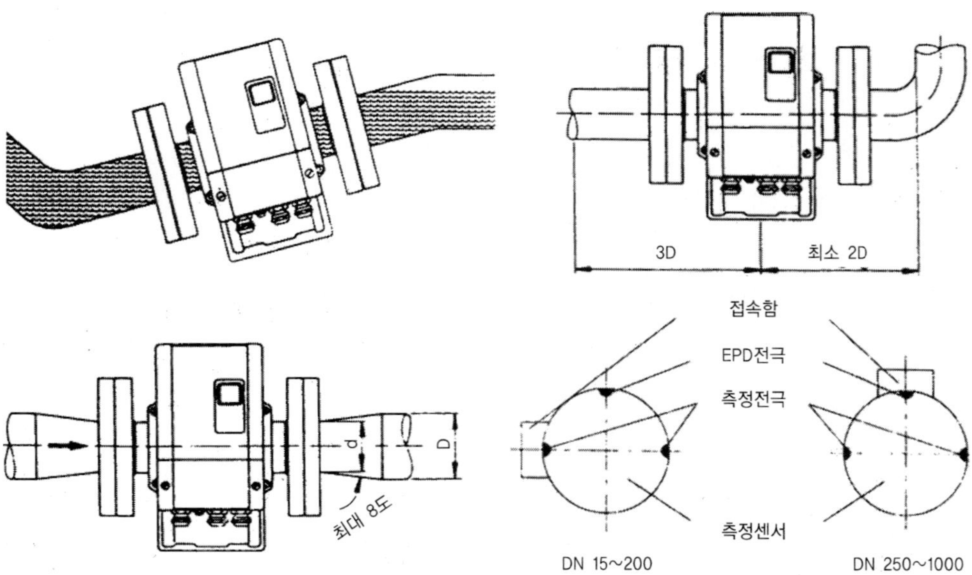

그림 22.26(b) 전자유량계 설치 위치

변환기

- 온도구배나 온도변동이 큰 장소에는 설치하지 않는다. 다른 기기로부터 복사열을 받을 때는 단열처리를 하고 통풍이 잘 되는 곳을 선택한다.
- 부식성 환경에 설치하는 것은 피한다. 또한 전선관이나 변환기 안으로 빗물이 들어가지 않도록 하여야 한다.
- 강전기기, 모터, 발전기, 변압기, 용접기, 전동밸브 등으로부터 충분히 떨어진 장소에 설치하여 유도장해를 받지 않도록 한다.
- 검출기와 변환기 사이 제한이 있으므로 이 거리 범위 내 변환기를 설치한다.

배선

- 신호배선 (검출기와 변환기 사이)은 전용 케이블을 사용하는 것이 좋다. 전용 케이블의 길이는 측정유체에 의해 제한될 때가 있으므로 주의하여야 한다.
- 검출기와 변환기 사이의 신호용 케이블은 가능한 짧게 하고 대용량의 변압기, 모터 또는 동력원 등의 잡음을 피할 수 있도록 배선을 한다.
- 신호용 케이블과 전원 케이블은 독립된 전선관을 사용한다.
- 배선을 한 후 케이블과 배선구와의 기밀이 잘 유지되도록 글랜드를 충분히 돌려 끼운다.

접지

전자유량계의 측정전극에 유도되는 전압이 아주 미약하기 때문에 액체를 완전 접지하여 검출기 부근을 흐르는 임의 미주전류를 제한시켜야 한다. 금속배관의 경우 접지가 별문제 아니지만 검출기와 배관이 전기적으로 연결되지 않았을 때는 문제가 발생하며 이 경우 6mm^2 이상의 동선으로 연결시켜야 한다.

또한 플라스틱관과 같이 전기적인 절연 배관에 설치할 때는 검출기 양단 즉, 상류측과 하류측과 액체를 접지시켜야 한다. 이러한 목적으로 접지전극을 검출기 안에 설치하는 제작회사도 있다. 접지전극이 있는 검출기를 설치할 때는 접지전극이 반드시 아래에 위치하도록 한다.

- 접지는 제3종 접지공사를 한다(접지저항 100Ω 이하). 그러나 전기분해공정이나 음극방식배관에서는 제작사에 따라 절대로 접지를 하여서는 안 될 때도 있으므로 주의한다.
- 접지 방법은 원칙적으로 검출기측에 1점 접지를 한다.
- 전선관도 반드시 접지시키고 도중에 콘넥터를 사용할 때는 전기적으로 연결이 되게 한다.

22.3.4 전자유량계의 장·단점

장점

- 유체의 도전율이 특정 값 이상이면 온도, 압력, 밀도 및 점도 등의 영향을 받지 않고 유량을 측정할 수 있으며 압력손실이 없다.
- 응답속도가 빠르고 출력전압은 체적유량에 비례하여 범위가 넓다.
- 적절하게 접액부의 재질을 선택하면 부식성이 강한 액체나 슬러지 등도 측정할 수 있다.

단점

- 일정한 값 이상의 전기전도율을 가진 전도성 액체이어야 측정이 가능하다.
- 측정유체가 균일한 물성을 가져야 한다.
- 측정유체가 비자성이어야 한다.

Chapter 23

직관거리 미확보시 유량측정오차

23.1 개요

본 장에서는 유속에 따른 유량계 정확도 그리고 충분한 직관거리가 확보되지 않은 설치 조건에서의 오차를 제시한다. 한국은 물론 국제적으로 유량계의 정확도를 보장하기 위해 유속별 오차한계, 유량계 종류별 상류측과 하류측에 필요한 직관거리를 명시하고 있다.

그러나 국내에서는 대부분의 경우 충분한 직관거리를 확보하는 것이 쉽지 않고, 특히 K-water가 지자체 수도시설물을 장기적으로(통상적으로 20~30년) 수탁운영사업 수행시 유수율을 높이기 위해 통상적으로 전체 배수관망을 1,000~3,000 서비스 연결로 구성된 블록(앞에서 기술한 DMA와 동일한 개념)을 구축한다. 블록 구축의 목적은 전체 배수관망을 블록으로 세분하고 각 블록별 유입량과 사용량을 측정하여 유수율을 확인하기 위한 것이다. 이와 같은 경우 당초 배수관망 건설시 블록별 유량계 설치를 고려하지 않았기 때문에 유량계 설치 공간이 확보되지 않아 유량계 제작사가 제시하는 상하류측 직관거리를 확보할 수 없는 것이 현실이다. 따라서 물손실을 제어하는 사람은 유수율 확인에 필수적인 블록 유입 유량계의 정확도를 확신할 수 없고, 특히 유수율이 매우 낮은 블록의 원인규명을 소홀히 하고 원인을 유량계의 불확도로 돌리는 경향이 크다. 저자의 경험으로부터 국내에서는 유수율이 50% 정도인 블록들이 다수 존재한다. 이에 대한 원인은 통상적으로 누수, 유량계의 불확도에 기인하지만 그 블록에서의 불법연결(또는 도수)이 미치는 영향이 상당히 클 수 있다.

따라서 본 장에서는 실험을 통해 충분한 직관거리를 확보하지 못할 때 발생하는 유량계의 오차 그리고 매우 낮은 유속에서 발생하는 오차를 규명하고, 이 오차를 감안하여 합리적으로 블록의 물손실(특히 피상손실)을 제어할 수 있도록 기초지식을 제공한다.

23.2 실험 내용과 범위

본 실험에서는 전자유량계와 초음파유량계를 대상으로 하며 유량계 상·하류측 특정 거리

위치에 배수관로에서 흔히 접할 수 있는 90°곡관, 밸브(게이트밸브, 버터플라이밸브), 축소관, 확대관, 티가 설치된 경우 발생하는 유량계의 오차를 도출한다. 단 관로 직경별로 유동 패턴이 약간은 다를 수 있으나 거의 동일하다고 가정하고 본 실험에서는 직경 D=150mm를 대상으로 한다.

23.3 국내외 유량계 직관거리에 대한 기준 및 규격

최근 유량계는 과거에 비해 정확도가 향상된 반면 이에 대한 직관 거리에 관한 기준은 제정된 지 오래되었고 일부 유량계제작사는 이와 다른 기준을 제시하고 있다. 유량계의 유속별 오차에 대해서는 각 유량계제작사가 제시하며, K-water 수돗물 공급규정(제1장 35조) 및 계량기 관리지침(제6장 31조)에는 0.8m/s 이상에서는 오차 ±2%, 유속 0.3~0.8m/s에서는 오차 ±5%로 규정하고 있으며, 0.3m/s 이하의 저유속에서 오차sms ±5% 이상으로 간주하고 있으나 이에 대한 규정이 없다.

한편 유량계제작사는 최근 기술의 발달로 0.1m/s 이상의 유속에서 오차가 ±2% 이내로 수렴하는 것으로 제시하고 있어 K-water 규정과 다소 차이를 보인다. 또한 수도법 시행규칙 제9조의 3에 의하면 유량계의 허용오차범위는 지시정확도가 ±2% 이내이어야 한다고 명시하고 있으며 지방자치단체에서 관리하는 유량계의 경우 대부분 이 규정을 따르고 있다.

23.4 유량계 관련 국내외 규격 및 사용기준

23.4.1 초음파유량계 관련 규격

초음파유량계는 아직 연구한지 오래되지 않아 이에 대한 국내·외 규격은 실제로 충분치 않으며 대부분의 규정이 80년대에 제정되었다. 다음은 초음파유량계에 대한 국내·외 규격을 나열한 것이며 현재 KS규격에는 해당 내용이 없으며, ISO에서는 초음파유량계에 대한 규격 제정을 수행 중에 있다.

- JEMIS032 초음파유량계에 의한 유량측정방법(1987.7월)
- ANSIASMEMFC-5M 시간차법 초음파유량계를 이용한 관내 유량측정(1986)
- BS7045관내 유량측정-유량계 선정 가이드(1981)

상기 규격 중 초음파유량계 설치 기준에 관해 수록된 규격은 일본전기계측기공업회규격인 JEMIS032 밖에 없다. 그림 23.1은 이 규격에서 건식 시간차법의 초음파유량계 설치 기준을 인용한 것이며, 실제로 미국과 일본 등 유수의 초음파유량계 제작사는 자사 유량계의 설치기준에 대한 별도의 연구 없이 이 기준을 그대로 인용하고 있고, K-water 계량기 관리지침(제3

장 10조) 및 계량기 실무편람(제Ⅲ-22.3절)에서도 같은 기준을 사용한다. 한편 일부 유량계 제작사들은 자체 연구 등을 통하여 다른 기준을 제시하기도 하는데, 통상적으로 JEMIS032 보다 더 적은 직관거리를 제시한다.

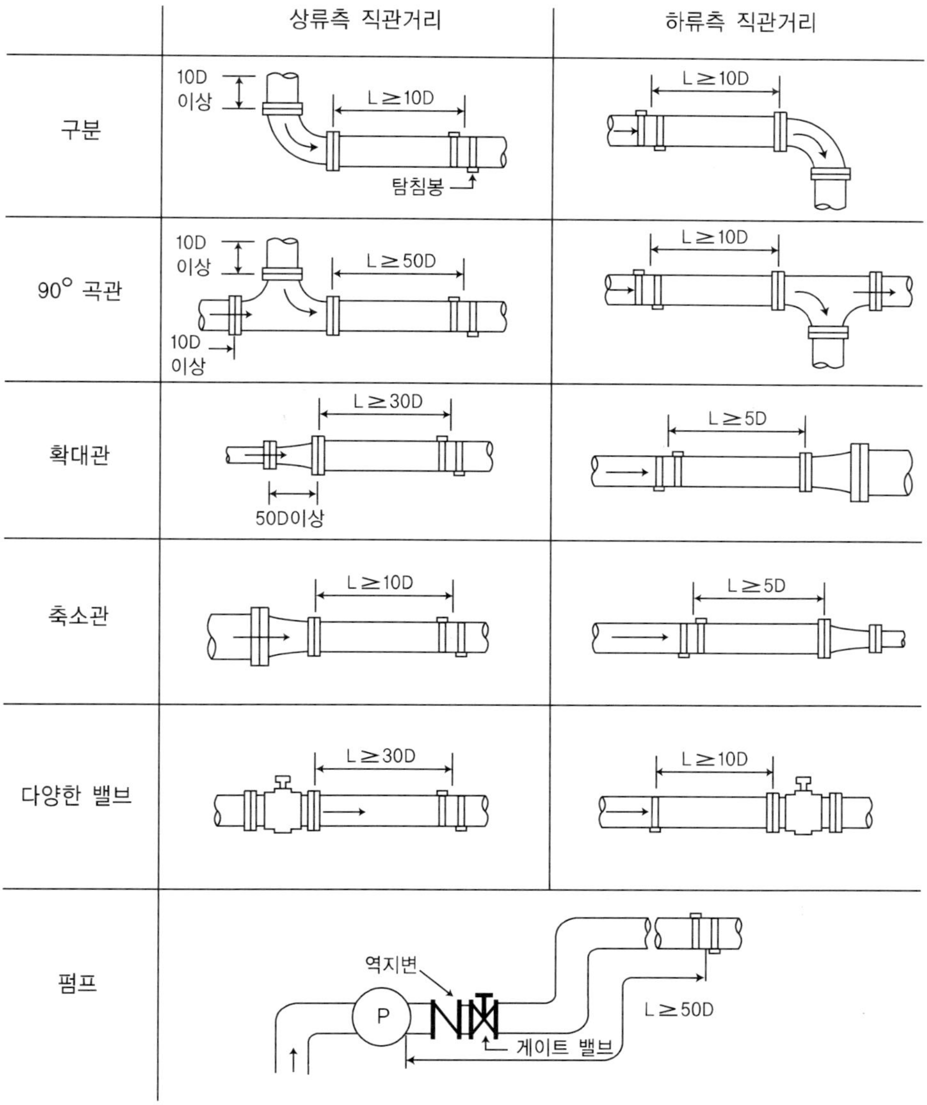

그림 23.1 초음파유량계 상류직관거리(JEMS032)

23.4.2 전자유량계 관련 규격

전자유량계의 경우 초음파유량계에 비해 국내 · 외 관련 규격이 잘 정립되어 있다. 이는 전자유량계의 역사가 길고 측정원리를 고려할 때 불균일 유동에서도 안정적인 오차특성을 보여주기 때문이다.

- ISO 6817관내 전도성 유체의 유량 측정 – 전자유량계를 이용한 측정(1992)
- ISO 9104관내 전도성 유체의 유량 측정 – 전자유량계 성능평가 방법(1991)
- JISB7554전자유량계(1993)
- KSB5260전자유량계(1999)

그림 23.2는 JIS와 KS에 수록된 전자유량계 상류직관거리 기준이며, 각 유동 교란인자에 대해 큰 직관거리를 요구하지 않고 있음을 볼 수 있고 일반 유량계 제작사는 통상적으로 모든 교란인자에 대해 상류 5D, 하류 2D 정도를 제시하고 있다.

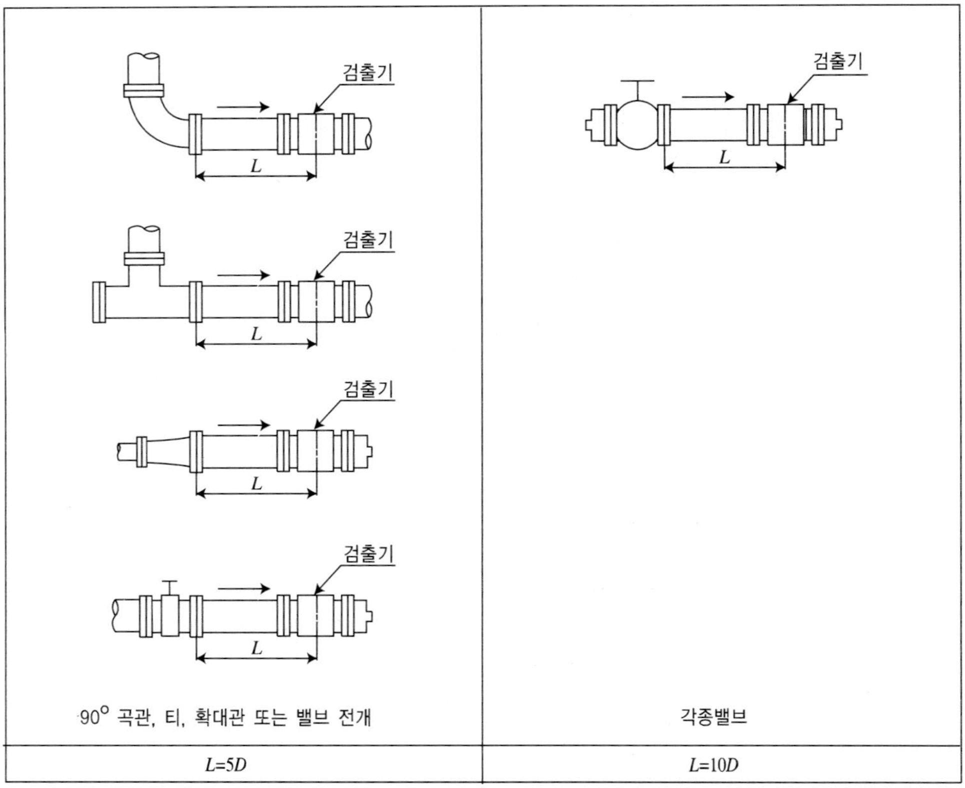

그림 23.2 전자유량계 상류직관거리(JIS, KS)

K-water는 상기 규격을 종합하여 초음파유량계와 전자유량계의 필요직관거리를 계량기실무편람에 표 23.1과 같이 정리하였다.

표 23.1 초음파 및 전자유량계 상·하류 직관거리(K-water)

구분		전자유량계	초음파유량계	
			클램프온(단일빔)	플랜지형(다회선)
상류직관	90°곡관	10D 이상	10D 이상	3D 이상
	티	10D 이상	50D 이상	3D 이상
	확대관	5D 이상	30D 이상	5D 이상
	축소관	5D 이상	10D 이상	3D 이상
	밸브	10D 이상	30D 이상	5D 이상
	펌프	–	50D 이상	10D 이상
하류직관	90°곡관	2D 이상	5D 이상	2D 이상
	티	2D 이상	10D 이상	2D 이상
	확대관	2D 이상	5D 이상	2D 이상
	축소관	2D 이상	5D 이상	2D 이상
	밸브	2D 이상	5D 이상	2D 이상
	펌프	2D 이상	10D 이상	2D 이상

영국 상무부의 국가측정시스템 정책의 일환으로 1999년부터 2002년까지 시행된 Flow Programm에서는 건식 초음파유량계의 상류필요직관거리를 표 23.2와 같이 제시하고 있다.

표 23.2 건식 초음파유량계 상류직관거리

난류요인	상류직관거리	비고
축소관	4D	
확대관	18D	
90°곡관	30D	
이중 90°곡관(U자형)	22D	
이중 90°곡관(다른 평면)	47D	
버터플라이밸브(⅔개방)	18D	
글로브밸브(⅔개방)	15D	
게이트밸브(⅔개방)	20D	

23.5 유량계 오차특성 실험

23.5.1 실험 방법

유량계 오차실험은 150mm(외경 165.2mm, 두께 4.85mm)강관에서 수행되었으며, K-water 연구원의 유량계 교정시스템을 이용하였다. K-water는 유량계 특성의 일반화를 위하여 전자유량계, 초음파유량계 각각 두 회사의 제품을 선정하였다. 초음파유량계는 A사와 B사의 제품을, 전자유량계는 C사와 D사의 제품을 이용하였다(표 23.3과 23.4 참조).

표 23.3 초음파유량계 사양

구분	A사	B사
측정원리	초음파 도달 시간차법	초음파 도달 시간차법
형식	건식(클램프-온)	건식(클램프-온)
측정유체	물	물(탁도 10,000㎎/L 이하)
측정온도	-30~+200℃	-20~+120℃
측정유속범위	-12m/s~+12m/s	-20m/s~+20m/s
측정 정확도	±1% RD	±1.5% RD
배관구경	100~5,000㎜	100~5,000㎜
상류측 직관거리	10D 이상	10D 이상
하류측 직관거리	5D 이상	5D 이상

표 23.4 자유량계 사양

구분	C사	D사
측정원리	입력신호 : DC	입력신호 : DC
측정유체	물	물
측정온도	-20~+60℃	-40~+130℃
최소 전기전도도	5μs/cm	5μs/cm
측정유속범위	0.1m/s~10m/s	0.5m/s~15m/s
측정 정확도	±0.2% RD 재현도 : ±0.1% RD	±0.2% RD 재현도 : ±0.1% RD
배관구경	150mm	150mm
상류측 직관거리	5D 이상	5D 이상
하류측 직관거리	2D 이상	2D 이상

원활한 실험을 위하여 기준유량계와 비교하는 방법으로 오차를 산출하였고 기준유량계는

중량식 유량계 교정장치를 이용하여 교정을 실시하였으며, 그 특성의 변화를 방지하기 위하여 실험 중간에 한 번도 이동하여 설치하지 않았다.

기준유량계와 실험대상 유량계 4대 모두 4~20mA의 아날로그 출력신호를 이용하였고, AD 컨버터(6CH)를 이용하여 동시에 PC로 전송하였다. 따라서 동일 시험조건 하에서 유량계의 성능평가가 가능하고 기준유량계와 실험대상 유량계의 신호를 동시에 취득할 수 있도록 하였다. 유량계에서 측정된 유량은 약 10초 평균유량을 연속적으로 아날로그 신호로 출력하고, 이때 스판은 4mA를 $0m^3/h$에 맞추고 20mA를 $300m^3/h$에 맞추었다. 매 실험마다 0점이 미세하게 흔들리는 것을 재조정하였고 AD컨버터는 연속적인 아날로그 신호를 0.5초마다 스캔하여 PC에 전송하도록 하였다.

유량계는 모두 유속 0.1, 0.2, 0.3, 0.5, 0.8, 1.0, 1.5, 2.0, 2.5m/s(9개 유속)에서 시험하였으며, 직관거리는 문헌을 참고하여 선택적으로 실험을 하였다. 초음파유량계는 온도에 의한 영향을 많이 받는 것으로 알려져 있으므로 수온을 일정하게 하여 실험하는 것이 좋으나, 유량계 교정시스템에서 실험에 사용하는 물은 계속적으로 순환하는 구조이므로 실험이 진행되면서 마찰에 의한 온도상승을 막을 수 없으며, 또한 계절 변화에 따른 주변온도의 변화에 따라 수온의 변화를 막기 어려웠다.

수온의 변화는 약 10~40℃ 정도이고 온도보정기능이 없는 초음파유량계는 상대적으로 오차가 상승할 수밖에 없는 상황에서 실험이 진행되었다.

이상적인 조건하에서 유량계를 모두 최적상태로 맞추어 놓은 후에 기준유량계의 경우 실험의 시작부터 끝까지 옮겨 설치하지 않았으나, 전자유량계와 초음파유량계는 실험조건이 달라질 때마다 계속해서 옮겨 설치할 수밖에 없으므로 각각 설치 상태에 따라 오차가 발생할 수 있다. 이러한 설치상태의 변화로 인한 오차를 최소화하기 위하여 이설을 할 때마다 영점을 다시 조절하였다. 그러나 영점조절 이외의 모든 조건은 이상적인 상태에서의 셋업상태를 유지하여 유동교란요인에 의한 유량측정에서의 오차를 산출하였다.

실험은 각 유속에서 10분간 진행되었다. 10분중 초기 4분과 마지막 1분은 버리고 나머지 5분만을 데이터로 취득하였다. 취득한 5분(300초) 데이터는 10초 간격으로 나누어 30개로 분할한다. 이것은 AD컨버터에서 0.5초마다 나오는 유량값을 PC에서 20개 평균하여 하나의 최종 10초 평균유량을 만들어 낸다. 5분간의 데이터이므로 10초 평균 유량값을 30개 얻을 수 있으므로 이렇게 취득한 30개의 데이터로 그 유량의 편차 및 불확도를 산출한다.

23.5.2 불확도 산출

실험과정의 불확도를 산출하기 위해서는 기준유량계는 나머지 실험대상 유량계와 상호 비교하여 오차를 산출하는 기준이 되는 유량계이므로 가장 중요한 유량계이다. 이 기준유량계의 불확도는 중량식 유량계 교정장치를 이용하여 산출한다.

중량식 유량계 교정장치의 불확도. K-water 연구원의 중량식 유량계 교정장치는 2개의 시스템으로 구성된다. 하나는 3~20m^3/h의 유량에서 유량계를 교정하는 1ton 중량측정장치이고, 다른 하나는 20~200m^3/h의 유량에서 유량계를 교정하는 6ton 중량측정장치이다. 중량식 유량계 교정장치의 원리는 물탱크에 물을 수집하는 시간과 수집된 물의 중량을 이용하여 물의 유동율을 구하고, 이것을 교정대상 유량계와 비교하는 것이다.

$$Q = \frac{W}{\rho \times t} \tag{23.1}$$

여기서 Q : 중량식 유량계 교정장치로 산출한 유동율
W : 수집된 중량
ρ : 물의 밀도
t : 수집 시간

중량식 유량계 교정장치의 불확도 요인은 여러 가지가 있으나, 그 중에 지배적인 요인은 중량측정의 불확도와 시간측정의 불확도 두 가지로 압축된다. 중량측정시 발생하는 불확도에는 로드셀의 불확도와 분동의 불확도가 포함되며 이중 로드셀의 불확도가 지배적인 요인이다. 시간측정시 발생하는 불확도는 타이머의 불확도와 다이버터의 불확도가 있으며 다이버터의 불확도가 지배적인 요인이다. 다이버터란 물의 유로를 수집과 바이패스로 전환하는 장치를 말하며, 수집과 동시에 정확히 타이머를 동작시키고, 바이패스와 동시에 정확히 타이머를 멈출 수 없을 때 발생하는 불확도이다. 이러한 불확도를 정리하면 다음 표와 같다.

여기서 감도계수는 각각의 불확도 요소들DL 유량에 미치는 영향값으로 단위환산하기 위한 계수이고 요소 불확도와 감도계수를 곱한 값이 불확도기여량이다. 각각의 불확도기여량을 모두 합성한 것이 바로 교정장치의 표준불확도(u_B)이다.

표 23.5 1톤 중량식 유량계 교정장치 불확도

불확도 요소	요소 불확도	감도계수	불확도기여량	합성표준불확도
중량측정	0.13424 kg	2.5026×10^{-5}	3.3595×10^{-6} m^3/s	0.0214 m^3/h
시간측정	0.03529 s	1.3890×10^{-4}	4.9013×10^{-6} m^3/s	

표 23.6 6톤 중량식 유량계 교정장치 불확도

불확도 요소	요소 불확도	감도계수	불확도기여량	합성표준불확도
중량측정	0.15871 kg	2.5026×10^{-5}	3.9719×10^{-6} m^3/s	0.1782 m^3/h
시간측정	0.03552 s	1.3890×10^{-3}	4.9337×10^{-5} m^3/s	

기준유량계의 불확도. 기준유량계는 중량식 유량계 교정장치를 이용하여 그 편차와 불확도를 측정하고, 충분히 정확한 측정이 이루어지도록 보정한 후에 다른 실험대상용 유량계의 오차 측정시 기준이 된다. 기준유량계의 교정은 0.1, 0.2, 0.3, 0.5, 0.8, 1.0, 1.5, 2.0, 2.5m/s의 유속에서 각 유속당 5회 반복측정 하였다. 표 23.7은 기준유량계의 교정성적서이다.

- 유량계 유동율 : 기준유량계의 1분 평균 유동율
- 교정장치 유동율 : 중량식 유량계 교정장치로 동일 시간 수집하여 계산한 유동율
- 측정편차 : (기준유량계의 유동율)−(중량식 유량계 교정장치 유동율)
- 평균측정편차 : 동일 유동율로 측정한 측정편차의 평균
- A형 표준불확도 u_A : 측정편차의 A형 표준불확도,

$$u_A = \frac{\sigma}{\sqrt{n}} \tag{23.2}$$

여기서 σ : 측정편차의 실험표준편차
n : 실험회수(5)

- 분해능불확도 u_{RE} : 유량계가 표현할 수 있는 최소자리에 의한 불확도
- 합성표준불확도 u_C : u_A, u_B, u_{RE}를 합성한 불확도

$$u_C = \sqrt{u_A^2 + u_B^2 + u_{RE}^2} \tag{23.3}$$

- 상대확장불확도 U : 합성표준불확도를 신뢰수준 95%까지 확장한 불확도

측정편차는 중량식 유량계 교정장치로 산출한 유동율과 기준유량계로 사용할 유량계의 1분 동안의 평균유동율을 구하여 그 차를 계산한 것이다. 따라서 평균측정편차는 향후 기준유량계로 사용하기 위해서 보정되어야 하는 값이다. 불확도를 최소화하기 위해서 향후 실험은 같은 유량값에서만 계속적으로 시행하면 기준유량을 산출하기 위한 보정식을 세울 필요가 없게 된다.

표 23.7 기준유량계 교정성적서

유량계 유동율 (X)(m^3/h)	교정장치 유동율 (Y)(m^3/h)	측정편차 $(X-Y)$ (m^3/h)	평균편차 $(X-Y)/5$ (m^3/h)	A형 표준불확도 u_A(m^3/h)	합성표준불확도 u_C(m^3/h)	상대확장불확도 (U)(m^3/h)	유효 자유도
158.991	159.463	-0.47					
159.143	159.599	-0.46					
158.880	159.312	-0.43	-0.422	0.024	0.18	0.37	28
158.648	159.063	-0.43					
158.410	158.746	-0.34					
128.455	128.944	-0.49					
128.492	128.864	-0.37					
128.492	129.177	-0.69	-0.430	0.075	0.20	0.40	31
129.151	129.395	-0.24					
129.123	129.479	-0.36					
95.128	95.312	-0.18					
95.159	95.278	-0.12					
95.201	95.385	-0.18	-0.164	0.014	0.18	0.37	27
95.259	95.400	-0.14					
94.527	94.715	-0.19					
65.554	65.653	-0.10					
65.365	65.477	-0.11					
65.406	65.576	-0.17	-0.124	0.013	0.18	0.37	27
65.575	65.703	-0.13					
65.424	65.533	-0.11					
50.229	50.308	-0.08					
49.975	50.002	-0.03					
50.025	50.101	-0.08	-0.078	0.014	0.18	0.37	27
50.171	50.275	-0.10					
49.957	20.059	-0.10					
31.657	31.641	0.02					
31.797	31.808	-0.01					
31.431	31.411	0.02	0.007	0.006	0.18	0.37	27
31.568	31.569	0.00					
31.352	31.341	0.01					
19.349	19.266	0.08					
19.262	19.218	0.04					
19.345	19.274	0.07	0.054	0.011	0.04	0.07	166
19.328	19.280	0.05					
19.262	19.244	0.02					
12.969	12.904	0.07					
12.903	12.851	0.05					
12.848	12.795	0.05	0.055	0.011	0.04	0.07	166
12.932	12.916	0.02					
12.921	12.836	0.08					
6.446	6.397	0.05					
6.474	6.419	0.05					
6.461	6.389	0.07	0.061	0.005	0.04	0.07	210
6.493	6.419	0.07					
6.468	6.414	0.05					

기준유량계의 보정값은 다음과 같이 평균편차에 (−)를 붙인 값이 된다.

표 23.8 기준유량계 보정값

유속(m/s)	유량(m^3/h)	보정값(m^3/h)
0.1	159	+0.422
0.2	129	+0.430
0.3	95	+0.164
0.5	65	+0.124
0.8	50	+0.078
1.0	31	-0.007
1.5	19	-0.054
2.0	12	-0.055
2.5	6	-0.061

실험대상 유량계의 불확도. 기준유량계와 비교측정하여 실험대상 유량계의 불확도와 편차를 산출한다. 실험대상 유량계의 불확도는 10초동한 평균한 유량계를 30번 반복하면서 발생하는 A형 불확도, 기준유량계의 불확도, 실험대상 유량계의 분해능 불확도로 이루어진다.

- A형 표준불확도 $\sqrt{\frac{\sigma}{n}} = \sqrt{\frac{10\text{회 실험한 표준편차}}{10}}$
- 분해능 불확도 $r\frac{0.1}{2\sqrt{3}} = 0.293\text{m}^3/\text{h}$(여기서 유량계 분해능은 $0.1\text{m}^3/\text{h}$)

23.6 실험 결과

해당 실험조건에서의 상대편차로 실험결과를 표현하였다. 일반적으로 우리는 유량계의 오차를 상대값(%)으로 표현하는 것에 익숙해져 있다. 그러나 이 상대값은 아래 식에서 분자, 즉 실험대상 유량계의 측정값과 기준유량계의 측정값과의 차가 크지 않더라도 분모의 기준유량계의 측정값이 작아지면 커지게 되므로 저유속에서의 평가결과가 고유속에서의 평가결과보다 과장되어 표현되는 경향이 있다.

$$\text{상대편차} = \frac{\text{실험대상 유량계의 측정값} - \text{기준유량계의 측정값}}{\text{기준유량계의 측정값}} \qquad (23.4)$$

따라서 저유속에서의 오차를 따질 때는 상대값(%)보다는 유량값(m^3/h)으로 비교하여야 한다.

유량계의 실험결과 제작사별로 성능과 특성의 차이가 많아서 일반적인 결론을 내리기에 다소 어려움이 있었다.

23.6.1 이상조건에서 실험

유동교란요인에서 실험하기 전에 이상적인 조건에서 실험을 통해 가장 최적의 조건으로 모든 실험대상 유량계를 보정하였다. 이 상태에서의 실험결과는 향후 유량계 내부 설정 상태를 조절할 필요가 없기 때문에 매우 중요하다. 이상적인 조건에서 실험결과 전자유량계의 정확도는 매우 양호하여 편차가 모든 유속에서 ±0.5% 이내이고 불확도 또한 $0.4m^3/h$(구경150㎜일 때 유속으로 환산하면 0.006m/s)로 아주 정밀한 편이다. 반면 초음파유량계의 경우 유속 0.3m/s 이하에서는 상대편차가 급격히 상승하고, 0.3m/s 이상에서 ±1% 정도의 상대편차를 보여주었다.

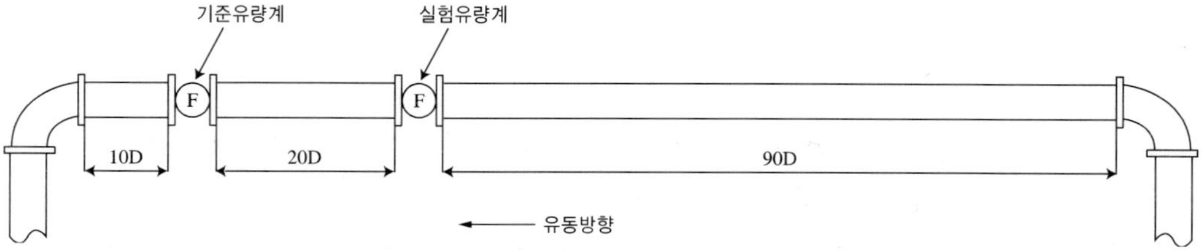

그림 23.3 이상적인 실험배관

23.6.2 축소관 실험

상류측 축소관의 영향. 유량계의 상류측에 있는 축소관에 의한 영향을 실험할 때 유동은 먼저 100mm에서 200mm로 확대된 후에 50D의 직관을 통과하고 축소관을 지나 유량계를 통과한다. 따라서 축소관 전단에 있는 확대관이나 곡관에 의한 영향을 받을 수도 있으나 50D의 직관을 지날 때 이러한 경향은 없어진다고 가정한다.

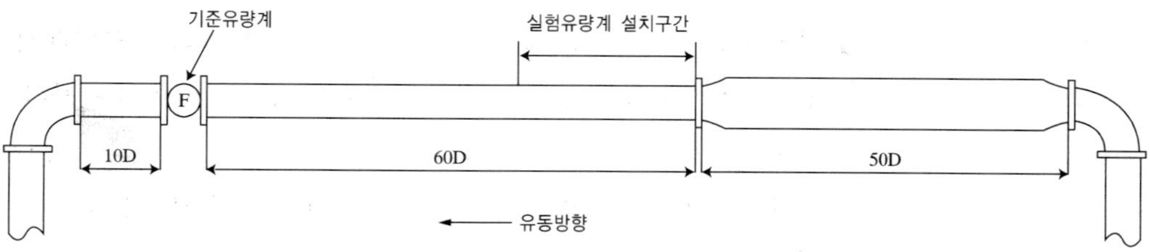

그림 23.4 유량계 상류측 축소관

하류측 축소관의 영향. 유량계의 하류측에 있는 축소관에 의한 영향을 실험할 때는 150mm의 직관을 지나 100mm로 축소되는 축소관을 설치한다. 여기서도 유량계 전단에 있는 곡관에 의하여 영향을 받지 않을 수 없으나, 50D의 직관을 통과하는 동안 유동이 안정된다는 가정 아래 실험한다. 또한 확대관이 기준유량계에 영향을 줄 수 있으나, 전자유량계는 확대관에 의한 유동교란에 대하여 10D의 직관만 있어도 충분하므로 20D의 직관이 확보된 현 시스템에서 기준유량계의 오차는 크지 않을 것으로 판단된다.

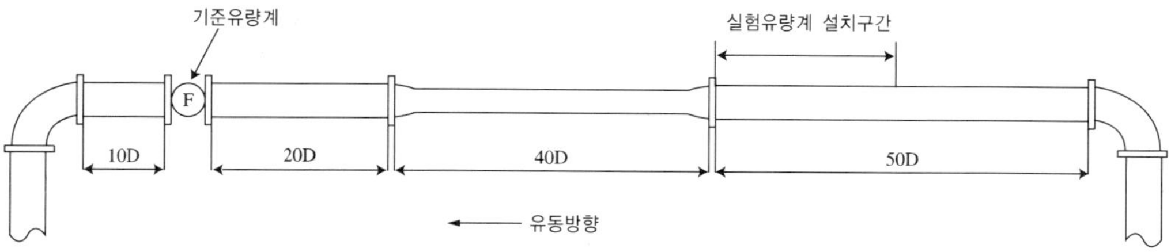

그림 23.5 유량계 하류측 축소관

실험결과 표기법. 초음파유량계와 전자유량계의 상류측과 하류측에 각종 교란인자들을 설치하였을 때 발생하는 오차를 도출하였다. 이 결과를 그래프로 표현할 때 다음과 같은 표기법을 사용한다. 범례의 첫 글자는 유량계제작사를 나타내며 A와 B는 초음파유량계를, 그리고 C와 D는 전자유량계를 나타낸다. 두 번째 글자 U는 상류측(upstream)을, D는 하류측(downstream)을 나타낸다. 마지막으로 세 번째 숫자는 유량계로부터 교란인자까지의 직관거리를 직경의 배수로 나타낸다.

초음파유량계 실험결과(상류측 축소관). 초음파유량계의 상류측에 축소관이 설치된 경우 유속 0.1~0.2m/s에서는 상당한 오차가 발생하는 것으로 나타났다. 그러나 유속 0.3m/s 이상에서는 상류측 직관거리 2D 이상만 확보하여도 A사와 B사 유량계 모두 ±5% 이내의 오차를 보여주었다. 또한 유속이 0.5m/s 이상에서는 A사와 B사 유량계 모두 ±2% 이내의 오차를 보여주었다.

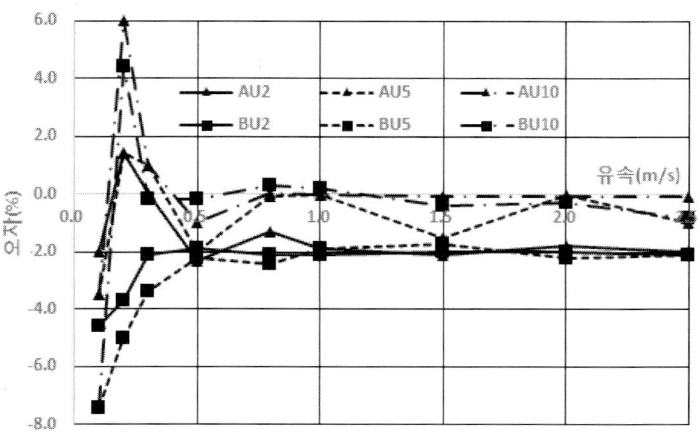

그림 23.6 초음파유량계 측정오차(상류측 축소관 설치시)

표 23.9 초음파유량계 측정오차 %(상류측 축소관 설치시)

V(m/s)	AU2	AU5	AU10	BU2	BU5	BU10
0.1	-2.0	-3.5	-3.5	-4.6	-7.4	-7.4
0.2	1.4	1.4	6.0	-3.7	-5.0	4.4
0.3	0.0	1.0	1.0	-2.1	-3.4	-0.2
0.5	-2.3	-2.0	-1.0	-1.9	-2.2	-0.2
0.8	-1.3	-0.1	0.0	-2.1	-2.4	0.3
1.0	-1.9	0.0	0.0	-2.1	-1.9	0.2
1.5	-2.1	-1.5	-0.1	-2.0	-1.7	-0.4
2.0	-1.8	0.0	-0.1	-2.0	-2.2	-0.3
2.5	-2.0	-1.0	-0.1	-2.1	-2.1	-0.8

초음파유량계 실험결과(하류측 축소관). 초음파유량계의 하류측에 축소관이 설치된 경우 유속 0.1~0.3m/s에서는 상당한 오차가 발생하는 것으로 나타났다. 그러나 유속 0.5m/s 이상에서는 상류측 직관거리 2D 이상만 확보하여도 A사와 B사 유량계 모두 ±5% 이내의 오차를 보여주었다. 또한 유속이 1.5m/s 이상에서는 A사와 B사 유량계 모두 ±2% 이내의 오차를 보여주었다.

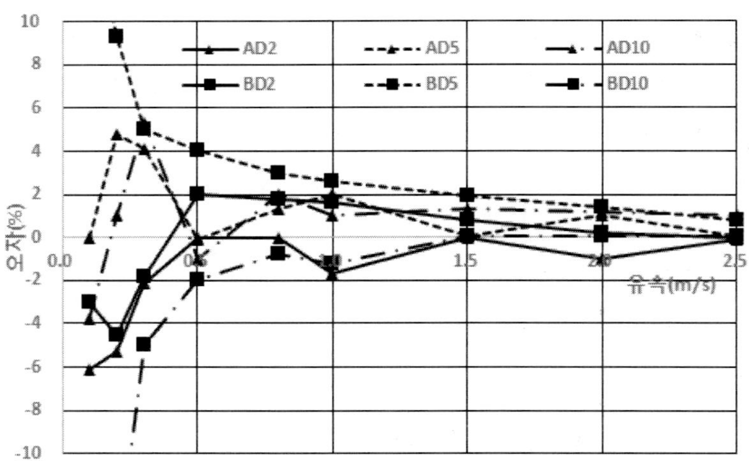

그림 23.7 초음파유량계 측정오차(하류측 축소관 설치시)

표 23.10 초음파유량계 측정오차 %(하류측 축소관 설치시)

V(m/s)	AD2	AD5	AD10	BD2	BD5	BD10
0.1	-6.1	-0.1	-3.8	-3.0	15.0	-20.0
0.2	-5.3	4.8	1.0	-4.5	9.3	-15.0
0.3	-2.1	4.1	5.3	-1.8	5.0	-5.0
0.5	0.0	-0.1	-1.0	2.0	4.0	-2.0
0.8	0.0	1.3	2.0	1.8	3.0	-0.8
1.0	-1.7	2.0	1.0	1.6	2.6	-1.2
1.5	0.0	0.0	1.3	0.8	1.9	0.0
2.0	-1.0	1.0	1.2	0.2	1.4	0.0
2.5	-0.1	0.1	1.0	0.0	0.8	0.0

전자유량계 실험결과(상류측 축소관). 전자유량계는 축소관에 의한 유동교란에 그리 큰 영향을 받지 않았다. 축소관이 유량계의 상류에 직접 인접하여 설치되어도 유속이 0.2m/s 이상이 되면 오차는 0.5% 이내로 발생하였다. 따라서 전자유량계의 경우 축소관에 대하여 직관거리가 별 의미가 없음이 증명되었다.

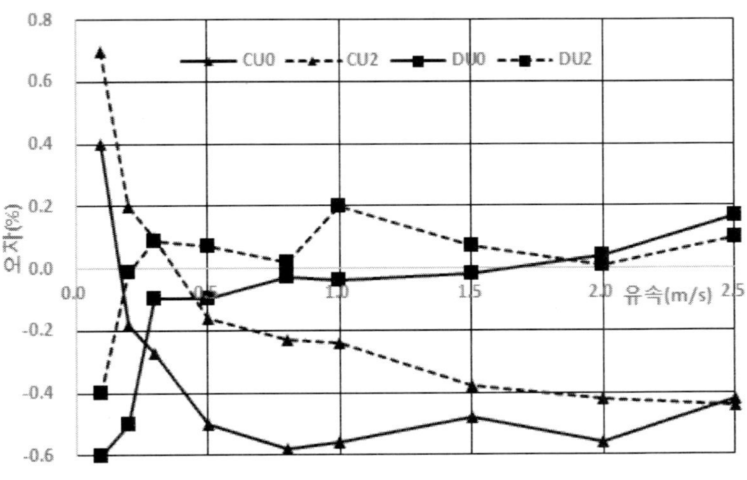

그림 23.8 전자유량계 측정오차(상류측 축소관 설치시)

표 23.11 전자유량계 측정오차 %(상류측과 하류측 축소관 설치시)

V(m/s)	CU0	CU2	DU0	DU2	CD0	CD2	DD0	DD2
0.1	0.4	0.7	-0.6	-0.4	-2.3	0.3	-0.7	-0.6
0.2	-0.2	0.2	-0.5	0.0	-1.5	-0.5	-0.6	-0.6
0.3	-0.3	0.1	-0.1	0.1	-1.0	-0.2	-0.2	0.0
0.5	-0.5	-0.2	-0.1	0.1	-0.7	-0.4	0.0	0.0
0.8	-0.6	-0.2	0.0	0.0	-0.8	-0.4	-0.1	0.0
1.0	-0.6	-0.2	0.0	0.2	-0.7	-0.5	0.2	0.2
1.5	-0.5	-0.4	0.0	0.1	-0.6	-0.4	0.1	0.4
2.0	-0.6	-0.4	0.0	0.0	-0.7	-0.5	0.0	0.1
2.5	-0.4	-0.4	0.2	0.1	-0.5	-0.6	0.1	0.2

전자유량계 실험결과(하류측 축소관). 축소관이 하류측에 설치된 경우는 상류측에 설치된 경우와 유사한 패턴을 보여주나 D사의 유량계에 비해 C사의 유량계는 다소 큰 오차를 보여주고 있다. 그러나 유속이 0.3m/s 이상이 되면 오차는 약 ±0.5% 이내로 발생하였다.

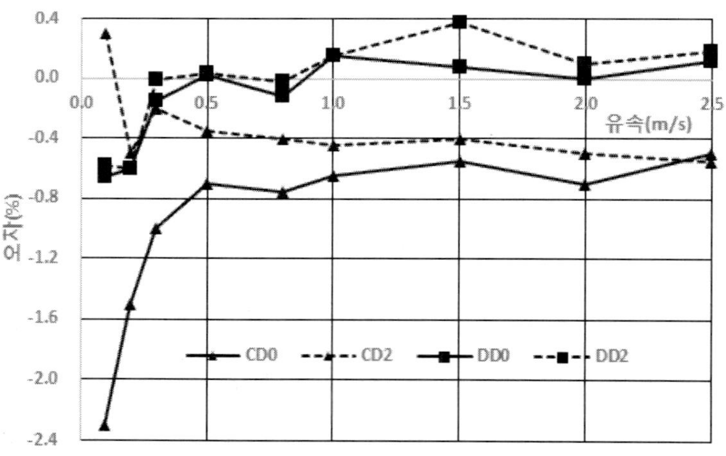

그림 23.9 전자유량계 측정오차(하류측 축소관 설치시)

23.6.3 확대관에서 실험

상류측 확대관의 영향. 유량계의 상류측에 있는 확대관에 의한 영향을 실험할 때 유동은 먼저 150mm에서 200mm로 확대한 후에 40D의 직관을 통과하여 유량계를 만나게 된다. 따라서 확대관 전단에 있는 축소관이나 곡관에 의한 영향을 받을 수도 있으나 40D의 직관을 지날 때 없어진다고 가정한다.

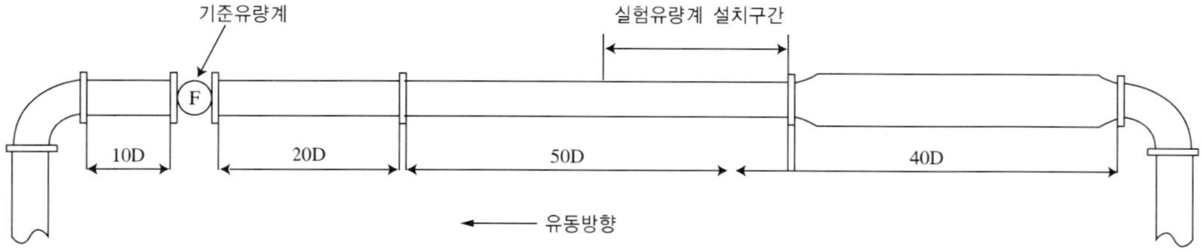

그림 23.10 유량계 상류측 확대관

하류측 확대관의 영향. 유량계의 하류측에 있는 확대관에 의한 영향을 실험할 때는 150mm의 직관을 지나 200mm로 확대되는 확대관을 설치한다. 여기서도 유량계 전단에 있는 곡관에 의하여 영향을 받지 않을 수 없으나, 40D의 직관을 통과하는 동안 유동이 안정되었다는 가정 아래 실험한다.

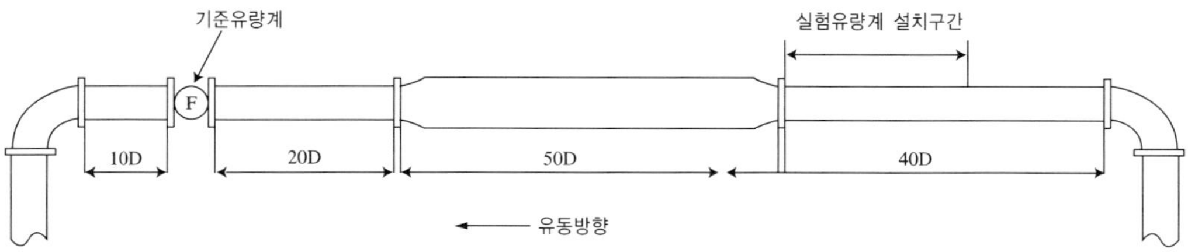

그림 23.11 유량계 하류측 확대관

초음파유량계 실험결과(상류측 확대관). 확대관이 유량계의 상류측에 설치된 경우 초음파유량계는 0.3~0.8m/s의 유속에서 상류쪽으로 5D 이상 확보해야 ±5% 이하의 오차가 발생하고, 1.0~2.5m/s의 유속에서는 상류 10D 이상 확보해야 2%이하의 오차가 발생한다.

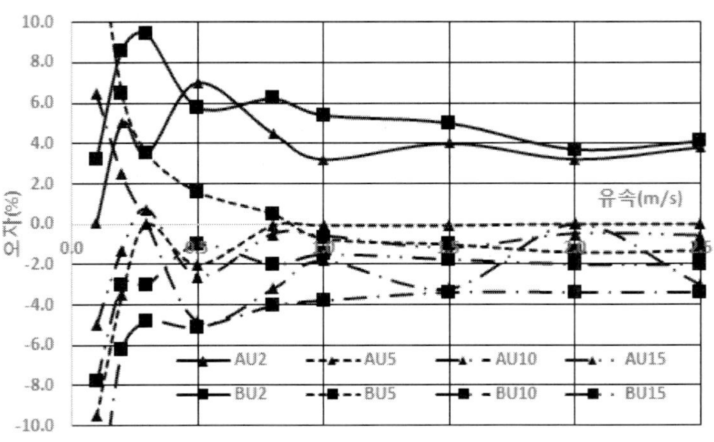

그림 23.12 초음파유량계 측정오차(상류측 확대관 설치시)

표 23.12 초음파유량계 측정오차 %(상류측 확대관 설치시)

V(m/s)	AU2	AU5	AU10	AU15	BU2	BU5	BU10	BU15
0.1	0.1	-9.5	6.5	-5.0	3.2	15.0	-15.0	-7.8
0.2	5.0	-3.5	2.5	-1.3	8.6	6.5	-6.2	-3.0
0.3	3.5	0.0	0.0	0.7	9.4	3.5	-4.8	-3.0
0.5	7.0	-2.0	-4.8	-2.6	5.8	1.6	-5.1	-1.0
0.8	4.5	-0.1	-3.2	-0.5	6.2	0.5	-4.1	-2.0
1.0	3.2	-0.1	-1.8	-0.6	5.4	-0.7	-3.8	-1.5
1.5	4.0	-0.1	-3.2	-1.2	5.0	-1.0	-3.4	-1.8
2.0	3.2	0.0	0.0	-0.5	3.7	-1.4	-3.4	-2.0
2.5	3.8	0.0	-3.0	-0.6	4.1	-1.3	-3.4	-2.0

초음파유량계 실험결과(하류측 확대관). 확대관이 유량계의 하류측에 설치된 경우 초음파유량계는 0.5m/s의 유속에서 하류쪽으로 2D 이상 확보하면 ±5% 이하의 오차가 발생하고, 1.0~2.5m/s의 유속에서는 상류 2D 이상 확보하면 ±2%이하의 오차가 발생한다.

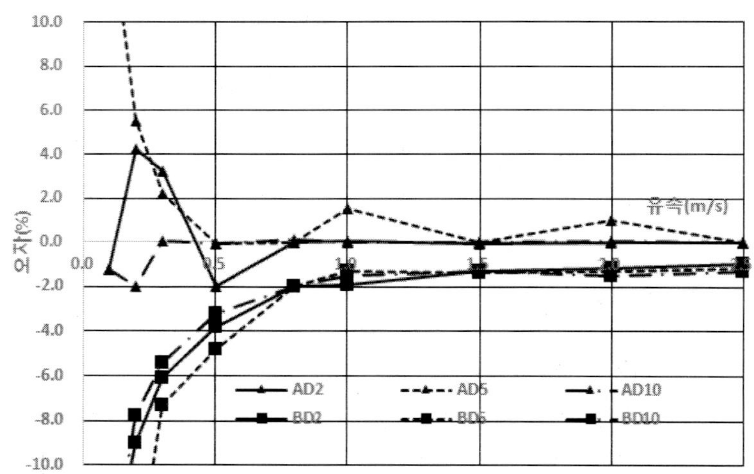

그림 23.13 초음파유량계 측정오차(하류측 확대관 설치시)

표 23.13 초음파유량계 측정오차 %(하류측 확대관 설치시)

V(m/s)	AD2	AD5	AD10	BD2	BD5	BD10
0.1	-1.3	15.0	-1.3	-15.0	-20.0	-15.0
0.2	4.3	5.5	-2.0	-9.0	-15.0	-7.8
0.3	3.3	2.2	0.1	-6.1	-7.3	-5.4
0.5	-2.0	-0.1	-0.1	-3.8	-4.8	-3.2
0.8	0.0	0.0	0.1	-2.0	-2.0	-2.0
1.0	0.1	1.5	0.0	-1.9	-1.3	-1.5
1.5	-0.1	0.0	0.0	-1.3	-1.4	-1.3
2.0	0.0	1.0	0.1	-1.2	-1.3	-1.5
2.5	0.0	0.0	0.0	-1.0	-1.2	-1.3

전자유량계 실험결과(상류측 확대관). 전자유량계는 확대관에 의한 유동교란에도 오차를 그리 크게 발생하지 않았다. 확대관이 전자유량계의 상류측에 설치된 경우 직관이 전혀 없어도 0.3~0.8m/s의 유속에서 ±3%이하의 오차가 발생하였으며, 직관을 5D정도만 확보해도 ±0.5%이하의 오차가 발생하였다.

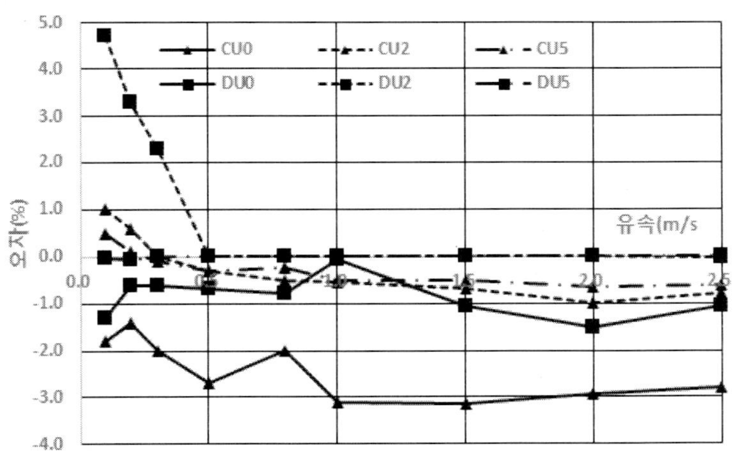

그림 23.14 전자유량계 측정오차(상류측 확대관 설치시)

표 23.14 전자유량계 측정오차 %(상류측, 하류측 확대관 설치시)

V(m/s)	CU0	CU2	CU5	DU0	DU2	DU5	CD0	CD2	DD0	DD2
0.1	-1.8	1.0	0.5	-1.3	4.7	0.0	1.5	0.0	-0.4	-1.4
0.2	-1.4	0.6	0.1	-0.6	3.3	-0.1	-0.3	-0.4	-0.1	-1.0
0.3	-2.0	0.0	-0.1	-0.6	2.3	0.0	-0.2	-0.3	0.1	-0.1
0.5	-2.7	-0.3	-0.3	-0.7	0.0	0.0	-0.3	-0.3	0.0	-0.1
0.8	-2.0	-0.5	-0.3	-0.8	0.0	0.0	-0.3	-0.4	0.2	-0.1
1.0	-3.1	-0.6	-0.5	-0.1	0.0	0.0	-0.3	-0.3	0.1	0.1
1.5	-3.2	-0.7	-0.5	-1.1	0.0	0.0	-0.3	-0.4	0.3	0.2
2.0	-3.0	-1.0	-0.7	-1.5	0.0	0.0	-0.5	-0.5	0.0	0.1
2.5	-2.8	-0.8	-0.6	-1.1	0.0	0.0	-0.4	-0.3	0.2	0.2

전자유량계 실험결과(하류측 확대관). 확대관이 전자유량계의 하류측에 설치된 경우 0.38m/s 이상의 유속에서는 직관이 전혀 없어도 ±0.5% 이하의 오차가 발생하였다. 즉, 전자유량계의 경우 하류측 보다는 상류측에 교란인자가 설치된 경우 교란인자에 의해 영향을 더 크게 받는 것이 증명되었다.

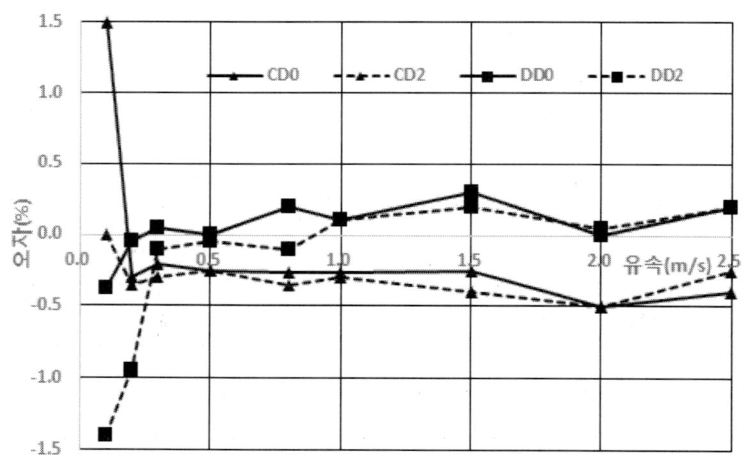

그림 23.15 전자유량계 측정오차(하류측 확대관 설치시)

23.6.4 티 실험

티 실험시는 티의 한쪽을 맹플랜지로 막아서 물이 전량 90°회전하여 흘러가도록 하였다. 90°곡관의 경우와 유사한 경우이지만, 유동분포는 많이 상이할 것이며 또한 맹플랜지에 부딪치어 흐르게 함으로서, 티에서 발생할 수 있는 가장 최악의 조건으로 실험하여 가장 여유 있는 직관거리를 얻고자 하였다.

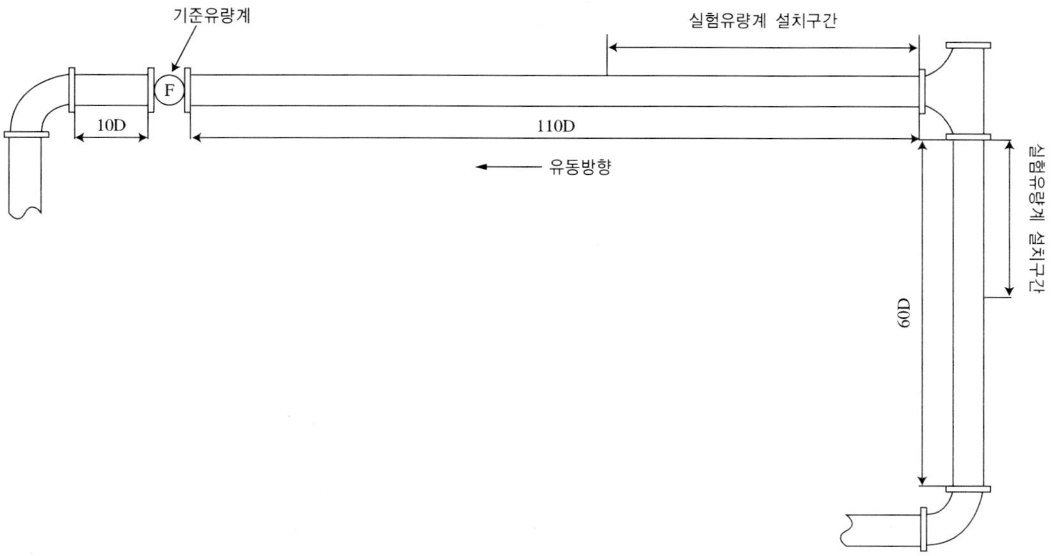

그림 23.16 티 실험 배관

티에 의해서 유동이 교란될 때에는 그 형상이 비대칭이므로 교란된 유동에서 초음파유량계로 유량을 측정하면 측정각도마다 측정결과가 다르게 된다. 최근 이렇게 발생하는 오차를 줄이기 위하여 2개조의 트랜듀서에서 측정하여 평균하는 방법을 많이 사용하고 있다. 측정각도를 고려하여 실험하기 위하여 배관의 상부를 중심으로 오른쪽으로의 회전각을 (+)각도로, 왼쪽으로의 회전각을 (−)각도로 했을 때 A사의 초음파유량계는 +90°와 −90°에서 B사의 초음파유량계는 +45°와 −45°에서 각각 실험을 하였다. 실제 이러한 측정지점은 티를 지난 후에 티 회전반경의 안쪽인지 바깥쪽인지가 중요하다. 본 실험에서 +90°는 티의 안쪽에 설치한 것이므로 안쪽 90°, −90°는 바깥쪽 90°로 표현하였다. 실험결과의 그래프에서는 이들의 평균값으로 표현하였다.

초음파유량계 실험결과(상류측 티). 티가 초음파유량계의 상류에 있을 경우에는 낮은 유속 0.1~0.5m/s에서 오차가 크게 발생하고, 유속과 직관거리가 증가하면서 오차가 감소하지만 직관거리 10D에서도 오차는 -4%가 발생하는 것을 알 수 있다. 따라서 티가 상류측에 설치된 경우에는 충분한 직관거리를 확보할 필요가 있다.

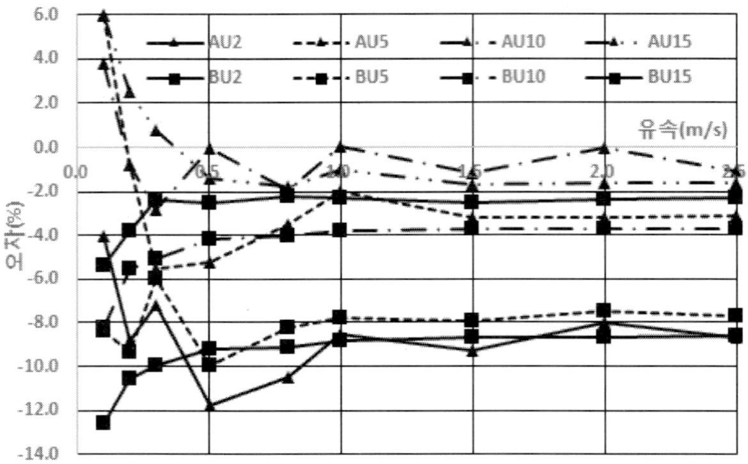

그림 23.17 초음파유량계 측정오차(상류측 티 설치시)

표 23.15 초음파유량계 측정오차 %(상류측과 하류측 티 설치시)

V (m/s)	AU2	AU5	AU10	AU15	BU2	BU5	BU10	BU15	AD2	AD5	AD10
0.1	-4.0	6.0	3.8	6.0	-12.6	-8.4	-8.2	-5.4	15.0	15.0	15.0
0.2	-8.8	-0.8	-0.8	2.5	-10.6	-9.4	-5.5	-3.8	7.7	5.3	7.0
0.3	-7.2	-5.5	-2.8	0.8	-10.0	-6.0	-5.1	-2.4	1.4	1.5	1.4
0.5	-11.8	-5.2	0.0	-1.4	-9.2	-10.0	-4.2	-2.5	-0.5	-1.2	0.0
0.8	-10.5	-3.5	-1.9	-1.8	-9.1	-8.2	-4.0	-2.2	-1.0	-1.3	-1.4
1.0	-8.5	-2.0	0.0	-1.0	-8.8	-7.8	-3.8	-2.3	1.5	0.0	1.2
1.5	-9.3	-3.2	-1.2	-1.7	-8.7	-7.9	-3.7	-2.5	-0.1	-1.4	-1.3
2.0	-8.0	-3.2	-0.1	-1.6	-8.7	-7.5	-3.7	-2.4	0.0	-0.1	0.0
2.5	-8.7	-3.1	-1.1	-1.6	-8.6	-7.7	-3.7	-2.3	0.0	-1.0	0.0

초음파유량계 실험결과(하류측 티). 티가 초음파유량계의 하류에 있을 경우에는 유량계에 큰 영향을 주지 않았다. 유량계의 하류쪽 2D만 떨어져도 유속 0.3m/s 이상에서는 유량계의 오차는 ±2% 정도이다. 따라서 티가 하류측에 설치된 경우 직관거리는 문제가 되지 않는 것으로 예상할 수 있다.

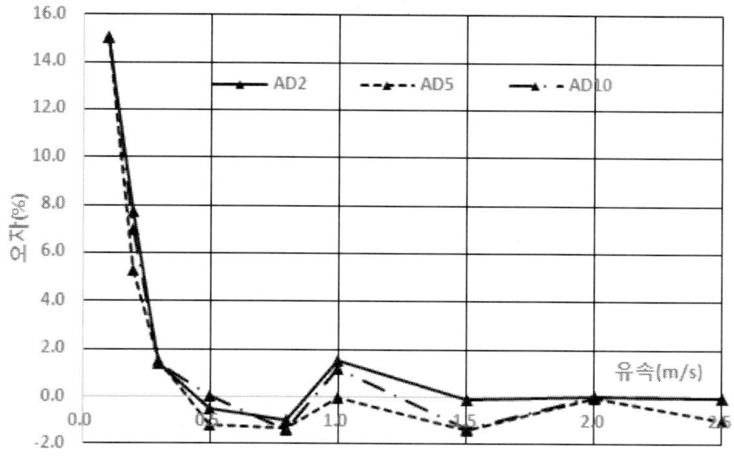

그림 23.18 초음파유량계 측정오차(하류측 티 설치시)

전자유량계 실험결과(상류측 티). 전자유량계는 티에 의한 영향도 그리 크지 않은 것으로 나왔다. 즉, 티가 유량계 상류측에 직관 없이 붙어 있을 경우에는 약 ±1% 정도의 오차를 발생하였는데 이것은 A사와 B사가 비슷하였다. 직관거리를 2D 이상으로 확보하고 유속이 0.2m/s 이상이 되면 오차는 ±0.5% 이내로 발생한다.

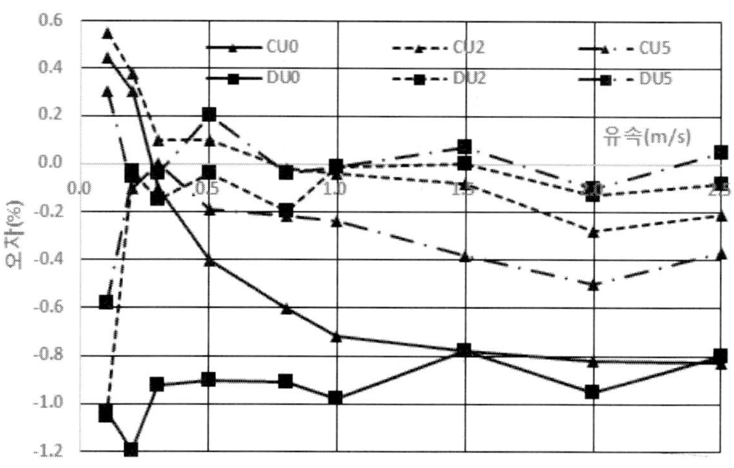

그림 23.19 전자유량계 측정오차(상류측 티 설치시)

표 23.16 전자유량계 측정오차 %(상류측과 하류측 티 설치시)

V(m/s)	CU0	CU2	CU5	DU0	DU2	DU5	CD0	CD2	DD0	DD2
0.1	0.5	0.6	0.3	-1.0	-1.1	-0.6	-0.1	-0.1	0.7	0.2
0.2	0.3	0.4	-0.1	-1.2	0.0	-0.1	0.1	0.0	0.6	0.3
0.3	-0.1	0.1	0.0	-0.9	-0.2	0.0	-0.1	-0.1	0.6	0.3
0.5	-0.4	0.1	-0.2	-0.9	0.0	0.2	-0.1	-0.4	0.3	0.4
0.8	-0.6	0.0	-0.2	-0.9	-0.2	0.0	-0.3	-0.4	0.2	0.1
1.0	-0.7	0.0	-0.2	-1.0	0.0	0.0	-0.3	-0.4	0.2	0.3
1.5	-0.8	-0.1	-0.4	-0.8	0.0	0.1	-0.3	-0.3	0.3	0.3
2.0	-0.8	-0.3	-0.5	-1.0	-0.1	-0.1	-0.5	-0.5	0.1	0.1
2.5	-0.8	-0.2	-0.4	-0.8	-0.1	0.1	-0.4	-0.4	0.2	0.2

전자유량계 실험결과(하류측 티). 티가 유량계 하류측에 설치된 경우 상류측에 설치되는 경우보다 양호한 결과를 보여준다. 즉, 직관 없이 하류측에 설치된 경우라도 매우 낮은 유속에서도 오차는 ±0.5% 이내로 발생한다.

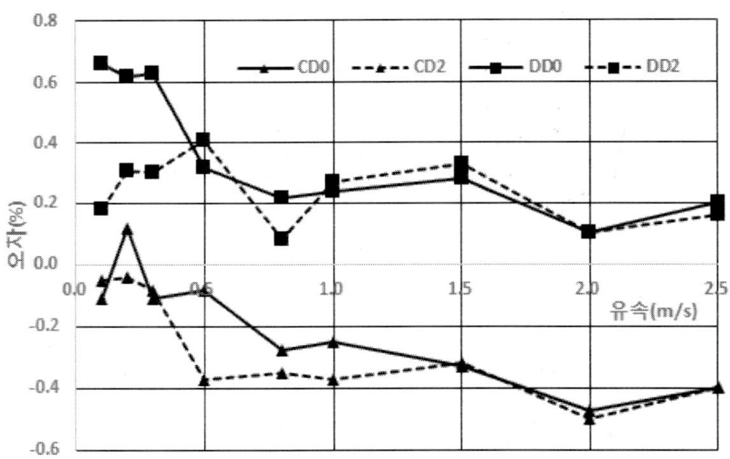

그림 23.20 전자유량계 측정오차(하류측 티 설치시)

23.6.5 곡관 실험

곡관의 경우 현장에서 가장 많이 사용되면서 유속형상의 변형이 가장 많이 발생할 수 있는 각도인 90°곡관을 선정하였으며, 곡률반경에 따른 영향도 고려하여 short type의 곡관으로 선정하여 실험을 수행하였다.

초음파유량계 실험결과(상류측 곡관). 유량계 상류측에 곡관이 설치된 경우 직관이 20D 이상이 확보되면 유속과 관계없이 +1～−2% 오차가 발생하는 것으로 나타났다. 직관이 10D인 경우 A사와 B사 유량계 모두 큰 − 오차가 발생하는 것을 보여준다.

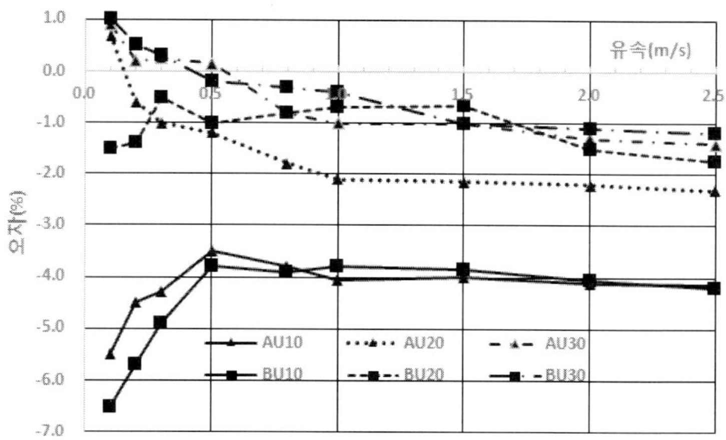

그림 23.21 초음파유량계 측정오차(상류측 곡관 설치시)

표 23.17 초음파유량계 측정오차 %(상류측 곡관 설치시)

V(m/s)	AU10	AU20	AU30	BU10	BU20	BU30
0.1	-5.5	0.7	0.9	-6.5	-1.5	1.0
0.2	-4.5	-0.6	0.2	-5.7	-1.4	0.5
0.3	-4.3	-1.0	0.3	-4.9	-0.5	0.3
0.5	-3.5	-1.2	0.2	-3.8	-1.0	-0.2
0.8	-3.8	-1.8	-0.8	-3.9	-0.8	-0.3
1.0	-4.1	-2.1	-1.0	-3.8	-0.7	-0.4
1.5	-4.0	-2.2	-1.0	-3.9	-0.7	-1.0
2.0	-4.1	-2.2	-1.3	-4.1	-1.5	-1.1
2.5	-4.2	-2.3	-1.4	-4.2	-1.8	-1.2

초음파유량계 실험결과(하류측 곡관). 유량계 하류측에 곡관이 설치된 경우 직관이 5D인 경우 유속이 증가하여도 오차가 감소하지 않으며 최대 −1.5% 오차가 발생하는 것을 보여준다. 그러나 직관이 10D 이상이 확보되면 유속이 증가하면서 오차가 점진적으로 감소되어 ±0.5% 수렴하는 것을 보여준다.

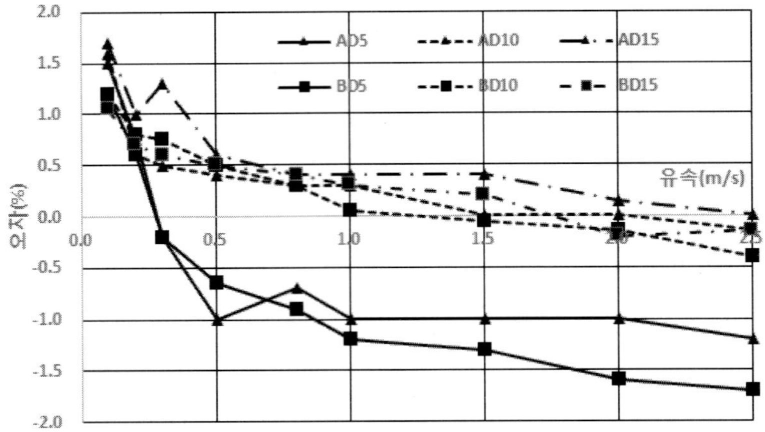

그림 23.22 초음파유량계 측정오차(하류측 곡관 설치시)

표 23.18 초음파유량계 측정오차 %(하류측 곡관 설치시)

V(m/s)	AD5	AD10	AD15	BD5	BD10	BD15
0.1	1.5	1.6	1.7	1.2	1.2	1.1
0.2	0.8	0.6	1.0	0.6	0.8	0.7
0.3	-0.2	0.5	1.3	-0.2	0.8	0.6
0.5	-1.0	0.4	0.6	-0.7	0.5	0.5
0.8	-0.7	0.3	0.4	-0.9	0.3	0.4
1.0	-1.0	0.3	0.4	-1.2	0.1	0.3
1.5	-1.0	0.0	0.4	-1.3	-0.1	0.2
2.0	-1.0	0.0	0.2	-1.6	-0.2	-0.2
2.5	-1.2	-0.2	0.0	-1.7	-0.4	-0.2

전자유량계 실험결과(상류측 곡관). 초음파유량계에 비해 전자유량계는 곡관에 대해 영향을 덜 받는 것으로 나타났다. 곡관이 전자유량계 상류측에 설치된 경우 유속 0.1~0.2m/s에서는 상류측 직관거리와 상관없이 0.5% 이상의 오차가 발생하지만 유속 0.5m/s 이상에서는 상류측 직관거리와 상관없이 0.5% 이내의 오차가 발생하는 것을 보여준다.

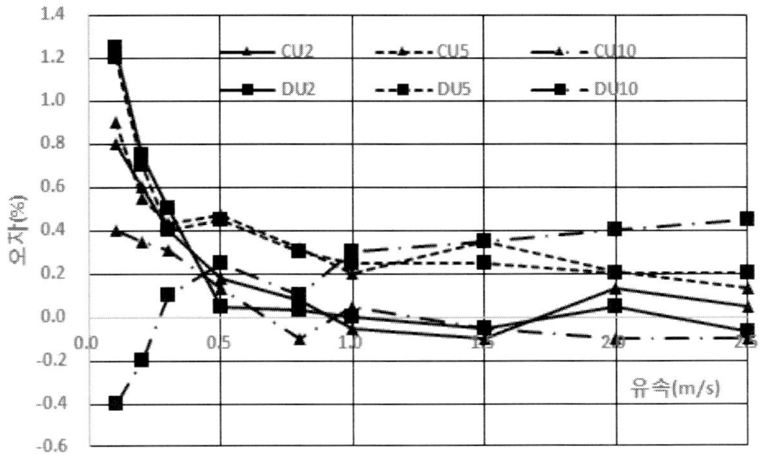

그림 23.23 전자유량계 측정오차(상류측 곡관 설치시)

표 23.19 전자유량계 측정오차 %(상류측과 하류측 곡관 설치시)

V(m/s)	CU2	CU5	CU10	DU2	DU5	DU10	CD2	CD5	DD2	DD5
0.1	0.8	0.9	0.4	1.3	1.2	-0.4	0.6	0.9	0.7	0.8
0.2	0.6	0.6	0.4	0.8	0.7	-0.2	0.2	0.5	0.3	0.3
0.3	0.4	0.4	0.3	0.5	0.4	0.1	0.0	0.4	0.2	0.0
0.5	0.2	0.5	0.1	0.1	0.5	0.3	0.0	0.2	0.1	0.1
0.8	0.1	0.3	-0.1	0.0	0.3	0.1	0.0	0.1	0.0	-0.1
1.0	-0.1	0.2	0.1	0.0	0.3	0.3	-0.2	0.0	-0.2	-0.2
1.5	-0.1	0.4	-0.1	-0.1	0.3	0.4	-0.2	-0.1	-0.2	-0.4
2.0	0.1	0.2	-0.1	0.1	0.2	0.4	-0.3	-0.1	-0.3	-0.1
2.5	0.1	0.1	-0.1	-0.1	0.2	0.5	-0.3	-0.1	-0.3	-0.3

전자유량계 실험결과(하류측 곡관). 곡관이 전자유량계 하류측에 설치된 경우 유속 0.1m/s에서는 상류측 직관거리와 상관없이 0.5% 이상의 오차가 발생하지만 유속 0.2m/s 이상에서는 상류측 직관거리와 상관없이 0.5% 이내의 오차가 발생하는 것을 보여준다.

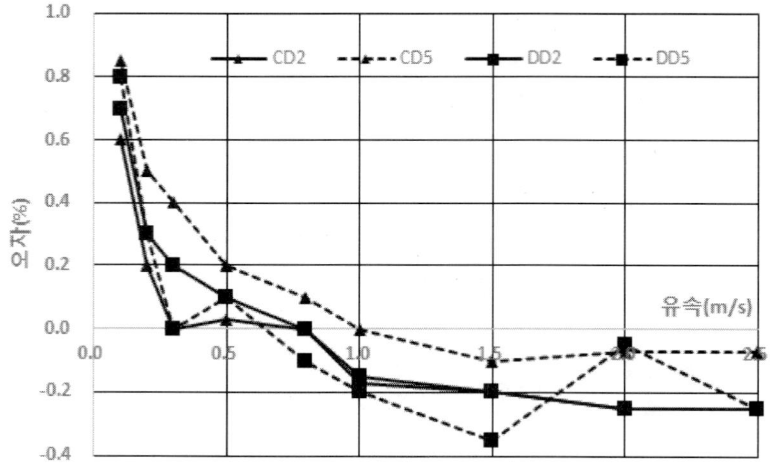

그림 23.24 전자유량계 측정오차(하류측 곡관 설치시)

23.6.6 게이트 밸브 실험

밸브의 경우 현장에서 사용되는 빈도와 유속형상의 변형 정도를 고려하여 게이트밸브와 버터플라이밸브로 선정하였다. 밸브 개도별로 실험을 하는 것도 좋지만 여기에서는 실험 수를 제한하기 위해 일괄적으로 50% 개도에 대해 실험한다.

초음파유량계 실험결과(상류측 게이트밸브). 초음파유량계 상류측에 게이트밸브가 설치된 경우 낮은 유속에서는 + 오차를 보여주고, 유속이 증가하면서 - 오차를 보여주는 경향이 있다. 특히 게이트밸브의 경우 상당히 긴 직관거리를 필요로 하며 유속 0.5m/s 이상에서 직관거리 30D 이상을 확보하여도 오차는 -1%가 발생하는 것을 보여주었다.

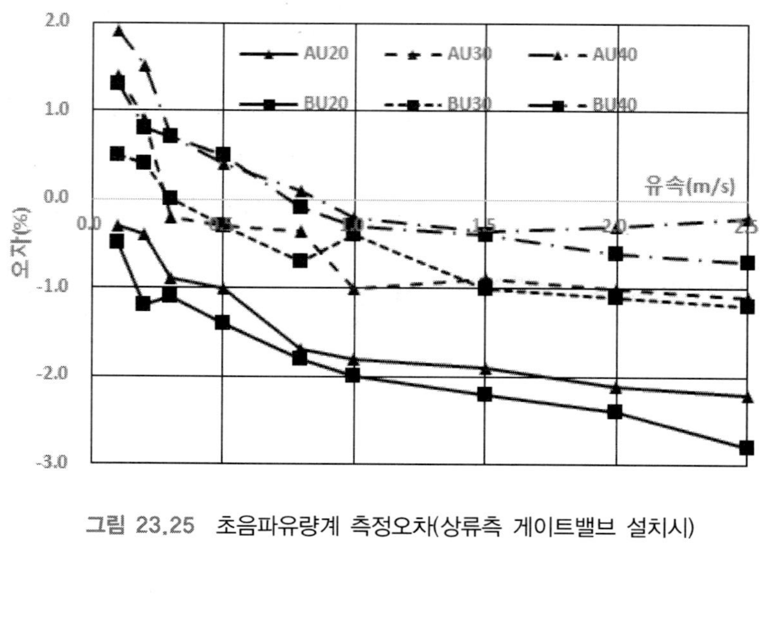

그림 23.25 초음파유량계 측정오차(상류측 게이트밸브 설치시)

표 23.20 초음파유량계 측정오차 %(상류측 게이트밸브 설치시)

V(m/s)	AU20	AU30	AU40	BU20	BU30	BU40
0.1	-0.3	1.4	1.9	-0.5	0.5	1.3
0.2	-0.4	0.9	1.5	-1.2	0.4	0.8
0.3	-0.9	-0.2	0.7	-1.1	0.0	0.7
0.5	-1.0	-0.3	0.4	-1.4	-0.3	0.5
0.8	-1.7	-0.4	0.1	-1.8	-0.7	-0.1
1.0	-1.8	-1.0	-0.2	-2.0	-0.4	-0.3
1.5	-1.9	-0.9	-0.4	-2.2	-1.0	-0.4
2.0	-2.1	-1.0	-0.3	-2.4	-1.1	-0.6
2.5	-2.2	-1.1	-0.2	-2.8	-1.2	-0.7

초음파유량계 실험결과(하류측 게이트밸브). 초음파유량계 하류측에 게이트밸브가 설치된 경우는 상류측에 설치된 경우보다 결과가 양호하다. 유속 0.1m/s에서는 직관거리 5D 확보시 최대 오차는 +2% 이내이며 유속이 증가하면서 오차는 -로 되는 경향이 있다. K-water 규정에 따라 유속 0.8m/s에서 오차는 모두 ±2% 이내가 되는 것을 알 수 있다.

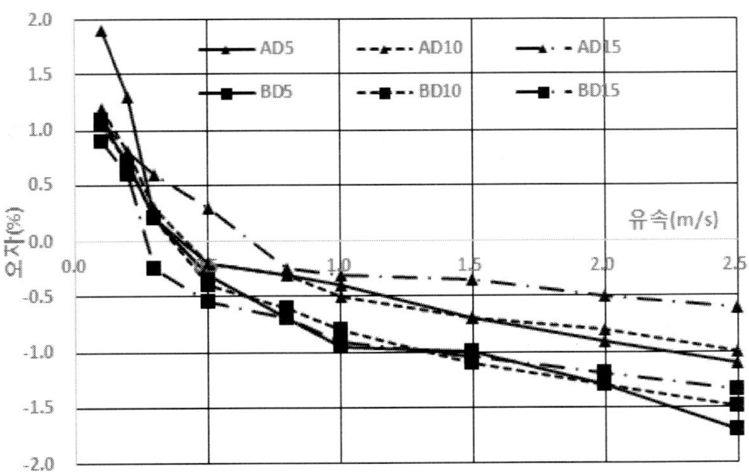

그림 23.26 초음파유량계 측정오차(하류측 게이트밸브 설치시)

표 23.21 초음파유량계 측정오차 %(하류측 게이트밸브 설치시)

V(m/s)	AD5	AD10	AD15	BD5	BD10	BD15
0.1	1.9	1.2	1.1	1.1	1.1	0.9
0.2	1.3	0.8	0.8	0.7	0.7	0.6
0.3	0.2	0.3	0.6	0.2	0.2	-0.3
0.5	-0.2	-0.2	0.3	-0.3	-0.4	-0.6
0.8	-0.3	-0.3	-0.3	-0.7	-0.6	-0.7
1.0	-0.4	-0.5	-0.3	-1.0	-0.8	-0.9
1.5	-0.7	-0.7	-0.4	-1.0	-1.1	-1.1
2.0	-0.9	-0.8	-0.5	-1.3	-1.3	-1.2
2.5	-1.1	-1.0	-0.6	-1.7	-1.5	-1.4

전자유량계 실험결과(상류측 게이트밸브). 게이트밸브가 전자유량계 상류측에 설치된 경우 A사와 B사 유량계 모두 직관거리 2D인 경우 상당한 오차가 발생하는 것을 보여주었다. 그러나 유속과 직관거리가 증가하면서 뉴속 0.5m/s 이상 그리고 직관거리 5D 이상에서는 ±0.5% 이내의 오차가 발생하는 것을 보여준다.

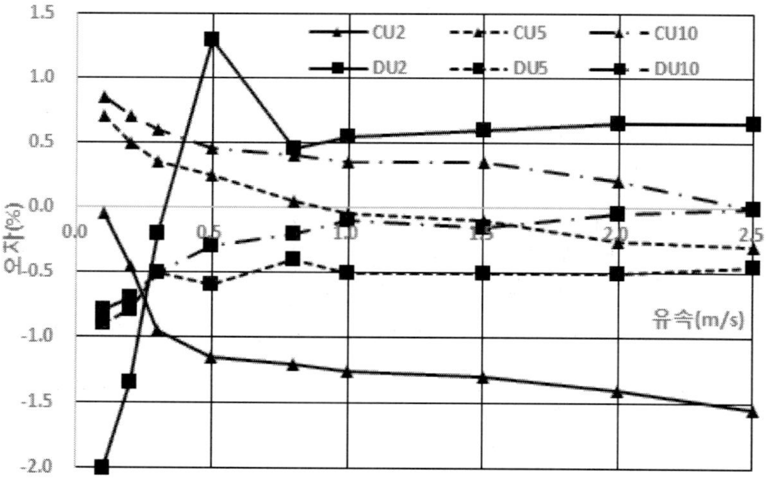

그림 23.27 전자유량계 측정오차(상류측 게이트밸브 설치시)

표 23.22 전자유량계 측정오차 %(상류측과 하류측 게이트밸브 설치시)

V(m/s)	CU2	CU5	CU10	DU2	DU5	DU10	CD0	CD2	DD0	DD2
0.1	-0.1	0.7	0.9	-2.0	-0.9	-0.8	1.0	1.0	-0.8	-0.6
0.2	-0.5	0.5	0.7	-1.4	-0.8	-0.7	0.6	0.8	-0.3	-0.4
0.3	-1.0	0.4	0.6	-0.2	-0.5	-0.5	0.5	0.4	-0.3	-0.4
0.5	-1.2	0.3	0.5	1.3	-0.6	-0.3	0.3	0.4	-0.2	-0.2
0.8	-1.2	0.1	0.4	0.5	-0.4	-0.2	0.2	0.3	-0.1	0.0
1.0	-1.3	-0.1	0.4	0.6	-0.5	-0.1	0.2	0.2	-0.1	0.2
1.5	-1.3	-0.1	0.4	0.6	-0.5	-0.2	0.1	0.1	0.0	0.4
2.0	-1.4	-0.3	0.2	0.7	-0.5	-0.1	-0.1	0.1	0.0	0.5
2.5	-1.6	-0.3	0.0	0.7	-0.5	0.0	-0.1	-0.1	0.2	0.6

전자유량계 실험결과(하류측 게이트밸브). 게이트밸브가 전자유량계 하류측에 설치된 경우 A사와 B사 유량계 모두 유속 0.1m/s, 직관거리 0D에서도 최대 오차는 ±1% 이내의 안정된 오차를 보여주었다. 따라서 하류측 직관거리와 상관없이 유속 0.5m/s 이상이 되면 오차는 약 ±0.5% 이내가 되는 것을 보여주었다.

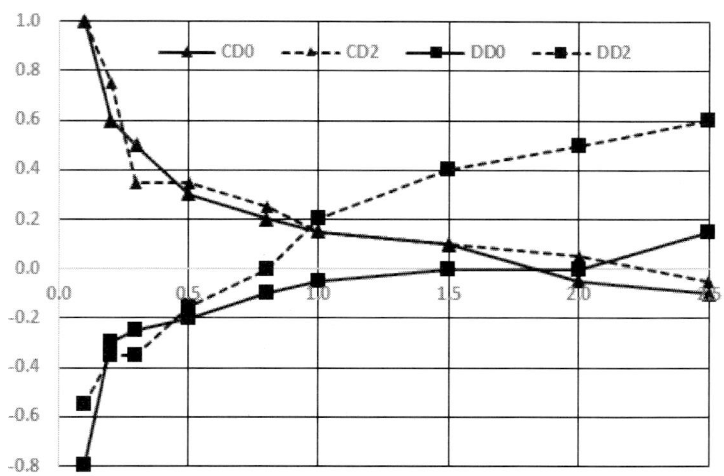

그림 23.28 전자유량계 측정오차(하류측 게이트밸브 설치시)

23.6.7 버터플라이 밸브 실험

밸브의 경우 현장에서 사용되는 빈도와 유속형상의 변형 정도를 고려하여 게이트밸브와 버터플라이밸브로 선정하였다. 밸브 개도별로 실험을 하는 것도 좋지만 여기에서는 실험 수를 제한하기 위해 일괄적으로 50% 개도에 대해 실험한다.

초음파유량계 실험결과(상류측 버터플라이밸브). 초음파유량계 상류측에 버터플라이밸브가 설치된 경우 게이트밸브에서와 같은 특정 패턴을 보여주지는 않았지만 (–) 오차가 발생하였다. 또한 모든 직관거리에서 유속이 증가하면서 오차가 수렴하는 패턴을 보여주었다. 특히 상류측에 버터플라이밸브를 설치할 경우 ±2% 이내의 오차를 보장하기 위해서는 충분한 직관거리 또는 특별한 장치가 필요한 것을 보여주었다.

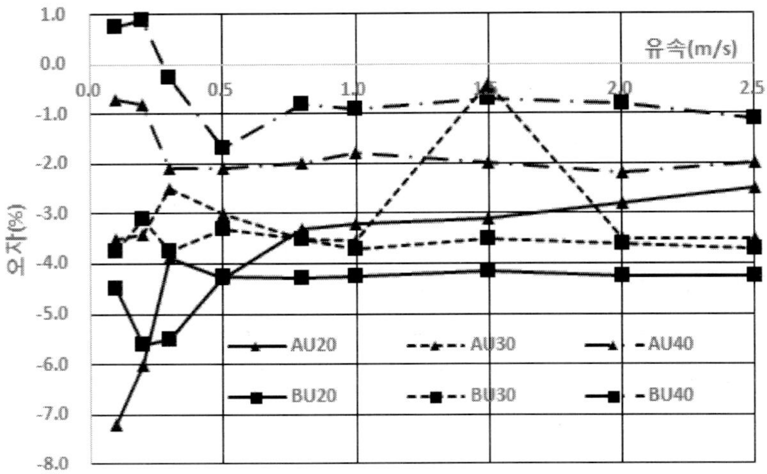

그림 23.29 초음파유량계 측정오차(상류측 B/F밸브 설치시)

표 23.23 초음파유량계 측정오차 %(상류측과 하류측 버터플라이밸브 설치시)

V(m/s)	AU20	AU30	AU40	BU20	BU30	BU40	AD5	AD10	AD15
0.1	-7.2	-3.5	-0.7	-4.5	-3.8	0.8	1.3	1.8	1.7
0.2	-6.0	-3.4	-0.8	-5.6	-3.1	0.9	1.0	1.3	1.0
0.3	-3.9	-2.5	-2.1	-5.5	-3.8	-0.3	0.2	0.8	0.5
0.5	-4.3	-3.0	-2.1	-4.3	-3.3	-1.7	-0.3	0.7	0.3
0.8	-3.3	-3.5	-2.0	-4.3	-3.5	-0.8	-0.4	0.4	0.1
1.0	-3.2	-3.6	-1.8	-4.3	-3.7	-0.9	-0.6	0.2	-0.1
1.5	-3.1	-0.4	-2.0	-4.2	-3.5	-0.7	-0.6	0.2	-0.3
2.0	-2.8	-3.5	-2.2	-4.3	-3.6	-0.8	-1.1	-0.2	-0.4
2.5	-2.5	-3.5	-2.0	-4.3	-3.7	-1.1	-1.0	-0.3	-0.4

초음파유량계 실험결과(하류측 버터플라이밸브). 초음파유량계 하류측에 버터플라이밸브가 설치된 경우 상류측에 설치된 경우보다는 매우 안정된 패턴을 보여준다. 특히 유속 0.3m/s 이상에서는 직관거리 5D 이상 확보되면 ±1.5% 오차가 발생한 것을 보여주었다. 특히 직관거

리가 길수록 오차는 점진적으로 0으로 수렴하는 것을 보여주었다.

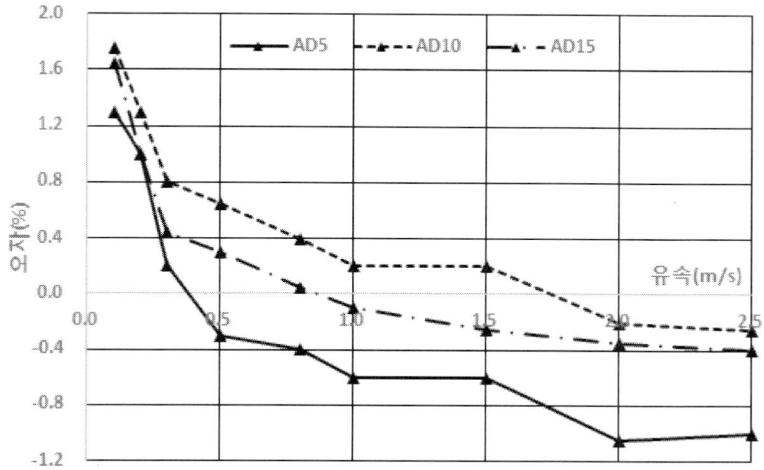

그림 23.30 초음파유량계 측정오차(하류측 B/F밸브 설치시)

전자유량계 실험결과(상류측 버터플라이밸브). C사와 D사 유량계 모두 유속 0.1m/s에서는 큰 오차가 발생하는 것을 보여주었다. 그러나 버터플라이밸브의 상류측으로부터 5D 이상의 직관거리를 확보하면 모든 유속에서 ±1% 이내의 오차가 발생하는 것을 보여주었다.

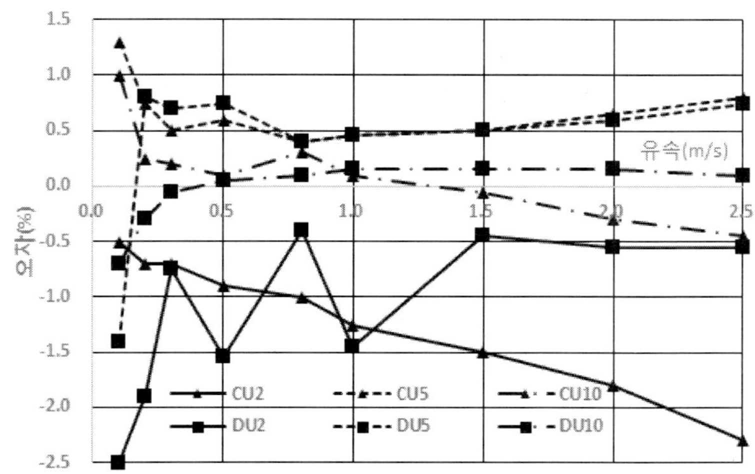

그림 23.31 전자유량계 측정오차(상류측 B/F밸브 설치시)

전자유량계 실험결과(하류측 버터플라이밸브). C사와 D사 유량계 모두 유속 0.1m/s에서 ±1.5%의 큰 오차가 발생하는 것을 보여주었다. 그러나 유속 0.2m/s 이상에서는 버터플라이밸브의 하류측 직관거리와 상관없이 모든 유속에서 ±1% 이내의 오차가 발생하는 것을 보여주었다.

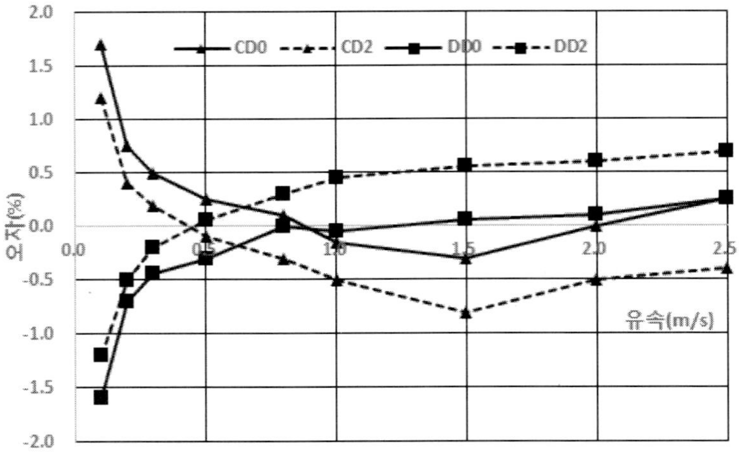

그림 23.32 전자유량계 측정오차(하류측 B/F밸브 설치시)

표 23.24 전자유량계 측정오차 %(상류측과 하류측 버터플라이밸브 설치시)

V(m/s)	CU2	CU5	CU10	DU2	DU5	DU10	CD0	CD2	DD0	DD2
0.1	-0.5	1.3	1.0	-2.5	-1.4	-0.7	1.7	1.2	-1.6	-1.2
0.2	-0.7	0.8	0.3	-1.9	0.8	-0.3	0.8	0.4	-0.7	-0.5
0.3	-0.7	0.5	0.2	-0.8	0.7	-0.1	0.5	0.2	-0.5	-0.2
0.5	-0.9	0.6	0.1	-1.6	0.8	0.1	0.3	-0.1	-0.3	0.1
0.8	-1.0	0.4	0.3	-0.4	0.4	0.1	0.1	-0.3	0.0	0.3
1.0	-1.3	0.5	0.1	-1.5	0.5	0.2	-0.2	-0.5	-0.1	0.5
1.5	-1.5	0.5	-0.1	-0.5	0.5	0.2	-0.3	-0.8	0.1	0.6
2.0	-1.8	0.7	-0.3	-0.6	0.6	0.2	0.0	-0.5	0.1	0.6
2.5	-2.3	0.8	-0.5	-0.6	0.8	0.1	0.3	-0.4	0.3	0.7

23.7 결론

상기 실험에서는 초음파유량계와 전자유량계의 2개 제작사 제품을 사용하였다. 국내 사용되는 유량계는 이 보다 많지만 이들 모든 유량계를 실험하는 것은 불가능하므로 이 두 유량계를 기준으로 각 유속별, 교란인자별, 상류측과 하류측 직관거리별 최대 오차를 제시하면 다음 표와 같다.

표 23.25 유량계 직관거리별 측정오차 %(유속 0.1m/s)

유량계 형식	상하류	직관거리	축소	확대	티	곡관	게이트 50% 개도	버터플라이 50% 개도
초음파	상류	2D	-2.0~-4.6	0.1~3.2	-4.0~-12.6			
		5D	-3.5~-7.4	-9.5~15	-8.4~6.0			
		10D	-3.5~-7.4	-15~6.5	-8.2~3.8	-6.5~-5.5		
		15D		-7.8~-5.0	-5.4~6.0			
		20D				-1.5~0.7	-0.5~0.3	-7.2~-4.5
		30D				0.9~1.0	0.5~1.4	-3.8~-3.5
		40D					1.3~1.9	-0.7~0.8
	하류	2D	-3.8~-6.1	-15~-1.3	15			
		5D	-0.1~15	-20~15	15	1.2~1.5	1.1~1.9	1.3
		10D	-3.8~-20	-15~-1.3	15	1.2~1.6	1.1~1.2	1.8
		15D				1.1~1.7	0.9~1.1	1.7
전자	상류	0D	-0.6~0.4	-1.8~-1.3	-1.0~0.5			
		2D	-0.4~0.7	1.0~4.7	-1.1~0.6	0.8~1.3	-2.0~-0.1	-2.5~-0.5
		5D		0~0.5	-0.6~0.3	0.9~1.2	-0.9~0.7	-1.4~1.3
		10D				-0.4~0.4	-0.8~0.9	-0.7~1.0
	하류	0D	-2.3~-0.7	-0.4~1.5	-0.1~0.7		-0.8~1.0	-1.6~1.7
		2D	-0.6~0.3	-1.4~0	-0.1~0.2	0.6~0.7	-0.6~1.0	-1.2~1.2
		5D				0.8~0.9		

표 23.26 유량계 직관거리별 측정오차 %(유속 0.2m/s)

유량계 형식	상하류	직관거리	축소	확대	티	곡관	게이트 50% 개도	버터플라이 50% 개도
초음파	상류	2D	-3.7~1.4	5.0~8.6	-10.6~-8.8			
		5D	-5.0~1.4	-3.5~6.5	-9.4~-0.8			
		10D	4.4~6.0	-6.2~2.5	-5.5~-0.8	-5.7~-4.5		
		15D		-3.0~-1.3	-3.8~2.5			
		20D				-1.4~-0.6	-1.2~-0.4	-6.0~-5.6
		30D				0.2~0.5	0.4~0.9	-3.4~-3.1
		40D					0.8~1.5	-0.8~0.9
	하류	2D	-5.3~-4.5	-9.0~4.3	7.7			
		5D	4.8~9.3	-15~5.5	5.3	0.6~0.8	0.7~1.3	1.0
		10D	-15~1.0	-7.8~-2.0	7.0	0.6~0.8	0.7~0.8	1.3
		15D				0.7~1.0	0.6~0.8	1.0
전자	상류	0D	-0.5~0.2	-1.4~-0.6	-1.0~0.5			
		2D	0~0.2	0.6~3.3	-1.1~0.6	0.6~0.8	-1.4~-0.5	-1.9~-1.7
		5D		-0.1~0.1	-0.6~0.3	0.6~0.7	-0.8~0.5	-0.8~0.8
		10D				-0.2~0.4	-0.7~0.7	-0.3~0.3
	하류	0D	-1.5~-0.6	-0.3~-0.1	-0.1~0.7		-0.8~1.0	-0.7~0.8
		2D	-0.6~-0.5	-1.0~-0.4	-0.1~0.2	0.2~0.3	-0.6~1.0	-0.5~0.4
		5D				0.3~0.5		

표 23.27 유량계 직관거리별 측정오차 %(유속 0.3m/s)

유량계 형식	상하류	직관거리	축소	확대	티	곡관	게이트 50% 개도	버터플라이 50% 개도
초음파	상류	2D	-2.1~0.0	3.5~9.4	-10.0~-7.2			
		5D	-3.4~1.0	0.0~3.5	-6.0~-5.5			
		10D	-0.2~1.0	-4.8~0.0	-5.1~-2.8	-4.9~-4.3		
		15D		-3.0~0.7	-2.4~0.8			
		20D				-1.0~-0.5	-1.1~-0.9	-5.5~-3.9
		30D				0.3	-0.2~0.0	-3.8~-2.5
		40D					-0.7~0.7	-2.1~-0.3
	하류	2D	-2.1~-1.8	-6.1~3.3	1.4			
		5D	4.1~5.0	-7.3~2.2	1.5	-0.2	0.2	0.2
		10D	-5.0~5.3	-5.1~0.1	1.4	0.5~0.8	0.2~0.3	0.8
		15D				0.6~1.3	-0.3~0.6	0.5
전자	상류	0D	-0.3~-0.1	-2.0~-0.6	-0.9~-0.1			
		2D	0.1	0.0~2.3	-1.2~0.1	0.4~0.5	-1.0~-0.2	-0.8~-0.7
		5D		-0.1~1.0	0.0~0.0	0.4	-0.5~0.4	0.5~0.7
		10D				0.1~0.3	-0.5~0.6	-0.1~0.2
	하류	0D	-1.5~-0.6	-0.2~0.1	-0.1~0.6	0.0~0.2	-0.3~0.5	-0.5~0.5
		2D	-0.6~-0.5	-0.3~-0.1	-0.1~0.3	0.0~0.4	-0.4~0.4	-0.2~0.2
		5D	-	-	-	-	-	-

표 23.28 유량계 직관거리별 측정오차 %(유속 0.5m/s)

유량계 형식	상하류	직관거리	축소	확대	티	곡관	게이트 50% 개도	버터플라이 50% 개도
초음파	상류	2D	-2.3~-1.9	5.8~7.0	-11.8~-9.2			
		5D	-2.2~-2.0	-2.0~1.6	-10~-5.2			
		10D	-1.0~-0.2	-5.1~-4.8	-4.2~0.0	-3.8~-3.5		
		15D		-2.6~-1.0	-2.5~-1.4			
		20D				-1.2~-1.0	-1.4~1.0	-4.3
		30D				-1.2~-0.2	-0.3	-3.3~-3.0
		40D					0.4~0.5	-2.1~-1.7
	하류	2D	0.0~2.0	-3.8~-2.0	-0.5			
		5D	0.1~4.0	-4.8~-0.1	-0.2	-1.0~-0.7	-0.3~-0.2	-0.3
		10D	-2.0~-1.0	-3.2~-0.1	0.0	0.4	-0.4~-0.2	0.7
		15D				0.5~0.6	-0.6~0.3	0.3
전자	상류	0D	-0.5~-0.1	-2.7~-0.7	-0.9~-0.4			
		2D	-0.2~0.1	-0.3	0.0~0.1	0.1~0.2	-1.2~1.3	-1.6~-0.9
		5D		-0.3	-0.2~0.2	0.5	-0.6~0.3	0.6~0.8
		10D				0.1~0.3	-0.3~0.5	0.0
	하류	0D	-0.7~0.0	-0.3~0.0	-0.1~0.3		-0.2~0.3	-0.3~0.3
		2D	-0.4~0.0	-03~-0.1	-0.4~0.4	0.0~0.1	-0.2~0.4	-0.1~0.1
		5D				0.1~0.2		

표 23.29 유량계 직관거리별 측정오차 %(유속 0.8m/s)

유량계 형식	상하류	직관거리	축소	확대	티	곡관	게이트 50% 개도	버터플라이 50% 개도
초음파	상류	2D	-2.1~-1.3	4.5~6.2	-10.5~-9.1			
		5D	-2.4~-0.1	-0.1~0.5	-8.2~-3.5			
		10D	0.0~0.3	-4.1~-3.2	-4.0~-1.9	-3.9~-3.8		
		15D		-2.0~-0.5	-2.2~-1.8			
		20D				-1.8~-0.8	-1.8~-1.7	-4.3~-3.3
		30D				-0.8~-0.3	-0.7~-0.4	-3.5
		40D					-0.1~0.1	-2.0~-0.8
	하류	2D	0.0~1.8	-2.0~0.0	-1.0			
		5D	1.3~3.0	-2.0~0.0	-1.3	-0.9~-0.7	-0.7~-0.3	-0.4
		10D	-0.8~2.0	-2.0~0.1	-1.4	0.3	-0.6~-0.3	0.4
		15D				0.4	-0.7~-0.3	0.1
전자	상류	0D	-0.6~0.0	-2.0~-0.8	-0.9~-0.6			
		2D	-0.2~0.0	-0.5	-0.2~0.0	0.0~0.1	-1.2~0.5	-1.0~-0.4
		5D		-0.3	-0.2~0.0	0.3	-0.4~0.1	0.4
		10D				-0.1~0.1	-0.2~0.4	0.1~0.3
	하류	0D	-0.8~-0.1	-0.3~0.2	-0.3~0.2	0.0	-0.1~0.2	0.0~0.1
		2D	-0.4~0.0	-0.4~-0.1	-0.4~0.1	-0.1~0.1	0.0~0.3	-0.3~0.3
		5D	-	-	-	-	-	-

표 23.30 유량계 직관거리별 측정오차 %(유속 1.0m/s)

유량계 형식	상하류	직관거리	축소	확대	티	곡관	게이트 50% 개도	버터플라이 50% 개도
초음파	상류	2D	-2.1~ -1.9	3.2~ 5.4	-8.8~ -8.5			
		5D	-1.9~ 0.0	-0.7~ -0.1	-7.8~ -2.0			
		10D	0.0~ 0.2	-3.8~ -1.8	-3.8~ 0.0	-4.1~ -3.8		
		15D		-1.5~ -0.6	-2.3~ -1.0			
		20D				-2.1~ -0.7	-2.0~ -1.8	-4.3~ -3.2
		30D				-1.0~ -0.4	-1.0~ -0.4	-3.7~ -3.6
		40D					-0.3~ -0.2	-1.8~ -0.9
	하류	2D	-1.7~ 1.6	-1.9~ 0.1	1.5			
		5D	2.0~ 2.6	-1.3~ 1.5	0.0	-1.2~ -1.0	-1.0~ -0.4	-0.6
		10D	-1.2~ 1.0	-1.5~ 0.0	1.2	0.1~ 0.3	-0.8~ -0.5	0.2
		15D				0.3~ 0.4	-0.9~ -0.3	-0.1
전자	상류	0D	-0.6~ 0.0	-3.1~ -0.1	-1.0~ -0.7			
		2D	-0.2~ 0.2	-0.6~ 0.0	0.0	-0.1~ 0.0	-1.3~ 0.6	-1.5~ -1.3
		5D		-0.5~ 0.0	-0.2~ 0.0	0.2~ 0.3	-0.5~ -0.1	0.5
		10D				0.1~ 0.3	-0.1~ 0.4	0.1~ 0.2
	하류	0D	-0.7~ 0.2	-0.3~ 0.1	-0.3~ 0.2		-0.1~ 0.2	-0.2~ -0.1
		2D	-0.5~ 0.2	-0.3~ 0.1	-0.4~ 0.3	-0.2~ 0.0	0.2	-0.5~ 0.5
		5D				-0.2~ 0.0		

표 23.31 유량계 직관거리별 측정오차 %(유속 1.5m/s)

유량계 형식	상하류	직관거리	축소	확대	티	곡관	게이트 50% 개도	버터플라이 50% 개도
초음파	상류	2D	-2.1~-2.0	4.0~5.0	-9.3~-8.7			
		5D	-1.7~-1.5	-1.0~-0.1	-7.9~-3.2			
		10D	-0.4~-0.1	-3.4~-3.2	-3.7~-1.2	-4.0~-3.9		
		15D		-1.8~-1.2	-2.5~-1.7			
		20D				-2.2~-0.7	-2.2~-1.9	-4.2~-3.1
		30D				-1.0~0.0	-1.0~-0.9	-3.5~-0.4
		40D					-0.4~0.0	-2.0~-0.7
	하류	2D	0.0~0.8	-1.4~-0.1	-0.1			
		5D	0.0~1.9	-1.4~0.0	-1.4	-1.3~-1.0	-1.0~-0.7	-0.6
		10D	0.0~1.3	-1.3~0.0	-1.3	-0.1~0.0	-1.1~-0.7	0.2
		15D				0.2~0.4	-1.1~-0.4	-0.3
전자	상류	0D	-0.5~0.0	-3.2~-1.1	-0.8			
		2D	-0.4~0.1	-0.7~0.0	-0.1~0.0	-0.1~0.0	-1.3~0.6	-1.5~-0.5
		5D		-0.5~0.0	-0.4~0.1	0.3~0.4	-0.5~-0.1	0.5~0.0
		10D				-0.1~0.4	-0.2~0.4	-0.1~0.2
	하류	0D	-0.6~0.1	-0.3~0.3	-0.3~0.3		0.0~0.1	-0.3~0.1
		2D	-0.4~0.4	-0.4~0.2	-0.3~0.3	-0.2	0.1~0.4	-0.8~0.6
		5D				-0.4~-0.1		

표 23.32 유량계 직관거리별 측정오차 %(유속 2.0m/s)

유량계 형식	상하류	직관거리	축소	확대	티	곡관	게이트 50% 개도	버터플라이 50% 개도
초음파	상류	2D	-2.0~-1.8	-1.4~3.2	-8.7~-8.0			
		5D	-2.2~0.0	-1.4~0.0	-7.5~-3.2			
		10D	-0.3~-0.1	-3.4~0.0	-3.7~-0.1	-4.1~0.0		
		15D		-2.0~-0.5	-2.4~-1.6			
		20D				-2.2~-1.5	-2.4~-2.1	-4.3~-2.8
		30D				-1.3~-1.2	-1.1~-1.0	-3.6~-3.5
		40D					-0.6~-0.3	-2.2~-0.8
	하류	2D	-1.0~0.2	-1.2~0.0	0.0			
		5D	1.0~1.4	-1.3~1.0	-0.1	-1.6~-1.0	-1.3~-0.9	-1.1
		10D	0.0~1.2	-1.5~0.1	0.0	-0.2~0.0	-1.3~-0.8	-0.2
		15D				-0.2~0.2	-1.2~-0.5	-0.4
전자	상류	0D	-0.6	-3.0~-1.5	-1.0~-0.8			
		2D	-0.4	-1.0~0.0	-0.3~-0.1	0.1	-1.4~0.7	-1.8~-0.6
		5D		-0.7~0.0	-0.5~-0.1	0.2	-0.5~-0.3	0.6~0.7
		10D				-0.1~0.4	-0.1~0.2	-0.3~0.2
	하류	0D	-0.7~0.0	-0.5~0.0	-0.5~0.1		-0.1~0.0	0.0~0.1
		2D	-0.5~0.1	-0.5~0.1	-0.5~0.1	-0.3	0.1~0.5	-0.5~0.6
		5D				-0.1		

표 23.33 유량계 직관거리별 측정오차 %(유속 2.5m/s)

유량계 형식	상하류	직관거리	축소	확대	티	곡관	게이트 50% 개도	버터플라이 50% 개도
초음파	상류	2D	-2.1~-2.0	3.8~4.1	-8.7~-8.6			
		5D	-2.1~-1.0	-1.3~0.0	-7.7~-3.1			
		10D	-0.8~-0.1	-3.4~-3.0	-3.7~-1.1	-4.2		
		15D		-2.0~-1.6	-2.3~-1.6			
		20D				-2.3~-1.8	-2.8~-2.2	-4.3~-2.5
		30D				-1.4~-1.2	-1.2~-1.1	-3.7~-3.5
		40D					-0.7~-0.2	-2.0~-1.1
	하류	2D	-0.1~0.0	-1.0	0.0			
		5D	0.1~0.8	-1.2	-1.0	-1.7~-1.2	-1.7~-1.1	-1.0
		10D	0.0~1.0	-1.3	0.0	-0.4~-0.2	-1.5~-1.0	-0.3
		15D				-0.2~0.0	-1.4~-0.6	-0.4
전자	상류	0D	-0.4~0.2	-2.8~-1.1	-0.8~0.0			
		2D	0.4~0.1	-0.8~0.0	-0.2~-0.1	-0.1~0.1	-1.6~0.7	-2.3~-0.6
		5D		-0.6~0.0	-0.4~0.1	0.1~0.2	-0.5~-0.3	0.0~0.8
		10D				-0.1~0.5	-0.1~0.0	-0.5~0.1
	하류	0D	-0.5~0.1	-0.4~0.2	-0.4~0.2		-0.1~0.2	0.0~0.3
		2D	-0.6~0.2	-0.3~0.2	-0.4~0.2	-0.3~0.0	-0.1~0.6	-0.4~0.7
		5D				-0.3~-0.1		

Appendix 0A

사례연구

A.1 필라델피아 경험

A.1.1 필라델피아의 물 공급

필라델피아는 지난 200년간 미국 내 물 공급 기술의 선구자 역할을 하여 왔다. 1801년 신생 국가 신도시 필라델피아는 63개 개인주택, 4개 맥주공장 그리고 1개의 설탕 정제공장에게 스쿨킬(Schuylkill)강으로부터 관로로 연결된 "Center Square"에 있는 나무 탱크로 물을 공급하기 위해 2개 증기 구동 펌프장을 건설하는 첫 번째 도시가 되었다. 1815년 "Fair Mount"에 있는 저수지를 이용하여 성장하는 도시에 물을 공급하기 위해 보다 크고 개선된 물시스템을 운영하였다. 1822년 까지 하나의 댐, 수차, 그리스 부흥 건축물이 Fairmount Water Works에 통합되었다. 많은 방문객들이 즐기는 이 현장은 공학적 경이로움 뿐만 아니라 건축적 화려함과 아름다움으로 널리 인식되었다.

초기 이 물 시스템의 첫 번째 배수 관로는 통나무에 구멍을 뚫고 각 말단부를 철 밴드로 연결한 다음 코킹처리하였다. 필라델피아는 관로에서 지속적으로 상당한 량이 누수되면서 최초로 물손실문제를 인식하게 되었다. 필라델피아는 배수관로를 확장하기 위해 영국으로부터 주철관을 수입하기 시작하였으며 주철관은 1932까지 표준배관이 되었다. 주철관의 긴 수명(유럽에서는 수백년)은 필라델피아에서 확인되었다. 즉, 1920년에 설치된 수천 피트의 관로 분절은 오늘날에도 신뢰성 있는 서비스를 제공하고 있다.

필라델피아는 미국의 신생국 동안 정부의 중심부로서 그리고 역사적 상징으로서 인식되는 한편 미국의 중요한 제조업 심장과 부산한 항구로 발전하면서 19세기 산업혁명 동안 주요 도시로 출현하였다. 그러나 1900년 1.3백만명의 도시 인구는 취수원인 스쿨킬강과 델라웨어강을 파손시키기 시작하였다. 필라델피아는 1903년부터 1911까지 규모가 다른 5개 여과장치를 건설하고 시운전하여 미국에서 최초의 대형 도시들 중 하나가 되면서 수도기술의 혁신을 증명하였다. 그 당시 필라델피아의 여과장치는 세계에서 가장 컸다. 필라델피아의 떠오르는 기술의 적극적인 적용은 주송수관로의 시멘트 라이링 갱생 및 청소(1949년), 아나로그 전산기의 사용, Mcllroy Fluid Network Analyzer(1956) 그리고 펌프장의 원격 제어로 이어졌으며 오늘날의 최신 SCADA 시스템(1958)의 선구자가 되었다. 최근에 필라델피아는 1997년과 1999년 사이에 초기 단계로서 40만 이상의 주거민에 대한 미국 내 최대 AMR 시스템을 설치하였고, 2007년 중반에는 거의 487,000 AMR 계정이 가능하다.

필라델피아는 자연 환경과 균형을 유지하는 동시에 양식 있는 대중에게 상수와 하수의 종합 서비스를 제공하면서 오늘날의 복합 도전을 지속적으로 충족시키고 있다. 증가된 수질 및 우수 규정에 직면하여 필라델피아 수도본부 PWA(Philadelphia Water Department)와 물재무국 WRB(Water Revenue Bureau)는 고객층 감소, 기반시설 투자 증가 그리고 도시 내 상대적으로 높은 물손실에 의해 더욱 도전을 받는다. 도시는 효율적인 물 시스템 운영을 위해 자산의 최적화 및 최상의 관리 실무의 채택에 집중된 포괄적인 자본 계획 및 갱생 프로그램을 전개하여 이러한 도전에 대응하여 왔다. 새 천년의 시작 시점에서 필라델피아는 1990년대 동안 국제적으로 개발된 기술과 적극적인 물손실관리 기술을 수출하는 미국 내 최초의 용수기관이 되어 최초의 전통을 지속적으로 발전시켜 왔다. PWD는 2000년도에 IWA와 AWWA 팀이 발간한 물 회계감사 방법론을 채택하는 미국 내 첫 번째 용수기관이 되었다. 2004년 PWD는 DMA 내 누수 평가를 돕기 위한 야간 고객 소비 검침을 수집하기 위해 AMR 시스템을 활용한 첫 번째 용수기관으로 알려졌다. PWD는 고객에 대한 서비스와 운영을 개선하기 위해 새로운 기술을 장려하는 선구자의 역할을 지속적으로 수행하고 있다.

A.1.2 필라델피아의 물손실

미국 초기 대부분 지역사회 내 기술자는 신생국가에서 명백하였던 산업 잠재력의 개발에 집중하였다. 이로 인해 물은 중요하였고 필라델피아 주의 해안 지역은 항상 풍부한 수자원으로 축복받아 왔다. 기술자는 이러한 자원을 이용하였고 신뢰성 있는 물 공급 기반시설을 상당히 성공적으로 구축하였다. 산업 또는 지역사회가 성장하면서 더욱 많은 물을 필요로 하였고, 새로운 펌프장이 건설되었다. 그러나 1898년 필라델피아국장으로 재직 중인 John C. Trautwine은 실제 사용된 물량이 아니라 사업 또는 가정 내 고정물세간의 숫자와 형식에 따라 물 요금을 평가하였다. 도시 내 상당한 물 낭비에 대한 관심이 집중되면서 보존을 장려하기 위해 수도미터가 가장 성공적인 방법으로 간주되었다. 그는 대중에게 물 사용의 의미를 강조하기 위해 250갤론(이는 그 당시 필라델피아 사람의 1일 사용 물량)의 물을 보유하는 "Trautwine Tank"를 건설하여 전시하였다. 2차세계대전 후 고객 미터를 설치하기 시작하여 재차 물의 회계책임을 홍보하였다. 이러한 초기 물 보존 감각의 전시에도 불구하고 필라델피아는 역사적으로 운영에서 높은 수준의 물 회계책임을 유지하지 못하였다. 상대적으로 물이 가용하고 저렴하여 PWD의 주된 물 공급 목표는 산업, 주거민, 소방용수를 위해 안전하고 충분한 물을 공급하는 것이었고, 지난 200년 동안 이러한 목표를 지속적으로 만족시켜왔다. 필라델피아는 1960년 중반에 배수시스템의 확장과 정수장 현대화를 완료하여 매일 고품질의 물을 400백만 갤런 이상 쉽게 공급할 수 있는 기반시설이 되었다.

필라델피아의 인구는 1950년대 중반에 최대 약 2.1백만명이었고 1957년 년간 평균 물공급량은 최대 377mgd이었다. 이후 도시의 거동과 인구통계학에서 완만하고 미묘한 변화가 시작되었다. 미국의 동북부로부터 중공업이 이동하면서 서서히 산업의 쇠퇴가 시작되었다. 도시 거주자들의 시외 지역으로의 재이동은 도시 인구 감소를 심화시켰고, 이는 2005년 중장기 인구 조사에서는 1.46백만명으로 추정되는 것으로 보고되었다. 그러나 기반시설 규격(3개의 정수장과 3100마일의 관로)은 크게 변경되지 않은 상태를 유지한다. 생산량의 7.5% 외부 판매, 오직 중간 정도의 잠재적인 추가 판매량이 기대되고, 고객 크기의 변화는 기껏해야 안정된 상태를 유지하거나 가까운 미래에 완만하게 지속적으로 쇠퇴하는 것으로 예상된다. 또한 배수시스템이 공급한 도시의 물량은 감소하여 왔으며 2006년 7월 30일 종료되는 회계년도에 도시의 최근 역사에서 254mgd 이하의 낮은 물량을 기록하였다. 필라델피아의 물 요금은 상대적인 표준 보다 높지 않았고, 새로운 인구통계학은(도시지역 대부분이 빈곤층) 감당할 수 있는 정도로 물 요금을 유지하는 정치적 압력을 초래하였다.

필라델피아는 1975년과 1980년 연구에서 제한된 그리고 상세한 방식으로 물손실 조건을 평가하였다. 1975년 공급 및 요금고지 자료를 간략하게 검토한 결과 도시 내 “불명수량” 수준이 높은 것으로 나타났다. 도시 내 손실된 물의 근원을 확인하고, 손실을 감소시키고 수익을 회수하기 위한 조치를 제안하기 위해 불명수량 물 위원회가 포괄적이고 장기적인 연구를 착수하였던 1980년 이 쟁점에 상당한 관심이 주어졌다. 마스터 미터 캘리브레이션, 누수탐사확대 및 미터대체를 포함한 여러 새로운 계획이 다음 해에 수립되었다. 그러나 이 과업 후 십년 동안 공급된 물 체적과 고객에게 요금고지된 소비와의 차이로 정의되는 비수익성 물 NRW는 100mgd 수준으로 유지되었다.

필라델피아가 제안한 30% 물 요금 인상이 대대적으로 비난받고, 최종적으로 3년에 걸쳐 전체 7% 인상으로 감소된 후 물손실은 도시 정부에게 매우 중요하게 되었다. 도시의 물손실 수준을 면밀하게 조사하였고 물손실감소를 추구하는 영구적인 물 회계책임 위원회가 발족되었다. 그 후 주 관로의 대체 및 누수탐사 프로그램의 추가 확장 그리고 분기에서 월별로 요금고지를 실행하였다. 이러한 노력의 결과로 과도한 물손실은 초기에 제어할 수 있는 정도 이하로 감소하였다. 그림 A.1.1은 1994년 이후 주목할 만한 비수익성 물량 감소를 보여준다. 비수익성 물은 회계년도 1990년부 1994년까지 평균 126mgd이었으나 2006년 회계년도 종료시점에 77gmd 수준으로 꾸준하게 감소하였다. 이러한 성공적인 물손실감소는 실질손실(누수)과 피상손실(손실된 요금고지, 미터 오류, 미승인된 소비) 모두의 감소 덕택이다. 실질손실은 강

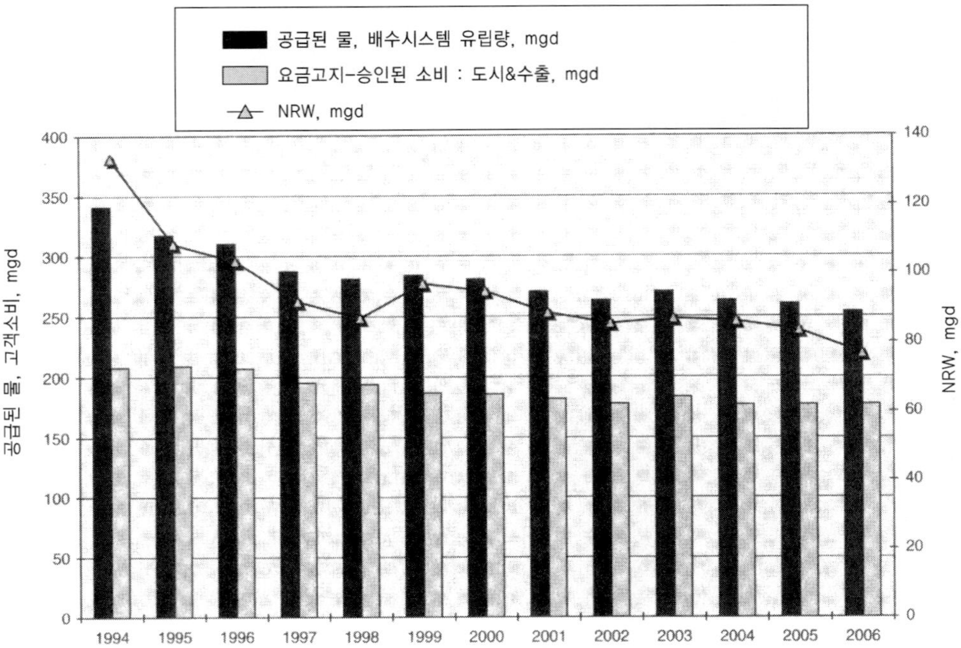

그림 A.1.1 필라델피아 수도국 비수익성 물 감소 경향(필라델피아 수도국 제공)

화된 누수탐사노력, 누수복구작업절차 개선, 관로 대체들의 조합을 통해 현존하는 노력은 물론 여러 신기술(DMA, 인라인 누수탐사봉)을 적용한 결과인 것으로 믿어진다. 새로운 주거민 미터(AMR과 함께 설치된), 대형 미터의 올바른 규격 결정, 손실된 요금고지 복구 및 도시 소유 부지의 계량/회계의 사용으로 피상손실이 감소되었다. 2008년 실행을 목표로 하는 새로운 고객 요금고지시스템은 도시의 소비 경향을 감시하고 손실을 확인하는 추가 기능을 제공할 것이다. 이러한 개선들이 상당하지만 도시 관리자는 아직도 77mgd가 넘는 비수익성 물과 기반시설 누수지수 10은 복구되지 않은 상당한 물량을 표현한다고 이해하고 있다.

A.1.3 물손실제어를 위한 최상의 관리 실무의 연구

1990년대 동안 필라델피아 물 회계책임 위원회는 필라델피아 물 공급에서 발생하고 있는 높은 수준의 물손실 특징을 더욱 잘 이해하기 위해 다시 노력하였다. 위원회는 현재 물 산업 최상의 실무를 확인할 것을 결정하였고, 1995년 AWWA의 물손실제어(누수탐사 및 물 회계책임) 위원회에 참석하기 시작하였다. 필라델피아 위원회는 AWWA 출판물 M36, "Water Audits and Leak Detection"의 첫 번째 판에서 권장하는 유사한 방법으로 물 회계감사를 조합하는 AWWA 위원회의 권고안을 따랐다. 필라델피아는 수년간의 상세한 정보를 수집한 후 회계년도 1996년에 대해 첫 번째 배수시스템 물 회계감사를 하였다. 돌이켜 보건데 매우 기본적인 물 회계감사는 1~2년 전에 발간되었으며, 특히 초보 회계감사관에게 이 방법(이제 AWWA의 무료 물 회계감사 소프트웨어를 활용할 수 있기 때문에)을 권장한다. 필라델피아는 수정된 M36 양식으로 회계년도 1999년까지 물 회계감사를 계속하였지만 IWA/AWWA 방법론이 출판된 2000년도에 이 방법을 사용하기 시작하였다.

1998년~2001년은 1990년대 동안 국제적으로 급속하게 발전하는 물손실제어기술과 정책에 대한 필라델피아의 의식 향상에 중요하였다. 이 시간 동안 IWA와 AWWA로부터 자극받은 다수의 연구자와 기술자들은 물손실의 인식을 높이고 북미에서 국제적 물손실제어 방법의 적용성을 탐구하기 위해 협력하였다. IWA WLTF는 물 회계감사 및 국제 규모의 벤치마킹에 대한 "최상의 실무"로서 새로운 물 회계감사방법론을 2000년도에 발간하였다. 이러한 중요한 발전으로 필라델피아는 2001년도에 LMA (leakage management assessment) 프로젝트를 수행하기 위해 국제 전문가와 계약하여 새로운 기술을 실행하는 적극성을 다시 증명하였다. 필라델피아는 최근에도 연구와 개발을 계속하여 왔으며 AWWA 무료 물 회계감사 소프트웨어 개발(2006) 및 AWWARF가 후원한 두 개의 연구 프로젝트 "물손실 평가 및 손실 감소 전략 수립"(프로젝트 2811, 2007년)과 "누수관리기술"(프로젝트 2928, 2007년)에서 적극적인 역할을 수행하여 왔다.

A.1.4 년간 물 회계감사의 중요성

자문단은 LMA 프로젝트의 일부로서 PWD의 물 회계감사를 IWA/AWWA 양식으로 변환할 수 있도록 지원하였으며 필라델피아는 이 방법을 적용하는 미국 내 최초의 용수기관이 되었다. 필라델피아의 최근 물 회계감사 요약은 표 A.1.1과 같다.

표 A.1.1 필라델피아 물회계감사 요약–IWA/AWWA 물 회계감사 방법

공급된 물	체적/년 (mg)	평균 체적 (mgd)	천$/년
시스템 입력	**92,931.5**	**254.6**	
수원 미터 오차에 대한 (−) 수정	294.2	0.8	
수정된 시스템 입력	92,637.3	253.8	
(−) 수출	6971.5	19.1	
공급된 물(도시)	85,665.8	234.7	
승인된 소비			
요금고지-계량	57,633.5	157.9	
요금고지-미계량	0.0	0.0	
미요금고지-계량	0.3	0.0008	$1,176
미요금고지-미계량	892.5	2.4	$191,084
소계	**58,526.3**	**160.3**	**$192,260**
물손실			
피상손실			
고객 미터 불확도	114.6	0.3	$520,206
미승인된 소비	1,579.0	4.3	$3,139,437
체계적 자료 처리 오류	3,826.4	10.5	$16,616,968
소계	**5,520.0**	**15.1**	**$20,276,611**
실질손실			
탱크 월류/운영자 실수	0.0	0.0	$0
보고된 & 미보고된 누수*			
주송수관로 누수/파괴	5.7	0.016	$916
주배수관로 누수/파괴	927.5	2.5	$148,850
고객 서비스관로 누수	9,003.5	24.7	$1,444,858
소화전 & 밸브 누수	474.0	1.3	$76,065
측정된 누수(DMAs)	1,094.3	3.0	$175,606
배경 누수	10,114.5	27.7	$1,623,154
누수 책임 비용			$759,198
소계	**21,619.5**	**59.2**	**$4,228,646**
전체 물손실 비용	27,139.5	74.3	$24,505,258

2006년 회계년도 재무자료	
$4,791/mg	소형(⅝″& ¾″) 미터 계정 당 피상손실
$4,143/mg	대형(1″이상) 미터 계정 당 피상손실
$4,070/mg	지자체 부지 계정의 피상손실
$4,500/mg	피상손실-전체 평균 고객 비율
$160.48/mg	실질손실-한계비용
$759,198	전체 실질손실에 추가된 실질손실 배상금
$190,162,000	회계년도 2006년 물 공급 운영 비용
회계년도 2006 기반시설 자료	
13,137	대형(1″이상) 미터 계정 숫자
458,043	소형(⅝″& ¾″) 미터 계정 숫자(일부 대형 미터 계정 포함)
80,779	미요금고지된 계정 모집단 내 실제 연결 숫자
3014	주송수관로 및 배수관로 마일
25,199	소화전 숫자
12	지수전부터 고객 미터까지 서비스 연결관로 평균 길이(ft)
14.7	소화전관로 평균 길이(ft)
55	평균 운영압력(psi)

* 누수범주의 상세분류는 대략적인 것이며 이 성분 대부분은 측정된 야간유량이 아니라 추정에 근거하므로 문자 그대로 해석하면 안 된다. 그러나 전반적인 누수 추정은 전체 시스템 상태를 합리적으로 대표하는 것으로 믿어진다.

표 A.1.1 필라델피아 물회계감사 요약–IWA/AWWA 물 회계감사 방법(계속) (p 452참조)

물 공급 시스템 손실에 대한 성능지표

수자원 성능지표

자원으로서 물 사용의 비효율성(%)=실질손실/시스템 입력 체적

=21,619,5mg/85,665.8mg×100%=25.2%

운영 성능지표

	mg	mgd	
물 손실	27,139.5	74.3	
피상손실	5,520.0	15.1	
실질손실	21,619.5	59.2	
불가피한 년간 실질손실(UARL)	2,185.3	5.987	(UARL 계산 참조)
정규화된 실질손실	107.3갤론/서비스연결/일		
정규화된 피상손실	27.4갤론/서비스연결/일		

기반시설 누수지수(ILI)=실질손실/UARL=21,619.5/2,185.2=9.9

NRW 재무 성능지표

NRW =미요금고지(계량+미계량)-승인된 소비+피상손실+실질손실

=0.3+892.5+5,520.0+21,619.5

=28,032.3mg

= 76.8mgd

체적에 의한 NRW=NRW/공급된 물

=28,032.3/85,665.8×100%=32.7%

비수익성 비용 비율=년간 비수익성 물의 비용/년간 물 공급시스템 운영비용

NRW 비용	$1176	미요금고지-계량된
	$191,084	미요금고지-미계량된(승인된 소비)
	$20,276,611	피상손실
	$4,228,646	실질손실
	$24,697,517	합계

비수익성 비용 비율=$24,697,517/$190,162,000×100%=13.0%

표 A.1.1 필라델피아 물회계감사 요약-IWA/AWWA 물 회계감사 방법(계속)

출처 : 필라델피아 수도국

UARL 계산: IWA/AWWA 물회계감사 방법

UARL은 배수시스템에 대해 계산할 수 있는 기준 수치이고 특정 성능지표를 계산하기 위해 사용된다. 이는 임의 누수 성분의 실제 평가가 아니지만 각 시스템에 기초하여 결정되기 때문에 IWA/AWWA의 UARL 계산은 효과적이다. UARL은 최신 최상의 기술을 사용하여 모든 누수관리 조치들을 수행한 후 배수시스템 내 존재할 수 있는 이론적인 최소 누수수준이다.

IWA/AWWA 계산은 배수시스템 내 누수율의 핵심 요소들인 지수전 또는 부지경계선과 고객 미터 사이 서비스 연결 관로의 길이, 평균 시스템 압력, 고객 서비스 연결 숫자에 기초한 누수허용을 포함한다.

필라델피아 수도국 UARL 계산(회계년도 2005년 6월 30일~2006년 7월 1일)					
기반시설 성분	수치	UARL에 대한 단위 비율	평균압력 (psi)	UARL (mgd)	UARL (mg)
관로 및 소화전 관로의 전체 길이(마일) 3,014+14.7×24,199/5,280	3,084	5,40 g/mi/d/psi	55	0.916	334.3
서비스연결 숫자(활성 및 유지되고 있는 미요금고지된 연결 포함)	551,959	0.15 g/서비스/d/psi	55	4.554	1,662.1
서비스 연결 관로 길이(지수전부터 미터까지, 마일) 551,959×12ft/5280ft/mile	1,254	7.5 g/mi/d/psi	55	0.517	188.9
UARL				2,185.3	5.987

PWD는 용수기관이 표준사업실무로서 그리고 규제기관이 물 공급자의 효율을 평가할 수 있는 수단으로서 물 회계감사를 사용할 것을 강력하게 지지한다. 물 회계감사는 회계년도 또는 사업년도에 기초하여 매년 최상으로 편집된다. PWD는 사업년도 일정에 기초하여 물 회계감사를 수행하고, 물 회계감사 보고서를 다른 사업 년도 보고 기능과 동일한 상태로 일치시킨다.

또한 PWD는 물 시스템 내 물 효율 상태를 평가하고, 물 시설 내 존재하는 것으로 믿어지는 높은 수준의 물 및 수익 손실을 더욱 잘 제어하도록 장려하기 위해 필요한 기본적인 실무로서 IWA/AWWA 물 회계감사 방법론의 사용을 옹호하여 물 산업에서 큰 역할을 수행하여 왔다.

A.1.5 실질손실의 평가 및 제어

필라델피아는 미국 내 가장 오래된 배수시스템들 중 하나를 운영하고 있다. 1880년과 1930년 사이에 설치된 가장 공통적인 직경 6인치의 배관으로 구성된 관로의 약 60%는 라이닝되지 않은 주철관이다. 필라델피아의 물 시스템은 관로 3100마일, 면적 129mi^{2}에 걸쳐 확장되었고, 약 4,900,000 고객 계정에게 물을 공급하고 있다. 지난 30년간에 걸쳐 필라델피아에서 평균 1년에 840건의 주관로 파괴, 또는 파열이 보고되었고 이들 중 50%는 동절기 12월부터 다음해 2월에 발생하였다. 추가적으로 회계년도 2006년에 필라델피아는 4301건의 누수를 문서화하였고 전체 누수의 84%인 3621건의 누수가 고객 연결 배관에서 발생하였다. 지난 40년간 필라델피아 인구 감소와 더불어 방치된 개인 부지 숫자가 증가하였다. 이와 같은 많은 부지에서 방치되고, 악화된 서비스 연결 배관은 도시 내 서비스 연결 누수 경향을 악화시켰다. 필라델피아 내 고객들은 그들 전체 서비스 연결 배관의 누수를 복구하고 유지관리를 할 책임이 있다. 이는 누수제어 측면에서 매우 비효율적인 정책인 것으로 알려져 있으며 현재 이 정책의 단점을 대처하기 위한 방법을 연구하고 있다. 대부분 배수시스템 내 수압은 40~70psi에서 변화하였고 도시 전체 평균 수압은 55psi이다. 도시의 작은 지역들은 100psi 이상의 압력으로 공급되고, 일부는 압력관리 개선을 위한 가능성을 갖는다.

PWD는 1980년 이후 누수탐사와 복구 프로그램을 집중적으로 운영하여 왔다. 주간과 야간 일정으로 미보고된 누수탐사를 위해 약 20명으로 구성된 팀을 운영한다. 누수탐사 진행은 전형적으로 매년 시행되는 시스템 관로 길이로 평가된다. 년간 조사 목표의 관로길이는 1300마일이었고, 이 관로길이는 전체 길이의 약 1/3 또는 전체 시스템 탐사 기간은 3년이 된다. 또한 누수탐사팀은 복구직원들에게 할당된 "보고된 누수"의 정확한 위치를 찾아 복구하는 데 어려움이 있는 복구직원을 지원한다. 누수탐사팀은 누수 위치를 찾기 위해 누수 상관기, 누수음 로거 그리고 다른 누수음 청음장치를 활용한다. 만일 누수가 개인 서비스 연결관로에서 발생하는 것으로 결정되면 모든 의심되는 누수들은 복구직원 또는 고객들에게 통보된다. 20명의 누수탐사팀원을 운영하기 위한 비용은 1년에 약 백만달러이고, 이는 인건비, 차량, 장비, 훈련을 포함한다. PWD는 배수시스템의 정기적인 누수복구에 종사하는 100명 이상의 다른 종업원을 채용한다. 이 직원을 채용하기 위한 비용은 대략 년간 5백만 달러이고, 비록 이들의 업무는 누수복구지이만 이들은 밸브와 소화전의 일반적인 유지관리 및 대체, 새로운 연결 설치 그리고 다양한 업무를 지원한다.

PWD는 매년 수 많은 주관로 파괴 및 누수를 복구하는 유지관리 직원 이외 100년 이상된 관로를 대상으로 매년 25마일을 대체하는 것을 목표로 하는 기반시설 대체 프로젝트를 위해 상당한 자본이 소요되는 프로그램을 관리한다. 이 대체 비율은 전체 관로 길이의 약 0.8%가 재생되는 것을 의미한다(누수 및 환경 자료를 포함시켜 이 기준을 개선할 수 있을 것으로 믿을 수 있을지라도). 관로 대체부분을 결정하기 위해 사용한 주된 기준은 최근 관로의 파괴 또는 파열 비율이다.

2001년에 완료된 LMA 프로젝트는 IWA/AWWA 양식으로의 필라델피아 물 회계감사의 변환 그리고 PWD 누수 및 배수시스템 자산 관리 평가에서 성공적이었다. 프로젝트의 실제 과업을 위해 약 3개월의 기간과 자문비 $60,000 그리고 PWD 활동비 $30,000가 소요되었다. LMA의 주된 의도는 정보를 수집하고 전세계 물 산업에 걸쳐 물손실관리에 적용되고 있는 최상의 실무와 관련하여 필라델피아의 누수관리 상태를 평가하는 것이다. 두 번째 프로젝트는 국제적으로 사용되는 진보적인 누수관리 방법의 교육을 받을 기회를 제공하였다. 프로젝트의 주된 절차는 다음을 포함한다.

- 필라델피아 물 회계감사를 IWA/AWWA 양식으로 변환
- DMA에서 여러 번의 시험으로 야간유량 분석을 위한 유량과 압력의 현장측정
- 필라델피아 이해 당사자에게 진보적인 누수관리 기법에 대한 2회의 발표 및 1회의 워크샵
- PWD의 누수제어 및 배수시스템 관리실무를 평가하고 개선의 기회가 있는 지역들을 위한 권장사항 제시

변화하는 배수시스템 특성에 기초하여 선정된 4개의 임시 DMA 상에서 유량을 측정하고 연구를 수행하였다. 연구 결과 필라델피아의 누수는 물 시스템 전체에 걸쳐 균질(homogeneously)하게 발생하지는 않지만 특정 지역에 집중되는 것을 시사하였다. LMA는 필라델피아 내 지속적인 감시와 누수의 야간유량 분석을 위해 DMA 접근법의 적용 가능성을 확인하였다. 이는 2005년에 시작되는 AWWARF 프로젝트 2928의 일부로서 실물크기의 영구적인 DMA를 추진하는 결정으로 이어졌다.

또한 필라델피아의 능동적 누수제어 실무에 대한 평가의 일부로서 누수탐사 기록을 평가하였다. LMA 프로젝트 자문단은 PWD가 사용하는 누수탐사 빈도가 최적인지를 결정하기 위해 위치를 확인하고 복구한 미보고된 누수의 기록과 복구 빈도(coverage frequency)를 분석하였다. 그러나 PWD의 복구추적 시스템의 평가는 누수탐사 동안 확인한 의심스런 누수의 특정 부분이 시기에 맞춰 복구되지 않았거나 또는 전혀 복구되지 않았던 가능성을 보여주는 복구 직원의 작업경로에서의 공백을 증언하였다. 또한 서비스 연결 누수에 대한 복구 책임을 고객/소유자에게 할당하는 약한 정책으로 누수복구 시간이 지연되고 있다.

또한 자문단은 물 시스템 갱생을 위한 PWD의 자본 프로그램 전략을 개선할 것을 권장하였다. 개선을 위한 선택사항은 서비스 연결 관로의 일부가 아니라 전체 길이를 대체하고, 평균 압력을 낮추고, 부정류를 제거하여 주 관로의 파괴를 감소시키기 위한 압력관리 개선 그리고 불필요한 관로를 불용처리하여 배수시스템 내 전체 관로 길이를 감소시키는 전략을 포함할 수 있다. 최종적으로 PWD는 트렌치레스 기법을 기반시설 관리 도구로 통합하여 제한된 자본조달(capital funding)을 지렛대로 더욱 잘 활용할 수 있었다.

LMA 프로젝트는 세계적인 최상의 실무와 관련하여 필라델피아의 물손실 현황을 PWD가 명백하게 이해할 수 있도록 하였다. 또한 이 프로젝트는 누수를 선제적으로 감소시키고 관리하기 위한 새로운 도구와 기법을 제공하였다.

LMA 프로젝트 종료 이후 PWD는 여러 일선(front)에서 새로운 누수제어 기법을 지속적으

그림 A.1.2 필라델피아 DMA5 내 감압밸브 및 밸브실 설치(필라델피아 수도국 제공)

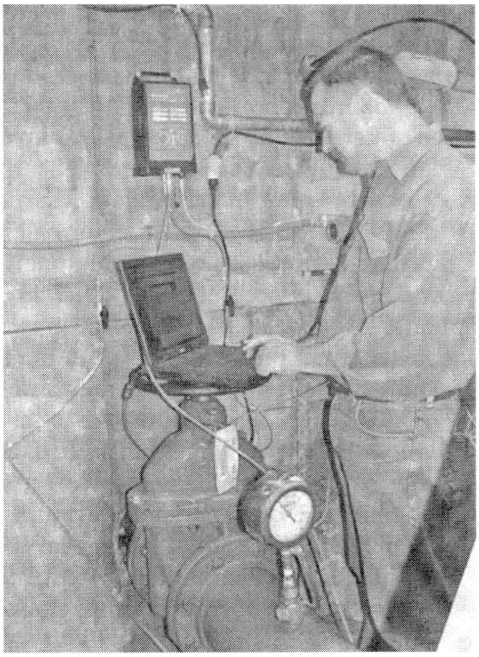

그림 A.1.3 저자 Julian Thornton이 필라델피아 내 DMA5에서 전자 제어기를 캘리브레이션하고 있다(필라델피아 수도국 제공)

로 적용하여 왔다. 가장 두드러지게 PWD는 2007년에 완료된 AWWARF 프로젝트인 "누수관리기술" 프로젝트 2928에 참여하는[10] 용수기관 중 하나로서 중요한 역할을 하였다. PWD는

그림 A.1.4 필라델피아 DMA5 내 주공급관로에 설치된 감압밸브(필라델피아 수도국 제공)

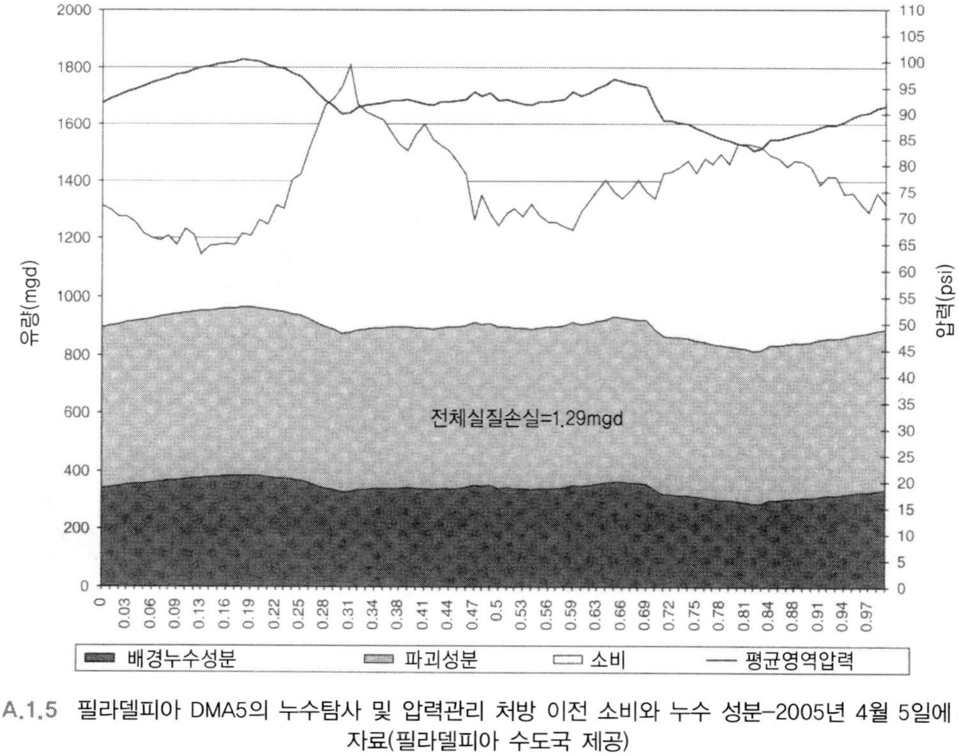

그림 A.1.5 필라델피아 DMA5의 누수탐사 및 압력관리 처방 이전 소비와 누수 성분–2005년 4월 5일에 수집된 자료(필라델피아 수도국 제공)

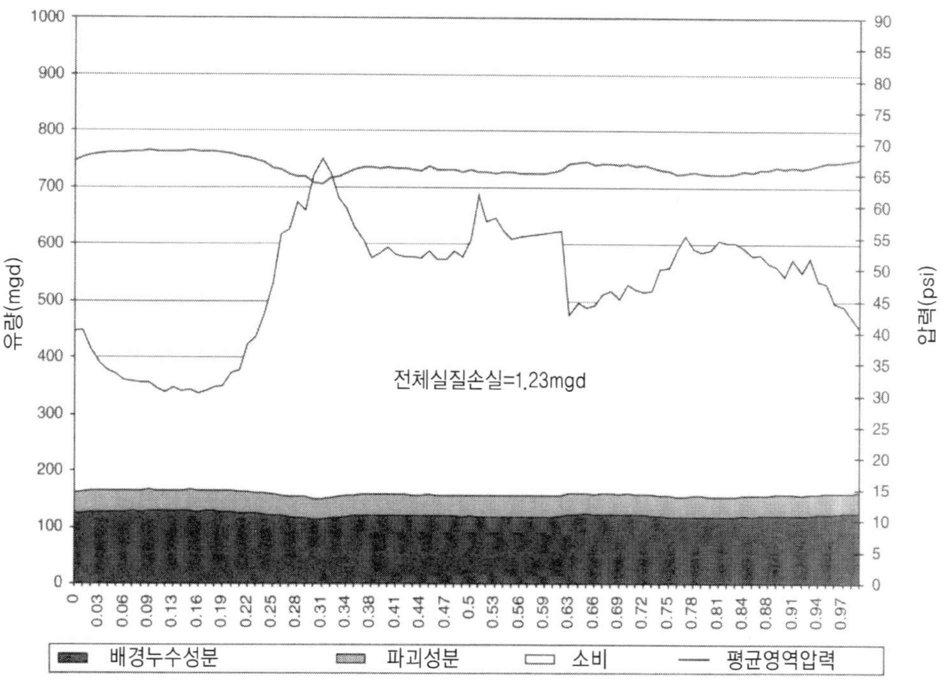

그림 A.1.6 누수탐사 및 복구 그리고 고정된 유출 모드로 30psi로 압력관리 이후 DMA5의 고객 소비 및 누수 성분(필라델피아 수도국 제공)

현존하는 배수시스템에 실물크기 누수제어를 구축한 용수기관 중 하나였다. PWD는 도시 인근에 위치한 기반시설이 오래되고, 높은 압력과 누수수준을 보이는 Germantown 내 DMA5로 명명된 최초의 영구 DMA를 구축하였다. 이 과업의 주된 의도는 미국 물 산업 내 실물크기(full scale) DMA의 감시 및 선진 압력관리의 가능성을 입증하는 것이었다. 그림 A.1.2~A.1.4는 배관, 감압밸브 그리고 챔버 내 유량계를 포함하는 주된 공급 장치의 사진을 보여준다. DMA5를 위한 계획 단계의 일부로서 취한 유량측정결과 최소시간 유량이 높은 것으로 입증되면서 매우 높은 누수를 발견하였다. 이는 그림 A.1.5 그래프에서 높은 누수율 1.29mgd 또는 1일 서비스 연결 당 639갤론으로 나타난다. 또한 누수 평가 결과 DMA5 내 현존하는 누수의 약 절반은 배경누수이며 이는 기반시설의 불량한 상태를 나타낸다. 음파로 배경누수를 탐지할 수 없지만 개선된 압력관리 및 관로 갱생으로 감소시킬 수 있다. 이 지역 내 상대적으로 높은 배경누수 수준을 감소시키는 DMA5 내 설계된 선진 압력관리 기능의 장기 효과를 평가하기 위해 조심스럽게 관측하여야 한다. PWD가 미보고된 누수를 찾기 위한 누수탐사 직원을 운영하여도 도시 전체 서비스 지역에 걸친 탐사 빈도는 매 3년마다 약 1회가 된다. DMA5 내 초기에 노출되지 않은 이 높은 누수율은 누수탐사 사이에서 발생하였다. 지속적으로 그리고 연속적으로 DMA와 유량을 감시하여 누수가 걷잡을 수 없는 수준에 야간시간 유량이 상승하기 전에 누수탐사 직원이 즉시 누수탐사를 수행할 것을 권장한다. 한번 DMA 장치를 설치하고, 표준 누수탐사를 수행하여 10개 이상의 미보고된 누수(이 중 일부는 상당한 크기)를 확인 · 복구하였다. 그림 A.1.6의 그래프는 누수감소 작업으로 감소시킨 유량 프로파일을 보여준다. 여기서 누수는 0.23mgd 또는 서비스 연결 당 1일 114갤론인 사실을 유의한다. 이 시간 이후 야간최소 유량수준은 그림 A.1.6에서 관측된 것 보다 낮은 수준으로 유지되어 왔다. 추가 누수탐사, 압력관리 그리고 선택된 기반시설 대체를 통해 누수수준을 더욱 낮추기 위한 노력을 지속하고 있다.

또한 그림 A.1.6은 진행 중인 압력관리 상태를 보여준다. 이 그래프에서 일정하게 고정된 유출압력 실행안이 채택되었다. 더욱 최근에는 압력제어모드에서 유량조정이 가장 적합한 실행안인 것으로 결정되었다(제18장 압력관리 참조). 이 유량조정 실행안은 첨두 아침 기간과 같이 일중 높은 수요 기간 동안 약간 더 높은 압력을 제공하는 장점을 갖는다. 이 실행안의 더욱 중요한 점은 고객 소비가 낮고 누수가 DMA 입력 유량의 가장 큰 부분이 되는 최소야간 유량시간과 같이 일중 낮은 수요기간에서 더욱 낮은 압력을 제공한다는 것이다. DMA5의 유량조정 실행안 내 추가적인 압력 설정의 개선이 기대되고, 배경누수 및 주관로 파괴에 대한 장기 효과가 관측될 것이다. 또한 PWD는 고정된 통신망 AMR 기술은 전체 서비스 지역의 실물크기 변환을 위한 시범으로서 DMA5의 사용을 구상한다(고정된 통신망 ARM 시스템에 대한 정보는 제13장 참조). 아마도 DMA5는 누수수준 제어를 위해 현존하는 가장 선진화된 새로운 기술을 시도하고 있다. 지금까지 이 기술은 필라델피아 배수시스템에서 실행 가능한 것으로 증명되었고, 수 년 동안 운영한 후 이 기술의 궁극적인 혜택을 알 수 있다.

PWD는 DMA 기술의 시범적용 이외 접근하기 어려운 대형 직경 관로 부분에서의 누수탐사가 매우 정확하고 유용한 것으로 증명된 주송수관로 내부 누수탐사 기술을 사용하기 시작하였다. 2007년 PWD는 이와 같은 SAHARA 기술을 사용하기 위해 Pressure Pipe Inspection Company와 계약하였다. 이 기술은 전자 청음 센서를 운영 중인 주송수관로 내부에 삽입한다. 센서는 물의 유동에 의해 추진되고 누수음을 청취한다. 센서가 관로 내부에 있으므로 외부 소음은 최소가 된다. 대형 직경 관로상에서 수행하는 전통적인 지상 누수탐지는 여러 이유로 소형 배수 주관로보다 어렵고(제16장 참조) PWD는 이러한 형식의 배관에서 이와 같은 공통적인 한계에 직면하였다. 그러나 SAHARA 장비는 3회의 스캔으로 중요한 송수 관로의 여러 전체 분절 13.6마일에서 미보고된 누수 18건을 찾아냈고, 고속도로 아래 횡단하는 48인치 직경 강관에서 2개의 대형 누수를 즉시 발견하였다. 이전에도 다양한 시도와 수 없이 많은 표준 누수탐사를 수행하였으나 이 의심되는 누수를 정확히 찾지 못하였으나 SAHARA 장비는 관로 내부로 삽입된 수 분후에 이 누수를 찾아냈다. 이 위치의 사진은 그림 A.1.7 및 A.1.8과 같다. PWD는 송수관로의 상태를 명확하게 파악하기 위해 지속적인 SAHARA 장비 사용을 학수고대하고 있다.

그림 A.1.7 고속도로의 지하를 가로지르는 48인치 주관로 강관의 누수(필라델피아 수도국 제공)

그림 A.1.8 고속도로의 지하를 가로지르는 48인치 주관로 강관의 누수탐사를 위한 사하라(SAHARA) 장비 설치(필라델피아 수도국 제공)

PWD의 배수시스템 갱생 방법은 역사적으로 1949년부터 1980년대 중반까지 활성 관로의 청소 및 시멘트 라이닝을, 1960년대 중반 이후 주관로의 대체를 포함하였다. PWD는 최근에 개발된 "트렌치레스 기술"을 조사하여 갱생 선택조건을 확대하기 위한 기회를 갖는다. 이 기술은 PWD의 대형 송수관로의 갱생을 위해 상당한 가능성을 갖는 것으로 믿어진다. 2008년에 개시하는 직경 30인치 강관의 부식된 부분에 구조적 라이너를 설치하기 위해 neopoxy를 사용하는 초기 프로젝트를 계획하고 있다. 구조적 라이너를 제공하는 다른 트렌치레스 방법들의 조사를 계획하고 있다. 이 기술들은 접근이 어려운 위치에 있는 대형 관로의 물류체계(logistical) 장점을 제공하여야 하고 교통, 도로 그리고 개인 부지에 대한 지상 장애를 최소화하여야 한다.

PWD는 장기적인 관점에서 고객 서비스 관로 누수와 관련하여 개선된 정책으로부터 대부분의 누수감소를 얻을 수 있다. 고객이 누수복구 전체를 부담하는 현재 정책 아래 평균 복구시간이 약 4주가 소요되므로 비효과적인 것으로 알려져 있다. 많은 용수기관은 이 평균 복구시간을 2~3일로 감소시켜 누수로 손실되는 많은 물을 절감하였다. 정책에서의 변화는 공감대 형성과 수완을 요구하므로 유의미한 개선을 실행하기 위해서는 시간이 필요하다.

또한 PWD는 누수 이벤트를 추적하는 과업지시서를 개선하여 혜택을 얻을 수 있다. PWD는 현재 새로운 과업지시서 관리 시스템을 시범 운영 중이며 이 시스템은 누수 추적의 정확도와 신뢰성을 개선하는 것으로 구상된다. PWD는 미국 내 가장 오래된 배수시스템에서 누수를 방지하기 위해 총체적 역량(capability)을 지속적으로 개선할 것이다.

A.1.6 피상손실 대처

PWD와 WRB의[1] 협력으로 미국 내 가장 큰 물 시설 AMR 시스템을 성공적으로 구축하였고, 용수기관 내 최초 수익보호 프로그램의 하나가 되었다. 또한 필라델피아는 2008년 새롭게 전산화된 고객 요금고지 시스템의 개시로 회계책임에서 또 다른 주된 진전을 이룰 준비가 되었다. 필라델피아의 2006년 회계년도 물 회계감사 결과 피상손실 7905백만갤런(21.7mgd)은 실질손실 22,464백만갤런(61.5mgd)의 1/3이 넘는 것을 보여준다. 그러나 대부분 초과 생산비용 $5.1백만의 실질손실 가치와 비교할 때 피상손실은 년간 $30.8백만의 수익손실을 발생시켜 현저하게 영향을 미친다. 고객에게 청구하는 소매가격(이는 실질손실 가치를 평가하기 위해 사용한 가변생산비용보다 단위 비용이 훨씬 높음)으로 피상손실을 평가하므로 이와 같은 현저한 차이가 발생한다. 도시 물 회계감사에서 PWD와 WRB가 사용한 가변생산비용과 소매가격은 표 A.1.1에 주어진다. 피상손실은 회수된 수익 없이 제공된 물 공급을 나타내고, 이 손실은 고객 계량, 미터 검침, 회계, 요금고지 운영에서 발생하므로 통상적으로 피상손실 복구의 비용-효과가 높다.

1997년 이전에 신뢰성 있는 피상손실 평가가 어려웠다. 즉, 실제 고객 모집단 모두를 계량하였지만 빈번하게 수동 미터 검침의 실패로 요금고지된 고객 소비에서 큰 오류가 발생하였다. 필라델피아 내 대부분 계정의 고객 미터는 건물 안에 위치한다. 최근 생활양식으로 인해 수동 미터 검침을 시도하는 주중 사업 시간 동안 주거민이 없는 주거민 부지가 많이 발생하였다. 1990년 중반까지 WRB의 미터 검침 성공율은 60% 중반이었고, 주거민 검침은 오직 30% 중반이었다. 매월 요금고지 주기와 더불어 분기 미터 검침 주기로 발행된 매 7개 요금고지 중 오직 하나만이 실제 고객 미터 검침에 기초하였다. 추정된 물 요금고지는 고객 물 소비 자료의 정확도의 불신 이외 빈번한 요금고지 조정 및 높은 고객 불만 전화를 초래하였다.

1997년과 1999년 사이 필라델피아와 계약자들은 미국 내 가장 큰 물 시설 AMR 시스템을 설치하였다. AMR로 지속적으로 모든 계정형식들을 통합하여 이제는 487,000개 이상의 AMR 장치가 PWD 서비스 지역 내에 설치되고 있다. 정기적으로 미터 검침 노선을 순회하는 차량은 원격 무선으로 검침을 전송받는다. 프로젝트는 고객 미터를 Badger Meter가 제작한 미터로 교체하는 설비 계약자 그리고 미터 검침 장치 및 Itron 서비스의 사용을 포함하였다. 수년 동안 방문하지 않았던 많은 부지에 많은 AMR을 설치하였으므로 초기 2년 설치 단계 그리고 설치 후 단기 후속 기간 동안 상당한 요금 조정이 발생하였다. AMR으로의 초기 전환 동안 이와 같은 조정 활동으로 인해 요금고지된 소비는 실제로 약간 저하하였다. 98% 이상의 고객 계정에 대해 AMR 시스템이 실행되면서 높은 검침 정확도로 인해 고객 요금고지 자료에서 큰 신뢰감이 형성되었다. 또한 AMR 시스템은 고객의 미승인된 소비를 좌절시킬 수 있는 조작감지 기능을 포함한다.

PWD와 WRB는 AMR을 채택하는 한편 수동 미터 검침 접근이 어려웠던 작은 부지 그룹이 상당히 감소하였으므로 미터검침 그룹을 재편성하였다. 미터 대체 및 보수는 물론 고객 조사에 초점이 맞추어진 "수익보호" 임무가 미터검침 그룹에 추가되었다. 이제 의심되는 계정을 조사하기 위해 상당한 재원을 매년 사용할 수 있다. 이와 같은 계정은 만성적인 0 소비 계정과 미요금고지된 계정을 포함한다. 후자는 여러 행정적인 원인들 중 하나로 요금고지가 중지된 고객 계정을 의미한다. 1990년대 동안 미요금고지된 계정 모집단은 밀접한 감시를 받지 않고 증가하였다. 물을 전혀 사용하지 않는 것으로 나타난 이 의심스런 많은 계정은 실제로는 미터 검침 또는 요금고지 없이 물을 소비하는 것으로 밝혀졌다. 여러 번의 0 소비를 등록한 계정을 조사하였으며, 이 년간 조사 동안 0 소비를 등록한 고객들 중 최대 45%가 미터를 조작한 것으로 확인되었다. 많은 조사를 수행하는 도중 수정되었던 도시의 허가, 회계 및 요금고지 자료처리 절차에서 많은 공백(gap)들이 확인되었다. 이 공백은 많은 계정이 실제로 물-소비 상태로 복귀되었을 때 미요금고지 되는 상태로 부적절하게 유지되는 것을 허락하였다.

또한 지자체가 소유한 빌딩에서 방만한 물회계가 문제가 되어 왔다. 때로는 이러한 계정은 PWD에게 순수 수익(net revenue)을 창출하지 않기 때문에 중요성을 경시한 것으로 믿어지고, 많은 지자체 빌딩들은 수도미터, 미터 유지관리 또는 미터 검침을 수행하지 않는다. 많은 부지는 도시 요금고지 시스템에서 회계와 물 소비 추적을 회피하였다. 도시의 가장 큰 정수장과 2mgd 이상의 가장 큰 물 소비자를 수 년 동안 감시하지 않았지만 이 계정에 대한 계량과 요금고지가 확립되었다. 다른 여러 정수장과 펌프장은 미터와 계정이 부족한 것으로 밝혀졌다. 수익보호 프로그램은 모든 고객들에 대한 요금고지 계정, 수도미터 그리고 자동 미터 검침이 존재하는 것을 보장한다. 모든 계정의 효과적인 감시를 보장하기 위해 AMR 노선과 요금고지 절차를 개선하고 있다. PWD의 수익보호 프로그램은 처음 8년 운영 동안 총 $14백만 달러 이상을 회수하였다. 이 프로그램의 성공은 재원과 과업 범위의 확장을 권장하는 것으로 이어졌다.

또한 PWD는 미국 내 구도심을 괴롭혔던 손실된 물의 특이한 근원인 소화전 남용을 성공적으로 통제하였다. 지상 소화전 및 도심 내 인구가 밀집된 지역의 소화전은 뜨거운 하절기 기간 동안 열 완화 수단으로서 불법으로 빈번하게 개방되었다. 높은 물손실 이외 이러한 위험한 행위로 인해 배수시스템 압력은 소방 및 역류 방지에 필요한 안전한 압력수준 이하로 감소하였다. PWD는 대부분의 소화전에 CCL(center compression locks)을 설치하여 이러한 현상을 성공적으로 방지하였다. 이 장치는 내부 코일을 압축하여 소화전을 개방하기 위해서 특별한 어댑터를 사용할 것을 요구한다. 소화전의 개방 상태를 유지하기 위해서는 반드시 어댑터가 소화전에 머물러있어야 하고 어댑터를 제거하면 소화전은 폐쇄된다. 비록 일부 개인들이 CCL를 무력화시키는 방법을 발견할지라도 이들은 오직 한 번에 하나의 소화전만을 개방할 수 있고, 이들이 임시변통의 어댑터를 제거하여 소화전을 폐쇄하면 소화전이 폐쇄된다. CCL 이전에는 불법 렌치를 사용하여 여러 소화전을 개방하였고 통상적으로 PWD 직원이 소화전을 폐쇄하기 위해 현장에 도달하기까지 오랜 시간 동안 개방된 상태로 유지되어 물손실이 상당하였으나 CCL를 사용하여 이와 같은 물손실을 감소시켰다.

PWD와 WRB는 2008년에 새로운 고객 요금고지 시스템의 완전 실행을 학수고대한다. Oracle과 계약하여 요금고지 소프트웨어 패키지(Prophecy International Holdings, Ltd의 Basis2)를 실행하고 있고, 현재 구식 요금고지 시스템에 상당히 개선된 기능을 제공할 것으로 예상된다. PWD는 (−) 요금고지 조정 그리고 년간 요금고지된 소비체적에 대한 요금고지의 일탈 정도를 밝히기 위해 WSO와의 자문 계약하여 현재 요금고지 시스템의 데이터마이닝(data mining) 및 분석을 수행하고 있다. 회계년도 2003부터 2006년 기간에 걸친 요금고지자료에서 수행된 이 과업은 이전 요금고지 시스템의 구조에서 여러 결함을 시사하였다. Basis2 요금고지 시스템이 정상적으로 운영되면 이전 요금고지 시스템의 많은 단점을 방지하는 기능을 제공하도록 구상하고 있다. Basis2 고객 요금고지시스템의 실행은 장기적인 노력이 필요하다. 1999년에 시작한 미터 검침에서 AMR 시스템이 획기적인 기술을 제공하였던 것과 같이 PWD와 WRB가 요금고지기능에서 획기적인 기술을 제공할 것으로 예상된다.

피상손실 감소는 높은 경제적 상환을 제공하므로 매력적이다. 피상손실 감소는 이러한 방법으로 이전에 미포착된 재원을 창출하고, 용수기관이 모든 사용자들에게 비용을 균등하게 분포시키는 요금 상승을 지연시킨다. 필라델피아는 피상손실에서 상당한 진전을 이루었지만 $30백만 이상의 비수익성 물이 존재하므로 아직도 수행할 과업이 많다.

A.1.7 물 산업에서 선진 물손실제어

PWD는 규제기관과 함께 많은 물 산업 무역관련기구 및 파트너십에서 능동적인 역할을 수행하였다. PWD 직원은 많은 사람들과의 관계에서 선구자 역할을 하였고, 수자원 관리에서의 새로운 정책과 규정개발에 상당한 영향력을 행사하여왔다. PWD는 AWWA가 발행한 무료 물 회계감사 소프트웨어 개발에 도움을 제공하였고, 최근 두 AWWARF 프로젝트의 실행에서 직접적인 역할을 하였다. 이제 PWD는 용수기관이 정기적인 물 회계감사를 제출하도록 요구하는 텍사스주의 규정을 포함하여 여러 제정 노력에 대한 조언자의 역할을 하여 왔다. 캘리포니어, 뉴멕시코 그리고 조지아와 같은 여러 주들에서 유사한 노력들이 구상되고 있다. PWD는 물 산업에서 실제 변화를 가져오기 위해 필요한 봉사활동은 물론 새로운 운영기술과 방법의 개발에서 지속적으로 적극적인 참여자가 될 것이다.

A.1.8 필라델피아 물손실 미래

필라델피아 수도국과 수자원국은 물 공급 시스템에서 물손실제어 프로그램의 실행 선구자로서 그리고 물 산업에게 물 효율을 촉진하는 선구자로서 국가적 인지도를 얻었다. 또한 필라델피아는 물 회계책임을 개선하기 위한 15년간의 노력으로 다음과 같은 많은 성공을 거두었다.

- 2008년에 개시하는 Basis2 고객 요금고지 시스템 실행
- 도시 내 차세대 AMR를 위한 시범으로서 DMA5 내 고정된 통신망 AMR 기능 추구
- 수익보호 프로그램 확대
- 누수 발생을 추적하는 작업 지시서의 개선
- 물 시스템의 누수수준 최소화를 위해 지속적인 DMA5 감시 및 누수제어개선
- 고객 서비스 연결 누수의 복구와 관련된 정책 개선

PWD는 상기 권장사항들을 다루기 위해 여러 현장에서 조치를 취하고 있다. PWD는 장기적인 누수감소는 물론 피상손실 및 손실된 수익을 회수하기 위해 지속적으로 노력할 것이다. 2000년 이후 복구된 실질손실과 피상손실의 조합된 절감은 지출된 비용보다 상당히 큰 것으로 믿어진다. 필라델피아는 고객들에 대해 서비스 수준을 개선시키기 위한 진보적인 조치를 취하는 긴 역사를 갖는다. 물손실제어에 대한 과업은 이 분야의 역사에서 중요한 부분이고 북미에서 물손실 및 이를 제어하여야 하는 필요성의 이해에 크게 영향을 미친다.

A.2 실질손실 감소–캐나다 노바스코티아 핼리팍스

A.2.1 개요

핼리팍스회사는 북미 배수시스템 내 실질손실 감소를 위해 IWA/AWWA 방법론을 채택한 최초의 용수기관이다. 2006년 3월 31일까지 핼리팍스회사는 Dartmouth 시스템 내 누수를 16,000m^3/d(정수장 생산량 59,000m^3/d에서 43,000m^3/d)을 감소시켰다. 이외 핼리팍스회사는 핼리팍스지역 배수시스템 압력관리를 통해 추가로 18,000m^3/d를 감소시켰다. 전체 누수감소 34,000m^3/d은 년간 절감액 $550,000에 상응한다. 핼리팍스회사는 직접적인 절감 이외 고객의 건강을 향상시켰고(누수되는 물 시스템은 오염 가능성이 더욱 크다), 이제는 선제적 방법으로 누수를 발견하여 서비스 장애 및 부지 손상을 감소시켰다.

A.2.2 배경

1996년 핼리팍스지역 물 위원회인 HRWC(Halifax Regional Water Commission)는 핼리팍스 지자체 HRM(Halifax Regional Municipality)를 구성하는 4개 지역 통합의 일부로서 설립되었다. 이와 같은 지역통합은 용수기관이 Darmouth 내 새로운 주 송수관로 및 정수장 건설의 필요성에 대한 압력을 다루면서 즉각적인 도전과 기회를 가져왔다. $60백만 달러의 프로젝트는 1998년에 적시에 그리고 예산 안에서 완료되었다. 이 프로젝트의 완료로 핼리팍스회사는 세계적인 용수기관으로의 도약 비전 아래 지속적인 개선 프로그램을 착수하였다. 용수기관의 우선순위는 배수시스템 내 악화된 누수를 감소시키는 것이었다. 이는 Dartmouth 물 시스템 내 누수가 35% 정도이고, 새로운 정수장은 지역 내에서 가장 높은 가격(주로 정수장으로부터 물을 가압하여야 하기 때문에)으로 물을 생산하기 때문에 특히 중요하였다. 누수감소는 즉각적인 정수장 비용의 감소 그리고 정수장 용량을 증가시키기 위한 미래 확장과 관련된 자본비용의 집행을 연기할 것으로 예상된다. 물손실제어를 위한 최상의 실무를 결정하기 위해 교차부서(cross department)팀이 형성되었다. 초기에는 물 전문가는 핼리팍스회사가 따르는 전통적인 접근법인 북미 방법인 "불명수량" 감소에 집중하였다. 이 방법은 명백한 단점을 가지므로 핼리팍스회사는 이 연구를 확대하였고, AWWA 대표를 포함하는 IWA의 WLTF가 장려하는 새로운 방법론을 발견하였다. IWA/AWWA 접근법은 특성상 포괄적이지만 이를 시행하기 위해서는 패러다임의 전환이 필요하다. 이는 "회계책임" 개념에 기초하였다. 핼리팍스회사는 1999년 이 방법론을 실행하였으며 2000년 4월 공식적으로 이 방법을 최상의 실무로서 채택하였다.

A.2.3 혁신 및 우수성

실질손실 감소를 위한 IWA/AWWA 방법론은 오직 회계책임에 관한 것으로서 통합된 물손실제어 접근법이다. 핼리팍스회사는 IWA/AWWA 표준 물수지 및 이에 상응하는 전략들을 채택하였으며 이는 사고의 전환을 요구한다. 즉, "불명수량"과 "표준 물수지"가 모든 곳에서 자리를 잡았고 잘 작동하고 있다는 인식에 대한 금지부터 시작한다.

4개의 핵심 전략인 능동적 누수탐사, 압력관리, 복구 속도와 품질 그리고 자산 평가는 IWA/AWWA 방법론을 지원한다.

핼리팍스회사에서 능동적 누수탐사는 누수를 정확하게 찾기 위해 청음장치와 청각 방법을 보완하기 위한 디지털 소음 상관관계를 사용하여 1년에 2회 물 시스템의 소음 지도 탐사를 포함한다. 또한 배수시스템의 각 DMA 내 유동 경향분석을 위해 사용하는 SCADA 시스템은 누수탐사 활동을 지원한다. 이러한 방법으로 누수 경향이 나타나면 누수 직원을 즉각 배수시스템의 영역으로 파견할 수 있다.

고객 서비스를 위해 최적화되고 누수를 최소화하는 수준으로 배수시스템 내 압력을 유지하는 것을 보장하기 위해 적극적인 압력관리를 추구하였다. FAVAD(fixed and variable area discharges paths)개념과 BABE(burst and background leakage estimates) 성분분석에서 기술한 것과 같이 압력과 누수 사이에 명쾌한 관계가 존재한다. 또한 핼리팍스회사는 통상적으로 물 사용량이 감소하고 이에 상응하여 압력과 누수가 증가하는 야간 시간에 의도적으로 배수시스템 내 압력을 감소시켜 더욱 선진화된 압력관리 적용을 탐구하여 왔다. 핼리팍스회사는 AWWARF 프로젝트 No. 2928 "Leakage Management Technologies"의 일부로서 초기에 유량 조정된 압력제어로 성공을 거두었다.

복구속도와 품질은 누수 지속 시간의 감소에 집중된다. 따라서 이러한 측면에서 복구 속도는 전적으로 실제 누수복구 자체를 의미하지 않는다. 누수 지속시간은 누수 인지시간, 정확한 위치확인시간, 그리고 실제 복구시간 3개 성분으로 구성된다. 오직 2년에 한번 누수탐사를 수행하는 용수기관의 경우 평균적으로 누수는 1년 동안 지속되었을 것이다. 작은 서비스관로 누수도 1년 이상 지속될 수 있다.

자산 관리는 다소 장기 전략이지만 중요한 전략이다. 오래되고 누수가 발생하기 쉬운 주관로를 정기적으로 대체 또는 갱생하는 것과는 별도로 자금을 반드시 확보하여야 한다. HRWC는 운영 수익으로부터 전용 감가상각 충당금과 자본금을 통해 조성된 자금으로 선제적으로 주관로 갱생 프로그램을 시행한다. 운영비용으로서 감가상각의 확보는 저절로 최상의 실무로서 인식되고 십중팔구 온타리오 법안 175조의 실행에 포함될 것이다. 관로 이외 설치 및 유지관리하여야 할 중요한 자산은 미터이다. HRWC는 고객사용을 감시하기 위해 보편적인 계량을 실시하고 그리고 배수시스템의 DMA 내 한 무리의 마스터 미터를 사용한다.

이 모든 전략들은 물손실감소에 대한 포괄적인 접근법으로 구성되지만 DMA와 SCADA의 중요성에 대해 논평할 가치가 있다. 핼리팍스회사는 65개의 DMA 및 강건한 SCADA 시스템을 갖는다. 이 도구들을 사용하여 누수 평가를 위한 야간유량 분석과 병행하여 물 시스템 유동에서 얻을 수 있는 최상의 기준을 결정하였다. 전형적인 DMA(그림 A.2.1 참조)는 최대 관로 길이 30km 또는 약 2500개 고객 서비스를 갖는 배수시스템 내 하나의 영역을 포함한다. 만일 고도 경계를 신중하게 설정하거나 또는 영역이 가압되면 일부 영역들은 이보다 적을 수 있다. 만일 DMA를 구축하지 않으면 누수 발견은 건초더미에서 바늘을 찾는 것과 같다. DMA 확립의 기본적인 목적은 건초더미를 더 작은 더미를 세분하고 어느 더미에 바늘(누수)이 있는지를 파악하기 위해 SCADA 시스템을 사용하는 것이다.

그림 A.2.1 노바스코티아 Dartmouth 내 Mount Edward DMA(HRWC 제공)

실질손실을 얼마나 감소시킬 수 있는지를 결정하기 위해 야간유량 분석은 중요하다. 기술직원은 주거민 고객의 야간 사용을 계산하고, 예외적인 상업/산업 사용을 측정하고, SCADA 시스템을 통해 기록된 유량과 비교하여 물 시스템 내 활성 누수를 결정한다. 능동적 누수 처방을 통해 가장 큰 수익을 제공하는 영역에 대해 노력을 집중한다. 미포착된 물과 이에 상응하는 물 가치의 개념으로 용수기관의 누수제어 투자를 평가할 수 있다. 이 경제성 평가는 배수시스템의 특정 영역에서 누수탐사활동의 증가 또는 감소의 결정에 영향을 미친다.

IWA/AWWA 방법론에 따라 성능을 평가하기 위한 전체 평가지표는 기반시설 누수 지수인 ILI(infrastructure leakage index)이다. ILI는 물 시스템의 불가피한 손실에 대한 실질손실의 비율이다. IWA/AWWA 표준 물수지로부터 실질손실을 유도할 수 있으며 구축된 경험 데이터베이스로부터 계산된 체적과 불가피한 손실을 유도할 수 있다. 불가피한 손실은 물 시스템 내 관로 길이, 서비스 연결밀도 그리고 정상적인 운영압력과 관련된다. 높은 서비스 연결밀도 및 높은 수압을 갖는 물 시스템은 더욱 높은 불가피한 손실을 갖는 것이 논리적이다. ILI 성능지표 사용 혜택은 지구상 임의 다른 용수기관들을 서로 비교할 수 있다는 것이다. 이전의 "불명수량"에 기초한 비교방법은 일관성이 없고 표준 접근법 및 용어가 없어 매우 주관적이다. 2003년 AWWA 및 캐나다 NRC InfraGuide는 최상의 실무로서 IWA/AWWA 방법론을 인식하였고 3년 후 핼리팍스회사가 이 방법을 정식으로 채택하였다.

A.2.4 실행, 결과 그리고 얻은 교훈

핼리팍스회사는 세계적인 용수기관으로 도약하기 위한 비전으로 물손실제어를 위해 IWA/AWWA 방법론을 채택하였다. 새로운 계획을 시작하기 위해 배수시스템 운영, 엔지니어링, 플랜트 운영 그리고 재정 및 고객 서비스 모든 부서의 대표들로 구성된 운영위원회가 발족되었다. 때때로 부서간 협조는 양날의 칼이 되었고 요구되는 추가 조정 때문에 많은 새로운 계획이 정지되었다. 그러나 교차 부서의 발의가 잘 진행될 때 이들은 획기적인 결과를 도출할 수 있다. 이 결과의 사례로서 핼리팍스회사는 물 회계책임 벤처(water accountability venture)를 앞당겼다.

리더십 역할을 하는 운영 부서 그리고 고위직 관리자의 지원을 받아 직원은 물손실제어를 위한 최상의 실무를 찾기 위해 국제 연구를 수행하였다. 이 연구를 위해 직원들은 IWA WLTF의 물 전문가들과 함께 일하게 되었다. 세계 수준의 누수감소 방법론과 전략을 개발하도록 WLTF에게 권한이 주어졌다. 2000년 WLTF는 오늘날 우리가 알고 있는 표준 물수지 및 물손실 감소전략으로 프로젝트를 완성하였다.

1999년 HRWC는 직원에게 물손실 감소 전략과 표준 물수지에 대한 입력 정보를 이해시키기 위해 IWA/AWWA 방법론과 관련된 국제 전문가를 고용하였다. 기술부서는 배수시스템의 정기적인 누수음 지도작성을 위한 도면을 구축하여 운영자를 강력한 지원하였다. 이외 DMA 설계와 함께 도움을 제공하기 위해 기업(corporate) GIS를 사용하였다. DMA를 적용시키기 위해 배수시스템의 여러 지역들을 변환하였다.

또한 핼리팍스회사는 물손실전략을 지원하기 위해 SCADA 시스템을 통해 실시간으로 대형(높은 소비) 고객의 유량을 감시하는 프로젝트를 착수하였다. 고객은 누수가 악화된 시기를 알 수 있고, 용수기관은 배수시스템 내 잘못된 누수를 찾기 위해 직원을 보내지 않아도 되므로 이 프로젝트는 상호 혜택을 제공하였다. 핼리팍스회사는 유량이 크게 증가하는 고객에게 통보하고, 고객은 누수를 확인하면 누수를 복구하기 위해 인력을 고용한다.

실질손실 감소 프로그램의 성공사례는 잘 문서화되었다. ILI 감소로 프로그램 성과를 평가할 수 있으며, 1998년 ILI=9.0에서 2006년 3월 31일 ILI=3.0으로 떨어졌다(표 A.2.1 참조). 정기적으로 ILL를 측정하고 분기별로 보고한다. 핼리팍스회사가 복구한 전체 실질손실은 34백만 L/d이고 물 시스템 입력량은 168백만L/d에서 134백만L/d로 감소하였고 이는 년간 절감액 $550,000에 상응한다.

비록 이론적인 관점에서 ILI=1.0을 달성할 수 있는 것으로 인식되지만 많은 용수기관들은 경제적 실행가능성을 증명하기 위해 도전하고 있다. 다시 말해 용수기관은 1달러를 절감하기 위해 1달러를 소비하지 않아야 한다. 핼리팍스회사도 다르지는 않았고 AWWARF가 수행한 연구에 기초하였을 때 용수기관은 경제적 누수수준에 매우 인접하였다.

배수시스템 내 누수감소와 관련된 직접적인 경제적 혜택 이외 다른 직접 및 간접적인 혜택들이 실현된다. 만일 미래 수요를 만족시키기 위해 정수장 용량을 증가시킬 필요가 있을 때 시스템 입력의 감소는 자본투자를 지연시킬 수 있다. 다른 간접적인 혜택으로 물의 생산과 배수는 에너지 집약적이므로 그린하우스 가스 감소를 들 수 있다. 물 보존을 장려할 때 용수기관이 할 수 있는 것이 오직 누수를 제어하는 것이라면 고객과의 거래가 더욱 쉽다.

또한 누수를 선제적으로 감소시키는 사회적 명분이 존재한다. IWA/AWWA 방법론을 사용하여 초기에 대부분의 누수를 발견하므로 서비스 장애 및 인근 부지에 대한 손상을 최소화하여 누수를 복구할 수 있다. 또한 IWA/AWWA 방법론은 최상의 물손실제어 실무인 것을 증명하면서 용수기관의 손해배상청구 책임을 최소화하도록 도울 수 있다.

마지막으로 용수기관은 공공 건강 보호 사업인 사실을 반드시 인식하여야 한다. 통상적으로 상수관로와 하수관로는 빈번하게 공동 트렌치를 공유하므로 누수가 악화된 물 시스템은 오염에 상당히 노출될 수 있다.

A.2.5 프로젝트 지속 가능성과 정책 체계

핼리팍스회사의 물 회계책임 프로그램은 모회사 HRM(Halifax Regional Municipality)의 전략 계획 및 지속 가능성 목표를 직접 지원한다. 핼리팍스회사는 환경 및 기반시설 관리에 집중하는 전략계획의 성과를 평가하기 위해 균형성과 평가표를 활용하여 왔다. 성과를 평가하

표 A.2.1 ILI 성능 결과(출처 : HRWC)

HRWC 지역 결과	ILI 1997/98	ILI 1999/00	ILI 2000/01	ILI 2001/02	ILI 2002/03	ILI 2003/04	ILI 2004/05	ILI 2005/06
중부	NA	1.6	1.2	1.0	1.0	1.5	1.1	1.0
동부	NA	4.4	4.5	2.9	3.1	2.4	2.4	2.0
서부	NA	11.7	11.7	11.5	9.2	7.3	6.9	5.3
핼리팩스회사	9.0	6.4	6.3	5.5	4.7	4.0	3.8	3.0

고 목표를 확립하기 위한 핵심 성과 성능지표 중 하나는 ILI이고, 이는 IWA/AWWA 방법론과 관련된 핵심 기준점이다.

HRM은 자체 성과평가표의 구축과 함께 지속 가능성 목표를 수립하였다. HRM의 성과 실행안들 중 하나는 ILI 측정을 통한 핼리팍스회사 성과와 연계된 환경 보존이다. 또한 물 시스템 입력량 감소는 정수장의 약품과 에너지 감소로 이어지므로 핼리팍스회사의 IWA/AWWA 방법론의 채택은 HRM의 그린하우스 가스 감소 목표를 직접 지원한다.

배수시스템 내 누수를 감소시키는 것은 세탁하는 것과 유사하다. 즉, 끝이 없다. 이와 관련하여 핼리팍스회사는 장기간 IWA/AWWA 방법론에 전념하여 물손실감소에서 더 깊숙한 진진을 기대한다. 핼리팍스회사의 목표는 경제적인 누수수준인 ILL=2.5를 달성하는 것이다. 이는 물 시스템 내 추가로 2백만 L/d의 누수감소를 의미한다.

모든 부서원들이 투입되었고 이미 획기적인 결과들을 얻었기 때문에 핼리팍스회사는 물손실감소를 위해 IWA/AWWA 방법론을 무한히 지속할 것으로 기대된다. 이러한 획기적인 결과들은 심각한 문제에 대한 통합적인 접근법의 필요성을 반영하며 부서간의 관계를 강화시켰다. IWA/AWWA 물손실감소 방법론의 포괄적인 접근법은 수질을 유지하기 위한 여러 장애물과 같지만 핼리팍스회사에게 무엇보다도 중요하다.

핼리팍스회사는 물 회계책임에 대한 국제적 인지도를 갖는다. 2005년 6월 핼리팍스회사는 물손실제어에 대한 이 회사의 접근법을 높이 평가 받아 캐나다 지자체 연합을 통한 물 분야에서 지속 가능한 지역사회상을 수상하였다. 2005년 9월 핼리팍스회사는 IWA 누수 2005 회의를 주관하였고, AWWARF 및 캐나다 국가 연구 위원회와 함께 연구에 참여하여 왔다.

A.3 물손실제어 프로그램-테네시주 내쉬빌 대도시 물 서비스

A.3.1 배경

회계년도 2001/2002, 2002/2003, 2003/2004 연속 3회 테네시주 내쉬빌의 광역상수도 MWS (Metro Water Service)에 대한 물 회계감사를 수행하기 위해 WSO와 계약하였다. 이 이전에 MWS는 다양한 누수탐지 프로그램을 통해 손실제어를 시도하였고 어느 정도 성공을 거두었다. MWS 사유화에 대한 많은 토론 결과 물손실제어 및 관리를 대폭 개선하는 것으로 결론이 났다. 2002년 MWS는 표준화된 IWA/AWWA 물 회계감사 방법론은 MWS가 그 동안 사용하여 왔던 방법론과는 다르게 물손실을 정확하게 평가하고 제어하는 다른 도구를 제시하였다고 결론을 내렸다. IWA/AWWA 방법론의 매력적인 차이는 MWS가 물 시스템의 분석을 허락할 뿐만 아니라 물 시스템의 물손실에 대하여 가장 적합한 처방전략을 설계하고 실행하는 것을 가능하게 하였다는 것이다. MWS 배수시스템 자료는 다음과 같다.

MWS-테네시주 내쉬빌과 대비슨 카운티 광역상수도
1일 평균 시스템 입력: 92mgd
Omohundro 및 K.R. Harrington 정수장 취수원: 100% 지표수

주관로 길이:	2888마일
주거민 서비스:	157,006
상업 서비스:	14,621
소화전:	19,511
밸브:	60,040
배수지:	44
전체 배수지 용량:	93.5mg
평균 시스템 압력:	74.8psi
물의 한계비용:	$0.277/1000갤론
인구:	500,000+

MWS는 컴버랜드(Cumberland) 강을 수원으로서 사용하였다. 2개 정수장과 현재 수원을 사용하는 MWS 용량과 공급은 큰 문제가 되지 않는다. 내쉬빌이 경험한 최근 3년 가뭄에서도 물 공급은 상당한 문제가 되지 않았다. 물 회계감사 및 후속적인 누수탐사 프로그램의 주된 추진배경은 MWS 배수시스템의 운영 효율을 개선하는 것이었다.

광범위하고 상당히 섬세한 수준으로 IWA/AWWA 물 회계감사를 수행하였다. 회계감사 결과와 관련된 전반적인 신뢰도를 개선하기 위해 연속적인 회계감사 동안 물 회계감사 성분 입증을 수행하였다. 표 A.3.1은 3개 연속적인 감사 동안 결정된 성능지표의 일부를 제공한다.

다음 절에서 물 회계감사결과, 1차년도부터 3차년도까지 성능지표들이 변경된 이유, 누수탐사 프로그램 실행 결정에 대해 더욱 상세하게 기술한다.

표 A.3.1 물 손실 성능지표 비교(출처 : MWC)

* 시스템 입력 체적 %

구분	1차년도	2차년도	3차년도
UARL(mgd)	2.877	2.878	3.620
CARL(mgd)	15.058	18.785	22.792
ILI	5.23	6.53	6.30
NRW *	26.3%	32.6%	28%

A.3.2 물 회계감사

최초 물 회계감사는 물수지 생성 및 배수시스템의 초기 관찰에 매우 철저하게 집중되었다. 최초 회계감사에서 공급원 미터의 정확한 시험이 어렵기 때문에 물 회계감사의 여러 핵심 성분들(특히 공급원 입력 체적)의 신뢰도 수준이 낮은 것으로 나타났다. 바람직한 회계감사 결과의 신뢰도를 얻기 위해 이와 같은 신뢰도 한계를 향상시킬 필요가 있었다. 비록 신뢰도 수준이 원하는 만큼 양호하지 않아도 누수탐사 프로그램을 설계하고 실행하기 위한 기업효용이 명백하게 존재한다. 누수탐사 프로그램을 시작하기 위한 결정이 회계감사 결과 내 신뢰도 수준을 개선한 이후에 경제적 정당화가 가능한지를 확신하기 위해 민감도 분석을 통해 회계감사에서 수준 낮은 신뢰도의 잠재적 영향을 시험한다. 실질손실은 충분히 커서 이 손실을 감소시키기 위한 누수탐사 프로그램이 필요하였다.

마스터 미터 또는 시스템 입력 미터의 시험을 통해 초기 회계감사 결과를 추적하고 신뢰도를 개선하기 위해 두 번째 물 회계감사를 수행하였다. 두 번째 회계감사의 중요한 성분은 MWS의 경제적 누수수준 ELL(economic level of leakage)의 결정이었다. 회계감사 결과를 입증하기 위해 최소야간유량 MNF을 측정하고 분석을 위해 표본 DMA 설정을 포함한 현장 측정을 수행하였다. 또한 시스템 내 실질손실의 결정을 더욱 개선하기 위해 실질손실 성분을 분석하였다.

세 번째 회계감사는 작은 미터의 분석을 통해 피상손실을 분석하기 위해 사용한 자료의 신뢰성을 더욱 개선시키는 데 집중되었다. 정확도를 확인하기 위해 시험하였고, 가정용 미터 시험에서 평균 보다 상당히 불량하였던 일부 작은 그룹의 미터를 제외하고 전반적으로 기대 이상으로 좋은 상태를 유지한 것으로 나타난 1500개 이상의 가정용 미터로부터 얻은 자료를 집중 분석하였다. 그리고 정지된 미터들은 나머지 조합된 가정용 미터 보다 더 많은 피상손실을 차지하였다.

표 A.3.1를 고찰하면 시스템의 성능지표 PI(performance indicators)가 회계감사를 수행한 3년간에 걸쳐 악화된 것으로 나타나지만 이는 사실이 아니다. 실제로는 누수탐사 프로그램을 수행한 사례는 오직 당초 자료만을 사용하였던 사례 보다 상당히 더욱 옹호할 수 있는 관점에서 다음과 같이 자료의 신뢰성이 개선되었다.

표 A.3.2 계산된 실질손실체적과 관련된 신뢰수준 향상

출처 : MWS

년도	실질손실 신뢰수준
2003	±68.4%
2004	±9.1%
2005	±4.9%

11,546.4백만갤런과 2,166.6백만갤런 사이에서 발생한 실질손실(1차년도 실질손실 ±68.4%) 보다는 9,725.6백만갤런과 7,910.4백만갤런 사이에서 발생한 실질손실(3차년도 실질손실 ±4.9%)에 기초한 결정을 옹호하는 것이 상당히 더 쉽다.

A.3.3 처방전략 개발

첫 번째 물 회계감사로부터 권장안은 실질손실에 대한 신뢰도 한계는 바람직하지 않았지만 MWS 배수시스템에 대한 누수탐사 프로그램을 수행하는 것이다. 2차년도와 3차년도로부터 결과들은 1차년도 결정에 대한 정확성을 강화하였다. 다음 사항들을 포함한 다양한 선택사항들을 검토하였다.

- 자체 직원 vs 자문가
- 소음 로거 vs 수동 스윕(sweeps)
- 전체 시스템 vs 시스템의 절반에 대한 년간 탐사

누사탐사 프로그램을 자체 수행하려면 더 많은 사람들을 고용하여야 하는 간접비용 이외 장비구매 및 훈련비 지출이 필요하다. 반면 자문가를 고용하면 이 부담을 자문가에게 전가할 수 있다. 소음 로거 vs 수동 스윕에 대해서는 전적으로 장비에 의존하는 대신 숙련된 사람과 함께 그리고 단순히 "신속하고, 전반적인" 확인 보다는 포괄적인 조사를 수행하는 것으로 결정하였다.

년간 전체 시스템에 대한 누수탐사가 실질손실을 감소시키는 데 최적인 것으로 결정되었지만 예산으로 인해 약간의 프로그램 축소가 필요하였다. 누수탐사 프로그램은 매년 배수시스템의 약 절반을 다루도록 설계되었고, 진행하면서 필요하면 프로그램 변경이 가능하도록 설계되었다. 누수탐사 프로그램의 초기 기간은 5년이고, 이중 3년은 이 사례연구 작성시 완료되었다.

A.3.4 실질손실에 대한 처방

MWS 누수탐사 프로그램은 DMA 내 복구 가능한 누수를 감소시키기 위해 누수탐사와 일시적인 DMA 측정의 조합으로 구성되었다. 내쉬빌은 이미 피토트 영역 측정으로 설계된 약 73개 구역들이 구축된 장점을 가졌다. 이 구역들은 자연스런 경계 또는 밸브 폐쇄로 정의되었다. DMA를 측정하는 것은 단순히 내부 유량을 측정하고 경계 밸브가 폐쇄된 것을 보장하는 일이다.

누수탐사 프로그램 1차년도에서 MWS는 누수위치와 과거의 복구 이력에 기초하여 배수시스템 내 구역들의 우선순위를 정하였다. 1차년도 동안 50개 DMA를 측정하였고, 31개 DMA

에서 누수조사를 하였다. 1차년도 동안 확인 시간이 부족하였기 때문에 2차년도에서는 13개 DMA의 누수탐사 및 조사를 수행하였다. 6개 DMA는 누수수준이 충분히 낮아 누수탐사가 경제적이지 않은 것으로 결론이 났다. 1차년도에 약 878.32마일(주송수관로 65.2마일 포함)의 주관로를 조사하였고, 50gpm 이상의 누수 30개소를 포함하여 약 260 누수위치를 확인하였다. 1차년도에 찾은 누수는 약 4367gpm 또는 6.29mgd로 추정되었다. 누수탐사를 위해 사용한 조사방법은 서비스 인근 배수시스템은 물론 모든 서비스 관로의 누수를 확인하는 것이었다. 일반적인 스윕으로 서비스 관로에서 소리가 들리는 곳을 조사하기 시작하여 정확한 누수위치를 찾기가 어려운 누수 증후가 있는 곳을 심층 조사하였다.

초기계획은 DMA를 측정하고, 누수위치를 찾고, 누수를 복구하고, 얼마나 많은 복구 가능한 누수가 제거되었는지를 결정하기 위해 DMA를 다시 측정하는 것이다. MWS 내 누수복구 일정은 이 계획을 따르지 않았고, 따라서 프로젝트 후반에 하기로 계획된 지역으로 먼저 이동하여 DMA의 재측정이 생략되었다.

2차년도 누수탐사 프로그램은 48개 DMA 측정을 포함하였으며, 이중 23개를 최초로 측정하였고 나머지 25개 DMA를 1차년도에 반복 측정하였다. 2차년도 동안 누수조사할 45개 DMA(이중 13개 DMA는 1차년도에 수행되었음)가 존재하였으나 이중 16개 DMA는 누수수준이 낮아 누수조사를 하지 않았다. 2차년도에 약 1352마일의 주관로(송수관로 50.70마일 포함)의 누수를 확인하였다. 2차년도 동안 2361건의 누수를 확인하였으며 이중 28건 누수는 50gpm보다 크다. 2차년도 누수탐사 프로그램 동안 전체 3666gpm 또는 5.28mgd 누수를 발견하였다.

3차년도 누수탐사 프로그램은 51개 DMA를 포함하였으며 이들 중 36개 DMA를 누수 조사하였고, 15개 DMA를 누수 조사하지 못하였다. 3차년도 동안 조사한 주관로 1302.18마일(3차년도에는 주송수관로를 조사하지 않았음)에서 확인된 전체 NRW는 622개소 누수로부터 8341gpm 또는 12.01mgd에 이르렀다. 3차년도 동안 50gpm 이상의 누수 34개소를 확인하였다.

3차년도는 1, 2차년도와 비교할 때 약간 흥미로운 차이를 갖는다. 3차년도에는 1차 또는 2차년도 보다 300개 이상의 많은 미터 누수가 발생하였으며, 이는 주로 DMA 측정이 AMR 미터로 교체되기 직전에 3개 DMA에서 많은 미터가 누수되는 것으로 발견된 것에 기인한다. 다른 특이한 점은 3차년도에 NRW 8341gpm이 발견되었으며 이는 18인치 주관로에서 개방된 6인치 이토(약 4000gpm)밸브를 포함하였다. 이는 기술적으로 누수가 아니지만 만일 MWS/WSO가 DMA 측정을 수행하지 않았으면 발견하지 못하였을 NRW(nonrevenue water)가 명백하다.

일시적인 DMA는 누수탐사에 투자된 노력과 돈으로부터 가장 큰 혜택을 얻을 수 있는 지역의 우선순위를 결정하는 매우 강력한 도구이다.

A.3.5 결론 및 얻은 교훈

MWS/WSO는 MWS 시스템 내 누수의 재발로 인해 지속적인 누수탐사의 필요성을 학습하였다. 이 프로그램에서 일부 DMA를 세 번 조사하였으며 매번 거의 동일한 량의 누수가 발견되었다. 이외 매년 동일한 대형 주관로 파괴 숫자가 발견되었으며 이는 기존 누수가 복구된 후에도 대형 누수가 재발하는 것을 의미한다. 이 누수 재발의 원인은 온도 변화, 물 시스템 내 높은 압력, 배수시스템에 걸쳐 암반으로 형성된 넓은 지역 그리고 물 시스템 내 펌프 운영으로 인한 압력 주기에 기인한다.

DMA 측정은 누수탐사를 위한 지역의 확인 및 우선순위 결정에 좋은 도구인 것으로 명백하게 증명되었다. DMA 측정을 시도하는 동안 이토밸브가 개방된 것이 발견되었다.

현재 개선된 DMA 측정의 한 측면은 DMA 내 ENU(exceptional night users)를 고려하는 것이다. MWS 시스템은 당초 각 DMA 내 이 ENU를 용이하게 확인하도록 설계되지 않았다. WSO는 이 사용자들의 확인을 개선하기 위해 그리고 DMA 측정으로부터 가용한 정보를 개선하기 위해 추진하여 오고 있는 중이다. MWS로부터 전체 대형 미터 데이터베이스를 검토하고 대형 미터를 이들 각 DMA에 배치하여 ENU를 확인하고 있으며 따라서 DMA를 측정할 때 ENU를 감시할 수 있다.

A.4 이탈리아 IWA WLTF 접근법 적용 및 결과 사례연구

A.4.1 개요

이탈리아의 NRW 수준은 전체 시스템 입력 체적의 15~60% 범위이다. 누수제어를 위해 수동적인 제어를 가장 광범위하게 사용한다. 물 시스템은 고객에게 충분한 서비스를 제공하기 위해 필요한 유지관리 및 갱생이 부족하다. 따라서 관망 손실의 최소화는 이탈리아 내 핵심 요구사항이다. 본절은 국제적 최상 실무의 적용 및 물손실관리에서 측정을 촉진하기 위한 지속적인 새로운 계획을 기술한다. 특히 이탈리아 내 물 산업에서 물손실관리 개선을 돕기 위해 Water Loss Group이 창설되었다. 또한 본절은 저자의 경험으로부터 그리고 이탈리아 물 산업 동료의 경험으로부터 설계연구를 포함한다. 이탈리아 Water Loss Group의 18개월 활동 후 물손실관리와 관련하여 이탈리아 내 미래를 얘기하면 이제 많은 이탈리아 용수기관들은 이 중요한 목표를 달성하기 위한 실용적인 방법들과 도구들을 갖는다는 것이다.

A.4.2 소개

이탈리아에서 NRW 수준은 시스템 입력 체적의 15~60% 범위이며 평균은 42% (ISTAT 2003)이다. 일부 유럽 국가들 특히 영국과 몰타는 완벽하게 구획된 배수관망을 가지며, 지속적으로 야간유량을 측정하고, 미보고된 누수를 찾기 위한 처방을 갖는다. 그러나 이탈리아 내 대부분 용수기관들은 오직 보고된 누수만을 복구하고, 가뭄 동안 비상 대응을 제외하고 능동적 누수제어 또는 압력관리를 정기적으로 실행하지 않는다.

이러한 손실을 방지하기 위한 노력으로 물수지계산과 관련된 칙령 no 99/97(DISPOSIZIONI IN MATERIA DI RISORSE IDRICHE: Derceto Ministero Lavori Pubblici n° 99 del 8.1.1977)이 1997년 7월 8일 선포되었다. 이 칙령에 따라 이탈리아 용수기관들은 관망의 물수지를 계산하고 물손실을 보고하여야 한다.

이탈리아 칙령 99/97은 압력 및 유량 측정과 관련하여 일부 중요한 권장안을 도입하였다. 그러나 이 권장안은 NRW의 원인 및 NRW 성분들에 영향을 미치는 요소들의 더욱 양호한 이해에 기초하여 NRW 관리전략 개발을 위한 실용적인 도구를 이탈리아 용수기관에게 제공하는 기회를 제시하지 못하였다. 이탈리아 칙령 99/97에서 아직도 NRW와 누수는 물론 시스템 입력체적(또는 물 생산)에 의한 퍼센트로서 물손실을 인용한다. 이 지표는 소비 및 소비 변화에 의해 크게 영향을 받으므로 실질손실 관리를 위한 기준점으로서의 신뢰성이 없다. 독일 DVGW가 1986년에 했던 것과 같이 25년 전에 영국 물 위원회(보고서 26)는 이 문제를 확인하였다. 더욱 최근에는 다수의 국가들은 물론 AWWA와 세계은행은 이러한 이유로 퍼센트 사용을 더 이상 권장하지 않는다.

IWA "최상의 실무" 성능지표의 출판 후 서비스 연결 당 리터/일, 그리고 기반시설 누수 지수 ILI(현재 년간 실질손실에 대한 불가피한 년간 실질손실의 비율)는 대부분 물 시스템에서 누수관리성능을 비교하기 위해 선호하는 수단이다. 이탈리아 내 높은 연결밀도로 인해 IWA 국제 보고서의 물손실관리 및 기술에 따른 표현 주관로 m^3/km/day가 부적합하다.[1]

A.4.3 이탈리아에서 지속적인 새로운 계획

이탈리아의 물손실수준은 선진국치고는 매우 높으므로 관망 내 물손실 최소화는 핵심 요구조건이다. 관망 내 물손실을 잘 관리하기 위한 노력으로 이탈리아 규제자는 용수기관이 물손실을 보고하도록 하는 새로운 입법적 조치를 검토하고 있다. 이 조치 아래 물 관리자는 요구조건을 실행하기 위해 정보를 수집하고 도구를 사용하여야 할 절박한 필요성이 제기된다.

따라서 물손실관리에서 국제적 최상의 실무와 측정의 적용을 촉진하기 위해, 그리고 더욱 포괄적으로 이탈리아 물 산업 내 물손실관리를 개선하기 위해 두 조직은 물손실 그룹 GOA(Gruppo Ottimizatione Acquedotti)를 창설하였다. 이 그룹은 Fondazione AMGA로서 회원이 지원하는 비영리기관으로서 용수기관, 공공보건기관 그리고 다른 전문기관이 안전하고 적합한 물을 고객에게 제공하는 것을 가능하게 만든다. 그리고 이 그룹은 공익사업자 연합으로서 499개 물과 가스 시설을 가지며 이탈리아 내 약 36백만 인구에게 물을 공급한다. 이미 이탈리아 공익사업자, 대학, 그리고 물 기관으로부터 회원수 80명 이상을 모집한 이 그룹은 2004년 10월 25일 이탈리아 Genoa에서 개최된 Feder Utility 워크샵 "배수시스템 내 물손실의 더욱 효과적인 관리를 향해"을 발표로 공식적인 활동을 개시하였다. Water Loss Group의 역할은 다음과 같다.

- 새로운 파열 빈도 및 누수량 감소를 위한 압력관리개선의 중요성과 경제적 혜택에 대한 용수기관의 인식 제고
- 이탈리아 물 산업에 IWA 전문지식을 장려하기 위한 국가 센터로서 역할
- 광범위한 잠재적인 최종 사용자에게 IWA WLTF가 개발한 실용적인 접근법 보급과 피드백 취득
- 효율적인 물손실관리를 위한 가용한 방법론과 혁신적인 기술 전달, 최종 사용자와의 접촉을 통한 생각과 경험의 공유

중대한 쟁점은 접근법의 수용이다. Fondazione AMGA는 이탈리아 내 방법론을 더욱 확대·적용하기 위한 일련의 교육 과정을 시작하였다. 지금까지 이탈리아 용수기관과 규제기관은 180명 이상의 기술자들에게 방법론의 실용적인 적용 훈련을 실시하였다.

이탈리아 물 산업 자체는 매우 긍정적인 관점에서 IWA 방법론을 본다. 중요한 것은 가장 진보된 용수기관은 이미 승선하였고, 규제 측면에서 Emilia Romagna 지역은 이미 물수지계산에 대한 새로운 지침을 발행하였으며, 이 지침은 IWA 실용적인 접근법으로부터 여러 개념들과 핵심 성능지표들을 소개한다. 현재 운영중인 압력에서 얼마나 효과적으로 실질손실을 관리하고 있는지를 나타내는 성능지표인 ILI에 특별한 관심을 두고 있다.

많은 용수기관들은 이탈리아 칙령 no 99/97의 요구조건을 고려하기 위해 개발한 전용 소프트웨어를 사용하여 IWA 물수지와 핵심 IWA 성능지표들을 사용하기 시작하였다. PIFastCalcs에 기초한 이 소프트웨어는 이탈리아 Water Loss Group을 통해 구매할 수 있다. PIFastCalcs는 IWA가 권장하는 표준 물수지방법론 및 성능지표들에 기초한다. 성능지표들을 계산하고 "AQUA"[2] 1999년 12월 논문에서 사용한 일련의 국제자료 및 초기 유럽자료로부터의 수치들과 비교한다. PIFastCalcs는 서로 연관된 소프트웨어 LEAKS(leakage evaluation and assessment know-how software)의 일부로서 IWA WLTF가 장려하는 최상의 실용적인 방법들을 사용한다. 더 상세한 내용은 www.studiomarcofantozzi.it 또는 www.leakssuite.com에서 얻을 수 있다.

대부분 이탈리아 용수기관은 ALC(active leakage control) 프로그램과 예산을 갖고 있지 않으며, 미보고된 누수의 평균 지속 시간을 제한하여 년간 실질(물질)손실체적을 어느 정도 감소시킬 수 있는지를 인식하지 못한다. 일부 이탈리아 용수기관은 야간 유량 측정이 개별 ALC

처방 선택시기를 어떻게 도울 수 있는지 훈련을 받은 후 그들 시스템에 대한 ALC 경제적인 처방빈도를 예측하고, 경제적인 ALC(복구 비용 제외) 및 경제적인 미보고된 실질손실수준에 대한 년간 예산을 계산하기 위해 새로운 방법론을 성공적으로 적용하여 왔다.[4]

또한 이탈리아 용수기관들은 효과적인 물 시스템의 압력관리는 누수관리를 위한 성공적이고 경제적인 정책의 기초인 것을 이해하기 시작하였다. 하나의 예는 2004년 10월 Fondazione AMGA 제노아 워크샵에서 발표한 토리노 내 압력관리 실행안이다. 이 사례에서 적정한 장소에 설치된 가압장은 도시 대부분에 걸쳐 야간압력과 평균압력을 10% 감소하였고, 실질손실은 물론 년간 복구비용에서 약 50%가 지속적으로 감소하였다. 2004년 10월 워크샵에서 압력-파열 빈도 관계의 이론전개 및 압력관리에 의한 파열 감소의 국제적 예들과 연계된 이 실행안에 대한 발표는 다른 세 용수기관들이 압력관리 실행안들을 성공적으로 시도하도록 자극하였다. 이 사례들은 2005년 4월 제노아 워크샵에서 발표되었다. WLTF의 헌신과 전문지식에 의해 지원된 이와 같은 이탈리아 성공사례와 이탈리아 그룹 노력의 결과로서 현재 명백하게 너무 높은 이탈리아 내 물손실을 감소시키는 실질적인 발전이 이루어질 것으로 기대된다.

또한 양호한 유량 계량은 용수기관 운영자가 NRW를 이해하는 데 도움을 준다. 이탈리아 내 고객 계량은 공통적이지만 대부분 국가에서와 같이 용수기관은 미터의 수명 동안 수용할 수 있는 성능을 보장하기 위해 충분한 주의를 기울이지 않는다. 수 개의 선진 사례와는 별도로 용수기관의 미터 대체정책은 실제로 경제적인 측면에 기초하지 않고 있으며 통상적으로 시간에 따른 미터의 성능저하를 고려하지 않는다.

A.4.4 일부 이탈리아 사례연구

다음 설계 연구는 선진 방법론의 실용적인 적용을 통해 이탈리아 배수시스템의 효율을 상당히 개선시킬 수 있고, 또한 이와 같은 이탈리아 경험은 다른 국가들 내 급수시스템의 성능 개선을 권장하기 위한 예들을 제공할 수 있는 것을 명백하게 보여준다.

이탈리아 북부도시 에니아 레지오 에밀리아(Enia, Reggio Emillia)의 DMA 관리

물 시스템 내 누수를 감소시키고 대처하기 위해 에니아 레지오 에밀리아(에밀리아 로마냐 지역 내 선구적인 물손실관리운영 복합서비스 회사)가 선택한 전략은 DMA와 PMA(Pressure management Areas)를 실행하는 것이었다(그림 A.4.1 참조).

전체 관망 길이 4700km의 75%인 3524km의 관망에서(약 100개 DMA로 나누어진 물 시스템) 지금까지 누수감소 프로그램을 실행하여 왔다. 또한 DMA 구축으로 시스템 평균압력이 50m에서 40m로 약 20% 감소하여 더욱 효율적인 압력관리가 가능하였다. 이 방법론은 이탈리아 내에서 상대적으로 새롭지만 적합하고 효과적으로 것으로 인식된다.

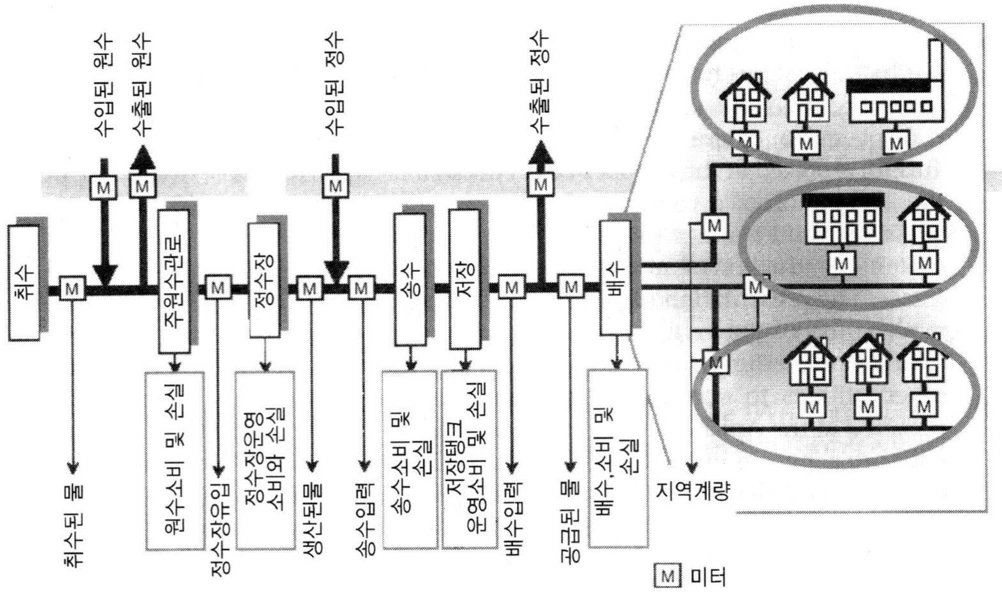

그림 A.4.1 DMA(이탈리아 IWA WLTF 사례연구에서 얻은 결과)

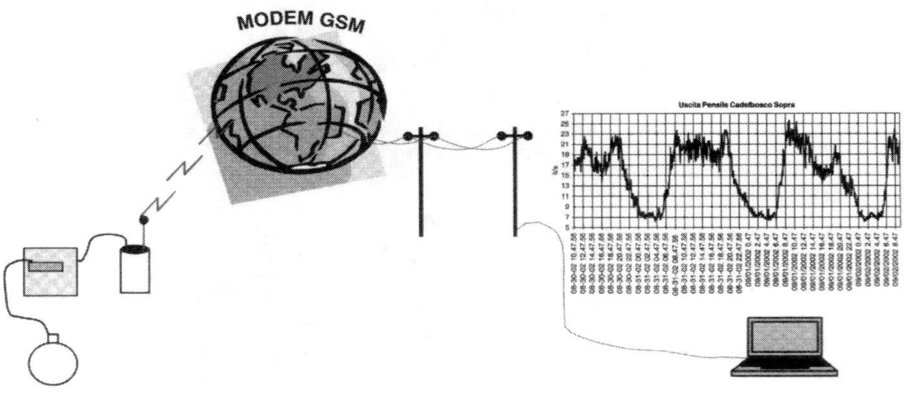

그림 A.4.2 감시 시스템(이탈리아 IWA WLTF 사례연구에서 얻은 결과)

복구 가능한 손실을 효율적으로 제어하기 위해 DMA를 사용하여 단기적으로 복구 가능한 누수를 확인 및 감소시키고 지속적으로 누수를 감시하고 제어한다.

각 DMA의 유입 관로에 민감한 유량측정 장치를 설치하고 자료 로거를 사용하여 압력 프로파일을 기록한다. 이 압력 프로파일은 GSM을 통해 Enia 제어실 내 개인 전산기(그림 A.4.2~A.4.4)로 송신되고 실시간으로 각 DMA를 감시한다.

각 DMA에서 경제적인 ALC 처방위치를 확인하기 위해 DMA 내 AZP(average zone point) 및 CP(critical point)에 전략적으로 설치된 다른 압력 로거가 기록한 압력 프로파일과 연계하여 최소야간유량 프로파일을 분석한다. 이 방법론을 사용하여 에니아 기술자는 높은 누수 지역들의 우선순위을 결정하고, ALC 시행시 상환계산 및 처방빈도 계산에서 사용할 미보고된 누수 증가율을 정량화할 수 있다.

그림 A.4.3 측정 지점들(이탈리아 IWA WLTF 사례연구에서 얻은 결과)

그림 A.4.4 측정 지점들(이탈리아 IWA WLTF 사례연구에서 얻은 결과)

높은 누수위치 확인 및 누수체적 정량화 후 청각 탐지장치(누수음 상관기, 수준기 그리고 소음 로거)를 사용하여 개별 누수들을 찾아야 한다. 한번 DMA 내 탐지가능한 누수를 확인하면 압력-종속 기본 유량을 결정할 수 있고, 누수의 재발생 시기를 확인하기 위해 지역을 감시한다.

Enia는 MNF 분석을 위한 방법론을 실행하기 위해 그리고 Allan Lambert가 개발하고 이탈리아어로 번역한 전용 소프트웨어(명칭 StiperzEnia)을 사용하여 야간 유량 및 물수지로부터 계산된 실질손실과 비교하기 위해 Marco Fantozzi 용역사를 선정하였다. 그림 A.4.5는 야간 유량 및 물수지로부터 계산된 실질손실, 최상의 추정 그리고 Enia가 관리한 단일 DMA에 대한 구체적인 불가피한 년간 실질손실 UARL(unavoidable annual real losses)과의 비교를 보여준다. 평가결과 야간 실질손실은 93m³/d에서 45m³/d으로 명백하게 감소하였다.

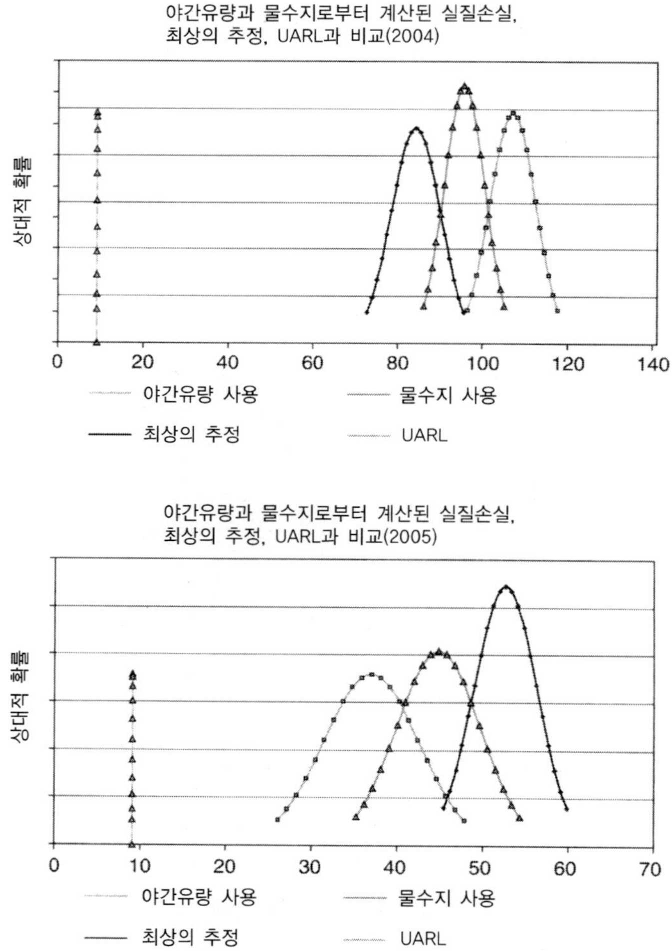

그림 A.4.5 2004년과 2005년 DMA 내 야간 유량과 물수지로부터 계산된 실질손실을 비교하는 StiperzEnia 소프트웨어(이탈리아 IWA WLTF 사례연구에서 얻은 결과)

이제 Enia에서 새벽 3~4시 사이 각 DMA에 대한 평균유량을 자동으로 결정한다. 매일 아침 각 DMA에 대해 확인된 기준점과 야간 평균유량을 비교하고, 기준점과 가장 최근 야간 유량과의 차이를 계산하는 것이 가능하다. 이제 파열 시간을 파악하기 위해 높은 야간 유량을 갖는 DMA를 상세하게 분석할 수 있고 유량을 신속하게 확인할 수 있다.

Enia는 StiperzEnia 소프트웨어를 사용하여 각 DMA 내 실질손실을 더욱 양호하게 추정하여 DMA의 전반적인 관리 및 능동적 누수제어로 경제적인 처방을 개선한다.

지난 최근 4년 동안(2001년~2005년) DMA 프로그램은 그림 A.4.6 및 A.4.7과 같이 1일 1인당 10% 유량을 감소시켰고, 주로 압력 감소로 인해 복구 건수가 28% 감소하였다.

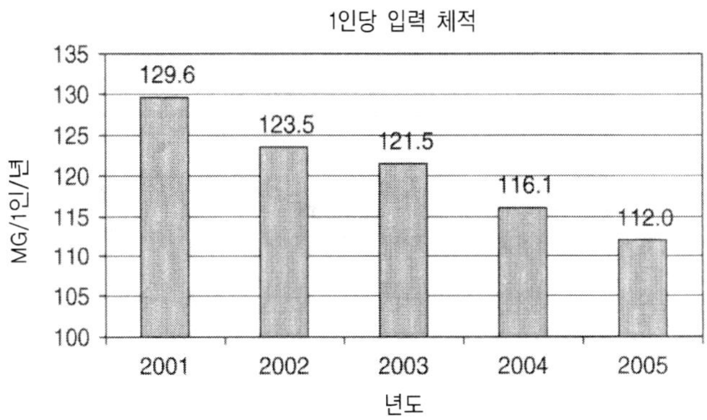

그림 A.4.6 1인당 입력 체적의 감소

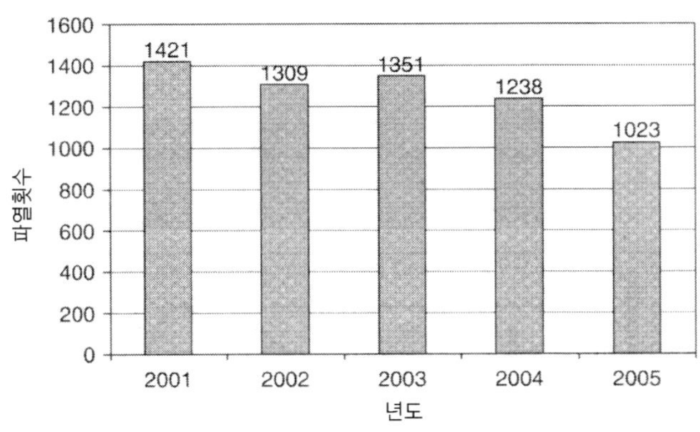

그림 A.4.7 파열 숫자 감소(이탈리아 IWA WLTF 사례연구에서 얻은 결과)

이탈리아 북부지역 작은 관망 내 경제적 ALC 빈도

본장의 나머지 부분에서는 정기적인 음파 누수탐사에 기초하여 개별 시스템기반 매개변수들을 계산하는 단순한 방법을 적용하는 최근 사례를 기술한다.

모든 매개변수들과 예측에 대해 95% 신뢰구간을 사용하는 이 접근법은 다양한 경제적 누수수준을 계산하는 소프트웨어에 통합되어 왔다. 또한 이 소프트웨어 버전 ALCCCalcs는 호주, 캐나다. 크로아티아, 사이프러스, 영국, 미국에서도 구할 수 있다.

현재 WLTF의 공인된 핵심 목표는 미보고된 누수 및 파열을 찾기 위한 능동적 누수제어에 대한 경제적 처방을 계산하기 위한 신속하고 실용적인 방법 그리고 단기 경제적 누수수준 SRELL(short-run economic leakage level)을 개발하는 것이다.

용수기관이 4개 실질손실관리 성분(복구 속도 및 품질, 압력관리, 능동적 누수제어 그리고 갱생) 모두를 적정한 범위로 실행하지 않으면 특정 물 시스템에 대한 경제적 실질손실수준을 달성하거나 계산을 시도하면 무의미하게 된다. 경제적 누수수준 계산 방법의 개발에 의존하여 몰타(Malta) 물 서비스 회사와 같은 용수기관은 실용적인 방법을 성공적으로 사용하고, 캐나다 핼리팍스지역 물 위원회는 개별적으로 가장 높은 편익-비용 비율 또는 가장 짧은 상환기간을 갖는 4개 성분들 내 새로운 계획의 혼합을 확인하고 실행하여 왔다. 더 이상 경제적으로 실현 가능한 새로운 계획을 확인할 수 없을 때 경제적인 누수수준을 달성한 것으로 합리적으로 추정할 수 있다. 그러나 경제적인 누수수준은 시간에 따라 변화하는 사실을 반드시 인식하여야 한다.

경제적 재고 제어 이론과 유사한 가정들을 사용하여 "전체 시스템" 처방비용(복구 비용 제외)이 미보고된 누수체적의 가치와 동일할 때 경제적 처방빈도가 되는 것을 증명할 수 있으며 이에 따라 경제적 처방기간을 계산할 수 있다.[7]

여기에서 기술한 사례연구는 이탈리아 북부 주관로 23.2km, 1300개 서비스 연결 그리고 영구적인 유입량 계량이 없는 작은 시스템이다.[6]

그림 A.4.8은 몬티로네(Monrirone) 관망 그리고 감시를 위해 자료 로거 및 CRPS를 갖춘 유량계와 압력계 설치를 위해 선정한 지점들을 보여준다. 여기에서 사용한 장비들은 다음을 포함한다.

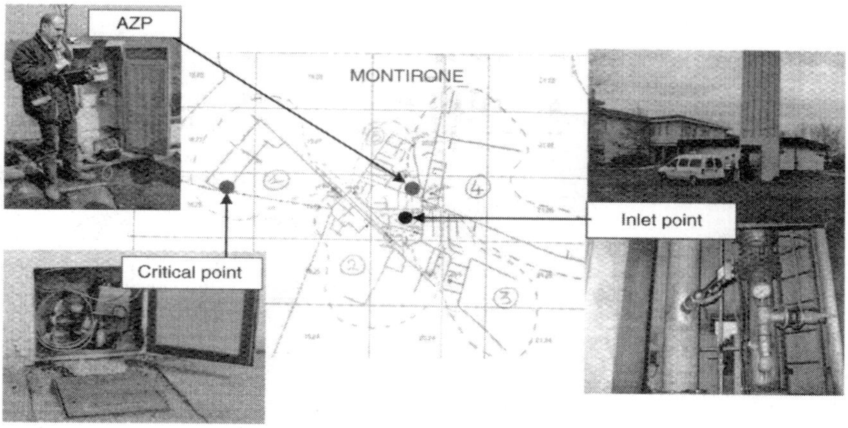

그림 A.4.8 Montirone 관망 및 감시 지점들(이탈리아 IWA WLTF 사례연구에서 얻은 결과)

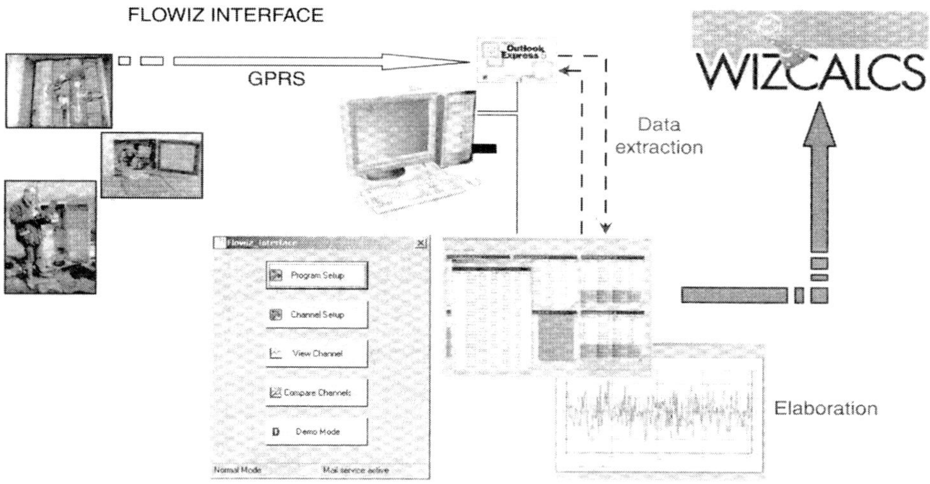

그림 A.4.9 Montirone에 적용된 감시 시스템(이탈리아 IWA WLTF 사례연구에서 얻은 결과)

- 자료 로거 그리고 입력 지점에서 유량 및 압력 취득을 위해 배터리로 작동하는 GRPS가 내장된 하나의 전자석 변환기
- AZP 및 CP에서 압력 취득을 위해 2개의 배터리로 동작하는 자료 로거 및 FPRS가 내장된 전자석 변환기
- 숨은 누수의 경제적 관리를 위한 소프트웨어 WIZCalcs. 이 소프트웨어는 경제적인 누수탐사 실행 시기를 결정하기 위해 현장 장비가 수집한 야간유량 측정자료를 사용한다. WIZCalcs는 다음 논문에서 기술한 계산 방법을 사용한다. "Recent Advances in Calculating Economic Intervention Frequency for Active Leakage Control, and Implications for Calculation of Economic Leakage Levels(2005년 물 경제학, 통계학 그리고 재무에 관한 IWA 국제회의에서 발표됨).

그림 A.4.9는 몬티로네 내 적용된 감시 시스템 성분들 사이 관계를 보여준다. 로거는 현장 장비가 수집한 자료를 기록하고 이메일을 통해 개인 전산기로 전송한다. 소프트웨어 WIZCalcs는 관망 내부 유량과 압력 수치들을 평가하기 위해 자료를 추출하고 핵심 정보를 사용한다.

그림 A.4.10은 2003년에 수행한 능동적 누수제어처방 후 최상으로 얻은 최소야간유량 및 2006년 4월 최근 최소야간유량을 보여준다. 2003년 이후 추가 ALC가 없으면 모든 보고된 누수와 파열들을 즉시 복구하여도 미보고된 누수와 파열로 인해 배수시스템 내 야간 유량은 시간에 따라 완만하게 증가한 것을 보여준다.

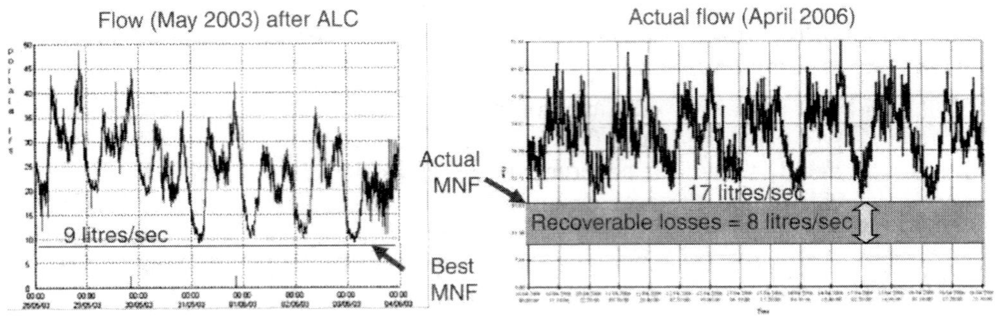

그림 A.4.10 야간 유량 비교(이탈리아 IWA WLTF 사례연구에서 얻은 결과)

복구 가능한 손실을 계산하기 위해 추정한 고객 야간사용과 배경누수에 대해 실제 야간유량을 확인한다. 발생하였던 평균 상승률은 개별 시스템마다 불규칙하고 여러 현장 요소들에 의해 영향을 받지만 야간에서 산업 및 관개 사용이 최소인 것으로 간주되는 1년 중 시간대에서 주기적으로 야간유량을 측정하여 평균 상승률을 평가하였다.

그림 A.4.11은 WIZCalcs 결과들을 보여준다. 본장에 제시하고 적용한 방법은 능동적 누수제어를 통한 경제적 처방빈도, 년간 처방예산 그리고 경제적 미보고된 누수체적을 결정하기 위해 오직 3개의 매개변수인 미보고된 누수의 평균 상승률, 물의 가변비용, 처방비용을 필요로 한다.

Data entry	Calculated values	Data from another worksheet		
Utility	Enter licensee's name when issuing	Country	Italy	Conf. limits±
System	Montirone	Currency	Euro	
Length of mains	23.2	km		1.0%
Number of service connections	1300			2.0%
Natural rate of rise of unreported leakage RR	232	m^3/day in a year		20.0%
	178.8	Litres/connection/day per year		
	10.0	m^3/km mains/day/year		
This is categorized as being	Very high			
Variable cost of water CV	0.114	Euro/m^3		10.0%
Full system intervention cost CI	5000	Euro		5.0%
Economic intervention every	12	Months		2
Last intervation was	**34**	**months ago, so an intervention is overdue**		
Annual budget for intervention	4.9	Thousand Euro		0.0
Economic unreported leakage	43	Thousand m^3/year		7
	91	Litres/service connection/day		15
	5.09	m^3/km of mains/day		0.83

그림 A.4.11 Montirone에 적용된 WIZCalcs 소프트웨어(이탈리아 IWA WLTF 사례연구에서 얻은 결과)

몬티로네에서와 같이 계산된 미보고된 누수의 자연 상승률은 매우 높고 능동적 누수제어를 통한 처방은 34개월 전에 수행되었고, WIZCalcs은 2006년 4월에 처방기한이 지나는 것을 즉시 보여준다. 처방을 위한 년간 예산과 경제적 미보고된 누수체적을 계산한 결과는 그림 A.4.11과 같이 보고되었다. 이 분석 후 최근 ALC 처방 동안 발견한 미보고된 누수의 복구는 실제로 진행 중이고 반드시 최소야간유량 목표를 달성할 것이다.

A.4.5 결론

본장의 결론은 다음과 같다.

- 지난 10년간 NRW 및 이들의 성분 평가 및 관리를 위해 기술적으로 강건한 일련의 방법들과 개념들이 개발되었다.
- IWA WLTF 회원들은 지속적으로 증가하는 숫자의 국가에서 채택되는 이러한 방법들을 성공적으로 장려하고 있다.
- 방법론을 신속하게 수용하는 유럽 용수기관들(몰타 물 서비스, 사이프러스 레메소스 용수기관 등)은 인상적인 결과들을 달성하였다. 또한 유럽 일부 규제기관은 긍정적인 관심을 갖기 시작하였다.
- 최근 유럽 내에서 이탈리아가 이 방법론들에 대해 가장 큰 관심을 보이고 있으며 이탈리아 물 협회와 협력하여 집약적인 훈련과정을 개발하였고 일부 용수기관들은 방법론을 적용하기 시작하였다.
- 본장에서 기술한 이탈리아 사례연구의 목표는 DMA 내 실질손실을 더욱 양호하게 추정하고, DMA의 전반적인 관리를 개선하고, ALC를 위한 경제적 처방빈도를 계산하는 것이다.

A.5 브라질 상파울로 물손실제어 프로그램

A.5.1 소개

상파울로 내 물손실제어 프로그램은 계속 진행 중이다. 본 사례는 "*Water Loss Control manual*" 첫 번째 출판에 특별히 포함된 상파울로 사례연구를 업데이트하기 위한 것이다.

상파울로 도시지역은 면적 800km^{2}에 정착한 19백만명 주거민으로 구성된다. 지대는 해발 730m~850m로 변화하는 언덕지역이다. 상파울로 상하수도회사 SABESP는 29,500km의 배수관로, 3.6백만 고객 서비스 연결과 6개 지자체에게 대량 판매로 물을 공급한다. 급수시스템을 100% 계량하고 각 고객은 개별 건물 저장탱크를 갖는다.

매년 십만개의 새로운 연결의 증가에도 불구하고 지난 3년 동안 평균 물 생산은 65.5m^3/s으로 일정하였다. 2006년 전체 물손실 수치(12개월 연속 평균)는 ±502L/연결 · 일이다.

A.5.2 물손실제어 프로그램

핵심 전략은 배수시스템을 더욱 작은 성분(전형적으로 구역 또는 보다 작은 세부구역)으로 분해하는 것이다. IWA/AWWA 표준 방법론에 따라 각 영역을 조심스럽게 분석하였다. 이제 각 영역에 대해 가장 적합한 처방법을 확인하기 위해 상세한 물손실 평가 결과를 사용한다. 가장 적합한 처방전략을 개발하기 위해 여러 팀들이 동시에 협력하였다. 피상손실수준을 정량화하고 처방전략을 개발하기 위해 고급 통계 도구와 분석을 사용하였다. 실질손실에 대한 장기 및 단기 처방전략들을 개발하였다.

A.5.3 핵심 조치

1. 현장 처방 실행 전에 분석을 위한 물 시스템 성분들의 분해
2. 배수관망 내 평균 압력의 최적화
3. 집중적인 누수탐사 조사 프로그램
4. 기반시설의 가장 약한 지점인 서비스 연결의 갱생
5. 고객 미터(특히 대형 미터)의 유지관리개선(이들을 최적 운영 상태로 유지)
6. 조작방지 조치 강화(미승인된 소비의 감소)
7. 상용 데이터베이스 정보의 개선

시스템 성분 분해

상파울로는 120개 구역들로 구성되며 IWA 물수지 접근법에 기초하여 이 구역들의 순위를 결정하였다. 최상의 진단을 위해 물손실 성분, 기반시설 상태 계수 ICF(infrastructure condition factor) 및 N1의 현장시험, 그리고 물손실 성분을 심층분석하고 실질손실과 피상손실을 고려하여 성능이 불량한 것으로 나타난 구역을 심층 분석하였다.

상기 분석과 현장 시험에 기초하여 처방 운선순위를 결정하고 가장 적합한 처방 도구를 선정하였다. 각 지역에 대해 구체적인 처방전략을 개발하였다.

배수관망 내 평균압력 최적화

상파울로의 배수관망은 중력으로 공급되고 물 시스템의 상당한 부분은 오래된 배관으로 구성되었다(40년 이상 배관은 약 30%). 도시는 비록 최근에는 성장률이 낮았지만 지난 십년간 꾸준히 성장하였다. 따라서 매년 100,000개의 새로운 서비스 연결이 발생하였다.

그림 A.5.1은 시스템을 요약한 것이다. 통상적으로 배수관망은 실제 수요에 비해 과소 규격의 오래된 배관 내에서 유속이 높아 첨두 시간 동안 상당한 수두 손실이 발생한다. 따라서 이와 같은 시나리오를 대처하기 위해 고급압력제어 전략이 필수적이었다.

상파울로 공급시스템과 관련된 또 다른 특징은 고객이 옥상탱크를 갖는 긍정적인 측면도 있지만 전반적으로 배수저장용량(1,500,000m^3)이 적다.

기본적으로 감압밸브를 사용하고 일부 구역들 내에서 다시 구역화하여 압력감소 프로그램

을 수행한다. 핵심 접근법은 각 지역 내 감소시켜야 할 전체 수두와 관계 없이 큰 지역 내 PRV의 설치부터 시작하는 것이었다. SABESP는 넓은 지역에 걸친 작은 크기의 압력 감소는 새로운 누수체적 및 누수빈도의 감소 모두에게 우수한 결과를 제공한다는 사실을 발견하였다. 의심할 여지없이 이와 같은 시각으로 SABESP는 전체 프로그램으로 가장 큰 절감을 얻도록 추진하였다. PRV 적용에 대한 전통적인 개념은 작은 지역 내 큰 압력감소를 추구하는 사실을 기억할 만한 가치가 있다. 상파울루는 매우 중요한 지점들을 고심하였을 때 PRV를 채택하였다.

누수탐사 프로그램

매년 전체 배수관망을 조사하도록 프로그램을 설계한다. 일반 탐사에서 얻은 결과에 따라 2회 또는 3회에 걸쳐 시스템의 중요한 부분들을 조사하였다.

기반시설 갱생

상파울루 배수관망의 가장 약한 부분은 오래된 서비스 연결관로이다. 상파울루의 오래된 연결관로의 100,000개의 새로운 관로로의 교체는 물론 현존하는 전체 주 관로의 1%를 갱생 작업하였다.

새로운 재질 HDPE를 사용하는 이러한 조치결과는 그림 A.5.1에서 볼 수 있는 것과 같이 이전에 문제가 되는 지역들에서 장애 빈도가 매우 낮아졌다는 것이다.

효율적인 계량 성능

훌륭한 계량 성능을 위한 조사를 통해 매년 450,000개 미터를 갱생하였으며 이는 주거민 미터 당 2.2m^3/month의 복구를 허락한다. 고객이 소비 패턴 변화에 따라 지속적으로 큰 미터들의 규격을 다시 결정하고 대형 미터의 평균수명 목표를 2년으로 설정하였다.

조작방지 조치의 강화

물 사용에 대한 긴 이력 자료(5년)의 사용과 같이 더욱 양호한 자료를 수집하기 위한 일부 전략들은 성공적인 것으로 증명되었고, 이 전략들은 전형적인 누수제어 활동을 위한 표준 매개변수 자료 및 여러 공급원으로부터 수집된 추가 정보와 부합된다. 더욱 상세한 조사가 필요한 의심스런 위치들을 정의하기 위해 이 모든 정보를 조합한다.

또한 마이크로 카메라 및 청음 장비와 같은 최근 장비의 활용 이외 현장 훈련과 조합된 직원과 계약자에 대한 집중 훈련 과정을 수행하였다. 이 모든 과정을 통해 당해 연도에 3,800,000m^3 체적을 복구하였다.

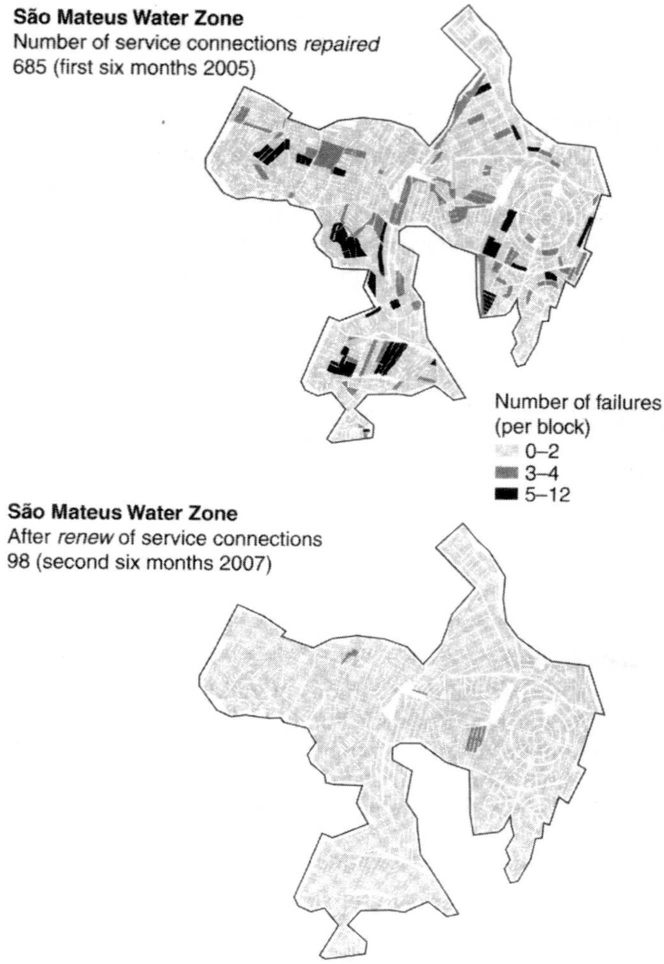

그림 A.5.1 서비스 연결 대체 프로그램 이후 서비스 연결 복구의 변화(SABSP 제공)

상용 데이터베이스의 강화

지난 3년 동안 상용 데이터베이스에 특별한 관심이 주어졌다. 요금고지 목적으로 소비체적과는 별도로 주소에 있는 거주자의 숫자, 주된 물 사용자(주거민, 상업, 상업 활동이 종류, 1일 동안 사용 시간 등), 그리고 최종적으로 미터에서의 변칙적인 상황을 매월 확인하여야 한다. 또한 주기적으로 소비 통계자료를 평가한다.

A.5.4 요약

SABESP는 물손실을 감소시키기 위해 연속적이고 표준화된 평가법, 입증(validation), 처방 그리고 재평가를 사용하려고 분투하고 있다. 2012년 전체 물손실 목표는 1일 연결 당 250L 또는 현재 체적의 약 절반이다. 첫 번째 간행에서 최종 보고 이후 처방과정에서의 핵심적인 변화는 현재 큰 숫자의 서비스 연결이 대체되고 있으며 이로부터 절감이 이루어졌다는 것이다.

A.6 회계책임 및 수익증가를 위한 적정 미터 규격결정

A.6.1 배경

매년 물 산업에서 수십억 갤런의 물이 손실된다. AWWARF는 불명수량으로 인한 국가적 수익손실범위를 $158,000,000~$800,000,000으로 추정한다. 여러 연구, 보고서 그리고 도서의 주제가 되어왔던 불명수량의 문제를 기본적으로 다음과 같이 요약할 수 있다.

1. 구매된 모든 물이 의도된 목적지에 도달하지 않는다.
2. 소매업자는 의도된 목적지에 도달한 물의 일부를 지불하지 않는다.

보스톤 상하수 위원회 BWSC(Boston Water and Sewer Commission)은 보스톤 시에 거주하여 일 하고 있는 1백만 이상의 사람들에게 소매 물과 하수도 서비스를 제공한다. BWSC는 60개 지역사회에게 도매 물과 하수 처리를 제공하는 지역 당국자인 매사추세스 수자원국 MWRA(Massachusetts Water Resources Authority)의 가장 큰 고객이다.

BWSC는 MWRA가 판매하는 전체 물의 약 40%를 구매하기 때문에 보스톤 급수시스템이 물을 손실하면 모든 누수제어 노력은 위원회가 물을 구매하는 시점과 고객에게 판매하는 시점 사이에서 손실된 물량 감소를 목표로 삼는다. 위원회는 이러한 노력을 통해 비싸고 환경을 손상시키는 물 확장 프로젝트를 방지하기 위한 목표에 큰 공헌을 한다.

MWRA는 수년전 보스톤의 코네티컷강으로부터의 물 공급전환은 확실한 것처럼 보였다. 공격적인 "수요관리" 프로그램을 통해 MWRA 물 시스템에서 수요는 1976년 317.2mgd에서 1990년 290mgd로 감소하여 왔다. 후자 수치는 물 시스템의 안전한 공급량 300mgd 이하이다. 이 결과로서 코네티컷강 물 전환 프로젝트는 무한히 보류되었다.

두 번째 문제인 미요금고지된 물 사용은 아직 위원회에게 손대지 않은 잠재적인 수익원(revenue source)이다. 긴축재정시대에 BWSC의 납부자는 모든 고객들이 그들의 정당한 요금을 지불하고 그리고 위원회는 인상된 수도와 하수요금에 대한 고객 서비스를 만족시키기 위해 수익을 최대화하고 있는 사실을 반드시 확신하여야 한다.

그림 A.6.1과 같이 1976년부터 1990년까지 보스톤 내 물 소비는 150mgd에서 110.2mgd로 약 26% 감소하였다. 1998년과 1990년 사이 보스톤 상수 및 하수 위원회는 1998년 물 소비를 121.5mgd에서 약 9.3% 감소된 110.2mgd으로 감소시켰다. 극적인 물 사용 저하는 위원회의 공격적인 누수탐사, 복구 그리고 다른 물 보존 프로그램이 원인이 될 수 있다. MWRA가 구매

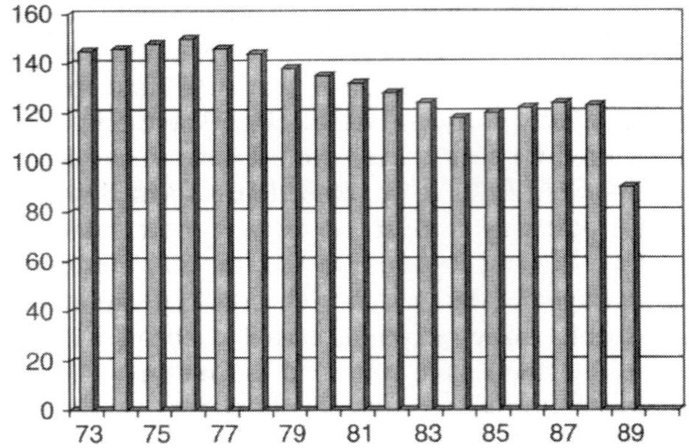

그림 A.6.1 1976~1990년 보스톤 물 소비 26%(150→110.2mgd)감소(보스톤 상하수도 위원회 제공)

한 물량과 BWSC 고객들에게 요금고지된 물량 사이 차이인 불명수량은 전체 33%에서 18% 감소된 27%로 저하하였다.

A.6.2 불명수량 전담팀

보스톤 내 소비 감소가 상당한 한편 도시의 불명수량 퍼센티지는 아직도 수용할 수 없도록 높다. 산업 연구에 따라 오래된 물 시스템(특히 북동 지역 시스템)에서 불명수량 20~30%는 드물지 않다. 그러나 위원회는 오래된 물 시스템에서도 정부기관들의 일치단결된 노력집중으로 미요금고지된 물을 상당히 감소시킬 수 있다고 믿는다.

위원회가 더 많은 물을 구매하는 것을 고려하는 도전에 대응하여 이사회는 불명수량의 근원을 포괄적으로 검토하고 이 쟁점을 다루기 위한 잠재적인 전략들을 조사하기 위해 1999년 3월 불명수량 전담팀을 구성하였다. 전담팀은 현장 서비스, 미터 설치, 요금고지, 물 운영, 계획 그리고 용역 서비스를 포함한 과거 의심스런 미요금고지된 물과 관계가 없는 다양한 부서로부터의 직원들을 포함하였다는 점에서 특이하였다.

불명수량은 1987년 5월에 위원회를 대표하는 Camp, Dresser 그리고 McKee가 수행하였던 BWSC의 물 배분연구의 일부로서 이전에 검토되었다. 자문가들은 1985년 자료에 기초하여 위원회가 MWRA로부터 구매한 것과 고객들에게 요금고지된 것 사이 약 32%의 공백이 존재하였던 것으로 결정하였다. 연구는 1997년 위원회의 창설 그리고 물 구매의 감소 및 물 요금고지 증가를 초래하였던 다양한 노력(특히 누수탐사 및 복구) 이후 미요금고지된 물의 하향추세를 인정하였다.

또한 연구는 계량 및 요금고지 문제, 미계량된 고객 사용, 미계량된 공공 용수, 불가피한 누수 그리고 잠재적으로 복구 가능한 누수를 포함한 미요금고지된 물에 대한 여러 원인들을 확인하였다. 따라서 불명수량으로 고려된 퍼센티지는 사실 정당한 목적으로 사용되었으나 이와 같이 확인되지 않았거나 또는 필연적으로 요금고지 되지 않았다.

그 당시 잠재적으로 복구 가능한 누수는 전체 불명수량 38.1mgd의 약 49% 또는 전체 평균 1일 물 구매 119mgd의 16%인 18.5mgd로서 불명수량의 가장 큰 부분을 차지하였다. 전담팀은 잠재적으로 복구 가능한 누수는 아직도 전체 불명수량의 거의 절반을 차지한다고 추정하였다.

1990년 12월 전담팀은 최초 보고서를 발행하였다. 계량, 요금고지, 기록 유지 실무에 대한 제안된 개정, 물 회계책임을 개선하기 위한 새로운 노력 그리고 누수탐사와 같은 성공적인 프로그램들을 포함하여 많은 구체적인 권장안들이 작성되었다. 전담팀의 계량 분야에서의 권고는 적정한 규격결정, 검침, 미터의 복구 및 대체를 다루었다.

A.6.3 과거 계량 실무

BSWC는 86,000개 이상의 미터를 운영 중에 있으며 이들 중 약 10%는 $1\frac{1}{2}$인치 이상이다. 과거 계량 실무는 통상적으로 공급 배관규격에 따라 미터 규격을 결정하는 것이다. 따라서 1인치 서비스 배관에는 1인치 미터를 설치하였고, 2인치 서비스 배관에는 2인치 미터를 설치하였다. 적용 가능한 위생공사 기준에 따라 필요한 전체 체적과 최대 허용압력 저하를 고려하여 배관규격을 결정하였다.

개발자는 이와 같은 극단적으로 보수적인 계산에 따라 필요 이상으로 큰 미터를 설치하였다. 주된 우려는 미터를 통해 추가 압력 손실이 없도록 보장하는 것이었다. 배관 직경 3인치 이상의 경우 공통적인 실무는 낮은, 중간, 높은 유량을 기록할 수 있는 복잡한 기계장치인 복합식 미터를 설치하는 것이었다. 규격 5/8~3인치에는 미터로, 규격 3~8인치에는 터빈 형식 미터로 구성하며 이들 모두가 함께 동작하여 전체 유량을 기록한다.

복합 미터는 실제로 상당히 잘 동작한다. 그러나 불행하게도 예방차원의 유지관리 프로그램이 불충분하여 복합식 미터는 못쓰게 되었다. 1974년까지 대부분 대형 복합 미터들은 부분적으로 또는 전적으로 오작동하였다. 복합 미터에 대한 보수기록 이력과 터빈 가격에 기초하여 BSWC는 3인치 이상의 미터를 최근 새로운 터빈미터로 교체하기로 결정하였다. 새로운 터빈미터는 유지관리가 훨씬 덜 복잡하고 용이하였지만 3인치 미터의 경우 5gpm, 4인치의 경우 10gpm, 그리고 6인치의 경우 20gpm 이하 유량을 정확하게 등록하지 못하였다. 일반적으로 이 큰 미터가 동작하는 빌딩 내 대부분 유량은 미터의 범위 안에 떨어질 것으로 추정된다. 낮은 유동율에서 사용한 물량은 알 수 없고, 미터 형식 및 규격 결정시 고려요소가 아니다.

1976년 통합된 수도 및 하수요금은 약 $1.02/1000갤론이었다. 이후 통합된 상수 및 하수요금은 429% 인상되어 1991년도에 $5.40/1000갤론이 되었다. 1985년 MWRA가 약화된 대도시 상수 및 하수 시스템을 인수하였을 때 요금은 급격하게 상승하기 시작하였다. 보스톤 항구

정화 및 여과장치와 같은 대규모 프로젝트($70억)는 다음 10년에 걸쳐 요금을 더욱 상승시킬 것이다. BWSC는 2000년까지 보스톤 내 평균 가족은 매월 $14.40/1000갤론 즉, 년간 상수 및 하수요금으로 $1000 넘게 지불하게 될 것으로 예측한다. 결과적으로 이와 같이 높은 물 요금 때문에 미터 규격결정시 대수롭지 않은 요소가 극단적으로 중요한 고려요소가 되었다.

1988년 위원회는 미터소형화의 가능성을 조사하기 시작하였다. 모든 새로운 계정에 대해 일반적으로 공식 배관 직경 보다 하나 작은 규격의 미터를 설치하도록 요구하여 왔으며, 개발자는 예측되는 물 수요를 제출하도록 요구된다. 위원회는 복합식 미터가 모든 유동율의 물을 고려하는 목표를 충족시킬 수 있다는 사실을 인지하지만 경험으로부터 대부분의 경우 더욱 단순한 장비가 위원회의 요구사항을 더욱 양호하게 만족시키는 것으로 나타난다. 현존하는 미터의 적정한 규격여부에 대한 결정을 위한 가용한 방법론이 없이 때문에 BWSC는 이러한 쟁점을 다루기 위한 시범 프로젝트를 전개하였다.

A.6.4 프로젝트 접근법

전담팀 권고를 실행함에 있어 위원회가 직면하는 문제는 고객의 상한 유량 요구조건을 위반하지 않고 낮은 유동율에서 더 많이 사용된 물을 고려하는 방법이었다. 개발된 프로젝트 접근법은 (1)낮은 유동율에서 손실된 물이 상당히 많아 이를 회수하기 위한 주된 노력을 정당하게 만들고, (b)사람들은 이전에 추정된 비율로 물을 사용하지 않는다는 이론에 기초하였다.

프로젝트 팀

위원회는 불명수량 전담팀의 소위원회로서 미터 소형화 프로젝트 팀을 구성하였다. 팀은 용역사, 현장 서비스, 미터 설치 그리고 미터 검침부서 출신의 직원들로 구성되었다.

1990년 8월 이후 프로젝트 팀은 이들의 업무를 조정하기 위해 월요일 오전에 미팅에 참석하였다. 이 미팅에서 직원들은 다양한 출처들로부터의 사례들을 토론하고 특정 고객을 위한 적정 미터 규격에 대해 합의한다. 물 요구량을 분석하고, 잠재적 문제들을 토론하고 다른 규격으로 결정된 미터의 운영 범위에 기초하여 적정한 미터 규격들을 할당한다.

고려된 요소들 중 일부는 오래된 터빈미터와는 대조적으로 2인치 디스크 미터는 최소 2gpm를 정확하게 등록할 수 있고, 95% 정확도로 최소 1gpm 유량을 기록할 수 있다. 더욱 작은 미터 사용에 따른 상충관계는 운영범위의 한계(2인치 미터의 최대유량은 160gpm 이지만 3인치 미터의 최대유량은 350gpm)와 추가된 압력 손실(2인치 미터의 경우 160gpm에서 10psi 압력손실이 발생하지만 3인치 미터의 경우 160gpm에서 1psi 압력손실이 발생의 증가)이다.

기초자료(Date Bases)

프로젝트 팀이 직면한 첫 번째 과업은 미터 시험, 조사 그리고 설치직원의 작업목록들을 작성하는 것이었다. 프로젝트 팀은 주로 $1\frac{1}{2}$인치 이상의 미터에 집중하였다. 비록 이 미터는 운영하고 있는 미터의 10%에 불과하지만 이와 같은 대형 미터들은 위원회가 판매하는 물의 약 63%를 계량한다.

첫 번째는 최근에 교체한 대형 미터를 평가하는 것이었다. 피팅들은 새로운 것이고, 제어밸브는 작동 중이고, 위원회는 최근에 고객과 접촉하여왔기 때문에 이 미터들의 소형화가 더욱 용이할 것이다. 또한 정확한 소비정보를 더욱 쉽게 사용할 수 있을 것이다.

두 번째는 명백하게 너무 낮은 1일 평균사용 ADU(average daily use)를 기록한 대형 사용자들의 데이터베이스를 구축하는 것이다. 즉, 0~300 ft^3/d를 등록한 3인치 이상 미터의 목록을 작성한다.

세 번째는 고객 서비스, 건설 또는 정기적인 대형 미터 시험 및 교체 프로그램과 같은 다양한 다른 출처를 통해 직원의 주의를 끄는 특별한 사례들로부터 고객범주를 작성하는 것이다.

계정 조사

프로젝트 팀은 현장조사를 통해 물고정세간의 숫자 및 형식, 빌딩 형식, 층수와 세대수 그리고 빌딩이 중앙 공기조화 및 펌프를 갖고 있는지 여부를 포함한 물 사용에 대한 상세한 정보를 수집하기 위해 특별 직원을 할당하였다. 현재 미터 검침을 취하고, 플랜지와 플랜지 사이의 거리를 측정하였다. 노력의 중복방지 및 적정 미터규격 결정 그리고 프로젝트 팀에게 충분한 배경 자료를 제공하기 위해 현장을 방문할 때 가능한 모든 정보를 수집하도록 조사원을 교육하였다.

유량 시험

프로젝트 팀은 미터규격을 현명하게 결정하기 위해 더욱 정확한 유량 측정이 필요한 것으로 결정하였다. 단위 고정세간 평가 또는 다른 방법들을 사용하여 적정 미터 규격을 판단할 수 없을 때는 유량조사장치를 사용한다.

유량 정보 분석이 가능한 전산기술은 상대적으로 새롭기 때문에 위원회의 요구조건을 만족시키는 장비 제작사를 찾아냈다. F.S. Brainard Co.와 Schlumberger Industries 두 제작사는 Meter Master와 Flow Search를 각각 공급하였다. 위원회 시범 프로젝트 동안 두 회사는 보스톤 미터 시험 유입량을 사용하여 그들 장비와 관련된 소프트웨어 패키지를 미세조정하였다.

Meter Master와 Flow Search 모두 유사한 원리로 동작한다. 즉, 미터 내 터빈 또는 디스크가 회전하면서 미터마다 다른 자석펄스가 나온다. 미터 규격에 따라 펄스는 물 체적들을 반영하고, 관련된 소프트웨어에서 이 체적이 정의된다. 전산기에 자료를 입력하고 소프트웨어는 다양한 시간 간격에 걸쳐 펄스를 전체 유량으로 변환한다. 대부분 제작사들의 미터와 동작하도록 설계된 Meter Master는 미터의 여러 위치에 설치된 센서들 중 신호가 가장 강한 한 센서를 사용한다.

Flow Search는 Neptune Meter와 함께 사용되도록 설계되었다. 등록계를 분리한 후 센서를 미터의 상단부에 위치시켜 여기에서 펄스를 직접 픽업한다. 지속적으로 소비를 기록하기 위해 센서의 상당부에 헤드를 다시 위치시킨다.

BWSC는 예상된 첨두 유량 기간(통상적으로 3일 기간) 동안, 때로는 주중 동안, 때로는 주말에 걸친 유량시험을 망치지 않도록 유의하여야 한다. 긴 기간에 걸친 시험은 항상 가능한 것이 아니므로 빈번하게 유량시험 자료와 최상의 기술적 판단을 조합하여 미터 규격을 결정한다. 지금까지 400개 대형 미터들을 소형화하였고, 압력 문제로 인해 오직 한 개의 미터를 대형화하였다.

위원회는 소형화 후보자인 대형 미터를 시험하기 위해 최근 Meter masters 3개와 Flow Search 3개를 구매하였다. 추가로 6개 Flow Search를 주문하였다. 또한 소비에서의 변화를 추적하기 위해 유량시험장치를 사용한다.

추적조사

프로그램 진행을 추적하기 위해 그리고 복구한 물을 추정하기 위해 특화된 데이터베이스를 구축하였다. 데이터베이스는 계정 번호, 주소, 오래된 미터 규격, 작업 지시서, 새로운 미터 규격 및 숫자 그리고 이전 평균 1일 사용을 기록한다. 이제 위원회는 더욱 작은 미터를 설치한 후 30, 60, 90일 간격으로 미터를 검침하고, ADU로 기록되어 교체된 미터 전체를 계속하여 운영한다.

고객 데이터베이스의 상태 그리고 추정검침(인정검침)의 만연으로 인해 처음에서 실제 사용량을 정확하게 추정하는 것이 어려웠다. 프로젝트 팀은 가용한 최종 실제 검침으로부터 진실된 실제 이전 사용 수치를 유도하여 물 소비에서의 변화와 요금고지된 소비에서의 변화 모두를 추적하기로 결정하였다. 추정된 사용량과 비교할 때 요금고지된 소비량과 실제 소비에서의 순수 차이는 놀랍게도 상당히 인접하였다.

정확한 자료입력을 보장하고 소비에서 일탈을 규명하기 위해 소비에서 특이하게 큰 증가 또는 감소를 조사하였다.

위원회는 계절적 소비 및 다른 요소들을 고려하여 더욱 진실된 변화를 얻기 위해 소형화 1년 후 계정을 검침하기로 계획한다.

A.6.5 결과

프로젝트 팀은 소형화 후보자 분석시 다양한 고객 범주들 사이에서 경향과 일반화의 확인을 시도하였다. 팀은 소형화가 항상 적정한 것이 아니고, 소비기록을 항상 증가시키지는 않지만 불명수량에 즉각적인 영향을 미칠 가능성이 있는 많은 계정을 확인하였다.

공영주택, 아파트, 학교, 상업 및 기관 빌딩 그리고 지자체 부지의 사례연구는 팀이 확인하였던 최근에 생겨나는 경향들 중 일부를 설명하며 후속 결정에 대한 지침을 제공하였다.

공영주택

보스톤 주택국 BHA(Boston Housing Authority)는 BWSC의 가장 큰 고객으로서 년간 $6백만 이상의 수익을 차지한다. BHA는 BWSC의 상당한 부분을 차지하는 고객이기 때문에 불명수량 전담팀은 BHA의 대표적인 표본 계정에 관심을 집중하기로 결정하였다.

프로젝트 팀은 다양한 공영주택 개발에서의 물 소비경향 조사시 여러 요소들을 고려하였다.

- 대부분의 1일 주택 아파트는 물 소비를 초래하는 식기세척기, 중앙공조 또는 단위세대 세탁시설을 갖지 않는다.
- 대부분 개발은 4층 이하로서 압력 고려사항들이 제외된다.
- 최근 많은 개발로 지하실이 건설되므로 새로운 물 절약 고정세간이 설치될 가능성이 크다.

BHA 개발에서 대부분 미터는 3인치와 4인치이다. 불명수량 전담팀은 상기 요소들과 초기 유량 측정에 기초하여 공공주택 개발에서 대부분 미터를 2인치로 소형화할 수 있다고 권고하였다. 소형화 팀은 그 권고안들을 실행하여 왔고 여러 개발에서 불명수량을 상당히 감소시켰다.

2인치 미터는 50~124 가구로 구성된 빌딩에 충분한 유량을 공급하였으며, 이전 대형 미터의 낮은 유동율에서 계량되지 않고 빠져 나갔던 많은 물을 계량하였다.

예를 들어 Bunker Hill 주택 개발지역 내 119 가구 빌딩에 새롭게 설치한 2인치 미터의 유량을 감시하기 위해 Meter Master 유량 기록시스템을 사용하였다. 불행하게도 Bunker Hill에서 소형화의 영향 분석은 위원회 요금고지 계정 시스템 내 여러 일탈에 의해 왜곡되었다. 만일 영향분석에 문제가 되는 계정을 제거하면 소형화 후 15 계정의 ADU는 109,118gpd에서 127,220gpd로 급증하였다. 이는 17% 순수 증가인 1일 18,102갤론에 해당된다.

BHA의 Fidelia Way 주택 개발에서 위원회는 운영 범위가 10~450gpm인 두 개의 4인치 터빈미터를 운영 범위가 $2\frac{1}{2}$~160gpm인 두 개의 2인치 용적형 미터로 소형화하였다. 유량시험 자료는 하나의 4인치 터빈미터가 거의 모든 야간최소유량 이하로 운영되었던 사실을 증명하였다. 소형화 이후 시험 자료는 심야 12시 13,039갤론부터 오전 6시 18,477갤론(또는 42%

증가)으로 등록된 물의 증가를, 그리고 오후 10시부터 오전 6시까지 21,866부터 28,667갤론 (또는 31%) 증가를 보여주었다.

아파트/콘도

다음을 포함한 여러 이유로 공공주택과는 별개의 범주로서 콘도와 호화 아파트를 연구하였다.

- 아파트 세입자와 콘도 거주자의 다른 생활양식(특히 식기세척기, 세탁기 그리고 중앙 공조가 있는 곳에서)은 다른 물 소비율로 나타날 것이다.
- 많은 다세대 아파트와 콘도들은 상부층으로 물을 펌핑하는 높은 빌딩들이다. 펌프의 존재는 미터 규격 결정시 반드시 고려하여야 하는 대부분 수압문제를 제거한다.
- 최근 아파트 수리시 새로운 위생공사기준 요구조건과 물 절약 고정세간은 물 사용에 영향을 미칠 수 있다.

보스톤 서쪽에 위치한 Foundry에서 새롭게 수리된 콘도 단지에 기존 3인치 터빈미터 대신 2인치 미터를 설치하였다. 1988년 6월부터 1990년 3월까지 평균 1일 사용은 1.728갤론으로 기록되었다. 더욱 작은 미터들을 설치한 후 기록된 평균 1일 사용은 33% 급증한 2304갤론이 되었다.

Commonwealth 65번가에 소재한 16 가구 콘도 단지의 4인치 미터를 2인치로 소형화하였다. 소형화 이전 ADU는 419gpd이었으나 미터를 교체한 후 3456gpd로 급증하였다(74% 증가).

Commonwealth 12번가에 소재한 57 가구 아파트 빌딩의 3인치 미터를 $1\frac{1}{2}$인치로 소형화하였으며 이후 6006gpd에서 6193gpd로 3% 증가하였다.

학교

프로젝트 팀은 도시 내 여러 공립 및 사립학교에서의 잠재적인 물 수요 및 고정세간 기구를 분석하였고 학교 내 대부분 미터는 과대규격된 것으로 믿는다.

예를 들어 St. John 교구 부속학교에서 하나의 오래된 3인치 미터는 16개 싱크, 24개 변기 그리고 5개 소변기에 물을 공급하고 있다. 이 계정은 약 1668gpd를 사용하고 있다. West Roxbury 내 Beethoven 학교에서 하나의 3인치 미터는 25개 변기, 25개 소변기 그리고 하나의 샤워기에 ADU 785gpd의 물을 공급하는 것으로 나타났다. 보스톤 고등학교에서 하나의 4인치 미터는 펌핑 시스템으로 80개 변기, 24개 싱크, 하나의 샤워기에 물을 공급한다. 이 학교는 약 1242gpd를 사용한다. 상기 3개 학교는 유사한 고정세간 기구를 갖는 빌딩 내 사전에 수집된 고정세간기구와 자료분석에 기초하여 $1\frac{1}{2}$인치 미터로 소형화할 예정이다.

1991년 말 위원회는 보스톤 공립학교 빌딩에서 현재 사용 중인 3, 4, 6인치 터빈 자리에 주로 $1\frac{1}{2}$인치 용적형 미터를 설치하여 약 120개 미터를 소형화하기로 계획한다.

상업

미터 소형화시 물 사용에서 공정과 관련된 물 사용 변화 및 사업 형식에 대해 반드시 주의하여야 하지만 소형화는 많은 상업빌딩에 적합하다.

Lincoln 109번가에 소재한 사무실과 차량 정비소에서 유량 시험 후 4인치 미터를 2인치로 소형화하여 ADU 42%(3104gpd에서 4421gpd)가 증가하였다. 소형화 후 시험결과 최대유량 33gpm은 2인치 미터의 범위 안에 충분히 들어오는 것을 보여주었다. 아마도 1인치로 더 소형화가 가능하였을 것으로 판단된다.

Court 40번가에 소재한 사무실 빌딩에 설치된 최대유량 35gpm을 보여준 3인치 터빈미터를 유량 시험 후 $1\frac{1}{2}$인치로 소형화하였다.

프로젝트 팀의 분석에 따르면 상업 세탁 시설은 거의 빈번하게 더 큰 규격 미터를 요구한다. 비록 큰 물량이 지속적으로 사용되지 않지만 유량측정결과 대형미터의 최대유량보다 더 큰 첨두소비를 보여주었다.

기관(institutional)

보스톤에서 가장 물을 많이 사용하는 사용자는 대학, 병원, 박물관과 같은 기관이다. 따라서 프로젝트 팀은 별개 범주로서 기관 사용자에게 관심을 집중하기로 결정하였다. 사용자 범주 및 계정 내 물 사용은 광범위하게 다를 수 있다. 예를 들어 대학교 기숙사는 교실 빌딩과는 소비 패턴이 다르므로 다른 미터 규격을 요구할 수 있다.

Northeastern 대학 시설관리 직원은 미터 소형화를 꺼린다. 그러나 유량시험 결과 대학교에 설치된 많은 미터를 안전하게 소형화할 수 있는 것을 보여주었다. Forsyth 139번가에 소재한 Ryder Hall에서의 유량시험은 3인치 미터의 소형화 후 최대유량 25gpm, 최소유량 0을 보여주었다. 새로운 $1\frac{1}{2}$인치 미터는 이전에는 측정하지 못하였던 약 2gpm의 유량을 계량한다.

Hungtington 370번가 소재의 또 다른 Northeastern 빌딩에서 최소유량이 0gpm이고 최대유량이 약 21gpm의 3인치 미터를 $1\frac{1}{2}$인치로 소형화하였고, 유량측정 결과 야간 동안 0.5gpm 유량이 흐르는 것을 보여주었다. 미터 소형화 30일 후 ADU는 9993에서 24,624gpd로 146% 증가하였다. Huntington 550번가에 소재한 Wentworth Institute에서 하나의 3인치 터빈미터를 2인치 디스크미터로 소형화 한 결과 3231gpd에서 7286gpd로 126% 증가하였다.

Fine Art 박물관의 유량측정결과 평균유량은 25gpm 그리고 최소유량은 7gpm으로 나타났다. 따라서 프로젝트 팀은 낮은 유량을 포착하기 위해 4인치 미터를 2인치로 소형화하기로 결정하였다. 추가적으로 큰 야간 유량이 지속적으로 탐지되었다.

Boylston 48번가 소재한 YMCA에서의 3인치 미터 시험결과 최대유량 43gpm, 최소유량

0gpm으로 나타났다. $1\frac{1}{2}$인치 미터로 소형화한 후 기록된 소비가 6440gpd에서 7719gpd로 20% 증가하였다.

지자체(Municipal)

보스톤은 BWSC의 두 번째로 큰 고객이다. 대부분 모든 도시 시설들을 계량하고, 사용자 범주(지자체 사무실 빌딩부터 소방서, 경찰서, 공원 그리고 다른 여가용 시설)가 넓은 것으로 나타난다.

도시의 가장 큰 여가 시설인 James Michael Curley Recreational Center(L Street Bathhouse로 알려진)의 유량시험결과 6인치 미터를 안전하게 2인치 미터로 소형화할 수 있는 것으로 나타났다. 이 미터를 교체한 이후 ADU는 9784로부터 13,240gpd로 35% 증가하였다. 이외 야간에서 일정한 유량이 측정되었으며 이는 구내에서 손실을 의미한다. 또한 이 수치는 6인치 터빈미터의 정상적인 최소 운영범위가 너무 높아 낮은 유량에서 사용된 물을 계량할 수 없는 것을 보여주었다.

High 125번가 소재한 보스톤 소방서 빌딩의 유량시험결과 3인치 미터의 최대유량은 20gpm으로 나타났다. 대부분 시간에서 사용량이 4gpm 이하인 이 미터를 1인치로 소형화할 예정이다.

Curtis Hall 지자체 빌딩에서의 유량시험결과 4인치 터빈미터의 최대유량은 8gpm이고 최소유량은 0으로 나타났으며 이를 $1\frac{1}{2}$인치로 소형화한 후 낮은 유량시험결과 일정한 최소유량을 보여주었다.

A.6.6 결론

소형화 과업

위원회의 광범위한 계정에 대해 소형화는 성공적이었다. 비록 결과들은 사례마다 다르지만 위원회는 $1\frac{1}{2}$인치 이상의 미터 400개를 소형화하여 57,474 ft^3/d(429,905gpd /156,915,320갤론/년) 이상의 물을 회수하였다. BWSC의 현재 상수 및 하수요금을 곱하면 소형화 노력은 불명수량을 감소시키는 것 이외 년간 $700,000 이상의 수익을 창출하여 위원회의 요금 수익 요구조건을 차감할 수 있다.

일부 경우 미터의 소형화 가치는 대부분 공공 주택 및 학교의 분석에 의해 증명된 것과 같이 즉각적으로 명백하게 나타난다. 모든 경우에서 이전의 미터 규격결정시 사용한 추정들을 반드시 의심하여야 한다.

이 점을 예증하기 위해 프로젝트 팀은 표준 *고정세간기구 추정 물량 vs 유량 시험 장치로 측정된 실제 유량*을 사용하여 적정 미터 규격결정을 위한 여러 사례들을 분석하였다. Tremont 216번가에 소재한 9층 사무실 빌딩은 1838개의 고정세간으로 구성되었으며 이는 3

인치 미터 규격의 사용을 나타낸다. 그러나 유량측정결과 이 미터를 $1\frac{1}{2}$인치로 소형화할 수 있는 것으로 나타났다.

Court 40번가 소재한 12층 사무실 빌딩은 3256개 고정세간에 의해 3인치 미터를 사용하였다. 유량시험결과 $1\frac{1}{2}$인치 미터가 충분한 것으로 정확하게 예측하였다.

일부 사례에서는 비록 고정세간 수치에 따라 $1\frac{1}{2}$인치 미터가 적합한 것으로 나타났지만 3인치 심지어 4인치 미터가 설치되었다. 이와 같은 사례는 Commonwealth 12번가와 15번가에 소재한 두 건물에서의 유량측정결과에 기초하여 최근에 미터를 $1\frac{1}{2}$인치로 소형화하였다.

위원회는 대체하고 있는 미터가 AWWA 표준 보다 약간 아래에서 실행할 수 있다는 사실(이는 새로운 미터를 설치한 후 등록된 소비가 증가한 점에서)을 인지하고 있다. 그러나 BWSC의 대형 미터 시험 프로그램으로부터 대부분 대형 미터는 정확도 표준 안에 있는 것으로 나타났으므로 위원회는 소형화의 결과를 판단할 때 이 요소를 고려하지 않는다.

미터 소형화 결정에 영향을 미치는 요소들

앞에서 고려하지 않은 다음과 같은 여러 외부 요소들은 물 소비 및 사용률에 상당한 영향을 미칠 수 있다.

펌프. 5층 이상의 빌딩에 적합한 미터 규격 분석시 빌딩의 상부층으로 물을 공급하기 위해 펌프를 사용하는지의 여부를 파악하는 것이 필수이다. 만일 물을 펌핑하지 않으면 과소규격의 미터는 수압에 악영향을 미칠 수 있다. 만일 펌프를 사용하면 더욱 작은 미터를 사용할 수 있다.

공조. 공조 보충수는 반드시 고려하여야 할 또 다른 요소이다. 중앙 공조는 설비 규격에 따라 증발을 보충하기 위해 분당 3~10갤론의 물을 사용할 수 있다. 동절기 동안 수행된 유량시험 및 물 소비평가 결과는 공조가 물 사용을 증가시키는 하절기 동안 정확하지 않을 것이다.

Flushometers. 고려하여야 할 세 번째 요소는 자동으로 일정 간격으로 소변기를 플러싱하는 장치인 "Flushometer"의 필요한 물량이다. 형식에 따라 Flushometers는 15초 개방에서 약 35gpm의 유량을 사용할 수 있다. 또한 충분한 압력을 유지하여 고정세간을 적정하게 복귀시키는 것이 중요하다.

공간 제한. 일부 경우 공간 제한은 작은 미터의 설치를 방해한다. 예를 들어 Beacon 632번가에 소재한 보스톤 대학 빌딩에서 3인치 미터가 설치된 배관을 적정하게 규격 결정된 2이치 미터로 대체하기 위해서는 반드시 새로운 플랜지를 설치하여야 한다. Summer 425번가에 소재한 위원회의 본부에서 소형화를 복잡하게 만들고 많은 시간을 소비하게 만드는 유사한 상황이 발생하였다.

물 보존 장치. 이전에 언급한 것과 같이 저유량 샤워기 헤드, 수도꼭지 살수기, 변기 댐 그리고 저유량 플러시 변기와 같은 물 보존 장치들이 이미 설치된 곳에서 미터 규격 결정을 할 때 이전 물 사용 추정치를 반드시 재고하여야 한다.

소형화의 혜택

자본비용(Capital cost). 미터 소형화에 대한 명백한 추가 혜택은 큰 미터를 대체하기 위한 자본비용의 감소이다.

누수탐사. 유량 조사 과정 동안 고객의 구내에서 많은 누수들이 발견되었다. 언급하였듯이 보스톤의 James Michael Curley Bathhouse에서의 유량조사는 일정한 3gpm 야간 유량을 밝혀 주었다. 위원회는 유량조사 결과로서 다른 고객인 Roxbury Boys and Girls Club으로부터 6gpm 누수를 밝혀준 것에 대한 감사편지를 받았다. 비록 이러한 누수의 발견과 자료의 공유가 미터 소형화에 의해 창출된 추가 수익의 일부를 차감할지라도 긍정적인 고객관계를 조성한다.

물 보존. 또한 위원회는 작은 미터는 수두손실을 증가시켜 유량 장애물로서 동작하는 것으로 결정하였다. 따라서 소형화는 실제로 새로운 물-절약 고정세간을 설치하지 않고도 물 보존을 촉진할 수 있다.

자료 수집. 프로그램의 또 다른 중요한 혜택은 상세한 미터 조사를 통해 고객 데이터베이스를 정리할 수 있는 기회를 제공한다는 것이다. 장기간 검침하지 않았던 미터의 위치를 발견하였고 이제는 정기적으로 검침한다. 불법 연결들을 발견하여 도수를 방지하였다. 일반적으로 프로그램은 위원회가 이들의 물 시스템에 대해 그리고 고객 물 소비에 대해 더 많은 지식을 얻는 것을 가능하게 하였다. 이는 상당한 불명수량감소와 수익증가에 기여하였다.

A.7 대량 물 판매에서의 피상손실제어 프로그램

A.7.1 개요

헬리팍스회사는 2002년 포괄적인 물손실제어 프로그램의 일부로서 대량 물 판매를 위한 구식의 "지정된 소화전(designated hydrant)"을 선불 스마트카드와 판독기를 통합한 자동화된

6개 대량 물 판매점으로 대체하였다. 100% 계량되는 대량 물 판매점의 도입은 더욱 광범위한 제어, 측정 그리고 대량 물 판매의 회계를 제공하였다. 또한 소화전들을 자동화된 대량 물 판매점으로 전환하여 수질을 개선하고, 도수를 상당히 감소시켰고, 물 시스템 기반시설의 보안을 향상시켰다.

A.7.2 배경

헬리팍스회사는 지자체 소유 용수기관으로서 캐나다 노바 스코티아 내 헬리팍스지역 지자체에게 서비스한다. 도심 내 물 공급을 받는 인구는 약 325,000명이다. 2개의 주 정수장과 주관로 약 1250km의 배수시스템으로 약 77,000개 고객 연결에 물을 공급한다.

1999년 헬리팍스회사는 시스템 내 실질손실과 피상손실을 감소시키기 위해 용수시설 전반에 걸친 포괄적인 물손실제어 프로그램을 개시하였다. 헬리팍스회사는 2002년 4월 최상의 실무로서 IWA 방법론을 채택하였다.

손실제어 프로그램의 핵심 요소는 현존하는 대량 물 판매 프로그램과 관련된 피상손실이었다. 그 당시 헬리팍스회사는 물 운송회사로부터 대량 물에 대한 다양한 요청을 관리하기 위해 지정된 소화전 프로그램을 운영하였다. 통상적으로 헬리팍스지역 내 건설, 도로 청소, 가정 소비, 수영장 충수, 잔디 유지관리/조경을 위해 대량 물을 사용하였다. 헬리팍스회사가 탱크와 트럭들을 검사하고 승인하는 대량 물 운송회사는 배수시스템 전반에 걸쳐 지정된 특정 소화전에 호스를 연결하도록 허락되었다.

이전 지정된 소화전 프로그램에서 대량 물 운송회사는 취수시간을 보고하고 물 체적을 추정하도록 요구되었다. 물 운송회사는 매월 대량 물을 보고하고 지불하는 책임을 갖는다. 이와 같은 자진신고 제도는 실제 소비를 정확하게 그리고 시기적절하게 보고하는 수단을 제공하지 못하였다.

추가적으로 대량 물 운송회사는 항상 가장 인접한 지정된 소화전으로 가지는 않았다. 가끔 운송회사들은 “더욱 편리한” 소화전에 호스를 연결하였다. 전형적으로 주거민 지역 내 작은 주 관로에서 이와 같이 일이 발생하였을 때 물 시스템 내 유동패턴을 교란시키고 수질오염을 초래하였다. 따라서 헬리팍스회사는 불만을 조사하고 필요시 관로를 의무적으로 플러시하였다. 광범위한 사업 및 사용자들이 빈번하게 지역 전반에 걸친 소화전에 연결하여 소화전을 손상시키고 가끔은 소화전을 급속하게 개방 및 폐쇄하여 주관로가 파괴되었다.

헬리팍스회사의 손실 감소 프로그램의 일부는 향상된 유량 계량 및 SCADA 기능을 사용하고 DMA를 구축하여 배수시스템의 구역화(sectorization)를 포함하였다. 배수시스템 내 상당히 개선된 계량 정확도, 실시간 시스템 감시, 자료기록을 감안하여 DMA를 구축하였다. 배수시스템에 걸쳐 더 많은 DMA(개선된 계량기능과 함께)가 구축되면서 물 시스템으로부터 인출되고 있는 실제 대량 물 체적은 물 운송회사가 자진신고 제도를 통해 기록한 것 보다 더 많은 물이 인출된 것으로 명백하게 나타났다. 또한 새로운 DMA는 지정되지 않는 소화전으로부터 물이 인출되고 있는 것을 확인하였다.

A.7.3 대량 물 판매점(Bulk Water Fill Station)

지정된 소화전 프로그램은 물 운송회사가 반드시 입금하여야 하는 현금이 손실되는 문제가 있는 것으로 보였다. 다양한 요인(물손실 방지, 수익회수, 수질오염, 시스템 보안)들로 인해 기존의 대량 물 판매 프로그램의 개선이 필요하였다. 2001년 핼리팍스회사는 대량 물 판매와 관련된 다양한 쟁점들을 다루기 위해 다른 용수기관이 시행하였던 조치들을 조사하기 시작하였다.

2002년 물 산업 검토 결과 핼리팍스회사는 최종적으로 지정된 소화전 프로그램을 대체하기 위해 도심 주변에 대량 물 판매점 6개를 설치하기로 결정한다. 완전 자동화된 대량 물 판매점은 계정과 사용량을 관리하기 위해 선불하는 "스마트 카드" 기술을 포함한다. 전형적인 가스 충전소와 유사하게 사용자는 사전에 인출할 물 체적을 선택할 수 있다. 1년 365일, 1일 24시간 대량 물 판매점을 사용할 수 있고 이는 이전 지정된 소화전 프로그램의 특정 근무시간과 계절적 제한에 비해 개선된 사항이다. 새로운 판매점은 대량 물 고객들에게 상당한 가치가 추가된 서비스를 제공하였다.

대량 물 판매점의 서비스 개선 비용은 새로운 대량 물 요금을 통해 조달되었다. 대량 물 요금은 기본 물 요금 및 서비스 개선을 위한 용수기관의 자본투자의 회수에 기초한다. 새로운 요금에 대한 비용회수 및 수익예측은 이전 자진신고제에서 인출한 대량 물 체적에 기초하였다.

물 운송회사가 전반적으로 자동화된 대량 물 판매점 프로그램(서비스 향상, 선불카드 그리고 사전 물 체적 선택과 같은 편리한 기능을 갖는)을 잘 받아들였다. 자동화된 대량 물 판매점을 통해 기록된 첫해 인출체적은 예전 프로그램에서 보고되었던 것 보다 상당히 높은 것으로 확인되었다. 전환 이전 최종 1년 자료가 있는 2001년에 인출된 전체 대량 물 체적은 84,000m^3이었고, 이는 허가 및 차량 검사를 포함하여 총수익 $36,287.83를 창출하였다. 전환 이후 첫해인 2003년에 측정·판매된 전체 대량 물 체적은 99,778m^3이었다. 대량 물 판매점을 도입한 이후 5년 동안 대량 물 판매 체적은 증가하는 경향을 보여 왔다. 회계년도 2006/2007년 동안 판매된 대량 물 체적은 120,616m^3이었고, 총수익 $212,977.60을 창출하였다. 새로운 프로그램 실행 이후 대량 물 판매는 용수기관에게 꾸준하게 수익을 창출하여 왔다.

전술한 것과 같이 예전 시스템에서 광범위한 사용자가 소화전의 접근이 가능하여 소화전에 대한 상당한 보안 우려가 존재하였다. 일부 사용자들은 편리한 소화전의 연결습관을 버리고 대량 물 판매점의 사용을 꺼렸다. 대량 물 판매점으로 전환의 일부로서 핼리팍스회사는 소방서 또는 용수기관 직원을 제외하고 다른 사람이 소화전에 연결하는 것을 불법으로 만들기 위해 법과 규정을 개정하였다. 또한 핼리팍스회사는 물 시스템 기반시설과 관련된 보안 쟁점에 대한 대중 인지도를 상승시켰고 그리고 임의 미승인된 소화전 사용을 보고하도록 권장하였다. 핼리팍스회사는 새로운 프로그램 실행 이후 소화전에 불법으로 연결하였던 다수의 사람들을 기소하고 성공적으로 벌금을 부과하였다.

대량 물 판매 프로그램의 실행은 지속적인 성공 이야기이다. 법과 규정의 개정과 연계된 핼리팍스회사가 운영하는 이 프로그램은 피상손실과 비수익성 물의 지속적인 감소 그리고 이에 따른 수익성 물의 증가를 초래하였다. 승인된 대량 물 운송회사들은 이제 정확하게 계량하고, 이 프로그램의 추가 혜택으로서 무작위 미승인된 소화전 사용이 제거되어 배수시스템의 안정성이 향상되었다.

A.8 추적자 가스 시험

A.8.1 소개

수리시험 또는 다른 시험으로 누수의 존재를 처음 결정한 후 매설된 관로 내 누수위치를 찾기 위한 추적자 가스 시험은 관로 또는 폐쇄된 시스템 내부로 알고 있는 양의 추적자 가스(헬륨 가스, 또는 헬륨/공기 혼합)의 삽입을 수반한다. 추적자 가스 누수위치찾기 공정은 정수압 시험으로는 나타나지 않는 물 시스템 내 누수가 존재하는 신규 관로의 시운전에서 가장 빈번하게 사용된다. 여기서 정수압이란 사전결정된 압력과 시간 동안 정압력의 유지여부를 판단하는 시험이다.

헬륨 추적자 가스 시험은 다수의 안전 및 논리적 요구조건을 포함하고, 통상적으로 채택한 다른 전통적인 누수탐사 방법들이 실패할 때 사용된다. 시험을 위한 사전준비로서 관로를 비우고, 관로 또는 시스템 상에 사전 결정된 간격으로 시험 홀들을 준비하고, 헬륨 공급 확보 및 시험 홀 내 가스의 배경 비중을 시험한다. 헬륨 추적자 가스 시험을 시도하기 전에 굴착을 제외한 모든 다른 누사탐사 방법들을 조사하여야 한다.

A.8.2 장비 및 재료

Gasophon

Gasophon은 추적자 가스로서 헬륨을 사용하여 매설된 관로 내 누수위치를 지반 표면에서 찾기 위한 자납식 휴대용 누수탐지기로서 개발된 장치이다. 휴대용 배터리로 작동하는 매우 민감한 가스 탐지기를 사용하여 시험을 수행한다. 대기와의 비중이 다른 가스를 탐지하기 위해 이 장비를 사용할 수 있다. 이 장비는 가볍거나 또는 무거운, 가연성 또는 비가연성과 같이 많은 형식의 가스를 탐지할 수 있다. 3개 측정범위를 통한 스케일 확장은 저농도 가스조차도 탐지하고 구별하는 것을 가능하게 한다. 장치는 추적자 가스의 체적 퍼센티지를 나타내지 않으므로 정량적인 장치로 간주할 수 없다. 대기 공기와 상대적으로 탐지하는 가스가 더욱 가볍거나 더욱 무거울수록 장치는 그 가스에 더욱 민감하게 작동한다. 헬륨 가스는 비독성, 불활성 가스로서 압력 실린더에 쉽게 저장할 수 있기 때문에 관로 또는 폐쇄된 시스템 내 누수위치 탐지를 위한 바람직한 가스이다. 헬륨 비중은 0.137로서 두 번째 가벼운 가스이고 따라서 Gasophon은 매설된 관로 시스템 상부 지반 내 $\frac{1}{2}$인치 시험 홀로부터 저농도 가스를 쉽게 탐지할 수 있다.

운영 원리

Gasophon의 단순화된 운영원리는 다음과 같다. 공기 내 음속은 330m/s이다. 가스의 음속은 가스가 공기보다 가볍거나 또는 무겁거나에 따라 음속인 공기 보다 크거나 작게 된다. 장치는 주로 두 개의 튜브로 구성된다. 하나는 표본 측정 그리고 다른 하나는 비교를 위한 표준으로서 대기 공기를 포함한다. 각 튜브의 한쪽 말단부에는 음파 전송기를 설치하고 다른 말단부에는 수신기를 설치한다. 내부 펌프는 측정 튜브를 통해 분석할 표본을 인출한다. 두 튜브 내 음속의 차이는 표본 내 포함된 추적자 가스의 량과 비중에 직접 비례한다. 속도 차이는 전자적으로 측정되고 그리고 미터 굴절로서 나타난다. 가스가 가볍거나 무거울수록 장비는 더욱 민감하다.

플러저 바(Plunger bar). 플런저 바는 $\frac{1}{2}$인치 봉을 최대 깊이 3ft로 박아 넣도록 설계된 수동 충격 도구이다.

헬륨 주입 게이지 및 매니폴드(manifold). 조정기는 유입부에 0~5000psi 그리고 유출부에 0~100psi 압력게이지를 갖는 L-Tec Trimline Model R-76-150-580과 같은 표준 가스 조정기이다. 직경 $\frac{1}{2}$인치 유출호스는 매니폴드의 유입부로 간다. 매니폴드는 직경 $\frac{1}{2}$인치 유입부와 압축기 유입부에 표준 시카고 피팅(Chicago fitting)을 갖는다. 만일 매니폴드를 압축기 유출부가 아닌 주입점에 직접 연결하여야 할 때 매니폴드의 다른 말단부는 분리할 수 있는 다른 시카고 피팅을 갖는다.

압축기. 만일 유출부에 시카고 피팅을 갖고 있으나 oiler가 없으면 유출 범위 175ft^3/min인 Ingersoll-Rand 175와 압축기를 사용할 수 있다.

공압 착암기. 1인치 일자형 비트(chisel bit)를 사용하고 30~60lb 공압 착암기(rock drill)이면 적합하다.

헬륨 가스 실린더. 용접용품 공급자로부터 산업용 등급 헬륨을 쉽게 구할 수 있다. 더욱 상세한 정보를 얻기 위해서는 표준용접협회와 상의하여야 한다.

A.8.3 전제조건

이 시험형식의 성공률은 상대적으로 높지만 운영자가 모든 누수를 찾을 수 있다는 보장은 없다. 문제를 방지하기 위해 그리고 합리적인 성공 확률을 갖기 위해 다음 기본지식이 필요하다.

시험관로의 형식, 직경, 길이

배관 재질이 다르면 장비제작사가 설정하는 시험절차 한계가 달라지므로 배관 형식(PVC, 덕타일주철 등)이 필요하다. 또한 준공도면이 없으면 반드시 관로위치를 찾아야 한다. 만일 관로가 PVC이면 이 관로는 추적자 와이어(wire)를 갖는가? 헬륨 가스의 량을 계산하기 위해 관로의 직경과 길이가 필요하다. 일부 공통적인 관로 용량은 아래에 기술한다.

임의 정수압 시험 결과

주거민 물 주관로에 대한 시험요구조건을 수용하기 위해서 주 관로는 1 시간 동안 150psi 압력을 유지하여야 한다. 또한 AWWA Standard C600-82에 기초하여 허용 가능한 손실에 대한 조항이 존재한다. 시험이 실패할 경우 압력을 150psi로 다시 상승시키기 위해 필요한 물량을 아는 것이 중요하다. 이는 누수의 상대적인 크기를 나타내기 때문이다. 시험 동안 압력이 인근에 연결된 주 관로의 압력으로 또는 대기 압력으로 저하 여부는 타이 밸브가 폐쇄된 위치에서 타이트하게 밀봉되지 않거나 또는 특정 압력에서 조인트의 누수여부를 나타낼 수 있다. 만일 이와 같은 현상이 발생하면 헬륨 시험 동안 조인트로부터 추적자 가스의 누수를 보장하기 위해 압력은 정수압 시험 동안 가장 낮은 압력 보다 반드시 커야 한다. 동시에 설계 한계를 초과하여 배관을 가압하지 않도록 주의하여야 한다.

주관로 깊이 및 되메움 형식

누수위치로부터 토양 내부 대기로 추적자 가스의 확산 패턴과 적정한 배기 시간을 결정하기 위해 주관로 길이, 매설 깊이, 되메움 형식 정보를 사용한다. 만일 되메움 재료가 주관로의 전체 길이에 걸쳐 균일하지 않으면 반드시 시험 홀 간격은 인접하여야 한다. 만일 원래 되메움 재료를 사용하면 분해 공정 동안 토양 대기로 메탄가스를 방출할 수 있는 유기물이 존재하는 것이 가능하다. 메탄가스는 공기 보다 상당히 가벼우므로 헬륨과 유사한 가스로서 장비상에서 등록될 것이다. 이러한 이유로 헬륨 주입 이전에 시험 홀을 시험하고 기준선을 확립하여야 한다.

주관로의 깊이와 정렬의 준공도면

관로가 직선 배관인지 또는 엘보, 티와 같은 기계적 피팅들이 존재하는지를 결정하기 위해 반드시 평면도를 사용하여야 한다. 만일 피팅들이 존재하면 하나 이상의 이토 지점이 필요할 수 있다. 배관 내부에 물이 정체할 수 있는 낮은 지역이 있는지를 확인하기 위해 반드시 주관로 내 깊이 변화를 알아야 한다. 만일 purging 또는 피그를 사용하여도 이 물을 제거할 수 없으면 낮은 지점에서 배관을 굴착하고 물을 배출하기 위해 절단 또는 드릴 가공하여야 하기 때문이다. 그렇지 않고 만일 이 부분에서 누수가 발생하면 누수가 없는 것으로 오래할 수 있다. 헬륨가스가 탈출하기 위해서는 반드시 물이 먼저 누수부로부터 빠져 나와야 한다. 때로는 이는 특히 직경이 큰 경우 상당한 시간이 소요된다.

다른 지하시설물 위치확인

시험 홀 위치선정 이전에 알고 있는 시설물로부터 떨어져 있는 현장을 확인하기 위해 반드시 다른 시설물 평면도를 취득하여야 한다. 위치 찾기를 시도할 때 가스관로와 같은 관로를 부주의하게 천공하면 매우 위험할 수 있다. 또한 이는 매우 고가일 수 있다.

공기 압축기

주관로의 직경이 크거나 또는 길이가 긴 경우 추적자 가스를 수송하기 위한 공기를 공급하기 위해 주입기간 동안 압축기가 필요하다. 또한 관로의 일부 또는 전체가 아스팔트, 콘크리트 또는 두꺼운 결빙부(frost cap) 아래 있는 경우 반드시 공압 착암기를 사용하여 시험 홀을 설치(place)하여야 할 수 있으며 이때도 공기압축기를 사용하여야 한다.

인력요구조건

용수기관과 건설 계약자는 반드시 시험 홀 설치(place), 이토밸브 개방 및 폐쇄 그리고 필요시 교통을 통제하기 위해 충분한 인력을 배치하여야 한다.

기후조건

추적자 가스 시험은 기후조건(특히 우천시)에 다소 종속된다. 우천시 물의 비중은 매우 커서 시험 홀 내 지반 또는 되메움을 포화시키는 것을 불가능하게 만든다. 시험 홀 깊이 이하로 확장된 두꺼운 결빙부는 결빙부 아래로 추적자 가스를 확산시켜 누수 직상부 시험 홀의 탐지를 불가능하게 만들 수 있다.

A.8.4 현장 운영

운영자는 취득한 정보에 기초하여 다음 순서로 현장 운영을 진행한다.

헬륨 또는 헬륨/공기 주입을 위한 주관로의 준비

1. 운영자가 현장에 도착하기 이전에 반드시 주관로를 배수하여야 한다. 관로의 높은 고도에서의 공기밸브와 낮은 고도에서의 배수 또는 이토밸브를 개방하여 물을 배수시키고 관로를 공기로 채워야 한다. 만일 관로가 직관이 아니면 임의 분지관의 말단부에서 밸브를 개방하여야 한다.
   관로 시스템을 배수하거나 비우고 수압이 아닌 공압을 가한 시간 이후 시스템은 더 이상 액체 시스템이 아니라 높은 압력의 가스 시스템(추가 위험을 수반하는)인 사실을 이해하는 것이 중요하다.
   액체는 비압축성이므로 수압(150psi의 시험 정수압) 아래 관로에서의 감압 또는 조인트/피팅 장애와 같은 이벤트는 부상 위험이 거의 없이 짧은 시간에 오직 작은 물량의 손실을 초래할 뿐이다. 그러나 가스는 압축성이므로 공기 압력 아래 폭발성의 감압은 매우 다르다. 충분한 힘이 생성되어 배관을 분리시킬 수 있고 그리고 주관로의 날카로운 파편을 모든 방향으로 날려 보낼 수 있다. 이와 같은 사고로 인해 직경 8인치 주관로의 조각은 굴착지점으로부터 50ft 날아갔다. 헬륨 배기지점을 제공하기 위해 모든 주관로 상의 밸브캡(cap)과 지수전 박스 탑(top) 을 반드시 제거하여야 한다.
2. 이제 압축기를 주관로의 높은 말단부에 있는 피팅에 연결하고 시카고 피팅들이 서로 철사로 묶여있는지를 확인한다. 이토밸브를 폐쇄하고 공기로 합리적인 압력으로 주관로를 가압한다. 아직 압축기가 가동되면서 이제 압축기에 가장 가까운 곳부터 이토밸브를 개방하여 이토가 시작되면서 주관로는 감압된다. 이는 주관로 배수 이후 남아 있는 물을 제거하는 것을 돕는다. 주관로로부터 가능한 많은 물을 제거하는 것을 보장하기 위해 이 절차를 많이 반복할 수 있다.

시험 홀 배치 및 표시

표면 샘플링과 반대로 지반 내 시험 홀배치의 목적은 다음과 같다. 천연가스 관로와는 달리 물 관로들은 상대적으로 5ft 이상의 깊이에 놓인다. 이는 물 관로부터 빠져나오는 헬륨이 토양대기를 통해 배기되면서 상당히 크게 희석되는 것을 의미한다.

상대적으로 짧은 헬륨배기시간과 대조적으로 대부분 천연가스 관로 누수는 긴 기간 동안 토양 내부로 가스를 배기한다.

시험 홀은 헬륨이 대기 공기에 의해 희석되지 않고 이동할 수 있는 직경 2인치 그리고 깊이 8인치의 관정의 축소 모형이다.

헬륨 주입 이전에 사전 시험 홀의 가스시험은 후속 시험과의 비교를 위한 기준선을 제공한다.

1. 시험 홀을 배치하기 이전에 반드시 모든 지하 시설물의 위치를 유의하여야 한다. 시험하고자 하는 관로 시스템은 딱딱한 표면이 없는 되메움 재료 아래 있어야 하고, 표준시험

방법은 추적자 가스를 삽입하기 전에 관로를 따라 균일한 간격과 깊이에서 그리고 알고 있는 피팅 위치에서 직경 $\frac{1}{2}$인치 플런저 봉 홀을 배치하는 것이다. 봉 홀 간격은 주관로의 깊이와 되메움 재료에 의해 결정된다. 일반적으로 약 10ft의 봉 홀 간격이 가장 실용적이다. 그러나 만일 조인트와 피팅의 위치를 알고 있으면 이 간격을 확대할 수 있다. 역으로 만일 되메움 재료가 모래 또는 자갈과 같은 입상인 경우 봉 홀 간격은 짧아질 수 있다. 봉 홀의 깊이는 약 18인치가 되어야 한다. 그러나 결빙부 밑에 위치할 필요가 있을 때는 예외이다.

2. 시험할 주 관로가 콘크리트, 아스팔트 또는 결빙부 아래 있으면 압축기와 착암기로 홀을 배치하는 것을 제외하고 상기 내용 모두를 적용한다. 또한 천공(drilling) 이전에 시험 후 이러한 홀들을 메우기를 준비하여야 한다.
3. 시험 홀 배치 이후 페인트로 번호를 매긴다. 이 시점에서 페인트 내 솔벤트가 시험에 영향을 미칠 수 있으므로 시험 홀 인근이 아니라 시험 홀에 인접한 곳에 마킹 페인트를 스프레이하도록 주의하여야 한다. 만일 마킹 기록을 유지하면 시험 홀을 확인하고 필요시 후속 시험에서 각 시험 홀 위치를 쉽게 확인할 수 있다.

주입 이전에 현존하는 토양대기 시험

헬륨가스 주입 전에 스케일 "10"에서 공기 지침보다 가벼운 것을 탐지하기 위해 각 시험 홀 내 토양대기를 분석한다. 스케일 "10"은 가장 민감한 설정이다. 매설된 관로 시스템 상부로부터 도로포장까지 지반 내 대기 공기와 상대적인 토양대기의 밀도를 사전 결정하기 위해 이를 수행한다. 직경 1/4인치, 길이 약 3ft, 바닥부 5인치 길이에 측면 홀을 갖는 Lexan 시험 탐침봉이 이상적이다. 이는 합리적으로 강하고 깨끗하다. 만일 장비가 시험 홀로부터 물을 빨아들이면 장비에 물이 들어가기 전에 쉽게 이를 육안으로 확인할 수 있다. 다음 조건을 탐지하여 제거하거나 또는 보상하기 위해 이 사전시험 절차가 필요하다.

1. 중립 지침(reading): 바늘 움직임이 없다. 이는 토양대기의 비중이 대기 공기의 비중과 동일한 이상적인 상황이다. 이는 일반적으로 관로 상부에 깨끗한-가공된 재료로 되메움하였을 때 발생한다. 이 경우 수정 작업이 필요 없으며 현장 문제(complication) 없이 헬륨 주입을 진행할 수 있다.
2. 상향 편차(Upscale deflection): 공기 지침보다 가볍다. 공기와 다른 비중을 갖는 임의 가스를 탐지하도록 장비를 설계하므로 헬륨 주입 이전에 상향 읽음(upscale reading)은 토양대기 내 공기 보다 가벼운 다른 가스의 존재를 나타낸다. 가장 공통적인 가스는 다음과 같다.
   a. 자연 발생하는 메탄가스: 주관로 상부 되메움을 위해 유기물을 포함하는 원산지 재료를 사용할 때 때로는 메탄가스가 존재한다. 반드시 토양대기를 purging하여 이 가스

를 제거하여야 한다. 그러나 만일 이것이 비현실적이고, 지침이 상대적으로 작으면 (full scale 상 10 또는 이하) 주관로 내부로 주입할 헬륨/공기 혼합물을 강화하여 100 스케일을 사용하는 것이 가능할 수 있다.

b. 천연(관로)가스: 만일 인근 천연 가스 수송관로에 누기가 발생하면 천연가스가 시험 지역 내에 존재할 수 있다. 천연가스(관로 가스)는 주로 메탄으로 구성되고 자연적으로 발생하는 메탄(CH_4)과 유사한 비중을 갖는다. 자연적으로 발생하는 메탄가스와는 달리 관로 가스는 압력을 받아 토양대기 내부로 침투하고, 토양을 통해 상당한 거리까지 이동할 수 있다. CGI 및 에탄가스 탐지기를 사용하여 천연가스 누기를 확인하면 대중 안전을 위해 즉기 가스 회사에게 알려야 한다. 가스 누출을 복구하고 토양대기로부터 천연가스를 제거할 때까지 헬륨 시험은 권장되지 않는다.

3. 하향 편차(Downscale deflection): 공기 지침보다 무겁다. 공기와 다른 비중을 갖는 임의 가스를 탐지하도록 장비를 설계하므로 헬륨 주입 이전의 하향 읽음(downscale readings)은 토양대기 내 공기보다 무거운 가스의 존재를 나타낸다. 가장 공통적인 오염물질은 다음과 같다.

   a. 중탄화수소(석유 생산물): 통상적으로 이 물질은 연료 저장 및 배분 지역 주변 토양 내에서 발견된다. CGI 및 탄소필터(charcoal filter)를 사용하여 확인한 후 관련 기관에게 즉시 알려야 한다. 오염된 토양을 제거하거나 또는 처리와 같은 개선작업을 완료할 때까지 헬륨 시험은 권장되지 않는다.

   b. 이산화탄소: 이는 일반적으로 관로시스템 상부 깨끗한 메움, 원산지 또는 가공된 메움 재료를 사용할 때 존재한다. 일반적으로 메움 재료 내 호기성 유기물의 분해에 의해 이산화탄소가 발생한다. 공기 보다 가벼운 추적자 가스를 사용할 때 시험할 관로 상부 토양대기 내 공기보다 무거운 이산화탄소 또는 다른 물질의 존재는 중요하다. 무거운 가스와 가벼운 추적자 가스가 혼합되어 비중이 달라지고 계측기상에서 탐지되지 않을 수 있다. 샘플을 산화칼슘 여재로 통과시켜 이산화탄소를 여과하거나 또는 보상하기 위해 헬륨/공기 비율을 증가시킬 수 있다.

   c. 수증기(water vapor): 만일 충분한 수증기가 존재하지 않아 장비 내부에서 응축되지 않으면 헬륨시험을 진행할 수 있다. 샘플 유입부 관로 내 설치된 워터 트랩(water trap) 또는 소수성 필터(hydrophobic filter)는 통상적으로 이 문제를 감소시키거나 제거할 수 있다.

주관로 내부로 헬륨/공기 혼합물 주입

1. 공기 압축기를 주입 지점에 연결한다. 만일 주입 지점이 소화전 또는 지수전 밸브(curb valve)가 설치된 서비스 배관이면 시험 동안 반드시 지수전 밸브 또는 소화전의 개방된

상태를 유지하여야 한다. 헬륨 주입 후 이들 중 하나를 폐쇄하면 소화전 몸통을 통해 또는 지수전 밸브의 자동 배수 미케니즘을 통해 가스가 빠져나간다. 매니폴드 상 압축기 공급 밸브를 폐쇄하고 이토밸브를 개방하면 관로 압력은 0로 되돌아간다. 헬륨탱크 바닥에 압력계를 설치하고, 헬륨공급배관을 매니폴드에 연결한다. 이 단계에서 압축기의 공급밸브를 개방하기 전에 주관로 내부로 특정량의 100% 헬륨을 주입할 것을 권장한다. 헬륨탱크 바닥에 설치된 밸브를 개방하여 탱크 내 2500lb 압력 중 약 500lb를 빼내 헬륨을 주입한다. 이 헬륨 슬러그(slug)는 관로 내부에 이미 존재하는 공기와 혼합하여 탐지할 수 있는 헬륨 양이 이토밸브에서 나타나는 것을 보장한다.

2. 이제 혼합된 가스가 관로 시스템 내부로 주입된다. 압축기의 “공급압력”과 “최대 유출압력”을 구분하는 것이 중요하다.
   a. 최대유출압력: 공급체적 175ft^{3}의 압축기의 경우 자동으로 공회전하기 전에 최대유출압력은 100~120psi이다. 압축기를 기동하고, 유출밸브를 폐쇄하고, 압축기가 공회전하는 압력을 기록하여 이 압력을 결정할 수 있다. 관로의 시험압력이 압축기의 최대유출압력 이상을 요구하지 않는 이상 이 압력 지침은 중요하지 않다. 만일 최대유출압력이 110psi이고 특정 이유로 주관로를 120psi로 가압하여야 한다면 압축기 유출밸브를 폐쇄하고 조정기를 120psi로 설정하고 탱크로부터 헬륨을 공급하여 추가 압력을 형성할 수 있다.
   b. 공급압력: 유출 밸브를 개방한 상태에서 운영되는 압축기의 공급압력은 일반적으로 약 30psi가 된다. 이토밸브가 개방된 주관로에 이 압축기를 부착하면 아직도 상당한 크기의 배압으로 인해 작동하지 않는다. 배압의 크기는 관로의 직경, 길이, 그리고 이토밸브에 의해 구속되는 크기에 종속된다. 이토밸브를 폐쇄하면 압축기의 공급압력이 상승하면서 관로 내 압력도 상승하기 시작한다. 최대유출압력에서 평형에 도달할 때 압축기는 공회전할 것이다.
3. 압축기 공급지점으로부터 압축된 공기와 추적자 가스는 약 1:10의 비율로 주 관로 내부로 공급된다. 압축기의 공급압력을 기록하여 이를 수행한다. 이토밸브를 개방한 상태로 유지하고 이 공급압력보다 5psi 높게 탱크에 부착된 헬륨압력계 상 조정기를 조정하면 이 압력은 일정하게 유지된다. 주입 과정 동안 헬륨 공급 밸브를 차단하여 임의 시간에 공급압력을 결정할 수 있다.
4. Gasophon으로 취한 샘플이 추적자 가스의 존재를 나타낼 때까지 관로 시스템의 말단부에 있는 이토지점들을 폐쇄하지 않는다. 주입 지점에 가장 가까운 이토밸브부터 순차적으로 시작하여 시험을 하여야 한다. 적정 농도의 추적자 가스가 나타날 때 각 이토지점을 폐쇄한다. 헬륨이 이토지점에 도달하기까지 소요되는 시간은 관로의 전체 체적 그리고 압축기와 헬륨 탱크로부터 공급체적에 따라 다르다.

5. 모든 이토밸브를 폐쇄하면 압축기의 공급압력은 관로 시스템 내에서 배압이 형성되면서 상승하기 시작한다. 이 공급압력을 지속적으로 감시하고, 헬륨탱크에 있는 조정기를 공급압력보다 5psi 높게 조정하여 쉽게 탐지할 수 있는 농도(±10%)의 헬륨가스를 관로 시스템 내부로 주입한다.
6. 적합한 시험압력에 도달하면 압축기 공급밸브와 헬륨탱크밸브를 폐쇄한다. 헬륨 주입 압력계로 시험압력을 관측할 수 있다. 봉 홀을 시험하기 이전에 토양대기 내부로 탐지할 수 있는 추적자 가스의 확산이 존재하는 것을 보장하기 위해 반드시 관로를 가압한 후 최소한 1시간을 기다려야 한다. 이 절차에서 만일 1시간 이 경과하기 전에 상당한 압력 손실(주관로 내 전체 가스 체적에 따라 2~5psi)이 관측되는 경우는 제외된다.

토양대기 내 추적자 가스 시험

Gasophon을 사용하여 주입 지점부터 시작하여 이토밸브의 폐쇄 순서로 봉 홀로부터 나타나는 가스를 시험한다. 토양대기의 샘플을 Gasophon으로 인입시켜 분석한다. 이 분석결과를 기록하고 샘플 위치에서 초기 시험과 비교한다. 만일 초기 시험에서 탐지되지 않으면 추적자 가스를 탐지할 때까지 규칙적인 간격으로 이 절차를 반복할 수 있다. 시험을 반복할 때는 반드시 항상 주입 지점에서 시작하여 하류측으로 이동하여야 한다. 이는 가스가 각 관로 부분에 체류하였던 시간과 동등하다. 이는 많은 봉 홀을 포함하는 긴 관로를 취급할 때 특히 중요하다. 약 10ft 간격의 시험 홀을 갖는 1/4마일 관로를 가정하면 최소한 132개의 봉을 처리하여야 한다. 만일 운영자가 이토밸브의 운영을 끝내고 주입지점에서 다시 작업하면 주입 지점 인근에 있는 누수로 인해 상당한 헬륨가스가 토양 내부로 침투 · 확산되어 정확하게 찾는 것이 어렵게 된다.

정확한 헬륨 위치 찾기

"정확한 위치 찾기"는 누수복구에 필요한 정확한 굴착 위치를 결정하는 과정으로 정의된다. 과정의 성공 여부는 여러 요소에 의해 결정된다. 헬륨은 비독성, 비가연성, 그리고 공기 비중의 약 1/10의 불활성 가스이다. 분자의 크기가 작기 때문에 가장 작은 누기조차도 탐지할 수 있는 능력을 갖는다. 통상적으로 이 가스는 토양 입자들 사이 공간을 차지하는 자연 토양대기를 추방하여 관로부터 확산된다. 누수 패턴의 형상과 규격은 주로 관로부터 가스가 배기되는 토양대기의 저항에 의해 결정된다. 헬륨은 토양대기보다 상당히 가볍기 때문에 토양을 통해 표면으로 급격하게 상승하는 경향이 있다. 그러나 만일 누기가 구속되면 누기 되는 헬륨은 확산에 대한 저항이 가장 적은 통로를 찾는다. 헬륨 확산 패턴에 영향을 미치는 일부 요소들은 다음과 같다.

1. 관로 압력: 일반적으로 주관로 내 압력이 높을수록 헬륨은 더욱 신속하게 표면으로 배기

된다.

2. 누수 크기: 주어진 시간에 토양 내부로 침투하는 가스체적은 누수 크기에 의해 직접적으로 영향을 받는다. 일반적으로 누수가 클수록 확산 패턴이 크다.
3. 포장(cover) 두께: 만일 다른 모든 요소들이 동일하고 포장 두께가 증가하면 표면에서 확산 패턴이 커지고 표면으로 배기 시간이 증가한다. 통상적으로 누수 패턴은 역 콘(inverted cone) 형상이다.
4. 포장 형식(cover type)
   a. 가벼운 토양: 가공된 토양(모래 및 자갈) 그리고 가벼운 다공성 토양은 가스 유동에 대한 저항이 작다. 만일 결빙 또는 단단한 표면에 의해 구속되지 않으면 통상적으로 확산 패턴은 횡 방향 확산이 매우 작은 원형 패턴이다. 이러한 조건에서는 봉 홀을 다소 서로 인접하게 배치할 필요가 있다. 또한 특히 모래에서 누기를 나타내는 주관로 내 압력저하가 존재하면 벨로즈형식 탐침봉을 사용하는 표면 샘플링은 성공적일 수 있다. 헬륨은 봉 홀 사이에서 배기될 수 있다.
   b. 중간 토양: 양토(loamy soil)는 기공성이 적기 때문에 가스 유동에 대한 저항이 크다. 따라서 통상적으로 표면에서 다소 큰 패턴이 나타난다. 10ft 간격의 봉 홀은 충분하다.
   c. 조밀한 토양(dense soil): 무거운 식토(clay soil)는 가스 유동에 대한 저항이 상당히 크므로 따라서 확산 패턴이 커질 수 있다. 또한 점토의 자연적인 밀봉 특성 때문에 가스가 토양 내 크랙, 균열(fissure), 공극을 따라 다른 곳으로 배기되기 때문에 헬륨은 누수 직상부 시험 홀 내에서 또는 임의 인접 시험 홀 내에서 나타나지 않을 수 있다. 이러한 형식의 재료에서 누수위치를 찾을 때는 특히 조심하여야 한다. 추가적인 봉 홀이 필요할 수 있다.
5. 높은 지하수위(groundwater level): 관로를 덮는 높은 지하수면(water table)에 의한 토양대기의 추방은 가스 유동에 대한 저항을 야기한다. 그러나 통상적으로 이는 문제가 되지 않는다. 시험 홀의 바닥 또는 인근에 지하수위가 위치할 때 헬륨을 주입하기 이전에 공기로 관로를 가압하면 기포가 나타나 누수를 확인할 수 있다. 반드시 이 지역을 기록하고 헬륨주입 후 기포가 헬륨인지를 시험할 수 있다. 기포가 발생한다고 해서 이것이 관로의 누수라고 장담할 수 없으므로 헬륨 시험으로 진행하는 것이 최상이다.
6. 다른 지하 시설물: 시험 지역 내 다른 지하시설물도 영향을 미칠 수 있으며, 특히 조밀한 식토는 헬륨을 포집할 수 있다. 천연가스 지수전 박스(curb boxes), 통신 및 전기 시스템, 그리고 위생, 우수, 통신시스템 맨홀과 같은 시설들은 지하 내 헬륨이 이동할 수 있는 통로를 제공한다. 시험 홀은 물론 이러한 포집 지점의 위치를 찾고 시험하는 것이 좋다. 지수전 박스 및 주관로 상 주관로 밸브실은 헬륨 포집지점의 역할을 할 수 있다. 시험시 주관로 상 헬륨 누수를 정확하게 찾을 때 반드시 조심하여야 한다. 특히 지수전 박

스가 도로의 주관로 상에 위치하면 물 지수전 박스에서의 헬륨 지침은 두 상황을 나타낼 수 있다. 지수전 박스 자체가 누수될 수 있고 또는 헬륨이 주 관로 연결로부터 서비스 트렌치를 따라 이동할 수 있다. 때로는 지수전 박스 옆에 봉 홀을 배치하여 이를 확인할 수 있다. 지수전 밸브는 지수전 박스 직하부에 있으므로 이 밸브상 누기는 직상부로 배기 된다. 결과적으로 인접한 봉 홀 내 지침은 0 또는 매우 미소하게 된다.

7. 결빙: 주관로 상부 결빙층은 도로포장과 유사한 효과를 가져 확산 패턴이 커진다. 결빙 침투는 토양의 함수율, 형식, 온도, 그리고 표면의 절연 특성에 종속된다. 적설(snow cover) 및 뗏장은 절연재의 역할을 하며 결빙 침투를 지연시킨다. 절연특성이 불량한 포장은 더 깊은 결빙침투를 허락한다. 토양 습도와 표면 절연의 변화는 불규칙적인 결빙 침투를 야기한다. 결빙되지 않은 지역은 배기를 허락하는 반면 결빙된 지역은 배기를 구속한다. 조밀한 토양(점토)의 경우에서와 같이 때로는 헬륨은 시험 홀 내부보다는 결빙부 내 크랙 및 균열을 통해 배기된다. 헬륨은 결빙부 아래에서 확산되고 시험 홀 내에서 탐지가 불가능하므로 시험 홀 보다 깊은 결빙패턴은 헬륨시험을 불가능하게 만든다.

Gasophon를 사용하여 추적자 가스를 탐지할 때 각 시험 홀 내 개별 지침을 정량적으로 비교하여 최대 농도점을 결정한다. 만일 2개 이상의 봉 홀이 유사한 농도를 보여주거나 또는 만일 초기 봉 홀 간격이 바람직한 굴착 크기(복구를 하기 위해 필요한)보다 크면 토양대기 내 추적자 가스의 최대 농도를 결정하기 위해 현존하는 홀 사이에 봉 홀을 추가로 배치할 수 있다. 두 개의 봉 홀이 동일한 지침을 제공하는 곳에는 각 홀을 씻어내기(purge) 위해 Gasophon 펌프를 사용할 수 있다. 각 지침이 0이 되기 위해 필요한 시간은 어느 홀이 누기에 더 가까운지를 나타낼 것이다. 시험 홀 중 하나를 씻어낼 수 있는 반면 다른 홀을 씻어낼 수 없다.

초기 현장을 굴착한 후 여러 시험을 사용하여 누기를 정확하게 찾을 수 있다. 시험시 관로 시스템 내 오직 하나의 누기가 존재하는 것으로 추정하면 절대 안 된다. 첫 번째 누기를 정확하게 찾은 후 약 1시간 후 현장을 떠나기 전에 다른 모든 봉 홀과 배기 지점들에 대해 다른 시험을 수행하는 것이 중요하다. 통상적으로 이는 더 이상 누기가 존재하지 않는 것을 보장한다. 일부 경우 초기복구를 완료한 후 헬륨 시험 과정을 반복하는 것이 사려 깊은 조치일 수 있다.

굴착, 누수위치확인, 복구

헬륨이 나타나는 지점을 굴착하기 전에 반드시 해야 할 일은 다음과 같다. 먼저 헬륨 주입 매니폴트와 게이지를 반드시 제거하여야 한다. 조정기를 제거하기 전에 느슨하게 될 때까지 조정기 손잡이를 반시계방향으로 돌려 스프링과 다이어프램의 압력을 완화시켜야 한다. 두 번째, 복구하기 전에 안전을 위해 관로 내 남아 있는 모든 압력을 반드시 완화시켜야 한다.

헬륨이 나타나는 지점을 굴착하지만 굴착 내부에서 헬륨 근원이 발견되지 않을 수 있다. 굴착 각 측면 상 토양 내부에 잔류 헬륨이 남아 있으므로 각 수평방향으로 배치된 봉 홀 내부에서 취한 헬륨 지침은 누수의 방향을 나타낼 수 있다. 한번 헬륨을 탐지하면 Gasophon을 사용하여 누수위치를 다시 확인할 수 있다. 복구 후 관로를 충수하고 무결성을 확인하기 위해 수압시험을 수행하는 것이 적절하다.

A.9 지반 침투 레이더(GPR)를 이용한 누수탐사

A.9.1 GPR의 역사

많은 혁신적인 기술에서와 같이 지반 침투 전파탐지기인 GPR(ground-penetrating radar)은 초기에는 베트남 전쟁 동안 지하 통로 및 벙커 내 적을 찾기 위해 미군이 개발하였다. 궁극적으로 상업 분야에서 GPR 기술의 길을 찾았다. 초기에는 지구물리학 탐사 주식회사가 최대 약 16ft의 얇은 지반침투가 가능한 도구로서 GPR를 개발하였고, 이 제품을 "지표밑 경계(subsurface interface) GPR"로 명명하였다. 이 이름은 전송기가 발사한 GPR 주파(frequency wave)가 흙/물, 흙/바위, 바위/공기 등과 같은 지반 내부의 임의 계면으로부터 반사되고 수신 안테나로 다시 수신되어 지반 아래 있는 물체의 상을 생성하는 것이 가능한 사실과 관련된다. 통상적으로 이 안테나는 전송기와 동일한 박스에 내장되고, 지반 상부에서 인출된다. 그리고 전송기/수신기가 (이후 "안테나"로 인용) 인출되었던 지역의 지반을 수직 단면으로 또는 조각으로 처리하여 변환할 수 있는 자료를 생성한다.

남아프리카 물리학자 Hylton White박사는 1980년대 미국에서 일하던 중, GPR과 연루되게 되었고 남아프리카로 돌아와서 그 일을 계속하였다. 그는 처음에는 남아프리카 광물협회를 위해 그리고 1990년대에는 남아프리카 내 지구물리학 탐사 주식회사의 판매권을 얻은 회사를 위해 일하였다. 동시에 요하네스버그의 중심 사업 지역인 CBD(central business district) 내 주관로의 대체를 위한 대형 계약이 진행 중이었다. CBD 내 절반의 주관로 또는 약 170개 도시 블록을 포함하는 이 계약은 언론에 크게 광고되어 White 박사의 관심을 끌었다.

요하네스버그 내 주관로는 주로 강관이었고, 특히 직경 6인치 이하의 배수배관은 소로(footpath) 아래 부설되었다. 소로를 형성하는 프리캐스트 콘크리트 슬라브 부설의 용이성을 위해 이 관로들은 현지에서 가용한 잔류 산(acid)을 포함하는 금가공처리 잔류물인 광산 모래인 세사(fine sand) 위에 부설되었다.

요하네스버그는 지구의 낙뢰 수도로 알려져 있다. 하절기 낙뢰기 동안 산(acid)은 "광산 모래"로부터 하층토 내부로 침출되어 지하에 매설된 강관 주관로를 부식시킨다.

모든 도시 블록들은 지하 층으로 건설된 빌딩들로 구성되며 지하로의 누수는 큰 문제였다. 전통적인 누수탐사 방법들을 사용하여 누수를 추적하였지만 다른 지자체 기반시설물이 지하에 위치하여 "광산 모래" 작용에 의해 영향을 받아 청음 방법을 사용할 때 통상적인 누수 발견 성공률은 낮았다. 요하네스버그 도시는 높은 암반능선에 건설되어 누수는 거의 표면으로 나타나지 않으며 지반으로 유입되어 오래되고 폐기된 작은 광산 갱내로 사라진다. 도시 도로 내 많은 주변 소음과의 간섭으로 인해 전통적인 누수탐사 작업을 수행할 수 있는 유일한 시간은 오전 1~5시로 제한되었다. 특히 청음을 위한 접근 지점들 사이 거리가 길 때 많은 소음이 누수 상관기를 혼란시킬 수 있다. 티 분기가 없는 가장 긴 직선 길이는 230ft이고, 도로를 횡단하는 또 다른 티 분기의 길이는 50ft이다. 요하네스버그는 국제공항으로 들어가는 항공로 아래 있으므로 외부 음원은 비행기를 포함한다. 또한 물 관로에 인접하여 소음이 나는 전력선과 변압기도 음을 간섭한다. 이러한 문제들은 많은 주 도시들 내에서 성공적인 청음 탐지를 방해한다.

GPR은 오직 하나의 외부 영향인 고압 가공(overhead) 전력선에 의해 영향을 받지만 이 전력선은 도심에는 존재하지 않는다. 만일 현장에서 GPR을 사용하고 자료를 향상시키기 위해 추가적인 후 처리를 사용하면 이 전력선들은 오직 T.V. 화면에 또는 전산기 모니터에 특정 패턴만을 남긴다.

A.9.2 GPR 사용의 증가

GPR을 사용하면 주야 어느 시간에도 지하 내부에서 보고된 누수를 찾을 수 있다. 만일 인접한 작은 배수관로에서 누수가 발견되지 않으면 도로 내 대형 주송수관로 또는 주관로를 확인할 수 있다. 주관로의 규격은 상관기가 작동할 수 있는 효과적인 길이를 구속하고, 청음을 위한 접근 지점은 작은 배수관로보다 훨씬 멀리 떨어져 있기 때문에 청음 방법으로 이러한 주 송수관로를 확인할 수 없다.

GPR의 사용은 완만하게 증가하고 있다. "골칫거리 물(nuisance water)"이 이미 존재하고, 훈련을 받은 지자체 운영자가 채택하였던 방법으로는 누수근원으로 거슬러 올라갈 수 없는 교외 조건에도 최후의 수단으로서 GPR이 확대되고 있다. 특별한 사례를 보면 누수로 인해 물이 요하네스버그 증권거래소의 지하로 유입되었다. 1년이 넘도록 모든 방법을 동원하였지만 이 누수를 찾지 못하였다. 최종적으로 GPR을 사용하여 인근 지역 내 주관로를 스캔하였으나 결정적인 조사결과는 없었다. 빌딩 주변 스캔 결과 인근 전화선 트렌치로부터 지하로의 물길로 누수가 발생하는 것으로 드러났다. 결국 GPR로 이 물을 추적하여 중심 사업 지구 내 5000ft 떨어진 곳에서 누수를 발견하였다. 이 물은 배관 부설 동안 지반을 다지는 것이 매우 어려운 증권거래소 빌딩까지의 낮은 지점에 존재하는 케이블덕트 아래 케이블 트렌치 안에서 이동 하였다.

GPR의 대성공으로 1993년 요하네스버그 지자체는 전체 물 시스템에 걸쳐 누수손실을 감소시키기 위한 시도로 GPR을 고려하기 시작하였다. 1980년대 후반 동안 누수손실은 물 시스템 입력의 약 35%이고, 누수를 더욱 수용할 수 있는 수치로 감소시키는 것이 바람직했다. 전체 물관로에 대한 누수탐사 계약이 구상되었다. 누수 대처를 위한 방법을 선택하기 위해 배수관로상 누수를 발견하는 것을 목표로 요하네스버그 교외에서 GPR과 유럽 소음상관기 제작사의 전문가 대면 토론회가 개최되었다. 두 방법들은 정확하게 11개 누수를 발견하였고, 요하네스버그 내 375마일 물 관로에 걸쳐 누수탐사를 위한 계약에 서명하기로 결정하였다. 3개의 다른 상관기를 사용하여 추가 시험을 수행하였고, 남아프리카 내 상관기의 가용 시간에서 신뢰성 있는 결과를 제공할 수 있는 배관의 최대 길이와 직경은 강관이 경우 985ft 및 12인치 그리고 섬유 시멘트 및 PVC의 경우 이보다 적은 것으로 밝혀졌다. 계약에 따라 최대 직경 6인치까지는 상관기 그리고 6인치 이상 배관에는 GPR를 사용하는 것이 허락되었다.

저자는 계약 관리자였고 상관기를 사용하여 시험한 280마일 배관에서 누수 30개소 GPR을 사용하여 스캔한 93마일에서 누수 5개소를 성공적으로 발견하였다. 비록 GPR 성공률은 상관기보다 낮은 것으로 보이지만 통상적으로 건설 동안 주송수관로는 배수관로보다 높은 설계기준과 철저한 감독 아래 건설된다. 또한 주송수관로는 상관기로 발견한 배수관로에서의 누수의 절반을 차지하였던 소비자 연결이 없다.

손실된 물의 체적 항으로 평가하는 발견된 누수의 가치를 평가할 때 1년 기간에 걸쳐 손실된 물의 가치에 대한 상환율이 5.5:1로서 계약자에게도 재무적으로도 성공적이다.

1980년대 남아프리카는 가뭄 기간이었지만 1990년대는 그 반대가 되었다. 풍부한 강우 및 1997년 Lesotho Highlands Water Scheme으로부터 추가적인 물공급 시운전 이외 누수손실을 감소시키기 위한 지자체의 의지가 약화되어 GPR는 지반 내부를 볼 필요가 있는 다른 용도로 투입되었다.

그러나 GPR 스캐닝과는 대조적으로 의심되는 누수 및 골칫거리 물의 근원을 나타내는 소음이 계속 발견되었다. 여러 작은 계약들에 따라 요하네스버그와 케이프 타운에서 GPR을 사용하여 한 번에 최대 62마일 길이에 걸쳐 누수를 확인하기 위한 스캐닝이 허락되었다. 시간이 경과하면서 접근이 가능한 배수관로 지점에서는 단순히 청음봉을 사용하여 누수를 찾고 누수음이 들리는 곳을 상관시키기 위한 대안적 방법을 개발하였다. 이 방법은 청음 방법과 GPR 사이 가격차를 증가시켰으며, 따라서 GPR은 주송수관로로 제한되었다. 그러나 누수 발견이 어려울 때 또는 여러 소음들이 수준기와 상관기를 혼란시킬 때는 항상 GPR가 호출되었다. 추가적으로 신호가 의심스럽거나 중심 사업 지구 내 도로에서와 같이 다른 방법들로 발견한 누수의 존재를 확인하기 위한 굴착비용이 높은 경우 GPR을 사용하였다.

남아프리카 표준국에서 약 44마일의 작은 계약들 중 하나가 수행되었다. 공무원은 Soweto 흑인거주지역 내 배수관로상에서 사용하였던 청음봉 대신 GPR을 사용한 사실에 매우 인상 받았다. 이 지역은 부지 내부에 있는 미터, 사방이 막힌 지역에서 증가하는 순간 소음의 특성, 야간 청음의 내재된 위험, 도로 코너 밸브 상당부에 버려지는 쓰레기로 인해 누수탐사가 특히 어렵다. 남아프리카 표준국은 지반침투방법의 누수탐사에 인상을 받아 이 방법이 그들 물손실 제어에 대한 실행령, S.A.B.S 0306(1999)에 포함되었다. 1990년대말까지 GPR은 남아프리카에서 누수탐사도구로서 성공적으로 확립되었고, 아직도 다양한 용도로 사용되고 있다.

A.9.3 GPR의 진화

1990년대 풍부한 비와 Lesotho Highlands Water Scheme에도 불구하고 우물로부터 물을 가져와야 했지만 남아프리카 내 정치 상황의 변화로 이제는 수백만명의 인구에게 정수 처리된 물을 배수하기 위해 상당한 노력이 이루어 졌다. 배수관망의 건설은 남아프리카의 빈곤층 국민을 구원하였다. 그러나 새로운 배수시스템의 내부 시설의 유지관리에 가용한 기술과 돈이 없었고, 외부 스탠드파이프에서 끝나는 배관에서는 빈번하게 물이 흘러나가도록 방치되어 엄청난 낭비가 발생하였다. 그리하여 당국은 Lesotho Highlands Scheme을 보강하고 수자원을 확장해야 하는 새로운 부담을 지게 되었다. 이제 지자체는 비수익성 물 또는 관로로부터 손실을 국가 정부에게 반드시 보고하고 규명하여야 한다.

지자체에 대한 이러한 압력은 누수탐사를 심각하게 다시 고려하도록 강제하였고, 이에 따른 결과로 요하네스버그에서 2000년도에 개시되는 2100마일 누수탐사 계약이 이루어 졌다. 이 계약은 도시 내 약 50%의 주관로를 포함하도록 계획되었다. 상기에서 언급한 2100마일 중 500마일은 GPR이 선정되었던 주송수관로이다. 수자원에 대한 현재 압력으로 인해 새로운 천년 시대 초기를 통해 남아프리카 내 상대적으로 큰 지자체들이 누수탐사를 요청하고 있다.

A.9.4 GPR 기술

1990년 이후 남아프리카에서 누수탐사를 위해 사용하여 온 GPR장치는 39 visual display interface를 갖는 뉴 햄프셔 지구물리학 탐사 시스템 주식회사가 판매하는 모델 S.I.R 3이다. 이 모델은 표준 종이 흑백 프린트 대신 스캔한 칼라 모니터를 사용한다. 후속 처리 및 선택적 결과 출력 목적으로 관심 있는 자료를 기록하기 위해 고화질 카세트 테이프 기록기를 사용한다. 고객들은 누수사진을 보는 것을 좋아한다. 지반을 따라 안테나를 인출하고 100ft 길이의 케이블로 GPR장치에 이 안테나를 연결한다. 픽업트럭으로 전체 GPR장치를 수송한다. 누수를 스캔하기 위해 1명, 운전사 1명(이 운전사는 안테나가 인출되는 도보 공간에 따라 화면상에서 이동하는 이미지를 누수신호로 주시할 수 있다) 그리고 케이블을 맡는 1명, 최소 3명이 필요하다. 전체 GPR장치는 12V, 50~100A/hr 차량 배터리의 동력으로 작동된다. 이 배터리를 재충전할 수 있으며 사용시간은 1일이다. 충전 동안 전압변화가 발생하므로 이 장치를 차량 배터리에 직접 연결하지 않는다.

더욱 최근에는 GPR장치가 콤팩트하게 제작되어 한 사람이 GPR장치를 운송하고, 작은 모니터를 보고, 안테나를 인출할 수 있다. 그러나 남아프리카에서는 여러 이유로(보안, 달러에 대한 불확실한 환율) 향후 지속적인 년간 과업을 알 수 있을 때까지 새로운 GPR장치에 대한 투자를 꺼려한다. 현재 GPR장치는 매우 신뢰성이 있고, 10년 후 보수를 위해 영국 내 지구물리학 단체에 보낼 때 외부 도움이 필요하다.

GPR장치는 거의 무한한 색상 팰리트(palettes) 조합을 갖는다. 다른 상황과 과업에서 이 모든 색상 조합을 사용한다. 한번 성공적으로 GPR을 사용하면 동일한 팰리트를 다시 사용하는 경향이 있다. 본 사례에서는 흑백배경을 사용하였다. GPR에서 물은 하나의 강한 반사체이지만 쇠 조각, 콘크리트 그리고 바위도 강한 반사체이다. 강한 반사체는 하얀 형상으로 나타나며 운전자가 도로를 따라 운전하면서 모니터상에서 육안으로 이를 쉽게 확인할 수 있다.

누수와 유사하지만 실제로 누수가 아닌 이미지를 삭제할 필요가 있다. 이 경우 잠재적인 누수 현장 상부에서 청취하기 위해 디지털 수진기를 사용한다. 통상적으로 최신 디지털 수준기를 사용하면 누수의 존재여부를 알아낼 수 있다. 판독출력은 9개의 비교할 수 있는 지침을 제공하며 만일 최대 소음이 GPR 이미지와 일치하면 누수를 나타내는 결과 곡선을 작도하기 위해 이 지침들을 사용할 수 있다. 또한 수준기는 가변적이고 일시적인 소음(이는 누수가 아니며 수년 동안 수준기 운영자에게 고질적인 문제가 되어 왔다)과 대조적으로 누수에 의해 발생하는 전형적인 변함이 없는 소음을 청취한다.

본장에서 누수탐사를 위해 GPR의 설정을 위한 상세한 내용을 제공하지 않는다. 많은 다른 제작사와 모델을 사용할 수 있기 때문에 사용자는 반드시 제품의 문헌을 참조하여야 한다. 그러나 GPR 사용의 장점과 단점을 반드시 고려하여야 한다. 이 장비 사용자는 신뢰성 있는 결과를 보장하기 위해 기법을 조합한 누수탐사 감각을 익혀야 한다. 누수탐사 회사들의 특성(대부분 회사는 일부 누수탐사장비 형식의 대행사이다) 때문에 지배적인 수행 형태는 단일 기법을 사용하는 것이다. 이제 모든 공학적 지구물리학 분과에서 이 방법의 신뢰도가 감소하고 이와 같은 사실이 누수탐사서 확산되고 있다. 그러나 누수탐사를 수행하는 대부분의 회사들은 1~2명의 직원으로 구성된 영세업자이기 때문에 다른 기법들을 구축하기에는 재원이 너무 부족하고 누수탐사시 두 기법을 동시에 수행하여 두각을 나타내기 위해서는 긴 시간이 필요하다.

GPR 누수탐사의 장단점

GPR은 모든 점에서 청음 방법을 방해하는 전형적인 간섭에 의해 영향을 받지 않는다. 거의 어느 곳에서나 신속하게 스캔 또는 조사를 수행할 수 있고, 스캐닝 동안 또는 스캐닝 직후 현장에서 기록한 자료를 재생하여 결과를 평가할 수 있다. 대안적으로 이미지를 향상시키기 위해 처리 이전 또는 이후에 사무실에서 선명한 대형 모니터를 사용하여 자료를 다시 평가할 수 있다. GPR 사용이 어려운 유일한 지리학적 지형은 매우 긴 잔디, 관목숲, 호박돌이 뿌려진 지역 그리고 가파른 절벽과 같이 지반에 걸쳐 안테나를 부드럽게 인출할 수 없는 곳이다. 최근 손으로 휴대할 수 있는 GPR은 이러한 문제를 피하는데 도움을 준다. 그러나 만일 국가 횡단 관로 노선상에서 누수탐사 실행 동안 불리한 지형이 상당히 존재한다면 장비를 수송하기 위해 헬리콥터와 같은 항공 수단을 사용하여 조사를 수행하는 것이 가능하다. 이와 같은 누수탐사 수단을 착수하기 이전에 반드시 비용-편익을 조심스럽게 분석하여야 한다.

GPR과 수준기의 조합은 강력하지만 작은 규격의 배관에서는 청음봉과 상관기의 조합이 더 저렴하고 효과적이다. 배관 규격이 6인치 이상, 배관 재질이 강에서 섬유 시멘트 또는 PVC로 변경될 때 또는 650ft 이상 긴 거리에서 접근 지점을 사용할 수 있을 때 GPR의 진가가 발휘된다. 청음 방법의 사용이 신뢰성이 없거나, 너무 고가가 되는 상황에서는 GPR을 사용하여야 한다. 상기 이외 GPR이 필요한 상황이 존재한다. 배수시스템 내 또는 인근에서 특정 소음이 발생하면 청음 방법의 사용이 불가능할 수 있다. 관로 감압밸브, 구역 대형 수도미터, 그리고 배관에 인접한 모든 형태의 전기 변전소는 높은 소음수준을 전달할 수 있다. 이 소음은 누수음으로 수준기에 전달되며, 또는 강철 전봇대에 장착된 가공(overhead) 전기 장비와 같이 상관기를 혼란시킬 수 있다. 이 경우 신뢰성 있는 결과를 얻기 위해 GPR로 확인할 필요가 있다.

때로는 배수관로 내 가혹한 일련의 곡관과 같은 특이한 피팅이나 관로는 "누수음"을 발생시켜 확실하고 정확한 위치 찾기를 어렵게 만든다. 배관에 누수가 없는 것으로 밝혀진 굴착은 통상적으로 비효율적이고, 분주한 도시 도로 중앙에 상당한 지장을 초래할 수 있다. 이러한 상황 아래 GPR 스캔은 굴착할 가치가 있는지 여부 또는 청음 방법의 그릇된 신호 탐지 여부를 확인한다. 특히 불필요한 교통 장애를 유발할 때 두 방법을 조합하여 누수를 확인하는 것이 좋다. 물 주관로에서 누수가 존재하여 인접한 지역 전화시스템 덕트 내부로 흘러들어가 케이블을 손상시키지만 청음 방법이 이러한 결과를 제시하지 못하여 관망 관리자가 불만을 접수하는 상황을 고려하자. GPR로 덕트를 스캔하여 지하수나 과도한 관개가 원인인지를 알아낼 수 있다. GPR은 누수탐사와 엄격하게 관계되지는 않지만 관리자가 지하 관로 그리고 불충분한 도면 때문에 손실되었던 챔버, 알게 모르게 밸브실 상부에서 수행되었던 건설 공사 및 도로 포장이나 주관로에 대한 다른 접근 지점들의 위치 찾기를 도와줄 수 있다. GPR의 제한받지 않고 챔버에 접근할 수 있는 기능은 찾기 힘든 누수와의 전쟁에서 유용한 도구이다.

주관로 누수탐사에서 GPR의 미래

지금까지의 모든 전자 장비에서와 같이 GPR은 더욱 휴대가 가능하며, 신속하게, 특화되어 사용이 더욱 쉬워질 것이다.

상기 4개 형용사를 순서대로 열거하면 휴대성은 이미 매우 높다. 서류가방과 같이 지상에서 수송할 수 있는 GPR을 생산하는 제작사는 가상현실 viewer와 유사한 고글 접안렌즈상에서 이미지를 관측하여 휴대성을 개선할 것이다. 또한 이 장비는 작은 리튬-이온 배터리로 하루 종일 작동할 것이다.

누수탐사 속도는 도로 높이 보다 약간 높은 차량 후편에 안테나를 장착하여 최대 30마일/hr로 도로 상태를 스캔하여 누수를 탐사할 수 있는 수준까지 증가할 수 있다. 동일한 방법으로 사륜 오토바이를 사용하여 배수시스템 상부 비금속 표면을 탐사할 수 있다.

오늘날 생산되는 대부분 GPR은 통상적으로 일반 용도(지반 내부를 보는 것이 유리한 모든 곳)이다. GPR의 미래는 전용 용도를 위한 것이 될 것이다. 누수탐사와 같은 유일한 한 가지 기능을 고려하면 설치 및 제어의 단순화가 가능하게 될 것이다. 예를 들어 광산 등급의 내화성 GPR은 이제 기본이지만, 자료 기록 용량은 다른 목적에 필요한 용량까지는 아니다. 이러한 분야에서 전문가들이 GPR 장비를 더욱 용이하게 사용할 수 있도록 특화된 온도의 GPR이 제작될 것이다.

A.10 Severn Trent-누수관리 공정

A.10.1 개관

본 사례연구는 영국 내 대형 상수 및 하수 유한책임회사인 ST(Severn Trent)의 누수제어전략의 일부로서 새로운 기술의 이용방법과 누수성능에서 한 단계 향상된 방법을 기술한다. ST 성공에 가장 중요한 것은 지능형 누수음 로거인 Permalog을 구축하여 누수탐사와 복구의 단대단(end-to-end) 공정(process)을 재설계할 수 있었다는 것이다. 일반적인 누수음 로거 기술, 구체적으로 말하자면 Permalog 시스템은 누수제어를 위한 만병통치약이 아니다.

A.10.2 ST(Severn Trent)

ST는 영국 내 8000mi^{2}에 걸쳐 8백만 인구에게 물 서비스를 제공한다. 유역은 영국의 두 번째 도시 버밍엄과 공학 및 산업 기반의 큰 부분을 차지하는 영국연방 내 다른 10개 주된 산업 도시를 포함한다. 배수시스템 운영에서의 누수에 대해 특별한 초점이 맞추어졌고 모든 활동과 관리 상태는 누수 공정 관리자에게 보고된다.

A.10.3 배경

ST는 영국 내 물 산업의 주된 재편성의 일부로서 1974년에 최초로 창립되었다. 일반적인 수동적 누수탐지 접근법에서 누수수준은 그 후부터 1980년대 초기까지 완만하게 상승하였다. 누수는 용수기관에게는 가시적인 목표들 중 하나가 아니었고 또한 정부는 누수수치에 대해 관대하였다. 1983년 3년 평균 누수수준은 574ML/d 또는 공급된 물의 30%이었다. 이 시간부터 능동적 누수제어정책이 뒤 따랐으며 1986년까지 ST는 현재 작동 중인 2200개 DMA로 광범위한 DMA 운영범위를 확립하였다. DMA의 영향 및 새로운 압력관리 계획이 즉시 발휘되어 누수수준은 1989년 525ML/d로 감소하였다. 1989년 영국 물 산업 사기업화 후 산업 전반에 걸쳐 누수수준이 상승하였다. 1994년까지 ST의 누수수준은 665ML/d 또는 공급된 물의 32%에 도달하였다.

1995년 영국은 가뭄을 경험하였고 다수의 물 회사는 물 공급을 보존하기 위해 고객들을 제약하여야만 했다. 언론 매체가 국가적 사안으로서 누수 및 수자원의 관심을 증가시키기 위해 캠페인을 개시하였다. 물 회사는 최악의 시나리오에서도 충분한 물공급을 보장하기 위해 물 공급 주관로 강화 및 수자원개발 프로그램을 선언하였다. 이와 병행하여 물 회사는 2000년까지 누수를 50% 감소시킬 것을 약속하였다. 그 당시 물 회사가 2000년 3월까지 달성하도록 정부와 합의한 누수목표는 342ML/d이었다.

A.10.4 ST 누수관리전략

누수관리전략은 다음 쟁점들을 다루었다.

- DMA의 정확한 측정
- DMA의 무결성을 보장하기 위한 모든 전략적이고 전술적인 밸브 운영을 추적하기 위한 밸브 제어 절차의 실행
- 압력관리 및 현존하는 PRV의 최적화
- 미터 검침/보수 빈도의 설정 및 달성
- 누수자료를 관리하고 효과적인 탐지목표설정을 제공하기 위해 향상된 IT 시스템
- 탐지한 누수를 복구하기 위한 대응시간의 도입
- 누수음 상관기 및 누수음 로거의 "Aqualog" 모델을 포함한 최근 누수탐사장비의 투자
- 최종 방법과 최상의 실무를 훈련받고 평가받은 직원으로 구성된 사내 누수탐사 훈련 시설의 개발

새로운 계획은 노동 집약적이어서 상기와 같은 새로운 과정은 다소 고가였지만 최초 3년 동안 665부터 399ML/d으로 누수를 상당히 감소시킨 것을 보여주었다. 누수복구 비용은 상당히

고정적이지만 탐사비용은 누수수준이 낮을수록 누수제어비용이 커지는 지수곡선을 따른다.

경제적 누수수준

물 회사가 보고하고 있는 누수수준에 대해 영국정부, 국가 언론매체, 그리고 고객 그룹으로부터 증가하는 비난을 고려할 때 쟁점은 물 회사의 경제적 누수수준을 결정하여야 한다는 것이다. 각 물 회사는 주관로 시스템의 다양한 특성, 공급 여유분(가용한 수자원 할당량과 사용한 공급량의 차이), 그리고 다른 요소들 사이 물 비용을 반영하는 다른 결과를 이용하여 경제적 누수수준 결정과업을 착수하였다.

정부 및 규제기관의 요구조건을 만족시키는 한편 30년 수요계획기간에 걸쳐 공급회사에게 가장 낮은 비용으로 제어할 수 있는 누수목표를 정의하였다.

과업결과인 최소비용곡선에 따라 2002/2003년 목표를 330ML/d으로 설정하였으며 이 누수량은 전체 공급량의 약 18%이다. 이 곡선으로부터 누수수준이 낮을수록 탐사비용이 더욱 두드러지게 증가하는 것을 보여준다.

또한 연구결과 이 회사의 누수제어 방법은 물 산업에서 최상의 실무인 것으로 증명되었다. 그러나 영국 물 규제기관인 OFWAT는 2000년 4월 1일부터 14% 수입이 감소되는 것으로 결정하였다. 전통적인 누수탐사 방법을 사용할 경우 따라서 1999/2000 동안 342ML/d을 달성하고 330ML/d 목표로 누수를 더욱 감소시키기 위해 예상되는 이 비용은 지나치게 높게 되었다.

전통적인 누수탐사

영국에서는 지난 20년에 걸쳐 다음 세 방법 중 하나를 사용하여 누수위치를 확인하여 왔다.

1. 서비스 연결 지수전에서의 청음방법은 매우 느리고 반복적인 과업일지라도 누수위치확인 활동의 대부분을 차지한다.
2. "스탭 테스트(step test)"는 야간작업과 수질문제 가능성 때문에 인기가 떨어지지만 아직도 주관로 파열 위치를 확인하기 위해 많이 사용된다.
3. 최근에 전반적인 비용개선으로 "소음 기록장치(noise logging)"가 효과적으로 도입되었다.

상기 모든 방법들은 노동집약적이므로 운영비용이 상당하다. 최근 기후에서 물 회사는 공급지속성을 유지하고, 누수를 통한 물손실을 감소시키고, 그리고 누수가 발생할 때 더욱 신속하게 대응하여 고객 서비스를 개선하는 것은 물로 낮은 비용으로 누수수준을 낮게 유지하여야 하는 도전과제를 직면한다.

상용 "Aqualog"와 같은 소음 자동기록 장비는 조사할 장소에서 정확하게 누수를 찾는 기술에 대한 잠재력을 보여주었다. 그러나 이 장비는 상당히 지능적이고 사용할 때 마다 프로그래밍이 필요하며 이 또한 고가이다. 자료를 회수하기 위해 현장을 방문하여 랩탑 PC로 자료를 다운로드하고 사무실로 복귀하여 누수량과 누수위치를 분석한다. 간략히 말해 이 장비는 미래에 비용을 감소시키기 위해 필요한 처리시간을 감소시키지 않는다.

A.10.5 Permalog

1998년 후반 ST는 Palmer 환경회사와 Permalog라 불리는 새로운 흥미로운 개념의 개발에 대해 토론하였다. Permalog는 상기와 같은 기본적인 쟁점을 다루었다. 명칭이 의미하는 것과 같이 이는 Aqalog의 새로운 개발품이다.

Permalog는 자료 회수 비용을 극복하기 위해 내장된 프로세서를 갖는다. 즉, 이 장치는 배관 내 소음을 청취하는 동시에 안정된 패턴을 추적하고 예상된 프로파일을 벗어난 소음이 발생할 때 알람을 발생시키는 것이 가능하다.

로거로부터 자료를 다운로드하는 대신 로거가 설치된 지역을 손으로 들고 다닐 수 있는 휴대용 수신기인 "Patroller"를 갖고 순찰한다. 통상적으로 조사할 지역 주변을 이동하는 차량에서 Patroller를 효율적으로 사용할 수 있고 Patroller는 로거와 통신하여 자료를 자동으로 전송, 수신, 해독 그리고 분석한다.

각 로거는 소음발생 여부를 Patroller에게 전송한다. 소음을 갖는 두 개의 인접한 로거는 이들 지점들 사이 주관로상에 누수가 존재하는 것을 나타낸다. 한번 잠재적인 누수를 확인하였으면 2명으로 구성된 팀이 현장에 가서 표준 상관기법을 사용하여 정확한 위치를 찾는다.

1999년 초반 : Permalog 시범 시도

1999년 상반기 동안 ST는 Permalog 시스템을 시험하였다. 목표는 현실적인 환경에서 새로운 기술의 성능을 증명하고 얻을 수 있는 운영 및 경제적 편익을 증명하는 것이었다. 적합한 위치로서 ST의 배수관망을 대표하는 여러 DMA를 선정하였다.

이 DMA 중 하나는 ST 지역의 동쪽에 위치한 도니튼성(castle Donington)이었다. 173개 Permalog 장비를 전체 DMA에 걸쳐 설치하였다. 설치한 직후 최초 Permalog 순찰을 수행하여 추가조사가 필요한 많은 지역을 확인하였고 상관 또는 표면 청음으로 상당한 주관로 파괴 또는 파열을 포함한 13개 누수를 확인하였다. 이 누수를 복구한 후 두 번째 순찰(patrol)에서는 5개 누수를 추가로 확인하였다. 각 순찰을 완벽하게 수행하기 위해서는 2~3시간만이 소요되었다.

실물크기(full scale) 시도 1999년 7월

1999년 7월 ST는 9개 운영 지역들 중 4개에서 실물크기로 설치하기 위해 14,500개 Permalog를 구매하였다. 이 로거들 중 10,000개를 회사의 운영지역들 중 하나인 우스터셔(Worcestershire)에 할당하였다.

- 면적 : 1981km^2
- 인구 : 616,900
- 부지 : 250,000
- 평균 1일 소비 : 170,000m^3/d
- 주관로 길이 : 4,610km
- 서비스 배수지 : 59개
- DMA : 300개

ST는 8개월간에 걸쳐 세계적 선진 누수제어과정을 적용하였고 우스터셔 내 누수수준을 공급된 물의 27%에서 15%로 감소시키는 것이 가능하였으며 이는 물 절감 21,000m^3/d에 해당한다.

이제 누수제어 과정은 인구 백만명이 넘는 도시인 버밍엄을 포함시켜 적용되고 있다. 이 도시에서는 Permalogs를 사용하는 혁신적인 "lift-and-shift" 전략으로 상당한 누수가 감소되었다.

우스터셔를 위해 개발된 선진 누수제어과정에 이 "lift-and-shift" 전략이 추가로 구축되었으며, 이 누수제어과정에서는 배수관망 제어기와 현장 서비스 직원 사이 협력이 향상되었고, 현장 직원에 대한 더욱 직접적인 보상 실행안이 고려되었다. 이 선진 누수제어과정은 압력 감소 및 최적화 실행안과 더욱 밀접하게 조화되었고, 이제는 물 회사의 배수시스템 운영 전반에 걸쳐 실행되고 있다.

기술의 편익

Permalog는 전형적인 누수탐사의 개념에 도전한다. 전통적인 방법은 한 지역을 목표로 삼고 누수의 존재 여부를 발견하기 위해 다수의 현장 팀을 배치하여 피팅들 사이에서 청음하는 것에 의존하였다. 누수수준이 감소하면서 현재 누수수준을 유지하고 개선하기 위한 비용은 비례적으로 상승한다.

새로운 기술은 누수탐사의 단대단(end-to-end) 과정 및 복구를 통합적으로 재설계하는 것을 허락하였다. 수작업 청음으로부터 신뢰성 있는 IT를 기반으로 하는 대안(관망을 지속적으로 감시하는)은 관망상에서 발생하는 누수를 더 쉽게 탐지하는 것을 가능하게 한다. 누수 발견에 대한 확신을 갖는 상세한 탐사 단계에 따라 복구 일정을 수립할 수 있다.

전체 누수는 발생하는 누수숫자와 탐지 및 복구 시간의 함수이므로 Permalog을 사용하는 최적화된 탐지 과정은 누수관리에서 상당한 편익을 제공할 수 있다. 한번 지역이 안정화되면 용수기관의 바람, 가용한 자금, 그리고 만족시킬 것으로 기대되는 목표에 따라 설치 밀도와 순찰 빈도를 감소시킬 수 있다. Permalog로부터의 편익은 단순히 기술의 적용뿐만 아니라 전체 누수탐지 및 복구 과정의 재설계가 가능하다는 것이다.

성과

ST 내 누수수준은 1996년 누수제어전략 도입 이후 거의 절반으로 줄어들었다. 1994년 누수 665ML/d와는 대조적으로 2000년 누수는 340ML/d이다. 영국 규제기관인 OFWAT는 2001년부터 2002년까지 의무적인 물 절감 목표를 설정하였고 ST 목표는 333ML/d로 설정되었다.

2000년 현재 ST는 영국 물 산업에서 두 번째로 단위 누수수준이 낮다. 더욱 중요한 것은 ST는 낮은 누수 그리고 낮게 미계량된 가정 고객의 물 소비를 나타내는 "도덕적 4분원"에서 선두 위치를 차지하였다.

이에 따라 수요는 1995년 2100ML/d에서 현재 1800ML/d 수준으로 감소되었다. 이와 같은 감소는 회사의 자원전략에 상당한 영향을 미친다. 능동적 누수제어의 추가 비용은 현재로서는 년간 £16백만 정도인 것으로 추정된다. 이는 명백하게 추가 조사가 정당화될 수 없는 경제적인 누수수준인 것을 의미한다.

OFWAT는 경제적 수준 누수에 대한 ST의 자체 계산을 양호한 것으로 평가하였고 ST가 이 수준을 향해 정진할 것을 권장하였다. 그러나 OFWAT는 경제적 누수수준을 년 2회 계산할 것을 요구한다. Permalog 기술의 초기 성과를 감안할 때 압력 감소 개선, Permalog 그리고 다른 누수탐사 및 복구기법의 성공이 널리 보급되어 물 산업에게 경제적 누수수준의 하향으로 이어질 것이다.

A.10.6 결론

ST는 Permalog와 같은 새로운 기술을 활용하여 누수 성능은 물론 물 산업에서 선도 위치를 유지하는 것이 가능하였다. 그러나 누수와의 전쟁에서 새로운 기술 자체가 만병통치약이 아니란 사실을 강조한다. 마지막으로 Permalog는 단순하게 다수의 시행착오법 및 실무와 함께 수행할 수 있는 하나의 확고한 전략적 도구이다. 실질적인 편익을 가져오는 것은 사용하는 전략적 누수관리과정 자체이다.

A.11 $24백만 절감 물 보존 프로젝트

A.11.1 개관

미국 내에서 수행하였던 가장 큰 에너지 및 물 보존 프로젝트 중 하나를 통해 1991년 테네시 주 278개 용수기관은 $2.7백만 비용으로 년간 $24.4백만을 절약하였다. 이 프로젝트의 비용-편익 비율은 1:9.5이었고 이는 38일 상환기간을 의미한다. 물 시스템의 평균 절약은 년간 $91,398이었다.

테네시주 경제 및 지역발전부 에너지과는 물 회계책임 프로젝트기금을 제공·실행하였다. 400개 이상의 용수기관이 이 프로그램에 참가할 자격이 있었다.

테네시 에너지 및 물 보존 프로그램이 테네시주에 제출되었고, 테네시주 주지사 McWherter가 미국 에너지부가 주최하는 국가 상 후보로 이 프로그램을 지명하였다. 국가 공무원, 과학자, 공학자 그리고 다른 사람들이 프로젝트를 평가하였으며 그 결과 이 프로그램은 국가상을 수상하였다.

테네시 지역 용수기관연합은 테네시 주를 대표하여 프로젝트를 관리·감독하였다. 그리고 자문위원은 물 시스템 회계감사, 미터 정확도 시험 그리고 누수탐사/정확한 위치 조사를 수행하였다. 프로젝트는 다음과 같이 두 단계로 나누어 졌다.

- 1 단계: 에너지와 물손실을 확인하고 수정 조치를 위한 권장사항 작성
- 2 단계: 배수시스템의 누수탐사/정확한 위치 조사 수행

편익–비용분석결과 이 활동이 경제적인 것으로 결정되었을 때 2 단계 조치를 시행하였다.

A.11.2 프로그램 기술

1988년 1월 자문위원은 2 단계 프로그램을 수행하기 전에 에너지 및 물손실의 확인 및 수정 조치를 위한 권장사항을 작성하기 위해 테네시 경제 및 지역사회 개발 에너지부서와 계약하였다.

프로그램의 1 단계는 생산된 물과 구매된 물, 운영비용, 전력 소비(펌핑 비용), 그리고 1일 시설운영에 대한 상세한 회계감사를 포함하였다. 물 시스템의 제품 회계책임을 결정할 때 미터의 역할이 상당히 중요하므로 미터의 정확도를 결정하기 위해 가능한 모든 2인치 이상 마스터 및 상업/산업 수도미터를 시험하였다.

프로그램 1 단계의 목적은 비수익성 물량, 그리고 이 물량을 생산/구매/배수하기 위한 비용에 기초하여 물 비용을 정확하게 결정하기 위한 것이었다. 이 비용을 회피가능원가(avoidable cost)라 부른다. 수정 조치에 대한 편익–비용 비율을 결정하기 위해 전체 회피가능 에너지 손실(BTUs)과 미수익성 물로 인한 용수기관의 전체 달러 손실을 사용하였다.

프로그램을 시작하기 전에 프로그램은 상당한 량의 에너지, 물, 그리고 돈을 절감할 것으로 확신하였는데 절감 크기는 극도로 과소 평가되었다.

1 단계 종료시 전체 119개 회계감사결과를 편집하였을 때 테네시주는 오직 $409,132비용으로 1년 안에 전체 누적 $9,010,224의 회피가능원가를 회수하였다. 이는 상환기간 16.6일을 의미한다. 회피가능원가에 포함된 72,698,052,000BTU는 $1,496,860 에너지절감을 의미한다. 이외 년간 전체 회피가능수익손실 $342,909는 주로 부정확한 미터에 기인한 것으로 확인되었다.

또한 전체 77개 시스템은 누수탐사단계 종료시 시스템 누수로 인한 전체 물손실은 4,175,188,600갤론/년인 것으로 보고되었으며 이는 년간 $4,793,863 물손실을 나타낸다. 이

손실된 물을 찾아내기 위한 비용은 $511,944였고 상환기간은 39일이었다. 이제 찾아낸 누수 위치를 굴착하고 누수를 복구하여 이 절감을 현실화할 필요가 있었다.

이 프로그램이 포함하는 혁신, 기술 이전, 에너지 절감 그리고 경제적 영향은 이 프로그램을 승리자로 만들었다. 테네시주 전체에 걸친 물 시스템을 더욱 효율적으로 운영하기 위해 결함을 확인 및 수정하는 이 프로그램의 혁신적인 성과가 입증되었다. 테네시주는 이 프로그램의 막대한 재무를 조달하기 위해 "유류활증요금기금"을 활용하였다. 많은 물 시스템 관리자와 운영자들은 그들의 모든 물 시스템 운영 측면을 실제로 심층 연구한 적이 없었다. 에너지 감소 및 물손실의 확인과 연계된 프로그램을 통해 수행하였던 모든 활동들의 완벽한 규명 및 객관적인 제3자 검토는 이 프로그램을 매우 인기 있는 프로그램으로 만들었다.

전문가들이 그들의 지식을 운영자와 직원들에게 이전할 때 기술이전이 작동하기 시작한다. 예를 들어 용수기관 운영자는 미터 시험 과정을 관찰하고 미터 정확도 시험 방법과 이유 그리고 손실제어의 중요성을 배우게 되었다. 일부 운영자는 이러한 절차를 관찰하면서 미터 정확도 시험을 자체 수행하였다.

누수제어조사가 필요한 것으로 밝혀지면 자문위원은 조사를 진행하는 동안 누수 기술자를 동반한 용수기관 직원이 배수시스템 내 누수원을 탐사하고 찾을 수 있도록 훈련할 것을 요청한다. 운영자가 처음 배우는 것은 다양한 이유로 대부분의 누수가 표면으로 나타나지 않는다는 사실이다. 많은 물 운영자들은 시스템 내 누수가 발생하여 발견될 때까지 기다릴 수 없다는 사실을 알게 되었다. 즉, 운영자는 현장에 가서 숨은 누수의 위치를 발견한다. 그러나 이 기술 단독으로는 시스템 내 누수제어를 향한 긴 여정으로 이어진다. 누수제어조사 종료시 향후 누수를 제어하고 그리로 논리적이고 체계적인 계획 아래 누수에 대응하는 프로그램의 실행은 각 용수기관의 몫이다.

프로그램을 통해 얻은 에너지 절감은 입증하기가 매우 쉽다. 즉, 프로그램은 수정 조치으로 절감할 수 있는 손실된 에너지 량을 확인한다. 또한 이 프로젝트 동안 대부분의 물 손실은 시스템 누수로 인한 것으로 정확하게 이 누수를 찾아 복구한 결과 펌핑 체적이 감소하여 즉각적으로 에너지가 절감되었다.

개별 물 시스템에서 실현된 절감으로부터 이 프로그램의 명백한 경제적 효과가 증명되었다. 많은 용수기관들은 더욱 경제적으로 건전한 기반으로 물 시스템의 운영이 가능해 졌다. 많은 용수기관들은 고객의 최종 절감이 현실화되면서 합리적인 비용으로 더욱 효율적인 운영한 결과 시스템을 업그레이드하여 고품질 물을 고객에게 공급하기 위한 것을 고려하였다. 많은 용수기관들은 이 서비스 투자에 대한 잠재적인 수익(return)을 활용하였다.

A.12 수온-관로파괴 관계

A.12.1 개관

지방공사로서 1854년에 인가된 켄터키 용수기관인 LWC(Louisville water company)는 모든 물 시설 관리분야에서 입증된 기술 경쟁력을 갖는 국가적으로 인정된 용수기관이다. LWC는 안전한 물 회원의 일원이고 최초로 AWWA QualServe 프로그램으로 평가받은 용수기관들 중 하나이다. 이와 같이 LWC는 안전한 물 시행령 아래 입법 및 규정에 선제적으로 대처하고, 미래 지방 및 국가 규정의 요구조건을 효과적으로 대처하기 위해 지속적으로 철저한 연구 프로그램을 유지한다. LWC는 선제적 프로그램의 일부로서 년간 자본지출이 $10백만으로 매년 45마일(전체 시스템의 약 1.5%)의 물 주관로를 대체하거나 갱생한다.

주관로 파괴분석은 대체 및 갱생 프로그램의 중요한 부분이다. 전체 송수 및 배수시스템을 고찰할 때 주관로 파괴에 대한 주된 영향인자 중 한 요소인 처리된 물의 수온 FWT(finished water temperature)는 다른 것 보다 두드러진다. LWC 배수시스템 전체에 걸친 주철관의 수령은 새로운 관부터 130년 이상인 관에 이른다. 또한 토양조건이 점토부터 모래에 이르기까지, 압력도 최소 40psi에서 최대 100psi까지 상당히 변화한다. 온도와 가뭄이 토양에 미치는 영향을 제외하고 이러한 변화는 FWT만큼 시스템에 전반에 걸친 다수의 파괴에 영향을 미치는 것으로 보이지 않는다.

A.12.2 운영자료분석

운영 그룹 내 여러 사람들이 개연성 있게 증가된 파괴 활동에 대한 비공식적인 지표로서 FWT를 사용하였기 때문에 LWC는 이를 면밀하게 검토하기로 결정하였다. 경험 있는 운영 직원은 FWT가 4.4℃로 떨어지면서 파괴 활동은 증가하는 사실을 알고 있다. 온도 추세자료의 상세한 조사는 이러한 비공식적인 의견을 확인하였다.

LWC는 수원인 오하이오강의 수온은 연중 0.5℃에서 29.4℃로 변화하기 때문에 극적인 수온 변화를 경험한다. 강변여과 집수정은 LWC의 서비스 지역 내 FWT를 약간 완화시키지만 시스템 전반에 걸쳐 파괴가 일관되게 나타나고, 여기서 언급한 FWT는 주된 정수장 유출 온도를 나타낸다. 분석결과 정상적인 것 보다 극단적으로 낮거나 또는 높은 온도에서 높은 파괴 활동이 발생한 사실이 입증되었다.

1998년 12월 25일부터 2000년 3월 8일까지 수집한 자료는 FWT와 주관로 파괴경향 사이 강한 상관관계를 증명한다. FWT가 2회에 걸쳐 3.9℃에 도달하였을 때 주관로 파괴가 극적으로 증가하였고, FWT가 32.2℃에 접근할 때 주관로 파괴 활동도 증가하였다(그림 A.12.1 참조).

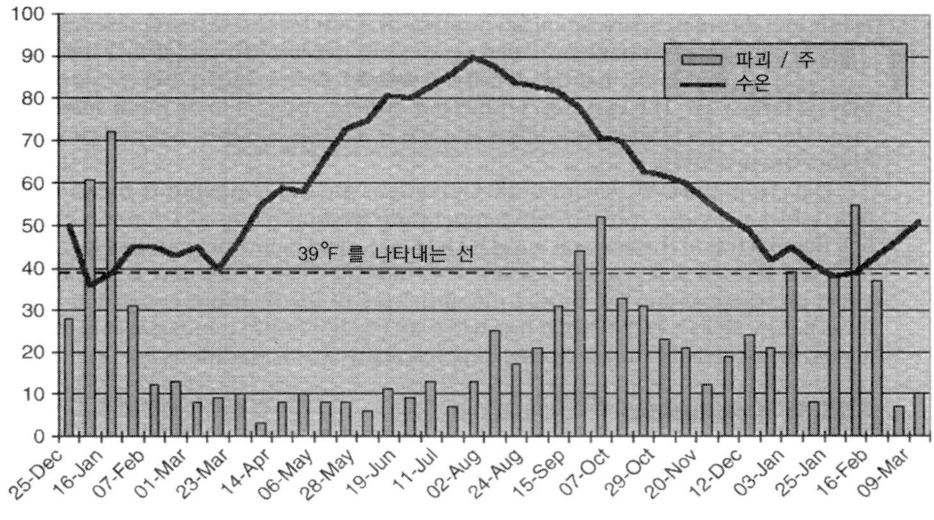

그림 A.12.1 정수처리된 물의 온도와 파괴 상관관계

극단적으로 낮은 FWT의 첫 번째 기간은 수온이 3.9℃ 이하일 때인 1999년 1월 20일 동안이다. 이 기간 동안 평균 1일 7.76건의 파괴가 발생하여 1683명의 직원이 3 주간에 걸쳐 163개 주관로 파괴를 복구하였다. 1월 21일 FWT는 4.4℃에 도달하였고, 다음 달 동안 6.6℃로 상승하여 주관로 파괴 활동은 수평을 유지하였다. 1월 21일 이후 FWT는 4.4℃ 이하로 떨어지지 않았다. 1월 24일부터 3월 13일까지 56개 주관로 파괴를 복구(1일 평균 1.17건)하였으며 이는 1월 초기 주관로 파괴율의 85% 감소를 나타낸다.

3월 18일 봄과 하절기 기간 동안 FWT 상승과 더불어 파괴 활동도 증가하기 시작하였다. 그림 A.12.1은 정확하게 평행은 아니지만 FWT가 높을수록 하절기 파괴 활동도 증가하는 것을 보여준다.

그러나 FWT가 낮을수록 파괴 활동이 증가하는 상관관계가 강하게 나타난다. FWT가 3.9℃ 이하로 떨어진 두 번째 조사 기간은 2000년 1월 21일과 2월 11일이다. 이 기간 동안 134건 주관로 파괴(평균 6.38건/일)를 복구하였다. 1999년 12월 23일부터 1월 14일까지 절정을 이룬 99개 파괴는 급격하게 감소하는 FWT와 지속적인 가뭄의 조합에 의해 야기된 것으로 추정된다.

FWT가 3.9℃ 이하로 떨어지지는 않았지만 급격한 온도감소, 물 밀도의 증가 그리고 가뭄으로 인해 탈수된 토양조건은 FWT가 실제로 3.9℃에 도달할 때와 거의 동일한 파괴 활동을 초래하였다.

LWC는 1999년 전체 967건의 주관로 파괴(평균 1일 2.65건 파괴)를 경험하였다. 이는 LWC에게 기록적인 해였다. 지속된 가뭄(1999년 8월 2일부터 9월 9일까지)과 더불어 FWT가 3.9℃ 이하로 떨어진 두 기간들은 비정상적인 파괴 숫자에 공헌하였다[즉, 지반 이동 및 크랙이 발생한 토양조건, 그리고 가뭄 동안 높은 물 수요도 이 기간 동안 파괴에 영향을 미치는 요소들로 간주된다]. FWT가 3.9℃ 이하가 될 때 1일 파괴 숫자는 년간 평균 온도에서의 1일 파괴 숫자보다 70% 높았다.

이 자료는 3.9℃ 이하의 FWT는 주관로 파괴 숫자를 극적으로 증가시킬 것이라는 결론을 강력하게 지원한다. LWC는 이러한 현상에 대한 이유를 특별히 연구하지 않았지만 이 온도 범위에서 최대가 되는 물의 밀도가 큰 역할을 한 것으로 묵시적으로 합의하였다. 시스템 내 주철은 FWT의 급속한 감소에 더욱 민감한 것으로 나타난다. 즉, 주철관에서 3.9℃로의 급속한 변화는 더욱 높은 파괴 활동을 초래한다.

지하 1ft부터 6ft까지 1ft 간격으로 지속적으로 토양온도를 측정하는 LWC 배수관로 지반 온도 측정 시스템의 자료분석 결과 1999년부터 2000년까지 동절기 동안 3ft에서 토양 온도는 7.2℃ 이하로 떨어지지 않았다. 이는 토양이 매설된 관로 내 수온3.8℃ 이하의 물을 약간 가열하는 효과가 있다는 사실을 나타낸다. 특히 FWT 추세가 극적으로 높은 수준에 있을 때 토양조건들이 불량하면 파괴 활동이 증가할 수 있다.

A.12.3 결론

FWT는 중요한 사전 경고 시스템이다. LWC는 사전계획을 위해 그리고 동절기 비상계획을 개시할 필요성을 인지하기 위해 이 정보를 사용한다. 예를 들어 만일 장기 일기 예보에서 지속적인 기간에 걸쳐 극적으로 낮은 온도가 예상되고, FWT가 3.9℃로 신속하게 저하하거나 또는 이미 3.9℃ 이하이면 심상치 않은 파괴 활동을 시작하여 지속할 것으로 추정하는 것이 합리적이다. 이에 따라 주관로 파괴 복구에 대한 특별한 계약, 정상적인 것 보다 긴 복구시간 그리고 기타 조치를 준비하는 것이 좋다.

또한 LWC는 강변 여과 집수정 유출 물과 정상적인 오하이오 강 수원으로부터 물과의 혼합 효과를 확인하기 위해 자료를 수집하고 있는 중이다. 강변여과 집수정 물에 대한 검토되지 않은 잠재적 편익은 오하이오 강 물과 비교할 때 수온의 안정성이다. 또한 토양 온도의 지속적인 검사를 포함한 다른 연구를 계획한다. LWC는 주관로 파괴와 같은 문제에 영향을 미치는 패턴들을 관찰하고 분석하여 고객에게 안전한 물을 공급하기 위해 선제적으로 최선의 노력을 지속할 수 있다.

A.13 물손실 및 에너지 절감 성공사례연구

산타나(Santana) 공급 영역은 칸타레이라(Cantareira) 정수장이 공급하는 브라질 상파울루의 북쪽에 위치한다. 영역의 평균 유입유량은 700L/s이고, 주관로 320km와 약 44,000 연결을 통해 인구 174,000명에게 이 물이 공급된다. 표 A.13.1은 물 시스템 핵심 통계자료를 보여준다.

이 공급 영역은 가압펌프로 공급되는 높은 영역과 송수시스템으로 직접 공급되는 낮은 영역 두 개의 압력 영역을 갖는다. 그림 A.13.1은 영역의 일부 사진들을 보여준다.

산타나 가압장은 부분적으로 지반 보다 낮고 1개의 배수지(용량 12,000m^3)를 갖는다. 이 가압장은 낮은 영역의 주송수관로로부터의 여유 압력으로 공급된다. 주송수관로 압력과 가압장 유입 압력은 SCADA로 제어된다. 가압장은 물 탑 내 압력 센서로 제어되는 펌프 5대로 구성된다. 그림 A.13.2는 이 프로젝트 이전 수리시스템을 보여준다.

이 구성에서 가압장 유입 압력은 밸브와 축소관에 의해 감소되었다. 낮은 영역의 공급을 보장하기 위해 25m에서 5m로의 압력 감소가 필요하였다. 그러나 이로 인해 가압장에서 압력을 2배로 가압할 필요가 있는 것을 의미한다(그림 A.13.3 참조).

표 A.13.1 산타나 공급 지역 핵심 시스템 통계자료

출처 : Mario Alba and Milene Aguiar

시스템	Cantareira
유량	700L/s
활성 연결	44,000
인구	174,000
주관로 길이	320km
주거민 부지	68.514
상업 부지	6.310
산업 부지	601
공공 빌딩	83

그림 A.13.1 산타나 공급 지역의 사진(Mario Alba and Milene Aguiar 제공)

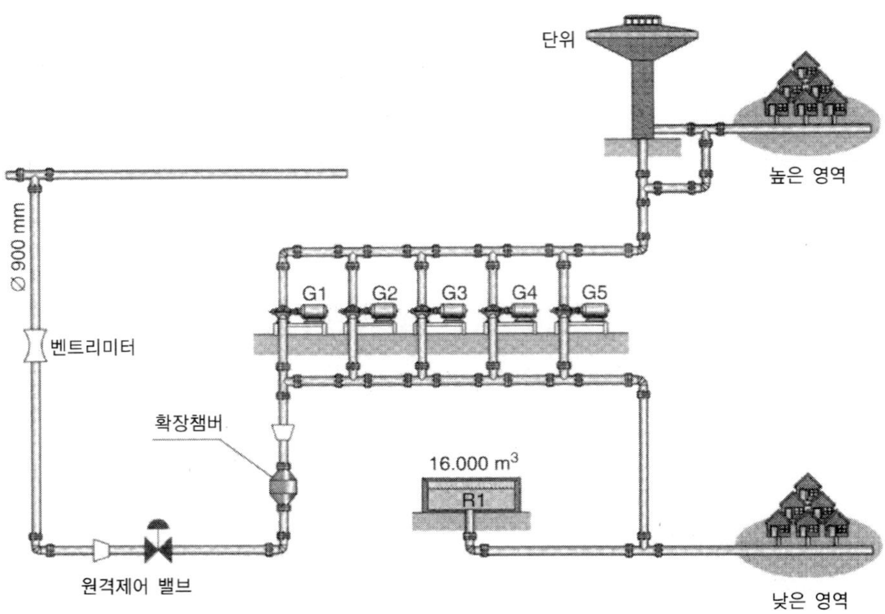

그림 A.13.2 프로젝트 이전 수리 시스템(Mario Alba and Milene Aguiar 제공)

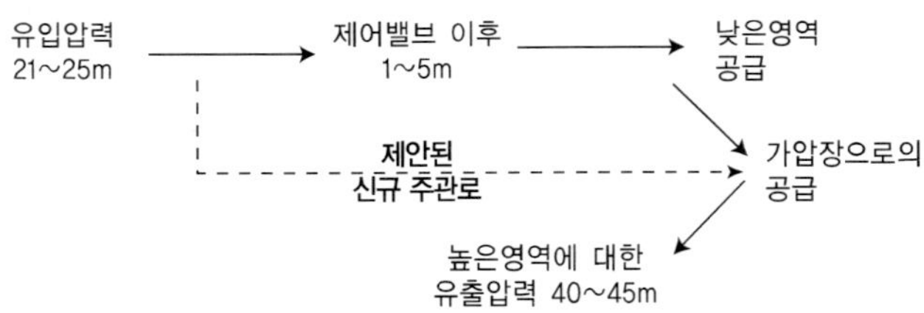

그림 A.13.3 압력 변화(Mario Alba and Milene Aguiar 제공)

압력을 2배로 가압할 필요가 없도록 높은 영역과 낮은 영역을 공급하는 주관로를 분리하는 안이 제안되었다.

압력 연구 결과 야간 동안 가압장을 운영할 필요가 없다는 사실이 증명되었다. 표 A.13.2와 같이 기존펌프를 적은 동력의 펌프로 교체하였다.

표 A.13.2 변경 이전 및 이후 펌프 특성

이전	이후
물 탱크 수위에 따라 작동하는 200HP 펌프 2대+3100HP 펌프 3대	VFD 및 주관로 압력 센서를 사용하는 100HP 펌프 4대(3대 운영, 1대 예비)

프로젝트 완료 후 수리 구성은 그림 A.13.4와 같다. 새로운 구성은 표 A.13.3과 같이 많은 혜택을 가져왔다.

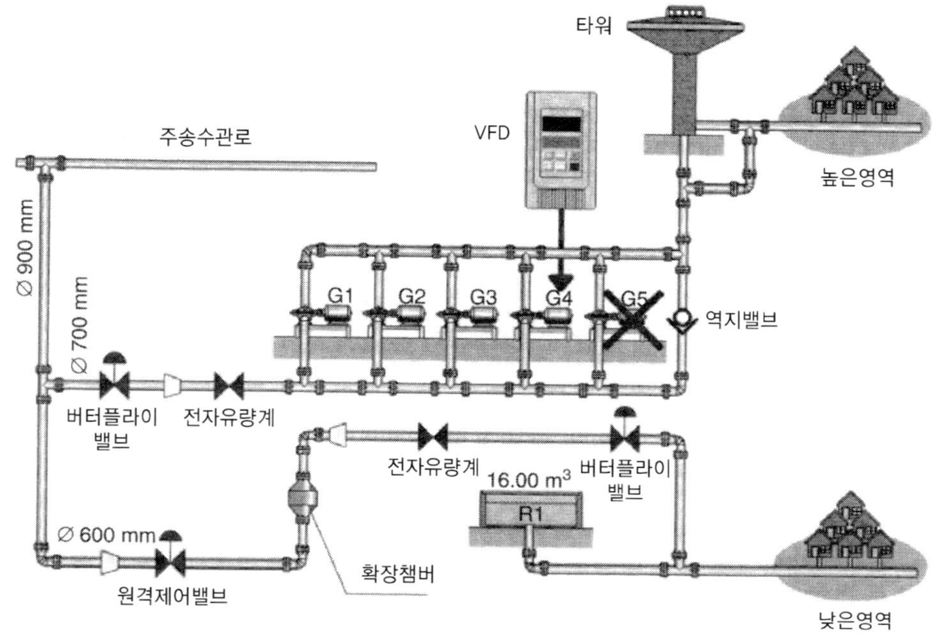

그림 A.13.4 신규 수리 형상(Mario Alba and Milene Aguiar 제공)

표 A.13.3 새로운 수리 구성의 혜택

출처 : Mario Alba and Milene Auiar

이전	이후	장점
900mm 벤트리 유량계 1개를 갖는 불량한 수원 계량	2500mm 전자유량계를 갖는 양호한 수원 계량	신뢰성 개선
200HP 펌프 2대와 100HP 펌프 3대로 구성된 가압장	100HP 펌프 4대로 구성된 가압장	성능개선 및 유지관리가 용이한 동일한 규격의 최신 펌프
정속 펌프	가변속 장치	최적화된 운영
첨두 수요시 480kW 비수기시 500kW	첨두 수요시 180kW 비수기시 270kW	에너지 절감
4대 상시 및 1대 예비로 운영되는 펌프장	3대 상시 및 1대 예비로 운영되는 펌프장	에너지 절감
가압펌프로 높은 영역 공급	주간에는 가압펌프로, 야간에는 중력으로 높은 영역 공급	야간에 감소된 압력으로 인해 누수체적 감소

가변속 펌프 설치 결과로서 유출압력은 관로 시스템이 요구하는 압력을 충분히 공급하였던 탑 내 수위가 아닌 주 공급관로의 함수가 되었다.

가변속 장치는 SCADA로 감시하는 시스템 내 중요 지점들에서 필요한 압력을 보장하는 한편 첨두부하 시간 동안 펌핑 물량을 감소시켰다.

또 다른 혜택은 이전에 야간 동안 소비와 수두손실이 낮을 때 상승하였던 관로시스템 내 압력이 감소된 것이다. 프로젝트 실행결과 에너지는 물론 누수체적 및 새로운 누수 빈도를 다음과 같이 감소시켰다.

1. 에너지 보존: 100,000kWh/월
2. 누수체적 감소 280L/연결/일(850L/연결/일에서 570L/연결/일)

프로젝트 전후 야간 압력은 그림 A.13.5와 같다. 그림 A.13.6과 그림 A.13.7은 프로젝트 이후 공급 체적의 감소와 최소야간유량 MNF의 감소를 보여준다. 단순한 비용 편익 결과는 다음과 같다.

- 전체 비용: R1,000,000
- 월 에너지 절감 : R28,600
- 누수체적 절감/월 : R253,333
- 전체 절감 : R281,933
- 프로젝트 상환기간 : 4개월

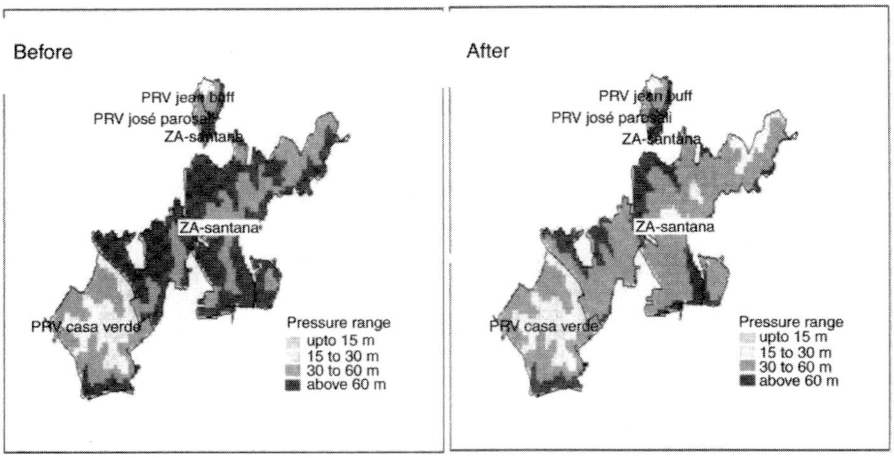

그림 A.13.5 프로젝트 실행 이전과 이후 야간 압력(Mario Alba and Milene Aguiar 제공)

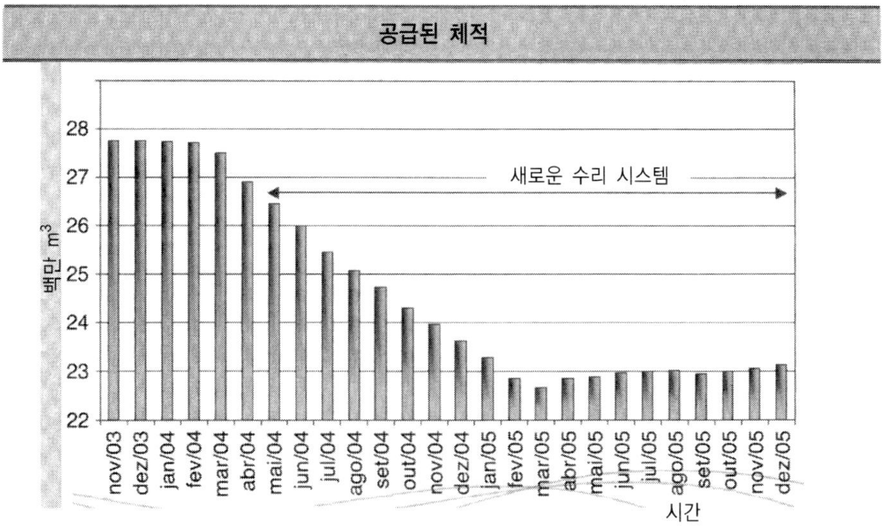

그림 A.13.6 프로젝트 실행 이전과 이후 년간 공급량의 감소(Mario Alba and Milene Aguiar 제공)

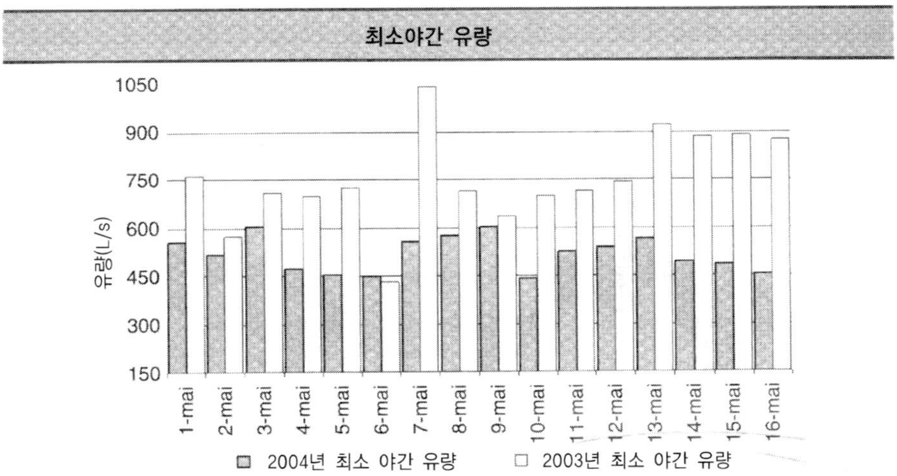

그림 A.13.7 프로젝트 실행 이전과 이후 좌소야간유량의 감소(Mario Alba and Milene Aguiar 제공)

오직 에너지 및 누수체적의 감소에 기초하여 프로젝트 상환을 계산하였다. 그러나 시스템 내 새로운 파괴 빈도도 감소되어 더욱 많은 혜택을 얻을 수 있다.

A.14 선진 수압관리

A.14.1 배경

GJMC(Greater Johannesburg Metropolitan Council)의 동부 지역 위원회는 1999년 물 도매

공급자로부터 공급받은 전체 물 체적의 18.6%(이는 예상된 손실 12%보다 높음)가 저장시설과 배수시스템 내에서 손실되는 것으로 계산하였다.

불명수량에서 관로 누수가 차지하는 비율에 대한 가용한 자료가 없다. 그러나 Berea-Alexander 공원 구역 내 관측된 야간 유량과 비교한 대략적인 정보는 최대 약 50%는 누수에 기인하는 것으로 암시한다.

1998년 11월 브라질 회사 BBL/Restor의 Julian Thornton은 압력을 조정하기 위해 감압밸브에 설치된 전자 제어기를 사용하는 선진 압력관리 개념을 GJMC 기술자에게 소개하였다. 그의 경험에 기초하여 브라질 상파울로 내 적용된 압력관리연구 사례를 소개하였으며, 이 사례연구는 위원회가 불명수량을 감소시키기 위한 새로운 전략계획의 하나인 압력관리를 포함한다. GJMC 프로젝트의 범위는 조정된 압력제어로 혜택을 얻을 수 있는 현재 압력제어된 구역들을 찾거나 압력관리 도입이 적합한 구역들을 확인하는 것이다. 후자 접근법이 가장 유익한 것으로 증명되었고, 성공적인 선진 압력관리 실행을 위해 양호한 가능성을 제시하였던 구역들 중 하나로서 Berea-Alexander 공원 구역이 선정되었다. 이 구역의 선정기준은 다음과 같다.

- 큰 규격의 지역 및 인근 공급 지역들로부터 분리 가능성
- 낮은 수압 문제의 인지 부족
- 구역에 걸쳐 전반적으로 수력구배선을 감소시키는 충분한 정압과 지형
- 압력제어를 위해 충분한 운영 수두를 사용할 수 있는 적합한 PRV 위치

A.14.2 구역 형상 및 배관상태

구역은 면적이 약 1370헥타이고 부지 규격 범위는 0.06~0.15헥타인 주로 주거민 지역로 구성된다. 이 주거민 지역는 주로 집중된 가게와 작은 쇼핑몰의 상업중심지로 구성되며, 구역의 동쪽에는 Bruma 복합상업지구와 호텔이 위치한다. 지역는 4개 스포츠클럽과 잠재적으로 관개가 필요한 대형 물 사용자인 켄싱턴 골프장을 수용한다. 공급지역의 다른 필수적인 통계자료들은 다음과 같다.

- 고객 연결 숫자 : 8,577
- 인구 : 30,230
- 고객 형식 : 주거민 : 95%, 상업 : 5%
- 주관로 길이
  - 1차 주관로 : 직경 200~750mm, 34km
  - 2차 주관로 : 직경 20~160mm, 136km
- 배관 재질, 전체 길이 비율 및 평균 수령

- 강관, 71%, 45년
- HDPE, 10%, 13년
- UPVC, 18%, 14년
- Fiber cement, 1%, 52년

서쪽 구역에 위치한 연결된 두 배수지로부터 물이 구역에 공급된다. 이 배수지들은 거의 동일한 고수위로 건설되었다. 그리고 구역의 낮은 부분은 최대 정압 12bar로 공급되는 한편 가장 높은 지점은 최소 정압 4.9bar로 공급된다. 현재 영역 내 감압밸브가 없다.

이 영역 내 오래된 주 공급관로는 두께 6mm 강판을 말아서 제작되었고 스피곳과 소켓(spigot and socket) 조인트로 체결되었다. 배관 내부와 외부는 역청으로 도장되었다. 오래된 배관의 외부 역청 코팅은 온전하지만 내부 라이닝은 라이닝과 배관 벽 사이에서 포획된 물주머니에 의해 접착력이 손실되고 라이닝 하부에 부식이 진행된 것으로 나타났다. 또한 역청 라이닝의 박리가 관찰되었다. 코킹으로 채운 노출된 조인트에서 위핑(weeping, 물 스며 나오는)현상이 발견되었으며 이는 배관의 일반적인 내부 상태와 함께 오래된 주 관로(배수시스템의 약 15%를 구성)의 누수발생 가능성을 보여주었다.

작은 직경의 배관 및 소비자 연결의 상태에 대해 알려진 것이 거의 없지만 구역 내 45년 이상된 관로의 수령을 고려할 때 부식된 가정 연결관로는 누수의 원인이 될 수 있다는 것을 나타낸다.

A.14.3 사전설치 조사 및 초기 압력관리 계획

구역 압력관리를 위한 후보자로서 확인하였던 탁상 연구에 따라 구역 압력관리계획을 수립하기 위한 사전설치를 위해 다음과 같은 내용의 현장조사를 착수하였다.

- 구역의 기반시설 및 인구통계특성 자료 수집
- 제안된 PRV 장소 및 임계 높은 지역 내 소비자 형식 현장 조사
- 인접한 공급 지역(area)으로부터 구역(district)을 분리하는 통상적으로 폐쇄된 밸브의 확인
- 공급 지점에서 유량과 압력의 측정, 임계 높은 지점들과 수도관망 내 선정된 지점들에서 압력의 자동기록. 일시적인 유량 측정을 위한 경제적인 방법으로서 휴대용 전자유량계 및 삽입식 터빈미터를 사용하였다.
- 통계 모델을 사용하여 일중 조정된 압력 프로파일의 자료 분석 및 누수감소의 추정
- 제안의 실행 계획의 가능성을 시험하기 위한 비용-편익 분석 및 PRV 설치 비용 추정

압력관리 계획은 구역로 공급하는 두 배수지에 두 개의 새로운 PRV 밸브실을 설치하는 것

이었다. 임계 높은 지점에서의 목표 압력 3bar에 기초하여 비첨두 시간 동안 압력을 최대 2bar 감소시켜 영역의 전체 압력을 평균 1~2bar 감소시키도록 압력을 조정한다.

압력을 조정하기 위해 Technolog Autowat PRV를 사용하였다. 두 PRV를 위한 시작점으로서 이론적인 압력 조정 프로파일을 설계하였다. 두 PRV 사이 상호작용은 수도관망 내 수두손실의 함수로서 현장시험을 요구한다. PRV의 설치가 공급 및 임계 지점들에서의 압력과 유량에 영향을 미치는 것으로 관찰되면 현장에서 경험적으로 압력제어 프로파일을 설정하여야 한다. 고정된 유출지점에 하나의 새로운 PRV(낮은 고도에서 하나)를 설정하고, 이 밸브는 첨두 유출 기간을 제외하고 아마도 폐쇄된 상태를 유지할 것으로 예상되었다. 오직 다른 PRV를 제어하여 영역 내 압력을 조정한다. 실용적인 압력제어실의 위치 선정시 다음을 고려한다.

- PRV는 반드시 이 밸브를 통한 수두손실을 고려하여 가능한 최대 상류측 운영 수두를 가져야 한다.
- 구역을 효과적으로 제어하기 위해 PRV 숫자를 최소화할 수 있는 지점들
- 현장에 현존하는 관로 배열에서 설치 용이성
- 미래 밸브실 접근의 용이성
- 현장의 환경적 수용성

제안된 PRV 현장, 임계 높은 지점, 그리고 구역 내 평균 압력 지점들에서 현장 유량과 압력을 측정하였다. 일시적으로 유량을 측정하기 위해 휴대용 전자 삽입식 유량계를 사용하였다.

소비와 관련되어 추정된 압력감소를 고려하여 압력 조정이 관로시스템 내 배경누수와 파열누수의 감소에 미치는 영향을 추정하였던 통계 소프트웨어 모델 내에서 현장 자료를 사용하였다.

제안된 압력제어실에서 PRV와 미터의 규격을 결정하기 위해 현장 자료를 추가로 사용하였다.

예상된 물 절감을 계산하였다. 통계 모델을 사용하여 누수의 감소를 통해 예측된 금전적 절감은 년간 R795,816이었다. 비용-편익 분석결과 상환기간은 약 8개월이며 경제적인 압력관리계획의 실행 가능성을 확인하였고 압력관리계획을 지속적으로 실행하기로 결정하였다.

A.14.4 최종 설계

각 PRV 밸브실은 상류측에 스트레이너가 장착된 250mm Claval PRV 그리고 PRV의 직경의 5배 하류측에 위치한 Meinecke 미터로 구성되었다. 미래 용이한 유지관리를 위해 미터와 PRV 주변에 250mm 바이패스를 설치하였다.

콘크리트 강화 챔버들을 건설하였으며 이들 중 하나는 부분적으로 도로 이하에 위치하였다. 챔버를 확장하였고 인도로부터 접근로를 만들기 위해 부분적으로 위치를 변경하였다. 이는 정기적인 자료 다운로드 및 장비 확인을 위한 용이한 접근과 안전을 위해 중요한 고려사항이다.

A.14.5 결과

PRV 시운전 후 최대 고정된 유출점에 두 PRV를 설정하였다. Montague 도로 내 PRV는 폐쇄된(유입 압력 7.5bar/유출 압력 6.0bar) 상태로 남는 한편 Berea 도로 내 PRV는 아무런 문제없이 영역을 지속적으로 공급하였다(유입 압력 5bar/유출압력 4bar).

야간 유량은 350에서 110m^3/hr로 감소한 것으로 관측되었다. Berea 도로(흑색 선) 내 PRV의 유출 압력은 주간에 3.2bar에서 야간에 2.2bar로 떨어진 것이 관측되었다. 임계 높은 지점에서 압력은 더욱 균등해졌고 평균 오직 0.5bar만이 감소되었다. 이는 영역의 높은 지점에서 압력유지가 가능한 이 지역 내부로 제어되지 않은 작은 공급을 나타낼 수 있으며, 따라서 추가 조사가 필요하다. 평균 영역 압력 지점에서 압력은 평균 1bar가 감소되었고 압력 동요의 감소를 보여주었다. 이는 구역 전반에 걸쳐 누수의 감소 및 관망에 작용하는 응력의 감소를 의미한다.

야간 유량 감소 이외 첨두 기간 동안 소비가 명백하게 감소한다. 이는 일부는 누수의 감소 그리고 일부는 감소된 압력과 관련된 소비(예를 들어 정원 스프린클러)의 감소에 기인한다.

계산한 전체 소비(누수 및 사용) 감소 및 통상적으로 소비가 최소가 되는 시간 21:00~05:00 동안 추정한 누수감소는 표 A.14.1 및 표 A.14.2와 같다. 자문비와 건설비용을 포함한 두 현장에서의 전체 비용은 R850,000이었다. 따라서 현실적인 상환기간은 6~9개월이 되었다.

표 A.14.1 전체 소비 감소

출처 : GJMC

절감 체적 : 2259m^3
절감 기간 : 23.75hour
1일 절감량 : 2283m^3
년간 절감량 : 833,295m^3
가치 : R1,749,595

표 A.14.2 야간누수감소(21:00~05:00)

출처 : GJMC

절감 체적 : 1110m^3
절감 기간 : 6hour
1일 절감량 : 1110m^3
년간 절감량 : 405,150m^3
가치 : R850,968

A.15 IWA WLTF 압력관리 접근법 적용 사례연구

A.15.1 개요

본 사례연구의 목적은 서부 발칸지방 배수관망 내 손실과 관련된 문제들을 해결하기 위해

IWA WLTF을 실행하여 지금까지 얻은 결과를 제시하는 것이다.

이 지방 내 손실상황은 심각하였다(평균 50% 이상의 NRW). 따라서 모든 용수기관들은 손실의 정량화 및 물손실감소를 위한 프로그램의 계획과 실행을 고려할 필요가 있다.

이 프로그램 내 가장 중요한 절차들 중 하나는 적합한 방법론의 선정이다. IWA WLTF 접근법 이전인 과거에는 물수지 및 성능지표들을 계산하기 위해 다양한 접근법을 사용하였기 때문에 신뢰성 있는 기준 및 평가가 불가능하였다. 또한 이전 접근법은 빈번하게 성공적이지 못하였고, 이는 높은 비용, 지속가능하지 않은 손실 감소 그리고 지속하기 위한 동기부여의 결핍과 관련된다. 이 지방 내 손실은 아직도 NRW의 퍼센티지의 항으로 제시되고 있다. 이제 일부 개인 용수기관들은 IWA 용어(또는 유사한)를 사용하기 시작하고 있지만 통상적으로 때로는 일부 예외 및 수정들은 혼란을 더욱 가중시켰다.

본 사례의 의도는 IWA 용어 및 WLTF 접근법의 실행경험을 제시하고 다른 사람들이 이를 따르도록 장려하는 것이다. 물손실 문제에 관심이 있는 모든 사람들이 시작하는 것을 돕기 위해 IWA 물수지 및 기본 성능지표계산(CheckCalcs)을 위해 단순한 국제 소프트웨어를 번역하였다. 소프트웨어는 무료이고 손실의 정량화를 위한 그리고 용수기관 사이 최초의 현실적인 벤치마킹을 위한 우수한 도구가 될 수 있다. CheckCalcs는 현재 우리의 위치 그리고 진행의 우선순위를 이해하는데 도움을 준다. 본 사례의 목표는 개별 용수기관이 IWA WLTF 접근법을 실행하는 것을 돕고 국가차원의 수용을 장려하는 것이다.

배수시스템 내 실제손실의 분석에 관한 결과 제시

모든 용수기관들은 지자체가 소유하는 공공 회사이다. 이는 재무구조가 허약한 상당히 작은 용수기관 그리고 자격을 갖추고 훈련을 받은 직원이 부족한 용수기관이 많이 존재하는 것을 의미한다(예를 들어 크로아티아 인구는 4.3백만명이지만 공공 용수시설은 116개). 또한 오랫 동안 배수시스템 내 손실 문제 보다 안전한 물을 급수인구에게 추가로 공급하는 것이 더 중요한 것으로 고려되었다. 빈번하게 동일한 용수기관이 하수를 담당하고, 때로는 쓰레기 수거, 공원, 공동묘지 유지관리 등과 같은 일부 다른 공공 활동을 담당한다.

지난 2년 동안 많은 대형 용수기관들은 누수탐사 및 관로 조사를 위한 장비(지반 확성기, 누수상관기, 이동식 유량계 및 압력계)에 투자하여 왔다. 그러나 빈번하게 이들은 압력관리에 기초한 손실 감소 프로그램 또는 미보고된 누수 위치 파악을 위한 능동적 누수제어를 전개하지 않았다. 일부 중간 규모 및 소규모 용수기관은 기부 또는 다른 종류의 국제적 도움을 통해 일부 장비를 받았다(예를 들어 보스니아 헤르체고비아, 세르비아, 몬테 네그로, 크로아티아). 그러나 대부분의 경우 적정한 선정기준 없이 결국에는 빈번하게 적정하게 훈련받은 직원 없이 이러한 장비를 제공받았다.

지방 내 DMA에 관한 지식이 더욱 수용되고 있지만 아직도 충분히 사용되고 있지는 않다. 이유는 오래된 시스템은 비상 공급을 위해 많은 내부연결과 수질 목적으로 개발되었기 때문이다. 그러나 가장 낮은 손실을 갖는 용수기관은 설치된 유량제어 장치를 사용하여 시스템을 구역화하고 있다.

시스템 내 압력제어를 위한 설치는 드물고, 이에 대한 이유는 아마도 누수량과 파열 빈도에 미치는 영향에 대한 지식이 부족하였기 때문이다. 매우 높은 압력 때문에 감압밸브를 설치한 경우가 있지만 이 밸브를 적정하게 유지관리하지 않으면 오작동으로 인해 손실과 파열 빈도가 증가하였다.

최근에는 가장 낮은 손실을 갖는 용수기관은 압력제어를 위해 PRV 또는 다른 해결책을 실행하고 있는 긍정적인 사례도 있다.

또한 용수기관 내 자격이 있는, 훈련되고 동기부여가 된 직원의 부족(훈련을 받지 않거나 또는 급여가 적은)과 같은 심각한 문제를 반드시 강조하여야 한다. 때로는 문제는 기술자가 누수탐사 및 관로 조사를 책임지는 것이다. 더욱 빈번하게 관리자들은 손실관리의 중요성을 이해하지 못하고, 실용적이고 효과적인 방법에 대한 지식이 부족하거나, 단순한 다른 임무들을 너무 많이 맡고 있다. 때로는 오래된 관로를 대체하여 손실을 효과적으로 감소시킬 수 있다는 올바르지 못한 결론에 도달할 수 있다.

경험으로부터 대부분의 경우 용수기관은 성공적인 손실 감소 프로그램의 실행에 필요한 직원을 갖지만 이 직원들을 충분히 관리하지 못하고 있다.

2005년 초부터 실질손실을 포함하여 모든 물수지성분 계산시 IWA 용어를 사용하기 시작하였다. 또한 IWA WLTF가 장려하는 다른 개념(BABE 및 FAVAD 개념, 능동적 누수제어, 압력관리, 등)들도 이제는 물손실 제어활동의 일부가 되어가고 있다

중요한 발전은 CARL(current annual real losses)에 대한 UARL(unavoidable annual real losses)의 비율인 성능지표 ILI(infrastructure leakage index)의 도입이었다. 이는 최초로 현지 특성(주관로 길이, 서비스 연결 숫자, 미터 위치, 압력)을 고려하여 특정 시스템에서 불가피한 년간 실질손실을 평가할 수 있다는 사실을 고려할 때 용수기관에게 큰 발전이었다.

크로아티아에서 다른 시스템 특성(2005년 현재 평균 NRW는 40%)을 감안하지 않고도 25% 이하의 NRW 손실을 양호한 성능으로서 고려하는 것이 전통이 되어 왔다(그림 A.15.1).

크로아티아의 12개 그리고 보스니아 헤르체고비아의 하나의 물 시스템에 대한 % NRW 및 ILI 계산결과는 표 A.15.1과 같다. 여기서 일부 사용자들로부터 받은 일부 자료는 대략적인 자료이고 일부 오류 가능성(미요금고지-미승인된 소비, 미승인된 소비, 평균 압력)이 있지만 모든 경우에서 이러한 초기 비교를 위해 신뢰구간을 수용할 수 있는 것으로 가정한다. 새로운 방법론에 대한 더욱 많은 경험을 갖는 미래에는 정확도가 더욱 양호하게 될 것이다.

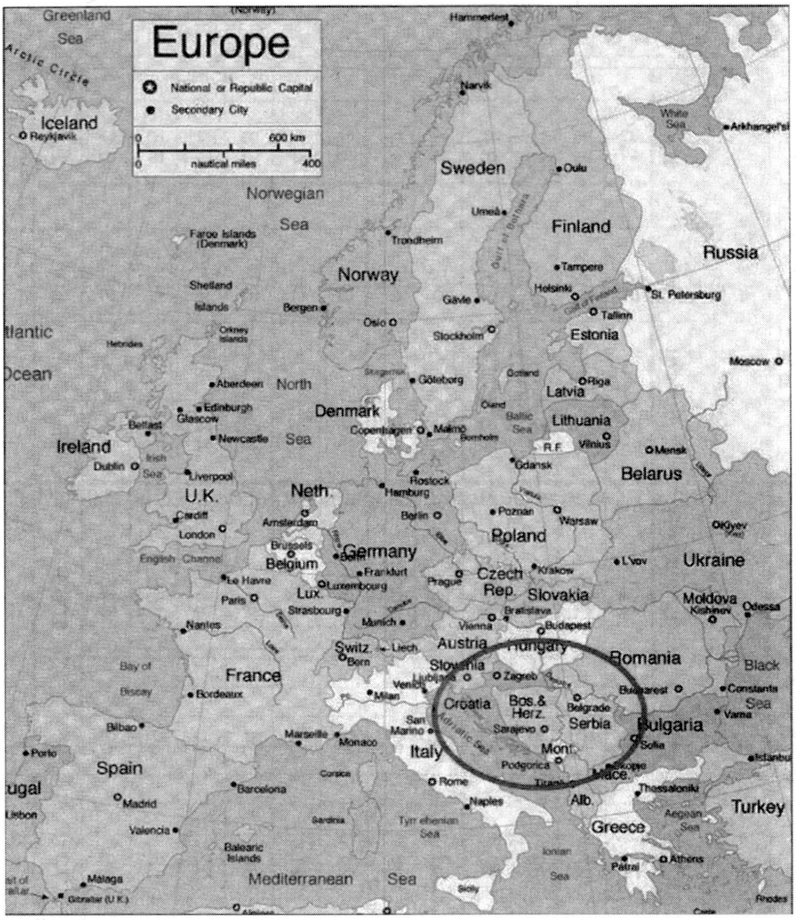

그림 A.15.1 서발칸(Western Balkan) 지역

이러한 자료를 평균 ILI 438[1]을 갖는 국제 자료들과 비교할 때 배수시스템 내 실질손실상황은 세계적인 크기와 유사한 것이 분명하다.

또한 실질손실관리시 성능을 평가하기 위해 %NRW는 충분하지 않다는 사실을 강조하는 것이 중요하다(그림 A.15.3 참조). 예를 들어 시스템 3과 9의 % NRW는 유사하지만(39%와 38%) ILI는 실질손실관리를 위해 더욱 유의미한 성능 정보를 제공한다. 각 시스템은 다른 특성과 다른 불가피한 년간 실질손실을 갖기 때문에 ILI 측면에서 시스템 3(ILI=2.7)의 실질손실관리는 시스템 9(ILI=5.8)보다 2배 양호한 사실을 알 수 있다.

표 A.15.1 13개 배수시스템 특성 및 성능지표 비교

출처 : Jurica Kovac, IMGD Ltd.

배수 시스템	관로길이 (km)	서비스 연결숫자	NRW (%WS)	CARL (%WS)	CARL (L/conn/d)	UARL (L/conn/d)	평균압력 (m)	ILI
1	142	6,310	33	31	111	73	55	1.5
2	1,500	42,000	27	25	168	99	60	1.7
3	259	4,834	39	35	259	96	45	2.7
4	991	30,375	42	39	277	82	50	3.4
5	1,500	23,000	54	50	451	122	60	3.7
6	338	9,000	37	33	290	82	60	3.7
7	713	33,073	24	19	302	73	65	3.7
8	550	21,700	41	35	230	55	40	4.2
9	435	12,000	38	34	464	80	50	5.8
10	265	13,995	52	46	346	47	40	7.4
11	97	4,535	53	49	486	73	45	7.5
12	117	9,184	49	43	345	40	35	8.7
13	769	42,308	70	65	1069	63	50	1.7

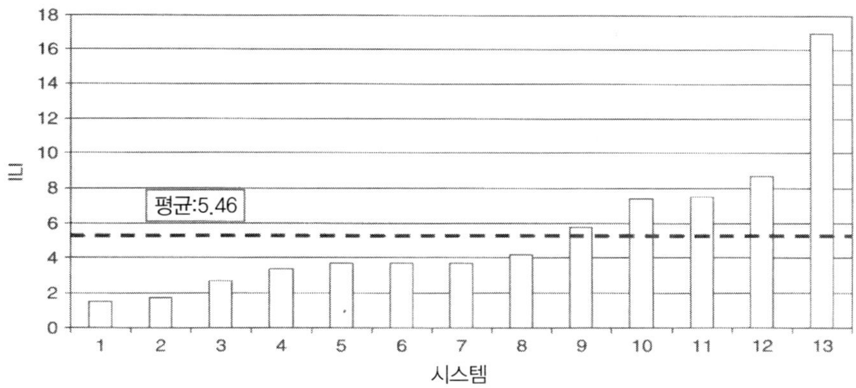

그림 A.15.2 크로아티아와 보스니아 Herzegovina 내 13개 시스템의 ILI

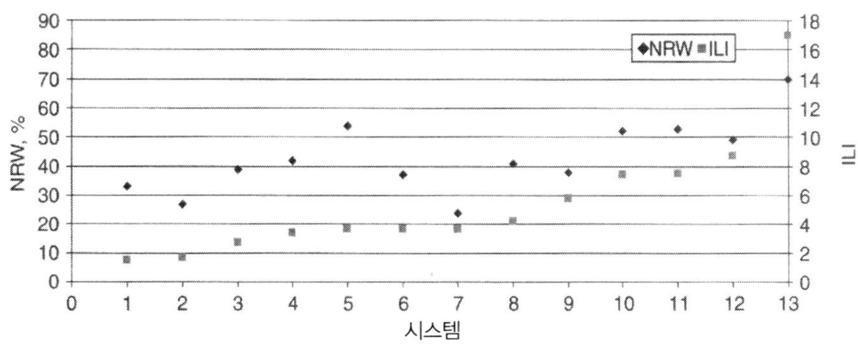

그림 A.15.3 크로아티아와 보스니아 Herzegovina 내 13개 시스템의 NRW와 ILI

사례연구 1: 시범 프로젝트 Zagreb, 크로아티아

압력제어를 통한 누수감소. 크로아티아의 수도인 Zagreb 도시 내 배수시스템은 지방 내 가장 큰 시스템 중 하나이다(관로 2900km 이상, 서비스 연결 100,000 이상, 서비스 인구 약 800,000명). 2005년 10월 누수감소를 위한 시범 압력제어 프로젝트를 시작하였다. 선정된 영역(그림 A.15.4, A.15.5 및 A.15.7 참조)은 고층 빌딩(평균 10층), 높은 압력, 그리고 의심되는 높은 누수수준을 갖는 주거민 지역이다. 영역은 주철 주관로 13.5km, 그리고 653개 서비스 연결(주철관, 아연도금 강관, 그리고 PEHD)을 갖는다.

첫 번째 절차는 영역 내 모든 경계 밸브들의 폐쇄를 확인한 후 유량 및 압력을 측정하는 것이다. IMGD는 위치를 선정하였고 감압밸브 및 다른 모든 장비 설치를 위한 상세사항들을 명시하였다(그림 A.15.5의 PRV DN250, 월트망 형식 유량계, 밸브 제어기 그리고 원격 GSM 감시장치 참조). 또한 영역 내 압력 감시를 위해 3개의 위치들을 선정하였다(그림 A.15.6).

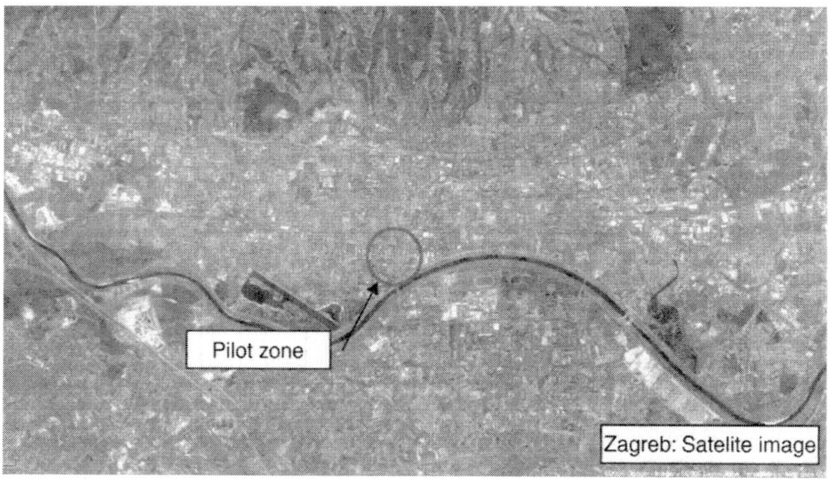

그림 A.15.4 시범 지역의 위치(Jurica Kovac, IMGD 회사 제공)

그림 A.15.5 압력제어실(Jurica Kovac, IMGD 회사 제공)

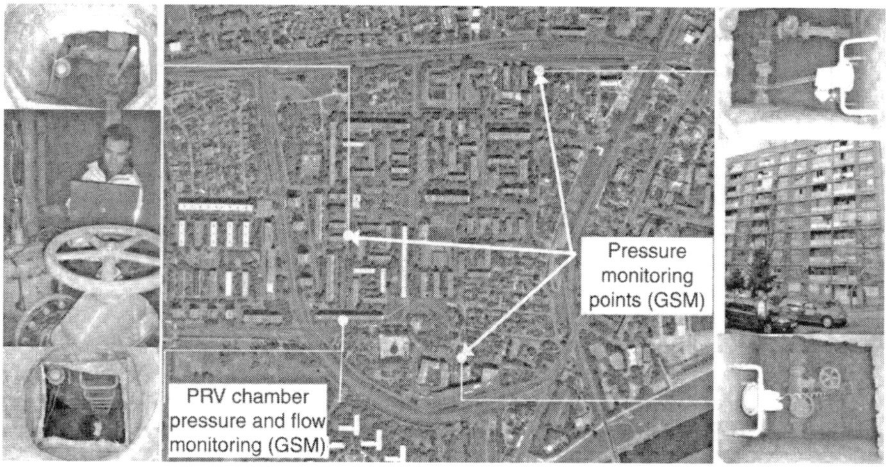

그림 A.15.6 압력감시지점과 PRV 위치(Jurica Kovac, IMGD 회사 제공)

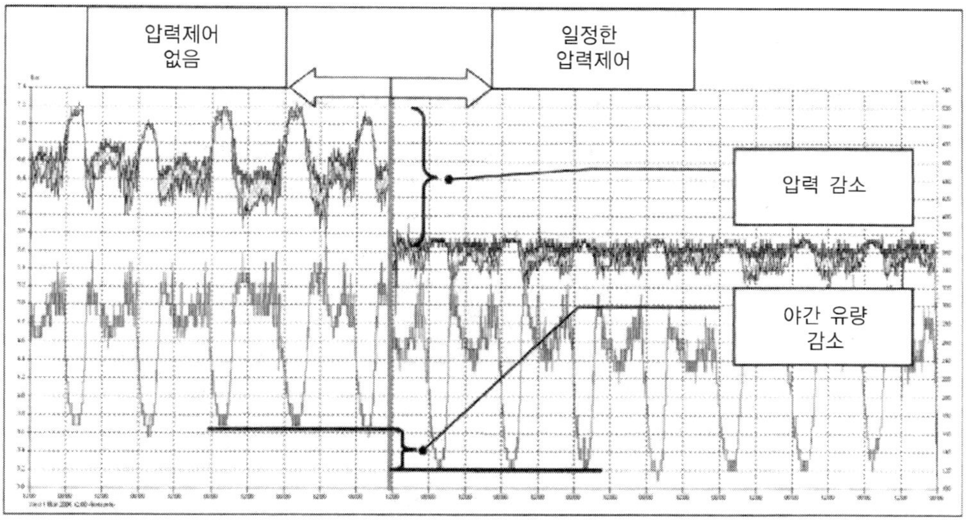

그림 A.15.7 첫 번째 조정 단계: 고정된 유출 압력 5.7bar(Jurica Kovac, IMGD 회사 제공)

초기 최소유량 44L/s(160m^{3}hr), 초기 유입압력은 6.5bar(주간)에서 최대 7.10bar(야간)인 상태에서 프로젝트 실행 결과는 다음과 같다.

- 첫 번째 조정 단계: 고정된 유출 압력 5.7bar에서 야간 유량은 24% 감소, 전체 24시간 유입량은 11% 감소(그림 A.15.7 참조).
- 두 번째 조정 단계: 유량에 따라 유출압력은 주간에 5.7bar, 야간에 4.8bar로 감소(그림 A.15.8 참조)
  - 야간 유량은 39% 감소(전체 24시간 유입량은 14% 감소)
  - 전체 24시간 유입량은 6300m^{3}에서 5400m^{3}으로 감소되었음(900m^3 절감)

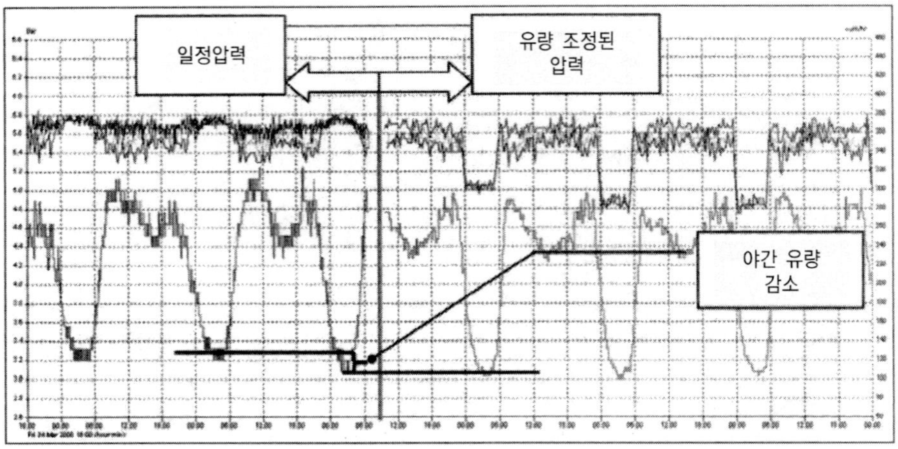

그림 A.15.8 두 번째 조정 단계: 유출 압력은 유량에 따라 변화; 주간 5.7bar, 야간 4.8bar(Jurica Kovac, IMGD 회사 제공)

그림 A.15.9 Gracanica 도시(Jurica Kovac, IMGD 회사 제공)

FAVAD 방법 사용 및 ICF(infrastructure condition factor)를 계산하여 상세한 내용을 추정 중이다. 이 압력 감소는 고객의 물 공급에 대한 표준 서비스에 아무런 영향을 미치지 않았다.

사례연구 2: 보스니아 헤르체고비아, Gracanica 프로젝트

압력-파열 빈도 관계. 보스니아 헤르체고비아 북쪽에 위치한 Gracanica 도시의(그림 A.15.9 참조) 중력 급수시스템은 주관로 길이 70km 및 4500 서비스 연결을 가지며 주로 이층 개인 주택, 인구 약 15000명 그리고 특히 하절기에는 오랜 물 부족을 경험하였다. 2005년 상반기에 시스템을 분석한 결과 단기 편익과 관련하여 압력제어가 가장 우호적인 것으로 결론을 내렸다. 핵심 목적은 현재 누수를 감소시키는 것이지만 동시에 압력감소와 파열빈도 관계의 탐구를 원하였다.

표 A.15.2 영역 명칭

출처 : Jurica Kovac, IMGD Ltd.

영역	1	2	3	4	5	6
명칭	Grand north	Grand center	Grand south	Ciris north	Ciris south	Jejdanic

첫 번째 단계는 유량과 압력의 초기 측정 및 시스템을 6개 영역으로 분리하는 것이었다. 이 시스템은 이미 지반고도를 기반으로 3개 지역들로 분리되어 있다.

더욱 세밀하게(DMA 도입, 특히 중심 지역인 Grad를 3개의 작은 영역으로 분리) 유량과 압력을 제어하기 위해 표 A.15.2 및 그림 A.15.10과 같이 시스템을 6개 영역으로 분리하였다.

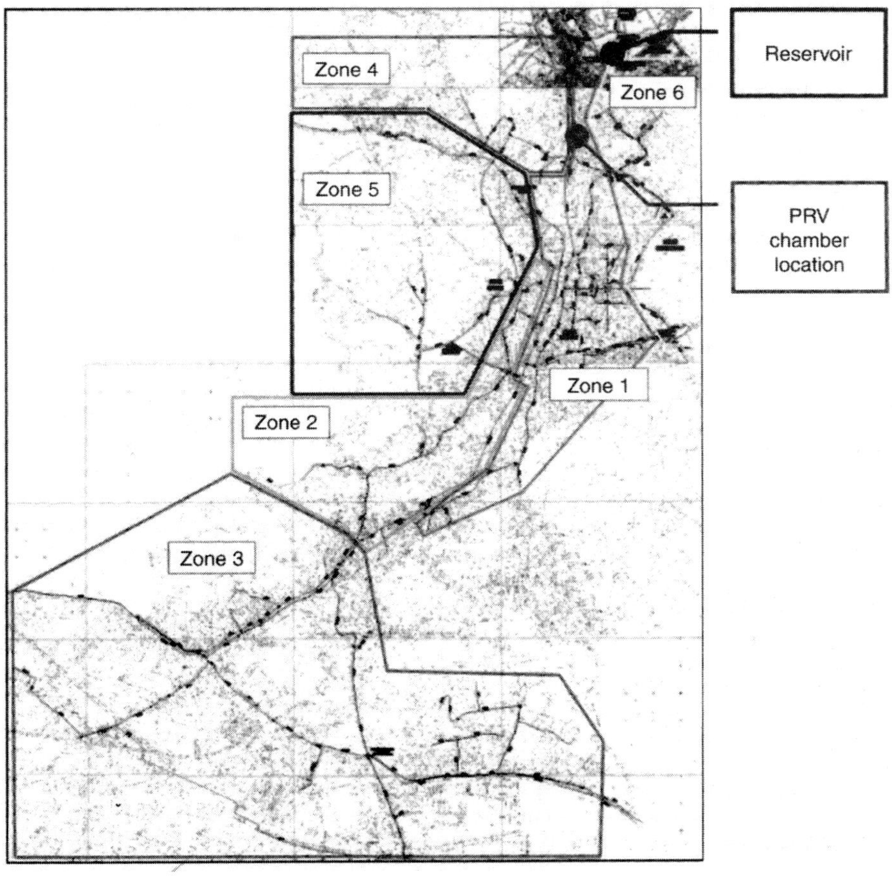

그림 A.15.10 영역과 경계 위치(Jurica Kovac, IMGD 회사 제공)

그림 A.15.11 압력제어실(Jurica Kovac, IMGD 회사 제공)

Grad 지역(새로운 구역화에서 이 지역는 영역 1, 2, 3을 포함한다)에서 압력을 20% 감소하여 압력제어를 실행하였다. IMGD는 위치를 선정하였고, 감압밸브 및 다른 장비(두 개의 PRV DN150, 월트망 형식 유량계, 밸브 제어기 그리고 원격 GSM 감시장치) 설치를 위한 모든 상세사항들을 명시하였다(그림 A.15.11 참조).

압력의 제어 및 감소 이전 압력 범위는 4.8~5.3bar(평균 5.0bar)이었다. 두 단계로 압력감소 및 제어를 시험하였다. 첫 번째 단계에서는 PRV 유출 압력을 4.0bar로 일정하게 조정하고, 두 번째 단계에서는 챔버 내부 유량계의 현재 유량에 따라 PRV 제어기가 압력을 조정한다(그림 A.15.12 참조).

그림 A.15.13은 압력-파열빈도 관계를 분명하게 증명한다. 즉, 압력을 감소하거나 제어하면 파열 숫자가 극적으로 감소한다. 그림 A.15.13에 제시된 파열은 전체 배수시스템에 대한 것이지만 영역 1, 2, 3에서 압력을 제어하였다. 오직 영역 1, 2, 3에 대한 압력제어의 결과는 현재 진행 중이다.

Grad 지역 영역 1, 2, 3에서 20% 유입압력감소에 대한 결과로서 전체 시스템의 주관로 파열은 59%, 서비스 연결 파열은 75% 감소되었다. 여기서 % 감소는 PressCalcs 소프트웨어 계산에 기초하여 압력제어 이전 638일 파열율(burst rate)을 압력제어 이후 272일 파열율과 비교한 것이다.

또 다른 중요한 압력제어결과는 누수손실의 감소이다. 전체 시스템의 1일 유입량은 12% (평균 절감량 450m^3/d) 감소하였다.

그림 A.15.14는 GSM을 통해 원격감시로 취득한 자료와 현재 유량(적색선)이 어떻게 압력제어(청색선)를 조정하는지를 보여준다. 이 압력제어모드는 현재 수요에 따라 충분한 압력을 보장한다(예를 들어 화재발생시 시스템은 유량 증가를 인식하고 자동으로 압력을 증가시킨다). 모든 소비자들이 항상 충분한 압력을 갖도록 보장하기 위해 이 운영 모드를 사용할 수 있다. 또한 새로운 누수나 파열도 유량 및 유입 압력을 상승시키고, 고객이 낮은 압력 또는 유량 부족의 불만을 제기하지 않으면 이와 같은 이벤트를 알 수 없기 때문에 조정된 시스템을 원격 감시하는 것이 중요하다.

지방 내 압력관리 프로젝트 실행. 지난 해 물 누수 및 파열 빈도의 효율적인 감소해법으로서 압력관리를 더욱 인식하기 시작하였다. IMGD가 선도하는 두 개의 프로젝트를 진행 중이다. 준비 중이거나 실행중인 프로젝트의 위치를 지도에 제시하였다(그림 A.15.15 참조).

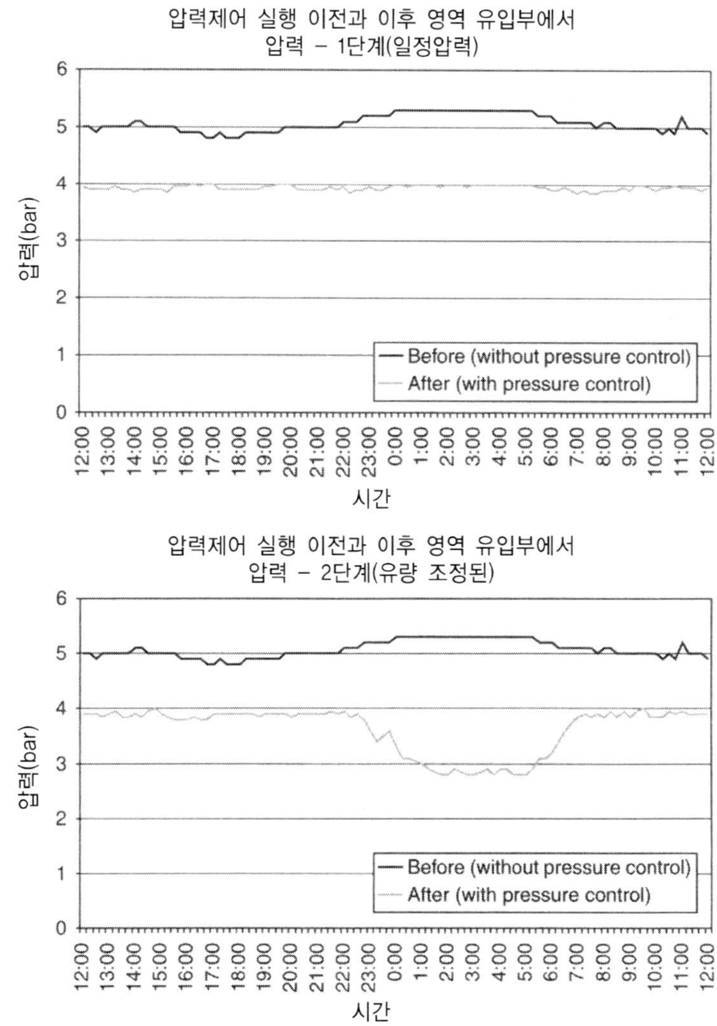

그림 A.15.12 압력제어 실행 이전과 이후 영역 유입압력(Jurica Kovac, IMGD 회사 제공)

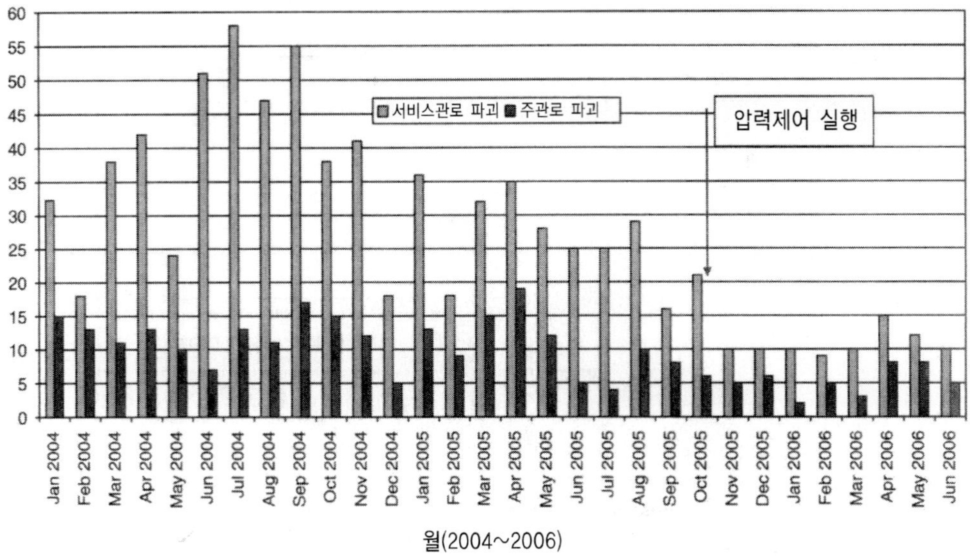

그림 A.15.13 압력제어 실행 이전과 이후 파열 빈도(Jurica Kovac, IMGD 회사 제공)

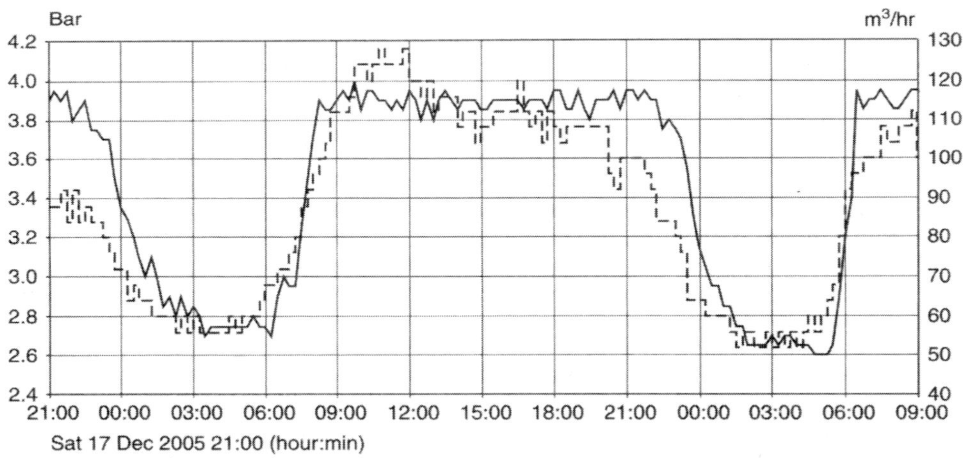

그림 A.15.14 유량조정된 압력 제어(Jurica Kovac, IMGD 회사 제공)

그림 A.15.15 압력관리 프로젝트의 위치; 준비 또는 실행 단계(Jurica Kovac, IMGD 회사 제공)

지방 내 IWA WLTF 접근법 장려. 본 사례와 지구상 다른 많은 사례는 좋은 예들이고, 다른 사람들도 이 방법을 따르기를 희망한다. 대부분의 경우 IWA WLTF 접근법은 비용 효과적이므로 가능한 빨리 실행하여야 한다.

이 접근법의 첫 번째 중요한 단계는 IWA WLTF의 기본적인 방법론 및 용어와 친숙해지는 것이다. 이러한 목적으로 다른 전산기 소프트웨어들을 개발하여 왔다. ILMSS주식회사 Allan Lambert는 누수 소프트웨어 속편으로 무료 CheckCalcs2를 개발하였다(그림 A.15.16 참조). 용수기관은 이 소프트웨어를 사용하여 오래된 방법론(%NRW)과 새로운 방법론(CARL, UARL, ILI) 모두에 따라 기본적인 지표들을 신속하고 쉽게 계산할 수 있고, 지구상 다른 용수기관의 성능을 서로 비교할 수 있다. 또한 이 소프트웨어는 세계은행기관이 권장하는 평가(순위)를 사용한다. 소프트웨어는 모든 기본적인 용어를 설명하고, 더욱 발전된 소프트웨어인 LEAK 속편으로 진행하는 방법을 설명한다.

본 연구사례의 목표는 IWA WLTF 접근법에 관심 있는 모든 사람들을 돕는 것이다. CheckCalcs 소프트웨어는 이미 크로아티아 언어로 번역되었지만 다른 언어로도 번역 중이다.

그림 A.15.16 CheckCalcs(Jurica Kovac, IMGD 회사 제공)

IMGD로부터 CheckCalcs를 무료로 얻을 수 있고(등록된 사용자에 한함), 이는 마이크로소프트 엑셀로 작성되었기 때문에 광범위하게 사용할 수 있다.

IMGD는 무료 소프트웨어를 통한 장려 이외에도 지방 내 다른 절차들을 착수할 것이다.

첫 번째 절차는 크로아티아 내 IWA WLTF 접근법을 장려하기 위해 정부기관인 Croatian Water와의 협력이다. 목표는 주 성능지표로서 %NRW를 사용하는 전통적인 접근법을 개선하기 위해 이 접근법을 국가 수준에서 통합시키는 것이다.

두 번째 절차는 이미 착수되었으며 이는 본 서비스를 통해 용수기관에게 지식을 전달하는 것이다.

세 번째 절차는 학회 또는 세미나에서 관심을 통해 다른 국가들에게 장려하는 것이다. 또한 물손실관리에 관해 크로아티아 내 UNDP(United nations Development Program) 사무실과 밀접한 협력을 시작하였다.

초기에 이 프로그램은 크로아티아 내에서 실행하는 것으로 시작할 것이다. UNDP 대표는 크로아티아 이후 보다 넓은 지역에서 이 접근법이 인식되고 사용되길 희망하고 있다.

A.16 팔레스타인 라말라 Al Jalazon 난민촌 관망 누수감소

A.16.1 배경

JWU(Jerusalem Water Undertaking)는 예루살렘의 북쪽 16km West Bank의 중심 부분에 위치한다. JWU는 라말라(Ramallah) 및 알비레(Al Bireh) Governourate 내 중심부 대부분의

인구에게 물을 공급한다.

Governourate은 하나의 주된 도시 지역, 라말라/알비레 쌍둥이 도시, 100개의 마을, 지자체 그리고 난민촌을 포함한다.

JWU로부터 물 서비스를 받는 지방은 1999년 약 205,000명 인구가 밀집한 지역이다. 이는 가장 큰 두 개의 지자체 지역인 라말라 및 알비레로 구성되며 이 지역는 Governourate의 정치, 경제, 그리고 문화 심장부이다. 4개의 다른 도시들인 Betunia, Beit Hanina, Bir Zeit Dier Dibwann 그리고 Silwad는 구역 심장부의 북동쪽 및 서쪽 반경 15km 안에 위치한다. 이는 40개의 마을과 4개의 난민촌을 포함한다.

JWU는 1999년에 창립된 자급자족 자치주의, 비영리 국가 기관이다. 이사회가 지배하는 JWU는 지역사회 원조의 효율성과 책임감에 대해 충분한 자격을 갖춘 명성이 있는 기관이다. JWU는 서비스 지역 내 물 공급 실행안의 계획, 설계, 유지관리 그리고 전반적인 관리에 대한 책임을 갖는다.

A.16.2 소개

1948년 아랍-이스라엘 전쟁 이후 Al Jalazon 난민촌이 설립되었다. 이 난민촌은 라말라 도시의 북쪽 6km에 약 0.85km^{2}의 면적에 위치하며 6400명의 난민이 거주하고 있다. 1980년까지 난민촌은 배수관망 및 적절한 하수수집 시스템이 부족하였다.

1980년 급수관망이 난민촌 내 설치되었다. 직경 2인치 이하는 아연도금 배관을, 2인치 이상은 내부 시멘트 라이닝 및 외부 아스팔트 코팅 강관을 사용하여 포설하였다. 불량한 개방 하수 수집 시스템상태는 토양의 부식을 증가시키고 관망 성능저하를 가속화 시켰다.

A.16.3 문제의 정의

난민촌 내 붐비는 조건, 변화가 큰 지형, 큰 유입 압력, 그리고 불량한 하수 수집 시스템의 상태 모두는 다음 결과를 초래하였다.

1. 50% 이상의 관망이 압력 범위 10~16bar에 노출되었다.
2. 60% 이상의 아연도금 관망과 가정 연결은 심각하게 부식되었다.
3. 평균 1일 물 고지물량 322m^{3}과 유입 연결부에서 등록된 물량 520m^{3}의 큰 차이가 발생하는 물손실 문제
4. 관망 길이 6.56km를 고려할 때 부식된 배관으로 인해 보고된 높은 파열 숫자(1998년 20건)

A.16.4 조사 실행

JWU는 BABE 소프트웨어를 사용하여 관망의 누수량을 조사하였다. 이는 유입 연결부 그리

고 AZNP(average zone night pressure) 지점 및 목표 지점에서 유입량과 압력을 24시간 이상 측정하는 것으로 구성되었다. 모든 자료는 BABE 소프트웨어로 통합되며 예상된 누수량, 사용량 그리고 전체 유입량 계산 결과는 표 A.16.1과 같다. 표 A.16.1과 그림 A.16.1은 차이 유량을 구하기 위한 압력 감소 이전 압력과 유량의 관계를 보여준다(사용량, 손실량, 그리고 전체 유량).

또한 JWU는 부식 또는 다른 원인으로 인해 파열된 배관 표본을 조사한 결과 대부분 배관 표본들은 심각하게 부식되어 대체가 필요한 것으로 나타났다. 그림 A.16.2는 새로운 배관 표본과 오래된 배관 표본의 사진을 보여준다.

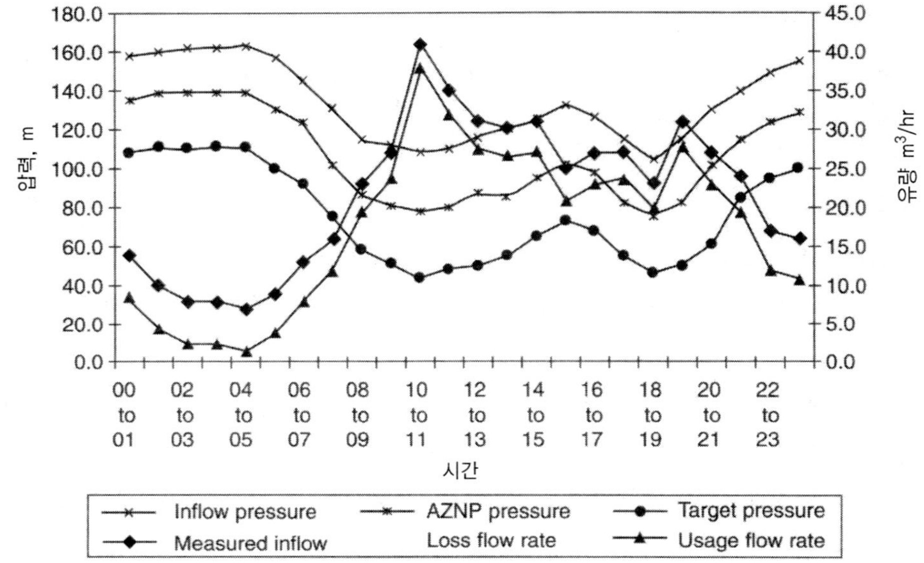

그림 A.16.1 제어 이전 압력과 유량(Jerusalem Water Undertaking 제공)

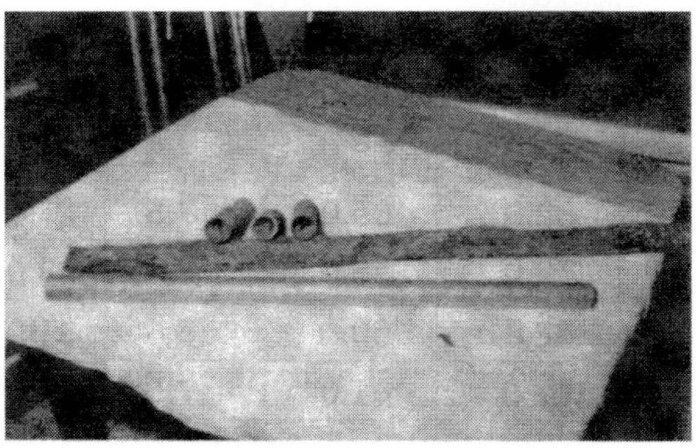

그림 A.16.2 부식된 배관(Jerusalem Water Undertaking 제공)

표 A.16.1 제어 이전 압력과 유량

출처 : Jerusalem Water undertaking

시간 (Hours)	평균 시간 압력(m)	평균 유입 압력(m)	정기적 유입 지점(m)	AZP점 (L/s)	측정된 유입량(m^3/hr)	손실 (m^3/hr)	사용량 (m^3/hr)
00~01	158.0	135.0	108.0	3.9	14.0	5.46	8.54
01~02	160.0	139.0	111.0	2.8	10.0	5.63	4.38
02~03	162.0	139.0	110.0	2.2	8.0	5.63	2.38
03~04	162.0	139.0	111.0	2.2	8.0	5.63	2.38
04~05	163.0	139.0	111.0	1.9	7.0	5.63	1.38
05~06	157.0	130.0	100.0	2.5	9.0	5.26	3.74
06~07	145.0	124.0	92.0	3.6	13.0	5.02	7.98
07~08	131.0	102.0	75.0	4.4	16.0	4.13	11.87
08~09	115.0	86.0	58.0	6.4	23.0	3.48	19.52
09~10	112.0	81.0	51.0	7.5	27.0	3.28	23.72
10~11	108.0	78.0	44.0	11.4	41.0	3.16	37.84
11~12	110.0	80.0	48.0	9.7	35.0	3.24	31.76
12~13	116.0	88.0	50.0	8.6	31.0	3.56	27.44
13~14	120.0	85.0	55.0	8.3	30.0	3.44	26.56
14~15	125.0	95.0	65.0	8.6	31.0	3.84	27.16
15~16	133.0	102.0	73.0	6.9	25.0	4.13	20.87
16~17	126.0	98.0	68.0	7.5	27.0	3.97	23.03
17~18	115.0	82.0	55.0	7.5	27.0	3.32	23.68
18~19	104.0	75.0	46.0	6.4	23.0	3.04	19.96
19~20	115.0	82.0	50.0	8.6	31.0	3.32	27.68
20~21	130.0	102.0	61.0	7.5	27.0	4.13	22.87
21~22	140.0	115.0	85.0	6.7	24.0	4.65	19.35
22~23	149.0	124.0	95.0	4.7	17.0	5.02	11.98
23~24	155.0	129.0	100.0	4.4	16.0	5.22	10.78
평균	133.79	106.21	75.92	6.02	21.67	4.30	17.37
최대	163.00	139.00	111.00	11.39	41.00	5.63	37.84
최소	104.00	75.00	44.00	1.94	7.00	3.04	1.38
1일 합계 m^3/d					520.0	103.2	416.8
손실 %						19.8%	

A.16.5 조사 결과

조사 결과는 시스템으로 유입된 전체 물량과 추정된 사용량 사이 103.2m^3 차이를 보여주었다. 이 량은 주로 관망의 누수와 관련되며 순수하게 이론적인 수치이다.

이 문제를 다루기 위해 유입부에서 압력을 23m 감소시켰고 동일한 지점들에서 압력과 유량을 얻기 위해 또 다른 일련의 측정결과를 취하였다. 이 압력감소는 누수를 103.2m^{3}에서 85.8m^{3}로 감소시켰고, 따라서 동일한 사용량을 유지하면서 17.4m^{3}을 절감시켰다. 표 A.16.2와 그림 A.16.3은 이 감소 결과를 보여준다.

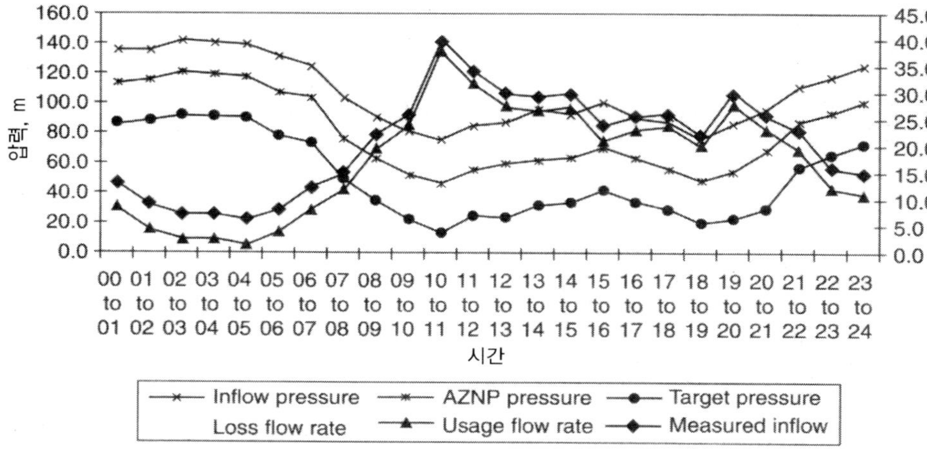

그림 A.16.3 제어 이후 압력과 유량(Jerusalem Water Undertaking 제공)

A.16.6 제안된 해결책

실제 시스템의 압력관리 없이 유입부에서 합리적으로 낮은 압력 감소로 얻은 물 절감을 감안하여 다음을 따를 것을 제안한다.

1. 유입 압력을 130m로 감소시키기 위해 유입부에 영구적인 압력제어밸브를 설치한다. 그렇지 않으면 물은 목표 압력에 도달하지 않는다. 제안된 시스템의 전체 비용은 US$6,200이다.
2. 낮은 지점들과 높은 지점들 사이 차이를 감소시키기 위해 난민촌을 두 개의 영역으로 세분한다.
3. 현존하는 하수 수집 시스템을 고려하여 관로를 대체한다. 모든 시스템을 새롭게 설계하였고, 추정된 관망 대체 비용은 US$336,36이었다.

표 A.16.2 제어 이후 압력과 유량

(출처 : Jerusalem Water undertaking)

시간 (Hours)	평균 시간 압력(m)	평균 유입 압력(m)	정기적 유입 지점(m)	AZP점 (L/s)	측정된 유입량(m^3/hr)	손실 (m^3/hr)	사용량 (m^3/hr)
00~01	135.0	115.0	84.0	3.9	14.0	5.44	8.56
01~02	135.0	115.0	87.0	2.8	10.0	5.44	4.56
02~03	142.0	120.0	91.0	1.9	7.0	5.67	1.33
03~04	140.0	119.0	89.0	2.2	8.0	5.63	2.38
04~05	139.0	119.0	90.0	1.4	5.0	5.63	-0.63
05~06	131.0	106.0	79.0	1.9	7.0	5.01	1.99
06~07	124.0	90.0	64.0	3.1	11.0	4.25	6.75
07~08	103.0	70.0	46.0	4.7	17.0	3.31	13.69
08~09	90.0	60.0	32.0	5.3	19.0	2.84	16.16
09~10	81.0	50.0	20.0	6.7	24.0	2.36	21.64
10~11	75.0	40.0	7.0	9.4	34.0	1.89	32.11
11~12	85.0	42.0	14.0	8.3	30.0	1.99	28.01
12~13	87.0	45.0	20.0	10.0	36.0	2.13	33.87
13~14	95.0	57.0	27.0	8.6	31.0	2.69	28.31
14~15	92.0	55.0	28.0	8.1	29.0	2.60	26.40
15~16	100.0	70.0	41.0	8.1	29.0	3.31	25.69
16~17	90.0	54.0	33.0	6.7	24.0	2.55	21.45
17~18	87.0	51.0	25.0	6.7	24.0	2.41	21.59
18~19	76.0	49.0	17.0	7.2	26.0	2.32	23.68
19~20	86.0	49.0	16.0	6.1	22.0	2.32	19.68
20~21	95.0	68.0	35.0	8.3	30.0	3.21	26.79
21~22	111.0	80.0	51.0	6.4	23.0	3.78	19.22
22~23	117.0	91.0	63.0	5.8	21.0	4.30	16.70
23~24	125.0	100.0	72.0	5.8	21.0	4.73	16.27
평균	105.88	75.63	47.13	5.81	20.92	3.57	17.34
최대	142.00	119.00	91.00	10.00	36.00	5.67	33.87
최소	75.00	40.00	7.00	1.39	5.00	1.89	-0.63
1일 합계 m^3/d					502.0	85.8	416.2
손실 %						17.1%	

A.16.7 자원조달

JWU는 비영리기관으로서 관로 대체 프로젝트의 재원을 조달하기 위해 필요한 자금이 없어 외부 기부자에게 의존하여야 한다. Al Jalazon 관로 대체 프로젝트를 다수의 기부자들에게 제안하였지만 불행하게도 지금까지 필요한 자금을 모금하지 못하였다.

압력제어시스템 설치를 위한 비용은 합리적이었고 JWU 역량 안에 있다. 관망 내부에 많은 내부연결로 인해 관망 구역화가 불가능하였다.

A.16.8 실행된 해결책

압력제어시스템을 실행하였고, 그 결과 계획된 바와 같이 관로 시스템이 기능을 발휘하고 있다. 일부 관로를 대체하였으나 개방 하수시스템은 해결하지 못하였다.

A.16.9 실행 결과 및 손실 감소

다음은 유입부에 압력제어시스템을 설치한 결과이다.

- 년간 물 절감: $17.4 \times 365 = 6{,}351 m^3$
- 물 $1 m^3$의 한계비용: \$0.684
- 년간 절감된 물 가치: $6351 \times 0.684 = \$4344$
- 재료비와 인건비: \$6200
- 상환기간: 1.4년

이 절감은 주된 관망을 대체하지 않고 현실화된 것이다.

A.17 미주전류 환경 내 덕타일주철관

A.17.1 소개

지하 매설관로와 관련된 미주전류란 임의 전류공급원으로부터 대지를 통해 흐르는 직류전류를 말한다. 이 미주직류가 대지와 접촉된 금속관로 또는 금속 구조물을 통해 흐르게 되면 금속 또는 합금의 電蝕이 발생할 수 있다. 미주전류의 공급원은 음극방식(cathodic protection)시스템, 직류 전동차 또는 자동차, 아크 용접기, 직류변환시스템 그리고 전기 접지 시스템을 포함한다.

미주전류가 한 지역 내 관로로 유입되고, 관로를 따라 이동하여 다른 지역 내 배관으로부터 빠져 나가 다시 땅으로 유입되어 최종 목적지로 순환될 때 부식이 발생한다. 부식으로 인해 손실된 금속량은 해당 관로로부터 방출된 전류량과 직접 비례한다.[1]

다행히 대부분의 경우 관로상 부식 전류는 단지 수 mA로 아주 작다. 이종금속접촉부식

(galvanic corrosion)에서 전류는 넓은 지역에 걸쳐 방출되어 국부 부식율이 극적으로 감소된다. 반면 미주전류부식은 수 개의 작은 방출 지점들로 제한되어 상대적으로 단기간 동안 관로가 뚫어질 수 있다.

미국 내 사용 중인 매설된 주철관의 수량을 고려할 때 전기적으로 불연속인 회주철과 덕타일주철의 경우 미주전류부식 문제는 매우 드물다. 그러나 이 문제를 직면하였을 때 지하관로상의 미주전류를 제어하기 위해 주로 두 방법을 사용할 수 있다.

한 방법은 미주전류 공급원으로부터 관로를 절연 또는 차폐하는 것이고, 다른 방법은 미주전류 공급원의 음극에 관로를 전기적으로 연결하거나 또는 접지판을 설치하여 인입한 전류를 배류시키는 것이다.[2]

DIPRA(Ductile Iron Pipe Research Association)에 문의한 결과, 앞에서 언급한 미주전류의 다른 공급원 중 외부전원공급방식은 나관(bare pipe)과 폴리에틸렌으로 코팅한 매립된 주철관에 영향 미치는 것으로 나타났다. 주철관에서 미주전류의 공급원의 원인, 조사 그리고 이동은 본 내용의 주된 관심사이다.

A.17.2 덕타일주철관은 전기적으로 불연속이다.

덕타일주철관은 길이 18ft와 20ft로 제작되며 고무-개스킷 연결방법을 사용한다. 덕타일주철관에서 여러 종류의 연결방법들을 사용할 수 있지만 주로 푸시온(push-on) 조인트, 미케니컬 조인트가 가장 많이 사용된다.

이 고무-개스킷 조인트는 약 2~3Ω의 전기적 저항을 가지며 이는 주철관을 전기적으로 불연속으로 간주하기에 충분하다. 따라서 덕타일주철관은 전기적으로 분리된 18~20ft 길이의 단도체로 볼 수 있다. 조인트부는 전기적으로 불연속이기 때문에 관로 길이에 비례하여 저항값이 증가하므로 미주직류를 쉽게 끌어들이지 않는다.

운영 중인 급수배관은 물론 여러 현장시험에서 조인트 저항을 측정하여 왔다. 텍사스 뉴브라운펠즈 내 운영 중인 관로의 DIPRA 미주전류 시험 현장에서 45개 조인트들을 시험하였다. 직경 12인치 푸시온(push-on) 조인트 덕타일주철관 길이 830ft에서 9개의 조인트가 전기적으로 연결된 것으로 조사되었다. 이와 같은 단락 원인은 조인트가 크게 휘어진 만곡부와 벨 소켓 사이의 금속-금속 접촉 때문이다. 그러나 접촉 표면의 산화로 인해 단락된 조인트들은 장시간에 걸쳐 높은 저항으로 변화 될 수 있으며 미주전류에 대하여 전기적으로 불연속으로 간주할 수 있다.

미조리주 캔사스 도심의 전기적으로 불연속인 덕타일주철관의 미주전류 억제 능력은 외부전원공급식의 양극으로부터 약 100ft 떨어진 곳의 덕타일주철관(직경 16 inch)에서 증명되었다. 연구자들은 481ft 길이의 관로에서 모든 조인트 또는 한 조인트를 건너 뛰어 전기적으로

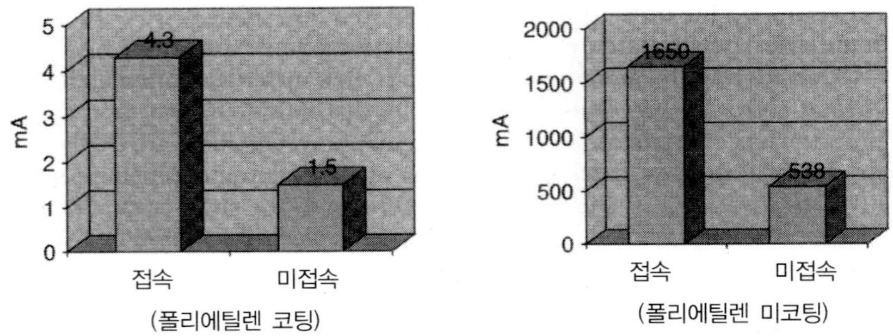

그림 A.17.1 연결부 효과-실험실 정류기 출력 8A(Ductile Iron Pipe Research Association 제공)

접속하고, 관로의 전류를 측정한 결과 모든 조인트들을 접속하였을 때는 하나의 조인트를 건너 뛰어 접속하였을 때 보다 5.5배 많은 전류가 흐르는 것을 알 수 있었다.

조인트 접속이 미주전류 흐름에 미치는 영향은 실험실에서도 증명되었다. 연구자가 접속된 조인트, 미접속 조인트, 폴리에틸렌 코팅 배관 그리고 나관의 조합을 시험할 수 있도록 배관을 설치하였다. 접속 조인트를 갖는 배관은 미접속 조인트 배관 보다 3배 많은 전류가 유입되는 것으로 밝혀졌다(그림 A.17.1 참조). 또한 동일한 환경에 노출되었을 때 8마일 나관은 폴리에틸렌 코팅 배관으로 유입된 전류보다 1100배 이상의 전류가 유입되었다.[3]

A.17.3 음극방식 시스템

오일 및 가스 산업용 강관에서 전체 관로를 음극으로 간주하여 부식을 방지하는 음극방식(cathodic protection)이 광범위하게 사용되고 있다. 이러한 음극방식 시스템의 두가지 종류로는 이종금속 및 외부전원공급 방식이 있다.

이종금속 음극방식시스템은 보호할 구조물 보다 전자적으로 더욱 능동적인 희생양극이라 불리는 양극을 사용한다. 방식 대상 구조물에 인접하게 이 양극들을 설치하고 방식대상 구조물과 양극을 전선으로 연결하면 전류가 흐른다. 전류는 양극으로부터 전해질(대부분의 경우 토양)을 통해 방식대상 구조물로 방출된다. 이 시스템은 정상적으로 존재하는 부식 전류를 대응하기에 충분한 금속 부식 셀을 사용한다(그림 A.17.2 참조). 이종금속 음극방식시스템은 크기가 매우 작은 국부 전류를 이용하기 때문에 다른 지하 구조물에 대한 미주전류의 영향이 거의 없다.[4]

미주전류에 의한 부식 손상은 대부분 정류기와 양극을 이용하는 외부전원공급식과 관련이 있다. 정류기는 교류전압을 직류전압으로 변환하며, 양극을 통해 음극방식 회로내부로 직류전류를 공급한다. 정류기의 출력은 10V 이하 또는 100V 이상이 될 수 있고, 10A~수백 mA 이하가 될 수 있다. 지중에 매설된 접지전극(양극)으로부터 방출된 전류는 흙을 통해 방식대상 관로로 이동하고 방식대상 관로에서 전선을 통해 정류기로 되돌아온다(그림 A.17.3 참조). 외부전원공급식의 경우 이종금속 음극방식시스템과 달리 배류점에서 수 마일의 관로를 보호한다.

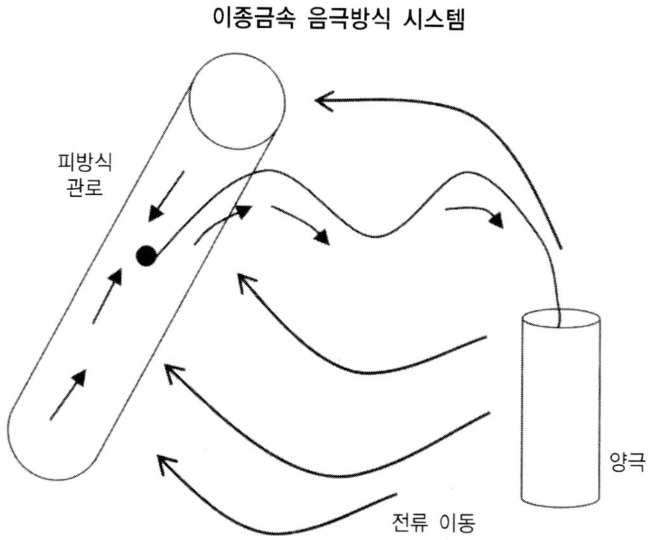

그림 A.17.2 이종금속 음극방식 시스템(Ductile Iron Pipe Research Association 제공)

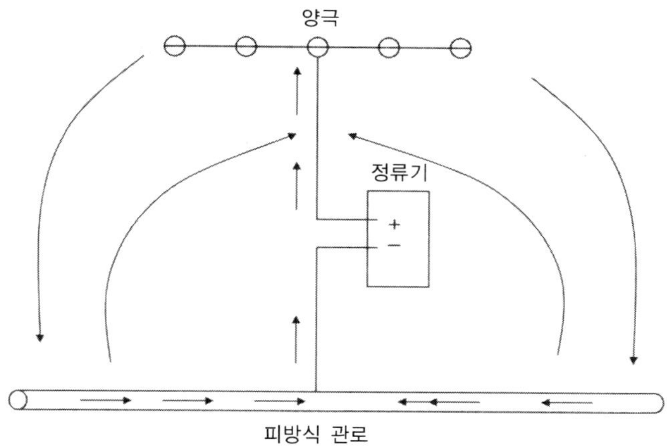

그림 A.17.3 외부전원 음극방식 시스템(Ductile Iron Pipe Research Association 제공)

A.17.4 외부전원공급식에 인접한 덕타일주철 관로

외부전원공급식이 덕타일주철 관로에서 문제를 발생시키는지 여부는 주로 양극에 인가된 전압 크기와 그 덕타일주철 관로와의 이격 거리에 종속된다. 일반적으로 양극과 덕타일주철 관로 사이 거리가 멀수록 미주전류의 간섭 가능성이 적어진다.

만일 덕타일주철 관로가 외부전원공급식의 양극과 인접하면 잠재적인 미주전류 문제가 발생할 수 있다. 양극매설 주변의 토양 내부 전류 밀도는 높고, (+) 자연전위가 형성된 방식구간에서 덕타일주철 관로에 전류가 유입된다. 이 경우 유입된 전류는 전기적 회로를 통하여 정류기의 (−) 단자로 되돌아가기 위해 반드시 하나 이상의 지점들에서 유출되므로 미주전류에 의한 부식이 발생한다.

그림 A.17.4는 덕타일주철 관로가 외부전원공급식의 매설 양극 인근을 통과하고 더욱 먼 위치에서 피방식 관로를 횡단하는 것을 보여준다. 여기서 전류밀도가 충분히 높으면 양극 주변의 덕타일주철 관로에 전류가 유입된다. 이제 전류는 덕타일주철 관로를 따라 이동하며 조인트를 점핑하여 횡단한다. 그리고 이 전류는 덕타일주철 관로의 임의 부분에서 유출되며, 유출된 전류는 정류기의 (−)단자로 돌아간다. 통상적으로 덕타일주철 관로의 전류 유출부분, 횡단부분 그리고 토지 비저항이 낮은 지대에서 미주전류 부식이 발생한다.

그림 A.17.5는 덕타일주철 관로가 음극으로 보호된 관로와 외부전원공급식의 양극 인근을 평행하게 통과하는 것을 보여준다. 만일 전류밀도가 충분히 높으면 평행한 덕타일주철 관로는 양극 인근에서 전류가 유입되며, 이후 전류는 덕타일주철 관로를 따라 양 방향으로 흐르고 더욱 먼 거리의 보호된 관로로 되돌아간다. 이는 횡단부에 집중된 국부적 유출이 아닌 토지 비저항이 낮은 지대의 평행한 덕타일주철 관로로부터 전류 유출을 초래할 수 있다.

정상적으로 전기적 불연속인 덕타일주철 관로는 전류밀도가 높은 양극에 인접하지 않으면 미주전류를 유입하지 않는다.

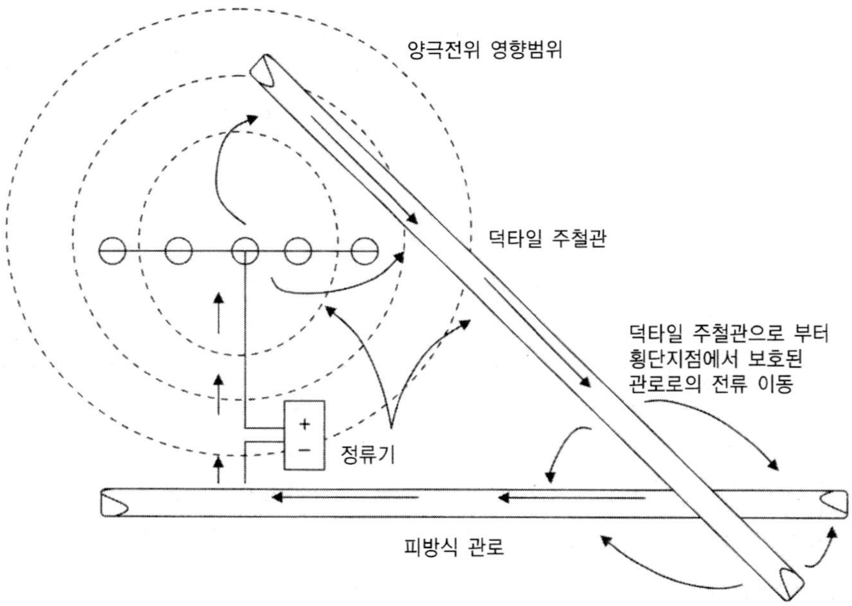

그림 A.17.4 음극 방식 장치로부터의 미주전류(Ductile Iron Pipe Research Association 제공)

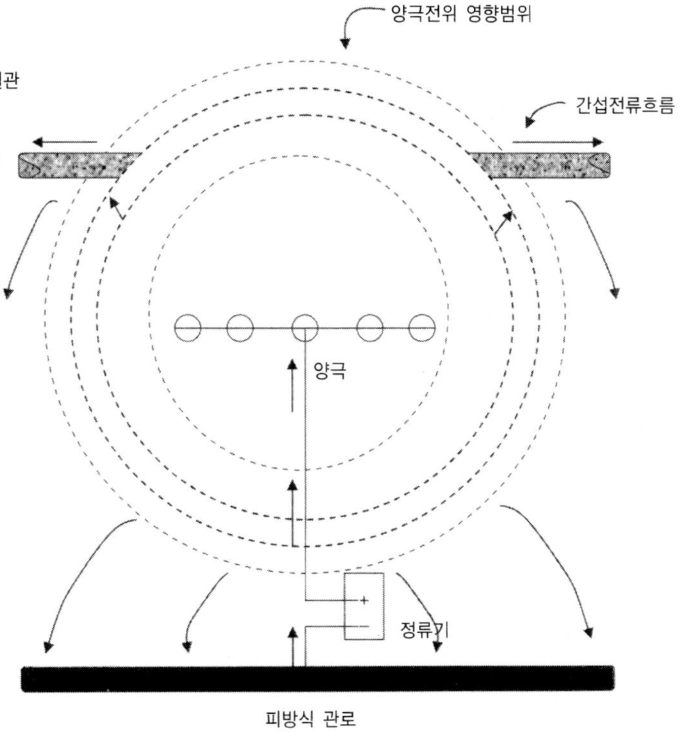

그림 A.17.5 음극 방식된 관로와 평행하고 외부전원 양극에 인접하여 통과하는 덕타일 주철관로(Ductile Iron Pipe Research Association 제공)

A.17.5 먼 외부전원공급식의 양극을 횡단하는 관로

통상적으로 덕타일주철 관로가 양극에서 멀리 떨어진 곳에서 방식관로를 횡단하는 경우에는 미주전류의 문제가 발생하지 않는다. 방식전위가 미치는 지역은 먼 대지로부터 관로 전류가 유입되어 관로를 음극으로 둘러싼 형태로 보호한다. 보호된 관로 주변의 전류밀도는 단위면적당 관로로 흐르는 전류량의 함수이다. 만일 이종 관로가 음극으로 보호된 관로를 횡단하고 방식전위 유지구간을 통과하면 인근 대지에 대해 양극이 되는 경향이 있다. 이론적으로 배관과 대지 사이 전압 차이는 이종 관로가 먼 부분에서 음극 보호 전류를 유입하고 횡단부에서 보호된 관로로 전류를 유출하여 이종 관로상에서 미주전류부식을 발생시킬 수 있다(그림 A.17.6 참조).

잘 코팅된 관로의 경우 보호된 관로 주변 전위차가 작아 무시할 수 있고, 덕타일주철 관로는 전기적으로 불연속이기 때문에 만일 외부전원공급식의 양극과 거리가 멀리 떨어져 있으면 음극으로 보호된 관로를 횡단하는 덕타일주철 관로의 경우 미주전류 부식은 거의 문제가 되지 않는다. 이 경우 ANSI/AWWA C105/A21.5에 따라 예방차원으로 횡단하는 덕타일주철 관로의 한쪽 말단부 20ft를 폴리에틸렌으로 코팅하여 매립할 수 있다.

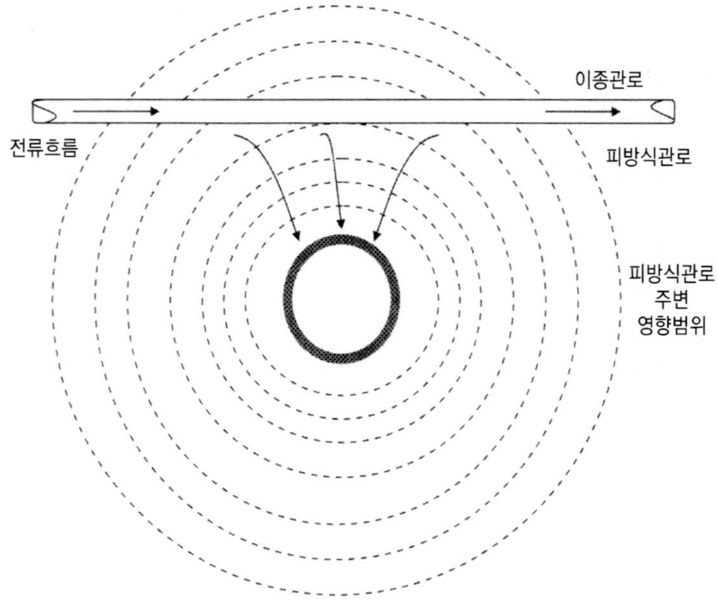

그림 A.17.6 보호된 관로 인근을 통과하는 이종(foreign) 관로(Ductile Iron Pipe Research Association 제공)

A.17.6 설치 이전에 관로 노선 조사

설계 단계에서 잠재적인 미주전류 공급원을 찾기 위해 관로의 노선을 조사하는 것은 매우 중요하다. 만일 미주전류 문제가 의심되면 관로의 노선을 재설계하거나 양극 설치위치를 재검토하는 등의 조치를 취할 수 있다. 만일 육안검사 동안 제안된 관로 노선의 인근에서 외부전원 공급식의 양극을 발견하면 잠재적인 미주전류 문제의 가능성을 조사하기 위해 사용할 수 있는 방법은 양극매설 부지 내 제안된 관로 노선을 따라 토양의 전위차를 측정하는 것이다.

고저항 전압계와 연계하여 전위측정용 셀 전극(통상적으로 구리-구리 표면 절반-셀)을 사용하여 표면 전위경도를 조사하여 토양 내 전위차를 측정할 수 있다. 전위측정 셀을 흙과 접촉하여 수 ft 간격으로 고저항 전압계와 함께 직렬로 설치한 후 전위차를 기록하여 대지 전압을 탐지할 수 있다. 기록한 전위차를 셀의 분리 거리로 나누어 전류 밀도에 선형적으로 비례하는 토양의 전위차를 평가할 수 있다.

지표면 방식전위를 조사할 때 하나의 절반-셀(cell)을 "고정셀"이라 하고 제안된 관로 직상부에 위치하는 다른 절반-셀을 "이동셀"이라 부른다(그림 A.17.7 참조). 이제 제안된 노선을 따라 이동셀을 이동하면서 전위차 수치를 기록하여 거리-전위 그래프를 작성할 수 있다. 통상적으로 매설 접지극의 기하학 구조와 음극보호된 관로 및 이종 관로 위치에 따라 양극 인근에서 가장 높은 전류 밀도가 발견된다. 일반적으로 전류 밀도가 높을수록 제안된 관로에서 미주전류 부식 문제가 발생할 확률이 높다.

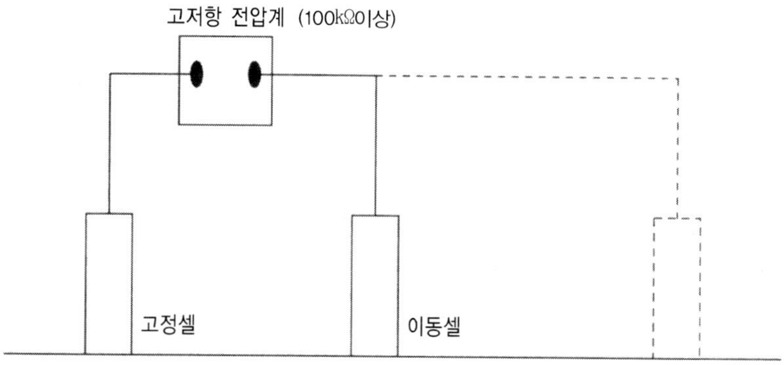

그림 A.17.7 표면 전위 조사(Ductile Iron Pipe Research Association 제공)

일반적으로 덕타일주철 관로의 설치는 전위 프로파일을 눈에 띄게 변화시키지 않는다. 따라서 기술자가 관로 설치 이전에 수행한 지표면 전위차 조사결과에 근거하여 권장 안을 작성할 수 있다. 그림 A.17.8과 A.17.9는 텍사스 뉴브라운펠스와 산안토니오 내에 위치한 미주전류 시험현장의 지표면 전위차 측정 그래프이다. 이 그래프는 덕타일주철 관로 설치 이전 및 이후 전류 밀도 프로파일을 비교한다. 이 그래프에서 볼 수 있듯이 두 프로파일의 전류 밀도 기울기와 경계에서 거의 차이가 없다. 이는 다른 많은 시험 및 실제현장에서 입증된 사실이다.

관로 설치는 기하학, 토지 비저항, 지하수면, 배관 규격, 관로 코팅, 정류기 출력 등에 의해 달라진다. 그러나 기술자는 설치 이전에 지표면 전위차를 알면 보수적인 수치를 사용하여 제안된 관로가 미주전류 부식에 의해 영향을 받을지 여부를 예측할 수 있다.

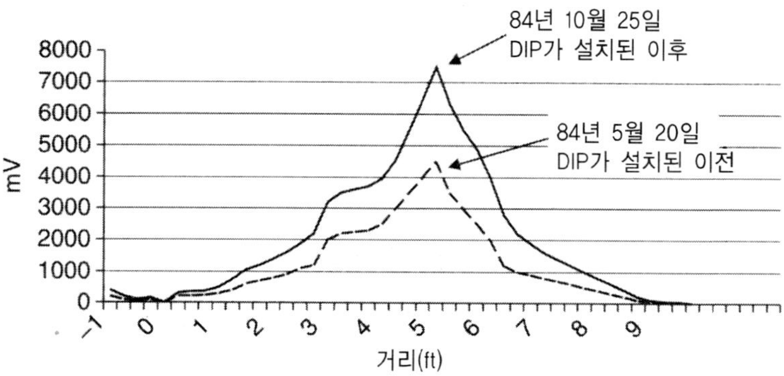

그림 A.17.8 전위 프로파일 비교: 텍사스 뉴브라운펠스 1984년 5월 20일과 10월 25일(Ductile Iron Pipe Research Association 제공)

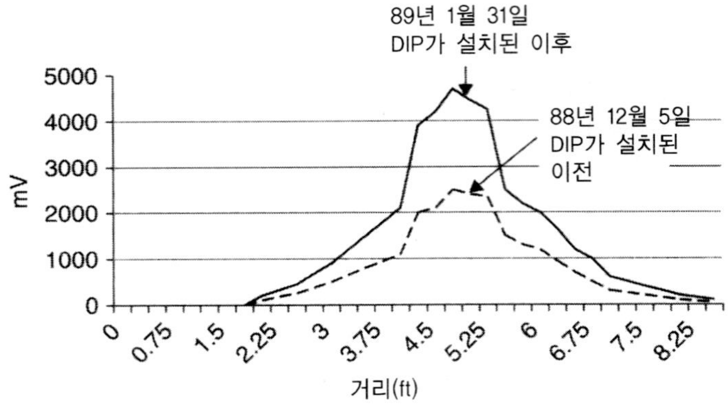

그림 A.17.9 전위 프로파일 비교: 텍사스 산 안토니오 1998년 10월 5일과 1999년 1월 31일(Ductile Iron Pipe Research Association 제공)

A.17.7 미주전류 완화

대지 속에서 전류의 흐름은 저항이 최소인 경로를 따른다. 따라서 이종 관로의 전기적 저항이 클수록 미주전류에 덜 민감하다. 덕타일주철 관로는 고무-개스킷 조인트 시스템으로 인해 최소 18~20ft 마다 전기적 저항을 제공한다. 이는 미주전류 흐름에 큰 장애물이다. ANSI/AWWA C105/A21.5에 따라 배관을 유전체(dielectric) 폴리에틸렌 포장제로 매립하여 조인트부의 전기적 불연속효과를 상당히 향상시킬 수 있다.

덕타일주철 관로의 전기적 불연속성과 폴리에틸렌의 차폐효과는 미주전류 흐름에 효과적인 장애물이고 대부분의 미주전류 환경에서 요구된다. 여기서 미주전류 환경은 음극 보호된 관로들의 횡단 또는 덕타일주철 관로가 음극 보호된 관로와 평행한 곳을 포함한다. 이 위치들에서 음극 보호된 관로로 흐르는 보호 전류에 의해 전위차가 발생하지만 일반적으로 그 크기는 작다.

전기적 불연속 조인트와 폴리에틸렌 포장재가 배관을 충분히 보호할 수 없는 외부전원공급식의 음극보호용 양극에 덕타일주철 관로가 매우 인접하거나 또는 이를 통과하는 경우 단발적인 문제가 존재할 수 있다. 이러한 경우, 관로 노선 변경 또는 양극 매설의 위치 변경을 고려하여야 한다. 만일 이 선택사항 모두가 실행 불가능하면 반드시 미주전류의 고밀도 전위차 영역을 정의하고(지표면 전위차 조사를 완료하여 이를 수행할 수 있다), 이 지역에서 덕타일주철 배관을 전기적으로 서로 연결한 후 인접 배관으로부터 전기적으로 분리하고 ANSI/AWWA C105/A21.5의 정의에 따라 최소 배관 한 쪽의 40ft를 폴리에틸렌으로 매립하고, 적합한 시험 리드선 및 "배류(current drain)장치"를 설치하여야 한다. 전형적인 설치는 그림 A.17.10과 같다.

정의된 영역 내에서 십중팔구 미주전류가 덕타일주철 배관으로 유입된다. 미주전류가 유입되지 않을 인근 배관으로부터 이 영역을 전기적으로 분리할 필요가 있다. 이를 위한 하나의

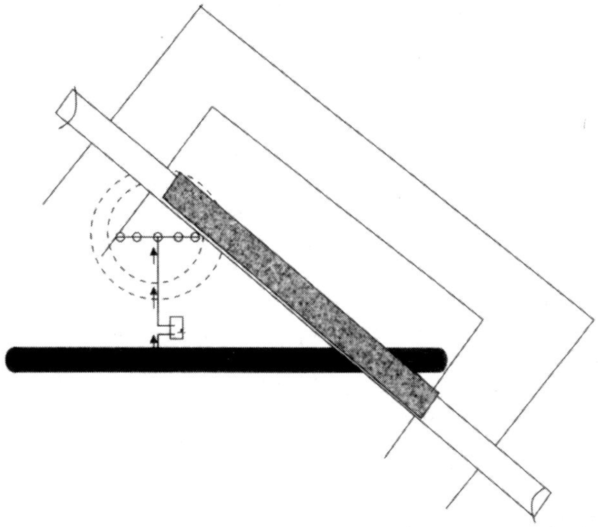

그림 A.17.10 전형적인 설치(Ductile Iron Pipe Research Association 제공)

방법은 절연커플링을 설치하는 것이다. 이 영역 내 조인트의 전기적 접속은 조인트부에서 부식이 발생하지 않는 것을 보장한다.

정의된 영역 내 배관의 폴리에틸렌 매립은 수집된 미주전류의 량을 극적으로 감소시킨다. 이는 영역 내의 미주전류 영향을 억제하는 데 도움이 되고 음극보호시스템의 전력 소비를 감소시킨다. 방식 영역에서 배관을 폴리에틸렌으로 코팅하여 매립하면 미주전류의 유출입이 차단된다.

일반적으로 절연체의 양쪽과 횡단하는 위치 내부에 상태시험을 위한 시험 리드선을 설치한다. 절연체의 양쪽에 시험 리드선을 이용하여 절연체의 효과적인 절연상태를 확인할 수 있다. 또한 전기적 접속부분의 효과(전기적으로 연속적인지)를 확인하기 위해 절연체 내부 시험 리드선을 사용할 수 있다.

이제 음극보호시스템으로 유입된 전류를 다시 효과적으로 배류시킬 필요가 있다. 덕타일주철 관로의 영향을 받는 방식지역으로부터 보호된 관로까지 또는 정류기의 음극 단말까지 저항(resistance bond)을 설치하여 이를 수행할 수 있다. 이제 저항을 조정하여 덕타일주철 관로 상에서 원하는 전위차를 얻고 음극보호시스템의 전류 소비를 감소시킨다. 유입된 전류를 배류하는 다른 방법은 접지 셀의 설계 및 설치이다. 통상적으로 이 접지 셀은 전류 방출 구역 내 위치한 양극들로 구성된다.

A.17.8 결론

DIPRA는 덕타일주철 관로가 음극으로 보호된 가스 및 석유 관로를 횡단하는 급수 관로시스템에서 많은 조사를 수행하였다. 이 조사는 먼 거리에 위치한 것은 물론 바로 인접한(횡단의 수백 ft 내) 곳에 위치한 양극과 정류기를 포함한다.

모든 조사결과 매설된 양극이 관로 횡단부로부터 멀면 덕타일주철 관로에 미치는 부식전류의 영향을 무시할 수 있으며, 관로의 예상수명에 영향을 주지 않은 것으로 간주한다. 반대로 양극의 바로 옆에 위치한 덕타일주철 관로는 정류기 출력, 토지 비저항, 관로의 직경, 보호된 관로의 코팅 상태 등과 같은 요소들에 의해 영향을 받았다. 이러한 변수들에도 불구하고 여러 관측 결과는 시험실 시험의 결과를 확인하였다. 가장 중요한 것은 덕타일주철 관로에서 고무-개스킷 조인트와 폴리에틸렌 매립은 미주전류를 효과적으로 차단한다는 것이다.

미국 도처에 수많은 덕타일주철과 회주철 관로는 음극으로 보호된 관로를 횡단한다. 아직도 미주전류 간섭으로 인해 실제로 발생한 장애가 극히 적은 것으로 보고되고 있다. 이는 전기적으로 불연속인 덕타일주철 관로의 경우 미주전류 부식이 심각하게 되는 것이 매우 드물다는 강력한 증거이다. 조인트들의 전기적 접속과 이종금속 양극 또는 배류선 사용은 높은 전류 밀도 영역 내에서 미주전류 간섭에 대한 좋은 해결책이 될 수 있지만, 반드시 이들을 조심스럽게 유지관리하고 감시하여야 한다. 만일 양극-접지 셀이 소멸되거나 또는 배류 연결이 파괴되면 덕타일주철 관로는 미주전류 손상에 더욱 취약하게 된다. 따라서 미주전류 간섭이 불가피한 곳에서만 이와 같은 조치를 취하여야 한다. 대부분의 경우 폴리에틸렌 매립과 같은 수동적인 보호 조치가 더욱 바람직하다.

A.18 누수를 최소화하기 위한 독특한 기회

이 사례연구는 영국 내 약 8000명의 작은 마을의 급수 기반시설의 갱생에 대해 다룬다.

과업은 여러 비굴착(no dig) 기법을 사용하여 기존 직경 50~350mm 주배수관로, 길이 32km를 새로운 MDPE 배관으로 대체하는 것이다. 많은 경우 고객이 소유한 서비스 배관을 포함하여 모든 고객 서비스 관로를 갱생하였다. 무선 검침 미터를 모든 부지 내에 설치하였다.

결과는 "현실적인 최저 누수수준"을 결정하고, 시간에 따른 시스템 무결성의 퇴화를 상세하게 이해할 수 있는 독특한 기회를 제공할 것이다.

A.18.1 배경

영국 내 STW(Severn Trent Water)

- STW는 영국 내 물 공급 및 하수 서비스를 선도하는 주식회사이다.
- STW는 Severn Trent Plc 그룹의 하나이고 시가 총액은 $6.5십억이다.
- STW는 영국 심장부에 걸쳐 8백만명 그리고 미국 15개 주 지역사회에 상수와 하수 서비스를 제공한다.

- 1989년 사유화 이후 배수시스템 및 서비스 관로 대체를 포함하여 주관로 업그레이드에 $6.4십억 이상을 사용하였다.
- STW의 서비스 요금은 영국과 웨일스 내에서 가장 낮다.
- STW의 서비스 품질은 영국 내 최상이다. STW는 세계에서 가장 엄격한 영국과 유럽 음용수 기준을 99.9% 준수한다.
- STW의 하수처리 수준은 국가에서 가장 높다.

물 요금

역사적으로 영국 가정 물 공급은 거주자 숫자 또는 물 사용과 관계없이 부지의 가치에 기반하는 "과세표준액(rateable value)"으로 요금이 부과되어 왔다.

1989년 물 산업의 사유화로 물 사용에 기반한 현실적인 요금을 보장하기 위해 모든 새로운 부지에 의무적인 계량이 도입되었다. 전반적으로 현존하는 부지는 영향을 받지 않지만 고객들은 미터 설치여부를 선택할 수 있고, 미터 설치를 선택한 고객은 사용량에 기반하여 요금을 지불한다.

예를 들어 STW는 수영장, 정원 스프린클러시스템을 갖는 높은 물 사용 부지에 의무적인 계량을 도입하였고, 다른 요금 청구 방법으로 전환을 원하는 고객들에게 무료로 미터를 설치하였다.

서비스 관로

통상적으로 주 관로와 부지로 연결되는 관로를 공동으로 소유하였다. 즉, 물 회사는 부지 경계까지의 관로를 책임지는 한편 이후 관로는 부지소유자가 책임진다. 이는 고객 측에서 누수 공동 관로를 통해 부지로 공급되는 잠재적 문제 두 특정 분야에서 우려를 고조시켰다.

A.18.2 CWW(Cheadle Water Works) 회사

19세기 초에 설립된 사기업 CWW는 영국의 미드랜드 북쪽에 위치한 작은 마을 스태퍼드셔 치들(Cheadle)에 물을 공급하여 왔다. STW가 공급하는 구역 내 위치한 이 마을 전체는 마을 주변에 농촌과 JCB 내 주된 산업 사용자의 혼합으로 약 3800개의 부지로 구성되었다.

1997년 평균 수요는 2.5~3.0ML/d로 기록되었으나 1인당 수요 수치를 고려할 때 평균 수요는 1.25ML/d가 되어야 한다. 그러나 회사 자산 상태는 다음과 같이 매우 불량한 상태였다.

- 매우 오래되고 라이닝되지 않은 주철 주관로 20km
- 매우 오래되고 누수되는 서비스 배수지 2지(약 1830년과 1935년)

치들회사의 제한된 재원과 오래된 배수시스템의 제약은 STW가 마을 주변 공급을 위한 새로운 개발계획을 이미 초래하였다.

CWW는 현재 물 수요를 효과적으로 만족시키는 것이 불가능하였고, 마을 주변의 새로운 개발 지역의 증가하는 수요를 만족시키기 위한 충분한 재정을 갖지 못하였다. 엄청난 요금 증가로 인해 자산 개선의 개시를 고려하였다. 그러나 STW는 CWW회사의 인수를 제안하였다.

STW는 중요한 프로그램의 비준이 필요한 사실을 인식하였고, CWW의 흡수를 관리하기 위해 Project Board를 출범시켰다.

A.18.3 프로젝트 조직

1997년 초기에 설립된 Project Board는 관련될 모든 분야로부터의 대표들을 포함하였다. Project Board의 전반적인 과업은 프로젝트의 개별적인 활동(주관로와 서비스 관로의 갱생, 계량, 시추공 그리고 배수지를 포함)을 조정하는 것이었다. 이 활동 각각에 대한 프로젝트 기술자들은 정기적으로 Project Board에게 보고하여 전반적인 프로그램을 조정한다. 전반적인 프로젝트는 다음 3 단계로 고정된다.

- 인수시 진실된 사실적 상황을 수립한다.
- 공급을 보호하고 서비스 수준을 개선하기 위해 자료를 수집하고 단기 해결책을 실행한다.
- 오래된 치들 시스템을 STW 내부로 통합하기 위한 장기 전략을 정의하고 실행한다.

문제

회사는 수년 동안 심각한 투자부족을 경험하여 왔고, 따라서 다음 문제들이 발생하였다.

- 지속적인 정원 관개 금지
- 변화하는 수질
- 일관성이 없고 불공정한 요금청구정책
- 불충분한 배수관망
- 공급된 물의 약 50%로 추정되는 누수
- 일부 핵심 지역 내 불충분한 압력
- 운영 가능한 밸브가 거의 없고 배수시스템의 구역화 방법이 없음
- 유량을 감시하기 위한 관망 미터 부재
- 불충분한 염소 소독
- 누수되는 불안정한 서비스 배수지
- 작동되지 않는 차단 탭(tap) 또는 많은 경우 탭이 전무한 상태

자료 및 정보

충분한 도면이 없어 주 관망 내부 조사가 복잡하게 되었다. 유일한 주관로 부설 평면도는 1920년도에 작성되었다.

가장 중요한 주관로의 표본 단면을 취하여 조사한 결과 시스템 규격이 과소하게 결정되었고, 매우 불량한 상태로 부설되어 있어 누수 및 외피가 형성되는 상당한 문제들을 확인하였다.

현존하는 관로에 대해 보장할 것이 없으며 단편적으로 시스템을 보수하는 것은 비현실적이고 비경제적인 것으로 결론이 났다. 따라서 전체 배수관망을 갱생하는 것으로 결정하였다.

관망설계를 의뢰하였고 필요한 주 관로 시스템을 결정하기 위해 Stoner 모델을 구축하였다. 1997년 11월에 완료된 이 과업에 따라 최소 27km의 새로운 주관로가 필요한 것으로 나타났다.

초기 우선순위

즉각적인 관심은 지역 내 물공급을 확보하고 정원 관개 금지를 해제하는 것이었다. 인근 STW 공급 영역 내부로 새로운 짧은 주관로를 연결하고 현존하는 가압장을 업그레이드하여 이를 실현하였다. 이 과업은 1997년 하절기에 완료되었다.

이제 정상적인 서비스에서 치들 배수지들을 제외시켰고 우회하는 인근 시스템으로부터 마을 전체에 물을 공급하였다. 이는 누수로 손실된 물에 매우 큰 영향을 미쳤으며 정원 관개 금지를 해제할 수 있는 것을 의미하였다.

A.18.4 치들 프로젝트

요약 제안서

기본 프로젝트는 배수시스템의 완벽한 대체, 시추공(borehole source)의 재정비 및 수처리 시스템의 제공과 더불어 새로운 배수지의 건설을 포함하였다.

이외 회사는 가능하면 모든 부지에 새로운 개별 서비스 관로 및 미터를 공급하는 것을 제시하여 프로젝트를 연장하기로 결정하였다. 따라서 모든 부지는 새로운 관망과 미터를 통해 공급되며, 약 60마일 떨어진 레스터(Leicester)에 위치한 사무실에서 전산기를 사용하여 원격으로 이 미터를 검침할 수 있다. 이는 다음 측면에서 회사에게 소중한 정보를 제공할 것이다.

- 새롭게 재정비된 배수시스템 내 누수수준
- 누수탐사 및 위치확인
- 물 사용 패턴
- 완벽하게 새로운 배수시스템. 이 시스템을 수 년 동안 감시하여 경제적인 누수수준의 확인을 돕기 위한 누수 패턴 전개시 정보를 제공한다.

건설 및 설치 작업은 다음 3개의 주된 요소로 분리된다.

1. 주관로 및 서비스 관로
2. 배수지 및 시추공 재정비
3. 미터 및 무선 검침장비 설치

주관로 및 서비스관로

과업은 가능한 각 개인 부지에 개별 관로를 제공하기 위해 전체 주관로와 개별 서비스 관로의 대체를 포함한다.

기본 설계 및 건설 계약 응찰에서 소요기간은 주된 요소이며 설계 및 건설 기간을 약 3~4개월 단축하였다.

배관 규격 및 길이를 나타내는 관망 설계도를 응찰자에게 제공하였으며 응찰자는 건설 방법을 선택할 수 있었다. 또한 응찰자 사이에서 서비스 관로 조사 및 공급 장애시 정상적인 경고 절차를 포함한 구체적인 고객 보호에 대한 계약자의 책임이 불명확하였다.

회사의 의도는 부지 벽까지의 개인 서비스 관로를 포함하여 가능한 많은 서비스 관로를 대체하는 것이었다. 소유자의 동의가 있어야만 이 과업을 수행할 수 있었고 기록된 정보가 부족하였기 때문에 관로 연장을 확인하기 위해 모든 부지를 조사하였다.

조사 동안 고객들에게 그들 배관의 교체 희망여부를 타진하였으며 초기 조사결과 거의 90%가 원하는 것으로 나타났다.

팀웍

프로젝트의 특성 그리고 프로젝트가 개별 고객과 도시 모두에 미치는 영향이 크므로 설계 및 건설 공정에서 독특한 팀웍이 필요하였다. 주관로 및 서비스 관로팀은 다음 그룹의 대표들을 포함하였다.

- 용역사: 전체 프로젝트 및 계약 세부사항 관리, 고객 접촉, 품질 및 시방 준수, 건설 감독
- 계약자: 서비스 관로 조사, 상세 설계, 건설 방법, 고객관리 및 연락
- 운영: 최종 상세 설계 확인 및 현존하는 관망에 대한 운영 조언
- 고객 관계: 일반 고객 쟁점을 위한 추가 접촉 및 특정 문제 지역 지원
- 고속도로 당국: 도로공사 계획시 지속적인 접촉 및 품질 쟁점에 대한 조언
- 마케팅: 일반 대중 관계 및 매체 접촉

건설 방법

도시 내 제약으로 인해 가장 비용 효과적인 방법은 낮게 파는 기법이다(조건이 허락되면). 주계약자 D.J. Ryan은 다음과 같이 최종 방법을 선정하였다(그림 A.18.1 참조).

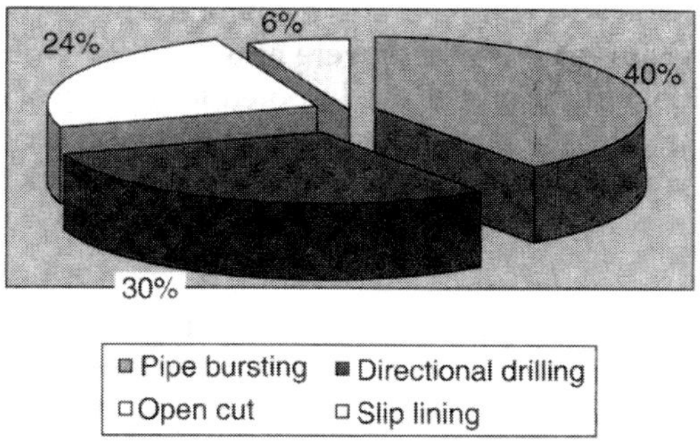

그림 A.18.1 건설 방법(Severn Trent Water 회사 제공)

- 배관 규격은 서비스 관로 25mm부터 배수 주관로 350mm까지에 이르며 모든 배관 재질은 MDPE이다.
- 계약은 매우 개방된 팀워 접근법을 사용하였다. 교통에 미치는 영향과 건설 기준을 검토하기 위해 정기적인 공정 및 프로그램 미팅을 통해 항상 지역 고속도로 당국자와 밀접한 접촉을 하였다.

다루어야 할 구체적인 문제들

- 교통통제
- 건설 작업(construction operation) 밀도
- 지반조건
- 작업 동안 물 공급의 유지
- 현존하는 물 시스템의 취약성
- 고객 쟁점 해결
- 고객 선택사항

독특한 프로젝트 특성 및 가정 고객들의 요청에 따라 전개할 선택사항의 우선순위를 결정하였다. 고객들에게 다음 선택사항을 제공하였다.

- 경계 지수전 박스(boundary stop tap box) 내부 또는 외부에 미터 설치
- 고객의 동의 아래 부지 벽까지 서비스 관로를 대체할 수 있다.
- 고객의 요청에 따라 계량요금 또는 과세표준액 청구시스템을 통해 물 값이 지불된다.

이는 고객들에게 광범위한 선택 범위를 제공하며, 고객들이 그들 환경에 가장 적합한 선택사항을 선택할 수 있게 해준다.

궁극적으로 미터를 통해 모든 부지를 공급할지라도 특정 부지에 대한 접근 문제 및 공동

서비스 관로의 쟁점 때문에 모든 부지가 자체 미터 및 개별 서비스 관로를 갖는 이상적인 시나리오를 달성할 수 없었다.

배수지 및 시추공

현존하는 배수지들은 매우 불량한 상태인 것으로 알려져 있다. 즉 구조 및 누수 문제 때문에 오직 전체 용량의 25%만을 사용할 수 있었다.

현장 자체는 매우 어려운 위치에 있었지만 지역 내 다른 수원이 제한되어 현장을 버리는 대신 시추공을 재정비하고 새로운 처리장 및 저장시설을 건설하기로 결정하였다.

주된 건설 문제는 현장이 마을 중심부 언덕에 위치하였으며 관로 노선은 좁고 오래된 부지에 매우 인접하여 구불구불하게 위치하여 접근이 매우 어렵다는 것이다.

현장에는 2개의 관정/시추공이 있었다. 이들의 깊이는 최대 70m 이다. CCTV 조사결과 이들의 상태는 물론 수질도 전반적으로 양호한 것으로 나타났다. 펌핑 시험결과 1번 시추공의 용량은 최대 2.5ML/d가 가능한 것으로 증명되었다. 1998년 9월에 건설공사가 개시되었다.

미터

현재 STW 계량 정책. 이제 STW는 고객 편익 때문에 내부 계량을 장려하고 있다. 그러나 상당한 접근 어려움 때문에 비용 효과적인 원격 검침 방법을 확인할 필요가 있다.

현재 STW 정책은 Talisman Touch Pad 검침 시스템으로 원격 검침이 가능한 Fusion System Equity 수도미터를 설치하는 것이다.

치들 프로젝트에서 계량

치들 지역는 관망 시스템 측면에서 거의 완벽하게 새로운 고밀도 미터 모집단의 독특한 기회를 제공하였다. 새로운 관망은 고객 서비스를 개선하여 추가 편익을 제공하고 회사에게는 시스템 누수와 보편적인 사용(general usage)에 대한 매우 정확한 정보를 얻을 수 있는 기회를 제공할 수 있었다. 계량 목적은 다음과 같다.

- 치들 DMA 시스템 내 유입과 유출을 감시한다.
- 유입 및 유출 합계의 통합에 기초하여 누수 계산을 자동화한다.
- 개별 또는 그룹 미터의 임시 검침을 가능하게 하고 고객들에게 그들의 물 사용에 대한 최신 자료를 제공한다.
- 비정상적인 유량 패턴을 결정하기 위해 사용이 가장 적은 야간 검침의 자동 수집이 가능하다.
- 요금고지 목적으로 미래 검침의 자동화가 가능하도록 지원한다.

무선 검침 시스템 설계

이 시스템은 미터를 지원하도록 설계되었다. 부지 내부 또는 외부 경계 지수전 박스에 이 시스템을 설치할 수 있다. 내부 설치시 System Equity 전자 미터를 그리고 경계 박스에 설치시 Kent encoded 미터를 사용하였다.

모든 용수기관 미터와 원격장치 용도로 Fusion meter가 개발한 방수 결선을 통해 각 미터를 Itron이 공급한 GMM(Genesis Meter Module) 무선중계기에 연결한다.

마을 지역을 15개 무선 통신망 지역으로 세분화하였으며 각 무선지역은 증폭기(repeaters), 보조수신기(slave) 그리고 주수신기(master receivers)를 포함한다. 관련 기관의 허가를 받아 도로 조명대 및 전신대에 이들을 설치하였다. 이제 신호는 Vodafone의 wide area link를 통해 원격 시스템 전산기로 중계된다. 오전 1시부터 3시 사이에 15분 간격으로 통신망 내 모든 미터로부터 정보를 판독·수집하도록 시스템을 개발하였으며 이 시스템은 6개의 주 배수 미터와 3500개 이상의 소비미터를 포함한다.

통신망 설계는 지역이 중첩되는 명칭을 포함하였다. 지역의 지형특성에 따라 시스템 의존도를 최대화하기 위해 지역들을 중첩시키고 노선변경이 가능하도록 증폭기, 보조수신기 그리고 주수신기를 배치하는 것이 매우 중요하다.

직면한 어려움들

물류체계 및 시기(Logistics and Timings): 관로 갱생작업 직후 수요는 운영 복잡성을 더욱 증가시켰다. 운영 복잡성 및 교통 통제 필요성은 프로그램의 수정을 초래하였고 계획을 어렵게 만들었다.

높은 수위: 시추공의 취수가 중단되면서 마을의 낮은 지역 내 지하수 수위가 상승하기 시작하였다.

고객 쟁점: 고객들은 내부 또는 외부 미터 설치를 선택할 수 있다. 초기 조사 수치는 선호도가 80/20으로 나타났다. 최초 설치로부터 자료가 구축되면서 선호도는 50:50으로 나타났다. 그러나 시간이 지나면서 내부 설치의 선호도가 증가하면서 산호도는 70:30이 되었다.

A.18.5 1999년 7월까지 진행

주관로 및 서비스관로

- 32km 이상의 주관로를 대체하였고 오래된 주관로 대부분을 폐기하였다.
- 3150개 이상의 "회사" 서비스 관로를 대체하였고, 약 2200개 "고객" 서비스 관로를 갱생하였다.

- 실질적인 주관로 및 서비스관로 작업은 3월 말에 완료되었다.

배수지 및 시추공

- 새로운 배수지를 건설하였고 최종 시험을 진행 중이다.
- 새로운 시추공 갱도를 건설하였고 새로운 소독 및 제어 장치를 시운전 중이다.
- 1999년 8월 말에 준공이 예상된다.

미터 및 무선 검침장치 설치

- 약 3537 부지에 미터를 설치하였다.
- 자동으로 2600개 이상의 부지 미터를 개별 또는 그룹으로 원격으로 검침한다.
- 오전 1시부터 3시까지 야간 동안 각 미터를 최대 9회 검침할 수 있다.
- AMR 시스템의 설치 및 시운전을 계속하고 있으며 8월 말에 완료될 것으로 예상된다.

표 A.18.1과 그림 A.18.2를 참조한다.

표 A.18.1 비용(출처 : Severn Trent Water Ltd.)

항목	주 계약자	최종 예상 비용(백만$)
공급		0.29
주관로 및 서비스관로	D. J. Ryan & Sons	6.72
배수지 및 시추공	Mowlem Construction	2.05
미터 및 무선 검침장치 설치	Kennedy Iron Ltd	2.25
기타		0.16
합계		11.47

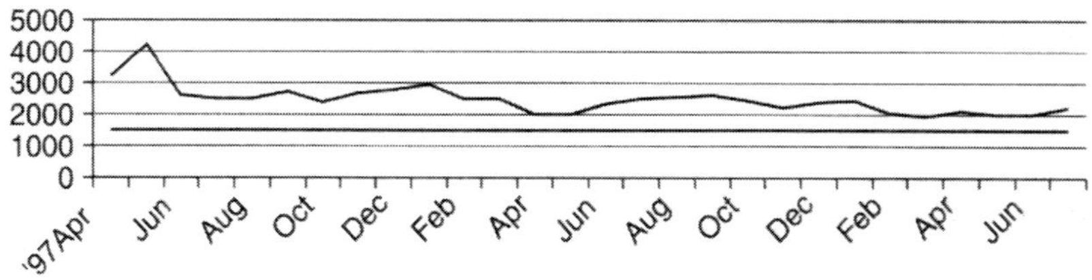

그림 A.18.2 물 공급(Severn Trent Water 회사 제공)

A.18.6 실행안 편익

실행안으로 인한 주된 고객 편익은 다음과 같다.

- 안전한 수원으로 최신 정수처리기준에 따른 공급 개선
- 정원 관개 금지 해제
- 과세표준액 청구시스템으로부터 전환 책무 없이 물 사용 미터를 통해 물 사용을 직접 감시하는 선택사항
- 고객 관로 상 누수를 탐지할 수 있는 기회
- 고객에게 그들의 개별 환경에 적합한 요금청구방법의 전환에 따른 선택사항을 토론하는 기회를 제공하기 위한 전화 접촉
- 보고된 누수를 입증하기 위해 개별 미터의 원격 검침의 가능성

실행안으로 인한 STW의 주된 편익은 다음과 같다.

- 완전히 새로운 자산과 안전한 시추공과 함께 새로운 4000명의 고객확보
- 상당한 누수로 인한 물손실 감소
- 정확한 미래 사용의 예측 및 누수 계산
- 시간에 걸친 누수 변화 및 물 사용의 감시를 가능하게 만드는 자료(개인 측 누수의 정확한 평가를 포함)
- 1일 그리고 계절 변화에 대한 정보
- 새로운 관망의 장기 평가 및 시간에 걸친 변화
- 고밀도의 미터가 현실적인 최소 누수수준의 물 사용지표에 미치는 영향 평가

A.18.7 요약 및 결론

- STW는 기반시설을 갱생하기로 결정하였고 무선 검침장치를 사용하여 물 사용을 감시하고 누수를 최소화하기 위해 완벽한 계량시스템을 구축하였다. 온라인 누수탐사 및 새로운 모델 시스템을 제공하기 위해 8월 말까지 프로젝트를 완벽하게 운영할 것이다.
- 이는 고객 소유 관로의 대체를 포함한 거의 모든 새로운 시스템의 공급량과 지능 시스템으로 계량하고 측정하는 모든 유출량을 조합하는 최초의 프로젝트로 알려져 있다.
- 매우 짧은 시간에 과업을 수행하였으며 수행 과정 동안 일부 중대한 문제들을 극복하였다.
- 개선된 고객 서비스의 초기 편익은 이미 가시적으로 나타나고, 공급은 더욱 신뢰를 얻게 되고, 품질은 더욱 일관성이 있고, 정원관개 제약은 해제되었다.
- 아직은 누수 및 물 사용 정보로부터 장기 편익을 정량화할 수 없지만 수집된 자료는 STW와 물 산업 전체에게 혜택을 제공할 것이다.

A.19 성과 기반 비수익성 물 감소 계약

A.19.1 소개

개발 도상국 내 용수기관이 직면하는 주된 도전들 중 하나는 물질손실(누수) 또는 시스템으로부터 도수, 또는 요금을 정당하게 지불하기 않는 물 사용자를 통한 높은 물손실수준이다. 배수시스템 유입량과 고객들에게 요금고지된 물량 사이 차이를 비수익성 물 NRW (nonrevenue water)라 한다.

지구상 NRW에 의해 야기된 용수기관의 손실은 보수적으로 $15십억/년으로 추정된다. 이 중 1/3 이상(1일 약 45백만m^3의 물)이 개발도상국의 배수관망 내 누수를 통해 손실된다. 이 물량은 약 2억명 인구를 서비스하기에 충분하다. 유사하게 약 30백만m^3이 고객에게 매일 배달되지만 도수, 직원의 부패 그리고 불량한 계량과 같은 요소 때문에 요금이 청구되지 않는다. 이러한 요소는 수익과 수자원을 손실시키고 운영비용을 증가시켜 용수기관의 재무 생존력을 심각하게 손상시키며 따라서 빈곤층에 필요한 서비스 확장을 위한 용량을 감소시킨다.

통상적으로 높은 NRW 수준은 신뢰성 있는 서비스를 제공하기 위해 필요한 관리 숙련도 및 기법, 통치, 자치권, 회계책임이 부족하여 불량하게 운영되는 용수기관을 나타낸다. 기술적 그리고 관리적 숙련도를 갖추고 효과적인 NRW 감소 프로그램을 수행하는 민간부문은 잘 관리된 성과-기반 서비스 계약을 통해 용수기관을 도울 수 있다.

NRW의 3 성분들

- 물질(실질)손실: 이는 시스템의 누수와 저장시설의 월류로 구성된다. 이들은 불량한 운영 및 유지관리, 불충분한 누수제어 그리고 지하자산의 불량한 품질에 의해 야기된다.
- 상업(피상) 손실: 이는 고객 미터 과소등록, 자료처리 오류 그리고 다양한 형태의 도수에 의해 야기된다.
- 미요금고지-승인된 소비: 이는 용수기관이 운영목적으로 사용한 물, 화재진압으로 사용한 물 그리고 특정 소비자 그룹에게 무료로 제공한 물을 포함한다.

NRW 감소 사례

손실을 책임지는 용수기관은 이와 같은 정보를 제공하는 것이 불가능하거나 꺼려하기 때문에 국제기구가 수행한 연구는 NRW로 인한 실제 손실 크기를 이해하는 데 도움을 준다. IB-Net (www.ib-net.org)로 알려진 세계은행의 물 시설 성능에 대한 데이터베이스는 44개 도상국 내 900개 이상의 용수기관으로부터 자료를 포함한다. IB-Net이 다루는 개발도상국 용수기관의 NRW 수준에 대한 평균 수치는 약 35%(표 A.19.1 참조)이며 이는 $5.8십억 가치를 나타낸다(표 A.19.2 참조).

표 A.19.1 전세계 NRW 체적 추정(십억 ㎥/년)

출처 : 세계보건기구, IB-Net, 저자 추정

구분	2002년 공급인구 (백만)	시스템 유입량 (Lcd)	추정 NRW					
			비율(%)			체적(십억 ㎥/년)		
			시스템 유입량 기준 NRW	물질손실	상업손실	물질손실	상업손실	전체 NRW
선진국	744.8	300	15	80	20	9.8	2.4	12.2
유라시아(CIS)	178.0	500	30	70	30	6.8	2.9	9.7
개발도상국	837.2*	250	35	60	40	16.1	10.6	26.7
소계						32.7	15.9	48.6

* 1,902.7십억명이 안전한 물을 공급받는 전체 인구에 기초하였고, 이중 44%는 개별 가정 연결을 통해 물을 공급받음

표 A.19.2 추정된 NRW 성분과 가치

출처 : 저자 계산

구분	물의 한계 비용 (US$/㎥)	평균 요금 (US$/㎥)	추정된 가치(십억US$/년)		
			물질손실비용	상업손실로 인한 재무손실	전체 NRW비용
선진국	0.30	1.00	2.9	2.4	5.3
유라시아(CIS)	0.30	0.50	2.0	1.5	3.5
개발도상국	0.20	0.25	3.2	2.6	5.8
		합계	**8.1**	**6.5**	**14.6**

- NRW의 근원 및 비용은 얼마인가? 주된 성분은 누수와 미요금고지된 소비이다.
- 누수: 지구상 도시 물 공급 시스템으로부터 매년 정수 처리된 33십억m^3의 물이 실제로 누수 되는 한편 16십억㎥ 물은 고객들에게 미요금고지된 상태로 배달되고 있다. 공공 용수기관의 서비스 확장에 필요한 추가 수익이 부족하고, 연결된 고객 대부분이 간헐적인 공급과 불량한 수질로 고통을 받는 개발도상국에서 이 손실의 절반이 발생한다. 지구상 용수기관은 매년 US$15십억이 손실되는 것으로 추정되며, 이들의 1/3 이상은 개발도상국의 용수기관에서 발생한다. 따라서 이와 같은 문제의 심각성은 무시할 수 없다.
- 상업 손실(commercial losses): 매년 개발도상국에서 상업 손실(실제로 물이 배달되지만 청구되지 않음)을 통해 손실된 물의 가치는 US$2.6십억으로 추정된다. 이는 개발도상국 내 물 기반시설에 대한 년간 전체 투자의 약 1/4이다. 또한 이는 국제금융기관들 중 가장 큰 물 자본가인 세계은행이 개발도상국 내 물 프로젝트를 위한 매년 합계 대출보다 많다.

비록 더 많은 분석이 필요하지만 이 상당한 크기의 상업손실은 불법 연결, 미터 지침 조작,

또는 미터 조작과 같은 불법 및 부패로부터 나올 가능성이 크다. 이는 개발도상국의 정부와 기부 공동체 모두에게 동일하게 관심을 야기할 것이다. 개발도상국 내 현재 NRW 수준을 절반으로 감소시키면 다음 편익을 얻을 수 있다.

- 매년 정수 처리된 8십억㎥의 물을 고객 서비스로 사용할 수 있다.
- 위기에 처한 수자원의 수요를 증가시키지 않고 9천만명에게 물을 공급할 수 있다.
- 용수기관은 추가로 US$2.9십억의 현금 흐름을 얻을 것이며, 이는 개발도상국 내 물 기반 시설에 현재 투자되는 량의 1/4 이상이며 어떠한 상황에서도 이 국가들의 차입능력에 영향을 미치지 않는다.
- 불법 연결 및 미터 지침 조작과 관련된 사람들을 적절하게 조치하여 사용자들 사이 공정성이 촉진된다.
- 소비자들은 용수기관으로부터 더욱 효율적이고 지속가능한 개선된 서비스를 받는다.
- 노동 집약적 누수감소 활동을 지원하기 위해 수천개의 직업이 창출되고 NRW 감소 활동을 위해 새로운 사업 기회가 창출된다.

A.19.2 용수기관이 NRW와 투쟁하는 이유 및 민간부문 활용 방법

NRW를 감소시키는 것은 단순하지 않다. 이는 많은 용수기관들이 효과적으로 NRW를 감소시키지 못하는 이유를 설명한다. 규제기관의 환경 내 새로운 기술적 접근법을 채택하고 효과적으로 배치하여야 하는 도전과제는 빈번하게 용수기관 내 일부 기본적인 도전에 대한 관심을 요구한다.

NRW 크기, 근원 그리고 비용을 이해하지 못하면 NRW를 충분히 감소시킬 수 없다. 따라서 NRW 및 NRW 성분들의 정량화, 적합한 성능지표 계산 그리고 손실된 물 체적을 금전전가치로 환산하여야 NRW 상황을 제대로 이해할 수 있고 필요한 조치를 취할 수 있다. 다른 쟁점은 개발도상국 내 천성적인 용수기관의 취약성과 관련된다. 개발도상국 내 용수기관은

- 많은 정치적 그리고 경제적 제약과 직면하면서 빈번하게 약한 통치력과 금융틀 아래 운영한다.
- 성능이 저하된 기반시설을 이용하여 고객들에게 매일 서비스를 제공하여야 한다.
- 빈번하게 효과적인 NRW 프로그램을 수행하기 위해 필요한 적정한 인센티브 및 전문화된 관리 및 기술 전문가가 부족하다.
- 불충분한 인센티브 제도 아래에서 운영한다.

통상적으로 개발도상국 내 용수기관은 NRW 프로그램에 배치할 역량, 인센티브 또는 통치력이 부족하기 때문에 외부 도움이 필요하다.

민간부문 투자에 대한 잠재력

잠재적인 원조원은 장기 공공-민간 파트너십 PPP(public-private partnership)부터 특정 과업의 계약 또는 하도급에 이르기까지 많은 형태로 개입할 수 있는 민간부문이다. 선정된 선택사항에 따라 민간부문은 다음을 제공할 수 있다.

- 효율적으로 사용하기 위한 신기술 및 know-how
- 프로젝트 성과에 대한 더욱 개선된 인센티브
- 프로그램의 설계 및 실행을 위한 창조적인 해결책
- 자격을 갖춘 인적 자원
- 현장 작업을 위한 유연성(예를 들어 야간 근무자)
- 특정 조건 아래 투자

너무나 빈번하게 간과되는 핵심 메시지는 반드시 진공상태는 아니지만 광범위한 시설 개량 문맥에서 NRW를 고려하여야 한다는 것이다. NRW 프로그램 설계시 이와 연루된 다른 당사자는 물론 프로그램 관리자와 직원들에 대해 개방된 인센티브를 고려할 필요가 있다. 가능하다면 프로그램은 고객들의 욕구를 만족시키는 효율적이고 효과적인 시설 개발의 목적에 적정하게 인센티브를 맞추도록 보장하여야 한다.

여기서 발췌된 논문은 NRW 도전에 대한 상대적으로 새롭고 유연한 접근법인 PBSC (performance-based service contracting)을 다룬다. 개인 회사는 NRW 감소 프로그램을 시행하기 위해 PBSC 아래 계약하며 계약한 운영 성과 평가기준을 만족시키기 위해 제공된 서비스에 대해 인센티브가 지불된다. PBSC는 정부 감독과 민간부문 새로운 계획의 적정한 균형으로 즉각적인 운영 편익과 금융 편익으로 NRW의 감소에 도움이 되는 인센티브와 권능을 부여하는 환경을 제공할 수 있다. 그러나 이는 지속가능성을 촉진하기 위해 필요한 광범위한 기관의 재편성을 대체하지 않는다.

실제로 NRW 감소 프로그램에 대한 PBSC의 적용 가능성은 민간부문이 대처할 수 있는 위기수준에 종속된다. 비록 PBSC가 개발도상국 내 물 부문에서 상대적으로 새로운 개념이지만 다른 부문에서는 민간 공급자와의 계약 효율성과 회계책임을 개선하기 위한 하나의 방법으로서 PBSC를 더욱 고려하고 있다. PBSC는 최초의 대형 NRW 감소 성과-기반 서비스 계약의 완벽한 연구이고, 외주설계, 관리실무, 아웃소싱 선택사항, 기술지원, 위기관리에서 얻은 핵심 쟁점을 고려한다.

A.19.3 물손실감소 및 수익 증대

지금까지 오직 적은 숫자의 대형 계약이 허락되었고 적은 정보를 공개적으로 사용할 수 있다. 그러나 저자는 중요하고 다양한 4개 프로젝트를 연구하는 것이 가능하였다. 말레이시아 셀랑고르주(Selangor)에서 1998년 이후 쿠알라룸프 및 이 지역 주변을 서비스하는 용수기관(그 당시 주정부가 소유)과 말레이시아 회사가 선도하는 콘솔시엄 사이에서 물질손실과 상업손실의 감소를 위한 대형 계약이 진행 중이었다. 대만 방콕에 물을 공급하는 MWA(metropolitan waterworks authority)는 2002년부터 2004년까지 민간 계약자들에게 물질손실 감소를 아웃소싱하였다. 브라질 상파울로 광역시에 물을 공급하는 용수기관인 SABESP는 상업손실을 감소하기 위해 민간부문과 함께 다른 계약 접근법을 실험하였다. 아일랜드에서는 더블린시 위원회의 물분과는 물질손실을 감소시키기 위해 국제 민간 운영자와 1997년 계약하였다. 이 계약을 평가하기 위해 다음 6개 핵심 요소들을 사용하였다.

- 범위: 민간 계약자의 역할은? NRW 감소 목표는?
- 인센티브: 계약의 성과-기반 요소가 어떻게 구성되었나?
- 유연성: 계약은 민간부문이 NRW 감소 활동의 설계 및 실행에서 어느 정도 창조적인 것을 허락하는가?
- 성능지표 및 측정: NRW를 어떻게 평가할 것인가?
- 조달/선정: 어떻게 민간 계약자를 선정할 것인가?
- 지속 가능성: 성과 기반 서비스 계약이 완료된 후 무슨 일이 일어나는가? 계약은 공공 용수기관에게 know-how을 이전하는 것을 보장하는 구체적인 조항을 포함하는가?

말레이시아 셀랑고르주(Selangor): 최대 NRW 감소 계약

1997년 말레이시아 셀랑고르주(쿠알라룸프의 연방 영토)는 엘리뇨 기후 현상으로 야기된 심각한 물 위기를 경험하였다. 따라서 정부는 용수기관이 수 년 동안 용수기관에게 영향을 미쳤던 높은 NRW 수준에 대처하도록 촉구하였다. 생산된 물의 40%는 요금청구되지 않았고, 누수는 25%(0.5백만m^3)로 추정되었다. 따라서 물질손실의 절반을 복구하면 1.5백만명 인구에게 충분히 물을 공급하여 쿠알라룸프에서 물 부족을 방지할 수 있을 것이다.

이러한 위기에 직면한 셀랑고르주 수자원국은 국제 운영자와 공동 벤처로 지역 회사가 선도하는 콘솔시엄으로부터 요청하지도 않은 제안을 수용하였다. 계약자는 주어진 시간 안에 특정 양의 NRW 감소를 약속하였다. 계약자는 자체 직원으로 NRW 감소 활동을 설계하고 실행하는 전체 책임을 지며 합의된 금액이 일시불로 지불된다.

목표를 달성하기 위한 인센티브는 (1)미이행시 전체 총액의 최대 5%의 벌과금, (2)계약금액 10%의 성능보증금을 포함하였다. 총액은 DAM 구축, 압력관리, 누수탐사 및 복구, 불법연결의 확인 그리고 모든 장비 및 재료의 공급은 물론 고객 미터 대체와 같은 필요한 모든 활동을 포함하였다. 계약자는 NRW 감소 활동을 수행하기 위해 관망 내 영역들을 자유롭게 선정할 수 있다.

계약 1단계에서는 개념이 실행된 것을 입증하였다. 즉, 만일 개인회사가 유연하게 NRW 활동을 수행할 수 있고 지급협정(payment arrangement)이 모든 필요한 공사 및 재료를 포함한다면 NRW 수준을 특정 목표로 효율적으로 감소시키기 위해 개인 회사와 계약할 수 있다. 이 경우에서 기술 혁신들 중 하나는 과도한 압력의 감소를 통해 누수를 감소시키는 것뿐만 아니라 상류측 압력 동요로부터 DMA를 보호하기 위해 보편적으로 감압밸브를 사용할 수 있다는 것이다(매우 낮은 압력 상황에서도). 1 단계의 성과는 실제로 손실감소목표 18,540m^3/d를 초과하여 20,898m^3/d(상업손실과 및 물질적 손실이 거의 동일)을 달성하였다. 29개 DMA를 구축하여 각 DMA 내 1일 평균 40m^{3}을 절감하였고 약 15,000개의 미터를 대체하였다. 셀랑고르주 수도국의 비용은 US$215/m^3/d이었다.

2단계 계약은 여러 결함을 가졌지만 계약의 규모가 상당하였다. 즉, 계약자는 약 200,000 m^3/d NRW 감소의 야심찬 목표를 약속하였으며 이는 PPT 협정 아래 결코 수행된 적이 없었던 수치였다.

프로젝트의 장기 지속가능성은 분명하지 않다. 1단계 계약은 의뢰인 직원의 훈련을 포함하였다. 그러나 훈련 자체는 의뢰인이 개선을 유지하기에 불충분한 것으로 증명되어 2단계에서 계약자가 1 단계 영역을 운영하도록 인계되었다. 명백하게 NRW 전략은 계약이 종료된 후 무엇을 할 것인지에 대한 쟁점을 반드시 다루어야 한다.

방콕: 누수 방지

MWA(metropolitan waterworks Authority) 공공 용수기관은 방콕의 물 서비스를 담당한다. 동남아시아의 초대형 도시(megacity)의 대부분의 용수기관과 유사하게 MWA는 급속하게 성장하는 인구의 물 수요에 대처하기 위해 수년 동안 분투하여 오고 있는 중이다. 1980년 생산량 1.7백만m^3/d를 1990년 3백만m^3/d로 증가시키기 위해 주로 투자하였다. 또한 이는 1980년 NRW 50%를 1990년에 약 30%로 감소시키는 것으로 보였다. 그러나 주로 상당한 생산량 증가의 결과로 % 항의 NRW가 감소되었다. 상당한 노력에도 불구하고 NRW 체적은 이 기간 동안 약 900,000m^3/d 정도로 안정된 상태로 유지되었다.

1990년대 동안 시스템 공급이 3.0백만m^3/d에서 4.5백만m^3/d로 증가하면서 NRW도 %항과 체적 항 모두 극적으로 상승하여 1997년도에 절정(1.9백만m^3/d, 또는 42%)에 도달하였으며 이는 아마도 공급 개선 및 압력 증가의 결과일 것이다. 이제 시스템 입력은 4백만m^3/d 이하로 다시 감소되었고 1999년에 NRW는 1.5백만m^3/d 보다 다소 높지만 감소되어 안정되었다.

후속적인 노력으로 비록 시스템 입력은 4.2백만m^3/d로 증가하였지만 손실물량 200,000m^3/d이 감소되어 NRW는 200,000m^3/d(1.3백만m^3/d로 또는 30%)로 유지되었다. NRW 감소의 상당한 부분은 성과 계약으로 거슬러 올라 갈 수 있으며 MWA는 2000년 민간 계약자에게 수상을 결정하였다. 이 계약의 목적은 방콕의 14개 서비스 지사(각 지사는 약 100,000 고객을 갖는다) 중 3개 지사의 물질손실을 감소시키는 것이었다. 계약 기간은 4년이었다. 이들은 경쟁 입찰하였으나 오직 자격을 갖춘 두 회사만이 제안서를 제출하였고 계약이 성사되었다.

이 계약의 설계는 셀랑고르주와는 상당히 달랐다. 확정된 누수감소 목표가 없었고, 지불은 누수감소를 통해 얻은 실제 물 절감에 부분적으로 기초하였다. 각 계약자는 자유롭게 누수감소활동(탐사, 배관 복구, 주관로 대체, 장비 설치와 같은)을 수행할 수 있었으며 비용은 지역회사의 사용량에 기초한 정산(원가가산방식)을 통해 조달되었다. 셀랑고르주에서 사용한 일괄 지불 대신 계약자의 보상은 다음 3개 요소로 구성된다. (1)간접비, 이익 그리고 외국 전문직원을 포함하는 성과-기반 관리 비용 (2)근본적으로 지역 인건비를 포함하는 고정비용, (3)프로젝트의 가장 큰 부분인 모든 아웃소싱한 서비스, 작업 그리고 현장에서 수행된 요소에 대한 정산.

계약은 기술적 성과 측면에서 성공적인 것으로 간주할 수 있다. 그러나 3개 계약의 비용은 광범위하게 달랐다(1m^3/d 물손실 감소 당 US$246 vs US$518). 이 3개 분야에서 물질손실은 165,000m^3/d 만큼 감소되었다. 이 절감된 물량은 추가로 0.5백만명 거주자에게 공급하기 위한 물량과 동등하다. 3개 방콕 계약을 셀랑고르주 계약과 비교하는 것은 흥미롭다.

- 셀랑고르주와 비교할 때 장점: 독단적인 목표 및 일괄 보상이 없었지만 대신 실제 절감된 NRW 체적에 기반한 실제 성과-기반 요소가 있었다. 이외 다른 두 계약자들은 동시에 진행하였고 일부 유용한 벤치마킹이 허락되었다.
- 셀랑고르주와 비교할 때 단점: 높은 정산 비율은 상당한 크기의 위기를 민간으로부터 공공 파트너로 전가한다. 누수탐사와 같은 기본적인 활동이 반드시 성과 비용에 포함되어야 한다.

계약자들은 지속가능성 측면에서 MWA 직원이 지속적으로 사용할 수 있는 적정한 제어 및 관리 시스템을 시행하지 않는 것처럼 보인다. 그러나 MWA는 문제를 인지하고 있고 최근에 선진 관망 감시, DMA 구축 등을 위한 프로젝트를 제출하였다.

상파울로: 지불 및 징수

상파울로 광역시를 서비스하는 용수기관인 SABESP는 지구상 가장 큰 공공 용수기관들 중 하나이다(서비스 인구 25백만명). 현지 민간부문의 도움을 받아 물손실을 감소시키기 위해 선제적 접근법을 시행하여 왔다. 누수탐사 계약자들은 조사한 배수관망의 길이에 따라 지불되며 정기적으로 누수감소를 수행한다.

그러나 전통적으로 사내 직원이 과소등록하는 미터를 포함한 고객 검침 및 요금고지를 맡아 왔다. SABESP는 2004년 1일 1백만m³과 동등한 수익 손실이 발생하는 것으로 추정하였다. SABESP는 이러한 상황에 직면하여 민간부문과 함께 성과-기반 방식을 실험하기로 결정하였다. 아래에서 토론한 계약들 중 하나는 불량한 부채(엄격하게 말해 이는 NRW 부분이 아니지만 용수기관의 재무 상태에 이와 유사한 부정적인 영향을 미친다)의 감소를 다루었고 다른 계약들은 미터 대체에 집중되었다.

첫 번째 계약의 개념은 단순하게 미지불된 청구서를 협상하고 합의한 금액을 징수하기 위해 지역 민간부문과 계약하는 것이었다. 계약 범위는 가정 및 상업 고객들로 제한되었고 SABESP는 아직도 공공기관과 직접 거래하였다. SABESP의 모든 지사들이 여러 계약들에 포함되었다. 초기 계약기간은 2년으로 1999년 시작되었다. 계약자들은 징수된 부채의 퍼센티지 유지에 따라 지불 받는다. 계약자가 이 퍼센티지를 제시하고, 각 지사에서 가장 낮은 부채 퍼센티지 수치를 제시한 계약자가 낙찰자가 된다.

상파울로 광역시는 브라질의 산업 심장이며, 산업 및 대형 상업 고객 그리고 대형 콘도 빌딩들이 SABESP의 수익 대부분을 차지한다. 이 대형 고객들은 SABESP 전체 고객의 2%에 불과하지만 전체 요금고지-계량된 소비의 28% 그리고 총 수익의 34%를 차지하고 있다. 미터는 실제 소비수준을 과소등록하는 것으로 의심되었기 때문에 두 번째 계약의 전략은 계량 시스템을 업그레이드하고 최적화하는 것이었다.

SABESP는 턴키계약을 통해 혁신적인 미터 대체 해결책을 내 놓았다. 프로젝트 목표는 SABESP가 확인한 27,000 계정의 미터를 대체하는 것이었다. 36개월 기간으로 5개 계약을 시행하였고, 계약자는 새로운 미터의 분석, 설계, 공급 및 설치를 책임진다. 계약자는 선지불 없이 전체 투자를 반드시 선행하여야 하였다. 계약자는 복잡한 공식을 통해 요금고지된 평균 체적 증가에 기초하여 지불된다.

계약에서 가장 중요한 활동은 미터의 재규격 결정 및 유동 프로파일 작성이었기 때문에 단순히 공급 및 설치에 대해 지불하는 것 대신 성과 지불 개념을 선정하였다. 우려되는 대형 고객의 높은 1일 소비를 고려하면 적정한 캘리브레이션은 계량된 유량 및 요금고지를 상당히 증가시킬 수 있을 것이다. SABESP는 개선된 요금고지된 체적과 연계시켜 지불하여 계약자가 이와 같이 중요한 쟁점에 집중하도록 보장하였다.

계약 결과는 주목할 만 하였다. 계약 3년 동안 계량된 전체 소비체적은 약 45백만m³ 증가한 한편 수익은 72백만US$ 증가하였다. 이 중 18백만US$을 계약자들에게 지불하였으며 SABESP의 순이익은 54백만US$이었다.

지속가능성 측면에서 불량한 부채 감소를 위한 계약들은 이제 SABESP에게 표준 실무가 되었다. 이제 상업 고객 미터의 규격이 적정하게 결정되고 설치되었으므로 SABESP는 이 미터들의 정확도를 쉽게 유지할 수 있으며 따라서 이 고객 범주로부터 요금고지된 높은 체적을 유지할 수 있다.

더블린: 매우 오래된 물 시스템의 업그레이드

1994년 1월 더블린시는 물질손실이 매우 높은 수준에 도달하도록 허락하였던 체계적인 누수제어의 부재와 더불어 배수관망에 대한 십년간 투자부족에 의해 야기된 심각한 물부족을 처리하여야 했다. 더블린의 여러 지역은 오직 간헐적으로 급수되었다.

최초 대응은 새로운 정수장을 건설하고 현존하는 정수장을 확장하기 위한 기금을 요청하는 것이었다. 그러나 높은 누수수준 때문에 기금조달이 불가능하였다. 최초로 수행한 포괄적인 연구결과에서 손실된 물 체적을 확인하였다. 현존하는 정수장 용량의 40% 이상인 약 175백만 L/일의 물이 배수관망으로부터 누수 되는 것으로 추정되었다. 유럽 위원회가 제시한 물질손실에 집중된 더블린 지역의 물 보존 프로젝트의 공동투자에 대한 요청이 승인되었다.

프로젝트 목표는 2년 기간 동안 누수를 40%에서 20%(손실체적 175,000m^3/d에서 87,000m^3/d으로)로 감소시키는 것으로 매우 야심찼다. 물손실감소 프로그램의 공격적인 특성을 감안할 때 경험 있는 계약자가 도시를 지원하도록 하는 것 이외는 대안이 없었다.

1996년 11월 8개 콘솔시엄이 입찰에 초대되었다. 계약은 오직 2년으로 제한되었고 물질손실 감소에 집중되었다. 계약자는 관망에 DMA를 구축하고, 누수를 찾아 복구하고, 감압밸브를 설치하고, 관망의 일부를 갱생하고, 더블린 용수기관 직원의 훈련을 책임진다. 이 계약은 본질적으로 금전 항으로 표현된 목표비용으로서 설계되었다. 또한 이 계약은 실제 프로젝트 비용과 물질손실의 한계비용을 조합한 복잡한 방법에 기초한 성과에 대한 약간의 인센티브를 제공하기 위해 상벌(bonus-and-penalty) 미케니즘을 포함하였다.

영국 용수기관이 품질/비용 기준에서 낙찰받았다. 상당한 세부사항들은 계약 협상 동안 해결되도록 남겨졌다. 계약자의 낙찰에서 보수(remuneration)는 관리비, 기술자 인건비, 그리고 모든 누수탐사장비를 포함하였다. 이는 누수복구비용, 복구 재료비 또는 현지 하도급업체가 수행하고, "보상 이벤트(compensation event)" 아래 정산 가능한 것으로서 별개로 다룬 관망 갱생비용을 포함하지 않았다. 계약자의 업적은 상당하였다.

전체 500개 소규모 DMA(각 DMA는 1000개 이하의 연결)가 전체 배수관망게 구축되었다. 약 15,000개 누수를 복구하였고 주관로 약 20km를 대체하였다. 전체 누수는 175,000m^3/d로부터 약 125,000m^3/d으로 감소되었다. 비록 20% 누수목표는 달성하지 못하였지만 프로젝트는 성공적인 것으로 간주되었다. 짧은 계약기간을 고려할 때 당초 20% 목표는 비현실적인 것으로 공감대가 형성되었다. 20% 누수절감은 물 위기를 종결시키기에 충분하였다.

지속가능성의 측면에서 훈련 및 역량 확보는 계약 조항들이었고 두 당사자가 모두가 신중하게 받아들였다. 실제로 상당한 기술 이전이 이루어져 더블린 용수기관은 이제 일상적인 운영의 일부로서 정기적으로 누수를 제어한다.

A.19.4 얻은 교훈

용수기관 내 NRW를 100% 제거하는 것은 불가능하지만 개발도상국에서의 현재 손실을 절반으로 감소시키는 것은 현실적인 목표이다. 비록 추정에 근거하지만 이와 같은 수치는 기부자와 개발도상국 정부의 관심을 끌기에 충분하다. 실제로 제대로 설계된 NRW 감소 프로그램을 사용하면 양호한 상환이 가능하다. 따라서 특정 비용-편익 비율 측면에서 각 기회를 평가하여도 NRW 감소 사업 타당성은 양호하다.

성과-기반 서비스 계약은 NRW를 감소시킬 수 있는 방법으로 보인다. 그러나 프로젝트를 성공적으로 실행하기 위해서는 두 개의 필수적이고 관련된 요소들인 “양호한 계약 준비”와 “현실적인 기준선 설정”을 필요로 한다.

사례연구는 계약 준비, 기준선 설정 그리고 프로젝트 유효성에서 다양한 품질 수준을 보여준다. 계약 설계는 용수기관이 계약자로부터 기대하는 것과 성공 기준이 무엇인지를 반드시 분명하게 명시하여야 한다. 모든 NRW 감소 계약들은 위기 전가(risk transfer)와 관련된 기본적인 기준선, 누수 지표, 용수기관 관리자의 효과적인 감독을 위한 준비를 반드시 포함하여야 한다. 계약은 실행 가능한 목표를 설정하여야 하고 도전 및 기회에 대응하는 유연성을 고려하여야 한다.

그러나 연구결과 프로젝트를 성공적으로 수행하기 위해서는 양호한 준비 작업이 필요한 것을 보여준다. 시작점은 건전한 NRW의 크기와 근원의 기준선 평가에 기초하여 전략을 개발하는 것이다. 이와 같은 전략은 장 · 단기(예를 들어 단기 NRW 감소 달성 vs 장기간에 걸쳐 낮은 NRW 수준을 유지하는 방법) 모두를 고려할 필요가 있다. 전략 개발 동안 민간부문과 함께 팀 구성 기회를 확인할 수 있다. 정책 수립자는 한번 이 기회들을 알게 되면 반드시 당사자들에게 위기를 적정하게 할당하여 민간부문이 가장 비용 효과적인 방법으로 NRW를 감소시키도록 격려할 인센티브 제도를 제공하여야 한다.

참고문헌

1. Baietti, A., W. Kingdom, and M. Van Gineken, "Characteristics of Well-Performing Public Water Utilies,"Water Supply and Sanitation Working Notes 9. Washington, DC:The World Bank, February 2006.

2. Brocklehurst, C.and J. Janssens, "Innovative Contracts, Sound Relationships: Urban Water Sector Reform in Senegal." Water Spply and Sanitation Sector Boar Discussion

Paper 1. Washington, DC: The World Bank, January 2004.

3. Brook, P., and S. Smith, "Contracting for Public Services: output-based Aid and its Applications," Private Sector Advisory Services. Washington, DC: The World Bank, http://rru.worldbank.org/Features/OBABook.aspx.

3. Kingdom, B., Liemberger, R., and Main, P. "The Challenge of Reducing Non-Revenue Water(NRW) in Developing Countries-How the Private Sector Can Help: A Look at Performance-Based Service Contracting", WSS Sector Board Discussion Paper No.8 Washington, DC: The World Bank, 2006, http://siteresources.worldbank.org/INTWSS/Resources/WSS8fin4.pdf

4. Liemberger, R."Competitive Tendering of Performance Based NRW Reduction Projects," IWA Conference on Efficient Management of Urban Water Supply, Tenerife, April 2003

5. Liemberger, R. "Outsourcing of Water Loss Reduction Activities-the Malaysia Experience" New Orleans: AWWA ACE June 2002.

6. Liemberger, R. "Performance Target Based NRW Reduction Contracts- A new Concept Successfully Implemented in Southeast Asia. Berlin: IWA 2nd World Water Congress, October 2001.

9. Marin, P. "Output-Based Aid (OBA): Possible Applications for the Design of Water Concessions," Private Sector Advisory Services. The World Bank. http://rru.worldbank.org/Doucments/PaperLinks/OBA%20Water%20Concession%20PhM.pdf

10. Ringskog, K. M-E Hammond, and A. Locussol. "The Impact from Management and Lease/ Affermage Contracts,"PPIAF, 2006.

Appendix 0B

유량측정, 압력측정, 압력제어, 누수탐사 장비 및 기법

B.1 소개

물 시스템 또는 용수기관의 손실을 평가할 때 현장에서 취득한 양호한, 정확한, 유효한 자료를 사용하는 것이 중요하다. 이를 위해 시간-기반 경향을 수집하기 위해 자료 로거 또는 기록계와 함께 휴대용 임시 장비를 사용하거나 또는 새로운 영구 장비를 설치할 수 있다. 이 장비를 사용하면 실제로 동적인 상황을 분석할 수 있다. 한번 현재 물손실체적을 정확하게 확인하였으면 실질손실의 경우 개별 문제 지역을 정확하게 찾기 위해 탐사장비를 사용한다.

본 부록은 오늘날 시장에 나와 있는 일부 장비형식과 방법론을 기술한다. 비록 추가적이고 보조적인 정보의 일부를 본 부록에서 중복하여 수록하지만 제16장과 19장에서 더욱 상세한 내용을 찾아 볼 수 있다.

B.2 휴대용 장비

오늘날 시장에서 다른 형식의 많은 유량측정 장비를 구매할 수 있으며, 누수탐사 장비와 같이 운영자가 어느 장비를 결정하던 장비를 원활하게 사용하고 유지할 수 있도록 현지에서 교육받고 지원받을 수 있어야 한다. 운영자는 그가 사용하고 있는 장비의 정확도 및 다른 상황에서 장비의 신뢰도에 대해 확신하여야 한다. 운영자가 장비의 신뢰성을 장담하지 못하는 곳에서 시험장비를 사용하면 혼돈으로 이어질 것이다. 빈번하게 유량을 측정하는 이유는 무슨 일이 일어나고 있는지, 마스터 유량계가 과대검침하는 이유 그리고 누수 발생 여부를 확인하기 위한 것이다. 그러나 빈번하게 시험장비만으로는 이와 같은 원인 규명이 어렵다.

다음 토론은 특정 추정 방법론 또는 제조사를 장려하는 것이 아니라 현장 측정에서 사용되고 있는 일부 방법론들을 강조하기 위해 제공된다.

B.2.1 휴대용 삽입식 유량계

휴대용 유량계의 가장 공통적인 것들 중 하나는 삽입식 유량계이다. 많은 제작사가 다양한 형식으로 삽입식 유량계를 제작한다. 삽입식 유량계의 가장 공통적인 운영 원리는 전자석식, 터빈식 그리고 차압식이다. 각 장비의 형식은 장단점을 갖지만 우수한 기술 지원, 캘리브레이션, 그리고 유지관리가 가장 중요하다. 가장 공통적인 삽입식 유량계 중 일부는 다음과 같다.

- 피토트 봉(차압식 probes) 그림 B.1
- 터빈 삽입 유량계(그림 B.2)
- 전자 삽입식 유량계(그림 B.3 참조). 이 유량계의 가장 공통적인 형태는 단일점 유속계이다. 배관 내 측정된 평균 유속 지점을 측정점으로 선택하거나 유량계의 막힘(blockage) 그리고 중신선 유속과 평균 유속의 차이 모두를 고려하여 계산한 계수를 갖고 빈번하게 중심선을 사용한다. 한번 평균 유속을 계산하거나 기록하면 유동 배관의 유효 단면적을 곱하여 유량을 계산한다.

앞에서 기술한 유량계 중 일부 특히, 차압식 유량계 및 전자 삽입식 유량계는 평균화 기능이 내장되어 있다. 이들은 사전에 결정된 점들에서 유속을 측정하고, 자동 평균하고, 유량을 제시한다. 만일 휴대용 장비의 용도가 다양한 배관 직경에서 유량을 측정하는 것이라면 사용자가 다양한 봉 직경을 주문하지 않고도 단일점 유량계는 실제로 임의 배관 직경 내에서 유량을 측정할 수 있기 때문에 이 유량계가 사용될 가능성이 크다.

그림 B.1 피토트 설치(BBL 회사 제공)

그림 B.2 삽입식 터빈 미터 및 자료 로거(Reinhard Sturm 제공)

평균 유속점을 구하거나 이론적인 평균 유속과 중심선 유속 사이 계수를 계산하기 위해 유속 프로파일을 작성할 필요가 있다. 유속 프로파일은 배관 직경, 때로는 요구되는 정확도에 따라 90°와 180°축에 걸쳐 일련의 유속을 측정한 것이며, 이 방법론의 더욱 상세한 내용은 ISO 7145-1982E를 참조한다. 예제 선도는 그림 B.4, 유속 프로파일은 그림 B.5, 유속 프로파일을 계산하기 위해 사용한 표본 스프레드쉬트는 그림 B.6을 참조한다. 단순한 스프레드쉬트를 사용하면 반복 계산의 필요성이 감소되어 시간과 노력을 절감할 수 있다. 사용할 다른 형식의 각 유량계에 대한 제작사 계수를 스프레드쉬트로 프로그램하여야 한다. 일부 제작사는 장비와 함께 패키지의 일부로서 프로파일 프로그램을 제공한다.

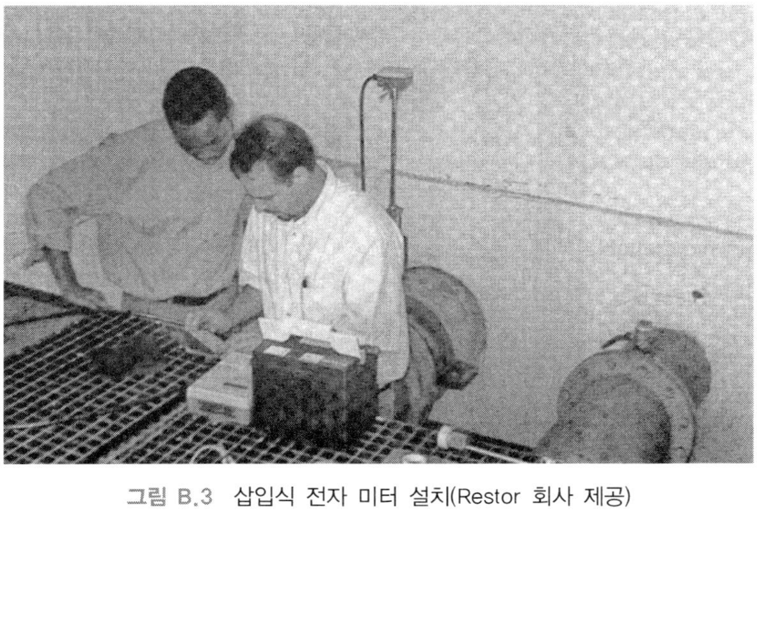

그림 B.3 삽입식 전자 미터 설치(Restor 회사 제공)

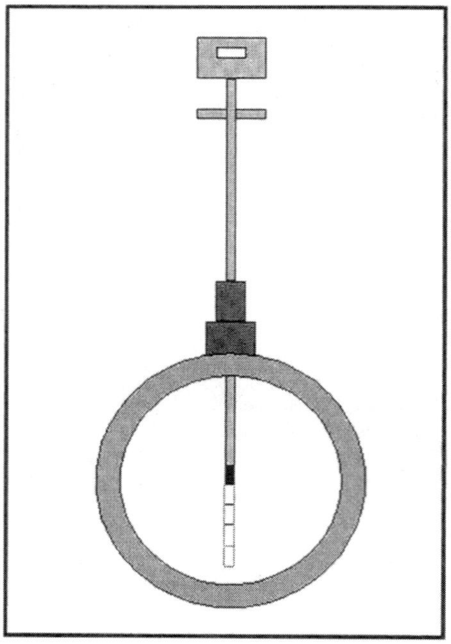

그림 B.4 유속 프로파일 작성(Julian Thornton 제공)

많은 유량계 제작사들은 대안으로 표 B.1과 같이 다양한 배관 규격에서 사용할 대략적인 계수를 제공한다. 배관 규격이 증가하면서 계수가 증가하는 것을 알 수 있다. 이는 유량계에 의해 배관 단면적이 감소되는 막힘(blockage) 효과의 함수이다.

그림 B.5 삽입식 터빈 미터를 이용한 유속 프로파일 작성(Reinhard Sturm 제공)

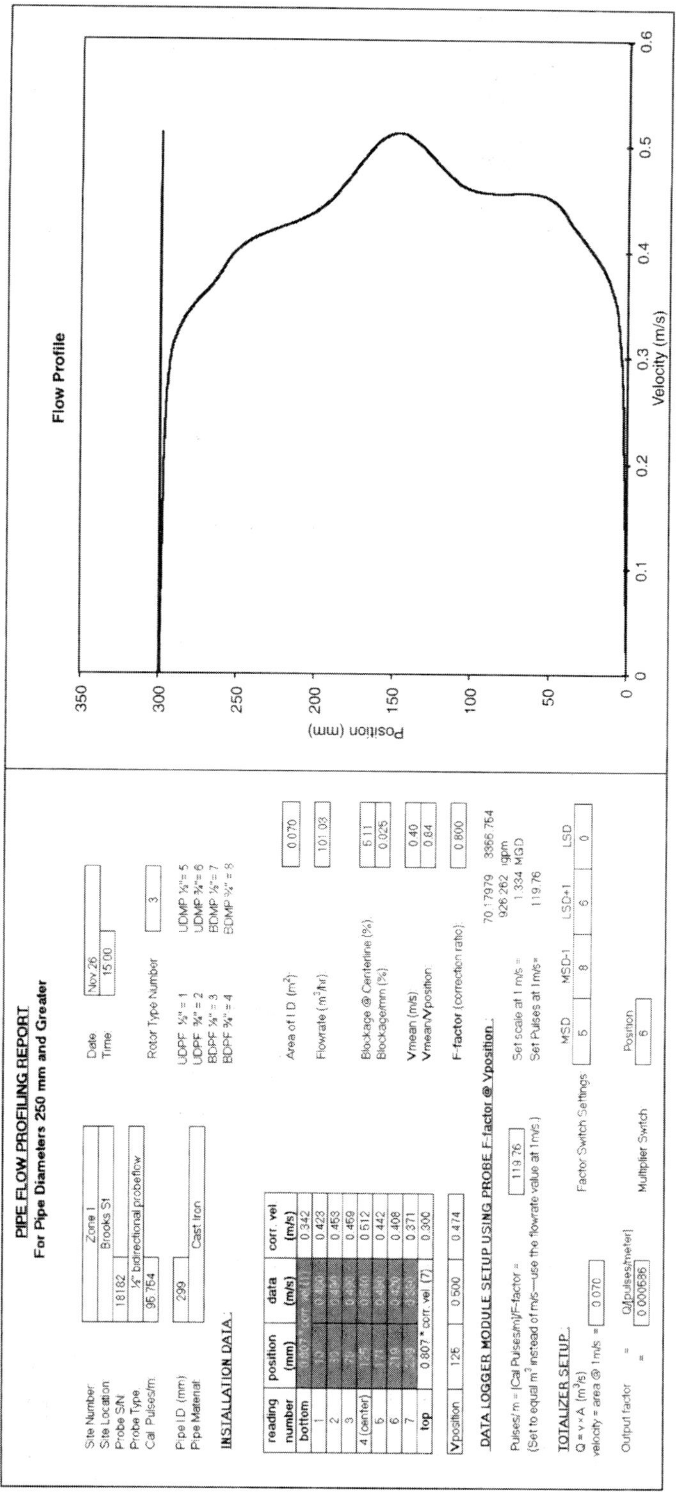

그림 B.6 유속 프로파일 작성 쉬트(Julian Thornton 제공)

표 B.1 유속 프로파일 계수(출처:Julian Thornton)

배관 내경(㎜)	중심선
150	0.658
200	0.753
250	0.798
300	0.823
400	0.847
600	0.863
800	0.867
1,000	0.869

프로파일을 작성할 것인지 또는 언제 대략적인 산업 표준 수치들을 사용할 것인지의 결정은 운영자가 기대하는 유량계의 정확도로 요약된다. 예를 들어 만일 운영자가 ±0.5%의 정확도를 기대하는 마스터 유량계를 시험 중이면 반드시 유속 프로파일을 작성하여야 한다. 그러나 만일 운영자가 누수 우선순위 실행을 위한 야간 유량을 갖는 영역을 파악하여 유량 변화 크기의 순서를 찾거나 또는 유동 패턴에서 상당히 너그러운 밸브의 규격을 결정하기 위해 유량계를 사용할 때 명백하게 유속 프로파일 작성 시간과 노력을 소비하므로 차라리 산업 표준 수치를 사용하는 것이 좋다. 회계감사 쉬트 및 자료 수집 쉬트에 이러한 종류의 결정에 대한 주석을 달아야 한다.

핫 탭핑(Hot Tapping)

통상적으로 삽입식 유량계는 그림 B.1과 같이 배관상에 핫탭(hot tap) 또는 티 연결을 통해 배관에 장착된다. 핫탭 설치는 상대적으로 단순한 절차이며 통상적으로 그림 B.7과 같이 태핑기계를 사용하여 압력을 받는 상태에서 수행된다. 유량계 봉을 손상시키지 않고 밸브를 통과할 수 있도록 탭 직경이 충분히 크도록 주의하여야 한다. 예를 들어 만일 유량계 봉의 외경이 25mm이면 최소 내경은 25mm 이상이 되는 탭 또는 밸브를 선택하도록 주의하여야 한다.

일부 밸브들은 내경으로 표시되지 않는 사실에 유의하여야 한다. 또한 반드시 배관 재질도 고려하여야 한다.

만일 배관 재질이 금속이면 통상적으로 핫탭은 배관 내부로 직접 탭가공된다. 그러나 일부 용수기관은 그림 B.8의 weldolet 또는 그림 B.9의 태핑 슬리브 사용을 선호한다. 배관이 비금속인 경우 반드시 태핑 슬리브를 사용하여야 한다. 특히 AC 또는 시멘트 배관의 경우 절삭날이 날카로워 배관에 크랙이 발생하지 않도록 주의하여야 한다.

유량계 설치 과정

첫 번째 단계이면서 가장 중요한 단계는 적합한 측정위치(유동 내에서 게이트 밸브, 미터, PRV 등과 같은 다른 피팅 및 교란으로부터 먼 곳)를 선정하는 것이다.

그림 B.7 압력을 받는 배관의 태핑(Restor 회사 제공)

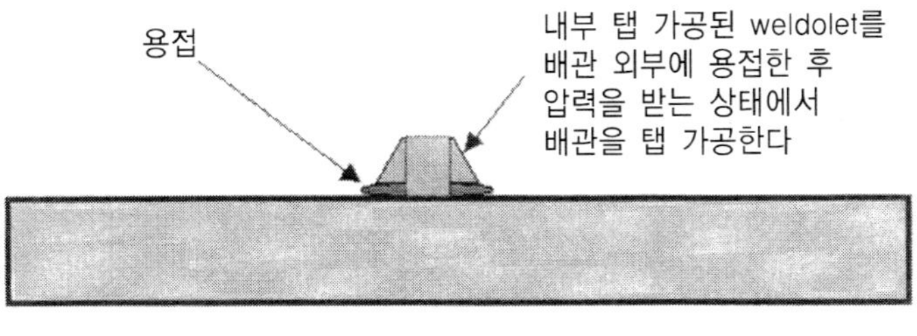

그림 B.8 금속 배관에 Weldolet를 사용할 수 있다(Julian Thornton 제공)

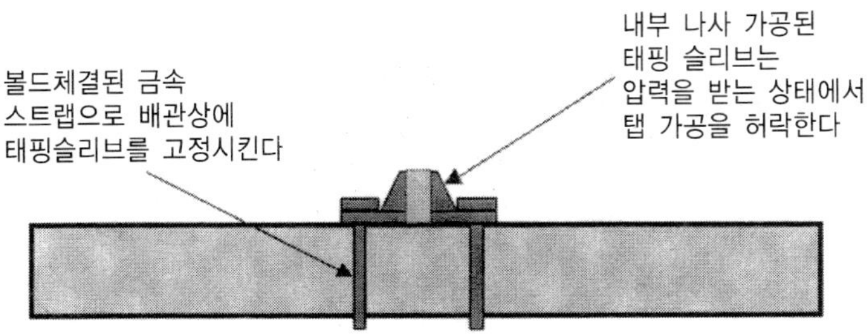

그림 B.9 태핑 슬리브(Julian Thornton 제공)

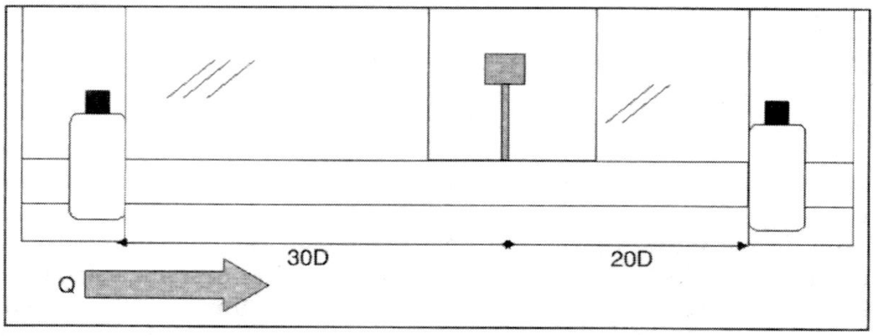

그림 B.10 교란으로부터 멀리 떨어진 곳에서 측정하여야 한다(Julian Thornton 제공)

대부분 제작사들은 정확한 측정을 위해 필요한 상류측과 하류측 직관길이를 배관 직경의 배수로 제시한다. 만일 이 정보가 없으면 좋은 경험법칙은 상류측 교란으로부터 30D 그리고 하류측 교란으로부터 20D를 유지하는 것이다(그림 B.10 참조). 교란 인근에서 측정할 수 있지만 불안정한 유속 기록 또는 불안정한 유속 프로파일을 초래할 수 있다. 만일 이것이 유일한 선택사항이면 추정되는 오차와 함께 제5장에서 기술한 측정 쉬트(sheet)에 이러한 사항에 대한 주석을 달아야 한다.

한번 핫탭을 설치하면 정확도를 보장하기 위해 반드시 정확한 배관 내경을 측정하여야 한다. 그림 B.11은 배관 내경 측정을 위해 사용할 수 있는 캘리퍼스를 보여준다.

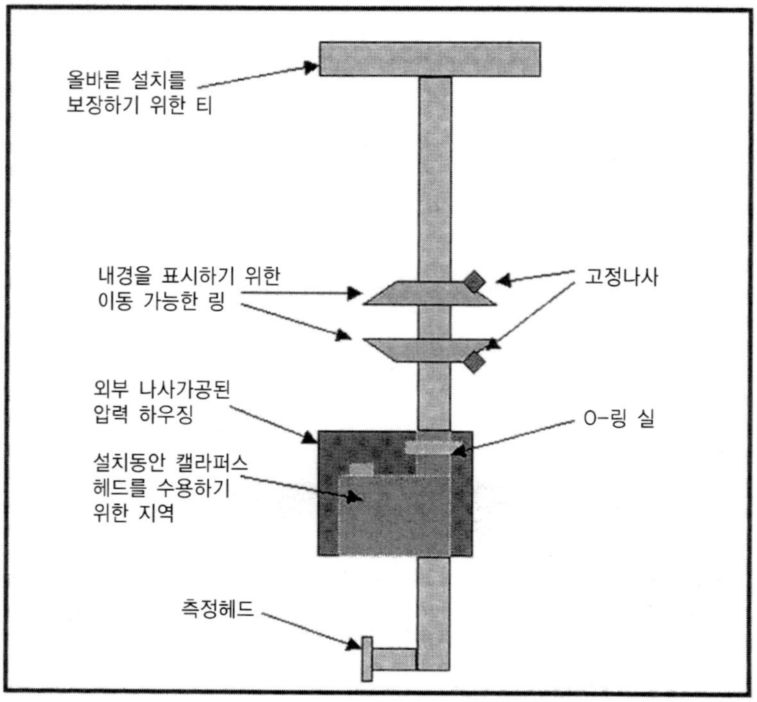

그림 B.11 배관 내부 직경 측정을 위한 캘리퍼스(Julian Thornton 제공)

유속 프로파일 작성

배관 직경을 측정한 후 유속 프로파일 작성 여부를 결정하여야 한다. 단일점 삽입식 유량계는 배관의 한 점에서 유속을 측정하여 배관을 통한 유량을 추정한다. 따라서 유속 프로파일의 왜곡은 측정된 유량의 정확도에 상당한 영향을 미친다. 따라서 단일점 삽입식 유량계를 설치할 때 마다 유속 프로파일을 작성할 것을 강력하게 권장한다. 오직 유속 프로파일 측정결과만이 바람직한 정확도의 측정결과를 얻기 위해 필요한 모든 정보를 운영자에게 제공한다.

만일 유속 프로파일을 작성하려면 안정된 유동상태 동안 반드시 이를 수행하여야 한다. 운영자는 배관 직경에 따라 다수의 위치를 선택하고, 밸브를 개방하기 전에 압력 피팅을 견고하게 조이도록 주의하면서 유량계를 설치하여야 한다. 이제 운영자는 사전에 결정된 점들에서 유속을 측정 · 기록하고 이들을 프로그램 또는 스프레드쉬트에 입력한다. 안정된 조건 동안에도 유속은 변화하는 경향이 있으므로 각 점에서 여러 번 측정하는 것이 좋다. 추가적인 정확도를 위해 3개 프로파일을 취하고 평균치를 사용하여야 한다. 프로그램 또는 스프레드쉬트를 사용하여 중심선에서 사용할 감안된 수치를 제공하거나 또는 평균 속도를 발견할 수 있는 지점을 예측한다. 운영자가 한번 프로파일을 취하거나 또는 프로파일을 작성하지 않기로 결정하면 중심점에 미터를 설치하고 앞에서 기술한 자료를 감안할 것인지 또는 평균점을 찾아 원시 자료를 사용할 것인지를 반드시 결정하여야 한다. 통상적으로 운영자는 낮은 유속에서 미터가 최소 유속 한계 이내에서 동작하는 것을 허락하기 위해 중심점에 미터를 설치하여야 한다.

자료 로거의 위치 및 설치

한번 측정위치를 결정하였으면 운영자는 그림 B.12와 같이 미터가 배관 축을 따라 올바르게 위치하는 것을 보장하기 위해 잠금장치를 고정시켜야 한다. 대부분 미터는 이 위치에서 상당히 민감하고 주의하지 않으면 측정오차가 발생할 수 있다.

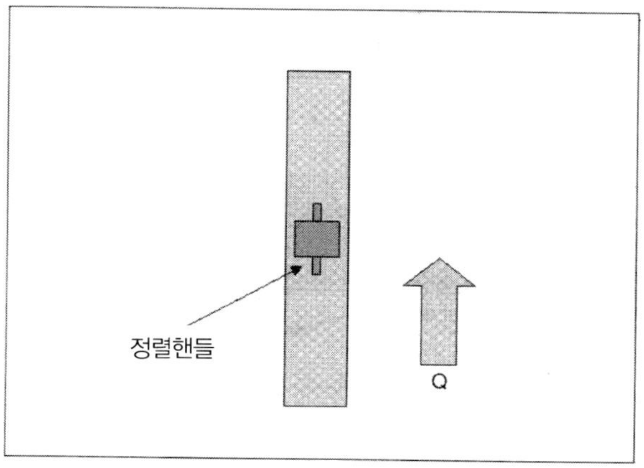

그림 B.12 정확한 측정을 위해 올바른 정렬이 중요하다(Julian Thornton 제공)

운영자는 이 시점에서 필요시 자료 로거를 반드시 설치하여야 한다. 유량을 측정하기 위해 단일점 유속 탐침봉 사용시 기억하여야 할 핵심 내용은 다음과 같다.

- 설치 동안 모든 자료를 기록한다. 사용한 임의 추정을 명백하게 표시한다.
- 제작사가 제시한 정확도는 탐침봉의 정확도와 재현성이며 이는 설치 동안 인간 오류를 감안하지 않는다.
- 올바르지 않은 직경 측정은 유량 정확도에 심각하게 영향을 미친다.
- 유속 프로파일 내 올바르지 않은 탐침봉 위치는 유량 계산의 정확도에 영향을 미친다.
- 올바르지 않은 축 위치는 정확도에 영향을 미친다.
- 미터를 삽입하기 위해 밸브 개방시 미터 몸체를 손상시키지 않도록 반드시 미터를 견고하게 잡아야 한다.
- 측정 종료 후 밸브를 폐쇄하기 전에 배관으로부터 미터를 완벽하게 인출하여야 한다. 이를 실패하면 탐침봉을 심각하게 손상시키고 손상된 탐침봉을 제거하기 위해 전체 물 시스템을 중지시켜야 한다.
- 봉 길이와 챔버 내 가용 공간의 양립을 보장한다.
- 배터리 수명과 요구되는 감시 기간을 확인한다. 필요시 보조 배터리를 설치한다.
- 설정 동안 오류에 대비하여 항상 원시자료와 가공된 자료를 저장한다.

경험 없는 운영자에게 삽입식 측량은 많은 영역에서 오류의 가능성이 큰 작업이다. 그러나 주의를 기울이고 연습을 하면 삽입식 미터는 매우 훌륭한 성능을 제공할 수 있다. 이들은 삽입식이므로 유입점이 장애물이 될 수 있는 반면 배관 내경의 정확한 측정이 가능한 이점을 갖는다. 이는 다른 비삽입식 방법론의 경우 항상 그런 것은 아니지만 대단히 중요할 수 있다. 오늘날 물 회사와 자문가들은 중요한 유량계(예를 들어 유입 유량계, 유출 유량계, 영역 유량계, 등)의 현장 증명을 위해, 다양한 목적(수리모델의 캘리브레이션, DNMA 내 누수 측정 등)을 위해, 그리고 임시 유량측정을 위해 삽입식 유량계를 사용한다. 단일점 삽입식 유량계의 장점과 단점의 일부는 다음과 같다.

장점

- 상대적으로 저렴하다.
- 직경이 다른 배관에 사용할 수 있다(탐침봉이 배관 직경과 상관없이 길면)
- 용수공급 중지가 필요하지 않다.
- 대부분 삽입식 탐침봉은 동력공급이 필요없다.
- 수두손실이 적다.

단점

- 정확도는 유동 프로파이에 매우 민감하다.
- 유동 프로파일의 교란이 없는 충분한 상류측과 하류측 길이를 필요로 한다.
- 운영자는 유량계 사용 경험이 많아야 한다.
- 설치하기 위해 핫탭이 필요하다.

B.2.2 휴대용 초음파 유량계

휴대용 초음파 유량계의 역사는 약 25년이고 최근에는 매우 세련되고 정확하게 되었다. 일부 운영자는 초음파 유량계를 좋아하지 않지만 설치동안 주의하면 매우 정확한 정보를 얻을 수 있다. 운영자가 유량 변화를 알고 싶어하는 경우 초음파 유량계는 완전하게 비삽입식이고 배관에 핫탭 또는 유입 지점을 필요로 하지 않기 때문에 완벽하다. 다양한 형식의 초음파 유량계가 출시되어 있으나 공통적으로 다음 두 범주로 분류된다.

- 도플러식
- 이동시간식(때로는 비행시간이라고도 불림)

통상적으로 도플러 초음파 유량계는 입자 또는 포획된 공기를 갖는 유체를 측정하기 위해 사용된다. 도플러원리는 그림 B.13과 같이 초음파 신호가 부유하여 이동하고 있는 입자 또는 가스 기포에 의해 반사되는 원리에 기초하여 동작한다. 도플러식 초음파는 유동하는 액체 내 이동하는 비연속성에 의해 영향을 받을 때 주파수가 변화하는 음파의 물리적 현상을 이용한다. 도플러 초음파 유량계는 초음파 음을 배관 내 유동하는 액체로 전송하고, 액체의 유동율에 직접 비례하는 불연속성은 약간 다른 주파수의 초음파를 반사한다. 이러한 이유로 청수에는 도플러 유량계를 사용하지 않는다.

이동시간식 초음파유량계는 그림 B.14 및 B.15와 같이 하나의 센서로부터 다른 센서로 신호를 송신하고 수신하여 작동한다. 그림 B.16은 센서가 배관의 동일한 측면에 장착된 전형적

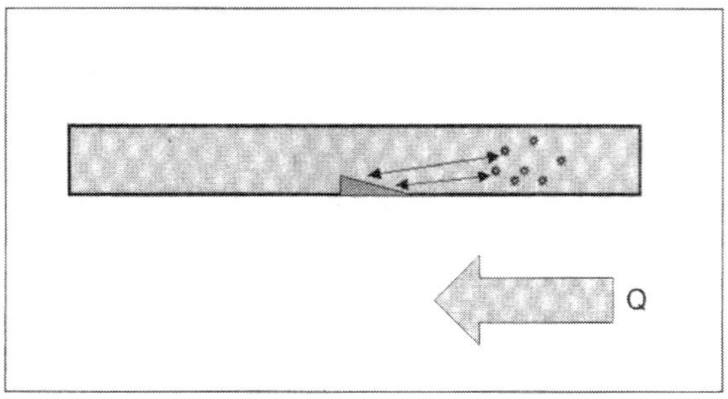

그림 B.13 도플러 효과 센서(Julian Thornton 제공)

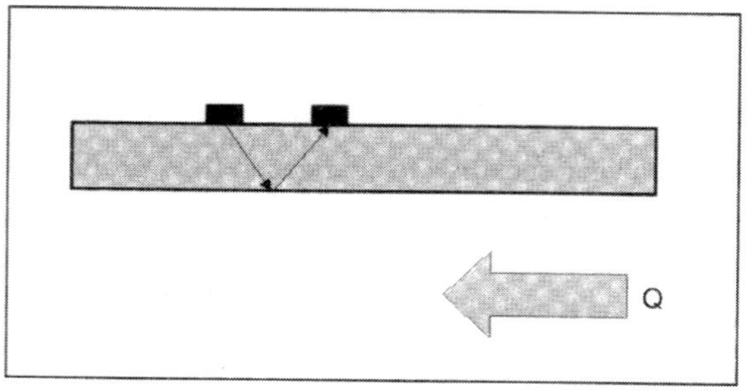

그림 B.14 이동 시간 반사 패턴(Julian Thornton 제공)

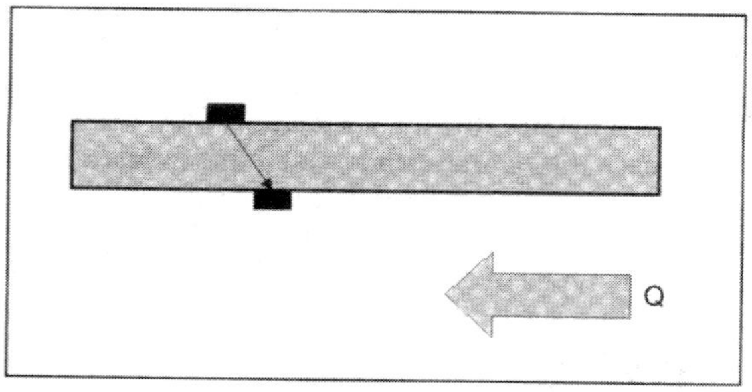

그림 B.15 이동 시간 측정(Julian Thornton 제공)

인 반사 모드(reflex mode)의 설치를 보여준다. 이 경우 신호는 배관 벽을 부딪치고 두 번째 센서로 돌아간다. 그림 B.15는 신호가 두 번째 센서로 직접 전달되는 대안적인 설치 방법을 보여준다.

신호가 한 센서로부터 다른 센서로 이동하면서 소요되는 시간은 배관 내 유속 변화에 따라 변화하며 패러데이 법칙은 이러한 원리를 설명한다.

배관 재질은 신호 전달에 영향을 미친다. 경험이 있는 많은 초음파 유량계 사용자들은 오래되고 부식된 주철관에서의 부식이 초음파 빔을 반사하는 경향이 있어 양호한 신호를 얻는 것이 어려울 수 있다는 사실을 알고 있다.

배관 재질과 직경이 변화하면 빔이 배관 재질을 통과해 이동하면서 빔 각도도 변화한다. 따라서 장치는 센서 거리를 요구하므로 장치를 프로그램하기 이전에 배관 재질을 아는 것이 중요하다. 만일 그릇된 거리를 사용하면 두 번째 센서가 받은 신호는 약하거나 존재하지 않을 수 있다. 또한 배관 벽 두께를 측정하는 것이 중요하다. 그러나 배관이 라이닝되거나 부식되면서 초음파 두께 측정기조차도 두께를 측정하는 것이 어렵다. 따라서 정확한 추정과 측정을 할 필요가 있다.

그림 B.16 클램프 온 형식 초음파 유량계(Reinhard Sturm 제공)

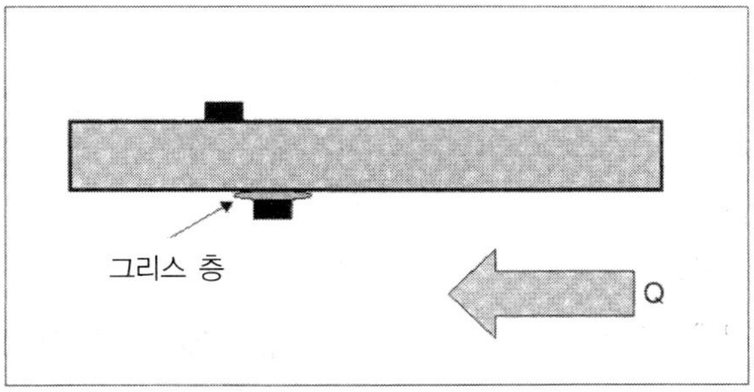

그림 B.17 그리스는 배관 벽을 통과하는 신호를 돕는다(Julian Thornton 제공)

유량계 설치

삽입식 유량계에서와 같이 다른 배관 피팅들로부터 유량계 상류측과 하류측에 충분한 직관 거리를 확보하여야 한다.

배관 재질을 반드시 확인하고, 가능하면 내부 직경과 외부 직경을 측정하여야 한다. 그렇지 못하는 일부 경우 배관 벽 두께를 측정하기 위해 초음파 두께 측정기를 사용할 수 있다. 많은 경우 이 두께 측정기는 배관 라이닝 또는 부식 두께를 측정하지 않는다. 따라서 이들을 추정하여야만 한다. 내경을 측정할 수 없는 경우 배관표를 사용하여 내경을 추정하여야 한다.

배관 외부를 반드시 청소하여야 한다. 부식 또는 그리스 및 먼지는 신호강도에 영향을 미쳐 유량계의 효과도에도 영향을 미친다.

제작사의 지침에 따라 배관 정보를 유량측정장치에 입력하여야 하고 대부분의 경우 장치는 운영자에게 센서를 반사 또는 직접 모드로 설치할 것을 지시한다.

설치 이전에 설치할 센서의 위치를 배관에 명확하게 표시하여야 한다. 센서들을 정확하게 위치시키고 잘 정렬하는 것이 중요하다. 그렇지 않으면 신호가 불량해 질 수 있다.

센서를 배관 벽에 설치하기 이전에 반드시 전도성 그리스를 센서에 도포하여 배관 벽에 더욱 잘 부착되도록 하여야 한다(그림 B.17 참조). 그리스는 신호가 배관 외부에서 반사되지 않고 배관 내부로 직접 전달되도록 돕는다. 특히, 작은 직경의 배관에 그리스를 과도하게 도포하면 신호가 한 센서로부터 다른 센서로 직접 통과하는 상황(작은 배관에서 센서들은 서로 인접해지는 경향이 있다)을 만들 수 있으므로 센서에 과도한 그리스 도포를 주의하여야 한다.

센서를 제 위치에 설치하면 그 위치 주변으로 센서를 부드럽게 이동하여 신호 강도를 확인하는 것이 좋다. 가장 높은 신호 강도를 얻으면 그 위치의 배관 벽에 센서를 고정시킨다. 대부분 제작사들은 이러한 목적으로 적합한 스트랩(strap)이나 자석을 공급한다.

유량 측정

한번 센서들을 제자리에 견고하게 설치하면 유량측정을 시작할 수 있다. 이 시점에서 가능하면 0 캘리브레이션을 권장한다. 이는 유량측정장치의 현장 캘리브레이션을 허락한다. 일시적으로 유동을 폐쇄하면 장치는 0 유량을 지시한다. 이후 유량을 조심스럽게 원래 위치로 복귀시킨다. 시스템 내에서 유동을 정지 및 개시할 때 수격현상이 발생하여 시스템을 손상시키거나 누수를 증가시키지 않도록 주의하여야 한다.

이 시점에서 자료 로거를 장착하여 시간에 따른 유량을 기록할 수 있다. 오늘날 대부분 장치는 내장된 자료 로거가 장착되며 일부는 LCD 실시간 시간 그래프를 갖는다.

이동시간 초음파 유량계 검침

유량을 측정하기 위해 이동시간 초음파 유량계를 사용할 때 기억하여야 할 핵심 내용은 다음과 같다.

- 불량한 자료입력은 불량한 자료출력으로 이어진다. 그릇된 배관 재질 또는 벽 두께 자료는 오류를 초래한다.
- 유동에 대한 교란은 오류 또는 변덕스런 판독(reading)을 야기한다.
- 부식이 오래된 배관은 이 장비로 측정하는 것이 불가능하지는 않지만 어렵다.
- 항상 그리스 튜브를 갖고 다닌다.
- 배터리 수명과 필요한 감시기간을 확인한다. 예비 배터리를 사용할 수 있는지 그리고 필요하면 장착할 수 있는지를 보장한다.
- 항상 배관표를 갖고 다닌다.

삽입식 유량계에서와 같이 경험이 없는 운영자는 수 많은 잠재적 오류에 대해 불안함을 느낄 수 있다. 그러나 경험이 많은 운영자는 각 특정 설치 지점에서 제한을 준수하면 대부분 상황에서 초음파 유량계를 효과적으로 사용할 수 있다는 것을 확신할 것이다. 초음파 유량계의 일부 장점과 단점은 다음과 같다.

장점

- 상대적으로 저렴하다.
- 직경이 다른 배관에서 사용할 수 있다.
- 용수공급 중지가 필요하지 않다.
- 수두손실을 발생시키지 않는다.
- 대부분 장치는 유량계와 자료 로거를 조합한다.

단점

- 정확도는 유동 프로파일의 변화에 매우 민감하다.
- 유동 프로파일을 교란시키지 않기 위해 충분한 하류측과 상류측 배관의 직선거리가 필요하다.
- 운영자는 유량계의 사용에 능숙하고 경험이 많아야 한다.
- 장기 측정을 위해 동력 공급이 필요하다.

휴대용 장비 선정

휴대용 장비 선정시 고려하여야 할 일부 사항들은 다음과 같다.

- 앞에서 기술한 두 형식의 휴대용 장비는 매우 유연하고 현재 영구 장비가 없는 곳에서 관로 내 유동과 유속을 파악하기 위해 특정 한계를 갖고 사용될 수 있다.
- 두 형식의 장비는 배터리-운영 또는 주동력-운영이 가능하다. 일부 장비는 다른 장비보다 더 오래 운영될 수 있고, 내부 배터리로 운영되고, 일부는 다른 장비보다 더 쉽게 예비 배터리를 설치할 수 있다.
- 일부 프로젝트 상황에서 양방향 유동 기록이 필요하며 오늘날 시장에서 가용한 대부분 장비들은 이 기능을 수행할 수 있다. 그러나 이 기능 수행시 주의를 기울여야 한다.
- 많은 상황에서 영구 측정장비의 정확도를 확인하기 위해 휴대용 장비를 사용할 수 있으며 설정 기준 자료 입력이 올바르면 타당하고 정확하게 이를 수행할 수 있다. 그러나 영구 측정장비의 정확도를 확인할 때 항상 가능한 것은 아니지만 캘리브레이션된 체적 시험이 선호된다.
- 현지 기술지원은 소중하다.

그림 B.18 터빈 소화전 미터(Julian Thornton 제공)

전형적인 용도

이러한 형식의 휴대용 장비의 전형적인 용도들 중 일부는 다음과 같다.

- 영역 유량 분석
- 누수체적 감시
- 영구 측정장비의 정확도 비교 시험
- C-계수 시험
- 수요 분석
- 수리모델 자료 수집
- 밸브규격결정
- 펌프 시험

B.2.3 휴대용 소화전 미터

이 형식의 미터는 소방유량, C 계수 등을 확인하기 위해 통상적으로 운영자가 알고 있는 유량을 시스템에 입력할 필요가 있을 때 현존하는 미터를 캘리브레이션하기 위해 사용된다. 휴대용 소화전 미터는 터빈식과 차압식 두 형식으로 제작된다. 그림 B.18은 동작하고 있는 터빈식 미터를 보여준다.

차압식 소화전 미터

차압식 미터는 사용하기가 단순하고, 통상적으로 휴대용 또는 소화전 포트에 나사로 조립된다. 포트에 장치를 장착하고 완만하게 개방한다. 만일 휴대용 장비를 사용하여야 한다면 반드시 유동선(flow stream) 내 감지부를 견고하게 유지하여야 한다. 나사 조립식은 자동으로 올바르게 미터를 위치시킨다. 이제 단순히 압력계를 판독하고 제작사가 제공하는 도표를 이용하여 유동 압력을 체적 유량으로 환산한다. 통상적으로 이 미터형식은 이동부 또는 전자 성분들이 없어 강건하고 사용 및 유지관리가 쉽다.

오랜된 주관로에서(특히 라이닝되지 않은 오랜된 주철 소화전에서) 면적을 시험할 때는 시험 전과 후에 반드시 충분히 플러싱하여야 한다. 이는 관로 내 이물질이 미터로 유입되어 손상시키지 않고 시험 후 수질 불만이 없도록 보장한다.

소화전 미터를 사용할 때 주변 지역을 손상시키지 않도록 주의하여야 한다. 소화전으로부터 유동하는 물의 힘은 잔디 가장자리에 큰 구멍을 파고 아스팔트도로 또는 포장도로를 구멍내어 손상시키기에 충분하다.

소화전 주변 지역을 손상시키는 것을 방지하기 위해 소화전 디퓨저의 사용을 권장한다. 소화전 디퓨저는 내부에 여러 개의 배플을 갖는 콘(cone)으로서 통상적으로 강한 메쉬(mesh)로 제작된다. 휴대용 차압식 미터의 경우 디퓨저는 소화전에 직선으로 나사 조립되거나 또는 터빈식 미터의 경우 터빈식 미터의 하류측 말단부에 직선으로 나사 조립된다. 디퓨저는 단순하므로 대부분 금속 판 공장에서 이를 제작할 수 있다. 필요한 배플 숫자는 소화전의 유량과 압력에 따라 다르다.

점검 목록

- 필요시 차량 및 보행자에게 경고하기 위해 시험할 소화전 주변 지역을 콘 및 신호로 차단한다.
- 만일 유량과 압력이 상당히 높으면 주변 환경 손상을 감소시키기 위해 물과 함께 소성변형하여 유동하는 지반을 보호하여야 한다.
- 손상 또는 높은 유량이 발생할 수 있는 곳에서는 디퓨저를 사용한다.
- 만일 휴대용 차압식 미터를 사용하면 반드시 장치를 유동 중심부에 유지하여야 한다.
- 수격현상의 다운서지 영향을 감소시키기 위해 소화전을 완만하게 운영한다.
- 상당한 량의 물을 충분히 배수시킬 수 있도록 한다.
- 지하에서 시험할 때 물이 다시 지하로 유입되지 않도록 보장한다.
- 미터를 통과하는 부식과 녹이 미터를 손상시키지 않도록 미터를 설치하기 전에 소화전을 충분히 플러싱 한다.
- 더러운 물로 인한 불만을 방지하기 위해 시험 후에도 소화전을 충분히 플러싱한다.

B.2.4 유량 로거(Flow logger)

유량 로거(또는 기록계)는 자료 로거의 특별한 형식이다. 이는 실제적으로 미터의 전자석 구동으로부터 직접 펄스를 취하여 전자 신호로 변환하고, 유량을 기록한다(그림 B.19 참조). 다음 목적으로 유량 로거를 사용한다.

- 정확도 비교 시험
- 수요 분석
- 용적식 미터의 유량 기록
- 영역 유량 분석에 의한 누수탐사
- 수리모델 자료 수집
- 그외 유량자료 수집을 필요로 하는 여러 프로젝트

유량 로거는 제작사의 지시에 따라 유량 단위, 펄스 의미(pulse significance), 원하는 기록 시간과 같은 자료를 입력하여 상대적으로 설치하기가 쉽다.

양호한 유량 자동기록에 대한 비결은 그림 B.19와 같이 유량 로거를 사용할 때 최적 펄스 강도를 픽업하기 위한 센서의 위치에 놓여 있다. 펄스를 손실하면 유량기록이 손실되거나 부정확하게 된다. 그림 B.20은 다른 미터 형식에 대해 다양한 센서 위치의 예들을 보여준다.

미터는 미터 헤드 자석(meter head magnet) 주변에 보호 링을 갖는다. 이 보호 링은 구동 자석 주변 또는 인근에 자석을 위치시켜 정상적인 미터 운영을 방해하는 도수를 방지하는 것이다. 물론 이는 자석에서 발산된 펄스를 픽업하는 유량 기록계의 능력을 방해한다. 통상적으로 이들은 특별한 항목이지만 이러한 상황에서도 펄스를 픽업 할 수 있는 민감도가 높은 장치를 사용할 수 있다. 만일 민감도가 높은 장치를 사용하면 외부 영향을 받지 않고 미터 회전으로부터 모든 펄스를 픽업 하도록 주의하여야 한다. 만일 운영자가 외부 영향이 양호한 기록을 방해하는 것으로 느끼면 장치를 알루미늄 쿠킹 포일로 감싸 이를 해결할 수 있다. 포일은 외부 신호를 차단하는 효과가 있어 로거가 오직 미터 펄스만을 픽업하도록 허락한다.

그림 B.19 마스터 미터 유량 로거(F.S. Brainard & Co. 제공)

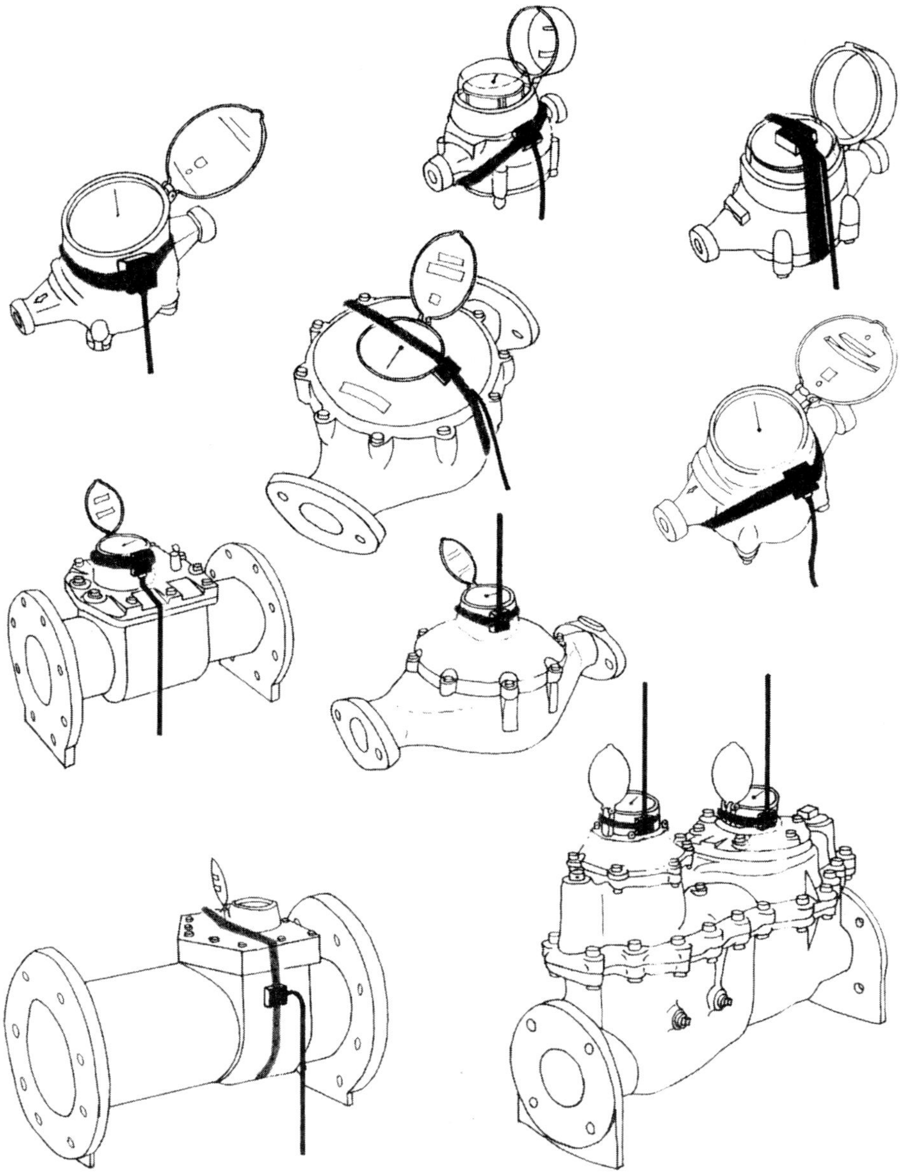

그림 B.20 미터 형식에 따른 센서 위치(F.S. Brainard & Co. 제공)

점검목록

- 기록할 미터 형식을 확인하고 미터 제작사로부터 펄스 계수를 얻는다.
- 제작사가 권장하는 센서 위치로부터 양호한 펄스 신호를 얻을 수 있도록 보장한다. 만일 권장 센서 위치가 없으면 수동으로 최상의 위치를 찾도록 시도한다.
- 현장에서 유량과 체적의 표본을 기록하고, 이를 미터 등록계에 따라 미터를 통과하는 체적과 비교하여 펄스의 의미를 확인한다. 대략적인 유량을 추정하기 위해 체적과 시간을

계산하고 이를 유량 로거로 계산한 유량과 비교한다.

- 만일 외부 신호가 픽업되면 알루미늄 포일로 장치를 감싸 외부 신호를 차단시킨다.
- 펄스 파일과 계산된 유량 파일 모두를 저장한다. 오류 발생시 적정 유량을 재계산하기 위해 원시 자료를 사용할 수 있다.
- 만일 시험할 미터가 자기장 차폐를 가지면 높은 민감도 장치를 사용하여야 한다.

B.2.5 유량 도표(Flow charts)

일부 경우 용수기관은 구식 유량 도표를 갖는다. 다양한 형식의 유량 도표가 존재한다. 일부는 차압식 미터의 차압을 가지며, 일부는 유량을 나타내는 4~20mA 신호를 갖는다. 개별 제작사의 지시에 따라 유량 도표를 설정하는 것이 상대적으로 쉽다. 그러나 항상 물이 도표상에 쏟아지지 않도록 주의하여야 한다.

일부 도표는 시간에 걸쳐 유량 기록을 허락하기 위해 기계식 시계(clock) 또는 전자식 시계를 갖는다. 기계적 시계장치의 경우 30일, 7일, 또는 24시간 중 하나를 선정하도록 주의하여야 한다. 최대유량과 시간 기간의 다양한 선택사항들 사이에서 도표를 혼돈하면 안 된다.

점검목록

- 요구되는 기간동안 자료를 기록하기 위해 올바른 시계 미케니즘을 선정한다.
- 요구되는 최대유량 및 설치된 시계 미케니즘에 대해 올바른 도표를 선정한다.
- 펜(pen)은 깨끗하고 잉크를 충전할 수 있어야 한다.
- 물이 도표상에 쏟아지지 않도록 주의한다.
- 재밍되지 않고 자유롭게 회전하도록 미케니즘을 보장한다.
- 기록 기간 종료시점에 도표를 교환하도록 보장한다.
- 분석을 위해 제거 후 도표상에 일자와 시험 특성을 명료하게 기록한다.
- 0 유량에서 pen arm을 적정하게 캘리브레이션하여야 한다. pen arm은 도표를 교환할 때 빈번하게 휘어진다.

B.2.6 스텝 테스트

제16장에서 주관로의 누수되는 부분을 분리하고, 손실체적을 확인하고, 복구 프로그램의 우선순위 및 정확한 위치 확인 수단으로서 스텝 테스트를 기술하였다.

오랜 동안 스텝 테스트를 사용하여 왔다. 구식 스텝 테스트는 스윙 게이트 원리로 동작한다. 유량이 높을 때 게이트가 더 스윙하며 이는 도표상에서 pen arm을 이동시킨다. 도표는 시계를 가지며, 이는 시간의 함수로서 원형 운동으로 도표를 이동시킨다. 누수 차단에 대응하여 유량이 떨어지면서 도표는 유량에서 차이를 디스플레이한다.

오늘날 대부분 운영자는 단순한 자료 로거 및 유량계를 사용한다. 일부 스텝 테스트 자료 로거는 누수체적을 자동으로 분석하는 기능을 가지며, 일부 로거는 무선 기능을 가져 운영자가 원격 차량에서 작업할 수 있다.

B.3 영구 장비

이전 절에서 현장 시험 동안 빈번하게 사용되는 다양한 형식의 임시 장비를 기술하였다. 이제는 일부 영구적인 장비들을 기술한다. 측정하여야 할 현장을 조사하기 전에 측정 목적으로 사용할 수 있는 영구 미터를 반드시 검사하는 것이 좋다. 적정한 정확도를 보장하기 위해 반드시 미터를 시험하고 현장에서의 유량에 대해 올바르게 규격을 결정하여야 한다.

적정한 캘리브레이션 및 규격결정 이외 사용할 미터의 형식, 운영 원리 그리고 자료전송방법을 이해하는 것이 중요하다. 자료를 수집하기 위해 호환성 있는 기록, 자동기록 장비 또는 모드를 선정할 필요가 있다. 이러한 선택사항들이 없을 때는 수동 판독을 스케줄할 수 있다. B.3.1절은 일부 산업 표준 미터형식, 일부 그림, 설치 권장 그리고 유량-한계 도표를 보여준다.

각 제작사는 그들 미터에 대해 자체 시방을 가지므로 다른 제작사의 장비에 대해 개별 자료 쉬트를 가질 필요가 있다. 그러나 예를 들어 미국 내 모든 제작사들은 그들 미터를 AWWA 시방 이상으로 제작한다. 다른 지역에서 제작사들은 ISO 시방 이상으로 제작한다. ISO 시방은 AWWA 시방과 다르다. AWWA 및 ISO 시방은 개별 기관으로부터 쉽게 구할 수 있고 통상적으로 웹상에서 구매할 수 있다.

B.3.1 미터 형식

- 터빈 및 터보 미터(그림 B.21, B.22 및 표 B.2 참조)
- 프로펠러 미터(그림 B.23 및 표 B.3 참조)
- 복합 미터(그림 B.24, B.25 및 표 B.4 참조)
- 주거민 피스톤 미터(그림 B.26 참조)
- 주거민 유속 미터(그림 B.27 참조)
- 전자식 미터(그림 B.28 참조)

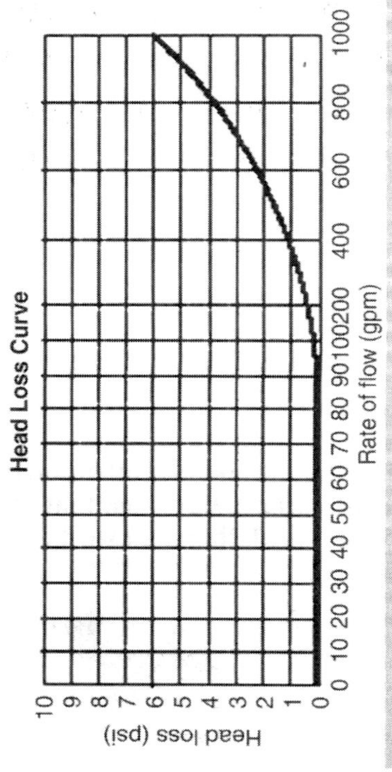

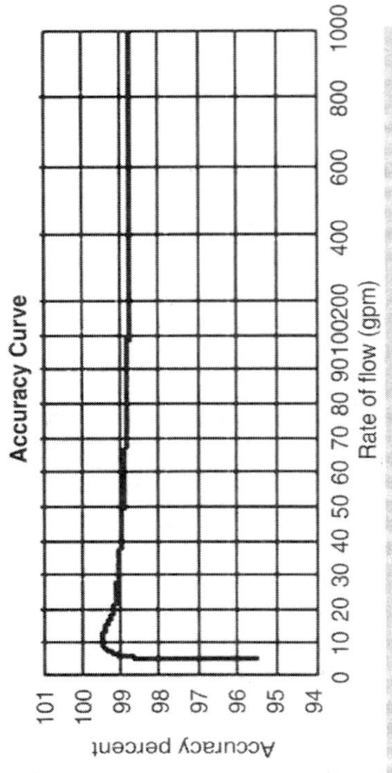

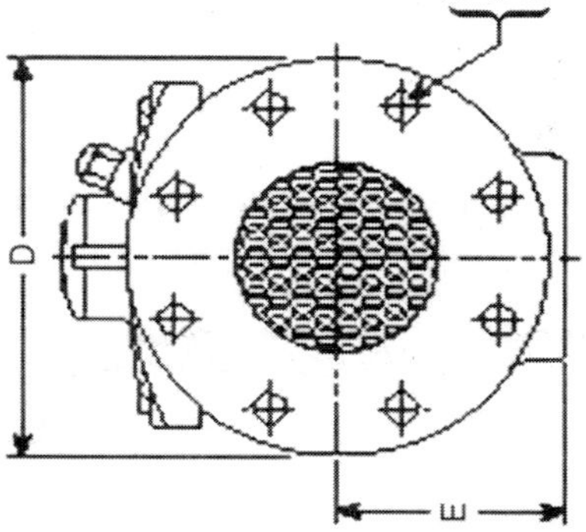

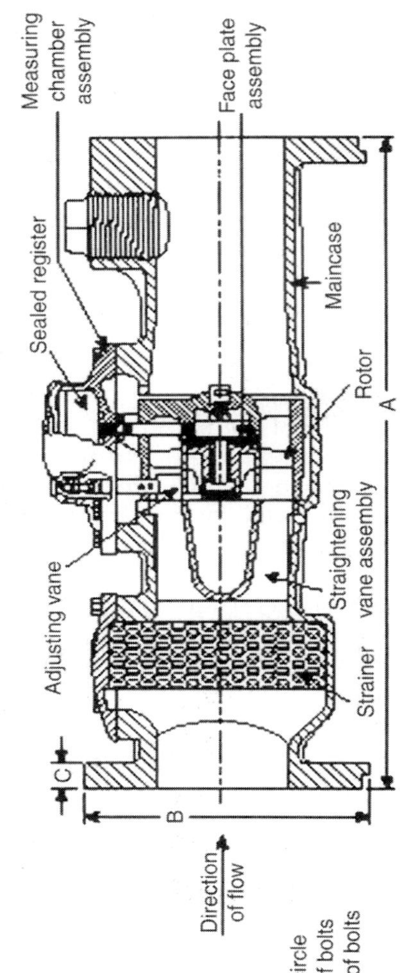

Meter and pipe size	Normal operating range GPM minimum	maximum	Connections	Dimensions A	B	C	D	E	F	G	H	Net weight	Shipping weight
4"	15	1000 ①	Flanged	23"	10-7/8"	7/8"	9"	4-3/4"	7-1/2"	8	5/8"	77 lbs.	85 lbs.
DN 100 mm	3.4 m^3/h	225 m^3/h		584 mm	227 mm	22 mm	229 mm	121 mm	191 mm	8	16 mm	35 kg	39 kg

그림 B.21 터빈 및 터보 미터 사양(Invensys Metering System 제공)

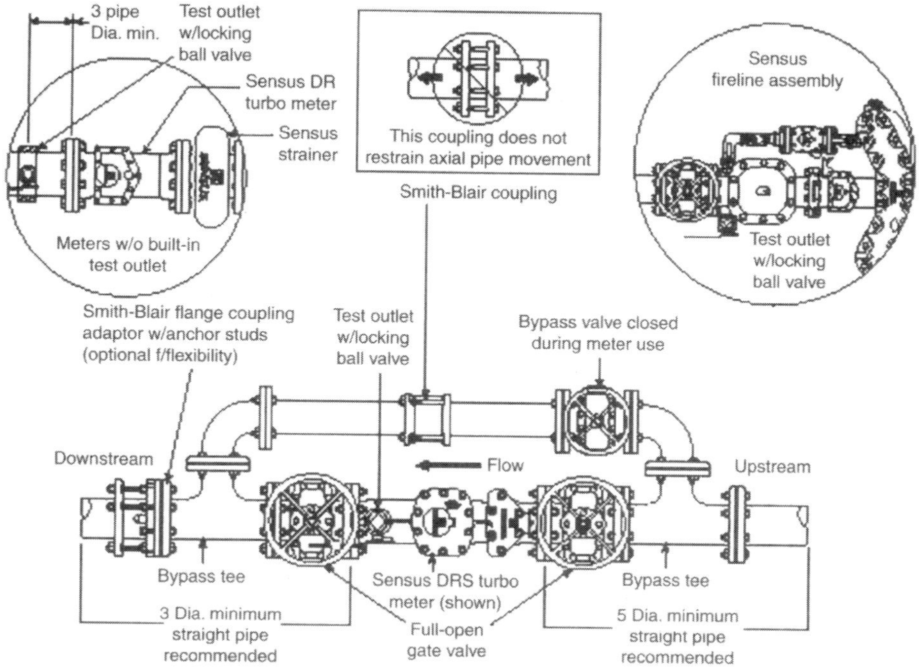

그림 B.22 터보 미터 설치 사례(Invensys Metering System 제공)

- 초음파 미터
- 차압식 미터
- 와류진동(vortex shedding) 미터

각 미터 형식은 장단점을 가지며 한 방법론을 다른 방법론 보다 장려하기 위한 의도는 아니다. 그러나 운영자는 사용할 현장에서의 미터 형식과 친숙해지는 것이 중요하다.

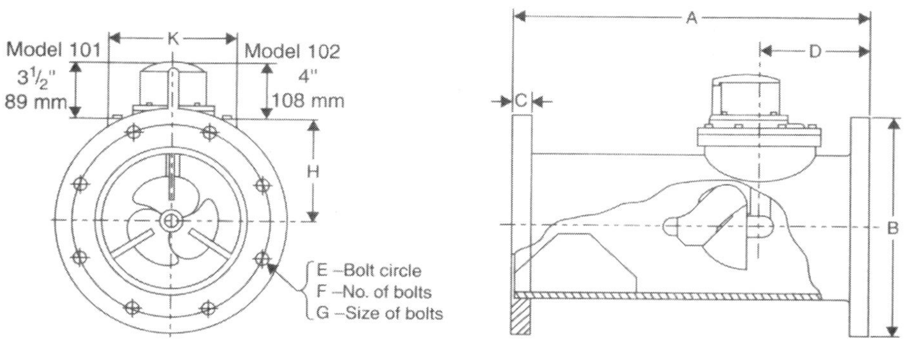

그림 B.23 프로펠러 미터(Invensys Metering System 제공)

표 B.2 터보미터의 유량 자료(출처: Invensys Metering System(formerly Sensus Technologies))

규격 (인치)	모델	주재료	정상 유량 (100.0±1.5%)gpm	연장된 유량 단위 (간헐적 유량)	낮은 유량 (95%) gpm	최대유량에서 손실수두	최종 연결
1½	W-120DR	청동	4~120	160	3	13.5	1½″two boll oral, AWWA 125lb 클래스
1½	W-1200RS	청동	4~120	160	3	15.4	1½″two boll oral, AWWA 125lb 클래스
2	W-160DR	청동	4~160	200	3	5.6	2″, boll slot oral, AWWA 125lb 클래스 optional 2~11½″MPI, 암나사
3	125WDR	알루미늄	4~350	400	10	8	2½~7½″NSI(national standard fire hose coupling thread) furnished unless otherwise specified
3	W-350DR	청동	5~350	450	4	5.0	3″round ANSI 125lb 클래스
4	W-1000DR	청동	15~1,000	1,250	10	3.6	4″round ANSI 125lb 클래스
4	W-1000DRFS	청동	15~1,000	1,250	10	6.3	4″round ANSI 125lb 클래스
6	W-20000DRS	청동	30~2,000	2,500	20	6.2	6″round ANSI 125lb 클래스
6	W-2000DRSL	청동	30~2,000	2,500	20	3.0	6″flat lace, 125lb 클래스
6	W-2000DRFS	청동	30~2,000	2,500	20	6.7	6″round ANSI 125lb 클래스
8	W-3500DR	청동	35~3,500	4,400	30	8.3	8″round ANSI 125lb 클래스
8	W-3500DRFS	청동	35~3,500	4,400	30	8.5	8″round ANSI 125lb 클래스
10	W-5500DRFS	청동	55~5,500	7,000	35	6.1	10″round ANSI 125lb 클래스
10	W-5500DRFS	청동	55~5,500	7,000	35	6.0	10″round ANSI 125lb 클래스
16	W-10,000DR	주철	250~10,000	12,500	200	5.3	16″round ANSI 125lb 클래스

표 B.3 프로펠러 미터 유량자료(출처:Invensys Metering Systems(formerly Sensus Technologies)

미터규격 단위가 인치(mm)인 경우 유량:gpm(m^3/h), 치수:인치(mm), 중량:lb(kg)

미터규격	저 유량	정상 유량	치수									
			A	B	C	D	E	F	G	H	K	선적중량
3″	80	100~250	16	7½	¾	6½	6	4	5/8	3⅜	5	70
80㎜	18.2	23~57	406	190	19	165	152		16	86	127	32
4″	82	125~500	18	8	5/5	7½	1½	8	5/8	3⅞	7½	85
100㎜	18.6	28~114	457	228	16	190	190		16	99	190	39
6″	160	220~1200	22	11	11/16	9	9½	8	¾	5	9	115
150㎜	36.3	30~273	550	279	17	229	241		19	127	229	52
8″	100	250~1650	24	13½	11/16	9	11¾	8	¾	6	9	150
200㎜	43.2	57~375	610	343	17	229	208		19	152	229	68
10″	260	330~2500	26	16	11/16	10	14¼	12	7/8	7½	11	200
250㎜	50.0	75~568	660	406	17	254	362		22	187	279	91
12″	275	350~3500	28	19	13/16	10	17	12	7/8	8⅜	11	290
300㎜	62.4	80~795	711	483	21	254	432		22	213	279	132
14″	350	450~4500	42	21	1⅜	12	18¾	12	1	9¼	13½	450
350㎜	79.5	102~1022	1067	533	35	305	476		25	235	343	204
16″	450	550~5500	48	23½	1-7/16	12	21¼	16	1	10¼	13½	550
400㎜	102.2	125~1249	1210	597	37	305	504		25	260	343	249
18″	550	752~7250	54	25	1-9/16	15	22¾	16	1⅛	11⅝	13½	620
450㎜	124.9	160~1647	1372	635	40	381	570		29	295	343	281
20″	700	850~9000	60	27½	1-11/16	15	25	20	1⅛	12⅝	13½	820
500㎜	150.0	193~2044	1524	699	43	381	635		29	321	343	372
24″	1000	1300~13000	72	32	1⅞	18	29¼	20	1¼	12⅝	13½	1000
600㎜	227.1	259~2592	1829	813	48	457	740		32	321	343	454
30″	1600	2100~18500	84	38¾	2⅛	18	36	28	1¼	12⅝	13½	1150
750㎜	363.4	477~4224	2123	984	54	457	914		32	321	343	522
36″	2400	3000~24000	96	46	2⅝	20	42¾	32	1½	12⅝	13½	1350
900㎜	545.0	681~5450	2436	1168	67	508	1086		38	321	343	613

자료전송

앞에서 기술한 대부분 미터들은 여러 방법 중 하나로 자료를 전송한다. 가장 공통적인 방법은 다음과 같다.

- 수동 검침

- 4~20mA 아나로그 출력(그림 B.28 참조)
- 펄스 출력(그림 B.29 참조)
- 주파수 출력(그림 B.30 참조)

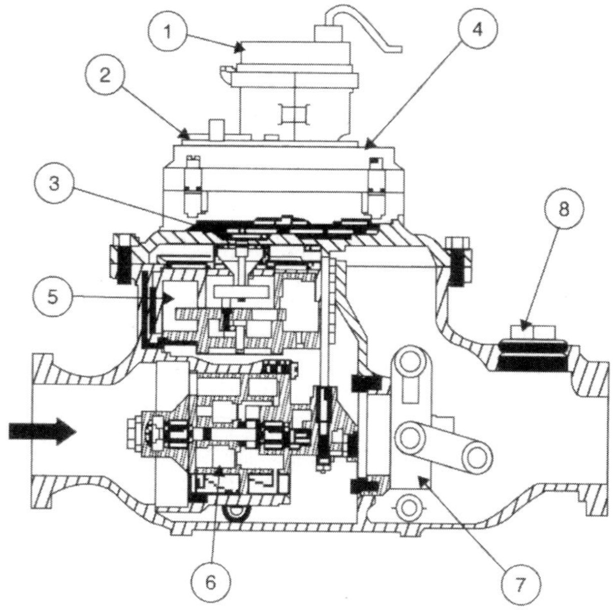

소유량

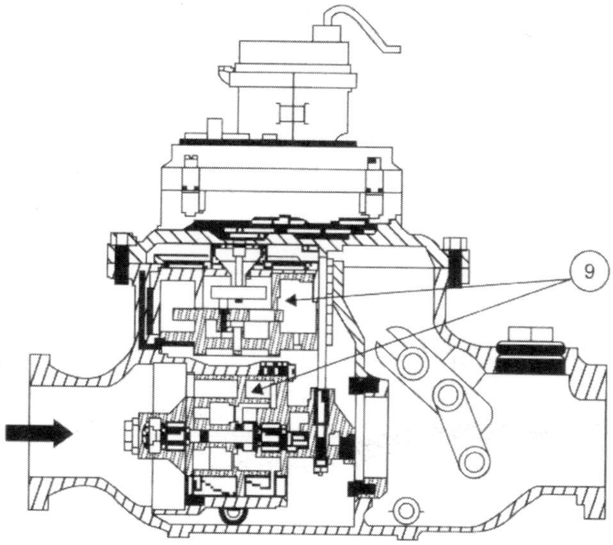

대유량

그림 B.24 복합식 미터(Invensys Metering System 제공)

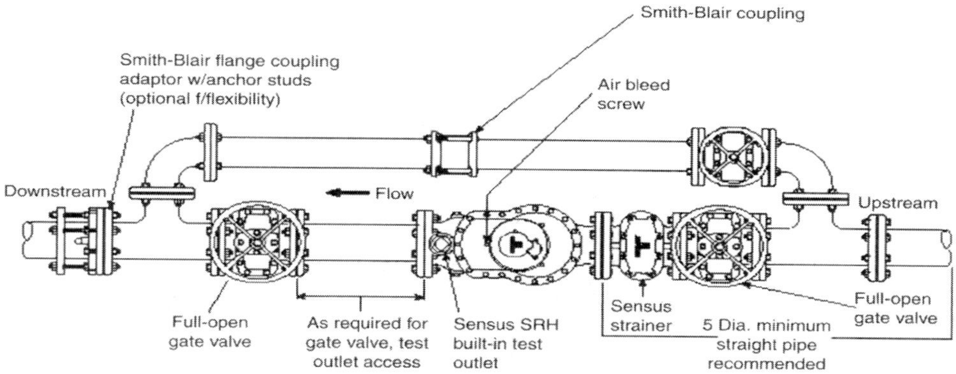

그림 B.25 복합식 미터 설치 사례(Invensys Metering System 제공)

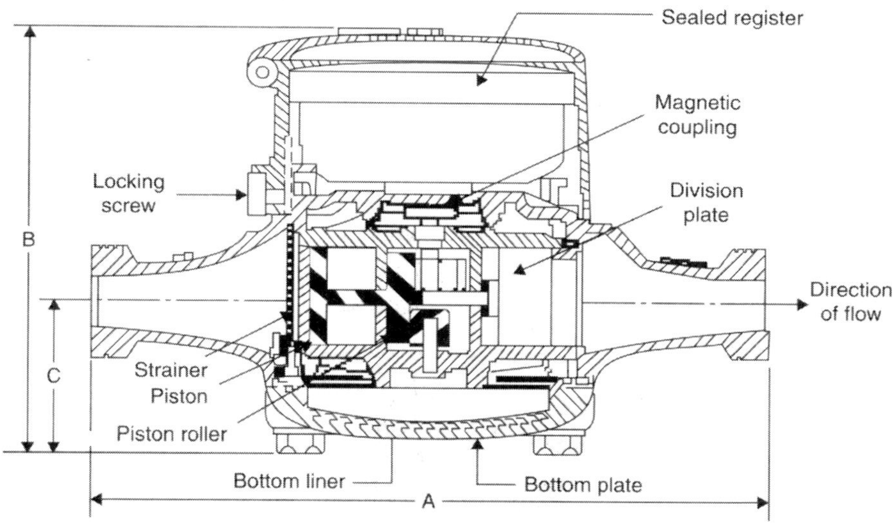

그림 B.26 피스톤 미터(Invensys Metering System 제공)

표 B.4 복합식 미터의 유량자료

(출처 : Invensys Metering Systems(formerly Sensus Technologies)

공식 규격/모델	정상 운영 범위(gpm)	95% 신뢰수준 정확도의 미터규격(인치)	AWWA 최대 연속유량 (gpm)	최소 간헐 유량(gpm)	최소 정확도 교차	최대 간헐유량에서 수두손실
2″SHR	2~160	¼	80	160	95%	5.0
3″SHR	4~320	½	160	320	95%	5.3
4″SHR	6~500	¾	250	500	95%	3.2
5″SHR	10~1,000	1½	500	1,000	95%	13.0
8″매니폴드	16~1,600	2	800	1,600	95%	13.2

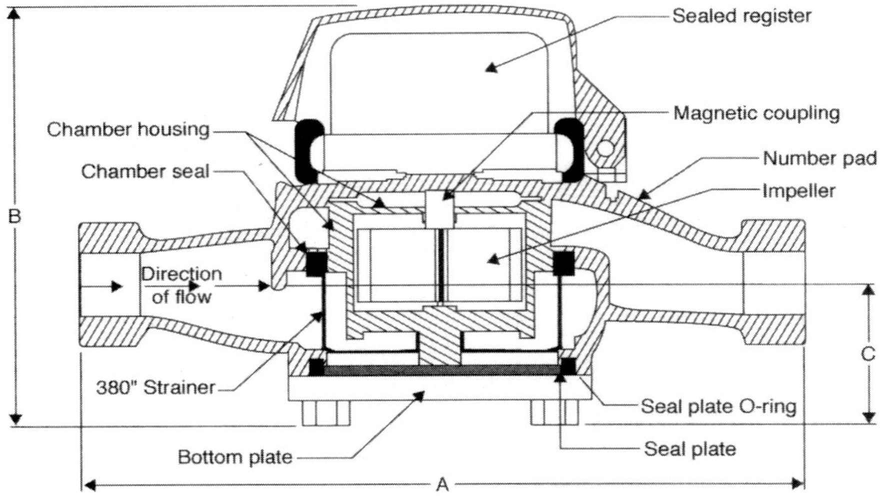

그림 B.27 유속 미터(Invensys Metering System 제공)

그림 B.28 전자식 유량계(Chris Bold, Invensys Metering System 제공)

출력 관계

일반적으로 미터는 다음 형식의 세 개 출력 범주에 속한다.

1. 수동 판독: 앞에서 기술한 모든 형식의 미터의 선택사항
2. 4~20mA: 통상적으로 전자 변환기를 갖는 전자 및 초음파 형식 미터, 전자 와류진동 미터, 차압식 미터와 같은 전자식 미터의 선택사항
3. 펄스 및 주파수 출력: 통상적으로 전자 및 초음파 미터와 같은 대부분 전자 미터로부터 펄스 출력을 얻을 수 있다. 때로는 터빈, 프로펠러 미터 그리고 주거민 미터도 이 선택사항을 취할 수 있다.

영구적으로 설치된 장비로부터 유량을 기록하기 위한 장비를 선정하기 전에 미터의 출력 형식을 이해할 필요가 있다. 이제 이를 위해 올바른 기록 장비를 확인할 필요가 있다.

B.3.2 미터 형식/특성

다음 절에서 보겠지만 유량변화에 더욱 신속하고 완만하게 반응하도록 다양한 형식의 펄스 출력을 미터에 장착할 수 있다.

운영자는 사전에 학습하여 주어진 과제에 대해 올바른 출력 형식을 선정하고 유량 또는 체적을 정확하게 기록하기 위해 항상 충분한 펄스가 발생하도록 보장하여야 한다. 그러나 너무 많은 펄스가 발생하여 장비를 혼란스럽게 만들거나 시험 기간이 종료되기 전에 로거에 할당된 자료 저장용량이 모두 소비되지 않아야 한다.

전자 미터

통상적으로 전자 미터는 출력 펄스 수치의 선정을 허락한다. 이는 기계 스위치 또는 미터를 전산기로 프로그램하거나 또는 휴대용 장치를 통해 수행된다. 대부분의 경우 장비공급자로부터 최소 훈련을 받거나 운영 매뉴얼을 읽어 상대적으로 단순하게 출력 펄스 수치를 선정할 수 있다.

기계 미터

통상적으로 기계 미터는 다음과 같이 여러 형식의 펄스 출력을 갖는다.

- 리드 스위치(reed switch) 센서는 광학 스위치보다 낮은 펄스 출력를 제공하는 경향이 있다. 리드 스위치는 미터 내부에서 구동 자석과 연계하여 동작한다. 직면할 수 있는 다른 형식의 구성은 그림 B.29(a) 및 (b)를 참조한다. 또한 다른 형식의 구성도 사용할 수 있다.
- 통상적으로 광학 스위치는 특별한 다이얼과 연계하여 동작한다. 직면할 수 있는 다른 형식의 구성은 그림 B.30(a) 및 (b)를 참조한다. 또한 다른 형식의 구성도 사용할 수 있다.

그림 B.29a 펄스 출력

그림 B.29b 펄스 출력

만일 측정 현장이 챔버 내 지하가 되면 검침을 실패할 수 있기 때문에 방수등급의 케이블과 미터를 사용하는 것이 좋다. 통상적으로 미국 내 NEMA 6 등급, 영국에서는 IP68, 그리고 다른 나라에서는 다른 클래스 등급을 갖는다. 대부분 제작사는 방수 등급 다이얼과 센서를 갖지만 이는 규정이 아니고 선택사항이다.

그림 B.30a　주파수 출력

그림 B.30b　주파수 출력

B.4 출력 검침

B.4.1 펄스 기록 이해

현장에서 자료 로거를 이용하여 유량을 기록하기 위해 선호하는 방법은 펄스 출력이다. 이 이유는 로거는 전체 시간에 걸쳐 정해진 펄스 수를 카운트할 수 있기 때문에 각 펄스는 미터를 통과하는 정해진 물의 체적과 동일하다. 만일 기록장비를 올바르게 설정하면 정확도는 높고 신뢰할 수 있다. 장비를 적정하게 설정하기 위해 운영자는 펄스를 기록하는 방법에 대해 여러 요소를 이해할 필요가 있다. 예를 들어 펄스와 주파수 사이 차이는 무엇인가? 이에 대한 대답은 주파수는 신속한 하나의 펄스라는 것이다.

일부 제작사의 장비는 헤르츠(hertz)로 명시된 주파수 출력을 갖는다. 1 헤르츠는 1초당 1 펄스와 동일하다. 따라서 비록 대부분 운영자들은 펄스를 상당히 완만한 발생으로 생각하지만 주파수 출력은 또한 펄스 출력이다. 예를 들어 분당 10 펄스는 펄스 출력으로 간주된다. 대부분의 경우 초당 10 펄스는 10Hz의 주파수 출력으로서 명시된다.

대부분 자료 로거는 펄스와 주파수를 기록하고 카운트할 수 있다. 그러나 대부분의 경우 이들은 카운트할 수 있는 한계를 갖는다. 상기에서 로거는 로거가 시간 창을 개방하고 기록된 펄스 수를 카운트한다. 그리고 사전 결정된 또 다른 시간 기간 후 시간 창을 폐쇄하고 개방하는 표본화 시스템으로 복귀할 수 있다. 만일 그렇다면 운영자는 로거가 실제로 기록할 때 시간 창 사이에서 소중한 유량 변화를 손실할 가능성이 크다. 이에 따른 영향은 혹독하게 평균화된 유량 프로파일이 될 것이며 이는 앞에서 기술한 것과 같이 일부 용도에서는 문제가 되지 않지만 미터 규격결정과 같은 용도에서는 문제가 될 수 있다.

만일 주파수 표본화를 사용하고자 하면 운영자가 평균 주파수를 계산하고 10 펄스 이상의 기록을 허락하기에 충분한 시간 창의 보장을 권장한다. 시간 창에서 손실된 펄스의 영향은 10% 이하의 오류를 제공한다. 만일 이 보다 높은 해상도가 필요하면 운영자는 하나의 펄스 손실을 허용할 수 있는 오차 보다 적은 의미를 갖도록 시간 창을 반드시 개방하여야 한다. 한 예는 "펄스 카운트 기록"을 참조한다.

펄스 카운트 기록

특히 일부 유량 프로파일을 사용하여 체적을 분석하는 상황에서 최상의 유량 기록 방법은 단연코 펄스 카운트을 사용하는 것이다.

한번 운영자가 주파수 표본화 또는 아나로그 표본화와 대조적으로 펄스 카운트를 결정하였으면 다음 자료 저장 모드 중 하나를 반드시 결정하여야 한다.

- 평균화 모드(averaging mode)
- 이벤트 모드(event mode)
- 상태 모드(state mode)

평균화 모드

대부분 자료 기록계 또는 로거는 사용자가 사용할 자료 저장 형식을 정의하도록 허락한다.

평균화 모드는 특정 기간에 걸쳐 펄스를 카운팅하고 정의된 간격에서 평균 수치를 저장한다. 이 모드에서 로거는 모든 단일 펄스를 저장하지 않는다. 단일 펄스는 유량 및 출력 장치에 따라 상당한 크기가 될 수 있다. 모든 단일 펄스를 저장하지 않으므로 로거 메모리가 연장되어 다운로드 사이 저장 기간이 더욱 길게 된다. 평균화 모드는 누수탐사를 위해 영역 유입 유량 측정에서의 변화가 중요한 요소인 유량 프로파일을 기록할 때 유용하다.

운영자는 평균화 모드 선정시 결과는 많은 자료 점들의 누적된 평균화된 수치라는 사실을 인식하는 것이 중요하다. 운영자는 이를 이해할 때 사용할 시간 창을 결정할 수 있다. 시간 창은 운영자가 자료로부터 얻을 것으로 기대하는 해상도 형식을 현실적으로 반영한다.

예를 들어 만일 미터의 펄스 출력이 매우 완만(예를 들어 5분당 펄스 1개)하고 운영자가 시간 창을 10분으로 설정하면 로거는 그 시간 창 안에서 오직 하나 또는 둘 펄스만을 기록할 수 있다. 명백하게 이는 두 번째 펄스가 시간 창 한계의 내부 또는 외부에 떨어지는지에 따라 상당한 오류가 발생할 수 있다(그림 B.31 참조). 이 펄스에게 보다 좋은 시간 창은 로거가 시간 창 안에서 12회 판독을 기록할 수 있는 시간이 된다(그림 B.32 참조). 이 경우 오류 가능성은 1/12이 된다.

많은 경우 운영자는 매 시간 마다 하나의 판독 또는 이 보다 신속한 반응을 원하므로 운영자는 펄스 출력 형식을 변경한다.

이벤트 모드

이벤트 모드는 로거 또는 기록계가 매 펄스를 읽어 저장하고 유량을 나타내는 각 펄스 사이 시간을 기록하는 것을 의미한다. 이 모드는 유량 프로파일을 가장 정확하게 기록한다. 이 모드는 실제 사용 첨두(peaks)와 스파이크(spikes)를 보여주므로 미터 규격 결정할 때 반드시 이 모드를 사용하여야 한다.

그러나 이 모드를 사용할 때 시험 기간의 종료 이전에 로거 또는 기록계의 메모리가 100% 사용되지 않도록 주의하여야 한다.

상태 모드

통상적으로 상태 모드는 스위치 상태를 자동기록한다. 스위치는 on 또는 off 중 하나이다. 이 형식의 자동기록은 시간 기간에 걸친 펌프의 상태를 기록할 때 특히 유용하다. 운영자는 펌프 운영절차를 최적화하길 원하지만 각 펌프를 언제 기동하고 정지할지를 확신하지 못할 수 있다. 운영자는 펌프장을 기록하고 시퀀스를 미세 조정하여 많은 경우 에너지 소비효율을 개선시킬 수 있다.

이는 경험이 없는 운영자에게는 많은 정보처럼 보일 수 있다. 그러나 많은 경우 운영자는 현장에 미터 및 로거를 적용하여 도움을 받을 수 있다. 따라서 경험이 없는 운영자는 현지 지원을 받아 장비를 사용할 것을 권장한다.

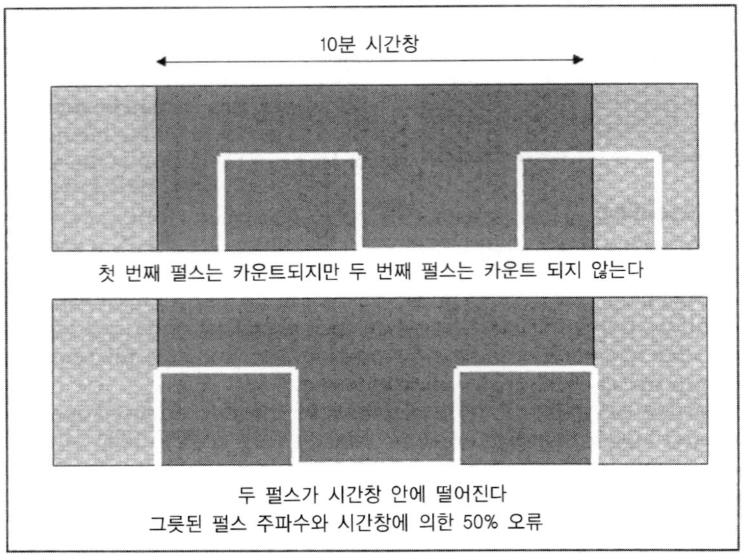

그림 B.31 부정확한 펄스 주파수 및 시간 창 선택으로 인한 50% 오류 확률(Julian Thornton 제공)

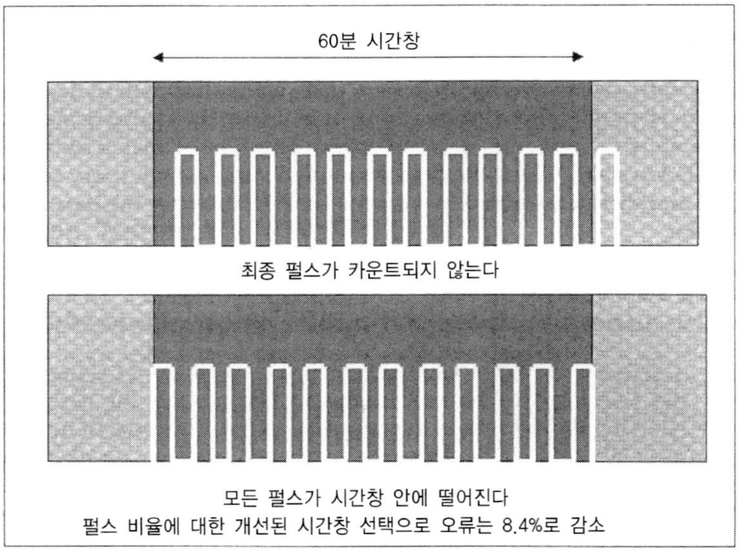

그림 B.32 펄스 주파수 및 시간 창 개선으로 8.4%로 감소된 오류 확률(Julian Thornton 제공)

B.4.2 아나로그 수치 이해

앞에서 기술한 것과 같이 미터는 4~20mA 출력을 갖는다. 대부분의 경우 출력 4mA는 0 유량을 그리고 20mA는 최대유량과 동일하도록 조정할 수 있다. 양방향 출력의 경우 보조 주파수대를 갖거나 출력을 둘로 나눈다. 예를 들어 4~8mA는 역방향 유량에 그리고 8~20mA

는 정방향 유량에 사용할 수 있다.

대부분의 경우 자료 로거는 사전 결정된 간격(예를 들어 매 5분마다)에서 wake 모드에서 수치 표본을 취득하고 저장한 다음 다시 sleep 모드로 들어간다. 이 방법은 유량에서 모든 단일 피크를 필요로 하지 않는 과업을 위해 잘 작동한다. 이 방법론을 사용하여 매 피크를 연속적으로 기록하고 등록하는 것이 가능하다. 그러나 대부분 경우 휴대용 자료 로거의 가용한 메모리가 매우 신속하게 사용되므로 이를 선택할 수 없다. 자료를 매우 신속하게(예를 들어 1초 1회 또는 1초 10회) 표본하여 중앙으로 전송하는 SCADA 시스템에서 이 아나로그 기록 형식이 빈번하게 사용되며 자료는 대형 전산기에 저장된다.

순환저장(Rotating store) 또는 완전저장(Store till full)

대부분 자료 로거 및 기록 장치는 다음과 같이 두 자료 저장 모드를 갖는다.

- **순환저장모드.** 전체 메모리를 사용한다. 메모리가 꽉 차기 시작하면 초기 자료가 삭제되고 항상 최종 자료가 파일에 남는다. 이 형식의 메모리 할당은 장기 현장 기록시 사용된다. 시간 간격 당 기록할 자료점 수와 전체 메모리가 충분하도록 주의하여야 한다. 또한 장치가 초기 자료를 덮어 쓰기 시작할 때 이력 자료 뱅크는 필요한 분석을 위해 충분히 긴 기간이 되도록 주의하여야 한다.

- **완전저장모드.** 이 모드는 구체적인 이벤트 또는 정의된 시간 기간에 걸친 이벤트 숫자를 기록할 때 사용된다. 이 모드는 앞에서와 같이 주기로 동작하지 않는다. 그러나 메모리가 꽉 찰 때까지 자료를 저장한 후 기록을 중지한다. 이 모드에서 로거를 끄기 전에 시험 기간 내 모든 이벤트를 기록하기 위해 올바른 펄스 숫자와 시간 할당의 관계를 주의하여야 한다.

B.4.3 자동기록(logging) 요약

현장에서 기록계 및 로거를 사용하여 자료를 기록하는 최상의 방법은 현장 및 필요한 자료 해상도에 따라 다르다. 운영자는 최상의 기록 장치를 조합하여 계량장치에 가용한 최상의 출력 선택사항 조합과 일치시키는 방법을 곧 학습하게 될 것이다. 운영자가 이러한 기술을 학습할 때까지는 불필요한 자료 손실 및 비싼 기록 비용을 방지하기 위해 숙련된 현지 기술지원에 의존하는 것이 가장 좋은 방법이다.

점검목록

- 출력 형식을 확인한다.
- 기록계 선택사항을 확인한다.

- 펄스를 사용할 때 현장 용도에 적합한 펄스 발생기를 선택한다.
- 최대 해상도를 보장하기 위해 단위 시간 당 올바른 펄스 숫자를 확인한다.
- 장기간에 걸쳐 자료를 기록할 때 수많은 펄스가 기록계 메모리에 장애를 줄 수 있는 경우에는 평균화 모드를 선정한다.
- 올바른 미터 규격 결정의 경우에서와 같이 실제 수요 프로파일이 필요한 곳에는 이벤트 자동기록을 선정한다.
- 주파수를 사용할 때는 적합한 표본 비율(sample rate)과 시간 창을 선택한다.
- 아나로그 기록 사용시 4~20mA 출력을 사용하면 4mA에 대해 옵셋(offset)을 설정한다.
- 적합한 표본 비율을 선정한다.
- 시험 형식에 따라 완전저장모드 또는 순환저장모드를 확인한다.
- 필요시 출력 및 입력 케이블의 방수 등급을 확인한다.

B.5 캘리브레시션, 시험, 분동식 압력시험

본절에서는 유량측정장치의 캘리브레이션, 유량-체적 비교 시험 그리고 분동식 압력시험에 대해 기술한다.

정기적으로 휴대용 또는 영구 측정장치를 시험할 필요가 있다. 시험 간격은 영구 미터의 경우 경제적인 요소(시간 조합, 체적 및 수질, 환경조건, 등)에 크게 의존하고 사용 및 수송의 형식에 따라 다르며 휴대용 장치도 이와 유사하다.

주된 현장 자료 수집 실시 전 · 후 그리고 때로는 주기적으로 휴대용 장치를 반드시 시험하

그림 B.33 용적식 유량계 시험(Chris Bold, Invensys Metering System 제공)

여야 한다. 통상적으로 다음 두 방법 중 하나로 휴대용 장치 또는 영구 장치를 시험한다.

- 시험대에서 캘리브레이션한 고해상도 영구 미터와 비교 유량 시험한다.
- 캘리브레이션한 탱크 체적 또는 중량으로 체적 시험을 수행한다(그림 B.33 참조).

때로는 미터챔버를 최근에 캘리브레이션한 것으로 대체하고 대체 전·후 유량을 소화전 다른 제어된 유량 또는 체적을 알고 있는 배수지 또는 탱크와 비교하여 영구 미터를 현장에서 캘리브레이션할 수 있다. 일부 제작사는 미터 몸체와 동일한 규격인 필터 또는 인라인 스트레이너를 공급한다. 미터의 내부 부품을 보호하고 그리고 미터의 작동 수명을 오래 동안 보존하기 위해 인라인 필터 스트레이너의 사용을 권장한다. 스트레이너를 일시적으로 제거하고 캘리브레이션한 미터 챔버를 삽입할 수 있다. 이제 체적 비교를 위해 두 미터를 수동으로 판독하거나 또는 유량 프로파일을 비교하기 위해 기록된 자료를 판독할 수 있다. 한번 시험이 완료되면 기준 미터의 유효성을 보장하기 위해 기준 미터 챔버를 공장으로 다시 가져가 재시험 및 캘리브레이션한다. 항상 장치가 장애 및 오류를 야기하는 것은 아니지만 올바르지 않은 설치도 오류를 야기하기 때문에 단연코 현장 시험은 장치를 시험하는 최상의 수단이다. 현장 시험으로 장치를 제자리에서 시험할 수 있다. 만일 현장에서 오류가 발견되고 캘리브레이션된 유량 시험대에서 장치를 재시험할 때 오류가 발견되지 않으면 오류는 명백하게 현장에서 발생한 것이므로 더 이상의 작업에 착수하기 전에 이 오류를 수정하여야 한다.

점검목록

- 가능하면 항상 체적 시험한다.
- 가능하면 현장에서 시험한다.
- 비교할 경우 기준 미터 챔버를 최근에 캘리브레이션하여야 한다.
- 휴대용 장치가 수송 도중 손상되지 않도록 보장한다.
- 최소한 주된 프로젝트 전·후 휴대용 장치의 캘리브레이션을 보장한다.
- 사전 결정된 경제적 빈도에 따라 영구 장치를 캘리브레이션하여야 한다.

B.5.1 유량계 시험 요약

영구 또는 임시 장치와 관계없이 유량 측정 및 자료 자동기록 장치는 빈번하게 용수기관에게 큰 투자이다 .또한, 운영자 또는 계약자는 지속적으로 신뢰성 있는 결과를 보장하기 위해 장치를 잘 유지하고 캘리브레이션하여야 한다. 장치를 너무 빈번하게 캘리브레이션하거나 너무 캘리브레이션을 무시한 후 오작동 또는 오류에 대해 비난한다. 많은 경우 오류는 운영자의 훈련 부족 또는 올바르지 않은 훈련에 기인한다. 그러나 잘 유지되고 캘리브레이션된 장치와 함께 잘 훈련된 자신감 있는 운영자는 대부분의 경우 양호하고 신뢰성 있는 결과를 찾아내며 이는 성공적인 물손실제어 프로그램에서 필수적이다. 그러나 유량 및 체적 측정결과가 의심스러우면 물손실을 어떻게 계산할 것인가?

B.6 압력 측정 장치

대부분 물손실제어 프로그램은 양호한 유량 기록 이외 양호한 압력 측정을 요구한다. 또한 펌프 또는 중력으로 공급되는 물 시스템의 구동력인 압력은 수위측정장치로도 측정될 수 있다. 압력은 누수체적과 물질손실을 결정하므로 매우 신중하게 다루어야 한다.

B.6.1 휴대용 로거

휴대용 압력 또는 수위 자료 로거는 현장 압력 자료를 수집하고 이를 디지털 매체로 전송하는 가장 용이한 수단이다. 자료 로거는 형상과 규격이 모두 다르게 제작된다. 일부는 내부 압력 센서를 가지며(그림 B.34 참조) 일부는 외부 센서를 갖는다. 그러나 압력 로거를 사용하기 전에 이해하여야 할 가장 중요한 것들 중 하나는 센서의 형식과 한계이다.

센서 선정

통상적으로 최대 압력에서 압력 센서를 캘리브레이션하고 압력센서는 4~20mA 신호 또는 주

그림 B.34 내부 압력 센서를 갖춘 자료 로거(Reinhard Sturm 제공)

파수로 감지한 압력을 출력한다. 내부 센서를 갖는 로거에서는 인터페이스가 자동이므로 사용자가 알기 쉽지만 외부 센서의 경우 매우 중요하므로 휴대용 압력 센서를 기술하는 다음 절을 참조하여야 한다.

사용자는 사용할 센서의 압력 한계를 알고 이 한계를 초과하는 압력을 받는 경우 수리가 불가능한 손상이 발생할 수 있으므로 주의하여야 한다.

압력 센서는 고가이므로 주의하여야 한다. 지금 현재 조건에 대해 올바른 압력 등급을 선정하는 것 이외 필요한 측정 해상도를 제공하는 센서를 선정하는 것도 중요하다. 센서의 해상도는 로거가 기록할 수 있는 최소 압력 단계를 결정한다. 예를 들어 센서의 해상도가 1%이고 최대 압력등급이 100m인 경우 로거는 1m 단계로 최대 100m의 압력을 기록하는 것을 의미한다. C-계수 시험 또는 수위 기록과 같은 일부 경우 이 해상도는 충분하지 않을 수 있어 이보다 높은 해상도가 필요할 수 있다. 예를 들어 0.1m 해상도는 10cm의 단계로 최대 압력 10m를 기록한다. 특히 수위를 기록하는 경우 통상적으로 측정하고자 하는 압력은 상당히 작고 그리고 대형 배수지에서 물 제적을 측정할 때는 10cm 보다 상당히 큰 해상도가 요구된다. 이 경우 0.01m 해상도는 10mm 압력 단계로 최대 압력 1m를 또는 0.001m 해상도는 1mm의 단계로 최대 압력 0.1m를 기록할 것이다.

많은 경우 압력이 상당히 높은 배수 상황에서 이 보다 낮은 압력 센서를 사용하지 않도록 주의하여야 한다.

올바른 압력 센서 또는 압력 로거 선정시 물 시스템 압력은 1일을 통해 변화하고, 많은 경우 첨두 수요 동안 수두손실이 큰 경우 고정된 유출 압력 감압장치로 물 시스템을 제어할 때도 야간압력은 상당히 클 수 있다는 사실을 기억하여야 한다. 따라서 일중 사용량에 적합한 장치의 규격을 결정할 때 높은 야간 압력에 대한 충분한 추가 스케일을 고려하여야 한다. 만일 운영자가 압력을 균등화하길 원하면 제18장의 압력관리부문에서 압력제어 조정의 상세한 내용을 숙지하여야 한다.

압력 및 수위 센서 시험

올바른 센서를 선정하는 것 이외 압력 센서는 시간이 경과하고 사용하면서 그리고 때로는 온도가 변화하면서 드리프트(drift)하는 경향이 있기 때문에 빈번하게 압력 센서를 캘리브레이션하는 것이 중요하다.

두점 이상에서 시험을 수행한다. 첫 번째 0점은 스케일의 바닥 종료점에서 시험하고 옵셋(offset)이 발생하지 않도록 보장하여야 한다. 이제 스케일의 상부 종료점에 가까운 압력을 시험하여야 한다. 스케일의 바닥과 상단 사이 여러 점들에서 시험할 것을 권장하지만 시간이 허락되지 않을 때는 생략할 수 있다.

B.6.2 분동식 압력시험기(Dead Weight Testers)

통상적으로 분동식 압력시험기를 사용하여 압력을 발생시킨다. 분동식 압력시험기는 두 개의 기본적인 형식인 중량물을 갖는 기계적 버전 또는 통상적으로 디지털 형식인 유압 버전으로 제작된다. 각 모델은 매우 효율적이고 정확하게 센서를 시험하는 방법을 제공한다.

만일 분동식 압력시험기를 사용할 수 없으면 알고 있는 정적인 수위를 갖는 물 탑과 같은 캘리브레이션된 수주에서 0 압력과 최대 압력을 시험할 수 있다. 대안적으로 공장에서 단순하게 배관으로 수주를 구축할 수 있다. 중요한 것은 직경이 아니라 높이이므로 작은 직경의 튜브를 사용할 수 있다는 사실을 기억하여야 한다.

한번 비교를 완료하면 통상적으로 로거 소프트웨어 안에서 로거와 센서를 전자적으로 갤리브레시이션하거나 원시 자료를 스프레드쉬트 양식으로 다운로드하고 재양식화하여 캘리브레이션할 수 있다(그림 B.35 참조).

c:\123r3\dist1e\D2P1.CSV
Water Mains Pressure Recording
Site No: 0002 390 Site Name: No 350 Centennial Pressure Range: 100.0 m

Macro Commands ALT F3
Note: Use select to pull in data Note: Use view to check data and return Note: Use CAL to regress data with calibration curve

Tabular Data

Day	Pressure
19 Oct 1992	
18:00	30.3
18:01	30.3
18:02	30.8
18:03	30.4
18:04	30.7
18:05	31.1
18:06	31
18:07	30.5
18:08	30.8
18:09	30.3
18:10	30.6
18:11	31.1
18:12	31
18:13	30.1
18:14	30.9
18:15	30.6
18:16	30.8
18:17	30.2
18:18	30.7
18:19	30.4
18:20	31
18:21	31.2
18:22	30.9
18:23	31.9
18:24	30.5
18:25	30.2
18:26	30.5

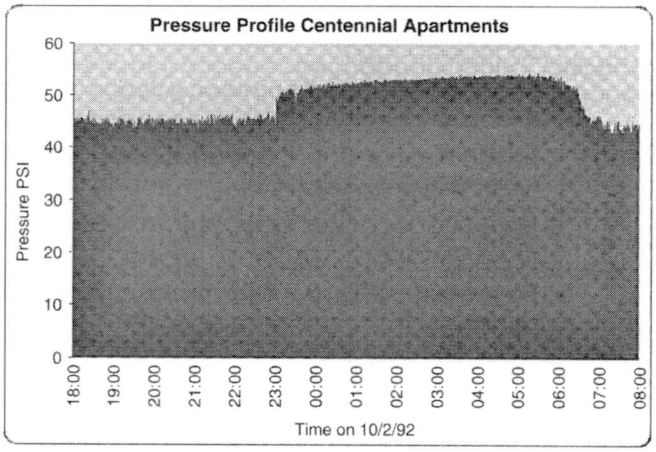

그림 B.35 압력 자료 캘리브레이션 쉬트(Reinhard Sturm 제공)

B.6.3 휴대용 도표

휴대용 도표는 압력을 시험하는 오래된 방법이지만 완벽하게 동작한다. 유일한 단점은 대부분의 경우 분석을 위해 수동으로 도표로부터 자료 점들을 취하여 스프레드쉬트로 입력하여야 한다는 것이다. 이는 많은 압력들을 측정하고 높은 해상도를 필요로 하는 대형 프로젝트의 경우 많은 시간이 소모될 수 있다.

압력 도표를 설정할 때 그 과업에 올바른 도표 및 시계 미케니즘을 선정하도록 주의하여야 한다. 앞에서 언급한 로거 및 센서에서와 같이 상당히 동일한 방법으로 압력 도표를 캘리브레이션하여야 한다.

B.6.4 휴대용 압력 센서

일부 상황에서 다른 수많은 용도와 형식으로 로거를 사용하지만 원격 또는 SCADA 시스템과 함께 직접 사용할 수 있는 휴대용 압력 센서가 선호된다.

압력센서 출력 형식은 로거 입력 형식과 호환이 되고, 센서가 과도하게 높게 출력하여 배터리를 고갈시키지 않고, 내부 배터리가 동력을 공급하거나 휴대용 배터리 팩 또는 주 동력원을 사용할 수 있도록 주의하여야 한다. 앞에서 기술한 것과 정확하게 동일한 방법으로 압력 센서 시험을 수행한다.

점검목록

- 휴대용 센서의 경우 센서의 출력 신호가 수신할 장치의 입력 신호와 일치하도록 확인한다.
- 충분하고 적합한 동력원의 가용성을 확인한다.
- 모든 경우 최대 압력 등급을 확인하고 해상도가 과업에 적합한지를 확인한다.
- 가능하면 모든 압력 측정 장치가 중간점들은 물론 0 압력과 최대 압력에서 적정하게 캘리브레이션 되었는지를 보장한다.
- 일부 경우 센서가 취약해지는 경향이 있으므로 조심하여 센서를 취급하고 떨어트리거나 잘못 취급하지 않도록 한다.
- 만일 물 속에서 사용하면 사용할 센서, 로거 또는 도표가 방수인지를 확인한다.
- 주기적인 확인을 위해 적합한 시험 장치를 구할 수 있는지 또는 현지에서 가용한지를 확인한다.

B.6.5 전통적인 청각 누수탐사 장치

청각 누수탐사 장치는 현장에서 사용하는 가장 단순한 누수탐사 장치들 중 하나이다. 그러나 이러한 형식의 장비를 사용하는 과업의 성공은 운영자의 훈련에 크게 종속된다.

운영자는 가능하면 조사하기 전에 다른 숙련된 운영자와 함께 많은 실천적 훈련을 받는 것이 매우 중요하다. 성공은 신호를 수신하고 해석하는 운영자의 능력에 매우 크게 종속된다. 본 절은 누수탐사장치와 관련된 방법론 중 일부를 기술하며 상세한 내용은 제16장을 참조한다.

기계 청음봉과 전자 청음봉

청음봉은 배관을 빠져나가면서 발생하는 진동음을 들을 수 있는 누수 거리 안에 있는 피팅과 접촉하여 동작한다. 청음봉은 기본적으로 기계식과 전자식 두 형식으로 제작된다.

기계 청음봉은 아마도 제작하기 가장 쉬운 누수 위치확인 장치 중 첫 번째 형식이고 광범위하게 사용된다. 최초의 청음봉은 견고한 나무 봉으로 제작되었고 아직도 사용되고 있다. 나중에 제작사들은 소음을 확대하기 위해 청음 공동부(sounding cavities)에 다이어프램이 내장된 스테인레스 강봉을 제작하기 시작하였다.

운영자가 더욱 개선된 성능을 요구하면서 제작사들은 신호를 확대하고 운영자가 주변 소음(이는 청각 형식의 장비를 사용할 때 주된 문제들 중 하나)을 필터할 수 있도록 기술을 개선하기 시작하였다. 청음봉 탐사를 방해할 수 있는 주변 소음은 다음과 같다.

- 차량
- 수요
- 항공기
- 가스 및 스팀 배관

상기 청음봉 사용은 단순하다. 운영자는 조사할 지역을 확인하고 의심되는 누수음을 찾을 때까지 배관 피팅, 소화전 그리고 서비스 연결부에 청음봉을 접촉한다. 이제 가장 큰 음이 들리는 곳을 확인하는 것은 단순한 문제이다.

도시 지역에서는 빈번하게 차량 소음이 적은 야간에 청음봉을 사용한다. 이는 운영자가 다른 소음원으로부터 방해 받지 않고 더욱 자유스럽게 누수음을 확인하는 것을 허락한다. 청음봉 탐사 이전에 운영자는 요구되는 접촉점들 사이 거리를 최상으로 추정하기 위해 관로 노선과 재질을 반드시 확인하여야 한다. 다양한 배관 완화(pipe attenuation) 때문에 누수음은 배관 재질에 따라 이동 거리가 다르기 때문에 이와 같은 확인이 필요하다. 누수탐사에 대한 더욱 상세한 내용은 제16장을 참조한다.

점검목록

- 탐사 전에 배관 노선을 확인한다.
- 탐사 전에 배관 재질 및 시험 거리를 확인한다.

- 만일 차량 소음이 문제가 되면 야간 탐사를 수행한다.
- 서비스 관로를 청음하는 것을 주거민에게 알려주기 위해 문서를 준비한다.
- 만일 기계식 다이어프램 청음장치를 사용하면 빈번하게 청음봉을 시추봉(boring bar)으로 사용하므로 봉과 다이어프램 사이의 접촉 상태를 확인하여야 한다.

기계 수준기과 전자 수준기

표면에서 누수음을 듣기 위해 기계 및 전자 두 형식의 수준기을 사용한다. 수년 동안 성공적으로 기계 수준기를 사용하여 왔으며 아직도 매우 유효하고 지구상 모든 운영자들이 꾸준하게 사용하는 장치이다. 다양한 기계식 수준기는 내부에서 다이어프램이 진동하는 황동 디스크로 구성된다. 두 개의 디스크는 중공 튜브로 연결되어 헤드셋 장비에 연결되며 외관은 의사의 청진기와 매우 유사하다.

음의 확대 및 필터링 성능 개선의 요구 결과로서 전자 수준기가 개발되었다. 수준기에 대한 보다 상세한 내용은 제16장을 참조한다.

배관으로부터 빠져나오는 물의 소리를 관로 노선 상부에서 청취하기 위해 수준기를 사용한다. 통상적으로 수준기는 음파 탐사시 청음봉과 함께 사용된다. 관로 직상부에서 청음하도록 주의하여야 한다. 그렇지 않으면 실패할 수 있다(그림 B.36 참조). 부드러운 표면과 또는 딱딱한 표면에서 들을 때 뚜렷한 누수음의 차이가 발생한다. 운영자는 반드시 이 차이를 확인하는 방법을 배워야 하고 지반 표면이 음을 전달하지 않는 곳에서는 청음봉을 사용하여야 한다.

그림 B.36 전자 수진기를 사용한 누수 청음(Health Consultants 회사 제공)

점검목록

- 탐사 전에 관로 노선을 확인한다.
- 탐사 전에 지반 표면을 확인한다.
- 표면이 부드러우면 청음봉을 준비한다.
- 기계식 수준기의 경우 다이아프램과 튜브가 손상되지 않은 것을 확인한다.
- 전자식 수준기의 경우 배터리를 확인한다.

추적자 가스 장비

추적자 가스 장비는 가스탱크를 시험할 주 배관에 연결하는 주입 매니폴드, 통상적으로 탱크바닥 압력과 주관로 압력을 시험하기 위한 압력계 그리고 표본을 취하여 공기 밀도와 비교하는 수신기로 구성된다.

추적자 가스 탐사는 수압 시험 동안 발견되는 누수 또는 찾기 어려운 누수, 빈번하게 누수음이 멀리 전달되지 않아 전통적인 청각 장치가 효과적이지 않은 매우 작은 누수를 찾는 매우 효과적인 방법이다.

이 장비의 동작여부를 시험하는 쉬운 방법은 센서 정면에서 가스는 나오지만 켜지지 않은 라이터를 잡고 주사바늘 상에서 주목할 만한 굴절의 존재여부를 확인하는 것이다. 만일 굴절이 없으면 펌프 또는 필터 시스템이 먼지로 막히거나 내부에 물이 있는 것을 의미한다.

B.6.6 신기술 누수탐사 장비

누수음 상관기

누수음 상관기는 1970년대 후반 시장에 상업적으로 소개되었다. 그러나 최근 몇 년간에 걸쳐 기술이 도약적으로 발전하여 이러한 형식의 장비가 매년 변화하여 새로운 기술 영역으로 발전하였다. 본질적으로 누수음 상관기는 수신기 그리고 센서와 수중청음기가 구비된 두 개의 무선 전송기로 구성된다. 센서는 시험하고자 하는 물 주관로 또는 관로의 두 지점에서 누수음을 픽업한다. 이렇게 하는 이유는 누수를 이 두 점 사이에 묶기 위한 것이다. 다음 계산식을 사용하여 유사 신호들을 확인하고, 한 신호와 다른 신호 사이 시간 지연 T_d을 측정하고 센서들 사이 측정된 거리 L과 함께 알고 있거나 계산된 속도 V를 사용하여 누수위치 D를 계산한다.

$$D = 2L + T_d \times V$$

가장 최신 상관기는 운영자가 정확한 누수위치를 확인하는 것을 돕기위해 내장된 수 많은 기능을 가지며 일부 기능은 다음과 같다.

- 자동 필터 선정
- 거리 측정

- 속도 계산
- 복수–배관 특성
- 배관 말단부에서 단일 센서 사용을 위한 자동 상관관계
- 선형 회귀
- 누수위치 메모리
- 프린터
- 다른 현장 상황을 위한 센서 종합

누수음을 방해할 수 있는 배관의 재질 및 직경에 따라 그리고 주변 소음의 부재에 따라 상당히 긴 관로에 걸쳐 누수음 상관기를 사용할 수 있다. 대부분 상관기는 500m 이상 그리고 새로운 디지털 버전은 이상적인 조건에서 최대 3000m까지 처리할 수 있다. 상관기를 사용할 때 반드시 다음 사항들을 주의하여야 한다.

- 센서들 사이 정확한 거리를 측정한다.
- 배관 재질을 확인한다.
- 배관 직경을 확인한다.
- 두 센서들 중간에 가깝게 누수 지점을 유지한다.
- 배관 내부에서 유속을 측정한다.
- 누수가 아닌 첨두를 확인하고 제거한다.

누수음 상관관계에 대한 더욱 상세한 내용은 제16장을 참조한다. 많은 운영자들은 누수음을 테이프 또는 전산기에 디지털 형식으로 기록한다. 주기적으로 장비를 시험하기 위해 사용할 수 있는 수 개의 기록된 기준 누수음을 갖는 것이 좋다. 장비에서 발생하는 대부분 결함은 낙하(떨어짐)에 상당히 민감한 센서의 오용을 통해 발생한다. 또한 케이블 연결과 배터리 수명을 지속적으로 확인하고 잘 정리할 필요가 있다.

누수음 로거

누수음 로거는 1980년대 다양한 형식으로 시장에 출시되었으나 최근에야 기술이 비약적으로 발전하였으며 이제는 주변 소음이 최소인 야간에 소음을 분석하고 기록하여 잠재적인 누수음으로 지역을 확인할 뿐만 아니라 센서들 사이를 상관시킨다.

한 쌍의 미터 비교

특히 주송수관로에서 누수를 확인하는 공통적인 방법은 하나의 센서를 다른 센서의 하류측에 장착하여 한 쌍의 미터 사이에서 체적을 비교하는 것이다(그림 B.37 참조).

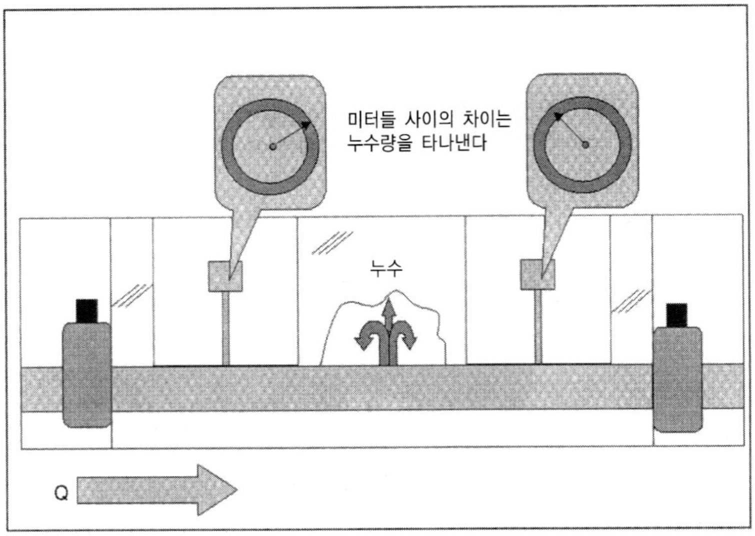

그림 B.37 누수를 확인하기 위한 유량계 한 쌍의 체적 차이 비교(Julian Thornton 제공)

만일 의심스런 미터가 해상도가 높은 영구적인 미터이면 빈번하게 체적 평형을 착수할 수 있다. 그러나 만일 시험을 위해 사용한 미터가 임시적인 것이면 각 설치에서 잠재적 오류를 확인하거나 합리적인 해상도를 확인하기 위해 주의하여야 한다. 만일 후자의 경우 체적 평형과 반대로 야간유량분석 비교가 선호될 수 있다. 이는 시스템의 관로 및 수리학의 특징에 종속된다.

명백하게 대형 직경 관로상에서 타당하게 큰 누수를 확인하기 위해서만 이 방법을 사용할 수 있다. 그러나 많은 경우들에서 긴 주송수관로를 시험할 때 한 쌍의 미터비교는 신뢰성 있는 해답을 제공한다.

B.6.7 미터 시험 장비

미터 시험 장비는 영구적 시험대 시험 장비 및 휴대용 현장 시험 장비를 포함하여 다양한 형태로 제작된다. 앞에서 기술한 것과 같이 비교 또는 캘리브레이션된 체적의 수단과 같은 여러 방법으로 미터를 시험할 수 있으며 후자가 선호된다. 가능하면 장치 정확도는 물론 미터 설치의 완벽한 시험(complete test)이 가능하도록 현장에서 미터를 시험하여야 한다.

주거민 미터

통상적으로 외부 수도꼭지를 통해 충수할 수 있는 캘리브레이션된 탱크를 사용하여 현장에서 주거민 미터를 시험한다. 대안으로 그림 B.38과 같이 작은 휴대용 시험기를 관로에 장착할 수 있다.

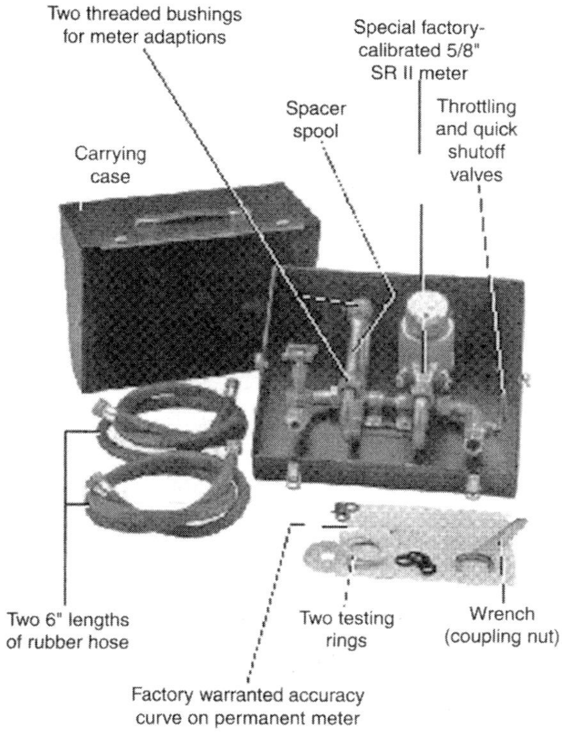

그림 B.38 소형 휴대용 미터 시험기(Invensys Metering System 제공)

그림 B.39 대형 미터 시험기(Invensys Metering System 제공)

ICI 미터

통상적으로 ICI(industrial, commercial, and institutional) 계정은 대형 미터를 사용한다. 만일 시험하기 위해 미터를 제거하여야 한다면 반드시 이 미터를 승인된 체적 시험을 하여야 한다. 만일 그렇지 않으면 초음파 또는 삽입식 미터와 같은 휴대용 임시 미터(시험 미터 내 오류 조심)을 사용하거나 그림 B.39와 같이 대형 미터 시험기나 시험 트레일러에서 사전에 캘리브레이션된 일련의 미터와의 체적을 비교하여 시험할 수 있다.

벌크 공급 미터, 공급원 미터, 마스터 미터

앞에서 기술한 ICI 계정을 위한 두 방법들 중 하나로 벌크 공급 미터, 공급원 미터 그리고 마스터 미터를 시험할 수 있다. 만일 시험장비에서의 올바르지 못한 위치로 인한 불확도를 주의하면 대안으로 삽입식 또는 초음파 유량계를 사용할 수 있다. 주의를 기울이면 후자 방법도 유효하다.

이 미터들을 시험할 때 측정장비 자체의 정확도뿐만 아니라 중앙 장치로 신호를 전송하는 원격장비의 확인도 중요하다. 이에 대한 더욱 상세한 내용은 제6장에서 기술하였다.

B.7 압력제어장비

압력제어장비는 필요한 제어 특성에 따라 다양한 형상, 형태 그리고 규격으로 제작된다. 본절에서는 물손실제어와 관련된 일부 전형적인 용도에 대해 간략하게 기술한다. 명백하게 기능이 다른 많은 형식의 밸브와 제어기가 존재한다. 압력관리에 대한 더 많은 정보는 제18장을 참조한다.

B.7.1 밸브 형식

물손실이 핵심 사항인 압력관리 실행안에서 가장 공통적으로 사용되는 밸브는 다음과 같다.

- 감압밸브(그림 B.40 참조)
- 압력유지밸브(그림 B.41 참조)
- 고도밸브(그림 B.42 참조)
- 플로트(float)제어밸브(그림 B.43 참조)
- 유량제어밸브(그림 B.44 참조)

상기 밸브 용도에 대한 더 많은 정보는 제18장을 참조한다. 통상적으로 압력밸브는 다른 형식들도 존재하지만 다음 3개 형식 중 하나에 속한다.

- 다이어프램밸브(그림 B.45 참조)
- 피스톤밸브(그림 B.46 참조)
- 슬리브밸브

통상적으로 다이어프램밸브는 다음 두 형식으로 제작된다.

1. 글로브 형식(직선, 앵글)
2. T 패턴

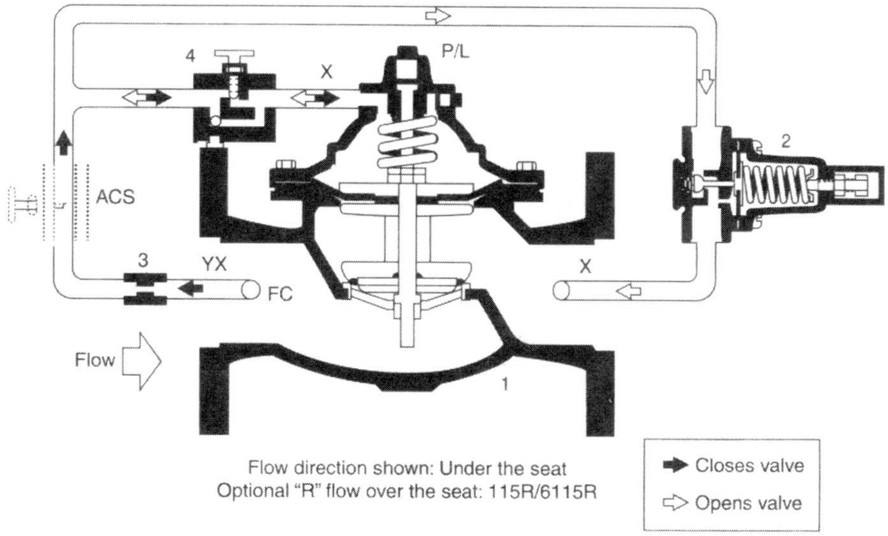

그림 B.40 감압밸브(Watts ACV, Houston, Texas 제공)

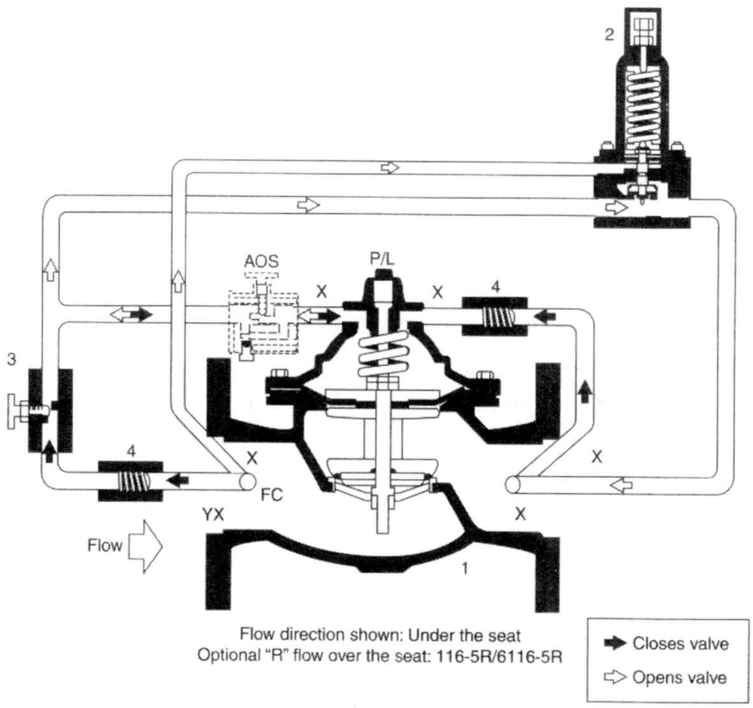

그림 B.41 압력유지밸브(Watts ACV, Houston, Texas 제공)

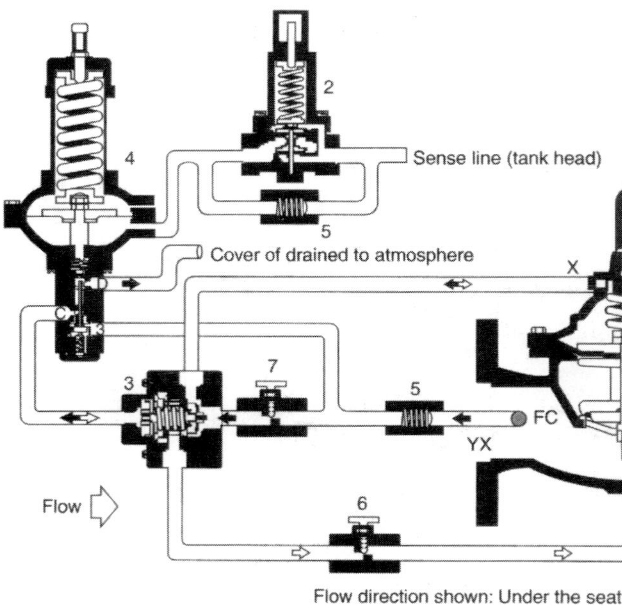

그림 B.42 고도밸브(Watts ACV, Houston, Texas 제공)

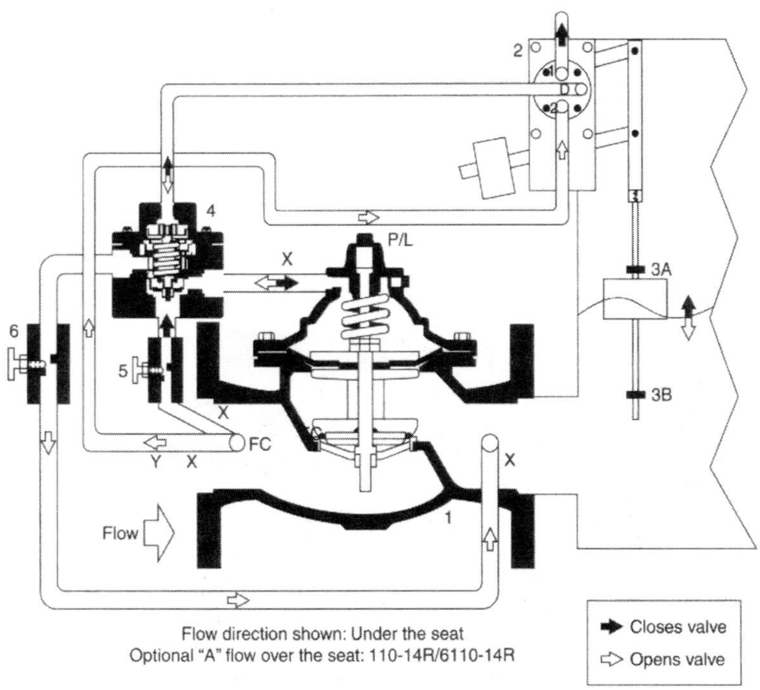

그림 B.43 플로트 제어밸브(Watts ACV, Houston, Texas 제공)

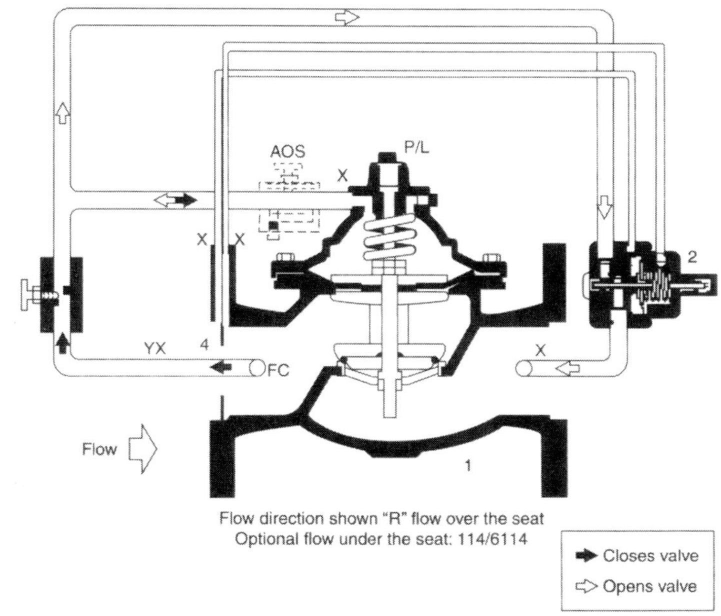

그림 B.44 유량제어밸브(Watts ACV, Houston, Texas 제공)

- Hydraulically operated. diaphragm-actuated, automatic control valve
- Stem assembly is top and bottom guided
- QUAD ring seal/non-edged seat
- Can be serviced without removal from line

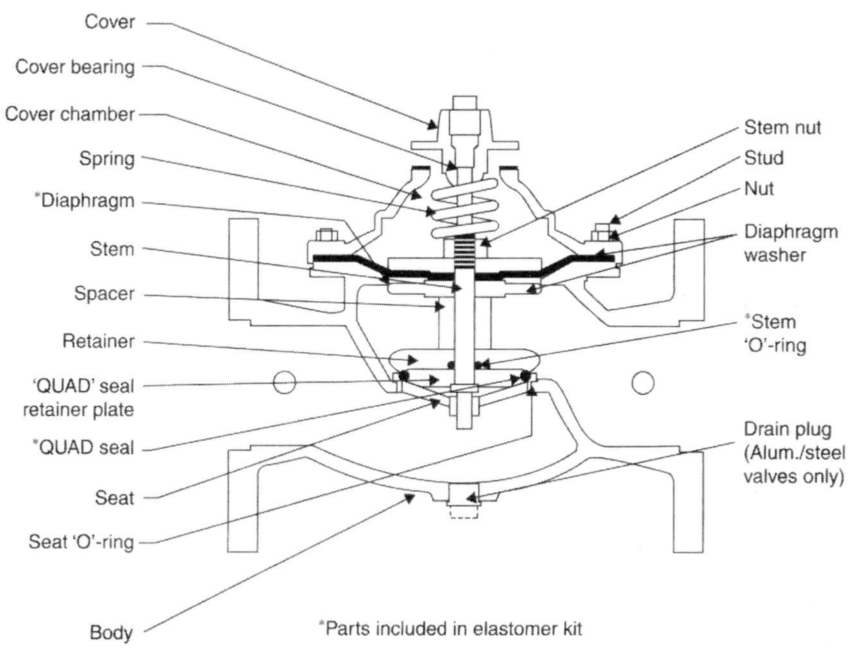

그림 B.45 다이아프램 형식 밸브(Watts ACV, Houston, Texas 제공)

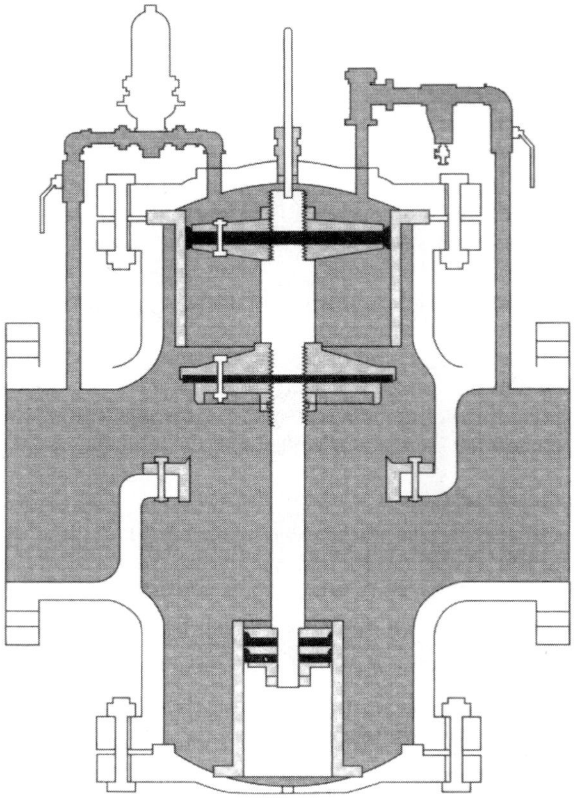

그림 B.46 피스톤 형식 밸브(Ross Valve Mfg. Co., Inc., Troy, N.Y. 제공)

특정 용도로 선정된 밸브 형식 또는 구성은 설치 특성 및 현지 기술지원의 가용도에 따라 다르게 된다. 대부분 제작사들은 우수한 설치 정보를 갖고 있으며 통상적으로 매우 적은 추가 비용으로 시운전 및 운영을 지원한다.

모든 밸브는 장기간에 걸쳐 적정하게 기능을 발휘하기 위해 정기적인 유지관리를 필요로 한다. 대부분 용수기관은 특정 밸브 형식을 선호하고 이 밸브의 부품을 저장한다. 따라서 자체적으로 유지관리를 수행하면 다양한 제작사들의 밸브들에 대해 동일한 규격의 부품을 재고하여야 하는 업무가 감소된다.

B.7.2 제어기 형식

특화된 누수관리를 위해 다음과 같이 3개의 기본적인 압력 제어기 형식들을 사용할 수 있으며 현장에서 사용하기 위해 다른 포괄적인 제어기들도 채택할 수 있다.

- 시간-기반 제어기
- 수요-기반 제어기
- 원격-절점 제어기

시간-기반 제어기(Time-Based Controller)

시간-기반 제어기는 내부 타이머로 동작한다. 사전 결정된 프로파일 및 파일롯 어댑터(adaptor)와의 인터페이스를 이용하여 다양한 수준으로 유출 압력을 조정하거나 솔리노이드 밸브의 수단으로 하나의 사전 설정된 파일롯을 다른 파일롯으로 전환하도록 타이머를 설정한다. 이 두 시나리오는 잘 동작하지만 계절 및 주말 변화가 거의 없는 상당히 일정한 수요 패턴을 갖는 지역에서 사용하여야 한다.

시간-기반 제어기를 사용할 때 가장 낮은 압력 설정이 비상 소방 요구조건을 만족시킬 수 있도록 주의하여야 한다.

수요-기반 제어기(Demand-Based Controller)

수요-기반 제어기는 파일롯 어댑터를 이용하여 사전 설정된 유량-압력 관계로 유출 압력을 설정하여 동작한다. 수요-기반 제어기는 시스템 내에서 발생하고 있는 누수에 대한 압력의 영향을 감소시키기 위해 수요가 낮을 때 압력이 최소가 되도록 보장하면서 물 시스템 내 수두 손실을 방지한다.

수요-기반 제어기는 소화전이 동작할 때 그리고 유량 수요가 증가할 때 필요한 압력으로 자동 조정하므로 최소 소방 요구조건 이하로 압력을 제어하기 위해 사용할 수 있는 추가 이점을 갖는다. 만일 수요-기반 제어기가 낮은 압력 수준을 위반하면 비상 또는 첨두 수요에서 물을 사용할 수 있도록 보장하면서 밸브를 더욱 높은 설정점으로 복귀하도록 제어기를 프로그램 한다.

원격-절점 제어기(Remote-Node Controller)

원격-절점 제어기는 원격 절점으로부터의 신호를 밸브와 제어기로 다시 중계하여 동작한다. 통상적으로 선정된 원격 절점은 중요한 절점이다. 중요한 절점은 가장 높은 고도의 절점이 될 수 있고 따라서 최소 압력을 갖는다. 대안으로 특별한 소비자, 대형 소비자를 갖는 지역, 특별히 높은 국부 수두손실을 갖는 지역을 중요 절점으로 선정할 수 있다.

원격 절점에 압력 로거를 설치하고 적은 동력 무선 또는 위성 폰을 갖춘 제어기와 통신하도록 로거를 프로그램한다. 원격 로거는 원격점에서 안정된 목표 압력을 유지하기 위해 제어기에 명령하여 밸브를 개방 또는 폐쇄하여 시스템 내부로 다소의 압력을 허락한다.

수요-기반 제어와 유사하게 이러한 형식의 제어는 프로파일이 변화하고 비상 대응이 필요한 지역에 적합하다.

점검목록

- 사용하고자 하는 밸브의 현지 기술지원을 확인한다.

- 제어하고자 하는 지역의 형식을 결정한다.
- 설치 이전에 상세한 수요 분석을 착수한다.
- 지역의 요구조건을 만족시키기 위해 올바른 제어기 형식을 선정한다.
- 만일 무선 또는 위성 전화 통신을 사용하면 허가된 파장에서 장비의 운영을 보장한다.
- 만일 수요-기반 제어를 사용하면 펄스를 제공하기 위해 장착되는 미터의 적정한 규격을 결정하고 펄스 발생기가 제어기에 적합한지 확인한다.

B.7.3 장비 유지관리

최종 2개 절에서 현장 측정 및 시험을 위한 영구 및 휴대용 장비의 사용에 대해 상세하게 기술하였다. 이러한 형식의 장비 자료가 없으면 물 시스템 상태를 평가하고 물손실 수치를 개선하는 것이 극도로 어렵다. 그러나 재현성 있는 정확한 결과를 제공하는 것을 보장하기 위해 이 장비를 적정하게 유지관리하여야 한다.

양호한 사용과 실무

최초로 영구 장비를 설치하거나 휴대용 장비를 구매할 때 장비를 사용하는 모든 운영자들이 반드시 고수하여야 할 양호한 실무 목록을 확인하는 것이 좋다. 일부 목록은 다음과 같다.

- 정기적인 유지관리
- 정기적인 제3자 시험
- 영구 장비의 경우 하우징 환경의 유지
- 사용자 접속 로그

케이블 및 피팅

대부분 장비에서의 약점은 케이블과 피팅이다. 사람들은 장비를 수송하고 홀 내부로 내리기 위해 케이블을 사용하고 있다. 이는 연결부에 불필요한 응력을 가하고 때로는 복구할 수 없는 손상을 입힐 수 있다.

피팅에 먼지가 묻지 않도록 적합한 오일을 사용하여 정기적으로 청소하고 그리스로 도포하여야 한다. 반드시 정기적으로 방수 밀봉을 확인하고 의심스러우면 교환하여야 한다. 피팅 내부로 물의 침투는 가장 공통적인 고장원인들 중 하나이다.

저장 및 수송

휴대용 장비에 대한 가장 가능성이 큰 손상 부분 중 하나는 제3자가 장거리를 통해 장비를 선적하고 수송하는 도중 발생한다.

반드시 적합한 내구성 있는 수송 케이스와 함께 장비를 제작사로부터 구매하여야 한다. 만일 제작사가 이러한 형식의 케이스를 제공하지 않으면 제3자로부터 케이스를 구매하여야 한다. 케이스는 고가가 될 수 있지만 이는 장기적 관점에서 보자면 이득이다.

B.8 요약

본 부록에서 물손실제어 프로그램에서 빈번하게 요구되거나 직면하는 다양한 형식의 휴대용 및 영구 현장 장비에 대해 기술하였다. 본서에서 모든 장비의 형식과 구성을 보여주는 것은 불가능하지만 운영자는 현장과업을 시작하기 전에 그들의 특정 장비와 익숙해지도록 노력하여야 한다. 제작사들은 대부분의 경우 운영자들이 장비와 익숙해지도록 필요한 공학 매뉴얼과 현장 지원을 적극 제공한다.

본 부록에서 다룬 일부 장비의 사용에 대한 상세한 내용은 제16장~제19장에서 찾아볼 수 있다.

Appendix 0C

최적 미터 규격결정을 위한 수요 프로파일링

C.1 소개

소중한 형식의 물 사용 자료를 생성하기 위해 각 개별 고객의 정확한 수요 프로파일을 사용한다. 수요 프로파일은 시간에 따른 물 사용을 기술하는 유량자료로 구성된다. 전형적으로 미터에 부착되어 단위 시간당 물 사용을 기록하는 특화된 유량 기록계들을 사용하는 고객 미터로부터 이와 같은 자료를 직접 수집한다(그림 C.1 및 C.2 참조).

현존하는 미터로부터 생성된 수요 프로파일은 여러 중요한 결정을 위한 필수적인 자료를 제공한다. 수도미터는 실제 물 사용을 측정하는 가장 정확한 방법이기 때문에 수도미터로부터 기록된 자료는 다른 측정 보다 더욱 정확하다. 유량 기록계는 수도미터의 정확한 등록을

그림 C.1 기존 미터로부터 자료 수집(F.S. Brainard & Co. 제공)

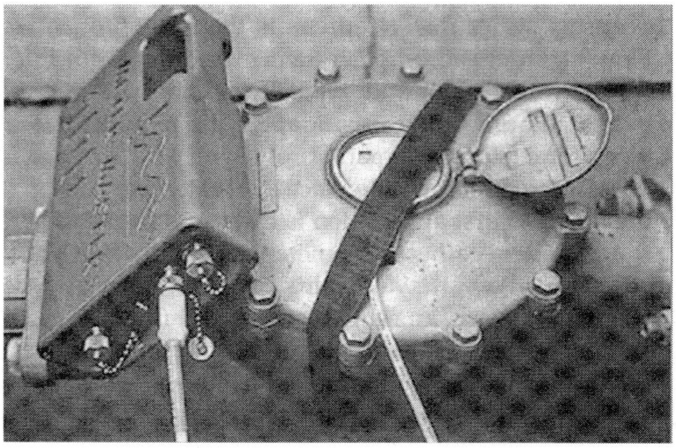

그림 C.2 기존 미터로부터 자료 수집(F.S. Brainard & Co. 제공)

방해하지 않고 이 임무를 수행한다. 일부 경우 어댑터가 필요하지만 쉽게 설치할 수 있다.

고객 수요 프로파일의 용도는 (1)미터 규격결정 및 유지관리, (2)물 사용 회계감사 그리고 (3)서비스 비용 연구 3개 그룹으로 나누어진다. 본 부록에서는 첫 번째 용도를 상세하게 기술하지만 미터 규격 결정 목적으로 수집한 동일한 자료는 다른 중요한 용도를 가지며 배분, 계량, 보존, 고객 서비스, 공학 그리고 재무를 포함한 다양한 용수기관 부서에게 편익을 제공할 수 있다. 물 사용 회계감사에서 수요 프로파일은 보존 프로그램, 누수탐사, 고객 서비스 그리고 수리모델링에게 도움을 준다. 비용-서비스 연구에서는 주거민, 상업, 산업 그리고 도매 고객 그룹의 가변 사용과 관련된 자료를 얻기 위해 수요 프로파일을 사용한다. 모든 이 용도를 지원하기 위해 동일한 자료를 사용할 수 있기 때문에 자료를 수집할 때 자료의 현재 및 미래 가치에 대한 모든 잠재적 용도를 고려하는 것이 중요하다. 예를 들어 비용-서비스 연구 또는 수리모델이 오직 시간당 수요 자료만을 요구하면 미터 규격 결정 및 유지관리 프로그램을 위해 동일한 자료를 사용할 수 있도록 10~60초 증분의 자료 저장을 설정할 수 있다.

일반적으로 수요 프로파일은 첨두 유량 자료, 중요한 유량 범위 내에서 사용된 물의 퍼센티지와 체적을 정확하게 제공하여야 한다. 중요한 유량 범위는 미터의 정확도가 보장되지 않는 최소 범위 이하 유량, 복합 미터에서 교차 범위에서의 유량 그리고 높은 유량을 포함한다. 목적은 신뢰성과 압력 수준 또는 소방유량 요구조건에 악영향을 미치지 않고 수익 회수를 위해 적정하게 미터 규격을 결정하는 것이다. 또한 미터 유지관리비용을 고려하는 것이 중요하다. 유량이 600gpm으로 일정한 경우 4인치보다는 6인치 터빈미터가 고객에게 더 양호한 서비스를 제공할 수 있다. 왜냐하면 두 미터는 유량을 정확하게 측정하지만 6인치 터빈은 마모로 인한 성능저하가 적기 때문이다. 적정한 미터 규격결정의 가장 명백한 직접적인 편익은 물 사용의 정확한 측정이다. 즉, 미터는 고객 사용 패턴에 더욱 밀접하게 일치하고, 더 많은 물을 측정하여 요금고지 한다. 그러나 적정 미터 규격결정과 관련된 수익 이득의 잠재적 크기는 명백하게 나타나지 않는다.

Tim Edgar는 *Large Water Meter Handbook*에서 4인치 터빈미터가 설치된 100개 아파트 빌딩에서 이 잠재적인 수익 이득을 예증하였다. 실제 월 소비는 500,000갤론이지만, 이 체적 중 많은 부분은 낮은 유량이었다. 터빈미터는 12gpm 이하 유량을 측정하지 못하였기 때문에 체적의 15%가 기록 및 요금고지되지 않았고, 또한 이 경우 빈번하게 하수요금도 고지되지 않았다. 결과적인 수익 손실은 년간 $1700(조합된 상수 및 하수요금은 $3/1000갤론)이었다. Edgar가 지적하였듯이 만일 이와 같이 부적정한 규격의 미터 100개가 설치되면 6년 동안 1백만 달러가 넘는 수익손실이 발생한다.

한 예로서 보스톤 상하수도위원회는 1990년 미터 소형화 프로그램을 시작하였다. 보스톤 용역사 사장 John Sullivan은 AWWA에게 1990년 8월부터 1992년 4월 사이 추가적으로 1일 물 113,784ft^{3}를 구명하였다고 보고하였다. 보스톤은 프로그램의 첫 해에 단순히 미터를 소형화하여 5년간에 걸쳐 조합된 상수 및 하수요금에서의 수익은 $6.8백만이 될 것으로 기대하였다. 이와 같은 수익은 과대 규격의 터빈미터가 많이 설치된 시스템 내에서 현실화될 수 있다.

가장 직접적인 적정 미터 규격의 편익은 증가된 수익과 회계책임이고, 미터는 배수시스템에게 단순한 수익 향상 이상의 소중한 가치를 제공한다. 용수기관의 물 사용과 관련된 임의 결정은 미터들로부터 수집한 소비 자료의 품질과 관련된다. 일반적으로 수요 프로파일은 배수시스템 설계, 성능, 관리를 개선하기 위한 소중한 자료를 제공한다. 수요 프로파일은 규명수량(accounted-for-water) 수준과 수익을 증가시키는 방법을 찾는 것 이외 서비스 규격 요구조건을 확인하고, 미터 유지관리 요구조건을 명확하게 하고, 보존 프로그램을 위한 물 사용 특징을 정의하고, 고객 만족과 인지도를 향상시키고, 수리모델을 개선하고, 공정하고 정당한 요금구조를 확립하는 데 도움을 준다. 물 부족 및 비용이 증가하여 물 보존은 중요한 산업 쟁점이 되어 왔다. 많은 용수기관에게 물 보존은 수자원의 가용도를 개선하기 위한 가장 비용-효과적인 수단이 되어 왔다. 따라서 모든 배수시스템의 설계, 성능 그리고 관리 목적은 가능한 정확하게 사용량을 규명하기 위한 미터 성능에 종속되며, 따라서 오직 각 용도와 모든 용도에 적합한 미터 규격을 결정하여야 한다.

C.2 기록계 설계

C.2.1 운영 이론

전자식 유량 기록계를 사용하여 수요 프로파일을 작성한다. 여기서 기술한 휴대용 유량 기록계는 수요 프로파일러, 수요 기록계 그리고 자료 로거로도 인용된다. 장치는 미터의 내부구동 자석(internal drive magnet) 또는 미터의 pointer 동작으로부터 자료를 픽업하고 사후 분석을 위해 데스크탑 또는 휴대용 전산기로 다운로드하기 위해 자료를 저장한다. 최소의 노

그림 C.3 미터에 장착된 센서(F.S. Brainard & Co. 제공)

력으로 한 현장에서 다른 현장으로 이 기록계를 이동시킬 수 있고 표준 미터와 함께 운영된다. 따라서 등록계에 대한 특별한 요구조건이 필요 없다. 전형적으로 Velcro 또는 강력 테이프를 사용하여 자석 또는 광학 센서를 미터 외부에 스트랩으로 고정하거나 또는 미터 몸체와 현존하는 등록계 사이에 위치한 어댑터에 통합된다(그림 C.3 참조).

잠재적 불리한 운영조건들(계량기 통, 극단적인 온도, 거친 취급, 일반인의 접근) 때문에 기록계들은 반드시 방수, 내구성 그리고 안전성을 갖추어야 한다. 또한 원격 위치에서 확장된 자료 저장 용량을 제공하기 위해 기록계의 상당한 배터리 수명을 보장하여야 한다. 본절에서는 수요 프로파일링을 위한 최근 기술을 설명한다. 이 분야에서 새로운 기술들이 발달하면서 이러한 분야의 지식과 용량을 촉진시키기 위해 반드시 이 기술들을 평가하여야 한다.

C.2.2 기록 방법

자석식 픽업(pickup)을 사용하는 유량 기록계는 수도미터 내부 구동 자석의 전자 커플링(magnetic coupling)이 발생한 자기장을 감지하고 자속 변화를 디지털 펄스로 변환한다. 이 펄스는 메모리에 기록되고 사후 분석을 위해 PC 내부로 다운로드된다. 광학식 픽업장치는 센서 바로 아래를 통과하는 계량 지점을 감지하고 신호를 디지털 펄스로 저장하여 후에 다운로드된다. 각 펄스는 알고 있는 물 체적과 관련된다. 전자식 픽업의 주된 장점은 미터 자석의 회전 속도에 따른 높은 자료 해상도이다. 거의 모든 경우 미터 내부 구동 자석은 등록계의 다이얼 판에 있는 스윕핸드 또는 포인터(sweep hand or pointer) 보다 상당히 더 빠르게 회전한다. 작은 미터의 경우 20gpm에서 자석의 단위 시간 당 회전수는 초당 최대 약 30회전이다. 이 비율에서 자석은 스윕핸드의 900배를 회전한다. 터빈미터의 경우 자석의 회전속도는 스윕핸드 속도의 약 800배부터 동일한 속도까지 상당히 다르다. 어댑터를 사용하면 더욱 높은 회전속도로 추가 자석을 격리하여 낮은 자석-속도 미터들의 자료의 해상도를 상당히 증가시킬 수 있다. 광학식과 기계식 어댑터는 자석-구동 미터 이전의 오래된 기어–구동 미터의 호환이 가능하도록 한다.

C.2.3 자석 센서 설치

대부분 미터들은 등록계 바로 밑에 자석 커플링을 갖기 때문에 센서를 등록계의 측면에 설치하여 신뢰성 있는 신호를 쉽게 픽업할 수 있다. 거의 예외 없이 모든 2인치 이하의 용적식 및 멀티제트 유량계(multijet meter)의 자석 커플링은 등록계 바로 아래 위치한다. 만일 자석 커플링이 등록계 바로 아래 있지 않으면 전형적으로 유동 중심에 있는 터빈 회전자의 중심에 위치한다. 이 경우 자석 센서는 최대로 구동 자석에 인접하기 위해 미터 몸체의 측면에 위치하여야 한다. 앞에서 기술한 것과 같이 기어–구동 미터와 같은 일부 미터는 어댑터가 필요하다(그림 C.4 참조).

만일 자석 커플링이 등록계 밑에 있지만 등록계의 측면에 차폐물이 있으며 차폐물을 피하기 위해 센서가 등록계의 상부에 직접 위치할 수 있다. 기록계의 자석 센서는 본질적으로 수도미터가 발생시킨 전자석 소음(electromagnetic noise)을 픽업하기 때문에 센서는 전동기, 발전기 그리고 알람 시스템 등 다른 근원이 생성한 소음에 민감해질 수 있다. 다른 근원으로부터의 전자석 소음을 픽업하는 가능성을 최소화하는 한편 수도미터 구동 자석에 의해 생성된 자석 신호를 일관되게 픽업하도록 기록계의 감지 회로를 설계하여야 한다.

C.2.4 기록계의 자료 저장 용량

기록계는 상당한 자료량을 저장할 수 있도록 필수적으로 자료 저장 용량은 충분히 커야한다. 부록 C.3.3에서 상세하게 기술한 것과 같이 만일 정확한 최대 및 최소 유량을 보장하여야 한다면 반드시 작은 시간 증분으로 유량자료가 메모리에 기록되어야 한다. 정확하게 동일한

그림 C.4 전자 등록계로부터 펄스를 픽업하는 센서(F.S. Brainard & Co. 제공)

유량을 감시하기 위해 10초와 60초 자료 저장 간격을 사용하면 최대 유동율의 잠재적인 차이 계수(factor of difference)는 6:1이고 10초와 300초 간격의 경우 30:1이다. 다시 말해 만일 10초 동안 1200gpm 사용하면 물량은 200갤론이 되며 10초 자료 저장 간격은 1200gpm의 높은 유동율을 탐지할 수 있는 반면 300초 자료 저장 간격은 200갤론을 10초에 걸쳐 평균화하는 것이 아니라 5분에 걸쳐 평균화하기 때문에 오직 최대유량 40gpm을 탐지하게 된다.

명백하게 이 차이는 미터 규격 선정시 심각한 파문을 가질 수 있다. 사용자들은 대표적인 표본 유량 자료의 수집을 보장하기 위해 상업/산업 사용자의 미터 규격 평가시 빈번하게 1주일 동안의 자료 저장을 선택한다. 만일 사용자가 1주일 동안 10초 간격으로 자료를 저장하면 기록계는 반드시 최소 60,480개 자료를 지속적으로 저장할 수 있어야 한다. 비용-서비스 및 수리모델링 연구와 같은 다른 용도에서는 미터 규격 결정을 위한 것 보다 적은 자료 저장 용량이 필요하다. 그러나 가장 효율적으로 자료를 사용하려면 저장 용량은 높은 해상도 자료를 제공하여 다양한 용도로 효과적으로 자료를 사용할 수 있어야 한다.

C.3 자료 기록

C.3.1 기록 길이

앞에서 기술한 것과 같이 많은 기록계 사용자들은 특정 높은 물 사용율(예를 들어 공장 청소)이 1주일 동안 특정 요일에만 발생할 수 있기 때문에 1주일 동안 상업/산업 현장의 자료 저장을 선택한다. 자료를 저장하기 전에 고객과 물 사용을 토론하고, 가능하면 대표적인 표본 유량 자료를 얻을 수 있도록 충분한 기록 기간의 보장이 중요하다. 다세대 주거민 또는 호텔/모델의 경우 뜨거운 기후 동안 그리고 호텔/모텔의 높은 점유율 동안 자료를 수집하면 1일 24시간 자료면 충분할 수 있다. 본질적으로 최적 자료 저장 기간 길이를 선정하기 위해 사용자의 물 사용 특성을 이해하도록 노력하는 것이 좋다. 또한 시간에 걸쳐 다른 형식 사용자의 경험은 다른 사용자 클래스에 대해 최적 기록 길이를 제공할 수 있다. 이 기록 길이는 중요하므로 반드시 사례기반으로 결정되어야 한다.

C.3.2 고객의 물 사용 습관

사용자가 전형적인 첨두, 평균, 최소 유량이 발생하는 기간 동안 그리고 이 비율을 포착하기에 충분한 기간 동안 자료를 기록하여야 한다. 앞에서 기술한 것과 같이 만일 산업 현장에서 다른 일자에 다른 운영을 수행한 증거가 있으면 최소한 1주일 동안 자료를 기록하길 원할 수 있다. 주간과 함께 계절 주기를 고려하는 것이 중요하다. 기후는 년중 다른 시간에서 수요 패턴을 상당히 변화시킬 수 있다. 만일 사용자가 뜨거운 여름 날 상당히 더 많은 물을 사용한다면 첨두 유량 자료를 포착하기 위해 해당 일중 자료를 기록하는 것이 중요하다.

분석하는 사람은 잠재적 수요 패턴의 변화를 예상하여야 한다. 주거민 개발에서 현재 건설중인 숫자를 고려하는 것이 중요할 수 있다. 만일 사용 형식이 변경되면 사용자를 조사하는 것이 중요하다. 상업 임대 공간은 높은 회전율을 가질 수 있다. 음료회사는 물 사용이 상당히 낮은 저장 또는 배달 회사를 대체할 수 있다. 이 경우 미터 규격을 다시 결정하지 않으면 새로운 사용자는 상당한 물을 무료로 사용할 수 있다.

C.3.3 기록계의 자료 저장 간격

자료 저장 간격은 펄스 카운트가 메모리에 기록되기 전에 유량 기록계가 펄스를 카운트하는 시간의 기간이다. 자료 저장 간격은 모든 후속적인 그래프와 보고서 작성에 사용되는 원시 자료 해상도를 결정한다. 예를 들어 10초의 자료 저장 간격은 10초 이상의 기간 동안 정확한 자료 분석을 허락한다. 사용자는 현장에서 기록계를 가동하기 전에 자료 저장 간격을 선정한다. 그래프/보고서 작성 소프트웨어가 최대 및 최소 유량을 계산하는 시간 간격을 조정하는 것을 고려하면 반드시 자료 저장 간격을 짧게(예를 들어 10초) 유지하여야 한다(C.4.2절 참조).

최대 유량을 정확하게 결정할 수 있도록 충분한 자료 해상도를 제공하기 위해 짧은 자료 저장 간격을 짧게 유지하는 것이 중요하다. 최대 유량의 정확한 확인을 보장하기 위해 자료 저장 간격은 최대 유동 이벤트 기간의 50%를 초과할 수 없다. 예를 들어 만일 산업 고객이 매 30분에 한 번씩 30초 동안 500갤론의 물을 사용하고 최소한 15초에 한번 자료를 기록하면 1000gpm 유동율의 확인을 보장할 수 있다. 만일 자료 저장 간격이 15~30초 사이 이면 30초 이벤트 안에 자료 저장 간격이 시작 및 종료하지 않을 수 있기 때문에 최대 유동율은 과소평가 될 가능성이 크다. 만일 자료 저장 간격이 30초 이상이면 이러한 가능성은 더욱 확실하게 된다. 이 특정한 예에서 펄스 생성간격은 자료저장간격보다 충분히 작고, 자료 저장 간격이 10초 이하이면 29분 30초까지는 매 10초 마다 0gpm 유동율을 보여주고, 29분 31초부터 30분까지는 매 `0초마다 1000gpm 유동율을 보여준다. 그러나 자료저장간격이 15분이면 0분~15분까지 유동율은 0gpm으로 나타나고, 30초 동안 사용된 물량 500갤론은 15분1초~30분까지 사용된 물량으로 환산되어 최대 유동율은 다음과 같이 33gpm으로 나타난다.

$$\text{유동율} = \frac{\text{사용물량}}{\text{자료저장간격}} = \frac{500\text{갤론}}{15\text{분}} = 33\text{gpm}$$

만일 자료 저장 간격이 5분이면 최대 유동율은 100gpm으로 나타난다. 만일 500갤론 사용량이 2개의 5분 자료 저장 간격 사이에서 나누어지면 이보다 낮은 최대 유동율이 나타난다. 따라서 실제 최대 유동율을 포착하기에 충분한 해상도로 기록된 자료를 저장하지 않으면 심각한 미터 규격결정 오류가 발생하기 쉽다.

다른 예로서 작은 제작 회사가 이 회사의 용도 이외 주기적으로 10초 동안 250갤론(이는

1500gpm과 동일)의 물을 사용한다고 하자. 이 시나리오의 모의 결과는 그림 C.5~C.7과 같다. 각 시나리오에 대한 그래프를 생성하기 위해 동일한 자료를 사용하였다. 유일한 차이는

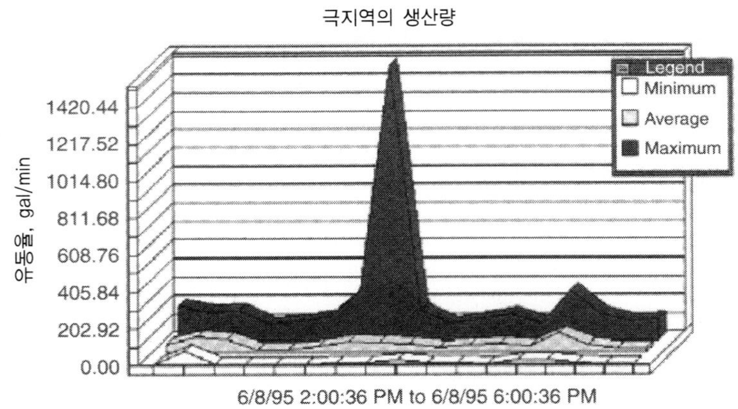

그림 C.5 10초의 자료 저장 간격(F.S. Brainard & Co. 제공)

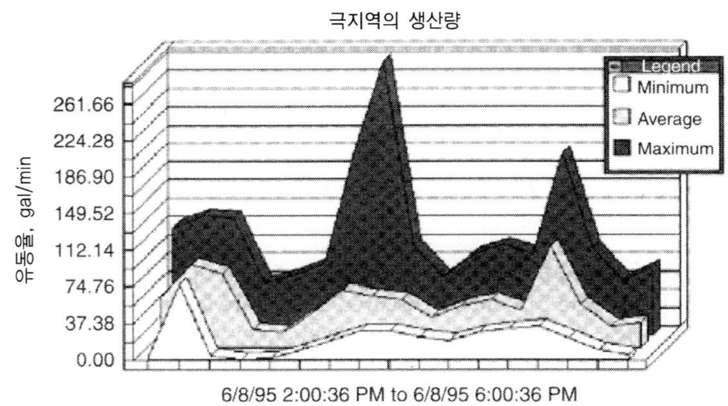

그림 C.6 60초의 자료 저장 간격(F.S. Brainard & Co. 제공)

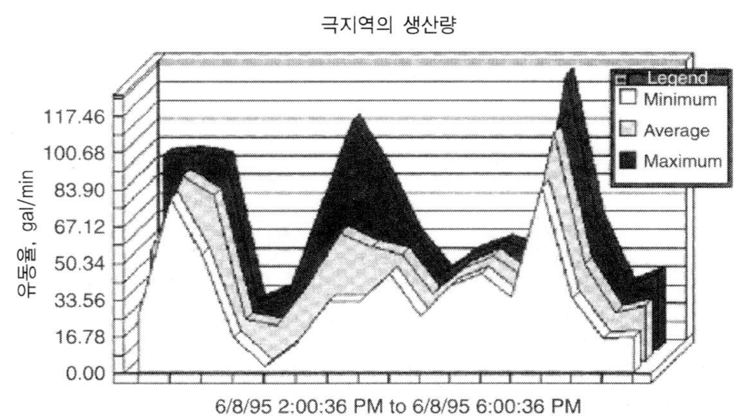

그림 C.7 300초의 자료 저장 간격(F.S. Brainard & Co. 제공)

최대 및 최소 유동율 계산을 위해 사용한 자료저장간격이다. 즉, 그림 C.5의 경우 자료저장간격은 10초이고, 실제 최대 유량은 1520gpm으로 확인되었다. 그림 C.6의 경우 자료저장간격은 60초이고 계산된 최대 유량은 280gpm으로 감소되었다. 그림 C.7의 경우 자료저장간격은 300초이고 실제 최대 유량은 나머지 자료 내부로 사라진다.

비록 상기 예들은 정상적인 상황을 과장하였지만 자료 해상도의 중요성을 무시하면 미터 규격결정시 오류 가능성을 예증한다.

자료저장간격을 너무 작게 하면 단점이 존재한다는 사실에 주목하여야 한다. 이 저장간격은 다운로드된 자료 파일의 크기와 메모리가 소진되기 전에 기록할 수 있는 시간길이를 정의한다. 동일한 시험에서 5초 간격으로 저장된 메모리는 30초 간격으로 저장된 메모리의 6배를 차지한다. 더욱이 더 큰 파일을 다운로드하여 그래프와 보고서를 생성하기 위해 더욱 긴 시간을 필요로 한다. 일반적으로 10초 간격은 대부분의 용도에서 충분한 상세내용과 기록시간을 제공한다. 만일 10초 간격으로 장기간 기록하려면 자료저장용량을 확장하여야 한다. 간격을 너무 짧게 할 때 발생하는 문제는 C.3.4 및 C.4.2절을 참조한다. 완만하게 동작하는 구동 자석을 갖는 미터에서 너무 짧은 간격을 사용하면 정확한 계산에 필요한 자료가 너무 적어 최대 및 최소 유동율이 왜곡(과장)될 수 있다. 기록계의 운영 안내서는 이와 같은 미터를 확인하여 자료 표현을 위한 간격 선정시 지침을 제공하여야 한다. 소프트웨어 설계시 과장된 최대 및 최소 유동율의 가능성을 최소화시키기 위해 지능적으로 펄스 자료를 해석하여 다운로드된 자료의 무결성을 개선시킬 수 있다.

C.3.4 미터의 펄스 해상도

미터의 펄스 해상도는 액체 측정단위와 동등하게 생성된 펄스수로서 정의된다. 자석식 픽업의 해상도는 액체 측정단위와 동등한 미터 자석 극수(자석이 회전하므로)가 된다. 내부 자석은 미터의 신뢰성을 저하시키지 않고 가능한 신속하게 회전하는 것이 바람직하다. 따라서 단위 측정당 자석 극수가 높을수록 좋다. 더욱 신속하게 회전하는 자석은 더 많은 펄스를 생성하며 이는 더욱 높은 자료 정확도를 의미한다. 광학식 픽업의 스윕핸드 회전 속도에도 동일한 고려사항이 적용된다. 따라서 미터가 생성하는 펄스 속도와 관련된 약간의 지식을 숙지하는 것이 중요하다. 유량 기록계의 운영 안내서는 이 분야에 필요한 지침을 제공하여야 한다.

최대 및 최소 유량을 결정할 때 펄스 해상도(또는 계수)가 특히 중요하다. 쟁점은 C.3.3에서 기술된 것들과 매우 유사하다. 만일 최대 유동율과 관련하여 자석(또는 스윕핸드)이 완만하게 회전하면 단기 큰 물 사용을 탐지할 수 없다. 예를 들어 한 6인치 터빈(a)는 2갤론마다 하나의 펄스를 생성하는 반면 다른 6인치 터빈(b)는 500갤론마다 하나의 자석 펄스를 생성하면 앞에서 기술한 1500gpm에서 250갤론 사용에서 신속하게 동작하는 자석을 갖는 미터 “a”

는 기록계에 125 펄스를 제공하는 반면 미터 "b"는 기록계에 0 펄스를 제공할 수 있다. 더욱이 만일 완만하게 동작하는 자석을 갖는 미터에 부착된 기록계가 10초 간격 안에 한 펄스를 탐지하면 그 10초 간격 동안 500갤론이 사용된 것으로 그릇되게 추정할 수 있다. 즉 10초 안에 한 펄스가 기록되면 분당 6개 펄스가 생성되는 것으로 가정하여 펄스 당 500갤론으로 곱하여 3000gpm을 제시하기 때문이다. 따라서 신속하게 동작하는 자석은 지속적으로 유량 범위에 걸쳐 정확한 자료를 제공하는 반면 완만하게 동작하는 자석은 이러한 자료를 제공할 수 없다. 유사하게 광학 센서 사용시 스윕핸드가 신속하게 회전할수록 자료는 더욱 정확하게 된다. 그러나 광학 센서는 자석 센서가 얻을 수 있는 상당한 정확도 수준에 도달하기 위해 반드시 스윕핸드의 회전 당 많은 펄스를 탐지하여야 한다.

최소 유동율은 누수율 확인 및 큰 사용량에서 *터빈미터 vs 복합식 미터* 선정에 영향을 미친다. 최대 유동율에서와 같이 최소 유동율의 정확한 확인을 보장하기 위해 사용자는 어느 미터가 완만하게 동작하는 구동 자석을 갖는지를 반드시 알아야 한다. 예를 들어 만일 미터의 자석이 20갤론마다 하나의 펄스를 생성하고, 현재 유동율이 5gpm으로 꾸준하면 오직 4분마다 1개 펄스가 생성될 것이다. 만일 4분 보다 작은 시간 증분에서 한 자료가 관측되면 유동율은 0과 실제 유동율 5gpm보다 약간 큰 것 사이에서 변화하는 것으로 나타난다. 예를 들어 유동율이 5gpm으로 꾸준하고 각 펄스는 20갤론을 나타내는 경우 4분마다 오직 하나의 펄스가 나타나기 때문에 자료를 관측하기 위해 1분 시간 간격을 사용하면 유동율은 3분 동안 0gpm으로 나타나고, 1분 동안 다음과 같이 20gpm으로 나타날 것이다.

$$\text{유동율} = \frac{\text{사용물량}}{\text{자료저장간격}} = \frac{20\text{갤론}}{1\text{분}} = 20\text{gpm}$$

그러나 4분 시간 간격을 사용하면 5gpm의 꾸준한 유동율이 발생하고 있는 것처럼 나타날 것이다.

$$\text{유동율} = \frac{\text{사용물량}}{\text{자료저장간격}} = \frac{20\text{갤론}}{4\text{분}} = 5\text{gpm}$$

그림 C.8과 C.9는 방금 기술한 시나리오를 표현한다. 정확하게 동일한 자료로부터 두 그래프가 작성되었지만 자료를 나타내기 위해 사용된 시간 증분은 1분과 4분이다. 미터로부터 각 펄스는 20갤론과 동등하고, 이들은 4분 간격으로 배치된다(초기 간격 동안은 제외). 펄스 분포는 일정한 유동율의 존재를 나타내기 때문에 소프트웨어 설계시 자료를 평가하여 원시 펄스 자료를 긴 시간 기간에 걸쳐 평균화시킬 수 있다.

이벤트 시간에 현장에서 미터를 관찰하지 않으면 주기적인 20갤론의 사용이 발생하는지 또는 꾸준한 5갤론의 사용이 발생하는지를 확신을 갖고 파악하는 것이 불가능하다. 만일 미터로부터 각 펄스가 나타내는 물량이 1갤론과 같이 더욱 작아지면 실제 상황은 상당히 더 명백하게 나타난다.

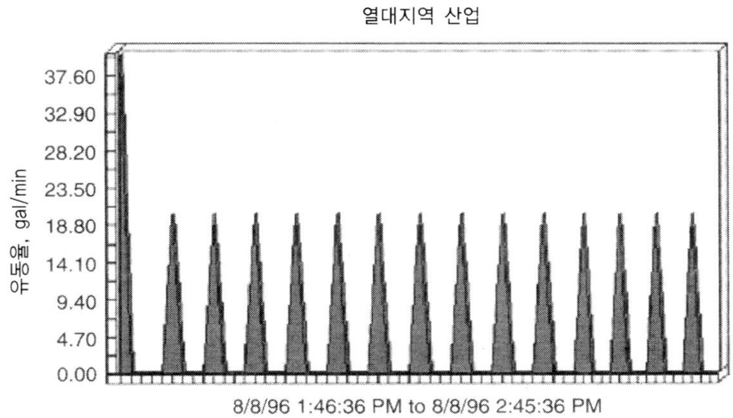

그림 C.8 펄스 해상도의 중요성(F.S. Brainard & Co. 제공)

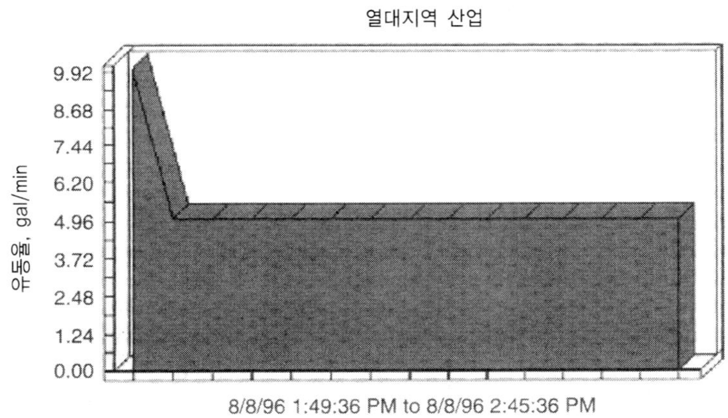

그림 C.9 펄스 해상도의 중요성(F.S. Brainard & Co. 제공)

정확한 유량 자료를 얻기 위한 핵심은 시간 간격 당 충분한 펄스수를 생성하는 것이다. 자석 펄스의 경우 2인치 이하 용적형 및 멀티제트유량계는 양호한 해상도를 제공하여 최소 10초의 시간 증분에서 합리적으로 자료를 관측할 수 있다. 일부 터빈미터는 상대적으로 완만하게 회전하는 자석을 갖기 때문에 누수율과 같은 최소 유동율을 관측하기 위해 필요한 최소 시간 증분은 소프트웨어가 자료를 지능적으로 해석할 수 없으면 최대 5분, 10분 또는 그 이상이 될 수 있다. 어댑터를 사용하여 자석 펄스 해상도를 증가시키면 작은 시간 간격에서 정확한 유량 자료를 관측할 수 있기 때문에 정확한 유동율 자료 결정시 매우 유용하고, 이 어댑터는 부정확한 가정을 사용하여 자료를 해석하여야 하는 필요성을 최소화시킨다. 광학 센서를 사용할 때 동일한 고려사항이 적용된다. 신속하게 회전하는 스윕핸드를 갖는 미터는 완만하게 동작하는 스윕핸드를 갖는 미터 보다 더욱 정확한 유량 자료를 제공한다. 광학 센서가 스윕핸드의 회전 당 많은 펄스(예를 들어 50)를 생성하지 않는 이상 완만하게 동작하는 스윕핸드는 광학 센서가 정확한 최대 및 최소 유동율 계산에 필요한 해상도를 얻는 것을 허락하지 않는다.

C.3.5 미터 정확도

유량 기록계를 사용할 때 기록계가 부착되는 미터는 정확한 것으로 가정한다. 유량 기록계는 미터 정확도를 결정할 수 없지만 현장에서의 정확한 미터 구성을 결정할 수 있다. 유량 기록계의 정확도는 최상의 경우 부착되는 미터와 동일하기 때문에 기록계를 사용할 때 적합한 미터 규격을 결정하기 위해 일상적인 미터 시험이 중요하다. 대부분 미터 불확도는 사용량의 과소등록을 수반하기 때문에 과소 규격 미터를 선정하는 결과로 이어질 수 있다.

미터 규격 결정시 이상적으로 미터의 정확도를 시험한 결과 정확하지 않은 것으로 나타나면 자료를 기록하기 전에 미터를 보수 및 재캘리브레이션하여야 한다. C.5.3절에서 기술한 것과 같이 유량 시험과 연계하여 수행한 수요 프로파일은 비록 미터가 전체 유량 범위에 걸쳐 정확하지 않아도 모든 유량은 미터의 정확한 범위에서 발생하고 있는 것으로 나타날 수 있다. 이 경우 현재 회계책임 또는 수익이 손실되고 있지 않기 때문에 미터를 보수하거나 재캘리브레이션할 필요가 없다.

미터 시험 프로그램의 일부로서 그리고 소중한 동반 도구로서 유량 기록계를 간주하여야 한다. 앞 절에서 기술한 것과 같이 유량 기록계는 낮은, 중간 그리고 높은 유량 범위에서 유량 페센티지를 확인할 수 있다. 이러한 정보를 이용하여 대부분의 사용량이 발생하는 범위로 시험을 집중할 수 있고, 때로는 불필요하고 고가의 보수를 방지할 수 있다. 만일 유량 기록 결과 정유공장 또는 맥주공장에서 모든 유량이 높은 유량 범위에서 발생하는 것으로 나타나면 낮은 유량과 중간 유량범위에서의 유량계 정확도는 문제가 되지 않는다.

C.4 보고서/그래프 생성

C.4.1 자료 정확도 입증

초음파 장치와 같은 대안적인 기법을 사용하는 것 보다 수도미터로부터 직접 유량 자료를 기록하는 주된 장점 중 하나는 미터의 등록은 결과적인 유량 자료에 기초하며 이 유량을 입증할 수 있다는 것이다. 수도 미터는 가장 정확하고 가장 신뢰성 있게 물 사용량을 측정하는 수단이라는 가정에 기초하기 때문에 확신을 갖고 자료로부터 생성된 그래프와 보고서를 사용할 수 있다. 그러나 만일 자료저장기간 동안 유량 기록계가 관측한 전체 체적과 수도미터 자체가 등록한 전체 체적을 비교하여 유량 기록계가 생성한 자료의 정확도를 입증하지 않으면 이 핵심 장점이 손실된다.

자료 정확도 입증은 중요하다. 사용자가 자료를 다운로드할 때 미터 검침의 시작과 종료를

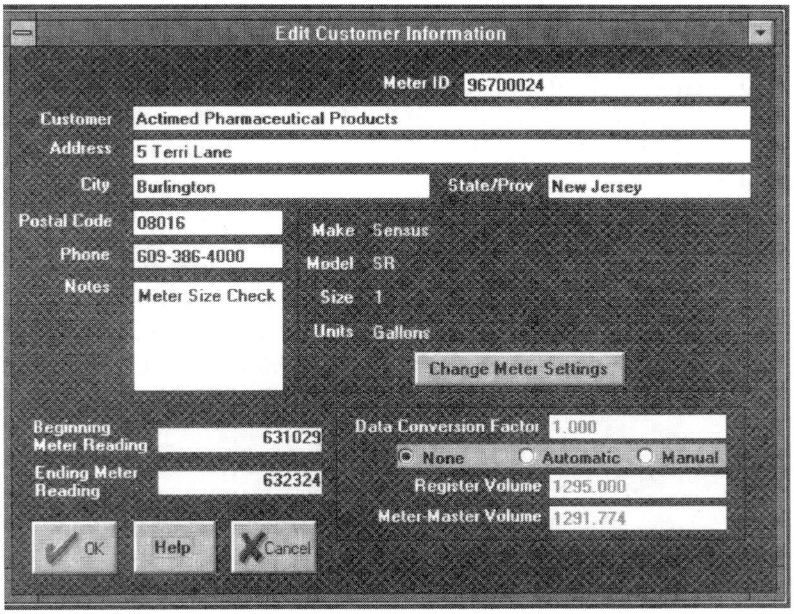

그림 C.10　Meter-Master 모델 100 프로그램(F.S. Brainard & Co. 제공)

입력하고, 미터가 등록한 전체 체적과 유량 기록계가 등록한 전체 체적을 비교할 수 있도록 정확한 미터 자석 펄스 계수 데이터베이스를 유지하여 자료 정확도를 입증한다. 또한 이 절차는 운영자가 미터 검침 기록을 작성할 때 정확한 숫자와 소숫점 이하 자리수를 포함하도록 특별한 주의를 요한다. 소수점까지 미터를 판독하기 위해 반드시 모든 회전하는 다이얼과 "zeros"에 페인트된 자리수(digit)를 판독하여야 한다.

그림 C.10과 같은 표본 소프트웨어 화면은 사용자가 미터의 등록계 체적을 유량 기록계의 체적과 비교할 것을 요구한다. 숫자는 반드시 매우 인접하거나 또는 차이가 발생하여도 규명할 수 있는 한계 이내여야 한다. 예를 들어 동일한 기간 동안 전자적으로 기록된 전체 1291.774갤론과 수도미터가 등록한 체적 1295갤론은 매우 양호한 사례이다. 소프트웨어는 미터의 종료 등록계 검침에서 개시 등록계 검침을 감하여 등록계 체적을 계산한다. 이 예는 자석식 픽업에 기초한다. 즉, 소프트웨어의 데이터베이스에서 전체 기록 기간 동안의 전체 자석 펄스 카운트를 그 미터의 자석 펄스 계수로 곱하여 기록계 체적을 계산한다. 일부 미터의 경우 두 전체 체적들 사이 규명할 수 있는 체적 차이는 캘리브레이션 목적으로 사용한 기어 변화로 인한 차이를 포함한다. 미터 챔버 내 하부에서 기능을 조화시키고 등록계를 증속 및 감속하기 위해 변속기어를 사용하기 때문에 미터와 기록계 모두 100% 정확하게 기능을 발휘하여도 기록계의 체적은 등록계의 체적과 최대 15% 차이가 발생할 수 있다. 소프트웨어 화면은 자동 "자료변환계수" 선택사항을 포함하며 이 경우 미터 체적과 100% 일치시키기 위해 기록계의 체적을 자동으로 캘리브레이션 할 수 있다.

C.4.2 자료 해상도와 "최대-최소" 간격

자료 해상도는 체적과 최대, 평균, 최소 유량을 계산하는 시간 간격을 의미한다. 그림 C.11의 표본 소프트웨어 화면은 체적 및 최대, 최소, 평균유량자료를 격자 양식으로 디스플레이한다. 이 경우 체적 간격은 각 자료 선으로 표현한 시간 간격이다. 300초의 체적 간격은 각 5분 최대, 최소, 평균유동율은 물론 체적 자료를 제공한다. 보고서 또는 그래프를 생성할 때 체적 간격이 길수록 보고서가 짧아지고 그래프 작성에 사용되는 점의 수가 적어진다.

소프트웨어는 유동율을 연산하기 위해 선정된 단위 시간 당 펄스수를 계산한다. 예를 들어 만일 최대-최소 간격을 10초로 선정하면 각 체적 간격은 10초 증분으로 나누어지고, 가장 크고 가장 작은 펄스를 갖는 증분은 분당 최대 유동율과 최소 유동율로 변환된다. 이는 유량자료를 계산하기 위해 광범위하게 사용되는 방법이다. 최대-최소 간격 선정시 고려사항은 자료저장간격과 관련된 것과 유사하다. 그러나 정확한 유동율 계산을 위해 시간 간격이 충분히 짧아야 하지만 그렇다고 너무 짧으면 안 된다. 일반적으로 최대 유동율은 특정 점까지 최대-최소 간격이 작을수록 더욱 크고 정확해지지만 이 특정점 이후에는 최대 유동율은 현실을 초과한다. 이 특정점은 미터의 펄스 해상도의 함수이다. 자석 또는 스윕핸드가 빠를수록 자료를 왜곡시키지 않고 최대-최소 간격은 작아질 수 있다. 재차 미터의 자석 또는 스윕핸드의 회전 속도는 결정적인 요소이다. 기록계 운영 안내서는 이 쟁점과 관련된 지침을 제공하는 것이 중요하다. 만일 시간 간격 당 수 개의 펄스를 생성하는 미터 그리고 이 미터의 각 펄스 당

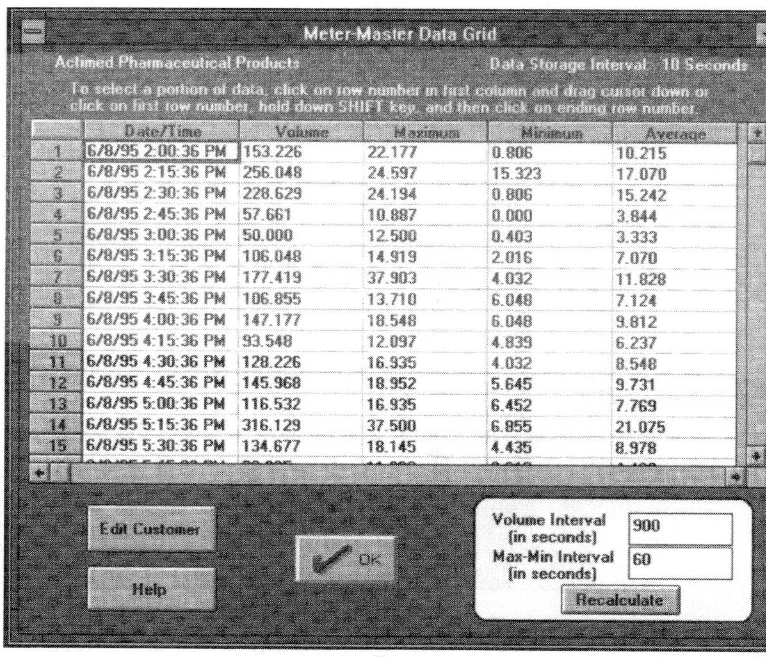

그림 C.11 Meter-Master 모델 100 프로그램(F.S. Brainard & Co. 제공)

등가 체적에 익숙해지면 자료 관측에 적합한 체적 및 최대-최소 간격 선정은 더욱 명백해진다. 또한 앞에서 기술한 것과 같이 최대-최소 간격이 짧아지면서 과장되는 가능성을 최소화하기 위해 소프트웨어를 설계할 수 있다.

자료를 관측하기 위한 시간 간격의 선정은 부분적으로 용도에 종속된다. 앞에서 기술한 것과 같이 각 전형적인 고객 클래스가 생성하는 사용 프로파일 형식을 고려하는 것이 중요하다. 예를 들어 전형적으로 다세대 주거민의 사용은 작은 시간 증분에서 상당히 다르지 않다. 즉, 전형적으로 수요는 아침과 저녁에 꾸준히 급증하거나 급감하므로 자료 관측시 더 긴 시간 간격을 감안하여야 한다. 반면 산업 사용자는 짧은 기간 동안 높은 세척 주기를 가질 수 있어 정확한 최대 유동율 계산을 위해 보다 짧은 시간 간격이 필요하다.

C.4.3 그래프/보고서 표현 선택사항

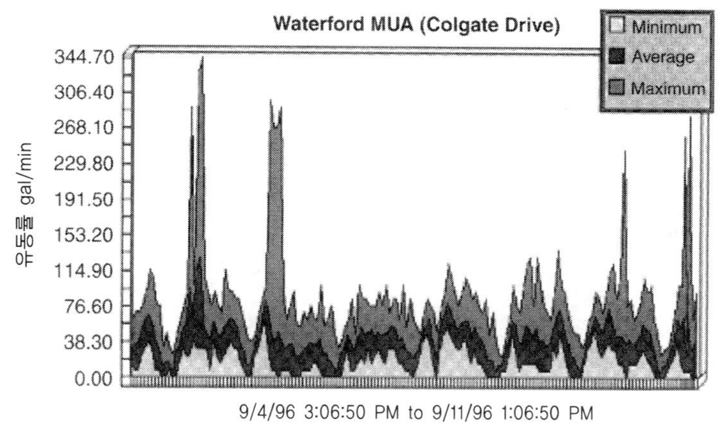

그림 C.12 최대/평균/최소 그래프(F.S. Brainard & Co. 제공)

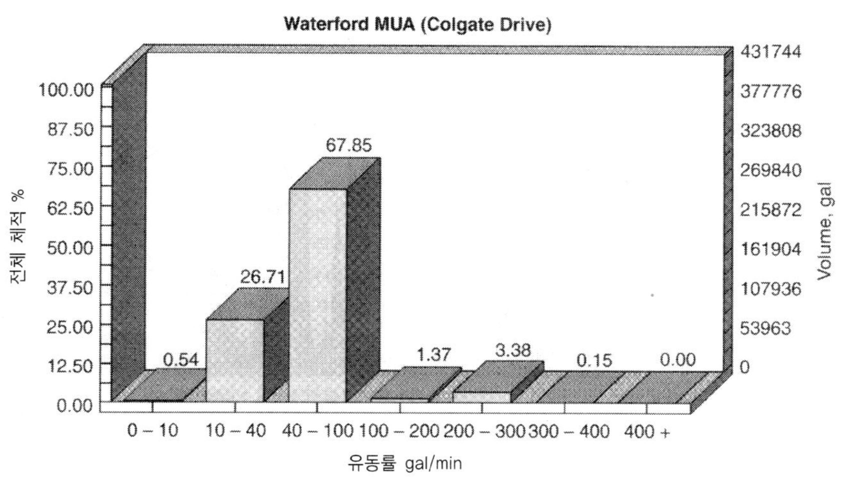

그림 C.13 유동율-체적 그래프(F.S. Brainard & Co. 제공)

소프트웨어는 무한하게 다른 양식과 형식으로 자료를 표현할 수 있다. 일반적으로 소프트웨어는 반드시 체적 자료, 최대/평균/최소 유동율 자료, 그리고 체적비율 자료를 관측하기 위한 선택사항을 제공하여야 한다. 그림 C.12와 C.13의 표본 그래프는 최대/평균/최소 유량 자료 및 체적 vs 비율 자료를 보여준다. 최대/평균/최소 그래프는 순간적인 최대 및 최소 유량 및 이벤트 기간 확인에 유용하다. 체적-비율 그래프는 다양한 유량 범위에서 사용되고 있는 물의 퍼센티지와 체적을 보여주기 때문에 미터 규격결정 및 유지관리 프로그램에 유용하다.

C.5 미터 규격결정 및 유지관리를 위한 수요 프로파일 사용

C.5.1 미터 규격결정 편익의 요약

모든 사용자들은 미터 규격 결정시 수요 프로파일을 사용한다. 표준 미터 규격과 물 사용 패턴은 단일세대 주거민 고객들의 물 사용을 적정하게 표현하지만 주거민 옥외 물 사용은 상당히 다를 수 있어 표준 보다 큰 미터 규격을 요구한다. 단일 세대 주거민 이외 사용자들의 경우 각 고객은 독특한 수요 프로파일을 생성하므로 반드시 이에 따라 미터 규격을 결정하여야 한다. 비록 인구통계특성 및 사업 형식 정보에 기초하여 다양한 고객 클래스 그룹에 대해 포괄적인 수요 자료를 전개할 수 있지만 미터 정확도 및 사용 회계책임의 최대화와 관련된 수익 및 지역사회 관계 편익과 비교할 때 개별 고객 수요 자료를 수집하는 비용은 최소이다.

다세대 주거민(예를 들어 아파트 빌딩) 미터의 규격결정시 실제적으로 효율적인 저유량 고정세간이 아파트에 설치되지만 전통적인 고정세간을 고려하는 방법을 사용하기 때문에 가장 일관되게 과대규격으로 결정된다. 그림 C.14의 그래프는 작은 주거민 지역사회에 서비스하는 8인치 도매 연결관로에서 얻은 것이다. 8인치 터빈미터의 명시된 정확도 범위는 40~3500gpm이지만 이 현장에서 유동율은 절대 40gpm을 초과하지 않았다. 따라서 고객은 상당한 물량을 무료로 사용하고 있으므로 적정하게 규격 결정된 미터로 교체하면 규명수량 물 수준과 수익 모두 상당히 증가할 것이다. 수익은 전형적으로 물 요금의 함수인 높은 하수요금에 의해 증가된다. 일부 경우 미터 소형화시 단기적으로 미터 규격에 기초한 고객 추가요금(surcharge)이 감소하여 용수기관의 수익 감소를 의미하지만 미터의 자본비용도 감소하는 결과로 이어진다.

적정한 미터 규격결정은 다른 프로그램과 함께 긍정적인 여파를 갖는다. 예를 들어 모든 표본 현장들에 적정하게 규격 결정된 미터를 설치하면 요금구조 설계를 지원하는 비용-서비스 연구결과는 매우 공정하고 공평하게 된다. 만일 미터가 과대 규격되면 저유량을 탐지할 수 없고 미터의 펄스 해상도는 작은 미터의 해상도 보다 낮기 때문에 누수탐사 노력이 약화된다. 유사하게 적정한 미터 규격 결정에 따른 정확한 사용 등록으로부터 수리모델, 보존 노력 그리고 다른 프로그램 모두 혜택을 받을 수 있다.

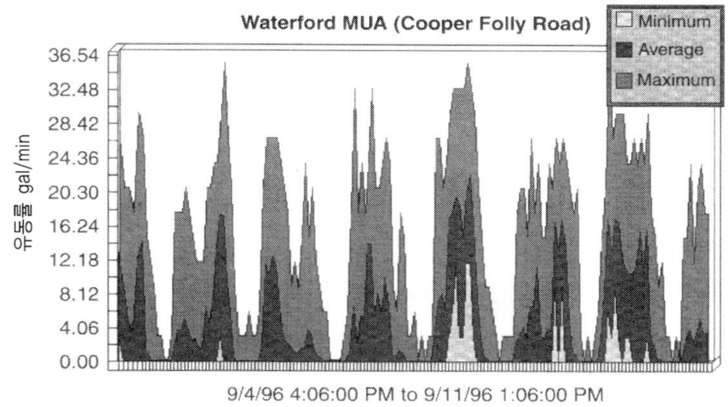

그림 C.14 약 40~3500gpm으로 명시된 8인치 터빈 미터의 정확도; 이 현장에서 유동율은 절대 40gpm을 초과하지 않는다(F.S. Brainard & Co. 제공)

C.5.2 복합식 미터 vs 터빈미터 결정

많은 용수기관은 복합식 미터 vs 터빈미터 적용과 관련하여 변하기 쉬운 철학을 경험한다. 복합 미터는 비싸고 유지관리 비용이 높지만 넓은 유량 범위에서 정확하게 등록한다. 반면 터빈미터는 구매 및 유지관리가 저렴하지만 정확도 범위가 좁다. 각 미터에 대한 최적 해답이 존재하고, 각 경우에서 수요 프로파일은 올바른 결정을 가능하게 한다. 만일 터빈미터가 적합할 때 복합 미터를 설치하면 과도한 유지관리 비용과 문제가 예상되고 용수기관은 불필요하게 비용을 낭비한다. 반대로 복합식 미터가 적합할 때 터빈미터를 설치하면 등록이 손실되고 용수기관은 불필요하게 금전과 회계책임을 손실한다.

그림 C.13과 같은 체적-비율 그래프는 사용자가 그 일주일 동안 설정된 복합 미터의 교차 범위에서 발생하는 유량의 크기를 결정할 수 있도록 해준다. 이 교차 범위에서 큰 수도 미터가 동작을 개시하고, 결과적으로 미터를 통한 모든 유량은 미터의 정확도 범위 이하이기 때문에 정확한 사용 등록 수준이 상당히 저하된다. 만일 교차 범위 안에서 유의미한 유량 크기가 존재하면 반드시 대안적 복합 미터 규격 또는 단일 미터 규격 설정을 고려하여야 한다.

C.5.3 미터 유지관리 고려사항

수요 프로파일과 관련된 또 다른 용도는 대형 미터의 유지관리 프로그램이다. 용수기관은 수요자료를 사용하여 미터의 시험, 보수, 대체 결정시 이 3개 유지관리 선택사항의 정확한 비용/편익 분석을 수행할 수 있기 때문에 수요 프로파일을 고려한다. 예를 들어 만일 10인치 터빈미터의 정확도가 높은 유량 범위에서 100%, 중간 유량 범위에서 90%, 그리고 저유량 범위에서 80%로 나타나면 통상적으로 3개 정확도를 평균하여 정확도를 90%로 간주하고 보수를 권장한다. 그러나 만일 수요 프로파일에서 유동율이 1000gpm 이하로 절대 저하되지 않는 것을 나타나면 모든 유량은 높은 유량 범위에서 발생하고 있기 때문에 본 용도로 사용되고 있는 미터 정확도는 100%와 동등하다. 수요 프로파일의 장점을 이용하여 고가이고 불필요한 서비스 중단 및 보수비용을 방지할 수 있고 적합한 유지관리 프로그램을 고안할 수 있다. 또한 복합 미터 설정시 명시된 작은 미터의 유량을 초과하지 않는 이상 큰 미터가 동작하지 않도록 보장하기 위해 적정한 역지밸브의 운영을 고려할 수 있다.

수도미터는 다른 설비들과 같이 최적 성능 범위를 가지며 사용자 수요 프로파일을 예상된 시험 요구조건들과 관련시킬 수 있다. 만일 4인치 미터가 상한 성능에 인접한 유동율에서 지속적으로 작동되면 더욱 빈번한 보수를 예상할 수 있다.

참고문헌

1. Edgar, T. Large Water Meter Handbook. Dillsboro, N.C.:Flow Measurement Publishing, 1995, pp. 41-42.

용어

- **능동적 누수 탐사(ALD, Active Leak Detection).** 용수기관이 숨어 있는 누수를 탐사하기로 결정하면 ALD는 용수기관의 선제적 실행 정책이다. ALD는 정기적인 청음을 위해 설계된 가장 기본적인 형태인 누수탐사 장비 또는 장치의 사용을 포함한다.

- **년간 물수지(AWB, Annual Water Balance).** 배수시스템 내 물의 입력, 유출 그리고 사용 성분의 분석 결과이다. 시스템에 입력되는 모든 물량은 표준 년간 물 수지 정의에 따라 하나의 물수지 사용 성분에 할당된다.

- **피상손실(Apparent Losses).** 이는 자료 처리 오류(미터 검침 및 요금고지), 미승인된 소비(도수 또는 불법 사용)는 물론 고객 검침과 관련된 모든 형식의 불확도를 포함한다. 피상손실의 감소는 물질손실을 감소시키지는 않지만 손실된 수익을 회수할 수 있다.

- **승인된 소비(Authorized Consumption).** 등록된 고객, 물 공급자 그리고 물 공급자가 묵시적 또는 명시적으로 그렇게 하도록 승인한 다른 사람들이 주거민, 상업, 산업 목적으로 취한 계량 또는 미계량된 물의 체적이다. 또한 이는 운영 경계를 넘어서 유출된 물을 포함한다.

  승인된 소비는 소방 및 소방 훈련, 주관로 및 하수관로의 플러싱, 도로 청소, 지자체 공원 관개, 공공 분수, 결빙 보호, 빌딩 용수 등과 같은 항목들을 포함할 수 있다. 이들은 요금고지 또는 미요금고지, 계량 또는 미계량될 수 있다.

- **인지시간(Awareness Duration).** 인지시간은 용수기관이 누수 발생으로부터 누수의 존재를 인지할 때까지 소요되는 시간이다. 인지시간은 적용된 ALD 정책의 형식에 의해 영향을 받는다.

- **배경누수(Background Losses).** 배경누수는 우연히 또는 악화되어 탐지되지 않는 이상 ALD 활동으로 탐지하기에 너무 작은 유량으로 누수되는 개별 이벤트(작은 누수 및 weep)이다.

- **누적누수(Backlog of Leak).** ALD 프로그램을 시행하지 않아 상당한 숫자의 숨은 누수가

시간에 걸쳐 누적된다. 대부분의 경우 누적누수의 제거는 경제적 관점에서 완벽하게 정당화되고 그리고 정기적인 능동적 누수 탐사 및 복구의 시작점이 된다.

- **요금고지-승인된 소비(Billed Authorized Consumption).** 이는 요금고지되어 수익을 발생시키는 승인된 소비 성분이다(또한 수익성 물이라고도 한다). 이는 요금고지-계량된 소비와 요금고지-미계량된 소비의 합과 동일하다.
- **요금고지-계량된 소비(Billed Metered Consumption).** 이는 계량된 모든 소비로서 요금고지 된다. 이는 주거민, 상업, 산업 또는 기관과 같은 모든 고객 그룹들을 포함하며, 계량 및 요금고지된 운영 경계를 넘어선 물 유출(수출)을 포함한다.
- **요금고지-미계량된 소비(Billed Unmetered Consumption).** 계량되지는 않지만 추정 또는 기준에 근거하여 계산된 모든 요금고지된 소비이다(예를 들어 미터가 고장난 동안 추정에 근거한 요금고지). 이는 전체 계량된 시스템에서 매우 작은 성분일지라도 보편적으로 계량되지 않는 물 시스템 내 핵심 소비 성분이 될 수 있다. 또한 이 성분은 운영 경계를 넘어서 유출된 물을 포함할 수 있으며 이 물은 미계량되지만 요금고지된다.
- **파괴(Breaks).** 배경누수보다 큰 유량을 갖는 이벤트이고, 따라서 표준 누수탐사기법으로 탐지할 수 있다. 파괴는 육안으로 확인 가능하거나 숨겨질 수 있다.
- **파괴 및 배경 추정(BABE, Break and Background Estimates) 개념.** 1991년과 1993년 영국 국가 누수 발의로 BABE 개념이 개발되었다. 개념은 체계적인 접근법을 사용하여 물질손실의 성분을 모델하는 것이었다. 년간 실질손실 체적은 다수의 누수 이벤트들로 구성되고, 여기서 각 개별 손실 체적은 복구되기 전 유량과 누수 기간에 의해 영향을 받는다. BABE 개념은 합리적인 계획, 관리 그리고 실질손실 감소를 위한 운영 제어 전략을 허락한다.
- **실질손실 성분분석(Component Analysis of Real Loss).** 배수시스템 내 예상되는 실질손실수준을 계산하기 위해 실질손실 성분을 결정하고 정량화한다. BABE 개념은 최초 성분분석 모델이다.
- **사용 성분분석(Component Analysis of Use).** 개별 사용 이벤트로부터 한 성분의 전체 사용 체적, 각 이벤트에서 사용된 체적 추정 그리고 고려하는 기간 내 이벤트 숫자를 확인하여 사용 성분(변기 플러싱, 식기세척기, 샤워기 등과 같은)을 결정하고 정량화한다.
- **현재 년간 실질손실(CARL, Current Annual Real Losses).** 이는 보고 기간 동안 모든 종류의 누수(파괴 및 배경 손실)로부터 손실된 물 체적이다. 이는 1년 동안 발견되고 복구된 파괴는 물론 숨은 파괴로부터 손실된 물을 포함한다. 또한 이는 용수기관의 저장 탱크에서의 손실을 포함하며 년간 물수지의 실질손실성분과 동일하다.

- **고객 계량 불확도 및 자료처리오류.** 고객 미터 불확도 그리고 미터 검침 및 요금고지 시스템 내 자료처리 오류에 의해 발생하는 피상손실이다.

- **배수시스템(Distribution System).** 서비스 배수지, 주관로, 서비스 관로, 밸브 그리고 용수기관의 정수장 또는 정수처리된 물의 유입지점으로부터 고객 배달 지점까지 물을 공급하기 위해 사용된 모든 부속품 형식들의 집합체이다. 배수시스템은 정수처리된 물의 송수시스템을 포함한다.

- **District Metered Area(DMA).** DMA는 수리적으로 불연속적인 배수관망 부분으로서 이상적으로 대량 미터가 설치된 하나 때로는 둘 이상의 유입 지점들을 갖는다. 구역 계량은 DMA 내부 최소 야간 유량의 영구적인 감시를 포함한다. 이는 새로운 누수에 대한 인지시간을 감소시키도록 목표된 누수관리 기법이고 누수탐사노력의 우선순위를 돕는다.

- **경제적 미터 교환 빈도(Economic Meter Change out Frequency).** 용수기관의 경제적인 미터 교환 빈도는 경제적 피상손실수준분석을 통해 결정되고, 통상적으로 미터 사용 년수 또는 미터를 통과한 물의 체적 또는 이 두 기준의 조합으로 표현된다.

- **예외적인 야간 사용(Exceptional Night Use).** 최소 야간 유량 측정 동안 기록된 최소 야간 유량의 상당한 부분을 차지하는 상업, 산업 또는 농업 사용자가 사용한 개별 야간 사용량이다. 측정 기간 동안 이 고객들의 사용을 기록하고 고려할 수 있어 현장 운영 지식을 통해 측정 이전에 예외적인 야간 사용자들을 확인할 수 있다.

- **고정 및 가변 단면적 유출 통로(FAVAD, Fixed and Variable Area Discharge Path).** 고정된 누수 단면적으로부터 손실은 시스템 압력의 제곱근에 따라 변화하는 반면 가변 단면적으로부터의 손실은 압력의 1.5승에 따라 변화한다. 배수시스템 내 고정 및 가변 단면적 누수가 혼합되므로 손실은 통상적으로 압력의 0.5~1.5승으로 변화한다. 대부분 현실적인 예측에 적합한 FAVAD 개념의 가장 단순한 버전인 누수율은 다음과 같다.

$$L\left(\frac{\text{체적}}{\text{단위 시간}}\right) \approx N_1 \quad or \quad \frac{L_1}{L_0} = \left(\frac{P_1}{P_0}\right)^{N_1}$$

  N_1수치가 클수록 현재 누수는 압력에 더욱 민감하게 변화한다. FAVAD 개념을 사용하여 최초로 압력 변화로 인한 실질손실의 증가 또는 감소를 정확하게 예측하는 것이 가능하였다.

- **숨은 손실(Hidden Losses).** 숨은 손실의 체적은 현재 탐지되지 않고 복구되지 않은 누수에 의해 손실된 물량을 나타낸다.

- **기반시설 상태 계수(ICF, Infrastructure Condition factor).** 기반시설 상태 계수 ICF는 하나의 영역 내 실제 배경누수수준 그리고 양호하게 유지관리된 물 시스템에서 계산된 불

가피한 배경 누수수준과의 비율이다.

- **기반시설 누수지수(ILI, Infrastructure Leakage Index).** ILI는 현재 운영 압력에서 실질 손실제어를 위해 배관 관망이 얼마나 잘 관리되고(유지관리, 보수, 갱생) 있는지를 나타내는 성능지표이다. 이는 불가피한 년간 실질손실 UARL에 대한 현재 년간 실질손실 체적(CARL)의 비율이다.

$$ILI = \frac{CARL}{UARL}$$

*ILI*은 무차원이므로 다른 측정 단위를 사용하는 국가들 사이 비교를 용이하게 한다.

- **누수기간(Leak Duration).** BABE 개념에서 누수의 인지, 위치확인 그리고 복구 3개의 개별 시간 성분으로 배분되는 시간 길이이다. 개별적으로 이들 각 기간을 추정하고 모델한다. 누수기간은 인지, 위치확인 및 복구시간의 합과 동일하다.
- **누수 관리(Leakage Management).** 다음과 같이 누수관리를 두 개 그룹으로 분류할 수 있다.
  - 대응적 누수 탐사(RLD, reactive leak detection)
  - 능동적 누수 탐사(ALD, active leak detection)
- **서비스연결부터 고객 미터까지 관로상 누수.** 이는 탭핑(tapping) 지점으로부터 고객 사용 지점에 이르기까지 서비스 연결의 파괴 및 누수로부터 손실된 물이다. 여기서 고객 사용 지점은 계량된 시스템 내에서는 고객 미터이고, 계량되지 않는 상황에서는 부지 내부에서 최초 사용 지점(지수전 탭/탭)이다. 서비스 연결에서 누수는 보고된 파괴가 될 수 있지만 지배적으로 긴 기간 동안(빈번하게 수 년 동안) 누수되지만 표면으로 나타나지 않는 작은 누수이다.
- **주송수 및 주배수 관로상 누수.** 주송수 및 주배수 관로상에서의 파괴 및 누수로 인해 손실된 물이다. 이는 아직도 보고되지 않는(예를 들어 누수되는 조인트들) 작은 누수 또는 보고되고 복구되지만 이 이전에 특정 기간 동안 누수되는 큰 누수가 될 수 있다.
- **위치확인 기간(Location Duration).** 이는 보고된 누수 및 파괴의 경우 용수기관이 보고된 누수 또는 파괴를 조사하고 위치를 정확하게 찾아 복구하기 위해 소요되는 시간이다. 미보고된 누수 및 파괴의 경우 위치확인 기간은 사용된 ALD 방법에 따라 다르고, 누수탐사 동안 누수 또는 파괴를 탐지하는 경우 인지 및 위치확인이 동시에 발생하므로 위치확인 기간은 0이 될 수 있다.
- **용수기관 저장 시설에서의 손실.** 정수처리된 물 저장시설로부터의 누수는 운영적 또는 기술적 문제로 인해 야기된다. 이 손실들은 탱크 구조물, 월류, 증발 등을 통한 누수를 포함한다.

- **N_1 계수.** 압력/누수 상관관계를 계산하기 위해 FAVAD 개념에서 N_1 계수를 사용한다.

$$L\left(\frac{\text{체적}}{\text{단위 시간}}\right)\approx N_1 \quad or \quad \frac{L_1}{L_0}=\left(\frac{P_1}{P_0}\right)^{N_1}$$

N_1 수치가 클수록 현재 누수율은 압력에 더욱 민감하게 변화한다. N_1 계수 범위는 통상적으로 0.5(금속 관로 시스템 내 부식 홀)~1.5이지만 때로는 최대 2.5가 될 수 있다. 배관 재질이 혼합된 배수 시스템에서 N_1 수치는 1~1.15정도이다. 따라서 더욱 양호한 자료를 얻기 위해 N_1 스텝 테스트를 수행할 때까지 초기에는 선형관계로 추정할 수 있다.

- **N_1 스텝 테스트(Step Test).** 배수관망의 지역에 대한 N_1 수치를 결정하고, N_1 수치로부터 영역 내 실질손실이 어떻게 파괴와 배경 누수 사이에서 분리되는지를 결정하기 위해 N_1 스텝 테스트를 사용한다. 시험 동안 지역 내부로의 공급 압력은 일련의 단계로 감소된다. 영역 내부로 유량 감소 및 평균 영역 지점에서 압력 변화를 기록한다. 이제 영역 내부 누수의 실질적인 단면적을 결정하기 위해 자료를 분석하고 이를 압력 변화에 따른 실질적인 단면적 변화와 비교한다. 이 비교로부터 N_1 수치 그리고 고정된 규격 홀(파괴)과 가변 규격 홀(배경 누수)의 비율을 결정하는 것이 가능하다. 플라스틱 배관을 포함하는 시스템의 경우 플라스틱 배관의 파괴는 N_1가 1.5 그리고 특정 상황에서는 최대 2.5가 될 수 있기 때문에 이 시험 결과 해석시 주의하여야 한다.

- **비수익성 물(Non-Revenue Water).** 비수익성 물은 요금고지 되지 않고 수익을 발생시키지도 않는다. 이는 미요금고지-승인된 소비와 실질손실 및 피상손실의 합과 동일하다.

- **수동적 누수 탐사(Passive Leak Detection).** 대응적 누수탐사와 동일하다.

- **압력 관리(Pressure Management).** 압력관리는 양호하게 설계된 누수관리전략의 기본적인 요소들 중 하나이다. 구역 계량과 연계하여 최상으로 압력관리를 착수할 수 있다. 압력관리는 충분한 서비스 수준을 유지하면서 손실을 최소화하기 위해 시스템 압력의 최적화를 추구한다.

- **감압밸브(PRV, Pressure Reducing Valve).** 감압밸브는 전통적으로 고도가 광범위하게 변화하는 시스템 내 압력이 과도하게 높을 때 사용되는 장치이다. 압력관리시 운영 압력을 감소, 조정 그리고 유지하기 위해 PRV를 제어장치로서 사용할 수 있다.

- **대응적 누수 탐사(Reactive Leak Detection).** 많은 용수기관은 경제성의 정당화 여부에 따라 수동적 누수탐사라고도 알려진 대응적 누수탐사를 실행하고 있다. 대응적 누수탐사는 보고된 파괴 또는 압력 저하에 대응하는 것이고, 통상적으로 고객이 보고하거나 용수기관 직원이 임무를 수행하면서 인지하게 된다. 통상적으로 대응적 누수제어만을 실행하면 누수 수준은 지속적으로 상승한다.

- **실질손실(Real Losses).** 가압된 시스템과 용수기관 저장 탱크으로부터 고객 사용 지점까지 물질적인 물 손실이 존재한다. 여기서 고객 사용 지점은 계량된 시스템의 경우 고객 미터이고, 미계량된 시스템의 경우 부지 내 최초 사용 지점이다.

  모든 형식의 누수, 파괴, 그리고 월류를 통해 손실된 년간 체적은 빈도, 누수량, 개별 누수, 파괴 그리고 월류의 평균 기간에 종속된다. 실질손실의 평가시 고객 사용 지점 이후 물질적인 손실이 제외되어도 이들이 상당하지 않거나 수요 관리 목적으로 관심의 가치가 없다는 것은 의미하지 않는다.

- **복구 가능한 누수(Recoverable Leakage).** 숨은(hidden)손실 또는 과도한 손실(excess losses)과 동등하다.

- **복구 시간(Repair Time).** 용수기관이 누수위치를 정확하게 찾은 후 누수를 실질적으로 차단하는 데 소요되는 시간이다.

- **보고된 파괴(Reported Breaks).** 보고된 파괴는 일반 대중 또는 용수기관 직원의 주의를 끄는 이벤트들이다. 표면에 명백하게 나타나는 파괴 또는 누수는 통상적으로 침수와 같은 대중 불편의 야기 여부와 관계없이 용수기관에게 보고된다.

- **수익성 물(Revenue Water).** 이는 요금고지되고 수익을 창출하는 승인된 소비 성분들이다(또한 요금고지-승인된 소비라고도 알려짐). 이는 요금고지-계량된 소비와 요금고지-미계량된 소비의 합과 동일하다.

- **서비스 연결(Service Connections).** 서비스 연결은 주관로와 측정 지점 또는 고객 지수전을 연결하는 배관으로 정의된다. 여기서 여러 등록된 고객들 또는 개별적으로 점유된 부지(예를 들어 아파트 빌딩)들은 물리적인 연결을 공유하며, 고객 또는 부지 숫자 및 구성과 관계없이 서비스 연결을 하나의 연결로 간주한다. 여러 성능지표의 계산을 위해 "서비스 연결 숫자" 변수가 필요하다. 또한 주관로와 지수전 또는 부지선 사이 서비스 연결들에서 발생할 것으로 예상된 불가피한 누수를 고려하여 시스템 내 불가피한 년간 실질손실을 계산하기 위해 N 변수를 사용한다. 이제 전체 UARL를 계산하기 위해 UARL의 다른 성분(주관로, 그리고 지수전/부지선과 고객 미터 사이 관로 상에서)들에 더한다.

- **시스템 입력 체적(System Input Volume).** 이는 물수지 계산과 관련된 물 공급 시스템의 부분에 정수처리된 물의 입력 체적으로서 자체 수원과 유입된 물의 합과 동일하다.
  - 자체 수원(Own Sources): 알고 있는 오류(예를 들어 공급원 미터 불확도)를 고려하여 물 공급자의 자체 수원으로부터 배수 시스템으로 유입된 정수처리된 물의 입력 체적이다. 용수기관의 정수장 이후 이 유입량을 측정하여야 한다. 만일 정수장 이후 미터가 설치되지 않았으면 반드시 원수 유입량과 정수장 손실에 기초하여 유출량을 추정하여야

한다.

- 원수 송수 관로에서 물 손실과 정수공정 동안 물 손실은 년간 물수지 계산의 부분이 아닌 사실을 유의하는 것이 중요하다.
- 유입(수입)된 물(Water Imported): 운영 경계를 넘어서 유입된 대량 공급 체적이다. 유입된 물은 다음 중 하나가 될 수 있다.
  · 경계 미터에서 측정된다(이미 정수처리 되었으면).
  · 정수장 유출부에서 측정된다(만일 원수를 유입하고 개별 정수장이 있으면).
  · 상기 경우 모두 알고 있는 오류(예를 들어 미터 전송 불확도)에 대해 수정된다.
- 원수 혼합(Mix of raw water): 만일 유입된 원수가 정수장에서 자체 수원 원수와 혼합되면 이를 구별할 필요가 없으며 시스템 입력에 대한 기초로서 하나 또는 그 이상 정수장의 전체 생산을 사용한다. 항상 그렇듯이 알고 있는 오류에 대해 수정하여야 한다. 자체 수원에서와 같이 원수송수 시스템에서 물 손실 그리고 정수처리 공정 동안 물 손실은 년간 물수지 계산에 포함되지 않는다. 배수 입력 미터가 설치되지 않았거나 또는 미터를 사용하지 않는 상황에서 핵심 미터들이 원수 입력 미터들인 경우 용수기관이 매입하는 원수에 미터들이 존재하기 때문에 시스템 입력은 반드시 원수 미터에 기초하여야 하고 정수장 사용/손실을 반드시 고려하여야 한다.

• **하향식 물회계감사(Top-Down Audit).** 물 회계감사는 물수지 내부로 들어가는 체적을 확인 및 입증하는 절차이다. 물수지의 모든 성분들을 상부 시스템 입력 체적으로부터 시작하여 하부 소비 체적으로 평가하고 입증하기 때문에 하향식이라 부른다. 물수지의 최종 결과는 실질손실의 체적이다.

• **미승인된 소비(Unauthorized Consumption).** 임의 미승인된 물 사용이다. 이는 소화전으로부터(예를 들어 건설 용도) 불법적인 물 인출, 불법 연결, 고객 미터 우회 또는 미터 조작을 포함할 수 있다.

불가피한 년간 실질손실(UARL, unavoidable annual real losses). 실질손실을 완벽하게 제거할 수 없다. 추정된 UARL 체적은 양호하게 유지관리된 시스템이 기술적으로 달성할 수 있는 최저 년간 실질손실을 나타낸다. IWA WLTF는 다음을 고려하여 개별 시스템에 대한 UARL 계산을 위한 식들을 개발하였다.

- 배경 누수(Background Leakage): 육안으로 확인할 수 없으면 청각 탐사로 찾기에 너무 작은 누수이다.
- 보고된 누수 및 파괴(Reported leaks and breaks). 빈도, 전형적인 유량, 목표 평균 기간에 기초한다.
- 미보고된 누수와 파괴(Unreported leaks and breaks). 빈도, 전형적인 유량, 목표 평균 기간에 기초한다.

- 압력/누수 관계. 대부분 대형 시스템의 경우 선형 관계로 추정된다.

 권장된 UARL 식은 개별 시스템 요소들에 대한 다음 4개 핵심 자료를 필요로 한다.

 · 주관로 길이
 · 서비스 연결 숫자
 · 서비스 연결 상 고객 미터의 위치(부지선 또는 북미에서 지수전과 상대적인)
 · 평균 운영 압력

- **미요금고지-승인된 소비(Unbilled Authorized Consumption).** 이는 정당하지만 요금고지 되지 않아 수익을 창출하지 않는 승인된 소비 성분들로서 미요금고지-계량된 소비와 미요금고지-미계량된 소비의 합과 동일하다.

- **미요금고지-계량된 소비(Unbilled Metered Consumption).** 임의의 이유로 계량되지만 미요금고지된 소비이다. 예를 들어 이는 용수기관 자체에서 계량된 소비 또는 운영 경계를 넘어서 공급된 물을 포함하여 기관에게 무료로 공급된 물을 포함할 수 있다.

- **미요금고지-미계량된 소비(Unbilled Unmetered Consumption).** 요금고지되지 않거나 또는 계량되지 않는 임의 종류의 승인된 소비이다. 이 소비 성분은 전형적으로 소방, 주관로 및 하수관로의 플러싱, 도로 청소, 결빙 보호 등과 같은 항목을 포함한다. 이는 매우 과대평가 되는 작은 성분이다. 비록 가능성이 없지만 이는 이론적으로 미계량되고 미요금고지되는 운영 경계를 넘어서 공급된 물을 포함할 수 있다.

- **미보고된 파괴(Unreported Breaks).** 능동적 누수 탐사 프로그램을 수행하는 누수 탐사자가 미보고된 파괴를 발견한다. 이 파괴들은 능동적인 누수 탐사 없이 탐지되지 않는다.

- **물 회계감사(Water Audit).** 하향식 회계감사와 동일하다. 물 회계감사는 물수지에 들어가는 체적을 확인 및 입증하는 과정이다.

- **물수지(Water Balance).** 이는 년간 물수지와 동일하다. 이는 표준화된 물수지 형태로 물 회계감사의 결과를 나타낸다.

- **물 손실(Water Losses).** 시스템 입력과 승인된 소비와의 차이이다. 전체 시스템에 대한 전체 체적으로서 송수, 배수 시스템 또는 개별 영역들과 같은 부분적인 시스템에 대해 물 손실을 고려할 수 있다.

찾아보기

(ㅂ)

(ㅅ)

저자 소개

박 한 영

- 박사/기술사/(전)겸임교수/역자
- 기계공학석사 Texas Tech University
- 방문연구원 University of Wisconsin at Madison
- KYPIPE 프로그램 교육자격인증서 취득
  Dr. D.J. Wood, University of Kentucky
- 『펌프핸드북』저술(2002)
- 『그림으로 푸는 수충격해석』저술(2004)
- 『전산기로 푸는 수충격해석 입문』저술(2005)
- 『전산기로 푸는 수충격해석 완성』저술(2005)
- 『밸브 핸드북』저술(2005)
- 『펌프장설계』저술(2007)
- 『상하수도 관망해석 . 설계』저술(2007)
- 『Pipe2008을 이용한 관망해석 . 설계』저술(2008)
- 『정수설비핸드북』저술(2009)
- 『Pipe2010을 이용한 관망해석 . 설계』저술(2010)
- 『배관핸드북』저술(2010)
- 『전산유체 따라잡기』저술(2010)
- 『배·급수시스템 핸드북』저술(2011)
- 『물수요예측』저술(2011)
- 『최적화 이론 및 실제』저술(2011)
- 『배·급수시스템 최적화 설계 . 운영』저술(2013)
- 『밸브·작동기 A to Z』저술(2013)
- 현 한국수자원공사 팔당권관리단장

정 태 희

- 단국대학교 경영학과 졸업(1982)
- 단국대학교 대학원(석사) 졸업(1984)
- (주)삼진정밀 대표이사 취임 (현) (1991)
- (주)삼진코리아 대표이사 취입 (현) (2005)
- 『밸브·작동기 A to Z』저술(2013)
- (주)삼진JMC 대표이사 취임 (현) (2007)

이 희 헌

- 성균관대학교 WAMP과정 수료
- 성균관대학교 AMP5기 사무총장
- 경기도지사 표창(2009)
- 중소기업청장 표창(2014)
- (주)아큐스 대표이사(2014)

박 두 식

최 진 국

- 숭실대학교(전자공학) 졸업(1996년)
- 대한기계학회 산학협력이사, 임원
- 성남상공회의소 26기 최고경영자 과정 자문위원
- 서울상공회의소 강남구 상공회 이사
- 현 한국파나메트릭스(주) 대표이사

- 『밸브·작동기 A to Z』저술(2013)
- 현 (주)에너토크 전무

정가 59,000원

물손실관리(Water loss control)

2014년 11월 1일 초판 인쇄
2014년 11월 10일 초판 발행
저 자 : 박한영 · 정태희 · 이희헌 · 박두식 · 최진국
발행자 : 우명찬 · 송 준
발행처 : 홍릉과학출판사

주 소 : 서울시 강북구 인수봉로 50길 10
142-885

등 록 : 1976년 10월 21일 제5-66호

전 화 : (02) 999-2274~5, 903-7037
팩 스 : (02) 905-6729
e-mail: hongpub@hongpub.co.kr
http://www.hongpub.co.kr

ISBN: 979-11-5600-329-8

저자와의 협의하에 인지생략